CIP-Kurztitelaufnahme der Deutschen Bibliothek

Jander, Gerhart

Einführung in das anorganisch-chemische Praktikum: (einschließlich der quantitativen Analyse) / von Gerhart Jander u. Ewald Blasius. — 12., überarb. Auflage. — Stuttgart: Hirzel 1984

ISBN 3-7776-0361-9

NE: Blasius, Ewald

nted in the German Democratic Republic
z: INTERDRUCK Graphischer Großbetrieb Leipzig
ck und Bindearbeit: LVZ-Druckerei „Hermann Duncker", Leipzig
tsche Demokratische Republik

Einführung in das anorganisch-chemische Praktikum

(einschließlich der quantitativen Analyse)

von

GERHART JANDER

ehem. o. Professor, Direktor des Anorg.-Chemischen Institutes
der Technischen Universität Berlin

und

EWALD BLASIUS

o. Professor, Fachrichtung für Anorganische Analytik und Radiochemie
der Universität des Saarlandes Saarbrücken

Zwölfte, überarbeitete Auflage
mit 97 Abbildungen, 3 Kunstdrucktafeln
und einer mehrfarbigen Spektraltafel

S. Hirzel Verlag Stuttgart 1984

Erste Hilfe bei Unfällen (Laienhilfe)

Von

B. Hoffsümmer und W. Leppla

Bei allen Unfällen (Verletzungen, Vergiftungen) ist sofort ein Arzt zu benachrichtigen.

Durch gleichzeitige Benachrichtigung des örtlichen Krankentransportes kann die Verzögerung einer eventuell erforderlichen Krankenhausbehandlung vermieden werden.

Wichtige Telefonnummern (vom Leser einzutragen):

Ärzte:

Krankentransport:

Rettungsdienst, Erste Hilfe:

Krankenhäuser:

Feuer:

Alle nachstehenden Vorschriften gelten nur für eine erste Laienhilfe. Sie ersetzt in keinem Fall die ärztliche Behandlung.

A. Allgemeine Maßnahmen

Lagerung

Bei Vergiftung, drohender Bewußtlosigkeit oder Bewußtlosigkeit Seitenlagerung mit Gesicht zum Boden (s. Abb.). Durch diese Lagerung soll vermieden werden:
a) Verlegung der Atemwege bei Bewußtlosen durch die zurückfallende Zunge sowie
b) Übertritt von Erbrochenem in die Luftwege (Aspiration).

Atemstörungen

Nach der oben beschriebenen Lagerung des Verletzten kniet sich die Hilfsperson hinter den Kopf des Verletzten. Freimachung der Mundhöhle mit dem Zeigefinger (Erbrochenes, Gebiß usw.).

Mund-zu-Mund-Beatmung: Abdecken von Mund und Nase des Verletzten mit einem sauberen Taschentuch oder Gaze. Die eine Hand der Hilfsperson hält den Kopf des Verletzten am Unterkiefer, die andere Hand der Hilfsperson ist bereit, (nur) während der Atemspende die Nase des Verletzten mit Daumen und Zeigefinger zu verschließen. Die Hilfsperson atmet frische Luft nach Wendung des Kopfes nach rechts oder links ein (nicht die verbrauchte Luft vor dem Gesicht des Verletzten). Die Hilfsperson umschließt jetzt mit ihren Lippen den Mund des Verletzten, der durch Bewegung des Unterkiefers leicht geöffnet wird, und atmet in den Verletzten aus. Während der Atemspende ist die Nase des Verletzten luftdicht zu schließen. Die Ausatmung des Verletzten erfolgt bei geöffnetem Unterkiefer und geöffneter Nase während des nächsten Einatmens des Atemspenders: die Ausatmung des Verletzten bedarf keiner Unterstützung. Erforderliche Atemfrequenz 15 bis 20/Minute. Mund-zu-Mund-Beatmung über lange Zeit bis zum Eintreffen anderer Beatmungsmöglichkeiten fortsetzen.

Herzstillstand

Bei Herzstillstand (Totenblässe des Verletzten, weite Pupillen, Herztöne bei Auflegen des Ohres auf den Brustkorb nicht hörbar, Puls an der Halsschlagader nicht fühlbar) Lagerung des Verletzten in Rückenlage auf flachem hartem Boden. Wegen drohender Verlegung der Atemwege durch die zurückfallende Zunge Überstreckung des Kopfes nach hinten. Herzmassage so schnell wie möglich spätestens 3 Minuten nach Herzstillstand beginnen.

Durchführung der äußeren Herzmassage: Die Hilfsperson kniet mit gespreizten Oberschenkeln über dem Bauch des Verletzten, das Gesicht seinem Kopf zugewendet. Öffnen beengender Kleidungsstücke (Gürtel, Hemdkragen). Auflegen der beiden übereinanderliegenden flachen Hände (mit der Handinnenfläche) auf das untere Drittel des Brustbeins des Verletzten. Danach Beginn der äußeren Herzmassage durch rhythmische Massagestöße auf das Brustbein senkrecht in Richtung auf die Wirbelsäule des Verletzten. Erforderliche Auslenkung des Brustbeins in dieser Richtung ungefähr 3–5 cm. Frequenz ungefähr 60–80 Massagestöße pro Minute. Nach jedem dieser Massagestöße muß das Brustbein völlig entlastet werden. Pulskontrolle am Handgelenk oder an der Halsschlagader durch eine weitere Hilfsperson (z. B. Atemspender). Bei Herzstillstand ist die Mund-zu-Mund-Beatmung nach vorheriger Reinigung der Mundhöhle wie oben beschrieben in Rückenlage des Verletzten durchzuführen. Nach je 4 Massagestößen auf das Brustbein des Verletzten Spende eines Atemzuges wie oben beschrieben durch die zweite Hilfsperson.

Kreislaufkollaps ohne Herzstillstand

Bei Blässe, kaltem Stirnschweiß, kalten Händen und Füßen, vollem Bewußtsein bis tiefster Bewußtlosigkeit des Verletzten, Puls an der Halsschlagader fühlbar, Herztöne vorhanden: Tieflagerung des Kopfes des Verletzten und Hochlagerung der Beine (z. B. an einen schräg gestellten Tisch anlehnen).

In allen vorgenannten Fällen für frische Luft und normale Umgebungstemperatur (20 °C) sorgen.

B. Spezielle Maßnahmen

Knochenbrüche

Gebrochene Extremitäten unter allen Umständen in der jeweiligen Stellung belassen. Auch bei grotesker Fehlstellung der gebrochenen Extremitätenteile keinerlei Bewegung. Abtransport des Verletzten möglichst nur durch geschultes Personal. Offene Wunden mit sauberem Tuch abdecken. Kleidungsstücke an der gebrochenen Extremität nur im Notfall, und dann nur durch Aufschneiden (nicht Ausziehen!) entfernen.

Hautverletzungen

a) Säuren, Laugen und sonstige ätzende Stoffe

Entfernung von säure- oder laugegetränkten Kleidungsstücken sofort durch Aufschneiden (nicht Ausziehen!). Ausgiebiges Spülen der verletzten Hautpartien unter fließendem Wasser (mindestens 10–15 Minuten). Neutralisierungsversuche sind wegen einer weiteren Schädigungsgefahr der Haut zu unterlassen; sie sind bei ausreichender Spülung der Haut mit Wasser unnötig.

Nach Spülung Abdeckung der Haut mit einem trockenen Tuch (keine luftdichten, beengenden Verbände). Auch bei scheinbar nur geringer Hautverätzung sofort den Arzt aufsuchen.

b) Schnittwunden

1. Bei stärkerer Venenblutung (dunkel, fließend) leichte Kompression und Hochlagerung der betreffenden Extremität.
2. Bei Schlagaderblutung (hell, stoßweise) sehr fester Druckverband auf die Blutungsstelle. Druckverband nicht länger als 2 Stunden.

Bei zusätzlicher Verätzung und stärkerer Venen- oder Schlagaderblutung Druckverband herzwärts der Wunde und Vorgehen nach Punkt 2 a).

Das Säubern der Wunde sowie die Entfernung von Fremdkörpern erfolgt durch den Arzt. In jedem Fall nur trockenen Verband anlegen, keine Salben, Puder o. ä. verwenden.

Augenverletzungen

Bei Verletzungen mit ätzenden Stoffen Augen sofort schonend mit viel Wasser auswaschen (Augenwaschflasche). Augen dabei offen halten. Neutralisierungsversuche bei Verletzungen mit ätzenden Flüssigkeiten unter allen Umständen unterlassen. Die sofort am Unfallort durchgeführte Spülung der Augen über 20–30 Minuten mit ausreichenden Mengen von Wasser kann durch keine ärztliche Maßnahme ersetzt werden. Bei alleiniger mechanischer, blutender oder nicht blutender Verletzung der Augen den Verletzten zur Ruhigstellung der Augen veranlassen und dies durch die Abdeckung beider Augen unterstützen.

Gasvergiftungen

Entfernung des Verletzten aus der Giftzone. Beengende Kleidung entfernen. Der Verletzte muß auch bei Abwesenheit von Bewußtseinsstörungen flach hingelegt werden. **Die absolute Ruhe des Verletzten ist auch bei scheinbarem Wohlbefinden zur Schonung des Kreislaufes unbedingt notwendig.** Bei Bewußtlosigkeit, Atemstörungen, Kreislaufkollaps oder Herzstillstand gilt das unter „Allgemeine Maßnahmen" Beschriebene.

Die absolute Ruhe des Verletzten und der liegende sofortige Abtransport in das nächste Krankenhaus, auch bei scheinbarem Wohlbefinden, sind die wichtigsten Maßnahmen.

Vergiftungen

Bei Aufnahme von ätzenden Stoffen oder Giften in den Magen-Darm-Kanal Lagerung des Verletzten und sofortiger liegender Abtransport in das nächstgelegene Krankenhaus. Neutralisierungsversuche sind zu unterlassen. Versuche, Erbrechen bei dem Verletzten zu erzeugen, sind wegen der Möglichkeit des Übertritts von Erbrochenem in die Luftwege (Aspiration) unbedingt zu unterlassen. Das Trinken von Flüssigkeiten (Milch, Wasser) muß wegen der Verschluckungsgefahr unterbleiben; außerdem kann die Aufnahme des Giftes aus dem Magen-Darm-Kanal in den Körper durch Trinken von Flüssigkeiten beschleunigt werden. Der sofortige Abtransport des Verletzten, die Vermeidung einer Aspiration durch Lagerung sowie die Sicherstellung des vermutlichen Giftstoffes sind die wichtigsten Maßnahmen am Unfallort.

Laborbrände

a) Personenbrand

Bei Personenbrand Verletzten zu Boden werfen, in eine **Wolldecke** (keine Kunststoffdecke!) eindrehen und rollen, bis Flammen erstickt sind.

b) Brandwunden

Abdecken der Hautpartien mit einem trockenen Tuch (auf keinen Fall beengende Verbände). Die wichtigste Maßnahme am Unfallort ist das Fernhalten von Ölen, Brandsalben oder sonstigen „lindernden" Mitteln von den verletzten Hautpartien. Auch bei scheinbar geringer Verletzung sofort den Arzt aufsuchen.

Elektrische Verletzungen

Zuallererst Sicherung herausdrehen oder Sicherungsautomatik ausschalten, auch wenn hierdurch scheinbar wertvolle Hilfezeit verlorengeht. Erst dann sich dem Verletzten nähern und nach den Gesichtspunkten der Lagerung, Beseitigung von Atemstörungen, Beseitigung von Kreislaufkollaps oder Beseitigung eines Herzstillstandes handeln. Auch bei scheinbarem Wohlbefinden des Verletzten Abtransport in ein Krankenhaus.

C. Laborausstattung

1 zusammenklappbare Tragbahre
1 Wolldecke
Sterile Dreieckstücher
Verbandmull in Lagen
Leukoplast
diverses Verbandsmaterial
1 Esmarchsche Staubinde
1 Verbandschere
1 Augenwaschflasche
Augenklappen

Aus dem Vorwort zur 1. Auflage

Die vorliegende Einführung in das gesamte anorganisch-chemische Praktikum einschließlich der quantitativen chemischen Analysenverfahren wendet sich hauptsächlich an alle Studierenden naturwissenschaftlicher Fächer, welche Chemie und chemische Praktika in etwas umfangreicherem Maße benötigen, also z. B. Lehramtsanwärter und Pädagogen mit Chemie als Hauptfach oder Nebenfach, Mineralogen, Geologen, Physiker, Biologen usw., welche aber nicht ganz so intensiv und langdauernd im anorganisch-chemischen Praktikum verweilen können wie die Vollchemiker. In das Hilfsbuch haben Übungsbeispiele aus der qualitativen chemischen Analyse, der präparativen anorganischen Chemie und der quantitativen chemischen Arbeitsmethodik möglichst paritätisch Aufnahme gefunden, so daß aus jedem Bereich eine größere Anzahl von Aufgaben zur Auswahl steht. Von den anorganisch-chemischen Präparaten lassen sich einige durchaus auch als Schulversuche durchführen. Wir haben uns bemüht, an geeignet erscheinenden Stellen kürzere, allgemein chemische Erläuterungen einzuschalten, welche das verständnisvolle, praktische Durcharbeiten erleichtern, die jeweiligen Übungsbeispiele aus der Sphäre der Einzelerscheinung herausheben und dem gesamten Stoffgebiet ein einheitliches Gepräge und Zusammenhang verleihen sollen.

Greifswald und Berlin, im Herbst 1949

G. Jander und H. Wendt

Aus dem Vorwort zur 6./7. Auflage

Die vorliegende 6./7. Neuauflage der „Einführung in das anorganisch-chemische Praktikum" wurde durch eine Gruppe von Wissenschaftlern unter Leitung von Herrn Prof. Dr. G. Jander und Herrn Prof. Dr. E. Blasius geplant und bearbeitet. Leider hat Herr Prof. Dr. G. Jander die endgültige Fertigstellung des Buches nicht mehr erlebt. Diese Auflage stellt somit ein Vermächtnis dar, und sie sei Herrn Prof. Dr. G. Jander im ehrenden Gedenken gewidmet. Infolge anderweitiger Verpflichtungen hat auch Frau Dr. Hildegard Wendt ihre in vielen Auflagen bewährte Mitarbeit aufgeben müssen. Herr Prof. Dr. E. Blasius ist nun in ihre Rechte eingetreten. Wir bitten daher die langjährigen Freunde und Benutzer dieses Buches, dem neuen Autor und seinem Arbeitskreis, der schon die 3. und 4. Auflage des „Lehrbuches" weitgehend mitbearbeitet hat, das gleiche Vertrauen wie in den vergangenen Jahren Herrn Prof. Dr. G. Jander und Frau Dr. H. Wendt entgegenzubringen.

Leipzig, im Winter 1964/65

S. Hirzel Verlag

Wie die 4. Auflage des „Lehrbuches der analytischen und präparativen anorganischen Chemie" hat auch die 6./7. Auflage der „Einführung in das anorganisch-chemische Praktikum" eine gründliche Umarbeitung erfahren. Die einzelnen Kapitel des Buches wurden auf den neuesten Stand gebracht, weitere eingefügt und die seit Jahren in verschiedenen Lehr- und Forschungsstätten West-Berlins gesammelten Erfahrungen weitgehend berücksichtigt.

Hinsichtlich des Stoffes und der didaktischen Einteilung ist bei der Neubearbeitung ein Werk entstanden, wie es etwa für die Chemotechniker- und Chemie-Ingenieur-Ausbildung an Fachschulen benötigt wird. Die entsprechenden Erfahrungen stellten Dozenten der unten genannten Fachschulen, die zum Teil gleichzeitig Hochschullehrer sind, zur Verfügung. Von wenigen Ausnahmen abgesehen erfolgte deshalb eine Beschränkung des „Qualitativen Teiles" auf die sog. „Schulelemente", wobei jedoch den allgemeinen Zusammenhängen im Periodensystem der Elemente und den theoretischen Grundlagen mehr Beachtung als bisher geschenkt wird. Demgegenüber ist der „Quantitative Teil" vollständig neu geschaffen und durch Aufnahme moderner Methoden erweitert worden.

Betrachtet man das Buch im Hinblick auf die Ausbildung an Hochschulen, so wendet sich der „Qualitative und präparative Teil" vorwiegend an diejenigen Studierenden, die Chemie in verstärktem Maße als Nebenfach betreiben. Der „Quantitative Teil" ist etwas anspruchsvoller und dürfte daher auch Chemie-Studenten gute Dienste leisten.

Da die „Nebenfächler" in einem Institut aus verschiedenen, oft sehr unterschiedlichen Fachrichtungen (z. B. Pharmazeuten und Hüttenleute) kommen, gibt es im Gegensatz zur qualitativen Analyse für die quantitative Ausbildung kein allgemein gültiges Schema. Der Stoff des „Quantitativen Teiles" ist daher in eine Anzahl Einzelkapitel gegliedert, die in sich weitgehend abgeschlossen sind. Zur Erarbeitung von Theorie und Praxis der für den „Nebenfächler" wichtigen Methoden können deshalb Einzelaufgaben entsprechend seinem Hauptstudium ausgewählt werden.

Im einzelnen ist noch hinzuzufügen:

a) Allgemein:

Im Gegensatz zum „Lehrbuch" wurde der bewährte Aufbau der „Einführung", d. h. die Erarbeitung der theoretischen Zusammenhänge aus dem Experiment beibehalten. Für ein einwandfreies analytisches und präparatives Arbeiten ist eine einfache Abschätzung der für den Umsatz benötigten Volumina bzw. Mengen unbedingte Voraussetzung. Daher wurden Konzentrationen vorwiegend in Molaritäten oder Normalitäten angegeben, die sich mit Hilfe der am Ende des Buches befindlichen Tabellen über Dichte, Gewichtsprozent und molare Konzentration der wichtigsten Säuren und Basen leicht umrechnen lassen. Die Bedeutung der Verwendung molarer Einheiten kommt im Absatz „Stöchiometrisches Rechnen" besonders zum Ausdruck.

Die Arbeitsvorschriften im „Qualitativen" und „Quantitativen Teil" des Buches wurden durch eine Vielzahl von Fachkräften, aber auch von Studenten anhand im Praktikum durchgeführter Analysen überprüft.

b) Qualitativer und präparativer Teil:

Die in vielen Instituten auch bei „Nebenfächlern" bewährte Halbmikroarbeitstechnik wurde neu aufgenommen und ein Trennungsgang in weitgehender Anlehnung an die Makrotechnik ausgearbeitet. Da auch das bisherige Makroverfahren uneingeschränkt beschrieben ist, steht es dem Benutzer frei, das eine oder andere Verfahren zu wählen. Die Arbeitsvorschriften für die Präparate wurden überarbeitet.

Weitere neu eingeführte kleine Kapitel befassen sich mit der Papierchromatographie und dem Problem der Mitfällung. Die Zusammenhänge im Periodensystem wurden in einer gesonderten Tabelle zusammengestellt.

c) Quantitativer Teil:

Der vollkommen neu bearbeitete und erweiterte „Quantitative Teil" enthält jetzt Kapitel über „Theoretische Vorbemerkungen", „Elektroanalytische Methoden" (Potentiometrie, Elektrogravimetrie, Polarographie und Konduktometrie), „Optische Methoden" und „Chemische Materialkontrolle technischer Produkte" (Wasseranalyse, Mineralanalyse, Glasanalyse, Legierungsanalyse und Analyse technischer Gase). In dem Kapitel „Chemische Materialkontrolle technischer Produkte" enthält jeder Abschnitt eine kurze Übersicht über die wichtigsten technischen Produkte. Besonders seien die Abschnitte „Wasseranalyse" und „Glasanalyse" erwähnt, die sich mit den hauptsächlich im chemischen Laboratorium verwendeten Materialien befassen. Die klassischen analytischen Verfahren wurden ausgebaut und durch die Chelatometrie, Ionenaustauscher- und Extraktionsverfahren ergänzt. Neben den chemischen Methoden der Gasanalyse werden physikalische Verfahren einschließlich der Gaschromatographie kurz beschrieben.

Die Arbeitsvorschriften für die Quantitative Analyse sind weitgehend standardisiert worden.

Von den wissenschaftlichen Institutionen, die durch ihre Mitarbeiter zum Gelingen des Werkes beitrugen, seien vor allem genannt: Anorganisch-Chemisches Institut der TU Berlin, Berlin 12; Abteilung Analytische Chemie der Osram Studiengesellschaft, Berlin 21; Staatliche Ingenieurschule Beuth, Abteilung Chemie, Berlin 65; Technische Fachschule des Lette-Vereins, Berlin 30, und die Redaktion des „Chemischen Zentralblatts", Berlin 30.

Die einzelnen Abschnitte des Buches wurden somit von Mitarbeitern bearbeitet, von denen jeder auf seinem Teilgebiet auf eine langjährige Forschungs- und/oder Unterrichtserfahrung zurückblickt. Ihnen sei an dieser Stelle herzlich gedankt: Priv.-Doz. Dr. G. Gottschalk, Dipl.-Ing. W. Hein, Dr.-Ing. M. Laser, Dr.-Ing. W. Preetz, Dipl.-Chem. R. Schmitt, Dipl.-Ing. G. Schulze, Dr.-Ing. L. Schwiegk, Dr.-Ing. H. Surawski, Dr.-Ing. Ch. Weiske, Dipl.-Chem. F. Wolf.

Für die Ausarbeitung und Überprüfung von Arbeitsvorschriften sowie für redaktionelle Mitarbeit spreche ich weiterhin Fräulein B. Glum, Herrn F. Riese und Fräulein G. Wittwer meinen besten Dank aus.

Berlin-Charlottenburg, im Winter 1964/65

E. Blasius

Aus dem Vorwort zur 9. und 10. Auflage

Das Kapitel „Erste Hilfe bei Unfällen“ gestalteten Herr Dr. med. B. Hoffsümmer und Herr Prof. Dr. med. W. Leppla, Caritas-Krankenhaus St. Theresia, D-6600 Saarbrücken 2, völlig neu. Ihnen gilt mein bester Dank.

Ferner wurden überall die neuen gesetzlichen Einheiten entsprechend dem Internationalen System (SI = Système International d'Unités) berücksichtigt. Neben Rechenbeispielen sind davon auch die Begriffe „atomare Masseneinheit“, „Mol“ und „Molarität“ betroffen, während „Val“ und „Normalität“, einer IUPAC-Empfehlung folgend, beibehalten werden. Die neuen Nomenklaturregeln verlangen Oxidation und oxidieren sowie M für molar bzw. N für normal.

Weiterhin sind einige mißverständliche Textstellen neu formuliert, mehrere Formeln und Gleichungen umgestellt bzw. eingefügt und Druckfehler beseitigt worden. Außerdem wurden die Kristallaufnahmen gegen repräsentativere ausgewechselt.

Für die redaktionelle Mitarbeit danke ich Frau B. Münch, geb. Glum und Herrn Dr. W. Neumann.

Saarbrücken, im Frühjahr 1977

E. Blasius

Vorwort zur 12. Auflage

In der 12. Auflage werden durchgehend die SI-Einheiten verwendet und die Elemente und Verbindungen nach der IUPAC-Nomenklatur bezeichnet.

Gewisse Schwierigkeiten bereitet die „Ausmerzung“ der Konzentrationsangabe als Normalität N und der Stoffmengenangabe in Val. In der Zwischenzeit hat sich in den Schul- und Lehrbüchern sowie den Chemikalienkatalogen der einschlägigen Firmen eine vereinfachte Konzentrationsangabe durchgesetzt. Praktisch wird bei Stoffmengenkonzentrationen das alte M bzw. N durch mol/l ersetzt, z. B. statt 1 M H_2SO_4 oder 2 N H_2SO_4 jetzt 1 mol/l H_2SO_4. Die Angabe von Stoffmengenkonzentrationen, bezogen auf Äquivalentteilchen, beschränkt sich auch in der 12. Auflage auf unumgängliche Sonderfälle (Kap. 3.4. „Titrimetrische Verfahren“).

Vollständig neu gefaßt ist das Kapitel „Nomenklatur“. Die umfangreichen Regeln der IUPAC können jedoch im Rahmen der „Einführung“ nur auszugsweise wiedergegeben werden.

Die Einführung der SI-Einheiten und der neuen Regeln der IUPAC erforderte zahlreiche Änderungen, wobei gleichzeitig der gesamte Stoff auf den neuesten Stand gebracht wurde.

Aus redaktionellen Gründen erfolgte für die 12. Auflage ein Neusatz.

Für die weitgehende wissenschaftliche und redaktionelle Mitarbeit danke ich Herrn Dr. W. Neumann sowie zahlreichen Lesern für Zuschriften, Hinweise und Verbesserungsvorschläge. Für die verständnisvolle Zusammenarbeit habe ich wieder dem S. Hirzel Verlag zu danken.

Universität des Saarlandes, D-6600 Saarbrücken 11,

E. Blasius

Inhaltsverzeichnis

Literaturverzeichnis

Benutzte und zu empfehlende Lehrbücher und Nachschlagewerke:

A. Allgemeine und anorganische Chemie

1. *F. A. Cotton* and *G. Wilkinson*, Advanced Inorganic Chemistry. 4. Auflage. Interscience Publishers, 1980. Deutsche Ausgabe: Anorganische Chemie. 4. Auflage. Verlag Chemie, Weinheim 1982.
2. *U. Hofmann* und *W. Rüdorff*, Anorganische Chemie. 21. Auflage. Friedrich Vieweg & Sohn, Braunschweig 1973.
3. *A. F. Holleman* und *E. Wiberg*, Lehrbuch der anorganischen Chemie. 81.–90. Auflage. W. de Gruyter & Co., Berlin 1976.
4. *G. Jander* und *H. Spandau*, Kurzes Lehrbuch der anorganischen Chemie. 9. Auflage. Springer-Verlag, Berlin 1982.
5. *H. Remy*, Lehrbuch der anorganischen Chemie, 13. Auflage. Akademische Verlagsgesellschaft Geest & Portig, Leipzig Bd. I 1970, Bd. II 1973.
6. *F. Seel*, Grundlagen der analytischen Chemie. 7. Auflage. Verlag Chemie, Weinheim/Bergstr. 1979.

B. Präparative Chemie

1. *G. Brauer*, Handbuch der präparativen anorganischen Chemie. 3. Auflage. Enke-Verlag, Stuttgart, Bd. 1 1975 und Bd. 2 1978.
2. *H. Grubitsch*, Anorganisch-präparative Chemie. Springer-Verlag, Wien 1950.
3. *H. Hecht*, Präparative anorganische Chemie. Springer-Verlag, Berlin 1951.
4. *H. Lux*, Anorganisch-chemische Experimentierkunst. 3. erw. Auflage. Johann Ambrosius Barth Verlag, Leipzig 1970

C. Qualitative anorganische Analyse

1. *G. Ackermann*, Einführung in die qualitative anorganische Halbmikroanalyse. 5. Auflage. VEB Deutscher Verlag für Grundstoffindustrie, Leipzig 1968.
2. *N. I. Blok*, Qualitative Analyse. VEB Deutscher Verlag der Wissenschaften, Berlin 1958.
3. *G. Jander* und *E. Blasius*, Lehrbuch der analytischen und präparativen anorganischen Chemie. 12. Auflage. S. Hirzel Verlag, Leipzig 1982 bzw. Stuttgart 1983.
4. *Ü. Stegemann*, Qualitative Trennung der Kationen und Anionen. In: Handbuch der analytischen Chemie, 2. Teil, Band IX, S. 143. Springer-Verlag, Berlin 1956.
5. *W. D. Treadwell*, Physiko-chemische Grundlagen und Tabellen zur qualitativen Analyse. Verlag Franz Deuticke, Wien 1960.

D. Quantitative anorganische Analyse

1. *F. Bayer* und *G. Wagner*, Gasanalyse. 3. Auflage. Enke-Verlag, Stuttgart 1960.
2. *E. Beyer*, Elektrochemische Meßmethoden, Band I aus Physikalisch-chemische Untersuchungsmethoden. Fachbuchverlag, Leipzig 1956.
3. *H. Biltz*, *W. Biltz* und *W. Fischer*, Ausführung quantitativer Analysen. 10. Auflage. S. Hirzel Verlag, Stuttgart 1983.
4. *W. Böttger*, Physikalische Methoden der Analytischen Chemie, Band 2. 2. Auflage. Akademische Verlagsgesellschaft Geest & Portig K. G., Leipzig 1949.
5. *G. W. Ewing*, Physikalische Analysen- und Untersuchungsmethoden der Chemie, 3. Auflage. Bohmann Verlag, Wien 1964.
6. *M. Filcek*, Wasser- und Metallanalysen mit dem Photometer „Eppendorff". Netheler u. Hinz GmbH., Hamburg-Wellingsbüttel.
7. *J. Heyrovsky*, Polarographisches Praktikum. 2. Auflage. Springer-Verlag, Berlin 1960.
8. *J. Heyrovsky* und *P. Zuman*, Einführung in die Praktische Polarographie. VEB Verlag Technik, Berlin 1959.
9. *G. Jander* und *K. Jahr*, Maßanalyse, Theorie und Praxis der klassischen und der elektrochemischen Titrierverfahren. 13. Auflage (mitbearbeitet von *H. Knoll.*) W. de Gruyter & Co., Berlin 1973.
10. *G. Jander* und *O. Pfund*, Die Konduktometrische Maßanalyse. Enke-Verlag, Stuttgart 1945.

11. *G. Kortüm*, Kolorimetrie, Photometrie und Spektrometrie. 4. Auflage. Springer-Verlag, Berlin–Göttingen–Heidelberg 1962.
12. *F. W. Küster*, *A. Thiel* und *K. Fischbeck*, Rechentafeln für die chemische Analytik, Pharmazeuten, Mediziner und Physiker. 102. Auflage. W. de Gruyter & Co., Berlin 1982.
13. *U. R. Kunze*, Grundlagen der quantitativen Analyse, Georg Thieme Verlag, Stuttgart 1980.
14. *B. Lange* und *Zd. J. Vejědlek*, Photometrische Analyse. 7. Auflage Verlag Chemie GmbH., Weinheim/Bergstraße 1980.
15. *H. Lux*, Praktikum der quantitativen anorganischen Analyse. 7. Auflage. Verlag von J. F. Bergmann, München 1979.
16. *W. Poethke* und *W. Kupferschmid*, Praktikum der Maßanalyse. 2. Auflage. Verlag H. Deutsch, Frankfurt–Thun 1980.
17. *H. Moller*, Chemische Optik. Verlag H. R. Sauerländer u. Co., Aarau 1951.
18. *C. Müller*, Die elektrometrische Maßanalyse. 7. Auflage. Steinkopff-Verlag, Dresden und Leipzig 1944.
19. *H. Rödicker*, Analytische Chemie, Band I, 5. Auflage 1968, und Band II, 4. Auflage 1967, VEB Deutscher Verlag für Grundstoffindustrie, Leipzig
20. *A. Schleicher*, Die chemische Analyse, Band IV/V, elektroanalytische Schnellmethoden, 3. Auflage. Enke-Verlag, Stuttgart 1947.
21. *M. von Stackelberg*, Polarographische Arbeitsmethoden. W. de Gruyter & Co., Berlin 1960.
22. *A. Vogel*, Textbook of Quantitative Inorganic Analysis. 4. Auflage. London–New York–Toronto 1978.
23. *G. Wagner*, Gasanalytisches Praktikum, Franz Deuticke Verlag, 3. Auflage Wien 1946.
24. *H. H. Willard* und *N. H. Furman*, Grundlagen der quantitativen Analyse. 3. Auflage. Springer-Verlag, Wien 1950.

E. Monographien

1. *E. Blasius*, Chromatographische Methoden in der analytischen und präparativen anorganischen Chemie unter besonderer Berücksichtigung der Ionenaustauscher. Enke-Verlag Stuttgart 1958. (Die chemische Analyse, Band 46.)
2. *G. Gottschalk*, Statistik in der quantitativen chemischen Analyse, Enke-Verlag, Stuttgart 1962. (Die chemische Analyse, Band 49.)

Verzeichnis der Zeichen und Symbole

[ ]	Kennzeichnung von Komplexverbindungen (Einzelheiten s. S. 99), z. B. $K_4[Fe(CN)_6]$.
$\rightarrow$	Zeichen für einseitig verlaufende Reaktionen
$\rightleftharpoons$	Zeichen für umkehrbare Reaktion (Gleichgewichte), z. B. $H_2 + I_2 \rightleftharpoons 2\,HI$
$\downarrow$	Zeichen für Bildung eines schwerlöslichen Niederschlages, z. B. $BaSO_4\downarrow$
$\uparrow$	Zeichen für Bildung eines Gases, z. B. $CO_2\uparrow$
$\approx$	annähernd gleich, etwa, ungefähr
$\hat{=}$	entspricht
∅	Durchmesser
(2:3)	Verhältniszahlen bezogen auf Gewichtsteile, z. B. Fe/KNO_3 (2:3) = 2 Gewichtsteile Fe auf 3 Gewichtsteile KNO_3
(2:3 Vol.)	Verhältniszahlen bezogen auf Volumenteile, z. B. konz. HCl/H_2O (2:3 Vol.) = 2 Volumenteile konz. HCl auf 3 Volumenteile Wasser
A	allgemeines Elementsymbol
A	Ampere [Coulomb · s^{-1}]
Å	Ångström = 10^{-8} cm
a	Aktivität
a	eine durch Eichung zu ermittelnde Konstante
at	Atmosphäre, technische; 1 at = 0,98 bar
α	Ausdehnungskoeffizient [K^{-1}]
α	Dissoziationsgrad
α	Verteilungskoeffizient
α_H	Wasserstoffkoeffizient zur Korrektur von Komplexstabilitätskonstanten
B	allgemeines Elementsymbol
bar	Bar, Einheit des Druckes
β	Druckkoeffizient [K^{-1}]
C	Coulomb
C	Gesamtkonzentration, [mol · l^{-1}]
C^-	Anion des Diethyldithiocarbaminat
c	Konzentration in Gleichungen des Massenwirkungsgesetzes, mol/l z.B. $\frac{c(H^+) \cdot c(OH^-)}{c(H_2O)} = K$
$c, c_1, c_2, c(X)$	Stoffmengenkonzentration, – einer Teilchenart X [mol · l^{-1}]
$c(eq.), c\left(\frac{X}{z^*}\right)$	Stoffmengenkonzentration, bezogen auf Äquivalentteilchen
cal	Kalorie
cm	Zentimeter
D	Diffusionskoeffizient [$cm^2 \cdot s^{-1}$]
d	Schichtdicke [cm]
dH	Grad deutscher Härte, Maß für die Härte von Wasser 1 °d = 10 mg CaO/l
d*l*	Teilstrecke (differentiell)
d*P*	Elektrischer Spannungsabfall (differentiell)
dm^2	Quadratdezimeter
E	Extinktion
$E°$	Standardpotential
EDTA	Ethylendiamintetraessigsäure
EG	Erfassungsgrenze
e	Elementarladung [$1{,}6 \cdot 10^{-10}$ Coulomb]
e	Elektron
ε	Extinktionskoeffizient [$cm^2 \cdot mmol^{-1}$] [$10^4\,l\,mol^{-1} \cdot cm^{-1}$]
η	Überspannung [Volt]
F	Korrekturfaktor bei der Gasreduktion
F	*Faraday*-Konstante = 96485 C · mol^{-1}
f	Aktivitätskoeffizient
f_n	Normierfaktor einer Maßlösung
G	elektrischer Leitwert [1/Ω]
GK	Grenzkonzentration

g	Gramm
γ	$\mu g = 10^{-6}$ g
HM	Halbmikro
Hz	Hertz gleich 1 Schwingung s^{-1}, Maß für die Frequenz
HC	Diethylamidodithiocarbonat
H_4Y	Ethylendiamintetraessigsäure
h	Stufenhöhe bei der Polarographie
I	Stromstärke [Ampere]
J	Joule, Einheit der Energie
K	Kelvin, Einheit der thermodynamischen Temperatur
K	Konstante
K_L	Löslichkeitsprodukt
k	Konstante
kcal	Kilokalorie
$\varkappa$	elektrische Leitfähigkeit $[\Omega^{-1} \cdot cm^{-1}]$
l	Liter
lm	Lumen, Einheit des Lichtstroms
l	Strecke, Abstand [cm]
λ	Wellenlänge
λ^+, λ^-	Ionenäquivalentleitfähigkeit für Kation bzw. Anion
Λ	Äquivalentleitfähigkeit $[\Omega^{-1} \cdot cm^2]$
M	molare Masse $[g \cdot mol^{-1}]$
M	molar, Konzentrationsangabe, 1 M = 1 mol $\cdot$ l^{-1}
M	Elementsymbol für ein Metall
M	Molarität $[mol \cdot l^{-1}]$
m	Masse
m(X)	Masse eines Elements oder einer Verbindung X
m_E	Einwaage
mbar	Millibar
mg	Milligramm
min	Minute
ml	Milliliter
mm	Millimeter
mol	Kurzzeichen für Mol, die gesetzliche Einheit der Stoffmenge
µm	Mikrometer = 10^{-4} cm
MWG	Massenwirkungsgesetz
N_A	*Avogadro*-Konstante = $(6{,}022045 \pm 0{,}000031) \cdot 10^{23}$ mol^{-1}
n	Anzahl der Teilchen
n(X)	Stoffmenge, bezogen auf die Teilchenart X, [mol]
N	Normalität $[Val \cdot l^{-1}]$
ν	Frequenz
nm	Nanometer = 10^{-7} cm
Ω	Ohm, Einheit des elektrischen Widerstandes
$[\omega]$	Analytischer Umrechnungsfaktor
PSE	Periodensystem der Elemente
pD	negativer dekadischer Logarithmus der Grenzkonzentration
pH	negativer dekadischer Logarithmus der Wasserstoffionenkonzentration bzw. genauer Wasserstoffionenaktivität
pK	negativer dekadischer Logarithmus der Gleichgewichtskonstanten
pM	negativer dekadischer Logarithmus einer Metallionenkonzentration
pT	negativer dekadischer Logarithmus der Wasserstoffionenkonzentration beim Umschlag eines Indikators
p	Druck [bar], [Torr]
p°	Standarddruck, 1013,25 mbar
Φ, Φ_0	Lichtstrom, Strahlungsleistung
φ	Volumenanteil
q	Oberfläche, Querschnitt $[cm^2]$
r	Radius
R	allgemeine molare Gaskonstante 0,08314 bar $\cdot$ l $\cdot$ K^{-1} mol^{-1} = 8,314 Ws $\cdot$ K^{-1} $\cdot$ mol^{-1}
R	Elektrischer Widerstand
ϱ	Dichte $[g \cdot cm^{-3}]$
S	Siemens, Einheit des elektrischen Leitwerts
SA	Sodaauszug

s	Sekunde
T	thermodynamische Temperatur [K]
T_0	273,15 K = 0 °C
TP	Tüpfelplatte
t, ϑ	Temperatur [°C]
t_L, t_R, t_G	Lauf- bzw. Retentionszeiten bei der Gaschromatographie
τ_i	spektraler (lösungs-)interner Transmissionsgrad
U	Spannung [V]
UV	Ultraviolett
U_p	Konzentrationspolarisation
U_R	Spannung an einem *Ohm*schen Widerstand
u	Kurzzeichen für atomare Masseneinheit
$u^{\pm}$	Ionenbeweglichkeit [$cm^2 \cdot s^{-1} \cdot V^{-1}$]
V	Volumen
V_t, V_b	Maßlösungsvolumen bei Titration bzw. Blindtitration
V_n	normiertes Maßlösungsvolumen
V°	Volumen einer Gasmenge unter Standardbedingungen (bei p° und T_0)
ΔV	Volumendifferenz, -abnahme
W	Hydrodynamischer Widerstand
W	Meßgröße
w(X)	Massenanteil des Stoffes X an der Gesamtmasse
w^+, w^-	Wanderungsgeschwindigkeit von Ionen [$cm \cdot s^{-1}$]
x	Schichtdicke
x, y	Umsetzungskoeffizienten
z	Ionenzahl, Zahl der aufgenommenen oder abgegebenen Elektronen
z^*	Äquivalentzahl
Z	Zahl der reaktionsfähigen Teile

Verzeichnis der Wortabkürzungen

Für die hier verwendeten Wortabkürzungen wurde soweit wie möglich das Kürzungssystem des ,,Chemischen Zentralblattes“ verwendet. Der Plural wird bei Kürzungen durch Verdoppelung des Endbuchstabens ausgedrückt, also z. B. Lsgg. = Lösungen, Ndd. = Niederschläge u. a.

A.	Ethylalkohol, Ethanol	nachst.	nachstehend
Abb.	Abbildung	Nachw.	Nachweis
absol.	absolut	nasc.	nascierend (z. B. $H_{nasc.}$ für atomaren Wasserstoff)
App.	Apparat, Apparatur		
bes.	besonders	Nd.	Niederschlag
Best.	Bestimmung	OT	Objektträger
Bldg.	Bildung	p. a.	pro analysi
Darst.	Darstellung	Prod.	Produkt
Dest.	Destillation	Red.	Reduktion
dest	destillieren, destilliert	red.	reduzieren, reduziert
E.	Ether	Rk.	Reaktion
Einfl.	Einfluß	Sek.	Sekunde(n)
Einw.	Einwirkung	Sdp.	Siedepunkt
Entw.	Entwicklung	Smp.	Schmelzpunkt
F.	Filtrat, Zentrifugat	Std.	Stunde(n)
Fl.	Flüssigkeit	Temp.	Temperatur
fl.	flüssig	Tr.	Tropfen
frakt.	fraktioniert	u.	und
gesätt.	gesättigt	Unters.	Untersuchung
Ggw.	Gegenwart	V.	Vergrößerung
Gew.	Gewicht	Verb.	Verbindung
Herst.	Herstellung	verd.	verdünnt
Konz.	Konzentration	Verf.	Verfahren
konz.	konzentriert	Vers.	Versuch
krist.	kristallisiert	Vol.	Volumen
lösl.	löslich	vorst.	vorstehend
Lösungsm.	Lösungsmittel	W.	Wasser
Lsg.	Lösung	wäss.	wäßrig
Meth.	Methode	Z.	Zentrifugat
Min.	Minute(n)	Zers.	Zersetzung, Zerstörung

1. Allgemeiner Teil

Wie aus dem Vorwort schon hervorgeht, wendet sich die vorliegende „Einführung“ in das gesamte anorganische Praktikum hauptsächlich an diejenigen Studierenden, die Chemie in verstärktem Maße als Nebenfach betreiben. Jedoch wird die „Einführung“ auch dem Chemiestudenten an Hoch- und Fachschulen gute Dienste leisten. Im Gegensatz zum „Lehrbuch der analytischen und präparativen anorganischen Chemie“ waren bei der Gliederung des Stoffes der „Einführung“ vor allem pädagogische Gesichtspunkte (Aufbau der Gedankengänge aus dem Experiment) maßgebend.

Die praktischen Arbeiten auf dem Gebiet der anorganisch-analytischen Chemie haben in pädagogischer Hinsicht einen doppelten Zweck. Sie sollen einerseits dem Studierenden die für seine Ausbildung notwendigen Stoffkenntnisse vermitteln. Dieser Gesichtspunkt tritt um so stärker hervor, je geringer die Anforderungen an die chemische Ausbildung sind. Die Aufteilung des Stoffes in Form von Analysen hat hier nur den Zweck, eine größtmögliche Kontrolle über die Arbeitsweise des Studenten seitens des Assistenten zu gewährleisten. Andererseits sollen die praktischen Arbeiten eine Einführung in die analytische und präparative Methodik darstellen. Dies gilt besonders für Studenten, deren Beruf eine spätere Beschäftigung mit chemischen Problemen unbedingt notwendig macht.

Im Anschluß an diese Ausführung folgen zwei Kapitel theoretischer und praktischer Vorbemerkungen. Das erste Kapitel 1.1. bringt einige wesentliche Grundtatsachen der allgemeinen Chemie, deren nähere Erklärung den Rahmen einer „Einführung in das anorganisch-chemische Praktikum“ überschreitet, die jedoch das Fundament unseres heutigen chemischen Wissens bilden. Es handelt sich vor allem um das Gesetz der Erhaltung der Masse, die chemischen Grundgesetze, den Atom- und Molekülbegriff, die die Grundlage für die Aufstellung von Formeln und Gleichungen geben. Es folgen Gedanken über das Periodensystem der Elemente und den Aufbau der Materie. Das Ganze ist in einen geschichtlichen Rahmen gestellt. Man lese Näheres in den Lehrbüchern der anorganischen Chemie nach, und zwar betreffs der Grundgesetze usw. zu Beginn der Ausbildung, hinsichtlich des Periodensystems und des Aufbaus der Materie spätestens, wenn die entsprechenden Begriffe im Praktikumsbuch genannt werden.

Das Kapitel 1.2. gibt eine Anzahl praktischer Hinweise, deren Kenntnis für eine ordnungsgemäße und gefahrlose Durchführung der einzelnen Arbeitsoperationen Voraussetzung ist.

1.1. Theoretische Vorbemerkungen – Periodensystem der Elemente – Aufbau der Materie

Während geschichtlich gesehen die Physik – die Wissenschaft von den Naturerscheinungen ohne stoffliche Veränderung – im Gegensatz zur Chemie – der Wissenschaft von den Eigenschaften und der Umwandlung der Stoffe – seit frühen Zeiten (z. B. *Archimedes* † 212 v. Chr.) als eine exakte Naturwissenschaft mit mathematisch erfaßbaren Gesetzen zu bezeichnen ist, war die Chemie bis Ende des 18. Jahrhunderts vorwiegend eine auf empirischen Grundlagen beruhende beschreibende Naturwissenschaft.

Erst als der russische Gelehrte *Michail Lomonossow* (1711–1765) und dann der französische Chemiker *Antoine Lavoisier* (1743–1794) die Vorgänge bei der Verbrennung quantitativ mit der Waage verfolgten, trat in der Chemie die messende und quantitative Fragestellung in den Vordergrund. Beide entdeckten somit unabhängig voneinander das Gesetz von der Erhaltung der Masse:

Bei allen chemischen Umsetzungen bleibt die Gesamtmasse der Reaktionsteilnehmer erhalten.

Auf Grund des Massen-Energie-Äquivalenzgesetzes von *Albert Einstein* (1879–1955) wissen wir heute, daß das vorstehende Gesetz nur ein Grenzfall des allgemeinen Prinzips von der Erhaltung der Energie ist.

Durch Zusammenfassung zahlreicher quantitativer Untersuchungsergebnisse formulierte dann Anfang des 19. Jahrhunderts der französische Chemiker *Josèphe-Louis Proust* (1754–1826) das erste chemische Grundgesetz, das Gesetz von den konstanten Proportionen:

Zwei oder mehrere Elemente treten in einer Verbindung in einem ganz bestimmten Gewichtsverhältnis zusammen.

Das zweite chemische Grundgesetz, das Gesetz von den multiplen Proportionen von *John Dalton* (1766–1844), stellt nur eine Erweiterung des ersten dar:

Bilden zwei Elemente mehrere Verbindungen miteinander, so stehen die Gewichtsverhältnisse miteinander im Verhältnis kleiner ganzer Zahlen.

Die genannten Gesetze konnten in ihrem Wesensinhalt 1805 durch *Dalton* mit der Atomhypothese gedeutet werden:

Die chemischen Elemente (Grundstoffe, die chemisch nicht mehr zerlegt werden können) bestehen aus kleinsten Teilen, den Atomen. Die Atome verbinden sich in gewissen Zahlenverhältnissen zu den kleinsten Teilchen einer Verbindung, den Molekülen.

Der Beweis für das Auftreten von Molekülen wurde 1811 durch den italienischen Physiker *Amadeo Avogadro* (1776–1856) erbracht. Er stellte auf Grund von Untersuchungen an Gasen die nach ihm benannte Hypothese auf:

Gleiche Volumina idealer Gase enthalten bei gleichem Druck und gleicher Temperatur die gleiche Anzahl von Molekülen.

Erst diese Erkenntnisse gestatten die Aufstellung sinnvoller Formeln, Gleichungen und damit auch die Ermittlung von relativen Atommassen. Diese wurden lange Zeit auf die = 16,0000 gesetzte des Sauerstoffs bezogen.

Die Vielzahl der in der Zwischenzeit entdeckten Elemente regte die Forscher an, nach gemeinsamen Beziehungen zu suchen. Das Endergebnis war die Aufstellung des Periodensystems unabhängig voneinander durch *Lothar Meyer* (1830–1895) und *Dimitri Mendelejeff* (1834–1907) im Jahre 1869. Als Ordnungsprinzip diente das

Atomgewicht. Sie ordneten die Elemente mit Ausnahme von Wasserstoff mit steigendem Atomgewicht in mehrere untereinanderstehende Reihen (Perioden genannt), so daß chemisch ähnliche Elemente in senkrechten Gruppen untereinander standen.

Bei Einordnung der Elemente nach der relativen Atommasse zeigte sich jedoch, daß in einigen Fällen Umstellungen notwendig waren. Und zwar mußten Argon (39,948) und Kalium (39,098), Tellur (127,60) und Iod (126,90) sowie Cobalt (58,93) und Nickel (58,69) auf Grund ihrer chemischen Eigenschaften ausgetauscht werden.

Diese und andere Tatsachen wiesen darauf hin, daß das Atomgewicht kein eindeutiges Ordnungsprinzip darstellt und daß das Atom selbst nicht unteilbar ist. Hierzu gehören die Entdeckung der Ionisation verdünnter Gase im elektrischen Feld, wobei positiv geladene Teilchen (Kanalstrahlen, entdeckt 1886 von *Goldstein*) und negative Teilchen sehr kleiner Masse (Kathodenstrahlen, entdeckt 1858 von *Plücker*) entstehen, sowie vor allem die Entdeckung der Radioaktivität (*Becquerel* 1896). Die darauf folgenden grundsätzlichen Untersuchungen, die u. a. mit den Namen des Ehepaares *Curie* (*Marie Curie* 1867–1934; *Pierre Curie* 1859–1906) und *Ernest Rutherford* (1871–1937) verknüpft sind, ergaben ein vollständig neues Bild von dem Aufbau der Materie. So konnte z. B. gezeigt werden, daß α-Strahlen (Heliumkerne) Materie sehr leicht durchdringen, was auf erheblichen freien Raum hinwies. Vor allem begründet auf die Ablenkung der Bahnen der α-Strahlen bei Durchgang durch Materie und die Anwendung der Quantentheorie für die Deutung der Spektrallinien der Elemente (s. S. 66), entwarfen 1913 *Rutherford* und *Niels Bohr* (1885–1962) ein in der Zwischenzeit jedoch erheblich verfeinertes Atommodell:

Ein Atom besteht aus einem positiv geladenen Kern, der praktisch die Gesamtmasse darstellt, und einer Hülle mit einer konkreten Anzahl negativ geladener Elektronen.

Die Elektronen kreisen auf Bahnen (Orbitale) um den Kern, wie etwa die Planeten um die Sonne. Sie befinden sich auf Energieniveaus (Schalen), um den Kern in gesetzmäßiger Weise angeordnet. Bei einem neutralen Atom ist die Anzahl der positiven Kernladungen gleich der Gesamtzahl der Elektronen. Die Kernladungszahl ist identisch mit der Ordnungszahl des Elementes im Periodensystem.

Es gilt daher auf Grund unseres heutigen Wissens:

Unter einem Element versteht man einen Stoff, dessen Atome die gleiche Kernladung besitzen.

Vor allem die Vorgänge der Radioaktivität zeigen darüber hinaus, daß auch der Atomkern nicht unteilbar ist. Nachdem auf Grund der Arbeiten von *Chadwick* sowie *Bothe* und *Becker* 1932 das Neutron entdeckt worden war, ergab sich endlich folgendes Bild:

Der Atomkern besteht aus Protonen (ungefähre Masse 1, eine positive Elementarladung) und Neutronen (ungefähre Masse 1, keine Ladung). Die Anzahl der Protonen ist identisch mit der Kernladungszahl (Ordnungszahl) des Elementes. Alle Atome eines Elementes besitzen also die gleiche Protonenzahl im Kern, die Neutronenzahl kann jedoch unterschiedlich sein. Derart verschiedene Atomsorten nennt man Isotope. Unsere natürlichen Elemente stellen in vielen Fällen ein Isotopengemisch dar.

Kohlenstoff besteht aus 98,89% Kohlenstoff-12 und 1,11% Kohlenstoff-13. Auf Kohlenstoff-12 beziehen sich neuerdings chemische und atomphysikalische Einheiten:

Alle relativen Atom- und Molekülmassen beziehen sich auf die gleich 12,0000 gesetzte des Kohlenstoff-12. Der 12te Teil der Masse eines Atoms Kohlenstoff-12 ist die atomare Masseneinheit mit dem Kurzzeichen u. Die Anzahl Atome in 12 g Kohlenstoff-12 definiert die Teilchenzahl, aus denen die Stoffmenge 1 Mol besteht. Kurzzeichen der Einheit ist mol.

Wie theoretisch begründet werden kann, ist die Anzahl der auf den einzelnen Elektronenschalen maximal möglichen Elektronen gegeben durch die Zahlen 2×1^2, 2×2^2, 2×3^2, 2×4^2, allg. $Z = 2n^2$. Die erste Schale mit maximal 2 Elektronen wird K-Schale, die zweite mit 8 Elektronen L-Schale, die dritte mit 18 Elektronen M-Schale genannt.

Die chemischen Eigenschaften der Elemente werden weitgehend durch das Verhalten der Elektronen auf den äußeren Schalen bestimmt. So ergeben sich die Perioden der Hauptgruppenelemente durch sukzessiven Einbau der Elektronen in die äußerste Schale. Bei Helium ist mit 2, bei den anderen Edelgasen mit 8 Elektronen in der äußersten Schale ein besonders stabiler Zustand erreicht. Dagegen wird bei den Elementen mit den Ordnungszahlen 21–30 bzw. 39–48 bzw. 72–80 die noch nicht vollbesetzte 3., 4. bzw. 5. innere Schale mit Elektronen bis zur maximal möglichen Zahl ausgestattet. Diese Elemente werden als Übergangselemente oder Nebengruppenelemente bezeichnet (b-Gruppen im Langperiodensystem, s. S. 418).

Die Elektronenanordnung der Elemente gibt die Aufstellung auf Seite 419f. wieder.

Das Periodensystem, wie es heute vorliegt (s. S. 418) enthält 104 natürliche und künstliche Elemente. Aus der Stellung des jeweiligen Elementes in diesem System lassen sich eine große Anzahl für den Chemiker wichtiger Eigenschaften ableiten (s. S. 190ff.).

1.2. Praktische Vorbemerkungen

Die Chemie ist eine praktische Wissenschaft. Die zu ihrer Erkenntnis, Erforschung und Anwendung notwendigen und sich wiederholenden einfachen Handgriffe, die man am Anfang üben muß, sind im folgenden kurz beschrieben. Man sehe sich dieses Kapitel öfter während des späteren Arbeitens an, um sich die Regeln genauer einzuprägen.

1.2.1. Giftgefahren und Arbeitsschutz

Im Laboratorium wird mit Chemikalien gearbeitet, die bei ihrer Einwirkung auf den Organismus Erkrankungen oder Schädigungen hervorrufen können. Es gibt kaum eine Chemikalie, die nicht, in entsprechender Konzentration, schädigend wirkt. Diese Substanzen können über den Verdauungsweg, den Atemweg oder auch durch Resorption durch die Haut aufgenommen werden.

Bei den Chemikalien sind zu unterscheiden Ätz- bzw. Reizstoffe und Gifte. Die Gifte können eine sofortige (akute) Erkrankung hervorrufen. Teilweise treten aber auch sich erst später auswirkende (oft wesentlich ernstere) chronische Erkrankungen auf. Diese werden häufig durch Dauereinwirkung kleinster Mengen (z. B. durch Quecksilber- oder Bleidämpfe) hervorgerufen.

Die Aufnahme schädigender Chemikalien über den Verdauungskanal ist meistens auf Unachtsamkeit (Essen und Trinken am Arbeitsplatz, falsches Ansaugen der Pipetten) zurückzuführen. Weiterhin ist auf die mißbräuchliche Anwendung der Chemikalien (Erzeugung von Rauschzuständen, Selbstmordabsichten) hinzuweisen.

Zu den Ätz- und Reizgasen (Schädigung der Atmungsorgane) zählen u. a. die Halogene, die Halogenwasserstoffsäuren, Schwefeldioxid, Schwefeltrioxid, Ammoniak, Phosphorhalogenide. Als Gifte wirken u. a. Schwefelwasserstoff, Stickstoffoxide, Phosphorwasserstoff, Arsenwasserstoff, Kohlenoxid (Leuchtgas), Kohlenstoffdisulfid (Schwefelkohlenstoff), Cyanwasserstoff, Quecksilber- und Bleidämpfe sowie eine Anzahl in anorganischen Laboratorien benutzter organischer Verbindungen, wie z. B. Benzol, Anilin, Chloroform, Ether u. a.

Über die „Erste Hilfe bei Unfällen (Laienhilfe)" finden sich am Anfang des Buches (vor der Titelseite) einige Angaben.

1.2.2. Allgemeine Arbeitsregeln

Als praktische Konsequenzen ergeben sich für das Arbeiten im Laboratorium die folgenden allgemeinen Regeln:

Reaktionen mit giftigen und übelriechenden Stoffen dürfen nur unter einem gut ziehenden Abzug durchgeführt werden. Vor allem ist beim Arbeiten mit giftigen Gasen und Dämpfen größte Vorsicht geboten (z. B. beim Einleiten von Schwefelwasserstoff, Abrauchen von schwefliger Säure, Schwefelsäure, Salzsäure, Salpetersäure, Königswasser). Der geschlossene Abzug, der durch ein Arbeitsfenster bedient werden kann, bietet auch Schutz gegen verspritzende Substanzen (heftige Reaktion, Siedeverzug usw.) Die Augen sind durch eine splittersichere Schutzbrille beim Umgang mit explosiven Stoffen, heißen Säuren oder Laugen, sowie auch bei Umsetzungen in geschlossenen Apparaturen zu schützen. Beim Erhitzen von Flüssigkeiten im Reagenzglas darf dieses nur höchstens zu einem Drittel gefüllt sein, außerdem ist durch Schütteln ein Siedeverzug zu verhindern. Die Öffnung des Reagenzglases ist stets so zu halten, daß austretende Dämpfe oder Flüssigkeitsteile keine Personen treffen können. Für die Sauberhaltung des Arbeitsplatzes ist Sorge zu tragen. Verspritzte Chemikalien sind sofort in geeigneter Weise zu entfernen. Konzentrierte Säuren oder Basen werden neutralisiert und die Flüssigkeit anschließend aufgewischt. Konzentrierte Säuren oder Basen gehören auch erst nach dem Verdünnen in den Ausguß, da sonst die Bleiteile stark angegriffen werden. Quecksilberreste zerstören die Bleirohre! Weiterhin gehören Filter, Zigarettenreste usw. nicht in den Ausguß.

Beim Verdünnen konzentrierter Schwefelsäure ist diese stets in Wasser, nie umgekehrt Wasser in konzentrierte Schwefelsäure zu gießen! Sonst besteht die Gefahr des Verspritzens infolge starker Erhitzung.

Verspritzte Quecksilberteilchen sind sofort unschädlich zu machen. Dies geschieht entweder durch Einsammeln (Quecksilberzange, Einsaugen in eine Quecksilberpipette u. a.) oder durch chemische Umsetzung (Zinkpulver, Iodkohle). Aus Alkalicyaniden entsteht bei Einwirkung von Säure Cyanwasserstoff. Diese Chemikalien dürfen daher nicht ohne weiteres in den Ausguß gegeben werden!

Jede Apparatur ist exakt und sauber aufzubauen. Jedes Glasrohr soll gerade eingesetzt sein, jede Waschflasche fest aufgebaut und jeder Korken senkrecht durchbohrt sein.

Die meisten Reaktionen lassen sich mit kleinen Substanzmengen durchführen. Es genügen kleine Reagenzgläser, die nur mit 1 ml Lösung oder 0,1 g fester Substanz gefüllt sind. Man spart beim Eindampfen, Kristallisieren oder Filtrieren viel Zeit.

Eine Reagenzlösung wird im allgemeinen tropfenweise hinzugesetzt bis zum Ende der Reaktion. Ein zu großer Überschuß schadet häufig. Feste Stoffe entnimmt man nur mit einem sauberen Spatel oder Löffel der Pulverflasche, deren Stopfen man umgekehrt auf den Tisch legt. Beim Ausgießen einer Flüssigkeit hält man die Flasche so, daß beim Herunterfließen von Flüssigkeitstropfen die Beschriftung nicht beschädigt wird.

Es kommt öfter vor, daß sich Flaschen mit Glasstopfen nicht öffnen lassen. Durch Klopfen mit einem hölzernen Gegenstand an den Stopfen, durch vorsichtiges Erwärmen des Flaschenhalses mit fächelnder Flamme oder durch Eintauchen der Flasche in warmes Wasser läßt sich der Stopfen lokkern.

1.2.3. Trennung durch Kristallisation oder Niederschlagsbildung, Destillation, Eindampfen

Bei den chemischen Operationen erfolgt die Trennung und häufig auch Reinigung vieler Stoffe durch Fällen oder Kristallisieren. Das Fällen wird in der Regel in der Hitze vorgenommen, um das Fällungsprodukt kompakter und somit leichter filtrierbar zu erhalten. Beim Kristallisieren benutzt man zur Darstellung bestimmter Präparate die Eigenschaft, daß diese häufig in der Hitze stärker löslich sind als in der Kälte. Man stellt gewöhnlich eine heiß gesättigte Lösung her, aus der sich beim Abkühlen die Kristalle ausscheiden. Stoffe, auf deren Löslichkeit die Temperatur keinen großen Einfluß hat, kristallisieren nach Abdunsten des Lösungsmittels aus.

Häufig ist zur Reinigung Umkristallisieren erforderlich, d. h. der Niederschlag wird nach Abtrennung von der Mutterlauge in wenig reinem Lösungsmittel in der Wärme gelöst. Beim Erkalten scheidet er sich wieder ab, wobei der größere Teil der Verunreinigungen in der Lösung verbleibt. Dieser Vorgang kann mehrfach wiederholt werden, wobei zwar die Ausbeute sinkt, die Reinheit jedoch zunimmt.

Die Abtrennung des Niederschlags (s. auch S. 11f.) oder der Kristalle von der Lösung (Mutterlauge) geschieht durch Zentrifugieren, Filtrieren oder Absaugen. Leicht absetzbare Niederschläge reinigt man durch Dekantieren, d. h. durch Abgießen der überstehenden Flüssigkeit, erneutes Zugeben von Waschflüssigkeit und nochmaliges Dekantieren, nachdem vorher gründlich durchgemischt worden ist. Kleine Niederschlagsmengen und schwer filtrierbare Niederschläge werden durch Zentrifugieren angesammelt.

Zum Filtieren dienen Filter, deren Größe sich nach der Menge des zu filtrierenden Niederschlags richtet. Die Größe des Trichters muß so ausgewählt werden, daß etwa 1 cm des Randes frei bleibt. Das Filter, das durch zweimaliges Falten eines runden Filtrierpapiers hergestellt wird, ist trocken einzulegen, mit destilliertem Wasser zu befeuchten und an seiner Randpartie sorgfältig an den Trichter anzudrücken, damit zwischen Filter und Trichterwand keine Luftblasen hindurchgehen können. Für größere Flüssigkeitsmengen sind Faltenfilter vorzuziehen. Für schleimige Niederschläge empfiehlt sich oft die Anwendung eines sog. „Schnellauftrichters". In diesem wird mit hängender Wassersäule filtriert. Hierzu wird der kreisförmige Rand des Filterpapiers, das oben am Trichter anliegt, so abgerissen, daß der glatte Papierrand entfernt wird Das so vorbehandelte Filterpapier wird in den mit Wasser gefüllten Trichter eingesetzt und das Papier an den oberen Rand des Trichters angepreßt. Hierdurch wird das Leerlaufen des Trichters und des Trichterrohres wirksam verhindert. Ein in diesem Trichter filtrierter Niederschlag [etwa $Fe(OH)_3$ oder $Al(OH)_3$] läßt sich erheblich schneller filtrieren als in einem gewöhnlichen Trichter. Neben Filtern aus Papier finden in steigendem Maß auch andere Materialien, insbesondere Glassinterplatten (Fritten), Verwendung.

Das Filter wird nie ganz voll gegossen, damit die Flüssigkeit nicht über den Rand steigt. Nachdem das Filtrat fast abgetropft ist, beginnt man mit dem Auswaschen des

Niederschlages. Man muß mit wenig Wasser aus einer Spritzflasche (s. Abb. 1.) mehrmals auswaschen und jedesmal möglichst weitgehend auslaufen lassen. Das Waschwasser wird beim qualitativen Arbeiten verworfen.

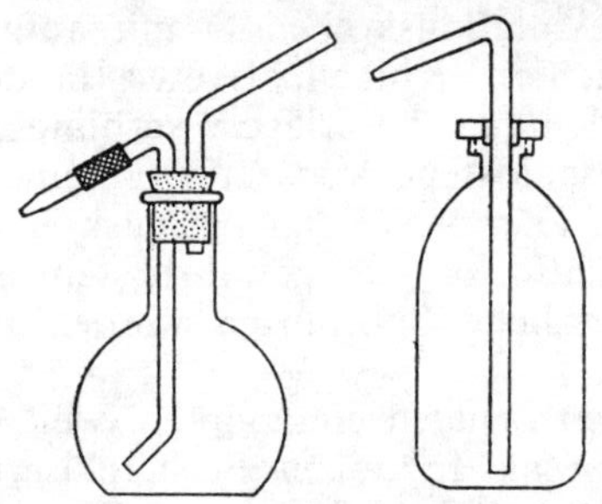

Abb. 1. Spritzflasche
a) aus Glas und b) aus Polyethylen

Für präparative Arbeiten ist zur Trennung von Flüssigkeit und festen Stoffen das Absaugen durch einen Büchner-Trichter (Nutsche) besonders geeignet. Das Filtrat wird in einer Saugflasche aufgefangen, die zur Erzeugung eines Unterdruckes an die Wasserstrahlpumpe angeschlossen ist. Die dafür zu verwendende Apparatur (Abb. 2.) besteht aus der Filtriereinrichtung F, dem Manometer M und der Sicherheitsflasche S (*Woulf*esche Flasche).

Der Niederschlag läßt sich in den meisten Fällen durch Auftropfen des warmen Lösungsmittels vom Filter lösen. Weiterhin kann man auch Filter nebst Niederschlag

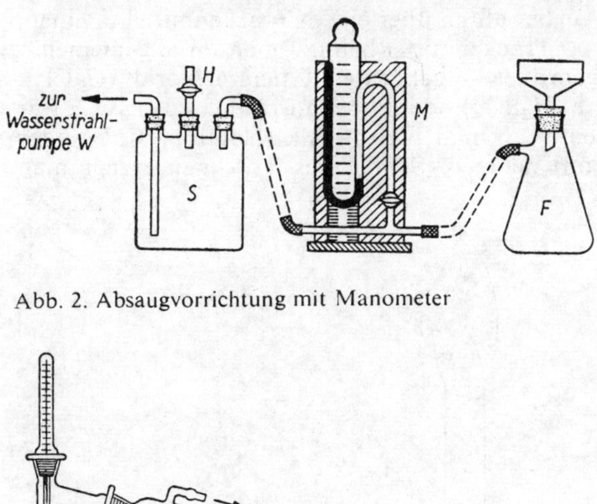

Abb. 2. Absaugvorrichtung mit Manometer

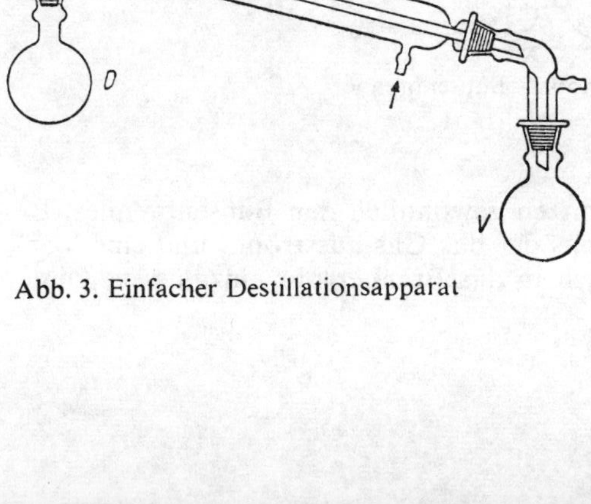

Abb. 3. Einfacher Destillationsapparat

aus dem Trichter entfernen, das Filter öffnen und den Niederschlag in eine Porzellanschale abklatschen, wobei das Filter oben liegen muß. Man trocknet dann durch Auflegen von frischem Filtrierpapier und zieht die Filter ab.

Um Stoffe durch Destillation voneinander zu trennen, bedient man sich der in Abb. 3. skizzierten Destillationsapparatur: Ein Destillationskolben D mit aufgesetztem Thermometer, dessen Quecksilberkuppe sich im Kolbenhals etwa in der Höhe des Ansatzrohres befindet, ist mit dem Kühler K und der Vorlage V verbunden. Bei giftigen Dämpfen nimmt man am besten eine geschlossene Apparatur mit einem Vakuumvorstoß (zwischen K und V) und leitet die Dämpfe in den Abzugskamin. Erbsengroße Stücke aus gebranntem Ton im Destillationskolben gewährleisten ein stoßfreies Sieden. Hochsiedende oder leicht zersetzliche Substanzen werden im Vakuum destilliert (Abb. der Apparatur s. S. 177).

Im allgemeinen wird man Flüssigkeiten in flachen Schalen eindampfen, weil in diesen die Verdampfungsgeschwindigkeit größer ist als in hohen Bechergläsern. Scheidet sich beim Eindampfen ein fester Körper aus, so erhitzt man auf dem Wasserbad oder von oben mit einem elektrischen Infrarotstrahler weiter, um das Verspritzen und Zersetzen des Rückstandes durch Überhitzen zu vermeiden.

1.2.4. Trocknen, Trockenmittel

In der einfachsten Form kann man Kristalle, die aus einer Lösung abgeschieden wurden, durch Abpressen zwischen mehreren Lagen von Filterpapier trocknen, während schmierige Niederschläge auf einem Teller aus unglasiertem Ton ausgebreitet werden. Die letzten Reste anhaftenden Lösungsmittels sind durch Erhitzen in einem Trockenschrank oder durch Aufbewahren über einem Trockenmittel in einem Exsikkator (Abb. 4.) zu entfernen. Als Trockenmittel benutzt man im allgemeinen – nach zunehmender Wirksamkeit geordnet – gekörntes Calciumchlorid ($CaCl_2$), Silicagel, konzentrierte Schwefelsäure (H_2SO_4) oder Phosphorpentaoxid (P_2O_5). Für Stoffe, die leicht Ammoniak abgeben, muß man Natronkalk ($NaOH + CaO$) oder Natriumhydroxid ($NaOH$, Ätznatron) nehmen. Schnelleres Trocknen erzielt man durch Evakuieren des Exsikkators.

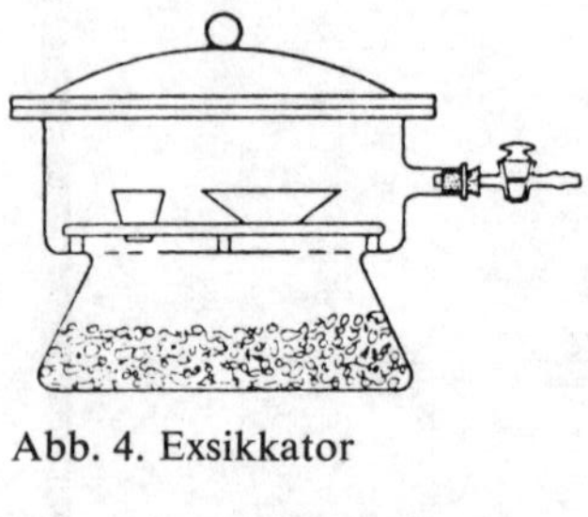

Abb. 4. Exsikkator

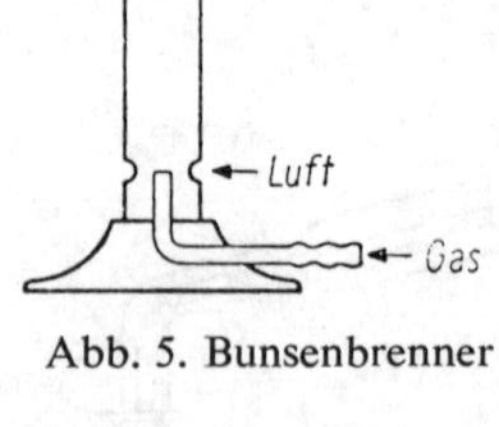

Abb. 5. Bunsenbrenner

1.2.5. Erhitzen

Im Laboratorium benutzt man zum Erhitzen gewöhnlich den Bunsenbrenner. Er enthält in seinem unteren Teil eine Düse, aus der das Gas ausströmt, und eine Vorrichtung, um Luft in verschiedenen Mengen in das Brennerrohr einzulassen. Ohne

Luftzufuhr erhält man eine „leuchtende“ Flamme. Ein Teil der Kohlenwasserstoffe wird dabei zunächst nur zu Kohlenstoff und Wasser verbrannt (oxidiert); bei der Flammentemperatur leuchten die gebildeten festen Kohlenstoff- (Ruß-)Teilchen. Leicht Sauerstoff abgebende Substanzen werden in der leuchtenden Flamme reduziert.

Bei Luftzutritt verbrennen die Kohlenwasserstoffe und alle anderen im Leuchtgas enthaltenen brennbaren Gase vollständig zu Kohlendioxid und Wasser. Die entstehende „nichtleuchtende“ Flamme läßt mehrere Verbrennungszonen erkennen (vgl. Abb. 5.): den unteren (1) und den oberen Oxidationsraum (2), den unteren Reduktionsraum (3). Bei geringem Luftzutritt (leuchtende Flamme) liegt bei 4 der sogenannte obere Reduktionsraum. Die heißeste Stelle der Flamme befindet sich etwa bei 5. Der äußere Rand des Flammenkegels wirkt oxidierend, während der innere reduzierend wirkt.

Ist die Luftzufuhr zu groß oder der Gasdruck zu klein, so schlägt der Brenner durch, d. h., das Gas brennt im Innern des Brennerrohres an der Gasaustrittsdüse. In diesem Fall muß die Gaszufuhr sofort abgestellt werden. Nach dem Erkalten des Brenners stellt man dann die Luftzufuhr etwas kleiner oder vergrößert die Gaszufuhr.

Für höhere Temperaturen wird ein Gebläse-Brenner benutzt, bei dem die Luft in komprimierter Form zugeführt wird. Noch höhere Temperaturen erreicht man mit dem Sauerstoff-Gebläse. Für viele Zwecke sind auch elektrische Öfen (Tiegel-, Röhren- oder Muffelöfen) geeignet, die den Vorteil der besseren Temperaturregelung haben. Für Temperaturen bis 1 200 °C verwendet man Widerstandsöfen mit Drahtwicklung aus Chrom-Aluminium-Eisen-Legierung. Darüber bis 1 500° finden Platinmetalle als Wicklungsdraht Verwendung.

1.2.6. Glasbearbeitung

Im chemischen Laboratorium sind sehr viele Operationen in Glasapparaten durchzuführen. Man erlerne daher möglichst bald die einfachsten Arten der Glasbearbeitung. Die hauptsächlichsten Arbeitsoperationen sind:

a) Schneiden

Das Rohr wird mit einem scharfen Glasmesser zu einem Viertel seines Umfanges an der gewünschten Stelle eingeschnitten. Nun wird das Rohr so gefaßt, daß der Schnitt so zwischen beiden Händen liegt, daß er gegen die Brust gekehrt ist. Durch leichtes Ziehen und Biegen wird das Glasrohr auseinander gesprengt.

b) Rundschmelzen

Zerteilte oder abgesprengte Glasrohre oder -stäbe sind an den Schnittkanten scharf. Ihre Enden müssen daher rundgeschmolzen werden. In leuchtender Flamme und bei gleichmäßiger Drehung wird das Rohrende erwärmt, so daß die Kanten erweichen. Je weiter das Rohr ist, desto vorsichtiger muß die Erwärmung vor sich gehen.

c) Glasrohr biegen

Um das Rohr an der gewünschten Stelle zu biegen, wird ein größerer Teil unter gleichmäßigem Drehen erwärmt. Hierbei ist es erforderlich, daß beide Hände im gleichmäßigen Rhythmus drehen, die rechte Seite des Rohres geschlossen ist und dann die linke Öffnung zum Mund geführt wird. Nun wird das Rohr gebogen und durch Hineinblasen an der Stelle wieder aufgeweitet, an der durch das Biegen eine Verengung des Querschnitts erfolgt ist.

d) Ampullen abschmelzen

Zum Einschmelzen von festen Substanzen und hochsiedenden Flüssigkeiten nimmt man ein normales Reagenzglas, das nur zu einem Drittel gefüllt werden darf. An das Reagenzglas setzt man zur bequemeren Handhabung ein gleichkalibriges Glasrohr an. Das Abschmelzen erfolgt kurz unterhalb der Ansatzstelle, und zwar so, daß man unter gleichmäßigem Drehen erhitzt, das Glas zusammenfallen läßt und schließlich zu einer dünnen Kapillare auszieht. Diese wird mit spitzer Flamme endgültig abgeschmolzen. Bei Einschmelzen von Flüssigkeiten mit hohem Dampfdruck ist zu empfehlen, die

Kapillare vor dem Eingießen in das Reagenzglas fertigzustellen. Nach Kühlung im Kältebad wird die Kapillare zugeschmolzen.

Das Öffnen gefüllter Ampullen muß unter größter Vorsicht erfolgen (Schutzbrille!). Zuerst wird mit dem Handgebläse die Spitze der Kapillare erwärmt, bis das erweichte Glas durch den Überdruck in der Ampulle aufgerissen wird. Anschließend wird der Kapillaransatz eingeritzt und abgesprengt.

Beim Schließen und Öffnen von Bombenrohren ziehe man einen Fachmann hinzu. Bei unsachgemäßem Öffnen der Bombenrohre entweicht der Überdruck explosionsartig.

1.2.7. Behandlung von Platingeräten

Glühende Platingeräte dürfen niemals mit Metallen und ebensowenig mit Kohlenstoff, Phosphor, Schwefel und freien Halogenen in Berührung gebracht werden, da mit diesen leicht Legierungen bzw. Verbindungen gebildet werden. Auch Verbindungen leicht reduzierbarer Metalle, wie Gold, Silber, Blei, Zinn, Bismut, Arsen, Antimon oder Sulfide und Phosphate in Gegenwart reduzierender Substanzen greifen in der Schmelze oder beim Glühen Platin an. Durch die leuchtende, also Kohlenstoff enthaltende Flamme und ebenso durch den inneren blauen Kegel der Bunsenflamme entstehen Platinkohlenstofflegierungen, die den Tiegel brüchig machen.

Platintiegel sind beim Glühen auf ein Ton-, Quarz-, Platindraht- oder Nickeldrahtdreieck zu stellen. Um ihn zu reinigen, kann man den Platintiegel mit feinstem Sand vorsichtig ausscheuern; besser schmilzt man in ihm Kaliumhydrogensulfat. Auch kann man ihn mit Salzsäure oder Salpetersäure auskochen, aber auf keinen Fall mit einem Gemisch beider Säuren, da dieses das Platin löst. Über die Behandlung von Platinelektroden s. S. 356f.

1.2.8. Behandlung physikalischer Apparate

Für die verschiedenen analytischen und präparativen Arbeiten wird eine Anzahl physikalischer Apparate benötigt, wie Mikroskop, Spektroskop, elektrische Meßinstrumente, Widerstände, elektrische Öfen u. dgl. Diese meist teuren und empfindlichen Instrumente müssen sauber gehalten werden. So achte man beim Mikroskop besonders darauf, daß das Objektiv nicht in die auf dem Objektträger befindliche Flüssigkeit eintaucht. Ein Brenner darf nie so nahe an einen Spektralapparat gebracht werden, daß dieser heiß wird. Bei allen Arbeiten mit physikalischen Apparaten beachte man stets genau die vom Hersteller angegebenen Vorschriften.

1.2.9. Arbeitstechnik und Geräte der Halbmikroanalyse

Im Vergleich zur Makroanalyse werden in der HM-Technik zusätzlich einige apparative Hilfsmittel benötigt, wie Zentrifuge, Mikroskop und Tüpfelplatte. An Zentrifugen und Mikroskopen sind verschiedenste Ausführungen im Handel. Bei Verwendung eines Mikroskops ist ein Vergrößerungsverhältnis von 1 : 100 oder 1 : 200 völlig ausreichend.

In der HM-Technik sind Vergleichs- und Blindproben unerläßlich. Will man eine bestimmte Kristallform zum Nachweis einer Substanz benutzen, so muß zum Vergleich vorher oder auch gleichzeitig mit der reinen Substanz die entsprechende Kristallform auf dem Objektträger gezüchtet werden. Nachweis und Vergleichsprobe können auf demselben Objektträger, aber an verschiedenen Stellen ausgeführt werden. Das gleiche gilt für Reaktionen auf der Tüpfelplatte. Die im Anhang dieses Buches wiedergegebenen Kristallaufnahmen dienen nur als Gedächtnisstütze. Grundsätzlich kann auf die Ausführung von Vergleichsproben nicht verzichtet werden. Erst wenn diese Vorschrift beachtet wird, kann die große Schnelligkeit und eindeutige Identifizierungsmöglichkeit der HM-Technik voll ausgenutzt werden.

Das in der HM-Analyse übliche Arbeiten mit Substanzmengen von etwa 10–100 mg und Volumina von etwa 0,5–5 ml erfordert noch einige besondere Geräte, die im folgenden beschrieben werden, wobei auch, soweit erforderlich, auf die Arbeitstechnik bei ihrer Anwendung kurz eingegangen wird.

Da in der HM-Analyse Flüssigkeiten fast ausnahmslos nach Tropfen dosiert werden, sind für Lösungen Reagenzienflaschen aus Polyethylen mit aufgesetztem Tropfrohr und einem Fassungsvermögen von 30–50 ml besonders zu empfehlen. Konzentrierte Säuren (H_2SO_4, HNO_3, HCl, H_3PO_4) und leichtflüchtige organischen Lösungsmittel (CS_2, Ether, Methanol, Ethanol) werden am besten in Glasflaschen mit eingeschliffener Tropfpipette aufbewahrt. Auch für die Aufbewahrung fester Substanzen sind Flaschen aus Polyethylen mit Schraubverschluß hervorragend geeignet. Selbstverständlich können aber auch die herkömmlichen Pulverflaschen aus Glas verwendet werden. Reagenzien, von denen nur sehr kleine Mengen benötigt werden, werden zweckmäßig in Präparategläschen von etwa 2–3 ml Inhalt mit Polyethylenverschluß aufbewahrt.

Das Zusammenfügen der Reagenzlösungen beim Arbeiten erfolgt, falls sich diese nicht in Tropfflaschen befinden, mit Hilfe von Tropfpipetten, die mit Saugbällen aus Polyethylen oder Gummi versehen sind. Die Pipetten sind stets unmittelbar nach Gebrauch sorgfältig mit destilliertem Wasser zu reinigen. Zum Abtropfen der Pipetten dient ein in der Abb. 6 wiedergegebener Glaszylinder mit eingelegter Siebplatte. Zur Entnahme von Lösungen sind ferner auch an den Enden abgeschmolzene Glasstäbchen von 2 mm Durchmesser in entsprechender Länge gut geeignet.

Im allgemeinen wird man sich in der HM-Analyse zur Abtrennung von Niederschlägen einer Zentrifuge bedienen. Die erforderlichen Zentrifugengläser müssen dickwandig sein und eine lang ausgezogene konische Verjüngung nach der Spitze aufweisen. Durch die starke Verjüngung ist bei kleinen Niederschlagsmengen eine bessere Beurteilung von Menge und Farbe möglich. Die Gläser sollen aus Jenaer Glas sein. Sie dürfen nur im Wasserbad erhitzt werden, um ein Springen des Glases beim Zentrifugieren zu vermeiden. Es sind immer zwei gleiche Gläser in die Zentrifuge einzusetzen, die nach Augenmaß bis zur gleichen Höhe zu füllen sind; und zwar ein Glas mit der zu zentrifugierenden Lösung, das andere mit Wasser. Bei schnell laufenden Zentrifugen muß die Gewichtsgleichheit beider Seiten mit einer Waage überprüft werden.

Gelegentlich kommt es vor, daß auch durch längeres Zentrifugieren keine vollständige Sedimentation der suspendierten Teilchen zu erzwingen ist. In diesem Falle ist es unvermeidlich, die Lösung zu filtrieren. Hierfür kann eine *Hahn*sche Filternutsche empfohlen werden. Die Nutsche besteht aus dem zylindrischen Oberteil A aus Jenaer Glas, der als Filterplatte dienenden Scheibe aus Sinterglas B (∅ etwa 10 mm) und der trichterartigen Auflage C für die Filterplatte. Vor Gebrauch wird das Gerät in der in Abb. 7. angegebenen Art zusammengesetzt. Die Einzelteile werden

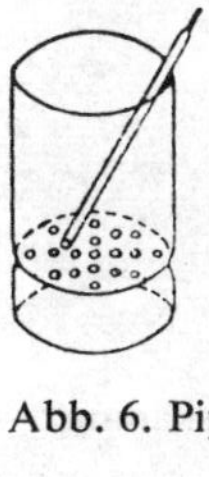

Abb. 6. Pipettentrockner

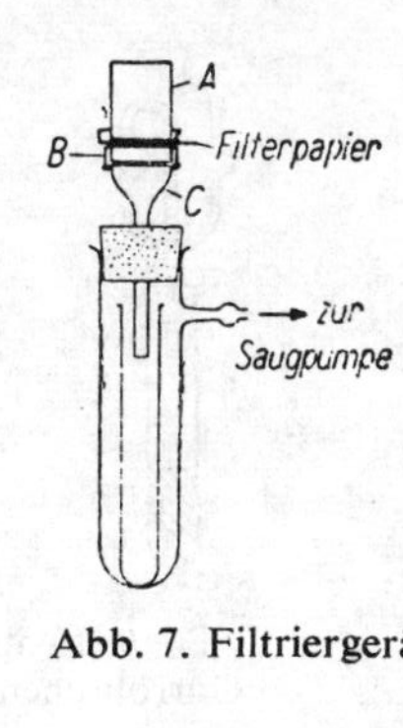

Abb. 7. Filtriergerät mit *Hahn*scher Nutsche

durch den von der Saugpumpe innerhalb des Filtersystems erzeugten Unterdruck zusammengehalten. Eventuell weiter zu verarbeitende Niederschläge können nun leicht mit dem Spatel von der Platte abgehoben oder mit der Spritzflasche abgespritzt werden.

Die Filterplatten haben genormte Porenweiten: G 1 > G 2 > G 3 > G 4. Die Wahl der Porenweite richtet sich nach dem Dispersionsgrad des Niederschlages. Da man bei einer qualitativen Analyse häufig nicht übersehen kann, welche Niederschläge gebildet werden und unter welchen Fällungsbedingungen sie entstehen, empfiehlt es sich, von vornherein die Größe G 4 zu verwenden, die auch feinste Niederschläge, wie z. B. $BaSO_4$ quantitativ zurückhält. Bei kolloidalen Suspensionen legt man ein Scheibchen Membranfilter auf die Filterplatte, desgleichen bei Gegenwart größerer Mengen von schleimigen Niederschlägen, wie z. B. $Fe(OH)_3$, Kieselsäuregel, $Al(OH)_3$ usw., da letztere sowohl die Filterplatte als auch Filterpapier in kürzester Zeit verstopfen. Im allgemeinen lassen sich aber gerade schleimige Niederschläge durch Zentrifugieren leicht entfernen.

In der HM-Analyse kommt es häufig vor, daß im Verlauf einer Nachweisreaktion, die mit einem Tropfen durchgeführt wird, eine Filtration notwendig ist, bei der lediglich das Filtrat weiter geprüft werden soll. In diesem Falle bedient man sich der in Abb. 8 wiedergegebenen Anordnung. Ein Tropfen der zu prüfenden Lösung wird auf dem Objektträger mit einem Tropfen Reagenzlösung versetzt, wobei sich ein Niederschlag bildet. Nun wird an den Rand des Tropfens ein kleines Stück Filterpapier gelegt, auf das dem Tropfen abgekehrte Ende des Papiers ein Kapillarrohr mit seinem plangeschliffenen Ende fest aufgesetzt und die Lösung vorsichtig in das Kapillarrohr eingesaugt, wobei der in ihr suspendierte Niederschlag vom Filterpapier zurückgehalten wird. Nach dieser Operation wird das Kapillarrohr von dem Papier abgehoben und die klare Lösung zur weiteren Prüfung auf den Objektträger oder die Tüpfelplatte geblasen.

Zur Ausführung von Reaktionen im HM-Maßstab werden, soweit diese nicht auf Objektträgern oder der Tüpfelplatte erfolgen, Reagenzgläser von etwa 8–10 mm ∅ und 80–100 mm Länge aus Jenaer Geräteglas verwendet. Zum Nachweis von Gasen ist das in Abb. 9 dargestellte Gärröhrchen und für Gase oder schwerer flüchtige Dämpfe (z. B. CrO_2Cl_2) die in der Abb. 10. skizzierte Mikrogaskammer besonders geeignet. Sie besteht aus 2 Objektträgern und einem 10 mm hohen Ring, der aus einem Glasrohr von etwa 15 mm ∅ geschnitten wird. Der Ring ist an beiden Enden plangeschliffen. Bei der Anwendung wird ein Probetropfen auf den unteren Objektträger aufgetropft und der Glasring so aufgesetzt, daß der Tropfen von ihm umschlossen wird. Dann wird die zur Gasentwicklung erforderliche Menge Reagenzlösung zugesetzt und der Glasring mit dem zweiten Objektträger abgedeckt. Am zweiten

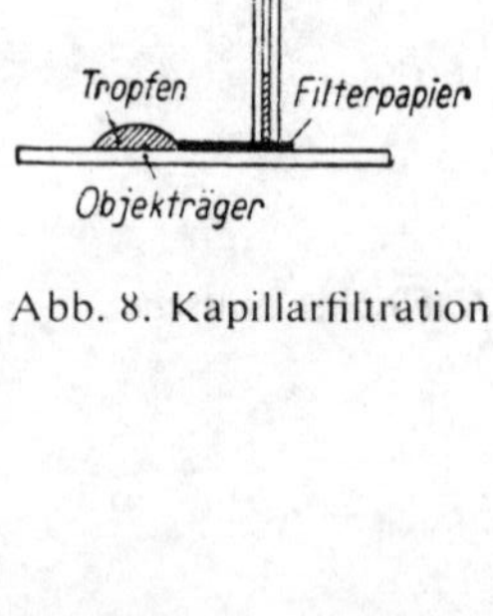

Abb. 8. Kapillarfiltration

Abb. 9. Reagenzglas mit Gärröhrchen

Abb. 10. Mikrogaskammer

Objektträger hängt ein Tropfen einer zum Nachweis des gesuchten Gases geeigneten Reagenzlösung. Nun wird der untere Objektträger vorsichtig erwärmt (Luftbad). Die sich entwickelnden Gase werden von dem Tropfen am Deckglas absorbiert und können dort durch weitere Reaktionen nachgewiesen werden.

Zum Betrachten von Kristallen unter dem Mikroskop genügen die üblichen Objektträger vom Format 76 × 26 mm aus Thüringer Glas. Sie dürfen keinesfalls über freier Flamme erwärmt werden, da sie dabei leicht infolge lokaler Überhitzung zerspringen. Zum Eindampfen von Tropfen wird der Objektträger entweder von oben mit dem Infrarotstrahler bestrahlt, oder man erwärmt in einem Luftbad, das sich sehr einfach aus einem Drahtnetz, welches etwa 2 cm über einer elektrischen Kochplatte angebracht ist, herstellen läßt. Durch Heben oder Senken des Drahtnetzes läßt sich die Heizintensität beliebig variieren. Es muß hierbei sorgfältig beachtet werden, daß nicht bis zum völlig trockenen Zustand eingeengt wird (von wenigen Ausnahmen abgesehen), weil sich in diesem Fall ein Gemisch verschiedenster Kristalle bildet. Es muß immer noch etwas Mutterlauge vorhanden sein, aus welcher sich die Kristalle abscheiden sollen. Je ungestörter und langsamer die Kristalle wachsen können, desto größer werden sie und desto typischer kann sich ihre Gestalt ausbilden, nach welcher sie beurteilt werden sollen. Erzwungenes Kristallisieren durch überhastetes Einengen führt zu falschen Ergebnissen.

Von den im Handel befindlichen Mikrobrennern können nur solche Ausführungen empfohlen werden, die eine Manschette oder einen Schraubring zur Regulierung der Luftzufuhr nach Art des Bunsenbrenners aufweisen.

Ein Aufschluß erfolgt in der HM-Analyse häufig nicht in einem Tiegel, sondern in der Öse eines Platindrahtes. An Stelle des Platindrahtes kann fast immer ein hitzebeständiger Chromnickeldraht benutzt werden, wie er in elektrischen Geräten als Heizwiderstand verwendet wird. Zur Ausführung des Aufschlusses nimmt man mit der glühenden Öse die Mischung aus Aufschlußmittel und aufzuschließendem Material auf und glüht die flüssige Perle im Bunsenbrenner etwa eine Minute lang. Sie wird dann im glühenden, flüssigen Zustand zur Weiterverarbeitung in einen Mörser abgeschlagen.

Sonstige Geräte, die keiner weiteren Erläuterung bedürfen, sind:

1 Spritzflasche aus Polyethylen, 500 ml,
1 Tüpfelplatte aus Glas oder Porzellan,
1 Porzellanschale, ∅ etwa 100 mm,
2 Porzellanschalen, ∅ etwa 30 mm,
3 Porzellantiegel, etwa 20 mm hoch, ∅ etwa 15 mm,
1 Mörser, Inhalt ca. 2–3 g,
1 Abtropfgestell für kleine Reagenzgläser,
5 Uhrgläser,
einige Glasstäbe,
1 Meßzylinder,
Filterpapier, Reagenzpapier, Glühröhrchen, Pinzette, Watte, Reagenzglashalter, Infrarotstrahler.

2. Qualitativer und präparativer Teil

Der qualitative und präparative Teil hat vor allem die Aufgabe, an Hand praktischer Versuche (Analysen und Präparate) ein notwendiges chemisches Grundwissen zu vermitteln. Daher wird das zu besprechende Element zunächst durch einen allgemein gehaltenen Absatz charakterisiert.

Dieser enthält:

a) Name des Elements, Elementsymbol, relative Atommasse, wichtigste Oxidationsstufen (Titelzeile),
b) Vorkommen und Häufigkeit des betreffenden Elementes,
c) Darstellung,
d) technische Verwendung von Element und Verbindungen,
e) allgemeine chemische Eigenschaften.

Der Versuchsteil folgt auf den allgemeinen Teil. Er ist aufgeteilt in:

a) allgemeine Reaktionen und Präparate,
b) Vorproben,
c) Nachweise.

An geeigneten Stellen des Buches sind Kapitel eingeschaltet, die sich mit den allgemeinen Zusammenhängen des PSE, den wichtigsten theoretischen Grundlagen usw. beschäftigen.

Der praktischen Ausbildung entsprechend ist der „Qualitative und präparative Teil" gegliedert in:

2.1. Grundsätzliches
Dieses Kapitel enthält einige Hinweise über den qualitativen Nachweis von Ionen sowie über die Darstellung von Präparaten und stellt sinngemäß eine Ergänzung zu Kapitel 1.2. dar.

2.2. Die wichtigsten Nichtmetalle und einige ihrer Verbindungen
Hier werden vor allem die Elemente behandelt, deren Anionen häufig in der Analyse vorkommen (Cl^-, S^{2-}, SO_4^{2-}, NO_3^-, PO_4^{3-}, CO_3^{2-}).

2.3. Die Metalle und ihre Verbindungen
Dieses Kapitel beschränkt sich bewußt auf die Elemente des sog. „Schultrennungsganges", Na, K, NH_4^+, Mg, Ca, Sr, Ba, Ni, Co, Fe, Mn, Al, Cr, Zn, Hg, Pb, Bi, Cu, Cd, As, Sb, Sn, Ag sowie nur wenige „Seltene" (d. h. in der Analyse seltener vorkommende) Elemente wie Ti, V, Mo, W (Stahlveredler) und U.

2.4. Nichtmetalle, spezieller Teil
Dieses Kapitel enthält u. a. Angaben über den Nachweis von F^-, Br^-, I^-, SO_3^{2-}, $S_2O_3^{2-}$, NO_2^-, Silicate, H_3BO_3, CH_3COO^-, $C_2O_4^{2-}$, CN^- und SCN^-.

Der aufgeführte Trennungsgang entspricht im Prinzip dem, der vor ca. 100 Jahren von *C. R. Fresenius* (1818–1897) ausgearbeitet wurde. Hinzu kommt für alle analytischen Operationen als Empfehlung die Halbmikroarbeitstechnik, die sich durch Sauberkeit in der Durchführung, Ersparnis von Material und Zeit sowie Schonung der Laboratoriumsräume auszeichnet. Ferner ist die gesundheitliche Gefährdung wesentlich geringer.

Auf die Verwendung von speziellen organischen Nachweisreagenzien wurde jedoch aus pädagogischen Gründen verzichtet.

2.1. Grundsätzliches

In Kapitel 2.1.1. ist u. a. Näheres über die Behandlung der Analysensubstanz, den Einzelnachweis von Ionen, den systematischen Trennungsgang sowie über die wichtigen Begriffe der Grenzkonzentration und Erfassungsgrenze zu finden. Kapitel 2.1.2. gibt eine Einführung in die Darstellung von Präparaten.

2.1.1. Nachweis von Anionen und Kationen

Im Verlauf der Ausbildung erhält der Praktikant zum überwiegenden Teil „synthetische" Analysengemische, die daher aus einer großen Anzahl chemisch verschiedenartiger Substanzen bestehen können. Im Gegensatz hierzu enthalten natürliche Mineralien und Gesteine oder technische Produkte (Legierungen, Schlacken usw.) zum großen Teil nur eine begrenzte Anzahl an Elementen.

In einer „synthetischen" Analyse wird das relative Mengenverhältnis der einzelnen Stoffe meist annähernd gleich gehalten. Bei den natürlichen Mineralien und den technischen Produkten ist es jedoch oft sehr unterschiedlich. Man unterscheidet hier

Hauptbestandteile	10–100%,
Nebenbestandteile	1–10%,
Spuren	unter 1%.

Da die anorganischen Substanzen vorwiegend in Ionenform (s. S. 34) in Lösung vorliegen, werden sie auch als solche nachgewiesen.

Für die Kationen bildenden Elemente sind einwandfreie Trennungsgänge ausgearbeitet worden. Sie bestehen im Prinzip darin, daß nacheinander mit bestimmten Reagenzien „Elementgruppen" gefällt werden. Diese Gruppenfällungen werden ihrerseits einer weiteren Auftrennung in die Einzelelemente unterworfen und letztere getrennt nachgewiesen.

Die Anionen werden meist einzeln aus dem Gemisch identifiziert.

Der systematische Gang einer Vollanalyse umfaßt:

a) Vorproben,

b) Anionennachweise aus Sodaauszug oder Ursubstanz,

c) Kationentrennungsgang,

Zum Nachweis der Kationen benutzt man daher nur einen Teil der Ursubstanz, während der andere für die Anionennachweise, die Vorproben und als Reserve verbleibt. Wenn nicht besonders vermerkt ist, arbeitet man mit kleinen Analysenmengen. Sie reduzieren die Zeit für die entsprechenden Arbeitsvorgänge des Filtrierens und des Auswaschens sowie den Reagenzverbrauch. Beim HM-Verfahren werden für einen Trennungsgang 0,05–0,1 g, beim Makroverfahren 0,5–1 g benötigt.

Die nachfolgend beschriebenen Trennungsgänge sind infolge von Mitfällungs- und Ionenadsorptionsvorgängen (s. S. 170 ff.) häufig nicht quantitativ und sind daher je nach Anwesenheit der einen oder anderen Substanz sinnvoll zu modifizieren. Man verwende daher auch zur Identifizierung möglichst spezifisch wirkende Reagenzien und gewöhne sich daran, nicht durch eine einzige Umsetzung oder Erscheinung ein Ion nachzuweisen, sondern man führe möglichst viele verschiedenartige Identifizierungsreaktionen durch.

Spezifität und Selektivität

Als spezifische Reaktionen und Reagenzien werden solche bezeichnet, die unter bestimmten Versuchsbedingungen für eine Ionenart eindeutig sind. Reaktionen und Reagenzien, mit denen sich nur eine gewisse Auswahl treffen läßt, heißen selektiv (s. auch S. 256).

Zum Nachweis der einzelnen Ionen mit anorganischen Reagenzien dienen zum überwiegenden Teil Fällungsreaktionen. Bevorzugt werden Niederschläge, die durch Farbigkeit oder Kristallhabitus leicht identifizierbar sind. Lediglich bei denjenigen Ionen, die keine schwer löslichen Verbindungen zu bilden vermögen (z. B. NO_3^-, CH_3COO^-), ist man auf Farb- oder Geruchsreaktionen angewiesen.

Die Reagenzlösung setzt man im allgemeinen tropfenweise zu, bis das Ende der Reaktion erreicht ist. Man überprüft stets die Vollständigkeit einer Fällung am Ausbleiben weiterer Niederschlagsbildung. Ein zu großer Überschuß der Reagenzlösung schadet oft. Es kann in verschiedenen Fällen zu Komplexbildung kommen. Oft werden auch Konzentrationsniederschläge gefällt. Nach jedem Reagenzzusatz schüttle man gut durch, um eine homogene Durchmischung zu erreichen.

Um eindeutige Nachweise zu erhalten, sind möglichst reine (p. a.) Substanzen zu verwenden. Bestehen Zweifel an der Reinheit, führe man vorerst eine Blindprobe durch.

Vergleichs- bzw. Blindproben sind oftmals angebracht:

a) Zum Kennenlernen des Nachweises bzw. zur Kontrolle der Wirksamkeit der Reagenzien. Angewendet wird die reine Verbindung und das betreffende Reagenz.

b) Zur Überprüfung der Reinheit der zur Analyse benutzten Chemikalien. Angewendet wird die Chemikalie und das auf seine Wirksamkeit überprüfte Reagenz.

c) Beim negativen Verlauf eines Nachweises. Gegebenenfalls wird dann das zu identifizierende Ion zur Probelösung hinzugesetzt und der einwandfreie Ablauf der Reaktion in dem vorherigen Gemisch kontrolliert.

Die Ausführung dieser Proben ist um so notwendiger, je empfindlicher die Nachweise sind.

Man gewöhne sich daran, über die einzelnen Beobachtungen im Verlauf einer Analyse ein genaues Protokoll zu führen.

Zur exakten Definition der Empfindlichkeit einer Nachweisreaktion hinsichtlich der Konzentration und absoluten Menge des gesuchten Stoffes werden die beiden Begriffe „Grenzkonzentration (GK)" – gelegentlich auch Verdünnungsgrenze genannt – und „Erfassungsgrenze (EG)" – auch Nachweisgrenze oder Empfindlichkeit genannt – verwendet.

Grenzkonzentration

Der Begriff Grenzkonzentration GK bezeichnet diejenige Konzentration eines nachzuweisenden Stoffes, bei welcher der Nachweis noch positiv ist. Hierbei wird auf 1 g des Stoffes bezogen und das entsprechende Lösungsvolumen in ml angegeben. Ist z. B. 1 g des gesuchten Stoffes in $3 \cdot 10^5$ ml Lösung noch nachweisbar, so ist $GK = \frac{1}{3 \cdot 10^5} = \frac{1}{10^{5,47}} \approx 10^{-5,5}$. Die Angabe über die Empfindlichkeit einer Reaktion vereinfacht sich, wenn man an Stelle der Grenzkonzentration GK den pD-Wert einführt, der als negativer dekadischer Logarithmus der GK definiert ist (im Beispiel pD: 5,5).

Erfassungsgrenze

Die Erfassungsgrenze gibt die Menge des gesuchten Stoffes an, die noch nachweisbar ist. Sie wird gewöhnlich in Mikrogramm µg (γ) angegeben. Gelingt z. B. bei der GK 10^{-6} der Nachweis noch mit einem Lösungstropfen von 0,05 ml, dann enthält dieser Tropfen $0{,}05 \cdot 10^{-6} = 0{,}05$ µg des nachzuweisenden Stoffes. Somit beträgt die Erfassungsgrenze 0,05 µg. Die Erfassungsgrenze ist notwendigerweise, im Gegensatz zur GK, abhängig vom verwendeten Volumen. Durch Änderung der Nachweistechnik (Betrachtung im UV-Licht, Tüpfeln auf Filterpapier an Stelle von Tüpfelplatte, Ausschütteln mit organischen Lösungsmitteln) kann die Erfassungsgrenze erheblich heruntergesetzt werden.

Alle im Text angegebenen pD- und EG-Werte gelten für Lösungen bzw. Substanzgemisch, die nur den nachzuweisenden Stoff und die zum Nachweis notwendigen Substanzen enthalten. Die bei Durchführung einer qualitativen Analyse unweigerlich anwesenden Fremdsalze verändern im allgemeinen die Empfindlichkeit eines Nachweises. Meistens wird die Empfindlichkeit verringert, sie kann jedoch durch bestimmte Fremdionen auch erhöht werden.

2.1.2. Darstellung von Präparaten

Beschäftigt sich die qualitative anorganische Analyse mit der Frage, welche Elemente, Ionen oder Atomgruppen in einem bestimmten Stoff vorhanden sind, und ist die Kenntnis der qualitativen Zusammensetzung die Voraussetzung für die Ausführung quantitativer Bestimmungen, so soll die Darstellung einiger anorganischer Substanzen einen Einblick in die dafür zur Verfügung stehenden Arbeitsmethoden geben und die Substanzkenntnis vertiefen.

Bei der Auswahl der in den folgenden Kapiteln beschriebenen Präparate wurden in erster Linie solche Substanzen berücksichtigt, deren Darstellung relativ einfach und ohne besonderen apparativen Aufwand durchgeführt werden kann. Ein besonderes Augenmerk wurde dabei auf Stoffe gerichtet, bei denen durch auffällige Änderungen der Ausgangskomponenten – hinsichtlich Farbe, Niederschlagsbildung, Gasentwicklung, Geruch usw. – der Gang der Reaktion in ihren einzelnen Phasen gut beobachtet und kontrolliert werden kann. Es wurden vorwiegend solche Präparate aufgenommen, die im Rahmen der allgemeinen und technischen anorganischen Chemie von Interesse sind.

In den meisten Fällen sind den Arbeitsvorschriften kurze Vorbemerkungen vorangestellt, welche auf die im Zusammenhang mit dem Präparat stehenden chemischen Grundtatsachen hinweisen und eine eingehendere Beschäftigung mit dem betreffenden Stoffgebiet anregen sollen. Der eigentlichen Arbeitsvorschrift folgt eine kurze Charakterisierung der dargestellten Substanz, die sich im wesentlichen auf die chemischen Eigenschaften und wichtige Reaktionen beschränkt.

Beim präparativen Arbeiten ist die Kenntnis der allgemeinen Arbeitsregeln in erhöhtem Maße notwendig. An dieser Stelle sei daher nochmals das Studium des Kapitels 1.2.2. S. 5 dringend empfohlen. Aus Gründen der Zeit- und Geldersparnis sollte jede einzelne Phase der Darstellung eines Präparates – vor dem Einsatz der Chemikalienhauptmenge – zunächst im kleinen Maßstabe durchgeführt werden.

Von Anfang an bemühe man sich, die Präparate in möglichst reiner Form zu erhalten. Nicht die Quantität einer dargestellten Substanz, sondern ihre Qualität ist in den meisten Fällen ausschlaggebend.

Zu jedem Präparat gehört ein Arbeitsprotokoll, das den Gang der Darstellung, aufgetretene Schwierigkeiten, besondere Beobachtungen usw. sowie eine Ausbeuteberechnung in Prozenten (mit Angabe des Bezugsstoffes) enthalten soll.

2.2. Die wichtigsten Nichtmetalle und einige ihrer Verbindungen

Die Metalle unterscheiden sich von den Nichtmetallen durch gute, bei Temperaturerhöhung abnehmende, elektrische Leitfähigkeit, gute Wärmeleitfähigkeit, Undurchsichtigkeit und bei geeigneter Bearbeitung durch ihren metallischen Glanz. Außerdem stehen die Nichtmetalle nur in den Hauptgruppen des PSE. Sieht man vom Wasserstoff ab, der als leichtestes Element ganz allgemein eine Sonderstellung einnimmt, und zieht eine Diagonale durch die Anordnung der Hauptgruppen, so sind rechts Nichtmetalle und links Metalle zu finden. Die direkt an der Grenze stehenden Elemente können sowohl metallischen als auch nichtmetallischen Charakter aufweisen.

I	II	III	IV	V	VI	VII	VIII
							He
Li	Be	B	C	N	O	F	Ne
Na	Mg	Al	Si	P	S	Cl	Ar
K	Ca	Ga	Ge	As	Se	Br	Kr
Rb	Sr	In	Sn	Sb	Te	J	Xe
Cs	Ba	Tl	Pb	Bi	Po	At	Rn
Fr	Ra						

Allgemein nehmen die ersten Elemente einer Hauptgruppe jeweils eine Sonderstellung ein, da die Änderung der Eigenschaften zwischen dem ersten und zweiten Element jeder Gruppe größer ist als bei den folgenden Elementen. Diese Tatsache führt mit dazu, daß das erste Element einer Hauptgruppe mehr dem zweiten Element der folgenden Gruppe ähnelt. Diese als „Schrägbeziehung" bezeichnete Erscheinung zeigt sich bei den Elementpaaren Li-Mg, Be-Al, B-Si besonders gut.

Im folgenden wird das Verhalten der wichtigsten Nichtmetalle Sauerstoff, Wasserstoff, Chlor, Schwefel, Stickstoff und Phosphor und einiger ihrer Verbindungen kurz aufgezeigt. In Kapitel 2.4. wird dann ausführlicher auf die Nichtmetalle eingegangen.

Sauerstoff, O, 15,999; –2

Der Sauerstoff kommt frei in der Luft als O_2 u. in Spuren als Ozon, O_3, gebunden in den Oxiden u. deren Abkömmlingen vor. 49,4 Gewichtsprozent der Erdrinde einschließlich der Luft- u. Wasserhülle bestehen aus Sauerstoff. Er ist daher das verbreitetste Element.

Sauerstoff wird technisch durch fraktionierte Destillation von verflüssigter Luft und durch fraktionierte Verflüssigung der Luft dargestellt. Im Laboratorium wird O_2 aus sauerstoffhaltigen Verbindungen durch elektrische, thermische oder chemische Einwirkung erhalten. Definitionsgemäß ist die Oxidationsstufe des Sauerstoffs in Verbindungen –2 (Ausnahmen: Peroxide, Sauerstoffdifluorid).

1. Darstellung von O_2

a) Durch thermische Zersetzung von Oxiden

$$2\,HgO \rightarrow 2\,Hg + O_2\uparrow$$

$$2\,BaO_2 \rightarrow 2\,BaO + O_2\uparrow$$

Einige Oxide spalten beim Erhitzen Sauerstoff ganz oder teilweise ab.

In trockenen, schwer schmelzbaren Reagenzgläsern erhitze man nacheinander 0,5 g Quecksilberoxid (HgO) (Vorsicht! s. S. 5), Bleidioxid (PbO_2), Mangandioxid (MnO_2) u. Bariumperoxid (BaO_2). Es entwickelt sich ein farbloses Gas. Taucht man in den oberen Teil des Reagenzglases einen glühenden Span, so entflammt er; das Gas ist Sauerstoff. Sauerstoff unterhält die Verbrennung.

b) Aus Kaliumchlorat

$2\,KClO_3 \rightarrow 2\,KCl + 3\,O_2\uparrow$

In der Hitze zersetzt sich Kaliumchlorat, $KClO_3$, in Gegenwart von Braunstein, MnO_2.
Der Braunstein wirkt in der Hauptsache reaktionsbeschleunigend. Einen solchen Vorgang nennt man Katalyse (Erklärung s. S. 25).

Die Rk. wird in einem schwer schmelzbaren trockenen Reagenzglas oder einem Kölbchen mit angeschlossenem Rohr ausgeführt, dessen Ende unter einen mit Wasser gefüllten u. in einer pneumatischen Wanne stehenden Zylinder taucht (Abb. 11). Das Reagenzglas wird mit einer innigen Mischung von 5 g Kaliumchlorat u. 0,5 g Braunstein (Vorsicht! Der Braunstein muß gut getrocknet u. in fein vermahlenem Zustand angewandt werden. Ist er naß, so bilden sich im oberen Teil des Reagenzglases Wassertropfen, die beim Herunterfließen ein Zerspringen des heißen Glases bewirken) gefüllt u. nach Verschließen erhitzt. Nachdem die Sauerstoffentwicklung in Gang gekommen u. die Luft verdrängt ist, werden einige Zylinder mit Sauerstoff gefüllt u. mit einem Glasdeckel verschlossen. Nach Beendigung des Versuches ist zuerst das Rohr aus der pneumatischen Wanne zu entfernen, dann kann die Flamme gelöscht werden. Andernfalls steigt Wasser zurück und zersprengt das heiße Reagenzglas.

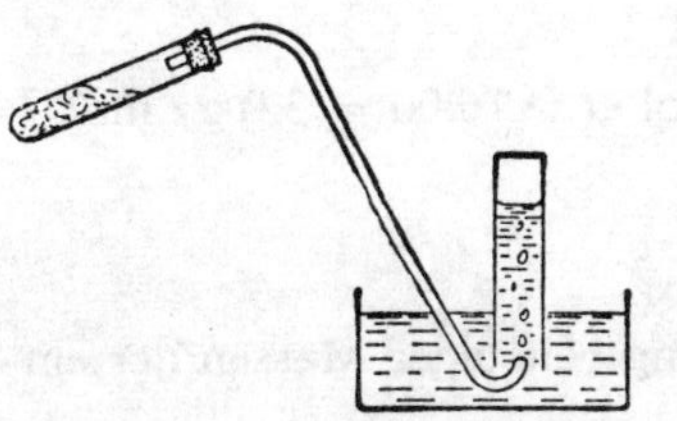

Abb. 11. Versuchsanordnung zur O_2-Darstellung

2. *Reaktionen mit O_2*

$S + O_2 \rightarrow SO_2\uparrow$

$C + O_2 \rightarrow CO_2\uparrow$

$3\,Fe + 2\,O_2 \rightarrow Fe_3O_4$

$4\,Fe + 3\,O_2 \rightarrow 2\,Fe_2O_3$

Eine Anzahl von Elementen reagiert mit Sauerstoff besonders bei höheren Temperaturen unter Bildung von Oxiden, z. B. verbrennt Schwefel zu Schwefeldioxid, Kohlenstoff zu Kohlendioxid und Eisen teils zu schwarzem Hammerschlag, Fe_3O_4, und teils zu rotem Eisen(III)-oxid.

In einem eisernen Löffelchen wird etwas Schwefel so hoch erhitzt, daß er zu brennen anfängt. Dann tauche man ihn in einen Zylinder, der mit Sauerstoff gefüllt ist. Der Schwefel verbrennt mit hellblau leuchtender Flamme, wobei das oben erwähnte, stechend riechende, gasförmige Schwefeldioxid entsteht. Analog zu diesen Versuchen werden glühende Kohle u. glühender Blumendraht im reinen Sauerstoff unter Feuererscheinung oxidiert, d. h., Kohlenstoff u. Eisen u. im ersten Versuch der Schwefel gehen mit dem Sauerstoff Verbindungen ein.

Oxidation, Reduktion

Oxidation ist also eine Aufnahme von Sauerstoff. Umgekehrt spricht man bei einer Abgabe von Sauerstoff von einer Reduktion, z. B. wird das Chlorat bei der thermischen Zersetzung in Gegenwart von MnO_2 reduziert. Nähere Erläuterungen erfolgen im Anschluß an die Ionenlehre (s. S. 32).

Stöchiometrisches Rechnen

Alle Reaktionsgleichungen geben nicht nur eine qualitative, sondern auch eine quantitative Beschreibung der chemischen Vorgänge. Hinsichtlich Anzahl und Art der Atome muß die linke Seite einer Gleichung mit der rechten übereinstimmen.

Aus dem Gesetz der Erhaltung der Masse, s. S. 2, folgt weiterhin, daß auch die Summe der Massen beider Seiten identisch ist.

Beim Umsatz größerer Stoffportionen berechnet man die Massen aus den Stoffmengen und molaren Massen der Atome oder Moleküle. Einheit der Stoffmenge ist das Mol. Die Stoffmenge 1 Mol besitzt ein System bestimmter Zusammensetzung, das aus ebenso vielen Teilchen besteht, wie Atome in 12 g des Kohlenstoffnuklid ^{12}C enthalten sind. Diese gesetzliche Definition umgeht eine Teilchenzahlangabe, weil die Avogadro-Konstante N_A (s. S. XX) zu ungenau bekannt ist.

Die Masse (in g) einer Verbindung ist das Produkt aus Stoffmenge (in mol) und Summe der molaren Massen (in $g \cdot mol^{-1}$).

Als Beispiel sei die Gleichung der Sauerstoffabspaltung aus $KClO_3$ angeführt:

$$2\,KClO_3 \rightarrow 2\,KCl + 3\,O_2$$

Aus 2 Mol $KClO_3$ entstehen neben 2 Mol KCl demnach 3 Mol O_2. Für die Massen erhält man:

$$2\,mol \cdot (39{,}10 + 35{,}45 + 3 \cdot 16{,}00 = 122{,}55)\,g \cdot mol^{-1}$$

$$= 2\,mol \cdot (39{,}10 + 35{,}45 = 74{,}55)\,g \cdot mol^{-1} + 3\,mol \cdot (2 \cdot 16{,}00 = 32)\,g \cdot mol^{-1}$$

oder ausgerechnet

$$245{,}10\,g = 149{,}10\,g + 96{,}00\,g$$

Die Gleichung der Massen dient auch zur Berechnung beliebiger Massen der einzusetzenden und entstehenden Stoffe.

Beispiele:

a) Nach einer Sauerstoffabspaltung aus $KClO_3$ wurden 100 g KCl gefunden. Wie groß war die eingesetzte Masse $KClO_3$?
Reaktionsgleichung: $2\,KClO_3 \rightarrow 2\,KCl + 3\,O_2$,
Massengleichung: $245{,}10\,g = 149{,}10\,g + 96{,}00\,g$ Multiplizieren der Gleichung mit $\left|\,\frac{100}{149{,}10}\right.$

$$\frac{245{,}10}{1{,}491}\,g = 100{,}00\,g + \frac{96{,}00}{1{,}491}\,g$$

Man rechnet nur den benötigten Bruch aus:

$$m(KClO_3) = \frac{245{,}10}{1{,}491}\,g = 164{,}4\,g$$

b) Wieviel g Sauerstoff liefern 50 g HgO?
Reaktionsgleichung: $2\,HgO \rightarrow 2\,Hg + O_2$. Demnach geben 2 Mol HgO also 1 Mol O_2.
Unter Verzicht auf die vollständige Massengleichung erhält man:

$$2\,mol \cdot (216{,}60\,g \cdot mol^{-1})\,HgO \text{ geben } 1\,mol \cdot (32{,}00\,g \cdot mol^{-1})O_2$$

$$433{,}20\,g\,HgO \quad \text{geben} \quad 32{,}00\,g\,O_2$$

$$50\,g\,HgO \quad \text{geben} \ \frac{50}{433{,}20} \cdot 32{,}00\,g\,O_2 = 3{,}69\,g\,O_2$$

c) Eine weitere wichtige Anwendung der Stöchiometrie besteht in der Aufstellung von Formeln für unbekannte Verbindungen aus analytisch gefundenen Massenanteilen *w* der einzelnen Elemente an der Gesamtmasse. Hierzu dividiert man jeden Massenanteil $w(X)$ durch die entsprechende molare Masse $M(X)$, erhält also Stoffmenge/Masseneinheit mit der Dimension $mol \cdot g^{-1}$. Diese massenbezogene Stoffmenge muß für jedes Element in der Verbindung berechnet werden. Aus dem Verhältnis aller massenbezogenen Stoffmengen findet man durch systematisches Probieren die ganzzahligen Koeffizienten der Verbindung. (Gesetz der konstanten und multiplen Proportionen, s. S. 2.)

In einem Eisenoxid wurde der Eisenanteil $w(\mathrm{Fe}) = 0{,}7236$ gefunden. Welches Oxid liegt vor? Der Sauerstoffanteil ergibt sich aus dem analytisch gefundenen Eisenanteil als Differenz zu 1,0000.

$w(\mathrm{O}) = 1{,}0000 - w(\mathrm{Fe}) = 0{,}2764$

Das Massenverhältnis Eisen zu Sauerstoff beträgt:

$w(\mathrm{Fe}) : w(\mathrm{O})$

Das Verhältnis der massenbezogenen Stoffmengen:

$$\frac{w(\mathrm{Fe})}{M(\mathrm{Fe})} : \frac{w(\mathrm{O})}{M(\mathrm{O})}$$

Nach Einsetzen der Werte:

$$= \frac{0{,}7236}{55{,}85\ \mathrm{g \cdot mol^{-1}}} : \frac{0{,}2764}{16{,}00\ \mathrm{g \cdot mol^{-1}}}$$

100 g Verbindung enthalten das Stoffmengenverhältnis:

$$\frac{w(\mathrm{Fe})}{M(\mathrm{Fe})} : \frac{w(\mathrm{O})}{M(\mathrm{O})} = (0{,}01296\ \mathrm{mol \cdot g^{-1}}) : (0{,}01728\ \mathrm{mol \cdot g^{-1}})$$

bzw. mit 100 erweitert: $= (1{,}296\ \mathrm{mol \cdot g^{-1}}) : (1{,}728\ \mathrm{mol \cdot g^{-1}})$
Daraus durch Probieren:

$= 1{,}296 : 1{,}728 = 0{,}75 : 1 = 3 : 4.$

Es liegt also Fe_3O_4 vor.

d) In einer aus K, Cl und O bestehenden Verbindung wurden $w(\mathrm{K}) = 0{,}3191$ und $w(\mathrm{Cl}) = 0{,}2893$ gefunden. Welche Verbindung liegt vor?

Der Sauerstoffanteil ergibt sich aus der Differenz

$w(\mathrm{O}) = 1 - (w(\mathrm{K}) + w(\mathrm{Cl})) = 1 - (0{,}3191 + 0{,}2893) = 0{,}3916$

Daraus erhält man die massenbezogenen Stoffmengen und Atom-% an Kaliumatomen

$$\frac{w(\mathrm{K})}{M(\mathrm{K})} = \frac{0{,}3191}{39{,}10\ \mathrm{g \cdot mol^{-1}}} = 0{,}00816\ \mathrm{mol \cdot g^{-1}} \mathrel{\hat=} 20\ \text{Atom-\% K}$$

an Chloratomen

$$\frac{w(\mathrm{Cl})}{M(\mathrm{Cl})} = \frac{0{,}2893}{35{,}45\ \mathrm{g \cdot mol^{-1}}} = 0{,}00816\ \mathrm{mol \cdot g^{-1}} \mathrel{\hat=} 20\ \text{Atom-\% Cl}$$

an Sauerstoffatomen

$$\frac{w(\mathrm{O})}{M} = \frac{0{,}3916}{16{,}00\ \mathrm{g \cdot mol^{-1}}} = \underline{0{,}02448\ \mathrm{mol \cdot g^{-1}}} \mathrel{\hat=} 60\ \text{Atom-\% O}$$

$$\text{Summe} \quad 0{,}04080\ \mathrm{mol \cdot g^{-1}}$$

In der Verbindung verhalten sich $n(\mathrm{K}) : n(\mathrm{Cl}) : n(\mathrm{O})$ wie 1 : 1 : 3, es handelt sich also um $KClO_3$. Die Beispiele zeigen, daß zur Aufstellung der Formel einer Verbindung mit z Komponenten mindestens z − 1 Anteile *w* erforderlich sind. Die noch fehlende Komponente ergibt sich aus der Differenz gegen 1. Speziell in der organischen Chemie reicht die analytische Gehaltsbestimmung vielfach nicht aus. So kann ein Stoffmengenverhältnis $n(\mathrm{C}) : n(\mathrm{H}) : n(\mathrm{O}) = 1 : 2 : 1$ sowohl dem Formaldehyd CH_2O als auch den formalen Polymeren $(C_6H_{12}O_6)_n$, wie Zucker, Stärke oder Cellulose zugeordnet sein. Hier sind zur Klärung weitere, oft komplizierte Untersuchungen notwendig.

e) Der Ni-Gehalt eines Nickelsulfates wurde zu $w(\mathrm{Ni}) = 0{,}209$ gefunden. Wie lautet die wahrscheinliche Formel?

Angenommene Voraussetzung: $n(\mathrm{Ni}) : n(\mathrm{SO_4}) = 1 : 1$ und damit $n(\mathrm{Ni}) = n(\mathrm{NiSO_4})$.

Aus $\dfrac{w(\mathrm{Ni})}{M(\mathrm{Ni})} = \dfrac{w(\mathrm{NiSO_4})}{M(\mathrm{NiSO_4})}$ folgt

$$w(\mathrm{NiSO_4}) = \frac{w(\mathrm{Ni})}{M(\mathrm{Ni})} \cdot M(\mathrm{NiSO_4}) = \frac{0{,}2090}{58{,}70\ \mathrm{g \cdot mol^{-1}}} \cdot 154{,}76\ \mathrm{g \cdot mol^{-1}} = 0{,}5510.$$

Der Rest ist Wasser:
$w(H_2O) = 1 - 0{,}5510 = 0{,}4490.$

Für das Verhältnis der massenbezogenen Stoffmengen gilt:

$$\frac{w(NiSO_4)}{M(NiSO_4)} : \frac{w(H_2O)}{M(H_2O)} = \frac{0{,}5510}{154{,}76\ g \cdot mol^{-1}} : \frac{0{,}4490}{18{,}02\ g \cdot mol^{-1}} = 0{,}00356 : 0{,}02492 = 1 : 7.$$

Unter obiger Voraussetzung handelt es sich also um $NiSO_4 \cdot 7\,H_2O$.

f) Werden bei einer Reaktion Gase gebildet, so sind häufig ihre Volumina bei bestimmtem Druck und bestimmter Temperatur von Bedeutung. In Erweiterung der *Avogadro*schen Hypothese (s. S. 2) gilt die allgemeine Zustandsgleichung für ideales Gas, $p \cdot V = n \cdot R \cdot T$, annähernd auch für reale Gase bei Atmosphärendruck. Die allgemeine molare Gaskonstante setzt man hier zweckmäßig $R = 8{,}314\ J \cdot mol^{-1} \cdot K^{-1} = 0{,}08314\ bar \cdot l \cdot mol^{-1} \cdot K^{-1}$.
Wieviel Liter CO_2 werden bei 500 °C und 1060 mbar aus 18 g Kohlenstoff gebildet? Da ein Mol C ein Mol CO_2 liefert, hat das entstehende CO_2 die Stoffmenge:

$$n(CO_2) = \frac{m(C)}{M(C)} = \frac{18\ g}{12{,}01\ g \cdot mol^{-1}} = 1{,}5\ mol.$$

Die Celsius-Temperatur 500 °C ist gleich der thermodynamischen Temperatur $T = 273{,}15\ K + 500\ K = 773{,}15\ K$. Außerdem gilt 1060 mbar = 1,060 bar. Es entstehen

$$V = \frac{n \cdot R \cdot T}{p} = \frac{1{,}5\ mol \cdot 0{,}08314\ bar \cdot l \cdot mol^{-1} \cdot K^{-1} \cdot 773{,}15\ K}{1{,}060\ bar} = 90{,}962\ \text{Liter}\ CO_2.$$

Beispiel (f) zeigt, daß die molare Masse des gesuchten Gases (hier CO_2) nicht in die Rechnung eingeht.

Wasserstoff, H, 1,0079; +1 (−1)

Wasserstoff, H_2, ein farbloses und geruchloses Gas der molaren Masse 2,016 g/mol, kommt in der Erdatmosphäre nur in großen Höhen in bedeutenden Mengen frei vor. Gebunden tritt er in der Erdrinde hauptsächlich im Wasser auf. Seine Häufigkeit ist 0,88 Gewichtsprozent.

Dargestellt wird Wasserstoff in der Technik u. a. durch Elektrolyse von wäßrigen Lösungen, durch Überleiten von Wasserdampf über glühende Kohlen (Wassergas) und durch Umsetzung von CO mit H_2O (CO-Konvertierung). Im Laboratorium wird Wasserstoff bei der Einwirkung von Säuren auf Zink, von Laugen auf Aluminium und von Na auf Wasser erhalten. Wasserstoff wird in der Industrie in großen Mengen zur Hydrierung organischer Verbindungen, zur Salzsäure-, Methanol-, Blausäure- und Ammoniakherstellung verbraucht.

1. Darstellung von H_2

a) Durch Zersetzung von Wasser

$$2\,Na + 2\,H_2O \rightarrow 2\,NaOH + H_2\uparrow$$

Bei gewöhnlicher Temperatur vermögen die unedelsten Metalle, wie Natrium oder Kalium, Wasser zu zersetzen. Dabei entsteht neben Wasserstoff Natriumhydroxid (NaOH) bzw. Kaliumhydroxid (KOH), eine Base (Näheres s. S. 29).

Aus der Flasche, in der das Natrium unter Petroleum aufbewahrt wird, entnehme man ein Blöckchen Na, schneide nach Entfernung des Petroleums durch Abtupfen des Na mit Filtrierpapier ein höchstens erbsengroßes Stück ab, fasse es mit der Pinzette u. führe es mittels eines Natriumlöffels unter ein mit Wasser gefülltes Reagenzglas, das sich umgekehrt in einer ebenfalls mit Wasser gefüllten Porzellanschale befindet (mit Schutzbrille arbeiten!). Der Wasserstoff sammelt sich im Reagenzglas an. Ist es gefüllt, so verschließe man es mit dem Daumen, ziehe es heraus u. halte die Öffnung nach Entfernen des Daumens an die Flamme. Unter schwachem Verpuffen verbrennt der Wasserstoff zu Wasser.

$$Fe + H_2O \rightleftharpoons FeO + H_2\uparrow$$

$$C + H_2O \rightleftharpoons CO\uparrow + H_2\uparrow$$

Bei höheren Temperaturen zerlegen auch Metalle wie Eisen (Fe) oder Zink (Zn) sowie auch Kohlenstoff (C) Wasserdampf.

Während im ersten Fall festes Oxid entsteht und daher der Wasserstoff praktisch rein ist, entsteht bei Kohlenstoff gasförmiges Kohlenmonoxid (CO), das teilweise in Kohlendioxid übergeht.

$$CO + H_2O \rightleftharpoons CO_2\uparrow + H_2\uparrow$$

Hier müssen also erst die unerwünschten Gase entfernt werden, um reinen Wasserstoff zu erhalten (vgl. die Lehrbücher).

b) Aus Zink und Säure

Die Umsetzung zwischen Zink und Salzsäure benutzt man, um im Laboratorium in größeren Mengen Wasserstoff zu entwickeln.

Man bedient sich dabei des *Kipp*schen Apparates, kurz „Kipp" genannt (s. Abb. 12.). In der mittleren Kugel befindet sich schwach verkupfertes Stangenzink. Bei geöffnetem Hahn wird Salzsäure, u. zwar ein Teil konz. Säure u. zwei Teile Wasser, von oben eingegossen, bis die Säure an das Zink gelangt ist. Dann wird der Hahn geschlossen u. die obere Kugel mit Säure zu zwei Dritteln gefüllt. Öffnet man den Hahn, so tritt die Säure an das Zink u. entwickelt Wasserstoff, schließt man den Hahn, so wird durch den entstehenden Wasserstoff die Säure vom Zink verdrängt, wodurch die weitere Gasentwicklung unterbrochen wird.

Der Wasserstoff muß stets noch von Verunreinigungen befreit werden. Man leitet ihn daher stets zur Entfernung von Chlorwasserstoff durch eine Waschflasche mit Wasser oder Natronlauge u. zur Trocknung durch eine solche mit konz. Schwefelsäure (siehe Abb. 12.). Diese Art der Reinigung genügt im allgemeinen.

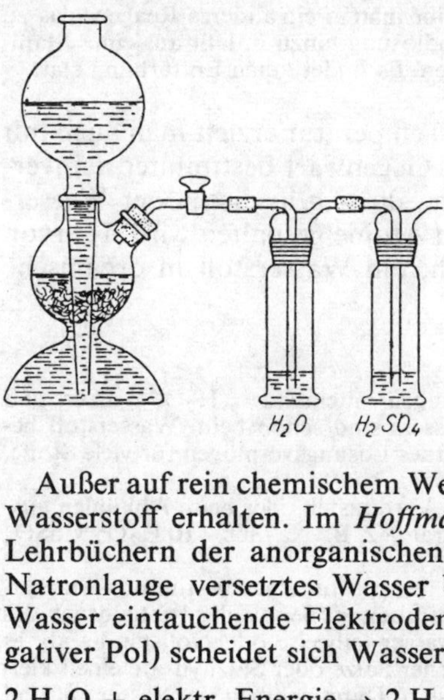

Abb. 12. *Kipp*scher Apparat

Außer auf rein chemischem Wege kann man auch mit Hilfe von elektrischer Energie Wasserstoff erhalten. Im *Hoffmann*schen Zersetzungsapparat (Näheres siehe in den Lehrbüchern der anorganischen Chemie) wird mit Schwefelsäure oder mit wenig Natronlauge versetztes Wasser bei Anlegen einer Gleichspannung an zwei in das Wasser eintauchende Elektroden in seine Bestandteile zerlegt. An der Kathode (negativer Pol) scheidet sich Wasserstoff, an der Anode (positiver Pol) Sauerstoff ab.

$$2\,H_2O + \text{elektr. Energie} \rightarrow 2\,H_2 + O_2.$$

Der Zusatz von Säure oder Lauge dient scheinbar nur dazu, das praktisch nichtleitende Wasser für den Durchgang des elektrischen Stroms leitend zu machen. Die richtige Erklärung dafür wird bei der Ionenlehre (S. 32) gegeben.

2. Reduktionswirkung des molekularen Wasserstoffes

$$Fe_2O_3 + 3\,H_2 \rightarrow 2\,Fe + 3\,H_2O$$

$$CuO + H_2 \rightarrow Cu + H_2O$$

Molekularer Wasserstoff verbindet sich nicht nur mit freiem Sauerstoff zu Wasser, sondern entzieht bei höheren Temperaturen auch vielen Oxiden den Sauerstoff. So werden Eisen(III)-oxid, Fe_2O_3, Kupferoxid, CuO, Cadmiumoxid, CdO, u. a. zu den Metallen reduziert.

3. Reduktion von Iod mit atomarem Wasserstoff

$I_2 + 2\,H_{nasc.} = 2\,HI$

Molekularer Wasserstoff ist nur bei höherer Temperatur ein kräftiges Reduktionsmittel, obwohl die Umsetzung auf Grund der Abgabe von Energie auch bei Zimmertemperatur vor sich gehen sollte. Die Reaktionsgeschwindigkeit ist jedoch bei 20 °C viel zu klein. Es ist zu berücksichtigen, daß das Wasserstoffmolekül erst in Atome überführt werden muß, ehe es überhaupt reagieren kann. Dazu ist aber viel Energie (auf 1 Mol H_2 etwa 435 kJ) notwendig. Man erhält dagegen auch bei gewöhnlicher Temperatur eine Reduktionswirkung, wenn man den Wasserstoff in statu nascendi (d. h. im Augenblick des Entstehens) anwendet, da er in diesem Augenblick atomar vorliegt und sich noch nicht zu Molekülen vereinigt hat.

Wie der folgende Versuch zeigt, vermag nur der Wasserstoff in statu nascendi Iod bei Zimmertemperatur zu Iodwasserstoff zu reduzieren.

In einem Reagenzglas füge man zu etwas Zink verd. Salzsäure. (Falls die Wasserstoffentw. sehr langsam vor sich geht, setze man einen Tr. Kupfersulfatlsg. hinzu.) Dann läßt man etwas Iod-Kaliumiodid-Lsg. (eine Auflsg. von I_2 in KI-Lsg.) zutropfen, so daß die Lsg. deutlich gelbbraun gefärbt ist. Nach längerem Stehen tritt Entfärbung ein. Zu gleicher Zeit gibt man in ein anderes Reagenzglas zu derselben Menge Salzsäure etwa die entsprechende Menge Iodlösung hinzu u. läßt aus einer Stahlflasche oder einem *Kipp*schen Apparat Wasserstoff einströmen. Es findet keine Entfärbung statt.

Eine starke Reduktionswirkung bei gewöhnlicher Temperatur erzielt man auch mit molekularem Wasserstoff in wäßrigen Lösungen bei Gegenwart bestimmter, feinverteilter Metalle, besonders von Platin oder Palladium, da sich in diesen der Wasserstoff löst bzw. an diesen adsorbiert wird und dabei in Atome gespalten wird. Hiervon macht die organische Chemie weitgehend Gebrauch, um Wasserstoff in organische Verbindungen einzuführen (hydrieren).

Wasser und Wasserstoffperoxid

Wasserstoff und Sauerstoff bilden zwei wichtige Verbindungen miteinander: H_2O, Wasser, und H_2O_2, Wasserstoffperoxid. Bildung und Zersetzung des Wassers sind schon beim Wasserstoff beschrieben worden. Charakteristisch für das Wasser ist sein starkes Lösungsvermögen für viele Stoffe, besonders für Salze, sowie das Anlagerungsvermögen an diese.

So findet in großem Maße bei Salzen, die aus Wasser beim Verdunsten oder beim Abkühlen auskristallisieren, Hydratbildung statt. Es bilden sich Salzhydrate, z. B. $Na_2SO_4 \cdot 10\,H_2O$; $CuSO_4 \cdot 5\,H_2O$; $MgCl_2 \cdot 6\,H_2O$ usw.

Genau wie das Wasser haben diese Hydrate bei bestimmter Temperatur einen bestimmten Dampfdruck, der mit steigender Temperatur zunimmt. Ist der Dampfdruck größer als der Partialdruck des Wasserdampfes in der Luft, dann gibt das Salz sein Kristallwasser teilweise oder vollständig ab, es verwittert. Andererseits haben die gesättigten Lösungen mancher Salze oder Salzhydrate einen kleineren Wasserdampfdruck, als ihn die Luft im allgemeinen besitzt. Dann nehmen sie Wasser auf und zerfließen. (Beispiel $CaCl_2 \cdot 6\,H_2O$.) Solche Verbindungen nennt man hygroskopisch.

Beim Übergang von wasserfreiem Salz in Salzhydrat kann ein Farbwechsel eintreten. So ist $CuSO_4$ weiß, $CuSO_4 \cdot 5\,H_2O$ blau. Dieser Vorgang dient zum Nachweis von Wasser in anderen Flüssigkeiten oder Gasen.

Das Wasserstoffperoxid steht hinsichtlich seines chemischen Verhaltens zwischen Wasser und Sauerstoff[1])

:Ö::Ö: H:Ö:Ö:H   H:Ö:H

[1]) Über ein besseres Strukturmodell des O_2 siehe Lehrbücher (s. S, XVII, C, 3.)

H_2O_2 ist eine schwache Säure, deren Salze, die Peroxide, schon durch Wasser praktisch vollständig zu Wasserstoffperoxid und Metallhydroxid hydrolysiert werden. H_2O_2 selbst zerfällt in wäßriger Lösung in der Kälte langsam, beim Erwärmen in zunehmendem Maße in H_2O und O_2. Seine Darstellung erfolgt entweder durch Zersetzung von BaO_2 mit Schwefelsäure oder durch anodische Oxidation von H_2SO_4, wobei sich zunächst Peroxodischwefelsäure $H_2S_2O_8$ (vgl. S. 202) bildet, die in wäßriger Lösung zu H_2O_2 und H_2SO_4 zerfällt.

1. Darstellung von Wasserstoffperoxid

$$BaO_2 + H_2SO_4 \rightarrow BaSO_4\downarrow + H_2O_2$$
$$BaCO_3 + H_2SO_4 \rightarrow BaSO_4\downarrow + H_2O + CO_2\uparrow$$

Die Darstellung von Wasserstoffperoxid erfolgt durch Umsetzung von Bariumperoxid mit Schwefelsäure. Der Überschuß an H_2SO_4 wird durch Zusetzen von $BaCO_3$ beseitigt.

In ein Kölbchen, in dem sich etwa 50 ml 20%ige eiskalte Schwefelsäure befinden, trägt man in kleinen Portionen etwa 10 g BaO_2 ein. Zur besseren Kühlung füge man vor u. während des Vers. kleine Eisstückchen hinzu. Es fällt $BaSO_4$ als schwerlöslicher Nd. aus. Dann wird mit festem $BaCO_3$ versetzt. Man läßt absetzen u. filtriert durch ein Faltenfilter ab. Die H_2O_2-Lsg. wird für die nachfolgenden Versuche benutzt.

2. Zerfall von H_2O_2

$$2\,H_2O_2 \rightarrow 2\,H_2O + O_2\uparrow + 193\ \text{kJ}$$

H_2O_2 zersetzt sich sehr leicht von selbst unter Wärmeentwicklung.

Die Zersetzung wird durch feste Stoffe, besonders durch feinverteiltes Platin oder Braunstein (MnO_2), katalytisch stark beschleunigt. Um das zu verhindern, sind käuflichen Wasserstoffperoxidlösungen Phosphorsäure oder organische Säuren in sehr geringen Mengen als „Antikatalysatoren" zugesetzt.

Zu einigen ml der oben erhaltenen Lsg. setze man MnO_2 hinzu. Es findet starke Gasentwicklung statt. Das entstandene Gas erkennt man am Entflammen eines glimmenden Spans als Sauerstoff.

Katalyse

Der Katalysator beschleunigt eine Reaktion, deren Geschwindigkeit unter gewöhnlichen Bedingungen gering ist. Stoffe, die Reaktionen verlangsamen oder verhindern, nennt man „Antikatalysatoren". Der Katalysator hat jedoch auf die Lage des Gleichgewichtes (s. S. 40) keinen Einfluß und geht am Ende unverändert wieder aus der Reaktion hervor:

$$A + B + \text{Katalysator} \rightleftharpoons C + D + \text{Katalysator}.$$

Im System der Reaktionspartner kann er in gleichem (homogene Katalyse) oder unterschiedlichem Aggregatzustand (heterogene Katalyse) enthalten sein.

Der Mechanismus einer solchen Umsetzung ist in vielen Fällen nicht geklärt. Man macht Adsorptionsvorgänge am Feststoffkatalysator (Lockerung der Bindung der Atome im Molekül mindestens eines der Reaktionspartner) bzw. die Bildung lockerer Zwischenverbindungen mit dem Katalysator als zeitweilige Zwischenzustände verantwortlich. In relativ wenigen Beispielen kann der Reaktionsweg eindeutig beschrieben werden (s. S. 48).

Katalysatoren wirken oft sehr selektiv, so daß sich aus dem gleichen Stoffgemisch sehr verschiedene Endprodukte bilden können. So gibt ein CO/H_2-Gemisch mit elementarem Fe oder Ni Methan, mit dem Mehrstoffkatalysator $ZnO/Cu/Al_2O_3$ Methanol, mit $Co/MgO/ThO_2$ Benzin, mit ZnO/Fe/KOH höhere Alkohole.

Katalysatoren besitzen eine große Bedeutung auf allen Gebieten der chemischen Synthese (s. S. 24) und bei den biochemischen Lebensvorgängen.

3. $KMnO_4 + H_2O_2$

$$2\,KMnO_4 + 3\,H_2SO_4 + 5\,H_2O_2 \rightarrow 2\,MnSO_4 + K_2SO_4 + 5\,O_2\uparrow + 8\,H_2O$$

Wasserstoffperoxid steht zwischen Wasser und Sauerstoff. Der Übergang zu Wasser ist eine Reduktion, zum Sauerstoff dagegen eine Oxidation. Durch sehr starke Oxidationsmittel kann daher Wasserstoffperoxid auch in Sauerstoff übergeführt werden. Ein hierfür geeignetes Oxidationsmittel ist z. B. $KMnO_4$ (s. S. 104).

Kaliumpermanganatlsg. säure man mit verd. Schwefelsäure an u. setze H_2O_2-Lsg. hinzu. Man beobachtet Sauerstoffentwicklung (Nachweis!).

4. $KI + H_2O_2$

$$2\,KI + 2\,HCl \rightleftharpoons 2\,KCl + 2\,HI$$

$$H_2O_2 + 2\,HI \rightarrow 2\,H_2O + I_2$$

H_2O_2 gibt ebenso auch an andere Stoffe den Sauerstoff ab, ist also ein Oxidationsmittel, während es selbst zu Wasser reduziert wird. H_2O_2 oxidiert Kaliumiodid (KI) in schwach saurer Lösung zu I_2, das mit der Stärkereaktion nachgewiesen wird. Da viele andere Oxidationsmittel (ClO^-, $[Fe(CN)_6]^{3-}$, BrO_3^-, IO_3^-, MnO_4^- und beim Erhitzen auch AsO_4^{3-}, NO_3^- und $S_2O_8^{2-}$) ähnlich reagieren, ist diese Reaktion nur als Vorprobe zu werten.

Zur Ausführung wird die Analysensubstanz (oder SA) in der Kälte mit 5 mol/l Essigsäure ausgezogen und in der Lösung das gebildete H_2O_2 mit KI-Stärke nachgewiesen. Hierzu werden 2 Tr. der schwachsauren Probelösung auf der TP mit 1 Tr. 0,1 mol/l KI-Lösung und 1–2 Tr. Stärkelösung (5 g Stärke + 0,05 g HgI_2 in 500 ml siedendem H_2O gelöst) versetzt. In der Kälte sofort Blaufärbung.

5. $MnSO_4 + H_2O_2$

$$MnSO_4 + 2\,NaOH \rightarrow Na_2SO_4 + Mn(OH)_2\downarrow$$

$$Mn(OH)_2 + H_2O_2 \rightarrow MnO(OH)_2\downarrow + H_2O$$

In alkalischer Lösung fällt H_2O_2 braunschwarzes Mangandioxid-Hydrat aus. Mangan (II) wird hierbei zum Mangan(IV) oxidiert.

Einige ml H_2O_2-Lsg. mache man mit Natronlauge stark alkalisch u. füge einige Tr. $MnSO_4$-Lsg. zu.

Näheres über die Nachweisreaktionen des H_2O_2 s. S. 202.

Chlor, Cl, 35,453; −1, +1, +3, +5, +7

Das Element Chlor (Cl_2), ein stechend riechendes gelbgrünes Gas, kommt in der Natur nicht frei, sondern gebunden an hauptsächlich Natrium, Kalium und Magnesium als Chlorid vor (s. S. 29). Seine Verbreitung auf der Erde, die Weltmeere eingeschlossen, beträgt 0,19 Gewichtsprozent. Chlor gehört zu der Gruppe der Halogene (VII. Hauptgruppe des PSE, vgl. S. 18). Es wird auf elektrolytischem Wege aus den Chloriden und durch Oxidation von Salzsäure HCl dargestellt. Im Laboratorium wird Cl_2 meist durch Reaktion von HCl mit MnO_2 oder $KMnO_4$ hergestellt. Chlor dient zur Darstellung von Bleichlaugen und HCl, zur Entzinnung von Weißblechabfällen, zur Chlorierung organischer Verbindungen usw. HCl wird in der chemischen Industrie verwendet.

1. Darstellung von Cl_2

a) Durch Oxidation von Salzsäure mit Bleidioxid

$$PbO_2 + 4\,HCl \rightarrow PbCl_2 + 2\,H_2O + Cl_2\uparrow$$

Man gebe zu einer Spatelspitze PbO_2 (Bleidioxid) 1 ml konz. HCl u. erwärme unter dem Abzug. Es entsteht stechend riechendes gelbgrünes Chlorgas.

b) Deacon-Prozeß

$$2\,HCl + \tfrac{1}{2}\,O_2 \overset{CuCl_2}{\rightleftharpoons} H_2O + Cl_2$$

Kupfer(II)-chlorid wirkt als Katalysator.

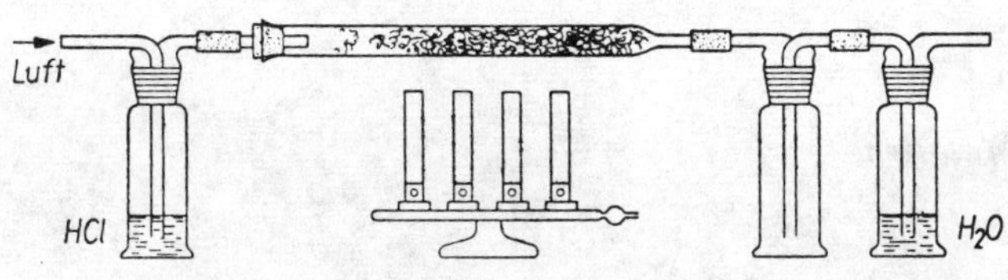

Abb. 13. Apparatur zur Darstellung von Chlor

Zur Darst. wird die in Abb. 13. wiedergegebene App. unter dem Abzug aufgebaut. Das Rohr besteht aus schwer schmelzbarem Glas, in dem sich Stückchen aus porösem Ton befinden, die mit einer verd. Kupferchloridlsg. getränkt u. dann getrocknet sind. Links schließt sich eine Waschflasche mit konz. rauchender Salzsäure, rechts eine umgekehrt geschaltete leere, dann eine richtig geschaltete Waschflasche mit Wasser an. Dadurch wird das Zurücksteigen des Wassers verhindert. Das Rohr wird mit einem Reihenbrenner auf schwache Rotglut erhitzt u. ein Luftstrom von etwa 1–2 Blasen in der Sekunde von links nach rechts hindurchgeleitet. Den Luftstrom erhält man entweder aus der im Institut befindlichen Druckluftleitung oder durch Anschließen einer Wasserstrahlpumpe an die rechte Seite unter Dazwischenschalten eines Glashahnes oder Schraubenquetschhahnes zur Regulierung. Nach kurzer Zeit erkennt man das Chlor am Geruch sowie an der Reaktion der wäßrigen Lsg. mit KI:

$$2\,KI + Cl_2 \rightarrow 2\,KCl + I_2$$

Es wird braunes Iod ausgeschieden. Nach Beendigung des Versuchs wird die leere Waschflasche vom Rohr gelöst und dann erst die Flamme gelöscht.

c) Weldon-Prozeß

$$MnO_2 + 4\,HCl \rightarrow MnCl_2 + Cl_2\uparrow + 2\,H_2O$$

Um die Eigenschaften des Chlors näher kennenzulernen, stelle man es sich nach dem Verfahren her, das man früher technisch verwandte und jetzt noch in Laboratorien benutzt, nämlich aus Braunstein, Natriumchlorid und Schwefelsäure.

In einen unter dem Abzug befindlichen kleinen, 50 ml fassenden Kochkolben (siehe Abb. 14.) gebe man 2 g feingepulverten Braunstein u. 2 g Kochsalz. Das Kölbchen wird mit einem Korken verschlossen, durch den ein Gasableitungsrohr führt. Das Gasableitungsrohr endet kurz unterhalb des Korkens u. ist dreimal rechtwinklig gebogen. An das Glasrohr schließt sich eine mit konz. Schwefelsäure gefüllte Waschflasche an. Dann folgt ein Einleitungsrohr. Dabei hat stets Glas auf Glas zu sitzen, so daß das Chlor möglichst nicht an die Gummiverbindungen kommt. Durch die zweite Bohrung des Korkens führt ein Tropftrichter, den man mit etwa 10 ml einer Mischung aus gleichen Raumteilen konz. Schwefelsäure u. Wasser füllt. (Es ist immer die konz. Schwefelsäure in Wasser zu gießen! Verfährt man umgekehrt, besteht die Gefahr des Verspritzens infolge starker Erhitzung!) Man läßt einige ml der Lsg. einfließen u. erwärmt mit kleiner Flamme. Das entstehende Chlor verdrängt zunächst die Luft, wird in der Waschflasche getrocknet u. zu den nachstehenden Verss. verwandt. Zum Unterbrechen der Chlorentwicklung löse man die Verbindung zwischen Kolben u. Waschflasche u. entferne dann die Flamme.

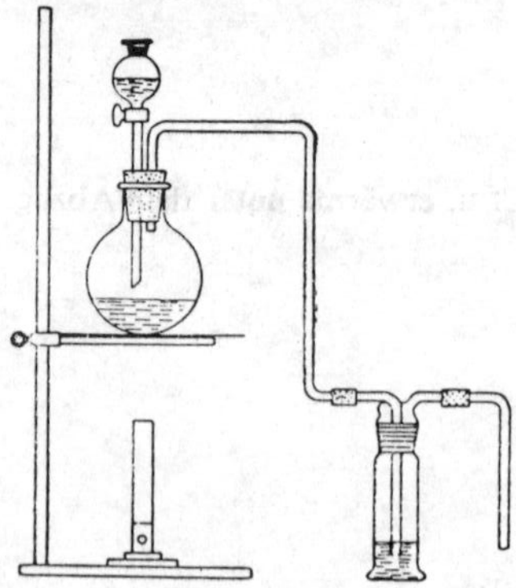

Abb. 14. Gasentwicklungsapparatur

2. Bildung von Chloriden mit Metallen

$2\,Sb + 3\,Cl_2 \rightarrow 2\,SbCl_3$

$Cu + Cl_2 \rightarrow CuCl_2$

Chlor reagiert mit vielen Metallen schon bei gewöhnlicher oder etwas erhöhter Temperatur unter Bildung von Chloriden. Ebenso bildet sich mit Wasserstoff im Licht bei Zimmertemperatur Chlorwasserstoff. Im diffusen Licht verläuft diese Reaktion langsam, bei hoher Lichtintensität, z. B. im Sonnenlicht, dagegen explosionsartig. Im Dunkeln geht sie erst bei erhöhter Temperatur vor sich, dann aber ebenfalls unter Explosion (Chlorknallgas).

Man fülle ein trockenes Reagenzglas mit Cl_2 u. werfe einige Körnchen feingepulvertes Antimon (Sb) oder Zinkstaub oder einige Blättchen Kupfer hinein. Unter heller Lichterscheinung tritt Rk. ein.

3. Oxidation von Iodid bzw. Bromid zu I_2 bzw. Br_2

$Cl_2 + 2\,KBr \rightarrow 2\,KCl + Br_2$

$Cl_2 + 2\,KI \rightarrow 2\,KCl + I_2$

Chlor verdrängt Brom und Iod aus ihren Verbindungen.

Man leite etwas Cl_2 in W., in dem einmal einige Körnchen Kaliumiodid, KI, das andere Mal Kaliumbromid, KBr, aufgelöst sind. Es tritt Ausscheidung von Iod bzw. Brom ein.

4. Oxidation von Farbstoffen

Chlor ist ein starkes Oxidationsmittel. Organische Farbstoffe werden oxidiert und damit zerstört. Das wird bekanntlich im großen Maßstab in den Bleichereien angewandt.

In ein mit Cl_2 gefülltes Reagenzglas halte man angefeuchtetes rotes u. blaues Lackmuspapier. Entfärbung! Ebenso leite man in Indigolsg. Cl_2 ein. Gelbfärbung durch Zersetzungsprodukte des Indigo.

Salzsäure und Chloride

Die wichtigsten Verbindungen des Chlors sind der Chlorwasserstoff HCl (Hydrogenchlorid) und seine Salze, die Chloride. Die Chloride sind fast alle in Wasser leicht löslich. Ausnahmen bilden $PbCl_2$, das in der Kälte schwer löslich ist, sowie AgCl, Hg_2Cl_2 (CuCl, TlCl und AuCl), die sehr schwer löslich sind. HCl wird durch Einwirkung von konz. Schwefelsäure auf Natriumchlorid oder aus den Elementen dargestellt. Chlorwasserstoff löst sich sehr leicht in Wasser. Seine wäßrige Lösung heißt Salzsäure. Die Löslichkeit des HCl ist abhängig von der Temperatur, vom HCl-Dampfdruck über der Lösung, sowie von der Art und Konzentration der Lösungspartner. Leitet man bei 20 °C Chlorwasserstoff unter einem Druck von 1 bar in Wasser, so lösen sich 72,5 g HCl in 100 g Wasser. Die Dichte dieser „kaltgesättigten" 42,0%igen Salzsäure beträgt 1,205 g/cm³ bei 20 °C. Durch konz. H_2SO_4 kann man die Löslichkeit stark herabdrücken. Es entweicht daher beim Zutropfen von konz. H_2SO_4 zu konz. HCl gasförmiger Chlorwasserstoff (Darstellungsmöglichkeit für gasförmiges HCl!).

Erhitzt man konz. HCl, so destilliert hauptsächlich Chlorwasserstoff und wenig Wasser ab, bis die Konzentration der Lösung auf 20% gesunken ist. Erhitzt man umgekehrt verd. HCl, so entweicht hauptsächlich Wasser, bis die Säure wieder die gleiche Konzentration erhalten hat. 20,22%ige HCl siedet bei 1013,25 mbar konstant bei 108,58 °C. Im Destillat erhält man dann die gleiche Konzentration. Ein solches konstant siedendes Gemisch, auch azeotropes Gemisch genannt, findet sich bei Säuren häufig:

HNO_3	: 68%	bei 121 °C
H_2SO_4	: 98,3%	bei 338 °C
H_2F_2	: 35%	bei 120 °C

Die rauchende Salzsäure ist etwa 37%ig, die konz. Salzsäure meist etwa 32 oder 25%ig, die verd. entweder 10%ig oder ≈ 7%ig, d. h., sie enthält 2 mol/l HCl.

Molarität, Molalität, Normalität

In der Chemie wird die Konzentration einer Lösung gewöhnlich nicht in Prozenten, sondern als Stoffmengenkonzentration, z. B. in mol/l, angegeben. Da sich die Stoffmenge auf Atome, Formeleinheiten, Moleküle oder Bruchteile davon beziehen kann, ist die Teilchenart hinter dem Konzentrationssymbol anzugeben. Für dieselbe verdünnte Schwefelsäure ist demnach sowohl die Angabe $c(H_2SO_4) = 1\ mol \cdot l^{-1}$ als auch die Angabe $c(^1/_2\ H_2SO_4) = 2\ mol \cdot l^{-1}$ möglich. Alte Bezeichnungen dafür sind einmolare Schwefelsäure, 1 M H_2SO_4, und zweinormale Schwefelsäure, 2 N H_2SO_4.

Den Molekülbruchteil wählt man bei Säuren und Basen entsprechend der Anzahl ersetzbarer H^+- bzw. OH^--Ionen im Molekül, dagegen bei Lösungen reduzierender oder oxidierender Stoffe nach der Zahl der pro Molekül umgesetzten Elektronen (s. S. 37f.), z. B. $c(^1/_5\ KMnO_4)$.

Für die Stoffmenge in 1000 g Lösungsmittel ist die Bezeichnung Molalität üblich, d. h. 1-molal = 1 mol in 1000 g Lösungsmittel.

Säuren, Basen, Neutralisation

In klassischer Betrachtungsweise wird nach *Brønsted* als Säure ein Stoff bezeichnet, der in wäßriger Lösung unter Bildung von Wasserstoffionen (H^+) zerfällt, dissoziiert, als Base ein solcher, der unter Bildung von Hydroxylionen (OH^-) dissoziiert. Salze bestehen aus einem positiv geladenen Basenrestion (meist ein Metallion) und einem negativen Säurerestion.

Die Reaktion zwischen Säure und Base wird als Neutralisation bezeichnet, z. B.:

$$(Na^+ + OH^-) + (H^+ + Cl^-) \rightarrow Na^+ + Cl^- + H_2O$$

$$(Ba^{2+} + 2\,OH^-) + 2\,(H^+ + NO_3^-) \rightarrow Ba^{2+} + 2\,NO_3^- + 2\,H_2O$$

Wie aus den Gleichungen hervorgeht, besteht sie in einem Zusammentreten von H^+- mit OH^--Ionen zu undissoziiertem Wasser.

Die echten heteropolaren Verbindungen, also die Salze, sind in wäßriger Lösung praktisch vollständig in Ionen dissoziiert. Selbstverständlich werden sich die verschieden geladenen Teilchen gegenseitig beeinflussen und aufeinander Kräfte ausüben. Außerdem ist anzunehmen, daß positive und negative Ionen für einige Zeit aneinander haften bleiben, also als undissoziierte Moleküle betrachtet werden können. Dies tritt aber nur in geringem Maße ein.

Anders ist es bei Säuren und Basen. Die Säuren sind in wasserfreiem Zustand nicht heteropolar aufgebaut. Dementsprechend können bei der Lösung in Wasser auch undissoziierte Moleküle vorhanden sein. Die Säuren verhalten sich dabei sehr verschieden. Ein Teil spaltet sich sehr stark in verdünnter Lösung (bei 1 mol/l zu mehr als 50%). Dazu gehören Salzsäure, HCl, Bromwasserstoffsäure, HBr, Iodwasserstoffsäure, HI, Salpetersäure, HNO_3, und auch noch Schwefelsäure, H_2SO_4. Im Gegensatz zu den erstgenannten Säuren spaltet die Schwefelsäure maximal 2 Protonen (Wasserstoffionen) ab. Sie ist also zweibasig oder zweiprotonig. Andere Säuren sind mittelstark dissoziiert (bei 1 mol/l zwischen 1 und 50%) wie schweflige Säure, H_2SO_3, Phosphorsäure, H_3PO_4, und Flußsäure, HF, und schließlich gibt es auch viele, die sehr wenig H^+-Ionen abdissoziieren, wie Schwefelwasserstoff, H_2S, Kohlensäure, H_2CO_3, Blausäure, HCN, Essigsäure, CH_3COOH, und Borsäure, H_3BO_3. Man unterscheidet daher zwischen starken, mittelstarken und schwachen Säuren.

Auch bei Basen haben wir ähnliche Unterschiede. NaOH, $Ba(OH)_2$ oder $Ca(OH)_2$ sind starke Basen, Ammoniak wirkt dagegen wie eine schwache Base.

Bei den Metallbasen sind Basencharakter und Löslichkeit weitgehend miteinander verknüpft. Sehr leicht löslich sind die Hydroxide der Alkalien, mittlere Löslichkeit besitzt das $Ba(OH)_2$. Die anderen Erdalkalihydroxide sind schon schwer löslich ($Ca(OH)_2$ bei Zimmertemperatur zu $1{,}6 \cdot 10^{-2}$ mol/l). Die Hydroxide der Erdmetalle und Schwermetalle sind sehr schwer löslich. Weitere Ausführungen zu den Säuren, Basen und der Neutralisation finden sich auf S. 109ff.

1. Indikatoren

Indikatoren sind organische Farbstoffe, die sauren Lösungen eine andere Farbe als basischen erteilen.

Die verschiedenen Farbindikatoren ändern ihre Farbe jedoch nicht immer bei genau neutraler Reaktion, sondern teilweise in schwach saurem (Methylrot, Methylorange), teilweise in schwach alkalischem Gebiet (Phenolphthalein). Lackmus schlägt jedoch um, wenn die Lösung neutral reagiert (s. auch S. 292).

Farbstoff	Farben Säuren	Basen
Lackmus	rot	blau
Neutralrot	rot	gelb
Methylrot	rot	gelb
Methylorange	orangerot	gelb
Phenolphthalein	farblos	rot

Man prüfe die ausstehenden Säuren u. Basen mit den in der Tabelle genannten Indikatoren. Bei qualitativen Arbeiten benutzt man meist mit Lackmus- oder Neutralrotlösung getränktes Filterpapier. Ersteres ist als Lackmuspapier im Handel. Oft wird auch Universal-Indikator-Papier benutzt, das abhängig von der Wasserstoffionenkonzentration bzw. Hydroxylionenkonzentration verschiedene Färbung zeigt.

2. *Neutralisation, Darstellung von Kochsalz*

$$NaOH + HCl \rightarrow NaCl + H_2O$$

1 ml verdünnter Salzsäure versetze man so lange tropfenweise mit Natronlauge, bis Lackmuspapier nach violett umschlägt. Dann wird eingedampft. Es entstehen Kristalle von NaCl, das am Geschmack als solches erkannt werden kann.

3. *Auflösung von Metallen*

Die Wirksamkeit von Säuren, z. B. die Schnelligkeit der Auflösung von Metallen, ist von der Stärke der Säure, d. h. von der Anzahl H^+-Ionen, die sie in Lösung abdissoziieren, abhängig.

Von einem Stück Stangenzink, das man vorher durch kurzes Eintauchen in eine Kupfersulfatlösung verkupfert u. dann gründlich abgespült hat, schneidet man sich einige gleich lange Stücke (etwa 1 cm) ab, übergießt sie in Reagenzgläsern mit 1 mol/l HCl, 0,5 mol/l H_2SO_4 u. 1 mol/l CH_3COOH u. beobachtet die Stärke der Wasserstoffentwicklung. Durch die geringfügige, oberflächliche Verkupferung, die durch die Reaktion $Zn + Cu^{2+} \rightarrow Zn^{2+} + Cu$ zustande kommt, wird die Wasserstoffentwicklung beschleunigt u. gleichmäßiger.

4. *Darstellung von Chlorwasserstoff*

$$NaCl + H_2SO_4 \rightarrow NaHSO_4 + HCl\uparrow$$

Zur Darst. größerer Mengen Chlorwasserstoff benutzt man die in Abb. 14. wiedergegebene App., füllt sie mit NaCl u. läßt unter Erwärmen konz. Schwefelsäure zutropfen. Oder man verwendet einen Kipp, der mit Ammoniumchlorid u. halbkonz. Schwefelsäure gefüllt ist. NH_4Cl reagiert mit H_2SO_4 schon bei Zimmertemperatur.

5. *Nachweis als AgCl bzw.* $[Ag(NH_3)_2]Cl$

$$HCl + AgNO_3 \rightarrow HNO_3 + AgCl\downarrow$$

$$AgCl + 2\,NH_3 \rightarrow [Ag(NH_3)_2]Cl$$

Lösungen von HCl und löslichen Chloriden geben mit Silbernitratlösung einen weißen käsigen Niederschlag von Silberchlorid.

AgCl ist im Gegensatz zum weißen Ag_2CO_3 und gelben Ag_3PO_4 in Salpetersäure (verd. und konz.) nicht löslich. Jedoch löst sich AgCl leicht in Ammoniak, NH_3, unter Bildung des Komplexsalzes Diamminsilberchlorid (über Komplexe s. S. 90ff.).

Auch in konz. Salzsäure ist AgCl teilweise löslich, wobei Chlorokomplexe entstehen (s. S. 264).

Chloride sind sehr verbreitet und finden sich daher häufig als Verunreinigungen in anderen Salzen. Darauf ist bei der Durchführung der Nachweise zu achten.

Nur sehr wenige andere Salze, und zwar hauptsächlich die Bromide und Iodide geben Niederschläge mit $AgNO_3$, die sich in Salpetersäure nicht lösen. Bei deren Abwesenheit kann man daher die Umsetzung mit $AgNO_3$ als Nachweismittel für Chloride benutzen.

a) Zu der salpetersauren Lsg. der Substanz oder des SA gebe man einige Tr. $AgNO_3$-Lsg.; weißer, käsiger Nd. deutet auf Anwesenheit von Cl^-.

b) Zum Nachweis von Cl^- als $[Ag(NH_3)_2]Cl$ in der HM-Analyse wird der AgCl-Nd. in Ammoniak gelöst. 1 Tr. der Lsg. wird auf einem OT eingedunstet u. unter dem Mikroskop untersucht (V: 150–200, vgl. Kristallaufnahme Nr. 1).
EG: 0,05 µg Cl^-

6. Nachweis als Chromylchlorid

$$4\,NaCl + K_2Cr_2O_7 + 3\,H_2SO_4 \rightarrow CrO_2Cl_2 + 2\,Na_2SO_4 + K_2SO_4 + 3\,H_2O$$

$$CrO_2Cl_2 + 4\,NaOH \rightarrow 2\,NaCl + Na_2CrO_4 + 2\,H_2O$$

Chloride (außer AgCl und Hg_2Cl_2) reagieren mit Kaliumdichromat, $K_2Cr_2O_7$, in konz. Schwefelsäure zu rotem Chromylchlorid, CrO_2Cl_2. Dieses destilliert in der Hitze ab und gibt beim Einleiten in Natronlauge Natriumchromat.

Das Chrom wird dann nach 14., S. 128 nachgewiesen. Die Anwesenheit von Chrom zeigt das Vorhandensein von Cl^- in der Untersuchungssubstanz an.

Der Nachweis wird gestört durch F^- (Bildung von Chromylfluorid), größere Mengen I^- und Br^- (nur bei Nachweis von Cr mit Diphenylcarbazid), NO_2^- und NO_3^- (Bildung von NOCl).

Zur Ausführung werden wenige mg der festen Substanz oder des zur Trockne eingedampften SA im Reagenzglas mit Überleitungsrohr mit etwas gepulvertem $K_2Cr_2O_7$ u. einigen Tr. 18 mol/l H_2SO_4 versetzt. Im Vorlagegläschen befindet sich Natronlauge, in die das beim Erhitzen des Reagenzglases entstehende CrO_2Cl_2 überdestilliert. Cr wird nach 14., S. 128 nachgewiesen.

Ionenlehre und Bindungsarten

Da bereits mehrfach Salze, Säuren und Basen behandelt wurden, ist es von Wichtigkeit, ihre Eigenschaften und die dabei gefundenen Gesetzmäßigkeiten näher kennenzulernen. Zu ihrem Verständnis ist es notwendig, auf die „chemische Gleichgewichtslehre“ einzugehen.

Lösungen von Salzen, Säuren und Basen leiten den elektrischen Strom und werden dementsprechend als Elektrolytlösungen bezeichnet. Bei Gleichstrom gehen an den Zuleitungen sog. Elektrodenreaktionen vor sich. Am negativen Pol, der Kathode, wird aus Säuren Wasserstoff entwickelt, aus Salzlösungen entweder auch Wasserstoff (bei Alkalisalzen) oder Metall abgeschieden (z. B. bei Kupfersalzen). Am positiven Pol, der Anode, entsteht Sauerstoff (aus Basen, Sulfaten, Nitraten) oder Chlor (aus Chloriden) bzw. ein anderes Nichtmetall (Brom aus Bromiden).

Bei der weiteren Untersuchung haben sich noch folgende Tatsachen herausgestellt:

1. Unter der Wirkung des elektrischen Stroms wandert ein Teil des Elektrolyten zur Kathode, und zwar bei Säuren der Wasserstoff, bei Basen und Salzen das Metall. Diese Teilchen werden Kationen genannt und müssen positiv geladen sein. Der Rest, bei Säuren und Salzen also der Säurerest (SO_4^{2-} bei Sulfaten, NO_3^- bei Nitraten) und bei Basen das OH^-, wandert zur Anode: Anionen. Sie sind negativ geladen. Die Elektrolyte bestehen dementsprechend aus positiv und negativ geladenen Bestandteilen.
2. Die Elektrolyte werden nicht erst unter der Wirkung des elektrischen Stromes in Ionen gespalten, sondern ihre wäßrigen Lösungen enthalten sie von Anfang an. Dies ergibt sich aus dem anomalen osmotischen Druck, den Elektrolytlösungen zeigen. Eine wäßrige Lösung von Salzsäure besteht im wesentlichen aus positiv geladenen H^+-Ionen und negativ geladenen Cl^--Ionen, ebenso eine KI-Lösung aus positiv geladenen K^+-Ionen und negativ geladenen I^--Ionen.
3. Die Ladung eines Ions hat einen bestimmten Wert, sie ist entweder gleich der elektrischen Elementarladung ($1{,}60 \cdot 10^{-19}$ Coulomb) oder ein ganzes Vielfaches davon. Die Zahl der elektrischen Elementarladungen wird als Ionen-

ladung mit entsprechendem Vorzeichen bezeichnet. Das Wasserstoffion ist einfach positiv geladen, das Chloridion einfach negativ, das Sulfation, da in der Schwefelsäure 2 H^+ mit ihm verbunden sind, zweifach negativ (SO_4^{2-}). Weitere Beispiele:

PO_4^{3-} dreifach negativ entsprechend H_3PO_4,

Al^{3+} dreifach positiv entsprechend $AlCl_3$,

OH^- einfach negativ entsprechend NaOH.

4. Durch die Elektrizitätsmenge 96485 Coulomb wird in allen Elektrolytlösungen an beiden Elektroden je ein Mol Elementarladungen umgesetzt und dadurch die äquivalente Stoffmenge Kationen bzw. Anionen abgeschieden (*Faraday*).

Alle diese Erscheinungen finden ihre Erklärung durch den Atombau und die Art der chemischen Bindung. Die Atome bestehen, wie bereits in Kapitel 1.1. angegeben wurde, aus einem positiven Atomkern und aus einer Hülle von negativ geladenen Elektronen (= Masseteilchen von der Masse 1/1837 eines Wasserstoffatoms). Die Elektronen sind in bestimmten, den Kern umgebenden Schalen angeordnet. Die Zahl der Elektronen ist im neutralen Atom stets gleich der Zahl der positiven Kernladungen, also gleich der Kernladungs- oder auch Ordnungszahl des Elementes. Bei den Edelgasen ist die äußerste Schale mit 2 (He) oder 8 Elektronen besetzt.

Im folgenden werden die Hauptgruppen (als a-Gruppen im Langperiodensystem auf S. 418 bezeichnet) betrachtet. Bei den Alkalielementen, die je ein Elektron mehr besitzen als die vor ihnen stehenden Edelgase, befindet sich dieses Elektron in der nächst höheren (äußersten) Elektronenschale, die erst bei Erreichung eines Edelgases wieder voll aufgefüllt ist.

Für die Elemente Na–Ar wird demnach der Atomaufbau durch folgende schematische Darstellung wiedergegeben:

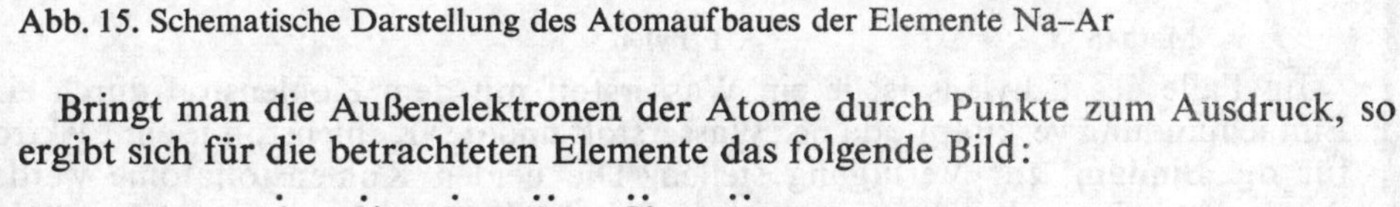

Abb. 15. Schematische Darstellung des Atomaufbaues der Elemente Na–Ar

Bringt man die Außenelektronen der Atome durch Punkte zum Ausdruck, so ergibt sich für die betrachteten Elemente das folgende Bild:

·Na ·Mg· ·Al· ·Si· ·P· ·S· :Cl· :Ar:

Die der äußersten, noch nicht abgesättigten Elektronenschale angehörenden Elektronen haben für das Zustandekommen der chemischen Bindung eine besondere Bedeutung. Sie werden daher Valenzelektronen genannt und lassen sich im Gegensatz zu den in den abgeschlossenen Schalen befindlichen Elektronen leicht abspalten.

So geht z. B. ein Natriumatom bei Abspaltung des Valenzelektrons aus der äußersten Schale in ein einfach positiv geladenes Natrium„ion“ über. Zahl und

Anordnung der dem Natriumion noch verbliebenen Elektronen entsprechen derjenigen des Edelgases Neon. Eine solche „Edelgaskonfiguration“ (Oktett) der Elektronen, die sich durch besondere Stabilität auszeichnet, ist ebenso auch durch Aufnahme von Elektronen in die äußerste, noch unvollständige Schale bis zu ihrer Auffüllung möglich. Tatsächlich kann eine solche Aufnahme von Elektronen nur stattfinden bei den Elementen, die 1–4 Stellen vor einem Edelgas stehen. 1 Chloratom kann also durch Aufnahme eines Elektrons unter Auffüllung seiner äußersten Schale auf 8 Elektronen in ein einfach negativ geladenes Chlor„ion“ übergehen. Bei der Reaktion zwischen Natrium und Chlor wird das vom Natrium abgegebene Elektron von Chlor aufgenommen unter Bildung von Natrium- und Chloridionen:

$$Na\cdot + \cdot\underset{..}{\overset{..}{Cl}}: \rightarrow [Na]^+ + [:\underset{..}{\overset{..}{Cl}}:]^- = Na^+ + Cl^-$$

Diese beiden Ionenarten werden durch starke elektrostatische Kräfte aneinander gebunden. Es entsteht die „Ionenbindung“, auch „heteropolare“ oder „salzartige“ Bindung genannt. In Salzkristallen ist sie naturgemäß nicht gerichtet, da sich das durch die Ladung der einzelnen Ionen bedingte elektrische Feld gleichmäßig nach allen Richtungen hin erstreckt. So wirkt sich beispielsweise die Anziehungskraft eines Natriumions nicht nur auf ein einziges Chloridion aus und umgekehrt, sondern auf alle umliegenden Ionen mit entgegengesetzter Ladung. Verbindungen mit Ionenbindung kristallisieren infolgedessen in Form von „Ionengittern“; ein Kochsalzkristall ist somit aus Na^+- und Cl^--Ionen aufgebaut, welche sich nach allen 3 Koordinatenrichtungen abwechseln.

Eine zweite Art der chemischen Bindung ist die „Atombindung“, auch „homöopolare“ oder „kovalente“ Bindung genannt. Bei der Vereinigung von 2 Atomen, wie z. B. zweier Chloratome, wird das Ziel der stabilen Edelgaskonfiguration dadurch erreicht, daß 2 Atome ein gemeinsames, also beiden angehöriges Elektronenpaar besitzen:

$$:\underset{..}{\overset{..}{Cl}}\cdot + \cdot\underset{..}{\overset{..}{Cl}}: \rightarrow :\underset{..}{\overset{..}{Cl}}:\underset{..}{\overset{..}{Cl}}:$$

Die Zahl der von einem Atom ausgehenden Atombindungen hängt auch hier von der Zahl seiner Außenelektronen ab.

In derselben Weise sind auch zahlreiche Verbindungen der Nichtmetalle untereinander aufgebaut, insbesondere der größte Teil der organischen Verbindungen, z. B.:

$$CH_4 \rightarrow H:\underset{\ddot{H}}{\overset{H}{\ddot{C}}}:H \qquad H_2C = CH_2 \rightarrow H:\overset{H}{\ddot{C}}::\overset{H}{\ddot{C}}:H$$

Methan Ethylen

Im Falle des Ethylens ist je ein Wasserstoff mit dem Kohlenstoff durch eine Einfachbindung verknüpft, da der Wasserstoff und der Kohlenstoff je ein Elektron für die Bindung zur Verfügung stellen. Die beiden Kohlenstoffatome werden durch eine Doppelbindung vereinigt. Durch diese Elektronenanordnung hat jedes der beteiligten Atome die Auffüllung zur Edelgasschale erreicht. Dieses Primitivmodell der Bindung durch Ausbildung der Oktettschalen (Oktettregel) ist im wesentlichen bei den Elementen der ersten Hauptgruppenperioden anwendbar, während man bei den übrigen Elementen Abweichungen antrifft.

Der Idealfall einer heteropolaren Bindung liegt annähernd bei den Alkalihalogeniden mit niedriger Ordnungszahl der Partner vor. Im allgemeinen besitzen die Kationen und Anionen keine Kugelgestalt mehr, sondern es tritt eine Deformation bzw. Polarisation der Elektronenhüllen ein. Das kleinere Kation zieht die

Elektronenhülle des Anions an sich und stößt dessen positiven Kern ab und umgekehrt. Da jedoch in der Regel die Elektronenhüllen der Anionen größer und daher weniger fest gebunden sind als bei den Kationen, macht sich die Deformation besonders stark bei den Anionen bemerkbar. Je größer der Radius und je höher geladen ein Anion ist, desto stärker wird es bei gegebenem Kation deformiert.

Daher nimmt der Salzcharakter z. B. in der Reihe der Anionen Cl^-, Br^-, I^-, O^{2-}, S^{2-} ab.

Bei gegebenem Anion wirkt ein Kation um so stärker deformierend, je kleiner sein Radius und je höher seine Ladung ist. (Siehe das Beispiel weiter unten.)

Der Idealfall einer Atombindung liegt vor, wenn die miteinander verbundenen Atome die gleiche Elektronenaffinität besitzen. Dies ist bei identischen Atomen wie z. B. beim H_2- und beim Cl_2-Molekül der Fall. Auch die Bindung der Kohlenstoffatome untereinander in den einfachen organischen Verbindungen gehört noch hierher. Geht jedoch der Kohlenstoff mit anderen Atomen wie O, N und S eine Bindung ein, so treten Atome verschiedener Elektronenaffinität in Wechselwirkung. Es zieht dann das Atom mit höherer Elektronenaffinität das Elektronenpaar näher zu sich heran und lädt sich damit negativ auf. Der Partner bekommt somit eine positive Ladung. Es wird wie oben ein Molekül gebildet, welches einen Dipol besitzt. Es treten Moleküle mit sogenannten Übergangsbindungen auf. Die Abb. 16 gibt die Verhältnisse schematisch wieder.

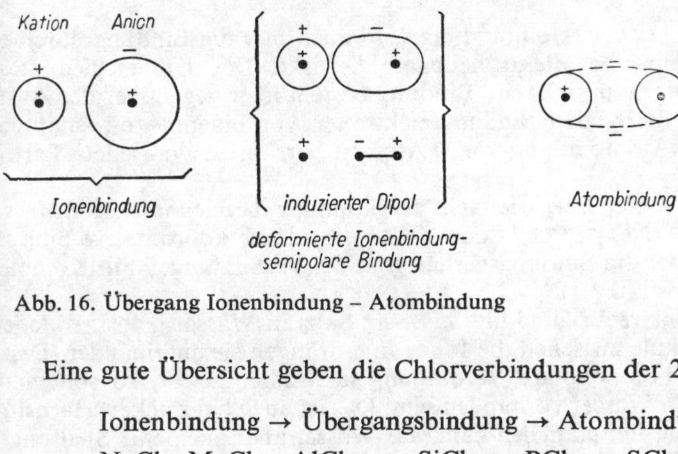

Abb. 16. Übergang Ionenbindung – Atombindung

Eine gute Übersicht geben die Chlorverbindungen der 2. Periode des PSE.

Ionenbindung → Übergangsbindung → Atombindung

	NaCl	$MgCl_2$	$AlCl_3$	$SiCl_4$	PCl_3	SCl_2	ClCl
Smp.	800	712	192,5[1])	−67,6	−92	−78	−101 °C
Sdp.	1465	1418	subl. 180	56,7	74,5	59	− 34,1 °C

Das NaCl mit typischer Ionenbindung besitzt einen hohen Schmelz- und Siedepunkt. Mit zunehmender Deformation nimmt die Flüchtigkeit zu. Das Cl_2 mit seiner Atombindung ist gasförmig.

Eine weitere Bindungsart liegt bei den Metallen vor. Hierbei lagern die Atomrümpfe gleichsam in einem „Elektronengas“; die Elektronen der äußeren Schale sind jeweils wegen der besonderen Art des Aufbaus und der relativ dichten Pak-

[1]) Unter Druck.

kung leicht verschiebbar, womit das gute Leitvermögen der Metalle für Elektrizität und Wärme sowie der metallische Glanz in Zusammenhang stehen.

Schließlich kennen wir noch besondere Bindungsverhältnisse bei den Verbindungen höherer Ordnung, zu denen als wichtigste Bindungsart die „koordinative“ Bindung zählt, die für die Bildung von Komplexen in vielen Fällen maßgebend ist. (Näheres über Komplexsalze findet sich auf S. 90f.).

Wie aus der Elektronenformel für das Natriumchlorid (s. S. 34) ersichtlich ist, hat das Chloridion vier nur einseitig beanspruchte (freie) Elektronenpaare, die zur Auffüllung unvollständiger Elektronenschalen dienen können. Demgegenüber hat das Sauerstoffatom eine „Elektronenlücke“, d. h., ihm fehlen 2 Elektronen zur Ausbildung der Achterschale:

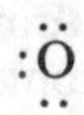

Durch Anlagerung von Sauerstoffatomen, deren Elektronensextett durch die freien Elektronenpaare des Chlors zum Oktett ergänzt werden kann, entstehen so die verschiedenen Sauerstoffsäuren des Chlors:

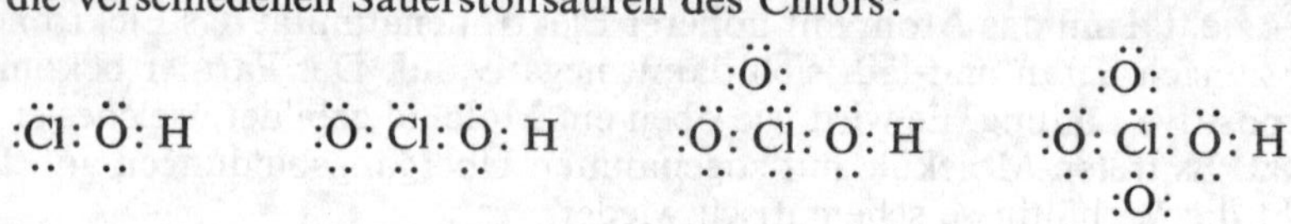

hypochlorige Säure — chlorige Säure — Chlorsäure — Perchlorsäure

Ganz ähnlich wie bei der Atombindung wird auch hier die Bindung durch ein oder mehrere gemeinsame Elektronenpaare bewirkt. Der Unterschied dieser „koordinativen“ bzw. „semipolaren“ Bindung besteht aber gegenüber der Atombindung darin, daß die beiden Bindungselektronen von einem Atom stammen, während sie bei der Atombindung von 2 Atomen herrühren, von jedem Partner eins.

Auch eine Anzahl weiterer, vielfach als komplex bezeichneter Ionen, wie SO_3^{2-}, SO_4^{2-}, NO_2^-, NO_3^-, PO_4^{3-} oder CO_3^{2-}, ist durch koordinative Bindung gebildet worden. (Über die Bindungsverhältnisse bei Verbindungen mit Komplexbildung am Kation, vgl. S. 91).

Wird eine heteropolare Verbindung, z. B. ein Salz, in Wasser gelöst, so lagern sich die Wassermoleküle zwischen die Ionen und drängen sie auseinander (Dissoziation). Wird eine homöopolare Verbindung in Wasser gelöst, so sollten die Moleküle als solche in Wasser vorhanden sein. Das ist auch bei Zucker, Harnstoff, Alkohol u. a. der Fall. Bei manchen kann das Wasser aber auch eine Spaltung in Ionen hervorrufen. Das tritt insbesondere bei den Wasserstoffverbindungen der Halogene sowie bei anderen Verbindungen ein, die mit Wasser Säuren bilden. HCl, das als Gas, in flüssigem und festem Zustand als homöopolare Verbindung anzusehen ist, löst sich in Wasser auf, wobei das H^+ von Cl^- abgetrennt wird und sich an ein H_2O-Molekül anlagert:

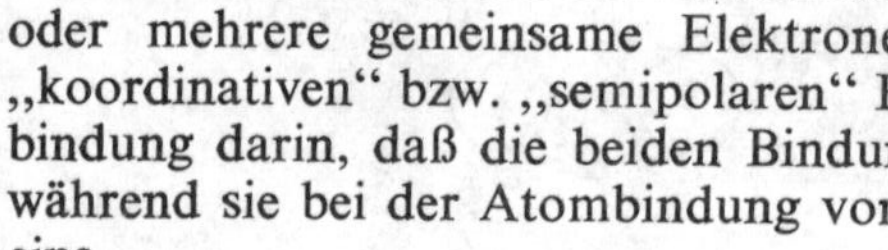

$$HCl + H_2O \rightleftharpoons H_3O^+ + Cl^-$$

Wie bei Salzsäure bilden sich auch bei allen anderen Säuren neben Säurerestionen H_3O^+-Ionen, Oxoniumionen genannt (Hydroniumion ist eine ältere

Bezeichnung für H_3O^+ oder ein hydratisiertes Proton mit unbestimmtem Hydratationsgrad). Ist die Hydratation unbekannt oder ohne Bedeutung, spricht man einfach vom Wasserstoff-Ion, H^+.

In wäßrigen Lösungen haben wir es bei den Umsetzungen der Salze mit Ionenreaktionen zu tun, z. B.:

$$(H^+ + Cl^-) + (Ag^+ + NO_3^-) \rightarrow AgCl\downarrow + (H^+ + NO_3^-)$$

oder

$$(Na^+ + Cl^-) + (Ag^+ + NO_3^-) \rightarrow AgCl\downarrow + (Na^+ + NO_3^-)$$

Da H^+, Na^+ und NO_3^- auf beiden Seiten der Gleichung stehen, kann man sie auch ohne weiteres wegfallen lassen. Wir erhalten die einfache Ionengleichung:

$$Ag^+ + Cl^- \rightarrow AgCl\downarrow$$

Oxidation und Reduktion

Unter Oxidation wird allgemein die Abgabe von Elektronen bzw. Erhöhung der Oxidationsstufe (s. S. 39), unter Reduktion die Aufnahme von Elektronen bzw. Erniedrigung der Oxidationsstufe verstanden. Beide Vorgänge sind immer miteinander gekoppelt, da bei jeder Redox- (= Reduktions-Oxidations-) Reaktion die Anzahl der aufgenommenen Elektronen gleich der der abgegebenen sein muß.

Der auf S. 19 erklärte Begriff der Oxidation und Reduktion ist nach den vorstehenden Erläuterungen zu erweitern.

Nach den im vorhergehenden Kapitel besprochenen Tatsachen sind z. B. bei den Atomen der in den linken Hauptgruppen des PSE stehenden Elemente die äußeren Elektronen unter Bildung der entsprechenden positiven Ionen mit Edelgaskonfiguration leicht abtrennbar, d. h. die Ionisierungsenergie ist gering. Bei der Aufnahme eines Elektrons durch das neutrale Atom wird nur wenig Energie frei, die sog. Elektronenaffinität ist also gering. Demgegenüber besitzen Atome von Elementen der rechten Hauptgruppen große Ionisierungsenergie und Elektronenaffinität.

Bei der Bildung von NaCl aus Chlor und Natrium wird das Natrium oxidiert und das Chlor reduziert:

$$Na \rightarrow Na^+ + e$$

$$Cl + e \rightarrow Cl^-$$

Die Oxidationsstufe des Natriums im $\overset{+1}{Na}\overset{-1}{Cl}$ hat sich von ±0 auf +1 erhöht, die des Chlors von ±0 auf −1 erniedrigt. Kennt man also den Wechsel der Oxidationsstufe der an einer Redoxgleichung beteiligten Moleküle und Ionen, so ist die Aufstellung von Reaktionsgleichungen aus den Teilreaktionen der „Redox-Reaktion" sehr einfach.

Beispiele:

a) Auflösung eines Metalls in Säure:

$$Zn \rightarrow Zn^{2+} + 2\,e$$

$$2\,H^+ + 2\,e \rightarrow H_2$$

$$\overset{\pm 0}{Zn} + \overset{+1}{H_2}SO_4 \rightarrow \overset{+2}{Zn}SO_4 + \overset{\pm 0}{H_2}\uparrow$$

b) In einer Verbindung bzw. einem komplexen Ion wird die Oxidationsstufe ermittelt, indem man alle Partner als Ionen in Rechnung stellt, z. B. MnO_4^-

(Permanganation):

Oxidationsstufe des Sauerstoffs $-2 \times 4 = -8$

Oxidationsstufe des Mangans $+7 \times 1 = +7$

Ladung des MnO_4^--Ions $= -1$

Bei der Oxidation von Fe^{2+} zu Fe^{3+} durch MnO_4^- in saurer Lösung entsteht Mn^{2+} (s. S. 104):

$$MnO_4^- + 8\,H^+ + 5\,e \rightarrow Mn^{2+} + 4\,H_2O$$

$$Fe^{2+} \rightarrow Fe^{3+} + e$$

Da nun in saurer Lösung ein MnO_4^--Ion 5 Elektronen aufnimmt, ein Fe^{2+}-Ion dagegen nur 1 Elektron abgibt, müssen 5 Fe^{2+}-Ionen oxidiert werden, um die zur Reduktion eines MnO_4^--Ions notwendigen Elektronen zu liefern. Die zweite Teilreaktion muß also mit 5 multipliziert werden, damit bei der Addition der beiden Teilgleichungen die in ihnen auftretenden freien Elektronen herausfallen. Letztlich läuft es darauf hinaus, das kleinste gemeinsame Vielfache (kl. gem. Vielf.) für die Anzahl der abgegebenen und aufgenommenen Elektronen zu finden (hier $5 \times 1 = 5$). Der Stoff, der 5 Elektronen aufnimmt, ist demnach mit 1, derjenige, der 1 Elektron abgibt, mit 5 zu multiplizieren. Die aus den Teilgleichungen sich ergebende Gleichung für die Gesamtreaktion lautet dann:

$$MnO_4^- + 8\,H^+ + 5\,Fe^{2+} \rightarrow Mn^{2+} + 5\,Fe^{3+} + 4\,H_2O$$

Bei einer Ionengleichung muß nicht nur die Anzahl der einzelnen Atome, sondern auch die Summe der Ionenladungen auf beiden Seiten gleich sein. Im obigen Beispiel haben wir links 18 positive und 1 negative, also 17 positive Ladungen, auf der rechten Seiten ebenfalls 17 positive. Wird die Gleichung in Molekülform geschrieben, so gestaltet sich ihr Aufbau wie folgt: Auf der linken Seiten werden vorerst die angewandten Stoffe und auf der rechten Seite die Reaktionsprodukte aufgeführt und die Oxidationsstufen über die elektronenaustauschenden Partner geschrieben, z. B.:

$$K\overset{+7}{Mn}O_4 + \overset{+2}{Fe}SO_4 + H_2SO_4 \rightarrow \overset{+3}{Mn}SO_4 + \overset{+3}{Fe}_2(SO_4)_3 + K_2SO_4 + H_2O$$

Das kl. gem. Vielf. von $(7 - 2) = 5$ und $(3 - 2) = 1$ ergibt sich dann zu 5. Auf 1 $KMnO_4$ kämen dann 5 $FeSO_4$. Da jedoch beim $Fe_2(SO_4)_3$ eine gerade Zahl von Fe-Atomen benötigt wird, muß die Gleichung verdoppelt werden, d. h. man braucht 2 $KMnO_4$ und 10 $FeSO_4$; 2 $KMnO_4$ bilden 2 $MnSO_4$, und 10 $FeSO_4$ ergeben 5 $Fe_2(SO_4)_3$:

$$2\,KMnO_4 + 10\,FeSO_4 + H_2SO_4 \rightarrow 2\,MnSO_4 + 5\,Fe_2(SO_4)_3 + K_2SO_4 + H_2O$$

Jetzt ist die Gleichung nur noch hinsichtlich der Koeffizienten der anderen Reaktionspartner zu ergänzen. Aus 2 $KMnO_4$ entsteht rechts 1 K_2SO_4. Insgesamt sind also 18 SO_4-Reste anzuwenden. Da links im $FeSO_4$ schon 10 enthalten sind, werden zusätzlich 8 H_2SO_4 benötigt, so daß rechts 8 H_2O entstehen. Die Gesamtgleichung lautet demnach:

$$2\,KMnO_4 + 10\,FeSO_4 + 8\,H_2SO_4 \rightarrow 2\,MnSO_4 + 5\,Fe_2(SO_4)_3 + K_2SO_4 + 8\,H_2O$$

Weitere Beispiele s. S. 104.

Wertigkeit, Oxidationsstufe

Im Anschluß soll noch auf den wichtigen Wertigkeitsbegriff hingewiesen werden. Dieser Begriff hat eine starke Wandlung durchgemacht und umfaßt heute eine Anzahl selbständiger Aussagen. Man unterscheidet:

1. Die stöchiometrische Wertigkeit. Sie gibt an, wieviel als einwertig erkannte Atome oder Atomgruppen ein Atom des betrachteten Elementes binden oder ersetzen kann. Als durchweg einwertig erkannt ist der Wasserstoff, als zweiwertig der Sauerstoff.
2. Ionenladung. Sie ist die Zahl der elektrischen Elementarladungen eines Ions, z. B. Na^+, Ca^{2+} (vgl. S. 32).
3. Bindigkeit oder Bindungszahl. Sie bezeichnet die Anzahl der Atombindungen, die von einem Atom bestätigt werden. Sie ist beim Chlor im Cl_2 eins, beim Kohlenstoff im CH_4 vier. Die Bindigkeit kann in einigen Fällen mit der Koordinationszahl in Komplexen identisch sein.
4. Formale Ladung. Sie ergibt sich aus dem Vergleich der Elektronenanzahl, die dem betrachteten Atom in der Elektronenformel zukommt, mit der des neutralen Atoms. Für jedes überschüssige Elektron erhält das Atom eine negative, für jedes fehlende Elektron eine positive Ladung zugeordnet. Gemeinsame Elektronenpaare (Verbindungsstriche in Strukturstrichformeln) gehören zur Hälfte dem einen und zur Hälfte dem anderen Atom. Nach *Pauling* darf die formale Ladung maximal +1 oder −1 sein, z. B.:

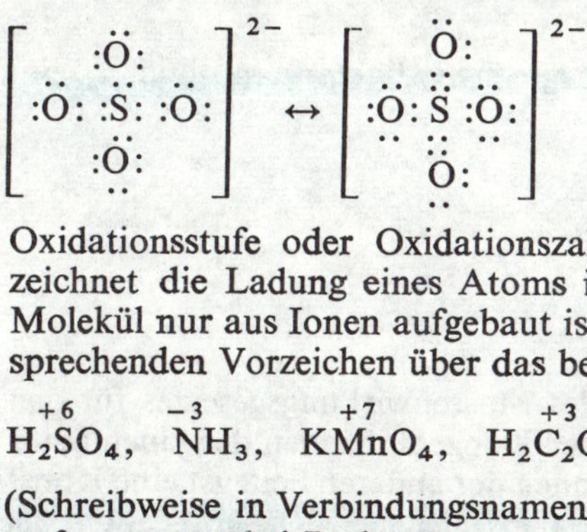

Im $SO_4{}^{2-}$-Anion ist demnach die formale Ladung des S-Atoms: 0, eines O-Atoms im Mittel: −0,5.

5. Oxidationsstufe oder Oxidationszahl (elektrochemische Wertigkeit). Sie bezeichnet die Ladung eines Atoms im Molekül unter der Annahme, daß das Molekül nur aus Ionen aufgebaut ist. Sie wird als arabische Zahl mit dem entsprechenden Vorzeichen über das betreffende Element geschrieben, z. B.:

$H_2\overset{+6}{S}O_4$, $\overset{-3}{N}H_3$, $K\overset{+7}{Mn}O_4$, $H_2\overset{+3}{C_2}O_4$, $\overset{+1}{N_2}O$

(Schreibweise in Verbindungsnamen s. S. 96ff.). Die Kenntnis der Oxidationsstufe gestattet bei Redox-Prozessen eine Ermittlung der Elektronenbilanz. Sie ist demnach äußerst wichtig zur Ableitung von Redox-Gleichungen und der elektrochemisch äquivalenten Stoffmengen.

Chemisches Gleichgewicht

Viele Reaktionen gehen nicht quantitativ vor sich. So bilden sich bei einer Umsetzung $A + B \rightleftharpoons C + D$ zwar aus $A + B$ die Stoffe $C + D$, rückläufig entstehen aber aus $C + D$ teilweise wieder $A + B$. In dem System bleibt also ein Teil der Stoffe $A + B$ unverändert zurück, es stellt sich ein Gleichgewicht ein.

Als Beispiele seien folgende Gleichgewichte genannt:

a) $2\,SO_2 + O_2 \rightleftharpoons 2\,SO_3$ (wichtig für die Schwefelsäuredarstellung nach *Knietsch*),

b) $N_2 + 3\,H_2 \rightleftharpoons 2\,NH_3$ (wichtig für die Gewinnung von Stickstoffverbindungen aus der Luft nach dem *Haber-Bosch*-Verfahren),

c) $H_2 + I_2 \rightleftharpoons 2\,HI$,

d) $C_2H_5OH + CH_3COOH \rightleftharpoons C_2H_5OOCCH_3 + H_2O$ (Esterbildung $\rightleftharpoons$ Esterverseifung),

e) $CH_3COOH \rightleftharpoons CH_3COO^- + H^+$ (Dissoziation einer schwachen Säure).

Massenwirkungsgesetz (MWG)

Die Lage des Gleichgewichts ist von dem Konzentrationsverhältnis der Reaktionspartner, von der Temperatur, bei Gasen vom Druck und bei Lösungen von der Verdünnung abhängig. Betrachten wir zunächst die Verhältnisse bei konstanter Temperatur am Beispiel des Iodwasserstoffgleichgewichtes: H_2 und I_2 werden mit einer bestimmten Geschwindigkeit reagieren. Sie ist abhängig von der Zahl der Zusammenstöße der H_2-Moleküle mit I_2-Molekülen und diese wiederum von der in der Volumeneinheit befindlichen Anzahl der H_2- und I_2-Moleküle. Bezeichnen wir die Reaktionsgeschwindigkeit der $(H_2 + I_2)$-Reaktion mit v_1, die Konzentration von Wasserstoff mit $c(H_2)$ und die von Iod mit $c(I_2)$, so ist:

$$v_1 = K_1 \cdot c(H_2) \cdot c(I_2)$$

wobei K_1 ein Proportionalitätsfaktor ist. Die gleiche Überlegung gilt auch für den Zerfall des Iodwasserstoffs. Nur ist dabei zu bedenken, daß zur Reaktion 2 Moleküle Iodwasserstoff aneinanderstoßen müssen.

So haben wir hier für die Reaktionsgeschwindigkeit zu schreiben:

$$v_2 = K_2 \cdot c(HI) \cdot c(HI) = K_2 \cdot c^2(HI)$$

Im Gleichgewicht müssen die Reaktionsgeschwindigkeiten v_1 und v_2 einander gleich sein und damit auch

$$K_1 \cdot c(H_2) \cdot c(I_2) = K_2 \cdot c^2(HI)$$

oder

$$\frac{c^2(HI)}{c(H_2) \cdot c(I_2)} = \frac{K_1}{K_2} = \text{konstant}$$

Somit erhalten wir die spezielle Form des Massenwirkungsgesetzes für das Iodwasserstoffgleichgewicht: Das Produkt der Konzentrationen der einen Seite dividiert durch das Produkt der Konzentrationen der anderen Seite ist eine Konstante. Der negative dekadische Logarithmus der Gleichgewichtskonstanten ist der pK-Wert. Selbstverständlich müssen die Konzentrationen in gleichen Maßeinheiten angegeben werden, also z. B. in Mol durch Kubikdezimeter bzw. Liter. Wenn ein Reaktionspartner mit mehreren Molekülen an der Umsetzung teilnimmt, ist diese Zahl bei der mathematischen Formulierung als Exponent der Potenz einzusetzen.

So kommen wir zur allgemeinen Fassung des MWG für eine Reaktion

$$xA + yB + zC \ldots \rightleftharpoons mD + nE + oF \ldots$$

Sie lautet:

$$\frac{c_D^m \cdot c_E^n \cdot c_F^o \ldots}{c_A^x \cdot c_B^y \cdot c_C^z \ldots} = \text{konstant}$$

Ob der Quotient in der oben angeführten Form oder sein Kehrwert hingeschrieben wird, bleibt der Willkür überlassen. Der größte Teil der Autoren stellt jedoch, wie hier angegeben, die Konzentrationen der rechts in der Reaktionsgleichung stehenden Stoffe über den Bruchstrich.

Das MWG gibt uns sofort die Änderung der Konzentrationen an, wenn wir eine Komponentenkonzentration verändern. Vermehren wir z. B. bei der Reaktion $H_2 + I_2 \rightleftharpoons 2\,HI$ die Wasserstoffkonzentration, so muß sich diejenige des Iods so weit vermindern und damit die des Iodwasserstoffs so stark erhöhen, bis die gleiche Konstante wieder erreicht ist. Man kann demnach durch geeignete Wahl der Konzentrationen weitgehend Iod in Iodwasserstoff verwandeln.

Bei Erhöhung des Druckes verschiebt sich das Gleichgewicht bei Gasreaktionen stets nach der Seite, auf der die geringere Anzahl von Molekülen steht. Auch die Temperatur beeinflußt das Gleichgewicht. Während bei Konzentrations- bzw. Druckänderung die Gleichgewichtskonstante nicht geändert wird, wird durch Temperaturerhöhung eine Änderung der Konstanten und damit eine Gleichgewichtsverschiebung nach der Seite des Wärmeverbrauchs hervorgerufen.

Die genannten Tatsachen sind Beispiele für das Prinzip von *Le Chatelier*, wonach die Verschiebung der Gleichgewichte nach der Seite des „kleinsten Zwanges" vor sich geht.

Massenwirkungsgesetz und Ionenlehre

Genau wie bei Gasreaktionen kann das MWG auch auf Flüssigkeiten und Lösungen, also auch auf Ionenreaktionen angewandt werden. Nur darf man bei den letzteren nicht vergessen, daß neben den allgemeinen Bedingungen, die für das chemische Gleichgewicht verantwortlich sind, sich noch elektrische Anziehungskräfte maßgebend beteiligen. Das MWG ist demnach nur für schwache Elektrolyte und verdünnte Lösungen anwendbar. Will man das MWG auch für konzentriertere Lösungen oder stärkere Elektrolyte ansetzen, dann sind an Stelle der Konzentrationen c die sog. Aktivitäten a einzuführen.

Aktivität und Konzentration stehen gemäß

$$a = f \cdot c$$

miteinander in Beziehung, wobei der Aktivitätskoeffizient f einen Korrekturfaktor darstellt.

Den folgenden auf dem MWG fußenden Ableitungen liegen Systeme schwacher Elektrolyte bzw. verdünnte Lösungen zu Grunde, so daß die Konzentrationen verwendet werden können. (Näheres s. Lehrbücher der physikalischen Chemie.)

Dissoziation und Dissoziationsgrad

Für die Dissoziation der Essigsäure lautet also das MWG:

$$\frac{c(H^+) \cdot c(CH_3COO^-)}{c(CH_3COOH)} = K_{HAc} = 1{,}76 \cdot 10^{-5}\ \text{mol} \cdot l^{-1};\ pK = 4{,}75\ (\text{bei } 25\ °C).$$

Allgemein: Das Produkt der Ionenkonzentrationen ist proportional der Konzentration der undissoziierten Moleküle.

Ganz allgemein nimmt beim Verdünnen die Dissoziation zu (vgl. unten). Das beruht auf der gleichen Erscheinung wie die Änderung eines Gasgleichgewichts mit dem Druck. So sind in 1 mol/l CH_3COOH bei Zimmertemperatur nur 0,4%, in 0,1 mol/l CH_3COOH 1,3% der Moleküle dissoziiert. Die Abhängigkeit der Dissoziation vom Verdünnungsgrad läßt sich quantitativ durch Messung der elektrischen Leitfähigkeit verfolgen (s. S. 363).

Die verdünnte Essigsäure enthält als schwache Säure sehr wenig H^+-Ionen. Die Konstante ist also sehr klein. Durch Zugabe gleichioniger Salze kann die H^+-Ionenkonzentration einer schwachen Säure verkleinert werden. Man „stumpft die Säure ab". Wie stark die Zurückdrängung ist, ersieht man leicht aus einem kleinen Zahlenbeispiel. Eine 1 mol/l CH_3COOH ist etwa zu $\alpha = 0{,}4\,\%$ dissoziiert. Der Dissoziationsgrad α ist das Verhältnis von dissoziierten zu insgesamt vorhandenen Essigsäuremolekülen. Folglich ist $c(H^+) = c(CH_3COO^-) = 0{,}004$ mol/l, und die Gleichung lautet:

$$\frac{0{,}004\ \text{mol} \cdot \text{l}^{-1} \cdot 0{,}004\ \text{mol} \cdot \text{l}^{-1}}{0{,}996\ \text{mol} \cdot \text{l}^{-1}} = K_{\text{HAc}} \approx 0{,}000016\ \text{mol} \cdot \text{l}^{-1}$$

Löst man nun in der Essigsäure so viel festes Natriumacetat, daß auch $c(NaCH_3COO) = 1\ \text{mol} \cdot \text{l}^{-1}$ ist, so wird praktisch $c(CH_3COO^-) = 1\ \text{mol} \cdot \text{l}^{-1}$. Im Nenner kann 0,996 höchstens auf 1 steigen, ändert sich also praktisch kaum. Die H^+-Konzentration fällt daher von 0,004 auf rund $0{,}000016\ \text{mol} \cdot \text{l}^{-1}$, also auf etwa $^1/_{250}$ des ursprünglichen Wertes.

1. Verdünnung und Dissoziationsgrad

Nach der Gleichung

$$Fe(SCN)_3 \rightleftharpoons Fe^{3+} + 3\,SCN^-$$

entstehen aus der stark gefärbten Verbindung beim Verdünnen durch Dissoziation Fe^{3+}- und farblose SCN^--Ionen.

Man füge zu einigen Tr. Eisen(III)-chloridlsg. einige Tr. NH_4SCN (Ammoniumthiocyanat) hinzu. Es entsteht eine blutrote Farbe von undissoziiertem Eisenthiocyanat, $Fe(SCN)_3$. Man verdünne mit Wasser. Die rote Farbe verblaßt u. geht in Gelb über.

2. Änderung des Dissoziationsgrades von Fe(SCN)₃ durch Zusatz gleichioniger Salze

Erhöht man durch den Zusatz gleichioniger Salze nach der Gleichung

$$\frac{c(Fe^{3+}) \cdot c^3(SCN)}{c(Fe(SCN)_3)} = K$$

die Konzentration des Fe^{3+} bzw. SCN^-, so wird ein Faktor im Zähler größer. Da aber K konstant ist, muß der andere Faktor vermindert oder der Nenner vergrößert werden. Da beide Zahlen gemäß der Dissoziationsgleichung eng zusammenhängen, verschwinden bei Fe^{3+}-Zusatz SCN^--Ionen, bei SCN^--Zusatz Fe^{3+}-Ionen unter Bildung von undissoziiertem $Fe(SCN)_3$.

Man stellt sich wiederum eine gleiche $Fe(SCN)_3$-Lsg. wie bei Vers. 1 her, die so weit mit W. verd. wird, daß gerade die rote Farbe verschwindet. Dann teile man die Lsg. u. füge zu dem einen Teil $FeCl_3$, zum anderen NH_4SCN oder KSCN hinzu. Beide Male tritt die rote Farbe wieder auf. Es ist also undissoziiertes $Fe(SCN)_3$ erneut entstanden.

Zu den Versuchen 1 und 2 vergleiche auch Versuch 25, S. 120.

3. Änderung des Dissoziationsgrades von Essigsäure durch Zusatz von Natriumacetat

Die Verringerung der H^+-Ionenkonzentration in Essigsäure durch Zugabe von Natriumacetat kann durch Anwendung von Indikatoren erkannt werden.

2–3 Tr. verd. Essigsäure versetze man mit etwa 2 ml W., gebe als Indikator Methylrot oder Methylorange u. dann tropfenweise eine konz. Natriumacetatlösung hinzu. Der Indikator schlägt von Rot bzw. Orange nach Gelb um.

4. Änderung des Dissoziationsgrades von Ammoniak durch Zusatz von Ammoniumchlorid

Genau wie bei einer schwachen Säure wird bei einer schwachen Base durch ein gleichioniges Salz die Basizität abgestumpft.

Man füge zu etwa 2 ml W. 2–3 Tr. verd. Ammoniak und 1–2 Tr. Phenolphthalein hinzu. Durch Zusatz von konz. NH_4Cl-Lsg. geht die Farbe des Indikators von Rot in Farblos über.

Dissoziation des Wassers

Wasser ist ebenfalls, wenn auch äußerst gering, in H^+ und OH^- gespalten. Und zwar sind in 10 Millionen Liter reinen Wassers etwa 1 g H^+-Ionen und 17 g OH^--Ionen vorhanden. Die H^+- und OH^--Ionenkonzentration ist dementsprechend 10^{-7} mol · l^{-1}.

Der Dissoziationsgrad, d. h. der Prozentgehalt an dissoziierten Molekülen, nimmt bei Temperaturerhöhung stark zu. Dadurch steigt die H^+-Konzentration von $0{,}34 \cdot 10^{-7}$ mol · l^{-1} bei 0 °C über $0{,}83 \cdot 10^{-7}$ mol · l^{-1} bei 20 °C und $2{,}3 \cdot 10^{-7}$ mol · l^{-1} bei 50 °C auf $7{,}4 \cdot 10^{-7}$ mol · l^{-1} bei 100 °C.

Für die Dissoziationskonstante des Wassers gilt nach dem MWG:

$$K = \frac{a(H^+) \cdot a(OH^-)}{a(H_2O)} = \frac{f \cdot c(H^+) \cdot f \cdot c(OH^-)}{a(H_2O)}$$

Da die Aktivität reiner Stoffe vereinbarungsgemäß gleich eins zu setzen ist, wird $a(H_2O) = 1$ in die Konstante K mit einbezogen. Weiterhin dürfen wegen der sehr geringen H^-- und OH^--Konzentration die Aktivitätskoeffizienten ebenfalls gleich eins gesetzt werden. Man erhält unter diesen Voraussetzungen eine neue, als Ionenprodukt des Wassers bezeichnete Konstante. Sie hat bei 25 °C den Wert

$$K_w = c(H^+) \cdot c(OH^-) = 1{,}00 \cdot 10^{-14}\ \text{mol}^2 \cdot \text{l}^{-2}$$

Setzt man reinem Wasser wenig Säure oder Base hinzu, so muß das Ionenprodukt selbstverständlich konstant bleiben. Daher sind auch in saurer Lösung OH^--Ionen und in alkalischer H^+-Ionen vorhanden. Eine 0,001 mol/l NaOH [$c(OH^-) = 10^{-3}$ mol mol · l^{-1}] enthält also noch eine Wasserstoffionenkonzentration $c(H^+) = 10^{-11}$ mol · l^{-1}. Für eine 0,001 mol/l HCl ergeben sich entsprechend die Konzentrationen $c(H^+) = 10^{-3}$ mol · l^{-1} und $c(OH^-) = 10^{-11}$ mol · l^{-1}.

Im allgemeinen gibt man statt der H^+-Konzentration bzw. -Aktivität in mol · l^{-1} ihren negativen dekadischen Logarithmus an und bezeichnet diesen als pH-Wert. (Wegen verschiedener meßtechnischer und theoretischer Schwierigkeiten mußte die konventionelle pH-Skala allerdings durch eine Reihe von Standard-Pufferlösungen festgelegt werden.)

Für 0,05 mol/l HCl, bei der $a(H^+) \approx c(H^+)$ ist, erhält man $pH \approx -\log 0{,}05 = -(-2 + 0{,}7) = 1{,}3$. Im umgekehrten Fall ist der Numerus zum Logarithmus zu suchen, z. B. für $pH = 4{,}5$ ist $c(H^+) \approx 10^{-4{,}5} = 10^{-5} \cdot 10^{+0{,}5} = 0{,}000032$ mol · l^{-1}.

Anwendungen des MWG auf andere Erscheinungen wie Hydrolyse, Pufferlösungen, Löslichkeitsprodukt usw. s. S. 64.

Schwefel, S, 32,06; −2, +4, +6

Schwefel kommt in der Natur elementar und gebunden als Sulfid und Sulfat vor. Reiner elementarer Schwefel wird durch Herausschmelzen aus schwefelhaltigen Gesteinen, durch Oxidation von Schwefelwasserstoff, H_2S, oder durch Reduktion von Schwefeldioxid, SO_2, mit Kohle gewonnen. Elementarer Schwefel wird zur Schädlingsbekämpfung, zum Vulkanisieren, für Schwarzpulver, zur Darstellung von Kohlendisulfid u. a. verwendet.

1. Modifikationen des Schwefels

Elementarer fester Schwefel bildet bis 95,6 °C rhombische Kristalle, sog. α-Schwefel, darüber bis zum Schmelzpunkt monokline Kristalle, sog. β-Schwefel. Dieser schmilzt bei schnellem Erhitzen bei 119,3 °C zu hellgelbem dünnflüssigem λ-Schwefel. Sowohl α- und β- als auch λ-Schwefel bestehen aus ringförmigen S_8-Molekülen. In der Schmelze setzt bei 159 °C Ringöffnung zu kettenförmigen S_8-Molekülen ein, und dadurch erfolgt Polymerisation zu langen S_n-Ketten ($n \approx 100000$ bei 200 °C). Die zähe Schmelze enthält daneben noch größere Anteile Ringmoleküle, z. B. S_6, S_7, S_8, S_{12} u. a., und wird als μ-Schwefel bezeichnet. Abschrecken der Schmelze gibt den „plastischen Schwefel“. Bei höherem Erhitzen wird die Schmelze wieder dünnflüssiger wegen abnehmender Kettenlänge. Im Dampf liegen beim Siedepunkt, 444,7 °C, S_8-, S_7- und S_6-Ringe neben wenig S_4-, S_3- und S_2-Molekülen vor. Mit steigender Temperatur überwiegen die kleineren Moleküle, und oberhalb 1800 °C beginnt die Dissoziation in Atome.

Man fülle ein nicht zu enges, schwer schmelzbares Reagenzglas zu etwa einem Drittel seiner Höhe mit gepulvertem Schwefel und erhitze allmählich. Der Schwefel schmilzt zunächst bei 114,5 °C zu einer goldgelben Flüssigkeit. Bei weiterem Erhitzen wird diese von 160 °C an immer dunkler und zähflüssiger, bis man schließlich bei 200–250 °C ein zähes Harz erhält, so daß man das Reagenzglas umkehren kann, ohne daß der Schwefel ausfließt. Erhitzt man weiter bis fast zum Sieden (Sdp. 444,6 °C), so wird die Schmelze wieder dünnflüssig. Man gieße einen Teil in dünnem Strahl in eine mit Wasser gefüllte Schale. Der Schwefel erstarrt zu einer braunen, kautschukartig dehnbaren Masse, sog. „plastischem Schwefel“. Den anderen Teil lasse man langsam erkalten. Sobald sich eine Kristallhaut gebildet hat, durchsteche man diese mit einer Nadel und gieße die restliche noch flüssige Masse ab. Die im Reagenzglas zurückbleibenden durchsichtigen Kristalle werden nach einiger Zeit trübe.

Allotropie, Polymorphie

Bildet ein Element verschiedene Zustandsformen (Modifikationen), spricht man von Allotropie. Allotrope des Sauerstoffs z. B. sind O_2 und O_3. Vorliegen kristalliner Allotropen, z. B. α- und β-Schwefel oder beim Kohlenstoff Diamant und Graphit, wird wie bei einer verschiedenartig kristallisierenden Verbindung auch als Polymorphie bezeichnet.

2. Reaktion des Schwefels mit Metallen

$Cu + S \rightarrow CuS$

Schwefel verbindet sich beim Erhitzen leicht mit Metallen, z. B. reagiert S mit Kupfer zu Kupfersulfid.

Man mischt 1 g Cu-Pulver mit 2 g S-Pulver, füllt in ein trockenes Reagenzglas u. erhitzt. Unter Glühen tritt Reaktion ein.

3. Reaktion des Schwefels mit Nichtmetallen

a) Sauerstoff

$S + O_2 \rightarrow SO_2\uparrow$

Mit Sauerstoff reagiert S bei höherer Temperatur. Es entsteht dabei Schwefeldioxid.

Man erhitze ein kleines Stückchen S bis zum Schmelzen. An der Luft fängt es unter Bldg. des stechend riechenden Dioxids Feuer.

b) Chlor:

$2\,S + Cl_2 \rightarrow S_2Cl_2$

S reagiert bei erhöhter Temperatur mit Cl_2 unter Bildung von S_2Cl_2, das wegen seiner Fähigkeit, bis zu 67% S zu lösen, bei der Kautschukvulkanisation eine Rolle spielt.

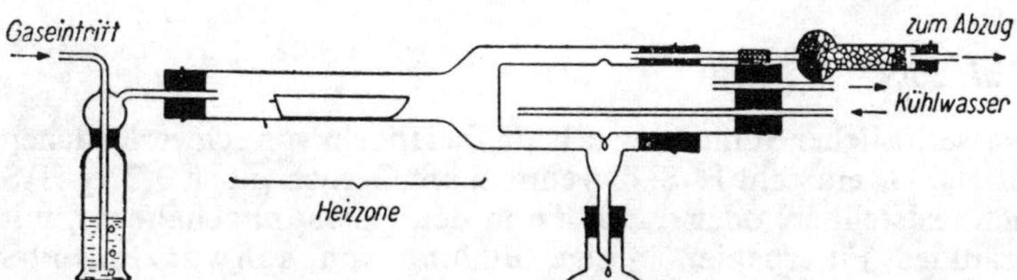

Abb. 17. Apparatur zur Darstellung flüchtiger Halogenide

In der leicht schräg gestellten App. (vgl. Abb. 17.) wird nach Verdrängen der Luft durch trockenes Cl_2 der im Schiffchen befindliche Schwefel im Cl_2-Strom vorsichtig erhitzt. In der gekühlten Vorlage sammelt sich ein mehr oder weniger dunkelrotes Öl. Die Chlorierung wird unterbrochen, wenn noch nicht aller Schwefel verbraucht ist. Das Rohprodukt wird unter Zusatz von etwas Schwefel destilliert; S_2Cl_2 siedet unter Atmosphärendruck bei 137–138 °C. S_2Cl_2 ist eine gelbe, ölige Flüssigkeit u. riecht erstickend widerlich. Weniger reine Produkte sind durch SCl_2 orange bis rötlich gefärbt. Mit W. hydrolysiert S_2Cl_2 zu HCl, SO_2 u. H_2S.

Schwefelwasserstoff und Sulfide

Schwefelwasserstoff, H_2S, wird am besten aus säurezersetzlichen Sulfiden und Salzsäure dargestellt. Er ist ein farbloses, nach faulen Eiern riechendes, giftiges Gas, das bei genügender Sauerstoffzufuhr mit blauer Flamme zu Wasser und Schwefeldioxid verbrennt:

$$2\,H_2\overset{-2}{S} + 3\,O_2 \rightarrow 2\,H_2O + 2\,\overset{+4}{S}O_2$$

Bei Zimmertemperatur (20 °C) lösen sich etwa 4 g H_2S in einem Liter Wasser, wobei eine schwache zweibasige Säure entsteht:

$$H_2S \rightleftharpoons H^+ + HS^- \rightleftharpoons 2\,H^+ + S^{2-}$$

1. Darstellung von Schwefelwasserstoff

$FeS + 2\,HCl \rightarrow FeCl_2 + H_2S\uparrow$

Diese Darstellungsart wird in Laboratorien angewandt, da H_2S für zahlreiche analytische Operationen gebraucht wird und der Gang der qualitativen Analyse zu einem wesentlichen Teil auf der verschiedenen Löslichkeit der Metallsulfide beruht.

Ein Stückchen Eisensulfid (FeS) wird mit etwas verd. Salzsäure unter dem Abzug (!) übergossen. Geruch nach H_2S.

2. Reaktion des H_2S mit Metallsalzen

Man gebe zu $CuSO_4$-, $Pb(NO_3)_2$-, $CdSO_4$-, $ZnSO_4$-Lsgg. H_2S-Wasser hinzu. Ndd., die bei den beiden ersten Salzen schwarz, bei $CdSO_4$ gelb u. bei $ZnSO_4$ weiß aussehen. Bei den ersteren entstehen die Ndd. auch, wenn mit Salzsäure schwach angesäuert wird.

3. Oxidation des H_2S mit Iod

$$H_2S + I_2 \rightarrow 2\,HI + S\downarrow$$

Schwefelwasserstoff verbrennt nicht nur bei höherer Temperatur, er wird auch leicht in wäßriger Lösung oxidiert und ist also ein Reduktionsmittel.

Man versetze etwas Iodlsg. mit H_2S-Wasser. Es tritt Entfärbung ein, u. Schwefel wird frei, der in sehr feiner Verteilung als milchige Trübung zu erkennen ist.

4. Nachweis von H_2S als PbS

Durch Hydrolyse wasserlöslicher Sulfide sowie beim Behandeln von schwerlöslichen Sulfiden mit HCl oder H_2SO_4 entsteht H_2S, das einmal am Geruch (noch 0,2 µg H_2S sind durch den Geruch feststellbar) oder durch ein in den Gasraum gehaltenes, mit Bleiacetatlösung getränktes Filterpapier infolge Bildung von schwarzem PbS identifiziert wird.

Manche Sulfide sind in diesen Säuren nicht zersetzlich, z. B. HgS, As_2S_3. Zum Nachweis von Sulfidionen in diesen Verbindungen verwendet man nascierenden Wasserstoff, z. B.:

$$HgS + 2\,H_{nasc.} \rightarrow Hg\downarrow + H_2S\uparrow$$

Um Sulfidionen nachzuweisen, gebe man etwas verkupfertes Zink in ein Reagenzglas, bedecke es mit der zu prüfenden schwerlöslichen Substanz u. füge 1–2 ml 5 mol/l HCl hinzu.

Auf ähnliche Weise kann man aus dem Rückstand des SA (s. S. 61), in dem sich Ag_2S und HgS befinden können, die Sulfidionen nachweisen. Andere schwerlösliche, jedoch von Soda angreifbare Sulfide, wie As_2S_3 und MoS_3, werden nach Ansäuern und Abfiltrieren bzw. Zentrifugieren wie oben nachgewiesen.

Zur Ausführung werden im Reagenzglas mit aufgesetztem Gärröhrchen 10 Tr. der auf S^{2-} zu prüfenden Lsg. bzw. 5–10 mg der festen Substanz (CdS-Fällung, Rückstand des SA oder die beim Ansäuern des SA auftretende Fällung) mit 1 ml 5 mol/l HCl erwärmt. Bei wasser- u. säurelösl. Sulfiden entsteht H_2S, das in die mit 1 ml 0,1 mol/l $Na_2[Pb(OH)_4]$ (alkalische Bleiacetat-Lsg.) beschickte Vorlage übergetrieben u. als PbS nachgewiesen wird. Bei säureschwerlösl. Sulfiden wird vor der HCl-Zugabe eine kleine Spatelspitze S-freies Zn-Pulver (Blindprobe!) zugefügt.

pD 4,1 als Tüpfelreaktion bzw. Gasreaktion mit feuchtem $Pb(CH_3COO)_2$-Papier.

Läßt man HCl u. Zn direkt auf die Analysensubstanz einwirken, so ist die Bldg. von H_2S nicht spezifisch für S^{2-}-Ionen, da unter diesen Bedingungen SO_3^{2-}, $S_2O_3^{2-}$, SO_4^{2-}, SCN^- u. elementarer S ebenfalls H_2S bilden.

Schwefeldioxid, schweflige Säure und Sulfite

Schwefeldioxid SO_2 wird in der Technik hauptsächlich durch Verbrennen von Schwefel oder durch Abrösten von Sulfiden gewonnen:

$$4\,FeS_2 + 11\,O_2 \rightarrow 2\,Fe_2O_3 + 8\,SO_2\uparrow$$

Der Schwefel hat im SO_2 die Oxidationsstufe +4. Es ist ein farbloses, stechend riechendes und leicht bei −10 °C zu verflüssigendes Gas, das in Wasser leicht löslich ist.

Die wäßrige Lösung reagiert sauer. Sie enthält hauptsächlich hydratisiertes SO_2 mit HSO_3^--Ionen im Gleichgewicht. Die Säure H_2SO_3 ist nicht nachweisbar. Bei allen Versuchen, den Wasserüberschuß zu entziehen, bildet sich das Anhydrid SO_2. Beim Abkühlen kristallisiert das SO_2-Hydrat aus. Im HSO_3^--Ion ist das H-Atom am Schwefel gebunden. Ob in Wasser daneben eine tautomere Form mit einer OH-Gruppe existiert, ist fraglich.

In Lösungen mit pH > 8 liegen Sulfitionen, SO_3^{2-}, vor. Beim Ansäuern konzentrierter Lösungen entstehen unsymmetrische Disulfit-Anionen, die keine Sauerstoffbrücken besitzen wie gewöhnliche Pyrosäuren (gezeichnet nur eine mesomere Grenzform!)

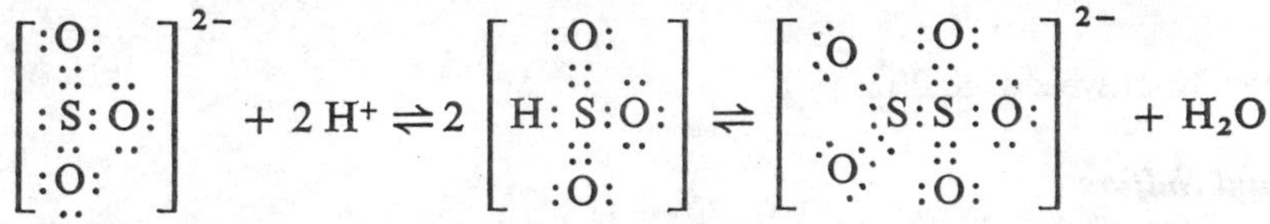

Schwefelige Säure bildet demnach drei Reihen von Salzen: Sulfite, z. B. Na_2SO_3, Natriumsulfit; Hydrogensulfite, z. B. $CsHSO_3$, Caesiumhydrogensulfit; und daraus durch Erhitzen oder Eindampfen konz. Lsgg. hergestellte Disulfite (Pyrosulfite), z. B. $Na_2S_2O_5$, Natriumdisulfit.

1. Darstellung von SO_2

a) Aus Natriumsulfit

$$Na_2SO_3 + 2\,HCl \rightarrow 2\,NaCl + SO_2\uparrow + H_2O$$

$$SO_3^{2-} + 2\,H^+ \rightleftharpoons H_2SO_3 \rightleftharpoons H_2O + SO_2\uparrow$$

Man versetze im Reagenzglas eine Na_2SO_3-Lsg. mit Salz- oder Schwefelsäure. Geruch nach SO_2.

b) Aus Schwefelsäure

$$Cu + 2\,H_2SO_4 \rightarrow CuSO_4 + 2\,H_2O + SO_2\uparrow$$

Schwefeldioxid bildet sich auch durch Reduktion von konz. Schwefelsäure.

Man erhitze ein Stückchen Kupfer mit konz. H_2SO_4. Geruch nach SO_2.

Beide Methoden werden zur Darstellung von SO_2 im Laboratorium benutzt.

2. Reduktionswirkung des H_2SO_3

$$I_2 + H_2O + H_2SO_3 \rightarrow 2\,HI + H_2SO_4$$

Schwefligе Säure ist ein starkes Reduktionsmittel; sie wird zu Schwefelsäure oxidiert, z. B. werden von H_2SO_3 oder Sulfiten CrO_4^{2-} zu Cr^{3+}, Fe^{3+} zu Fe^{2+}, $HgCl_2$ zu Hg_2Cl_2 und Hg usw. reduziert. Eine Iodlösung wird von H_2SO_3 oder Sulfiten entfärbt.

3 Tr. des SA werden mit 2 mol/l HCl schwach angesäuert u. tropfenweise mit 0,1 mol/l KI_3 u. 3 Tr. Stärkelsg. versetzt. Die blaue Iodstärkeverb. wird entfärbt. S^{2-}, $S_2O_3^{2-}$, AsO_3^{3-}, CN^-, SCN^- u. $[Fe(CN)_6]^{4-}$ reduzieren I_2 ebenfalls in salzsaurer Lösung.

3. Oxidationswirkung des H_2SO_3

$$3\,Zn + H_2SO_3 + 6\,HCl \rightarrow H_2S\uparrow + 3\,ZnCl_2 + 3\,H_2O$$

$$6\,SnCl_2 + 2\,H_2SO_3 + 18\,HCl \rightarrow SnS_2\downarrow + 5\,H_2SnCl_6 + 6\,H_2O$$

Stärkere Reduktionsmittel reduzieren Sulfit zu H_2S in saurer Lösung.

4. Reaktion mit $BaCl_2$, $SrCl_2$

Weißer Niederschlag von $BaSO_3$ bzw. $SrSO_3$, leicht löslich in Säuren.

Häufig wird sich der Niederschlag in Säuren nicht vollständig auflösen. Dies deutet darauf hin, daß die Sulfitlösung bereits teilweise zu Sulfat oxidiert war. $BaSO_4$ und $SrSO_4$ sind aber in Säuren sehr schwer löslich. Man verwende daher zu dieser Reaktion nur eine frisch, am besten durch Einleiten von SO_2 in NaOH hergestellte Sulfitlösung.

Die Sulfite der Alkalien lösen sich leicht in H_2O, während alle anderen Sulfite mehr oder weniger schwer löslich sind. Von Na_2CO_3-Lösung werden jedoch alle Sulfite zu löslichem Natriumsulfit umgesetzt.

Näheres über den Nachweis s. S. 202f.

Schwefelsäure und Sulfate

Schwefelsäure, H_2SO_4, wird meist nach dem Kontaktverfahren von *Knietsch* dargestellt, wobei ein SO_2-Luft-Gemisch über Katalysatoren (Platin, neuerdings Vanadiumverbindungen, z. B. V_2O_5) geleitet wird:

$$2\,SO_2 + O_2 \rightleftharpoons 2\,SO_3 + 188\text{ kJ}$$

Das entstandene Schwefeltrioxid wird in Schwefelsäure eingeleitet und diese Lösung dann mit Wasser verdünnt. Zum anderen wird nach dem Bleikammerverfahren die langsame Oxidation von SO_2 durch Stickstoffdioxid katalysiert. Den Mechanismus dieser Reaktion kann man durch folgende Gleichungen wiedergeben:

$$2\,SO_2 + 2\,NO_2 + 2\,H_2O \rightarrow 2\,H_2SO_4 + 2\,NO$$

$$2\,NO + O_2 \rightarrow 2\,NO_2$$

Tatsächlich ist die Umsetzung aber viel komplizierter. So tritt bei Anwendung einer zu geringen Menge Wasser Nitrosylschwefelsäure auf, die sich an den Bleiwänden in Form sog. Bleikammerkristalle absetzt.

Schwefelsäure ist eine starke Säure. Eine Grenzform ihrer Struktur (in wäßriger Lösung) ist:

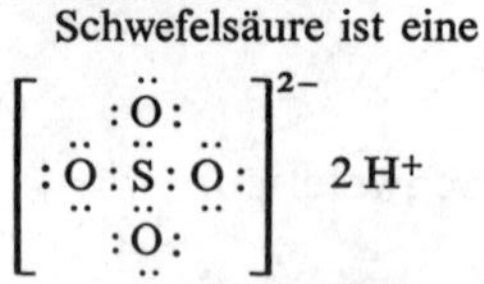

Sie ist im Gegensatz zu anderen Säuren schwerflüchtig und siedet als 98,3%ige Säure bei 338 °C. Man unterscheidet 1. verd. Schwefelsäure (meist 1 mol/l), 2. konz. (98,3%ig bzw. 18 mol/l) und 3. Oleum oder rauchende Schwefelsäure (eine Lösung von SO_3 in H_2SO_4). In der Technik wird H_2SO_4 zur Herstellung von Düngemitteln, zur Sulfonierung und zur Darstellung von Mineralsäuren verwendet. Konz. H_2SO_4 zieht Wasser an und dient deshalb als Trockenmittel. In der Wärme ist konz. H_2SO_4 ein Oxidationsmittel.

1. Wasserentziehende Wirkung von konzentrierter H_2SO_4

Konz. H_2SO_4 vermag sogar organischen Verbindungen chemisch gebundenes Wasser zu entziehen. So wird z. B. im Holz die Cellulose zersetzt:

$$(C_6H_{10}O_5)_x \rightarrow 6\,x\,C + 5\,x\,H_2O$$

Beim Arbeiten mit konz., besonders mit heißer H_2SO_4, ist äußerste Vorsicht geboten, da von dieser Haut, Kleider und Bücher zerstört werden.

Man werfe einen Holzspan in konz. H_2SO_4. Er schwärzt sich allmählich, schneller bei gelindem Erwärmen.

2. Verhalten von H_2SO_4 gegen Zn

a) Verdünnte H_2SO_4

$$Zn + H_2SO_4 \rightarrow ZnSO_4 + H_2\uparrow$$

In einem Reagenzglas übergieße man technisches Zink mit verd. Schwefelsäure. Es entweicht Wasserstoff, der durch Anzünden nachgewiesen wird.

b) Konzentrierte H_2SO_4

$$Zn + 2\,H_2SO_4 \rightarrow ZnSO_4 + SO_2\uparrow + 2\,H_2O$$

Heiße konz. Schwefelsäure wirkt völlig anders als verdünnte. Je nach dem angewandten Metall entsteht nur SO_2 (Cu oder Fe) oder daneben auch freier Schwefel (Al oder Zn).

Technisches Zink wird mit konz. Schwefelsäure übergossen. Es tritt keine Rk. ein, da konz. H_2SO_4 praktisch keine Wasserstoffionen enthält. Man erwärme bis zur Gasentwicklung. Es entsteht SO_2, erkennbar am Geruch, u. Schwefel, der sich in den kälteren Teilen des Reagenzglases in Tröpfchen absetzt.

3. Nachweis als $BaSO_4$

$$Ba^{2+} + SO_4^{2-} \rightarrow BaSO_4\downarrow$$

Abgesehen von einigen basischen Sulfaten, z. B. des Bi(III), Cr(III), Hg(II), und von $BaSO_4$, $SrSO_4$, $CaSO_4$ und $PbSO_4$ sind alle anderen Sulfate in Wasser löslich. Während die basischen Sulfate auf Zusatz von Säuren schnell in Lösung gehen, löst sich $BaSO_4$ in konz. HCl nur spurenweise. $SrSO_4$ löst sich in konz. HCl bei längerem Kochen merklich, u. $CaSO_4$ und $PbSO_4$ gehen unter diesen Bedingungen in Lösung. Zum Nachweis von SO_4^{2-} sind daher am besten Ba^{2+}-Ionen geeignet, die einen auch in Säuren schwerlöslichen, weißen, feinkristallinen Niederschlag geben. Wichtig zum Nachweis ist, daß man stets mit Salzsäure vorher ansäuert, da es viele Verbindungen wie $BaCO_3$, $Ba_3(PO_4)_2$, $BaSO_3$ gibt, die in Wasser auch schwer löslich sind, aber bei Gegenwart von Wasserstoffionen wieder in Lösung gehen.

Man arbeite außerdem nicht in zu konz. Lösungen, sonst können Konzentrationsniederschläge auftreten. Man versetze hierfür $BaCl_2$-Lösung mit konz. Salzsäure. Es entsteht ein kristalliner Niederschlag von $BaCl_2$, der aber durch Zugabe von Wasser leicht wieder in Lösung geht (vgl. S. 16).

Es muß noch erwähnt werden, daß aus salzsaurer Lösung Ba^{2+} auch von F^- und $[SiF_6]^{2-}$ gefällt wird. BaF_2 läßt sich aus dem Niederschlag mit konz. HCl in der Wärme herauslösen. Eine Entscheidung, ob die Fällung aus $BaSO_4$, $Ba[SiF_6]$ oder aus einem Gemisch beider Stoffe besteht, kann man durch Betrachtung des Niederschlags unter dem Mikroskop treffen. $BaSO_4$ ist auf Grund seiner mikrokristallinen Beschaffenheit bei V = 100 kaum als kristalliner Niederschlag zu erkennen, während die Stäbchen und Büschel des $Ba[SiF_6]$ deutlich zu sehen sind (vgl. Kristallaufnahme Nr. 2 und 3).

Im HM-Maßstab werden 3 Tr. des SA mit 5 mol/l HCl neutralisiert u. mit 3 Tr. 5 mol/l HCl angesäuert (bei Gegenwart von F^- verwende man zum Ansäuern konz. HCl). Auf Zusatz von 3 Tr. 0,5 mol/l $BaCl_2$ bildet sich bei Gegenwart von SO_4^{2-}- u. $[SiF_6]^{2-}$-Ionen ein weißer Nd., der selbst in konz. HCl kaum lösl. ist. Zur Unterscheidung $BaSO_4$—$Ba[SiF_6]$ Betrachtung unter dem Mikroskop, V = 100.

4. Nachweis durch $BaSO_4$-$KMnO_4$-Mischkristallbildung

$BaSO_4$ hat im Gegensatz zu $Ba[SiF_6]$ die Eigenschaft, bei der Fällung MnO_4^--Ionen einzulagern (s. S. 171). Das gefällte $BaSO_4$ ist dann mehr oder minder rotviolett gefärbt. Die im $BaSO_4$ eingebauten MnO_4^--Ionen lassen sich durch Reduktionsmittel nicht mehr entfärben.

Es werden 3 Tr. des SA mit 5 mol/l HCl neutralisiert, mit 3 Tr. 2 mol/l HCl angesäuert u. mit etwa dem gleichen Vol. 0,02 mol/l $KMnO_4$ versetzt. Dann werden 3 Tr. 0,5 mol/l $BaCl_2$ zugegeben. Der bei Gegenwart von SO_4^{2-} ausfallende hellrote $BaSO_4$-Nd. wird zentrifugiert, gewaschen u. mit 1 ml 2,5 mol/l H_2O_2 oder 1 mol/l $H_2C_2O_4$(Oxalsäure) geschüttelt. Die Färbung bleibt.

EG: 2,5 μg SO_4^{2-} pD 4,3

Stickstoff, N, 14,0067; −3, +1, +2, +3, +4, +5

Stickstoff, frei in der Luft vorkommend mit einem Massenanteil $w(N_2) = 75{,}5\,\%$ bzw. Volumenanteil $\varphi(N_2) = 78{,}1\,\%$, wird technisch durch fraktionierte Destillation der flüssigen Luft gewonnen. Im Laboratorium stellt man ihn dar, indem man den Sauerstoff durch Reaktion mit Kupfer oder Phosphor entfernt. Auf chemischem Wege erhält man Stickstoff aus Verbindungen, die daneben noch Wasserstoff und Sauerstoff im Verhältnis 2:1 enthalten, so daß Wasser und freier Stickstoff, N_2, entstehen können.

Stickstoff ist von großtechnischer Bedeutung, vor allem für die Herstellung von Ammoniak und Salpetersäure.

Bei gewöhnlicher Temperatur ist N_2 ein sehr reaktionsträges Gas. Jedoch wird seine Reaktionsfähigkeit z. B. durch Temperaturerhöhung beträchtlich gesteigert. So bildet Stickstoff eine große Anzahl verschiedenartiger Verbindungen, von denen besonders die Wasserstoffverbindungen, die Oxide und die Sauerstoffsäuren von Bedeutung sind.

1. Darstellung von N_2 aus Ammoniumnitrit

$$NH_4NO_2 \rightarrow N_2\uparrow + 2\,H_2O$$

Ammoniumnitrit zersetzt sich beim Erwärmen. Der entstandene Stickstoff unterhält die Verbrennung nicht. Ein in den Gasraum gebrachter brennender Holzspan erlischt.

Man mische einige ml einer konz. NH_4Cl-Lsg. mit einigen ml einer konz. KNO_2-Lsg. in einem Reagenzglas miteinander u. erwärme sehr gelinde, bis Gasentwicklung eingetreten ist. Die Rk. läuft dann allein weiter.

Ammoniak, NH_3

NH_3 wird in der Technik aus den Elementen (*Haber-Bosch*-Verfahren):

$$N_2 + 3\,H_2 \rightleftharpoons 2\,NH_3 + 92\text{ kJ}$$

aus Calciumcyanamid, CaN(CN):

$$CaN(CN) + 3\,H_2O \rightarrow CaCO_3 + 2\,NH_3\uparrow$$

und aus Kokereigasen hergestellt. Im Laboratorium kann NH_3 aus Metallnitriden, das sind Derivate des NH_3, bei denen der Wasserstoff vollständig durch Metall ersetzt ist, oder aus Ammoniumsalzen dargestellt werden (s. unten).

In Form der Ammoniumsalze findet das Ammoniak ausgedehnte Verwendung als Düngemittel. Weiterhin dient es als Ausgangsprodukt für die Salpetersäureherstellung nach dem *Ostwald*-Verfahren.

Ammoniak ist ein stechend riechendes farbloses Gas vom Siedepunkt −33,4 °C und besitzt folgende Elektronenanordnung:

```
   H
   ··
H : N :
   ··
   H
```

An das freie Elektronenpaar lagert sich leicht ein Proton an, wodurch ein einfach positiv geladener NH_4^+-Komplex (s. S. 70) entsteht.

So löst sich NH_3 sehr leicht in Wasser unter Bildung einer Base:

$$NH_3 + H_2O \rightleftharpoons NH_3 \cdot H_2O \rightleftharpoons NH_4^+ + OH^-$$

Obgleich es zweifelhaft ist, ob in wäßrigen Ammoniaklösungen undissoziiertes Ammoniumhydroxid in nennenswertem Betrag vorliegt, wird oft die Formulierung NH_4OH aus didaktischen Gründen beibehalten.

Konz. NH_3-Lösung ist ca. 25%ig oder 33%ig ($c(NH_3) \approx$ 13,3 oder 17,1 mol/l) und verd. 2 mol/l NH_3 etwa 3,4%ig. Mit Säuren bildet NH_3 Salze:

$$NH_3 + HCl \rightarrow NH_4Cl$$

$$2\,NH_3 + H_2SO_4 \rightarrow (NH_4)_2SO_4$$

Reaktionen mit NH_4^+-Ionen werden S. 70ff. beschrieben.

1. Darstellung von NH_3 aus Magnesiumnitrid

$$6\,Mg + 2\,N_2 \rightarrow 2\,Mg_3N_2$$

$$Mg_3N_2 + 6\,H_2O \rightarrow 3\,Mg(OH)_2 + 2\,NH_3\uparrow$$

Ein Fe-Tiegel von etwa 3–4 cm Höhe u. 5 cm Durchmesser wird zu zwei Drittel mit Mg-Pulver gefüllt. Als Deckel dient eine mit einem kleinen Loch versehene Asbestscheibe. So kann zum Magnesium nur langsam Luft treten. Zum Trocknen setzt man den gefüllten Tiegel einige Zeit in einen Trockenschrank (110 °C). Um beim Erhitzen die Flammengase von dem Deckel fernzuhalten, setzt man den Tiegel in ein Loch einer größeren Asbestscheibe. Das Loch muß so bemessen sein, daß der Tiegel zum größeren Teil unten herausragt. Er wird mit einer seitlich auf ihn gerichteten Gebläseflamme erhitzt (Schutzbrille!). Von Zeit zu Zeit dreht man den Tiegel, damit alle Teile der Mg-Füllung durchreagieren können.

Nach dem Erkalten findet man im oberen Teil des Tiegels weißes MgO, im unteren eine grüne Masse, die in der Hauptsache aus Mg_3N_2 besteht. Von diesem wird ein wenig in einem Porzellanschälchen mit einigen Tropfen Wasser übergossen. Es tritt heftige Rk. und starker Geruch nach NH_3 auf.

2. Darstellung von Ammoniak aus Ammoniumsalzen

$$Ca(OH)_2 + 2\,NH_4Cl \rightarrow CaCl_2 + 2\,H_2O + 2\,NH_3\uparrow$$

Im Laboratorium wird Ammoniakgas oder dessen wäßrige Lösung am besten aus Ammoniumsalzen und einer starken Base hergestellt. Im allgemeinen geht man dabei von Calciumhydroxid, $Ca(OH)_2$, und Ammoniumchlorid aus.

In einen Kolben, der über ein Ableitungsrohr mit einem Natronkalkturm zum Trocknen verbunden ist, werden eine Mischung von 30 g $Ca(OH)_2$ mit 20 g NH_4Cl u. dann 20 ml Wasser gefüllt. Vom Natronkalkturm wird ein Einleitungsrohr bis fast zum Boden eines Erlenmeyerkolbens geführt, in dem sich 30 ml Wasser befinden. Die Rk. kommt durch schwaches Erwärmen in Gang. Dabei muß die Erhitzung dauernd so reguliert werden, daß das Wasser im Erlenmeyerkolben nicht zurücksteigt, das Gas aber auch nicht mit zu großer Geschwindigkeit durchperlt. Am Schlusse des Versuchs muß stärker erhitzt werden.

Entwickelt sich kein Ammoniak mehr, so wird zuerst der Erlenmeyerkolben entfernt. Dann kann die Flamme gelöscht werden. Den Gehalt an Ammoniak stellt man mit einem Aräometer fest und bestimmt damit die Ausbeute.

Nach der obigen Gleichung muß aus einem Mol NH_4Cl ($\triangleq$ 53,50 g NH_4Cl) ein Mol NH_3 ($\triangleq$ 17,03 g NH_3) entstehen.

Theoretisch sind daher $\frac{20 \cdot 17\,g}{53{,}5} = 6{,}35$ g NH_3 zu erwarten.

Distickstoffmonooxid, N_2O

Während die Stickstoff-Sauerstoffverbindungen NO, NO_2 (bei tiefen Temperaturen N_2O_4), N_2O_3, HNO_2 und HNO_3 durch eine Reihe wichtiger Reaktionen miteinander verbunden sind, nimmt N_2O, Distickstoffmonooxid (Distickstoffoxid, veraltet Stickoxydul oder Lachgas genannt) eine Sonderstellung ein.

1. Darstellung von N_2O

$$NH_4NO_3 \rightarrow N_2O\uparrow + 2H_2O$$

Man bringe in ein trockenes Reagenzglas 1–2 g NH_4NO_3 u. erhitze. Es entsteht farbloses Distickstoffmonooxid, das die Verbrennung unterhält. Ein glimmender Span flammt auf:

$$2\,N_2O + C \rightarrow 2\,N_2 + CO_2$$

An der Luft wird N_2O nicht braun (Unterschied von NO).

Wird NH_4NO_3 (einige Körner, Vorsicht!) in ein auf dunkle Rotglut erhitztes Reagenzglas geworfen, so geht die Zers. unter Feuererscheinung vor sich. NH_4NO_3 kann als Sicherheitssprengstoff verwandt werden.

Stickstoffoxid, NO, und Stickstoffdioxid, NO_2

Außer durch Verbrennung von Ammoniak (*Ostwald*-Verfahren) wird Stickstoffoxid in der Technik auch aus den Elementen im elektrischen Flammbogen (*Birkeland-Eyde*-Verfahren) dargestellt:

$$N_2 + O_2 \rightleftharpoons 2\,NO - 180\,kJ$$

Im Laboratorium geht man am besten von Salpetersäure aus und reduziert sie (s. S. 54).

NO geht bei tieferen Temperaturen im Sauerstoffüberschuß in das braun gefärbte NO_2 über, das mit Wasser wie folgt reagiert:

$$3\,NO_2 + H_2O \rightleftharpoons 2\,HNO_3 + NO$$

Das NO setzt sich mit Sauerstoff zu NO_2 um, das wiederum mit Wasser HNO_3 bildet. Die Umsetzung des NO_2 zu HNO_3 geht nur bis zu einer bestimmten HNO_3-Konzentration.

1. Darstellung von NO_2

$$2\,Pb(NO_3)_2 \rightarrow 2\,PbO + 4\,NO_2\uparrow + O_2\uparrow$$

Reines Stickstoffdioxid erhält man am besten durch Erhitzen von Schwermetallnitraten, z. B. Bleinitrat.

Man führe den Versuch in einem trockenen Reagenzglas unter dem Abzug durch.

Salpetrige Säure und Nitrite

Die salpetrige Säure HNO_2 entsteht beim vorsichtigen Ansäuern von Nitriten. Sie zerfällt sehr leicht (s. 1.).

Nitrite werden dargestellt durch Schmelzen von Nitraten mit Pb:

$$Pb + NaNO_3 \rightarrow PbO + NaNO_2$$

Beim Einleiten von NO_2 in Laugen entsteht ein Gemisch aus Nitrat und Nitrit:

$$2\,NO_2 + 2\,NaOH \rightarrow NaNO_3 + NaNO_2 + H_2O$$

NO_2 disproportioniert demnach in N(V) und N(III). Außer $AgNO_2$ sind in neutraler wäßriger Lösung alle Nitrite leicht löslich.

1. Beständigkeit von HNO_2

$$2\,HNO_2 \rightarrow H_2O + NO\uparrow + NO_2\uparrow$$

In konz. Säuren zerfällt HNO_2 in Stickstoffmonooxid und -dioxid.

In verd. Säuren entsteht HNO_3 und NO. In Gegenwart von Luft wird NO zu NO_2 oxidiert.

Man verwende zu dem Versuch einige ml $NaNO_2$-Lösung, die man mit Schwefelsäure ansäuert.

2. *Reduktion von Nitriten*

$2\,HNO_2 + 2\,HI \rightarrow 2\,H_2O + 2\,NO\uparrow + I_2\downarrow$

Nitrite verhalten sich in sauren Lösungen im allgemeinen wie Oxidationsmittel. Iodide werden z. B. zu I_2 oxidiert.

Man verdünne einige ml der Lsg. mit Wasser u. füge KI-Lsg. sowie einige Tr. HCl zu. Die empfindliche Rk. ist nicht spezifisch für NO_2^-, da andere Oxidationsmittel, wie H_2O_2, Arsenat(V) usw. ebenso reagieren.

3. *Oxidation von Nitriten*

$5\,NaNO_2 + 2\,KMnO_4 + 3\,H_2SO_4 \rightarrow K_2SO_4 + 2\,MnSO_4 + 5\,NaNO_3 + 3\,H_2O$

oder in Ionenform:

$5\,NO_2^- + 2\,MnO_4^- + 6\,H^+ \rightarrow 2\,Mn^{2+} + 5\,NO_3^- + 3\,H_2O$

Andererseits kann man auch Nitrite wieder zu Nitraten oxidieren, z. B. mit Kaliumpermanganat in verd. Schwefelsäure.

In einem Reagenzglas gebe man zu verd. H_2SO_4 einige Tr. $KMnO_4$-Lsg. u. versetze mit $NaNO_2$-Lsg. Entfärbung!

Salpetersäure und Nitrate

Während in der Technik jetzt die Salpetersäure, HNO_3, durch katalytische Verbrennung von Ammoniak zu Stickstoffoxiden (*Ostwald*-Verfahren) gewonnen wird, wurde sie früher aus ihren Salzen mit Hilfe einer schwerer flüchtigen Säure dargestellt (zur Darst. s. 1).

Man unterscheidet hochkonz. Salpetersäure, etwa 95%ig, die durch Stickstoffdioxid meist gelb bis braun gefärbt ist, an der Luft NO_2-Dämpfe abgibt und daher rote rauchende Salpetersäure genannt wird. Weiterhin kennt man die gewöhnliche konz. Salpetersäure, 65%ig, und die verd. Salpetersäure, $c(HNO_3) = 2$ mol/l, $w(HNO_3) \approx 12\%$.

Genau wie bei Salzsäure destilliert aus verd. Salpetersäure zunächst hauptsächlich Wasser, bis eine Konzentration von 65% erreicht ist, und aus einer hochkonzentrierten Säure zunächst Salpetersäure und NO_2 bis zu der gleichen Konzentration. Die 65%ige Säure besitzt einen Siedepunkt von 121 °C. Ihre Konzentration läßt sich durch Destillation bei Atomsphärendruck nicht verändern, jedoch kann man der Säure durch konz. Schwefelsäure noch Wasser entziehen.

Salpetersäure ist eine starke Säure. In wäßriger Lösung hat sie die Struktur

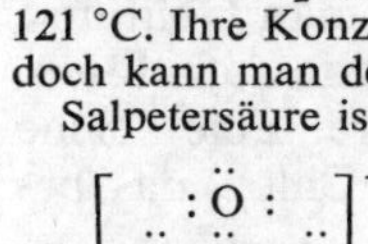

HNO_3 ist ein kräftiges Oxidationsmittel. Besonders konz. HNO_3 ist sehr aggressiv, da nicht das Nitration, sondern das undissoziierte Molekül diese Wirkung ausübt. Das Verhalten der Salpetersäure gegenüber Metallen ist daher je nach der Konzentration verschieden.

Die Nitrate sind besonders bei höheren Temperaturen starke Oxidationsmittel und werden daher als Bestandteile von Sprengstoffen benutzt. Beim Erhitzen zerfallen sie, und zwar die Erdalkali- und Alkalinitrate unter Bildung von Nitrit:

$2\,NaNO_3 \rightarrow 2\,NaNO_2 + O_2$

die Schwermetallnitrate in Oxid, Stickstoffdioxid und Sauerstoff:

$2\,Pb(NO_3)_2 \rightarrow 2\,PbO + 4\,NO_2 + O_2$ (s. S. 52)

Nitrat wird wie Nitrit im Sodaauszug nachgewiesen, da alle Nitrate wasserlöslich sind. Nur bei Gegenwart von Hg und Bi bilden sich bei der Herstellung des Sodaauszugs schwerer lösliche basische Nitrate, die im Rückstand verbleiben. In diesen Fällen wird entweder der Rückstand des Sodaauszuges oder – bei Abwesenheit von NO_2^- – die Substanz direkt noch einmal auf NO_3^- geprüft.

1. Darstellung von Salpetersäure

$$KNO_3 + H_2SO_4 \rightarrow KHSO_4 + HNO_3$$

In einen mit 25 ml konz. H_2SO_4 beschickten trockenen Destillationskolben (Abb. 3, s. S. 7) gibt man unter guter Kühlung 30 g sorgfältig getrocknetes, feingepulvertes KNO_3 u. etwas $AgNO_3$ u. läßt etwa 1 Std. verschlossen stehen. Dann wird vorsichtig dest. u. der zunächst übergehende, braun bis gelb gefärbte Vorlauf verworfen. Der bei 83–85 °C siedende Anteil besteht aus ziemlich reiner Cl^--freier HNO_3, die nur ganz schwach gelb gefärbt ist; sobald das abtropfende Destillat anfängt, sich bräunlich zu färben, wird die Destillation abgebrochen.

Zur Darstellung größerer HNO_3-Mengen arbeitet man zweckmäßig mit Schliffgeräten (Abdichtung mit H_2SO_4 oder H_3PO_4 aus P_2O_5) u. dest. wiederholt im Vakuum (Siedekapillare, Wasserbad, Schutzbrille); Sdp. 26 mbar 36–38 °C.

HNO_3 ist eine farblose Flüssigkeit, $\varrho = 1{,}522$ g/ml. Bei Siedetemperatur unter Atmosphärendruck und Aufbewahrung im Licht tritt langsame Zersetzung ein:

$$2\,HNO_3 \rightarrow 2\,NO_2 + H_2O + {}^1/_2\,O_2$$

2. Zink mit HNO_3 unterschiedlicher Konzentration

a) Zink gibt mit konz. HNO_3 braune Dämpfe von NO_2:

$$Zn + 4\,HNO_3 \rightarrow Zn(NO_3)_2 + 2\,NO_2\uparrow + 2\,H_2O$$

b) Zn mit einer Mischung von konz. HNO_3 mit 2 Teilen Wasser entwickelt fast farblose Dämpfe von NO, die an der Luft braun werden:

$$8\,HNO_3 + 3\,Zn \rightarrow 3\,Zn(NO_3)_2 + 2\,NO\uparrow + 4\,H_2O$$

$$(2\,NO + O_2 \rightarrow 2\,NO_2)$$

c) Bei Zusatz von verd. HNO_3 zu Zn entweicht Wasserstoff:

$$Zn + 2\,HNO_3 \rightarrow Zn(NO_3)_2 + H_2$$

Die Reaktion c geht nur mit „unedlen" Metallen. Edelmetall, wie Silber, Quecksilber und auch Kupfer werden nach a oder b aufgelöst, weil sie Wasserstoff nicht aus seinen Verbindungen verdrängen können. (Näheres s. S. 157ff.)

Sie müssen zu ihrer Auflösung erst oxidiert werden. Bei Gold und Platin reicht die oxidierende Wirkung der Salpetersäure nicht mehr aus. Daher kann man Gold und Silber durch Salpetersäure trennen (Scheidewasser). Um Gold und Platin aufzulösen, fügt man zu einem Teil konz. Salpetersäure 3 Teile konz. Salzsäure. Eine solche Mischung nennt man Königswasser. Sie entwickelt langsam freies Chlor, das besonders reaktionsfähig ist, und Nitrosylchlorid (NOCl):

$$HNO_3 + 3\,HCl \rightarrow NOCl + 2\,H_2O + Cl_2$$

3. Nachweis mit $FeSO_4$ und konz. H_2SO_4 (Ringprobe)

$$2\,HNO_3 + 6\,FeSO_4 + 3\,H_2SO_4 \rightarrow 2\,NO + 3\,Fe_2(SO_4)_3 + 4\,H_2O$$

$$[Fe(H_2O)_6]^{2+} + NO \rightarrow [Fe(H_2O)_5NO]^{2+} + H_2O$$

HNO_3 wird von $FeSO_4$ in saurer Lösung zu NO reduziert, wobei Fe(II) zu Fe(III) oxidiert wird. NO lagert sich an überschüssiges Fe^{2+} an und bildet Nitrosyleisen(II)-sulfat.

a) 3 Tr. der Probelsg. werden im Reagenzglas mit 3 Tr. einer kalt gesätt., mit 1 Tr. 2,5 mol/l H_2SO_4 angesäuerten $FeSO_4$-Lsg. versetzt und vorsichtig mit 18 mol/l H_2SO_4 unterschichtet, indem man die 18 mol/l H_2SO_4 an der inneren Wandung des schräg gehaltenen Reagenzglases herunterfließen läßt. An der Berührungszone wss. Lsg. -18 mol/l H_2SO_4 bildet sich je nach der NO_3^--Konz. ein brauner bis amethystfarbener Ring.

b) Ein mit 2,5 mol/l H_2SO_4 gewaschener $FeSO_4$-Kristall wird auf der TP mit 1 Tr. 2,5 mol/l H_2SO_4, 2 Tr. Probelsg. u. 3 Tr. 18 mol/l H_2SO_4 versetzt. Bei Gegenwart von NO_3^- bildet sich um den Kristall eine braunviolette Zone.

EG: 3 µg NO_3^- pD 4,0

4. Nachweis durch Reduktion in alkalischer Lösung zu NH_3

$$NaNO_3 + 4\,Zn + 3\,NaOH + 6\,H_2O \rightarrow 4\,NaZn(OH)_3 + NH_3$$

Mit Laugen reagieren Zn und Al unter Wasserstoffentwicklung zu Hydroxosalzen. Der entstehende atomare Wasserstoff reduziert NO_3^- (oder NO_2^-) zu NH_3.

Man erwärmt eine Spatelspitze der nitrathaltigen Substanz mit 2 mol/l NaOH u. 1 g Zinkstaub oder Devardascher Legierung (50% Cu, 45% Al, 5% Zn). NH_3-Geruch. Eventuell vorhandene NH_4-Salze müssen vorher durch Kochen mit Lauge entfernt werden.

5. Nachweis mit Lunge-Reagenz (s. S. 209)

2–3 Tr. der nitritfreien Lsg. (s. S. 208) werden mit Na_2CO_3 neutralisiert, mit Eisessig angesäuert, auf der TP mit je einem Tr. Sulfanilsäurelsg. u. α-Naphthylaminlsg. sowie etwas Zinkstaub versetzt. Eine langsam sich bildende Rotfärbung zeigt NO_3^- an.

EG: 0,05 µg NO_3^- pD 6,0

Phosphor, P, 30,97376; −3, +1, +3, +5

0,12 Gew.-% der Erdrinde bestehen aus Phosphor. Der Phosphor wird in der Natur in Form der Phosphate, wie Phosphorit $Ca_3(PO_4)_2$, Apatit $Ca_5[(PO_4)_3(F, Cl)]$ gefunden. In den Knochen liegt er als Hydroxylapatit $Ca_5[(PO_4)_3(OH)]$ vor. Elementarer Phosphor wird aus Calciumphosphat, SiO_2 und Kohle dargestellt, wobei sich als Nebenprodukte Calciumsilicat und Kohlenoxide bilden. Es fällt hierbei weißer Phosphor an, der äußerst giftig und an der Luft leicht entzündlich ist. Die rote Modifikation ist stabil und wird in der Zündholzindustrie verwendet. Phosphate in der Oxidationsstufe +5 dienen zu Düngezwecken. Aus der Vielzahl der Düngemittel seien das Superphosphat, das Thomasmehl und das Doppelsuperphosphat erwähnt.

Phosphorsäure und Phosphate

Die Phosphorsäure oder genauer Orthophosphorsäure H_3PO_4 wird aus Phosphorit und Schwefelsäure oder Phosphorpentaoxid und Wasser dargestellt. Die Orthophosphorsäure hat die Struktur

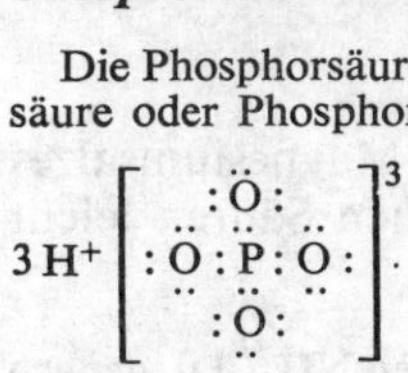

Die Salze der H_3PO_4 sind die Phosphate. Man unterscheidet primäre (NaH_2PO_4), sekundäre (Na_2HPO_4) und tertiäre Phosphate (Na_3PO_4).

Außer der Orthophosphorsäure kennt man noch eine Reihe höheraggregierter Phosphorsäuren bzw. Phosphate. Beim Erhitzen von primären Phosphaten oder Phosphorsalz ($NaNH_4HPO_4$) werden Polyphosphate, z. B. ringförmige Metaphosphate (*cyclo*-Polyphosphate, s. auch S. 89)

$$NaH_2PO_4 \rightarrow NaPO_3 + H_2O$$
$$NaNH_4HPO_4 \rightarrow NaPO_3 + NH_3 + H_2O$$

erhalten.

In entsprechender Weise entstehen beim Erhitzen sekundärer Phosphate Di- oder Pyrophosphate:

$$2\,Na_2HPO_4 \rightarrow Na_4P_2O_7 + H_2O$$

Die Polyphosphate und auch die freien Polyphosphorsäuren bilden keine einfachmolekularen $[PO_3]^-$-Ionen, sondern liegen je nach den Versuchsbedingungen in mehr oder weniger weitgehend kondensiertem Zustande vor.

In Wasser wandeln sich die Pyro- und Polyphosphate je nach dem pH der Lösung wieder mehr oder weniger langsam in Orthophosphate um.

In Wasser sind nur die Alkaliphosphate (außer Li_3PO_4) und die primären Erdalkaliphosphate leicht löslich. Die Phosphate aller anderen Metalle sind in neutraler Lösung schwerlöslich.

1. $AgNO_3$

Mit $AgNO_3$ bildet sich ein gelber Nd. von Ag_3PO_4, der bereits in schwachen Säuren wie Essigsäure sowie in Ammoniak löslich ist.

2. $BaCl_2$

$BaCl_2$ erzeugt einen Nd. von weißem Bariumphosphat, das bei Fällung aus neutraler Lsg. vorwiegend aus sekundärem Phosphat, $BaHPO_4$, aus ammoniakalischer Lsg. dagegen aus tertiärem $Ba_3(PO_4)_2$ besteht, und in Essigsäure leicht löslich ist.

Ca^{2+} u. Sr^{2+} verhalten sich ebenso wie Ba^{2+}. Phosphorsäure muß daher beim Kationentrennungsgang vor der Fällung der $(NH_4)_2S$-Gruppe entfernt werden, da sonst die Erdalkaliionen bereits mit den Elementen der $(NH_4)_2S$-Gruppe als Phosphate ausfallen würden. Zu ihrer Abtrennung eignen sich die in den Reaktionen 3, 4 und 7 beschriebenen Fällungen.

3. $FeCl_3$

$FeCl_3$ fällt weißliches $FePO_4$. Bei Überschuß von Fe^{3+} wird dieses leicht in Form basischer Salze mitgerissen, so daß der Nd. meist gelblichweiß bis rotbraun gefärbt ist. In Essigsäure ist $FePO_4$ löslich, wenn die Acidität der Lsg. nicht durch Natriumacetat abgestumpft wird. Ein Überschuß von Acetat wirkt infolge Bildung von basischen Acetatoeisen(III)-Komplexen in der Kälte lösend, beim Erhitzen wird die Fällung infolge Zerstörung der löslichen Komplexe durch Hydrolyse wieder vollständig. Da Erdalkaliionen unter diesen Bedingungen nicht ausgefällt werden, ist die Rk. für die Abtrennung der Phosphorsäure im Kationentrennungsgang brauchbar.

4. Zinndioxid-Hydrat (Zinnsäure)

Zinndioxid-Hydrat vermag Phosphorsäure zu adsorbieren.

Man erhitze die Lsg. von etwas Dinatriumphosphat in 1 ml 14 mol/l HNO_3 in einer Porzellanschale unter portionsweiser Zugabe von 0,1 g chemisch reiner Zinnfolie oder granuliertem Zinn. Man engt noch etwas ein, verd. mit 10 ml W. u. zentrifugiert nach dem Absetzen des Niederschlages. Das Z. ist nun frei von PO_4^{3-}. Die Fällung ist jedoch nur quantitativ, wenn keine Cl^--Ionen anwesend sind. Zur Abtrennung der Phosphorsäure im Kationentrennungsgang muß das Z. der H_2S-Gruppe daher mehrmals mit HNO_3 zur völligen Vertreibung von Cl^- eingedampft werden.

5. Nachweis mit Mg^{2+} in ammoniakalischer Lösung

Eine ammoniakalische, ammoniumchloridhaltige Lösung eines Magnesiumsalzes fällt auch aus sehr verd. Lösungen kristallines, bereits in schwachen Säuren leicht lösliches $MgNH_4PO_4$ (vgl. 7, S. 74).

1 Tr. der ammoniakalischen Probe-Lsg. wird auf dem OT mit einem Körnchen NH_4Cl u. danach mit einem Körnchen $MgCl_2$ versetzt. Es bilden sich charakteristische Kristalle (s. Kristallaufnahme Nr. 4). Ist der Nd. sehr fein, so fälle man um.

EG: 0,05 µg PO_4^{3-} pD 5,3

6. Nachweis mit Ammoniummolybdat

$$H_2PO_4^- + 22\,H^+ + 3\,NH_4^+ + 12\,MoO_4^{2-} \rightarrow (NH_4)_3[P(Mo_3O_{10})_4 \cdot aq]\downarrow + 12\,H_2O$$

Ammoniummolybdatlösung fällt aus phosphathaltiger salpetersaurer Probelösung das gelbe Ammoniumsalz der 12-Molybdo-1-phosphorsäure, einer Heteropolysäure (s. S. 130). Auf 12 Atome Mo enthält sie nur 1 Atom P (Überschuß an Reagenzlösung!) Arsensäure gibt auch eine entsprechend schwerlösliche Verbindung (vgl. 14., s. S. 175). Zum Unterschied von Phosphorsäure entsteht sie aber erst beim Kochen. Da eine solche Unterscheidung aber sehr unsicher ist, muß die Arsensäure vor dem Nachweis auf Phosphate entfernt werden.

Kieselsäure muß ebenfalls vorher abgeschieden werden, da sie mit Molybdänsäure zwar lösliche, aber gelb gefärbte Heteropolysäuren bildet. Größere Mengen von Oxalsäure können die Fällung von Ammoniummolybdophosphat verhindern.

a) Etwa 10 mg Substanz werden mit 10 Tr. 14 mol/l HNO_3 erwärmt, bis keine nitrosen Gase mehr entweichen (Oxidation reduzierender Ionen, die den Nachw. stören). Zu 5 Tr. des HNO_3-sauren Z. werden weitere 5 Tr. 14 mol/l HNO_3 u. in der Kälte 10 Tr. Reagenzlsg. zugegeben. Bei Gegenwart größerer PO_4^{3-}-Mengen entsteht in der Kälte innerhalb von 3 Min. eine gelbe Fällung von $(NH_4)_3[P(Mo_3O_{10})_4 \cdot aq]$. Zur Unterscheidung, ob neben Molybdophosphat auch Molybdoarsenat ausgefallen ist, wird der gelbe Nd. in 5 mol/l NH_3 gelöst. Aus dieser Lsg. wird durch Zusatz von 5 Tr. 0,1 mol/l $Mg(NO_3)_2$ u. 5 Tr. 5 mol/l NH_4Cl $Mg(NH_4)PO_4$ bzw. $Mg(NH_4)AsO_4$ ausgefällt (vgl. 13., S. 174).
Der abzentrifugierte u. gewaschene Nd. wird mit 1 Tr. 1 mol/l $AgNO_3$ befeuchtet. Bei Ggw. von AsO_4^{3-} entsteht neben dem rein gelb gefärbten Ag_3PO_4 braunes Ag_3AsO_4, das die gelbe Farbe des Ag_3PO_4 mehr oder weniger überdeckt.
Reagenz: 100 g $(NH_4)_6Mo_7O_{24} \cdot 4\,H_2O$ + 200 g NH_4NO_3 + 70 ml 13,5 mol/l NH_3 mit W. auf 1 Liter aufgefüllt.

b) Mikrochemischer Nachweis als $(NH_4)_3[P(Mo_3O_{10})_4 \cdot aq]$: 1 Tr. der HNO_3-sauren Lsg. wird auf dem OT mit etwas festem NH_4NO_3 u. danach mit einem Kristall Ammoniummolybdat versetzt. Es entstehen kleine gelbe Würfel u. Oktaeder. AsO_4^{3-} u. SiO_3^{2-} stören die Rk. (s. 14., S. 175 u. 6., S. 219). Kristallaufnahme Nr. 5).

EG: 0,05 µg PO_4^{3-} pD 5,3.

7. Nachweis als Zirconiumphosphat

$Zr(NO_3)_4$ oder $ZrOCl_2$ bildet selbst in stark saurer Lösung einen schwerlöslichen Niederschlag, der etwa der Zusammensetzung $Zr_3(PO_4)_4$ entspricht.

Der Nd. ist flockig u. entsteht besonders in verd. Lsg. erst beim Erhitzen. Die Schwerlöslichkeit des Zirconiumphosphats kann auch zur Beseitigung der Phosphationen vor der Fällung der Kationen der $(NH_4)_2S$-Gruppe benutzt werden. Ein Überschuß von Zr stört den Nachweis der übrigen Ionen der $(NH_4)_2S$-Gruppe nicht.

Kohlenstoff, C, 12,011; −4, +2, +4

Kohlenstoff kommt in der Natur elementar in zwei Modifikationen vor, nämlich als Graphit und Diamant. Der Kohlenstoff ist eines der Hauptelemente, die zum Aufbau der organischen Stoffwelt nötig sind. Kohlenstoff in Form von Kohle dient in der Technik als Reduktionsmittel (Fe-Darstellung), Energiequelle (Wärme und Elektrizität) und Ausgangsprodukt für eine Vielzahl organischer und anorganischer Stoffe. Die wichtigsten Oxide des Kohlenstoffs sind das Kohlenmonooxid, CO, und das Kohlendioxid, CO_2.

Kohlenmonooxid, Kohlendioxid, Kohlensäure und Carbonate

Kohlenmonooxid, CO, ist ein wesentlicher Bestandteil des Generatorgases, des Gichtgases und des Wassergases. Im Laboratorium entsteht CO beim Zersetzen von Ameisensäure durch konz. H_2SO_4. CO ist ein farbloses, geruchloses und sehr giftiges Gas. Es wird in der Technik als Reduktionsmittel (z. B. von Fe-, Cu- und Ni-Oxiden), Brennstoff und zu Synthesen (z. B. von Kohlenwasserstoffen) verwendet.

Kohlendioxid, CO_2, entsteht bei der vollständigen Verbrennung von Kohlenstoff und organischen Verbindungen, beim trockenen Erhitzen von Carbonaten:

$$CaCO_3 \rightleftharpoons CaO + CO_2\uparrow$$

sowie beim Behandeln von Carbonaten mit Säuren:

$$CaCO_3 + 2\,HCl \rightarrow CaCl_2 + H_2O + CO_2\uparrow$$

Davon ist die erste Reaktion für die Kalkherstellung (s. S. 77), die zweite für die laboratoriumsmäßige Darstellung des CO_2 im Kippschen Apparat wichtig.

In der Luft beträgt der Massenanteil $w(CO_2) = 0{,}03\,\%$. CO_2 ist ein farbloses und geruchloses Gas. Es löst sich etwas in Wasser. Bei der Auflösung entsteht in geringem Maße die sehr schwache Kohlensäure, H_2CO_3, die wie folgt dissoziiert:

$$CO_2 + H_2O \rightleftharpoons CO_2 \cdot aq + H_2O \rightleftharpoons H_2CO_3 \rightleftharpoons H^+ + HCO_3^- \rightleftharpoons 2\,H^+ + CO_3^{2-}$$

Dementsprechend bildet H_2CO_3 zwei Reihen von Salzen, z. B. $NaHCO_3$ (Natriumhydrogencarbonat) und Na_2CO_3 (Natriumcarbonat).

Nur die neutralen Alkalicarbonate und das Ammoniumcarbonat sind in Wasser leicht löslich. Alle anderen Carbonate sind dagegen schwerlöslich. In kohlensäurehaltigem Wasser lösen sie sich aber teilweise unter Bildung von Hydrogencarbonaten auf, z. B.

$$CaCO_3 + H_2CO_3 \rightleftharpoons Ca(HCO_3)_2$$

Diese Reaktion ist sehr wichtig für die Auflösung von Carbonatgesteinen durch Regenwasser, für die Bildung von „hartem Wasser“ sowie für die Neubildung von Gesteinen.

Hartes, d. h. Ca^{2+}- u. Mg^{2+}-haltiges Wasser ist sowohl in der Industrie als auch im Haushalt sehr störend, weil sich beim Kochen das Calciumcarbonat als schädlicher Kesselstein absetzt und die Calciumionen mit den in den Seifen als Na-Salze vorhandenen höheren Fettsäuren schwerlösliche Salze bilden und damit das Schäumen verhindern. Man unterscheidet temporäre Härte, durch $(Ca, Mg)(HCO_3)_2$ hervorgerufen, und permanente Härte, durch $(Ca, Mg)SO_4$ hervorgerufen. Man kann sie beseitigen:

1. durch $Ca(OH)_2$: $Ca(HCO_3)_2 + Ca(OH)_2 \rightarrow 2\,CaCO_3\downarrow + 2\,H_2O$,
2. durch PO_4^{3-}: $3\,Ca^{2+} + 2\,PO_4^{3-} \rightarrow Ca_3(PO_4)_2\downarrow$[1]),
3. durch Na_2CO_3: $CaSO_4 + Na_2CO_3 \rightarrow CaCO_3\downarrow + Na_2SO_4$,
4. durch Permutite, das sind Natriumalumosilicate, die die Fähigkeit besitzen, Na^+ gegen Ca^{2+} auszutauschen, oder Ionenaustauscher auf Kunstharzbasis (s. S. 299f.), die die gleichen Eigenschaften haben,
5. durch Kochen (nur die temporäre Härte).

   durch Komplexbildner wie Polyphosphate, Nitrilotriessigsäure oder EDTA.
6. Weiteres über Wasser und Wasseranalyse s. S. 387ff.

1. *Bildung und Verhalten von $Ca(HCO_3)_2$*

Man verdünne in einem Reagenzglas 2 ml Kalkwasser, $Ca(OH)_2$, mit 2 ml Wasser u. leite CO_2 aus einem Kipp ein. Es fällt zunächst Calciumcarbonat aus:

$$Ca(OH_2) + CO_2 \rightarrow CaCO_3\downarrow + H_2O$$

Beim weiteren Einleiten löst sich der Nd. unter Bldg. von $Ca(HCO_3)_2$ auf. Dann wird das CO_2-Einleiten eingestellt u. die Lsg. erhitzt. Unter Entwicklung von Kohlendioxid trübt sich die Lsg. erneut, weil sich wieder $CaCO_3$ abscheidet.

2. *Darstellung von Natriumcarbonat*

$$NaCl + NH_4HCO_3 \rightleftharpoons NH_4Cl + NaHCO_3\downarrow$$

Zur Darstellung von Soda geht man von der Tatsache aus, daß Natriumhydrogencarbonat, $NaHCO_3$, in Wasser ziemlich schwer löslich ist (bei 15 °C 8,8 g, bei 0 °C 6,9 g in 100 ml W.). Leitet man in eine ammoniakalische Kochsalzlösung Kohlendioxid ein, so entstehen aus Ammoniak und H_2CO_3 bei Überschuß von Kohlendioxid NH_4^+ und HCO_3^-. Aus diesen und den in der Lösung enthaltenen Na^+- und Cl^--Ionen können sich 4 Salze bilden: NaCl, $NaHCO_3$, NH_4Cl und NH_4HCO_3, die durch die obige Gleichung miteinander verkoppelt sind.

Solche Paare nennt man reziproke Salzpaare. Welches von ihnen aus der Lösung auskristallisiert, richtet sich nur nach ihrem Löslichkeitsverhältnis. Da in dieser

---

[1]) Die Zusammensetzung des ausgefallenen Calciumphosphates ist in Wirklichkeit komplizierter (s. S. 78).

Salzlösung das $NaHCO_3$ am schwersten löslich ist, verläuft die Reaktion weitgehend nach rechts.

Man bereitet sich zunächst in einem Philipps-Becher eine gesättigte Kochsalzlsg., indem man 36 g feinst gepulvertes NaCl in 100 ml Wasser löst. Zu der kalten Lsg. fügt man 44 ml einer 25%igen Ammoniaklsg. ($\varrho = 0{,}970$). Man leitet dann aus einem Kipp oder einer Stahlflasche durch eine mit Wasser gefüllte Waschflasche CO_2 in die Lsg., wobei man die Stärke des Stromes zuerst so reguliert, daß möglichst alles Gas absorbiert wird. Man kann die Absorption stark beschleunigen, wenn man das Einleitungsrohr mit einer Eintauchnutsche aus Sinterglas für umgekehrte Filtration versieht u. das CO_2 durch die Nutsche preßt. Das ist aber nur bei Anwendung einer CO_2-Stahlflasche möglich. Außerdem muß dann statt eines gewöhnlichen Schlauches Druckschlauch genommen werden.

Am besten kühlt man die Lsg. durch Einstellen in Eiswasser. Nach einiger Zeit scheidet sich Hydrogencarbonat in feinen Kriställchen ab. Es wird mit Hilfe einer Glasfilternutsche abgesaugt u. mit möglichst wenig Eiswasser dreimal gewaschen. In einem großen Porzellantiegel wird es solange erhitzt (auf etwa 300 °C) u. dabei mit einem Glasstab öfter umgerührt, bis kein Kohlendioxid mehr entweicht. Nach dem Abkühlen wird gewogen u. die Ausbeute bestimmt. Aus 58 g NaCl bilden sich theoretisch 53 g Na_2CO_3, aus 36 g müßten daher 33 g entstehen. Da selbstverständlich ein Teil $NaHCO_3$ in Lsg. bleibt (etwa 8 g $NaHCO_3$, die etwa 5 g Na_2CO_3 entsprechen), kann man höchstens 28 g Na_2CO_3 erwarten.

Außerdem prüfe man das Salz auf Cl^-. Entsteht mehr als eine Trübung, so muß es umkristallisiert werden. Dazu löst man in möglichst wenig siedend heißem Wasser, läßt abkühlen u. nutscht wieder ab. Dabei kristallisiert aber nicht wasserfreies Natriumcarbonat, sondern Kristallsoda, $Na_2CO_3 \cdot 10\,H_2O$, aus.

3. Thermische Zersetzung von sauren Carbonaten

$$2\,NaHCO_3 \rightarrow Na_2CO_3 + CO_2\uparrow$$

Ebenso wie das $Ca(HCO_3)_2$ sind auch die anderen sauren Carbonate mehr oder weniger leicht zersetzlich. In festem Zustand existieren nur die der Alkalien, die aber auch beim Erhitzen zerfallen.

Einige Körnchen $NaHCO_3$ erhitze man in einem trockenen Reagenzglas. Das entweichende Kohlendioxid weise man nach, wie in der folgenden Reaktion beschrieben ist.

4. Nachweis als $BaCO_3$

$$CO_2 + Ba(OH)_2 \rightarrow BaCO_3\downarrow + H_2O$$

Der CO_3^{2-}-Nachweis wird prinzipiell mit der Ursubstanz durch Zersetzen der Carbonate mit verd. Mineralsäuren ausgeführt. Zu beachten ist hierbei, daß natürliche Carbonate, insbesondere basisches Magnesiumcarbonat, sehr langsam von Säuren zersetzt werden. Da S^{2-}, SO_3^{2-}, $S_2O_3^{2-}$, CN^-, F^- und NO_2^- sowie $C_2O_4^{2-}$ und $C_4H_4O_6^{2-}$ bei Gegenwart stark oxidierender Substanzen den CO_3^{2-}-Nachweis beeinträchtigen, wird dieser erst nach Prüfung auf Anwesenheit der genannten Ionen und dann in entsprechend modifizierter Form durchgeführt. Bei Anwesenheit von SO_3^{2-} verwende man Kalkwasser als Vorlage.

Etwa 10 mg Substanz werden bei Abwesenheit störender Anionen in ein kleines Reagenzglas gegeben, mit 10 Tr. 2 mol/l HCl versetzt u. im W.-Bad erwärmt. Als Vorlage dient ein Gärröhrchen mit gesätt. $Ba(OH)_2$-Lsg. Das gebildete CO_2 wird in die Vorlage übergetrieben. Die Bldg. einer weißen Trübung von $BaCO_3$ innerhalb von 3–5 Min. zeigt CO_2 an.

Das Zusammensetzen der Apparatur muß sofort nach Zugabe der HCl geschehen. Man achte darauf, daß keine Säure beim Erwärmen übergetrieben wird. Bei Gegenwart von S^{2-} u. CN^- wird die Substanz vor dem CO_2-Nachw. mit $HgCl_2$ verrieben [Bldg. von HgS u. $Hg(CN)_2$]. Sind SO_3^{2-} u. $S_2O_3^{2-}$ zugegen, so wird die Substanz vor dem Säurezusatz mit 3 Tr. 2,5 mol/l H_2O_2 versetzt (Oxidation des SO_3^{2-} u. $S_2O_3^{2-}$ zu SO_4^{2-}). F^- wird mit 0,5 mol/l $ZrO(NO_3)_2$ maskiert. (Bldg. des sehr stabilen $[ZrF_6]^{2-}$-Komplexes). NO_2^- kann mit Amidoschwefelsäure zerstört werden. Die Bldg. von CO_2 aus $C_2O_4^{2-}$ u. $C_4H_4O_6^{2-}$ in saurer Lsg. durch starke Oxidationsmittel wird durch Zugabe von Hydraziniumsulfat vermieden.

Behandlung einer Analysensubstanz und Nachweis von H^+, OH^-, Cl^-, SO_4^{2-}, NO_3^-, CO_3^{2-}, PO_4^{3-} und S^{2-}

Im Anfängerkurs werden nur die Anionen OH^-, Cl^-, SO_4^{2-}, NO_3^-, CO_3^{2-}, PO_4^{3-} und S^{2-} nachgewiesen. Erst wenn der Praktikant genügend Erfahrung gesammelt hat, wird er noch andere wichtige, jedoch analytisch schwieriger zu handhabende Anionen nachzuweisen haben (s. S. 189). Es sollen daher in diesem Abschnitt nur die Nachweisreaktionen der in der Überschrift erwähnten Anionen kurz zusammengefaßt werden.

Ganz allgemein können zum Nachweis von Ionen in einer zu analysierenden Substanz nur solche Reaktionen benutzt werden, die für das zu prüfende Ion spezifisch (s. S. 16) sind. Eventuell auftretende Störungen beim Nachweis eines bestimmten Ions in Gegenwart anderer Ionen müssen beachtet und entsprechend den Vorschriften für die Durchführung des Nachweises umgangen werden. Auch die Einhaltung des pH-Wertes bei den Nachweisreaktionen ist wichtig.

Eine feste Analysensubstanz wird vor Beginn der Untersuchung gut pulverisiert und homogenisiert. Das Analysenpulver wird dann in einem geeigneten, verschließbaren Gefäß (Polyethylenflasche, Glaspulverflasche) aufbewahrt. Die Analysensubstanz wird dadurch vor Staub und festen Verunreinigungen, vor Aufnahme von CO_2 (bei alkalischen Verbindungen) sowie vor Feuchtigkeit geschützt. Flüssige Substanzen werden solange geschüttelt oder gerührt, bis keine Schlieren mehr auftreten.

Zur Analyse werden 0,1–1 ml oder eine Spatelspitze der Analysensubstanz in einige ml destilliertes Wasser gegeben. Bei den Anfängeranalysen wird hierbei meistens eine klare Lösung entstehen. Dieser Ausgangslösung entnimmt man dann für die Einzelnachweise jeweils einige Tropfen. Man gewöhne sich von Anfang an daran, mit kleinen Proben zu arbeiten. Mit kleinen Substanzmengen und wenig Lösungsmittel ist die Empfindlichkeit des Nachweises genau so groß wie bei Einsatz von viel Substanz in entsprechend viel Lösungsmittel. Alle Operationen, wie Filtrieren, Zentrifugieren, Auswaschen und Eindunsten, lassen sich jedoch mit großem Zeitgewinn durchführen.

Die oben erwähnten Anionen lassen sich aus der Analysenlösung nebeneinander wie folgt nachweisen:

OH^- bzw. **H^+:** Lackmuspapier wird blau bzw. rot.

Cl^-: Ansäuern mit 2 mol/l HNO_3, Versetzen mit $AgNO_3$: weißer, käsiger Niederschlag von AgCl, löslich in Ammoniak, schwerlöslich in HNO_3 (s. Rk, 5, S. 31).

SO_4^{2-}: Ansäuern mit 2 mol/l HCl, Versetzen mit $BaCl_2$: weißer, feinkristalliner Niederschlag von $BaSO_4$ (s. Rk. 3., S. 49).

NO_3^-: Ansäuern mit 1 mol/l H_2SO_4, Versetzen mit frisch bereiteter $FeSO_4$-Lösung, Unterschichten mit konz. H_2SO_4: brauner Ring von $[Fe(H_2O)_5NO]^{2+}$ (s. Rk. 3., S. 54).

CO_3^{2-}: Ansäuern der Ursubstanz mit HCl oder HNO_3: Gasentwicklung. Prüfung des Gases nach Rk. 4., S. 59 mit $Ba(OH)_2$.

PO_4^{3-}: Ansäuern mit HNO_3, Versetzen mit Ammoniummolybdat, kochen: gelber Niederschlag von Ammoniummolybdophosphat (s. Rk. 6., S. 56).

S^{2-}: Ansäuern mit HCl: Gasentwicklung. Geruch nach faulen Eiern (s. S. 45). Nachweis als PbS (s. Rk. 4., S. 46).

Die Nachweise dieser Anionen können bei Anwesenheit anderer Ionen gestört werden. Es sei daher auf den folgenden Abschnitt und auf Tabelle XVI., S. 241 ff. verwiesen.

Prüfung auf Anionen bei Gegenwart störender Kationen. Sodaauszug

Der Nachweis der Anionen wird recht häufig durch Metallionen, z. B. durch die Schwerlöslichkeit ihrer Salze, gestört. Deshalb werden die meisten Anionen – außer CO_3^{2-}, z. T. S^{2-} und einigen anderen – im sog. Sodaauszug (SA) nachgewiesen. Hierbei wird die Analysensubstanz mit einem Überschuß an Sodalösung gekocht. Mit Ausnahme der Alkaliionen bilden die meisten Metallionen schwerlösliche Hydroxide bzw. Carbonate (je nachdem, ob das Carbonat oder das Hydroxid des betreffenden Metalles schwerer löslich ist, teilweise bilden sich auch Mischverbindungen, basische Carbonate), so daß die betreffenden Verbindungen in den Rückstand des Sodaauszuges kommen.

Für den Sodaauszug wird ein Gemisch aus der fein gepulverten Analysensubstanz (etwa 1 g für die Analyse im Makromaßstab, etwa 0,1 g für diejenige im Halbmikromaßstab) u. der zwei- bis dreifachen Menge an wasserfreier Soda in Wasser (etwa 50 bis 100 ml bzw. etwa 10–20 ml) aufgeschlämmt u. im Filtrat oder Zentrifugat nach Ansäuern mit einer entsprechenden Säure auf die Anionen geprüft. Durch Blindproben (s. unten) überzeuge man sich von der Reinheit der verwendeten Reagenzien (besonders der Soda!).

Häufig wird es gerade beim Anfänger vorkommen, daß er aus einer nur sehr schwach positiv ausgefallenen Nachweisreaktion fälschlicherweise auf das Vorhandensein des betreffenden Anions oder Kations schließt. In solchen nicht einwandfreien Fällen wiederhole man den Nachweis möglichst sorgfältig und mache, wenn das Ergebnis ebenso zweifelhaft bleibt, eine „Blindprobe" (s. S. 16). Meistens wird sich dann herausstellen, daß auch die Blindprobe bereits schwach positiv ausfällt, also das Vorhandensein der nachzuweisenden Substanz bereits in den herangezogenen Reagenzien anzeigt. Erst wenn die Blindprobe eindeutig negativ ausfällt, darf aus einer schwach positiven Nachweisreaktion auf ein äußerst geringes Vorhandensein des betreffenden Ions in der zu prüfenden Substanz geschlossen werden („Spuren").

Bei Anwesenheit bestimmter Kationen (z. B. Bi) kann NO_3^- im SA nicht gefunden werden. Es wird im schwefelsauren Auszug des SA-Rückstandes nachgewiesen. PO_4^{3-} wird meist im Kationentrennungsgang nach Abtrennen der Schwefelwasserstoffgruppe (s. S. 148) identifiziert.

2.3. Die Metalle und ihre Verbindungen

Während der Nachweis der Anionen, die durch die Nichtmetalle gebildet werden, meist durch Einzelreaktionen erfolgt, ist für die Kationen ein sicherer Trennungsgang ausgearbeitet worden.

Der Trennungsgang der Kationen steht jedoch mit Ausnahme der Alkali- und Erdalkalielemente nicht im Zusammenhang mit der Stellung der Elemente im PSE. Dies ist vor allem darauf zurückzuführen, daß die anderen Elemente in unterschiedlichen Oxidationsstufen auftreten. Zum Vergleich der Eigenschaften von Ionen mit verschiedener Ladung und verschiedenem Radius wird das sog. Ionenpotential herangezogen.

Ionenpotential

Das Ionenpotential ist der Quotient aus der Ladung (z) und dem kristallographischen Radius (r) eines Ions. z/r kann als ungefähres Maß für die Stärke des vom Ion ausgehenden elektrischen Feldes betrachtet werden. Jedoch ist streng genommen der Vergleich der chemischen Eigenschaft auf Grund des Ionenpotentials nur auf Ionen mit gleicher Elektronenanordnung anwendbar. Weiterhin ist die Tatsache zu berücksichtigen, daß die Ionen in wäßriger Lösung nicht „nackt", sondern in Form von Hydraten vorliegen. Ein Beispiel möge die folgende Reihe von Ionen geben, bei denen die äußere Elektronenhülle eine abgeschlossene Zweier- bzw. Achterkonfiguration aufweist. (r in Å eingesetzt; 1 Å = 0,1 nm.)

	Cs^+	Rb^+	NH_4^+	K^+	Na^+	Li^+	Ra^{2+}	Ba^{2+}	Sr^{2+}	Ca^{2+}
z/r	0,6	0,7	0,7	0,8	1,0	1,3	1,3	1,4	1,6	1,9
	La^{3+}	Ce^{3+}	Mg^{2+}	Y^{3+}	Sc^{3+}	Zr^{4+}	Hf^{4+}	Al^{3+}	Be^{2+}	Ti^{4+}
z/r	2,5	2,5	2,6	2,8	3,6	4,6	4,6	5,3	5,9	6,2

Ionen mit ähnlichem Ionenpotential weisen annähernd gleiche Eigenschaften auf. So haben z. B. die NH_4^+- und K^+-Salze vergleichbare Löslichkeiten. Die Basizität der Hydroxide nimmt mit fallendem Ionenpotential zu. Beryllium und Aluminium haben ähnliche chemische Eigenschaften (s. S. 18).

Der Trennungsgang richtet sich nach der Löslichkeit der Chloride, Sulfide, Hydroxide und Carbonate in saurem oder alkalischem Medium. Analytisch teilt man demnach, unter Berücksichtigung der Tatsache, daß in dem vorliegenden Buch überwiegend die Elemente des sog. „Schultrennungsganges" und nur einige seltenere Elemente (s. S. 14), wie Ti, V, Mo, W und U behandelt werden, den Trennungsgang in folgende Gruppen ein, wobei die vorhergehenden Gruppen jeweils abgetrennt sein müssen:

1. HCl-Gruppe: Elemente, die in Wasser und Säuren schwerlösliche Chloride bilden [Ag, Hg(I), Pb] sowie W, das im allgemeinen aus saurer Lösung als schwerlösliches Oxidhydrat abgeschieden wird.

2. H_2S-Gruppe: Elemente, die in saurer Lösung schwerlösliche Sulfide bilden: Cu, Cd, Hg(II), Sn, Pb, As, Sb, Bi und Mo. Einige dieser Elementsulfide sind in gelbem $(NH_4)_2S_x$ unter Bildung von Thiosalzen löslich.

3. $(NH_4)_2S$-Urotropin-Gruppe: Elemente, die in ammoniakalischer Lösung schwerlösliche Sulfide oder Hydroxide bilden: Zn, Al, U, Ti, Cr, Mn, Fe, Co, Ni. Ferner gehören dazu V und W, deren Thiosalze sich in ammoniakalischer Ammoniumsulfid-Lösung bilden. Ihre Sulfide fallen aber erst auf Zusatz von Säure zu diesen Lösungen aus.

4. $(NH_4)_2CO_3$-Gruppe: Elemente, die durch die genannten Gruppenreagenzien nicht ausgefällt werden, dagegen mit $(NH_4)_2CO_3$ schwerlösliche Carbonate bilden: Ca, Sr, Ba.

5. Lösliche Gruppe: Elemente, die mit allen vorstehenden Fällungsreagenzien keine Niederschläge bilden und demnach am Ende des Analysenganges nachzuweisen sind: Mg (unter gewissen Bedingungen), Na, K.

Aus didaktischen Gründen erfolgt die Besprechung der einzelnen analytischen Gruppen nicht in der oben aufgeführten, sondern in der umgekehrten Reihenfolge.

2.3.1. Lösliche Gruppe, I. Hauptgruppe des PSE (zusätzlich Mg und NH_4^+)

Zu dieser analytischen Gruppe zählen die Alkalielemente Lithium, Li, Natrium, Na, Kalium, K, Rubidium, Rb, und Caesium, Cs, (erste Hauptgruppe) sowie Magnesium, Mg, aus der zweiten Hauptgruppe des PSE.

Die äußere Elektronenschale der Alkalielemente enthält ein Elektron, die des Mg zwei Elektronen, die sehr leicht abgegeben werden können. Gemäß den allgemeinen Regeln nimmt bei den Alkalielementen mit steigender Ordnungszahl die Ionisierungsenergie (s. S. 37) ab, ihr basischer Charakter zu (s. S. 62). Alle Alkalielemente bilden starke Basen, Caesiumhydroxid ist die stärkste von ihnen.

Die sehr weichen, mit dem Messer leicht schneidbaren und spezifisch leichten Alkalimetalle, die man durch Schmelzflußelektrolyse gewinnt, überziehen sich an der Luft schnell mit einer Oxid- bzw. Hydroxidhaut. Zum Aufbewahren dienen deshalb sauerstofffreie Flüssigkeiten, meist Petroleum. Da MgO in Wasser schwer löslich ist und die Oxidhaut auf dem Metall haftet, ist Mg im Gegensatz zu den Alkalielementen vor weiterem Angriff feuchter Luft geschützt und bei gewöhnlicher Temperatur beständig. Zu den Alkaliionen rechnet man auch das „Komplexion" NH_4^+ (s. S. 50 und S. 70). Es ist fast so groß wie das Kaliumion. Viele Reaktionen der beiden Ionen sind daher gleich.

Die meisten Salze der Alkalielemente sind in Wasser leicht löslich. Nur das Lithium, das in seinen Eigenschaften schon den Erdalkalien ähnelt (s. S. 62), und das Magnesium bilden relativ schwer lösliche Carbonate und Phosphate. Wegen des Mangels an schwerlöslichen Verbindungen bereitet die Trennung der Alkaliionen erhebliche Schwierigkeiten. Sie können dagegen, einzeln vorliegend, leicht durch die Färbung, die sie der Bunsenflamme erteilen, und im Gemisch durch Spektralanalyse erkannt werden.

Die Verbindungen des Magnesiums, Natriums und Kaliums sind in der Natur weit verbreitet. Lithium, Rubidium und Caesium sind dagegen selten. Die beiden letzteren unterscheiden sich in ihrem chemischen Verhalten kaum vom Kalium. Zum qualitativen Nachweis der drei selteneren Alkalielemente dient am besten die Spektralanalyse (s. S. 66).

Natrium, Na, 22,9898; +1

In der Erdrinde beträgt der Massenanteil $w(Na) = 2{,}63\,\%$. Natrium steht damit in der Häufigkeitstabelle an 6. Stelle. Meerwasser enthält 27,5 g NaCl im Liter. Das verbreitetste Natriummineral ist der Natronfeldspat (Albit), $Na[AlSi_3O_8]$; ferner finden sich in mächtigen Lagern das Steinsalz, NaCl, Chilesalpeter, $NaNO_3$, Borax, $Na_2B_4O_7 \cdot 10\,H_2O$, und Thenardit, Na_2SO_4. Die drei letzten Verbindungen werden direkt oder nach Reinigung in der chemischen Technik in großem Maße wegen ihrer Anionen verwendet. Weitere technisch wichtige Natriumverbindungen und ihre Darstellung:

Soda, $Na_2CO_3 \cdot 10\,H_2O$, nach dem Solvay-Verfahren, auch Ammoniak-Soda-Verfahren genannt; Natriumhydroxid, NaOH, durch Elektrolyse wäßriger NaCl-Lösungen; Natriumsulfat, Na_2SO_4, und Glaubersalz, $Na_2SO_4 \cdot 10\,H_2O$, aus NaCl und H_2SO_4. Da fast alle Natriumsalze leicht in Wasser löslich sind, eignen sich zum Nachweis des Natriumions nur ganz wenige Fällungsreaktionen.

1. Das Verhalten von $NaCO_3$ in Wasser

Prüft man eine wäßrige Natriumcarbonatlösung mit rotem Lackmus, so stellt man die Anwesenheit von OH^--Ionen fest. Zum weiteren Verständnis dieser Erscheinung prüfe man Lösungen von NaCl, $NaCH_3COO$, KCN, $AlCl_3$, $ZnCl_2$ und NH_4Cl mit Lackmus. Es reagieren neutral NaCl, alkalisch $NaCH_3COO$ und KCN, stark sauer $ZnCl_2$ und $AlCl_3$, schwach sauer NH_4Cl.

Das Wesentliche des Vorganges sei am Beispiel des Natriumacetats, $NaCH_3COO$, näher erläutert.

Hydrolyse und Pufferlösungen

$NaCH_3COO$ ist in Wasser wie viele andere Salze praktisch völlig in Na^+ und CH_3COO^- gespalten. Infolge der Eigendissoziation des Wassers sind in der Natriumacetatlösung ferner H^+- und OH^--Ionen vorhanden. Da Essigsäure eine schwache Säure ist, treten die H^+-Ionen mit den CH_3COO^--Ionen zu undissoziierter Essigsäure zusammen.

Dies geht so lange, bis sich die Gleichgewichte:

$$\frac{c(H^+) \cdot c(CH_3COO)}{c(CH_3COOH)} = K_{HAc} = 1{,}76 \cdot 10^{-5}\ \text{mol} \cdot l^{-1} \qquad (a)$$

und

$$c(H^+) \cdot c(OH^-) = K_W = 10^{-14}\ (\text{mol} \cdot l^{-1})^2 \qquad (b)$$

eingestellt haben.

Beim Lösen des Natriumacetats verschwinden somit H^+-Ionen, und dafür treten OH^--Ionen im Überschuß auf, bis die H^+-Ionenkonzentration ihren Gleichgewichtswert erreicht hat und somit $c(H^+)$ in der Gleichung (a) den gleichen Wert wie in der Gleichung (b) hat.

NH_4Cl ist dagegen das Salz einer schwach wirkenden Base $NH_3 \cdot H_2O \rightleftharpoons (NH_4OH) \rightleftharpoons NH_4^+ + OH^-$ und der starken Säure HCl. In wäßrigen Lösungen bilden NH_4^+- und OH^--Ionen NH_3 und H_2O zurück, während die verbleibenden H^+-Ionen in der Lösung eine schwach saure Reaktion verursachen.

Die Umsetzung eines Salzes mit Wasser unter Rückbildung einer Säure oder Base, also der umgekehrte Vorgang der Neutralisation, wird Hydrolyse genannt. Man kann ganz allgemein sagen, daß infolge Hydrolyse Salze schwacher Säuren und starker Basen in Wasser basisch und Salze starker Säuren und schwacher Basen sauer reagieren. Die Größe der Spaltung nennt man Hydrolysegrad.

Die Hydrolyse ist von der Temperatur abhängig, da die Dissoziation des Wassers mit steigender Temperatur stark zunimmt. Deshalb steigt auch die Hydrolyse bei Erhöhung der Temperatur an (vgl. S. 117).

Salze schwacher Säuren und starker Basen (z. B. $NaCH_3COO$) bzw. Salze starker Säuren und schwacher Basen (z. B. NH_4Cl) sind befähigt, die H^+- bzw. OH^--Ionenkonzentration saurer bzw. basischer Lösungen zu verringern. Die Ursache hierfür liegt wie bei der Hydrolyse in dem Zusammentreten der aus den stark dissoziierten Salzen stammenden CH_3COO^-- bzw. NH_4^+-Ionen zu undissoziierter CH_3COOH bzw. undissoziiertem Ammoniak. Die H^+- bzw. OH^--Ionen werden „weggepuffert“.

Von großem praktischem Interesse sind Lösungen, zu denen man sowohl H^+-Ionen (z. B. HCl) als auch OH^--Ionen (NaOH) hinzufügen kann, ohne daß sich die tatsächliche H^+-Ionenkonzentration wesentlich ändert. Geeignet sind Systeme, die aus vergleichbaren Mengen einer schwachen Säure oder Base und deren Salz bestehen (z. B. $NaCH_3COO/CH_3COOH$; NH_4Cl/NH_3).

Solche Pufferlösungen werden sehr viel gebraucht, wenn man Reaktionen bei bestimmter H^+-Ionenkonzentration ablaufen lassen will, was besonders in der physiologischen Chemie sehr wichtig ist.

2. Pufferlösungen

Zwei Reagenzgläser fülle man mit W., zwei weitere mit 5 ml 2 mol/l CH_3COOH + 5 ml 2 mol/l $NaCH_3COO$ u. füge zu allen 2 Tr. Methylorange hinzu. Ein Reagenzglas mit W. versetze man mit 1–2 Tr. 2 mol/l HCl. Es tritt sofort die rote Farbe auf. Im Acetatpuffer dagegen bleibt die Mischfarbe des Indikators auch bei Zugabe von weiterer Salzsäure bestehen. Die entsprechenden Ergebnisse erhält man bei tropfenweiser Zugabe von Natronlauge zu W. bzw. dem Puffer.

3. Nachweis durch Flammenfärbung

Natriumverbindungen erteilen der nichtleuchtenden Bunsenflamme eine intensiv gelbe Farbe, die schon durch unwägbare Mengen hervorgerufen wird. Soll die Flammenfärbung als analytischer Nachweis dienen, so muß daher vor der Prüfung der Platindraht bzw. das Magnesiastäbchen völlig frei von Natrium sein. Dazu muß man gegebenenfalls so lange ausglühen und zwischendurch in konz. Salzsäure eintauchen, bis die Flamme nicht mehr gefärbt wird. Außerdem muß während der Prüfung des zu untersuchenden Salzes die Flamme längere Zeit, eine Minute und mehr, stark gelb aufleuchten. Im Spektroskop (s. S. 67) erscheint die Na-Linie bei 589 nm (vgl. Spektraltafel).

Auf einem kleinen Uhrglas oder einer TP werden 3 Tr. des H_2SO_4- bzw. essigsauren Substanzauszuges mit 2 Tr. 7 mol/l HCl versetzt. Falls ein schwerlösl. Prod. vorliegt, befeuchtet man auf der TP 2–3 mg Substanz mit 1–2 Tr. 7 mol/l HCl. Ein sauberes, ausgeglühtes Magnesiastäbchen oder eine Pt-Drahtöse wird in die Lsg. bzw. in die HCl-feuchte Substanz getaucht u. anschließend in die heiße Zone der nichtleuchtenden Bunsenbrennerflamme gebracht.

Da in fast allen Substanzen Na in Spuren als Verunreinigung vorhanden ist, ziehe man zur Identifizierung auch die nachfolgenden chemischen Reaktionen heran.

4. Nachweis mit Magnesiumuranoxidacetat

$$NaCl + 3\,UO_2(CH_3COO)_2 + Mg(CH_3COO)_2 + CH_3COOH + 9\,H_2O$$
$$\rightarrow NaMg(UO_2)_3(CH_3COO)_9 \cdot 9\,H_2O\downarrow + HCl$$

Diese Reaktion eignet sich zum mikrochemischen Nachweis des Natriums. Das Na^+-Ion muß in möglichst konz. Lösung vorliegen.

1 Tr. der neutralen oder schwach essigsauren Probelsg. wird auf einem OT eingeengt u. mit 1 Tr. einer klaren essigsauren Lsg. von Magnesiumuranoxidacetat versetzt. Bei Gegenwart von Na^+ bilden sich schwach gelbe, glasklare Oktaeder oder Dodekaeder mit rhombischer Struktur, deren Ecken meistens abgerundet sind (V. 50–100, Kristallaufnahme Nr. 6).

EG: 0,05 µg Na pD 4,3

Reagenzlsg.: 10 g $UO_2(CH_3COO)_2 \cdot 2\,H_2O$ werden in 6 g Eisessig u. 100 ml H_2O gelöst (Lsg. a). 33 g $Mg(CH_3COO)_2 \cdot 4\,H_2O$ werden in 10 g Eisessig u. 100 ml H_2O gelöst (Lsg. b). Die Lsgg. a u. b werden vereinigt u. nach 24 Std. von einer evtl. auftretenden Trübung abfiltriert.

5. Nachweis mit Kaliumhexahydroxoantimonat(V), K[Sb(OH)$_6$]

$Na^+ + [Sb(OH)_6]^- \rightarrow Na[Sb(OH)_6]\downarrow$

Na^+-haltige Lösungen bilden einen weißen, körnig kristallinen Niederschlag.

Zur richtigen Ausführung der Rk. ist es notwendig, daß man erstens von Sb(V) ausgeht, zweitens in schwach alkalischer Lsg. arbeitet, da sonst amorphe Antimonsäure ausfällt, u. daß drittens keine Ammoniumsalze vorhanden sind, da auch diese einen amorphen Nd. von Antimonsäure ergeben (Entfernung der Ammoniumsalze s. S. 70). Außerdem dürfen die Lsgg. auch hier nicht zu verd. sein.

Entsteht ein amorpher Nd., so ist falsch gearbeitet worden. Man hat entweder nicht genügend alkalisch gemacht oder es sind noch NH_4^+-Ionen vorhanden gewesen.

Mit Ausnahme von K^+ stören fast alle anderen Metallionen. Sie müssen daher vorher sorgfältig entfernt werden!

Bei Beachtung u. Ausschaltung aller Fehlermöglichkeiten ist der Nachw. von Na^+ als schwerlösl. Natriumhexahydroxoantimonat(V), $Na[Sb(OH)_6]$, zuverlässig u. genügend empfindlich! (Kristallaufnahme Nr. 7).

pD 4,2

Reagenzlsg.: Etwa 0,5 g des käuflichen Kaliumantimonats (häufig noch als saures Kaliumpyroantimonat bezeichnet) werden mit 10 ml 1 mol/l KOH u. 1–2 ml verd. H_2O_2 kurz aufgekocht. Hierdurch soll etwa vorhandenes Antimonit zu Antimonat oxidiert werden. Man läßt unter Umschütteln abkühlen u. dekantiert vom nicht Gelösten.

Spektralanalyse bzw. Flammenfärbung

Alle Elemente senden im atomaren oder ionisierten gasförmigen Zustand bei hohen Temperaturen oder elektrischer Anregung Licht von bestimmter Farbe aus, das, durch einen Spektralapparat beobachtet, aus bestimmten, für das Element charakteristischen Spektrallinien besteht.

Ein solches Linienspektrum kommt dadurch zustande, daß die im Atom befindlichen äußeren Elektronen durch die Anregung kurzzeitig auf ein höheres Energieniveau gehoben werden und beim Zurückfallen auf ein niederes Niveau ihre Energie als Strahlung einer bestimmten Wellenlänge abgeben.

Die inneren Elektronen werden hierbei nicht beeinflußt. Sie können erst bei Zuführung höherer Energie angeregt werden. Es entstehen die kurzwelligen Röntgenstrahlen.

Die Anregungsbedingungen sind bei den Elementen äußerst verschieden. Bei Alkali-, Erdalkali- und einigen anderen Elementen genügt, falls die Verbindungen leicht flüchtig sind, die Temperatur der Bunsenflamme, bei manchen anderen muß man zur Gebläseflamme übergehen und bei den meisten benötigt man einen elektrischen Lichtbogen oder Funken. Die „Flammenfärbung“ der Bunsenflamme läßt demnach bei den Alkalien und Erdalkalien usw. unter gewissen Bedingungen eine Aussage über deren Vorhandensein zu.

Da jedoch die Farben der einzelnen Elemente sich gegenseitig überdecken können, ist die Anwendung eines Spektralapparates vorteilhafter.

Neben dem Linienspektrum können bei kleiner Dispersion des Spektralapparates auch sichtbare breite Streifen auftreten, die bei größerer Dispersion in ein System von vielen einzelnen Linien aufgelöst werden. Im Gegensatz zu den Linienspektren der Atome bezeichnet man letztere als Bandenspektren. Sie werden von angeregten Molekülen ausgesandt und daher auch Molekülspektren genannt.

Zur Erzeugung des notwendigen leuchtenden Dampfes wird die Substanz in der entleuchteten Bunsenflamme an einem Platindraht oder einem Magnesiastab erhitzt. Für die Spektralanalyse benutzt man aber besser einen einfachen Spektralbrenner, da dann das Spektrum mit größerer Ruhe zu beobachten ist. In einfachster Ausführung hat er die von *Beckmann* angegebene Gestalt. Das Zusatzgerät ist aus Glas und wird über die Luftlöcher des Bunsenbrenners gestülpt (s. Abb. 18.). In die Vertiefung kommen einige Körnchen verkupfertes Zink, 3–5 ml 2 mol/l HCl und etwa 5 ml der zu untersuchenden Lösung. Durch die H_2-Entwicklung wird etwas Lösung verspritzt und gelangt durch die angesaugte Luft in den Brenner. Der Zerstäuber hat den großen Vorteil, daß er den Bunsenbrenner selbst nicht verschmutzt und äußerst einfach zu reinigen ist.

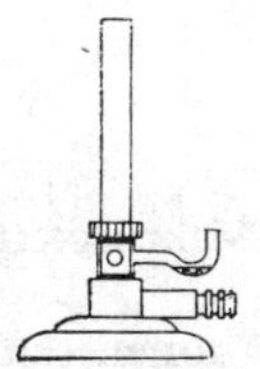

Abb. 18.
Bunsenbrenner mit Zerstäuber

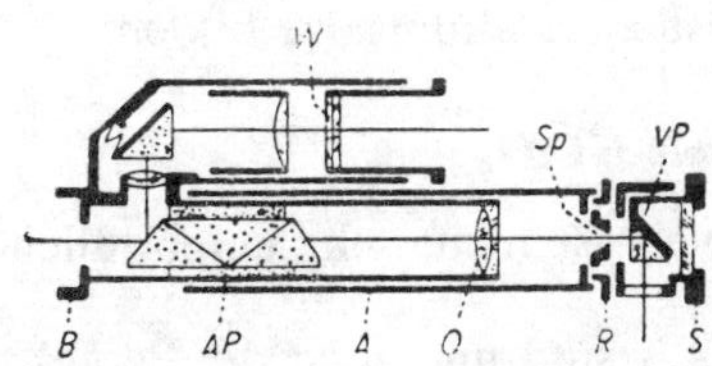

Abb. 19.
Schema für ein Handspektroskop

Der Brenner wird so vor den Spalt des Spektroskops gestellt, daß der innere Kegel der Bunsenflamme nicht im Spalt beobachtet werden kann, sondern nur das obere Drittel. Sonst erhält man das Bandenspektrum des Kohlenmonooxids. (Der Brenner darf nie so nahe am Spalt des Spektroskops stehen, daß dieses heiß wird!)

Als Spektralapparat dient für einfache Untersuchungen meist das in Abbildung 19. dargestellte Handspektroskop mit Wellenlängeneinteilung. Vor dem Spalt *Sp* sitzt das Vergleichsprisma *VP* und das Schutzfenster *S*. Das Spaltrohr *A* trägt außerdem ein Rädchen *R* zur Verstellung der Spaltbacken. Das Rohr *B* enthält die achromatische Lupe *O*, das dreiteilige geradsichtige Dispersionsprisma *AP* und das Skalenrohr mit der Wellenlängeneinteilung *W*, der Justierschraube und einem kleinen Objektiv.

Kalium, K, 39,0983; +1

Kalium ist am Aufbau der Erdrinde mit einem Massenanteil $w(K) = 2{,}41\%$ beteiligt und steht damit dem Natrium an Häufigkeit nur wenig nach. Weitverbreitete Kaliummineralien sind der Kalifeldspat, $K[AlSi_3O_8]$, und zahlreiche andere Kaliumsilicate. Zur technischen Gewinnung von Kaliumverbindungen dienen in riesigen Salzlagern vorkommende Kaliumsalze: Kaliumchlorid (Sylvin), KCl, Carnallit, $KCl \cdot MgCl_2 \cdot 6\,H_2O$, u. a. Der Gehalt des Meerwassers am Kaliumchlorid beträgt nur etwa 1/40 des Natriumchloridgehaltes, da der Erdboden Kaliumverbindungen zum Unterschied von Natriumverbindungen stark bindet, so daß sie nicht ins Meer gelangen.

Besondere Bedeutung haben die Kaliumverbindungen als Bestandteil künstlicher Düngemittel, zu diesem Zweck werden hauptsächlich KNO_3 und K_2SO_4 verwendet.

Die Kaliumsalze sind häufig etwas schwerer löslich als die entsprechenden Natriumverbindungen und enthalten seltener Kristallwasser. Sie werden daher unter anderem als Bestandteile von Sprengstoffen und Feuerwerkskörpern verwendet, da zu diesen Zwecken nicht hygroskopische, wasserfreie Salze benötigt werden, z. B. KNO_3, $KClO_3$.

1. Nachweis durch Flammenfärbung

Kaliumsalze färben die Bunsenflamme violett. Die Spektrallinien sind 768,2 nm Rot und 404,4 nm Violett (s. Spektraltafel). Die violette K-Linie sieht man mit einfacheren Spektralapparaten häufig nicht. Man kann sich daher nur auf die rote Linie verlassen.

Geringe Mengen von Natrium verdecken die Kaliumflamme. Betrachtet man sie aber durch ein blaues Cobalt- oder Neophanglas von genügendem Absorptionsvermögen, so wird das gelbe Na-Licht absorbiert, u. nur rötliches K-Licht strahlt durch. Häufig ist bei Gegenwart von viel Natrium auch eine schwache Kaliumflamme sichtbar, selbst wenn kein Kalium vorhanden ist. Diese Erscheinung beruht auf dem Vorhandensein von glühenden, festen Natriumteilchen in der Flamme, da ganz allgemein in den Fällen, wo glühende Stoffe in der Flamme enthalten sind, Licht aller Wellenlängen und damit auch rötliches Kaliumlicht ausgesandt wird.

Der Nachweis durch Flammenfärbung kann aber nur als Vorprobe gelten. K^+-Ionen werden endgültig nur durch die folgenden Reaktionen nachgewiesen, bei denen sich schwerlösliche Kaliumsalze bilden.

2. *Nachweis mit $HClO_4$*

Der Nachweis ist nicht sehr empfindlich und wird am besten als Mikroreaktion ausgeführt.

Außer $KClO_4$ sind nur noch die Perchlorate einiger komplexer Kationen schwer löslich, z. B. $[Ni(NH_3)_6](ClO_4)_2$, $[Zn(NH_3)_6](ClO_4)_2$. Da letztere nur in ammoniakalischer Lösung beständig sind, ist der Nachweis von Kalium mit Perchlorsäure in saurer Lösung auch in Gegenwart aller anderen Kationen spezifisch (vgl. S. 16). Man kann daher eine Probe der Analysensubstanz mit wenig Salzsäure erhitzen, vom Ungelösten abfiltrieren und in den so erhaltenen Lösungen direkt mit Perchlorsäure auf Kalium prüfen. Nur aus hochkonz. Ammoniumsalzlösungen fällt gegebenenfalls NH_4ClO_4 aus, welches aber mit wenig Wasser wieder in Lösung geht.

1 Tr. KCl-Lsg. u. 1 Tr. konz. $HClO_4$ werden auf einem OT vereinigt u. die entstehenden Kristalle durch das Mikroskop beobachtet (Kristallaufnahme Nr. 8).

$KClO_4$ bildet weiße, rhombische, stark lichtbrechende Kristalle. Es ist in reinem Wasser bei 20 °C zu 1,98 Gew.-% (0,14 mol · l^{-1}), bei 100 °C dagegen zu 18,4 Gew.-% (1,3 mol · l^{-1}) löslich. Die Löslichkeit steigt also mit der Temp. stark an. Man erwärme den OT vorsichtig über der Sparflamme, wobei man darauf achtet, daß möglichst wenig verdampft, u. kühle langsam ab. Jetzt sind die Kristalle besser ausgebildet, so daß man die rhombischen Säulen gut erkennen kann.

Man stelle sich durch Neutralisation von verd. KOH mit $HClO_4$ gegen Lackmus Kaliumperchlorat dar, wasche es mit etwas kaltem Wasser auf dem Filter aus und löse es in wenig heißem Wasser. Beim Abkühlen kristallisiert der größte Teil des Salzes wieder aus. Einen Teil der erkalteten, überstehenden Lsg., die nur mit $KClO_4$ gesättigt ist, versetze man in einem Reagenzglas mit konz. KOH, einen anderen mit $HClO_4$. Aus beiden Lsgg. fällt nunmehr weiteres $KClO_4$ aus. Seine Löslichkeit wird also durch Zusatz von Elektrolyten, die K^+ oder ClO_4^- enthalten, herabgesetzt. Die Erklärung für diese Tatsache gibt das Löslichkeitsprodukt.

Löslichkeitsprodukt

Lösungen über einem festen Bodenkörper des gelösten Salzes werden als gesättigt bezeichnet. Die Stoffmengenkonzentrationen gesättigter Lösungen zeigen große Unterschiede, so daß eine Einteilung in leicht lösliche (mehr als 1 mol · l^{-1}), mäßig lösliche (0,1 bis 1 mol · l^{-1}) und schwer lösliche (weniger als 0,1 mol · l^{-1}) Verbindungen zweckmäßig ist. Die Löslichkeit wird in starkem Maße durch die Temperatur, durch die Art des Lösungsmittels und durch die Teilchengröße des Bodenkörpers beeinflußt.

Bei schwerlöslichen Salzen wie $KClO_4$, AgCl, $BaSO_4$ kann vorausgesetzt werden, daß der gelöste Salzanteil über einem entsprechenden Bodenkörper fast völlig dissoziiert ist. Für $KClO_4$ gilt das MWG in der Form

$$\frac{c(K^+) \cdot c(ClO_4^-)}{c(KClO_4)} = K.$$

In einer gesättigten Lösung ist die Gesamtkonzentration C bei einer bestimmten Temperatur konstant. Bei vollständiger Dissoziation folgt dann:

$$c(K^+) = c(ClO_4^-) = C$$

Die Konzentration des undissoziierten Anteils ist klein und bei Gegenwart des Bodenkörpers konstant und kann in eine Konstante einbezogen werden. Man erhält damit:

$$c(K^+) \cdot c(ClO_4^-) = K \cdot c(KClO_4) = K_L = C^2$$

K_L nennt man das Löslichkeitsprodukt. Es kann im vorliegenden Fall durch Quadrieren der Gesamtkonzentration C in einfacher Weise berechnet werden.

Wird das Löslichkeitsprodukt überschritten, indem man zu einer gesättigten Lösung von $KClO_4$ weitere K^+- oder ClO_4^--Ionen hinzugibt und damit $c(K^+)$ oder $c(ClO_4^-)$ erhöht, so müssen so viel K^+- und ClO_4^--Ionen zu undissoziierten Molekülen zusammentreten, bis das Produkt der Ionenkonzentrationen wieder auf den Wert K_L gesunken ist. Da nun aber in gesättigten Lösungen die Konzentration des undissoziierten Anteils konstant ist und nicht überschritten werden kann, muß das gebildete undissoziierte $KClO_4$ auskristallisieren.

3. Nachweis mit Natriumhexanitrocobaltat(III), $Na_2[Co(NO_2)_6]$

$$2\,KCl + Na_3[Co(NO_2)_6] \rightarrow K_2Na[Co(NO_2)_6]\downarrow + 2\,NaCl$$

Die K^+-haltige Probelösung muß neutral oder schwach essigsauer und nicht zu verdünnt sein. Alkalische Lösungen säure man mit Essigsäure an, stark saure dampfe man am besten ein, schwächer saure stumpfe man mit Natriumacetat ab.

5 Tr. der Probelsg. werden auf der TP mit 2 Tr. einer frisch bereiteten kaltgesätt. $Na_3[Co(NO_2)_6]$-Lsg. versetzt. Bei Ggw. von K^+ entsteht eine gelborange Fällung von $K_2Na[Co(NO_2)_6]$.

Bei Ggw. von NH_4^+ führt man die Rk. wie folgt aus: Die Probelsg. wird in einem Reagenzglas mit $Na_3[Co(NO_2)_6]$-Lsg. im Überschuß versetzt u. im W.-Bad 5 Min. erwärmt. Ein primär gebildeter $K_2Na[Co(NO_2)_6]$-Nd. geht dabei wieder in Lsg., da in saurer Lsg. in der Wärme der $[Co(NO_2)_6]^{3-}$-Komplex zersetzt wird. Die dabei entstehende HNO_2 oxidiert NH_4^+-Ionen quantitativ zu N_2. Nach dem Abkühlen wird erneut in der Kälte mit dem Reagenz auf K^+ geprüft. Ein Zusatz von Alkohol steigert die Empfindlichkeit der Rk. bedeutend. (Kristallaufnahme Nr. 9).

EG: ca. 1 µg K GK: 1:12500

Natrium-, Erdalkali-, Zink-, Aluminium- u. Eisen(III)-Salze stören die Nachw.-Rk. nicht.

Reagenzlsg.: 5 g Cobaltnitrat, $Co(NO_3)_2 \cdot 6\,H_2O$, in 25 ml W. gelöst, werden mit 2 ml Eisessig u. einer Lsg. von 10 g Natriumnitrit in 25 ml W. gemischt. Man sauge einige Zeit Luft durch die Lsg., indem man auf den Erlenmeyerkolben einen doppelt durchbohrten Stopfen setzt. Durch die eine Bohrung geht ein Glasrohr bis zum Boden des Gefäßes, durch die andere ein rechtwinklig gebogenes Glasrohr bis unter den Stopfen. Das letztere ist mit einer Wasserstrahlpumpe verbunden. Man läßt dann einen Tag stehen, wobei sich häufig ein geringer Nd. von $K_2Na[Co(NO_2)_6]$, zurückzuführen auf Verunreinigungen des $NaNO_2$, oder von $(NH_4)_2Na[Co(NO_2)_6]$ (NH_3 aus der Laboratoriumsluft) absetzt. Die klare Lsg. wird vorsichtig von dem Nd. in eine braune Flasche dekantiert oder abfiltriert. Die Lsg. ist vor Licht geschützt aufzubewahren. Sie ist auch im Dunkeln nicht sehr lange beständig. Man prüfe daher eine ältere Lsg. stets mit einer verd. Kaliumchloridlösung.

4. Nachweis mit Hexachloroplatin(IV)-säure, $H_2[PtCl_6]$

1 Tr. KCl-Lsg. wird auf einem OT mit 1 Tr. $H_2[PtCl_6]$-Lsg. versetzt. Es entstehen zitronengelbe Oktaeder von $K_2[PtCl_6]$. (Kristallaufnahme Nr. 10).

pD 3,3

5. Nachweis als $K_2CuPb(NO_2)_6$

Die Bildung dieses in verdünnter Essigsäure schwer löslichen Tripelsalzes ist zum Nachweis von K, Cu und Pb gleichermaßen geeignet. Na^+ und Erdalkaliionen stören nicht. Die Kristalle bilden charakteristische schwarze bis dunkelbraune Würfel von 10–100 µm Kantenlänge (Kristallaufnahme Nr. 11). Bei der Fällung muß beachtet werden, daß das Tripelsalz in Wasser löslich ist und aus Lösungen, die keine freie Essigsäure enthalten, nur unvollständig ausfällt, durch Eisessig und freie Mineralsäure aber unter Bildung von HNO_2 zersetzt wird. K^+ kann isomorph durch NH_4^+, Cu^{2+} durch Ni^{2+}, Cd^{2+}, Sr^{2+} und Ba^{2+} ersetzt werden. Die Tripelsalze des Cd und der Erdalkalien bilden sich nur sehr langsam. Ihre Löslichkeit ist so groß, daß sie keinerlei analytische Bedeutung haben und auch den Nachweis von Pb (s. S. 155) im allgemeinen nicht zu stören vermögen. Bei Gegenwart von Cu und Ni bilden sie je nach dem Verhältnis beider Elemente zueinander braune bis gelbe Mischkristalle. Das reine $K_2NiPb(NO_2)_6$ ist gelb.

Von der Reagenzlsg. wird 1 Tr. direkt zu der neutralen oder schwach essigsauren NH_4^+-freien Probelsg. gegeben, die zweckmäßig vorher auf dem OT zur Trockne eingedampft wird. Bei Gegenwart von K^+ fällt das schwarze Tripelnitrit sofort aus. Bei größeren K^+-Mengen läßt sich die Bildung des Nd. auch im Reagenzglas ohne optische Hilfsmittel gut erkennen.

EG: 0,2 µg K pD 5,0

Reagenzlsg.: Mischlsg. aus 0,91 g Cu-Acetat, 1,62 g Pb-Acetat u. 0,2 ml Eisessig in 15 ml Wasser. Zu 1 ml dieser Lsg. werden unmittelbar vor dem Nachweis 0,135 g $NaNO_2$ gegeben. Man schüttelt gut durch u. läßt einige Min. absitzen, da sich infolge Anwesenheit von K^+ aus dem Glas oder aus den Reagenzien bereits hier ein Nd. bilden kann.

Auch NH_4^+ gibt die Reaktionen 2–4. Es ist daher vor der Prüfung auf K^+ durch Vertreiben (s. unten) zu entfernen!

Ammoniumion, NH_4^+

Über die Darstellung von NH_4^+-Salzen und die Konstitution des NH_4^+ s. S. 50. Hinsichtlich der Wasserlöslichkeit und verschiedener analytischer Eigenschaften gleichen die Ammoniumsalze den Alkalisalzen, besonders denen des Kaliums (s. S. 68f.).

NH_4^+ wird entweder aus der Substanz direkt oder, da die Mehrzahl der NH_4^+-Nachweisreaktionen von K^+ gestört wird, mit Natronlauge als NH_3 vertrieben und in der Vorlage nachgewiesen.

1. Vertreiben von NH_4^+-Salzen durch Erhitzen

Die Ammoniumsalze zersetzen sich bei höheren Temperaturen. Salze flüchtiger Säuren verflüchtigen sich dabei völlig, kondensieren aber in dem kälteren Teil der Apparatur wieder als Ammoniumsalze:

$$NH_4Cl_{fest} \underset{\text{fallende Temperatur}}{\overset{\text{steigende Temperatur}}{\rightleftarrows}} NH_{3\,gasf.} + HCl_{gasf.}.$$

Salze nichtflüchtiger Säuren zerfallen ebenfalls, wobei nur Ammoniak und eventuell Wasser verdampfen:

$$NH_4H_2PO_{4\,fest} \rightarrow NH_{3\,gasf.} + H_3PO_4$$

Diese Tatsache macht man sich zunutze, um Ammoniumsalze aus der Analysensubstanz zu vertreiben.

Im HM-Maßstab wird die von NH_4^+ zu befreiende Analysenlsg. in einem hochschmelzenden, kurzen Reagenzglas, das in einem passenden kreisförmigen Ausschnitt in der Mitte eines Asbestpappenstückes hängt, mit 5 Tr. 7 mol/l HCl u. 10 Tr. 14 mol/l HNO_3 versetzt u. langsam zur Trockne eingedampft (Oxidation der Hauptmenge NH_4^+-Ionen zu N_2 u. N_2O). Den Rückstand erhitzt man vorsichtig weiter über freier Flamme, bis die letzten Sublimatreste von der Wandung des Glases vertrieben sind.

2. *Verhalten gegen Basen*

$$NH_4Cl + NaOH \rightarrow NH_3\uparrow + H_2O + NaCl$$

$$2\,NH_4Cl + MgO \rightarrow 2\,NH_3\uparrow + H_2O + MgCl_2$$

Ammoniak wird durch starke, ebenso auch durch schwache, aber nicht flüchtige Basen aus seinen Verbindungen frei gemacht. Diese Reaktionen erklären sich leicht durch das auf S. 50 besprochene Gleichgewicht:

$$NH_3 + H_2O \rightleftharpoons NH_3 \cdot H_2O \rightleftharpoons (NH_4OH) \rightleftharpoons NH_4^+ + OH^-$$

Durch Erhöhung der OH^--Konzentration bei Zugabe einer Base muß nach dem MWG das Gleichgewicht nach links verschoben werden. Es wird also Ammoniak gebildet. Umgekehrt wird bei Wegnahme von OH^- durch eine Säure das Gleichgewicht nach rechts verschoben, es bildet sich ein Ammoniumsalz.

Man erwärme eine Ammoniumchlorid-Lsg. erstens mit NaOH; zweitens mit $Ca(OH)_2$; drittens mit MgO. Es tritt Geruch nach Ammoniak auf. $Ca(OH)_2$ u. MgO lösen sich auf. Noch etwa 10 µg Ammoniak pro 1 Liter Luft lassen sich am Geruch erkennen.

3. *Verhalten gegen Indikatoren*

Zu etwa 2 ml W. werden 2–3 Tr. 2 mol/l NH_3 u. 1–2 Tr. Phenolphthalein hinzugefügt. Durch Zusatz von konz. NH_4Cl-Lsg. geht die Farbe des Indikators von rot in farblos über (vgl. S. 65). Durch die NH_4^+-Ionen des NH_4Cl wird die NH_4^+-Konz. vergrößert, daher muß nach dem MWG $c(OH)^-$ kleiner u. $c(NH_4OH)$ größer werden.

$$\frac{c(NH_4^+) \cdot c(OH^-)}{c(NH_4OH)} = \text{konstant}$$

Genau wie bei einer schwachen Säure die Acidität wird bei einer schwachen Base durch ein gleichioniges Salz die Basizität abgestumpft.

4. *Nachweis als* NH_3

Ammoniak im Gasraum kann außer durch den Geruch noch dadurch nachgewiesen werden, daß ein Tropfen konz. Salzsäure, an einem Glasstab hängend, Nebelbildung (feinstverteiltes NH_4Cl) hervorruft und daß außerdem feuchtes rotes Lackmuspapier blau gefärbt wird.

Diese Rekation wird in der Hauptsache als Nachweis für Ammoniumsalze benutzt. Bis zu 1 µg Ammoniak in 1 Liter Luft lassen sich durch die Blaufärbung von rotem, angefeuchtetem Lackmuspapier erkennen.

In einem kleinen Mörser wird die zu prüfende Substanz mit der vierfachen Menge an Bariumhydroxid, $Ba(OH)_2$, oder einer NaOH-Pastille u. einigen Tr. Wasser mit einem Pistill fein verrieben. Vorher wurden an einem Uhrglas auf beiden Seiten je ein angefeuchteter Streifen rotes Lackmuspapier kreuzweise angebracht. Das Uhrglas legt man auf die Reibschale. Nach einigen Min. färbt sich bei Anwesenheit von NH_4-Salzen das untere Lackmuspapier blau. Die Randpartien der Reibschale u. des Uhrglases müssen trocken sein, da sonst Lauge hochkriechen kann u. von sich aus Blaufärbung hervorruft. Der Nachweis kann auch in einem kleinen Reagenzglas (5 mg Substanz mit 5 Tr. 5 mol/l NaOH) durchgeführt werden. In das Reagenzglas wird ein passendes Filterröhrchen eingehängt, dessen untere Öffnung mit einem lockeren Wattebausch zum Auffangen von NaOH-Spritzern verschlossen ist. In das Filterröhrchen wird ein angefeuchteter roter Lackmus-Papierstreifen eingebracht u. das Reagenzglas im Wasserbad erwärmt.

EG: 0,7 µg NH_3

5. Nachweis mit „Neßlers Reagenz"

$$HgCl_2 + 2\,KI \rightarrow HgI_2\downarrow + 2\,KCl$$

$$2\,KI + HgI_2 \rightarrow K_2[HgI_4]$$

$$NH_3 + 2\,K_2[HgI_4] + 3\,NaOH \rightarrow [Hg_2N]I \cdot H_2O\downarrow + 2\,H_2O + 4\,KI + 3\,NaI$$

Kaliumtetraiodomercurat(II), $K_2[HgI_4]$ bildet sich durch Umsetzung von $HgCl_2$ und KI. Es entsteht zuerst HgI_2, das sich im Überschuß von KI zu dem Komplex löst. $K_2[HgI_4]$ in Natronlauge ist das sog. Neßlers Reagenz.

Das Reagenz besitzt hohe Empfindlichkeit zum Nachweis von Ammoniak und wird zu dessen Bestimmung im Trinkwasser benutzt. Mit wenig NH_3 entsteht eine gelbbraune Lösung, aus der sich nach einiger Zeit braune Flocken abscheiden. Man erhält das schwerlösliche Iodid der Millonschen Base, einer Verbindung, in der jedes N-Atom über vier Hg-Atome mit anderen N-Atomen zu einem $[(Hg_2N)^+]_\infty$-Raumnetz verbunden ist.

In einer Destillierapp. werden von 500 ml Trinkwasser mit einigen ml gesätt. Soda-Lsg. etwa 50 ml abdestilliert u. einige Tr. Neßlers Reagenz hinzugefügt.

pD 7,3

Reagenzlsg.: 6 g $HgCl_2$ werden in 50 ml W. gelöst u. mit 7,4 g KI, gelöst in 50 ml W., versetzt. Es fällt rotes HgI_2 aus. Nach Absitzen wird dekantiert u. dreimal mit W. gewaschen, damit der Nd. möglichst chloridfrei ist. Nach Zusatz von 5 g KI u. wenig W. tritt Lsg. unter Bldg. einer Komplexverb. ein. Nun werden 20 g festes NaOH, gelöst in wenig W. hinzugefügt u. auf 100 ml aufgefüllt. Falls irgendeine der Substanzen Spuren von NH_3 enthalten hatte, bleibt eine Trübung zurück. Man läßt absitzen u. dekantiert in eine saubere Flasche, die man im Dunkeln aufbewahrt.

Magnesium, Mg, 24,305; +2

Magnesium, das am Aufbau der Erdrinde mit $w(Mg) = 1{,}95\,\%$ beteiligt ist, kommt in der Natur als $MgCO_3$, Magnesit, $MgSO_4 \cdot H_2O$, Kieserit, sowie als $CaCO_3 \cdot MgCO_3$, Dolomit, und $KCl \cdot MgCl_2 \cdot 6\,H_2O$, Carnallit, vor. Da sich das Magnesium unter Lufteinwirkung mit einer das Metall schützenden Oxidhaut überzieht, ist es bei gewöhnlicher bis schwach erhöhter Temperatur beständig. Daher haben einige Legierungen, die überwiegend Magnesium enthalten, wie Elektron, Hydronalium u. a., als Werkstoffe Bedeutung erlangt. Sie haben den Vorteil, sehr leicht zu sein. Bei hohen Temperaturen verbrennt Magnesium mit blendend weißem Licht (Blitzlicht!). Das in der II. Hauptgruppe des PSE stehende Mg unterscheidet sich von den Erdalkalien mit höherer Atommasse durch die Eigenschaft, nicht so extrem schwerlösliche Sulfate und Chromate zu bilden. Die Löslichkeit des Hydroxids ist jedoch geringer im Vergleich mit den erwähnten Elementen. Die anderen Magnesiumsalze wie Phosphate, Carbonate und Fluoride u. a. sind wie die der anderen Erdalkalien mit höherer Ordnungszahl relativ schwer löslich. Eine Zusammenstellung der Löslichkeit wird auf S. 76 gegeben. Magnesium gibt im Gegensatz zu den Alkalien keine Flammenfärbung.

Fast alle Magnesiumnachweise werden von Schwermetallkationen und teilweise auch von den anderen Erdalkaliionen gestört. Man identifiziert Mg daher in einer Lösung, die neben Mg^{2+} nur noch Na^+ und K^+ enthalten darf.

Für die nachstehenden Reaktionen nehme man eine verdünnte Magnesiumsalzlösung, etwa $MgCl_2$ oder $Mg(NO_3)_2$, bzw. die entsprechend vorbereitete Analysenlösung.

1. NaOH oder Ba(OH)₂

$$Mg^{2+} + 2\,OH^- \rightarrow Mg(OH)_2\downarrow$$

Beim Versetzen mit einer Lsg. der genannten Hydroxide fällt ein weißer Nd. von $Mg(OH)_2$. Bei Überschuß von OH^- ist die Fällung praktisch quantitativ. Es gilt das Löslichkeitsprodukt (vgl. S. 68f.)

$$c(Mg^{2+}) \cdot c^2(OH^-) = K_L$$

Bei Erhöhung der Konz. von OH^- muß diejenige von Mg^{2+} kleiner werden. Löslichkeit von $Mg(OH)_2$: $1{,}4 \cdot 10^{-4}$ Mol pro Liter.

Bei Ggw. von Ammoniumsalzen ist die Fällung des Magnesiums als Magnesiumhydroxid unvollständig oder sie bleibt sogar ganz aus (vgl. Rk. 3. u. 4.).

2. *Ammoniak*

Auch hier entsteht ein Niederschlag. Während aber bei Überschuß von NaOH die Fällung quantitativ ist, bleibt bei Ammoniak stets Mg^{2+} in Lsg., da einerseits infolge der geringen Dissoziation des Ammoniaks die Konz. an OH^- stets verhältnismäßig klein bleibt, andererseits bei sehr hoher Konz. an NH_3 dieses mit Mg^{2+} in geringem Maße lösl. Komplexionen bildet (vgl. folgende Rk.).

3. *Ammoniak + NH_4Cl*

Man füge zu dem Fällungsprodukt mit Ammoniak mehrere ml NH_4Cl-Lsg. hinzu. Der Nd. von $Mg(OH)_2$ löst sich wieder auf. Außerdem setze man zu Mg^{2+}-Salzlsg. zuerst genügend NH_4Cl u. dann Ammoniak hinzu. Die Fällung bleibt aus.

Die Erklärung für diese Tatsache gibt wieder das MWG.

$$\frac{c(NH_4^+) \cdot c(OH^-)}{c(NH_4OH)} = K$$

Durch Zugabe von Ammoniumchlorid, also von NH_4^+, wird die Dissoziation des „Ammoniumhydroxids" u. damit die Konzentration an OH^- weit zurückgedrängt. Außerdem ist auch hier das Löslichkeitsprodukt des Magnesiumhydroxids

$$c(Mg^{2+}) \cdot c^2(OH^-) = K_L$$

Die Konz. an Mg^{2+} kann nunmehr wesentlich größer sein, ohne daß $Mg(OH)_2$ ausfällt.

Zusätzlich zu dieser Verminderung der OH^--Konz. bilden sich beim Magnesium in ammoniumsalzhaltigen Lsgg. lösl. Komplexe, die eine Herabsetzung der Mg^{2+}-Konz. zur Folge haben:

$$Mg^{2+} + NH_3 + 5\,H_2O \rightleftharpoons [Mg(H_2O)_5(NH_3)]^{2+}$$

Das Ausbleiben der Fällung von $Mg(OH)_2$ läßt sich also dadurch erklären, daß durch die Verringerung der OH^--Konz. u. der Mg^{2+}-Konz. das Löslichkeitsprodukt des $Mg(OH)_2$ nicht mehr erreicht wird.

Die letzte Gleichung wäre besser folgendermaßen zu formulieren:

$$[Mg(H_2O)_6]^{2+} + NH_3 \rightleftharpoons [Mg(H_2O)_5(NH_3)]^{2+} + H_2O$$

so daß also auch nicht Mg^{2+}-, sondern $[Mg(H_2O)_x]^{2+}$-Ionen vorliegen. Da man jedoch über den Hydrationsgrad, also die Zahl x der mit dem einfachen Ion zu einem „Aquokomplex" verbundenen Wassermoleküle, vielfach nichts Genaues weiß u. er bei der Mehrzahl der Rkk. nicht in Erscheinung tritt, läßt man ihn in der Regel unberücksichtigt. Bei obiger Rk. findet also nicht eine Anlagerung von Wasser- u. Ammoniakmolekülen an das Mg^{2+} statt, sondern es erfolgt teilweise ein Austausch der gebundenen Wassermoleküle gegen Ammoniak.

4. *Na_2CO_3 und $(NH_4)_2CO_3$*

Bei Abwesenheit von Ammoniumsalzen fällt basisches Magnesiumcarbonat von wechselnder Zusammensetzung aus. Häufig entsteht eine Verbindung der Zusammensetzung $Mg(OH)_2 \cdot 4\,MgCO_3 \cdot H_2O$. Das Salz löst sich leicht in Säuren u. NH_4Cl-Lösungen. Der Grund dafür ist der gleiche wie beim $Mg(OH)_2$.

5. *HgO*

HgO fällt in schwach ammoniakalischer Lösung $Mg(OH)_2$. Die Reaktion dient zum Abtrennen des Magnesiums von den Alkaliionen in der Analyse.

Die Probelsg. wird mit 1–2 g feinstpulverisiertem Quecksilberoxid (HgO) versetzt, schwach ammoniakalisch gemacht u. einige Min. gekocht. Nach Filtration wird der Nd., der aus $Mg(OH)_2$ u. HgO besteht, in einem Porzellantiegel unter dem Abzug (Vorsicht! Hg-Dampf!) getrocknet u. schwach geglüht, bis alles HgO zersetzt ist. Das reine MgO wird in 2 mol/l HCl gelöst u. nach den üblichen Rkk. identifiziert. Das F., das die Alkalien u. Quecksilber enthält, wird eingedampft u. zur Entfernung des Quecksilbers abgeraucht.

6. Fällung von Magnesium als Mg-Oxinat

Diese Reaktion eignet sich besonders zum Abtrennen des Mg von den Alkalien. Mg^{2+} bildet in ammoniakalischer Lösung mit 8-Hydroxychinolin (Oxin) eine sehr schwer lösliche grünlichgelbe Verbindung. Da fast alle anderen Schwermetallionen mit Oxin gleichfalls schwerlösliche Niederschläge bilden, müssen sie vorher abgetrennt werden. Wegen der geringen Spezifität hat diese Reaktion für den Mg-Nachweis nur geringe Bedeutung (s. jedoch quantitative Mg-Bestimmung S. 271f.).

7. Nachweis mit $(NH_4)_2HPO_4$ + NH_4Cl + Ammoniak

$$Mg^{2+} + HPO_4^{2-} + NH_4^+ + OH^- + 5\,H_2O \rightleftharpoons MgNH_4PO_4 \cdot 6\,H_2O\downarrow$$

Mg^{2+} bildet mit $(NH_4)_2HPO_4$ einen weißen, kristallinen Niederschlag von Magnesiumammoniumphosphat.

Diese sehr empfindliche Reaktion dient als Nachweis für Magnesium. Da aber viele andere Elemente, wie Calcium, Strontium, Barium und Schwermetalle, auch Fällungen mit Phosphat geben, müssen sie sämtlich vorher entfernt werden (s. den späteren Trennungsgang). Dem Anfänger passiert es aber doch häufig, daß die vorhergehende Abscheidung, besonders der anderen Erdalkaliionen, nicht quantitativ war. Er erhält dann auch bei Abwesenheit von Magnesium einen Niederschlag. Dieser ist aber bei den anderen Erdalkaliionen so kryptokristallin, daß er unter dem Mikroskop amorph aussieht. Der Niederschlag ist auf jeden Fall mikroskopisch zu prüfen.

$MgNH_4PO_4 \cdot 6\,H_2O$ bildet bei langsamer Kristallisation aus verd. Lösungen rhombische Kristalle, die in ihrer einfachsten prismatischen Form wie Sargdeckel aussehen. Diese einfachen Prismen verwachsen oft zu gekreuzten, scherenartigen Formen (Kristallaufnahme Nr. 4). Bei schneller Kristallisation und hoher Mg^{2+}- bzw. NH_4^+-Konzentration erhält man kompliziertere, verästelte X-Formen, von denen die sechsstrahligen Sternchen besonders charakteristisch sind.

In einem Reagenzglas gibt man zu der ca. 1 mol/l HCl-enthaltenden Lsg. 1 Tr. 2,5 mol/l $(NH_4)_2HPO_4$ u. versetzt mit 5 Tr. 5 mol/l NH_3. Innerhalb von 5 Min. fällt beim Erwärmen im W.-Bad das $MgNH_4PO_4 \cdot 6\,H_2O$ quantitativ aus. 1 Tr. der Mischung wird auf einem OT unter dem Mikroskop (V.: 100–150) untersucht. Charakteristische Kristallformen. Ist der Nd. sehr fein krist. ausgefallen u. die Kristallform schlecht zu identifizieren, so fällt man wie folgt um: Der abzentrifugierte u. gewaschene Nd. wird in 5 Tr. 1 mol/l HCl gelöst u. 1 Tr. der erhaltenen Lsg. auf einem OT in eine NH_3-Atmosphäre gebracht. Hierfür gibt man 5 Tr. 13,5 mol/l NH_3 in einen kleinen Porzellantiegel u. deckt den Tiegel mit dem OT so ab, daß der Probetr. den NH_3-Dämpfen ausgesetzt ist. Nach 10 Min. beobachtet man erneut die gebildeten Kristalle unter dem Mikroskop.

Störungen, die durch Bldg. ähnlicher Kristallformen des Zn- u. Mn-Phosphats auftreten, können durch Versetzen des Nd. mit 13,5 mol/l NH_3 u. H_2O_2 erkannt werden. Er darf sich weder lösen noch braun färben.

EG: ca. 0,02 µg Mg^{2+} pD 5,0

8. Nachweis mit p-Nitrobenzolazo-α-naphthol (Magneson)

Mg gibt mit Magneson in stark alkalischer Lösung einen tiefblauen Farblack. Zahlreiche Schwermetalle sowie Al und Ca stören und müssen vorher abgetrennt werden.

Nach Entfernung von Schwermetall- u. Erdalkaliionen (Trennungsgang) werden einige Tr. der Probelsg. auf der TP mit 1–2 Tr. Reagenzlsg. versetzt. Je nach der Mg-Menge bildet sich eine Blaufärbung oder ein blauer Niederschlag. Falls die Lsg. zu sauer ist (Gelbfärbung) oder viel NH_4^+-Salze enthält, muß NaOH bis zur stark alkalischen Rk. zugegeben werden. Blindprobe! Die Rk. darf nicht auf Filterpapier ausgeführt werden, da auch reines Filterpapier infolge von Adsorptionserscheinungen mit der Farbstofflsg. Blaufärbungen ergeben kann.

EG: 0,19 µg Mg pD 6,4

Reagenz: 0,001 g Magneson in 100 ml 2 mol/l NaOH.

Trennung und Nachweis von Na^+, K^+, NH_4^+, Mg^{2+}

Die Identifizierung der aufgeführten Ionen erfolgt nach dem Trennungsgang der Kationen im Filtrat der $(NH_4)_2CO_3$-Gruppe. Bei Substanzen, die nur Kationen der löslichen Gruppe enthalten, kann ein Säureauszug (Mineral- oder Essigsäure) verwandt werden. NH_4^+ wird aus der Ursubstanz direkt nachgewiesen.

Man prüfe auf NH_4^+ durch Zersetzen mit starken Basen und mit Lackmuspapier. Der Nachweis wird nach 4., S. 71 durchgeführt.

Ist NH_4^+ zugegen, so entfernt man es unter dem Abzug durch Abrauchen der festen Substanz in einem Porzellanschälchen oder Tiegel über freier Flamme, bis keine weißen Nebel mehr entweichen und der Geruch nach Ammoniak verschwunden ist (s. 1., S. 70). Dabei darf man nicht so hoch erhitzen, daß die Substanz glüht, da sonst auch Kaliumsalze verdampfen können.

Weiter prüfe man mit der Flammenfärbung oder besser spektralanalytisch auf Na^+, K^+, wobei man bei Na^+ zu beachten hat, daß schon unwägbare Spuren erkennbar sind. Es darf daher nur Na^+ als gefunden angegeben werden, wenn einige Zeit eine intensiv gelbe Flamme auftritt.

Der nach dem Abrauchen des NH_4^+-Salze verbleibende salzartige Rückstand kann Mg^{2+} und (oder) die Alkaliionen enthalten.

Nach Auflösen in möglichst wenig verdünnter Essigsäure zentrifugiert man vom Schwerlöslichen (Kohle) ab und weist Magnesium, Kalium und Natrium nebeneinander nach.

Na^+ wird durch Fällungsreaktionen mit Magnesiumuranoxidacetat (s. 4., S. 65) oder mit Kaliumhexahydroxoantimonat(V) (s. 5., S. 66) erkannt.

Zum Nachweis des K^+ eignen sich die Fällungen mit Perchlorsäure (s. 2., S. 68), Hexanitrocobaltat(III) (s. 3., S. 69), Hexachloroplatin(IV)-säure (s. 4., S. 69) und als Tripelnitrit (s. 5., S. 69f.).

Zum spektralanalytischen Nachweis der Alkalielemente dienen folgende Linien bzw. Liniendubletts (vgl. Spektraltafel am Ende des Buches):

Li 670,8 nm Rot,
Na 589,3 nm Gelb,
K 768,2 nm Rot (und 404,4 nm Violett),
Rb 780,0 nm Rot und 421,5 nm Violett,
Cs 457,4 nm Blau.

Während die Anionen grundsätzlich aus dem SA nachgewiesen werden, können sie, falls ausschließlich Kationen der löslichen Gruppe vorhanden sind, in einem wäßrigen Auszug der Substanz identifiziert werden.

2.3.2. Ammoniumcarbonatgruppe, II. Hauptgruppe des PSE

Zu dieser analytischen Gruppe zählen die Erdalkalielemente Calcium, Ca, Strontium, Sr, und Barium, Ba, der zweiten Hauptgruppe des PSE. Von den beiden ersten Elementen der zweiten Hauptgruppe, Beryllium, Be, und Magnesium, Mg, gehört Mg zur löslichen Gruppe (s. S. 63).

Auch die zweite Hauptgruppe des PSE folgt den allgemeinen Regeln (s. S. 190). Die Basizität der Hydroxide nimmt in der Reihenfolge Be, Mg, Ca, Sr, Ba, Ra (Radium) zu. Diese Elemente treten in ihren Verbindungen in der Oxidationsstufe +2 auf. Während sich die Nitrate und Chloride der Erdalkalielemente leicht lösen, sind die Sulfate, Phosphate, Carbonate u. a. mehr oder weniger schwer, teilweise sogar sehr schwer löslich. Dabei findet man häufig einen Gang in der Reihe Mg, Ca, Sr, Ba. Bei den Sulfaten und Chromaten nimmt die Löslichkeit ab, bei den Hydroxiden zu, bei den Fluoriden und Oxalaten tritt ein Minimum auf. Eine Zusammenstellung der Löslichkeiten in mol/l findet sich in nachstehender Tabelle:

Löslichkeiten von Erdalkaliverbindungen in mol/l (in Wasser bei Zimmertemperatur)

Anion	Kation			
	Mg^{2+}	Ca^{2+}	Sr^{2+}	Ba^{2+}
OH^-	$1,4 \cdot 10^{-4}$	$1,6 \cdot 10^{-2}$	$5,7 \cdot 10^{-2}$	$2,0 \cdot 10^{-1}$
F^-	$1,4 \cdot 10^{-2}$	$2,1 \cdot 10^{-4}$	$9,6 \cdot 10^{-4}$	$9,1 \cdot 10^{-3}$
CO_3^{2-}	$2,4 \cdot 10^{-3}$	$1,5 \cdot 10^{-4}$	$7,5 \cdot 10^{-5}$	$8,6 \cdot 10^{-5}$
PO_4^{3-}	$2,5 \cdot 10^{-4}$	$1,3 \cdot 10^{-5}$	–	$1,7 \cdot 10^{-4}$
SO_4^{2-}	2,8	$1,5 \cdot 10^{-2}$	$6,0 \cdot 10^{-4}$	$8,6 \cdot 10^{-6}$
CrO_4^{2-}	4,2	$1,4 \cdot 10^{-1}$	$5,9 \cdot 10^{-3}$	$1,6 \cdot 10^{-5}$
$C_2O_4^{2-}$	$6,2 \cdot 10^{-3}$	$3,1 \cdot 10^{-5}$	$2,6 \cdot 10^{-4}$	$3,9 \cdot 10^{-4}$

In der Natur kommen die Erdalkalielemente u. a. primär in vielen Silicaten, sekundär in deren Verwitterungsprodukten vor. Calcium ist weit verbreitet, Strontium und Barium gehören zu den seltener vorkommenden Stoffen. Die Metalle selbst werden im allgemeinen durch Schmelzflußelektrolyse hergestellt. Sie sind silberweiß, an der Luft bedecken sie sich aber schnell mit einer Oxidhaut, die infolge der Löslichkeit der Oxide keinen Schutz bietet.

Calcium, Ca, 40,08; +2

Die wichtigsten Mineralien, in denen Calcium, dessen Massenanteil in der Erdrinde $w(Ca) = 3{,}38\,\%$ beträgt, vorkommt, sind: $CaCO_3$, Kalkstein, Kalkspat, Marmor oder Kreide; $CaCO_3 \cdot MgCO_3$, Dolomit; $CaSO_4 \cdot 2\,H_2O$, Gips; $CaSO_4$, Anhydrit; $Ca_5[(PO_4)_3(F, Cl)]$, Apatit; $Ca_5[(PO_4)_3(OH)]$, Hydroxylapatit, der anorganische Hauptbestandteil der Knochensubstanz, sowie CaF_2, Flußspat.

In der Technik werden von den Calciumverbindungen in größtem Maßstabe CaO, $CaSO_4 \cdot 2\,H_2O$ und die im Zement vorkommenden Calciumsilicate und -aluminate verwandt, weil sie unter bestimmten Bedingungen erhärten und daher die Grundlage für die Mörtelstoffe und Zemente abgeben. Weiterhin findet das durch Reaktion von Calciumoxid mit Wasser entstehende Calciumhydroxid, in wäßriger Suspension Kalkmilch genannt, als billigste Base in der Technik ausgedehnte Verwendung. Calciumoxid erhält man durch thermische Zersetzung von Calciumcarbonat:

$$CaCO_3 \rightleftharpoons CaO + CO_2\uparrow$$

Heterogene Gleichgewichte

Vorstehende Reaktion kann auch rückläufig vor sich gehen. Wir haben es daher mit einem chemischen Gleichgewicht zu tun, das genauso zu behandeln ist wie die früher erwähnten:

$$Fe_3O_4 + H_2 \rightleftharpoons 3\,FeO + H_2O$$

$$FeO + H_2 \rightleftharpoons Fe + H_2O$$

$$C + H_2O \rightleftharpoons CO + H_2$$

$$FeO + CO \rightleftharpoons Fe + CO_2$$

Alle diese Umsetzungen sind heterogen, da sich mehrere Phasen an der Reaktion beteiligen (bei $CaCO_3 \rightleftharpoons CaO + CO_2$ z. B. zwei feste und eine gasförmige; bei $FeO + H_2 \rightleftharpoons Fe + H_2O$ auch zwei feste und eine gasförmige).

Da sich alle Gase mischen, gibt es stets nur eine gasförmige Phase, auch wenn mehrere Gase an einer Reaktion beteiligt sind. Will man auf solche Gleichgewichte das MWG anwenden, so darf man nicht wie bisher bei Reaktionen in homogenen Systemen die Konzentration aller Teilnehmer einsetzen, sondern muß, da das MWG für eine homogene Phase abgeleitet ist, folgende Überlegungen anstellen: Die festen Phasen besitzen bei bestimmter Temperatur einen ganz bestimmten Dampfdruck, wenn er auch vielleicht so klein ist, daß man ihn nicht messen kann. Die gasförmigen Moleküle setzen sich nun gemäß dem MWG ins Gleichgewicht, z. B.:

$$\frac{c(CaO_{Dampf}) \cdot c(CO_2)}{c(CaCO_{3Dampf})} = K.$$

Da aber im Gasraum die Konzentrationen derjenigen Molekülarten, die noch in festem Zustand vorkommen, bei bestimmter Temperatur festliegen, also konstant sein müssen, kann man sie mit in die Konstante übernehmen und erhält so: über einem $CaCO_3$/CaO-Gemisch ist $c(CO_2)$ = konstant;

oder über einem Fe/FeO-Gemisch ist $\frac{c(H_2)}{c(H_2O)}$ = konstant.

Bei heterogenen Reaktionen kommt es also für das Gleichgewicht nicht auf die Konzentrationen der festen Reaktionsteilnehmer an, sondern nur darauf, daß sie zugegen sind. Die gleiche Überlegung wurde schon bei der Ableitung des Löslichkeitsproduktes angestellt (s. S. 68).
Ändern wir die Temperatur, so ändert sich, wie bei den Reaktionen in homogener Phase, die Konstante. Das Gleichgewicht verschiebt sich mit Erhöhung der Temperatur nach der Seite, nach der sie endotherm verläuft, also Wärme verbraucht. Für die $CaCO_3$-Dissoziation heißt das, daß der Kohlendioxiddruck mit steigender Temperatur zunimmt.

1. Brennen von Calciumcarbonat

$$CaCO_3 \rightleftharpoons CaO + CO_2\uparrow$$

$$CO_2 + Ba(OH)_2 \rightarrow BaCO_3\downarrow + H_2O$$

Calciumcarbonat zersetzt sich beim Erhitzen unter Bildung von Kohlendioxid, das beim Einleiten in Bariumhydroxidlösung einen Niederschlag hervorruft.

An ein mit erbsengroßen Stücken $CaCO_3$ gefülltes, schwer schmelzbares Rohr schließt sich an der Eingangsseite ein T-Stück mit 2 Hähnen an, die mit je 1 Waschflasche verbunden sind. An die eine Waschflasche, die mit konz. H_2SO_4 gefüllt ist, kommt ein Kohlensäure-Kipp (keine Stahlflasche!!), durch die andere, in der sich konz. NaOH befindet, kann Luft eingeleitet werden. Die Ausgangsseite des Rohres wird über einen Hahn mit einer Waschflasche, die mit $Ba(OH)_2$-Lsg. gefüllt ist, verbunden. Man leitet zunächst Luft über das $CaCO_3$ u. erhitze es mit einem Reihenbrenner auf etwa 600 bis 700 °C (Rotglut).

Das Erhitzen wird etwa 1–2 Std. fortgesetzt. Den Fortgang der Zersetzung kann man leicht am Aussehen des $CaCO_3$ verfolgen. Ab und zu drehe man das Rohr ein wenig, um auch die oberen Stücke des $CaCO_3$ hoch zu erhitzen.

Ist genügend $CaCO_3$ zersetzt, wird die Luftzufuhr abgestellt, die Waschflasche mit der $Ba(OH)_2$-Lsg. durch eine solche mit Wasser ersetzt u. aus dem Kipp CO_2 eingeleitet. Bei der gleichen Temp. erfolgt jetzt rückläufig die Rk.:

$$CaO + CO_2 \rightarrow CaCO_3$$

Man erkennt dies daran, daß nach Verdrängung der Luft wesentlich mehr Gas durch die Waschflasche vor dem Rohr strömt als durch die dahinterstehende, daß beim Schließen des Hahns an der Ausgangsseite trotzdem noch CO_2 einströmt oder daß nach Abstellen des CO_2-Kipps das Wasser in der Ausgangsflasche schnell zurücksteigt.

2. *Reaktion von CaO mit Wasser*

$$CaO + H_2O \rightarrow Ca(OH)_2$$

Man befeuchte etwas Calciumoxid, das man sich durch Erhitzen auf Weißglut in der Magnesiarinne frisch bereitet hat (gebrannter Kalk), mit Wasser. Starke Wärmeentwicklung! Setzt man das Wasser tropfenweise hinzu, so ist die entstehende Wärme so groß, daß ein Teil des Wassers verdampft. Zum Schluß erhält man einen steifen Brei von Calciumhydroxid (Löschen des Kalks). Bei weiterem Wasserzusatz erhält man eine milchige Flüssigkeit (Kalkmilch). Nach dem Filtrieren prüfe man mit Lackmuspapier. Blaufärbung! In der bei Zimmertemp. gesättigten Lösung ist $w(Ca(OH)_2) = 0{,}12\%$.

Daß gelöschter Kalk, mit Sand angerührt, im Laufe der Zeit fest wird, also als Mörtelstoff verwandt werden kann, beruht auf seiner Reaktion mit dem Kohlendioxid in der Luft:

$$Ca(OH)_2 + CO_2 \rightarrow CaCO_3 + H_2O$$

Dabei entsteht das Calciumcarbonat in kleinen, sich verfilzenden Nädelchen.

Für die nachstehenden Reaktionen verwende man eine verdünnte $CaCl_2$-Lösung bzw. die entsprechend vorbereitete Analysenlösung.

3. *Ammoniak*

Kein Nd.; beim längeren Stehen Trübung, da Kohlendioxid aus der Luft angezogen wird u. sich Calciumcarbonat bildet. Das ausstehende Ammoniak enthält sehr häufig Carbonat als Verunreinigung. Es fällt dann ebenfalls $CaCO_3$ aus. Diese Tatsache ist sehr wichtig, da man im Gang der Analyse die sog. Ammoniumsulfidgruppe von den Erdalkaliionen in ammoniakalischer Lsg. abscheidet. Es fällt dann ein Teil der Erdalkaliionen bei Benutzung von carbonathaltigem Ammoniak aus u. entzieht sich dem Nachweis.

4. *Na_2CO_3 oder $(NH_4)_2CO_3$*

$$Ca^{2+} + CO_3^{2-} \rightarrow CaCO_3\downarrow$$

In neutralen oder schwach ammoniakalischen Lsgg. weißer, flockiger Nd. von $CaCO_3$, der in schwachen u. starken Säuren sehr leicht lösl. ist. Beim Erwärmen geht der flockige Nd. in einen leichter filtrierbaren kristallinen über.

Das Ammoniumcarbonat des Handels besteht meist zum größten Teil aus Ammoniumamidocarbonat, das mit H_2O in der Hitze in $(NH_4)_2CO_3$ übergeht:

$$NH_4\left[|\overline{O}-C\begin{matrix}\nearrow \overline{O}| \\ \searrow \overline{N}H_2\end{matrix}\right] + H_2O \rightarrow NH_4^+ + \left[|\overline{O}-C\begin{matrix}\nearrow \overline{O}| \\ \searrow \overline{N}H_2\end{matrix}\right]^- + H_2O \rightarrow 2\,NH_4^+ + CO_3^{2-}$$

Daher ist die Fällung stets in der Hitze vorzunehmen. Außerdem darf man nicht in sauren Lsgg. arbeiten. In diesem Falle entsteht nämlich HCO_3^-. Da $Ca(HCO_3)_2$ etwas lösl. ist, fällt nicht alles Calcium aus. Schließlich ist zu berücksichtigen, daß die Fällung bei Gegenwart von viel Ammoniumsalzen, wie sie durch den Gang der Analyse oft in die Lsg. hineinkommen, ganz ausbleiben kann. Man muß dann die Ammoniumsalze nach dem Eindampfen absublimieren oder durch Kochen mit HNO_3 zerstören.

5. *PO_4^{3-}-Ionen*

Phosphate geben in neutralen u. alkalischen Lsgg. einen weißen, unter dem Mikroskop amorph aussehenden Nd. eines basischen Calciumphosphats (Hydroxylapatit) von der Zusammensetzung:

$$3\,Ca_3(PO_4)_2 \cdot Ca(OH_2) = 2\,Ca_5[(PO_4)_3(OH)]$$

der in Salzsäure leicht lösl. ist.

6. Nachweis durch Flammenfärbung

Im Spektroskop sind von den Natriumlinien etwa gleich weit entfernte und zu gleicher Zeit auftretende rote (622,0 nm) und grüne (533,3 nm) Linien des Calciums gut zu erkennen (s. Spektraltafel).

Durchführung wie bei den Alkalielementen mit der HCl-sauren Lsg. des gefällten $CaCO_3$. Ziegelrote Flammenfärbung.

7. Nachweis mit $(NH_4)_2C_2O_4$, Ammoniumoxalat

$Ca^{2+} + C_2O_4^{2-} \rightarrow CaC_2O_4\downarrow$

Weißer kristalliner Nd., schwerlöslich in Essigsäure, lösl. in starken Säuren. Zur Ausfällung arbeitet man entweder in ammoniakalischer oder schwach essigsaurer Lsg., deren Acidität man noch durch festes Acetat abstumpft. Bei Ggw. von Ba^{2+} u. Sr^{2+} müssen diese durch Zugabe von $(NH_4)_2SO_4$ im Überschuß vorher entfernt werden.

pD 6,5

8. Nachweis mit $K_4[Fe(CN)_6]$, Kaliumhexacyanoferrat(II)

$Ca^{2+} + 2\,NH_4^+ + [Fe(CN)_6]^{4-} \rightarrow Ca(NH_4)_2[Fe(CN)_6]\downarrow$

Gesätt. Lsg. von $K_4[Fe(CN)_6]$ gibt bei Ggw. von überschüssigem NH_4Cl in schwach ammoniakalischen Lsgg. bei Zimmertemp. einen weißen Niederschlag.
Man vermeide es, die Lsg. zu erhitzen, da sonst nach Verdampfen des Ammoniaks Zers. des Hexacyanoferrat(II)-Komplexes unter Bldg. eines Nd. stattfinden kann, der die Anwesenheit von Ca^{2+} vortäuscht.
Diese Rk. geben Sr^{2+} u. Ba^{2+} nicht. Mg^{2+} gibt dagegen eine ähnliche Fällung, es darf also bei der Prüfung auf Ca^{2+} nicht anwesend sein. Schwermetallionen stören diesen Nachw., bei Gegenwart von Fe^{3+}-Ionen kann Grün- bis Blaufärbung auftreten.

pD 6,0

9. Nachweis als $CaSO_4 \cdot 2\,H_2O$ (Gips)

Die Bildung von Gipsnadeln ist ein spezifischer und empfindlicher Nachweis für Calcium. Die Fällung ist nicht quantitativ, da Calciumsulfat bei Zimmertemperatur in Wasser zu $1{,}5 \cdot 10^{-2}\ mol \cdot l^{-1}$ löslich ist.

Auch Sr^{2+}-Ionen geben mit SO_4^{2-} einen Niederschlag, der jedoch im Gegensatz zu der Gips-Fällung feinkristallin ist. Die Gipskristalle bilden monokline, farblose, dünne Nadeln, die in die Lösung hineinwachsen und sich häufig zu Büscheln vereinigen (s. Kristallaufnahme Nr. 12). $CaSO_4$ ist in konz. H_2SO_4, HCl und konz. $(NH_4)_2SO_4$-Lösung löslich.

1 Tr. der HCl-sauren Lsg. des $CaCO_3$-Nd. wird auf einen OT mit 1 Tr. 1 mol/l H_2SO_4 vereinigt. Man läßt bei Zimmertemp. langsam verdunsten u. beobachtet nach etwa 10 Min. unter dem Mikroskop (V.: 50–100).

EG: 0,4 µg Ca pD 4,5

Strontium, Sr, 87,62; +2

Die wichtigsten Mineralien, die Strontium enthalten, sind $SrCO_3$, Strontianit, und $SrSO_4$, Cölestin. Strontiumverbindungen, insbesondere das Nitrat, werden bei der Herstellung rotbrennender Feuerwerkskörper verwendet.

Die Strontiumsalze verhalten sich sehr ähnlich den Calciumsalzen. Man prüfe dies, indem man die Reaktionen 3.–5. u. 9., die beim Calcium beschrieben sind, mit Sr^{2+}-Lösung vornimmt. Unterschiedlich ist einmal die Nichtfällbarkeit durch $K_4[Fe(CN)_6]$ und die geringere oder größere Löslichkeit einiger an und für sich schwerlöslicher Salze. Das gilt insbesondere für das Sulfat, Oxalat und Chromat. Darauf beruht neben der Spektralanalyse der Nachweis von Strontium.

1. Nachweis durch Flammenfärbung

Sr-Salze färben die Flamme intensiv rot, im Spektroskop sind mehrere rote Linien (650–600 nm) zu erkennen, während die charakteristische blaue Linie (460,7 nm) nur selten sichtbar wird (s. Spektraltafel).
Durchführung wie beim Ca.

2. Nachweis mit Gipslösung

Da das Löslichkeitsprodukt von $SrSO_4$ kleiner ist als das des $CaSO_4$, gibt Gipslösung (gesättigte Lösung von $CaSO_4$) mit Sr^{2+} langsam einen Niederschlag von $SrSO_4$. Bariumionen geben ebenfalls einen Niederschlag. Da $BaSO_4$ noch schwerer löslich ist als $SrSO_4$, entsteht bei Anwesenheit von Ba^{2+} sofort die Fällung. Zum Nachweis von Strontium durch $CaSO_4$-Lösung ist also Barium vorher quantitativ zu entfernen.

Gipslsg. versetze man mit der auf Strontium zu prüfenden Lösung. Nach einiger Zeit weiße Trübung von $SrSO_4$. Das Salz neigt stark zur Übersättigung. Man kann die Nd.-Bldg. beschleunigen, indem man die Lsg. zum Sieden erhitzt.

pD 4,0

Reagenzlsg.: Aus $CaCl_2$-Lsg. wird $CaSO_4$ mit verd. H_2SO_4 gefällt, abfiltriert, mit W. gewaschen u. der Nd. in W. aufgeschlämmt. Man schüttelt öfters um, läßt absitzen u. dekantiert die klare Lsg. ab.

3. Nachweis mit CrO_4^{2-}-Ionen

In ammoniakalischer Lösung gelber, kristalliner Niederschlag von $SrCrO_4$. Löslich in Wasser zu $5{,}9 \cdot 10^{-3}$ mol · l^{-1}, leicht löslich in schwachen Säuren. Diese Reaktion ist nicht sehr empfindlich, aber zum mikrochemischen Nachweis geeignet.

1 Tr. der zu prüfenden Lsg. wird auf dem OT eingedampft. Nach dem Erkalten wird angehaucht, so daß sich eine Spur W. kondensiert, u. mit 1 Tr. einer 10%igen gelben K_2CrO_4-Lsg. (nicht $K_2Cr_2O_7$!!) versetzt. Feine, lange, häufig zu Büscheln vereinigte Nadeln. Nach kurzer Zeit lagern sich diese bei Überschuß des Fällungsmittels in kleine hexagonale Säulen oder in sechseckige Scheibchen um (s. Kristallaufnahme Nr. 13). Calciumionen geben in konz. Lsgg. auch Kristalle, die aber quadratisch u. nicht hexagonal sind. Bariumionen sind vorher zu entfernen, da $BaCrO_4$ wesentlich schwerer löslich ist (s. Reaktionen des Ba^{2+}).

pD 3,1

4. Sr- und Ba-Nachweis mit Na-Rhodizonat

Na-Rhodizonat bildet in neutralen Lösungen gefärbte Niederschläge mit Schwermetallen der Oxidationsstufe +2 sowie mit Ba und Sr, dagegen nicht mit Ca. Ba-Rhodizonat wird von verd. HCl in eine schwerlösliche hellrote Verbindung umgewandelt, während Sr-Rhodizonat unter den gleichen Bedingungen gelöst wird. Auf diesem unterschiedlichen Verhalten beider Verbindungen gegenüber HCl beruht der Nachweis von Ba und Sr nebeneinander.

Zum Nachw. von Ba allein u. neben Sr u. Ca wird nach Abtrennung der Schwermetalle 1 Tr. der neutralen oder schwach sauren Probelsg. auf Filterpapier gegeben u. mit 1 Tr. Reagenzlsg. getüpfelt. Ein braunroter Fleck zeigt die Ggw. von Ba oder Sr oder beider Erdalkalien an. Verschwindet dieser Fleck bei Einwirkung von 0,1 mol/l HCl, so ist nur Sr zugegen. Schlägt die Farbe dagegen nach intensiv Rot um, so ist Ba u. daneben möglicherweise noch Sr zugegen.

EG: 0,5 µg Ba neben einem 50fachen Sr-Überschuß pD 5,0

Um bei Ggw. von Ba auch Sr eindeutig nachweisen zu können, werden 2–3 Tr. der gleichen Probelsg. auf Filterpapier getüpfelt, welches vorher mit K_2CrO_4-Lsg. getränkt u. getrocknet wurde. Es bilden sich $BaCrO_4$ u. $SrCrO_4$, von denen nur das letztere infolge seiner größeren Löslichkeit mit Na-Rhodizonat reagiert. Die Bldg. eines braunroten Ringes beim Nachtüpfeln mit Reagenzlsg. beweist Sr.

EG: 4,0 µg Sr neben einem 80fachen Überschuß von Ba pD 4,1

Reagenz: Frisch bereitete 0,2%ige wss. Lsg. von Na-Rhodizonat.

Barium, Ba, 137,33; +2

Bekannte Mineralien, in denen das Barium in der Natur vorkommt, sind $BaCO_3$, Witherit, und $BaSO_4$, Schwerspat. Größere Bariummengen dienen zur Herstellung der häufig verwendeten weißen Anstrichfarbe Lithopone ($ZnS + BaSO_4$). Das Nitrit und Chlorat benötigt man in der Feuerwerkerei. Bariumsalze verhalten sich ebenfalls ähnlich den Calciumsalzen. Bemerkenswert ist die Schwerlöslichkeit des $BaCrO_4$ in schwach essigsaurer Lsg. sowie die außerordentliche Schwerlöslichkeit des $BaSO_4$.

Für die folgenden Reaktionen verwende man eine $BaCl_2$-Lösung bzw. die entsprechend vorbereitete Analysenlösung.

1. $SrSO_4$-Lösung

In der Hitze Bldg. eines weißen Nd. von $BaSO_4$, da die $SrSO_4$-Lsg. mehr SO_4^{2-}-Ionen enthält, als dem Löslichkeitsprodukt des $BaSO_4$ entspricht.

pD 6,2

Reagenzlsg.: Man löse eine Spatelspitze $SrCl_2$ in W., fälle mit verd. H_2SO_4, filtriere ab, wasche mit W. aus u. schlämme das $SrSO_4$ in W. auf. Nach gründlichem Umschütteln unter Erwärmen filtriere man die gesätt. $SrSO_4$-Lsg. ab.

2. Nachweis durch Flammenfärbung

Fahlgrüne Flammenfärbung, im Spektroskop eine Schar grüner Linien, von denen die bei 524,2 nm u. 513,9 nm besonders charakteristisch sind (s. Spektraltafel).

Durchführung wie bei Calcium.

3. Nachweis mit CrO_4^{2-}- bzw. $Cr_2O_7^{2-}$-Ionen

a) $Ba^{2+} + CrO_4^{2-} \rightarrow BaCrO_4\downarrow$

b) $2\,Ba^{2+} + Cr_2O_7^{2-} + H_2O \rightleftharpoons 2\,BaCrO_4\downarrow + 2\,H^+$

Sowohl Kaliumchromat, K_2CrO_4, als auch Kaliumdichromat, $K_2Cr_2O_7$, geben in neutralen oder schwach essigsauren Lösungen einen Niederschlag von gelbem $BaCrO_4$, löslich in starken Säuren.

Bei der Reaktion mit $K_2Cr_2O_7$ entstehen H^+-Ionen (Näheres s. Rkk. des Chroms, S. 127). Da $BaCrO_4$ aber durch Säuren aufgelöst wird, ist bei Verwendung von $K_2Cr_2O_7$ die Fällung nicht quantitativ, wenn man nicht die Wasserstoffionenkonzentration durch Zufügen eines Puffersalzes, z. B. Natriumacetat, verringert:

$$2\,Ba^{2+} + Cr_2O_7^{2-} + 2\,CH_3COO^- + H_2O \rightarrow 2\,BaCrO_4\downarrow + 2\,CH_3COOH$$

Bei Überschuß von Natriumacetat wird die Dissoziation der Essigsäure so stark zurückgedrängt, daß nur äußerst wenig Wasserstoffionen vorhanden sind und die Fällung des $BaCrO_4$ vollständig wird.

Die Auflösung des $BaCrO_4$ in starken Säuren beruht auf der Verschiebung des Gleichgewichts der Reaktion b) nach der linken Seite. Das Löslichkeitsprodukt des $BaCrO_4$ wird damit unterschritten. $SrCrO_4$ fällt nur aus alkalischen Lösungen aus, da es leichter löslich als $BaCrO_4$ ist. Schon in schwach saurer Lösung wird das Löslichkeitsprodukt des $SrCrO_4$ nicht mehr erreicht. Deshalb dient die Chromatfällung zur Abtrennung der Ba^{2+}-Ionen von Sr^{2+} und Ca^{2+}. Sie kann aber auch zum Ba-Nachweis neben Sr, Ca und auch Mg direkt herangezogen werden, da sich in schwach essigsaurer Lösung kleine charakteristische, hellgelb gefärbte $BaCrO_4$-Täfelchen und -Würfel bilden (Kristallaufnahme Nr. 7b), die von evtl. mitgefallenen $SrCrO_4$-Nadeln bzw. Nadelbüscheln unter dem Mikroskop leicht zu unterscheiden sind.

In einem Reagenzglas wird die essigsaure Lsg. mit 2 Tr. 5 mol/l NH_4CH_3COO gepuffert u. in der Wärme tropfenweise mit 0,5 mol/l K_2CrO_4 versetzt, bis die Mischung durch einen Überschuß von CrO_4^{2-}-Ionen gelb gefärbt ist. Das ausgefällte $BaCrO_4$ wird abzentrifugiert u. das gelb gefärbte Z. durch Zusatz von 1 Tr. 5 mol/l NH_4CH_3COO auf Vollständigkeit der Fällung geprüft. Der $BaCrO_4$-Nd. wird einmal mit H_2O gewaschen u. 1 Tr. der wäss. Aufschlämmung unter dem Mikroskop untersucht.

Das CrO_4^{2-}-haltige Z. dient zur Prüfung auf Sr^{2+} u. Ca^{2+}.

EG: 0,2 µg Ba pD 4,7

4. Nachweis als $BaSO_4$

Aus wäßriger Lösung fällt $BaSO_4$ äußerst feinkristallin aus. Fällt man in der Siedehitze, so wird der Niederschlag gröber. $BaSO_4$ ist in Wasser schwer löslich. In konz. H_2SO_4 löst es sich unter Komplexbildung auf. Man löst deshalb den Sulfat-Niederschlag mit möglichst wenig konz. H_2SO_4 in der Hitze und untersucht unter dem Mikroskop die beim Abkühlen sich abscheidenden $BaSO_4$-Kristalle, die kleine rhombische Nadeln, Kreuze, Täfelchen und Sterne bilden (s. Kristallaufnahme Nr. 2).

Der Ba-Nachweis kann von Pb, Ag, Sr, Ca und $[SiF_6]^{2-}$ (vgl. die entsprechenden Kristallaufnahmen) gestört werden, da sich unter diesen Bedingungen gleichfalls schwer lösliche Niederschläge bilden und dadurch das Erkennen der $BaSO_4$-Kristalle erschwert wird.

1 Tr. der HCl- bzw. essigsauren Lsg. wird auf einem OT mit 1 Tr. 2,5 mol/l H_2SO_4 versetzt. Es fällt $BaSO_4$. Nach dem Absetzen des Nd. wird die Lsg. mit Hilfe von Filterpapier abgesaugt. Der Rückstand wird mit 1 Tr. 18 mol/l H_2SO_4 versetzt u. über der Sparflamme erhitzt, bis der Nd. gelöst ist. Beim Abkühlen krist. $BaSO_4$ wieder aus. Betrachtung unter dem Mikroskop (V.: 200–250).

EG: 0,05–0,5 µg Ba pD 4,3

5. Ba- und Sr-Nachweis mit Na-Rhodizonat

Beschreibung und Durchführung s. 4., S. 80.

Trennung und Nachweis von Ba^{2+}, Sr^{2+} und Ca^{2+}

Die auf Erdalkaliionen zu prüfende Lösung wird zunächst in kleinen Anteilen einerseits mit H_2SO_4, andererseits mit Ammoniak und $(NH_4)_2C_2O_4$ auf Anwesenheit von Ba^{2+}, Sr^{2+} oder Ca^{2+} untersucht. Fällt eine der Reaktionen positiv aus, so muß die nachstehende Trennung durchgeführt werden; sind sie negativ, so wird gleich auf Magnesium und die Alkalielemente geprüft (s. S. 75).

Durch Versetzen mit Ammoniumcarbonat-Lösung sowie einigen Tropfen Ammoniak fallen die Erdalkaliionen als Carbonate aus.

Der Zusatz von NH_4^+ ist zur Verhinderung einer eventuellen Mitfällung des Mg^{2+} notwendig (s. 3., S. 73). Sind dagegen aus dem Kationentrennungsgang

(s. später) größere Mengen Ammoniumsalze vorhanden, so müssen diese durch Abrauchen entfernt werden. (s. 4., S. 78).

Einen Teil des Niederschlags benutze man nach Versetzen mit HCl zur spektralanalytischen Prüfung (s. Spektratafel)

Der Hauptteil des mit heißem Wasser gut gewaschenen Carbonatniederschlags wird in Essigsäure gelöst und damit die Trennung der Erdalkalien durchgeführt. Im Filtrat befinden sich Magnesium und die Alkalien. Es wird verarbeitet, wie auf S. 75 beschrieben.

Chromat-Sulfat-Verfahren

Zu der essigsauren Lösung gebe man etwa eine Spatelspitze festes Natriumacetat. Anschließend wird nach 3., S. 81, das Ba^{2+} mit $K_2Cr_2O_7$-Lösung gefällt.

Die quantitative Fällung des Bariums, die für den Nachweis des Strontiums unbedingt notwendig ist, erkennt man daran, daß das Zentrifugat durch den Überschuß der $CrO_4{}^{2-}$-Ionen gelb gefärbt ist und daß durch Zusatz von Natriumacetat kein Bariumchromat mehr ausfällt.

Eine HCl-saure Lösung des Niederschlags wird nach 4., S. 82, durch Fällung von $BaSO_4$ auf Ba^{2+} geprüft.

Das Filtrat des $BaCrO_4$-Niederschlags wird in der Wärme mit 2 mol/l Na_2CO_3 versetzt und kurz aufgekocht. Es fallen $SrCO_3$ und $CaCO_3$ aus, die zentrifugiert und mit H_2O und 2 mol/l Na_2CO_3 chromatfrei gewaschen werden. Der Niederschlag der Carbonate wird dann in möglichst wenig 5 mol/l HCl in der Wärme gelöst, das in Freiheit gesetzte CO_2 verkocht und mit H_2O auf das doppelte Volumen verdünnt.

In einem Teil der Lösung prüft man auf Sr^{2+} einmal mit $CrO_4{}^{2-}$-Ionen nach 3., oder mit Na-Rhodizonat nach 4., S. 80. Zum anderen versetze man mit Gipslösung (s. 2., S. 80). Das ausgefallene $SrSO_4$ kann noch spektroskopisch untersucht werden. Dazu gebe man zu dem Niederschlag eine Zn-Perle und 7 mol/l HCl. Zum spektroskopischen Nachweis der Sulfate der Erdalkalien müssen diese durch $H_{nasc.}$ reduziert werden.

In einem anderen Teil der Lösung wird Ca^{2+} mit $(NH_4)_2C_2O_4$ nach 7., sowie mit $K_4[Fe(CN)_6]$ nach 8., S. 79, identifiziert. Auch die Fällung als $CaSO_4 \cdot 2\,H_2O$ (s. 9., S. 79) ist zum Nachweis des Ca^{2+} geeignet.

Aufschluß der Erdalkalisulfate

$$BaSO_4 + Na_2CO_3 \rightleftharpoons BaCO_3 + Na_2SO_4$$

Da die Sulfate des Ba, Sr und teilweise des Ca in wäßrigen Lösungsmitteln schwer löslich sind, müssen sie zum Nachweis erst in andere Verbindungen überführt werden. Dazu dient der Aufschluß mit geschmolzenen Alkalicarbonaten.

Der in Salzsäure schwer lösliche Rückstand der Analysensubstanz wird nach Abtrennung von der Lösung im Trockenschrank getrocknet und in einem Platin-, Nickel- oder notfalls Porzellantiegel mit der sechsfachen Menge einer Mischung von K_2CO_3 und Na_2CO_3 sorgfältig gemischt und über einer gut brennenden Bunsenflamme oder einem Gebläse so hoch erhitzt, daß ein klarer Schmelzfluß entsteht.

Das Gemisch von K_2CO_3 und Na_2CO_3 hat gemäß dem Gesetz der Gefrierpunktserniedrigung einen viel tieferen Schmelzpunkt als die reinen Salze. Man benötigt daher nicht so hohe Temperaturen.

Nach etwa 10 Minuten ist die Reaktion beendet. Den erkalteten Schmelzkuchen pulverisiert man, laugt ihn mit Wasser aus, wobei nur die Alkalisulfate und -carbonate gelöst werden, und zentrifugiert. Es wird so lange mit warmer Sodalösung gewaschen, bis die Waschlösung keine Reaktion auf SO_4^{2-} mehr gibt.

Unterläßt man das Auswaschen, so reagieren beim Auflösen in Säure die Erdalkaliionen mit den SO_4^{2-}-Ionen zu schwerlöslichen Sulfaten, wodurch der ganze Aufschluß hinfällig wird.

Dann wird der Niederschlag in wenig warmer Essigsäure gelöst und auf Ba, Sr und Ca nach den bekannten Verfahren geprüft.

Sollen sehr kleine Mengen aufgeschlossen werden, so empfiehlt es sich, die Schmelze an der Öse eines Platindrahtes durchzuführen (s. S. 13). Der erkaltete Schmelzkuchen wird wie oben weiterverarbeitet.

Anionennachweis

Zum Nachweis der Anionen muß wie üblich ein SA (s. S. 61) hergestellt werden.

2.3.3. Ammoniumsulfid-Urotropin-Gruppe, Nebengruppen des PSE

In der vorliegenden analytischen Gruppe sind neben dem Hauptgruppenelement Al vorwiegend solche der Nebengruppen (Zn, Cr, Mn, Fe, Co, Ni, Ti, U) enthalten. Eine Aufstellung der Hauptgruppenelemente ist auf S. 18 zu finden. Die Nebengruppen setzen sich aus folgenden Elementen zusammen:

I	II	III	IV	V	VI	VII	VIII		
Cu	Zn	Sc	Ti	V	Cr	Mn	Fe	Co	Ni
Ag	Cd	Y	Zr	Nb	Mo	Tc	Ru	Rh	Pd
Au	Hg	La	Hf	Ta	W	Re	Os	Ir	Pt
		Ac							

In den Nebengruppen stehen nur Metalle. Auch bei den Nebengruppenelementen werden wie bei den Hauptgruppen die stetigen Eigenschaftsänderungen, jedoch in abgeschwächter Form, bemerkbar. So stehen bei obiger Anordnung der Nebengruppen die stärker Kationen bildenden Elemente links oben und die stärker Anionen bildenden rechts unten.

Hinsichtlich anderer Eigenschaften zeigen sich jedoch charakteristische Unterschiede zwischen Haupt- und Nebengruppen. Die Hauptgruppenelemente bilden bevorzugt farblose, diamagnetische Ionen, die Nebengruppenelemente farbige, paramagnetische Ionen.

Dia- und Paramagnetismus

In diamagnetischen Stoffen werden die Feldlinien eines homogenen Magnetfeldes auseinandergedrängt, in paramagnetischen verdichtet. Diamagnetisch sind Ionen, Atome oder Moleküle, die eine gerade Elektronenanzahl und vor allem eine abgeschlossene Elektronenschale besitzen, so daß sich die magnetischen Momente der einzelnen Elektronen aufheben. Paramagnetisch sind solche Ionen, Atome oder Moleküle, die eine ungerade Anzahl von Elektronen aufweisen. Infolge des leichten Wechsels der Oxidationsstufen sind die Nebengruppenelemente in der Lage, paramagnetische Ionen zu bilden.

Die Farbigkeit der Ionen in der höchsten Oxidationsstufe nimmt innerhalb der Nebengruppe mit steigender Ordnungszahl ab (Beispiel: MnO_4^-: violett → TcO_4^-:

rosa → ReO_4^-: farblos). In den Nebengruppen befinden sich auch alle katalytisch stärker wirksamen Elemente.

In der III. Nebengruppe stehen auf dem Platz des Lanthans und des Actiniums je 14 weitere Elemente. Die ersteren werden zusammenfassend Lanthanoide, die zweiten Actinoide genannt. Die Lanthanoide (Lanthan bis Lutetium) sind untereinander chemisch sehr ähnlich. Zu den Actinoiden gehört das in der Kerntechnik wichtige Element Uran, sowie eine Anzahl künstlicher radioaktiver Elemente (Transurane). In der VIII. Nebengruppe befinden sich 3 Dreiergruppen, von denen die erste, die „Eisengruppe", die Elemente Fe, Co, Ni umfaßt. Die beiden anderen Gruppen enthalten die leichten bzw. schweren „Platinelemente".

Näheres über die einzelnen Nebengruppen s. S. 87, 102, 129, 138, 149, 157.

Periodensystem und Oxidationsstufen

Das Periodensystem läßt einige Aussagen über die auftretenden Oxidationsstufen zu:

Die maximal mögliche Oxidationsstufe eines Elementes ist identisch mit der Gruppennummer im PSE. Dies ist bei den Hauptgruppen leicht einzusehen, da die Anzahl der Valenzelektronen mit der Gruppennummer übereinstimmt. Jedoch auch die Nebengruppenelemente, die auf ihrer äußersten Schale mit nur wenigen Ausnahmen (Pd, Ir) maximal zwei Elektronen haben und bei denen demnach häufig die Oxidationsstufe +2 realisiert ist, können aus der zweitäußersten Schale Elektronen (d-Elektronen) abgeben. Sie erreichen so die ihrer Gruppennummer entsprechende maximale Oxidationsstufe. Werden dagegen von der IV. bis VII. Hauptgruppe Elektronen zur Auffüllung der nächst höheren Edelgasschale aufgenommen, so ergibt die maximale Oxidationsstufe minus 8 die minimal mögliche Oxidationsstufe.

Beispiele:

Maximale Oxidationsstufe

$H_4\overset{+4}{Si}O_4$ $H_3\overset{+5}{P}O_4$ $H_2\overset{+6}{S}O_4$ $H\overset{+7}{Cl}O_4$

Minimale Oxidationsstufe

$\overset{-4}{Si}H_4$ $\overset{-3}{P}H_3$ $H_2\overset{-2}{S}$ $H\overset{-1}{Cl}$

Die maximal mögliche Oxidationsstufe wird nicht erreicht von den Hauptgruppenelementen Fluor, das nur in den Oxidationsstufen −1 und 0, Sauerstoff, der nur maximal als +2 (OF_2) auftritt, und den Edelgasen, bei denen nur Xenon im XeO_4 + 8 erreicht, sowie den Elementen der VIII. Nebengruppe mit Ausnahme von Ruthenium und Osmium. Nur letztere erreichen in den Tetraoxiden die Oxidationsstufe +8.

Überschritten wird die durch die Regel genannte maximale Oxidationsstufe nur von den Elementen der I. Nebengruppe (Kupfer, Silber, Gold), die auch mit höheren Oxidationsstufen als +1 auftreten.

Da die Nebengruppenelemente auch Elektronen aus den nächstäußeren Schalen abzugeben vermögen, ist bei diesen die Variationsmöglichkeit der Oxidationsstufen größer als bei den Hauptgruppenelementen. So tritt z. B. das Element Mangan in allen Oxidationsstufen von 0 bis +7 auf. Bei den Hauptgruppen beobachtet man dagegen oft einen Unterschied von jeweils 2 Elektronen, z. B. beim Schwefel die Oxidationsstufen −2, ±0, +2, +4, +6.

In den Hauptgruppen nimmt allgemein die Beständigkeit der Verbindungen in der maximalen Oxidationsstufe des Elementes mit steigender Ordnungszahl ab, die Beständigkeit der Verbindungen mit einer niedrigeren Oxidationsstufe zu, z. B. liegen in der V. Hauptgruppe beim Stickstoff die beständigsten Verbindungen in der Oxidationsstufe +5 vor. Bismut dagegen tritt vorwiegend mit der Oxidationsstufe +3 auf. Bi(V)-Verbindungen sind sehr starke Oxidationsmittel.

Bei den Nebengruppen liegen die Verhältnisse umgekehrt. Ein gutes Beispiel ist die VII. Nebengruppe (s. S. 102).

Für die Trennung der $(NH_4)_2S$-Gruppe gibt es zwei verschiedene Wege:

a) Gemeinsame Fällung mit Ammoniak und $(NH_4)_2S$ und anschließende Trennung mittels HCl sowie H_2O_2.

b) Die sogenannte Hydrolysentrennung, d. h. Fällung in zwei getrennten Gruppen, erst mit Urotropin oder einem entsprechenden Reagenz aus schwach saurer, dann mit $(NH_4)_2S$ aus ammoniakalischer Lösung.

Sind nur die häufigeren Elemente der Ammoniumsulfidgruppe, also Fe, Cr, Al, Zn und Mn sowie Ni und Co zugegen, so kann man die Trennung mittels des ersten Verfahrens, der gemeinsamen Fällung mit Ammoniak und $(NH_4)_2S$ durchführen. Hierbei werden zunächst die genannten Elemente mit $(NH_4)_2S$ ausgefällt, dann mit verd. Salzsäure Fe, Cr, Al, Zn und Mn wieder gelöst, wobei Ni und Co als Sulfide zurückbleiben. Durch NaOH + H_2O_2 trennt man dann Fe und Mn von Cr, Al und Zn.

Dieser Trennungsgang ist zwar verhältnismäßig schnell durchführbar, hat jedoch einige Nachteile. So ist er für den Nachweis geringer Mengen einiger Elemente neben einem großen Überschuß anderer (z. B. von wenig Zn neben viel Mn) ungeeignet. Ferner bereitet die Einordnung der selteneren Elemente der Ammoniumsulfidgruppe in den Trennungsgang sowie deren einwandfreie Identifizierung erhebliche Schwierigkeiten. Außerdem muß man Phosphorsäure vorher mit Zinndioxid-Hydrat oder als Zirconiumphosphat abtrennen, um Störungen zu vermeiden (s. S. 144).

Sind daher außer den häufigeren Elementen der Ammoniumsulfidgruppe noch die selteneren, also U, V, Ti, in der Analysenlösung vorhanden, so trennt man diese Elemente am besten mittels des zweiten Verfahrens, der sog. Hydrolysentrennung. In diesem Fall scheidet man zunächst aus schwach saurer Lösung (etwa pH = 5–6) die Elemente mit einer höheren Oxidationsstufe Fe, Cr, Al, Ti und U von denen in der Oxidationsstufe +2, wie Zn, Mn, Ni, Co, Mg, Ca, Sr, Ba und den Alkalielementen ab. Dann werden Zn, Mn, Ni und Co durch $(NH_4)_2S$ von den Erdalkali- und Alkalielementen getrennt.

Wird die Hydrolysetrennung richtig durchgeführt, so kann eine fast quantitative Trennung der Elemente erreicht werden. Außerdem sind geringe Mengen der einen Substanz neben größeren einer anderen nachweisbar. Ferner ist bei Anwesenheit von Phosphorsäure keine Änderung des Trennungsganges erforderlich. Der große Nachteil der Hydrolysentrennung liegt aber darin, daß man sehr genau bei einem bestimmten pH arbeiten muß.

Die Trennung scheint im Prinzip auch mit Ammoniak möglich. Die stärker basischen Elemente bleiben als Amminkomplexe in Lösung, die schwächer basischen fallen als Hydroxide aus. Da die im basischen Gebiet ausfallenden Hydroxide jedoch Kationen der Ladung +2 mitfällen, auch die der Erdalkalielemente, ist Ammoniak kein ideales Trennungsmittel. Aus diesem Grunde verwendet man statt dessen Na- bzw. NH_4-Acetat oder Hexamethylentetraamin.

Die Trennung mittels Acetat ist nicht möglich, wenn Chrom zugegen ist. Dann fallen Eisen, Aluminium und Chrom nur unvollständig aus. Chrom allein bleibt als Acetato-komplex vollständig in Lösung.

Am zuverlässigsten und vollständigsten gelingt die hydrolytische Trennung mit Urotropin (Hexamethylentetraamin) $C_6H_{12}N_4$:

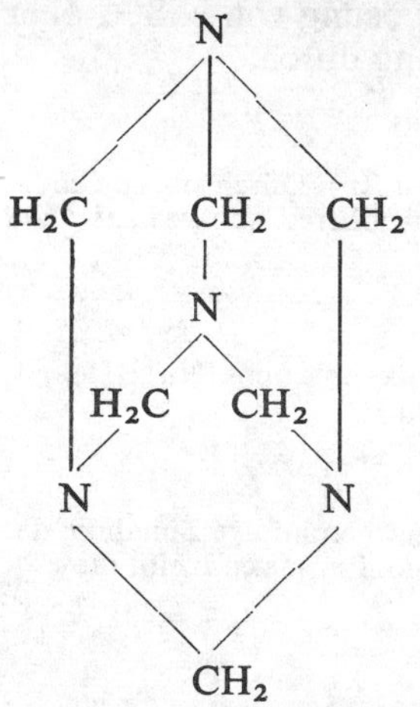

Urotropin ist ein Kondensationsprodukt von Ammoniak und Formaldehyd, HCHO, in die es beim Erhitzen der wäßrigen Lösung wieder langsam zerfällt:

$$C_6H_{12}N_4 + 6\,H_2O \rightleftharpoons 6\,HCHO + 4\,NH_3$$

Dieses Hydrolysegleichgewicht wird nun in saurer Lösung infolge des Verschwindens von NH_3 durch Bildung von NH_4^+ nach rechts verschoben, die Acidität einer Lösung wird also durch Zugabe von Urotropin in ähnlicher Weise wie durch eine solche von Natriumacetat auf pH = 5 bis 6 abgestumpft.

Nickel, Ni, 58,69; +2, +3, VIII. Nebengruppe des PSE

Nickel steht zusammen mit Eisen und Kobalt in der VIII. Nebengruppe des PSE. In dieser Gruppe befinden sich außer diesen Elementen noch die 6 Platinelemente Ruthenium, Ru, Rhodium, Rh, Palladium, Pd, Osmium, Os, Iridium, Ir, und Platin, Pt. Sie zeichnen sich durchweg durch eine große Widerstandsfähigkeit gegenüber Chemikalien aus, sind schwer schmelzbar und vermögen Wasserstoff bei höheren Temperaturen zu sorbieren, manche sogar schon bei Zimmertemperatur.

Gemäß ihrer Stellung im PSE ist die maximal mögliche Oxidationsstufe +8. Sie wird jedoch nur in den Tetraoxiden OsO_4 und RuO_4 erreicht. Die Tendenz, in höheren Oxidationsstufen beständige Verbindungen zu bilden, nimmt in beiden Reihen vom Ru zum Pd bzw. vom Os zum Pt ab. Nicht nur innerhalb der beiden Gruppen sind die Platinelemente in ihrem Verhalten einander ähnlich, sondern diese Ähnlichkeit tritt auch zwischen den im PSE untereinander stehenden Elementen, also zwischen Ru und Os, Rh und Ir sowie zwischen Pd und Pt, hervor.

Nickel kommt in der Natur mit Fe und Cu an As, Sb und S gebunden, sowie als wasserhaltiges Mg-Ni-Silicat, Garnierit, vor. Einige Mineralien sind NiS, Gelbnickelkies, NiAs, Rotnickelkies und NiSb, Breithauptit. In gediegenem Zustand wird es zusammen mit Eisen in den Meteoriten gefunden.

Dargestellt wird das Metall, indem man zunächst nach einem komplizierten Verfahren das Nickel in den Erzen anreichert, in Oxid überführt und nun entweder mit Kohlenstoff reduziert oder es in das $Ni(CO)_4$, Nickeltetracarbonyl, überführt, das sich aus feinverteiltem, auch unreinem Nickel und Kohlenmonooxid bei 50–100 °C bildet.

Nickel findet hauptsächlich als Legierungsbestandteil Verwendung in Stählen und für Widerstände, z. B. Konstantan (40% Ni und 60% Cu), Manganin (Ni, Cu, Mn) und Nichrom (60% Ni und 40% Cr). Feinverteiltes Nickel oder Nickeloxid dient als Katalysator. Salze des Nickels werden für galvanische Bäder verwendet.

Nickel hat im allgemeinen die Oxidationsstufe +2. Mit der Oxidationsstufe +3 ist als beständige Verbindung ein Oxid der wahrscheinlichen Zusammensetzung Ni_2O_3 bekannt. Verbindungen, in denen das Ni die Oxidationsstufe +1 trägt, sind zwar bekannt, aber äußerst instabil. Auch Ni(IV)-Verbindungen sind dargestellt worden.

Die wasserhaltigen Ni(II)-Salze sind meist grün, die wasserfreien meist gelb gefärbt. Die Eigenschaften der Nickelverbindungen ähneln in wäßriger Lösung sehr denen der Zinksalze.

Die folgenden Reaktionen führe man mit einer wäßrigen Lösung von $NiSO_4$ oder $Ni(NO_3)_2$ bzw. der entsprechend vorbereiteten Analysenlösung durch.

1. NaOH

Grüner Nd. von $Ni(OH)_2$, schwer lösl. im Überschuß (Gegensatz zu Zn). Durch starke Oxidationsmittel, wie Cl_2 oder Br_2 (nicht durch H_2O_2), geht der Nd. in ein höheres, schwarzes Oxid über.

2. Ammoniak

Erst hellgrüner Nd., dann Wiederauflösung unter Bldg. des blauen Komplexions $[Ni(NH_3)_6]^{2+}$. Bei Anwesenheit von Ammoniumsalzen entsteht kein Niederschlag (s. u.).

3. Urotropin

Mit Urotropin geben Nickelsalze in der Kälte keine, beim Kochen dagegen infolge Zunahme der Hydrolyse eine teilweise Fällung von $Ni(OH)_2$. In Gegenwart von Ammoniumsalzen bleibt die Fällung aus denselben Gründen wie bei 2. aus.

4. Na_2CO_3

Grüner Nd. von basischem Nickelcarbonat.

5. Phosphate

In neutraler und alkalischer Lsg. Fällung eines Nickelphosphats wechselnder Zusammensetzung, das in Säuren u. Ammoniak löslich ist.

6. H_2S

Ebenso wie bei Zink (s. S. 112) keine Fällung in mineralsaurer oder stark essigsaurer Lsg., dagegen quantitative Fällung in mit Natriumacetat gepufferter Essigsäure. Der Nd. ist schwarz.

7. $(NH_4)_2S$

In neutraler und ammoniakalischer Lösung bildet sich zunächst NiS. Nickelsulfid und ebenso Cobaltsulfid sind im Gegensatz zu den übrigen Sulfiden der $(NH_4)_2S$-Gruppe in kalter 2 mol/l HCl nicht oder nur zu einem ganz geringen Anteil löslich. Entsprechend dem Cobaltsulfid, CoS, wird das säurelösliche NiS in ammoniakalischer Lösung zu Ni(OH)S oxidiert und geht in das in Säuren schwer lösliche Ni_2S_3 über. Der Sulfid-Niederschlag löst sich in konz. HNO_3 sowie in essigsaurem Wasserstoffperoxid.

Fällt man NiS in stark ammoniumsalzhaltiger Lsg. mit einem Überschuß von mit gelbem Ammoniumsulfid verunreinigtem $(NH_4)_2S$, so bleibt es in äußerst feiner Verteilung, in kolloider Form (s. S. 168) in Lsg. und läuft tiefbraun durch das Filter. Zur Verhinderung der Kolloidbldg. wird mit frisch hergestelltem farblosem Ammoniumsulfid u. nur mit einem sehr geringen Überschuß des Fällungsmittels gearbeitet. Andernfalls kocht man die braune Lsg. einige Zeit mit Ammoniumacetat, wobei sich NiS in Flocken abscheidet. Die Ausflockung kann durch Zugabe von Filterpapierschnitzeln beschleunigt werden.

8. Vorproben

Für die Erkennung zahlreicher Schwermetalle haben sich als ausgezeichnete Vorproben die Phosphorsalz- bzw. Boraxperle und die Lötrohrreaktion erwiesen.

Phosphorsalz- und Boraxperle

Schmilzt man Phosphorsalz, $NaNH_4HPO_4$, und gibt ein Schwermetallsalz hinzu, so können sehr charakteristische Färbungen durch Bildung von Schwermetallphosphaten auftreten. Beim Erhitzen kondensiert $NaNH_4HPO_4$ zu Polyphosphaten, darunter ringförmige Metaphosphate, z. B. $Na_3(P_3O_9)$. Im folgenden wird zur Vereinfachung nur $NaPO_3$ geschrieben.

$$NaNH_4HPO_4 \rightarrow NaPO_3 + NH_3\uparrow + H_2O\uparrow$$

Das Polyphosphat vermag in der Hitze nicht nur Oxide zu lösen, sondern auch aus Salzen eine leichter flüchtige Säure auszutreiben:

$$3\,NaPO_3 + 3\,CoSO_4 \rightarrow Na_3PO_4 + Co_3(PO_4)_2 + 3\,SO_3\uparrow$$

oder

$$NaPO_3 + CoSO_4 \rightarrow NaCoPO_4 + SO_3\uparrow$$

Genau so verhält sich Borax, $Na_2B_4O_7$:

$$Na_2B_4O_7 + CoSO_4 \rightarrow 2\,NaBO_2 + Co(BO_2)_2 + SO_3\uparrow$$

Verwendet wird ein Magnesiastäbchen oder ein dünner Platindraht mit Öse, der in einen Glasstab eingeschmolzen ist und in verdünnte Salzsäure tauchend aufbewahrt wird. Zur Reinigung wird am Platindraht am besten etwas Borax und Soda verschmolzen. Man läßt die Schmelze am Draht hin und her laufen und schleudert sie dann ab. Die letzten Spuren der Schmelze werden mit Salzsäure abgelöst.

Die Spitze des Magnesiastäbchens oder die Öse des Platindrahtes wird zum Glühen erhitzt und heiß in Phosphorsalz oder Borax eingedrückt. Dabei schmilzt ein wenig Salz an, das beim Erhitzen in eine glasklare Perle verwandelt wird. Diese wird nach dem Erkalten ein wenig angefeuchtet und damit die feingepulverte Analysensubstanz berührt. Es bleibt meist sofort genügend zum Einschmelzen hängen.

Man arbeitet in der Oxidations- oder Reduktionsflamme, weil durch verschiedene Oxidationsstufen andere Färbungen hervorgerufen werden. Für die Oxidationsperle erhitzt man in der Oxidationszone der entleuchteten Bunsenflamme. Die Reduktionsperle erschmilzt man an der Grenze zwischen innerem und äußerem Flammenkegel oder in der leuchtenden Flamme, kühlt, damit keine Oxidation eintritt, im inneren Flammenkegel bzw. im Inneren des Brennerrohres ab und zieht dann die Perle schnell heraus. Von der Analysensubstanz gibt man zunächst nur sehr wenig zu der Perle und steigert die Menge erst, wenn die Farbe nicht deutlich ist, weil sonst durch überschüssiges Oxid manche Farben nicht deutlich herauskommen.

Eine Zusammenstellung des Verhaltens der einzelnen Elemente in der Perle gibt Tabelle III auf S. 225.

Nickel färbt die Phosphorsalz- bzw. Boraxperle in der Oxidationsflamme in der Hitze gelb bis rubinrot, in der Kälte bräunlich. In der Reduktionsflamme ergibt sich eine graue Perle.

Lötrohrreaktion

Die Lötrohrreaktion hat nicht nur analytisches Interesse, sondern ist auch als einfachste metallurgische Reaktion von allgemeiner Bedeutung („Lötrohrprobierkunst"). Das Lötrohr besteht aus einem Metallrohr mit Mundstück und seitlichem Ansatz. Bläst man mit ihm in die leuchtende Flamme des Bunsenbrenners seitlich hinein, so erhält man eine Stichflamme. Zur Erzeugung einer „Oxidationsflamme" muß man die Spitze des Lötrohres mitten in die Flamme, etwa 1–2 cm über die Mündung des Brenners halten. Beim Einblasen am seitlichen Rand wird eine Reduktionsflamme erhalten; man bläst nur so stark, daß sie nicht entleuchtet wird.

Man gewöhne sich an, mit aufgeblasenen Backen allein aus dem Mund heraus zu blasen, während man bei geschlossenem Gaumen ruhig durch die Nase ein- und ausatmet. Von Zeit zu Zeit läßt man neue Luft in den Mund hinein.

Schmilzt man ein Metallsalz oder ein Metalloxid bei Gegenwart von Soda vor dem Lötrohr in einer kleinen Vertiefung auf Holzkohle, so kann es reduziert werden. Bei leicht schmelzbaren Metallen erhält man kleine Kügelchen, bei schwer schmelzbaren Flitter. Ist das Metall leicht flüchtig, so verdampft es und schlägt sich nach Oxidation außerhalb der Flamme auf den kälteren Teilen der Holzkohle als Oxidbeschlag nieder. An der Färbung der Oxidbeschläge, der physikalischen und chemischen Beschaffenheit der Metallkugeln oder Flitter (duktil, spröde, magnetisch) sowie durch Mikroreaktionen kann man weitgehend Aufschluß über die Zusammensetzung einer Analysensubstanz erhalten. Dabei geht man folgendermaßen vor:

In einer Vertiefung auf einem Stück Holzkohle (am besten Lindenholzkohle) vermengt man 1 Spatelspitze feingepulverter Substanz mit der 2–3fachen Menge Soda, feuchtet mit 1 Tr. W. an u. erhitzt mit der reduzierenden Flamme des Lötrohres. Dabei schmilzt das Gemisch zusammen u. reagiert. Der Überschuß der Soda sowie die entstandenen Natriumsalze werden von der Kohle aufgesaugt. Nach dem Erkalten prüft man Beschlag u. Metall. Zur näheren Untersuchung des Metalls wird der Rückstand aus der Vertiefung mit einem Spatel sorgfältig herausgehoben, in eine Reibschale übergeführt, die Soda mit W. weggelöst u. die Kohle abgeschlämmt. Der Rückstand wird mit einer Lupe betrachtet, mit einem Pistill auf Duktilität oder Sprödigkeit sowie mit einem Magneten auf Ferromagnetismus geprüft. Dann mache man einige charakterisierende Auflösungsversuche u. Mikroreaktionen.

Eine Zusammenstellung des Verhaltens der einzelnen Elemente vor dem Lötrohr gibt Tabelle II auf S. 224.

Bei Anwesenheit von Nickel entstehen auf der Holzkohle nur graue Metallflitter, die schwer erkennbar sind, jedoch vom Magneten angezogen werden. Vor der Prüfung wird die Masse mit 1 Tr. W. zerdrückt. Man kann die Flitter in 1 Tr. HCl lösen u. auf Ni prüfen.

9. Nachweis mit Dimethylglyoxim (Diacetyldioxim)

Dimethylglyoxim bildet mit Ni^{2+} in neutraler, essigsaurer und ammoniakalischer Lösung ein rotes, schwerlösliches, „inneres Komplexsalz" (s. S. 94). Bei der Ausführung im Halbmikromaßstab verhindern starke Oxidationsmittel (Nitrate, H_2O_2 usw.) die Fällung. Es bildet sich lediglich eine rote bis rotorange Färbung. In ammoniakalischer Lösung gibt Fe^{2+} eine rote und Co^{2+} eine braunrote Färbung. Wenn Fe^{3+} und Co^{2+} nebeneinander vorliegen, bildet sich ein braunroter Niederschlag. Auch Cu^{2+} (Violettfärbung) kann stören.

Zur Prüfung auf Ni neben Fe u. Co wird die Lsg. zunächst mit H_2O_2 gekocht, um Fe^{2+} zu Fe^{3+} zu oxidieren. Dann wird ammoniakalisch gemacht, $Fe(OH)_3$ mit der Saugkapillare abgetrennt u. 1 Tr. des klaren Filtrates auf der Tüpfelplatte mit 1 Tr. Reagenzlsg. versetzt. Die Bldg. eines roten Nd. am Rande des Tr. zeigt Ni an.

EG: 0,16–2 μg Ni bei Ggw. eines 0–40fachen Co-Überschusses pD 5,5

Reagenz: Gesätt. Lsg. von Dimethylglyoxim in 96%igem Alkohol.

Grundlagen der Komplextheorie

In verschiedenen Fällen bleiben die für ein Ion charakteristischen Reaktionen ganz oder teilweise aus, wenn bestimmte andere Ionen oder Moleküle zugegen sind. Diese bilden mit ihm besondere chemische Verbindungen, die nicht mehr oder nur noch in geringem Maße in die Ionen oder Moleküle, aus denen sie entstanden sind, dissoziieren. Solche Verbindungen bezeichnet man als Komplexverbindungen. Außerdem zeigen sich bei ihnen noch verschiedene andere Erscheinungen, von denen folgende genannt seien:

1. Teilweise andere Farbe der Lösungen als bei den einfachen Ionen, z. B.

Fe^{2+} schwach grünlich	$[Fe(CN)_6]^{4-}$	gelb
Ni^{2+} grün	$[Ni(NH_3)_6]^{2+}$	blau.

2. Änderung der elektrischen Leitfähigkeit. Wenn z. B. eine $K_4[Fe(CN)_6]$-Lösung K^+, Fe^{2+} und CN^- enthielte, so müßte die Leitfähigkeit der verdünnten Lösung ungefähr gleich der Summe der Leitfähigkeiten entsprechender Mengen der beiden Einzelsalze, KCN und $Fe(CN)_2$, sein. Das ist nicht der Fall, da durch die Verringerung der Ionenzahl auch die Leitfähigkeit stark vermindert wird.
3. Änderung des Wanderungssinns bei der Elektrolyse. In den einfachen Salzen wandert das Fe^{2+} zur Kathode, in $[Fe(CN)_6]^{4-}$ geht das Eisen als negatives Komplexion zur Anode.

Man unterteilt die Komplexverbindungen in solche, die durch Komplexbildung am Anion zustande gekommen sind, und solche, bei denen die Komplexbildung am Kation stattgefunden hat. Den Anionenkomplexen liegt allgemein die bereits auf S. 36 besprochene koordinative Bindung zugrunde. Zu diesen Komplexen zählen die meist nicht besonders als komplexe Verbindungen gekennzeichneten Anionen, wie Sulfat, Chlorat, Perchlorat, Phosphat, Silicat u. a. Auf ihre Bildung ist bereits auf S. 36 ausführlicher eingegangen worden. Es soll deshalb an dieser Stelle die Komplexbildung an Ionen betrachtet werden, welche ursprünglich als Kationen vorliegen. Vielfach werden sie jedoch durch diese Komplexbildung in Anionen umgewandelt.

Das Zustandekommen der Bindung bei der Bildung dieser Komplexe erfordert keine zusätzlichen Annahmen über besondere Bindungskräfte. Man erklärt ihre Entstehung durch die Wirkung von elektrostatischen Anziehungskräften oder durch die Ausbildung koordinativer Bindungen (vgl. S. 36), wie sie auch bei den Anionenkomplexen (S. 36) vorliegen. Erfolgt die Komplexbildung durch koordinative Kräfte, so bezeichnet man die entstandenen komplexen Verbindungen als **Durchdringungskomplexe**, während die durch elektrostatische Kräfte gebildeten Komplexe **Anlagerungskomplexe** genannt werden.

Ein Metallion kann um sich herum Ionen oder Moleküle mit abgeschlossener Elektronenschale, wie Cl^-, CN^- oder NH_3

$$:\ddot{\underset{..}{Cl}}: \qquad :C:::N: \qquad H:\overset{\displaystyle H}{\overset{..}{\underset{..}{N}}}:H$$

derart anlagern, daß das Metallkation, welches das Zentralion bildet, zusammen mit den angelagerten Ionen oder Molekülen (Liganden) einen stabilen Komplex bildet. Die zur Bindung beitragende Elektronenzahl derartiger Komplexe, d. h. die Zahl der freien Elektronen der Liganden, beträgt am häufigsten 8, 12 oder 16. Allem Anschein nach zeichnen sich also neben der „Achterschale" (vgl. auch S. 34) die Zwölfer- oder Sechzehnerschale durch eine besondere Stabilität aus, wie die folgenden Beispiele erkennen lassen:

$$[Fe]^{2+} + 6\ :CN^- \rightarrow [Fe(:CN)_6]^{4-}$$

$$[W]^{4+} + 8\ :CN^- \rightarrow [W(:CN)_8]^{4-}$$

Die Zahl der Liganden, die ein Ion bindet, hängt von verschiedenen Faktoren ab. Da die gleichsinnig geladenen Liganden, wie in den oben angegebenen Beispielen CN^-, aufeinander abstoßende Kräfte ausüben, müssen diese Kräfte von der Anziehung zwischen Zentralatom und Ligand übertroffen werden. Außerdem können nur so viele Liganden gebunden werden, wie Platz vorhanden ist. Die Zahl der Liganden bezeichnet man als „Koordinationszahl". Sie beträgt in sehr vielen Fällen 6, recht oft auch 4, z. B. im $[Cu(NH_3)_4]SO_4$, 8 oder 2. Die Gründe dafür, daß gerade diese Zahlen angestrebt werden, sind einerseits in der Tendenz, nach Möglichkeit die Elektronenschale des nächsthöheren Edelgases zu erreichen, andererseits in der räumlichen Anordnung der Atome zueinander zu suchen.

Die Erreichung der nächsthöheren Edelgasschale zeigt das Beispiel des Hexaammincobaltions $[Co(NH_3)_6]^{3+}$: das Co(III) besitzt 24 Elektronen und erreicht zusammen mit den $6 \cdot 2 = 12$ Elektronen seiner 6 Liganden die Elektronenzahl 36, d. h. die Zahl der Elektronen des Edelgases Krypton.

Das Komplexion $[Fe(CN)_6]^{4-}$ erreicht mit $24 + (6 \cdot 2) = 36$ ebenfalls die Elektronenzahl des Kryptons. Entsprechende Berechnungen lassen sich beispielsweise auch für $[PtCl_6]^{2-}$ durchführen.

Häufig wird jedoch die Elektronenzahl des nächsthöheren Edelgases nur annähernd erreicht. Die Ursachen dafür können verschiedener Natur sein. In einigen Fällen läßt die ungerade Gesamtelektronenzahl des Zentralions die Bildung der stets geradzahligen Edelgasschale nicht zu.

Das ist z. B. beim $[Fe(CN)_6]^{3-}$-Ion, dem Cyanokomplex des Fe(III), der Fall. Das Komplexion erreicht mit $23 + (6 \cdot 2) = 35$ Elektronen nicht ganz die Kryptonkonfiguration. Es ist demzufolge auch instabiler (Oxidationsmittel) als das äußerst stabile $[Fe(CN)_6]^{4-}$-Ion mit Kryptonschale.

In anderen Fällen lassen die räumlichen Verhältnisse den Einbau einer dem Elektronendefizit des Zentralions gegenüber der Edelgasschale entsprechenden Anzahl von Liganden nicht zu.

Dies ist z. B. beim Tetracyanoniccolation $[Ni(CN)_4]^{2-}$ der Fall. Um die Edelgaskonfiguration des Kryptons zu erreichen, müßten 10 Elektronen zu den 26 Elektronen des Ni^{2+}-Ions hinzutreten, d. h., es müßten 5 CN^--Ionen angelagert werden. Da nur 4 CN^--Ionen angelagert werden, wird somit die Elektronenzahl des Kryptons mit $26 + (4 \cdot 2) = 34$ nur annähernd erreicht.

Die Koordinationszahl 6 haben insbesondere Fe^{2+}, Fe^{3+}, Cr^{3+}, Co^{3+}, Cd^{2+} und Pt^{4+}, die Koordinationszahl 4 findet man bei Cu^{2+}, Cu^+ und Pt^{2+}. Neben den Verbindungen mit der maximalen Zahl können die einzelnen Metallionen auch Komplexe mit einer geringeren Zahl von Liganden bilden.

Bei der Koordinationszahl 6 befindet sich das Zentralion in der Mitte eines Oktaeders und die 6 Liganden an dessen Ecken. Bei der Koordinationszahl 4 kann das Zentralion in der Mitte eines Tetraeders oder eines Quadrates stehen (Abb. 20 u. 21). Die Koordinationszahl 8 entspricht der Geometrie eines Würfels.

Wie aus der vorstehenden Abb. 21 ersichtlich ist, müssen Komplexsalze mit der Koordinationszahl 6 auf Grund ihrer Oktaederstruktur bei allen Verbindungen

Abb. 20. Tetraeder und Oktaeder

Abb. 21. cis- und trans-Form

vom Typ MX_4Y_2 in 2 Formen auftreten, die zwar die gleiche molekulare Zusammensetzung, aber einen geometrisch voneinander verschiedenen Aufbau besitzen. Allgemein bezeichnet man Stoffe mit gleicher Bruttoformel, aber in irgendeiner Weise unterschiedlichem Aufbau, als Isomere, die Erscheinung selbst als Isomerie, wobei je nach der Art dieser strukturellen Unterschiede zwischen verschiedenen Isomeriearten unterschieden wird. Im vorliegenden Falle spricht man von cis-trans-Isomerie. In den Verbindungen MX_4Y_2 (z. B. cis- und trans-Tetraammindinitrocobalt(III)-chlorid, $[Co(NO_2)_2(NH_3)_4]Cl$) können die beiden Liganden Y entweder in der cis-Form einander benachbart sein, oder aber in der trans-Form sich gegenüberstehen.

Die Erscheinung der Isomerie spielt vor allem in der organischen Chemie eine große Rolle. Sie trägt wesentlich zu der ungeheuren Vielfalt der hauptsächlich aus den 4 Elementen C, H, O und N aufgebauten organischen Verbindungen bei. Wenn auch demgegenüber ihre Bedeutung in der anorganischen Chemie zurücktritt, so ist sie doch vor allem in der Komplexchemie von erheblichem theoretischem Interesse. Die Untersuchungen der verschiedenen Isomerieerscheinungen bei den Komplexsalzen hat zur Aufklärung der gesamten Koordinationslehre und zur Kenntnis des kristallinen Zustandes beigetragen.

Im Gegensatz zu den Durchdringungskomplexen werden bei den Anlagerungskomplexen die Liganden nicht koordinativ gebunden, sondern durch elektrostatische Kräfte, die zwischen Ionen und Ionen oder Ionen und Dipolen wirksam werden.

Unter einem Dipol versteht man ein Teilchen, bei dem die Schwerpunkte der positiven und negativen Ladungen nicht zusammenfallen (vgl. auch S. 35), das aber insgesamt elektrisch neutral ist. Das Wassermolekül ist z. B. nicht linear gebaut, sondern die Verbindungslinien der beiden H-Atome mit dem Sauerstoff bilden einen Winkel von 104° 40′:

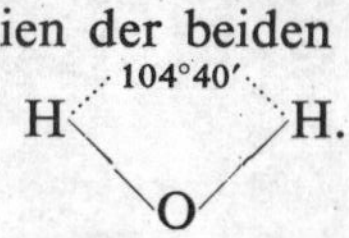

Dadurch muß die Seite, an der sich der Sauerstoff befindet, negativ sein.

Auch das Ammoniakmolekül ist ein Dipol. Es ist ein flaches Tetraeder, an dessen Spitze der Stickstoff sitzt und dessen drei andere Ecken von den H-Atomen eingenommen werden. Deshalb können auch hier die Schwerpunkte der positiven und negativen Ladung nicht zusammenfallen. Weitere Moleküle mit Dipol sind u. a. Hydrazin und die organischen Derivate des Ammoniaks.

Infolge des Kraftfeldes des Zentralions richten sich die Dipole aus. Der entgegengesetzt geladene Pol des Dipolmoleküls wird angezogen und ist dem Zentralion näher als der gleichsinnig geladene Pol, der abgestoßen wird. Deshalb übertrifft die Anziehung die Abstoßung.

Zu den Anlagerungskomplexen dieser Art gehört die große Zahl der Hydrat- und Amminkomplexe. Die Beständigkeit derartiger Komplexe ist um so größer, je größer das Dipolmoment der Liganden und je kleiner der Abstand vom Zentralion ist. Ionen-Dipol-Komplexe sind z. B.:

$$[Ca]^{2+} + 6\,H_2O \rightarrow [Ca(H_2O)_6]^{2+}$$

$$[Fe]^{2+} + 6\,NH_3 \rightarrow [Fe(NH_3)_6]^{2+}$$

Beständiger als die Ionen-Dipol-Komplexe sind die Ionen-Ionen-Komplexe, deren Zahl jedoch kleiner ist als die der erstgenannten. Zu den Ionen-Ionen-Komplexen ist u. a. der Hexafluoroferrat(III)-Komplex $[FeF_6]^{3-}$ zu zählen.

Auch mit bestimmten Gruppen organischer Verbindungen (z. B. OH–, NH_2–, NH= u. a.) können Metallionen Komplexe bilden.

Die Anwesenheit von zwei oder mehr Koordinationsstellen in einem organischen Molekül (bi- oder multidentaler = zwei- oder vielzähniger Ligand) führt zu einer Ringbildung, die vorzugsweise dann erfolgt, wenn sich dabei ein spannungsfreier 5- oder 6-Ring bilden kann. Allgemein werden Verbindungen, in denen ein Molekül über ein Metallion durch Koordination zu einem Ring geschlossen ist, als Chelatkomplexe (χηλη = Schere) oder Chelate bezeichnet. Die Chelatbildung bedingt eine Zunahme der Komplexstabilität (sog. „Chelateffekt"), die sich u. a. in der Stabilisierung wenig beständiger Oxidationsstufen äußern kann (z. B. beim $[Ag(II)(2.2'\text{-Bipyridin})_2]S_2O_8$).

Die inneren Komplexe sind ein Spezialfall der Chelatkomplexe, bei dem sich die Ladungen des Zentralions und die der ringbildenden Liganden gerade kompensieren, so daß der Komplex als Ganzes ungeladen ist. Da dabei häufig die Koordinationszahl des Metallions erreicht ist oder die Anlagerung weiterer, auch relativ kleiner Liganden aus sterischen Gründen infolge Umhüllung des Metallions durch die großen organischen Moleküle unmöglich wird, sind solche Komplexe infolge ihrer Unfähigkeit zur Hydratation oft in Wasser extrem schwer, in organischen Lösungsmitteln dagegen gut löslich. Andererseits sind geladene Chelate, wie z. B. die Kupfer-Weinsäure-Komplexe, infolge ihrer Fähigkeit zur Ionenbildung gut löslich in Wasser und schwerlöslich in unpolaren organischen Lösungsmitteln. Ferner führt die Bildung von Innerkomplexverbindungen vielfach zu einer Farbvertiefung, die sich elektronentheoretisch begründen läßt, worauf hier jedoch nicht näher eingegangen werden kann. Als Beispiele für innere Komplexverbindungen seien hier das Nickeldimethylglyoxim oder korrekter Bis-[dimethylglyoximato]-nickel(II) (s. S. 90) und das Magnesiumoxinat (s. S. 74) angeführt.

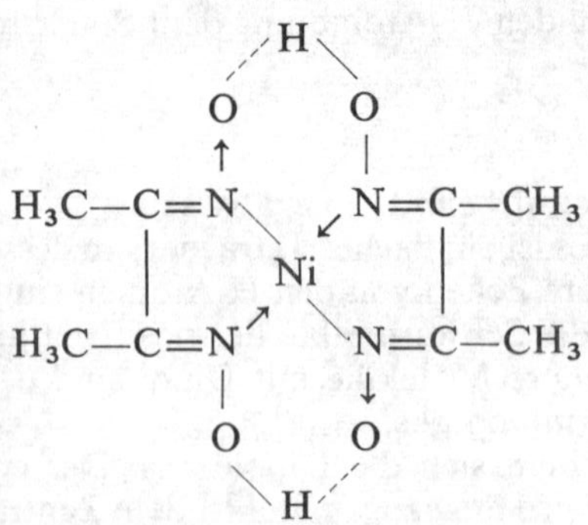

Ni-Dimethylglyoxim (Grenzstruktur)

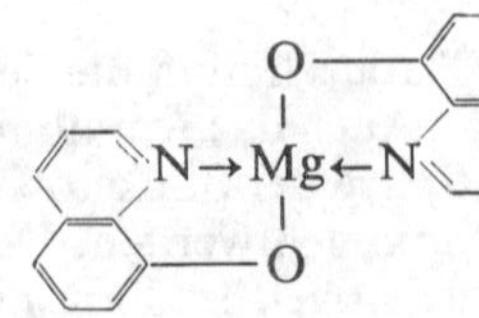

Mg-Oxinat

Beim Ni-Dimethylglyoxim bedeuten die Pfeile eine semipolare Bindung (s. S. 36), wobei die Spitze die Richtung der Verschiebung des Elektronenpaares angibt. Alle vier Ni—N-Bindungen sind aber gleich. Weiterhin tritt zwischen dem H der OH-Gruppe und dem O des Aminoxids eine Wasserstoffbrücke auf. Hierbei nimmt ein einsames Elektronenpaar des Sauerstoffs der N—O-Gruppe an der Bindung des H teil, wobei der Wasserstoff zweibindig wird (Wasserstoffbrückenbindung; gestrichelte Linie).

Die sog. Komplexone, deren wichtigste Vertreter die Ethylendiamintetraessigsäure (AeDTE, EDTA, Trilon B, Versen) und die Nitrilotriessigsäure darstellen, sind Komplexbildner, die mit fast allen Kationen einschließlich denen der Erdalkalien zum Teil sehr stabile wasserlösliche Chelatkomplexe bilden (Näheres s. S. 320ff.).

Die Ladung eines Komplexes entspricht der Summe der Ladungen der ihn bildenden Einzelionen. Genau so, wie sich die Ladung des SO_4^{2-}-Ions aus der des Schwefels (6+) und des Sauerstoffs (4 · 2−) zu 2− berechnet, bestimmt man auch die der anderen Komplexverbindungen.

Beispiele: $Ni^{2+} + 4\,CN^- \rightarrow [Ni(CN)_4]^{2-}$ (2fach negativ)

$Fe^{2+} + 6\,CN^- \rightarrow [Fe(CN)_6]^{4-}$ (4fach negativ)

$B^{3+} + 4\,F^- \rightarrow [BF_4]^-$ (1fach negativ)

Die neutralen Moleküle, wie H_2O oder NH_3, bringen keinen Beitrag zur Ladung mit. Also:

$Zn^{2+} + 6\,NH_3 \rightarrow [Zn(NH_3)_6]^{2+}$ (2fach positiv)

Für Komplexe mit verschiedenen Liganden gilt die gleiche Rechnungsweise:

$Co^{3+} + 4\,NH_3 + 2\,NO_2^- \rightarrow [Co(NO_2)_2(NH_3)_4]^+$ (1fach positiv)

$Co^{3+} + 3\,NH_3 + 3\,NO_2^- \rightarrow [Co(NO_2)_3(NH_3)_3]$ (neutral)

$Co^{3+} + 2\,NH_3 + 4\,NO_2^- \rightarrow [Co(NO_2)_4(NH_3)_2]^-$ (1fach negativ)

Bei der ersten Reaktion bildet sich ein positives Ion mit einer Ladung, es entstehen also Salze vom Typ $[Co(NO_2)_2(NH_3)_4]Cl$. Der zweite Komplex ist nach außen ungeladen, der dritte ist ein Anion und bildet Salze vom Typ $K[Co(NO_2)_4(NH_3)_2]$.

Durch die Komplexbildung entstehen in Lösung andere Arten von Ionen als bei den einfachen Salzen. An Stelle der Reaktionen der Einzelionen können andersartige, für das Komplexion charakteristische Reaktionen auftreten. Während Zn^{2+} mit OH^- zu schwerlöslichem $Zn(OH)_2$ zusammentritt, ist $[Zn(NH_3)_6](OH)_2$ leicht löslich. Ag^+ bildet mit Cl^- schwerlösliches AgCl, $[Ag(NH_3)_2]^+$ dagegen nicht. Fe^{2+} gibt mit S^{2-} in ammoniakalischer Lösung schwarzes FeS, mit OH^- weißes $Fe(OH)_2$. Das Hexacyanoferrat(II)-Ion, $[Fe(CN)_6]^{4-}$, gibt dagegen mit S^{2-} und OH^- keine Niederschläge. Dafür setzt sich das $[Fe(CN)_6]^{4-}$-Ion mit Fe^{3+} zu Berliner Blau, $Fe_4[Fe(CN)_6]_3$, und mit Zn^{2+} und K^+ zu weißem $K_2Zn_3[Fe(CN)_6]_2$ um. Versuche darüber S. 120 und 113.

Eine völlige Veränderung der chemischen Reaktionen tritt aber nicht bei allen Komplexsalzen ein. Alle komplexen Ionen sind in Lösung, wie andere Salze, Säuren und Basen, teilweise in die Einzelionen dissoziiert. Diese sog. zweite Dissoziation ist natürlich bei den einzelnen Komplexsalzen verschieden. Dabei kann man nun wie bei den schwachen Säuren und Basen das MWG anwenden. Man erhält dann z. B. für die Dissoziation

$Ni^{2+} + 4(CN)^- \rightleftharpoons [Ni(CN)_4]^{2-}$

die Gleichung

$$\frac{c([Ni(CN)_4]^{2-})}{c(Ni^{2+}) \cdot c^4(CN^-)} = \text{konstant} = 10^{31}\ l^4 \cdot mol^{-4}.$$

Diese Konstante wird bei den Komplexsalzen als Beständigkeitskonstante bezeichnet. Je kleiner sie ist, um so mehr Einzelionen befinden sich in Lösung und um so unbeständiger ist dementsprechend der Komplex. Das Zentralion oder die Liganden eines Komplexes werden von einem Fällungsmittel nur dann ausgefällt, wenn die zweite Dissoziation des Komplexes so groß ist, daß das Löslichkeitsprodukt der entstehenden schwerlöslichen Verbindung überschritten wird. So entsteht aus $[Cd(CN)_4]^{2-}$ mit H_2S in gleicher Weise ein gelber Niederschlag von CdS wie aus einer Lösung mit freien Cd^{2+}-Ionen. Das gleiche gilt vom $[Zn(NH_3)_6]^{2+}$, das mit S^{2-} weißes ZnS gibt. In beiden Fällen sind so viel freie Metallionen vorhanden, daß das Löslichkeitsprodukt des Sulfides überschritten wird. Die verschiedene Beständigkeit von Komplexen gegenüber Fällungsmitteln wird vielfach zur Trennung von Elementen herangezogen, z. B. zur Trennung von Ni und Co oder von Cu und Cd (S. 166). Auch der Nachweis von Cl^- neben Br^- und I^- ist ein Beispiel für den Zusammenhang zwischen der Beständigkeitskonstanten eines Komplexsalzes und dem Löslichkeitsprodukt eines Niederschlages (s. Rk. 5, S. 200).

Cyanokomplexe von Eisen und Kupfer sind wenig dissoziiert (Beständigkeitskonstante von $[Cu(CN)_4]^{3-}$ $K = 10^{28}\ l^4 \cdot mol^{-4}$). Man nennt sie daher starke Komplexe. Die meisten Amminkomplexe sind wesentlich unbeständiger, sie bilden nur schwache Komplexe. Viele Doppelchloride oder Doppelsulfate sind in wäßriger Lösung weitgehend in die Einzelionen dissoziiert, so daß sie deren Reaktionen geben. Man spricht dann nicht mehr von Komplexsalzen, sondern von Doppelsalzen, z. B. bei Kaliumaluminiumsulfat-12-Wasser, $KAl(SO_4)_2 \cdot 12\,H_2O$, oder Mohrschem Salz, $(NH_4)_2Fe(SO_4)_2 \cdot 6\,H_2O$. (Der Punkt in der Formel ist als „mit" zu lesen.) Zur Benennung von Komplexen, Salzen und Hydraten s. S. 97ff.

Nomenklatur

Die Internationale Union für Reine und Angewandte Chemie (IUPAC) läßt von ihren Kommissionen Internationale Regeln für die chemische Nomenklatur und Terminologie erarbeiten. Im folgenden sind die wichtigsten Regeln für die Nomenklatur der anorganischen Verbindungen angeführt.

Trivialnamen statt der den Regeln entsprechenden systematischen Namen können weiterhin für einige Säuren und Wasserstoffverbindungen benutzt werden, z. B.

Kohlensäure	H_2CO_3	Ammoniak	NH_3
Flußsäure	HF	Arsin	AsH_3
Orthokieselsäure	H_4SiO_4	Hydrazin	N_2H_4
Salpetersäure	HNO_3	Phosphin	PH_3
Salzsäure	HCl	Wasser	H_2O

In der technischen und volkstümlichen Literatur ist gegen den Gebrauch weiterer Trivialnamen nichts einzuwenden, z. B.

Ätzkalk	≙ $Ca(OH)_2$ Calcium-hydroxid
Kochsalz	≙ NaCl Natrium-chlorid
Chilesalpeter	≙ $NaNO_3$ Natrium-nitrat
Soda	≙ Na_2CO_3 Natrium-carbonat

Namen mit entstellender chemischer Aussage sollten aber verschwinden, z. B.

essigsaure Tonerde für $Al(CH_3COO)_3$ richtig: Aluminium-acetat
kohlensaurer Kalk für $CaCO_3$, richtig: Calcium-carbonat
schwefelsaure Magnesia für $MgSO_4$, richtig: Magnesium-sulfat

Trivialnamen gibt es auch für Atomgruppen, die als Ionen oder als Teile von Molekülen, Salzen oder Komplexen vorkommen. Soweit es sich um klar abgegrenzte Atomgruppen handelt, können diese Trivialnamen noch weiter benutzt werden, z. B.

HO	Hydroxyl	S_2O_5	Disulfuryl
CO	Carbonyl	SeO	Seleninyl
CSe	Selenocarbonyl	SeO_2	Selenonyl
NO	Nitrosyl	ClO	Chlorosyl
NO_2	Nitryl	ClO_2	Chloryl
PO	Phosphoryl	ClO_3	Perchloryl (Entsprechendes gilt für andere Halogene)
PS	Thiophosphoryl		
SO	Sulfinyl (Thionyl)	CrO_2	Chromyl
SO_2	Sulfonyl (Sulfuryl)	(BiO ist keine klar abgegrenzte Atomgruppe)	

UO_2 Uranyl
NpO_2 Neptunyl
PuO_2 Plutonyl (entsprechend für andere Elemente der Actinoiden-Reihe)

Atomgruppen („Radikale") werden in Verbindungen als elektropositive Bestandteile behandelt, z. B. $COCl_2$ Carbonylchlorid.

Formeln

Formeln geben die stöchiometrische Zusammensetzung einer Verbindung an, sollen aber oft auch die strukturelle Beziehung zwischen den Atomen darstellen. Der elektropositive Bestandteil (das Kation) steht stets an erster Stelle, z. B. KCl, $CaSO_4$. Bei Verbindungen aus zwei Nichtmetallen wird derjenige Bestandteil, der in der Reihe Rn, Xe, Kr, B, Si, C, Sb, As, P, N, H, Te, Se, S, At, I, Br, Cl, O, F an früherer Stelle steht, zuerst genannt, z. B. SiC, H_2S, ClO_2, OF_2. Dagegen soll in kettenförmigen Verbindungen mit drei oder mehr Elementen die Reihenfolge in der Formel mit der tatsächlichen Reihenfolge der Atome im Molekül übereinstimmen, z. B. HOCN (Cyansäure), HONC (Knallsäure).

Systematische Namen

In den systematischen Namen wird der elektropositive Bestandteil zuerst genannt und sprachlich nicht verändert. Ist der elektronegative Bestandteil einatomig oder besteht er nur aus mehreren gleichen Atomen, so erhält sein (manchmal gekürzter oder lateinischer) Name die Endung -id, z. B. Galliumarsenid GaAs, Natriumhydrid NaH. Heteropolyatomige elektronegative Bestandteile erhalten, bis auf wenige Ausnahmen, die Endung -at, z. B. Natrium-nitrat $NaNO_3$. Liegen verschiedene elektronegative bzw. -positive Bestandteile vor, wird in jeder Gruppe alphabetisch geordnet, z. B. Kalium-magnesium-phosphat $KMgPO_4$, Bismut-chlorid-oxid BiClO.

Zur Angabe von stöchiometrischen Proportionen werden außerdem multiplikative Vorsilben benutzt: mono, di, tri, tetra, penta, hexa, hepta, octa, nona (ennea), deca, undeca (hendeca), dodeca usw.

Beispiele: Tetraphosphortrisulfid P_4S_3, Distickstofftetraoxid N_2O_4.

Mit diesen Vorsilben bezeichnet man auch den Umfang einer Substitution (z. B. Dichlorsilan $SiCl_2H_2$), die Zahl identischer koordinierter Gruppen in Komplexen (siehe Komplexe), die Zahl gleichartiger Zentralatome in kondensierten Säuren (z. B. Dischwefelsäure $H_2S_2O_7$) sowie die Zahl der Atome desselben Elements, die das Gerüst bestimmter Moleküle oder Ionen bilden (z. B. Disilan Si_2H_6, Tetrathionat-Ion $S_4O_6{}^{2-}$).

Um Mehrdeutigkeit auszuschließen, ist daher eine zweite Gruppe rein multiplikativer Vorsilben notwendig: bis, tris, tetrakis, pentakis usw.

Beispiele: Tris(decyl)phosphin $P(C_{10}H_{21})_3$, nicht zu verwechseln mit Tridecylphosphin $PH_2(C_{13}H_{27})$
Pentacalcium-fluorid-tris(phosphat) $Ca_5F(PO_4)_3$, im Gegensatz zu Triphosphaten, den Salzen der Triphosphorsäure.

Indirekt ergeben sich die stöchiometrischen Proportionen, wenn man die Oxidationsstufe des Elements in einer Verbindung durch eine in Klammern gesetzte nachgestellte römische Zahl angibt (Stocksches System) oder die Ionenladung in Klammern hinter den Namen von Ionen setzt (Ewens-Basset-System).

Beispiele:

$FeCl_2$	Eisen-dichlorid	Eisen(II)-chlorid Eisen(2+)-chlorid
K_3MnO_4	Trikalium-tetraoxomanganat	Kalium-manganat(V) Kalium-manganat(3–)
$Pb_2{}^{II}Pb^{IV}O_4$	Triblei-tetraoxid	Diblei(II)-blei(IV)-oxid

Säuren

Die systematische Nomenklatur verzichtet grundsätzlich auf jede funktionelle Bezeichnungsweise. Bei Säuren erscheint eine konsequente Umbenennung z. Z. kaum durchführbar, z. B. Dihydrogensulfat statt Schwefelsäure.

In einigen Fällen werden Säuren den Regeln entsprechend so bezeichnet wie Verbindungen, die neben Wasserstoff als elektropositivem Bestandteil nur einen elektronegativen einfachen Bestandteil enthalten, z. B. HCl Hydrogenchlorid, HCN Hydrogencyanid, HN_3 Hydrogenazid,

H_2S Hydrogensulfid, H_2S_2 Dihydrogendisulfid, H_2Se Hydrogenselenid, H_2Te Hydrogentellurid usw.

Oxosäuren (Sauerstoffsäuren) und ihre Salze

Säuren, die sich von mehratomigen Anionen ableiten, werden meist genannt, indem -säure an den Namen des charakteristischen Elements gehängt wird, z. B. H_3BO_3 Borsäure. Manchmal muß die Oxidationsstufe des Elements angeben werden, damit die Bezeichnung eindeutig wird, z. B. H_2MnO_4 Mangan(VI)säure (zum Unterschied von H_3MnO_4 Mangan(V)säure). Die Salze erhalten die Endung -at, z. B. Natrium-borat, Kalium-manganat(VI), Kaliummanganat(V).

Bei einer Reihe von Oxosäuren bzw. -salzen wird die Oxidationsstufe des Elements durch besondere Vorsilben oder Endungen bezeichnet. Den Namen der bekanntesten Säure bildet man durch Anhängen von -säure an den Elementnamen, z. B. H_2SO_4 Schwefelsäure. Die Salze erhalten die Endung -at ohne Angabe der Oxidationsstufe, z. B. Na_2SO_4 Natriumsulfat. Die Säure mit dem charakteristischen Element in niedrigerer Oxidationsstufe erhält das aus dem Elementnamen gebildete, auf -ige endende Adjektiv vor dem Wort Säure, während die Salze die Endung -it erhalten.

H_2SO_3	Schweflige Säure	Na_2SO_3	Natriumsulfit
H_3AsO_3	Arsenige Säure	Ag_3AsO_3	Silberarsenit
$HClO_2$	Chlorige Säure	$NaClO_2$	Natriumchlorit
HNO_2	Salpetrige Säure	KNO_2	Kaliumnitrit

Der Gebrauch der Vorsilbe Hypo- ist auf folgende Fälle beschränkt:

$HClO$	Hypochlorige Säure
$HBrO$	Hypobromige Säure
HIO	Hypoiodige Säure
$H_2N_2O_4$	Hyposalpetrige Säure
$H_4P_2O_6$	Hypophosphorsäure
$NaClO$	Natrium-hypochlorit
$NaBrO$	Natrium-hypobromit
$NaIO$	Natrium-hypoiodit
$Na_2N_2O_4$	Natrium-hyponitrit
$Na_4P_2O_6$	Natrium-hypophosphat

Die Vorsilbe Per- soll nur bei den Säuren der Elemente der VII. Gruppe und ihren Salzen verwendet werden.

$HClO_4$	Perchlorsäure	$NaClO_4$	Natrium-perchlorat
$HBrO_4$	Perbromsäure	$NaBrO_4$	Natrium-perbromat
HIO_4	Periodsäure	$NaIO_4$	Natrium-periodat
$HMnO_4$	Permangansäure	$KMnO_4$	Kalium-permanganat
$HTeO_4$	Pertechnetiumsäure	$KTeO_4$	Kalium-pertechnetat
$HReO_4$	Perrheniumsäure	$KReO_4$	Kalium-perrhenat

Ortho- und Meta- sollen nur noch bei folgenden Säuren und ihren Salzen zur Unterscheidung nach verschiedenem „Wassergehalt" dienen.

H_3BO_3	Orthoborsäure	$(HBO_2)_n$	Metaborsäure
H_4SiO_4	Orthokieselsäure	$(H_2SiO_3)_n$	Metakieselsäure
H_3PO_4	Orthophosphorsäure	$(HPO_3)_n$	Metaphosphorsäure
H_5IO_6	Orthoperiodsäure	HIO_4	Periodsäure (Metaperiodsäure)
H_6TeO_6	Orthotellursäure	$(H_2TeO_4)_n$	Metatellursäure

Thio- und Peroxosäuren

Säuren, die sich von Oxosäuren durch Ersatz von Sauerstoff durch Schwefel ableiten, werden als Thiosäuren bezeichnet. Kann mehr als ein Sauerstoffatom ersetzt werden, ist stets die Zahl der Schwefelatome anzugeben.

$H_2S_2O_3$	Thioschwefelsäure
$H_3PO_2S_2$	Dithiophosphorsäure
H_2CS_3	Trithiokohlensäure
H_3AsO_2S	Monothioarsenige Säure
H_3AsS_4	Tetrathioarsensäure
$Na_2S_2O_3$	Natrium-thiosulfat
$Na_3PO_2S_2$	Natrium-dithiophosphat
Na_2CS_3	Natrium-trithiocarbonat
Na_3AsO_2S	Natrium-monothioarsenit
Na_3AsS_4	Natrium-tetrathioarsenat

Durch Peroxo- vor dem Trivialnamen einer Oxosäure wird die Substitution von —O— durch —O—O— angegeben.

H_2SO_5	Peroxomonoschwefelsäure
$H_2S_2O_8$	Peroxodischwefelsäure
K_2SO_5	Kalium-peroxomonosulfat
$K_2S_2O_8$	Kalium-peroxodisulfat

Isopolysäuren

Entstehen Säuren formal oder tatsächlich durch Kondensation von Molekülen einer Monosäure, so genügt es, mit einer multiplikativen Vorsilbe wie Di-, Tri- usw. vor dem Trivialnamen der Säure die Zahl der Atome des charakteristischen Elements in den Molekülen der gebildeten Polysäure anzugeben.

$H_2S_2O_7$	Dischwefelsäure	$Na_2S_2O_7$	Natrium-disulfat
$H_2S_2O_5$	Dischwefl ige Säure	$Na_2S_2O_5$	Natrium-disulfit

Säurewasserstoff enthaltende Salze (saure Salze)

Die im Salz noch vorhandenen ersetzbaren Wasserstoffatome werden, durch einen Bindestrich abgesetzt und eventuell mit multiplikativer Vorsilbe versehen, als „hydrogen" an letzter Stelle der elektropositiven Bestandteile (Kationen) genannt. Danach folgt ohne Bindestrich der Name des Anions.

KH_2PO_4 Kalium-dihydrogenphosphat

Oxid- und Hydroxid-Salze (Basische Salze)

Die Namen ergeben sich, indem hydroxid bzw. oxid unter den elektronegativen Bestandteilen entsprechend der alphabetischen Reihenfolge genannt wird.

MgCl(OH)	Magnesium-chlorid-hydroxid
$VO(SO_4)$	Vanadium(IV)-oxid-sulfat

Komplexe und Heteropolysäuren

In der Formel eines Komplexes steht zuerst das Symbol des Zentralatoms. Darauf folgen die anionischen und dann die neutralen Liganden, und zwar jeweils in alphabetischer Reihenfolge der Symbole. Die Formel des genannten Komplexes wird in eckige Klammern gesetzt.

Im Namen werden zuerst alle Liganden alphabetisch genannt, d. h. ohne Einteilung in anionische und neutrale und ohne Berücksichtigung ihrer Anzahl, d. h. der multiplikativen Vorsilben. Daher wird z. B. Dimethylamin unter „d" eingeordnet, Diammin dagegen unter „a". Die Vorsilbe mono wird meist weggelassen. Ganz am Schluß steht der Name des als Zentralatom vorliegenden Elements. Anionische Komplexe enthalten immer die Endung -at.

Namen anionischer Liganden enden stets auf -o. An Anionennamen, die auf -id, -it oder -at enden, wird -o angehängt. Andere Bildungsform besitzen:

F^- fluoro, Cl^- chloro, Br^- bromo, I^- iodo, O^{2-} oxo, OH^- hydroxo, $O_2{}^{2-}$ peroxo, $HO_2{}^-$ hydrogenperoxo, S^{2-} thio, CN^- cyano, H^- hydrido.

Neutrale Liganden haben keine bestimmte Endung, werden jedoch in Klammern gesetzt. Ausnahmen sind aqua (für H_2O) und ammin (für NH_3) sowie Carbonyl (CO) bzw. Nitrosyl (NO). Letztere gelten als neutral.

$[Cr(NH_3)_6]Cl_3$	Hexaamminchrom(III)-chlorid
$Na_3[Ag(S_2O_3)_2]$	Natrium-bis(thiosulfato)argentat(I)
$K[Co(CN)(CO)_2(NO)]$	Kalium-dicarbonylcyanonitrosylcobaltat(0)

Bilden sich durch Kondensation aus verschiedenen Monosäuren ketten- oder ringförmige Heteropolysäuren, so wird das Anion, dessen vom charakteristischen Element abgeleiteter Name im Alphabet an vorderer Stelle steht, als Ligand am charakteristischen Atom der anderen Säure behandelt.

$H_2O_2Se—O—SO_3$ Selenatoschwefelsäure (Hydrogenselenatosulfat)

Enthalten die Heteropolysäureanionen dreidimensionale Netzwerke, werden etwas veränderte Namen benutzt, z. B. Wolframo statt Wolframato.

$H_4[SiW_{12}O_{40}]$ 12-Wolframokieselsäure oder Dodecawolframokieselsäure

Additionsverbindungen

Nur „Wasser" wird oft als „Hydrat" bezeichnet. Sonst werden die Namen von Additionsverbindungen gebildet, indem man die Namen der Bestandteile durch Bindestriche verbindet und die Zahl der Moleküle hinter dem Namen durch in Klammern gesetzte arabische Ziffern angibt, die durch einen Schrägstrich getrennt sind.

Wasser wird immer zuletzt genannt, die anderen Moleküle nach steigender Zahl. Ist ihre Zahl gleich, wird in alphabetischer Reihenfolge zitiert.

$Al_2(SO_4)_3 \cdot K_2SO_4 \cdot 24\,H_2O$ Aluminiumsulfat-Kaliumsulfat-Wasser (1/1/24)
$CaCl_2 \cdot 8\,NH_3$ Calciumchlorid-Ammoniak (1/8)

Wenn Angaben über die Struktur vorliegen, kann ein Teil des Addukts oft nach den Regeln für Komplexliganden benannt werden, z. B.

$[Fe(H_2O)_6]SO_4 \cdot H_2O$ Hexaaquaeisen(II)-sulfat-Monohydrat.

Cobalt, Co, 58,9332; +2, +3

Cobalt ist in der Natur ein ständiger Begleiter des Nickels. Als Metall sowie in seinen einfachen Salzen und Verbindungen hat es sehr große Ähnlichkeit mit diesem und findet daher in der Technik eine ähnliche Verwendung. Wie Nickel kann es neben der Oxidationsstufe +2 auch in der Oxidationsstufe +3 erhalten werden, von der aber nur die Komplexsalze beständig sind (s. unten).

1. Darstellung von Tetraammincarbonatocobalt(III)-nitrat-Hemihydrat, $[CoCO_3(NH_3)_4]NO_3 \cdot {}^1/_2\,H_2O$

$$2\,Co(NO_3)_2 + {}^1/_2\,O_2 + 2\,(NH_4)_2CO_3 + 6\,NH_3 \rightarrow 2\,[CoCO_3(NH_3)_4]NO_3 \cdot {}^1/_2\,H_2O + 2\,NH_4NO_3$$

Eine Lsg. von 100 g $(NH_4)_2CO_3$ in 500 ml W. u. 250 ml 13,5 mol/l NH_3 wird mit einer Lsg. von 50 g $Co(NO_3)_2 \cdot 6\,H_2O$ in 100 ml W. versetzt u. durch die tiefviolette Flüssigkeit etwa 3 Std. lang ein nicht zu schneller Luftstrom mit der Wasserstrahlpumpe gesaugt. Dabei schlägt die Farbe allmählich nach blutrot um. Man engt dann auf etwa 300 ml ein, wobei alle 15 Min. 5 g $(NH_4)_2CO_3$ (insgesamt etwa 30 g) zugesetzt werden. Nach Filtration wird unter Zugabe von weiteren 10 g $(NH_4)_2CO_3$ auf etwa 200 ml eingeengt. Die ausgeschiedenen purpurfarbenen Kristalle werden nach dem Erkalten abgesaugt, erst mit W., dann mit verd. u. schließlich mit reinem Alkohol gewaschen u. bei 100 °C getrocknet. Ausbeute etwa 20 g.

2. Darstellung von Hexaammincobalt(III)-chlorid, $[Co(NH_3)_6]Cl_3$

$$4\,CoCl_2 + 4\,NH_4Cl + 20\,NH_3 + O_2 \rightarrow 4\,[Co(NH_3)_6]Cl_3 + 2\,H_2O$$

24 g $CoCl_2 \cdot 6\,H_2O$ und 16 g NH_4Cl werden in 20 ml W. unter Schütteln fast gelöst. Man gibt 1–2 g Aktivkohle u. 50 ml 13,5 mol/l NH_3 zu u. leitet anschließend einen kräftigen Luftstrom durch die Suspension, bis die ursprünglich rote Lsg. gelbbraun ist; zur Aufrechterhaltung der NH_3-Konz. wird während des Oxidationsvorganges zweckmäßig noch etwas 13,5 mol/l NH_3 zugefügt. Der Nd. von $[Co(NH_3)_6]Cl_3$ wird zusammen mit der Aktivkohle abfiltriert u. der Filterrückstand in 1–2%iger HCl in der Hitze gelöst. Man filtriert noch heiß ab u. fällt reines $[Co(NH_3)_6]Cl_3$ durch Zusatz von 40 ml konz. HCl u. Abkühlen auf 0 °C. Der abfiltrierte Nd. wird zuerst mit 60%igem, dann mit 96%igem Alkohol gewaschen u. bei 80–100 °C getrocknet; Ausbeute etwa 20 g weinrote bis bräunlichrote, wasserlösl. Kristalle.

3. Darstellung von Natriumhexanitritocobaltat(III), $Na_3[Co(NO_2)_6]$

$$2\,Co(NO_3)_2 + 12\,NaNO_2 + 2\,CH_3COOH + {}^1/_2\,O_2 \rightarrow 2\,Na_3[Co(NO_2)_6] + 4\,NaNO_3 + 2\,CH_3COONa + H_2O$$

Man löst in der Hitze 15 g $NaNO_2$ in 15 ml W., kühlt auf 50–60 °C ab, wobei sich wieder etwas $NaNO_2$ ausscheidet, fügt 5 g $Co(NO_3)_2 \cdot 6\,H_2O$, dann portionsweise 5 ml 50%ige Essigsäure unter Umschütteln zu u. leitet ${}^1/_2$ Std. einen kräftigen Luftstrom durch die Lösung. Nach 2 Std. wird der braune Nd. abfiltriert. Das F. muß klar sein. Der Nd. wird mit 5 ml W. von 70–80 °C angerührt, die

Lsg. durch ein kleines Filter von ungelöstem $K_3[Co(NO_2)_6]$ abgetrennt u. mit dem vorigen klaren F. vereinigt. Diese gesamte Lsg. fällt man mit 25 ml 96%igem Alkohol, läßt den ausgefallenen Nd. ein paar Stunden absitzen, nutscht ihn dann ab, saugt trocken, wäscht 4mal mit etwa 3 ml Alkohol, dann 2mal mit Ether u. trocknet an der Luft. Damit sich das Präparat klar in Wasser löst, ist ein Umfällen mit Alkohol zweckmäßig. Die wäßrige Lösung ist nicht beständig.

4. Darstellung von Triammintrinitritocobalt(III), $[Co(NO_2)_3(NH_3)_3]$

$$2\,CoCl_2 + 2\,NH_4Cl + 6\,NaNO_2 + 4\,NH_3 + {}^1/_2\,O_2 \rightarrow 2\,[Co(NO_2)_3(NH_3)_3] + 6\,NaCl + H_2O$$

4,5 g $CoCl_2 \cdot 6\,H_2O$ werden in 12,5 ml W. gelöst u. zu einer kalt bereiteten Lsg. von 5 g NH_4Cl u. 6,7 g $NaNO_2$ in 42 ml W. u. 21 ml 13,5 mol/l NH_3 gegeben. Man oxidiert die Lsg. 4 Std. lang durch einen kräftigen Luftstrom. Die dicke, braune Lsg. läßt man drei Tage lang an der Luft stehen. Der Nd. wird abgenutscht, mit kaltem W. bis zur Chloridfreiheit gewaschen u. mit heißem, essigsäurehaltigem W. ausgezogen. Aus dem klaren F. kristallisieren gelbbraune Kristalle.

Zur Erkennung der Eigenschaften der Cobaltsalze in wäßrigen Lösungen verwende man für die folgenden Reaktionen verd. $CoCl_2$- oder $Co(NO_3)_2$-Lösungen bzw. die entsprechend vorbereitete Analysenlösung.

5. NaOH oder KOH

$$2\,Co(OH)_2 + 2\,H_2O + Cl_2 \rightarrow 2\,Co(OH)_3 + 2\,HCl$$

In der Kälte blauer Nd. eines basischen Salzes wechselnder Zusammensetzung, in der Hitze Bldg. von rosenrotem $Co(OH)_2$. Bei Anwesenheit von Oxidationsmitteln, wie Cl_2, Br_2, H_2O_2, wird der Nd. schwarzbraun.

6. Ammoniak

Bei Abwesenheit von Ammoniumsalzen Bildung eines blauen Nd. wie bei NaOH. An der Luft wird der Nd. schnell rötlich u. löst sich im Überschuß von Ammoniak leicht auf, wobei sich sehr beständige Ammincobaltkomplexe bilden, in denen das Element in der Oxidationsstufe +3 vorliegt.

Bei Anwesenheit von Ammoniumsalzen bleibt die Fällung aus. Es entsteht zunächst eine schmutziggelbe, komplexe Cobalt(II)-Salzlsg., die an der Luft schnell durch Oxidation zu Co(III) rot wird.

7. Urotropin

In der Kälte kein Nd., in der Hitze teilweise Fällung von $Co(OH)_2$, die aber bei Anwesenheit von Ammoniumsalzen ganz ausbleibt (vgl. S. 87).

8. Na_2CO_3

Je nach den Konzentrationsverhältnissen bläulicher oder rötlicher Nd. von basischem Carbonat wechselnder Zusammensetzung.

9. H_2S, $(NH_4)_2S$

In saurer Lsg. kein Niederschlag. In neutraler, acetathaltiger Lsg. schwarzer Nd. von CoS, ebenso mit $(NH_4)_2S$ in ammoniakalischer Lösung. Der Nd. ist wie bei Nickel schwerlösl. in Essigsäure u. verd. Salzsäure. Beim Fällen unter Luftzutritt u. bei Gegenwart von überschüssigem Ammoniumsulfid bildet sich zunächst Co(OH)S, das in Co_2S_3 übergeht.

$$2\,CoS + {}^1/_2\,O_2 + H_2O \rightarrow 2\,Co(OH)S$$
$$2\,Co(OH)S + H_2S \rightarrow Co_2S_3 + 2\,H_2O$$

Dagegen wird das Sulfid durch konz. Salpetersäure oder Königswasser sowie von Wasserstoffperoxid in Essigsäure gelöst.

$$3\,Co_2S_3 + 16\,HNO_3 \rightarrow 6\,Co(NO_3)_2 + 4\,NO\uparrow + 9\,S\downarrow + 8\,H_2O$$
$$Co_2S_3 + 11\,H_2O_2 \rightarrow 2\,CoSO_4 + 10\,H_2O + H_2SO_4$$

10. Vorproben

Die Phosphorsalz- u. Boraxperle sind in der Reduktions- u. Oxidationsflamme in der Hitze u. Kälte blau. Auf der Holzkohle bilden sich graue Metallflitter, die magnetisch sind u. wie beim Ni geprüft werden können (Ausführung s. S. 89f.).

11. Nachweis mit Ammoniumthiocyanat

Co^{2+} bildet in neutraler oder essigsaurer Lösung mit Thiocyanationen $Co(SCN)_2$ (in neutralem Medium) bzw. $H_2[Co(SCN)_4]$ (in saurem Medium); beide Verbindungen sind blau gefärbt. Zur besseren Erkennung werden sie mit Amylalkohol aus der wäßrigen Lösung extrahiert.

Man kann sehr wenig Co^{2+} neben viel Ni^{2+} nachweisen. Fe^{3+} stört, da es (s. S. 127) mit SCN^- eine tiefrote Verbindung bildet, die sich auch in organischen Lösungsm. löst. Man verhindert das durch Zufügen eines Überschusses von festem NaF, wodurch das Fe^{3+} in $[FeF_6]^{3-}$ übergeführt wird.

In einem Reagenzglas versetze man einige Tr. der essigsauren oder neutralen Probelsg. mit einer Spatelspitze KSCN oder NH_4SCN u. überschichtet mit 1 ml Amylalkohol-Ether-Gemisch. Bei Ausführung auf einer TP versetze man 1 Tr. der essigsauren Probelsg. mit 5 Tr. einer gesättigten Lsg. von NH_4SCN in Aceton. Je nach der Menge der Co^{2+}-Ionen entsteht eine grün bis blau gefärbte Lösung.
EG: 0,3 µg Co pD 5,0

Mangan, Mn, 54,9380; +2, +4, +6, +7; VII. Nebengruppe des PSE

Das Mangan ist das erste Element der VII. Nebengruppe des PSE. Es folgen die Elemente Technetium, Tc, und Rhenium, Re. Technetium kennt man nur in Form künstlich hergestellter Isotope.

Gemäß den allgemeinen Regeln für die Nebengruppen (s. S. 84ff.) kommen die Elemente in zahlreichen Oxidationsstufen vor, wobei die Beständigkeit der höchsten Oxidationsstufe mit steigender Ordnungszahl zunimmt. Kaliummanganat(VII) z. B. ist demnach ein wesentlich stärkeres Oxidationsmittel als Kaliumrhenat(VII). Außerdem sind die Rhenate(VII) zum Unterschied von den Manganaten(VII) farblos.

Mangan kommt in der Natur hauptsächlich als MnO_2 (Braunstein), Mn_3O_4 (Hausmannit) und in Form anderer, zum Teil wasserhaltiger Oxide sowie als $MnCO_3$ (Manganspat) vor. Die Darstellung des Metalls erfolgt auf aluminothermischem Wege (s. S. 122). Eisen-Mangan-Legierungen (Ferromangan, Spiegeleisen) lassen sich im Hochofen erschmelzen. Manganlegierungen finden in der Technik weitgehende Verwendung. Von seinen Verbindungen wird der Braunstein in der Glas- und Keramischen Industrie, das Kaliummanganat(VII) (auch Kaliumpermanganat genannt) als Oxidationsmittel verwendet. Braunstein sowie Mangansalze werden in Batterien verwendet.

Beim Mangan kennt man Verbindungen mit den Oxidationsstufen von +1 bis +7. Die Oxidationsstufe +1 kommt z. B. in der sehr unbeständigen Komplexverbindung $K_3[Mn(CN_4)]$ vor. Sie ist +2 in Salzen wie $MnSO_4$. Diese sind schwach rosa gefärbt, beständig und schließen sich – mit Ausnahme ihrer Oxidierbarkeit zu Manganverbindungen höherer Oxidationsstufe – in ihrem Verhalten in wäßriger Lösung weitgehend an die Magnesiumsalze und teilweise an die Zinksalze an. Die Stabilität der Mangan(III)-Verbindungen ist gering; das gilt besonders für wäßrige Lösungen von Verbindungen mit Mn^{3+} als Kation. Stabil sind Komplexverbindungen, bei denen Mn(III) im Anion enthalten ist. Mn(III) tritt in der Analyse in der Phosphorsalzperle auf.

In MnO_2, Mangandioxid oder Braunstein, der wichtigsten Verbindung des Mn, liegt die Oxidationsstufe +4 vor. Schmelzen von MnO_2 mit anderen Oxiden liefert Doppeloxide, z. B. $CaO \cdot MnO_2$, die formal wegen der Summenformel $CaMnO_3$ als Manganite bezeichnet wurden. Mangandioxid ist ein starkes Oxidationsmittel (s. die Chlordarstellung aus MnO_2 + HCl, S. 27) und dient als Ausgangsmaterial für die anderen Manganverbindungen (Darstellung von $KMnO_4$, S. 107 und von Mangan, S. 122).

Die Oxidationsstufe +5 tritt z. B. im unbeständigen $Na_3MnO_4 \cdot 12\,H_2O$ auf, welches hellblaue Kristalle bildet.

Die Manganate(VI) leiten sich von dem unbekannten Oxid MnO_3 bzw. der Mangan(VI)-säure H_2MnO_4 ab. Die Manganate(VI) sind grün gefärbt und sehr unbeständig. Sie haben insofern Bedeutung, als sie erstens als Zwischenverbindung bei der großtechnischen Darstellung des Permanganats vorkommen und zweitens zum Erkennen von Mangan in der Analyse dienen. Sie entstehen immer, wenn man irgendeine Manganverbindung in Gegenwart von basisch wirkenden Stoffen, wie Alkalihydroxid, Alkalicarbonat, Calciumoxid und dergleichen, oxidierend auf höherere Temperatur erhitzt.

Als Oxidationsmittel dient in der Technik Luft, bei der Analyse am besten KNO_3 oder $KClO_3$.

Die Manganate(VII) leiten sich von dem sehr unbeständigen rotvioletten Mn_2O_7 und der in wäßriger Lösung haltbaren Mangan(VII)-säure, $HMnO_4$, ab. Sie sind tiefviolett gefärbt. $HMnO_4$ kann aus $Ba(MnO_4)_2$ und verdünnter H_2SO_4 dargestellt werden.

Das Säureanhydrid Mn_2O_7 ist eine ölige, rotbraune, stark explosive Flüssigkeit. Es entsteht, wenn man $KMnO_4$ mit konz. H_2SO_4 behandelt. Dabei ist äußerste Vorsicht geboten!!

Die verschiedenen Oxidationsstufen können zum Teil leicht ineinander übergeführt werden.

Für die folgenden Reaktionen 1.–7. verwende man eine $MnSO_4$-Lösung, für Reaktion 8. und 9. eine $KMnO_4$-Lösung bzw. die entsprechend vorbereitete Analysenlösung.

1. NaOH oder KOH

Rosa Nd. von $Mn(OH)_2$, im Gegensatz zum Zink nicht im Überschuß des Fällungsmittels löslich. Wird an der Luft braun.

2. Ammoniak

$$Mn^{2+} + 6\,NH_3 \rightleftharpoons [Mn(NH_3)_6]^{2+}$$

Wie bei Magnesium unvollständige Fällung. Bei Ggw. von Ammoniumsalzen bleibt sie überhaupt aus (vgl. aber 4.!). Die Gründe für das Ausbleiben der Fällung sind wie beim Mg^{2+} die Zurückdrängung der OH-Konzentration durch die Ammoniumionen u. die Bildung eines Hexaamminkomplexes.

3. Urotropin

Wie bei Nickel (S. 88) in der Kälte kein Nd., in der Siedehitze teilweise Fällung von $Mn(OH)_2$, die bei Ggw. von Ammoniumsalzen ausbleibt.

4. Alkalicarbonat

Weiße Fällung von $MnCO_3$, im Gegensatz zum Magnesium auch mit $(NH_4)_2CO_3$.

Diese bei den Rkk. 1.–4. beobachteten Erscheinungen treten aber nur bei Ausschluß von Sauerstoff (also auch von Luft) ein. Ist Sauerstoff zugegen, so werden die Ndd. bald braun bzw. es bildet sich ein solcher in Ammoniumsalze enthaltender Lösung nach Zusatz von Ammoniak. Im alkalischen Medium wird schon durch den Sauerstoff der Luft bei gewöhnlicher Temp. das Mn(II) langsam oxidiert. Es entstehen je nach pH-Wert und Konzentration des Mn(II)-salzes sowie eventuell vorhandener Fremdsalze überwiegend Mn(III)- oder Mn(IV)-enthaltende Ndd. So erhält man z. B. durch Versetzen einer H_2O_2-haltigen $MnSO_4$-Lösung mit NH_3 und Trocknen des Niederschlags bei 50 °C reines schwarzes MnO(OH), das dem Mineral Manganit entspricht. Andererseits ergibt eine Oxidation in fremdelektrolythaltiger Lösung ein kaum kristallines, sehr unreines MnO_2. Auf Mn(IV)-Plätzen sitzt zum Teil Mn(II), und wie in einem Ionenaustauscher wird von z. B. K^+ oder Zn^{2+}-Ionen die fehlende Ladung kompensiert.

5. Fällung als MnO_2

$$Mn(OH)_2 + H_2O_2 \rightarrow MnO_2\downarrow + 2\,H_2O$$

Eine Mischung von Natronlauge und H_2O_2 oder Natriumperoxid bewirkt die Fällung von MnO_2.

Das Verhalten des Mangan(II)-Ions in alkalischen oder ammoniakalischen Lösungen ist für die analytische Trennung von anderen Elementen von großer Bedeutung!

Auch in saurer Lösung kann Mn(II) zu Mn(IV) oxidiert werden. Dies dient vor allem zur Abtrennung des Mn von den anderen Kationen der $(NH_4)_2S$-Gruppe. Dazu wird entweder in HNO_3-saurer Lösung mit $NaClO_3$ oder in H_2SO_4-saurer Lösung mit $(NH_4)_2S_2O_8$ oxidiert. Das aus saurem Medium abgeschiedene MnO_2 zeichnet sich gegenüber dem aus alkalischen Lösungen gefällten Oxidhydrat durch eine geringere Bindungsfähigkeit für andere gelöste Kationen aus, so daß ein Umfällen unterbleiben kann (s. S. 168).

Etwa 1 ml der Probelsg. wird in einem Porzellantiegel mit 10 Tr. 14 mol/l HNO_3 u. mit 3 Tr. 5 mol/l $NaClO_3$ versetzt u. gerade bis zur Trockne eingedampft. Den Rückstand nimmt man erneut mit 10 Tr. 14 mol/l HNO_3 auf, versetzt mit 3 Tr. 5 mol/l $NaClO_3$-Lsg. u. dampft nochmals zur Trockne ein. Der braunschwarz gefärbte Rückstand wird mit 1 ml H_2O + 1 Tr. 2,5 mol/l HNO_3 aufgeschlämmt, in ein Reagenzglas überführt, von der Lsg. abzentrifugiert u. einmal mit 1 ml H_2O gewaschen. (Im Trennungsgang können sich in der Lsg. Fe^{3+}, Zn^{2+}, Ni^{2+} und Co^{2+} befinden.)

Der MnO_2-Rückstand wird in 5 Tr. 2,5 mol/l HNO_3 u. 1 Tr. 2,5 mol/l H_2O_2 gelöst u. die Lsg. im W.-Bad solange erwärmt, bis das überschüssige H_2O_2 zersetzt ist. In dieser Lsg. können die gebildeten Mn^{2+}-Ionen durch die üblichen Rkk. identifiziert werden.

6. $(NH_4)_2HPO_4$

Weißer kristalliner Nd. von $MnNH_4PO_4$ wie beim Magnesium. Im Gegensatz zu dem entsprechenden Magnesiumsalz färbt sich der Nd. nach Zugabe eines Tr. alkalischer H_2O_2-Lsg. infolge Bldg. von MnO_2 braun.

7. H_2S

$$Mn^{2+} + S^{2-} \rightarrow MnS\downarrow$$

$$MnS + O_2 + H_2O \rightarrow MnO(OH)\downarrow + S$$

In saurer u. neutraler Lsg. fällt im Gegensatz zum Zink kein Niederschlag. Dagegen fällt mit $(NH_4)_2S$ in neutraler oder ammoniakalischer Lsg. rosa, wasserhaltiges Mangansulfid aus. Beim Stehen an der Luft Braunfärbung durch Oxidation.

Es wird Mn(II) zu Mn(III) oder Mn(IV) u. S^{2-} zu Schwefel oxidiert, so daß das ausgefällte Mangansulfid im allgemeinen aus einem bräunlich gefärbten Gemisch von MnS, MnO(OH) oder MnO_2 und Schwefel besteht.

Kocht man mit einem Überschuß von gelber $(NH_4)_2S_x$-Lsg., so geht das rosa Mangansulfid bei Abwesenheit von Cl^- mehr oder weniger langsam in ein schmutziggrünes über.

8. *Reduktion des MnO_4^- in schwefelsaurer Lösung*

Permanganate sind starke Oxidationsmittel. In Gegenwart von Reduktionsmitteln wird in alkalischer Lösung MnO_2, in saurer dagegen Mn^{2+} gebildet. Im ersten Falle werden also drei, im zweiten fünf Elektronen aufgenommen.

Die folgenden Rkk. werden im Reagenzglas durchgeführt:

a) $FeSO_4$:
$MnO_4^- + 8\,H^+ + 5\,Fe^{2+} \rightarrow Mn^{2+} + 5\,Fe^{3+} + 4\,H_2O$

b) H_2SO_3:
$2\,MnO_4^- + H^+ + 5\,HSO_3^- \rightarrow 2\,Mn^{2+} + 5\,SO_4^{2-} + 3\,H_2O$

c) konz. HCl:
$2\,MnO_4^- + 16\,H^+ + 10\,Cl^- \rightarrow 2\,Mn^{2+} + 5\,Cl_2 + 8\,H_2O$
HCl reagiert nur in stark saurer Lsg. u. in der Wärme.

d) KI:
$2\,MnO_4^- + 16\,H^+ + 10\,I^- \rightarrow 2\,Mn^{2+} + 5\,I_2 + 8\,H_2O$
Iodid setzt sich schon in der Kälte um.

e) H_2O_2:
$2\,MnO_4^- + 5\,H_2O_2 + 6\,H^+ \rightarrow 2\,Mn^{2+} + 5\,O_2 + 8\,H_2O$
H_2O_2 wird zu O_2 oxidiert!

f) $H_2C_2O_4$:
$2\,MnO_4^- + 5\,C_2O_4^{2-} + 16\,H^+ \rightarrow 2\,Mn^{2+} + 10\,CO_2 + 8\,H_2O$
Oxalsäure reagiert in der Kälte erst langsam, dann aber, nachdem etwas Mn^{2+} entstanden ist, schnell (vgl. auch S. 213f.).

g) C_2H_5OH:

$2\,MnO_4^- + 5\,C_2H_5OH + 6\,H^+ \rightarrow 2\,Mn^{2+} + 5\,CH_3CHO + 8\,H_2O$

Alkohol wird in der Siedehitze zu Aldehyd oxidiert, erkennbar am Geruch. Bei allen Rkk. tritt Entfärbung des MnO_4^- auf!

9. Reduktion des MnO_4^- in alkalischer Lösung

a) Na_2SO_3:

$2\,MnO_4^- + 3\,SO_3^{2-} + H_2O \rightarrow 2\,MnO_2\downarrow + 3\,SO_4^{2-} + 2\,OH^-$

b) $MnCl_2$:

$2\,MnO_4^- + 3\,Mn^{2+} + 4\,OH^- \rightarrow 5\,MnO_2\downarrow + 2\,H_2O$

Aus der letzten Rk. (Komproportionierung) erkennt man, wie bevorzugt in alkalischer Lsg. Mn(IV) in Form des schwerlöslichen MnO_2 ist.

Weitere Ableitungen von Reaktionsgleichungen (Redox-Gleichungen)

Die Reaktionsgleichung 8a) wurde schon auf S. 38 abgeleitet. Es folgen weitere Beispiele.

Zu 8b): Oxidation der schwefligen Säure zur Schwefelsäure durch MnO_4^- in saurer Lösung, wobei Mn^{2+} entsteht.

Der Schwefel wechselt seine Oxidationsstufe um 2:

$$\overset{+4}{S} \rightarrow \overset{+6}{S} + 2\,e$$

oder, da nur die Anionen $\overset{+4}{S}O_3^{2-}$ und $\overset{+6}{S}O_4^{2-}$ auftreten:

$$SO_3^{2-} + H_2O \rightarrow (SO_3^{2-} + 2\,H^+ + O^{2-}) \rightarrow SO_4^{2-} + 2\,H^+ + 2\,e$$

Zur Reduktion eines MnO_4^--Ions werden also $2^1/_2\ SO_3^{2-}$-Ionen benötigt, $2\,MnO_4^-$ sind also $5\,SO_3^{2-}$ äquivalent. Um die Gesamtgleichung zu erhalten, muß die Teilgleichung für die Reduktion des Permanganats mit 2, diejenige für die Oxidation der schwefligen Säure mit 5 multipliziert werden. Durch Addition ergibt sich dann:

$$2\,MnO_4^- + 6\,H^+ + 5\,SO_3^{2-} = 2\,Mn^{2+} + 5\,SO_4^{2-} + 3\,H_2O$$

oder, da in saurer Lösung vorwiegend HSO_3^--Ionen vorhanden sind:

$$2\,MnO_4^- + H^+ + 5\,HSO_3^- = 2\,Mn^{2+} + 5\,SO_4^{2-} + 3\,H_2O$$

In Form von Salzen und Säuren ergibt sich die Gesamtgleichung

$$2\,K\overset{+7}{Mn}O_4 + 5\,K_2\overset{+4}{S}O_3 + 3\,H_2SO_4 = 2\,\overset{+2}{Mn}SO_4 + 6\,K_2\overset{+6}{S}O_4 + 3\,H_2O$$

Zu 8e): Der Begriff der Oxidationsstufe ist auch dann von Wert, wenn die Elektronenaufnahme oder -abgabe nicht mehr ohne weiteres klar ersichtlich ist, wie z. B. beim Wasserstoffperoxid.

Die Oxidationsstufe des Sauerstoffs im H_2O_2 steht mit -1 zwischen der des O_2 mit ± 0 und -2 im H_2O. Bei der Oxidation des $H_2\overset{-1}{O}_2$ zu $\overset{\pm 0}{O}_2$ werden demnach 2 Elektronen abgegeben, bei der Reduktion zu H_2O 2 Elektronen aufgenommen.

Oxidation:

$$H_2\overset{-1}{O}_2 \rightarrow 2\,H^+ + \overset{\pm 0}{O}_2 + 2\,e$$

Reduktion:

$$H_2\overset{-1}{O}_2 + 2\,H^+ + 2\,e \rightarrow 2\,H_2\overset{-2}{O}$$

Die Teilreaktionen bei der Oxidation des H_2O_2 mit MnO_4^- in saurer Lösung lauten demnach:

$$MnO_4^- + 8\,H^+ + 5\,e \rightarrow Mn^{2+} + 4\,H_2O$$

und

$$H_2O_2 \rightarrow 2\,H^+ + O_2 + 2\,e$$

Damit in beiden Teilreaktionen die gleiche Anzahl von Elektronen auftritt, ist die erste Teilreaktion mit 2, die zweite mit 5 zu multiplizieren. Durch Addition ergibt sich dann die Gesamtreaktion:

$$2\,MnO_4^- + 6\,H^+ + 5\,H_2O_2 \rightarrow 2\,Mn^{2+} + 8\,H_2O + 5\,O_2$$

oder mit Salzen und Säuren die „Molekülform" der Gleichung

$$2\,KMnO_4 + 3\,H_2SO_4 + 5\,H_2O_2 = 2\,MnSO_4 + K_2SO_4 + 5\,O_2 + 8\,H_2O$$

Zu 8f) und 8g): Bei der Oxidation und Reduktion organischer Verbindungen (wie z. B. bei der Oxidation des Oxalations, $C_2O_4^{2-}$, oder von Ethylalkohol, C_2H_5OH, mit MnO_4^-) kann entsprechend Beispiel 8e) vorgegangen werden. Hier ist gleichfalls die Aufnahme oder Abgabe von Elektronen nicht mehr mit dem Wechsel der stöchiometrischen Wertigkeit der im Molekül enthaltenen Atome verbunden. Es muß vielmehr berücksichtigt werden, wieviel Elektronen dem Ion bzw. Molekül als Ganzem bei der Oxidation entzogen werden.

Zerlegt man das Oxalation schematisch in Atomionen, wobei verbindende Elektronenpaare dem Element mit größerer Elektronenaffinität zugeteilt werden und nur zwischen gleichen Elementen eine Aufteilung des Elektronenpaares erfolgt, so erhält man für die Oxidationsstufe des Kohlenstoffs +3.

Bei der Oxidation des Oxalations zu CO_2 werden 2 Elektronen gemäß der Teilreaktion abgegeben:

$$\overset{+3}{C}_2O_4^{2-} \rightarrow (C_2O_4 + 2\,e) \rightarrow 2\,\overset{+4}{C}O_2 + 2\,e$$

Bei wasserstoffhaltigen Verbindungen ist zu beachten, daß der Kohlenstoff eine größere Elektronenaffinität als Wasserstoff besitzt. Deshalb liefert die gleiche schematische Zerlegung beim Ethylalkohol für das C-Atom der CH_3-Gruppe die Oxidationsstufe −3, dagegen −1 für das der OH-Gruppe benachbarte C-Atom. Nur dieses C-Atom wechselt bei der Oxidation zu Acetaldehyd unter Abgabe zweier Elektronen seine Oxidationsstufe auf +1 gemäß der Teilgleichung:

$$\overset{-3}{C}H_3{-}\overset{-1}{C}H_2{-}OH \rightarrow (CH_3{-}CHO + 2\,H) \rightarrow \overset{-3}{C}H_3{-}\overset{+1}{C}HO + 2\,H^+ + 2\,e$$

Bei der Oxidation des $C_2O_4^{2-}$ bzw. C_2H_5OH durch MnO_4^- ergibt sich demnach wieder als kleinstes gemeinsames Vielfaches (2 × 5) = 10. Die Gleichungen lauten daher:

$$2\,MnO_4^- + 5\,C_2O_4^{2-} + 16\,H^+ \rightarrow 2\,Mn^{2+} + 10\,CO_2 + 8\,H_2O$$

bzw.

$$2\,MnO_4^- + 5\,C_2H_2OH + 6\,H^+ \rightarrow 2\,Mn^{2+} + 5\,CH_3CHO + 8\,H_2O$$

An Hand der hier aufgeführten Beispiele lassen sich alle Redoxgleichungen mit organischen Komponenten leicht ableiten und formulieren.

Disproportionierung und Komproportionierung (Synproportionierung)

Geht bei einer Reaktion ein Element von einer mittleren Oxidationsstufe in eine höhere und eine niedere über, so nennt man diesen Vorgang Disproportionierung, z. B.:

$$\overset{\pm 0}{Cl_2} + 2\,NaOH \rightarrow Na\overset{-1}{Cl} + NaO\overset{+1}{Cl} + H_2O$$

$$H_2\overset{-1}{O_2} \rightarrow H_2\overset{-2}{O} + {}^1/_2\,\overset{\pm 0}{O_2}$$

Bei der Aufstellung der Reaktionsgleichung ist wie bei den Redoxreaktionen zu verfahren.

Der umgekehrte Vorgang wird als Kom- oder Synproportionierung bezeichnet, z. B. Gleichung 9b) S. 105.

10. Darstellung von Kaliummanganat(VII), $KMnO_4$

Durch Oxidationsschmelze wird aus MnO_2 zunächst K_2MnO_4 dargestellt, das dann anodisch zu $KMnO_4$ oxidiert wird.

10 g feinstgepulverter Braunstein werden mit 10 g KOH u. 5 g $KClO_3$ in einem Fe-Tiegel unter Umrühren zusammengeschmolzen. Sowie die Masse so zäh geworden ist, daß nur noch schwer gerührt werden kann, wird sie aus dem Tiegel herausgekratzt u. im Trockenschrank getrocknet. Dann wird fein pulverisiert u. im Fe-Tiegel über 3 Std. auf 500 °C (schwache Rotglut) erhitzt; zum Fernhalten der reduzierend wirkenden Flammengase steht der Tiegel im Loch einer Asbestscheibe. Nach Beendigung der Rk. ist die zerkleinerte Masse in wenig W. zu lösen u. durch eine Glasfilternutsche abzufiltrieren. Das noch nicht umgesetzte MnO_2 wird durch die gleiche Behandlung möglichst weitgehend in Manganat(VI) überführt.

Die vereinigten, stark alkalischen Lsgg. werden zur elektrolytischen Oxidation in eine als Diaphragma wirkende Tonzelle gefüllt, die in einem größeren Becherglas mit 5%iger KOH steht; Kathoden- (KOH) u. Anodenflüssigkeit (MnO_4^{2-}) müssen gleich hoch stehen. Als Anode dient ein Pt-Blech von 10–20 cm² Oberfläche, als Kathode 2–3 Fe-Bleche. Man elektrolysiert bei 10–14 Volt mit einer anodischen Stromdichte von 0,3 A pro cm² beiderseitiger Oberfläche u. bei etwa 50–60 °C. Nach einigen Stunden ist die Elektrolyse beendet. Ein mit W. verd. Tr. der Anodenflüssigkeit darf dann keinen grünlichen Schimmer mehr zeigen. Es ist unbedingt darauf zu achten, daß alles MnO_4^{2-} oxidiert ist. Mit einer Eis-Kochsalz-Mischung wird die Lsg. stark abgekühlt, wobei die Hauptmenge $KMnO_4$ auskristallisiert. Nach Filtration durch ein Glasfilter wird durch Eindampfen der Mutterlauge u. Abkühlen eine zweite $KMnO_4$-Fraktion erhalten.

11. Vorproben

Die Phosphorsalz- oder Boraxperle (s. S. 88f.) wird in der Oxidationsflamme violett gefärbt [Bildung von Mn(III)]. In der Reduktionsflamme ist sie farblos. Auf der Holzkohle findet keine Reduktion statt. Es entsteht eine wenig charakteristische braune Masse von Mn_3O_4.

12. Nachweis durch Oxidationsschmelze

$$Mn^{2+} + 2\,NO_3^- + 2\,CO_3^{2-} \rightarrow MnO_4^{2-} + 2\,NO_2^- + 2\,CO_2\uparrow$$

$$Mn^{2+} + 4\,NO_2^- \rightarrow MnO_4^{2-} + 4\,NO\uparrow$$

$$3\,MnO_4^{2-} + 4\,H^+ \rightarrow 2\,MnO_4^- + MnO_2 + 2\,H_2O$$

Es entsteht eine grüne, verschiedentlich auch blaugrüne Schmelze. Der gelegentlich auftretende blaue Farbton der Schmelze ist auf die Bildung von Na_3MnO_4 zurückzuführen. Nach Auflösen der Schmelze disproportioniert MnO_4^{2-} bei Säurezugabe. Es entsteht rotviolettes MnO_4^- und MnO_2.

Einige mg einer Manganverb., $MnSO_4$ oder MnO_2, werden mit der 3–6fachen Menge einer Mischung aus gleichen Teilen Na_2CO_3 u. KNO_3 feinst verrieben u. in einer Magnesiarinne so lange auf Rotglut erhitzt, bis die Gasentwicklung aufhört. Im HM-Maßstab wird die Schmelze an der Öse eines Platindrahtes durchgeführt.

Die erkaltete Schmelze löst man auf einem Uhrglas in wenig W. u. säuert an, indem man einen Tr. Eisessig vom Rand her in die Lsg. einfließen läßt. Die grüne Farbe schlägt in Rotviolett um; es bildet sich Manganat(VII). Außerdem scheidet sich nach einiger Zeit ein brauner Nd. von Mangandioxid aus.

13. Nachweis durch Oxidation zu MnO_4^-

Bei dieser Reaktion dient die intensive Violettfärbung der MnO_4^--Ionen zur Identifizierung von Mn. Als Oxidationsmittel eignen sich Ammoniumperoxodisulfat, $(NH_4)_2S_2O_8$, in H_2SO_4-saurer Lösung bei Gegenwart von Ag^+-Ionen als Katalysator (bei Abwesenheit von Ag^+ findet nur Oxidation zum MnO_2 statt), PbO_2 in HNO_3-saurer Lösung ($2\,Mn^{2+} + 5\,PbO_2 + 4\,H^+ \rightarrow 2\,MnO_4^- + 5\,Pb^{2+} + 2\,H_2O$) sowie Hypobromit in alkalischer Lösung. Bei der sauren Oxidation müssen Ionen, die MnO_4^- reduzieren (Cl^-, Br^-, I^-, H_2O_2 usw.), abwesend sein.

a) Oxidation in saurer Lösung

In einem kleinen Porzellantiegel werden einige Tr. der Probelsg. bzw. der MnO_2-Suspension zur Trockne eingedampft u. der Rückstand mit 3 Tr. 18 mol/l H_2SO_4, 1 Tr. 1 mol/l $AgNO_3$ sowie 1 Spatelspitze festem $(NH_4)_2S_2O_8$ verrührt. Bei schwachem Erwärmen entsteht die charakteristische MnO_4-Färbung.

EG: 0,1 μg Mn pD 5,7

Soll PbO_2 oder $NaBiO_3$ zur Oxidation benutzt werden, so versetzt man 1 Tr. Probelsg. mit 1–2 ml 14 mol/l HNO_3 und einer Spatelspitze Mn-freiem PbO_2 (Blindprobe), kocht einige Min. u. verdünnt. Nach dem Zentrifugieren violettrote Färbung durch MnO_4^-.

pD 5,3

Zur Entfernung der Halogenidionen u. des H_2O_2 wird die saure Lsg. tropfenweise mit $AgNO_3$-Lsg. versetzt, gut aufgekocht u. das Silberhalogenid zentrifugiert. Im Z. wird das Mn wie oben beschrieben oxidiert.

b) Oxidation in alkalischer Lösung

$$2\,MnSO_4 + 5\,Br_2 + 16\,NaOH \rightarrow 2\,NaMnO_4 + 10\,NaBr + 2\,Na_2SO_4 + 8\,H_2O$$

Mn^{2+} wird durch Hypobromit unter dem katalytischen Einfluß von Cu^{2+} zu Manganat(VII) oxidiert. Die Reaktion hat den großen Vorteil, daß sie in Gegenwart von sämtlichen gefärbten Schwermetallionen ausgeführt werden kann, da letztere im alkalischen Medium als schwerlösliche Hydroxide gefällt werden, so daß nach dem Absetzen die violette Farbe des MnO_4^- in der überstehenden Flüssigkeit gut sichtbar ist. Lediglich Cr^{3+} in größerem Überschuß kann infolge Bildung von löslichem Chromat das Erkennen geringer Mn-Mengen erschweren.

1 Tr. der Lsg. wird im Reagenzglas mit etwa 2 ml 1%iger $CuSO_4$-Lsg. u. 8–10 ml etwa 0,1 mol/l NaOBr (frisch bereitet aus NaOH u. Bromwasser) versetzt u. kurz aufgekocht. Nach dem Absetzen zeigt eine rotviolette Färbung der überstehenden Lsg. Mn an. Bei Gegenwart von Ni oder Co wird soviel $CuSO_4$-Lsg. zugegeben, daß ein Überschuß von Cu gegenüber Co u. Ni vorliegt.

EG: 2,5 μg Mn pD 4,4

Zink, Zn, 65,38; +2

Zink findet sich in der Natur hauptsächlich als Zinkblende, ZnS, Zinkspat oder Galmei, $ZnCO_3$, sowie als wasserhaltiges Zinksilicat.

Das Metall, das man entweder aus Zinkoxid und Kohle bei hohen Temperaturen oder durch Elektrolyse wäßriger $ZnSO_4$-Lösungen herstellt, schmilzt schon bei 419 °C und siedet bei 907 °C. Es gehört zu den unedlen Schwermetallen (Dichte 7,1). An der Luft überzieht es sich mit einer festhaftenden, sehr dünnen Oxidhaut und wird dann nicht weiter angegriffen.

Zink wird als Metall (Zinkblech) bzw. als Legierungsbestandteil (Messing, Rotguß) oder als Schutz anderer Metalle (Verzinken) viel verwendet. Als Anstrichfarben dienen Lithopone ($ZnS + BaSO_4$) und Zinkweiß (ZnO). Zink gehört mit Cadmium und Quecksilber zur zweiten Nebengruppe des PSE und tritt nur mit der Oxidationsstufe +2 auf. Leichtlösliche Zn-Salze sind Nitrat, Halogenid und Sulfat, schwerlösliche sind Hydroxid, Phosphat, Carbonat und Sulfid. Zn^{2+} ist farblos. Der Basencharakter ist nur wenig ausgeprägt, das Hydroxid hat amphotere Eigenschaften (Näheres s. unten). Außerdem neigt das Ion zu Komplexsalzbildung (s. S. 90ff.).

1. NaOH oder KOH

$$Zn^{2+} + 2\,OH^- \rightarrow Zn(OH)_2\downarrow$$

$$Zn(OH)_2 + NaOH \rightarrow Na[Zn(OH)_3]$$

Bei tropfenweiser Zugabe zunächst weißer Nd., der sich im Überschuß von Lauge wieder löst, wobei ein Zincat gebildet wird.

Zinkhydroxid vermag also in zweierlei Weise zu dissoziieren, und zwar

in saurer Lösung: $Zn(OH)_2 + 2\,H^+ \rightleftharpoons Zn^{2+} + 2\,H_2O$

in alkalischer Lösung: $Zn(OH)_2 + OH^- \rightleftharpoons [Zn(OH)_3]^-$

Es entsteht ein Hydroxozincat. Die Hydroxosalze zählen zu den Komplexsalzen. Sie sind sehr stark hydrolytisch gespalten und daher nur bei Überschuß von OH^--Ionen beständig. Entfernt man diese, so verschiebt sich die Reaktion in Richtung zum Hydroxid, das als schwerlösliche Verbindung ausfällt.

Andere, ebenfalls nur sehr schwach basische oder auch sehr schwach saure Hydroxide vermögen in ähnlicher Weise sowohl Kationen als auch Anionen zu bilden, sie sind „amphoter" (amphoter = nach „beiden" Seiten reagierend). Dieses Verhalten steht in engem Zusammenhang mit der Basizität der Hydroxide. Auf diese soll daher näher eingegangen werden.

Basizität der Hydroxide, Amphoterie, „Säuretypen"

Allgemein bilden die Oxide der Metalle mit Wasser Basen, die der Nichtmetalle Säuren, z. B.

$Na_2O + H_2O \rightarrow 2\,NaOH$ Base

$SO_3 + H_2O \rightarrow SO_2(OH)_2 = H_2SO_4$ Säure

Die Basen- bzw. Säurestärke geht dem Metall- bzw. Nichtmetallcharakter, besser gesagt dem elektropositiven bzw. elektronegativen Charakter der Elemente parallel.

Im PSE nimmt innerhalb einer Periode der Hauptgruppenelemente die Atomgröße von links nach rechts ab (s. Abnahme der Atomradien in Abb. 15, S. 33), weil die Ladung des Atomkernes steigt und daher die Elektronenschalen stärker angezogen werden. Die Bindung zwischen diesen Elementen und dem Sauerstoff in Oxiden und Hydroxiden ist elektrostatischer Natur. Ihre Stärke wird daher durch das *Coulomb*sche Gesetz bestimmt:

$$F = k \cdot \frac{z' \cdot z''}{r^2}$$

wobei F die Kraft der elektrostatischen Anziehung, also ein Maß für die Bindungsfestigkeit, z' und z'' die Ladungen des Elementes bzw. des Sauerstoffes und r deren Abstand voneinander bedeuten. Der Abstand ist gleich der Summe der Ionenradien von Element und Sauerstoff. Die Bindung Element-Sauerstoff muß nach dem *Coulomb*schen Gesetz um so fester sein, je größer die positive Ladung des Elementes – die Ladung des Sauerstoffions ist zweifach negativ – und je kleiner dessen Ionenradius, also auch der Abstand *r* ist. Je fester aber der Sauerstoff gebunden ist, desto schwerer läßt er sich abtrennen, desto schwächer basisch muß die Verbindung werden. Andererseits wird mit zunehmender Festigkeit der Bindung infolge Deformation des Sauerstoffatoms – seine Elektronenhülle wird von dem positiv geladenen Element angezogen, sein positiver Kern dagegen abgestoßen – die Bindung zwischen Sauerstoff und Wasserstoff in den Hydroxiden immer mehr gelockert, die Abspaltung von H^+-Ionen also erleichtert, der saure Charakter muß demnach zunehmen. Beim Übergang von niedrigerer zu höherer Oxidationsstufe eines Elementes wirken Ladung und Abnahme des Ionenradius in gleichem Sinne. Aus beiden Gründen nimmt daher der basische Charakter ab, der saure zu. In den vertikalen Reihen des PSE bleibt zwar die elektrische Ladung gleich, der Ionenradius vergrößert sich jedoch erheblich; die Folge davon ist die Zunahme der basischen Eigenschaften.

Bei Hydroxiden in einer solchen Reihe, die den Übergang von überwiegend basischen zu überwiegend sauren Hydroxiden bilden, halten sich nun basischer und saurer Charakter angenähert die Waage. Diese Hydroxide können daher ebenso als sehr schwache Basen wie als sehr schwache Säuren reagieren, sie sind amphoter wie z. B. das Hydroxid des As(III), die arsenige Säure:

$$As^{3+} + 3\,OH^- \rightleftharpoons As(OH)_3 \rightleftharpoons 3\,H^+ + AsO_3{}^{3-}$$

Nach dem MWG wird in saurer Lösung das Gleichgewicht nach links, in alkalischer dagegen vollständig nach rechts unter Bildung von Arsenitionen, $AsO_3{}^{3-}$, verschoben. In entsprechender Weise läßt sich auch die Dissoziation anderer amphoterer Hydroxide formulieren, so daß z. B. aus Zink- oder Aluminiumhydroxid Zincationen oder Aluminationen entstehen. Der einfachen Dissoziation nach dem Schema der arsenigen Säure überlagert sich hier allerdings das Bestreben dieser Elemente, statt der den Anionen der Sauerstoffsäuren entsprechenden Ionen $ZnO_2{}^{2-}$ oder $AlO_3{}^{3-}$ vorwiegend Hydroxokomplexe zu bilden, z. B.

$$Zn(OH)_2 + OH^- \rightleftharpoons [Zn(OH)_3]^-$$

$$Al(OH)_3 + OH^- \rightleftharpoons [Al(OH)_4]^-$$

Sowohl durch Verdünnen als auch durch Temperaturerhöhung muß nach dem MWG die Hydrolyse zunehmen (s. S. 41f.). Dies wird durch folgenden Versuch erläutert.

2. *Hydrolyse von Zn(OH)₂*

Man wiederhole Rk. 1 mit etwas mehr Zn^{2+}-Lsg. u. füge tropfenweise so viel Natronlauge hinzu, daß sich das $Zn(OH)_2$ noch nicht völlig wieder auflöst. Nach Filtration erhitze man zum Sieden. Es fällt weißes $Zn(OH)_2$ aus.

(Weitere Versuche über Abhängigkeit der Hydrolyse von der Temperatur s. bei Al^{3+} und Fe^{3+}, S. 116)

Allgemein gilt nach den vorhergehenden Ausführungen:

1. In den Perioden der Hauptgruppen des PSE nimmt von links nach rechts z. B. in Richtung von Na über Mg, Al, Si, P, S zum Cl der Basencharakter ab und der Säurecharakter zu. NaOH ist eine starke Base, $Mg(OH)_2$ eine mittelstarke Base, $Al(OH)_3$ eine sehr schwache Base, die aber auch „sauren Charakter“

zeigen kann, sich also amphoter verhält. H_4SiO_4 rechnet man zu den schwächsten Säuren, H_3PO_4 ist schon eine mittelstarke, H_2SO_4 eine starke und $HClO_4$ eine sehr starke Säure.

2. In derselben Reihenfolge geht die Löslichkeit in Wasser und ebenso auch die Bindefestigkeit des Wassers an das Oxid durch ein Minimum. So lösen sich $Al(OH)_3$ und H_4SiO_4 in Wasser kaum, das Wasser ist außerdem an Al_2O_3 bzw. SiO_2 nur recht locker gebunden.

3. In den Gruppen des PSE nimmt der saure Charakter mit steigender Ordnungszahl ab und dafür der basische zu. Beispiel aus der V. Gruppe: HNO_2 und H_3PO_3 schwache Säuren, H_3AsO_3 und $SbO(OH)$ amphoter, $Bi(OH)_3$ schwache Base.

4. Bei ein und demselben Element nehmen mit steigender Oxidationsstufe die basischen Eigenschaften ab, die sauren zu. Beispiel:

basisch	amphoter	sauer	
$\overset{+2}{Mn}(OH)_2$	$\overset{+3}{Mn}O(OH)$	$H_2\overset{+6}{Mn}O_4$	$H\overset{+7}{Mn}O_4$
$\overset{+2}{Cr}(OH)_2$	$\overset{+3}{Cr}(OH)_3$	$H_2\overset{+6}{Cr}O_4$	

Ebenso ist $Fe(OH)_2$ stärker basisch als $Fe(OH)_3$, $HClO_3$ schwächer sauer als $HClO_4$. Das gleiche gilt auch von HNO_2—HNO_3, H_3PO_3—H_3PO_4 und H_2SO_3—H_2SO_4.

Der Aufbau der Anionen bzw. Säuren, die die Elemente von der dritten Hauptgruppe ab nach rechts bilden können, wird gleichfalls durch die Stellung der betreffenden Elemente im PSE bestimmt. Bei sukzessiver Anlagerung von Wasser an die Anhydride (in der maximalen Oxidationsstufe der Elemente) werden formal folgende „Säure-Typen" (geschrieben in Form ihrer M(I)-Salze) erhalten:
(X = betreffendes Element)

	III. Gruppe	*IV. Gruppe*	*V. Gruppe*	*VI. Gruppe*	*VII. Gruppe*
Anhydride (Oxide)	X_2O_3	XO_2	X_2O_5	XO_3	X_2O_7
meta-Formen	MXO_2	M_2XO_3	MXO_3	M_2XO_4	MXO_4
meso-Formen (bzw. ortho-Formen)			M_3XO_4	M_4XO_5	M_3XO_5 M_5XO_6
ortho-Formen	M_3XO_3	M_4XO_4	M_5XO_5	M_6XO_6	M_7XO_7

Die „wasserärmste" – die meta-Form – wird überall erreicht. Als ortho-Form wird streng genommen diejenige Verbindung benannt, die rein formelmäßig eine der jeweiligen Oxidationsstufe des Zentralions X entsprechende Anzahl Sauerstoffionen enthält. Die meso-Formen nehmen eine Zwischenstellung ein. In der Literatur wird jedoch meist die beständigste wasserreichste Form als ortho-Form bezeichnet, z. B. H_3PO_4, Orthophosphorsäure.

Die Ausbildung der verschiedenen Formen ist von der Größe des Zentralions X (Näheres s. S. 92) abhängig. Da innerhalb der Gruppen mit steigender Ordnungszahl der Ionenradius zunimmt, können mehr Liganden in Form von Sauerstoff-

Ionen angelagert werden. Die Beständigkeit der meso- und ortho-Formen wird demnach größer. So bildet z. B. in der sechsten Hauptgruppe der Schwefel die Säure $H_2\overset{+6}{S}O_4$, das Tellur $H_6\overset{+6}{Te}O_6$.

Tritt ein Anionen bildendes Element in einer niedrigeren Oxidationsstufe auf, z. B. Arsen in der arsenigen Säure mit +3, so gelten die Säuretypen der entsprechenden Gruppe, hier der dritten Gruppe.

3. *Ammoniak*

$$Zn(OH)_2 + 4\,NH_3 \rightleftharpoons [Zn(NH_3)_4]^{2+} + 2\,OH^-$$

In ammoniumsalzfreier Lösung bildet sich zunächst ein weißer Niederschlag von $Zn(OH)_2$, der sich im Überschuß löst.

Da die OH^--Konz. der schwachen Base Ammoniak sehr gering ist, findet keine Bldg. von Hydroxozincat statt. Infolge der Neigung des Zinkions, komplexe Ionen zu bilden, entstehen je nach der NH_3-Konz. verschiedene lösl. Amminzinkkomplexe (Di- bis Tetraammin).

Bei Gegenwart von Ammoniumsalzen bleibt wegen der Zurückdrängung der OH^--Konzentration durch die NH_4^+-Ionen die Fällung aus.

4. *Urotropin*

In der Kälte wie bei Ni^{2+} keine Fällung, in der Siedehitze unvollständige Fällung, die bei Ggw. von Ammoniumsalzen ganz ausbleibt.

5. *Na_2CO_3 und andere lösliche Carbonate*

Weißer Nd. von basischem Zinkcarbonat wechselnder Zusammensetzung. Bei $(NH_4)_2CO_3$ ist wie bei 3. der Nd. im Überschuß des Fällungsmittels löslich.

6. *Phosphate*

Phosphate fällen bei pH = 7 weißes Zinkphosphat aus, lösl. in Säuren u. Ammoniak, in letzterem unter Komplexsalzbildung. Aus ammoniumsalzhaltigen, schwach ammoniakalischen, verd. Lsgg. kann auch $ZnNH_4PO_4$ in ähnlichen Kristallformen wie das entsprechende Magnesiumsalz ausfallen. Bei der Prüfung auf Mg^{2+} darf daher Zn^{2+} nicht anwesend sein. Zum Unterschied von $MgNH_4PO_4$ ist $ZnNH_4PO_4$ jedoch in stärkerem Ammoniak löslich.

7. *H_2S*

$$Zn^{2+} + 2\,Cl^- + H_2S \rightleftharpoons ZnS\downarrow + 2\,H^+ + 2\,Cl^-$$

Aus neutralen Lösungen fällt ZnS aus. Die Fällung ist aber nicht quantitativ, wenn bei der Reaktion eine starke Säure gebildet wird.

Dieses Verhalten hängt mit den Dissoziationsverhältnissen der schwachen Säure H_2S und dem Löslichkeitsprodukt des ZnS zusammen:

$$\frac{c^2(H^+) \cdot c(S^{2-})}{c(H_2S)} = K$$

und

$$c(Zn^{2+}) \cdot c(S^{2-}) = K_L$$

In starken Säuren wird die S^{2-}-Ionenkonzentration so stark zurückgedrängt, daß das Löslichkeitsprodukt des ZnS nicht erreicht wird. Wird die H^+-Ionenkonzentration vermindert, so steigt die S^{2-}-Ionenkonzentration und ZnS fällt aus.

Leitet man langsam (etwa 1–2 Blasen in der Sek.) in eine mit Salz- oder Schwefelsäure schwach angesäuerte Zinksalzlsg. Schwefelwasserstoff ein, so fällt nichts aus. Säuert man dagegen mit Essigsäure an u. stumpft die H^+-Ionenkonzentration noch mit Natriumacetat ab, so entsteht quantitativ ein Nd. von weißem Zinksulfid.

8. *$(NH_4)_2S$*

$(NH_4)_2S$-Lsg. fällt aus neutralen Lsgg. quantitativ ZnS, das in Ammoniak nicht, in verd. Säuren dagegen lösl. ist.

9. *Vorproben*

Zink ist in der Phosphorsalz- bzw. Boraxperle nicht zu erkennen. Auf Holzkohle wird es reduziert. Das Metall verdampft u. schlägt sich als weißer Oxidbeschlag außerhalb der Erhitzungszone nieder. Zur Charakterisierung wird mit sehr verd. $Co(NO_3)_2$-Lsg. befeuchtet u. mit der Oxidationsflamme erhitzt. Es entsteht Rinmanns Grün (s. unten).

10. *Nachweis als Rinmanns Grün*

Bringt man Zinksalze mit einer Co(II)-Verbindung bei hoher Temperatur zur Reaktion, so bilden sich charakteristisch grün gefärbte Produkte; dabei handelt es sich je nach der Glühtemperatur um eine Verbindung vom Spinelltyp $ZnO \cdot Co_2O_3$ oder um Mischkristalle von ZnO und CoO. Der Nachweis ist recht empfindlich; die Reaktion läßt sich auch mit Hilfe des Lötrohres ausführen.

Man fälle ein wenig $Zn(OH)_2$ aus einer Zinksalzlsg. aus, zentrifugiere ab u. bringe den Nd. auf die Magnesiarinne, oder man führe ZnS oder $ZnCO_3$ durch Glühen auf der Magnesiarinne in Oxid über. Das Hydroxid oder Oxid wird dann mit einem Tr. einer sehr verd. $Co(NO_3)_2$-Lsg. (höchstens 0,1 %ig) befeuchtet u. in der oxidierenden Flamme schwach geglüht. Ein Überschuß von $Co(NO_3)_2$ ist zu vermeiden, da das daraus entstehende Co_3O_4 schwarz gefärbt ist u. die Farbe von Rinmanns Grün überdeckt!

11. *Nachweis mit $K_4[Fe(CN)_6]$*

$$3\,Zn^{2+} + 2\,K^+ + 2\,[Fe(CN)_6]^{4-} \rightarrow K_2Zn_3[Fe(CN)_6]_2\downarrow$$

Zn^{2+}-Ionen bilden in salzsaurer, mit Acetat gepufferter Lösung mit $K_4[Fe(CN)_6]$-Lösung einen sehr schwerlöslichen, schmutzig weißen Niederschlag.

Bei dieser Reaktion ist zu beachten, daß der Niederschlag erst allmählich in der Wärme entsteht. M^{2+}-Kationen, besonders Cd^{2+}- und Mn^{2+}-Ionen, müssen vorher quantitativ abgetrennt werden.

2 Tr. der acetatgepufferten Probelsg. werden auf einer dunkelglasierten TP mit 3 Tr. 0,1 mol/l $K_4[Fe(CN)_6]$ versetzt. Es bildet sich langsam $K_2Zn_3[Fe(CN)_6]_2$, lösl. in 7 mol/l HCl u. in 5 mol/l NaOH.
EG: 0,05 µg Zn^{2+}

12. *Nachweis mit $K_3[Fe(CN)_6]$*

$$3\,ZnCl_2 + 2\,K_3[Fe(CN)_6] \rightarrow Zn_3[Fe(CN)_6]_2\downarrow + 6\,KCl$$

Braungelber Nd., der in verd. Säuren schwerlösl. ist.
pD 4,0

13. *Nachweis als $Zn[Hg(SCN)_4]$*

Zn bildet ebenso wie Co, Fe, Cu und Cd in neutraler bis essigsaurer Lösung ein relativ schwerlösliches Thiocyanatomercurat von charakteristischer Kristallform. Das Zn-Salz bildet farblose, keilartige und häufig x-förmig kombinierte Kristalle des rhombischen Systems (vgl. Kristallaufnahme Nr. 14). Fe stört durch Bildung des intensiv rotgefärbten $Fe(SCN)_3$. In allen sonstigen Fällen bilden sich je nach der Co-Menge mehr oder minder intensiv blau gefärbte Mischkristalle. Cu und Cd, an Stelle von Co, bilden gleichfalls mit Zn Thiocyanatomercurat-Mischkristalle.

1 Tr. der neutralen bis essigsauren Co-freien Lsg. wird auf dem OT mit 1 Tr. Reagenzlsg. versetzt. Die Kristalle erscheinen häufig verzögert. Betrachtung unter dem Mikroskop (V. 1:100).
EG: 0,1 µg Zn pD 5,3

Reagenz: 6 g $HgCl_2$ u. 6,5 g NH_4SCN in 10 ml Wasser.

Eisen, Fe, 55,847; +2, +3

Eisen, das am weitesten verbreitete und wichtigste Schwermetall, kommt in der Natur hauptsächlich in oxidischer Form (z. B. als Fe_3O_4, Magneteisenstein; Fe_2O_3, Roteisenstein; FeO(OH), Brauneisenstein) und sulfidischer Form (als FeS_2, Pyrit; FeS, Magnetkies), sowie als Eisenspat, $FeCO_3$, vor. Sein Anteil an der Zusammensetzung der Erdrinde beträgt $w(Fe) = 4{,}7\,\%$. Es ist damit das vierthäufigste Element. Elementares Eisen wird durch Reduktion von Eisenoxiden mit Kohlenstoff gewonnen (Hochofenprozeß, Windfrischverfahren, Siemens-Martin-Prozeß). Die Darstellung chemisch reinen Eisens erfolgt durch thermische Zersetzung von Eisenpentacarbonyl.

Man kennt die in wäßrigen Lösungen ganz schwach grünlichen Eisen(II)-Verbindungen, die in Wasser infolge teilweiser Hydrolyse gelblich gefärbten Eisen(III)-Verbindungen und die sehr unbeständigen rotvioletten Ferrate, in denen Eisen die Oxidationsstufe +6 hat und die sich von der hypothetischen Eisensäure H_2FeO_4 ableiten. Das Eisen erreicht dementsprechend ebenso wie Nickel und Cobalt nicht die nach dem PSE zu erwartende höchste Oxidationsstufe +8. Eisen(II)-Verbindungen werden sehr leicht zu Fe(III)-Verbindungen oxidiert und sind daher Reduktionsmittel. $Fe(OH)_2$ ist im alkalischen Medium bei Zimmertemperatur eines der stärksten Reduktionsmittel (s. S. 115). Selbst Wasser wird bei Anwesenheit von feinverteiltem Palladium als Katalysator zu Wasserstoff reduziert:

$$2\,Fe(OH)_2 \rightarrow 2\,FeO(OH) + H_2\uparrow$$

Dagegen nimmt das Reduktionsvermögen sehr stark ab, wenn man von alkalischen zu sauren Fe(II)-Lösungen und weiter zu solchen, in denen das Fe(II) komplex gebunden ist, übergeht.

Relativ beständig sind die Eisen(II)-Verbindungen in saurer Lösung oder in fester Form als Doppelsalze, z. B. Ammoniumeisen(II)-sulfat, $(NH_4)_2Fe(SO_4)_2 \cdot 6\,H_2O$, das sogenannte Mohrsche Salz.

1. Darstellung von Ammoniumeisen(II)-sulfat, $(NH_4)_2Fe(SO_4)_2 \cdot 6\,H_2O$ („Mohrsches Salz“)

5 g Fe-Späne (Blumendraht in kleinen Stücken) werden in der berechneten Menge 1 mol/l H_2SO_4 in der Wärme gelöst. Die Lsg. wird von ausgeschiedenem Kohlenstoff abfiltriert u. auf dem Wasserbad so weit eingeengt, daß sich gerade eine Kristallhaut auszubilden beginnt. Unterdessen wird die stöchiometrisch erforderliche Menge $(NH_4)_2SO_4$ in möglichst wenig W. gelöst u. ebenfalls in der Hitze bis zur Sättigung eingeengt. Noch heiß werden beide Lsgg. vereinigt. Nach dem Erkalten (am besten über Nacht) werden die ausgeschiedenen Kristalle abgesaugt, mit sehr wenig W. gewaschen u. auf Filterpapier trockengepreßt. Aus der Mutterlauge läßt sich durch Eindampfen eine zweite Kristallfraktion erhalten.

Zu den nachstehenden Reaktionen benutzt man eine verdünnte Lösung von $FeSO_4$ oder Mohrschem Salz.

2. NaOH oder KOH

Enthält das Fe^{2+}-Salz keine Spur von Fe^{3+}, so entsteht ein reinweißer Nd. von $Fe(OH)_2$. Im allgemeinen ist dieser aber durch Anwesenheit von Fe^{3+} grünlich gefärbt. Beim Stehen an der Luft geht er von Grün über Schwarz nach Braun über. Dabei entsteht zunächst ein Eisen(II)-eisen(III)-oxid-Hydrat, das weiter oxidiert wird zu Eisen(III)-oxid-Hydrat, meist formuliert als das hypothetische $Fe(OH)_3$.

$$4\,Fe(OH)_2 + O_2 + 2\,H_2O \rightarrow 4\,Fe(OH)_3$$

3. *Ammoniak*

Wie bei den anderen Elementen in der Oxidationsstufe + 2 nur Fällung bei Abwesenheit von Ammoniumsalzen. Ein Überschuß löst zu $[Fe(NH_3)_6]^{2+}$. Man muß aber unter strengstem Ausschluß von O_2 arbeiten, sonst tritt Oxidation zu Fe^{3+} u. Fällung von $Fe(OH)_3$ ein.

4. *Urotropin*

Wie bei den übrigen bisher besprochenen Elementen in der Oxidationsstufe +2 der $(NH_4)_2S$-Gruppe tritt nur in der Hitze teilweise Fällung von $Fe(OH)_2$ ein, die bei Anwesenheit von Ammoniumsalzen ausbleibt. In Gegenwart von Luftsauerstoff findet jedoch allmählich Oxidation zu Fe(III) statt, das dann als $Fe(OH)_3$ ausfällt.

5. *Na_2CO_3*

Weißer Nd. von $FeCO_3$. Letzterer ist wie $CaCO_3$ in kohlensäurehaltigem W. unter Bldg. von $Fe(HCO_3)_2$ lösl., einer Verb., die in allen Eisensäuerlingen u. Stahlquellen vorkommt. Ebenso wie das $Fe(OH)_2$ wird sie durch den Luftsauerstoff oxidiert, wobei unter Hydrolyse $Fe(OH)_3$ ausfällt:

$$4\,Fe(HCO_3)_2 + O_2 + 2\,H_2O \rightarrow 4\,Fe(OH)_3\downarrow + 8\,CO_2\uparrow$$

Entsprechend bilden sich die braunen Abscheidungen von Eisen(III)-oxid-Hydrat bei den Eisenwässern.

6. *H_2S, $(NH_4)_2S$*

In saurer Lsg. kein Nd., in ammoniakalischer Lsg. sowie mit $(NH_4)_2S$ Fällung von schwarzem FeS, das in verd. Mineralsäuren leicht lösl. ist.

7. *Oxidation von Fe^{2+} in alkalischer Lösung*

$$8\,Fe(OH)_2 + NO_3^- + 6\,H_2O \rightarrow 8\,Fe(OH)_3 + NH_3 + OH^-$$

Das Reduktionsvermögen des Fe^{2+} ist in alkalischer Lösung besonders groß (vgl. S. 114). So kann $Fe(OH)_2$ Nitrat bis zum Ammoniak reduzieren.

Man löse in einem Bechergläschen in der Kälte einige Kristalle $FeSO_4 \cdot 7\,H_2O$ in wenig W., füge einige Kristalle KNO_3 hinzu u. soviel 14 mol/l NaOH, daß die Lsg. mindestens 2,5 mol/l NaOH enthält. Man bedecke das Becherglas mit einem Uhrglas, an dessen Unterseite ein feuchtes Stück rotes Lackmuspapier geklebt ist. Beim Erhitzen (nicht kochen!) wird dieses langsam blau.

8. *Oxidation von Fe^{2+} in saurer Lösung*

$$3\,Fe^{2+} + NO_3^- + 4\,H^+ \rightarrow 3\,Fe^{3+} + NO + 2\,H_2O$$

$$2\,Fe^{2+} + I_2 \rightleftharpoons 2\,Fe^{3+} + 2\,I^-$$

In saurer Lösung wird Fe(II) nur durch stärkere Oxidationsmittel, wie HNO_3 oder H_2O_2, in Fe(III) übergeführt. Schwächere Oxidationsmittel wie I_2 oxidieren nur bis zu einem Gleichgewicht.

9. *Reduktion von Fe^{3+} in saurer Lösung*

Fe^{3+}-Ionen werden durch zahlreiche Reduktionsmittel in saurer Lösung vollständig zu Fe(II) reduziert. Mit KI erfolgt nur eine teilweise Reduktion und Ausbildung eines Gleichgewichts (s. auch vorstehende Reaktion). Die Beseitigung des ausgeschiedenen Iods führt jedoch zu einer quantitativen Reduktion des Fe^{3+}. Die Reaktion kann daher unter entsprechenden Bedingungen zur quantitativen maßanalytischen Best. von Fe^{3+} verwendet werden.

Man versetze eine schwefelsaure Fe(III)-Salzlsg. mit einigen Körnchen KI: Iodausscheidung, die durch Zugabe von Stärkelsg. (Blaufärbung) deutlich nachweisbar ist.

In Gegenwart von stärkeren Reduktionsmitteln wird Fe^{3+} in saurer Lsg. vollständig zu Fe^{2+} reduziert.
Geeignet sind:

a) H_2S: $2\,Fe^{3+} + H_2S \rightarrow 2\,Fe^{2+} + S\downarrow + 2\,H^+$
wobei kolloidaler Schwefel die Lsg. milchig trübt.

b) H_2SO_3: $2\,Fe^{3+} + HSO_3^- + H_2O \rightarrow 2\,Fe^{2+} + SO_4^{2-} + 3\,H^+$

c) $SnCl_2$: $2\,Fe^{3+} + Sn^{2+} \rightarrow 2\,Fe^{2+} + Sn^{4+}$

d) $H_{nasc.}$ bzw. unedle Metalle, z. B. Fe, Zn, Cd in saurer Lösung: $Fe + 2\,Fe^{3+} \rightarrow 3\,Fe^{2+}$
Eisen wird verwendet, wenn man eine reine Eisen(II)-Salzlsg. erhalten will, Cadmium, wenn man zur quantitativen Analyse das Fe^{3+} in Fe^{2+} überführen muß.

Für viele Reaktionen des Fe^{3+} ist charakteristisch, daß das Eisen(III)-oxid-Hydrat in Wasser äußerst schwer löslich ist und nur geringe basische Eigenschaften besitzt. Dementsprechend sind sogar die Eisen(III)-Salze starker Säuren in Wasser in erheblichem Maße hydrolytisch gespalten, ihre Lösungen reagieren sauer. Die hydrolytische Spaltung erkennt man auch daran, daß diese Lösungen durch die Hydrolyseprodukte, die zunächst noch in Lösung bleiben, orangegelb bis rotbraun gefärbt sind, während die Farbe der Fe^{3+}-Ionen in wäßriger Lösung schwach rosaviolett sein müßte. Diese Farbe ist auch dem kristallisierten Eisen(III)-nitrat, -perchlorat, -sulfat sowie dem Ammoniumeisen(III)-sulfat eigen. Säuert man die frisch bereitete Lösung dieser Salze mit Salpeter- bzw. Perchlor- oder Schwefelsäure an, so wird die Hydrolyse zurückgedrängt, die Farbe der hydrolisierten Eisensalze verschwindet zugunsten derjenigen der Fe^{3+}-Ionen. Anders verhält sich eine Lösung von $FeCl_3 \cdot 6\,H_2O$. Auch hier findet zwar bei vorsichtigem Ansäuern mit HCl eine deutliche Farbaufhellung statt, die Gelbfärbung vertieft sich aber wieder bei weiterer Zugabe von Salzsäure. Es bilden sich die nur in salzsaurer Lösung beständigen Chloroeisen(III)-säuren, deren komplexe Anionen, z. B. $FeCl_6^{3-}$, braungelb gefärbt sind. Die Eisen(III)-chloridlösung der Laboratorien ist meist mit HCl angesäuert, um die Hydrolyse zurückzudrängen.

Die Hydrolyse von Eisen(III)-Salzen schwacher Säuren ist besonders stark und beim Erhitzen der Lösungen vollständig, wenn keine Komplexsalzbildung eintritt. So kann man Eisen(III)-Oxid-Hydrat nicht nur durch NaOH, Ammoniak oder andere Basen, sondern auch durch Na_2CO_3, $NaCH_3COO$ oder $BaCO_3$ ausfällen.

Isopolybasen

Hydrolysiert man in der Kälte langsam eine Eisen(III)-Salzlösung, so färbt sich die Lösung immer mehr rotbraun, ohne daß sich ein Niederschlag bildet. Es tritt zunächst nur eine Aggregation zu höhermolekularen Gebilden ein. Schematisch ist zu formulieren:

$$4\,[Fe(H_2O)_6]^{3+} \rightarrow 4\,[Fe(H_2O)_5(OH)]^{2+} + 4\,H^+$$
$$\rightarrow 2\,[(H_2O)_5Fe{-}O{-}Fe(H_2O)_5]^{4+} + 4\,H^+ + 2\,H_2O$$

→ 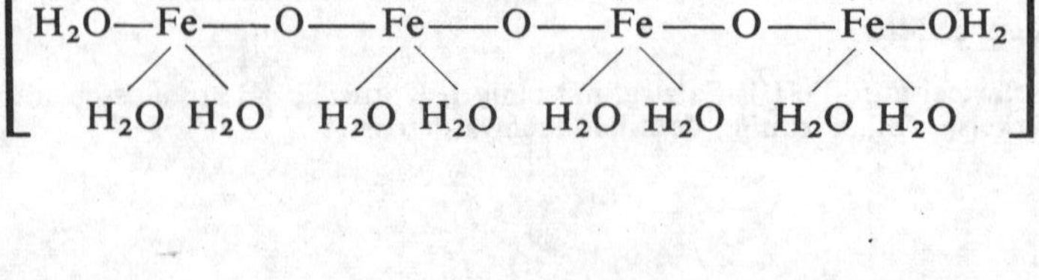 $+ 8H^+ + 3H_2O$

Unter Wasseraustritt bilden sich polynukleare Ionen, in denen zwei und mehr Eisenatome vorhanden sind. Mit Abnahme der H^+-Konzentration nimmt der Aggregationsgrad zu, so daß zum Schluß Teilchen mit der Summenformel $(FeOOH)_x$ entstehen.

Ebenso wie Fe^{3+} verhalten sich auch andere Kationen mit höherer Ionenladung, so z. B. Al^{3+} und Cr^{3+}. Die entstehenden hochmolekularen kolloidalen Gebilde (s. S. 168ff.) werden Isopolybasen genannt.

Die Eigenschaften des Eisen(III)-oxid-Hydrats, vereinfacht formuliert als $Fe(OH)_3$, zeigen die folgenden Reaktionen:

10. NaOH, Ammoniak, Na_2CO_3 und Urotropin

Rotbrauner Nd. von $Fe(OH)_3$, schwerlösl. im Überschuß des Fällungsmittels sowie in Ammoniumsalzen. $Fe(OH)_3$ löst sich wie $Al(OH)_3$ u. a. Hydroxide in ammoniakalischen oder alkalischen Lsgg. mancher organischer Verb., wie Weinsäure, unter Bldg. eines Chelatkomplexsalzes auf.

11. $NaCH_3COO$

$$3\,Fe^{3+} + 8\,CH_3COO^- + 2\,H_2O \rightarrow [Fe_3(OH)_2(CH_3COO)_6]^+ + 2\,CH_3COOH$$

$$[Fe_3(OH)_2(CH_3COO)_6]^+ + CH_3COO^- + 7\,H_2O \rightarrow 3\,Fe(OH)_3\downarrow + 7\,CH_3COOH$$

Man versetze eine Fe^{3+}-Salzlsg. in der Kälte tropfenweise mit $(NH_4)_2CO_3$- oder Na_2CO_3-Lsg., bis die Lsg. annähernd neutralisiert ist. Man erkennt das daran, daß der an der Einlaufstelle sich bildende Nd. nur noch sehr langsam gelöst wird. Sollte das nicht der Fall sein, so bringe man ihn durch 1 Tr. Salzsäure wieder in Lösung. Dann fügt man einen Überschuß von Natriumacetat hinzu. Die Lsg. färbt sich tiefrot infolge Bldg. verschiedener, auch mehrkerniger Acetatokomplexe des Fe(III). Erhitzt man sie nun fast bis zum Sieden, so fällt $Fe(OH)_3$ aus, und es tritt Geruch nach Essigsäure auf.

12. Darstellung von Eisen(III)-oxid-Hydrat-Sol

Bei Erhöhung des pH-Wertes einer Fe(III)-Salzlösung durch langsame Zugabe von OH^- fällt nicht sofort Eisen(III)-oxid-Hydrat aus, sondern es tritt unter Wasserabspaltung eine Kondensation zu Isopolybasen (s. S. 116) ein. Näheres über Kolloidchemie s. S. 168ff.

6 g $(NH_4)_2CO_3$ werden in 25 ml heißem W. gelöst u. nach dem Erkalten etwa $^2/_3$ davon unter Rühren zu einer klaren (!) Lsg. von 7,5 g $FeCl_3 \cdot 6\,H_2O$ in 25 ml W. gegeben. $^1/_{10}$ der weitgehend neutralisierten Lsg. wird abgegossen u. der übrige Teil tropfenweise (!) mit $(NH_4)_2CO_3$-Lsg. versetzt, bis sich der an der Eintropfstelle bildende Nd. von $Fe(OH)_3$ gerade nicht mehr auflöst; zu dessen Auflösung gibt man nun einen Teil der vorher abgetrennten, noch schwach sauren Lsg. hinzu.

Nach Beseitigung etwa vorhandener Trübungen durch Filtration kommt die Lsg. sofort in eine Dialysierhülse, die bis zur Meniskusgleichheit in ein mit dest. W. gefülltes Gefäß hängt; das Wasser wird täglich erneuert. Durch Diffusion der Ionen bleibt in der Hülse eine reine, kolloide Lsg. von Eisen(III)-oxid-Hydrat zurück; die darin noch enthaltenen Cl^--Ionen sind vom Sol adsorbiert u. lassen sich durch Fortsetzen der Dialyse nicht entfernen. Die Dialyse ist beendet, wenn im Dialysat keine Cl^--Ionen mehr nachgewiesen werden können. Die erhaltene kolloide Lsg. ist beim Aufbewahren in der Kälte haltbar; durch Kochen, Elektrolyse oder Elektrolytzusatz wird jedoch Eisen(III)-oxid-Hydrat ausgeflockt.

13. Darstellung von Eisen(III)-chlorid, $FeCl_3$, wasserfrei

$$2\,Fe + 3\,Cl_2 \rightarrow 2\,FeCl_3$$

Über möglichst reinen, etwa 0,2 mm starken Fe-Draht, der sich in einem gut getrockneten Glasrohr befindet, wird ein mit konz. H_2SO_4 u. P_2O_5 gut getrockneter Cl_2-Strom geleitet. Die Umsetzung, die bei 250–400 °C in Gang kommt, soll so geleitet werden, daß durch eine am Ende des Rk.-Rohres angeschlossene, mit wenig konz. H_2SO_4 beschickte Waschflasche stets noch überschüssiges Chlor entweicht (Abzug!). Um eine Verstopfung des Rohres zu vermeiden, schiebt man die benutzte Heizquelle (Reihenbrenner, elektrischer Ofen oder Al-Block) von Zeit zu Zeit ein wenig von der Kondensationsstelle weg.

Das Präparat wird zur Reinigung nach beendeter Umsetzung nochmals im Cl_2-Strom bei 220 °C bis höchstens 300 °C sublimiert. Danach wird alles Chlor durch gut getrocknetes N_2 verdrängt u. das Präparat in eine Ampulle gefüllt, die sofort abgeschmolzen wird.

14. H_2S

In saurer Lsg. Red. zu Fe^{2+} (vgl. 9., S. 115f.).

15. $(NH_4)_2S$

$$2\,Fe^{3+} + 3\,S^{2-} \rightarrow [Fe_2S_3] \rightarrow 2\,FeS\downarrow + S\downarrow$$

In neutraler oder ammoniakalischer Lsg. schwarzer Nd. von FeS u. S. Lösl. in verd. Mineralsäuren unter Entwicklung von H_2S. Zurück bleibt Schwefel.

16. Natriumhydrogenphosphat

$$Fe^{3+} + HPO_4^{2-} + CH_3COO^- \rightarrow FePO_4\downarrow + CH_3COOH$$

In essigsaurer Lsg. weißer, etwas gelbstichiger Nd. von $FePO_4$. Schwerlösl. in Essigsäure, lösl. in Mineralsäuren.

17. *Ausethern von $FeCl_3$*

Die in salzsauren $FeCl_3$-Lsgg. vorliegenden komplexen Chloroferrate(III) (vgl. S. 116) sind in Ether leichter löslich als in der salzsauren, wäßrigen Lösung, können also mit Ether extrahiert werden. Man macht von dieser Möglichkeit, das Eisen „auszuethern“, Gebrauch, um einen Überschuß von Eisen zu entfernen, der die Abtrennung und den Nachweis anderer Metallionen erschweren würde. Das Verfahren ist besonders für die weiter unten beschriebene Trennung der Elemente der $(NH_4)_2S$-Gruppe mit Urotropin von Bedeutung.

Die Eisen(III)-chloridlsg. wird mit so viel 7 mol/l HCl versetzt, daß diese etwa 60% des Gesamtvolumens ausmacht, u. in Eiswasser gekühlt. In einem Schütteltrichter wird die Lsg. nun mit dem gleichen Volumen Ether, der zuvor durch Schütteln mit 7 mol/l HCl mit letzterer gesättigt ist, versetzt u. kräftig durchgemischt. Die Hauptmenge des Eisens befindet sich nun in der etherischen Schicht u. kann mit dieser von der wss. Lsg. abgetrennt werden. Durch Zusatz von Thiocyanat überzeuge man sich, daß nur noch geringe Mengen Eisen in der salzsauren wss. Lsg. zurückgeblieben sind.

Nernstsches Verteilungsgesetz

Bei der Verteilung eines Stoffes zwischen zwei nicht oder begrenzt mischbaren Phasen stellt sich ein Gleichgewicht ein, das durch das *Nernst*sche Verteilungsgesetz beschrieben wird. Danach ist der Quotient der Konzentrationen eines sich zwischen zwei Phasen verteilenden Stoffes bei gegebener Temperatur konstant,

$$\frac{c_{\mathrm{A\,Phase\,1}}}{c_{\mathrm{A\,Phase\,2}}} = K = \alpha$$

α wird Verteilungskoeffizient genannt. Das Gesetz ist jedoch nur dann erfüllt, wenn der Stoff in beiden Phasen den gleichen Molekularzustand besitzt. Die praktische Bedeutung für die Ausschüttelung möge ein Zahlenbeispiel näher erläutern:

1 Mol des Stoffes A verteilt sich zwischen 1 Liter einer leichteren Oberphase und 1 Liter einer schweren Unterphase im Verhältnis 9:1 ($\alpha = 9$). Demnach sind im Gleichgewicht in der Oberphase 0,9 mol/l, in der Unterphase 0,1 mol/l enthalten. Verdoppelt man das Volumen der Oberphase auf 2 Liter, so muß das Verhältnis der Konzentrationen erhalten bleiben. Es gilt demnach:

$$\left(0{,}45 + \frac{x}{2}\right) : (0{,}1 - x) = 9:1 \quad x = 0{,}0474$$

In der Unterphase befinden sich jetzt 0,0526 mol/l, in der Oberphase 0,4737 mol/l.

Günstiger ist es, das Volumen der Oberphase nicht zu verdoppeln, sondern nach Abtrennung erneut mit dem gleichen Volumen von einem Liter zu schütteln. Sind beim ersten Ausschüttelprozeß 0,9 Mol aus der Unterphase entfernt, so werden beim zweiten 0,09 Mol in die Oberphase überführt. Am Ende hat man bei gleicher Volumenmenge der Oberphase die Konzentration in der Unterphase auf 0,01 mol/l im Vergleich zu 0,0526 mol/l reduziert.

Bei der Stoffverteilung zwischen zwei Phasen ergeben mehrere Einzelarbeitsgänge mit kleinen Volumina ein besseres Ergebnis als eine einmalige Ausschüttelung mit einem großen Volumen.

18. *Bildung von $K_4[Fe(CN)_6]$*

Eisen bildet, wie schon auf S. 91ff. besprochen, mit CN^- komplexe Anionen.

Das Hexacyanoferrat(II)-Ion $[Fe(CN)_6]^{4-}$ gehört zu den beständigsten Komplexionen. Es gibt weder Reaktionen auf Eisen noch auf Cyanid, da es kaum in Einzelionen dissoziiert (vgl. S. 95, Komplexsalze). Nur durch heiße Säure wird es zersetzt.

Man versetze eine neutrale Fe(II)-Salzlsg. mit Kaliumcyanid. Es entsteht ein brauner Nd. von $Fe(CN)_2$. Man setze unter schwachem Erwärmen weiter tropfenweise KCN hinzu, bis sich der Nd. gerade gelöst hat. Es ist Kaliumhexacyanoferrat(II), gelbes Blutlaugensalz, $K_4[Fe(CN)_6]$, entstanden.

Durch Oxidation des $[Fe(CN)_6]^{4-}$ entsteht das rötlichbraun gefärbte $[Fe(CN)_6]^{3-}$, dessen Kaliumsalz $K_3[Fe(CN)_6]$, Kaliumhexacyanoferrat(III), als rotes Blutlaugensalz bekannt ist.

Zu den folgenden Reaktionen verwendet man eine Lösung von $K_4[Fe(CN)_6]$.

19. *Ammoniak + $(NH_4)_2S$, HCl*

Es entstehen weder mit Ammoniak noch mit $(NH_4)_2S$ Ndd. von $Fe(OH)_2$ bzw. FeS. Mit verd. Salzsäure entweicht keine Blausäure, die aus einfachen Cyaniden sofort entsteht u. die man auch in Spuren an ihrem Geruch nach bitteren Mandeln erkennt.

20. *Verd. H_2SO_4*

$$K_4[Fe(CN_6)] + 3\,H_2SO_4 \rightarrow 2\,K_2SO_4 + FeSO_4 + 6\,HCN$$

Einige Kristalle $K_4[Fe(CN_6)]$ erhitze man unter dem Abzug mit 1–2 ml 1 mol/l H_2SO_4. Es entweicht HCN (Vorsicht! Blausäure ist sehr giftig!).

21. *Konz. H_2SO_4*

$$K_4[Fe(CN)_6] + 6\,H_2O + 6\,H_2SO_4 \rightarrow 2\,K_2SO_4 + 3\,(NH_4)_2SO_4 + 6\,CO\uparrow$$

Eine Spatelspitze $K_4[Fe(CN)_6]$ erhitze man unter dem Abzug mit 2 ml 18 mol/l H_2SO_4. Wegen der wasserentziehenden Wirkung der konz. H_2SO_4 hydrolisiert das entstehende HCN nicht zu NH_4^+ und HCOOH (Ameisensäure), sondern zu NH_4^+ und CO. Bei genügend starker Gasentwicklung läßt sich das Kohlenstoffmonooxid entzünden und brennt mit blauer Flamme.

Für die folgenden Nachweisreaktionen verwendet man Fe^{2+}- bzw. Fe^{3+}-Salzlösung oder die entsprechend vorbereitete Analysenlösung.

22. *Vorproben*

Die Phosphorsalz- bzw. Boraxperle ist in der Oxidationsflamme bei schwacher Sättigung gelb bis farblos, bei starker Sättigung braunrot bis gelbrot. Die Reduktionsflamme färbt sich schwach grünlich. Auf der Holzkohle verhält sich Fe wie Ni und Co. Nach Auflösung der Metallflitter: Berliner-Blau-Reaktion (s. folgende Reaktionen).

23. *Nachweis mit $K_3[Fe(CN)_6]$, Kaliumhexacyanoferrat(III)*

Eine $K_3[Fe(CN)_6]$-Lsg. versetze man

a) mit Fe(III)-Salzlsg.: braune Färbung.

b) Mit Fe(II)-Salzlsg.: tiefblaue Fällung von Turnbulls Blau. Turnbulls Blau ist mit dem Berliner Blau identisch, denn das Fe(II) wird zumindest teilweise durch $[Fe(CN)_6]^{3-}$ oxidiert u. dementsprechend das letztere reduziert.

24. *Nachweis mit $K_4[Fe(CN)_6]$, Kaliumhexacyanoferrat(II)*

$K_4[Fe(CN)_6]$-Lsg. gebe man zu

a) Fe(II)-Lsg.: zunächst weißlicher bis hellblauer Nd. von $\overset{+2}{Fe}[\overset{+2}{Fe}\overset{+2}{Fe}(CN)_6]$, der sich an der Luft bald tiefer blau färbt (Oxidation zum Fe(III)-Salz der Hexacyanoeisen(II)-säure).

b) Fe(III)-Lsg.: tiefblauer Nd. von Berliner Blau, einer Verb. von der angenäherten Zusammensetzung $\overset{+3}{Fe}[\overset{+3}{Fe}\overset{+2}{Fe}(CN)_6]_3$. Der Nd. ist in Säuren schwerlösl., wird aber – wie alle schwerlösl. Hexacyanoferrate(II) – von Laugen zersetzt:

$$\overset{+3}{Fe}[\overset{+3}{Fe}\overset{+2}{Fe}(CN)_6]_3 + 12\,KOH \rightarrow 3\,K_4[Fe(CN)_6] + 4\,Fe(OH)_3\downarrow$$

Die Nachweise von Fe(II) mit Kaliumhexacyanoferrat(III) u. von Fe(III) mit Kaliumhexacyanoferrat(II) sind äußerst empfindlich.

25. *Nachweis als $Fe(SCN)_3$*

Die sehr empfindliche Thiocyanat-Reaktion auf Fe^{3+}-Ionen kann auf der Tüpfelplatte, auf Filterpapier oder im Reagenzglas durchgeführt werden. Die tiefrot gefärbte Fe^{3+}-Verbindung läßt sich mit Ether oder Amylalkohol aus der wäßrigen Phase extrahieren. Co^{2+} und Mo^{3+} stören infolge Bildung blau bzw. rot gefärbter SCN^--Verbindungen. Nitrite rufen in saurer Lösung durch Bildung von Nitrosylthiocyanat, NOSCN, eine Rotfärbung hervor, die der des Eisenthiocyanats sehr ähnlich ist. Ferner beeinträchtigen Hg^{2+}-Ionen durch Bildung von wenig dissoziiertem $Hg(SCN)_2$, F^- durch $[FeF_6]^{3-}$-Komplexbildung, die Anionen organischer Säuren ebenfalls durch Komplexbildung und auch $PO_4{}^{3-}$-, $AsO_4{}^{3-}$-, Borat-Ionen sowie ein größerer Mineralsäureüberschuß die Reaktion. Es ist daher ratsam, vor der Prüfung mit SCN^- die Fe^{3+}-Ionen als $Fe(OH)_3$ auszufällen (s. S. 117) oder die störenden Anionen in neutraler Lösung mit Ba^{2+} abzutrennen.

1 Tr. der schwach HCl-sauren Fe^{3+}-Lsg. wird auf der TP mit 1 Tr. 1 mol/l NH_4SCN versetzt. Eine blutrote Färbung zeigt Fe an.

EG: 0,25 μg Fe^{3+} pD 5,3

Bei Ausführung der Rk. in einem Reagenzglas u. anschließender Extraktion des $Fe(SCN)_3$ in Ether oder Amylalkohol erhöht sich die Empfindlichkeit bedeutend. Es lassen sich dabei in 5 ml Lsg. noch 3 μg Fe^{3+} nachweisen, was einem pD von etwa 6,2 entspricht.

Aluminium, Al, 26,98154; +3

Aluminium ist das dritthäufigste Element in der Erdrinde (w(Al) = 7,57 %). Sehr viele silicatische Mineralien, wie Feldspat und Glimmer, enthalten Aluminium. Für die Technik sind besonders wichtig die durch Verwitterung entstandenen Tonmineralien, wasserhaltige Alumosilicate, aus denen die Tonwaren hergestellt werden, und der Bauxit, ein Gemisch aus hauptsächlich $Al(OH)_3$ und AlO(OH), als Ausgangsstoff für die Aluminiumproduktion. Zur Metalldarstellung löst man Al_2O_3, das aus Bauxit gewonnen wird, in geschmolzenem Kryolith, $Na_3[AlF_6]$, und elektrolysiert. Aluminium und Aluminiumlegierungen sind von großer wirtschaftlicher Bedeutung. Feinverteiltes Aluminium vermag, infolge der hohen Bildungswärme des Aluminiumoxids, die meisten Oxide anderer Metalle zu reduzieren. Das hierauf basierende „Aluminothermische Verfahren" (s. unten) wird zur Metalldarstellung benutzt.

Aluminium steht in der III. Hauptgruppe des PSE und tritt maximal in der Oxidationsstufe +3 auf. Unter Normalbedingungen wird Aluminium von der Luft nicht angegriffen, weil sich auf ihm eine sehr festhaftende, dünne Oxidhaut bildet, die die Oberfläche schützt, das Aluminium also vor weiterer Oxidation bewahrt (Passivierung).

Die Aluminiumsalze sind, soweit sie aus wäßrigen Lösungen dargestellt werden, wasserhaltig ($AlCl_3 \cdot 6\,H_2O$, $Al(NO_3)_3 \cdot 9\,H_2O$). Will man sie durch einfaches Erhitzen entwässern, so tritt Hydrolyse ein, u. man erhält statt des wasserfreien Salzes das Oxid.

$$2\,[Al(H_2O)_6]Cl_3 \rightarrow Al_2O_3 + 6\,HCl + 9\,H_2O$$

Diese Erscheinung hat Aluminium mit anderen Elementen, wie Eisen oder Chrom, gemeinsam. Will man das wasserfreie Salz herstellen (Darstellung s. S. 122), so muß man von Anfang an unter Ausschluß von Wasser arbeiten.

Das Aluminiumsulfat bildet „Doppelsalze" (Alaune).

1. Aluminothermisches Verfahren

$$8\,Al + 3\,Me_3O_4 \rightarrow 9\,Me + 4\,Al_2O_3$$

Feinverteiltes Al vermag infolge der großen Bildungswärme des Al_2O_3 ($2\,Al + {}^3/_2\,O_2 \rightarrow Al_2O_3 + 1676$ kJ) die meisten Metalloxide oder -sulfide unter Bildung der Elemente zu reduzieren. Um die Reaktion in Gang zu bringen, genügt meist eine Initialzündung; die Reaktion läuft dann von allein weiter und erzeugt die erforderlichen Temperaturen durch die Reaktionswärme selbst. Die Temperatur ist so hoch (2000–2500 °C), daß die ganze Masse schmilzt und sich Schlacke und Metall weitgehend voneinander trennen; ein Zusatz von Flußmittel (CaF_2) begünstigt diese Trennung. Auf Grund der Tatsache, daß die Reaktionswärme die Temperatur bestimmt, hat man es in der Hand, durch geeignete Wahl der Ausgangsstoffe die Reaktionstemperatur den jeweils vorliegenden Verhältnissen anzupassen. Einerseits darf die Reaktion nicht explosionsartig ablaufen (Abhilfe durch Verdünnen des Reaktionsgemisches mit überschüssigem Oxid oder Verwendung eines niederen Oxids, z. B. Mn_3O_4 an Stelle von MnO_2), andererseits werden bei zu geringer Wärmetönung Schwefel oder sauerstoffreiche Verbindungen ($K_2Cr_2O_7$) zugesetzt. Wegen der hohen Reaktionstemperatur ist das aluminothermische Verfahren zur Darstellung von Metallen mit hohem Dampfdruck (Pb, Zn) im allgemeinen ungeeignet. Fast alle aluminothermisch dargestellten Metalle enthalten kleinere Mengen Al ($\approx 1\,\%$) und sind meist sehr spröde.

Die laboratoriumsmäßige Durchführung aluminothermischer Rkk. erfolgt am besten im Freien in kleinen Tontiegeln, die mindestens zu drei Vierteln mit dem innig vermischten u. gut getrockneten (!) Rk.-Gemisch gefüllt sind; zweckmäßig werden die Tiegel in Kieselgur oder Sand eingebettet. Es empfiehlt sich nicht, die Rkk. mit kleineren Ansätzen durchzuführen, als in den Vorschriften angegeben ist. Das aus Mg-Pulver u. BaO_2 bestehende Zündgemisch (3:2 Gew.-Teile) – nicht im Mörser verreiben (!) – wird in dünner Schicht auf das Rk.-Gut aufgebracht. In der Mitte legt man eine kraterförmige Vertiefung an, füllt sie mit dem Zündgemisch u. steckt ein etwa 10 bis 20 cm langes, möglichst oxidarmes Mg-Band oder besser KNO_3-Papier hinein; man achte darauf, daß das Band nicht auf dem Tiegelrand aufliegt. Nach dem Anzünden des Bandes (Schutzbrille!) ziehe man sich sofort zurück u. halte wegen der zuweilen recht heftigen Rk. (Fortsprühen glühender Teilchen) einen sicheren Abstand ein. Das entstandene Metall sammelt sich meist in Gestalt eines Regulus am Boden des Rk.-Gefäßes u. wird nach dem Erkalten mechanisch von der anhaftenden Schlacke befreit.

Der Versuch darf nur in Gegenwart eines Assistenten durchgeführt werden!

Unsachgemäße Zündung kann zu schweren Unfällen führen. Häufig brennt der Zündstreifen nur bis zur Oberfläche des Reaktionsgemisches und erlischt dann, ohne daß die Reaktion in Gang kommt. Es ist in solchen Fällen unbedingt erforderlich, mindestens 5 Minuten (Uhr!) abzuwarten, bevor ein neuer Zündversuch unternommen wird!

Chrom

70 g geglühtes Cr_2O_3, 25 g $K_2Cr_2O_7$ (geschmolzen und gepulvert) u. 33 g Al-Grieß. Auf den Tiegelboden etwa 10 g CaF_2; 10 g Zündmischung.

Mangan

MnO_2 reagiert zu heftig: 80 g MnO_2 werden durch Glühen (800–900 °C, 1 Std.) in Mn_3O_4 übergeführt u. mit 20 g Al-Grieß ($^9/_{10}$ der stöchiometrischen Menge) innig vermischt. 10 g CaF_2 auf den Tiegelboden; 10 g Zündmischung.

Silicium, kristallisiert

90 g feiner, gut getrockneter Sand, 100 g Al-Grieß, 120 g Schwefelblume. Nach Erkalten Tiegel zerschlagen, die ganze Masse in einer großen Porzellanschale mit Wasser übergießen (Abzug, H_2S!) u. $Al(OH)_3$ bzw. Al_2O_3 abschlämmen. Si-Kugeln mechanisch von Schlackenresten befreien, zerschlagen u. im Becherglas mehrere Tage mit warmer 5 mol/l HCl zur Al-Entfernung behandeln (HCl mehrfach erneuern), schließlich mit 7 mol/l HCl auskochen u. dekantieren. Zur SiO_2-Entfernung werden die Kristalle in einer Pt-Schale 1 Std. mit warmer 40%iger HF behandelt.

2. Darstellung von wasserfreiem Aluminiumchlorid, $AlCl_3$

$$2\,Al + 6\,HCl \rightarrow 2\,AlCl_3 + 3\,H_2\uparrow$$

$AlCl_3$ kann nicht durch einfaches Erhitzen von $AlCl_3 \cdot 6\,H_2O$ erhalten werden, da Hydrolyse zu HCl und Al_2O_3 eintritt.

Die App. (vgl. Abb. 17) wird zunächst mit HCl gefüllt, bis alle Luft verdrängt ist (sonst Knallgasexplosion mit dem bei der Reaktion entstehenden H_2!). Dann wird das im Porzellanschiffchen befindliche Al in Form von Al-Grieß im kräftigen HCl-Strom (2 Waschflaschen mit konz. H_2SO_4) langsam so hoch erhitzt, daß weiße Dämpfe von $AlCl_3$ entstehen, die sich im Sublimationsrohr niederschlagen. Das gewonnene Chlorid ist nach beendeter Reaktion sofort in eine Ampulle zu überführen, die schnell abgeschmolzen wird, da $AlCl_3$ stark hygroskopisch ist u. dabei teilweise hydrolysiert.

3. Darstellung von Alaunen

Aluminiumsulfat bildet ebenso wie die Sulfate anderer Metallionen mit der Oxidationsstufe +3 (Fe^{3+}, Cr^{3+}, Mn^{3+}) mit Sulfaten von Metallionen mit der Oxidationsstufe +1 (K^+, Rb^+, Cs^+, NH_4^+, Tl^+, seltener mit Na^+) aus wäßrigen Lösungen „Doppelsalze" von der allgemeinen Zusammensetzung $M^I M^{III} (SO_4)_2 \cdot 12\,H_2O$. Dieser Typ von Doppelsalzen wird Alaune genannt.

Alle Alaune kristallisieren im regulären System als schöne Oktaeder. Läßt man Mischungen auskristallisieren, also z. B. eine Lösung, die Fe^{3+}, Al^{3+}, K^+ und SO_4^{2-} enthält, so entstehen einheitliche Kristalle, in denen sowohl Fe^{3+} als auch Al^{3+} vorhanden sind. Im Kristallgitter vermögen sich Fe^{3+}, Cr^{3+} und Al^{3+} gegenseitig zu ersetzen. Das gleiche gilt von M(I). Die Alaune bilden miteinander Mischkristalle. Man nennt diese Eigenschaft Isomorphie. Sie tritt auf, wenn die austauschbaren Ionen chemische Ähnlichkeit, gleiche Oxidationsstufe und annähernd gleiche Ionenradien besitzen.

Kaliumaluminiumalaun, $KAl(SO_4)_2 \cdot 12\,H_2O$

Zu einer Lsg. von 15 g $Al_2(SO_4)_3 \cdot 18\,H_2O$ in 100 ml W. wird die theoretisch berechnete Menge einer heiß gesättigten K_2SO_4-Lsg. hinzugefügt. Der Alaun kristallisiert nach einiger Zeit aus der in einer Porzellanschale befindlichen Lsg. aus. Er wird durch Umkristallisation gereinigt, abgenutscht u. zwischen Filtrierpapier getrocknet.

Chromalaun, $KCr(SO_4)_2 \cdot 12\,H_2O$

10 g $K_2Cr_2O_7$ werden in 100 ml W. und 20 g (etwa 11 ml) 18 mol/l H_2SO_4 in der Kälte mit etwa 7 ml Alkohol reduziert, wobei durch Kühlung ein Ansteigen der Temp. über 40 °C vermieden werden muß, da sich in der Hitze das Komplexion $[Cr(H_2O)_2(SO_4)_2]^-$ bildet (s. bei Chrom, S. 125).

Ammoniumeisenalaun, $NH_4Fe(SO_4)_2 \cdot 12\,H_2O$

Nach Zusammengeben der in 1 mol/l H_2SO_4 gelösten, berechneten Mengen von $(NH_4)_2SO_4$ u. $FeSO_4 \cdot 7\,H_2O$ wird Fe^{2+} mit einigen ml 14 mol/l HNO_3 oxidiert. Beim Stehen der Lsg. im Exsikkator über 18 mol/l H_2SO_4 scheidet sich der Alaun in Form großer, schwach rosaviolett gefärbter, oktaedrischer Kristalle ab.

4. Aktivierung von Al mit Hg^{2+}

$$3\,Hg^{2+} + 2\,Al \rightarrow 2\,Al^{3+} + 3\,Hg$$

$$4\,Al + 6\,H_2O + 3\,O_2 \rightarrow 4\,Al(OH)_3$$

Auf Grund der Spannungsreihe wird Hg^{2+} auf Aluminiumblech zu elementarem Hg reduziert. Das entstehende Aluminiumamalgam wird durch den Luftsauerstoff schnell oxidiert, da sich auf der Oberfläche der Legierung keine zusammenhängende Oxidhaut bildet.

Man verreibe auf einem abgeschmirgelten Aluminiumblech einige Tr. $HgCl_2$-Lösung. Hg^{2+} wird als Metall niedergeschlagen. Nach einiger Zeit treten Ausblühungen von $Al(OH)_3$ auf.

5. Auflösen von Aluminium

$$2\,Al + 2\,OH^- + 6\,H_2O \rightarrow 2\,[Al(OH)_4]^- + 3\,H_2\uparrow$$

Metallisches Aluminium löst sich sowohl in Säuren als auch in Basen, da das $Al(OH)_3$ amphoteren Charakter besitzt.

Man löse Al-Schnitzel oder Al-Grieß in NaOH. Zu der Lauge hinzugesetztes Nitrat wird von dem sich entwickelnden atomaren Wasserstoff zu NH_3 reduziert (s. bei HNO_3 S. 55).

Für die nachstehenden Reaktionen verwende man eine Aluminiumsalzlösung mit $c(Al^{3+}) \approx 0{,}1$ mol/l bzw. die entsprechend vorbereitete Analysenlösung.

6. NaOH oder KOH

$$Al^{3+} + 3\,OH^- \rightarrow Al(OH)_3\downarrow$$

$$Al(OH)_3 + OH^- \rightleftharpoons [Al(OH)_4]^-$$

$$[Al(OH)_4]^- + NH_4^+ \rightarrow Al(OH)_3\downarrow + NH_3\uparrow + H_2O$$

Bei tropfenweiser Zugabe von Alkalihydroxid zunächst Nd. von weißem $Al(OH)_3$, das sowohl in Säuren als auch in überschüssiger Lauge löslich ist. $Al(OH)_3$ ist also amphoter u. bildet mit starken Laugen Hydroxoaluminate. Diese sind nur in alkalischer Lsg. beständig. Versetzt man die Lsg. mit einer zur Umsetzung mit der überschüssigen Lauge u. dem Aluminat ausreichenden Menge NH_4Cl, so fällt im Gegensatz zu Zn^{2+}, besonders schnell beim Kochen, Al(III) vollständig als Hydroxid aus.

7. Ammoniak

Ebenfalls Nd. von $Al(OH)_3$, nicht lösl. im Überschuß (Unterschied von Zn). Ein großer Überschuß von konz. Ammoniak kann allerdings etwas Hydroxid als Aluminat lösen, jedoch nur bei Abwesenheit von Ammoniumsalzen. In ammoniakalischer Weinsäurelsg. ist $Al(OH)_3$ unter Komplexbildg. lösl., in Gegenwart von Tartraten fällt daher mit Ammoniak auch kein $Al(OH)_3$ aus.

Durch allmähliche Zugabe von OH^--Ionen zu einer Al-Salzlsg. erfolgt wie beim Fe^{3+} u. Cr^{3+} (vgl. S. 116 f. u. 126) eine Aggregation zu höhermolekularen Teilchen, die schließlich bis zum kolloiden Verteilungszustand führt. $Al(OH)_3$-Gele zeigen ebenfalls die Erscheinungen des Alterns u. der Adsorptionsfähigkeit (s. S. 169).

8. $NaCH_3COO$

$$Al^{3+} + 3\,CH_3COO^- + 2\,H_2O \rightleftharpoons Al(OH)_2CH_3COO + 2\,CH_3COOH$$

Wie beim Fe^{3+} in der Hitze Nd. durch Hydrolyse.

9. Urotropin

Ebenfalls Fällung von $Al(OH)_3$ unter den gleichen Bedingungen und in gleicher Weise wie bei Fe^{3+} (vgl. S. 117).

10. H_2S, $(NH_4)_2S$

$$2\,Al^{3+} + 3\,S^{2-} + 6\,H_2O \rightarrow 2\,Al(OH)_3\downarrow + 3\,H_2S\uparrow$$

Mit H_2S in neutraler und saurer Lsg. kein Nd., mit $(NH_4)_2S$ infolge Hydrolyse Fällung von $Al(OH)_3$.

11. Natriumphosphat

Weißer voluminöser Nd. von $AlPO_4$, wie $FePO_4$ schwerlösl. in Essigsäure, lösl. in Mineralsäuren. In ammoniakalischer, ammoniumsalzhaltiger Lsg. ist $AlPO_4$ schwerlöslich. Der abfiltrierte, ausgewaschene Nd. ist in Ammoniak etwas löslich.

12. Nachweis als Thénards Blau

$$CoO + Al_2O_3 \rightarrow CoAl_2O_4$$

Die beiden Oxide vereinigen sich durch Reaktion im festen Zustand miteinander. $CoAl_2O_4$ gehört zu den Spinellen, von denen $MgAl_2O_4$ der bekannteste ist.

Man fälle etwas $Al(OH)_3$ aus, filtriere, wasche gut aus, trockne u. bringe es auf eine Magnesiarinne. Dann wird mit 1 Tr. einer sehr verd. $Co(NO_3)_2$-Lsg. (höchstens 0,1 %) befeuchtet u. in der oxidierenden Flamme geglüht. Beim Glühen von $Al(OH_3)$ in Gegenwart von $Co(NO_3)_2$ entsteht Thenards Blau.

Bei einem Überschuß von $Co(NO_3)_2$ bildet sich schwarzes Co_3O_4 u. überdeckt die Farbe des Thenards Blau!

SiO_2, B_2O_3 u. P_2O_5 geben ähnlich Rkk. u. müssen deshalb vorher entfernt werden. Die Rkk. ist sehr empfindlich. Die Magnesiarinne darf keine der obengenannten Verunreinigungen, besonders SiO_2, enthalten.

13. Nachweis mit Alizarin S

Al^{3+} bildet mit dem Farbstoff Alizarin S einen sog. Farblack. Die rotgefärbte Verbindung ist in verd. Essigsäure schwerlöslich, während die rotviolette Färbung der ammoniakalischen Alizarinlösung beim Ansäuern in Gelb umschlägt. Fe, Cr und Ti geben ähnlich gefärbte, gegen Essigsäure stabile Lacke. Auch Erdalkaliionen in konz. Lösungen geben gefärbte Niederschläge mit Alizarin S, die jedoch in Essigsäure löslich sind.

Zum Nachweis von Al wird die saure Lsg. mit möglichst wenig KOH alkalisch gemacht u. zentrifugiert. 1 Tr. des Z. wird auf der TP oder auf dem OT mit 1 Tr. Reagenzlsg. versetzt u. 1 mol/l CH_3COOH bis zum Verschwinden der rotvioletten Farbe u. danach noch ein weiterer Tr. CH_3COOH zugegeben. Die Bldg. eines roten Nd. oder eine Rotfärbung zeigt Al an. Der Nd. wird häufig erst nach einigem Stehen sichtbar

EG: 0,5 µg Al pD 5,6

Reagenz: 0,1 %ige wss. Lsg. von Na-Alizarinsulfonat.

14. Nachweis als Caesiumalaun, $CsAl(SO_4)_2 \cdot 12\,H_2O$

Falls Cs_2SO_4 oder CsCl zur Verfügung steht, eignet sich die Caesiumalaun-Reaktion gut zur Identifizierung von Al, wenn es von den anderen Kationen im Analysengang abgetrennt worden ist. Alle Kationen, die zur Alaunbildung befähigt sind, geben ähnliche Reaktionen.

1 Tr. der HCl- oder H_2SO_4-sauren Probelsg. wird auf dem OT bis fast zur Trockne eingedampft. Dann wird ein kleiner Cs_2SO_4-Kristall oder besser eine Mikrospatelspitze einer trockenen, fein zerriebenen Mischung aus einem kleinen CsCl-Kristall mit einem etwas größeren $KHSO_4$-Kristall dem Probetröpfchen zugesetzt u. angehaucht, bis das Reagenz zerfließt. Die Bldg. von farblosen, oktaedrischen Kristallen neben ungelösten Reagenzkörnchen zeigt Al an. Betrachtung unter dem Mikroskop (V.: 1 : 50–100, Kristallaufnahme Nr. 15).

EG: 0,2 µg Al pD 5,4

15. Al-Nachweis mit Morin

Al bildet in neutraler oder essigsaurer Lösung mit Morin, einem kompliziert aufgebauten organischen Farbstoff, intensiv grün fluoreszierende kolloidale Suspensionen einer inneren Komplexverbindung. Silicate geben gleichfalls mit Morin fluoreszierende Verbindungen, deren Bildung und Beständigkeit stark pH-abhängig ist.

Die saure Probelsg. wird mit KOH (nicht NaOH!) stark alkalisch gemacht u. zentrifugiert. Einige Tr. des Z. werden im Reagenzglas oder auf einer schwarzen TP mit Eisessig angesäuert u. mit einigen Tr. Reagenzlsg. versetzt. Eine grüne Fluoreszenz, die beim starken Ansäuern mit HCl verschwindet, zeigt Al an. UV-Licht erleichtert die Beobachtung erheblich. Eine Blindprobe mit der verwendeten KOH zum Vergleich von Fluoreszenzfarbe u. bes. -intensität ist unerläßlich. NaOH fluoresziert mit Morin meist so stark, daß es nicht verwendet werden kann.

EG: 0,2 μg Al pD 5,4

Reagenz: Gesätt. Lsg. von Morin in Methanol.

Chrom, Cr, 51,996; +3, +6

Chrom, das in der sechsten Nebengruppe des PSE (Näheres s. S. 129 f.) steht, kommt in der Natur hauptsächlich als Chromeisenstein, $FeCr_2O_4$, außerdem als Chromat, z. B. $PbCrO_4$, vor. Das Metall stellt man rein nach dem aluminothermischen Verfahren (s. S. 121) oder als Chromeisenlegierung mit 60% Cr (Ferrochrom) aus $FeCr_2O_4$ und Kohle im Hochofen her. Außer der Verwendung seiner Verbindungen als Beiz- und Ätzmittel in der Lederindustrie und als besonders beständige und leuchtende Mineralfarben (Chromgelb = Bleichromat, Chromgrün = Chrom(III)-oxid) wird es als Metall wegen seiner Beständigkeit gegenüber Oxidationsmitteln und seiner chemischen Widerstandsfähigkeit benutzt. Es wird z. B. von Salpetersäure – auch konzentrierter – und Luftsauerstoff „passiviert". Diese Eigenschaft verleiht es auch den Eisenlegierungen, die dann nicht rosten (z. B. V 2 A-Stahl mit 18% Chrom und 8% Nickel).

In verd. Salzsäure und Schwefelsäure ist es dagegen löslich. Chrom bildet Verbindungen, in denen es in den Oxidationsstufen +2, +3, +5 und +6 auftreten kann.

Chrom(II)-Salze, z. B. $CrCl_2$, sind in wäßriger Lösung meist blau gefärbt und äußerst unbeständig. Sie oxidieren sich sehr leicht zu Cr(III), sind also starke Reduktionsmittel. So können sie sogar bei Zimmertemperatur Wasser zu Wasserstoff reduzieren.

Die beständigen Cr(III)-Salze sind in wäßriger Lösung verschieden, teils grün, teils violett gefärbt. Es bilden sich dabei Aquokomplexe verschiedener Zusammensetzung. Die grünen enthalten $[CrX_2(H_2O)_4]^+$- oder $[CrX(H_2O)_5]^{2+}$-Ionen (wobei X ein Anion mit der Ladung −1 ist, X_2 auch ein Anion mit der Ladung −2 sein kann). Die violetten sind Hexaaquo-Komplexe $[Cr(H_2O)_6]^{3+}$. Die obige Zusammensetzung der grünen Salze erkennt man z. B. daran, daß bei $[CrCl_2(H_2O_4)]Cl \cdot 2\,H_2O$ nur ein Drittel des Chlorids mit Ag^+ und beim $[Cr(SO_4)(H_2O)_4]_2SO_4 \cdot 4\,H_2O$ mit Ba^{2+} nur ein Drittel $SO_4{}^{2-}$ ausfällt. Die violetten zeigen dagegen diese Erscheinung nicht. Man kann die beiden verschiedenen Arten, ein Fall einer Hydratationsisomerie, leicht durch Erwärmung ineinander umwandeln. In der Hitze bildet sich die grüne, in der Kälte die violette Verbindung. Der Vorgang ist reversibel. Auch Konzentrationsveränderungen rufen Verschiebungen hervor gemäß:

$$[Cr(H_2O)_6]^{3+} + 2\,Cl^- \rightarrow [CrCl_2(H_2O)_4]^+ + 2\,H_2O$$

Die Oxidationsstufe +5 ist sehr unbeständig.

Wichtig ist noch die Oxidationsstufe +6. Als typisches Säureanhydrid bildet Chromtrioxid Salze von der Zusammensetzung K_2CrO_4, gelb, und $K_2Cr_2O_7$, orange. Die Säure H_2CrO_4 selbst ist unbekannt. Die Chromate sind starke Oxidationsmittel.

Die Darstellung des Metalls und die des Chromalauns sind S. 121 bzw. 122 beschrieben.

Cr(III) läßt sich sowohl in wäßriger Lösung, und zwar besonders leicht in alkalischem Medium, als auch auf trockenem Wege zu Chromat oxidieren.

Für die nachstehenden Reaktionen verwende man eine Cr(III)-Salzlösung.

1. Aquo- und Sulfatokomplexe

Man löse feingepulvertes violettes $Cr_2(SO_4)_3 \cdot 18\,H_2O$ oder $KCr(SO_4)_2 \cdot 12\,H_2O$ (Chromalaun) in der Kälte in einigen ml Wasser auf. Die Lsg. ist durch $[Cr(H_2O)_6]^{3+}$ violett gefärbt.

Man erhitze zum Sieden. Die Lsg. färbt sich tiefgrün: $[CrSO_4(H_2O)_4]^+$.

2. *Wasserfreies $CrCl_3$*

Wasserfreies $CrCl_3$ ist scheinbar schwerlöslich, da die Auflösungsgeschwindigkeit bzw. die Hydratationsgeschwindigkeit fast Null ist.

Einige Kristalle von wasserfreiem, pfirsischrotem $CrCl_3$ versuche man in W. zu lösen. Dies gelingt nicht. Fügt man aber ein Stückchen Zink u. Salzsäure hinzu, so tritt Auflsg. ein.

3. *NaOH, Ammoniak, Na_2CO_3, Urotropin*

Cr^{3+} verhält sich gegenüber OH^- ähnlich dem Fe^{3+}.

NaOH, Ammoniak, Na_2CO_3 u. Urotropin fällen daher aus Cr(III)-Salzlösung graugrünes $Cr(OH)_3$, das frisch gefällt leicht in verd. Säuren löslich ist. In der Kälte ist $Cr(OH)_3$ im Überschuß von Ammoniak bei Gegenwart von Ammoniumsalzen unter Bldg. von $[Cr(NH_3)_6]^{3+}$ ein wenig löslich. Beim Kochen wird der Komplex aber zerstört u., sobald der Geruch nach Ammoniak verschwunden ist, fällt $Cr(OH)_3$ quantitativ aus. In Gegenwart von sehr viel Ammoniumsalzen kann die Fällung jedoch unterbleiben, weil dann infolge der Hydrolyse der Ammoniumsalze die Lsg. schwach sauer werden kann, so daß $Cr(OH)_3$ peptisiert wird u. kolloidal in Lsg. bleibt.

Frischgefälltes $Cr(OH)_3$ ist schwach amphoter, in starken Laugen löst es sich mit tiefgrüner Farbe kolloidal oder unter Bldg. von Hydroxoionen auf:

$Cr(OH)_3 + 3\,OH^- \rightarrow [Cr(OH)_6]^{3-}$

Beim Kochen u. Verdünnen fällt durch Hydrolyse $Cr(OH)_3$ wieder aus. Infolge Alterung sinkt die Löslichkeit in Laugen so stark, daß es sich beim Abkühlen nicht wieder löst (Gegensatz zum Zink).

4. *$NaCH_3COO$*

Im Gegensatz zu Fe^{3+} u. Al^{3+} fällt weder in der Kälte noch in der Hitze $Cr(OH)_3$ aus, weil sich ein sehr beständiger, mehrkerniger Komplex von der wahrscheinlichen Zusammensetzung $[Cr_3(CH_3COO)_6O]^+$ bildet.

5. *H_2S, $(NH_4)_2S$*

$$2\,Cr^{3+} + 3\,S^{2-} + 6\,H_2O \rightarrow 2\,Cr(OH)_3\downarrow + 3\,H_2S\uparrow$$

Mit H_2S kein Nd., mit $(NH_4)_2S$ grüner Nd. von $Cr(OH)_3$. Es fällt kein Cr_2S_3 aus, sondern durch Hydrolyse bildet sich $Cr(OH)_3$.

6. *Natrium-hydrogenphosphat*

Aus neutraler Lsg. Fällung von grünem, voluminösem $CrPO_4$, lösl. in Säuren.

7. *Oxidation in alkalischer Lösung*

$$2\,Cr^{3+} + 3\,H_2O_2 + 10\,OH^- \rightarrow 2\,CrO_4^{2-} + 8\,H_2O$$

In alkalischem Medium läßt sich Cr(III) leicht zu Chromat oxidieren.

Man gieße zu einer Cr(III)-Salzlsg. eine Mischung von NaOH + H_2O_2 oder NaOH + Br_2. Die Farbe schlägt in Gelb um.

8. *Oxidation und Reduktion in saurer Lösung*

$$2\,Cr^{3+} + 3\,S_2O_8^{2-} + 7\,H_2O \rightarrow Cr_2O_7^{2-} + 6\,SO_4^{2-} + 14\,H^+$$

In saurer Lösung oxidieren nur noch die stärksten Oxidationsmittel, z. B. Peroxodisulfate, Cr(III) zu Cr(VI).

Man versetze eine verd. H_2SO_4-Lsg. von Cr^{3+} mit etwas festem Alkaliperoxodisulfat u. koche $^1/_4$ bis $^1/_2$ Minute. Infolge Bldg. von $Cr_2O_7^{2-}$ färbt sich die Lsg. orange.

$Cr_2O_7^{2-}$ in saurer Lösung (vgl. 9) ist selbst ein starkes Oxidationsmittel.

Man erhitze K_2CrO_4 oder $K_2Cr_2O_7$ mit konz. HCl. Es entwickelt sich Cl_2.

$Cr_2O_7^{2-} + 6\,Cl^- + 14\,H^+ \rightarrow 2\,Cr^{3+} + 3\,Cl_2\uparrow + 7\,H_2O$

Man setze zu sauren $Cr_2O_7^{2-}$-Lsgg. H_2S, H_2SO_3, HI oder Alkohol:

$Cr_2O_7^{2-} + 3\,H_2S + 8\,H^+ \rightarrow 2\,Cr^{3+} + 3\,S\downarrow + 7\,H_2O$ (S-Abscheidung)

$Cr_2O_7^{2-} + 3\,HSO_3^- + 5\,H^+ \rightarrow 2\,Cr^{3+} + 3\,SO_4^{2-} + 4\,H_2O$

$Cr_2O_7^{2-} + 6\,I^- + 14\,H^+ \rightarrow 2\,Cr^{3+} + 3\,I_2\downarrow + 7\,H_2O$

$Cr_2O_7^{2-} + 3\,C_2H_5OH + 8\,H^+ \rightarrow 2\,Cr^{3+} + 3\,CH_3CHO + 7\,H_2O$ (Geruch nach Aldehyd)

Stets tritt Farbumschlag von Orange nach Grün auf.

Für die nachstehenden Reaktionen verwende man eine wäßrige Kaliumchromatlösung oder die entsprechend vorbereitete Analysenlösung.

9. Gleichgewicht zwischen CrO_4^{2-}, $HCrO_4^-$ und $Cr_2O_7^{2-}$

$CrO_4^{2-} + 2\,H^+ \rightleftharpoons HCrO_4^- + H^+ \rightleftharpoons H_2CrO_4$

$2\,HCrO_4^- \rightleftharpoons Cr_2O_7^{2-} + H_2O$

Cr(VI) liegt über pH = 8 nur als CrO_4^{2-} vor. Zwischen pH = 6 bis 2 enthalten sehr verdünnte Lösungen praktisch nur $HCrO_4^-$, stärker saure auch H_2CrO_4. In konzentrierten Lösungen kondensiert $HCrO_4^-$ zu $Cr_2O_7^{2-}$.

Man löse wenig gelbes K_2CrO_4 in W. u. säure mit Essigsäure an: Umschlag nach Orange ($HCrO_4^-$). Beim Versetzen mit Alkali entsteht wieder die gelbe Farbe.

Man löse einige Kristalle $K_2Cr_2O_7$, Kaliumchromat, in einigen ml W. u. teile die Lsg. in zwei Hälften: die eine versetze man mit verd. Salzsäure, die andere mit der gleichen Menge reinen Wassers. In der letzteren ist die Farbe durch entstandenes CrO_4^{2-} stärker gelb als in der sauren Probe, wo die Verdünnung durch die Vergrößerung der Wasserstoffionenkonz. wieder ausgeglichen wird.

Isopolysäuren

Säuert man eine Dichromatlösung mit 2,5 mol/l H_2SO_4 an, so wird die Farbe dunkler, und unter geeigneten Bedingungen können aus solchen Lösungen Salze einer Tri- oder Tetrachromsäure auskristallisieren:

$3\,Cr_2O_7^{2-} + 2\,H^+ \rightleftharpoons 2\,Cr_3O_{10}^{2-} + H_2O$

$4\,Cr_3O_{10}^{2-} + 2\,H^+ \rightleftharpoons 3\,Cr_4O_{13}^{2-} + H_2O$

Bei weiterem Ansäuern mit einem Überschuß an konz. H_2SO_4 bildet sich neben Sulfato-Komplexen wie $CrSO_7^{2-}$ das rote Anhydrid CrO_3:

$Cr_4O_{10}^{2-} + 2\,H^+ \rightleftharpoons 4\,CrO_3 + H_2O$

Bei manchen Sauerstoffsäuren, wie H_2SO_4, H_3PO_4, entstehen in wäßrigen Lösungen beim Ansäuern der neutralen Salze zuerst saure Salze:

$SO_4^{2-} + H^+ \rightleftharpoons HSO_4^-$

$PO_4^{3-} + H^+ \rightleftharpoons HPO_4^{2-}$

$HPO_4^{2-} + H^+ \rightleftharpoons H_2PO_4^-$

Die höher aggregierten, wie $K_2S_2O_7$, $K_4P_2O_7$, bilden sich dagegen erst in wasserfreiem Zustand:

$2\,KHSO_4 \rightarrow K_2S_2O_7 + H_2O$

Im Gegensatz zu diesen Sauerstoffsäuren tritt bei der Chromsäure und vielen anderen, wie Molybdänsäure, Wolframsäure, Vanadiumsäure, Kieselsäure und Zinnsäure, die Wasserabspaltung schon in wäßriger Lösung ein.

Bei diesen Säuren erfolgt mit Erhöhung der H^+-Ionenkonzentration, also beim Gang vom alkalischen in das saure Gebiet, eine Aggregation zu höhermolekularen Gebilden. Man spricht von Isopolysäuren (vgl. auch Isopolybasen, S. 116). Ihre Konstitution im einfachsten Fall ergibt sich durch Verkettung zweier Metallatome über eine Sauerstoffbrücke, also etwa:

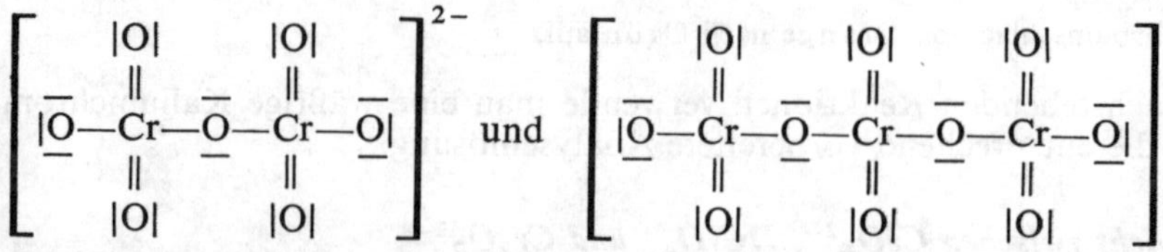

Andere Isopolysäuren haben ringförmige oder räumliche Verknüpfung. Heteropolysäuren s. S. 130.

10. Ba^{2+}, Pb^{2+}, Hg(I), Ag^+

$$2\,Ba^{2+} + Cr_2O_7^{2-} + H_2O \rightleftharpoons 2\,BaCrO_4\downarrow + 2\,H^+$$

Während im allgemeinen alle Dichromate in Wasser löslich sind, bildet Chromat mit Ba^{2+}, Pb^{2+}, Hg(I), Ag^+ schwerlösliche Verbindungen. Wegen des in wäßriger Lösung vorhandenen Gleichgewichts zwischen CrO_4^{2-} und $Cr_2O_7^{2-}$ fallen aber auch aus neutralen Dichromatlösungen Chromate aus.

Die Fällung ist aber nur dann vollständig, wenn man für Entfernung der entstehenden H^+-Ionen sorgt. Das gelingt am besten mit Natriumacetat.

$BaCrO_4$ ist gelb, $PbCrO_4$ gelb (Chromgelb; ein basisches Bleichromat ist bräunlichrot), Ag_2CrO_4 dunkelbraunrot, Hg_2CrO_4 kaltgefällt tieforange, in der Hitze rot.

11. Vorproben

Die Phosphorsalz- bzw. Boraxperle ist bei Anwesenheit von Cr smaragdgrün gefärbt. Auf der Holzkohle findet keine Reduktion statt. Es bildet sich wenig charakteristisches graugrünes Cr_2O_3.

12. Nachweis durch Oxidationsschmelze

$$Cr_2O_3 + 3\,KNO_3 + 2\,Na_2CO_3 \rightarrow 2\,Na_2CrO_4 + 3\,KNO_2 + 2\,CO_2\uparrow$$

Auf einer Magnesiarinne schmelze man ein feingepulvertes Gemisch von Cr(III)-Salz mit der doppelten Menge von wasserfreiem Na_2CO_3 u. KNO_3. Nach dem Erkalten ist der Schmelzkuchen gelb gefärbt.

13. Nachweis durch Oxidation in saurer oder alkalischer Lösung

Die auf S. 126 angeführten Rkk. 7. und 8. können zum Nachweis von Chrom benutzt werden.

14. Nachweis als CrO_5

$$K_2Cr_2O_7 + 4\,H_2O_2 + H_2SO_4 \rightarrow 2\,CrO_5 + K_2SO_4 + 5\,H_2O$$
$$4\,CrO_5 + 12\,H^+ \rightarrow 4\,Cr^{3+} + 6\,H_2O + 7\,O_2\uparrow$$

Cr(VI)-Ionen bilden in HNO_3- bzw. H_2SO_4-saurer Lösung in der Kälte mit H_2O_2 blaues CrO_5, das mit Ether oder Amylalkohol ausgeschüttelt werden kann.

Das Chromperoxid besitzt folgende Konstitution:

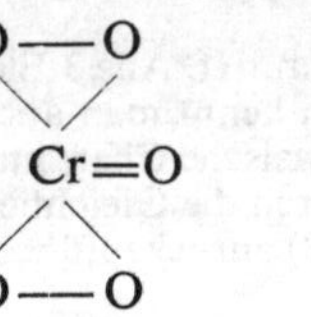

Es müßte daher besser $CrO(O_2)_2$ geschrieben werden.

Das CrO_5 wird gleichzeitig vom organischen Lösungsmittel stabilisiert (Oxoniumverbindung). Die Reaktion ist für Cr(VI) spezifisch. Nach einiger Zeit schlägt die Farbe in Grün oder Violett um.

Die kalte HNO_3-saure Lsg. wird mit 1 ml Ether überschichtet, mit wenigen Tr. 2,5 mol/l H_2O_2 versetzt u. geschüttelt. Eine Blaufärbung der Etherphase zeigt Cr an. Gleichzeitig entsteht bei Gegenwart von V(V) nach Zusatz des ersten Tr. H_2O_2 eine rötlichbraune wss. Phase, vgl. auch Rk. 7., S. 133f.

EG: 50 µg Cr pD 4,3

15. Nachweis mit Diphenylcarbazid

Stark saure Lösungen von Chrom(VI) geben mit Diphenylcarbazid eine vorübergehende Rotviolettfärbung. Die Konstitution der dabei entstehenden Oxidationsprodukte des Diphenylcarbazids ist noch nicht sicher bekannt. Unter gleichen Bedingungen stören nur Mo(VI), V(V) und Hg(II). Mo(VI) kann durch Zugabe von gesättigter Oxalsäurelösung als komplexe Oxalatomolybdänsäure, Hg(II) durch Alkalichlorid oder HCl im Überschuß (Bildung von undissoziiertem $HgCl_2$) maskiert werden. Vanadate(V) geben eine schmutzig grünviolette Färbung, die unter Umständen das Erkennen der violetten Färbung durch Chromat unmöglich macht. In diesem Falle trennt man am besten das Cr vor dem Nachweis als CrO_2Cl_2 ab (s. S. 32).

In einigen Tr. der sauren Probelsg. wird ggf. nach der auf S. 126 gegebenen Vorschrift Cr(III) zu Cr(VI) oxidiert. 2–3 Tr. der oxidierten Lsg. werden nach Verkochen des überschüssigen Oxidationsmittels auf der TP mit 3 Tr. Reagenzlsg. versetzt. Eine violette bis rote Färbung, die schnell verblaßt, zeigt Cr an.

EG: 0,8 µg Cr pD 5,0

Reagenz: Gesätt. Lsg. von Diphenylcarbazid in Alkohol.

„Seltenere“ Elemente, IV. bis VI. Nebengruppe des PSE

Die sogenannten „selteneren“ Elemente sind z. T. verbreiteter als die anderen. Sie treten im allgemeinen nur in geringer Anreicherung auf. So überwiegen z. B. in dem uns bekannten Teil der Erdrinde Yttrium mit $w(Y) = 5 \cdot 10^{-3}\%$ und Wolfram mit $w(W) = 5{,}5 \cdot 10^{-3}\%$ gegenüber Blei mit $w(Pb) = 2 \cdot 10^{-3}\%$. Ferner ist Titan mit $w(Ti) = 5{,}8 \cdot 10^{-1}\%$ in größerer Menge vertreten als z. B. Mangan mit $w(Mn) = 8{,}5 \cdot 10^{-2}\%$, Zink mit $w(Zn) = 2 \cdot 10^{-2}\%$ oder Nickel mit $w(Ni) = 1{,}8 \cdot 10^{-2}\%$. Sogar die sog. Lanthanoide sind größenordnungsmäßig (jedes Element mit ungefähr $w_i = 5 \cdot 10^{-4}\%$) um 2 Zehnerpotenzen in der Erdrinde reichlicher vorhanden als beispielsweise Iod mit $w(I) = 6 \cdot 10^{-6}\%$. Infolge der geringeren Konzentration der „selteneren“ Elemente müssen sie bei ihrer Gewinnung erst angereichert werden, wodurch sich die Darstellung der einzelnen Stoffe und ihrer Verbindungen weitaus schwieriger gestaltet als die der übrigen. Dementsprechend haben sie bisher auch keine derartige technische Bedeutung erlangt, wie einige der anderen, vielleicht selteneren, aber an den einzelnen Fundstellen in größerer Menge vorkommenden Elemente. Die meisten der „selteneren“ Elemente stehen in den Nebengruppen des PSE.

Gemäß der allgemeinen Regel für die Nebengruppen (s. S. 85) nimmt die Beständigkeit der höchsten Oxidationsstufe mit steigender Ordnungszahl zu und die Tendenz zur Bildung niedrigerer Oxidationsstufen ab.

Die IV. Nebengruppe enthält die Elemente Titan, Ti, Zirconium, Zr, und Hafnium, Hf. Alle 3 Elemente treten vorwiegend in der Oxidationsstufe +4 auf. Von Titan und Zirconium kennt man auch Verbindungen der Oxidationsstufe +2 und +3, die jedoch sehr instabil sind. Der basische Charakter der hochschmelzenden Dioxide nimmt mit steigender Ordnungszahl zu. Bedingt durch die Gleichheit der Ionenradien von Zr^{4+} und Hf^{4+}, die auf die Lanthanoidenkontraktion (s. S. 138) zurückzuführen ist, zeigen beide Elemente ein sehr ähnliches chemisches Verhalten.

Zur V. Nebengruppe des PSE gehören die Elemente Vanadium, V, Niob, Nb, und Tantal, Ta, zur VI. Nebengruppe die Elemente Chrom, Cr, Molybdän, Mo, und Wolfram, W. Ihre Hauptoxidationsstufen sind +5 bzw. +6. Vanadium kann man mit Zink und HCl bis zur Oxidationsstufe +2, Niob aber nur noch bis zur Oxidationsstufe +3 und Tantal überhaupt nicht mehr reduzieren. Sowohl die Atom- als auch die Ionenradien von Niob und Tantal unterscheiden sich infolge der Lanthanoidenkontraktion kaum, wodurch die Verbindungen in ihrem Verhalten sehr ähnlich sind.

Die Elemente Molybdän und Wolfram treten in den Oxidationsstufen +2 bis +6 auf, wobei die Oxidationsstufe +6 bei weitem vorherrscht. Die genannten Elemente bilden in ihrer höchsten Oxidationsstufe leicht Isopolysäuren (s. S. 127), wobei innerhalb der einzelnen Gruppe das Kondensationsbestreben mit steigender Ordnungszahl zunimmt. Dies zeigt sich darin, daß bei einem bestimmten pH-Wert der Kondensationsgrad in der Reihe Chrom, Molybdän, Wolfram steigt. So bilden z. B. Molybdän und Wolfram in alkalischer Lösung beständige Monomolybdat- bzw. Monowolframationen, im schwach sauren Gebiet dagegen Heptamolybdat- und Hexawolframat-Ionen.

$[HMo_7O_{24} \cdot aq]^{5-}$ und $[HW_6O_{21} \cdot aq]^{5-}$

Heteropolysäuren

Die Säuren einiger dieser Elemente vermögen bei Erhöhung der H^+-Konzentration nicht nur mit sich selbst zu höheren Aggregationsprodukten, sondern auch mit anderen, meist schwächeren Säuren zu sog. Heteropolysäuren zusammenzutreten. Salze solcher Heteropolysäuren sind z. B. die Ammoniumsalze der Molybdoarsen- und Molybdophosphorsäure (s. bei Arsen und Phosphor) mit den Anionen

$[As(Mo_3O_{10})_4 \cdot aq]^{3-}$ und $[P(Mo_3P_{10})_4 \cdot aq]^{3-}$

Man kann sich vorstellen, daß an Stelle eines O^{2-} im $AsO_4{}^{3-}$ und $PO_4{}^{3-}$ je ein $Mo_3O_{10}{}^{2-}$-Ion getreten ist. Das $Mo_3O_{10}{}^{2-}$-Ion ist ebenfalls als Baugruppe in den Isopolysäuren des Molybdäns enthalten; in wäßriger Lösung vermag es jedoch nicht für sich allein zu existieren. Die Bildung des Molybdoarsenat-Komplexes erfolgt formal nach der Gleichung

$$AsO_4{}^{3-} + 4\,Mo_3O_{10}{}^{2-} + 8\,H^+ + aq \rightarrow [As(Mo_3O_{10})_4 \cdot aq]^{3-} + 4\,H_2O$$

In alkalischer Lösung werden die Heteropolysäuren genau so aufgespalten wie die Isopolysäuren (s. S. 127). Das Gleichgewicht verschiebt sich dabei nach der Seite der einfachen Ionen, so daß sich diese Verbindungen, falls sie schwerlöslich sind, in Alkalien leicht auflösen.

Ebenso wie beim vorstehenden Beispiel bildet stets das eine Element (As, P, Si, B, I u. a.) das Zentralion eines Komplexes und wird vom anderen (V, Mo oder W) über Sauerstoffbrücken in regelmäßiger räumlicher Anordnung umgeben. Dabei kommen oft auf ein Zentralion 6, 9 oder 12 Ionen des anderen Elements, manchmal auch 8, 10, 11 oder 18.

Titan, Ti, 47,88; +3, +4

Titan ist in der Natur weit verbreitet, findet sich aber meist nur in geringen Mengen in silicatischen Mineralien (w(Ti) ≈ 0,5%). Reine Mineralien sind Rutil, Anatas und Brookit (TiO_2) sowie Ilmenit ($FeTiO_3$) und Perowskit ($CaTiO_3$). Es tritt in den Oxidationsstufen +2, +3 und +4 auf, wovon die

Stufe +4 die beständigste ist. Das Metall, das für den chemischen Apparatebau, den Flugzeugbau sowie für die Herstellung eines gegen Stoß und Schlag besonders widerstandsfähigen Stahls eine gewisse Rolle spielt, läßt sich nur schwer rein darstellen; völlig reines Ti erhält man nur durch thermische Zersetzung von TiI_4. Ti(III)-Salze sind rotviolett gefärbt und wirken äußerst stark reduzierend. Diese Eigenschaften macht man sich in der Maßanalyse (Titanometrie) zunutze. Titandioxid, TiO_2, ist in geglühtem Zustand in Säuren und Alkalien schwerlöslich. Es wird am besten durch Schmelzen mit Kaliumdisulfat aufgeschlossen:

$$TiO_2 + K_2S_2O_7 \rightarrow [TiO]SO_4 + K_2SO_4.$$

TiO_2 ist sehr schwach basisch. Infolgedessen sind die neutralen Salze nur in konz. Säuren beständig. Beim Verdünnen und desgleichen in der Schmelze bilden sich also nur basische Salze mit dem aus —Ti—O—Ti—O-Ketten bestehenden Titanoxid-Kation $[TiO]^{2+}$. Die Schmelze löst sich langsam in kalter 1 mol/l Schwefelsäure auf. Beim Kochen tritt teilweise Hydrolyse ein, und es fällt TiO_2 aus, wenn die Lösung nicht genügend Wasserstoffionen enthält. Titandioxid-Hydrat verhält sich also noch schwächer basisch als $Fe(OH)_3$ oder $Cr(OH)_3$.

TiO_2 kann man außer durch Schmelzen mit Kaliumdisulfat auch durch gleichzeitige Einwirkung von Kohlenstoff und Chlor aufschließen. Wie bei den anderen schwer reduzierbaren Oxiden, z. B. SiO_2, Al_2O_3, U_3O_8, die mit wäßriger Salzsäure entweder nur wasserhaltige Chloride bilden oder sich gar nicht auflösen, führt diese Behandlungsweise verhältnismäßig leicht zum wasserfreien Chlorid.

1. Darstellung von Titan(IV)-chlorid, $TiCl_4$

$$TiO_2 + 2\,C + 2\,Cl_2 \rightarrow TiCl_4 + 2\,CO\uparrow$$

Durch gleichzeitige Einwirkung von C und Cl_2 auf TiO_2 entsteht $TiCl_4$.

50 g feinstgepulverter Rutil, TiO_2, werden mit 25 g Kienruß u. 0,05 g MnO_2 als Katalysator innigst vermischt u. mit wenig Stärkekleister zu einer dicken, gerade noch plastischen Masse zusammengeknetet. Daraus werden Kugeln von etwa 0,5 cm ∅ geformt, die im Trockenschrank getrocknet u. dann unter einer Schicht Ruß im Gebläseofen ausgeglüht werden. So vorbereitet, kommen sie in das sorgfältig getrocknete, leicht schräg gestellte Reaktionsrohr (vgl. Abb. 17), werden im trockenen Cl_2-Strom unter dem Abzug langsam erhitzt u. allmählich auf dunkle Rotglut gebracht. Der Chlorstrom muß dabei so stark sein, daß die Blasen in der mit konz. H_2SO_4 gefüllten Waschflasche gerade nicht mehr gezählt werden können. In der mit Eis-Kochsalz gut gekühlten Vorlage sammelt sich $TiCl_4$; es enthält als Verunreinigungen noch Cl_2, $FeCl_3$, $SiCl_4$ u. $VOCl_3$. Zur Reinigung wird von Feststoffen dekantiert u. am besten durch eine trockene Glasfilternutsche filtriert, wobei zwischen Woulfesche Flasche u. Wasserstrahlpumpe ein $CaCl_2$-Rohr geschaltet werden muß. Das Filtrat ist zur Cl_2-Entfernung mit etwas Hg oder Cu-Spänen bis zur Farblosigkeit zu schütteln. Anschließend wird die Flüssigkeit wieder filtriert u. destilliert; Sdp. 1013 mbar 136–137 °C.

$TiCl_4$ ist eine farblose, stechend riechende Flüssigkeit, die an feuchter Luft stark raucht und mit Wasser hydrolysiert. Es dient zur Titanproduktion.

Man stelle sich eine Lösung von Titan(IV)-sulfat her, indem man eine kleine Spatelspitze von TiO_2 mit etwa der fünffachen Menge $K_2S_2O_7$ in einem Porzellantiegel 5–10 Minuten lang so hoch erhitzt, daß ein klarer Schmelzfluß entsteht, aber nur sehr wenig Schwefeltrioxid entweicht. Den Schmelzkuchen löse man in wenig kaltem Wasser auf, dem etwas verdünnte Schwefelsäure zugesetzt ist. Für die nachstehenden Reaktionen verwende man diese Lösung bzw. die entsprechend vorbereitete Analysenlösung.

2. Hydrolyse

Ein Teil der Lsg. wird mit Wasser verd. u. gekocht. Nd. von TiO_2-Hydrat. Werden schwach saure Titansalzlsgg. mit $Na_2S_2O_3$ oder mit $NaCH_3COO$ versetzt u. gekocht, so erfolgt ebenfalls Bldg. eines Nd. von TiO_2-Hydrat.

3. NaOH, Ammoniak, Na_2CO_3, $(NH_4)_2S$ und Urotropin

Stets weißer, voluminöser Nd. von TiO_2-Hydrat. Frisch, in der Kälte gefällt, ist er in Salzsäure u. a. starken Säuren leichtlöslich. In der Hitze tritt aber sehr schnell Alterung ein, so daß die Lösungsgeschwindigkeit bald sehr klein wird und man längere Zeit mit konz. Salzsäure oder Schwefelsäure digerieren muß, bis alles gelöst ist.

Ähnlich wie beim $SnO_2 \cdot aq$ (s. S. 180) erfolgt beim TiO_2-Hydrat durch Erhitzen eine Teilchenvergröberung, wodurch die Lösungsgeschwindigkeit herabgesetzt wird. Frisch gefälltes TiO_2-Hydrat löst sich außerdem relativ leicht in $(NH_4)_2CO_3$.

4. *Dinatriumhydrogenphosphat*

In essigsaurer Lsg. weißer Nd. eines Gemisches von Titandioxid-Hydrat und Titanoxidhydrogenphosphat, $[TiO]HPO_4$, schwerlösl. in Essigsäure, lösl. in Mineralsäuren.

5. *Zink + HCl*

$$Ti(IV) + H_{nasc.} \rightarrow Ti(III) + H^+$$

Es erfolgt Red. zu rotviolettem $[Ti(H_2O)_6]^{3+}$.

6. *Vorproben*

Phosphorsalzperle: In der Oxidationsflamme ist die Perle in der Hitze schwach gelblich, in der Kälte farblos.

7. *Nachweis mit H_2O_2*

$$[TiO \cdot aq.]^{2+} + H_2O_2 \rightarrow [Ti(O_2) \cdot aq]^{2+} + H_2O$$

Mit H_2O_2 bilden sich gelb bis gelborange gefärbte $[Ti(O_2) \cdot aq]^{2+}$-Kationen.

Fe^{3+} wird mit wenig sirupöser (70- bis 85%iger) H_3PO_4 maskiert [Bildung von Phosphatoferraten(III)]. Diese sehr empfindliche Ti-Reaktion wird durch gefärbte und komplexbildende Anionen beeinträchtigt, z. B. überdecken $CrO_4{}^{2-}$-Ionen die H_2O_2-Reaktion, und V sowie Mo geben mit H_2O_2 ebenfalls gefärbte Peroxoverbindungen. F^--Ionen verhindern die H_2O_2-Reaktion durch Bildung des sehr stabilen $[TiF_6]^{2-}$-Komplexes sogar vollständig. Bei Gegenwart dieser Ionen ist daher die exakte Durchführung der auf S. 251f. beschriebenen Trennverfahren Voraussetzung für die Eindeutigkeit dieses Nachweises.

Die salzsaure Probelsg. wird bei Gegenwart von Fe^{3+} durch Zusatz weniger Tr. sirupöser H_3PO_4 entfärbt u. mit 3 Tr. 2,5 mol/l H_2O_2 versetzt. Die Bldg. einer gelb bis gelborange gefärbten Lsg., die durch Zugabe von gesätt. KF- oder NH_4F-Lsg. wieder entfärbt wird, zeigt Ti an.

EG: 0,01 µg Ti/ml pD 8,7

Vanadium, V, 50,9415; +4, +5

Vanadium findet sich nur selten in größerer Menge in Lagern von Vanadiumerzen wie Patronit, ein Vanadiumsulfid, und Vanadinit, ein Bleivanadat, $Pb_5(VO_4)_3Cl$. Bedeutende Vanadiumvorkommen haben die USA, UdSSR, Südafrika, Finnland, Simbabwe, Peru, Venezuela, Frankreich, doch sind nur die ersten vier Staaten Großproduzenten. Als geringe Beimengung in anderen Erzen und Mineralien ist Vanadium jedoch weit verbreitet. Sein Anteil am Aufbau der uns bekannten Teile der Erdrinde ($w(V) = 0{,}16\%$) ist größer als der von Kupfer ($w(Cu) = 0{,}01\%$) oder Cobalt ($w(Co) = 0{,}0012\%$). Sowohl Vanadium als auch seine Verbindungen besitzen erhebliche technische Bedeutung. So wird z. B. Ferrovanadium zur Herstellung widerstandsfähiger Spezialstähle verwendet. Vanadiumverbindungen wirken als Katalysatoren, z. B. V_2O_5 bei dem Schwefelsäure-Kontaktverfahren.

Beim Vanadium ist die höchste Oxidationsstufe die wichtigste und beständigste. Daneben bildet es Verbindungen, in denen es die Oxidationsstufe +2, +3 und +4 hat. Der basische Charakter der Oxide nimmt mit steigender Oxidationsstufe ab (s. S. 85). So bilden sich z. B. in der Oxidationsstufe +2 und +3 Salze und Komplexverbindungen wie $VSO_4 \cdot 7\,H_2O$, $K_4[V(CN)_6] \cdot 3\,H_2O$, oder die Sulfatovanadium(III)-säure, $HV(SO_4)_2 \cdot 6\,H_2O$. Das Oxid in der Oxidationsstufe +4, VO_2, hat bereits amphoteren Charakter, mit Basen bildet es Vanadate(IV), mit Säuren Salze des in wäßriger Lösung hellblau gefärbten „Vanadyl"-Ions, VO^{2+}. Das Oxid in der Oxidationsstufe +5, V_2O_5, reagiert als Säureanhydrid und bildet mit Alkalien Vanadate(V). In der gleichen Weise wie beim Chrom entstehen aus den in stark alkalischer Lösung beständigen Anionen der Orthovanadiumsäure, VO_4^{3-}, mit steigender Wasserstoffionenkonzentration verschieden hoch aggregierte Isopolysäuren.

Die nachstehenden Reaktionen werden mit einer Lösung von Natriumvanadat(V) in Wasser bzw. der entsprechend vorbereiteten Analysenlösung durchgeführt.

1. *Säuren, Alkalien, Urotropin*

Diese Reagenzien geben keine Fällung. Die alkalische Lsg. ist farblos. Bei langsamem Ansäuern tritt gelbe, dann orangegelbe Farbe unter Bldg. von Polyvanadiumsäuren auf. Bei weiterer Verminderung des pH-Wertes hellt sich die Lsg. wieder auf, weil jetzt das hellgelbe VO_2^+-Ion entstanden ist.

Die Tetravanadate sind am verbreitetsten u. werden im allg. als Metavanadate bezeichnet, z. B. Natriummetavanadat $Na_4[H_2V_4O_{13}] = (NaVO_3)_4 \cdot H_2O$.

2. *Reduktionsmittel*

H_2O, SO_2, Oxalsäure u. a. reduzieren V(V) in saurer Lsg. zu V(IV). Es entstehen hellblau gefärbte VO^{2+}-Kationen. Metalle, wie Zn, Cd oder Al, reduzieren über grünes V^{3+} bis zum violetten V^{2+}. Hierbei kann man die dazwischenliegenden Oxidationsstufen leicht an dem Farbwechsel erkennen.

3. *Schwermetall-, Erdalkaliionen*

In neutraler Lsg. Fällung von Vanadaten, z. B. orangerotes $AgVO_3$, weißes $(Hg_2)_3(VO_4)_2$, gelbes $Pb_3(VO_4)_2$, rotbraunes $FeVO_4$, weiße Erdalkalivanadate. Letztere sind auch in schwachen Säuren lösl., $FeVO_4$ ist in Essigsäure schwerlösl., in Mineralsäuren lösl.; $(Hg_2)_3(VO_4)_2$ ist auch in verd. HNO_3 nur sehr schwer löslich.

4. *H_2S, $(NH_4)_2S$*

Mit $(NH_4)_2S$ in neutraler u. ammoniakalischer Lsg. keine Fällung, sondern Bldg. lösl. Thiovanadate, die je nach dem Schwefelgehalt des Ammoniumsulfids braun bis rotviolett gefärbt sind. Beim Sättigen der ammoniakalischen Lsg. mit H_2S tritt die intensive Rotviolettfärbung des entstandenen $[VS_4]^{3-}$ besonders schön auf. Empfindliche Nachw.-Rkk. für Vanadium.

Beim Ansäuern der Thiovanadatlsgg. fällt braunes V_2S_5 aus. Durch den frei werdenden Schwefelwasserstoff wird stets etwas V(V) red., das Z. des V_2S_5 ist daher durch geringe Mengen von lösl. VO^{2+} schwach bläulich bis türkisblau gefärbt. Bei Ggw. von Cl^- wird die Reduktion gestört.

5. *Flüchtigkeit von Vanadiumchloridoxid*

Eine Vorprobe beruht auf der Flüchtigkeit von Vanadiumchloridoxid im trockenen Chlorwasserstoffstrom.

Man mischt die auf Vanadium zu prüfende Substanz mit der 4–5fachen Menge NH_4Cl u. füllt das Gemisch in ein trockenes Reagenzglas. Dies wird mit einem Glaswollebausch verschlossen, der mit 1 mol/l H_2SO_4 angefeuchtet ist. Nun erhitzt man lebhaft. Vanadium verflüchtigt sich dabei mit dem NH_4Cl, schlägt sich an der Glaswandung nieder u. wird bis an den Glaswollebausch getrieben. Nach 5 Min. ist die Rk. beendet. Die in u. unter der Glaswolle vorhandene Masse wird in 1 mol/l H_2SO_4 gelöst, vom Schwerlöslichen abfiltriert, auf ein kleines Vol. eingedampft u. entsprechend 7. (s. unten) auf Vanadiumchloridoxid geprüft.

6. *Vorproben*

Die Phosphorsalzperle wird in der Reduktionsflamme charakteristisch grün, in der Oxidationsflamme schwachgelb bis gelbbraun (nur bei sehr starker Sättigung) gefärbt.

Auch die Rkk. mit Reduktionsmitteln (s. 2.), mit H_2S bzw. $(NH_4)_2S$ (s. 4.) sowie die Flüchtigkeit des Vanadiumchloridoxids (s. 5.) haben Vorprobencharakter.

7. *Nachweis mit der Peroxovanadium(V)-Reaktion*

In saurer Lösung liegt V(V) in Form von VO_2^+- und VO^{3+}-Kationen vor. Die VO^{3+}-Ionen reagieren mit H_2O_2 primär unter Bildung von rötlich-braun gefärbten $[V(O_2)]^{3+}$-Kationen, die aber auf Zusatz von weiterem H_2O_2 in die schwach gelb gefärbte Peroxovanadiumsäure $H_3[VO_2(O_2)_2]$ übergehen. Die Reaktion soll demgemäß möglichst in saurer, 2–3 mol/l H_2SO_4 oder HNO_3 enthaltenden Lösung und mit wenig H_2O_2 durchgeführt werden.

Die Acidität darf nicht zu groß sein, wenn Cr(VI) und V(V) nebeneinander nachgewiesen werden sollen, da sonst CrO_5 zerfällt, ehe es in der etherischen Phase gelöst ist. Die Empfindlichkeit der Reaktion für V(V) wird durch pH-Erhöhung zwar herabgesetzt, ist jedoch bei den Bedingungen der CrO_5-Reaktion immer noch zur eindeutigen Identifizierung von V(V) groß genug. Ti muß vorher abgetrennt werden, da es stört.

Die Reaktion wird, wie beim Cr beschrieben (vgl. 14., S. 128), ausgeführt. Es bildet sich nach Zusatz von wenig H_2O_2 eine rötlich-braune wss. Phase, die auf weiteren H_2O_2-Zusatz wieder verblaßt.

EG: 2,5 μg V pD 4,3

(Bei Anwesenheit von Cr(VI) wird in 2–3 mol/l mineralsaurer Lsg. gearbeitet.)

Molybdän, Mo, 95,94; +6

Molybdän kommt in der Natur hauptsächlich als Molybdänglanz (Molybdänit), MoS_2, und in geringen Mengen als Gelbbleierz (Wulfenit), $PbMoO_4$, vor. Das reine Metall wird nach dem Abrösten des Sulfids durch Reduktion von MoO_3 im Wasserstoffstrom gewonnen. Hierzu wird das Oxid vorerst mit Soda geschmolzen, das gebildete Molybdat herausgelöst und das MoO_3 durch Ansäuern wieder gefällt. Als Legierungsbestandteil für Molybdänstahl dient vorwiegend Ferromolybdän, das auf elektrothermischem Wege aus einem Eisenoxid-Molybdänoxid-Kohle-Gemisch hergestellt wird.

Zu den nachstehenden Reaktionen verwende man eine Ammoniummolybdatlösung bzw. die entsprechend vorbereitete Analysenlösung.

1. Darstellung von Ammoniumtetrathiomolybdat, $(NH_4)_2MoS_4$

5 g $(NH_4)_6Mo_7O_{24} \cdot 4\,H_2O$ werden in 15 ml W. gelöst u. mit 50 ml 8 mol/l NH_3 versetzt. Durch Einleiten von H_2S färbt sich die Lsg. anfangs gelb, später tiefrot, u. nach einer halben Stunde fällt plötzlich eine reichliche Menge von zum Teil wohlausgebildeten, blutroten Kristallen mit metallischem Oberflächenglanz aus. Diese werden mit wenig kaltem W., dann mit Alkohol gewaschen u. im Vakuumexsikkator getrocknet.

2. Säuren

Weißer Nd. von Molybdänsäure, der sich im Überschuß als MoO_2^{2+}-Kation löst. Dieses neigt zur Bldg. von komplexen Anionosäuren bzw. deren Salzen, z. B. $M_2[MoO_2Cl_4]$, $M_2[(MoO_2)_2(SO_4)_3]$ u. a.

Aus salpetersauren Molybdatslgg. kann sich bei längerem Stehen auch das Hydrat der Molybdänsäure, $H_2MoO_4 \cdot H_2O$, als gelber kristalliner Nd. abscheiden.

3. H_2S

Es entsteht langsam ein schwarzbrauner Nd. von MoS_3. Die Fällung geht beim gewöhnlichen Einleiten sowohl in der Kälte als auch in der Hitze äußerst langsam vor sich. Will man Molybdän als MoS_3 quantitativ fällen, so nimmt man die Fällung am besten unter Druck vor, indem man die Lsg. in einer Druckflasche mit Schwefelwasserstoff sättigt, verschließt u. auf dem Wasserbade erhitzt. Die Operation wiederhole man, bis alles Molybdänsulfid ausgefallen ist. Als Fällungsmittel kann auch Thioacetamid verwendet werden.

MoS_3 ist schwerlösl. in konz. Salzsäure, lösl. in Königswasser sowie in gelbem Ammoniumsulfid. Es bildet sich rotes Thiomolybdat:

$MoS_3 + (NH_4)_2S \rightarrow (NH_4)_2MoS_4$.

Beim Ansäuern fällt wieder braunes MoS_3 aus.

4. *Hg(I) und Pb^{2+}*

In neutralen Lsgg. weißer Nd. von Hg_2MoO_4 bzw. $PbMoO_4$.

5. *Reduktionsmittel*

Zink in salzsaurer oder schwefelsaurer Lsg. sowie $SnCl_2$ red. zunächst zu Molybdänblau u. weiter unter Grün- bzw. Braunfärbung zu Mo(IV) u. Mo(III). SO_2 reduziert nur in neutraler oder schwach saurer Lsg. zu Molybdänblau, in stark saurer dagegen nicht (s. auch Wolfram, S. 137).

6. *Vorproben*

a) Flammenfärbung: Fahlgrün, wenig charakteristisch.

b) Lötrohrprobe: Graues Metall mit weißem, in der Hitze gelbem Beschlag.

c) Phosphorsalzperle: In der Oxidationsflamme je nach der Konzentration in der Hitze braungelb bis gelb, beim Erkalten gelbgrün, in der Kälte farblos. In der Reduktionsflamme in der Hitze dunkelbraun, in der Kälte grasgrün.

d) Die beste Vorprobe ist das Abrauchen mit konz. Schwefelsäure (s. 7.).

7. *Nachweis mit konz. H_2SO_4*

Raucht man eine kleine Menge einer molybdathaltigen Substanz in offener Schale mit einigen Tr. 18 mol/l H_2SO_4 bis fast zur Trockne ab u. läßt erkalten, so tritt intensive Blaufärbung ein, da sich teilweise infolge Reduktion des Mo(VI) ein Molybdänoxid von der ungefähren Zusammensetzung $MoO_{3-x}(OH)_x$, mit x zwischen O und 2, bildet (Molybdänblau). Sehr empfindliche Rk., als Vorprobe geeignet!

8. *Nachweis mit $K_4[Fe(CN)_6]$*

$$2\,MoO_2^{2+} + [Fe(CN)_6]^{4-} \rightarrow (MoO_2)_2[Fe(CN)_6]\downarrow$$

In salzsaurer Lsg. rotbrauner Nd, der sich in Laugen (auch in Ammoniak) leicht löst [Unterschied von Uranoxid- und Kupferhexacyanoferrat(II)].

pD 4,7

Gibt man zu dem Nd. festes Ammoniumacetat oder eine konz. Lsg. hinzu, so entsteht allmählich ein zitronengelber Nd. der Zusammensetzung

$(NH_4)_4[Fe(CN)_6] \cdot 2\,MoO_3 \cdot 3\,H_2O$

Am besten führt man die Rk. aus, indem man die essigsaure Probelsg. mit der $K_4[Fe(CN)_6]$-Lsg. versetzt u. dann NH_4CH_3COO hinzugibt.

9. *Nachweis als Ammonium- bzw. Kaliummolybdophosphat*

Die stark salpetersaure Lsg. wird in einem kleinen Reagenzglas mit wenig NH_4Cl bzw. KCl u. 1–2 Tr. 2 mol/l Na_2HPO_4 versetzt u. erwärmt. Es scheiden sich äußerst feine gelbe Kristalle von Ammonium- bzw. Kaliummolybdophosphat ab. (Kristallaufnahme Nr. 5.)

pD 5,0

10. *Nachweis mit KSCN + Reduktionsmitteln*

Molybdate bilden in salzsaurer Lösung mit KSCN und einem Reduktionsmittel (Zn, $SnCl_2$, $Na_2S_2O_3$) rotes, wasserlösliches $[Mo(SCN)_6]^{3-}$, das durch konz. HCl oder H_2O_2 entfärbt wird. PO_4^{3-}, Oxalsäure und Weinsäure können den Nachweis verhindern bzw. seine Empfindlichkeit stark vermindern. Hg^{2+} und NO_2^- stören durch Verbrauch von SCN^--Ionen [Bildung von NOSCN bzw. undissoziiertem $Hg(SCN)_2$]. Wolframate, die unter den gleichen Bedingungen blaue Wolframoxide bilden, werden durch Kapillartrennung auf Filterpapier entfernt. Der Thiocyanatokomplex ist in Ether löslich. Eisen(III)-Salze stören nicht, da sie zu Fe(II)-Salzen reduziert werden.

Zum Nachweis von Mo wird 1 Tr. der Probelsg. u. 1 Tr. KSCN-Lsg. auf Filterpapier getüpfelt, das vorher mit 5 mol/l HCl angefeuchtet wurde. Bei Zugabe von $SnCl_2$-Lsg. zeigt ein hellroter Fleck oder Ring Mo an, während ein ggf. vorher gebildeter roter Fleck von Fe(III)-thiocyanat verschwindet. Ist gleichzeitig Wolfram zugegen, so bildet sich in der Mitte ein blauer Fleck (Wolframblau), der von einem roten Ring der Mo-Verb. umgeben ist. Beim Nachtüpfeln mit 7 mol/l HCl verschwindet die rote Farbe des Hexathiocyanatomolybdats, u. nur die Farbe des Wolframblaus bleibt bestehen (vgl. auch S. 137).

EG: 0,1 µg Mo pD 6,2

Reagenzien: 10%ige KSCN-Lsg., 5%ige Lsg. von $SnCl_2$ in 3 mol/l HCl

Wolfram, W, 183,85; +6

Wolfram kommt in der Natur als Scheelit, $CaWO_4$, Stolzit, $PbWO_4$, und als Wolframit, einer isomorphen Mischung von $FeWO_4$ und $MnWO_4$, vor. Durch Schmelzen dieser Mineralien mit Soda wird das wasserlösliche Natriumwolframat, Na_2WO_4, erhalten, aus dessen Lösungen durch Zusatz von Säure das Oxid WO_3 ausgefällt wird. WO_3 kann mit Wasserstoff oder Kohle zum Metall reduziert werden. Wolfram findet als Legierungsbestandteil in Spezialstählen Verwendung, weiterhin hat es große Bedeutung in der Glühlampenindustrie und zur Herstellung von „Wolframbronzen". Wolframcarbid, W_2C, bildet den Hauptbestandteil von Hartmetallen wie „Widia".

Wolfram liegt in der Analyse hauptsächlich in Form verschiedenartiger Wolframate vor. Beim Ansäuern einfacher Wolframate bilden sich zunächst in Abhängigkeit vom pH verschieden stark aggregierte Polywolframsäuren, bis schließlich im stärker sauren Bereich $WO_3 \cdot aq$ ausfällt. H_2S fällt aus sauren Lösungen keine Wolframsulfide, im alkalischen Bereich entstehen rotbraune lösliche Thiowolframate, aus deren Lösungen beim Ansäuern hellbraunes WS_3 ausfällt. Da die Fällung von $WO_3 \cdot aq$ durch HCl unter analytischen Bedingungen nie quantitativ erfolgt, können Reste des Wolframs bis in das Zentrifugat der $(NH_4)_2S$-Gruppe gelangen. Die Fällung von $WO_3 \cdot aq$ durch HCl kann völlig ausbleiben, wenn ein größerer Überschuß von Phosphaten, Arsenaten, Silicaten oder Boraten vorliegt, da Wolframsäure mit den entsprechenden Säuren im sauren Bereich sehr stabile Heteropolysäuren bildet. Bei Anwesenheit von Wolfram ist daher in jedem Falle der Urotropintrennungsgang anzuwenden, bei dem – unbeschadet einer bereits vorherigen teilweisen Fällung von $WO_3 \cdot aq$ in der HCl-Gruppe – der Rest des Wolframs quantitativ als Eisenwolframat gefällt wird. Häufig ist es noch zweckmäßiger, WO_3 vor dem Trennungsgang quantitativ durch Abrauchen mit konz. HNO_3 zu entfernen. In diesem Fall muß allerdings vorher auf As und Hg geprüft werden, die sich beim Abrauchen verflüchtigen können.

1. Darstellung von 12-Wolframo-1-phosphorsäure, $H_3[P(W_3O_{10})_4 \cdot aq]$

Alle Iso- und Heteropolysäuren sowie die Salze kristallisieren stets mit Wasser, da H_2O ein wesentliches Bauelement der Kristallstruktur dieser Verbindungen ist.

Zunächst wird das Natriumsalz, $Na_3[P(W_3O_{10})_4 \cdot aq]$, hergestellt, aus dem die freie Säure nach der zur Darstellung freier Heteropolysäuren allgemein anwendbaren Extraktionsmethode von *Drechsel* durch Ausschütteln der konzentrierten wäßrigen Lösung des Natriumsalzes mit Ether und konz. Salzsäure erhalten wird.

$$12\,Na_2WO_4 \cdot aq + Na_2HPO_4 + 23\,HCl \rightarrow Na_3[P(W_3O_{10})_4 \cdot aq] + 23\,NaCl + 12\,H_2O$$

Eine Lsg. von 50 g $Na_2WO_4 \cdot 2\,H_2O$ in etwa 80 ml W. wird mit 25 g $Na_2HPO_4 \cdot 12\,H_2O$ versetzt u. bis zur vollständigen Auflsg. des Salzes erhitzt. Man dampft bei etwa 80 °C bis zur Bldg. einer Kristallhaut ein, setzt dann langsam unter Rühren etwa 75 ml 7 mol/l HCl ($\varrho = 1{,}12$ g/ml) zu (ein vorübergehend auftretender Nd. löst sich wieder klar auf) u. verdampft erneut bis zur Bldg. einer Kristallhaut. Die Flüssigkeit samt den ausgeschiedenen Kristallen wird nach dem Abkühlen in einen Scheidetrichter gebracht, in dem sich durch Schütteln mit Ether (langsam zugeben!) drei Schichten ausbilden: eine untere, ölige (etherische Lsg. von $H_3[P(W_3O_{10})_4 \cdot aq]$), eine mittlere, wss. sowie eine obere, aus überschüssigem Ether bestehende. Aus der abgetrennten, unteren Schicht wird vorsichtig (!) der Ether auf dem Wasserbad abgedampft u. aus 30 ml W. umkristallisiert. Eine auftretende Blaufärbung kann durch Zugabe von einigen ml Chlorwasser beseitigt werden.

$H_3[P(W_3O_{10})_4 \cdot aq]$ bildet lichtgelbe oder grünlich gefärbte, in W. leichtlösliche Kristalle.

Zu den folgenden Reaktionen benutze man eine verdünnte Na_2WO_4-Lösung bzw. die entsprechend vorbereitete Analysenlösung.

2. *Säuren*

Weißer Nd. von Wolframtrioxidhydrat, $WO_3 \cdot aq$ (weiße Wolframsäure), der in der Hitze in gelbes H_2WO_4 übergeht. Die Fällung geht am besten mit Salpetersäure vor sich, weniger gut mit Salz- oder Schwefelsäure. Bei reichlichem Überschuß von 7 mol/l HCl kann Wiederauflsg. zu Derivaten von Wolframoxidchloriden stattfinden. $WO_3 \cdot aq$ geht sehr leicht kolloidal wieder in Lösung. Beim Auswaschen des Nd. nehme man daher 2 mol/l HNO_3. Phosphorsäure kann zunächst auch einen weißen Nd. geben, der sich aber in der Wärme u. bei etwas größeren Mengen von Phosphorsäure wieder löst. Es bildet sich Wolframophosphorsäure, $H_3[P(W_3O_{10})_4 \cdot aq]$. Aus solchen u. a. heteropolysäurehaltigen Lsgg. wird durch Säuren kein $WO_3 \cdot aq$ abgeschieden.

3. *Hg(I) und Pb^{2+}*

Aus neutraler Lsg. Fällung von Hg_2WO_4 bzw. $PbWO_4$.

4. *H_2S, $(NH_4)_2S$*

In saurer Lsg. keine Fällung, in alkalischer Lsg. Bldg. von lösl. Thiowolframat mit dem Anion $WS_4{}^{2-}$. Säuert man eine Thiowolframat-Lsg. an, so fällt hellbraunes WS_3 aus.

5. *Vorproben*

a) Flammenfärbung und Lötrohrprobe: Keine Reaktion.

b) Phosphorsalzperle: In der Oxidationsflamme farblos, in der Reduktionsflamme blau, bei Zusatz von wenig $FeSO_4$ blutrot.

6. *Nachweis als Ammonium- bzw. Kaliumwolframophosphat*

Eine stark salpetersaure Lsg. versetze man in einem kleinen Reagenzglas mit etwas NH_4Cl bzw. KCl u. einigen Tr. verd. Na_2HPO_4-Lsg. u. erwärme. Es scheiden sich farblose Kristalle von

$$(NH_4)_3[P(W_3O_{10})_4 \cdot aq] \cdot 3\,H_2O \quad \text{bzw.} \quad K_3[P(W_3O_{10})_4 \cdot aq] \cdot 3\,H_2O$$

aus, die mit den analog zusammengesetzten gelben Molybdatkristallen isomorph sind (Mikroskop). pD 4,9

7. *Nachweis durch Reduktionsmittel*

Gibt man zu einer alkalischen Wolframatlösung ein Reduktionsmittel, z. B. $SnCl_2$, Zn usw., und säuert dann an, so wird selbst bei Gegenwart von heteropolysäurebildenden Anionen eine tiefblau gefärbte Lösung bzw. ein Niederschlag von Wolframblau (ungefähre Zusammensetzung H_xWO_3, $x = 0{,}1$–$0{,}5$) gebildet. Diese Reaktion gestattet das Erkennen löslicher W(VI)-Verbindungen auch bei Gegenwart von Mo(VI), das ähnlich reagiert (vgl. 5., S. 135). Vanadium gibt allmählich ebenfalls eine blaue Färbung, die sich aber im Gegensatz zum Wolfram auch bei der Reduktion mit Weinsäure bildet.

Zum Nachweis von W neben Mo wird 1 Tr. der Probelsg. u. 1 Tr. 5 mol/l HCl auf Filterpapier getüpfelt u. der feuchte Fleck mit KSCN- u. $SnCl_2$-Lsg. behandelt. Eine Blaufärbung zeigt W an. Die bei Ggw. von Mo gleichzeitig auftretende Rotfärbung verschwindet beim Nachtüpfeln mit 7 mol/l HCl.

EG: 4 µg W pD 4,1

Reagenzien: 10%ige wss. KSCN-Lsg., 5%ige wss. Lsg. von $SnCl_2$ in 3 mol/l HCl

8. *Nachweis mit Hydrochinon*

Durch diese empfindliche Nachweisreaktion kann Wolfram in löslichen und schwerlöslichen W(VI)-Verbindungen identifiziert werden. Die Reaktion eignet sich deshalb als Vorprobe. Titan reagiert mit Hydrochinon in ähnlicher Weise und stört den Nachweis von W.

Einige mg Substanz werden mit der vierfachen Menge $KHSO_4$ u. 2 Tr. 18 mol/l H_2SO_4 langsam bis zur Schmelze erhitzt. Nach dem Erkalten setzt man einige mg Hydrochinon zu. Bei Gegenwart von W(VI)-Ionen entsteht eine rotviolette Färbung.

EG: 2 µg W

„Seltenere" Elemente, III. Nebengruppe des PSE

In der III. Nebengruppe des PSE stehen Scandium, Sc, Yttrium, Y, und die Elemente der Lanthan- und Actiniumreihe.

Dieselbe Stelle wie das Lanthan einnehmend folgen 14 weitere Elemente, die zusammen mit Lanthan als Lanthanoide bezeichnet werden, und zwar Cer, Ce, Praseodym, Pr, Neodym, Nd, Promethium, Pm, Samarium, Sm, Europium, Eu, Gadolinium, Gd, Terbium, Tb, Dysprosium, Dy, Holmium, Ho, Erbium, Er, Thulium, Tm, Ytterbium, Yb, u. Lutetium, Lu. Ihre Hauptoxidationsstufe ist +3. Cer tritt in seinen Verbindungen nicht nur in der Oxidationsstufe +3, sondern auch +4 auf. Weiterhin können auch noch einige andere Elemente in anderen Oxidationsstufen als +3 vorkommen, jedoch sind die Verbindungen dieser Oxidationsstufen relativ unbeständig. Zu diesen Elementen gehören Praseodym und Terbium, die in der Oxidationsstufe +4 auftreten können, sowie Samarium, Europium u. Ytterbium, die man verhältnismäßig leicht in die Stufe +2 überführen kann.

Beim Übergang von einem Element zum nächsten im PSE wird im allgemeinen – entsprechend der Zunahme der positiven Kernladung – ein Elektron in die äußerste (z. B. Na und Mg, Se und Br) oder aber in die nächstfolgende Elektronenschale (z. B. He und Li, Ar und K) eingebaut. Damit werden die chemischen Eigenschaften wesentlich geändert. Bei den Lanthanoiden wird nun dieses Prinzip durchbrochen. Zwar steigt die Ordnungszahl und damit die positive Ladung des Kerns stets um eine Einheit, die neuen Elektronen dienen jedoch nur zur Auffüllung einer inneren (4f-)Schale. Dadurch bleibt die Hauptoxidationsstufe stets die gleiche. Die Größe der Ionen nimmt dabei aber stetig ab (sog. Lanthanoidenkontraktion), und zwar so stark, daß schon das Dysprosium-Ion – trotz seiner doppelt so hohen relativen Atommasse – die gleiche Größe wie das Yttrium-Ion besitzt und die Größe des Lu^{+3} sogar der des Sc^{3+} ähnelt. Infolgedessen sind die Elemente der Seltenerdmetalle (Sc bis Lu) einander sehr ähnlich, wobei die Eigenschaften stets einen Gang aufweisen. So nimmt z. B. die Basizität, wie zu erwarten, von Scandium über Yttrium zum Lanthan zu, so daß $La(OH)_3$ ähnlich basische Eigenschaften besitzt wie das $Ca(OH)_2$. Dann nimmt sie aber langsam wieder ab, so daß $Lu(OH)_3$ nur etwa die gleiche Basizität aufweist wie $Sc(OH)_3$. Die Lanthanoidenkontraktion macht sich bei den im PSE auf die Seltenerdmetalle folgenden Elementgruppen Zr u. Hf, Nb u. Ta, Mo u. W usw. noch stark bemerkbar, so daß durch den geringen Unterschied in der Ionengröße sich die Eigenschaften dieser Paare sehr ähneln. Dadurch wird z. B. auch die Trennung von Zirconium u. Hafnium oder von Niob und Tantal sehr schwierig.

Nach neueren Forschungsergebnissen nimmt man an, daß beim Actinium eine den Lanthanoiden analoge Elementenreihe beginnt, die im PSE an dieselbe Stelle zu setzen ist wie das Actinium, das höhere Homologe des Lanthans. Diese Reihe bezeichnet man in Anlehnung an die Lanthanoide als Actinoide. Zu ihr gehören: Actinium, Ac, Thorium, Th, Protactinium, Pa, Uran, U, Neptunium, Np, Plutonium, Pu, Americium, Am, Curium, Cm, Berkelium, Bk, Californium, Cf, Einsteinium, Es, Fermium, Fm, Mendelevium, Md, Nobelium, No, u. Lawrencium, Lr. Wie bei den Lanthanoiden erfolgt – soweit man es bereits hat feststellen können – auch bei den Actinoiden beim Übergang von einem Element zum nächsten des PSE der Einbau des durch die Erhöhung der positiven Ladung des Kernes erforderlichen Elektrons in eine innere (5f-)Schale.

Gemäß ihrer Stellung im PSE treten Actinium und die schwereren Actinoide wie die Lanthanoide bevorzugt in der Oxidationsstufe +3 auf. In dieser Oxidationsstufe besitzen sie im allgemeinen die Eigenschaften des Actiniums und somit auch die des Lanthans, d. h., die Actinoide in der Stufe +3 ähneln den Lanthanoiden. In dieser Hinsicht zeigen besonders auch die untereinander stehenden Elemente der beiden Reihen, z. B. Europium und Americium oder Terbium und Berkelium, übereinstimmendes Verhalten und weitgehend ähnliche Eigenschaften.

Wie bei den Lanthanoiden vermögen auch bei den Actinoiden einige Elemente in höheren Oxidationsstufen aufzutreten. So tritt z. B. Thorium, das zweite Element der Actinoiden, wie Cer, das zweite Element der Lanthanoiden, durchweg in der Stufe +4 auf. Außer Thorium können aber auch noch Americium, Curium und Berkelium in der Stufe +4 auftreten, jedoch nimmt die Beständigkeit der Verbindung dieser Oxidationsstufe mit steigender Ordnungszahl ab. Die genannten 3 Elemente verhalten sich in der Oxidationsstufe +4 wie Thorium. Sie bilden z. B. wie dieses in verd. Säuren schwerlösliche Fluoride und Oxalate.

Von den bis heute bekannten Actinoiden nehmen die Elemente Uran, Neptunium und Plutonium gewissermaßen eine Sonderstellung ein. Sie können nicht nur in der Oxidationsstufe +3 und +4, sondern auch in den Stufen +5 und +6 auftreten. Alle drei lassen sich durch die Verbindungen der Oxidationsstufe +6 charakterisieren. Ihre M(VI)-Oxide sind amphoter. Demgemäß bilden sie mit

Alkalien den Chromaten analoge Uranate, Neptunate und Plutonate, die sämtlich in Wasser schwerlöslich sind. Hingegen erfolgt in saurer Lösung eine Umsetzung nach der Gleichung:

$UO_3 + 2\,HNO_3 \rightarrow UO_2(NO_3)_2 + H_2O$

wobei Uranoxid-, Neptuniumoxid- und Plutoniumoxidsalze entstehen, in denen die 3 Elemente nunmehr als Kationen (UO_2^{2+}, NpO_2^{2+} und PuO_2^{2+}) vorhanden sind. Jedoch nimmt innerhalb dieser Triade die Beständigkeit der Verbindungen der Oxidationsstufe +6 mit steigender Ordnungszahl ab, so daß z. B. Plutonium zwar noch in die Oxidationsstufe +6 übergeführt werden kann, vorzugsweise aber in den Stufen +3 und +4 auftritt.

Die Isotope der Actinoiden sind radioaktiv. Infolgedessen lassen sich Untersuchungen nur unter Beachtung besonderer Vorsichtsmaßnahmen und Anwendung spezieller Methoden durchführen. Weiterhin sind viele der Actinoiden infolge ihrer Darstellung durch Kernreaktionen (Kernreaktor, Cyclotron) bisher nur einer relativ kleinen Gruppe von Wissenschaftlern zugänglich. Im Rahmen dieses Buches wird daher nur das Element Uran näher besprochen.

Uran, U, 238,029; +4, +6

Das häufigste Uranerz ist die Uranpechblende, U_3O_8. Aus ihr kann das früher in der Medizin oft verwendete Radium isoliert werden. Uran als Oxid, Karbid oder Nitrid spielt heute zur Erzeugung von Atomenergie eine wichtige Rolle. Hierzu wird in dem natürlichen Isotopengemisch (99,3% ^{238}U und 0,7% ^{235}U) das leichtere Isotop, das für die Kernreaktion von Bedeutung ist, angereichert. Die natürlichen Isotope besitzen eine große Halbwertzeit (etwa 10^9 Jahre). Die Radioaktivität ist so gering, daß man ohne besondere Schutzmaßnahmen mit den Salzen Reaktionen durchführen kann. Eine direkte Berührung mit den Händen oder sonstigen Körperteilen ist jedoch unbedingt zu unterlassen. Auch vermeide man eine radioaktive Verseuchung des Arbeitsplatzes, die durch Verspritzen der Lösungen u. ä. entsteht.

Für die nachstehenden Reaktionen benutze man eine $UO_2(CH_3COO)_2$- oder $UO_2(NO_3)_2$-Lösung bzw. die entsprechend vorbereitete Analysenlösung.

1. NaOH, KOH, Ammoniak oder Urotropin

$$2\,UO_2(NO_3)_2 + 6\,NaOH \rightarrow Na_2U_2O_7\downarrow + 4\,NaNO_3 + 3\,H_2O$$

Gelber Nd. des betreffenden Diuranats; Weinsäure verhindert die Fällung durch Bldg. eines lösl. Komplexes.

2. $NaHCO_3$, $(NH_4)_2CO_3$

$$Na_2U_2O_7 + 7\,(NH_4)_2CO_3 \rightleftharpoons 2\,(NH_4)_4[UO_2(CO_3)_3] + 6\,NH_3\uparrow + Na_2CO_3 + 4\,H_2O$$

Mit Uranoxidsalzen Bldg. leichtlösl., komplexer Uranoxidverbindungen. Auch die Diuranate lösen sich in beiden, bes. aber in $(NH_4)_2CO_3$ leicht auf, so daß diese zur Abtrennung des Urans von anderen Elementen dienen können. Bei längerem Kochen fällt das Diuranat infolge Verschiebung des Gleichgewichtes wieder aus.

Uran erscheint wegen der Bldg. von Carbonatokomplexen teilweise im SA u. erteilt ihm wie Chromat eine gelbe Farbe.

3. $(NH_4)_2S$

Ammoniumsulfid erzeugt mit UO_2^{2+} einen braunen Nd. von Uranoxidsulfid, UO_2S, der nicht nur in verd. Säuren, sondern auch in $(NH_4)_2CO_3$ lösl. ist.

4. Reduktion

Saure Uranoxidsalzlösungen – am besten schwefelsaure – werden durch unedle Metalle, wie Mg, Zn, Cd, Bi sowie durch Natriumdithionit $Na_2S_2O_4$ zu U(IV) reduziert.

Man säure eine Uranoxidsalzlsg. mit HCl an u. gebe etwas festes $Na_2S_2O_4$ hinzu. Die gelbe Farbe des U(VI) geht in die grüne des U(IV) über. Beim Versetzen der Lsg. von U(IV) mit Alkalihydroxid oder Ammoniak fällt voluminöses, braunes $U(OH)_4$ aus, das an der Luft schnell zu Uran(VI) oxidiert wird.

5. KSCN + Ether

UO_2^{2+} bildet in salzsaurer Lsg. mit SCN^- orangegelb gefärbtes, komplexes Uranoxidthiocyanat, das in W. u. Ether lösl. ist. Durch mehrmaliges Schütteln der salzsauren wss. Lsg., der festes KSCN im Überschuß (1 g KSCN auf 3 ml Lsg.) zugesetzt ist, mit Ether läßt sich Uran aus der wss. Lsg. weitgehend entfernen (wichtig für die Trennung des Urans von Cr u. V!).

6. Vorproben

a) Flammenfärbung und Lötrohrprobe: keine Reaktion.
b) Phosphorsalzperle: In der Oxidationsflamme sowohl in der Hitze als auch in der Kälte gelb, in der Reduktionsflamme grünlich.
c) Natriumfluoridperle: Viele Uransalze zeigen im UV-Licht gelbgrüne Fluoreszenz. Etwa 5 mg feingepulverter trockener Analysensubstanz werden mit der 5fachen Menge NaF gut vermischt. Durch wiederholtes Berühren dieser Substanz mit einem glühenden Magnesiastäbchen formt man eine Perle, die kurz zum Glühen erhitzt wird. Erst nach vollständigem Erkalten hält man die Perle dicht an eine UV-Lichtquelle. Bei Anwesenheit von Uran tritt gelblichgrüne Fluoreszenz auf. Empfindlicher und spezifischer Nachweis.

7. Nachweis mit H_2O_2

Aus neutraler oder essigsaurer Lsg. fällt H_2O_2 das Uran als gelblichweißes Peroxid.
Bei gleichzeitiger Einwirkung von NaOH oder Ammoniak u. H_2O_2 entsteht ein in Laugen leichtlösl. orangegelbes Peroxouranat, dessen Zusammensetzung je nach den angewandten Mengenverhältnissen wechselt. Unter anderem entsteht

$[UO_2(O_2)_3]^{4-}$ pD 4,3

8. Nachweis als $(UO_2)K_2[Fe(CN)_6]$

$$UO_2^{2+} + 2\,K^+ + [Fe(CN)_6]^{4-} \rightarrow (UO_2)K_2[Fe(CN)_6]\downarrow$$

UO_2^{2+}-Ionen geben mit $K_4[Fe(CN)_6]$ einen braunen Niederschlag, der in essigsaurer Lösung schwerlöslich, in 5 mol/l HCl leicht und in $(NH_4)_2CO_3$-Lösung langsam löslich ist.

Auf Zusatz von NaOH wandelt sich das braungefärbte $(UO_2)K_2[Fe(CN)_6]$ in gelbes $Na_2U_2O_7$ um. Dieser Nachweis wird nur von Fe^{2+}, Fe^{3+} und Cu^{2+} gestört, die ebenfalls schwerlösliche und gefärbte Niederschläge bilden.

Die Probe-Lsg. wird mit 5 mol/l CH_3COOH angesäuert, auf etwa 1 ml eingeengt u. dabei CO_2 vollständig vertrieben. Man setzt nun 1–3 Tr. 0,1 mol/l $K_4[Fe(CN)_6]$ hinzu. Bei Ggw. von UO_2^{2+}-Ionen entsteht sofort eine braungefärbte Lsg., aus der sich bald – bes. bei größeren UO_2^{2+}-Mengen – ein dunkelbrauner Nd. abscheidet. Nach dem Abzentrifugieren wandelt sich der braungefärbte Nd. auf Zusatz von 5 Tr. 5 mol/l NaOH in gelbgefärbtes $Na_2U_2O_7$ um. Zur Ausführung als Tüpfelreaktion wird 1 Tr. der essigsauren Probe-Lsg. auf Filterpapier mit 1 Tr. 0,1 mol/l $K_4[Fe(CN)_6]$ versetzt. Ein brauner Fleck zeigt U an.

EG: 0,55 µg UO_2^{2+} pD 4,7

Analysengang der Ammoniumsulfid-Urotropingruppe

Vorproben

Als Vorproben für die häufigen Elemente der Ammoniumsulfidgruppe kommen insbesondere die Herstellung der Phosphorsalz- und der Boraxperle in Frage (s. S. 88). Auch die Lötrohrprobe, die besonders für die Schwefelwasserstoffgruppe von Wichtigkeit ist, kann hier gute Dienste leisten (s. S. 89). Zur Erkennung von Chrom und Mangan führt man schließlich die Oxidationsschmelze aus (s. S. 128 und 107).

Kationentrennungsgang

Zur Ausführung der Trennungs- und Nachweisoperationen muß die Analysensubstanz in Lösung gebracht werden. Mit kleinen Anteilen der feingepulverten Substanz, die man im Reagenzglas nacheinander mit Wasser, 2 mol/l und 7 mol/l HCl übergießt und 5–10 Minuten erhitzt, stellt man zunächst fest, ob die Substanz sich in diesen am besten geeigneten Lösungsmitteln löst. Bleibt ein schwerlöslicher Rückstand, so prüft man in gleicher Weise die Löslichkeit in 2 mol/l und 14 mol/l HNO_3 und schließlich in Königswasser. Für den eigentlichen Lösungsprozeß nehme man dann das Lösungsmittel, in dem sich der größte Teil oder alles gelöst hat. War Salpetersäure zur Lösung notwendig, so ist bis fast zur Trockne einzudampfen und mit 2 mol/l HCl wieder aufzunehmen. Ungelöst bleiben die Erdalkalisulfate, die hochgeglühten Oxide Al_2O_3, Fe_2O_3, Cr_2O_3, gegebenenfalls auch CoO und NiO bzw. Ni_2O_3, sowie TiO_2 und WO_3. In schwerlöslicher Form können auch manche Verbindungen wie z. B. $FeCr_2O_4$, Chromeisenstein, und $MgAl_2O_4$, Spinell, vorliegen. Diese müssen, nachdem man sie von dem löslichen Anteil abgetrennt hat, aufgeschlossen werden (s. S. 147f.).

Sowohl beim Urotropinverfahren als auch bei der gemeinsamen Fällung mit Ammoniumsulfid müssen in der Lösung der Analysensubstanz Chrom als Cr^{3+} und Mangan als Mn^{2+} vorliegen. Falls CrO_4^{2-} und MnO_4^- – kenntlich an der orangeroten bzw. violetten Farbe der Lösungen – vorhanden sind, müssen sie mit einigen ml Alkohol in der Siedehitze reduziert werden. Der Überschuß des Alkohols wird verkocht.

Trennung und Nachweis von Ni, Co, Zn, Fe, Al, Cr (und PO_4^{3-}) durch das Urotropinverfahren

Die HCl- bzw. H_2SO_4-saure Lösung prüfe man vor Anwendung des Trennungsganges auf Phosphat. Ist Phosphat zugegen, jedoch kein oder nur wenig Eisen, dann setze man der Lösung eine dem PO_4^{3-} entsprechende Menge an Fe^{3+} hinzu. Sodann versetzt man unter Umrühren zuerst mit konz., später mit verd. $(NH_4)_2CO_3$-Lösung, bis sich der an der Eintropfstelle bildende Niederschlag beim Umschütteln gerade nicht mehr auflöst. Mit einigen Tropfen 2 mol/l HCl bringt man ihn wieder in Lösung, setzt gegebenenfalls noch festes NH_4Cl hinzu und kocht auf. Zur siedenden Lösung läßt man nun eine 10%ige Urotropinlösung (für 100–200 mg zu fällender Elemente genügen 4–8 ml) zutropfen und kocht noch einige Minuten. Die Urotropinlösung versetzt man vorher mit so viel 2 mol/l HCl, daß Methylrot gerade von Gelb nach Rot umzuschlagen beginnt (pH 5–6). Man zentrifugiert heiß und wäscht den Niederschlag mehrmals mit heißem Wasser aus. Er enthält die folgenden Hydroxide: $Al(OH)_3$ weiß, $Fe(OH)_3$ rotbraun und $Cr(OH)_3$ grün. Daneben befindet sich im Niederschlag $FePO_4$ weißlich.

In Lösung bleiben Co, Ni, Mn und Zn, außerdem die Erdalkali- und Alkalielemente.

Der Urotropinniederschlag wird mit etwa 5 ml 7 mol/l HCl unter Erwärmen gelöst und die entstehende Lösung mit so viel Wasser oder 7 mol/l HCl versetzt, daß letztere etwa 60% des Gesamtvolumens ausmacht. Nach der in 17., S. 118, wiedergegebenen Arbeitsvorschrift wird nun der größte Teil des Eisens ausgeethert. Die etherische Schicht versetzt man mit 5–10 ml 2 mol/l HCl und entfernt dann den Ether, indem man Luft durch die Lösung saugt. In dem Rückstand wird das Eisen mit KSCN (s. 25., S. 120) sowie mit $K_4[Fe(CN)_6]$ (s. 18., S. 119) nachgewiesen. Sofern wegen der Anwesenheit von PO_4^{3-} noch Fe^{3+} zugesetzt wurde, muß der Eisennachweis natürlich bereits vor dem Zusatz des Fe^{3+} erfolgen.

Die abgetrennte wäßrige Schicht wird durch Eindampfen von anhaftendem Ether und von der Hauptmenge der Salzsäure befreit und zum Schluß mit Na_2CO_3 nahezu neutralisiert. Nun bereite man sich in einer Porzellanschale eine Mischung von frisch hergestellter 30%iger NaOH und ebensoviel 3%igem H_2O_2. Die Natronlauge muß stets frisch bereitet werden, weil durch längeres Aufbewahren der Lauge in Glasgefäßen aus dem Glas Aluminium und Silicium gelöst werden. Zur Vermeidung dieser Verunreinigung wird die Verwendung von Polyethylenflaschen empfohlen. Statt NaOH und H_2O_2 kann man auch 0,5 g Na_2O_2, in 5 ml 2 mol/l NaOH gelöst, nehmen. Unter gelindem Erwärmen und Umrühren gießt man in dieses Gemisch die Analysenlösung langsam ein. Es darf auf keinen Fall umgekehrt verfahren werden, denn es ist notwendig, daß die auszufällenden Kationen schnell vom sauren ins stark alkalische Gebiet kommen. Nach einigem Umrühren unter Erhitzen bis zum beginnenden Sieden wird zentrifugiert und mit warmer Natronlauge und schließlich mit warmem Wasser gründlich gewaschen. Das Waschwasser wird verworfen. Der entstandene Niederschlag enthält das restliche Eisen. Wurde das Eisen nicht ausgeethert, so befindet es sich in diesem Niederschlag. Nach Lösen in 2 mol/l HCl wird es wie oben identifiziert.

In der stark alkalischen Lösung, in der durch Kochen das überschüssige H_2O_2 vollständig zerstört sein muß, befinden sich noch Al und Cr. Man fügt NH_4Cl in ausreichender Menge (etwa 0,2 g auf 10 ml Lösung) hinzu und kocht kurze Zeit auf. Besser ist es jedoch, die stark alkalische Lösung mit Säure zu neutralisieren, mit Ammoniak schwach ammoniakalisch zu machen und dann erst NH_4Cl zuzugeben. Dadurch wird die OH^--Konzentration so stark verkleinert, daß das Löslichkeitsprodukt des $Al(OH)_3$ überschritten wird und dieses ausfällt. Man kocht noch 2–3 Minuten – nicht länger – und zentrifugiert das gebildete $Al(OH)_3$ ab. Auch wenn kein Aluminium in der ursprünglichen Substanz vorhanden war, bildet sich bisweilen ein kleiner Niederschlag. Dieser stammt aus der Natronlauge und ist $Al(OH)_3$ oder Kieselsäure. Erhält man also nur eine geringe Fällung, so muß eine Blindprobe vorgenommen werden!

Zur Identifizierung wird mit dem abzentrifugierten $Al(OH)_3$ die Thénards-Blau-Reaktion (s. 12., S. 124) und der Nachweis als Alizarin-S-Farblack durchgeführt (s. 13., S. 124). Auch die Bildung von Caesiumalaun (s. 14., S. 124) kann zum Nachweis von Al herangezogen werden.

Das Zentrifugat von $Al(OH)_3$ zeigt bei Anwesenheit von Chrom eine gelbe Farbe. Zu dessen Nachweis säure man mit Essigsäure an, versetze in der Siedehitze mit $BaCl_2$ (s. 3., S. 81) und koche auf. Der gelbe Niederschlag von $BaCrO_4$ wird abzentrifugiert. Zur Identifikation wird das $BaCrO_4$ in 1 mol/l H_2SO_4 gelöst, vom entstandenen $BaSO_4$ abzentrifugiert und mit Ether und Wasserstoffperoxid geschüttelt. Chrom zeigt sich durch eine Blaufärbung des Ethers an (vgl. 14., S. 128).

Das Zentrifugat des Urotropinniederschlages wird auf ein kleines Volumen eingeengt, schwach ammoniakalisch gemacht und in der Hitze mit einem geringen Überschuß an farblosem $(NH_4)_2S$ versetzt. Co, Ni, Zn und Mn fallen als Sulfide aus, während die Erdalkali- und Alkaliionen in Lösung bleiben. Der Sulfidniederschlag wird abgetrennt und mit warmem, schwach ammoniakalischem und $(NH_4)_2S$-haltigem Wasser gründlich ausgewaschen. Das Zentrifugat des Sulfidniederschlages soll möglichst farblos oder schwach gelb gefärbt sein. Ist es gelbbraun, so ist NiS kolloid in Lösung gegangen (s. 7., S. 88). Durch Kochen mit Ammoniumacetat, am besten unter Zugabe von Filterpapierschnitzeln, läßt es sich ausflocken.

Der Sulfidniederschlag wird sofort in einer Porzellanschale mit Essigsäure (1 : 1) bis zum Aufhören der H_2S-Entwicklung umgerührt. MnS geht hierbei in Lösung und wird vom ungelösten NiS, CoS und ZnS abgetrennt. Nach dem Auswaschen behandelt man den Niederschlag mehrmals mit einigen ml kalter 0,5 mol/l HCl. Dabei wird ZnS gelöst, während NiS und CoS zurückbleiben. Der mit 2 mol/l HCl gut ausgewaschene Niederschlag von NiS und CoS wird in 2 mol/l CH_3COOH unter Zugabe einiger Tropfen von 30%igem H_2O_2 aufgelöst und ausgeschiedener Schwefel abgetrennt. Diese Art der Lösung ist besser als die mit Königswasser, weil man dann sofort ohne Vertreibung der Säure die Prüfung vornehmen kann. Löst man in Königswasser, so muß man zur Trockne eindampfen und mit 2 mol/l HCl wieder aufnehmen. Die Lösung dampfe man bis auf einige ml ein und prüfe auf Ni und Co nebeneinander. Zur Identifizierung des Ni verwende man den roten Niederschlag des Nickeldimethylglyoxims (s. 9., S. 90). Eine gute Vorprobe auf Co ist die Phosphorsalzperle (s. 10., S. 102). Blaufärbung zeigt Cobalt an. Bei ganz bestimmtem Verhältnis von Nickel zu Cobalt können sich die Farben gegenseitig aufheben. Zum Nachweis dient die Blaufärbung mit NH_4SCN (s. 11., S. 102).

Die Zinkionen enthaltende Lösung wird zur Vertreibung des H_2S aufgekocht und darauf mit festem NaOH versetzt, bis die Lösung ca. 2 mol/l NaOH enthält, wieder gekocht und von den auf diese Weise ausgefällten Co-, Ni- und Mn-Spuren durch Zentrifugieren befreit. Zur Identifizierung des Zinks säuert man mit Essigsäure an, versetzt mit etwas festem Natriumacetat und fällt das Zink mit H_2S als weißes ZnS aus. Es wird abgetrennt und gründlich ausgewaschen. Eine Probe des Sulfidniederschlages kann mit der Rinmanns Grün-Reaktion (s. 10., S. 113) geprüft werden. Ein anderer Teil des ZnS wird in verd. HCl gelöst. Zum Nachweis eignet sich die Fällung mit $K_4[Fe(CN)_6]$ (s. 11., S. 113).

Die Mn^{2+} enthaltende Lösung wird erwärmt, schwach ammoniakalisch gemacht und mit einem geringen Überschuß von farblosem $(NH_4)_2S$ versetzt. Mit einem Teil des ausgefallenen und abgetrennten MnS-Niederschlages führe man die Oxidationsschmelze durch (s. 12., S. 107). Einen anderen Teil löse man in HCl und prüfe auf Mangan nach 13., S. 108, durch Oxidation.

Aus dem Zentrifugat der Ammoniumsulfidgruppe müssen zum Nachweis der Erdalkalielemente und Alkalielemente die S^{2-}-Ionen entfernt werden. Dazu säuert man mit 7 mol/l HCl an, kocht zur Vertreibung des H_2S und zur Koagulation des kolloid ausgefallenen Schwefels – eventuell unter Beifügung von Filterpapierschnitzeln – und zentrifugiert.

Die Lösung enthält häufig sehr viel Ammoniumsalze, so daß bei Zusatz von Ammoniak + $(NH_4)_2CO_3$ nicht alles Calcium ausfällt. Dann muß man zur Trockne eindampfen und die Ammoniumsalze abrauchen oder aber die eingeengte Lösung ein- bis zweimal mit 14 mol/l HNO_3 abdampfen. Beim letzten Mal erhitze man bis fast zur Trockne und überzeuge sich davon, daß nur noch geringe Mengen von Ammoniumsalzen zugegen sind. Der Rückstand wird in wenig 2 mol/l HCl gelöst und gegebenenfalls filtriert. Dann werden in bekannter Weise (s. S. 82) Ca, Sr, Ba, Mg, Na und K nachgewiesen.

Da einige der besprochenen Elemente in unterschiedlichen Oxidationsstufen auftreten können, ist deren Ermittlung von Interesse. Dazu ist der Trennungsgang selbst nicht geeignet, da man mehrfach Oxidationen oder Reduktionen durchführt. Man muß daher die Analysensubstanz untersuchen und stelle folgende Reaktionen an:

1. Zur Erkennung der Oxidationsstufen des Eisens löse man in Wasser oder 2 mol/l HCl. Fe^{2+} gibt mit $[Fe(CN)_6]^{3-}$, Fe^{3+} mit $[Fe(CN)_6]^{4-}$ die Berliner-Blau-Reaktion.

2. Von Mangan, das als Mn(II), Mn(IV) und Mn(VII) auftreten kann, geht MnO_4^- in den SA, und macht sich durch die violette Farbe bemerkbar. Dagegen bleiben Mn(II) und MnO_2 im Niederschlag des SA und können dort dadurch unterschieden werden, daß MnO_2 mit Salzsäure Chlor entwickelt.

3. Bei Chrom geht CrO_4^{2-} in den SA und färbt ihn gelb, während Cr^{3+} in dessen Rückstand verbleibt und dort erkannt werden kann.

Trennung und Nachweis von Ni, Co, Mn, Zn, Fe, Al und Cr bei Abwesenheit von PO_4^{3-} durch gemeinsame Fällung mit Ammoniumsulfid

Die gemäß S. 141 vorbereitete HCl- bzw. H_2SO_4-saure Lösung der Analysensubstanz versetzt man, um bei der folgenden Fällung Mg^{2+} in Lösung zu halten, mit etwas festem NH_4Cl und erwärmt. Dann wird bis zur deutlich alkalischen Reaktion Ammoniak zugefügt und mit einem kleinen Überschuß von farblosem $(NH_4)_2S$ versetzt und einige Zeit gelinde (≈ 40 °C) erwärmt. Einen Überschuß von $(NH_4)_2S$ erkennt man am besten, wenn man 1 Tropfen der Lösung mit 1 Tropfen Bleisalzlösung zusammenbringt. Es muß dann ein schwarzer Niederschlag von PbS entstehen.

Es fallen aus:

Die Sulfide NiS schwarz, CoS schwarz, FeS schwarz, MnS rosa, ZnS weiß und die Hydroxide $Cr(OH)_3$ grün, sowie $Al(OH)_3$ weiß.

Es bleiben in Lösung: Die Erdalkali- und Alkaliionen.

Diese Trennung verläuft jedoch nur bei saubersten Arbeiten und vor allem bei Verwendung frisch bereiteter Reagenzien annähernd vollständig. Ist z. B. das Ammoniak carbonathaltig, wie es bei älteren Lösungen meist der Fall ist, so können Erdalkaliionen als Carbonate mit der Ammoniumsulfidgruppe gefällt werden und entgehen so dem Nachweis. Nicht frisch bereitete Lösungen von $(NH_4)_2S$ enthalten infolge teilweiser Oxidation SO_4^{2-}-Ionen, so daß ebenfalls Erdalkaliionen, insbesondere Sr und Ba, als Sulfate ausfallen.

Das Zentrifugat der $(NH_4)_2S$-Fällung soll möglichst farblos oder schwach gelb gefärbt sein. Ist es gelbbraun gefärbt, so ist NiS kolloidal in Lösung gegangen, und man verfahre wie auf S. 88 beschrieben. Der mit warmem, schwach ammoniakalischem und $(NH_4)_2S$-haltigem Wasser gründlich ausgewaschene Niederschlag wird sofort in eine Porzellanschale übergeführt und unter Umrühren mit kalter 0,5 mol/l HCl behandelt, bis die H_2S-Entwicklung aufgehört hat. Am besten läßt man über Nacht stehen. Nun wird zentrifugiert und gründlich mit 2 mol/l HCl gewaschen. Als Rückstand verbleiben NiS und CoS. Die Lösung enthält:

Fe^{2+}, Mn^{2+}, Al^{3+}, Zn^{2+}, Cr^{3+}

NiS und CoS werden nach den Angaben auf S. 143 in Lösung gebracht und nachgewiesen.

Das Zentrifugat der Sulfide von Ni und Co wird zur Entfernung des H_2S kurze Zeit gekocht, dann zur Oxidation des Fe(II) mit einigen Tropfen 14 mol/l HNO_3 versetzt, durch Eindampfen der größte Teil der Säure vertrieben und dann der $NaOH/H_2O_2$-Trennung in der auf S. 142 beschriebenen Weise unterworfen. Es fallen aus:

$Fe(OH)_3$, rotbraun, und MnO_2, braunschwarz.

In Lösung verbleiben:

$[Al(OH)_4]^-$ und $[Zn(OH)_3]^-$, farblos, sowie CrO_4^{2-} gelb.

Den Niederschlag löst man in einigen ml HCl, wobei sich bei Anwesenheit von Mangan Chlor entwickelt, und kocht bis zu dessen Vertreibung. In der Lösung kann nebeneinander auf Eisen und Mangan geprüft werden. Einen Teil der Lösung verdünnt man mit Wasser und fügt KSCN hinzu (s. 25., S. 120). Tiefrote Farbe zeigt Eisen an (schwache Rotfärbung deutet auf Spuren, die auch durch die verwendeten

Reagenzien in die Analyse gelangt sein können, daher ist eine Blindprobe notwendig!). Ferner prüfe man auf Eisen mit $K_4[Fe(CN)_6]$ nach 18., S. 119 (Berliner Blau).

Zur Prüfung auf Mangan dampfe man einen Teil der Lösung mit Salpetersäure ein, wiederhole die Operation, um alles Chlorid zu vertreiben, und prüfe mit 14 mol/l HNO_3 und PbO_2 (s. 13., S. 108). Violettfärbung deutet auf Mangan. Die Prüfung auf Mangan kann auch durch Oxidation zu Manganat(VII) in alkalischem Medium erfolgen. Schließlich wird ein Teil der Lösung zur Trockne eingedampft und mit dem Rückstand die Oxidationsschmelze (s. 12., S. 107) durchgeführt (Grünfärbung: Mangan). Statt einzudampfen kann man auch die auf Mangan zu prüfende Lösung mit Natronlauge versetzen, den entstandenen Niederschlag abzentrifugieren, gründlich auswaschen und mit ihm die beiden genannten Identifizierungsreaktionen durchführen.

Das Zentrifugat der $NaOH/H_2O_2$-Trennung enthält Aluminat, Zincat und Chromat. Entsprechend S. 142 wird die OH^--Ionenkonzentration durch NH_4Cl verringert, wobei $Al(OH)_3$ ausfällt. Die Identifizierung des Aluminiums erfolgt wie auf S. 142 beschrieben. Beim NH_4Cl-Zusatz bleiben Chromat und Zincat in Lösung. Zum Chromat-Nachweis säure man mit Essigsäure an und prüfe, wie auf S. 142 beschrieben, auf Cr(VI) (s. S. 128f.).

Mit $BaCl_2$ entsteht auch bei Abwesenheit von Chrom meist ein geringer Niederschlag, der aber weiß ist. Er besteht aus $BaSO_4$, das durch Oxidation von S^{2-} zu $SO_4{}^{2-}$ entstanden sein kann.

Im essigsauren Zentrifugat des $BaCrO_4$-Niederschlages befindet sich noch Zn^{2+}. In einem Teil der Lösung wird es nach Verkochen des Wasserstoffperoxids durch $(NH_4)_2S$ oder H_2S im schwach sauren Gebiet als weißes ZnS ausgefällt. Der Nachweis des Zn erfolgt wie auf S. 113 beschrieben. Die weitere Verarbeitung des Zentrifugats der $(NH_4)_2S$-Fällung erfolgt wie bereits auf S. 82 beschrieben.

Urotropintrennung unter Berücksichtigung der „selteneren" Elemente U, Ti, Zr, V und W bei Gegenwart von $PO_4{}^{3-}$

Bei Gegenwart der „selteneren" Elemente der Ammoniumsulfidgruppe können Störungen dann weitgehend ausgeschaltet werden, wenn man Urotropin als Fällungsmittel verwendet. Bei exakter Durchführung des Trennungsganges kann man die einzelnen Elemente ohne besondere Schwierigkeiten nebeneinander nachweisen und identifizieren.

Selbstverständlich beginnt die Analyse auch in diesem Falle mit den Vorproben. Dann wird die Substanz, wie schon beschrieben, in Lösung gebracht. Dabei bleibt W als in Säure schwerlösliches WO_3 zurück. Damit gelangt Wolfram in die HCl-Gruppe (s. S. 185). Die Trennung und der Nachweis des W werden deshalb nicht hier besprochen, sondern auf S. 188. Analog wird Mo, das ein in Säuren schwerlösliches Sulfid bildet, bei der H_2S-Gruppe (s. S. 184) erwähnt. Selbst bei Anwesenheit größerer Mengen heteropolysäurebildender Anionen wird es im allgemeinen gelingen, das WO_3 durch Abrauchen mit konz. H_2SO_4 abzuscheiden. Sollten dennoch geringe W-Mengen in den Trennungsgang gelangen, so treten diese in der Urotropingruppe in Erscheinung und können dort nach dem in Tabelle XII beschriebenen Verfahren abgetrennt und nochmals nachgewiesen werden.

Gewisse Legierungen, wie z. B. Vanadiumlegierungen, müssen durch Schmelzen mit Na_2CO_3 und KNO_3 aufgeschlossen werden.

Wie schon beschrieben, werden Chromat und Permanganat mit Alkohol reduziert, und es wird auf Fe^{3+} geprüft. Eventuell in der Lösung befindliches $PO_4{}^{3-}$ und/oder $VO_4{}^{3-}$ müssen an dieser Stelle mit Fe^{3+} als $FeVO_4$ und $FePO_4$ abgetrennt werden.

Mit Urotropin werden gefällt: $Al(OH)_3$ weiß, $Fe(OH)_3$ rotbraun und $Cr(OH)_3$ grün und $TiO_2 \cdot aq$ weiß. Außerdem enthält der Niederschlag $(NH_4)_2U_2O_7$ gelb, $FePO_4$ weißlich, $Fe_2(WO_4)_3$ und $FeVO_4$ rotbraun. In Lösung bleiben die Ionen mit der Oxidationsstufe +2: Co^{2+}, Ni^{2+}, Mn^{2+} und Zn^{2+}, außerdem die Erdalkali- und Alkaliionen. Die Behandlung des Zentrifugats der Urotropinfällung erfolgt wie auf S. 142f. beschrieben.

Die HCl-saure Lösung des Urotropinniederschlages wird zur Extraktion des Fe(III) ausgeethert. Die etherische Schicht wird verworfen.

Die abgetrennte wäßrige Schicht wird eingedampft, wobei die Hauptmenge der HCl sowie der Ether (Vorsicht bei offener Flamme!) sich verflüchtigen, und der $NaOH/H_2O_2$-Trennung (s. S. 142) unterworfen. Der entstehende Niederschlag enthält neben dem restlichen Eisen Titan.

Der Niederschlag der $NaOH/H_2O_2$-Fällung wird in wenig heißer konz. HCl gelöst. Die erkaltete Lösung gießt man unter Schütteln und Kühlen in das gleiche bis $1^1/_2$fache Volumen konz. NH_3 und 2–5 ml 3%iges H_2O_2. In der Wärme und desgleichen bei zu langsamem Arbeiten fällt $TiO_2 \cdot aq$ aus, in der Kälte bilden sich dagegen lösliche Peroxotitanverbindungen. Dann wird abzentrifugiert und der entstandene Niederschlag so lange gewaschen, bis das Waschwasser gegen Lackmus neutral reagiert. Bei Anwesenheit von Titan hat das Zentrifugat eine orange Farbe (s. 7., S. 132). Falls diese nicht sofort auftreten sollte, wird die Lösung eingeengt, bis sich eine Kristallhaut der vorhandenen Ammoniumsalze bildet, und dann mit 1 mol/l H_2SO_4 angesäuert. Eventuell ist auch noch ein Zusatz von H_2O_2 erforderlich.

Der bei der vorigen Operation zurückgebliebene Niederschlag enthält das nicht ausgeetherte Eisen als $Fe(OH)_3$ und eventuell noch geringe Mengen $TiO_2 \cdot aq$. Das Eisen wird in der auf S. 141 beschriebenen Weise nachgewiesen.

Das Zentrifugat des $NaOH/H_2O_2$-Niederschlages enthält $[Al(OH)_4]^-$, PO_4^{3-}, WO_4^{2-} und VO_3^- farblos, ferner CrO_4^{2-} gelb und UO_6^{2-} orange. Es wird zunächst mit wenigen Tropfen 7 mol/l HCl abgestumpft und dann tropfenweise mit 2 mol/l HCl bis zur gerade sauren Reaktion versetzt. Nun engt man die Lösung etwas ein und gibt 2 mol/l HCl und anschließend einige ml schweflige Säure hinzu, bis die Lösung danach riecht. Man kocht, bis der SO_2-Geruch verschwunden ist, kühlt ab, versetzt mit 0,5 g festem Natriumdithionit, $Na_2S_2O_4$, schüttelt gut durch und setzt dann so viel Natronlauge zu, daß die Lösung etwa 2 mol/l NaOH enthält. Nun kocht man kurz auf, zentrifugiert noch heiß ohne Unterbrechung möglichst rasch und wäscht mit heißem, alkalischem, Na_2SO_3-haltigem Wasser aus. Chrom und Vanadium sind so bis zur Oxidationsstufe +3, Uran bis zur Oxidationsstufe +4 reduziert und als Hydroxide ausgefällt worden, im Zentrifugat befinden sich $[Al(OH)_4]^-$, PO_4^{3-} und WO_4^{2-}.

Der Niederschlag der Hydroxide wird mit wenig 7 mol/l HCl, der zur Oxidation von U(IV) zu U(VI) bzw. von V(III) zu V(V) einige Tropfen 2 mol/l HNO_3 zugesetzt worden sind, aufgenommen. Die Lösung wird auf wenige Tropfen eingedampft und mit einigen ml 2 mol/l HCl verdünnt. Nach Abkühlen versetzt man mit festem KSCN (3–4 g auf 10 ml Lösung). NH_4SCN kann hier nicht an Stelle von KSCN verwendet werden, da NH_4^+ bei der späteren Fällung des Cr stören würde. Die Lösung wird dreimal mit dem der HCl-sauren Lösung entsprechenden Volumen Ether ausgeschüttelt und die etherische Schicht jedesmal abgehebert. Die etherische Phase enthält nun den größten Teil des Urans als komplexe Thiocyanatoverbindung sowie etwas Vanadium. In der wäßrigen Lösung bleiben Chrom, der Hauptteil des Vanadiums und Spuren Uran zurück.

Zum Nachweis von Uran entfernt man den Ether zunächst durch Luftdurchleiten bei Zimmertemperatur und dampft durch Erhitzen auf dem Wasserbad in einem kleinen glasierten Porzellantiegel bis zur Trockne ein. Der Rückstand wird nun bis zur vollständigen Zersetzung der Thiocyanatoverbindung geglüht. Bei Anwesenheit von Vanadium gibt man zu dessen Entfernung (s. 5., S. 133) eine Spatelspitze NH_4Cl hinzu, stellt den Tiegel in einen größeren Schutztiegel und raucht unter möglichst gleichmäßiger Erwärmung des Schutztiegels langsam ab. Wenn notwendig, wird diese Operation bis zur vollständigen Entfernung des Vanadiums wiederholt. Den Rückstand erwärmt man mit wenig 14 mol/l HNO_3, dekantiert gegebenenfalls von ungelösten Kohleteilchen und dampft auf dem Wasserbade zur Trockne ein.

Es wird mit wenig 2 mol/l CH_3COOH aufgenommen und Uran einmal mit H_2O_2 (s. 7., S. 140), zum anderen mit $K_4[Fe(CN)_6]$-Lösung (s. 8., S. 140) nachgewiesen. Die wäßrige, neben Chrom noch Vanadium enthaltende Lösung wird zur Entfernung von anhaftendem Ether etwas auf dem Wasserbad eingedampft und dann in der Hitze unter dem Abzug vorsichtig tropfenweise mit 7 mol/l HNO_4 versetzt, bis die heftige Gasentwicklung infolge Zerstörung des Thiocyanats aufhört. Dann dampft man mit einem Überschuß von 14 mol/l HNO_3 bis zur Trockne ein. Der Rückstand wird mit Wasser wieder aufgenommen und mit soviel Natronlauge versetzt, daß $c(NaOH) \approx 1,5$ mol/l. Dann wird aufgekocht und bei Anwesenheit größerer Mengen Chrom bis zur möglichst vollstständigen Abscheidung von $Cr(OH)_3$ die Lösung kurze Zeit auf einem Wasserbad erhitzt. Man zentrifugiert den Niederschlag siedendheiß ab und wäscht mit heißem Wasser, bis das Waschwasser Cl^- frei ist. Nun löst man den Niederschlag in heißer 1 mol/l H_2SO_4, gibt etwas festes Alkaliperoxodisulfat hinzu, kocht eine halbe Minute, verdünnt mit Wasser und kühlt ab. Das entstandene $CrO_4{}^{2-}$ kann entweder durch Bildung von blauem CrO_5 (s. 14., S. 128) oder mittels Diphenylcarbazid (s. 15., S. 129) identifiziert werden. Das Zentrifugat des $Cr(OH)_3$-Niederschlages wird zum Nachweis des V verwendet. Bei Zugabe von H_2S bzw. $(NH_4)_2S$ zu einem Teil der alkalischen Lösung erfolgt Verfärbung nach braun bis rotviolett (s. 4., S. 133). Zum Nachweis des V mit der Peroxovanadatreaktion (s. 7., S. 133) muß ein anderer Teil der alkalischen Lösung mit HCl angesäuert werden.

Das Zentrifugat der Dithionitfällung wird mit 2–3 Tropfen verd. $FeCl_3$-Lösung versetzt, um etwa vorhandene Spuren von Titan, welche die folgenden Nachweisreaktionen stören könnten, mit dem ausfallenden FeS bzw. $Fe(OH)_3$ zu entfernen. Das Zentrifugat dieses Niederschlages versetzt man in der Siedehitze mit gesättigter $BaCl_2$-Lösung bis zur vollständigen Fällung, zentrifugiert den Niederschlag ab und wäscht ihn gut aus. Er enthält $BaSO_4$ und $Ba_3(PO_4)_2$, eventuell auch $BaWO_4$. Einen Teil des Niederschlages kocht man mit einigen ml 2 mol/l HNO_3, zentrifugiert vom zurückbleibenden $BaSO_4$ und WO_3 ab. Das Zentrifugat dampft man bis auf ein Volumen von etwa 1 ml ein, kühlt ab, dekantiert von eventuell auskristallisiertem $Ba(NO_3)_2$ und weist nach 6., S. 56, Phosphorsäure als Ammoniummolybdophosphat nach. Im Zentrifugat des $Ba_3(PO_4)_2$-Niederschlages befindet sich noch $[Al(OH)_4]^-$. Es wird mit $^1/_2$ ml Perhydrol zur völligen Zerstörung verbliebener Dithionitionen kurze Zeit aufgekocht. Dann wird, wie auf S. 142 beschrieben, die OH^--Konzentration durch Zusatz von NH_4Cl verringert, wobei $Al(OH)_3$ ausfällt. Die Identifizierung des Aluminiums erfolgt wie auf S. 142 beschrieben. Wolfram weist man in einem anderen Teil der $BaCl_2$-Fällung mit konz. H_2SO_4 und Hydrochinon nach.

Aufschluß geglühter Oxide

Je nach der Zusammensetzung des Rückstandes wird entweder der „saure“ Aufschluß mit $KHSO_4$ oder der „alkalische“ Aufschluß mit K_2CO_3/Na_2CO_3 (s. S. 148) benutzt. Jedoch wird es in den meisten Fällen nötig sein, beide Verfahren anzuwenden. In diesem Falle empfiehlt sich zuerst die Durchführung eines „sauren“ und mit dem verbleibenden Rückstand die eines „alkalischen“ Aufschlusses. WO_3 wird am besten vor der Durchführung der Aufschlüsse durch Auslaugen mit wäßrigem Alkali aus dem Rückstand entfernt.

Aufschluß mit $KHSO_4$

Mit $KHSO_4$ lassen sich aufschließen: teilweise Al_2O_3, Fe_2O_3, Cr_2O_3 und TiO_2. Hierzu wird der Rückstand mit der sechsfachen Menge $KHSO_4$ verrieben und in einem Nickel- oder Platintiegel bei möglichst niedriger Temperatur geschmolzen. Weniger vorteilhaft ist ein Porzellantiegel, da auch er von der sauren Schmelze etwas angegriffen und Aluminium herausgelöst wird.

Bis 250 °C entweicht aus dem Kaliumhydrogensulfat, unter Bildung von Kaliumdisulfat, $K_2S_2O_7$, Wasser. Ist diese Reaktion beendet, erhitzt man allmählich auf mäßige Rotglut. Wenn die Schmelze klar geworden ist, läßt man erkalten, löst in 1 mol/l H_2SO_4, filtriert und führt den üblichen Trennungsgang durch. Hat sich nicht alles gelöst, und ist der Rückstand noch gefärbt, so muß der Aufschluß wiederholt werden.

Al_2O_3 wird durch $KHSO_4$ nur unvollständig in eine leicht lösliche Form gebracht.

Die Umsetzung (Beispiel: Fe_2O_3) entspricht folgender Bruttogleichung:

$$Fe_2O_3 + 6\,KHSO_4 \rightarrow Fe_2(SO_4)_3 + 3\,K_2SO_4 + 3\,H_2O\uparrow$$

Aufschluß mit K_2CO_3/Na_2CO_3

Durch den „alkalischen“ Aufschluß (s. auch S. 83) werden gelöst: CoO, NiO, Ni_2O_3, Chromeisenstein, Spinelle, teilweise Al_2O_3, Fe_2O_3, Cr_2O_3, WO_3 sowie Erdalkalisulfate.

Während die saure Schmelze gleich durch Behandeln mit 1 mol/l H_2SO_4 in Lösung gebracht wird, muß der Schmelzkuchen des „alkalischen“ Aufschlusses erst fein pulverisiert und mit Wasser gut ausgewaschen werden. Die im Rückstand verbleibenden Carbonate löst man in 2 mol/l HCl, zentrifugiert von eventuell vorhandenen Verunreinigungen ab und führt mit dem Zentrifugat den üblichen Trennungsgang durch.

Anionennachweis

Zum Nachweis der Anionen wird ein SA bereitet (s. S. 61). Aluminium und Zink lösen sich dabei etwas auf, außerdem natürlich MnO_4^- und CrO_4^{2-}. Aluminium und Zink stören nicht und müssen nicht entfernt werden. Da die violette Farbe des MnO_4^- die gelbe des CrO_4^{2-} verdeckt, muß man zur Erkennung von CrO_4^{2-} das MnO_4^- reduzieren. Dazu säuere man einen Teil des Sodaauszuges mit Salzsäure an, geben noch einige Tropfen 7 mol/l HCl zusätzlich hinzu und koche.

Zum Nachweis von NO_3^- reduziere man, falls MnO_4^- und CrO_4^{2-} zugegen sind, den schwach mit Schwefelsäure angesäuerten SA in der Wärme tropfenweise mit schwefliger Säure, wobei ein Überschuß zu vermeiden ist.

2.3.4. Schwefelwasserstoffgruppe

Zu der H_2S-Gruppe gehören nachstehend aufgeführte Elemente, die in saurer Lösung schwerlösliche Sulfide bilden.

IV. Hauptgruppe: Sn, Pb,	I. Nebengruppe: Cu,
V. Hauptgruppe: As, Sb, Bi,	II. Nebengruppe: Cd, Hg,
	VI. Nebengruppe: Mo.

Das Molybdän wird wegen seiner Ähnlichkeit mit dem Wolfram und seiner oft unvollständigen Fällung mit H_2S in saurer Lösung auf S. 134f. besprochen.

Die Sulfide $As_2S_{3(5)}$, $Sb_2S_{3(5)}$, SnS, SnS_2, MoS_3 lösen sich in $(NH_4)_2S_x$, während die übrigen Sulfide im Rückstand verbleiben. Hierdurch wird eine Aufspaltung der H_2S-Gruppe in 2 Untergruppen, die sog. Cu-Gruppe und die As-Sn-Gruppe, erreicht.

Die Sulfide des As, Sb, Sn und Mo bilden mit $(NH_4)_2S_x$ lösliche Thiosalze. In ihnen kommt die Ähnlichkeit des Schwefels mit dem in der gleichen Gruppe des PSE stehenden Sauerstoff zum Ausdruck. Analog der Bildung von Salzen aus „basischen" und „sauren" Oxiden vereinigen sich zwei Sulfide zu einem Salz, das im Gegensatz zu dem Oxosalz als Thiosalz bezeichnet wird:

$Na_2O + SO_3 \rightarrow Na_2SO_4$ Sulfat

$3\,CaO + As_2O_3 \rightarrow Ca_3(AsO_3)_2$ Arsenit

$3\,Na_2S + As_2S_3 \rightarrow 2\,Na_3AsS_3$ Thioarsenit

$3\,Na_2S + As_2S_5 \rightarrow 2\,Na_3AsS_4$ Thioarsenat,

$Na_2S + SnS_2 \rightarrow Na_2SnS_3$ Thiostannat

Auch Vanadium und Wolfram bilden in ammoniakalischer Lösung mit $(NH_4)_2S_x$ lösliche Thiosalze, sie gehören aber nicht in die H_2S-Gruppe, da ihre Sulfide nicht mit H_2S aus saurer Lösung gefällt werden. HgS, das in saurer Lösung gefällt wird, löst sich nicht in Ammoniumsulfid, wohl aber in Alkalisulfid (s. S. 152).

Die freien Thiosäuren, also etwa H_3AsS_3 oder H_2SnS_3, sind ebenso unbeständig wie manche Sauerstoffsäuren, z. B. H_2CO_3, HNO_2 (salpetrige Säure), und zerfallen dementsprechend in H_2S und Sulfid:

$$6\,H^+ + 2\,AsS_3^{3-} \rightleftharpoons 3\,H_2S + As_2S_3\downarrow$$

Da hierbei das Löslichkeitsprodukt der Sulfide weit überschritten wird, verläuft die Reaktion in wäßriger Lösung stets quantitativ nach rechts.

Die Analogie zwischen Sauerstoff und Schwefel wird noch deutlicher durch das Auftreten gemischter Thiooxosalze, z. B. Na_3AsSO_3, Natriummonothiotrioxoarsenat, oder $Na_3AsS_2O_2$, Natriumdithiodioxoarsenat.

Von den Elementen der H_2S-Gruppe wurde Mo schon auf S. 134 besprochen.

2.3.4.1. Kupfergruppe

Im systematischen Gang der Analyse werden die Sulfide der Elemente der H_2S-Gruppe mit $(NH_4)_2S_x$ digeriert (s. S. 183). Hierbei bleiben die Sulfide der Kupfergruppen-Elemente, HgS, PbS, Bi_2S_3, CuS und CdS, im Rückstand.

Quecksilber, Hg, 200,59; +1, +2; II. Nebengruppe des PSE

In der II. Nebengruppe des PSE folgt auf die Elemente Zink und Cadmium das Quecksilber. Im Gegensatz zu den allgemeinen Regeln für die Nebengruppen (s. Kapitel 2.3.3.) nimmt die Tendenz zur Bildung niederer Oxidationsstufen mit steigender Ordnungszahl zu. Während Zink und Cadmium nur in der Oxidationsstufe +2 auftreten, bildet das Quecksilber auch Verbindungen mit der Oxidationsstufe +1. In der Reihe Zn–Cd–Hg nimmt die Löslichkeit der Sulfide ab, was sich durch ihre Fällbarkeit aus sauren Lösungen mit fallendem pH bemerkbar macht. Jedoch ist der Eigenschaftssprung zwischen Cd und Hg wesentlich größer als der zwischen den ersten beiden Elementen. So hat auch das Quecksilber eine wesentlich höhere Ionisierungsenergie. Es steht im Gegensatz zu Zn und Cd in der Spannungsreihe (s. S. 158) rechts vom Wasserstoff und unterscheidet sich weiterhin durch die große Flüchtigkeit sowohl des unter Normalbedingungen flüssigen Metalles als auch seiner Verbindungen von den anderen Elementen dieser Gruppe.

Quecksilber kommt hauptsächlich als roter Zinnober, HgS, in der Natur vor. Dieses Sulfid dient als Ausgangsmaterial für die Quecksilbergewinnung. Allgemeines über die Darstellung eines Metalls aus seinem Sulfid wird auf dieser Seite unten besprochen.

Quecksilber erstarrt bei −38,84 °C und siedet bei 356,73 °C. Es ist als einziges Metall bei Zimmertemperatur flüssig und merklich flüchtig. Quecksilberdämpfe sind sehr giftig.

Quecksilber findet als Metall Verwendung für technische und wissenschaftliche Geräte. Seine Verbindungen werden in der Farbindustrie, für pharmazeutische Präparate sowie als Katalysatoren bei der Oxidation organischer Substanzen benutzt.

Beim Einleiten von H_2S in Hg^{2+}-Lösungen entsteht meist die unbeständige (metastabile) schwarze Modifikation des HgS, die sich durch Kochen in Natriumsulfidlösungen in die beständigere rote Form überführen läßt.

Diese Tatsache ist ein Beispiel für die *Ostwald*sche Stufenregel, wonach der energieärmste Zustand eines Systems nicht direkt, sondern stufenweise erreicht wird, sofern mehrere Energiezustände existieren.

Die Quecksilbersalze zeichnen sich durch einige Besonderheiten aus. Einmal sind sie alle leicht flüchtig, weiterhin ist ein Teil von ihnen, z. B. $HgCl_2$ oder $Hg(CN)_2$, in wäßriger Lösung nur sehr wenig dissoziiert. Die Folge davon ist, daß manche Reaktionen anormal verlaufen. Die Nitrate und Perchlorate allerdings sind normale Elektrolyte. Die Verbindungen des Quecksilbers in der Oxidationsstufe +2 bilden mit Ammoniak in wäßriger Lösung Amidoverbindungen in Form sehr langer, nur am N-Atom gewinkelter $—Hg—NH_2—Hg—NH_2$-Ketten:

$HgCl_2 + 2\,NH_3 \rightarrow [HgNH_2]_nCl_n\downarrow + NH_4Cl$

Das Quecksilber kommt in der Oxidationsstufe +1 nur in Doppelmolekülen vor, wie z. B. Hg_2Cl_2. In wäßrigen Lösungen tritt das Ion $Hg_2{}^{2+}$ auf. Diese zerfällt leicht nach:

$Hg_2{}^{2+} \rightleftharpoons Hg\downarrow + Hg^{2+}$ (Disproportionierung)

Der eine Teil des Hg(I) wird zum Metall reduziert, der anderen zum Hg(II) oxidiert. Die Lage eines solchen Redoxgleichgewichtes wird von der Konzentration der dabei beteiligten Ionen beeinflußt.

1. Darstellung von Metallen aus ihren Sulfiden

Es gibt hauptsächlich 3 Methoden, um auf trockenem Wege aus einem Sulfid das Metall zu erhalten:

a) Röstreduktionsarbeit

$2\,PbS + 3\,O_2 \rightarrow 2\,PbO + 2\,SO_2\uparrow$

$PbO + C \rightarrow Pb + CO\uparrow$

Das Sulfid wird völlig abgeröstet („Verblaseröstung") und das entstandene Oxid reduziert.

Beispiel einer im großtechnischen Maßstab durchgeführten Röstreduktionsarbeit ist die Darstellung von Eisen aus Pyrit, FeS_2, der zunächst zur H_2SO_4-Gewinnung abgeröstet und dann als Fe_2O_3 im Hochofen zu Roheisen verarbeitet wird.

b) Röstreaktionsarbeit

$2\,PbO + PbS \rightarrow 3\,Pb + SO_2\uparrow$

Das Sulfid wird nur teilweise abgeröstet und das entstandene Oxid mit noch vorhandenem Sulfid unter Luftabschluß erhitzt. (s. Darstellung des Bleis S. 153).

c) Niederschlagsarbeit

$HgS + Fe \rightarrow FeS + Hg$

Das Sulfid wird mit einem unedleren Metall erhitzt, wobei das edlere Metall unmittelbar aus dem Sulfid durch Reduktion entsteht („niederschlägt").

Beim Quecksilber hat man den Vorteil, daß es beim Erhitzen allein abdestilliert und deshalb leicht rein darzustellen ist. (Siehe auch Darstellung des Antimons S. 176).

Für die nachfolgenden Reaktionen benutze man eine $Hg_2(NO_3)_2$-Lösung.

2. *NaOH*

$$Hg_2^{2+} + 2\,OH^- \rightarrow Hg\downarrow + HgO\downarrow + H_2O$$

Schwarzer Nd. eines Gemisches von Hg + HgO. Schwerlösl. im Überschuß des Fällungsmittels, lösl. in 7 mol/l HNO_3.

3. *Ammoniak*

Schwarzer Nd. eines Gemisches von Quecksilber, das in feinverteiltem Zustand schwarz aussieht, u. weißem Amidoquecksilber(II)nitrat (s. S. 150).

4. *HCl, lösliche Chloride*

$$Hg_2^{2+} + 2\,Cl^- \rightarrow Hg_2Cl_2\downarrow$$

$$Hg_2Cl_2 + Cl_2 \rightarrow 2\,HgCl_2.$$

Weißer Nd. von Hg_2Cl_2. Schwerlösl. in verd. Säuren, lösl. in Königswasser, da Oxidation eintritt.

Hg_2Cl_2 führt den Namen „Kalomel" (schönes Schwarz), weil es sich beim Übergießen mit Ammoniak tiefschwarz färbt. Dabei bildet sich ein Gemisch von feinverteiltem Quecksilber (schwarz) u. Quecksilber(II)-amidochlorid, $[HgNH_2]_nCl_n$ (unschmelzbares Präzipitat). Wichtige Rk. zum Erkennen von Hg_2^{2+}.

5. *H_2S*

$$Hg_2^{2+} + S^{2-} \rightarrow Hg\downarrow + HgS\downarrow$$

$$HgS + S^{2-} \rightarrow [HgS_2]^{2-}$$

$$Hg + S_2^{2-} \rightarrow [HgS_2]^{2-}$$

In saurer Lsg. schwarzer Nd. von HgS + Hg, schwerlösl. in HCl. In Königswasser wird der gesamte Nd. oxidiert u. aufgelöst, in 7 mol/l HNO_3 nur das Quecksilber. In Ammoniumsulfid u. -polysulfid ist der Nd. schwerlösl., konz. Alkalisulfidlsg. löst dagegen HgS heraus, Alkalipolysulfid auch das Hg.

Für die nachstehenden Reaktionen benutze man eine $HgCl_2$- oder $Hg(NO_3)_2$-Lösung.

6. *NaOH*

$$Hg^{2+} + 2\,OH^- \rightarrow HgO\downarrow + H_2O$$

Gelber Nd. von HgO, schwerlösl. im Überschuß, lösl. in Säuren.

7. *Ammoniak*

$$Hg^{2+} + 2\,Cl^- + 2\,NH_3 \rightarrow [HgNH_2]_nCl_n\downarrow + NH_4^+ + Cl^-$$

Weißer Nd. Bei Gegenwart von viel NH_4Cl entsteht Diamminquecksilber(II)-chlorid, $[Hg(NH_3)_2]Cl_2$, das auch sehr schwerlösl. ist und schmelzbares Präzipitat genannt wird.

Versetzt man, da HgI_2 schwerlösl. ist, eine Lsg. des Komplexsalzes $K_2[HgI_4]$ mit Ammoniak, so bildet sich ein rotbrauner Nd. von $[Hg_2N]I$. [Wichtig als „Neßlers Reagenz" für den Ammoniaknachweis im Trinkwasser (s. 5., S. 72)].

8. H_2S

Schwarzer Nd. von HgS, schwerlösl. in HCl und 7 mol/l HNO_3, lösl. in Königswasser.

HgS ist nicht in $(NH_4)_2S$, dagegen in konz. Alkalisulfidlsg. unter Bldg. eines Thiosalzes lösl. (vgl. 5., S. 151). Beim Einleiten von H_2S in dessen Lsg. fällt infolge der Herabsetzung der S^{2-}-Konz. – es bilden sich HS^--Ionen – HgS wieder aus, wobei sich die rote Modifikation an Stelle der sonst beim analytischen Arbeiten entstehenden schwarzen bilden kann.

9. Wenig dissoziierte Hg^{2+}-Salze

Die geringe Dissoziation mancher Hg(II)-Salze erkennt man an folgenden Versuchen:

a) Festes $HgCl_2$ (Sublimat) versetze man mit konz. Schwefelsäure. Es entweicht keine Salzsäure. Bei stärkerem Erhitzen destilliert mit der Schwefelsäure zugleich $HgCl_2$ ab, das sich an den kälteren Teilen des Reagenzglases wieder absetzt. (Zugleich Zeichen für die leichte Flüchtigkeit!)

b) Man behandle etwas frisch bereitetes HgO mit KCN-Lsg.; es löst sich auf:

$$HgO + 2\,KCN + H_2O \rightarrow Hg(CN)_2 + 2\,KOH$$

Aus $Hg(CN)_2$-Lsg. fallen mit NaOH oder KI keine Ndd., weil in einer solchen Lsg. so wenig Hg^{2+}-Ionen zugegen sind, daß das Löslichkeitsprodukt des HgO bzw. HgI_2 nicht überschritten wird. Nur mit H_2S erfolgt aus $Hg(CN)_2$-Lsg. Fällung von HgS.

10. Vorproben

a) Weder Flammenfärbung, Phosphorsalzperle noch Lötrohrprobe ergeben eine charakteristische Färbung oder Umsetzung.

b) Wegen der Flüchtigkeit aller Quecksilberverbindungen dient das Erhitzen im Glühröhrchen als Vorprobe. Dazu erwärmt man in einem einseitig geschlossenen, trockenen Glasröhrchen von etwa 5 mm innerem Durchmesser und 50 mm Länge einige mg der Substanz langsam in der Bunsenflamme. Dabei entsteht ein Sublimat, das beim Chlorid weiß, beim Sulfid schwarz oder rot und beim Iodid gelb (nach Reiben mit einem Glasstab rot) ist; bei Sauerstoffverbindungen graue Farbe. Verreibt man vorher die Substanz mit Soda, so liefern alle Quecksilberverbindungen einen grauen Metallspiegel.

11. Nachweis durch Amalgambildung mit unedlen Metallen

Dieser empfindliche und selektive Hg-Nachweis eignet sich auch als Vorprobe aus der Analysensubstanz.

5–10 mg Substanz werden mit 3 Tr. 5 mol/l HCl u. 1 Tr. 5 mol/l $NaClO_3$ im Wasserbad erhitzt. Wenn nichts mehr in Lsg. geht, wird mit H_2O auf 0,5 ml verd. u. das überschüssige Cl_2 in der Wärme mit einem Luftstrom aus der Lsg. vertrieben. In 1 Tr. dieser Lsg. oder in 1 Tr. der im Trennungsgang auf Hg^{2+} zu prüfenden HCl-sauren Lsg. wird auf einem OT ein kleines Stückchen blanker Cu-Draht gebracht u. der Tr. auf dem Wasserbad zur Trockne verdampft. Der Rückstand wird mit 1 Tr. H_2O befeuchtet u. der Cu-Draht, an dem sich Hg u. Ag abgeschieden haben, vorsichtig ohne zu reiben zwischen Filterpapier getrocknet. Das abgeschiedene Hg wird in einer flachen Mikrogaskammer oder zwischen zwei kleinen Uhrgläsern über kleiner Flamme vom Cu-Draht abdestilliert. Am oberen OT oder am Uhrgläschen scheiden sich kleine Hg-Tröpfchen ab, die mit einer Lupe oder unter dem Mikroskop bei geringer Vergrößerung leicht zu erkennen sind.

EG: ca. 0,5 μg Hg^{2+}

Aus Lsgg., die nur Quecksilber als edleres Metallion enthalten, kann Hg an einem Kupferblech (Kupferpfennig) als grauer Beschlag abgeschieden werden, der beim Polieren mit einem Filterbausch silberglänzend wird (Amalgambildung).

12. Nachweis durch Reduktionsmittel

$$2\,HgCl_2 + SnCl_2 + 2\,HCl \rightarrow Hg_2Cl_2\downarrow + H_2[SnCl_6]$$

$$Hg_2Cl_2 + SnCl_2 + 2\,HCl \rightarrow 2\,Hg\downarrow + H_2[SnCl_6]$$

Zur Reduktion kann u. a. $SnCl_2$ in saurer Lösung benutzt werden.

Bei tropfenweiser Zugabe tritt zunächst eine Fällung von weißem Hg_2Cl_2 auf, da Hg^{2+} zu $Hg_2{}^{2+}$ reduziert wird. Bei Überschuß von $SnCl_2$ erfolgt Graufärbung durch Hg (weitere Reduktion).

Eventuell vorhandenes Hg_2Cl_2 kann durch Übergießen mit Ammoniak erkannt werden (s. 3., S. 151).

13. Nachweis als Cobaltthiocyanotomercurat(II)

Die Bildungsweise und Eigenschaften dieses Salzes wurden bereits beim Zink (s. 13., S. 113f.) beschrieben.

Zum Nachw. von Hg^{2+} wird 1 Tr. der Lsg. auf dem OT mit 1 Tr. 14 mol/l HNO_3 vorsichtig zur Trockne eingedampft. Der Rückstand wird mit 1 Tr. 1 mol/l CH_3COOH u. danach mit einem kleinen Tr. Reagenzlsg. versetzt. Bei sehr geringen Hg-Mengen wird die Reagenzlsg. direkt auf den getrockneten Rückstand gegeben. Die Bldg. blauer, keilförmiger Kristalle von $Co[Hg(SCN)_4]$ zeigt Hg an. Größere Mengen Pb u. Ag stören u. müssen vorher durch Fällung als Chloride entfernt werden. Betrachtung unter dem Mikroskop. (Kristallaufnahme Nr. 16).

EG: 0,04 μg Hg pD 5,7

Reagenz: 3,3 g NH_4SCN + 3 g $Co(NO_3)_2 \cdot 6\,H_2O$ in 5 cm^3 W.

Blei, Pb, 207,2; +2, +4

Blei kommt in der Natur hauptsächlich als Bleiglanz, PbS, vor, aus dem das Metall meistens nach dem Röstreaktionsverfahren dargestellt wird (s. S. 150). Neben seiner Verwendung als Metall und in Legierungen (Letternmetall, Weichlot, Lagermetalle) werden seine Verbindungen als Farbstoffe (Bleiweiß, basisches Bleicarbonat; Mennige, Pb_3O_4; Chromgelb, $PbCrO_4$) benutzt. Außerdem ist es in gewissen Gläsern (Kristallglas) und in Firnissen (Sikkative) und als Tetraethylblei in Vergasertreibstoff enthalten.

Blei steht in der IV. Hauptgruppe des PSE. In seiner höchsten Oxidationsstufe +4 ist es mit Ausnahme des PbO_2 und einiger Komplexsalze sehr unbeständig. In den meisten Verbindungen tritt es in der Oxidationsstufe +2 auf.

Obwohl metallisches Blei unedler als Wasserstoff ist, wird es von Salz-, Schwefel- und Flußsäure kaum angegriffen, weil es mit diesen Säuren festhaftende schwerlösliche Überzüge bildet, die es vor weiterem Angriff schützen. Daher kann man Blei im Bleikammerprozeß, bei der Destillation von Flußsäure usw. verwenden. Dagegen wird es von heißer hochkonz. H_2SO_4 angegriffen, da $PbSO_4$ unter Komplexsalzbildung als $H_2[Pb(SO_4)_2]$ gelöst wird. Das beste Lösungsmittel für Blei ist Salpetersäure.

1. Darstellung von Blei durch Röstreaktionsarbeit

$2\,PbO + PbS \rightarrow 3\,Pb + SO_2\uparrow$

Zur Gewinnung des Metalls auf trockenem Wege wird das Sulfid nur teilweise abgeröstet und das entstandene Oxid mit noch vorhandenem Sulfid unter Luftabschluß erhitzt.

12 g PbS u. 22 g PbO werden, innig vermischt, in einen kleinen Tontiegel gegeben, auf dessen Boden sich bereits als Flußmittel eine Schicht $KNaCO_3(Na_2CO_3:K_2CO_3 = 1:1)$ befindet. Mit einer weiteren Schicht des Flußmittels bedeckt man das Rk.-Gemisch u. erhitzt ca. $^3/_4$ Std. vor dem Gebläse auf dunkle Rotglut.

Während der Rk. muß die flüssige Masse mit einem Magnesiastäbchen umgerührt u. Flußmittel zugesetzt werden. Um einen gut ausgebildeten Regulus (Metallkugel) zu erhalten, steigert man kurz vor Ende der Rk. die Temp. bis zur hellen Rotglut, rührt gut durch, läßt erkalten, zerschlägt den Tiegel u. laugt den Schmelzkuchen mit heißem Wasser gründlich aus.

Für die nachstehenden Reaktionen verwende man eine $Pb(NO_3)_2$-Lösung bzw. die entsprechend vorbereitete Analysenlösung.

2. NaOH

Weißer Nd. von $Pb(OH)_2$, lösl. in Säuren u. starken Basen. Als amphoteres Hydroxid bildet es mit letzteren Hydroxoplumbate(II), z. B.:

$Pb(OH)_2 + 2\,OH^- \rightleftharpoons [Pb(OH)_4]^{2-}$

Auch in ammoniakalischer konz. Ammoniumacetat- u. bes. in Tartratlsg. ist $Pb(OH)_2$ löslich. Mit Tartrationen bildet Pb(II) dabei einen ähnlichen Chelatkomplex wie Cu(II) (vgl. 7., S. 161).

3. *Ammoniak*

Weißer Nd. von $Pb(OH)_2$, schwerlösl. im Überschuß. In wss. Lsgg. vermag Pb^{2+} keine Amminkomplexe zu bilden.

4. *HCl und Chloride*

Es fällt weißes kristallines Bleichlorid, $PbCl_2$, aus nicht zu verdünnter Lösung. Überschüssige konz. Salzsäure löst zu Chloroplumbaten.

Man löse in einem Reagenzglas etwas Bleichlorid in siedendem Wasser, dekantiere heiß vom eventuell Ungelösten u. lasse abkühlen. Charakteristische lange, glänzendweiße Nadeln. 100 ml reines W. lösen bei 100 °C 3 g, bei 20 °C nur 1 g $PbCl_2$.

5. *H_2S*

Aus nicht zu stark saurer Lsg. Fällung von schwarzem PbS, lösl. in starken Säuren. Äußerst empfindliche Reaktion.

6. *H_2SO_4*

Neben H_2S dient H_2SO_4 als Fällungsmittel für Pb^{2+}.

Der weiße Nd. von $PbSO_4$ ist etwas lösl. in verd. Salpetersäure, lösl. in konz. Schwefelsäure unter Bldg. der komplexen Säure $H_2[Pb(SO_4)_2]$.

Um eine quantitative Fällung zu erzielen, muß man die Lsg. nach dem Versetzen mit Schwefelsäure so weit eindampfen, bis weiße Nebel entstehen. Nur dann hat man die Gewißheit, daß alle Salz- u. Salpetersäure entfernt ist u. dementsprechend die Fällung des Bleis quantitativ wird. Nach Abkühlen verd. man mit Wasser. (Vorsicht! Konz. Schwefelsäure + W. spritzen leicht!)

$PbSO_4$ wird ebenso wie $Pb(OH)_2$ durch ammoniakalische Tartrat- sowie konz. Ammoniumacetatslg. unter Komplexbldg. gelöst. Desgleichen löst sich $PbSO_4$ in starker Natronlauge unter Bld. von Hydroxoplumbaten(II) auf.

7. *Vorproben*

a) Flammenfärbung: Fahlblau, wenig charakteristisch.

b) Lötrohrprobe: Beste Vorprobe. Alle Bleiverbindungen werden leicht reduziert.

Es bildet sich ein duktiles Metallkorn, außerdem ein gelber Oxidbeschlag. Mit der Lösung des Metalls in 2 mol/l HNO_3 werden nach teilweiser Neutralisation mit Soda folgende Reaktionen durchgeführt:

H_2S: schwarzes PbS
H_2SO_4: weißes $PbSO_4$
K_2CrO_4: gelbes $PbCrO_4$

8. *Nachweis als $PbCrO_4$*

Pb^{2+} bildet mit ${CrO_4}^{2-}$ einen gelben, in Essigsäure und Ammoniak schwerlöslichen, in NaOH und HNO_3 löslichen kristallinen Niederschlag. Neben $BaCrO_4$ und $SrCrO_4$ (s. Kristallaufnahme Nr. 13) kann $PbCrO_4$ durch seine Kristallform – gelbe, durchsichtige Stäbchen, eventuell auch kleine monokline Kristalle (Kristallaufnahme Nr. 17) – unter dem Mikroskop erkannt werden.

Die alkalische Probelsg. wird mit 1 Tr. 0,5 mol/l K_2CrO_4 versetzt u. dann mit 5 mol/l CH_3COOH schwach angesäuert. Bei Ggw. von Pb fällt gelbes $PbCrO_4$ aus. Zur mikroskopischen Untersuchung wird 1 Tr. der Pb^{2+}-Lsg. mit 5 mol/l HNO_3 schwach angesäuert u. auf dem OT erwärmt. Man bringt einen kleinen Kristall $K_2Cr_2O_7$ in die Mitte des Probetr. u. beobachtet die beim Erkalten einsetzende Kristallisation unter dem Mikroskop

EG: 0,24 µg Pb pD 5,3

9. *Nachweis als $K_2CuPb(NO_2)_6$*

Die Bildung und Eigenschaften dieses Tripelnitrits wurden bereits unter Kalium (5., S. 69) beschrieben. Innerhalb der H_2S-Gruppe stören lediglich Hg in 300fachem Überschuß sowie Bi und Sn.

1 Tr. der essigsauren Lsg. wird auf dem OT fast zur Trockne eingedampft u. der abgekühlte Rückstand mit 1 Tr. Reagenzlsg. versetzt. Bei Zugabe von etwas festem KNO_2 scheiden sich sofort die schwarzen Würfel des Tripelnitrits aus. Falls das Pb als $PbSO_4$ vorliegt, wird letzteres auf dem OT mit Reagenzlsg. in mäßigem Überschuß durchfeuchtet u. KNO_2 hinzugegeben. Das durch das NH_4CH_3COO gelöste $PbSO_4$ reicht zur Bldg. des Tripelnitrits aus, das sich neben ungelöstem $PbSO_4$ unter dem Mikroskop erkennen läßt (vgl. Kristallaufnahme Nr. 11).

EG: 0,2 µg Pb pD 4,7

Reagenz: Mischlsg. aus gleichen Volumina Eisessig, gesätt. NH_4CH_3COO-Lsg. u. 10%iger Kupferacetatlösung.

10. *Nachweis mit KI*

Gelber Nd. von PbI_2, lösl. im Überschuß des Fällungsmittels unter Bldg. des komplexen Ions $[PbI_4]^{2-}$, das aber nur bei Überschuß von KI beständig ist.

100 ml W. lösen bei 20 °C etwa 0,08 g PbI_2, bei 100 °C etwa 0,5 g. Aus heiß gesätt. Lsgg. kristallisiert PbI_2 beim Abkühlen in gelben glänzenden Blättchen aus (vgl. Kristallaufnahme Nr. 18).

Bismut, Bi, 208,9804; +3, +5

Das seltene Metall Bismut kommt in der Natur gediegen, sowie als Bismutglanz Bi_2S_3, und Bismutocker, Bi_2O_3, vor. Es wird aus oxidischen Erzen durch Reduktion mit Kohle in Flammöfen gewonnen. Aus sulfidischen Erzen wird Bismut durch Verschmelzen mit dem unedleren Eisen in Freiheit gesetzt (Niederschlagsarbeit, s. S. 150). Metallisches Bismut dient zur Herstellung leicht schmelzender Legierungen, seine Verbindungen werden in der Glas- und Porzellanfabrikation sowie für kosmetische und pharmazeutische Präparate verwendet.

Vom Bismut der Oxidationsstufe +5 sind nur die Salze der in freiem Zustand nicht beständigen Bismutsäure, die Bismutate(V) und das Bismutpentaoxid bekannt. Die Bismutate(V) sind starke Oxidationsmittel.

Da $Bi(OH)_3$ bzw. $BiO(OH)$ eine sehr schwache Base ist, tritt bei den Salzen leicht Hydrolyse ein, wobei meist schwerlösliche, basische Salze von der Zusammensetzung BiOX, Bismutoxid- oder Bismutylverbindungen, entstehen.

Zu den nachfolgenden Reaktionen benutze man eine salzsaure $BiCl_3$- oder salpetersaure $Bi(NO_3)_3$-Lösung bzw. die entsprechend vorbereitete Analysenlösung.

1. *H_2O*

$$Bi^{3+} + H_2O + Cl^- \rightleftharpoons BiOCl\downarrow + 2\,H^+$$

Man gibt $BiCl_3$- oder $Bi(NO_3)_3$-Lsg. in Wasser. Es scheidet sich BiOCl bzw. $BiONO_3$ aus. Bei Zugabe von Mineralsäuren löst es sich, beim Verdünnen mit W. tritt wiederum Ausfällung ein.

2. *NaOH, Ammoniak und Na_2CO_3*

Weißer Nd. von basischen Salzen oder $Bi(OH)_3$. Beim Kochen wird letzteres gelb, wahrscheinlich unter Bldg. von $BiO(OH)$. $Bi(OH)_3$ ist kaum amphoter [Gegensatz zu $Pb(OH_2)$!]. Nur mit hochkonz. Laugen bilden sich Hydroxosalze.

3. H_2S

Aus nicht zu stark saurer Lsg. braunschwarzer Nd. von Bi_2S_3, lösl. in konz. Säuren sowie heißer verd. Salpetersäure, etwas lösl. in Na_2S- oder K_2S-Lsg., besonders bei Anwesenheit von Natronlauge.

4. Vorproben

a) Flammenfärbung, Phosphorsalzperle und Glühröhrchenprobe ergeben keine charakteristische Reaktion.

b) Lötrohrprobe: Sprödes Metallkorn und gelber Oxidbeschlag von Bi_2O_3. Mit der Lösung des Metalls in Salpetersäure, die so weit neutralisiert wird, daß noch kein Niederschlag auftritt, werden folgende Reaktionen ausgeführt:
Verdünnen mit H_2O: weißes $BiONO_3$.
H_2S: braunschwarzes Bi_2S_3.
$[Sn(OH)_4]^{2-}$: schwarzes Bi.

5. Nachweis mit $[Sn(OH)_4]^{2-}$

$$2\,Bi(OH)_3 + 3\,[Sn(OH)_4]^{2-} \rightarrow 2\,Bi\downarrow + 3\,[Sn(OH)_6]^{2-}$$

Hydroxostannat(II)-Lösung reduziert Bi(III) zum Metall, das als schwarzes Pulver ausfällt, während Sn(II) zu Sn(IV) oxidiert wird.

Störende Edelmetalle werden durch Reduktion mit Hydraziniumchlorid entfernt. Hg wird durch vorsichtiges Erhitzen verflüchtigt, und die Reduktion von Cu(I) wird durch Zugabe von KCN verhindert.

In die Reagenzlsg. lasse man die möglichst neutralisierte, ggf. mit einigen Tr. KCN-Lsg. versetzte Bismutsalzlsg. einfließen. In der Kälte (!) schwarzer Niederschlag.

EG: 1 µg Bi pD 5,7

Reagenz: Alkalische Stannat(II)-Lsg. aus gleichen Volumina 6 mol/l NaOH u. einer Lsg. von 5 g $SnCl_2$ u. 5 ml 7 mol/l HCl in 90 ml Wasser.

6. Nachweis mit Dimethylglyoxim

Eine $BiCl_3$-Lsg. versetzte man in der Hitze mit einer 1 %igen alkoholischen Dimethylglyoxim-Lsg. und hierauf mit Ammoniak bis zur deutlichen alkalischen Reaktion. Es bildet sich ein intensiv gelb gefärbter, sehr voluminöser Nd. der Bismut-Komplexverbindung; die überstehende Flüssigkeit erscheint wasserklar.

Liegt Bi als Sulfat oder Nitrat in der Lsg. vor, so setzt man vor dem Erhitzen etwas NaCl hinzu. As, Sb, Ni, Co, Fe(II), Mn sowie größere Mengen Cu u. Cd stören; auch Tartrat stört.

pD 4,8

7. Nachweis mit Kaliumiodid

$$BiI_3 + I^- \rightleftharpoons [BiI_4]^-$$

Aus schwach schwefel- oder salpetersaurer Lsg. fällt zunächst ein schwarzer Nd. von BiI_3, der sich im Überschuß von KI unter Bldg. des orangegelben Komplexes $[BiI_4]^-$ löst.

8. Nachweis mit Chinolin oder 8-Hydroxychinolin (Oxin) und Kaliumiodid

Aus der nach 7. hergestellten $[BiI_4]^-$-Lösung fällt bei Zugabe von Chinolin oder Oxin das entsprechende Tetraiodobismutat der organischen Base als orange bis hellroter schwerlöslicher Niederschlag aus. Bei Gegenwart von weniger als 1 mg Bi entsteht eine orange bis gelbe Trübung. Unter den gleichen Bedingungen geben

Sb(III), Pb(II), Hg(II) und Ag schwarze Niederschläge, die nur bei einem Überschuß dieser Ionen stören. Iodausscheidungen durch Fe(III) und Cu(II) (Oxidation von I^- zu I_2) können durch Zugabe von $K_2S_2O_5$ verhindert werden.

2–3 Tr. der HNO_3-sauren Probelsg. werden auf der TP mit 2–3 Tr. Reagenzlsg. u. einem kleinen KI-Kristall versetzt. Die Bldg. eines orange- bis hellroten Nd. zeigt Bi an.
EG: 1 µg Bi   pD 4,7

Kupfer, Cu, 63,546; +1, +2; I. Nebengruppe des PSE

In der I. Nebengruppe des PSE folgt auf die Elemente Kupfer und Silber das Gold. Bei allen drei Elementen können neben der Oxidationsstufe +1 auch höhere (bis +3) auftreten. Damit stellt die I. Nebengruppe eine Ausnahme von der Regel dar, daß die maximale Oxidationsstufe gleich der Gruppennummer ist. Die Elemente der I. Nebengruppe besitzen im Vergleich zu denen der I. Hauptgruppe größere Ionisierungsenergien, und die positiven Standardpotentiale steigen stark mit der Ordnungszahl.

Kupfer kommt in der Natur hauptsächlich in sulfidischer Form vor, z. B. als $CuFeS_2$, Kupferkies, und als Cu_2S, Kupferglanz. Für seine Darstellung werden die sulfidischen Erze zunächst zum Oxid abgeröstet und anschließend zum Metall reduziert. Das Rohkupfer wird durch Raffinationsschmelzen oder durch elektrolytische Raffination von Fremdstoffen befreit. Neben der Verwendung des Kupfers in der Elektroindustrie und als Legierungsbestandteil (Messing, Bronzen, Monelmetall, Devardasche Legierung) werden seine Verbindungen als Farbstoff und zur Schädlingsbekämpfung benutzt. Außerdem werden Kupferverbindungen in der Gasanalyse als Absorptionsmittel (s. S. 378) sowie in der Kunstseidenindustrie gebraucht.

Obgleich Cu in der ersten Gruppe des PSE steht, ist die Oxidationsstufe +2 am beständigsten. In wäßriger Lösung ist Cu^+ farblos, Cu^{2+} blau gefärbt.

Das Metall ist edler als Wasserstoff, d. h. sein Bestreben, in den Ionenzustand überzugehen, ist geringer als das des Wasserstoffs. Daher wird Kupfer bei Abwesenheit eines Oxidationsmittels durch nichtoxidierende Säuren nicht gelöst.

Die Cu(I)-Verbindungen sind meistens schwerlöslich und zum Teil leicht oxidierbar. Beständig und in Wasser schwerlöslich sind: Cu_2O rot, Cu_2S schwarz, CuI weiß, CuSCN weiß. Die Cu(I)-Salze von Sauerstoffsäuren zerfallen leicht in Metall und Cu^{2+} (Disproportionierung).

1. Unedle Metalle

$$Cu^{2+} + Fe \rightarrow Cu\downarrow + Fe^{2+}$$

Kupfer ist edler als die Metalle Eisen und Zink. Cu(I) oder Cu(II) werden daher von diesen Metallen reduziert.

Diese Rk. wird in der Technik zur Cu-Reindarst. benutzt (Zementation).

Man tauche ein blankes Eisenstück (Nagel) in eine $CuSO_4$-Lsg. Auf dem Eisen schlägt sich Kupfer nieder. Die dabei eintretende Auflösung des Eisens erkennt man besser, wenn man an Stelle eines Eisenstückes einige Eisenspäne oder Eisenpulver in die verd. $CuSO_4$-Lsg. einträgt. Es tritt sehr lebhafte Rk. ein. Nachdem diese beendet ist, filtriere man ab; die Lsg. sieht jetzt hellgrün aus. Man weise die Fe^{2+}-Ionen mit $K_3[Fe(CN)_6]$ nach.

Spannungsreihe und Redoxpotential

Das Bestreben eines Elementes, in eine andere Oxidationsstufe überzugehen, kann qualitativ oder auch quantitativ festgelegt werden.

Gibt man z. B. in eine Cu^{2+}-Lösung elementares Zn, so schlägt sich elementares Cu nieder und Zn^{2+}-Ionen gehen in Lösung. Das Kupfer hat demnach geringere Tendenz, als hydratisiertes Ion in Lösung zu gehen, es ist „edler“ als das Zink.

Die ablaufende Redox-Reaktion läßt sich beim Vorliegen der Elemente X und Y allgemein formulieren

a) $X + Y^{2+} \rightarrow X^{2+} + Y$ (X unedler als Y) und in die Teilreaktionen

b) $X \rightarrow X^{2+} + 2\,e$ (Elektronen liefernde Reaktion) und

c) $Y^{2+} + 2\,e \rightarrow Y$ (Elektronen verbrauchende Reaktion) zerlegen.

Den Elektronenaustausch kann man in der untenstehenden Versuchsanordnung (Abb. 22.), die einem galvanischen Element, z. B. einem *Daniell*-Element, entspricht, direkt nachweisen und messend verfolgen. Man taucht die Metalle X und Y in die Lösungen ihrer Salze (also X z. B. in XSO_4 und Y in YSO_4), und erhält so zwei (galvanische) „Halbelemente“

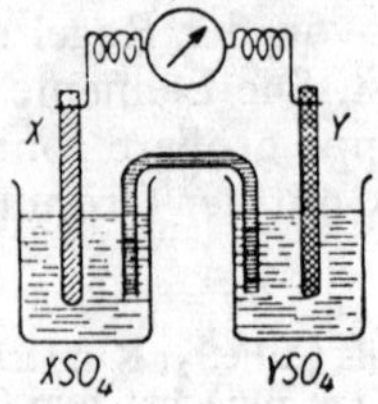

Abb. 22.

Verbindet man nun die beiden Lösungen durch einen mit der Lösung eines Elektrolyten (z. B. KCl) gefüllten Flüssigkeitsheber und die beiden eintauchenden Metalle, die beiden „Elektroden“, über ein Ampèremeter, so fließt ein elektrischer Strom. Er kommt dadurch zustande, daß die Atome des Metalles X als Ionen X^{2+} in Lösung gehen unter Abgabe von Elektronen, die nun von X durch den Draht nach Y wandern und an dessen Oberfläche mit den Ionen Y^{2+} reagieren unter Bildung der Atome Y, die sich an der Oberfläche des Metalles Y abscheiden. Es findet also die Umsetzung (a) statt, nur reagieren hier X und Y^{2+} nicht direkt miteinander. Die beiden Teilreaktionen (b) und (c) verlaufen örtlich voneinander getrennt, wobei die Elektronen durch den metallischen Leiter vom Ort der Teilreaktion (b) zu dem der Teilreaktion (c) transportiert werden. Der Flüssigkeitsheber sorgt für den Anionenausgleich (Gesetz der Elektroneutralität).

Die zwischen den Metallstäben auftretende Spannung ist ein Maß für den Unterschied in den Lösungstendenzen der Metalle X und Y.

Die Reihe, die man erhält, wenn man die Metalle nach abnehmender Lösungstendenz geordnet aufschreibt, wird Spannungsreihe genannt:

K, Ca, Na, Mg, Al, Mn, Zn, Fe, Cd, Ni, Sn, Pb, H, Sb, As, Cu, Hg, Ag, Au, Pt.

In ihr befindet sich auch der Wasserstoff. Alle Metalle, die vor ihm stehen, sind unedler und werden schon von nichtoxidierenden Säuren aufgelöst. Diejenigen, die hinter ihm stehen, sind edler und können nur durch oxidierende Säuren in den Ionenzustand überführt werden.

Die Reaktion: $X \rightleftharpoons X^{2+} + 2\,e$

die auf der einen Seite eines galvanischen Elementes vor sich geht, ist eine Gleichgewichtsreaktion. Das Bestreben, in den Ionenzustand überzugehen, wird daher nicht nur von dem Metall selbst, sondern auch von den schon in Lösung befindlichen Ionen abhängen, und zwar muß es um so kleiner sein, je größer die Ionenkonzentration ist. Die obige Reihenfolge gilt daher nur unter gleichen Bedingungen, d. h. nur für gleiche Ionenkonzentrationen. Quantitativ mißt man daher das Bestreben, in Lösung zu gehen, bei der Ionenaktivität $a = f \cdot c = 1\ \mathrm{mol \cdot l^{-1}}$ und nennt die erhaltene Spannung das Standardpotential, wobei als Gegenelektrode eine Wasserstoffelektrode[1]) dient, deren Standardpotential man – da man so nur die Potentialdifferenzen messen kann – willkürlich gleich Null setzt. Die Abhängigkeit der Spannung E (gemessen in Volt) des galvanischen Halbelementes von der Ionenkonzentration c ist nach *Nernst* gegeben durch die Formel:

$$E = E^\circ + \frac{0{,}059}{z} \lg a \approx E^\circ + \frac{0{,}059}{z} \lg c$$

wobei E° das Standardpotential des Metallions und z die Ionenladung bedeuten. Der für Zimmertemperatur gültige Wert 0,059 ändert sich mit der Temperatur. (Näheres s. S. 345).

In dem obigen Beispiel hat die Elektrode zwei Funktionen. Erstens stellt sie die niedere Oxidationsstufe in den beiden Halbelementen dar, zweitens dient sie als Medium für den Elektronenaustausch.

Soll nun das Redoxpotential in Lösung wie z. B.

$$Fe^{2+} \rightleftharpoons Fe^{3+} + e$$

oder

$$Mn^{2+} + 4\,H_2O \rightleftharpoons MnO_4^- + 8\,H^+ + 5\,e$$

gemessen werden, so ist die Einführung einer „indifferenten" Edelmetallelektrode notwendig. An ihr geht der Elektronenaustausch vonstatten.

Taucht man also z. B. sowohl in eine $FeSO_4$-Lösung, als auch in eine saure Permanganatlösung je einen Platindraht, verbindet wieder die beiden Lösungen durch einen Flüssigkeitsheber und die Platindrähte mit einem Metalldraht über ein Meßinstrument, so fließt ein Strom. Denn Fe^{2+} gibt an den Platindraht Elektronen ab, die dann das MnO_4^- in der anderen Lösung reduzieren.

Das Oxidationsvermögen eines Oxidationsmittels hängt in gleicher Weise von dem Konzentrationsverhältnis aller an der Umsetzung beteiligten Ionen ab, wie das Potential eines Metalls von der Ionenkonzentration der Lösung. Der einzige Unterschied besteht darin, daß jetzt nicht eine einzige Konzentration, sondern die von allen an der Reaktion beteiligten Ionen berücksichtigt werden muß.

Als Maß für das Oxidationsvermögen kann man genauso auch die Potentialmessung zu Hilfe nehmen und erhält z. B. für die obigen Systeme

$$E = E^\circ + \frac{0{,}059}{1} \lg \frac{c(Fe^{3+})}{c(Fe^{2+})}$$

und

$$E = E^\circ + \frac{0{,}059}{5} \lg \frac{c(MnO_4^-) \cdot c^8(H^+)}{c(Mn^{2+})}$$

Die Konzentration (Aktivität) des H_2O kann in der letzten Gleichung fortgelassen werden, da in wäßriger Lösung gearbeitet wird und die Wasserkonzentration praktisch konstant bleibt.

---

[1]) Definition der Standardwasserstoffelektrode: Platiniertes Platinblech, eintauchend in eine H^+-Ionenlösung mit der Aktivität 1 (Aktivität s. S. 41), umspült von Wasserstoffgas mit dem Wasserstoffpartialdruck 1013,25 mbar bei 18 °C.

Für das Redoxgleichgewicht mit z ausgetauschten Elektronen

$$xA + yB + \ldots \rightleftharpoons rD + qE + ze$$

gilt allgemein bei 25 °C

$$E = E^\circ + \frac{0{,}059}{z} \lg \frac{c_D^r \cdot c_E^q}{c_A^x \cdot c_B^y}\text{; } E \text{ in Volt, } c \text{ in mol/l}$$

Wird der logarithmische Ausdruck 0, so entspricht E dem Standardpotential E°. Es ist nicht berechenbar, sondern nur als Potentialdifferenz zwischen der Standardwasserstoffelektrode (s. S. 159) und dem betrachteten System meßbar.

Das Redoxpotential verschiebt sich in positiver Richtung, d. h., das Oxidationsvermögen nimmt zu, wenn die Konzentration des Oxidationsmittels zu- oder die des Reduktionsmittels abnimmt. Bei einer Konzentrationsänderung um eine Zehnerpotenz beträgt die Potentialänderung $\frac{0{,}059}{z}$ Volt. (Weiteres s. S. 345f.).

2. Darstellung von Kupfer(I)-chlorid, CuCl

$Cu^{2+} + Cu \rightarrow 2\,Cu^+$

$Cu^+ + 2\,Cl^- \rightarrow [CuCl_2]^-$

$[CuCl_2]^- \rightarrow CuCl\downarrow + Cl^-$

50 g $CuSO_4 \cdot 5\,H_2O$ u. 25 g NaCl werden in einem Kolben mit 125 ml 7 mol/l HCl u. ca. 20 g Cu-Pulver auf dem Wasserbad erhitzt, bis die blaue Farbe verschwunden ist. Dabei bildet sich ein Chlorokomplex des Cu(I), der als Na-Salz zunächst in Lsg. gehalten wird. Die klare Lsg. wird vom Rückstand dekantiert u. in ca. 1 l ausgekochtes, SO_2-haltiges W. eingegossen. Es fällt weißes CuCl aus, da beim Verdünnen der unbeständige Komplex $[CuCl_2]^-$ so weitgehend in die Einzelionen zerfällt, daß das Löslichkeitsprodukt von CuCl überschritten wird. Der Nd. wird durch Dekantieren mit ausgekochtem, SO_2-haltigem W. ausgewaschen, dann abgesaugt, mit Alkohol u. Ether gewaschen u. in ein trockenes Präparategläschen eingeschmolzen.

Bei Ggw. von Feuchtigkeit ist CuCl oxidabel u. lichtempfindlich. Es löst sich bei O_2-Ausschluß in starkem Ammoniak u. 7 mol/l HCl; diese Lsgg. absorbieren CO unter Bldg. der Verbindung $CuCl \cdot CO \cdot 2\,H_2O$ (s. S. 378).

3. KI

$2\,Cu^{2+} + 4\,I^- \rightarrow 2\,CuI\downarrow + I_2$

$I_2 + H_2SO_3 + H_2O \rightarrow 2\,HI + H_2SO_4$

Im Gegensatz zum Chlorid ist das Kupfer(I)-iodid relativ beständig, während Kupfer(II)-iodid in CuI und Iod zerfällt (s. auch S. 310).

Man versetze eine Kupfersulfatlsg. mit KI-Lösung. Es fällt CuI aus, das durch mitausfallendes Iod braun gefärbt ist. Beim Kochen entweichen violette Ioddämpfe. Nach Reduktion des Iods durch schweflige Säure wird das weiße CuI sichtbar.

4. KCN

$2\,Cu^{2+} + 4\,CN^- \rightarrow 2\,Cu(CN)_2\downarrow \rightarrow 2\,CuCN\downarrow + (CN)_2\uparrow$

Cu^{2+} reagiert mit CN^- wie mit I^-. Es fällt zunächst gelbes $Cu(CN)_2$ aus. Beim Erwärmen wird es weiß, wobei sich Dicyan, $(CN)_2$, entwickelt.

Im Überschuß von KCN löst sich CuCN zu dem farblosen, sehr beständigen Komplexion $[Cu(CN)_4]^{3-}$ auf.

Man versetze $CuSO_4$-Lsg. tropfenweise mit KCN-Lsg. u. erwärme unter dem Abzug. [Vorsicht! $(CN)_2$ ist sehr giftig!]
In ammoniakalischer Lsg. entwickelt sich kein $(CN)_2$, da dieses analog den Halogenen durch OH^- in Cyanid u. Cyanat disproportioniert:

$$(CN)_2 + 2\,NH_4^+ + 2\,OH^- \rightarrow NH_4CN + NH_4OCN + H_2O$$

In die Lsg. von $K_3[Cu(CN)_4]$ leite man H_2S ein. Es fällt kein Cu_2S aus, da der Komplex so beständig, d. h. so wenig dissoziiert ist, daß das Löslichkeitsprodukt von Cu_2S nicht überschritten wird. Der entsprechende Cadmiumkomplex ist unbeständiger, es fällt CdS aus (Trennung von Cd! s. S. 163).

5. *NH_4SCN*

$$2\,Cu(SCN)_2 + H_2SO_3 + H_2O \rightarrow 2\,CuSCN\downarrow + H_2SO_4 + 2\,HSCN$$

Auch mit SCN^- erfolgt aus konz. Lsg. zunächst allmähliche Bldg. von schwarzem $Cu(SCN)_2$, das langsam, jedoch bei Zusatz von SO_2 schnell, in weißes CuSCN übergeht. Diese Rk. kann zur quantitativen Best. von Cu herangezogen werden (s. S. 277).

6. *NaOH*

In Cu^{2+}-Lsg. bläulicher Nd. von $Cu(OH)_2$, der beim Erhitzen unter Wasserabspaltung in schwarzes CuO übergeht:

$$Cu(OH)_2 \rightarrow CuO\downarrow + H_2O$$

Frisch gefälltes $Cu(OH)_2$ u. auch CuO lösen sich im Überschuß von NaOH u. Na_2CO_3 teilweise zu Natriumcuprat(II), $Na_2[Cu(OH)_4]$. Aus diesem Grunde kann man Kupfer im SA finden.
Bei Ggw. von Tartrationen u. anderen organischen Verbb., die mehrere OH-Gruppen enthalten, wie z. B. Citronensäure oder Zucker, bleibt die Fällung aus. Dafür entsteht eine tiefblaue Lsg., die bei Weinsäure „Fehlingsche Lösung“ genannt wird. Diese enthält das Kupfer als Chelatkomplex gebunden (Theorie der Komplexe, s. S. 94).

7. *Fehlingsche Lösung*

Die Fehlingsche Lösung hat als Reagenz auf leicht oxidierbare organische Stoffe, besonders auf die Aldehydgruppe, in der physiologischen Chemie Bedeutung. So dient sie zum Nachweis von Zucker im Harn.

Man gebe zu $CuSO_4$-Lsg. etwa die doppelte Menge Weinsäurelsg. u. mache mit Natronlauge alkalisch (Fehlingsche Lösung).
Man setze einige Tr. dieser Lsg. zu Traubenzuckerlsg. u. erwärme. Es fällt zunächst feinverteiltes, wasserhaltiges gelbes Cu_2O aus, das in ziegelrotes Cu_2O übergeht. Wie Traubenzucker verhalten sich auch Hydroxylamin, Hydrazin u. a. Reduktionsmittel.

8. *Ammoniak*

Zuerst bläulicher Nd. von $Cu(OH)_2$, der sich im Überschuß von Ammoniak zu tiefblauem $[Cu(NH_3)_4]^{2+}$ löst. Empfindliche Reaktion!
Salze des Tetraamminkupfer(II)-Ions lassen sich leicht kristallisiert erhalten, wenn man deren Löslichkeit durch Alkoholzusatz verringert.

9. *Darstellung von Tetraamminkupfer(II)-sulfat-Monohydrat, $[Cu(NH_3)_4]SO_4 \cdot H_2O$*

$$CuSO_4 + 4\,NH_3 \rightarrow [Cu(NH_3)_4]SO_4$$

25 g $CuSO_4 \cdot 5\,H_2O$ werden unter Erwärmen in ca. 25 ml Wasser gelöst u. mit 13,5 mol/l NH_3 versetzt, bis sich der Nd. gerade wieder vollständig gelöst hat. Die Lsg. wird nun in einem Meßzylinder mit einem Alkohol-Wassergemisch (1:1 Vol.) vorsichtig ca. 1 cm hoch überschichtet, indem man das Gemisch langsam aus einer Pipette an der Wand des Meßzylinders herunterfließen läßt. Darüber wird in gleicher Weise u. Höhe 96%iger Alkohol geschichtet. Das bedeckte Gefäß bleibt mehrere Tage in der Kälte ruhig stehen. Dann werden die entstandenen tiefdunkelblauen $[Cu(NH_3)_4]SO_4 \cdot H_2O$-Kristalle abgenutscht u. mit Alkohol u. Ether getrocknet.

10. H_2S

In saurer Lsg. [c(HCl) ≈ 2 mol/l] schwarzer Nd. von CuS + Cu_2S, lösl. in konz. Säuren sowie in heißer 2 mol/l HNO_3. In gelbem Ammoniumpolysulfid ist Kupfersulfid unter Bldg. eines Thiosalzes ein wenig löslich.

11. Vorproben

a) Flammenfärbung: Bei Gegenwart von Halogenidionen grün.

b) Phosphorsalzperle: Oxidationsflamme heiß: gelb, kalt: blau. Reduktionsflamme heiß: farblos, kalt: rotbraun. Bei starker Reduktion: Kupferflitter.

c) Lötrohrprobe: Schwammiges rotes Metall, kein Beschlag, Man löse in 2 mol/l HNO_3 und führe Mikroreaktionen mit H_2S, Ammoniak und $K_4[Fe(CN)_6]$ aus.

12. Nachweis mit Ammoniak und anschließende Abtrennung von Cadmium

Durch Kombination der Rkk. 8 (S. 160) u. 4 (S. 161) wird Kupfer zunächst an der Bldg. der tiefblauen Lsg. mit Ammoniak u. der Entfärbung dieser Lsg. durch Zusatz von festem KCN erkannt. In der entfärbten Lsg. kann Cadmium mit H_2S nachgewiesen werden.

13. Nachweis mit $K_4[Fe(CN)_6]$

Brauner Nd. von $Cu_2[Fe(CN)_6]$, schwerlösl. in verd. Säuren, lösl. in Ammoniak unter Bldg. von $[Cu(NH_3)_4]^{2+}$. Sehr empfindliche Reaktion!

14. Nachweis als $K_2CuPb(NO_2)_6$

Die Eigenschaften dieses Tripelsalzes wurden bereits unter Kalium (vgl. 5., S. 69) beschrieben.

1 Tr. der neutralen oder schwach essigsauren Lsg. wird mit soviel Pb-Acetatlsg. versetzt, daß Pb gegenüber Cu im geringen Überschuß vorliegt. Die Mischung wird auf dem OT vorsichtig bis fast zur Trockne eingedampft u. der erkaltete Rückstand mit einem kleinen Tr. einer stets frisch zubereiteten Reagenzlsg. versetzt. Ein Überschuß an Reagenzlsg. ist unbedingt zu vermeiden, da sich das Tripelnitrit darin auflöst. Häufig empfiehlt es sich, nach Zugabe der Reagenzlsg. noch einen kleinen Kristall festes KNO_2 zuzufügen. SO_4^{2-} stört nicht, da sich ggf. gebildetes $PbSO_4$ durch NH_4CH_3COO in ausreichender Menge wieder löst.
(Betrachtung unter dem Mikroskop, vgl. Kristallaufnahme Nr. 11).

EG: 0,03 μg Cu pD 5,8

Reagenz: Gesätt. NH_4CH_3COO-Lsg., gesätt. KNO_2-Lsg. u. 50%ige Essigsäure, 1:1:1 Vol.-Teile.

Cadmium, Cd, 112,41; +2

Cadmium ist in geringen Mengen ein steter Begleiter des Zinks. Das Metall wird aus dem nach komplizierten Verfahren gereinigten Oxid durch Reduktion mit Kohlenstoff oder aus dem Sulfat durch Elektrolyse hergestellt. Cadmium findet in Nickel-Cadmium-Akkumulatoren, für Schutzüberzüge von Metallen und als Neutronenabsorber in der Kerntechnik Verwendung. CdS dient als Leuchtstoff. Cd ist in verd. Salpetersäure leicht, in verd. Salzsäure und Schwefelsäure schwerer löslich. Sein Ion ist farblos.

Die Reaktionen des Cadmiums sind denen des Zinks außerordentlich ähnlich. Es bestehen nur graduelle Unterschiede. So gibt Cd^{2+} schon aus verdünnten mineralsauren Lösungen mit Schwefelwasserstoff ein schwerlösliches Sulfid, während ZnS erst aus essigsaurer Lösung ausfällt. $Cd(OH)_2$ ist dagegen in Natronlauge schwerlöslich.

Für die folgenden Versuche benutze man eine $CdSO_4$- oder $CdCl_2$-Lösung oder die entsprechend vorbereitete Analysenlösung.

1. NaOH

Weißer Nd. von $Cd(OH)_2$, schwerlösl. im Überschuß von NaOH (Unterschied zu Zn).

2. *Ammoniak*

Weißer Nd., lösl. im Überschuß unter Bldg. des Amminkomplexes $[Cd(NH_3)_6]^{2+}$.

3. *KCN*

$$Cd^{2+} + 4\,CN^- \rightarrow Cd(CN)_2\downarrow + 2\,CN^- \rightarrow [Cd(CN)_4]^{2-}$$

Zunächst weißer Nd., der sich im Überschuß des Fällungsmittels leicht löst.
Der Komplex ist so weit in die Einzelionen dissoziiert, daß mit Schwefelwasserstoff das Löslichkeitsprodukt des CdS überschritten wird u. CdS ausfällt. Wichtiger Unterschied zu Kupfer! (s. S. 161).

4. *Vorproben*

a) Lötrohrreaktionen: Cadmium wird wie Zink vor dem Lötrohr reduziert. Das gebildete Metall verdampft, verbrennt dabei und schlägt sich auf dem kälteren Teil der Kohle nieder. Der braune Oxidbeschlag zeigt am Rand die Regenbogenfarben („Pfauenauge“, Farben dünner Blättchen). Wichtige Vorprobe!

b) Flammenfärbung und Phosphorsalzperle geben keinen Hinweis!

5. *Nachweis mit H_2S*

Aus schwach mineralsaurer Lsg. gelber bis braungelber Nd. von CdS, lösl. in starken Säuren ($pH < 1$), schwerlösl. in Alkali- u. Ammoniumsulfid.

6. *Nachweis des CdS im Gemisch der H_2S-Gruppenfällung*

Die Reaktion basiert auf der relativen Flüchtigkeit des metallischen Cd im Vergleich zu den übrigen Metallen der H_2S-Gruppe und eignet sich als selektive Vorprobenreaktion auf Cd direkt aus dem Niederschlag der H_2S-Gruppe.

Ein kleiner Teil des Nd. der H_2S-Gruppe wird in einem offenen Mikrotiegel über der Bunsenflamme auf Rotglut erhitzt, bis keine flüchtigen Bestandteile mehr entweichen (As_2S_3 u. HgS). Der Rückstand wird mit einem Überschuß an $Na_2C_2O_4$ (1:5) vermischt u. im Glühröhrchen kräftig erhitzt. Das Oxalat reduziert das Sulfid-Oxid-Gemisch zu den Metallen, wobei nur Cadmium als der am leichtesten flüchtige Bestandteil bei 767 °C verdampft u. sich an dem oberen, kalten Teil des Glühröhrchens als Metallspiegel abscheidet. Gibt man nun ein Körnchen Schwefel in das Glühröhrchen, so reagiert das Metall in der Hitze mit dem Schwefeldampf zu CdS, das in der Hitze rot, in der Kälte gelbrot gefärbt ist.

7. *Einfache papierchromatographische Trennung der Elemente der Kupfergruppe im Reagenzglas*

Ein schwer trennbares Stoffgemisch kann in vielen Fällen leicht papierchromatographisch getrennt werden. Die papierchromatographische Methode zeichnet sich durch ihre Einfachheit, Schnelligkeit und Empfindlichkeit aus. Das Verfahren erfordert nur sehr geringe Substanzmengen. Die Papierchromatographie wurde 1944 von *Consden*, *Gordon* und *Martin* entdeckt.

Bei der papierchromatographischen Analyse wird die Substanz in einem geeigneten Lösungsmittel gelöst. Einen Tropfen hiervon trägt man auf chromatographisches Papier auf und entfernt durch Trocknen mit einem Fön überschüssiges Lösungsmittel. Ein Ende des Papierstreifens wird in das Laufmittel – ein wasserhaltiges organisches Lösungsmittelgemisch – so getaucht, daß sich die aufgetragene Substanz 0,5 cm oberhalb der Flüssigkeitsoberfläche befindet. Durch die Kapillaren des Papiers wird das Laufmittel angesaugt. Es wandert über die Analysensubstanz hinweg und nimmt die einzelnen Komponenten entsprechend ihrer unterschiedlichen Löslichkeit verschieden weit mit. Nach Erreichen einer gewissen Laufstrecke wird der Vorgang unterbrochen und das Chromatogramm getrocknet. Um die getrennten Stoffe sichtbar zu machen, sprüht man Nachweisreagenzien auf. Zwischen dem Startpunkt und der Laufmittelfront treten eine Anzahl voneinander getrennter Flecken auf. Jeder enthält eine Komponente der Analysensubstanz. Die Lage der Flecken wird durch die R_f-Werte beschrieben. Die Definition des R_f-Wertes lautet:

$$R_f\text{-Wert} = \frac{\text{Entfernung Startpunkt} \leftarrow\rightarrow \text{Fleckenmittelpunkt}}{\text{Entfernung Startpunkt} \leftarrow\rightarrow \text{Laufmittelfront}}$$

Auf einen Papierstreifen (Schleicher u. Schüll 2043a) mit den Maßen 15 × 165 mm gibt man 0,001 ml Analysenlsg. auf den Startpunkt (ca. 25 mm vom unteren Ende des Streifens). Die Lösung soll jedes Element in der Konzentration c(M) = 0,1 mol/l enthalten und außerdem soviel HNO_3, daß kein basisches Bismutnitrat ausfällt. Der Papierstreifen wird mit Hilfe einer Heftklammer an einem Korkstopfen befestigt u. am anderen Ende mit einem kleinen Glasstab beschwert. Als Chromatographiergefäß (Abb. 23.) dient ein großes Reagenzglas (h: 175 mm, ∅: 18 mm). Der Streifen wird so eingehängt, daß der Startpunkt 5 mm über der Laufmitteloberfläche liegt.

Laufmittel: 49 ml tert.-Butanol (geschmolzen), 33 ml Aceton, 10 ml Wasser, 3 ml 14 mol/l HNO_3, 5 ml Acetylaceton.

Wenn die Laufmittelfront etwa 20 mm vom oberen Rand entfernt ist, wird der Streifen herausgenommen, an der Luft getrocknet, durch H_2S-Wasser gezogen, um die Flecken sichtbar zu machen, u. wieder getrocknet.

R_f-Werte: Pb: 0,15, Cd: 0,38, Bi: 0,65, Hg: 1,00

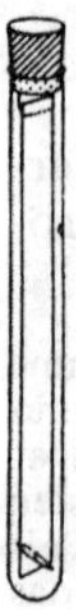

Abb. 23. Papierchromatographie im Reagenzglas

Chromatographische Arbeitsmethoden

Die Bezeichnung „Chromatographie“ geht auf den russischen Botaniker *Tswett* zurück, der kurz nach der Jahrhundertwende Blattfarbstoffe trennte, indem er einen Benzin-Extrakt der Blätter durch eine Säule laufen ließ, die übereinander Füllungen von Al_2O_3, $CaCO_3$ und Puderzucker enthielt. Beim Durchlaufen trennte sich das Farbstoffgemisch in mehrere voneinander getrennte Zonen, die beim Nachwaschen mit Lösungsmittel nur langsam in der Säule weiter nach unten wanderten. Er erhielt auf diese Weise ein Chromatogramm, ein Bild der Zusammensetzung des Farbstoffes (chromos = die Farbe).

Heute versteht man unter Chromatographie allgemein Verfahren zur Trennung von Substanzen, wobei diese unterschiedlich zwischen einer stationären und einer beweglichen Phase verteilt werden. Als stationäre Phase kann u. a. eine Säulenfüllung aus Al_2O_3, Aktivkohle, Ionenaustauscher, mit Flüssigkeiten imprägniertes Schamottemehl oder ein Stück Filterpapier dienen. Die bewegliche Phase ist entweder flüssig (z. B. Papierchromatographie, Ionenaustauscherchromatographie, s. S. 340f.) oder gasförmig (Gaschromatographie, s. S. 385f.).

Die überraschend große Trennwirkung dieser im Prinzip relativ einfachen Methode beruht u. a. auf der vielfachen, oft 1000- bis 10000fachen Wiederholung einer einzelnen Trennoperation während des Durchganges auf der stationären Phase. Zum besseren Verständnis dieser Vorgänge sei an die Abtrennung der komplexen Chloroferrate(III) im Trennungsgang durch Ausschütteln mit Ether erinnert (s. S. 118f.).

Schüttelt man die Chloroferrat(III)-Lösung mit einer größeren Menge Ether kräftig durch, so geht ein großer Teil des Eisens in die etherische Schicht. Eine quantitative Abtrennung ist aber nicht möglich, weil sich ein Gleichgewicht einstellt, dessen Lage durch den Verteilungskoeffizienten α gegeben ist (s. S. 333). Teilt man aber die gleiche Menge Ether in mehrere Portionen und wiederholt das Ausschütteln jeweils mit einer frischen Portion Ether, so ist der Trenneffekt wesentlich größer, weil sich das Gleichgewicht öfter einstellen kann.

Analoges gilt auch für die chromatographische Säule bzw. den Papierstreifen, die man als Verteilungskolonne mit vielen „theoretischen Böden" auffaßt. Zwar kann man hier nicht die diskreten Ausschüttelungsvorgänge wie im vorigen Beispiel erkennen. Das wesentliche aber ist, daß auch hier immer wieder frisches Material zur Verfügung steht, so daß sich ständig das Verteilungsgleichgewicht zwischen der stationären und der beweglichen Phase neu einstellen kann.

Um nun eine Trennung zweier ähnlicher Substanzen auf chromatographischem Wege zu erreichen, müssen sich die Verteilungskoeffizienten der beiden Stoffe an der stationären Phase wenigstens geringfügig unterscheiden.

Zur Veranschaulichung der Chromatographieeffekte verwendet *Cremer* einen einfachen, aber treffenden Vergleich.

Die bewegliche Phase wird mit einem Fluß verglichen, auf dem Boote von einem gemeinsamen Startpunkt aus ohne eigene Kraft flußabwärts treiben. Am Flußufer, der stationären Phase, liegen Raststätten, an denen die Insassen der Boote rasten. Die eine Gruppe von Menschen hält sich nur kurze Zeit auf und fährt dann weiter. Eine andere Gruppe dagegen rastet jeweils länger. Zu einem bestimmten Zeitpunkt wird also die eine Gruppe weiter vorangekommen sein als die andere. Am Endziel treffen dann die einzelnen Gruppen zu verschiedenen Zeiten ein.

Trennungsgang der Kupfergruppe

(Vgl. Tabelle X, S. 230).

Vorproben

Ebenso wie bei der Ammoniumsulfidgruppe (s. S. 140) führt man zunächst Vorproben aus. Für die Elemente der Kupfergruppe ist die Lötrohrprobe am geeignetsten und sollte möglichst durchgeführt werden.

Man erkennt Cd eindeutig an dem braunen Oxidbeschlag, der am Rand die Farben dünner Blättchen („Pfauenauge") zeigt. Cu liefert rote Metallfilter, Pb ein duktiles, weißes und Bi ein sprödes, weißes Metallkorn sowie gelben Oxidbeschlag. Man löst das Metall in wenig Salpetersäure auf und führt die Reaktionen durch, die bei den einzelnen Elementen beschrieben sind. Cu erkennt man außerdem mit der Phosphorsalzperle und durch die Flammenfärbung. Auf Hg macht man die Glühröhrchenprobe ohne und mit Soda (s. S. 152).

Kationennachweis

Die Kupfergruppe wird von den anderen bisher besprochenen Elementen durch Fällung mit Schwefelwasserstoff aus saurer Lösung getrennt. Als Lösungsmittel für die Analysensubstanz verwendet man nach Möglichkeit Salzsäure. Salpetersäure ist wenig geeignet, weil sie mit S^{2-} unter Schwefelabscheidung reagiert. Ist jedoch zum Lösen der Ursubstanz Salpetersäure oder Königswasser erforderlich, so dampft man mit einigen Tropfen HCl bis fast zur Trockne ein (bei völligem Eintrocknen verflüchtigt sich Quecksilber!) und nimmt dann mit 2 mol/l HCl auf. Bei Gegenwart von viel Blei kann ein Niederschlag von dem in kaltem Wasser ziemlich schwerlöslichen $PbCl_2$ entstehen. Man zentrifugiert ab und weist Pb nach 8., S. 154 nach. Bei Gegenwart von $CrO_4{}^{2-}$ und $MnO_4{}^-$, die man an ihrer Farbe erkennt, empfiehlt es sich, zur Reduktion mit Alkohol zu kochen (s. $(NH_4)_2S$-Trennungsgang S. 141).

Zur Fällung der Sulfide erhitzt man die auf ein geringes Volumen eingeengte, 2–3 mol/l HCl enthaltende Lösung in einem kleinen Erlenmeyerkolben oder in einem großen Reagenzglas zum Sieden. Man verschließt mit einem doppelt durchbohrten Stopfen, durch dessen Bohrungen ein Einleitungsrohr, das in die Lösung eintaucht, und ein kurzes Ableitungsrohr mit Gummischlauch eingeführt werden. Dann leitet man unter Vorschalten einer Waschflasche in langsamem Strom (1–2 Blasen in der

Sekunde) Schwefelwasserstoff ein. Nach einigen Minuten verschließt man den Ableitungsschlauch mit einem Quetschhahn und läßt die Lösung unter mehrmaligem Umschütteln erkalten. Wenn nichts mehr ausfällt, zentrifugiert man eine kleine Probe ab, verdünnt auf das Fünffache und leitet noch einmal H_2S ein. Entsteht erneut ein Niederschlag, so muß das gleiche mit der Gesamtmenge geschehen.

Der Niederschlag wird sofort abzentrifugiert und mit Schwefelwasserstoffwasser, dem man einige Körnchen Ammoniumacetat zugesetzt hat, gewaschen, bis keine Chloridionen mehr nachzuweisen sind. Das Waschwasser wird verworfen. Das Zentrifugat selbst dient zum Nachweis der anderen Elemente.

Die Sulfide behandelt man in einer Porzellanschale bei mäßiger Wärme unter Umrühren mit einer Mischung von einem Volumenteil 14 mol/l HNO_3 und zwei Volumenteilen Wasser. Nach 2–3 Minuten wird abzentrifugiert.

Der Rückstand kann schwarzes HgS oder auch weißes $Hg_2S(NO_3)_2$, vermischt mit weißlichem Schwefel und etwas $PbSO_4$, enthalten. Er wird in Königswasser gelöst, bis fast zur Trockne eingedampft und mit wenig Wasser aufgenommen. In der Lösung wird das Hg durch Amalgambildung mit Kupferblech (s. 11), durch Zugabe von $SnCl_2$ (s. 12) sowie als Cobaltthiocyanatomercurat(II) (s. 13., S. 153) nachgewiesen.

Das Zentrifugat vom HgS-Rückstand wird unter Zusatz von 1–2 ml 18 mol/l H_2SO_4 in einer Porzellanschale eingedampft, bis weiße Nebel entstehen und die Salpetersäure restlos entfernt ist. Man läßt erkalten und fügt ungefähr das gleiche Volumen 1 mol/l H_2SO_4 hinzu. Ist Blei zugegen, so bildet sich ein weißer Niederschlag von $PbSO_4$. Bei zu starker Verdünnung kann auch Bismutoxidsulfat ausfallen. Es ist also darauf zu achten, daß dies nicht geschieht, da man sonst leicht Bismut übersieht.

Nach einigem Stehen zentrifugiert man ab, wäscht mit 1 mol/l H_2SO_4 aus und behandelt den Rückstand mit ammoniakalischer Weinsäurelösung. $PbSO_4$ löst sich auf. In dieser Lösung kann Pb mit K_2CrO_4 (s. 8., S. 154) und durch Bildung von $K_2CuPb(NO_2)_6$ (s. 9., S. 155) nachgewiesen werden.

Das Zentrifugat von $PbSO_4$, in dem noch Bi^{3+}, Cu^{2+} und Cd^{2+} vorhanden sein können, macht man mit 13,5 mol/l NH_3 ammoniakalisch. Bei Anwesenheit von Bi^{3+} entsteht ein weißer Niederschlag von $Bi(OH)SO_4$. Nach dem Abzentrifugieren löst man einen Teil des Niederschlags in HCl, versetzt mit etwas NaCl und prüft nach 6., S. 156 mit Dimethylglyoxim-Lösung und Ammoniak. Den Hauptteil des $Bi(OH)SO_4$-Niederschlags, der bei nicht richtigem Arbeiten noch $Pb(OH)_2$ und $[Hg_2N]_2SO_4$ sowie, falls der H_2S-Niederschlag nicht genügend ausgewaschen war, noch etwas $Al(OH)_3$, $Fe(OH)_3$ und $Cr(OH)_3$ enthalten kann, identifiziert man weiter, indem man ihn nach 5., S. 156 mit frisch bereiteter alkalischer Stannat(II)-Lösung behandelt. Bei Anwesenheit von Bi tritt sofort eine rein schwarze Farbe auf. Von den genannten, bei nicht richtigem Arbeiten an dieser Stelle eventuell ausfallenden Elementen gibt nur Quecksilber die gleiche Reaktion wie Bismut. Man zentrifugiert den Niederschlag ab, trocknet ihn und prüft ihn im Glühröhrchen auf seine Flüchtigkeit. Bismut ist im Gegensatz zu Quecksilber nicht flüchtig.

Ist das Zentrifugat von $Bi(OH)SO_4$ blau gefärbt, so ist Kupfer als $[Cu(NH_3)_4]^{2+}$ zugegen. Zum weiteren Nachweis wird ein Teil der Lösung mit Essigsäure angesäuert und $K_4[Fe(CN)_6]$ zugegeben. Es fällt braunes $Cu_2[Fe(CN)_6]$ aus (s. 13., S. 162). In der essigsauren Lösung kann das Cu auch als $K_2CuPb(NO_2)_6$ (s. 14., S. 162) identifiziert werden.

Zur Prüfung auf Cadmium wird ein anderer Teil der ammoniakalischen Lösung mit KCN versetzt, bis die Lösung völlig farblos geworden ist, und dann H_2S eingeleitet. Es fällt Cadmium als gelbes CdS aus (s. 5 u. 6., S. 163). CdS wird vor dem Lötrohr reduziert. Ein brauner Oxidbeschlag beweist Cd (s. 4., S. 163). CdS kann auch im Sulfidgemisch der H_2S-Fällung nach 6., S. 163 erkannt werden.

Sollte bei der Prüfung auf Cadmium mit H_2S ein schwarzer Niederschlag entstehen, so ist unsauber gearbeitet worden, und der Trennungsgang muß wiederholt werden. Man kann auch den Niederschlag mit 1 mol/l H_2SO_4 behandeln, wobei im allgemeinen nur Cadmium in Lösung geht. Nach dem Zentrifugieren und Verdünnen mit Wasser auf das Dreifache erzielt man beim H_2S-Einleiten häufig eine reingelbe CdS-Fällung.

Zentrifugat der Kupfergruppe

Im Zentrifugat des H_2S-Niederschlages befinden sich die Elemente der vorher beschriebenen Gruppen. Um diese nachzuweisen, muß man für den Hydrolysentrennungsgang (Urotropinverfahren) den Schwefelwasserstoff verkochen, darauf Fe^{2+} mit einigen Tropfen 14 mol/l HNO_3 quantitativ zu Fe^{3+} oxidieren und, falls man bei der Fällung der H_2S-Gruppe stark verdünnen mußte, auf ein kleines Volumen eindampfen. Erfolgt die Fällung der Ammoniumsulfidgruppe mit $(NH_4)_2S$, so können die beiden ersten Operationen unterbleiben, und man verfährt wie auf S. 144 beschrieben.

Aufschluß schwerlöslicher Verbindungen

Als einzige in Säuren schwerlösliche Verbindung kommt hier $PbSO_4$ in Frage. Wenn die Lötrohrprobe einen Hinweis auf die Gegenwart von $PbSO_4$ ergeben hat, löst man es aus den übrigen säureschwerlöslichen Verbindungen, wie geglühten Oxiden und Erdalkalisulfaten, mit ammoniakalischer Tartratlösung heraus und fällt das Blei als $PbCrO_4$ aus.

Anionennachweis

Die Prüfung auf Anionen bietet im Sodaauszug keinerlei Schwierigkeiten. Blei geht als Plumbat(II) etwas in den Sodaauszug, stört aber die einzelnen Nachweise nicht.

2.3.4.2. Arsen-Zinn-Gruppe

Zur Arsen-Zinn-Gruppe gehören eine Anzahl Elemente, deren Sulfide sich in $(NH_4)_2S_x$ unter Thiosalzbildung lösen (s. S. 149). Zu den Elementen des Schultrennungsganges zählen jedoch nur Arsen, Antimon und Zinn, zu den „seltenen" das Molybdän. Mitunter kommt auch Kupfer in die Arsen-Zinn-Gruppe, da sich das Sulfid bei längerem Digerieren und erhöhter Temperatur teilweise löst. Über die grundsätzlichen Zusammenhänge in der IV. und V. Hauptgruppe des PSE s. S. 205 u. 211.

Arsen, As, 74,9216; −3, +3, +5

Arsen findet sich meist in sulfidischer Form als As_2S_3 (Auripigment), As_4S_4 (Realgar), FeAsS (Arsenkies) oder als Arsenid, wie $FeAs_2$ (Arsenikalkies), seltener gediegen als „Scherbenkobalt" und als As_3O_3 (Arsenik). Arsen bzw. Arsentrioxid wird durch Sublimation aus entsprechenden Erzen gewonnen und in der Heilkunde sowie wegen seiner Giftigkeit zur Schädlingsbekämpfung verwendet. Mit Stickstoff, Phosphor, Antimon und Bismut steht es in der V. Hauptgruppe des PSE und zeigt dieser Stellung gemäß die Eigenschaften eines Halbmetalls.

Das Arsentrioxid, As_2O_3, ist ein wenig in Wasser löslich und reagiert schwach sauer. Die arsenige Säure, H_3AsO_3, ist amphoter. Deshalb löst sich As_2O_3 nicht nur in Basen unter Bildung von Arseniten, sondern auch in starken Säuren, wobei sich As(III)-Salze bilden, die stark hydrolytisch gespalten sind. $AsCl_3$ ist mit Wasserdämpfen bei Gegenwart von Salzsäure (zur Zurückdrängung der Hydrolyse) flüchtig. Beim Eindampfen von As(III)-Salzlösungen treten daher starke Verluste auf, die sich vermeiden lassen, wenn man zu As(V) oxidiert. Die Oxidation geht in alkalischer und saurer Lösung leicht vor sich, in saurer z. B. durch Chlor oder Salpetersäure, in alkalischer schon durch Wasserstoffperoxid. Das Oxid des As(V) ist gemäß den allgemeinen Gesetzmäßigkeiten wesentlich saurer als das des As(III). Die Arsenverbindungen lassen sich leicht zum Element reduzieren.

Im Arsenwasserstoff, AsH_3, sowie in den davon ableitbaren Arseniden hat das Arsen die Oxidationsstufe −3. AsH_3 ist eine endotherme Verbindung und bildet sich deshalb erst bei Einwirkung von naszierendem Wasserstoff. Seine Flüchtigkeit sowie die leichte Zersetzbarkeit benutzt man zum Nachweis geringster Spuren von Arsen, eine Bestimmungsart, die für die Gerichtsmedizin wichtig ist, da alle Arsenverbindungen sehr giftig sind. Sie führt den Namen „*Marsh*sche Probe".

1. Kolloidales Arsentrisulfid

Arsentrisulfid neigt in schwach sauren Lösungen zur Kolloidbildung.

Man erhitze etwas As_2O_3 mit Wasser. Es löst ein wenig unter Bldg. von arseniger Säure. Man filtriere ab u. leite Schwefelwasserstoff ein. Es entsteht eine gelbe, kolloide Lsg. von As_2S_3. Beim Ansäuern mit Salzsäure flockt As_2S_3 gelb aus.

2. Flockung gegensinnig geladener Kolloidteilchen

Positiv aufgeladene $(FeOOH)_x$-Kolloidteilchen geben mit negativ aufgeladenen $(As_2S_3)_y$-Kolloidteilchen eine Flockung.

Man verwende entweder das beim Eisen, unter Vers. 12, S. 117 beschriebene Eisen(III)-oxid-Hydrat-Sol bzw. stelle sich ein solches durch Eingießen von schwach salzsaurer Eisen(III)-chlorid-Lösung in siedendes W. her. Es entsteht eine dunkelrotbraune Lösung. Wird dieses Kolloidsol mit dem hier im Vers. 1 beschriebenen $(As_2S_3)_y$-Sol vereinigt, bildet sich ein brauner Niederschlag.

Kolloidchemie

In gewöhnlichen „echten" Lösungen liegen die gelösten Stoffe in molekulardisperser Verteilung entweder als Ionen oder Moleküle vor. Die einzelnen Teilchen haben eine Größe von <1 nm. Teilchen in der Größenordnung von 1–100 nm bilden mit dem Dispersionsmittel kolloidale Lösungen. Alle Stoffe können unter gewissen Bedingungen in den kolloidalen Zustand überführt werden, wenn sie in dem betreffenden Dispersionsmittel schwer molekulardispers verteilbar (schwerlöslich) sind. Eine Anzahl von Stoffen tritt jedoch nur kolloid auf (die sog. Eukolloide). Im Gegensatz zu den Suspensionen, bei denen sich die Teilchen auf Grund ihrer Schwere mehr oder weniger schnell absetzen, bleiben die kolloidalen Teilchen in dem Dispersionsmittel schweben. Daß es sich dabei nicht um echte, also molekulare Lösungen handelt, erkennt man daran, daß ein durch die Lösung hindurchtretender Lichtstrahl das *Tyndall*phänomen zeigt. An den Kolloidteilchen wird das Licht gestreut. Im Ultramikroskop, d. h. durch mikroskopische Untersuchung des *Tyndall*kegels senkrecht zum Lichtstrahl, kann man sehr häufig die Einzelteilchen durch ihre Beugungskegel erkennen.

Gewisse kolloidal verteilte Stoffe können ähnlich wie die Ionen mit dem Dispersionsmittel in Wechselwirkung treten. Bildet sich z. B. in wäßriger Lösung eine Hydrathülle aus, so spricht man von hydrophilen Kolloiden. Im Gegensatz hierzu stehen die hydrophoben Kolloide. Anorganische hydrophile Kolloide sind u. a. Kieselsäure und Zinn(IV)-oxid-Hydrat, dagegen bilden die Metalle und Metallsulfide hydrophobe Teilchen.

Die kolloidalen Lösungen (Sole) sind nur beständig, wenn eine Aggregation der Teilchen, die auf Grund der Kohäsionskräfte eintreten müßte, behindert ist.

Dies ist der Fall, wenn die einzelnen Teilchen gleichsinnig geladen sind oder die Hydrathülle eine Annäherung erschwert. Eine elektrische Aufladung der Teilchen wird entweder durch Abgabe von Ionen in die Lösung oder durch Adsorption von Ionen aus der Lösung bewirkt.

Ein Beispiel für positiv geladene Kolloidteilchen, bei denen eine Ionendissoziation vorliegt, bildet das Eisen(III)-oxid-Hydrat-Sol (s. S. 117). Im Gegensatz hierzu sorbieren die As_2S_3-Kolloidteilchen HS^--Ionen und laden sich somit negativ auf (Abb. 24.). Wird jetzt durch Zugabe von Säure die H^+-Ionenkonzentration erhöht, so bilden die HS^--Ionen undissoziiertes H_2S, die Oberflächenladung verschwindet, und die Teilchen flocken aus (s. Versuch 1, S. 168).

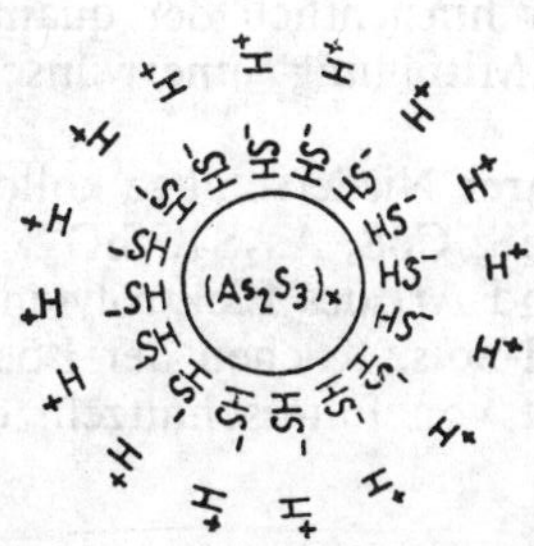

Abb. 24. As_2S_2-Kolloidteilchen

Ein „Flocken" oder „Koagulieren" der Kolloide erfolgt demnach durch Aufhebung der Ladung. So werden z. B. die unter dem Einfluß des elektrischen Stromes wandernden Teilchen (Elektrophorese) an den entsprechenden Elektroden ausgefällt. Das Ausflocken kann jedoch auch durch Elektrolytzusatz erreicht werden. Negativ geladene Kolloidteilchen (u. a. Edelmetalle, Metallsulfide, Kieselsäure, Molybdänblau) werden durch Kationen, positiv geladene Teilchen (u. a. Hydroxide von Eisen, Aluminium, Chrom) durch Anionen koaguliert. Außerdem tritt Flockung bei Zusammengabe gegensinnig geladener Kolloidteilchen (z. B. As_2S_3–$Fe(OH)_3$, SiO_2-Gelatine) ein (s. Versuch 2, S. 168).

Die Ionengleichgewichte, die sich zwischen der Oberfläche der Kolloidteilchen und der Lösung einstellen, sind analog zu den Ionenaustauschern (s. S. 299) von der Konzentration und der Bindungsfestigkeit abhängig. Entsprechend nimmt auch die Flockungsfähigkeit der Anionen bzw. Kationen mit steigender Ladung erheblich zu.

Der Punkt, an dem die Ladung der Teilchen gerade aufgehoben ist, wird isoelektrischer Punkt genannt. Wird er überschritten, so kommt es oft zur Wideraufladung, jetzt jedoch mit entgegengesetztem Vorzeichen. Geht der Vorgang schnell vor sich, so kann die Flockung unterbleiben. Versetzt man z. B. eine Cl^--Lösung tropfenweise mit Ag^+-Ionen, so bindet das zuerst gebildete AgCl überschüssige Cl^--Ionen (schematisch $[(AgCl)_xCl^-]^-$), am isoelektrischen Punkt liegt ungeladenes AgCl vor, beim Überschuß von Ag^+ laden sich die Teilchen positiv auf (schematisch $[(AgCl)_yAg^+]^+$). S. auch S. 316.

Sind die Teilchen einmal aggregiert, so ist der umgekehrte Vorgang, die Überführung in den Solzustand (Peptisation), nur bei den hydrophilen Kolloiden (Wiederaufbau der Hydrathülle) möglich.

Die einzelnen kolloiden Teilchen können aus kleinen Kristallen bestehen, wie bei den Metallen, oder amorph sein, wie bei den Hydroxiden von Fe, Al, und Cr. Flockt man sie aus oder fällt sie unter Überspringen des kolloidalen Zustandes aus Salzlösungen mit OH^--Ionen aus, so entstehen amorphe Niederschläge, Gele, die wegen ihrer schwammartigen Struktur viel Lösungsmittel enthalten. Beim längeren Aufbewahren des Gels tritt langsam weitere Aggregation ein. Verbunden hiermit ist auch eine Abnahme der Adsorption- und Peptisationsfähigkeit, der Lösungsgeschwindigkeit in Säuren oder, falls es sich um amphotere Hydroxide handelt, in Basen. Dieses „Altern" des Gels ist durch chemische und physikalische Umwandlungen bedingt. Teilweise gehen die amorphen Gebilde langsam in einen höheren Ordnungszustand, den kristallinen, über.

Aus den Hydroxid-Gelen kann das kapillar gebundene Wasser nur bei höheren Temperaturen entfernt werden. Gleichzeitig wird jedoch auch das chemisch gebundene Wasser abgespalten und das Oxid gebildet.

Für den Analytiker sind die in Lösung vor sich gehenden kolloidchemischen Erscheinungen von erheblicher Bedeutung, und zwar hinsichtlich der quantitativen Abscheidung amorpher Niederschläge und der „Mitfällung" unerwünschter Ionen.

Oft werden bei Fällungsreaktionen anstatt filtrierbarer Niederschläge kolloide, durch das Filter laufende Lösungen erhalten (z. B. NiS, CoS, As_2S_3, $SiO_2 \cdot aq$). Man hilft sich hier durch Elektrolytzusatz (Menge und Art des Elektrolyten beachten!), Zusatz eines gegensinnig geladenen Kolloid-Sols, Kochen der Lösung (Vergrößerung der Teilchen), Kochen bei Gegenwart von Filterschnitzeln oder Aktivkohle.

Mitfällung

Bedingt durch die chemische Natur und die große Oberflächenentwicklung der Niederschläge können besonders während des Fällungsvorganges Fremdionen mitgefällt werden. So kommt es, daß häufig eine quantitative Trennung, die auf Grund der Löslichkeitsverhältnisse möglich sein müßte, nur unter ganz bestimmten Vorsichtsmaßnahmen oder auch gar nicht durchgeführt werden kann.

Die Mitfällungen von Fremdionen können grundsätzlich auf 4 Ursachen zurückgeführt werden:

a) Es tritt eine Adsorption von Ionen oder/und Kolloiden an der Oberfläche der fertig ausgebildeten Kristalle ein. Hierbei spielt die Oberflächenentwicklung – bedingt durch den Zeitraum des Fällungsvorganges – eine Rolle.

Diese Adsorptionsvorgänge erfolgen im allgemeinen sehr schnell. Es stellt sich ein von der Konzentration der Ionen in der Lösung und der Temperatur abhängiges reversibles Gleichgewicht zwischen den adsorbierten Ionen in der Grenzschicht und den in der Lösung befindlichen ein. Nach einer Regel von Kolthoff wird ein Ion durch einen Niederschlag um so stärker adsorbiert, je höher seine Ladung ist. Die Adsorption tritt besonders dann hervor, wenn der

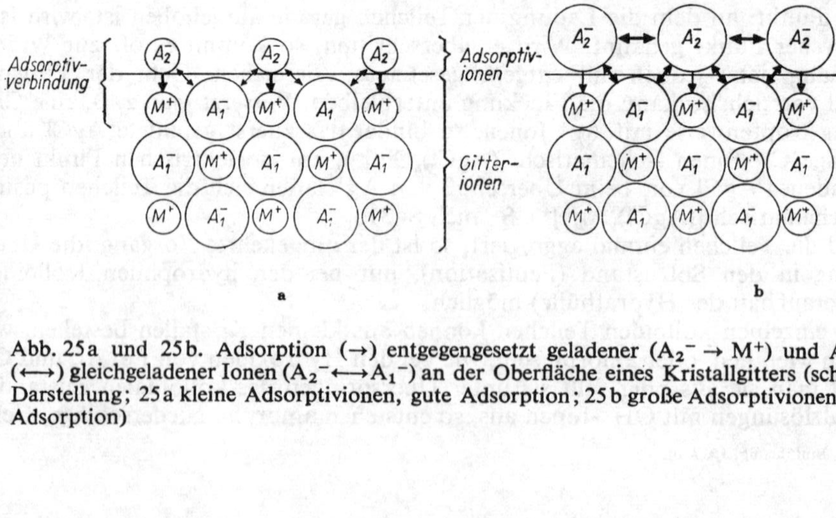

Abb. 25a und 25b. Adsorption (→) entgegengesetzt geladener ($A_2^- \rightarrow M^+$) und Abstoßung (⟷) gleichgeladener Ionen ($A_2^- \longleftrightarrow A_1^-$) an der Oberfläche eines Kristallgitters (schematische Darstellung; 25a kleine Adsorptivionen, gute Adsorption; 25b große Adsorptivionen, schlechte Adsorption)

Niederschlag schon einen Überschuß an Gitterionen einer Ladung enthält, die derjenigen des zu adsorbierenden Ions entgegengesetzt ist.

Über diese Regel hinaus spielen die Löslichkeit der Adsorptionsverbindung, die Ionengröße und die polarisierende Eigenschaft der zu adsorbierenden Fremdionen eine Rolle. Ist die Verbindung des zu adsorbierenden Ions mit dem entgegengesetzt geladenen Ion des Gitters schwer löslich (z. B. diejenige des Anions A_2 mit dem Kation M^+ in Abb. 25a) so ist zu erwarten, daß auch diese adsorptive Anlagerung leicht erfolgt. (Beispiel der Bindung von Cl^- an AgCl, s. S. 169) Bei der elektrostatischen Wechselwirkung zwischen einem Ion und einer Oberfläche kommt es nicht nur auf die Anziehungskräfte zwischen dem Ion und dem entgegengesetzt geladenen Ion des Gitters, sondern auch auf Abstoßungskräfte zwischen gleichgeladenen Ionen an (Abb. 25b). Hierbei gilt, daß die Adsorption mit steigender Ionengröße abnimmt, da sich die Abstoßung durch gleichgeladene Ionen am Gitter stärker bemerkbar macht. Üben die entgegengesetzt geladenen gittereigenen Ionen auf die Adsorptivionen einen starken polarisierenden Einfluß aus, so besitzen letztere auch ein starkes Anlagerungsbestreben (Abb. 25c).

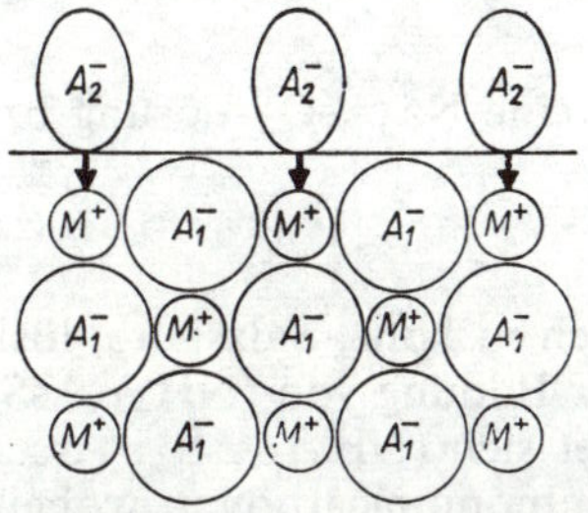

Abb. 25c. Polarisationserscheinungen bei der Adsorption der Anionen A_2^- an der Oberfläche eines Kristallgitters (schematische Darstellung)

Ein Beispiel für mögliche Adsorptionsvorgänge bildet die Trennung des Fe^{3+}, Cr^{3+} und Al^{3+} von den Ionen Zn^{2+}, Mn^{2+}, Ni^{2+} und Co^{2+}. Versetzt man z. B. eine Lösung von Fe^{3+} u. Ni^{2+} mit Ammoniak, so müßte Nickel als $[Ni(NH_3)_6]^{2+}$ in Lösung bleiben, während $Fe(OH)_3$ ausfällt.

Der Niederschlag von Eisen enthält aber stets Nickel adsorbiert. Die adsorbierte Ionen-Art hängt nun sehr stark von dem Medium, insbesondere vom pH der Lösung ab. Fällt man Fe^{3+}, Al^{3+} und Cr^{3+} aus alkalischer Lösung, so werden Kationen weitgehend adsorbiert. Nehmen wir die Hydrolyse dagegen in saurer Lösung vor, also mit Natriumacetat oder Urotropin oder mit aufgeschlämmtem Bariumcarbonat, so adsorbiert das Gel Anionen, also Acetationen, Cl^-, SO_4^{2-} usw.

Erscheinungen, die scheinbar im Widerspruch zu den Voraussetzungen für eine erfolgreiche Adsorption stehen, finden ihre Erklärung durch die sog. Kolloidadsorption. Der mitgerissene Stoff liegt hier in geringster Menge und meist – infolge hydrolytischer Spaltung – in kolloider Form vor. Diese kolloid gelösten Bestandteile werden beinahe auf jeder Oberfläche adsorbiert.

b) Es tritt Okklusion, d. h. Einschluß von Fremdstoffen im Kristallinnern im Verlaufe des Kristallwachstums durch Mischkristallbildung oder mechanische Umhüllung auf. Eine Okklusion wird bei schneller Fällung aus kalten Lösungen durch Bildung kleiner Kristalle erhalten, die an ihrer Oberfläche Fremdionen adsorbieren und weiterwachsen. Mischkristallbildung wird vorwiegend eintreten, wenn Ionen ähnlicher Größe und Struktur gemeinsam gefällt werden. Eine Übereinstimmung der Ionen in den chemischen und physikalischen Eigenschaften ist jedoch nicht erforderlich (s. $BaSO_4/KMnO_4$, S. 49). Durch Umfällen kann der Niederschlag nur in sehr geringem Maße von Fremdstoffen, die Mischkristalle bilden, befreit werden. Dagegen können Fehler durch mechanische Umhüllung vermieden werden, wenn man aus heißer, verdünnter Lösung umfällt.

c) Es werden definierte chemische Verbindungen oder Einschlußverbindungen gebildet. Bei Trennungsreaktionen kann die ausfallende Verbindung Ionen aus der Lösung in Form schwerlöslicher Verbindungen mitfällen. Beispielsweise wird bei der Mangandioxid-Hydrat-Fällung in Gegenwart von Zinkionen Zn^{2+} adsorbiert (vgl. S. 103), in alkalischer Lösung bilden Chrom(III)-verbindungen mit Mg^{2+}, Zn^{2+} und anderen Ionen schwerlösliches Chromat(III). Um die Mitfällung durch Verbindungsbildung zu verhüten, trennt man am besten die störenden Ionen vor der Fällung ab. In vielen Fällen erreicht man schon durch Änderung der Oxidationsstufe der störenden Ionen ein Ausbleiben der Mitfällung.

Vom theoretischen Standpunkt aus sind weiterhin die Einschlußverbindungen (Clathrate) von Interesse. So finden sich im Kristallgitter gewisser organischer Verbindungen käfigartige Hohlräume, in denen die verschiedenartigsten Moleküle beim Aufbau des Kristallgitters eingeschlossen werden können. Zu den Einschlußverbindungen gehören eine große Zahl weiterer Stoffe, wie Edelgashydrate und Iodstärke (s. S. 308).

d) Die nachfolgende Fällung tritt durch Abscheidung eines weiteren Niederschlags beim Stehenlassen in der Mutterlauge ein (s. auch Mischkristallbildung). Beispielsweise bildet sich Magnesiumoxalat bei Fällung von Calciumoxalat und Zink-, Gallium- und Indiumsulfid bei Fällung von Kupfer- und Quecksilbersulfid. Die koagulierten Sulfidniederschläge z. B. enthalten auf ihrer Oberfläche eine Schicht von sorbierten HS^--Ionen (s. S. 169, Abb. 24). Bei Gegenwart von Zinkionen scheidet sich infolge der erhöhten HS^--Konzentration an der Oberfläche der gefällten Sulfide ZnS ab, obgleich der pH-Wert der Lösung für diese Fällung zu klein ist.
Die Mitfällung ist durch Zusätze beeinflußbar, die entweder die Löslichkeit der Adsorptivverbindung erhöhen oder die ebenfalls adsorbiert werden und infolge ihrer großen Menge die Sorption der betrachteten Fremdionen zurückdrängen (Zurückhalteträger, s. S. 308). Im allgemeinen kann eine Nachfällung vermieden werden, wenn der erhaltene Niederschlag sofort abfiltriert bzw. abzentrifugiert wird.

Zu den nachfolgenden Reaktionen verwende man eine Na_3AsO_3-Lösung bzw. die entsprechend vorbereitete Analysenlösung.

3. H_2S

Der gelbe Niederschlag von As_2S_3 ist schwerlöslich in konz. Salzsäure, löslich in heißer konz. Salpetersäure, ebenso in $(NH_4)_2S$ unter Bildung von $(NH_4)_3AsS_3$. Bei Anwendung von gelbem Ammoniumpolysulfid bildet sich $(NH_4)_3AsS_4$. Arsen(III)-sulfid löst sich auch in Alkalien, Ammoniak und Ammoniumcarbonat, wobei Thioarsenite und Arsenite bzw. Thiooxoarsenite gebildet werden:

$$As_2S_3 + 6\,OH^- \rightarrow AsS_3^{3-} + AsO_3^{3-} + 3\,H_2O$$

$$As_2S_3 + 6\,OH^- \rightarrow AsO_2S^{3-} + AsOS_2^{3-} + 3\,H_2O$$

Beim Ansäuern von Thioarseniten fällt As_2S_3 wieder aus.

$$2\,AsS_3^{3-} + 6\,H^+ \rightarrow As_2S_3\downarrow + 3\,H_2S$$

As_2S_3 läßt sich leicht in ammoniakalischer H_2O_2-Lösung lösen, wobei es zu Arsenat und Sulfat oxidiert wird:

$$As_2S_3 + 12\,OH^- + 14\,H_2O_2 \rightarrow 2\,AsO_4^{3-} + 3\,SO_4^{2-} + 20\,H_2O$$

Man leite in die schwach salzsaure As(III)-Lsg. H_2S ein. Es bildet sich sofort ein gelber Nd. von As_2S_3, der evtl. mit überschüssigem S verunreinigt ist. Man führe anschließend die oben angegebenen Lsg.-Vers. durch.

4. $AgNO_3$

Aus neutralen Lsgg. wird gelbes Ag_3AsO_3 gefällt (Unterschied von Arsenat, das einen schokoladenbraunen Nd. bildet). Ag_3AsO_3 ist in Säuren lösl., wird durch Alkalien zu $Ag_2O + AsO_3^{3-}$ zersetzt u. in Ammoniak zu $[Ag(NH_3)_2]^+ + AsO_3^{3-}$ gelöst. Stellt man daher diese Probe an, um die Oxidationsstufe von Arsen zu prüfen, so muß man genau neutralisieren, indem man die saure Lsg. (nicht salzsaure, da sonst AgCl ausfällt) tropfenweise mit Ammoniak versetzt. Oder man überschichtet vorsichtig mit Ammoniak, wobei ein gelber Ring entsteht.

Beim Kochen der ammoniakalischen Lsg. tritt Red. des Ag^+ u. Oxidation des AsO_3^{3-} ein:

$$2\,[Ag(NH_3)_2]^+ + AsO_3^{3-} + 2\,OH^- \rightarrow 2\,Ag\downarrow + AsO_4^{3-} + 4\,NH_3 + H_2O$$

5. *Oxidationsmittel*

$$AsO_3^{3-} + I_2 + H_2O \rightleftharpoons AsO_4^{3-} + 2\,I^- + 2\,H^+$$

Oxidationsmittel, wie HNO_3, alkalische H_2O_2-Lösung usw., oxidieren As(III) leicht zu As(V). Auch Iod vermag arsenige Säure zu oxidieren.

Man versetze Arsen(III)-säurelsg. mit wenig Iodlsg.; es tritt allmählich Entfärbung ein. Setzt man nun 7 mol/l HCl hinzu, so tritt wieder die Iodfarbe auf, weil durch die starke Erhöhung der H^+-Konzentration das Gleichgewicht wieder nach links verschoben wird (s. S. 310).

6. *Darstellung von Arsen(V)-säure, $H_3AsO_4 \cdot {}^1/_2\ H_2O$*

$$As_2O_3 + 2\,HNO_3 + 3\,H_2O \rightarrow NO\uparrow + NO_2\uparrow + 2\,H_3AsO_4 \cdot {}^1/_2\,H_2O$$

In einem Kochkolben mit aufgesetztem Tropftrichter u. Gasableitungsrohr werden vorsichtig 50 g As_2O_3 erwärmt, wobei gleichzeitig ca. 50 ml 14 mol/l HNO_3 langsam zugetropft werden. Die sich entwickelnden Stickstoffoxide werden zweckmäßig in konz. H_2SO_4 eingeleitet. Dabei bildet sich „Nitrosylschwefelsäure", $(NO)HSO_4$. Entstehen keine Stickstoffoxide mehr, dekantiert man vom Ungelösten u. dampft zur Trockne ein. Der Rückstand wird mit wenig W. aufgenommen, durch eine Glasfritte filtriert u. die Lsg. abermals eingeengt, bis ein in die Flüssigkeit gehaltenes Thermometer 130 °C anzeigt. Man überläßt dann diese Lsg., die im kalten Zustand etwa Honigkonsistenz hat, im Kühlschrank der Kristallisation (am besten im Exsikkator über H_2SO_4). Es scheiden sich schöne, klare, hygroskopische Kristalle der Zusammensetzung $H_3AsO_4 \cdot {}^1/_2\,H_2O$ aus.

Zu den nachfolgenden Reaktionen benutze man eine Na_3AsO_4-Lösung.

7. *Darstellung von Natriummonothioarsenat(V)-12-Wasser, $Na_3AsSO_3 \cdot 12\ H_2O$*

20 g As_2O_3 werden in der genau berechneten Menge NaOH (24 g/100 ml) gelöst u. mit 6,5 g S $^1/_2$ Std. gekocht. Man filtriert von ungelöstem S ab, dunstet bis zur beginnenden Kristallisation ein u. läßt langsam abkühlen. Farblose rhombische Säulen.

8. *H_2S*

Aus Arsenatlösung wird ein gelber Niederschlag von As_2S_5 gefällt, der je nach den Reaktionsbedingungen auch As_2S_3 + S enthält. Bei der Reduktion von Arsensäure bildet sich zuerst Monothioarsensäure nach

$$H_3AsO_4 + H_2S \rightarrow H_3AsO_3S + H_2O$$

die in Gegenwart von verd. Säure in arsenige Säure und Schwefel zerfällt:

$$H_3AsO_3S \rightarrow H_3AsO_3 + S$$

H_3AsO_3 reagiert mit überschüssigem H_2S zu As_2S_3 weiter.

In stark saurer Lsg. mit geringer Konz. an H_2S ist die Instabilität der Monothioarsen(V)-säure noch größer. Aus der bei der Zersetzung von H_3AsO_3S gebildeten H_3AsO_3 wird durch H_2S gelbes As_2S_3 abgeschieden. Leitet man dagegen einen sehr kräftigen H_2S-Strom in die salzsaure Lsg., so findet keine Red. des As(V) statt; es wird reines As_2S_5 niedergeschlagen. As_2S_5 verhält sich entsprechend wie As_2S_3. Es ist schwerlösl. in Salzsäure, lösl. in konz. Salpetersäure oder ammoniakalischer H_2O_2-Lsg. unter Bldg. von Arsenat u. Sulfat, ebenso lösl. in Laugen u. $(NH_4)_2CO_3$, wobei Thiooxoarsenate entstehen, sowie in $(NH_4)_2S$, mit dem sich $(NH_4)_3AsS_4$ bildet.

9. *$AgNO_3$*

In neutraler Lsg. Nd. von schokoladenbraunem Ag_3AsO_4. Dieses verhält sich analog wie Ag_3AsO_3. Zur Erkennung von As(V) wird daher die saure Lsg. mit $AgNO_3$ versetzt, mit Ammoniak tropfenweise neutralisiert oder mit Ammoniak überschichtet.

10. *Reduktionsmittel*

Starken Reduktionsmitteln gegenüber verhält sich AsO_4^{3-} wie AsO_3^{3-}. So reduziert $SnCl_2$ in saurer Lsg. zu Arsen (s. S. 174). Teilweise wird AsO_4^{3-} auch nur zu AsO_3^{3-} reduziert, wie z. B. von H_2S, SO_2 u. HI. Bei dem letzteren entstehen Gleichgewichte (s. 5., S. 172).

11. *Vorproben*

a) Flammenfärbung: Fahlblau, wenig charakteristisch.
b) Phosphorsalzperle: Farblos.

c) Lötrohrreaktion: Reduktion zu Arsen. Es verdampft, verbrennt wieder und schlägt sich als weißer Beschlag von As_2O_3 nieder. Dabei tritt intensiver Knoblauchgeruch auf!

d) Glühröhrchenprobe: Erhitzt man Arsenverbindungen im Glühröhrchen, so sublimieren sie teilweise und bilden entweder ein Sublimat von schwarzem Arsen oder weißem As_2O_3 oder gelbem As_2S_3. In der Gegenwart fester Acetate Bildung von widerlich riechendem Kakodyloxid (Näheres bei Essigsäure, S. 213).

e) *Marsh*sche Probe: Ein Reagenzglas (Abb. 26.), in dem sich Zink, 1 mol/l H_2SO_4, etwas Kupfersulfat und die Analysensubstanz befinden, ist mit einem einfach durchbohrten Korkstopfen verschlossen, durch den ein rechtwinklig gebogenes, am Ende zu einer 10 cm langen Kapillare ausgezogenes Rohr aus schwerschmelzbarem Glas führt. Nach vollständiger Verdrängung der Luft aus der kleinen Apparatur erhitzt man an der verjüngten Stelle mit einem Sparbrenner. Falls Arsen (bzw. Antimon, vgl. S. 179) zugegen ist, wird es durch den naszierenden Wasserstoff zu AsH_3 (bzw. SbH_3) reduziert. Dieses verflüchtigt sich und wird in der Hitze zu As (bzw. Sb) und Wasserstoff zersetzt. As (bzw. Sb) schlägt sich als schwarzglänzender Spiegel hinter der erwärmten Stelle im Innern der Kapillare nieder.

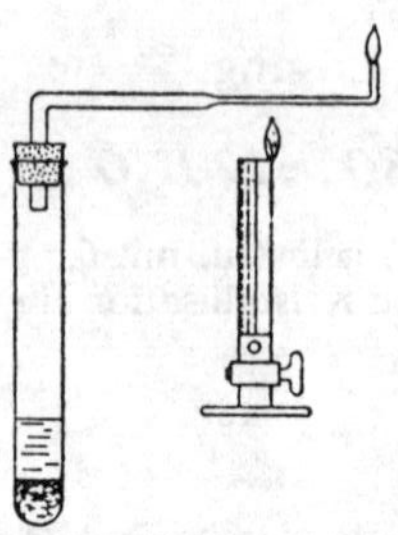

Abb. 26. *Marsh*sche Probe

Erhitzt man nicht, sondern zündet man den entwickelten Wasserstoff an, so brennt er bei Anwesenheit von Arsen oder Antimon mit fahlblauer Flamme, wobei beide zu Oxid verbrennen, erkennbar an dem weißlichen Rauch. Hält man in die Flamme ein außen glasiertes Porzellanschälchen, so schlagen sich Arsen und Antimon elementar als schwarzer Belag nieder. Zur Unterscheidung behandelt man den Metallspiegel mit alkalischer H_2O_2-Lösung. Arsen löst sich unter Oxidation zur farblosen Arsensäure. Antimon löst sich erst bei längerer Einwirkung merklich auf.

12. Nachweis mit $SnCl_2$ (Bettendorfsche Probe)

$$2\,As^{3+} + 3\,Sn^{2+} \rightarrow 3\,Sn^{4+} + 2\,As\downarrow$$

As wird unabhängig von der Oxidationsstufe, in der es vorliegt, durch $SnCl_2$ in konz. HCl zum Element reduziert. Sn und Sb geben die *Bettendorf*sche Reaktion nicht. Von den übrigen Elementen stören nur Hg u. Edelmetalle. Hg kann nach Überführung des As in $MgNH_4AsO_4$ durch Erhitzen des Rückstandes auf Rotglut verflüchtigt werden.

2–3 Tr. der Probelsg. werden in einem Mikrotiegel mit 2 Tr. 13 mol/l NH_3, 1 Tr. 30%igem H_2O_2 u. 2 Tr. 0,1 mol/l $Mg(NO_3)_2$ oder $MgCl_2$ versetzt u. langsam zur Trockne eingedampft. Der Rückstand wird nach kurzem Erhitzen auf Rotglut mit 2 Tr. $SnCl_2$-Lsg. in 12 mol/l HCl versetzt u. schwach erwärmt. Die Bldg. eines schwarzen Nd. oder eine Braunfärbung der Lsg. zeigt As an. Sehr kleine As-Mengen lassen sich gut sichtbar machen, wenn man nach der Red. die wss. saure Lsg. mit Ether oder Amylalkohol ausschüttelt. Das gebildete As wird als deutlich sichtbare schwarze Zone in der Grenzschicht zwischen wss. u. organischer Phase angereichert.

EG: 1 µg As   pD 4,7

13. Nachweis als $MgNH_4AsO_4 \cdot 6\,H_2O$

Die Arsenate zeigen recht große Ähnlichkeit mit den Phosphaten und sind weitgehend mit diesen isomorph, d. h., sie bilden mit ihnen Mischkristalle und geben häufig gleiche Reaktionen. So fällt Mg^{2+} aus ammoniakalischer, ammoniumchloridhaltiger AsO_4^{3-}-Lösung kristallines Magnesiumammoniumarsenat-Hexahydrat, $MgNH_4AsO_4 \cdot 6\,H_2O$, wie beim Phosphat (s. S. 56) aus.

In der HM-Analyse wird 1 Tr. der die Thioverbindungen enthaltenden Lsg. auf dem OT mit 14 mol/l HNO_3 zur Trockne eingedampft. Der Rückstand wird in Ammoniak gelöst u. überschüssiges NH_3 vorsichtig abgedampft. Um die Bldg. einfacher Kristallformen zu begünstigen, wird ein Körnchen NH_4NO_3 u. danach ein Körnchen $MgCl_2$ zugegeben. NH_4NO_3 verzögert die Kristallisation, ein großer Überschuß ist jedoch zu vermeiden, da sonst die Kristallisation des $MgNH_4AsO_4$ bei sehr geringen As-Mengen ganz ausbleiben kann. Unter dem Mikroskop (V.: 100) zeigt das Auftreten rhombischer hemimorpher Kristalle (Sargdeckel) oder sechseckiger Sternchen (wie bei $MgNH_4PO_4$, Kristallaufnahme Nr. 4) As an. Wenn sich bei hohem As-Gehalt uncharakteristische Formen bilden, wird die Fällung am besten unter Zusatz von etwas mehr NH_4NO_3 wiederholt. Wird der gewaschene Nd. mit 1 mol/l $AgNO_3$ befeuchtet, so bildet sich schokoladenbraunes Ag_3AsO_4.

EG: 0,3 µg As pD 4,7

14. Nachweis mit Ammoniummolybdat

$$H_2AsO_4^- + 22\,H^+ + 3\,NH_4^+ + 12\,MoO_4^{2-} \rightarrow (NH_4)_3[As(Mo_3O_{10})_4 \cdot aq]\downarrow + 12\,H_2O$$

$$(NH_4)_3[As(Mo_3O_{10})_4 \cdot aq] + 27\,OH^- \rightarrow 3NH_3 + AsO_4^{3-} + 12\,MoO_4^{2-} + 15\,H_2O$$

In stark salpetersaurer Lösung entsteht mit Ammoniummolybdat wie beim Phosphat eine gelbe kristalline Verbindung, Ammoniumdodecamolybdoarsenat, jedoch verläuft ihre Bildung langsamer. Näheres s. S. 130 bei den Heteropolysäuren. Dieser Nachweis wird nur von PO_4^{3-} und Silicat gestört, die unter den gleichen Bedingungen in Form und Farbe identische Kristalle bilden.

Das Ammoniummolybdoarsenat ist in Säuren schwerlöslich, dagegen leicht löslich in Alkalien, durch die es aufgespalten wird.

Zum Nachw. von As wird ein Teil des Sulfid-Nd. der H_2S-Gruppe in etwas Königswasser gelöst, HNO_3 im Überschuß zugegeben u. vorsichtig zur Trockne eingedampft. Der Rückstand wird in wenig 14 mol/l HNO_3 gelöst u. 1 Tr. dieser Lsg. auf dem OT mit etwas festem NH_4NO_3 u. danach mit einem kleinen Kristall $(NH_4)_2MoO_4$ versetzt. Bei gelindem Erwärmen fällt das Molybdoarsenat in Form kleiner, gelber Würfel u. Oktaeder aus. Die Kristallform ist im allgemeinen erst bei etwa 250facher Vergrößerung gut erkennbar.

EG: 0,2 µg As pD 5,3

Antimon, Sb, 121,75; +3, +5, −3

Antimon kommt in der Natur, wie Arsen, häufig in Kupfer-, Blei- und Silbererzen, hauptsächlich jedoch als Grauspießglanz, Sb_2S_3, vor. Metallisches Antimon wird aus Grauspießglanz durch Niederschlagsarbeit mit Eisen gewonnen (s. S. 176).

Antimon verleiht vielen Legierungen eine besondere Härte (Hartblei, Letternmetall). Seine Verbindungen werden in der Zündholz- und Kautschukindustrie verwendet. Organische Antimonverbindungen dienen zu Heilzwecken. Die Verbindungen des Antimons sind denen des Arsens ähnlich. $Sb(OH)_3$ ist stärker basisch als $As(OH)_3$, ist aber noch ausgesprochen amphoter. Salze des Sb(III) erleiden sehr leicht Hydrolyse, wobei sich Verbindungen mit dem Antimonoxidion, SbO^+, bilden:

$$SbCl_3 + H_2O \rightleftharpoons SbOCl + 2\,HCl$$

Die Antimonoxidverbindungen sind in Wasser meist schwer löslich. Die Halogenide des Antimons sind weniger flüchtig als die des Arsens.

$SbCl_5$ hat, wie auch seine Flüchtigkeit und sein niedriger Schmelzpunkt – es ist bei Zimmertemperatur flüssig – zeigen, nicht mehr salzartigen Charakter. Es bildet in stark salzsaurer Lösung keine Sb^{5+}-Ionen, sondern Chlorokomplexe, die das Ion $[SbCl_6]^-$ enthalten.

Sb(V) bildet in neutralen und alkalischen Lösungen, je nach der Wasserstoffionenkonzentration und der Temperatur, einen Komplex $[Sb(OH)_6]^-$ oder eine höher aggregierte Antimonsäure.

In wasserfreiem Zustand erhaltene Antimonate sind Doppeloxide, die sich entsprechend der Summenformel nur formal von den Ionen SbO_4^{3-}, $Sb_2O_7^{4-}$ und SbO_3^- ableiten und als Ortho-, Di- (oder Pyro-) und Metaantimonate bezeichnet werden (Näheres s. S. 111).

1. Darstellung von Antimon durch Niederschlagsarbeit

$$Sb_2S_3 + 3\,Fe \rightarrow 2\,Sb + 3\,FeS$$

Zur Gewinnung des Metalls wird das Sulfid mit einem unedleren Metall erhitzt, das das edlere Metall unmittelbar aus dem Sulfid in Freiheit setzt („niederschlägt").

25 g gepulverter Grauspießglanz, Sb_2S_3, 11 g Fe-Pulver, 2,5 g wasserfreies Na_2SO_4 u. 0,5 g Holzkohlepulver werden innig vermischt u. vor dem Gebläse ca. 20 Min. so hoch erhitzt, daß die Schlacke erweicht, aber nicht völlig schmilzt. Nach dem Erkalten wird der Tiegel zerschlagen, der Sb-Regulus von Schlacken mechanisch befreit u. ggf. mit heißem W. behandelt.

2. Darstellung von Antimon(III)-chlorid, $SbCl_3$

$$2\,Sb + 3\,Cl_2 \rightarrow 2\,SbCl_3$$

In das Glasrohr (Abb. 27.) bringt man einige Stücke reines Sb u. leitet durch das Rohr des Destillationskolbens einen trockenen Cl_2-Strom ein. Das Rohr ruht dabei in schwach dem Kolben zugeneigter Lage auf einer mit Asbest belegten eisernen Rinne. Wenn die Rk. in Gang gekommen ist, hat man von Zeit zu Zeit nach Abnahme des nur locker sitzenden Stopfens frische Stücke Sb einzuführen. Verstopfungen sind nicht zu befürchten, da das Trichlorid in dem nur 8 mm weiten Teil des Rohres durch Aufnahme von Cl_2 flüssig gehalten wird. Wenn sich in dem Kolben genügend Rohchlorid gesammelt hat, unterbricht man den Cl_2-Strom u. gibt noch einige Stückchen Sb in den Kolben. Man erwärmt u. gibt zum Schluß noch etwas Sb-Pulver zur Beseitigung der letzten Reste von $SbCl_5$ zu. Anschließend wird das $SbCl_3$ durch Dest. gereinigt, wobei die bei 223 °C siedenden Anteile direkt in einer Glasampulle aufgefangen u. nach beendeter Dest. eingeschmolzen werden.

$SbCl_3$ ist eine weiche kristalline Masse („Antimonbutter") vom Smp. 73 °C, die begierig Wasser anzieht u. dabei in ein Gemisch basischer Salze übergeht („Algarotpulver").

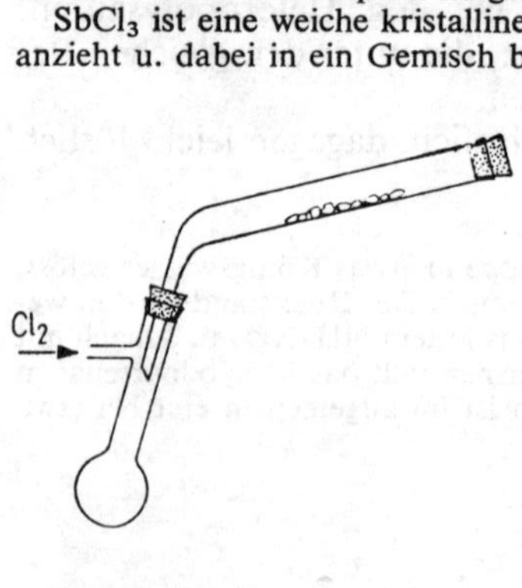

Abb. 27. Apparatur zur $SbCl_2$-Darstellung

Zu den nachstehenden Reaktionen benutze man eine Lösung von $SbCl_3$ oder Sb_2O_3 in Salzsäure.

3. H_2O, Weinsäure

$$Sb^{3+} + H_2O + Cl^- \rightleftharpoons SbOCl\downarrow + 2\,H^+$$

Aus stark salzsauren Sb(III)-Lösungen fällt beim Verdünnen SbOCl aus.

Man verdünne die Lsg. mit Wasser. Nd. von SbOCl. Beim Versetzen mit Salzsäure löst sich dieser wieder auf. Durch weitere Hydrolyse geht SbOCl in SbO(OH) über, das beim Erwärmen zu Sb_2O_3 entwässert wird. Bei Ggw. von Weinsäure tritt keine Fällung ein, bzw. die gefällten basischen Salze lösen sich in ihr wieder auf unter Bldg. der Säure $H_2[Sb_2(C_4H_2O_6)_2(H_2O)_2]$. Das Kaliumsalz $K_2[Sb_2(C_4H_2O_6)_2(H_2O)_2]\cdot H_2O$, ist der bekannte Brechweinstein.

4. NaOH und Ammoniak

$$SbO(OH) + H_2O + OH^- \rightleftharpoons [Sb(OH)_4]^-$$

Weißer Nd. von SbO(OH), der sich im Überschuß einer starken Lauge zu einem Hydroxosalz löst.

5. H_2S

$$2\,Sb^{3+} + 3\,H_2S \rightarrow Sb_2S_3\downarrow + 6\,H^+$$

$$Sb_2S_3 + S^{2-} \rightleftharpoons 2\,SbS_2^- \quad \text{bzw.} \quad Sb_2S_3 + 3\,S^{2-} \rightleftharpoons 2\,SbS_3^{3-}$$

$$Sb_2S_3 + 2\,OH^- \rightleftharpoons SbOS^- + SbOS_2^- + H_2O$$

Orangeroter Nd. von Sb_2S_3, lösl. in 7 mol/l HCl, in Ammonium- u. Alkalisulfiden unter Bldg. von Thioantimonit u. in Alkalilaugen, wobei ein Gemisch von Thiooxoantimonit u. Thioantimonit entsteht. Beim Ansäuern wieder Ausfällung von Sb_2S_3! Im Gegensatz zu As_2S_3 ist Sb_2S_3 in Ammoniak u. $(NH_4)_2CO_3$ nicht merklich löslich.

6. *Oxidation mit konz.* HNO_3

Etwas elementares Antimon oder Antimon(III)-oxid behandle man mit 14 mol/l HNO_3 u. dampfe die überschüssige Säure vorsichtig ab. Der weiße Rückstand ist Antimonsäure, die sich in W. schwer löst u. beim Erhitzen unter Wasserabgabe leicht in Sb_2O_5 übergeht. Bei höherem Erhitzen entsteht Sb_2O_4.

7. *Redoxgleichgewicht mit* I_2 *und* I^-

$$Sb(III) + I_2 \rightleftharpoons Sb(V) + 2\,I^-$$

Bei Gegenwart von Natriumhydrogencarbonat vermag Iod Sb(III) in Sb(V) zu überführen.

Eine Lsg. von Brechweinstein in W. versetzt man mit festem $NaHCO_3$ u. einigen Tr. Iodlösung. Infolge Red. von I_2 zu I^- tritt Entfärbung ein. Beim Ansäuern der Lsg. entsteht wieder Iod, ebenso bei Zugabe von Iodid zu einer sauren Lsg. von Sb(V).

In saurer Lsg. liegt das Gleichgewicht weitgehend auf der linken Seite, bei Zurückdrängung der H^+-Konz. durch Zusatz von $NaHCO_3$ wird es vollständig nach rechts verschoben.

8. *Darstellung von Antimon(V)-chlorid,* $SbCl_3$

$$SbCl_3 + Cl_2 \rightleftharpoons SbCl_5$$

In geschmolzenes $SbCl_3$, das sich im Dest.-Kolben einer sorgfältig getrockneten Vakuumdest.-App. (Abb. 28.) befindet, wird bis zur Sättigung trockenes Cl_2 zuerst in der Wärme, dann in der Kälte eingeleitet. Es entsteht eine schwere, blaßgelbe Flüssigkeit.

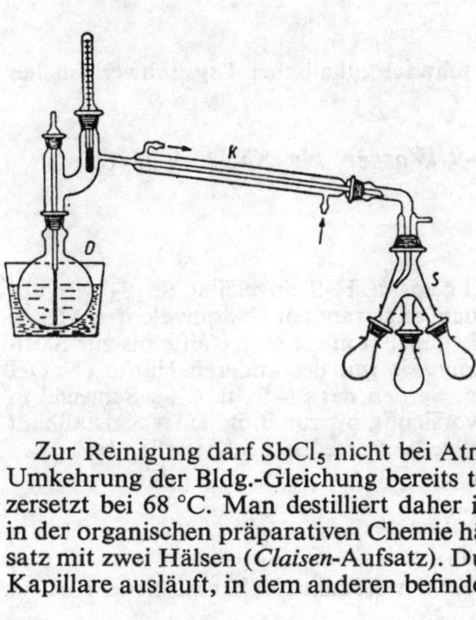

Abb. 28. Vakuumdestillationsapparatur

Zur Reinigung darf $SbCl_5$ nicht bei Atmosphärendruck dest. werden, da es beim Sdp. (140 °C) in Umkehrung der Bldg.-Gleichung bereits teilweise zerfällt. Bei 16–19 mbar siedet $SbCl_5$ dagegen unzersetzt bei 68 °C. Man destilliert daher im Vakuum unter Zuhilfenahme einer App., wie sie auch in der organischen präparativen Chemie häufig gebraucht wird. Der Dest.-Kolben D trägt einen Aufsatz mit zwei Hälsen (*Claisen*-Aufsatz). Durch den einen führt ein Glasrohr, das in eine lange, dünne Kapillare ausläuft, in dem anderen befindet sich das Thermometer. Durch die Kapillare wird bei der

Dest. Luft durch die Flüssigkeit gesaugt, wodurch das lästige Stoßen infolge Siedeverzugs vermieden wird. An den Ablauf schließt sich über einen Kühler K eine sog. Spinne an. Von dieser führt eine Leitung aus Vakuumschlauch, in die ein Trockenrohr geschaltet ist, über ein T-Stück zu einem Manometer u. einer leeren Sicherheitsflasche, die mit der Wasserstrahlpumpe verbunden ist. An die Ansätze der Spinne kommen Kölbchen, die zum Auffangen für den Vorlauf, die einzelnen Fraktionen u. den Nachlauf dienen. Man kann so die einzelnen Anteile gesondert auffangen, ohne das Vakuum unterbrechen zu müssen. Im geeigneten Augenblick läßt man durch Drehen der Spinne das Destillat in ein anderes Kölbchen fließen. Zur Dest. wird das Gaseinleitungsrohr durch eine Siedekapillare ersetzt u. die App. evakuiert (Schutzbrille!). Vor der Dest. muß einige Zeit ein mit P_2O_5 getrockneter Luftstrom durch die Kapillare gesaugt werden, um überschüssiges Cl_2 auszutreiben. Anschließend wird bei 16–19 mbar durch vorsichtiges Erhitzen mit fächelnder Flamme destilliert. Man erhält einen kleinen Vorlauf. Ist die Temp. auf 65 °C gestiegen, wird die Spinne S gedreht u. die bei 68 °C übergehende Hauptmenge gesondert aufgefangen. Dieser Anteil wird nach Reinigung des Dest.-Kolbens noch einmal destilliert.

Wird bei 29 mbar dest., liegt der Sdp. bei ca. 79 °C. $SbCl_5$ ist eine farblose, an feuchter Luft stark rauchende Flüssigkeit, die mit viel W. zu Antimonpentaoxid-Hydrat hydrolysiert. Der Schmelzpunkt liegt bei 4 °C.

9. *Darstellung von Kaliumhexachlorantimonat(V)-Monohydrat, $K[SbCl_6] \cdot H_2O$*

$$SbCl_5 + KCl \rightarrow K[SbCl_6]$$

1 Mol Sb_2O_3 wird in 2 mol/l HCl gelöst u. mit Cl_2 oxidiert. Nach Zusatz von 1 Mol KCl fallen nach einiger Zeit schwach gründlichgelbe, oktaederähnliche Kristalle aus.

Für die folgenden Reaktionen verwende man eine Lösung von Kaliumhexahydroxoantimonat, $K[Sb(OH)_6]$ bzw. die entsprechend vorbereitete Analysenlösung.

10. *H_2S*

Aus saurer Antimonatslg. fällt je nach den Rk.-Bedingungen orangerotes Sb_2S_5 oder auch Sb_2S_3 + S. Die Verhältnisse liegen ganz ähnlich wie bei der Rk. von Arsenatlsg. mit H_2S (s. 3., S. 172).

Sb_2S_5 löst sich in Ammonium- u. Alkalisulfiden zu Thioantimonaten u. in Alkalien zu einer Mischung von Thio- u. Thiooxoantimonaten:

$$Sb_2S_5 + 3\,S^{2-} \rightleftharpoons 2\,SbS_4^{3-}$$

$$2\,Sb_2S_5 + 12\,OH^- \rightleftharpoons SbS_4^{3-} + 3\,SbO_2S_2^{3-} + 6\,H_2O$$

In fluoridhaltiger Lsg. unterbleibt die Sulfidfällung.

11. *Na^+-Ionen*

Na^+-Ionen geben bei Anwesenheit von $[Sb(OH)_6]^-$ in schwach alkalischer Lsg. schwerlösliches $Na[Sb(OH)_6]$ (s. S. 66). Kristallaufnahme Nr. 7.

12. *Darstellung von Natriumtetrathioantimonat(V)-9-Wasser, $Na_2SbS_4 \cdot 9\,H_2O$ („Schlippesches Salz")*

$$3\,Na_2S + 2\,S + Sb_2S_3 \rightarrow 2\,Na_3SbS_4$$

45 g $SbCl_3$ oder 39 g Sb_2O_3 werden in heißer 2 mol/l HCl gelöst u. H_2S eingeleitet. Sb_2S_3 wird abfiltriert u. mit 2 mol/l HCl ausgewaschen. Zur Darst. einer dem angewandten Sb äquivalenten Menge Na_2S löst man 24 g NaOH in 100 ml Wasser, halbiert die Lsg., leitet in die eine Hälfte bis zur Sättigung H_2S ein ($NaOH + H_2S \rightarrow NaHS + H_2O$) u. vereinigt sie mit der anderen Hälfte ($NaOH + NaHS \rightarrow Na_2S + H_2O$). In der so bereiteten Na_2S-Lsg. werden das Sb_2S_3 u. 6,4 g Schwefel in der Wärme gelöst. Auf dem Wasserbad ist die klare Lsg. vorsichtig bis zur Bldg. einer Kristallhaut einzudampfen. Bei langsamer Abkühlung scheiden sich hellgelbe tetraedrische Kristalle ab.

13. *Vorproben*

a) Flammenfärbung: Fahlblau, wenig charakteristisch.

b) Phosphorsalzperle: Farblos, mit einer Spur Cu^{2+} in der Reduktionsflamme tiefes Rot.

c) Lötrohrprobe: Sprödes Metallkorn und weißer Beschlag. Das Metall löst man in wenig Königswasser, verdampft den Überschuß der Säure, nimmt mit 2 mol/l HCl auf und führt folgende Reaktionen aus:
H_2S: Orangeroter Niederschlag von Sb_2S_3.
Verdünnen mit Wasser: Weißer Niederschlag von Oxidchlorid.

d) *Marsh*sche Probe:
Sb-Verbindungen geben die *Marsh*sche Probe (s. bei Arsen, 11. e, S. 174). Zum Unterschied von Arsen löst sich aber der Metallspiegel in frisch bereiteter alkalischer Hypochloritlsg. und in ammoniakalischer H_2O_2-Lösung nicht bzw. nur langsam auf.

14. Nachweis mit Molybdophosphorsäure

Molybdophosphorsäure wird durch Sb(III)- und Sn(II)-Salze in saurer Lösung zu Molybdänblau reduziert, das sich mit Amylalkohol ausschütteln läßt. Bei Abwesenheit von Sn(II) ist dieser Nachweis für Sb(III) spezifisch.

a) Zur Red. von evtl. anwesendem Sb(V) wird die alkalische Lsg. der entsprechenden Sulfide mit 18 mol/l H_2SO_4 zur klaren Lsg. erwärmt. In dieser Lsg. liegen Sb als Sb(III)-Sulfat, Sn als Sn(IV)-Sulfat u. As als H_3AsO_4 vor. 1 Tr. der vorstehenden Lsg. wird auf Filterpapier getüpfelt, das mit Molybdophosphorsäure getränkt ist, u. mit heißem Wasserdampf behandelt. Die Bldg. eines blauen Flecks innerhalb weniger Min. zeigt Sb an.
EG: 0,2 µg Sb pD 5,4

b) Zu 1 ml Probelsg. wird in einem Reagenzglas die gleiche Menge Reagenzlsg. hinzugegeben u. im Wasserbad schwach erwärmt. Die entstehende blaue Mo-Verb. kann mit Amylalkohol ausgeschüttelt werden. Hierbei erhöht sich die Empfindlichkeit der Rk. beträchtlich.
pD 6,4

Reagenz: Frisch bereitete 5%ige wss. Lsg. von Molybdophosphorsäure.

15. Nachweis durch Reduktion mit unedlen Metallen

Unedle Metalle wie Fe, Zn oder Sn reduzieren in nicht zu stark sauren Lösungen Sb(III) und Sb(V) zu elementarem Antimon. Diese Reaktion ist zum Nachweis von Antimon geeignet.

a) Man gebe einen Eisennagel in eine Sb-haltige HCl-saure Lösung. Antimon scheidet sich in schwarzen Flöckchen bzw. direkt am Eisen ab. Diese Methode dient zur Trennung von Sb u. Sn. Zinn wird durch Eisen nur bis zum Sn(II) reduziert.

b) Man legt ein unedles Metall, am besten Zn, auf ein Stückchen Platin. Das Antimon schlägt sich auf dem Platin als samtschwarzer Beschlag nieder, der beim Entfernen des Zinks zum Unterschied von Zinn (s. S. 181) nicht verschwindet. Der Beschlag wird von HNO_3 gelöst.

16. Nachweis mit Rhodamin B

Stark salzsaure Sb(V)-Lösungen geben mit Rhodamin B eine Violettfärbung bzw. einen violetten Niederschlag. Hg, Bi, Wolframate und Molybdate sowie größere Mengen Fe^{3+} stören durch Bildung ähnlicher Färbungen.

Ein Teil der Thiosalzlsg. der H_2S-Gruppe wird mit HCl schwach angesäuert. Die ausfallenden Sulfide werden abzentrifugiert u. mit einigen Tr. 7 mol/l HCl digeriert, wobei nur Sb u. Sn gelöst werden. 2–3 Tr. dieser Lsg. werden auf der TP mit 1 Tr. 7 mol/l HCl u. 2–3 Kriställchen KNO_2 versetzt [Oxidation des Sb(III) zu Sb(V)]. Danach werden zur Zers. von überschüssiger HNO_2 einige Kristalle Amidoschwefelsäure zugegeben u. das Gemisch nach gutem Durchrühren mit 1–2 Tr. Reagenzlsg. getüpfelt. Ein Farbumschlag von hellrot nach violett zeigt Sb an.
EG: 0,5 µg Sb pD 5,0

Reagenz: 0,01%ige wss. Lsg. von Rhodamin B.

Zinn, Sn, 118,69; +2, +4

Zinn kommt in der Natur hauptsächlich als Zinnstein, SnO_2, vor. Das Metall wird aus Zinnstein durch Reduktion mit Kohlenstoff gewonnen. Im Laboratorium wendet man besser Kaliumcyanid als Reduktionsmittel an. Zinn findet in der Hauptsache zur Herstellung von Weißblech sowie in Legierungen (Bronzen, Weichlot) Verwendung.

Zinn löst sich in Salzsäure langsam unter Bildung von Zinn(II)-chlorid auf, bei Salpetersäure ist das Verhalten je nach der Konzentration und der Temperatur verschieden. In der Kälte entsteht mit verd. Salpetersäure zunächst $Sn(NO_3)_2$. Konz. Salpetersäure oxidiert dagegen zu schwerlöslichem Zinndioxid-Hydrat:

$Sn + 4\,HNO_3 \rightarrow SnO_2 + 4\,NO_2 + 2\,H_2O$

Sn(II)-Salze sind gut darstellbar, zeigen jedoch große Neigung, in die Oxidationsstufe +4 überzugehen. Deshalb werden sie sowohl in saurer als auch in alkalischer Lösung als Reduktionsmittel benutzt.

Sn(IV) tritt zwar in saurer Lösung noch als Sn^{4+}-Ion auf, vorwiegend bildet es jedoch komplexe Stannat(IV)-Ionen: in salzsaurer Lösung $SnCl_6{}^{2-}$, in alkalischer Lösung $Sn(OH)_6{}^{2-}$, Sn(IV) ist amphoter. Beständige Lösungen erhält man nur in stark sauren Lösungen vom pH $\leqq 1$ und in basischen von pH $\geqq 11{,}6$. Dazwischen entstehen Niederschläge von Zinndioxid-Hydrat. Dieses durch Hydrolyse von Sn(IV)-Verbindungen oder durch Oxidation von Sn mit konz. HNO_3 erhaltene Zinndioxid-Hydrat, vielfach auch Zinnsäure genannt, besitzt einen typisch gelartigen Aufbau, adsorbiert leicht die verschiedenartigsten Stoffe und ist durch wenig Salzsäure oder Kalilauge zu kolloiden Lösungen zu peptisieren. Je nach dem Wassergehalt, dem Alter und der Herstellungsweise unterscheidet man α- und β-Zinnsäuren, die in ihrem kolloidchemischen Verhalten sowie in ihren Lösungsgeschwindigkeiten in Säuren und Basen Unterschiede aufweisen.

$SnCl_4$ hat wie $SbCl_5$ keinen salzartigen Charakter und läßt sich wie letzteres nur in wasserfreiem Medium herstellen. Man oxidiert dazu Zinn mit Chlor. Das Verfahren dient zur Aufarbeitung von Weißblechabfällen, da das Eisen nur langsam reagiert.

1. Darstellung von Zinn

$SnO_2 + 2\,KCN \rightarrow Sn + 2\,KOCN$

KCN kann Metalloxide zu den Elementen reduzieren, indem es selbst zu Kaliumcyanat, KOCN, oxidiert wird.

Eine Mischung von 5 g KCN u. 5 g feingepulvertem Zinnstein, SnO_2, wird im Porzellantiegel ca. $^1/_2$ Stunde am Gebläse geschmolzen u. der Schmelzkuchen nach dem Erkalten mit W. extrahiert; Sn bleibt als Regulus zurück. Es ist qualitativ auf Verunreinigungen (Fe, Cu, Pb) zu prüfen.

Für die nachstehenden Reaktionen verwende man eine $SnCl_2$-Lösung.

2. NaOH

$Sn^{2+} + 2\,OH^- \rightarrow Sn(OH)_2\downarrow$

$Sn(OH)_2 + 2\,OH^- \rightleftharpoons Sn(OH)_3{}^- + OH^- \rightleftharpoons [Sn(OH)_4]^{2-}$

$2\,[Sn(OH)_4]^{2-} \rightleftharpoons Sn\downarrow + [Sn(OH)_6]^{2-} + 2\,OH^-$

Weißer Nd. von $Sn(OH)_2$, lösl. in Säuren sowie im Überschuß des Fällungsmittels.

Kocht man den Nd. in stark alkalischer Lsg., so disproportioniert das Sn(II) zu Sn u. Sn(IV). Es fällt schwarzes metallisches Zinn aus. Wichtig für den Nachweis von Bi! (vgl. 5., S. 156).

3. Ammoniak

Ebenfalls weißer Nd. von $Sn(OH)_2$, der im Überschuß des Fällungsmittels schwerlöslich ist.

4. H_2S

Brauner Nd. von SnS, lösl. in 7 mol/l HCl, nicht lösl. in farblosem Ammonium- u. Alkalisulfid, da Sn(II) keine Thiosalze bildet. Nimmt man aber gelbes Polysulfid, so löst sich SnS unter Oxidation zu Sn(IV) auf:

$SnS + S_2{}^{2-} \rightarrow [SnS_3]^{2-}$

Wichtig für den analytischen Trennungsgang ist, daß diese Rk. verhältnismäßig langsam vor sich geht.

5. Unedle Metalle

$$Sn^{2+} + Zn \rightarrow Sn\downarrow + Zn^{2+}$$

Unedle Metalle, wie Zink, aber nicht Eisen (!), reduzieren Sn(II) u. Sn(IV) zu metallischem Zinn.

Es scheidet sich dabei schwammig oder am Zink haftend ab. Nimmt man wie beim Antimon außerdem noch ein Platinblech, auf das man das Zink legt, so findet in stark saurer Lsg. die Abscheidung des Zinns am Platin statt. In schwach saurer Lsg. jedoch scheidet sich das Zinn hauptsächlich (zum Unterschied von Antimon, s. 15., S. 179) am Zink ab. Der durch die Abscheidung des Zinns am Platin gebildete graue Fleck verschwindet beim Entfernen des Zinks sofort (Unterschied zu Antimon).

Sowohl in saurer als auch in alkalischer Lsg. ist, wie schon erwähnt, Sn(II) ein gutes Reduktionsmittel. So werden Quecksilber(II)-Salze in saurer Lsg. in Quecksilber(I)-Verbb. u. elementares Quecksilber, Bismut(III)-Verbb. in alkalischer Lsg. in Bismut übergeführt, während Sn(II) zu Sn(IV) oxidiert wird.

6. Darstellung von Zinn(IV)-chlorid, $SnCl_4$

$$Sn + 2\,Cl_2 \rightarrow SnCl_4$$

Ein größeres schwer schmelzbares Reagenzglas (Durchmesser ca. 3–4 cm), welches Sn-Granalien enthält, wird mit einem doppelt durchbohrten paraffinierten Stopfen verschlossen. Ein Gasableitungsrohr führt direkt in den Abzugskamin. Zuerst wird ein langsamer, nach Bldg. von Flüssigkeit ein lebhafter Strom von trockenem Cl_2 eingeleitet u. das Einleitungsrohr immer so weit gehoben, daß es gerade in die Flüssigkeit eintaucht. Das Rohprodukt wird über einigen Zinnstücken unter dem Abzug dest.; Sdp. 113,5–114 °C. Aufbewahrung in einer zugeschmolzenen Ampulle.

$SnCl_4$ ist eine farblose, an der Luft rauchende, hygroskopische Flüssigkeit, die verschiedene Hydrate bildet. Mit viel W. erfolgt unter starker Erwärmung weitgehende Umsetzung zu kolloid in Lsg. bleibender Zinnsäure.

7. Darstellung von Kaliumhexachlorostannat(IV), $K_2[SnCl_6]$

$$SnCl_4 + 2\,KCl \rightarrow K_2[SnCl_6]$$

Eine salzsaure $SnCl_2$-Lsg. wird mit Cl_2 gesätt., wodurch Sn(II) in Sn(IV) übergeht, u. in der Wärme mit gesättigter KCl-Lsg. versetzt. Beim Abkühlen scheiden sich weiße Kristalle von $K_2[SnCl_6]$ ab, die abgesaugt, mit wenig eiskaltem W. gewaschen u. auf Ton im Exsikkator getrocknet werden.

In analoger Weise läßt sich Ammoniumhexachlorostannat(IV), $(NH_4)_2[SnCl_6]$ („Pinksalz"), darstellen.

Zu den Reaktionen 9 und 10 nehme man eine frische Lösung von $(NH_4)_2[SnCl_6]$ in 2 mol/l HCl bzw. die entsprechend vorbereitete Analysenlösung.

8. Fe

Sn(IV) wird in saurer Lsg. durch metallisches Eisen zu Sn(II) reduziert (Unterschied von Antimon, das bis zum Metall reduziert wird).

9. NaOH

Weißer Nd. von $SnO_2 \cdot aq$ (sog. α-Zinnsäure). Er ist unter Bldg. von $[SnCl_6]^{2-}$ bzw. $[Sn(OH)_6]^{2-}$ leicht in Salzsäure bzw. Natronlauge löslich. Kocht man aber den Nd. einige Zeit, so verliert er diese Eigenschaft. Er ist in β-Zinnsäure übergegangen. Diese Umwandlung ist sowohl mit einer Teilchenvergrößerung als auch mit einer chemischen Umwandlung, wahrscheinlich durch Wasserabgabe aus $SnO_2 \cdot aq$, verbunden. Die β-Zinnsäure kann kolloidal in Lsg. gebracht werden. Man filtriere den Nd. ab u. wasche ihn aus. Schon beim Auswaschen kann, wenn eine bestimmte Ionenkonz. von adsorbierten H^+ u. Cl^- bzw. Na^+ u. OH^- vorliegt, Peptisation eintreten, eine Erscheinung, die auch viele andere derartige Ndd. zeigen.

Nun befeuchte man den Nd. in einem Bechergläschen mit einigen Tr. 7 mol/l HCl u. füge nach kurzer Zeit W. hinzu. Meist bildet sich eine völlig klar erscheinende, kolloide Lösung.

10. H_2S

Gelber Nd. von SnS_2, lösl. in starker Salzsäure u. Ammonium- sowie Alkalisulfiden, wobei Thiostannate gebildet werden.

Bei Ggw. von Oxalsäure tritt mit Schwefelwasserstoff keine Fällung ein. Es bildet sich ein stabiler Oxalatkomplex von der Zusammensetzung $[Sn(C_2O_4)_3]^{2-}$, der so wenig dissoziiert ist, daß das Löslichkeitsprodukt des SnS_2 nicht überschritten wird. So kann man Zinn u. Antimon voneinander trennen.

11. Vorproben

a) Flammenfärbung: Keine.

b) Phosphorsalzperle: Farblos. Setzt man aber eine Spur Kupfersalz zu und glüht in der Reduktionsflamme, so wird die Perle durch eine kolloide Cu-SnO-Lösung (entsprechend dem *Cassius*schen Goldpurpur) rot.

c) Lötrohrprobe: Duktiles Metallkorn, das stets in der Kälte mit einer weißen Oxidhaut bedeckt ist, dagegen in der Hitze sichtbar wird. Außerdem geringer weißer Oxidbeschlag. Das Metallkorn löse man in Salzsäure und führe folgende Reaktionen aus:

H_2S: Braunschwarzer Nd. von SnS.

$HgCl_2$: Weißer oder grauer Nd. von Hg_2Cl_2 bzw. Hg.

NaOH + $Bi(NO_3)_3$: Schwarzer Nd. von Bismut.

d) Leuchtprobe: Zu der auf Zinn zu prüfenden festen Substanz gebe man in einen Porzellantiegel einige Körnchen Zink u. 5 ml 2 mol/l HCl. Das Zink hat den Zweck, etwa vorhandene schwerlösl. Sn(IV)-Verbb., wie SnO_2, durch Red. zu Sn(II) in Lsg. zu bringen. Nach Auflösen des Zn taucht man in die Lsg. ein mit kaltem W. halbgefülltes Reagenzglas, zieht es wieder heraus u. hält es in eine Bunsenflamme. An der benetzten Stelle des Glases entsteht bei Anwesenheit von Zinn blaue Fluoreszenz, herrührend von $SnCl_2$. An Stelle des mit W. gefüllten Reagenzglases kann in der HM-Analyse ein Magnesiastäbchen verwendet werden, das mit der Rk.-Lsg. benetzt u. in den reduzierenden Teil einer Bunsenflamme gehalten wird. Schwerlösl. Sn-Verbb. werden zweckmäßig vorher mit Na_2CO_3 aufgeschlossen. Bei Ggw. von As im Überschuß kann der sonst spezifische Sn-Nachweis versagen. Äußerst empfindliche Vorprobe!

EG: 0,03 µg Sn pD 6,2

12. Nachweis mit Molybdophosphorsäure

Im Gegensatz zum Sb(III) vermag Sn(II) auch schwerlösliche Molybdophosphate zu Molybdänblau zu reduzieren.

Zum Nachw. von Sn wird zunächst etwa in der Probelsg. vorhandenes Sn(IV) mit etwas Zn-Staub zu Sn(II) reduziert. Das sich dabei evtl. abscheidende Sb stört nicht. 1 Tr. dieser Lsg. wird auf Filterpapier, das mit $(NH_4)_3[P(Mo_3O_{10})_4]$ imprägniert ist, getüpfelt. Eine Blaufärbung zeigt Sn an.

EG: 0,03 µg Sn pD 6,2

Reagenzpapier: Filterpapier wird mit 5%iger Lsg. von Molybdophosphorsäure getränkt u. einige Zeit über 13,5 mol/l NH_3 gehalten, wobei sich das gelbe schwerlösl. Ammoniumsalz bildet. Das gut getrocknete Papier ist in einer verschlossenen braunen Flasche haltbar.

13. Nachweis mit $AuCl_3$

$$2\,Au^{3+} + 3\,Sn^{2+} + 6\,H_2O \rightarrow 2\,Au\downarrow + 3\,SnO_2\downarrow + 12\,H^+$$

Beim Versetzen einer sehr verd., schwach sauren Gold(III)-chloridlsg. mit einer Spur $SnCl_2$ tritt Reduktion ein.

Dabei bleiben das Gold u. das durch Hydrolyse entstandene Zinndioxid-Hydrat in kolloidaler Form in Lsg. u. färben sie purpurrot (*Cassius*scher Goldpurpur). Je nach der Konz. tritt mehr oder weniger schnell Koagulation ein.

Man kann diese Rk. zu einem empfindlichen Nachw. für Sn^{2+} benutzen, indem man zu der zu prüfenden, schwach sauren Lsg. einige Tr. $AuCl_3$-Lsg. hinzugibt. Bei Anwesenheit von Sn^{2+} färbt sich die Lsg. purpurrot.

pD 4,0

Trennungsgang der Arsen-Zinn-Gruppe

(Vgl. Tabelle X, S. 231).

Vorproben

Flammenfärbung: wenig charakteristisch.

Phosphorsalzperle: Zinn und Antimon geben mit einer Spur Cu^{2+} in der Reduktionsflamme ein tiefes Rot.

Lötrohrprobe: Arsen gibt weißen Beschlag und Knoblauchgeruch, Antimon geringen weißen Beschlag und sprödes Metallkorn, Zinn duktiles Metallkorn, von einer Oxidhaut bedeckt. Man löst die Metalle auf und führt die bei den einzelnen Elementen angegebenen Reaktionen durch.

Glühröhrchenprobe: Bei Anwesenheit von Arsen kann ein weißer (As_2O_3), schwarzer (As) oder gelber (As_2S_3) Beschlag, bei Anwesenheit von Acetaten und Arsen Kakodyloxidgeruch auftreten.

Marshsche Probe: beste Vorprobe auf As und Sb (s. S. 174).

Leuchtprobe: sehr empfindliche Vorprobe auf Zinn (s. S. 182).

Kationennachweis

Arsen, Antimon und Zinn werden gemeinsam mit der Kupfergruppe aus saurer Lösung durch Schwefelwasserstoff ausgefällt. Bei Anwesenheit von As muß die Lösung eine Wasserstoffionenkonzentration $c(H^+) = 2\text{–}3$ mol/l besitzen. Man fällt in der Hitze durch Einleiten von H_2S in der auf S. 165 beschriebenen Weise. In der Reihenfolge ihrer Fällung bilden sich folgende Sulfide: $As_2S_{3(5)}$ gelb, SnS_2 hellgelb, $Sb_2S_{3(5)}$ orange, HgS, PbS, CuS, SnS und Bi_2S_3 braun bzw. schwarz und häufig erst nach Verdünnen auf das Fünffache CdS, gelb.

Der Niederschlag wird sofort abzentrifugiert und mit Schwefelwasserstoffwasser, dem man einige Körnchen Ammoniumacetat zugesetzt hat, gründlich gewaschen.

Die Sulfide werden in einer Porzellanschale bei mäßiger Wärme (etwa 60 °C, nicht Siedehitze) unter Umrühren etwa 10 Minuten lang mit gelbem $(NH_4)_2S_x$ behandelt. Es lösen sich As, Sb, Sn und spurenweise Cu, während die Elemente der Kupfergruppe, Hg, Pb, Bi, Cu und Cd zurückbleiben. Der Rückstand wird abzentrifugiert, mit $(NH_4)_2S$-haltigem Wasser gewaschen und nach S. 166 weiterverarbeitet.

Die Lösung, in der sich AsS_4^{3-}, SbS_4^{3-} und SnS_3^{2-} befinden, wird mit 2 mol/l HCl bis zur deutlich sauren Reaktion angesäuert. Dabei fallen die Sulfide von Arsen, Antimon und Zinn mit viel Schwefel vermischt wieder aus. Ist die Fällung rein weiß, so können höchstens Spuren der drei Elemente vorhanden sein. Im allgemeinen braucht dann nicht weiter geprüft zu werden. Durch As_2S_5 und SnS_2 ist der Niederschlag gelb gefärbt, während sich Sb_2S_5 durch orangerote Farbe bemerkbar macht. Eine evtl. gelöste Spur von Kupfer erteilt dem Niederschlag eine braune Farbe.

Von den drei Sulfiden kann, nachdem sie abzentrifugiert und gewaschen sind, das As_2S_5 nach zwei Methoden abgetrennt werden.

a) Man kocht einige Minuten mit 7 mol/l HCl, dabei gehen Antimon und Zinn in Lösung, während As_2S_5 mit Schwefel vermischt zurückbleibt. Der Rückstand wird dann durch Ammoniak und Wasserstoffperoxid unter Bildung von AsO_4^{3-} in Lösung gebracht.

b) Umgekehrt kann man auch mit konz. $(NH_4)_2CO_3$-Lösung das Arsen herauslösen, wobei AsS_4^{3-}, AsO_4^{3-} und $AsOS_3^{3-}$ entstehen. Die vom Niederschlag abgetrennte Lösung wird mit Wasserstoffperoxid versetzt. Beim Erwärmen erhält man AsO_4^{3-}. Den Rückstand von Sb_2S_5 und SnS_2 löst man in 7 mol/l HCl.

Sowohl nach a) als auch nach b) erhält man zwei Lösungen, die eine enthält Arsen, die andere Antimon und Zinn.

Zum Nachweis von Arsen versetzt man die ammoniakalische Lösung mit $MgCl_2$ oder $MgSO_4$ und NH_4Cl. Weißer kristalliner Niederschlag, der die gleiche Kristallform wie $MgNH_4PO_4$ besitzt (s. S. 56 und S. 74), zeigt Arsen an. Man zentrifugiert ab und identifiziert nach dem Auswaschen durch die *Marsh*sche Probe. Auch die Bildung von $(NH_4)_3[As(Mo_3O_{10})_4 \cdot aq]$ (s. 14., S. 175) und die Reduktion mit $SnCl_2$ in saurer Lösung (s. 12., S. 174) können zum Nachweis herangezogen werden.

In der zweiten Lösung können nach dem Abdampfen des Salzsäureüberschusses Antimon und Zinn nach folgender Methode getrennt und nachgewiesen werden:

Metallisches Eisen reduziert Sb^{3+} zum Element, Sn^{4+} dagegen nur zu Sn^{2+}. Man bringt in die durch Abrauchen des Salzsäureüberschusses und Aufnehmen mit Wasser schwach saure Lösung einen blanken Eisendraht oder Eisennagel. Nach einiger Zeit (ca. 30–60 Minuten, mitunter auch erst nach Stunden) hat sich alles Antimon als schwarzer Überzug oder in Form von Flocken niedergeschlagen. Man löst es in Königswasser, vertreibt die Säure, nimmt mit Salzsäure auf und fällt mit H_2S (s. 5., S. 177). Mit dem orangeroten Niederschlag führt man die *Marsh*sche Probe aus.

In der von Antimon befreiten Lösung identifiziert man Zinn durch die Leuchtprobe (s. 11.d, S. 182), mit Molybdophosphorsäure (s. 12., S. 182) oder als *Cassius*schen Goldpurpur (s. 13., S. 182).

Kationennachweis bei Gegenwart von Molybdän

Molybdän, ein Element der Arsen-Zinn-Gruppe, wird zunächst wie oben beschrieben, gemeinsam mit der Kupfergruppe aus saurer Lösung ausgefällt. Dabei ist zu beachten, daß eine schnelle quantitative Fällung des Molybdäns nur bei Anwendung eines höheren H_2S-Druckes erzielt werden kann. Zu dem Zweck leitet man in die erwähnte Lösung bis zum Erkalten H_2S ein. Dabei fällt der größte Teil der Sulfide aus, und die Lösung ist gesättigt an H_2S. Verschließt man nun das Gefäß gut und erhitzt es im Wasserbad, so entsteht ein für die quantitative Fällung des Molybdäns ausreichender Druck. Auch durch wiederholtes längeres H_2S-Einheiten läßt sich Molybdän annähernd vollständig als Sulfid abscheiden.

Beim Digerieren der Sulfide mit $(NH_4)_2S_x$ geht Molybdänsulfid ebenso wie die übrigen Sulfide der Arsen-Zinn-Gruppe als Thiosalz, MoS_4^{2-}, in Lösung. Man zentrifugiert von der ungelöst zurückbleibenden Kupfergruppe ab und versetzt das Zentrifugat bis zur schwach sauren Reaktion mit 2 mol/l HCl. Dabei fallen die Sulfide von Arsen, Antimon, Zinn und Molybdän mit viel Schwefel vermischt wieder aus. Bei Gegenwart des schwarzbraunen MoS_3 ist dieser Niederschlag dunkel gefärbt. Nach dem Abzentrifugieren und Auswaschen mit H_2S-Wasser werden die Sulfide zur Abtrennung von Antimon und Zinn mit konz. HCl behandelt. Beide Elemente werden im Zentrifugat, wie auf S. 184 oben beschrieben, nachgewiesen.

Aus dem Rückstand wird Arsensulfid mit konz. Ammoniumcarbonatlösung herausgelöst, und das Arsen nach der Vorschrift auf S. 184 oben identifiziert.

Der zurückbleibende Niederschlag besteht aus Molybdänsulfid und Schwefel. Man löst in Königswasser, vertreibt die Salpetersäure weitgehend durch Abrauchen mit Salzsäure und nimmt mit 2 mol/l HCl auf. In dieser Lösung weist man Mo als Ammonium- bzw. Kaliummolybdophosphat (s. 9., S. 135) oder mit KSCN + Reduktionsmittel (s. 10., S. 135) nach.

Aufschluß schwerlöslicher Verbindungen

Von den Verbindungen der Elemente der Arsen-Zinn-Gruppe ist nur Zinnstein, SnO_2 schwerlöslich. Als Vorproben dienen die Phosphorsalzperle mit Kupfer, die Leuchtprobe und die Lötrohrprobe. Vermutet man auf Grund der Vorproben im säureschwerlöslichen Rückstand der Analysensubstanz SnO_2, so wird der Freiberger Aufschluß angewendet:

$$2\,SnO_2 + 2\,Na_2CO_3 + 9\,S = 2\,Na_2SnS_3 + 3\,SO_2\uparrow + 2\,CO_2\uparrow$$

Die trockene schwerlösliche Substanz wird mit der sechsfachen Menge eines Gemisches aus gleichen Anteilen Schwefel und wasserfreier Soda innig vermischt und im Porzellantiegel verschmolzen. Nach dem Auslaugen der Schmelze mit Wasser und Abzentrifugieren wird das Zentrifugat mit HCl versetzt, wobei SnS_2 ausfällt. Den Niederschlag löst man in 7 mol/l HCl und weist das Zinn durch die oben angeführten Reaktionen nach.

Anionennachweis

As, Sb und Sn gehen als Anionen in das Filtrat des Sodaauszuges. Im allgemeinen stören sie den Nachweis der anderen Anionen nicht. Sb und Sn können beim genauen Neutralisieren weitgehend ausgefällt werden.

2.3.5. Salzsäuregruppe

Zur Salzsäuregruppe gehören diejenigen Elemente, die schwerlösliche Chloride bilden. Es sind dies Silber, Ag, Quecksilber als Hg(I) und Blei als Pb^{2+}. Aus praktischen Gründen trennt man die Kationen Ag^+, $Hg_2{}^{2+}$ und teilweise Pb^{2+} vor der H_2S-Gruppe ab. Erstens leitet man H_2S besser in salzsaure statt in salpetersaure Lösung ein, da sonst viel H_2S von HNO_3 zu Schwefel oxidiert wird, und zweitens disproportioniert Hg(I) mit H_2S in Hg und HgS. Da sich Hg in HNO_3 löst, würden Störungen in der Kupfergruppe hervorgerufen werden. Da Hg und Pb, und zwar als Hg(II) und Pb(II), in der H_2S-Gruppe gefällt werden, sind diese Elemente dort auf S. 149 und S. 153 besprochen worden.

Beim Lösen der Substanz mit Salpetersäure fallen bei Zugabe von Chloridionen, falls diese in der Analyse noch nicht vorhanden sind, die genannten schwerlöslichen Chloride aus. Bei Gegenwart löslicher Wolframate bildet sich gleichzeitig schwerlösliche Wolframsäure.

Silber, Ag, 107,8682; +1

Silber findet sich in geringen Mengen in vielen sulfidischen Erzen, besonders in Kupfer- und Bleierzen. Nach deren Reduktion wird das in dem Metallgemisch vorliegende Silber nach verschiedenen Verfahren rein gewonnen. So reichert es sich bei der elektrolytischen Kupferraffination im Anodenschlamm an und wird aus ihm auf elektrochemischem Wege rein erhalten. Aus silberhaltigen Bleisorten gewinnt man es durch Pattinsonieren oder durch Parkesieren.

Silber findet vor allem als Legierungsbestandteil für Schmuck- und Gebrauchsgegenstände sowie in wissenschaftlichen, besonders elektrischen Geräten Verwendung.

Die wichtigste Oxidationsstufe des Silber ist +1. Nur in wenigen Komplexverbindungen tritt es mit der Oxidationsstufe +2 und +3 auf.

Als Edelmetall löst sich Silber nur in oxidierenden Säuren wie HNO_3 oder heißer konz. H_2SO_4:

$$3\,Ag + 4\,H^+ + NO_3{}^- \rightarrow 3\,Ag^+ + NO\uparrow + 2\,H_2O$$

$$2\,Ag + 2\,H_2SO_4 \rightarrow Ag_2SO_4 + SO_2\uparrow + 2\,H_2O$$

1. Aufarbeitung von Silberrückständen

Häufig sammeln sich im Laboratorium Silberrückstände durch Arbeiten in der quantitativen Analyse (hauptsächlich AgCl, AgBr, AgI) oder beim photographischen Arbeiten (Fixierbad) an, deren Aufarbeitung nachfolgend beschrieben ist.

Mit ca. 6 mol/l HCl wird zunächst alles noch in Lsg. befindliche Ag^+ gefällt, dann bis zur Zusammenballung des Nd. erhitzt, abfiltriert bzw. dekantiert u. mit heißem W. ausgewaschen. Man schlämmt den Nd. in ca. 6 mol/l HCl auf, gibt Zn-Granalien im Überschuß zu u. läßt über Nacht an einem warmen Ort stehen (Zementation). Nach Zusatz frischer HCl wird so lange erhitzt, bis sich der Zn-Überschuß restlos gelöst hat. Nach dem Dekantieren vom Ag ist bis zum Ausbleiben der Cl^--Rk. zu waschen u. dann in konz. HNO_3 zu lösen. Aus dieser Lsg. wird erneut mit Cl^- gefällt u. die Reduktion wiederholt; statt dessen kann das umgefällte AgCl auch in 2 mol/l NaOH suspendiert u. in der Siedehitze so lange mit Formaldehyd- oder Traubenzuckerlsg. versetzt werden, bis sich eine gut ausgewaschene Probe ohne Trübung (AgCl!) in Cl^--freier HNO_3 löst. Das so gewonnene Ag-Pulver wird abfiltriert, mit heißem Wasser gewaschen, getrocknet u. in einem Tontiegel bei Ggw. von Borax als Flußmittel in der Gebläseflamme zusammengeschmolzen.

Zur Gewinnung von $AgNO_3$ löst man das Ag-Pulver in Cl^--freier HNO_3 u. dampft auf dem Wasserbad ein.

Fixierbäder werden deutlich ammoniakalisch gemacht u. mit $(NH_4)_2S$-Lsg. im geringen Überschuß versetzt. Nach 24stündigem Stehen wird der Nd. abgenutscht, gut ausgewaschen, getrocknet, mit wasserfreiem Borax vermischt u. bei ca. 1000 °C geschmolzen.

Für die folgenden Reaktionen verwende man eine verdünnte $AgNO_3$-Lösung bzw. die entsprechend vorbereitete Analysenlösung.

2. Komplexsalzbildung

Charakteristisch für Ag^+ ist die große Neigung zur Bildung von Komplexionen, die in neutraler und alkalischer Lösung mehr oder weniger beständig sind, in saurer Lösung dagegen zerstört werden.

Man versetze neutrale $AgNO_3$-Lsgg. tropfenweise mit Ammoniak, KSCN, $Na_2S_2O_3$ sowie KCN. Die zunächst gebildeten Ndd. lösen sich im Überschuß der Fällungsmittel zu den komplexen Ionen $[Ag(NH_3)_2]^+$, $[Ag(SCN)_2]^-$, $[Ag(S_2O_3)_2]^{3-}$, $[Ag(CN)_2]^-$. Von diesen ist $[Ag(NH_3)_2)^+$ am unbeständigsten, $[Ag(CN)_2]^-$ am beständigsten. Durch die Komplexbildung wird die Ag^+-Konz. so weit herabgesetzt, daß das Löslichkeitsprodukt vieler schwerlösl. Ag-Verbb. nicht mehr überschritten wird, diese also in Ggw. der Komplexbildner nicht ausfallen bzw. wieder aufgelöst werden. So werden AgCl u. Ag_2O bereits von Ammoniak u. sogar $(NH_4)_2CO_3$, die schwerer lösl. AgBr u. AgI nur noch von $S_2O_3^{2-}$ u. CN^- gelöst, während das sehr schwer lösl. Ag_2S durch S^{2-}-Ionen aus allen Komplexsalzen des Silbers gefällt wird.

3. Cl^-, Br^-, I^-

Silberhalogenide, außer dem Fluorid, sind in Säuren schwerlöslich. Die Löslichkeit nimmt mit steigender Ordnungszahl des Halogens ab und die Farbe der Niederschläge vertieft sich von weiß nach gelb (s. S. 199).

AgCl: pD 6,9   AgBr: pD 7,0   AgI: pD 7,1

Im Licht zersetzen sich die Silberhalogenide allmählich unter Bldg. von freiem Halogen u. fein (kolloidal) verteiltem Silber, so daß vor allem die Ndd. von AgCl u. AgBr sich violett verfärben. In $(NH_4)_2CO_3$-Lsg. ist nur AgCl lösl. (wichtig für die Trennung von Cl^- u. Br^-, vgl. S. 200). Ammoniak löst auch AgBr merklich auf, überschüssiges Thiosulfat sowie Cyanid lösen alle Silberhalogenide leicht (vgl. 2.). 7 mol/l HCl u. konz. Lsgg. von Chloriden lösen AgCl zumindest teilweise unter Bldg. des komplexen Anions $[AgCl_2]^-$ (s. S. 264). Beim Verdünnen mit W. fällt AgCl wieder aus.

Mit $(NH_4)_2S_x$ erfolgt beim Erwärmen Bldg. von schwerlösl. Ag_2S, während Cl^-, Br^- u. I^- in Lsg. gehen.

4. CN^-, SCN^-

Bei tropfenweiser Zugabe von Alkalicyanid u. -thiocyanat zu neutralen Lsgg. von Ag^+ entstehen zunächst Ndd. von AgCN bzw. AgSCN, die in Säuren schwerlösl. sind, sich in neutraler Lsg. jedoch im Überschuß des Fällungsmittels unter Bldg. der komplexen Anionen $[Ag(CN)_2]^-$ u. $[Ag(SCN)_2]^-$ leicht lösen (vgl. 2.).

5. H_2S

Schwarzer Nd. von Ag_2S, lösl. in 14 mol/l HNO_3. Ag_2S ist so schwer lösl., daß es auch im Überschuß von Ammoniak, $S_2O_3^{2-}$ u. SCN^- nicht merklich in Lsg. geht. Nur in sehr konz. Lsgg. von KCN löst es sich teilweise auf.

Von den zahlreichen weiteren schwerlösl. Ag^+-Verbindungen, die sich ähnlich wie die Silberhalogenide verhalten, seien hier noch Ag_2O (schwarz), Ag_2CrO_4 (rotbraun), Ag_3PO_4 (gelb) u. Ag_3AsO_4 (schokoladenbraun) genannt; sie sind jedoch in 2 mol/l HNO_3 löslich.

6. *Reduktionsmittel*

Reduktionsmittel scheiden aus Ag^+-Lösungen leicht metallisches Ag ab.

Man versetze eine Ag^+-Lsg. mit unedleren Metallen, wie Zn, Fe, Cu oder mit $FeSO_4$, NH_2OH, N_2H_4, HCHO, $C_4H_6O_6$, usw. Die Red. mit NH_2OH u. N_2H_4 geht nur in alkalischer bis essigsaurer Lsg. vor sich, durch Anwesenheit starker Säuren wird sie verhindert. Die Red. mit Weinsäure führt, wenn man die in einem Reagenzglas befindliche, schwach ammoniakalische Lsg. im Wasserbad erhitzt, zur Bldg. eines charakteristischen Silberspiegels an den Gefäßwandungen. Beim Erhitzen von Silberhalogeniden mit Zn in 1 mol/l H_2SO_4 fällt Ag aus.

7. *Vorproben*

a) Flammenfärbung: Keine.

b) Phosphorsalzperle: In der Reduktionsflamme nach dem Erkalten durch ausgeschiedenes Metall grau.

c) Lötrohrprobe: Duktiles Metallkorn, kein Beschlag. Reaktionen nach Lösen in 2 mol/l HNO_3:
HCl: Weißer Nd., löslich in Ammoniak.
H_2S: Schwarzer Niederschlag.

8. *Nachweis als AgCl*

Cl^--Ionen fällen aus saurer Lsg. einen schwerlösl. Nd. von AgCl (vgl. 5., S. 31). Durch Behandlung mit Ammoniak kann er auf Grund von Komplexbldg. von anderen schwerlösl. Verbb. abgetrennt u. im Z. mit HNO_3 wieder ausgefällt werden. Die Dunkelviolettfärbung des AgCl durch Licht kann zur Identifizierung dienen.

9. *Mikrochemischer Nachweis als* $[Ag(NH_3)_2]Cl$ (vgl. S. 31)

Silberchlorid wird in Ammoniak gelöst. 1–2 Tr. der Lsg. werden auf dem OT möglichst langsam nicht ganz zur Trockne eingedampft. Bei Ggw. von Ag^+ bilden sich Würfel u. Oktaeder von ca. 20 µm Kantenlänge, die je nach der Beleuchtung farblos durchsichtig oder schwarz erscheinen. Hg(I) u. Pb(II) stören nur bei Anwesenheit größerer Mengen. In diesem Falle wird die Hauptmenge des Pb mit H_2SO_4 gefällt u. Hg(I) durch Kochen mit HNO_3 zu Hg(II) oxidiert. Unter diesen Bedingungen ist der Nachw. für Ag spezifisch (s. Kristallaufnahme Nr. 1).
EG: 0,1 µg Ag.

Trennungsgang der Salzsäuregruppe

Hat man durch Vorproben und Versetzen einer salpetersauren Probelösung mit Salzsäure festgestellt, daß Ag^+ oder (und) Hg_2^{2+} vorhanden sind, so löse man zu Beginn des systematischen Kationentrennungsganges die Analysensubstanz soweit wie möglich in Salpetersäure, zentrifugiere in der Wärme vom Säureschwerlöslichen ab und gebe zum Zentrifugat unter Kühlen tropfenweise Salzsäure hinzu, bis nichts mehr ausfällt. Der Niederschlag kann aus AgCl, Hg_2Cl_2 und $PbCl_2$ bestehen. Blei fällt nicht quantitativ aus und findet sich dementsprechend ebenso wie Hg^{2+} auch in der Schwefelwasserstoffgruppe.

Der Niederschlag wird abzentrifugiert, zunächst mit kaltem Wasser gründlich gewaschen, dann mit Wasser zum Sieden erhitzt und sofort zentrifugiert. Das in der Hitze gelöste $PbCl_2$ kristallisiert aus dem Zentrifugat beim Erkalten in charakteristischen weißen Nadeln aus. Das Blei wird als $PbSO_4$ nach S. 154 gefällt und identifiziert.

Einen Teil des Rückstandes von Hg_2Cl_2 und AgCl, der zur völligen Entfernung des $PbCl_2$ mit heißem Wasser ausgewaschen wird, behandle man in einem Porzellanschälchen mit 6 mol/l NH_3. Schwarzfärbung beweist Hg. Man zentrifugiere ab und säure das Zentrifugat mit Salzsäure wieder an; bei Anwesenheit von Silber weißer Niederschlag von AgCl (s. 8., S. 187), der sich in Ammoniak löst.

Wenn wenig Silber neben viel Quecksilber vorhanden ist, so kann die Trennung durch Ammoniak versagen. Ist daher die Probe auf AgCl negativ verlaufen, so erhitzt man einen anderen Teil des Rückstandes mit einigen Tropfen 14 HNO_3. Dadurch wird Hg_2Cl_2 oxidiert und gelöst, während AgCl zurückbleibt. Nach Verdünnen mit Wasser wird zentrifugiert und der Rückstand mit Ammoniak behandelt, wodurch mit Sicherheit so viel gelöst wird, daß bei darauffolgendem Ansäuern mit HNO_3 eine weiße Fällung eintritt.

Das Zentrifugat der HCl-Gruppe enthält die übrigen Ionen. Seine Weiterverarbeitung wird auf S. 165 und 183f. abgehandelt.

Aufschluß schwerlöslicher Verbindungen

Zur Erkennung schwerlöslicher Silberhalogenide mache man zunächst die Lötrohrprobe und einen Lösungsversuch in Ammoniak, der jedoch nur bei AgCl positiv ausfällt, da sich AgBr nur wenig und AgI kaum löst.

Sowohl beim Schmelzen der schwerlöslichen Silberhalogenide mit Soda/Pottasche als auch beim Behandeln mit Zink und verdünnter Schwefelsäure tritt Reduktion zu elementarem Silber ein:

$$2\,AgBr + Na_2CO_3 \rightleftharpoons Ag_2CO_3 + 2\,NaBr$$

$$2\,Ag_2CO_3 \rightarrow 4\,Ag + 2\,CO_2\uparrow + O_2\uparrow$$

$$2\,AgBr + Zn + H_2SO_4 \rightarrow 2\,Ag + ZnSO_4 + 2\,HBr$$

Im ersten Fall wird die Schmelze mit Wasser ausgezogen, zentrifugiert, gewaschen und der Rückstand mit 2 mol/l HNO_3 gelöst. Das bei dem zweiten Verfahren entstehende Ag wird ebenfalls in 2 mol/l HNO_3 gelöst und nach 8. S. 187 nachgewiesen.

Trennungsgang bei Gegenwart von Wolfram

Bei Gegenwart von Wolframaten löst man die Analysensubstanz für den systematischen Kationentrennungsgang ebenfalls in Salpetersäure. Dabei wird schwerlösliche Wolframsäure, $WO_3 \cdot aq$, gebildet, die im Rückstand verbleibt. Lediglich bei Anwesenheit größerer Mengen von Heteropolysäurebildnern, wie AsO_4^{3-}, PO_4^{3-} oder Silicat, ist die Abscheidung der Wolframsäure nicht quantitativ (s. Heteropolysäuren, S. 130), falls nicht schwerlösliche K- oder NH_4-Salze gebildet werden. Ein kleiner Teil des Wolframs kann dann bis in die Ammoniumsulfidgruppe verschleppt werden.

Den in Salpetersäure schwerlöslichen Rückstand digeriert man in der Wärme mit 2 mol/l NaOH. Wolframsäure geht wie evtl. vorhandene Wolframophosphate oder -arsenate als Wolframat in Lösung und wird als Ammonium- bzw. Kaliumwolframophosphat (s. 6., S. 137) oder durch Reduktionsmittel (s. 7., S. 137) nachgewiesen. Aus dem verbleibenden Rückstand wird eventuell vorhandenes AgCl mit 6 mol/l NH_3 herausgelöst. Man säuert das Zentrifugat mit HCl an; bei Anwesenheit von Silber tritt weißer Niederschlag von AgCl auf, der, in Ammoniak gelöst, zum Nachweis als Diamminsilberchlorid (s. 9., S. 187) geeignet ist. Schließlich wird zurückgebliebenes $PbSO_4$ mit ammoniakalischer Tartratlösung herausgelöst und nach 8., S. 154 nachgewiesen.

Wolframmetall, geglühtes WO_3 und andere schwerlösl. Wolframverbindungen müssen durch Schmelzen mit NaOH, Na_2CO_3/K_2CO_3 oder Na_2O_2 aufgeschlossen werden.

2.4. Nichtmetalle. Spezieller Teil

Die Nichtmetalle stehen im PSE in den Hauptgruppen eine bis vier Stellen vor einem Edelgas (s. auch Kap. 22). Sie vermögen so viele Elektronen in ihrer äußeren Schale aufzunehmen, bis ihr Aufbau edelgasähnlich wird. Miteinander bilden diese Elemente die typisch homöopolaren Verbindungen wie Cl_2, NCl_3, CO_2 und PCl_3. Von ihnen sind neben den Wasserstoffverbindungen besonders die Oxide wichtig, weil sich von ihnen die sauerstoffhaltigen Säuren und deren Salze ableiten.

Die Zusammenhänge zwischen dem chemisch-physikalischen Verhalten der Elemente und ihrer Stellung im PSE sind übersichtlich in einer Tabelle aufgeführt. (s. S. 190/191).

Übersichten über die einzelnen Gruppen des PSE finden sich für die

I. Hauptgruppe auf S. 63,	I. Nebengruppe auf S. 157,
II. Hauptgruppe auf S. 75,	II. Nebengruppe auf S. 149,
III. Hauptgruppe auf S. 211,	III. Nebengruppe auf S. 138,
IV. Hauptgruppe auf S. 211,	IV. Nebengruppe auf S. 129,
V. Hauptgruppe auf S. 205,	V. Nebengruppe auf S. 129,
VI. Hauptgruppe auf S. 201,	VI. Nebengruppe auf S. 129,
VII. Hauptgruppe auf S. 189,	VII. Nebengruppe auf S. 102,
	VIII. Nebengruppe auf S. 87.

2.4.1. Halogene, VII. Hauptgruppe des PSE

Bei den Halogenen Fluor, F, Chlor, Cl, Brom, Br, und Iod, I, ändern sich die Eigenschaften im allgemeinen in stetiger Weise mit der Ordnungszahl. Die Schmelz- und Siedepunkte der Elemente steigen mit zunehmender Ordnungszahl regelmäßig an, die Farbe vertieft sich, die Elektronenaffinität und damit die Reaktionsfähigkeit nimmt ab, die thermische Beständigkeit der Wasserstoffverbindungen HX und die Löslichkeit der Silberhalogenide sinkt. Auf Grund der allgemeinen Regeln (s. S. 18) tritt ein stärkerer Eigenschaftssprung zwischen Fluor und Chlor auf. So ist z. B. Fluorwasserstoffsäure ähnlich assoziiert wie Wasser und Ammoniak und fällt dementsprechend aus dem Rahmen der anderen Wasserstoffverbindungen HCl, HBr, HI heraus. Auch ist AgF leicht löslich, während AgCl, AgBr und AgI schwer löslich sind. Umgekehrt gehört CaF_2 zu den schwerlöslichen Verbindungen, während $CaCl_2$, $CaBr_2$ und CaI_2 äußerst leicht löslich sind.

Alle Halogene vermögen mit Sauerstoff Verbindungen einzugehen. Mit Ausnahme des Fluors, das infolge seines kleinen Ionenradius und stark negativen Charakters nicht als Zentralion auftritt, werden auch Sauerstoffsäuren gebildet. Dagegen tritt das Fluoridion oft als Ligand in Komplexen auf.

Die maximale Oxidationsstufe +7 wird z. B. in den Perchloraten $MClO_4$, den Perbromaten $MBrO_4$ und den Periodaten MIO_4 bzw. den Mesoperiodaten M_3IO_5 oder den Orthoperiodaten M_5IO_6 erreicht. Die mögliche Vergrößerung der Koordinationszahl beim Iod ist eine Folge der Zunahme des Ionenradius. Die minimale Oxidationsstufe ist in der VII. Hauptgruppe – 1. Die Säurestärke der Wasserstoffverbindungen HX nimmt mit steigender Ordnungszahl zu.

Fluor, F, 18,998403; —1, und seine Verbindungen

Das Fluor ist das reaktionsfähigste Nichtmetall. Die meisten seiner Verbindungen leiten sich von dem Fluorwasserstoff, HF, ab. In der Natur kommt es besonders als CaF_2, Flußspat, $Na_3[AlF_6]$, Kryolith, u. $Ca_5[(PO_4)_3(F, Cl)]$, Apatit, vor. Zur Darstellung des Fluors auf elektrochemischem

Allgemeine Zusammenhänge im Periodensystem

Auf Grund der gleichsinnigen Änderung der chemischen Eigenschaften der Elemente in den einzelnen Perioden (von links [I. Gruppe] nach rechts) und in den einzelnen Gruppen (von oben nach unten, d. h., mit steigender Ordnungszahl) läßt sich aus der Stellung eines Einzelelementes im PSE Grundsätzliches über seine Eigenschaften aussagen. Zu unterscheiden sind die Eigenschaften, die den jeweiligen Haupt- und Nebengruppenelementen gemeinsam sind, von denen, die nur für Haupt- oder nur für die Nebengruppen zutreffen.

Chemisch-physikal. Eigenschaften	Haupt- und Nebengruppen gemeinsam	S.	Hauptgruppen	S.	Nebengruppen	S.
Metallcharakter			Metalle und Nichtmetalle. Metallcharakter nimmt innerhalb einer Periode von links nach rechts ab. – In der Nähe der Diagonalen von links oben nach rechts unten stehen die Halbmetalle.	18	Nur Metalle. Hier stehen die stärker Kationen bildenden Elemente links oben, die stärker Anionen bildenden rechts unten. (Anordnung der Nebengruppen wie auf S. 84!)	84
Basizität derHydroxide	Nimmt innerhalb einer Periode von links nach rechts und beim selben Element mit steigender Oxidationsstufe ab.	109	Nimmt innerhalb einer Gruppe mit steigender Ordnungszahl zu.	109	Nimmt innerhalb einer Gruppe mit steigender Ordnungszahl schwach zu.	109
Säuretypen	Durch die Stellung in der jeweiligen Gruppe gegeben.	111				
Beständigkeit der Orthoverbindungen			Nimmt innerhalb einer Gruppe mit steigender Ordnungszahl zu.	111		
Anzahl der Außenelektronen			Identisch mit der Gruppennummer.	85	Maximal zwei. Ausnahme Pd.	85
Maximal mögliche Oxidationsstufe	Identisch mit der Gruppennummer.	85	Ausnahme: O, F, Edelgase der VIII. Hauptgruppe, die diese außer Xe nicht erreichen.	85	Ausnahme: Elemente der I. Nebengruppe, die diese überschreiten und der VIII. Nebengruppe, die diese außer Ru und Os nicht erreichen.	85
Oxidationsstufenintervall			Oft zwei.	85	Meist eins.	85

Beständigkeit der maximalen Oxidationsstufe	Nimmt innerhalb einer Gruppe mit steigender Ordnungszahl ab.	85	Nimmt innerhalb einer Gruppe mit steigender Ordnungszahl zu. Ausnahme: II. Nebengruppe.	86 149
Minimal mögliche Oxidationsstufe ab IV. Gruppe	Maximale Oxidationsstufe minus 8 = minimale Oxidationsstufe.	85		
Thermische Beständigkeit der Hydride in der minimalen Oxidationsstufe	Nimmt innerhalb einer Gruppe mit steigender Ordnungszahl ab.	189 201 205 211		
Magnetismus Farbe	Bevorzugt diamagnetische, farblose Ionen.	84	Bevorzugt paramagnetische, farbige Ionen. Maximale Oxidationsstufe wird mit steigender Ordnungszahl farbloser.	84
Basizität der Hydride	Nimmt innerhalb einer Gruppe mit steigender Ordnungszahl ab	189 201 205, 211		
Unstetige Änderung der chemischen Eigenschaften	Starker Eigenschaftssprung zwischen dem ersten und zweiten Element innerhalb einer Gruppe. Schrägbeziehung!	18		

Weg kann der Fluorwasserstoff verwendet werden. Fluor wird z. B. zur Darstellung von Freonen u. Teflon, $(CF_2)_x$, verwendet.

Fluorwasserstoff und Fluoride

Die aus Calciumfluorid und Schwefelsäure darstellbare Flußsäure ist dicht oberhalb ihres Siedepunktes bei 20 °C dimolekular. Deshalb schreibt man sie häufig auch H_2F_2. In verdünnter wäßriger Lösung sind dagegen die einfachen Ionen H^+ und F^- vorhanden.

Fluor bildet mit den meisten Nichtmetallen stabile Verbindungen, die durch Wasser längst nicht in dem Maße hydrolysiert werden, wie es bei den anderen Halogenen der Fall ist (s. bei Chlor S. 194). Außerdem wirkt Komplexsalzbildung der Hydrolyse entgegen. So entsteht schon in wäßrigen Lösungen aus kieselsäurehaltigen Stoffen $H_2[SiF_6]$ nach:

$$SiO_2 + 4\,HF \rightleftharpoons SiF_4 + 2\,H_2O$$

$$SiF_4 + 2\,HF \rightleftharpoons H_2[SiF_6]$$

Flußsäure greift daher als einzige Säure Glas- und Porzellangefäße schon in der Kälte an, auch ist sie sehr giftig. Beim Arbeiten mit ihr sei man daher vorsichtig, da schon geringfügige Verätzungen der Haut schwere Folgen haben können.

Bekannte Komplexionen sind das $[AlF_6]^{3-}$ u. $[SiF_6]^{2-}$. Ebenso beständig sind viele Fluorkomplexe mit anderen höher geladenen Kationen als Zentralion, z. B. $[FeF_6]^{3-}$, $[TiF_6]^{2-}$, $[BF_4]^-$, usw. Diese Reaktionen sind für den Analytiker wichtig, da sie den Trennungsgang und einzelne Nachweise stören können.

1. $CaCl_2$

Aus neutraler und essigsaurer, Fluoridionen enthaltender Lsg. fällt ein weißer, schleimiger und schwer filtrierbarer Nd. von CaF_2. In verd. Mineralsäuren ist der Nd. nur sehr schwer löslich, leicht dagegen bei Anwesenheit von Ammoniumsalzen, die daher auch die Fällung verhindern. Auch die anderen Erdalkalifluoride sind in verd. Säuren schwer löslich.

2. Ätzprobe

$$CaF_2 + H_2SO_4 \rightarrow CaSO_4 + 2\,HF$$

$$4\,HF + SiO_2 \rightarrow SiF_4\uparrow + 2\,H_2O$$

Die Ätzprobe kann zum Nachweis großer Fluoridmengen herangezogen werden. Sie versagt bei Anwesenheit eines Überschusses von Kieselsäure oder Borsäure, da dann SiF_4 und BF_3 gebildet werden, die Glas nicht angreifen können.

In einem Platintiegel oder Bleischälchen wird etwas CaF_2 mit 18 mol/l H_2SO_4 übergossen. Der Tiegel wird mit einer Glasplatte (OT) bedeckt u. mit kleiner Flamme erwärmt. Es entwickelt sich HF, durch das das Glas geätzt wird.

3. Nachweis durch „Kriechprobe"

Beim Versetzen trockener, fluoridhaltiger Substanzen mit konz. H_2SO_4 entwickelt sich HF. Die Gasblasen von Fluorwasserstoff kriechen ölartig an der Glaswand empor, und beim Umschütteln fließt die Schwefelsäure wie Wasser an einer fettigen Unterlage ab. Die Oberfläche des Glases wird infolge der Ätzung durch die Flußsäure so verändert, daß sie von Schwefelsäure nicht mehr benetzt wird. Der Nachweis auf Fluoridionen versagt wie die Ätzprobe in Gegenwart eines Überschusses von Kiesel- oder Borsäure.

Zur Ausführung werden ca. 10 mg Substanz in einem trockenen, noch nicht angeätzten Reagenzglas mit 10 Tr. 18 mol/l H_2SO_4 versetzt u. im W.-Bad erwärmt. Aus den meisten Fluoriden wird hierbei HF in Freiheit gesetzt, das langsam in größeren Blasen an der Glaswandung emporkriecht u. sie anätzt. Bei negativem Verlauf erhitze man anschließend noch kurz über freier Flamme, bis H_2SO_4-Nebel entweichen, da einige Fluoride höher geladener Kationen erst bei höherer Temp. mit H_2SO_4 reagieren

4. Nachweis mit der Wassertropfenprobe

$$2\,CaF_2 + SiO_2 + 2\,H_2SO_4 \rightarrow SiF_4\uparrow + 2\,CaSO_4 + 2\,H_2O$$

$$SiF_4 + 2\,H_2O \rightarrow SiO_2\downarrow + 4\,HF$$

Die Grundlagen für diesen Nachweis bilden die schon bei der Ätzprobe beschriebenen Reaktionen. Nur wird hierbei durch direkte Umsetzung von HF mit Siliciumdioxid SiF_4 gebildet, dessen Neigung zur Hydrolyse zum Nachweis benutzt wird. Es scheidet sich eine weiße Gallerte von Kieselsäure ab.

In einem Platin- oder Bleitiegel wird die getrocknete Substanz mit der dreifachen Menge gefällter u. geglühter Kieselsäure vermengt, 1 ml 18 mol/l H_2SO_4 zugegeben u. der Tiegel mit einem Bleideckel, der in der Mitte ein etwa 0,5 cm großes Loch besitzt, verschlossen. Über das Loch hält man einen Wassertropfen, der in der Öse eines Platindrahtes oder an einem Glasstab hängt, der mit schwarzem Lack überzogen ist. Dann wird mit einer Sparflamme schwach erwärmt oder besser auf dem Wasserbad erhitzt. Nach einiger Zeit überzieht sich der Tropfen bei Anwesenheit von Fluoriden mit Kieselsäuregallerte.

Besser ist es, daß Loch mit feuchtem, schwarzem Papier zu bedecken, auf dem sich dann eine weiße Gallerte von Kieselsäure abscheidet. Das Papier muß während der Einwirkung der Dämpfe feucht gehalten, zur Beurteilung einer Abscheidung aber getrocknet werden.

In Ggw. von viel Borsäure versagt die Wassertropfenprobe, da BF_3 entsteht, das bei der Hydrolyse HF u. lösl. Borsäure bildet (vgl. auch S. 221). Thiosulfat stört durch Bildung eines Flecks von elementarem Schwefel.

5. Nachweis durch Entfärben von Zirconium-Alizarin S-Lack

Zirconiumionen bilden in salzsaurer Lösung mit Alizarin S einen violettroten Farblack. Unter dem Einfluß von F^- im Überschuß bilden sich jedoch komplexe $[ZrF_6]^{2-}$-Ionen, so daß die violette Farbe des Lackes in die in saurer Lösung gelbrote Farbe des freien Farbstoffes umschlägt. Größere Mengen SO_4^{2-}, $S_2O_3^{2-}$, PO_4^{3-}, AsO_4^{3-} u. $C_2O_4^{2-}$ sowie Fluoroborate und Fluorosilicate geben die gleiche Reaktion.

Zum Nachw. von F^- wird ein Streifen Zr-Alizarin S-Papier mit 1 Tr. 50%ig. Essigsäure angefeuchtet u. 1 Tr. der neutralen Probelsg. auf den feuchten Fleck getüpfelt. Eine Gelbfärbung zeigt F^- an. Bei sehr geringen F^--Mengen wird die Rk. durch Erwärmen im Dampfstrom beschleunigt.

EG: 1 µg F^- pD 4,7

Reagenz: Zr-Alizarin S-Papier stellt man durch Tränken von Filterpapier mit einer 5%ig. Lsg. von Zirconiumnitrat in 2 mol/l HCl u. danach mit einer 2%ig. Lsg. von Na-Alizarinsulfonat her. Das durch den Farblack rotviolett gefärbte Papier wird so lange gewaschen, bis das Waschwasser fast farblos abläuft, u. danach getrocknet.

6. Hexafluorosilicate

Eine Hexafluorsilicate, z. B. $K_2[SiF_6]$, oder Hexafluorokieselsäure, $H_2[SiF_6]$, enthaltende Lösung gibt positive Ätz- und Wassertropfenprobe. Reaktion 3 ist nur noch bei Anwesenheit größerer Mengen $K_2[SiF_6]$ positiv. Die Wassertropfenprobe gelingt auch ohne Zusatz von Kieselsäure schon in der Kälte. $BaCl_2$ reagiert mit $[SiF_6]^{2-}$-Ionen zu einem nur in siedender 7 mol/l HCl etwas löslichen farblosen Niederschlag.

Trennung und Nachweis von F^- und $[SiF_6]^{2-}$

Fluoride und Fluorosilicate erkennt man durch die Ätzprobe und Wassertropfenprobe, Fluoride außerdem durch Erhitzen der Analysensubstanz im trockenen Reagenzglas mit 18 mol/l H_2SO_4. Da Fluorosilicate die Wassertropfenprobe auch ohne Zusatz von SiO_2 geben, können F^- und SiO_2 oder $[SiF_6]^{2-}$ allein oder F^- und $[SiF_6]^{2-}$ vorliegen.

Bei einigen fluoridhaltigen Verbindungen (z. B. Turmalin, Topas, Al-, Fe- und komplexe B-Fluoride) bereitet der Nachweis von F^- gewisse Schwierigkeiten. Um lösliche Alkalifluoride zu erhalten, ist die Durchführung eines SA (s. S. 61) oder einer Schmelze der feinst gepulverten Substanz mit der sechsfachen Menge eines Gemisches von Na_2CO_3/K_2CO_3 im Platintiegel nötig.

Aus dem SA bzw. der wäßrigen Lösung der Schmelze werden die F^--Ionen in schwach essigsaurer Lösung mit Ca^{2+} gefällt und abgetrennt. NH_4^+-Salze, die die CaF_2-Fällung beeinträchtigen, sind im SA nicht mehr vorhanden.

Zur Durchführung des Kationentrennungsganges muß F^- entfernt werden. Zum einen bildet F^- mit Erdalkalien in neutraler oder schwach saurer Lösung Niederschläge, wodurch diese in die $(NH_4)_2S$-Gruppe gelangen. Zum anderen werden in saurer Lösung Glas- und Porzellangefäße angegriffen und verschiedene Kationen, wie Na^+, Ca^{2+}, Al^{3+}, gelöst. Zwecks Entfernung des F^- wird die Substanz in einem Platintiegel mit 2 ml 18 mol/l H_2SO_4 übergossen und vorsichtig mit kleiner Flamme so lange erhitzt, bis dicke Schwefelsäuredämpfe entstehen. Bei Verwendung eines Bleitiegels ist vorher auf Pb zu prüfen. Das H_2SO_4 wird weitgehend abgeraucht, jedoch nicht bis zur Zersetzung der Sulfate zu den Oxiden. Der Rückstand ist mit 2 mol/l HCl aufzunehmen. Wenn er darin nicht klar löslich ist, so sind eventuell Erdalkalisulfate entstanden, die nach S. 83 mit Na_2CO_3/K_2CO_3 aufzuschließen sind.

Chlor und seine Verbindungen

Chlor, Salzsäure und deren Salze, die Chloride, wurden schon im Kapitel 2.2. behandelt. Mit Nichtmetallen bildet Chlor ebenfalls Chloride, z. B. aus den Elementen Dischwefeldichlorid, S_2Cl_2, und Schwefeltetrachlorid, aus NH_4^+ das Stickstofftrichlorid, NCl_3 (explosiv).

Säurechloride

Ersatz aller OH-Gruppen einer Sauerstoffsäure durch Cl ergibt Verbindungen, die zu der Stoffklasse Säurechloride zusammengefaßt werden. Als Beispiele seien erwähnt Sulfurylchlorid, SO_2Cl_2 (Schwefeldichloriddioxid, abgeleitet von der Schwefelsäure),

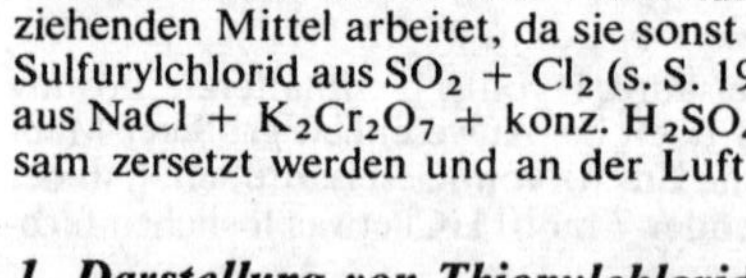

Thionylchlorid, $SOCl_2$, Phosgen, $COCl_2$, Nitrosylchlorid, NOCl, Phosphorylchlorid, $POCl_3$, u. Chromylchlorid, CrO_2Cl_2 (s. S. 32).

Diese Säurechloride bilden sich nur dann, wenn man völlig wasserfrei oder mit einem wasserentziehenden Mittel arbeitet, da sie sonst mehr oder weniger schnell hydrolysiert werden. So erhält man Sulfurylchlorid aus $SO_2 + Cl_2$ (s. S. 195), Thionylchlorid aus $PCl_5 + SO_2$ (s. unten), Chromylchlorid aus $NaCl + K_2Cr_2O_7$ + konz. H_2SO_4 (s. S. 32). Sie sind Flüssigkeiten, die durch Feuchtigkeit langsam zersetzt werden und an der Luft rauchen.

1. Darstellung von Thionylchlorid, $SOCl_2$, und Phosphoryltrichlorid, $POCl_3$

$$PCl_5 + SO_2 \rightarrow POCl_3 + SOCl_2$$

Bei der Einwirkung von Schwefeldioxid auf Phosphorpentachlorid entstehen nebeneinander $SOCl_2$ und $POCl_3$:

Zu ihrer Darst. werden unter dem Abzug 100 g PCl_5 in einen völlig trockenen Rundkolben gebracht u. dieser wird mit einem Glasstopfen mit zwei Anschlußrohren versehen. Das eine Rohr dient als Gaseinleitungsrohr, u. führt fast bis zum Boden des Kolbens, auf das andere wird ein aufrechtstehender Kühler mit einem $CaCl_2$-Trockenrohr gesetzt. Vom Trockenrohr führt eine Gasleitung direkt in den Abzugskamin. Das Gaseinleitungsrohr ist über zwei mit 18 mol/l H_2SO_4 gefüllte Waschflaschen mit einer Schwefeldioxidbombe oder einem Gefäß verbunden, in dem man Schwefeldiofiid aus konz. $NaHSO_3$-Lsg. u. 18 mol/l H_2SO_4 erzeugen kann. Alle Apparateteile müssen völlig trocken sein. Man stellt die Kühlung im Rückflußkühler an und leitet dann nicht zu schnell Schwefeldioxid ein. Es bildet sich eine schwach gelblich gefärbte Flüssigkeit. Die Rkk. ist beendet, wenn alles Phosphorpentachlorid gelöst ist.

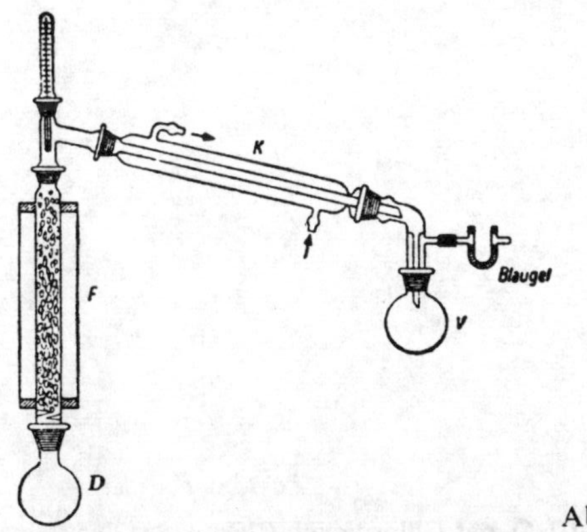

Abb. 29. Destillationsapparatur mit Fraktionieraufsatz

Das Gemisch von $SOCl_2$ u. $POCl_3$ muß durch fraktionierte Dest. getrennt werden, wozu die in Abb. 29. wiedergegebene, sehr gut getrocknete App. dient. Sie besteht aus einem Destillationskolben D, dem Fraktionieraufsatz F, in dem sich Glaskugeln befinden, dem Thermometer, dem Kühler K u. der auswechselbaren Vorlage V, deren Ansatz zu dem Abzugskamin führt. Statt V kann man auch eine „Spinne" mit mehreren Vorlagen anwenden (s. Abb. 28., S. 177). Man dest. langsam u. fängt folgende Fraktionen auf: 1. bis 82 °C; 2. bis 92 °C; 3. bis 105 °C; 4. bis 115 °C. Die Fraktionen 1 u. 4 bestehen schon aus fast reinem $SOCl_2$ bzw. $POCl_3$, 2 u. 3 sind Gemische. Letztere werden in gleicher Weise wieder in vier Fraktionen zerlegt, wobei stets gleich siedende Anteile zusammengegossen werden. Das wird so oft wiederholt, bis die Fraktionen 2 u. 3 sehr klein geworden sind. Schließlich werden die Fraktionen 1 u. 4 jede für sich aus dem jedesmal gereinigten Kolben dest., wobei die bei 78–79 °C bzw. 106–108 °C siedenden Anteile für sich aufgefangen werden, da $SOCl_2$ bei 78,8 °C (1013 mbar) u. $POCl_3$ bei 107 °C (1013 mbar) sieden. Thionylchlorid u. Phorphoryltrichlorid sind stechend riechende, farblose Flüssigkeiten.

2. *Darstellung von Sulfurylchlorid, SO_2Cl_2*

$$SO_2 + Cl_2 \rightarrow SO_2Cl_2$$

Die Umsetzung läuft unter der katalytischen Wirkung von Aktivkohle glatt und nahezu quantitativ.

Die Darst. erfolgt in der in Abb. 30 (S. 196) skizzierten App. unter dem Abzug. Die Kugeln des Kugelkühlers K werden abwechselnd mit einer Schicht loser Glaswolle u. einer Schicht körniger Aktivkohle locker gefüllt. Nachdem man das Kühlwasser angestellt hat, läßt man ziemlich lebhaft gleichstarke Ströme (3–5 Blasen/Sek.) von trockenem SO_2 u. Cl_2 (Waschflaschen mit konz. H_2SO_4) in den Kühler eintreten. Die Aktivkohle sättigt sich zunächst mit SO_2 u. Cl_2 bzw. SO_2Cl_2. Nach ca. 10 bis 30 Min. tropft SO_2Cl_2 in die gekühlte Vorlage; das überschüssige Gasgemisch wird durch ein $CaCl_2$-Trockenrohr direkt in den Abzugskamin geleitet. Bei richtiger Dosierung werden stündlich ca. 150 g SO_2Cl_2 gebildet. Das gelbe Rohprodukt wird nun zur Entfernung von gelöstem Cl_2 mit etwas Hg geschüttelt; man kann auch einen trockenen N_2-Strom durch die eisgekühlte Flüssigkeit leiten. Nach Dekantieren von $HgCl_2$ dest. man aus einem trockenen Destillationskolben mit Fraktionieraufsatz (vgl. Abb. 29.) u. fängt die bei 68–70 °C übergehenden Anteile gesondert auf (SO_2Cl_2, $Sdp._{1013 mbar}$ 69,1 °C).

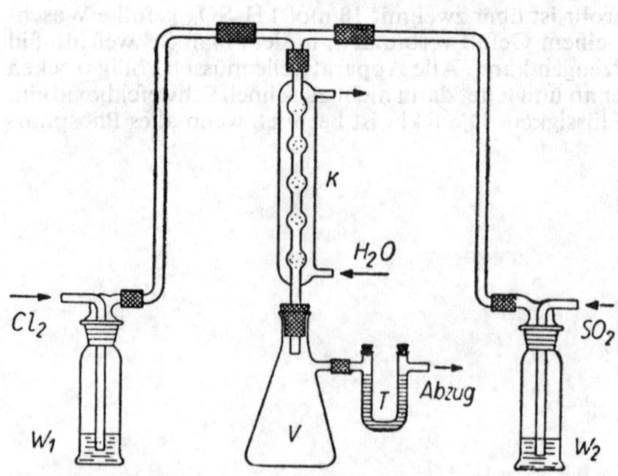

Abb. 30. Apparatur zur Darstellung von SO_2Cl_2

Chlorsauerstoffverbindungen

Chlor bildet eine Reihe Oxide, z. B. das Dichloroxid, Cl_2O, das Chlordioxid, ClO_2 u. das Dichlorheptaoxid, Cl_2O_7. Chlor ist weniger elektronegativ als das Fluor, u. der Ionenradius des Cl^- ist größer als der des F^-. Infolgedessen gibt es im Gegensatz zum Fluor eine Anzahl Chlorsauerstoffsäuren. (Oxochlorsäuren), wie die hypochlorige Säure, HOCl, die chlorige Säure, $HClO_2$, die Chlorsäure, $HClO_3$, u. die Perchlorsäure, $HClO_4$.

Die hypochlorige Säure ist eine sehr schwache, nur in wäßriger Lösung bekannte Säure. Sie entsteht beim Einleiten von Chlor in Wasser durch Disproportionierung:

$$Cl_2 + H_2O \rightleftharpoons Cl^- + HOCl + H^+$$

Die Hypochlorite sind starke Oxidationsmittel. Sie entwickeln schon in der Kälte mit verd. HCl Chlor (Verschiebung des vorstehenden Gleichgewichts nach links). Als gemischtes Salz der Salzsäure und der hypochlorigen Säure hat Calciumchloridhypochlorit [CaCl(OCl), Chlorkalk] Bedeutung.

Die Salze der Chlorsäure, die Chlorate, sind wenig stabil. Sie geben leicht Sauerstoff beim Erhitzen ab und werden deshalb in der Sprengstoffindustrie verarbeitet. Besonders wichtig ist das Kaliumchlorat.

Die Perchlorsäure, $HClO_4$, ist wesentlich stabiler als die vorgenannte Säuren. Man kann sie darstellen, indem man $KClO_4$ mit $H_2[SiF_6]$ oder $Ba(ClO_4)_2$ mit H_2SO_4 oder $NaClO_4$ mit 7 mol/l HCl umsetzt, von den schwerlöslichen Salzen abfiltriert und die Lösung eindampft. Verd. Perchlorsäure wird aus $NaClO_4$-Lösungen durch Ionenumtausch am Kationenaustauscher in der H^+-Form hergestellt. Konz. $HClO_4$ ist wie H_2SO_4 eine ölige Flüssigkeit. Bei 203 °C destilliert ein konstant siedendes Gemisch mit 72% $HClO_4$. Eine weitere Konzentrierung kann durch Destillation mit wasserentziehenden Mitteln, wie 18 mol/l H_2SO_4, im Vakuum vorgenommen werden.

Die wasserfreie Säure kann sich explosionsartig zersetzen, das Arbeiten mit ihr ist daher sehr gefährlich. Die wäßrige Lösung dagegen ist sehr stabil und völlig ungefährlich. $HClO_4$ ist die stärkste Säure.

Von den Perchloraten ist nur das des K^+ in Wasser schwer löslich. Alle anderen sind löslich. (Darst. von $KClO_4$ s. S. 197)

1. Entwicklung von Cl_2 aus $CaOCl_2$

$$CaOCl_2 + 2\,H^+ \rightarrow Ca^{2+} + Cl_2\uparrow + H_2O$$

Diese Reaktion dient häufig dazu, um Cl_2 im Laboratorium auf bequeme Weise herzustellen, indem man in einem Kippschen Apparat (s. S. 23) auf Chlorkalkstücke HCl einwirken läßt.

Man versetze festes $CaOCl_2$ mit HCl. Es entwickelt sich gelbgrünes, stechend riechendes Chlor.

2. *Darstellung von Kaliumchlorat, $KClO_3$*

$6\,K^+ + 6\,H_2O + 6\,e \rightarrow 6\,K^+ + 6\,OH^- + 3\,H_2\uparrow$ Kathodenreaktion

$6\,Cl^- \rightarrow 3\,Cl_2\uparrow + 6\,e$ Anodenreaktion

$3\,Cl_2 + 6\,OH^- \rightarrow ClO_3^- + 5\,Cl^- + 3\,H_2O$

Bei der Elektrolyse wäßriger KCl-Lösungen entsteht an der Kathode H_2 und KOH, an der Anode Cl_2. Sorgt man für eine Vermischung des Elektrolyten und arbeitet man bei erhöhter Temperatur (50–60 °C), entsteht ClO_3^-.

Der kathodisch entwickelte nascierende Wasserstoff reduziert sowohl Cl_2 als auch ClO_3^-, verschlechtert also die Ausbeute. Man verhindert dies, indem man durch Zusatz von wenig K_2CrO_4 zum Elektrolyten die Bildung eines festen Überzuges von Chromoxid-Hydrat auf der Kathode ermöglicht, der als Diaphragma wirkt.

Um 1 Cl^- in ClO_3^- zu verwandeln, ist eine Abgabe von 6 e notwendig; durch 96485 Coulomb (≙ 1 Mol *e*) wird die Stoffmenge $n(KClO_3) = {}^1/_6$ mol gebildet. Sie besitzt die Masse $m(KClO_3) = 20{,}43$ g. Faraday-Konstante $F = 96\,485\ C \cdot mol^{-1}$.

In einem Becherglas werden 20 g KCl u. 0,2 g K_2CrO_4 in 100 ml W. in der Wärme gelöst. Als Elektroden dienen 2 gleichgroße Pt-Bleche; als Kathodenmaterial kann auch Ni, Fe oder Cu verwendet werden. Man elektrolysiert bei ca. 50–60 °C mit einer anodischen Stromdichte von ca. 0,2 A/cm^2 Oberfläche der Vorder- und Rückseite u. 10–14 V. Zur Durchmischung u. Aufrechterhaltung einer schwach sauren Reaktion des Elektrolyten wird CO_2 durch die Lsg. geleitet. Nach einem Stromdurchgang von ca. 40–50 Amperestunden läßt man die Lsg. erkalten, wobei sich die Hauptmenge $KClO_3$ ausscheidet. Durch Eindampfen der Mutterlauge erhält man eine zweite, weniger reine $KClO_3$-Fraktion. Enthält das Rohprodukt noch Cl^-, muß das Salz umkristallisiert werden.

Chlorate bilden mit 18 mol/l H_2SO_4 Chlordioxid ClO_2, eine gelbe, stark endotherme Verbindung. Durch Reduktionsmittel wird ClO_3^- leicht reduziert; das entstehende Cl^- weist man in üblicher Weise durch Ag^+ nach.

3. *Darstellung von Kaliumperchlorat, $KClO_4$*

$4\,KClO_3 \rightarrow KCl + 3\,KClO_4$

$KClO_4$ entsteht neben KCl beim Erhitzen von reinem $KClO_3$ auf Temperaturen unter 500 °C durch Disproportionierung. Bei Gegenwart von Nebengruppenelementverbindungen (z. B. MnO_2) tritt jedoch eine katalytische Zersetzung in KCl und O_2 ein (siehe O_2-Darstellung, S. 19).

5 g analysenreines $KClO_3$ in glasierten sauberen Porzellantiegel geben, Tiegel in kalten elektrischen Ofen stellen, auf 490 °C aufheizen und Temperatur 3 h halten. Nach Abkühlung Tiegel entnehmen, 5 ml W. zugeben und Schmelzkuchen zerkleinern. Tiegelinhalt in Becherglas überführen, mit 20 ml W. versetzen und durch Erhitzen vollständig lösen. Beim Erkalten kristallisieren 3,3 g $KClO_4$ aus.

$ClO_3^- + H_2O \rightarrow ClO_4^- + 2\,H^+ + 2\,e$

$4\,ClO_3 + 2\,H_2O \rightarrow 4\,ClO_3^- + 4\,H^+ + O_2$

Technisch wird $KClO_4$ durch anodische Oxidation von $KClO_3$ bei tiefen Temperaturen hergestellt. Bei höheren Temperaturen überwiegt anodische O_2-Entwicklung, da das intermediär gebildete Radikal ClO_3 dem H_2O unter Rückbildung von ClO_3^- Elektronen entzieht. Bei 50 °C verläuft ausschließlich dieser Vorgang.

Als Elektrolytlsg. werden 12 g $KClO_3$ in 200 ml W. gelöst (gesätt. Lsg.) u. mit einigen Tr. H_2SO_4 angesäuert. Um die Sättigung aufrecht zu erhalten, wird ein kleiner Leinenbeutel mit festem $KClO_3$ in den Elektrolyten gehängt. Als Elektroden dienen ein blankes Pt-Blech von ca. 10 cm^2 Fläche

(Anode) u. eine gleichgroße Cu-Kathode, die sich in einem Abstand von ca. 3 cm gegenüberstehen. Man elektrolysiert bei 10–14 V u. einer anodischen Stromdichte von ca. 0,1 A/cm² beiderseitiger Oberfläche (also ca. 2 A bei den gegebenen Dimensionen). Zur Kühlung stellt man das Elektrolysegefäß in Eis. Nach anfänglicher O_2-Entwicklung fallen bald $KClO_4$-Kristalle von der Anode herab. Nach 3 Std. wird die Elektrolyse abgebrochen, der Kristallbrei bei möglichst tiefer Temp. abgenutscht u. aus heißem W. umkristallisiert.

Brom, Br, 79,904; −1, +1, +5, Iod, I, 126,9045; −1, +1, +5, +7, und ihre Verbindungen

Brom, ein steter Begleiter des Chlors, findet sich in kleinen Mengen als Bromid im Meerwasser und in den Kalisalzlagern. Dort reichert es sich bei der Aufarbeitung auf Kaliumchlorid in den Endlaugen an, aus denen es durch Chlor in Freiheit gesetzt wird. Iod kommt im Seetang und als Natriumiodat, $NaIO_3$, im Chilesalpeter vor. Beim letzteren wird das Iodat aus den Endlaugen entfernt, indem man es mit Schwefeldioxid reduziert.

In Wasser sind Brom und Iod nur sehr wenig löslich, viel besser dagegen in KBr- bzw. KI-Lösung unter Bildung von Triiod- bzw. Tribromidionen. Die Bildungskonstante in Wasser ist nicht sehr groß. Daher findet man oft die nicht korrekte Formulierung als Anlagerungsverbindungen $KBr \cdot Br_2$ und $KI \cdot I_2$. So kann z. B. ein Liter 0,7 mol/l KI ca. 0,5 mol I_2 aufnehmen. In vielen organischen Flüssigkeiten, wie Alkohol, Chloroform, Kohlenstofftetrachlorid und Kohlendisulfid, sind die beiden Elemente sehr leicht löslich.

Bromwasserstoff, HBr, und Iodwasserstoff, HI, kann man nicht wie Chlorwasserstoff aus Halogenid und 18 mol/l H_2SO_4 darstellen, da sie von letzterer zu Br_2 und I_2 oxidiert werden. Man muß daher eine andere, nicht oxidierend wirkende, schwerflüchtige Säure, wie z. B. H_3PO_4, verwenden. Bei Einhaltung bestimmter Bedingungen ist die Darstellung aus den Elementen möglich. Man kann außerdem zunächst PBr_3 bzw. PI_3 als Zwischenprodukt herstellen und diese dann hydrolytisch zersetzen.

Schließlich erhält man leicht eine wäßrige Lösung von beiden Verbindungen, wenn man in eine Dispersion der Elemente in Wasser Schwefelwasserstoff einleitet:

$$H_2S + I_2 \rightarrow 2\,HI + S\downarrow$$

Brom- und Iodwasserstoff sind farblose, stechend riechende Gase, die sich leicht in Wasser lösen und sehr starke Säuren bilden. Durch Luft wird die wäßrige Lösung langsam oxidiert, wodurch Gelbfärbung eintritt. Iodid reagiert hierbei leichter als Bromid.

Wie beim Chlor existieren vom Iod und Brom eine Anzahl Sauerstoffsäuren.

1. Darstellung von Iod aus Iodrückständen

Im Laboratorium hat man häufig als Iodide oder Iodate vorliegende Iodrückstände aufzuarbeiten.

Die Lösung wird zur Reduktion von eventuell vorhandenem IO_3^- zunächst mit überschüssigem Na_2CO_3 zur Trockne eingedampft. (Achtung! Es dürfen keine Ammoniumsalze in die alkalischen Iodrückstände gelangen, da sonst durch Bildung von Iodstickstoff heftige Explosionen eintreten können!) Der Rückstand wird so lange geglüht, bis eine eventuell eingetretene Schwarzfärbung wieder verschwunden ist; dann wird die ganze Masse in 1 mol/l H_2SO_4 gelöst. Die Oxidation $2\,I^- \rightarrow I_2 + 2\,e$ erfolgt am zweckmäßigsten und billigsten durch O_2 unter katalytischer Wirkung von Stickstoffoxiden:

$$NO_2 + 2\,HI \rightarrow NO + I_2 + H_2O$$

$$NO + {}^1/_2\,O_2 \rightarrow NO_2$$

Dazu füllt man einen Gasometer mit O_2 u. verbindet ihn über eine leere, umgekehrt geschaltete Waschflasche u. einen längeren Schlauch mit dem Rk.-Kolben, wobei das Einleitungsrohr bis fast zum Boden reicht u. durch einen Stopfen geführt ist, der den Kolben fest verschließt. Der Kolben soll mit der Flüssigkeit etwa zur Hälfte gefüllt sein (vgl. Abb. 31.). Bei zunächst locker aufliegendem Stopfen wird nun das Rk.-Gefäß mit O_2 gefüllt u. dann soviel $NaNO_2$-Lsg. eingegossen, daß der Gasraum durch NO_2 intensiv braun gefärbt ist. Darauf erfolgt eine lebhafte O_2-Aufnahme, jedoch erfolgt wegen der Bldg. von KI_3 noch keine I_2-Abscheidung. Läßt die O_2-Aufnahme trotz Schütteln merklich nach, ohne daß sich I_2 abscheidet (Stickstoffoxid wird teilweise zu katalyt. inaktivem N_2O u. N_2 reduziert), gibt man noch etwas $NaNO_2$-Lsg. zu. Die Oxidation ist beendet, wenn die Gasphase farblos geworden ist u. die über dem schwarzen I_2-Nd. stehende Flüssigkeit nur noch die hellbraune Farbe einer wss. Iod-Lsg. aufweist (in Lsg. bleiben nur 0,8 g I_2/Liter). Das Rohiod wird auf einer Glasfilternutsche abgesaugt u. über $CaCl_2$ oder 18 mol/l H_2SO_4 im ungefetteten Vakuumexsikkator gut getrocknet. Zur Sublimation wird das Rohprodukt in ein ausgußloses Becherglas gegeben, auf dem ein mit kaltem Wasser gefüllter Rundkolben sitzt. Beim langsamen Erhitzen auf dem Sandbad entweicht zunächst die im Iod noch enthaltene Feuchtigkeit u. kondensiert am Rundkolben. Ehe der Wassertropfen in das Becherglas wieder zurückfallen kann, wechselt man den Rundkolben gegen einen zweiten aus u. verfährt in gleicher Weise, solange noch Feuchtigkeit vorhanden ist. Dann wird so hoch erhitzt, daß eine langsame Sublimation stattfindet, wobei sich Iod in schönen, metallisch glänzenden, schwarzvioletten Kristallen außen am Boden des Rundkolbens absetzt.

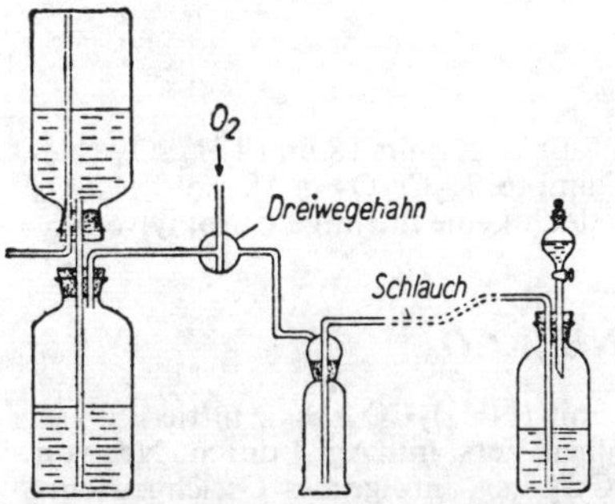

Abb. 31. Gasometeranlage

Werden höhere Ansprüche an die Reinheit des Iods gestellt, muß das rohe Iod noch einer Wasserdampfdestillation unterworfen (erforderlich bei Gegenwart von Stärke) u. vor der Sublimation mit feinstgepulvertem KI (zur Zersetzung von ICl usw.) verrieben werden.

Bei Gegenwart größerer Fe-Mengen in den Iodrückständen muß die Oxidation zur Zersetzung des $[Fe(H_2O)_5NO]^{2+}$-Komplexes in der Hitze vorgenommen werden. Liegen Hg- oder Pb-Salze vor, wird gemäß Chemiker-Zeitung 47 (1923), 16 verfahren.

2. *Nachweis von Bromid und Iodid mit $AgNO_3$*

Die Löslichkeit der Silberhalogenide nimmt mit steigender Ordnungszahl des Halogens ab. Gleichzeitig tritt eine Farbvertiefung ein. AgBr ist schwachgelb, und AgI ist gelb. Mit der Verringerung des Löslichkeitsprodukts der Silberhalogenide vom AgCl zum AgI verringert sich auch deren Neigung, mit Komplexbildnern in Lösung zu gehen. AgCl löst sich schon in $(NH_4)_2CO_3$-Lösung, AgBr erst in konz. Ammoniak und AgI schließlich in KCN und $Na_2S_2O_3$ (Natriumthiosulfat).

Zutropfen von $AgNO_3$-Lsg. zur salpetersauren Bromid(Iodid)-Lsg.; es fällt käsiger gelblicher (gelber) Nd. von AgBr(AgI), beim Behandeln mit $(NH_4)_2S$ in der Wärme Bldg. von Ag_2S u. HBr(HI).

3. *Nachweis von I^- und Br^- mit Chlorwasser*

$$Cl_2 + 2\,Br^- \rightarrow 2\,Cl^- + Br_2$$

$$Cl_2 + 2\,I^- \rightarrow 2\,Cl^- + I_2$$

Man versetze die mit 1 mol/l H_2SO_4 angesäuerte u. mit farblosem Kohlendisulfid oder Chloroform unterschichtete Lsg. tropfenweise mit Chlorwasser. Bei Bromiden Braunfärbung, bei Iodiden Violettfärbung.

Beide Elemente lösen sich in CS_2 bzw. in Chloroform, $CHCl_3$. Bei weiterer Zugabe von Chlor-W. schlägt bei Br_2 die Farbe unter Bldg. von Bromchlorid in Weingelb um:

$$Br_2 + Cl_2 \rightarrow 2\,BrCl$$

Bei I_2 tritt Entfärbung ein, weil es teilweise zu Iodat oxidiert u. teilweise in farbloses Iodtrichlorid überführt wird:

$I_2 + 5\,Cl_2 + 6\,H_2O \rightarrow 10\,HCl + 2\,HIO_3$,
$I_2 + 3\,Cl_2 \rightarrow 2\,ICl_3$

Bei gemeinsamer Anwesenheit von I^- und Br^- tritt erst die violette Farbe des I_2 und dann die braune des Br_2 auf, nachdem das Iod weiter oxidiert worden ist.

Sind in der Probelsg. noch andere Reduktionsmittel zugegen, so ist es besser, an Stelle von Cl_2-W. Cl_2-Gas direkt zu verwenden. Man benutzt hierzu am besten die Gasprüfapp. (s. S. 12). Cl_2 wird aus MnO_2 (S. 27) oder $KMnO_4$ (S. 104) u. 7 mol/l HCl dargestellt.

4. *Nachweis mit konz. H_2SO_4*

$$2\,HBr + H_2SO_4 \rightarrow Br_2 + SO_2 + 2\,H_2O$$
$$8\,HI + H_2SO_4 \rightarrow 4\,I_2 + H_2S + 4\,H_2O$$

In einem kleinen Reagenzglas erhitze man einige Körnchen KBr u. KI mit 18 mol/l H_2SO_4. Neben der Entwicklung von HBr u. HI braune bzw. violette Dämpfe. $K_2Cr_2O_7$ u. 18 mol/l H_2SO_4 geben mit Br^- u. I^- zum Unterschied von Cl^- nur Br_2 u. I_2, jedoch keine flüchtige Chromylverbindung (vgl. S. 32).

5. *Nachweis von Cl^- neben Br^- und I^- mit Ag^+ und $(NH_4)_2CO_3$*

Man behandle gefälltes u. gründlich ausgewaschenes AgBr mit $(NH_4)_2CO_3$-Lsg., filtriere ab u. versetze mit KBr-Lsg., kein Niederschlag. Man führe den gleichen Vers. mit AgCl durch. Nd. von AgBr. Dieser Unterschied beruht darauf, daß in der $(NH_4)_2CO_3$-Lsg. infolge des Gleichgewichts

$NH_4^+ \rightleftharpoons H^+ + NH_3$

eine bestimmte geringe Konz. an NH_3 u. daher auch entsprechend

$Ag^+ + 2\,NH_3 \rightleftharpoons [Ag(NH_3)_2]^+$

nur eine bestimmte, sehr kleine Konz. an Ag^+ vorliegt. Diese ist so groß, daß das Löslichkeitsprodukt von AgBr noch überschritten, dasjenige von AgCl dagegen nicht mehr erreicht wird. Deshalb löst $(NH_4)_2CO_3$ AgBr nicht auf. Aus der mit AgCl erhaltenen Komplexsalzlösung muß mit Br^- AgBr ausfallen. Nachw. von Cl^- auch neben I^- und Br^-!!

Im HM-Maßstab wird die gewaschene Ag-Halogenidfällung 1 Min. mit 1 ml einer frisch hergestellten, kalt gesätt. $(NH_4)_2CO_3$-Lsg. digeriert. Das Z. wird mit KBr-, KI-Lsg. versetzt. Eine Trübung oder ein Nd. zeigt Cl^- an.

Für den Cl^--Nachw. kann man durch Kochen mit 14 mol/l HNO_3 oder durch Behandeln mit $KMnO_4$-Lsg. Br^- u. I^- zu Br_2 bzw. I_2 oxidieren. Dabei werden auch SCN^- u. CN^- zerstört. Diese Methode erfordert aber größere Erfahrung, da die Rk. häufig nicht quantitativ verläuft.

Trennung und Nachweis von Cl^-, Br^-, I^- und NO_3^-

Zur Vorprobe auf Bromid und Iodid erhitzt man die Analysensubstanz mit 18 mol/l H_2SO_4. Bei Anwesenheit von Br^- entstehen braune, bei I^- rotviolette Dämpfe. Bei Brom ist aber die Farbe nicht spezifisch, da auch NO_2, aus Nitraten oder Nitriten stammend, eine fast gleiche Farbe besitzt (s. S. 52).

Zum Nachweis von I^- und Br^- versetzt man die H_2SO_4-saure Lösung des SA mit 0,5 ml CS_2, $CHCl_3$ oder CCl_4 und tropfenweise mit Chlorwasser und schüttelt um. Violettfärbung zeigt I^- an (s. 3., S. 199). I^--Ionen können auch im SA wie Cl^- und Br^- in HNO_3-saurer Lösung mit Ag^+ ausgefällt werden. AgI wird durch seine Schwerlöslichkeit in 13,5 mol/l NH_3 von den anderen schwerlöslichen Ag-Halogeniden abgetrennt und mit Zn und H_2SO_4 reduziert. Dabei geht I^- in Lösung und kann wie oben oxidiert und nachgewiesen werden.

Bei der Oxidation des I^- mit Chlorwasser verschwindet durch eine weitere Zugabe die Farbe wieder und schlägt bei Anwesenheit von Br^- über Braun in Gelb (BrCl) um (s. 3., S. 199).

Zum Nachweis des Cl^- neben I^- und Br^- stehen mehrere Wege zur Verfügung:

1. Zu dem mit HNO_3 angesäuerten SA gibt man einige Tropfen $AgNO_3$, kocht, bis sich der Niederschlag zusammengeballt hat, und zentrifugiert ab. Das Zentrifugat wird wieder mit $AgNO_3$ versetzt, nochmals zentrifugiert usw., bis nichts mehr ausfällt. Die letzte Fraktion, die bei Anwesenheit von viel Chloridionen reinweiß ist, wird mit einer konz. $(NH_4)_2CO_3$-Lösung geschüttelt. Es wird wieder zentrifugiert und zum Zentrifugat etwas verd. KBr-Lösung zugefügt. Ein Niederschlag von AgBr zeigt Cl^- an (s. 5., S. 200).

2. Die gut getrocknete Analysensubstanz oder der zur Trockne eingedampfte SA wird mit der dreifachen Menge $K_2Cr_2O_7$ und 18 mol/l H_2SO_4 vermischt und in einem Reagenzglas mit aufgesetztem Glasröhrchen erhitzt (vgl. 6., S. 32). Brom und Iod gehen als Elemente, Chlor als CrO_2Cl_2 über. In der vorgelegten Natronlauge prüft man auf Chromat, das sich nur dann nachweisen läßt, wenn die Analysensubstanz Chloridionen enthält. Die Reaktion versagt bei AgCl, Hg_2Cl_2, $HgCl_2$, bei Anwesenheit von Nitrat, Nitrit sowie von Chlorat und Reduktionsmitteln, bei Anwesenheit von Fluorid ist sie nicht eindeutig.

3. Man oxidiert in essigsaurer Lösung Bromid und Iodid durch $KMnO_4$ und weist dann Chlorid mit Silbernitrat nach, das in einer solchen Lösung von $KMnO_4$ noch nicht angegriffen wird. Diese Methode ist besonders dann anzuwenden, wenn man wenig Chloridionen neben viel Bromid und Iodid nachzuweisen hat.

Nur selten liegen die Halogenide in schwerlöslicher Form vor, z. B. als AgCl, AgBr und AgI. In diesem Falle muß ein Teil des in Säuren schwerlöslichen Rückstandes der Analysensubstanz mit Zink und 1 mol/l H_2SO_4 behandelt werden. Man gießt vom Metall ab und prüft die Lösung auf Halogenide. (Über den Aufschluß mit Soda/Pottasche vgl. S. 188).

Der Nachweis von Nitrat mittels Eisen(II)-sulfat und 18 mol/l H_2SO_4 wird durch Bromid- und Iodidionen gestört. Man entferne sie daher entweder vorher mit Ag_2SO_4 oder prüfe auf NO_3^- durch Reduktion mit Devardascher Legierung in NaOH-Lösung (s. S. 55).

2.4.2. Chalkogene, VI. Hauptgruppe des PSE

Die VI. Hauptgruppe des PSE enthält die Elemente Sauerstoff, O, Schwefel, S, Selen, Se, Tellur, Te, und Polonium, Po. Polonium ist ein kurzlebiges radioaktives Element und kommt nur in sehr geringen Mengen in der Uranpechblende vor.

Gemäß den allgemeinen Regeln (s. S. 85) ist die maximal mögliche Oxidationsstufe der Elemente +6, die minimale −2. Sauerstoff, der wie jedes erste Element einer Hauptgruppe eine gewisse Sonderstellung einnimmt, kommt in den Oxidationsstufen +2 (im OF_2), ±0 (elementar) und meist −2 vor (s. Kapitel 2.2.). Mit steigender Ordnungszahl nimmt der Metallcharakter der Elemente zu. Sauerstoff und Schwefel sind Nichtmetalle, Selen und Tellur kommen in einer metallischen und einer nichtmetallischen Modifikation vor. Mit steigender Ordnungszahl nehmen weiterhin die Stabilität der höchsten Oxidationsstufe und die thermische Beständigkeit der Wasserstoffverbindungen H_2X ab, die Säurestärke letzterer jedoch zu. Demnach gehen beim Schwefel die Verbindungen mit der Oxidationsstufe +4 leicht in die der Oxidationsstufe +6 über, beim Selen ist es schon umgekehrt.

Analytisch wichtige Reaktionen des H_2O_2

S. dazu Versuche über H_2O_2 auf S. 25f.

1. Nachweis als Peroxotitankation (s. auch S. 132)

2 Tr. Probelsg. werden auf der TP oder im Reagenzglas mit 2 Tr. 2,5 mol/l H_2SO_4 u. 5 Tr. 0,05 mol/l $TiOSO_4 \cdot H_2O$ („Titanylsulfat") versetzt. Gelbe bis gelborange Färbung infolge Bldg. von $[Ti(O_2) \cdot aq]SO_4$ zeigt H_2O_2 an. Der spezifische Nachw. wird gestört von Fluoridionen (Bildung von Hexafluorotitanat), Bromid (Br_2-Bildung), Chromaten (Eigenfärbung) u. Vanadaten (Bildung von gelborangegefärbten Peroxovanadaten).

EG: 2 µg H_2O_2

2. Nachweis als Chromperoxid

H_2O_2 reagiert mit Dichromationen in schwefelsaurer Lösung unter Bildung von tiefblau gefärbtem Chromperoxid $CrO(O_2)_2$ (s. auch S. 128).

$CrO(O_2)_2$ ist in wäßrig-saurer Lösung sehr instabil, kann jedoch durch geeignete organische Verbindungen, z. B. Ether, Chinolin, Pyridin usw., einige Zeit stabilisiert werden.

Zum Nachw. überschichtet man eine verd. $K_2Cr_2O_7$-Lsg., die mit H_2SO_4 angesäuert ist, mit einigen ml Ether u. kühlt (Eiswasser). Dann läßt man die Probelsg. vorsichtig an der Wand des schräg gehaltenen Glases einlaufen. Bei Ggw. von H_2O_2 bildet sich an der Phasengrenze Ether-wss. Lsg. ein tiefblauer Ring. Sind größere Mengen H_2O_2 zugegen, so färbt sich der Ether beim Durchschütteln des Gefäßes blau. Dieser Nachw. wird durch Fluoridionen nicht gestört.

Schwefel und seine Verbindungen

In dem vorhergehenden Abschnitt über Nichtmetalle sind schon eine Anzahl Schwefelverbindungen genannt und z. T. durch Versuche näher bekannt gemacht worden (s. S. 44). An dieser Stelle soll auf einige weitere Verbindungen des Schwefels verwiesen werden. Außer der Schwefelsäure gibt es eine Dischwefelsäure, $H_2S_2O_7$, deren K-Salz beim Erhitzen von $KHSO_4$ entsteht (S. 148). Durch formalen Ersatz des Brückensauerstoffs in der $H_2S_2O_7$ durch eine Peroxogruppe (—O-O—) wird die Peroxodischwefelsäure, $H_2S_2O_8$, erhalten, deren Ammoniumsalz zur Oxidation von Mn(II) zu Mn(VII) benutzt werden kann (S. 108). $H_2S_2O_8$ hydrolysiert in Wasser über die Peroxomonoschwefelsäure, H_2SO_5, (einbasig!) zu H_2SO_4 und H_2O_2 (Darstellung von H_2O_2).

Analytisch wichtige Reaktionen des H_2SO_3 und der Sulfite

Siehe dazu die Versuche auf S. 47f.

1. Nachweis mit starken Säuren

$$Na_2SO_3 + H_2SO_4 \rightarrow Na_2SO_4 + H_2O + SO_2\uparrow$$

Starke Säuren ergeben Geruch nach SO_2.

2. Nachweis mit $ZnSO_4$ + $K_4[Fe(CN)_6]$ + $Na_2[Fe(CN)_5NO] \cdot 2\,H_2O$

Es bildet sich ein roter Niederschlag, der $[Fe(CN)_5NOSO_3]^{4-}$ enthält.

Zum Nachw. von SO_3^{2-} gebe man zu einigen ml einer kaltgesättigten $ZnSO_4$-Lsg. das gleiche Vol. einer verd. $K_4[Fe(CN)_6]$-Lsg. u. einige Tr. einer 1%igen Natriumpentacyanonitrosylferrat-Lsg. ($Na_2[Fe(CN)_5NO] \cdot 2\,H_2O$) u. füge dann die zu untersuchende, neutrale Lsg. hinzu.

3. Nachweis nach Oxidation als $BaSO_4$

$$HSO_3^- + Ba^{2+} + H_2O_2 \rightarrow BaSO_4\downarrow + H^+ + H_2O$$

Sulfitionen werden durch H_2O_2 zu Sulfationen oxidiert und mit Ba^{2+} gefällt.

Zum Nachw. von SO_3^{2-} neben SO_4^{2-} fällt man aus neutraler oder schwach ammoniakalischer Lsg. mit $BaCl_2$-Lsg. $BaSO_3$ und $BaSO_4$ gemeinsam aus. Nach dem Abzentrifugieren löst man aus dem Nd. mit 2 mol/l HCl das $BaSO_3$ heraus und zentrifugiert vom ungelöst zurückbleibenden $BaSO_4$ ab. Beim Versetzen des Z. mit einigen Tr. H_2O_2 beweist das erneute Auftreten eines $BaSO_4$-Nd. die Anwesenheit von Sulfit.

4. Nachweis mit Formaldehyd

$$Na_2SO_3 + HCHO + H_2O \rightarrow HCH(OH)(SO_3Na) + Na^+ + OH^-$$

Formaldehyd reagiert mit SO_3^{2-} zu Additionsverbindungen. Die gebildeten OH^--Ionen werden mit Phenolphthalein nachgewiesen.

Die genau neutralisierte Lsg. des Sulfits wird mit einigen ml einer 1 %igen Formaldehyd-Lsg. versetzt und die nach obiger Gleichung gebildeten OH^--Ionen mit Hilfe von Phenolphthalein nachgewiesen. Bei Anwesenheit von SO_3^{2-} schlägt der Indikator nach tiefrot um. $S_2O_3^{2-}$ stört nicht. pD 3,7

Thioschwefelsäure und Thiosulfate

Die Substitution eines O- durch ein S-Atom in der Schwefelsäure führt zur Thioschwefelsäure, $H_2S_2O_3$, die bei Einwirkung von I_2 zur Tetrathionsäure bzw. zur Disulfandisulfonsäure, HO_3SSSSO_3H, oxidiert wird (s.S . 308). Das bekannteste Salz der Thioschwefelsäure ist das Natriumthiosulfat. Es wird in der Photographie zur Fixierung des Bildes benutzt (Fixiersalz), da es das unbelichtete, bei der Entwicklung nicht reduzierte Silberhalogenid (AgBr) der lichtempfindlichen Schicht komplex löst.

1. Darstellung von Natriumthiosulfat-5-Hydrat, $Na_2S_2O_3 \cdot 5\,H_2O$

$$NaSO_3 + S \rightarrow Na_2S_2O_3$$

Thiosulfat wird technisch durch längeres Kochen von Sulfitlösung mit Schwefel hergestellt. Aus S_8 entsteht mit SO_3^{2-} zuerst Octasulfanmonosulfonsäure H–SSSSSSSS–SO_3^-, die mit weiterem SO_3^{2-} schnell zu H–SSSSSSS–SO_3^- und $S_2O_3^{2-}$ abgebaut wird. Der Kettenabbau geht dann gleichartig weiter.

In einem 500-ml-Rundkolben erhitzt man 100 bzw. 70 ml Wasser zum Sieden, fügt zwei Tropfen Detergenzlösung (Spülmittel) hinzu und trägt portionsweise ein gut verriebenes Gemisch aus $^1/_4$ mol Na_2SO_3 (32 g Na_2SO_3 bzw. 64 g $Na_2SO_3 \cdot 7\,H_2O$) und $^1/_4$ mol S (8 g S_8 als sublimierter Schwefel) ein. Am Rückflußkühler wird dann weitergekocht, bis sich nach ca. 3 Stunden der Schwefel bis auf geringe Reste gelöst hat. Die Lösung wird noch heiß filtriert, auf 70 ml eingedampft und zur Kristallisation stehengelassen. Aus der dekantierten Mutterlauge kann durch erneutes Eindampfen usw. eine zweite Fraktion gewonnen werden. Da 100 ml Wasser bei 0 °C 79,4 g $Na_2S_2O_3 \cdot 5\,H_2O$ lösen und bei 45 °C bereits 291 g, ist die Ausbeute bei der Kristallisation schlecht. Eine zu stark eingeengte Lösung erstarrt jedoch vollständig zu einer Kristallmasse unter Einschluß aller Verunreinigungen.

2. Einwirkung von Säuren auf Thiosulfate

$$H_2S_2O_3 \rightarrow S\downarrow + SO_2\uparrow + H_2O$$

Beim Ansäuern, für den Nachweis von $S_2O_3^{2-}$ am besten mit HCl, entsteht zunächst die unbeständige freie Thioschwefelsäure. Sie zerfällt in Abhängigkeit von der Konzentration mehr oder weniger langsam, wobei in der Hauptsache Schwefel und Schwefeldioxid entstehen.

3. Nachweis mit $AgNO_3$

$$S_2O_3^{2-} + 2\,Ag^+ \rightarrow Ag_2S_2O_3\downarrow$$

$$Ag_2S_2O_3 + 3\,S_2O_3^{2-} \rightarrow 2\,[Ag(S_2O_3)_2]^{3-}$$

$$Ag_2S_2O_3 + H_2O \rightarrow Ag_2S\downarrow + H_2SO_4$$

$AgNO_3$ gibt mit $Na_2S_2O_3$-Lösung einen weißen Niederschlag von $Ag_2S_2O_3$, der sich im Überschuß von $Na_2S_2O_3$ löst. Dieser Komplex entsteht auch aus anderen schwerlöslichen Silbersalzen wie AgCl, AgBr und AgI mit Thiosulfatlösung (vgl. weiter oben). Das Silberthiosulfat selbst ist unbeständig und zersetzt sich unter Bildung von schwarzem Ag_2S.

Diese Schwarzfärbung, die von Weiß über Gelb, Orange und Braun verläuft, kann zum Nachweis von $S_2O_3^{2-}$ mitbenutzt werden. Auch andere Schwermetallthiosulfate zersetzen sich in gleicher Weise. Da S^{2-}-Ionen durch Bildung von Ag_2S die Reaktion überdecken, kann dieser Nachweis erst nach Fällung von S^{2-} durchgeführt werden.

Trennung und Nachweis von S^{2-}, SO_3^{2-}, SO_4^{2-}, $S_2O_3^{2-}$ und CO_3^{2-} (s. Tabelle XVI S. 241)

Vorproben

Um zu prüfen, ob eine Substanz überhaupt Schwefel in irgendeiner Form enthält, führt man die sog. Heparprobe durch.

$$4\,Ag + 2\,S^{2-} + 2\,H_2O + O_2 \rightarrow 2\,Ag_2S + 4\,OH^-$$

Dazu wird zunächst eine kleine Perle von Soda am Magnesiastäbchen oder in der Öse eines Platindrahtes zusammengeschmolzen, eine geringe Menge der auf Schwefel zu prüfenden Substanz hinzugebracht, in der Oxidationsflamme des Bunsenbrenners erhitzt, um störende Stoffe, wie z. B. Iodide, zu verflüchtigen, und schließlich in der leuchtenden Spitze der Flamme reduzierend geschmolzen. Leuchtgas enthält manchmal Spuren von Schwefel, man mache daher eine Blindprobe.) Dabei werden alle Schwefelverbindungen zu Sulfid reduziert. Dann preßt man die Perle zusammen mit einem Tropfen Wasser auf ein blankes Silberstück. Durch das bei der Reduktion entstandene Sulfid und den Sauerstoff der Luft wird das Silber unter Bildung von Silbersulfid schwarz.

Man kann die Heparprobe ebensogut auch als Lötrohrreaktion durchführen, indem man die Substanz mit Soda vermischt auf der Holzkohle verschmilzt und den angefeuchteten Schmelzkuchen mit dem Silber zusammenbringt.

Die Substanz wird weiterhin mit 1 mol/l H_2SO_4 erwärmt. H_2S-Geruch und Schwärzung von Bleiacetatpapier zeigen Sulfidionen, der bekannte Geruch nach „verbranntem Schwefel" SO_3^{2-} oder $S_2O_3^{2-}$ an. Bei $S_2O_3^{2-}$ findet außerdem Schwefelausscheidung statt.

Nachweise

Je nachdem, ob man es mit löslichen oder in nichtoxidierenden Säuren schwerlöslichen Sulfiden zu tun hat, ist der Nachweis von S^{2-} verschieden.

Lösliche Sulfide werden mit 2 mol/l HCl versetzt und das freiwerdende H_2S mit Pb-Acetat nachgewiesen (s. 4., S. 46).

Ist auf schwer lösliche Sulfide zu prüfen, wird die Analysensubstanz, ggf. der Rückstand des SA mit Zink und 5 mol/l HCl, der man 1 Tropfen $CuSO_4$-Lösung zusetzt, nach 4., S. 46, behandelt. Der Nachweis des entweichenden H_2S erfolgt wie oben. Man kann auch den Rückstand des SA mit 14 mol/l HNO_3 kochen und das gebildete SO_4^{2-} mit $BaCl_2$ nachweisen.

Bei Gegenwart von SO_3^{2-}, $S_2O_3^{2-}$ und SO_4^{2-} im SA muß das S^{2-} vor dem Nachweis mit Cadmiumacetat-Lösung abgetrennt werden. Bei Gegenwart von S^{2-} fällt gelbes CdS, das abgetrennt wird. Ist alles S^{2-} als CdS ausgefällt, so bildet sich bei Zusatz von überschüssigem Cd-Acetat weißes $CdCO_3$. Störungen können auftreten, wenn die evtl. saure Analysensubstanz Sulfit und Sulfid enthält. Hierbei kann sich Schwefel abscheiden.

SO_3^{2-}, $S_2O_3^{2-}$ und SO_4^{2-} werden im Zentrifugat des CdS-Niederschlages ermittelt. Dazu fällt man zunächst SO_3^{2-} und SO_4^{2-} gemeinsam aus.

Das Zentrifugat der CdS-Fällung oder bei Abwesenheit von S^{2-} der SA werden mit 1 Tropfen Neutralrot als Indikator versetzt und mit 5 mol/l CH_3COOH neutralisiert. Zeigt der Indikator in der Kälte nach Zusatz der Essigsäure schwach saure Reaktion, so erwärmt man im Wasserbad. Unter CO_2-Entwicklung schlägt die Indikatorfarbe wieder um und zeigt alkalische Reaktion. Man versetzt nun solange mit 5 mol/l CH_3COOH, bis in der Wärme kein CO_2 mehr entweicht und der Indikator konstant ein pH = 6–7 anzeigt. Sodann werden einige Tropfen 5 mol/l NH_3 und einige Tropfen einer kalt gesättigten $Sr(NO_3)_2$-Lösung zugegeben und 10 Minuten im Wasserbad erwärmt. Nach dem Abzentrifugieren des Niederschlags wird das Zentrifugat durch erneuten Zusatz von einigen Tropfen 5 mol/l NH_3 und Erwärmen auf Vollständigkeit der Fällung geprüft. Eine durch den Carbonatgehalt des Ammoniaks auftretende Trübung wird verworfen. Der gut gewaschene Niederschlag wird auf SO_3^{2-} und SO_4^{2-}-Ionen, das Zentrifugat auf $S_2O_3^{2-}$ geprüft.

Zum Nachweis des SO_3^{2-} behandle man einen Teil des Niederschlags mit 1 mol/l H_2SO_4. Das entstehende SO_2 ist am Geruch zu erkennen (s. 1., S. 202). Das durch Ansäuern entstehende SO_2 kann auch in ein mit Wasser gefülltes Gärröhrchen übergetrieben werden. Das entstehende H_2SO_3 wird nach Oxidation mit H_2O_2 als $BaSO_4$ (s. 4., S. 82), durch Reduktion von I_2 (s. 2., S. 47) oder mit $ZnSO_4$ + + $K_4[Fe(CN)_6]$ + $Na_2[Fe(CN)_5NO] \cdot 2\,H_2O$ (s. 2., S. 202) nachgewiesen.

Thiosulfat erkennt man daran, daß das Zentrifugat vom Sulfit-Sulfat-Niederschlag beim Ansäuern allmählich Schwefel ausscheidet und nach Schwefeldioxid riecht. Außerdem reduziert die Lösung Iod. Aus neutralen Lösungen kann das Thiosulfat mit $AgNO_3$ (s. 3., S. 203f.) identifiziert werden.

Sulfat wird in einer besonderen, mit Salzsäure angesäuerten Probe mit $BaCl_2$ (s. 3., S. 49) nachgewiesen, wobei vom evtl. ausgeschiedenen Schwefel vorher abzufiltrieren ist.

Der Nachweis von Carbonat wird durch Sulfite und Thiosulfate gestört, da Schwefeldioxid mit Bariumhydroxid schwerlösliches Bariumsulfit gibt. Man muß dann die Analysensubstanz vor dem Nachweis des Carbonats einige Zeit mit Wasserstoffperoxid behandeln (Nachweis von Carbonat s. S. 59).

2.4.3. Stickstoff und Phosphor, V. Hauptgruppe des PSE

Die V. Hauptgruppe des PSE umfaßt die Elemente Stickstoff, N, Phosphor, P, Arsen, As, Antimon, Sb, und Bismut, Bi.

Gemäß den allgemeinen Regeln (s. S. 190) ist die maximal mögliche Oxidationsstufe, die auch von allen Elementen erreicht wird, +5, die minimale −3. Mit steigender Ordnungszahl nimmt der metallische Charakter stark zu, die Stabilität der höchsten Oxidationsstufe dagegen ab. Bismutate(V) sind äußerst starke Oxidationsmittel. In gleicher Richtung sinkt die thermische Stabilität der Wasserstoffverbindungen H_3X und steigt ihr Säurecharakter. Letzteres macht sich auch dadurch bemerkbar, daß die Anlagerung eines Protons unter Bildung von Ionen des Typus $[XH_4]^+$ (s. S. 50) immer schwieriger wird. Die Abnahme der Stärke der Sauerstoffsäuren zeigt sich am besten durch den Vergleich der Verbindungen in der Oxidationsstufe +3. HNO_2 und H_3PO_3 zählen zu den Säuren, H_3AsO_3 bzw. As_2O_3 und H_3SbO_3 bzw. $Sb_2O_3 \cdot aq.$ sind amphoter, und $Bi(OH)_3$ verhält sich wie eine Base.

Die Elemente Arsen, Antimon und Bismut gehören analytisch gesehen zur H_2S-Gruppe und werden dort besprochen (Kap. 2.3.4.).

Stickstoff und seine Verbindungen

Neben den bereits im ersten Teil der Nichtmetalle beschriebenen Stickstoffverbindungen sind noch von Bedeutung die Wasserstoffverbindungen Hydrazin, N_2H_4, und Stickstoffwassersäure, HN_3, sowie Hydroxylamin, NH_2OH. Auch einige Derivate des Ammoniaks sowie die Nachweisreaktionen der salpetrigen Säure sollen noch besprochen werden.

Derivate des Ammoniaks

Das Ammoniak besitzt nicht nur die Fähigkeit, anderen Verbindungen Protonen, H^+, unter Bildung von NH_4^+ zu entziehen und sich wegen seines Dipolcharakters an viele Stoffe unter Bildung von Ammoniakadditionsverbindungen anzulagern, sondern in ihm kann auch der Wasserstoff ganz oder teilweise durch andere Reste ersetzt werden.

Bei Austausch des Wasserstoffs gegen Metalle erhält man Amide: $NaNH_2$, Imide: $PbNH$ und Nitride: Mg_3N_2 (Darstellung s. S. 51).

Bei Ersatz des Wasserstoffs durch Säurereste erhält man Säureamide: NH_2SO_3H Amidoschwefelsäure.

Weiterhin kann an Stelle eines Wasserstoffs die OH-Gruppe treten, wodurch das Hydroxylamin NH_2OH entsteht, und ebenso können zwei NH_2-Gruppen zum NH_2-NH_2, Hydrazin, zusammentreten.

Die beiden Verbindungen Hydroxylamin und Hydrazin haben mit dem Ammoniak insofern Ähnlichkeit, als sie ebenfalls Protonen aufzunehmen und sich an andere Verbindungen anzulagern vermögen. So bilden sie die Ionen $[NH_3OH]^+$, $[NH_2 \cdot NH_3]^+$ und $[NH_3 \cdot NH_3]^{2+}$ sowie viele Komplexsalze, z. B. $[Zn(NH_2OH)_2]SO_4$. Die Bindung ist aber allgemein schwächer als beim Ammoniak. Außerdem sind sie starke Reduktionsmittel und selbstzersetzlich, wobei die Zerfallsprodukte je nach den Versuchsbedingungen verschieden sein können.

1. Darstellung von Amidoschwefelsäure, $(NH_2)HSO_3$

$$CO(NH_2)_2 + H_2S_2O_7 \rightarrow 2\,(NH_2)HSO_3 + CO_2\uparrow$$

Der Ersatz eines Wasserstoffatoms im NH_3-Molekül durch die Sulfonsäuregruppe SO_3H führt zur Amidoschwefelsäure. Sie läßt sich sehr einfach aus Harnstoff (dem Diamid der Kohlensäure) und rauchender Schwefelsäure (Oleum) darstellen.

In 56 ml 18 mol/l H_2SO_4 werden langsam 30 g Harnstoff unter Kühlung u. Rühren eingetragen. Zur klaren Lsg. fügt man unter Eiskühlung u. Rühren nach u. nach 90 ml 65–70%iges Oleum hinzu, wobei die Temp. von 45 °C nicht überschritten werden darf. Von diesem Gemisch wird ein kleiner Teil auf dem Wasserbad bis zum Eintreten einer heftigen CO_2-Entwicklung erwärmt; sobald diese nachgelassen hat, wird ein weiterer Anteil zugefügt usw., bis alles zur Rk. gebracht ist. Dann läßt man abkühlen, saugt auf einer Glasfritte ab, wäscht mit 18 mol/l H_2SO_4, saugt $^1/_2$ Std. Luft hindurch, preßt auf Ton ab u. läßt über Nacht an der Luft stehen. Die rohe Säure wird in 200–250 ml siedendes Wasser gegeben, die Lsg. sofort durch einen Heißwassertrichter filtriert u. in Eis gekühlt. Die auskristallisierte, reine Amidoschwefelsäure wird abgesaugt, mit wenig eiskaltem W. gewaschen u. getrocknet; Smp. 205 °C.

$$[NH_3OH]_2SO_4 + 2\,SO_2 \rightarrow 2\,(NH_2)HSO_3 + H_2SO_4$$

Eine andere Möglichkeit zur Herstellung von Amidoschwefelsäure besteht in der Umsetzung von Hydroxylammoniumsulfat mit SO_2.

Hydroxylammoniumsulfat wird in möglichst wenig W. gelöst u. in die eiskalte Lsg. SO_2 bis zur Sättigung eingeleitet. Man läßt diese Lsg. in einem verschlossenen Erlenmeyerkolben einen Tag lang stehen, vertreibt dann das überschüssige SO_2 durch einen Luftstrom u. läßt im Exsikkator über 18 mol/l H_2SO_4 kristallisieren. Die abgeschiedenen, farblosen Kristalle werden auf einer Glasfilternutsche abgesaugt u. wie oben beschrieben weiter verarbeitet. Die rohe Amidoschwefelsäure kristallisiert man aus der 2- bis 2,5fachen Gewichtsmenge siedenden W. um.

Ein sehr gutes Kriterium für die Reinheit einer Substanz ist der Schmelzpunkt, der bei Anwesenheit von Verunreinigungen herabgesetzt wird (*Raoult*sches Gesetz). Liegt der Schmelzpunkt zu tief, ist eine weitere Reinigung der Substanz durch Umkristallisation, Destillation oder Sublimation erforderlich.

Zur Schmelzpunktbestimmung füllt man eine einseitig zugeschmolzene Kapillare von ca. 5 cm Länge u. ca. 1 mm ∅ zu etwa einem Fünftel mit der trockenen Substanz u. bringt sie in den mit 18 mol/l H_2SO_4 gefüllten Schmelzpunktbestimmungsapparat (Abb. 32.). Die Kapillare wird mit 1 Tr. 18 mol/l H_2SO_4 an das Thermometer angeklebt, u. zwar so, daß sich die Substanz in der Höhe der Mitte der Quecksilberkugel befindet. Mit kleiner Flamme erhitzt man langsam u. beobachtet die Substanz. In der Nähe des Smp. soll der Temperaturanstieg besonders gering sein. Sobald Verflüssigung eintritt, wird die Temperatur abgelesen u. notiert.

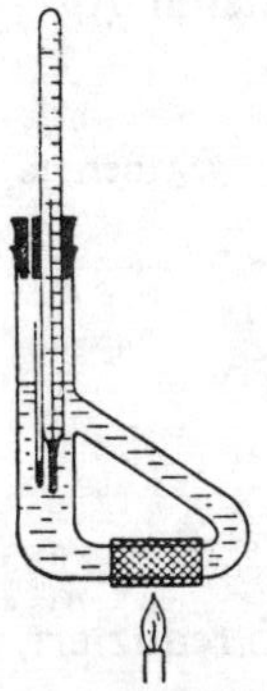

Abb. 32. Schmelzpunktbestimmungsapparat

Schmelzpunkte über 250 °C werden in einem Metallblock bestimmt.

2. *Darstellung von Hydraziniumsulfat, $(N_2H_6)SO_4$*

$$NH_3 + NaOCl \rightarrow NaOH + NH_2Cl$$

$$NH_3 + NH_2Cl + NaOH \rightarrow NH_2NH_2 + NaCl + H_2O$$

$$NH_2NH_2 + H_2SO_4 \rightarrow [N_2H_6]SO_4\downarrow$$

N_2H_4 bildet sich bei der Oxidation von Ammoniak durch Hypochlorit, wobei als Zwischenverbindung Chloramin auftritt.

Das Chloramin reagiert mit Hypochlorit äußerst leicht unter Stickstoffentwicklung, besonders in Gegenwart von Schwermetallspuren, die in jedem Wasser, auch in destilliertem, vorhanden sind:

$$2\,NH_2Cl + NaOCl \rightarrow NaCl + 2\,HCl + N_2 + H_2O$$

Um die Schwermetallionen zu binden, setzt man als „Antikatalysator“ Tischlerleim hinzu. Dies ist wirkungsvoller als ein EDTA-Zusatz.

In einen Erlenmeyerkolben von etwa 750 ml Inhalt gibt man 165 ml 13 mol/l NH_3 u. 35 ml W. u. fügt Tischlerleimlsg. hinzu, die man sich durch Aufweichen von 2 g Knochenleim oder Gelatine in wenig W. u. Lösen in 15 ml heißem W. bereitet hat. Außerdem stellt man sich Natriumhypochlorit dar, indem man in 100 ml 2 mol/l NaOH so lange unter Eiskühlung Chlor einleitet, bis das Gewicht um 6 g zugenommen hat. Diese Zunahme ist etwas weniger, als der zur Bldg. des Natriumhypochlorits notwendigen Rk.-Gleichung entspricht. Das ist auch unbedingt erforderlich, da auf keinen Fall freies Chlor vorhanden sein darf.

Man gießt nun die Hypochloritlsg. in das Ammoniak, erhitzt sofort zum Sieden u. dampft etwa auf die Hälfte ein. Dann wird zuerst mit W., darauf mit Eis gekühlt u., indem man durch Kühlung die Temp. niedrig hält, vorsichtig so lange 18 mol/l H_2SO_4 zugesetzt, bis kein Nd. mehr entsteht. Nach Filtration wird das Rohprodukt aus möglichst wenig W. umkristallisiert. $[N_2H_6]SO_4$ bildet dicke, glänzende Tafeln oder Prismen von Smp. 254 °C (Zersetzung).

NH_2OH wird in der Technik meist durch kathodische Reduktion von Salpetersäure an amalgamierten Metallelektroden gewonnen.

3. Ag^+ + Ammoniak

$$N_2H_4 + 4\,Ag^+ \rightarrow 4\,Ag\downarrow + N_2\uparrow + 4\,H^+$$

bzw.

$$2\,NH_2OH + 4\,Ag^+ \rightarrow 4\,Ag\downarrow + N_2O\uparrow + 4\,H^+ + H_2O$$

Hydrazin und Hydroxylamin sind starke Reduktionsmittel und reduzieren Ag^+-Ionen zu metallischem Silber.

Zu ammoniakalischer Silbersalzlsg. wird etwas Hydrazin- oder Hydroxylaminlsg. gegeben u. schwach erwärmt. Es scheidet sich Silber, häufig als Spiegel, ab.

4. Fehlingsche Lösung (Vgl. 7., S. 161)

$$N_2H_4 + 4\,Cu^{2+} + 8\,OH^- \rightarrow N_2\uparrow + 2\,Cu_2O\downarrow + 6\,H_2O$$

$$2\,NH_2OH + 4\,Cu^{2+} + 8\,OH^- \rightarrow N_2O\uparrow + 2\,Cu_2O\downarrow + 7\,H_2O$$

(vereinfachte Gleichungen)

Auch komplexgebundenes Cu(II) wird von Hydrazin oder Hydroxylamin reduziert. Es bildet sich rotes Kupfer(I)-oxid, Cu_2O.

Man versetze *Fehlingsche* Lsg., erhalten aus Kupfersulfat, Weinsäure u. Natronlauge, mit $[N_2H_6]SO_4$ oder $[NH_3OH]Cl$. Mit ersterem scheidet sich beim Erwärmen, mit letzterem schon bei Zimmertemp. rotes Kupfer(I)-oxid ab.

Analytisch wichtige Reaktionen der salpetrigen Säure und Nitrite

Siehe dazu Versuche auf S. 52.

1. Reaktionen von Nitrit mit Ammoniakderivaten

$$CO(NH_2)_2 + 2\,HNO_2 \rightarrow CO_2\uparrow + 3\,H_2O + 2\,N_2\uparrow$$

bzw.

$$NH_2SO_3H + HNO_2 \rightarrow H_2SO_4 + N_2\uparrow + H_2O$$

Außer mit NH_3 reagiert HNO_2 auch mit den Ammoniakderivaten unter N_2-Bildung. Diese Reaktion ist wichtig zur Entfernung von Nitriten aus der Analysenlösung, da Nitrate nur dann nachgewiesen werden können, wenn kein NO_2^- zugegen ist. Ohne störende Nebenreaktionen werden in saurer Lösung Nitrite von Harnstoff $CO(NH_2)_2$ oder besser Amidoschwefelsäure NH_2SO_3H zerstört.

Zur Nitritentfernung wird entweder der SA oder die neutrale Lsg. der Analysensubstanz kalt mit einer Harnstofflsg. versetzt u. ganz schwach angesäuert, oder es wird nicht ganz neutralisiert u. tropfenweise Amidoschwefelsäurelsg. zugegeben, wobei sich NO_2^- sehr schnell zersetzt.

2. Nachweis mit $FeSO_4$ (Vgl. 3., S. 54)

$$[Fe(H_2O)_6]^{2+} + NO_2^- + 2\,H^+ \rightarrow [Fe(H_2O)_6]^{3+} + NO + H_2O$$

$$[Fe(H_2O)_6]^{2+} + NO \rightarrow [Fe(H_2O)_5NO]^{2+} + H_2O$$

Wie bei Nitrat, aber zum Unterschied zu diesem schon in schwach saurer Lösung bildet sich das braune Pentaaquanitrosyleisen-Kation.

Im HM-Maßstab wird 1 Tr. der vorbereiteten Probelsg. auf der TP mit 1 Tr. 2,5 mol/l H_2SO_4 angesäuert u. mit einem kleinen, mit 2,5 mol/l H_2SO_4 gewaschenen $FeSO_4$-Kristall versetzt. Eine Braunfärbung um den $FeSO_4$-Kristall (Bldg. von $[Fe(H_2O)_5NO]^{2+}$) zeigt NO_2^- an.

EG: 2 µg HNO_2 pD 4,2

3. Nachweis mit Sulfanilsäure + α-Naphthylamin (Lunge-Reagenz)

Ganz allgemein reagiert freie HNO_2 mit primären aromatischen Aminen und ihren kernsubstituierten Derivaten (Diazotierung), wobei Diazoniumsalze entstehen, die sich in saurer Lösung mit primären und sekundären aromatischen Aminen, in alkalischer Lösung mit Phenolen zu intensiv gefärbten Azofarbstoffen umsetzen (kuppeln). Bei Verwendung von obigem Reagenz wird die Sulfanilsäure diazotiert, und das entsprechende Diazoniumsalz setzt sich mit α-Naphthylamin zu einem roten Azofarbstoff um.

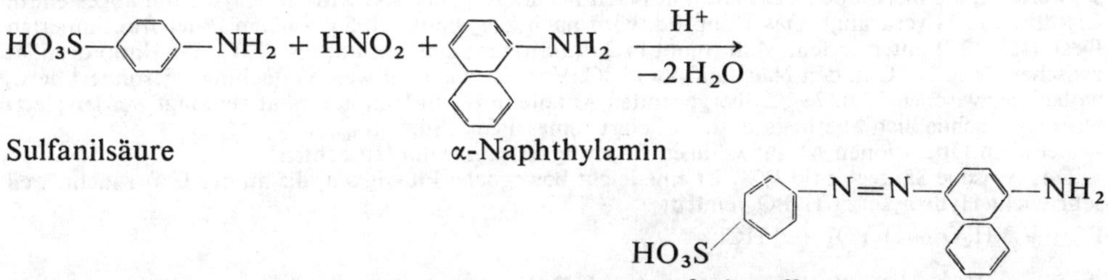

Azofarbstoff

1 Tr. der vorbereiteten Probelsg. wird mit je 1 Tr. Eisessig, 1 Tr. Sulfanilsäure-Lsg. u. 1 Tr. α-Naphthylamin-Lsg. auf der TP vermischt. Eine Rotfärbung zeigt NO_2^- an.

EG: 0,01 µg NO_2^- pD 6,7

Reagenz: A: 1%ige Lsg. von Sulfanilsäure in 5 mol/l CH_3COOH.
Reagenz B: Gesätt. Lsg. von α-Naphthylamin in 5 mol/l CH_3COOH (ca. 3%ig).

Phosphor und seine Verbindungen

Die beständigste Oxidationsstufe des Phosphors ist +5. Deshalb wird Phosphor in der Natur als Phosphat gefunden. Ersetzt man nacheinander die OH-Gruppen der Phosphorsäure durch Wasserstoff, so erhält man die phosphorige Säure, H_3PO_3, und die hypophosphorige Säure, H_3PO_2. Da in dem H_3PO_3 ein Wasserstoff und in dem H_3PO_2 zwei Wasserstoffe direkt an den Phosphor gebunden sind, sind im ersten Fall nur 2 und im letzten sogar nur ein Wasserstoff im Wasser abdissoziierbar. H_3PO_3 ist daher eine zweibasige und H_3PO_2 eine einbasige Säure. H_3PO_3 entsteht bei der Hydrolyse von Phosphortrichlorid, PCl_3, das aus den Elementen erhalten werden kann. PCl_3 geht bei Chlorüberschuß in PCl_5 über, das bei milder Hydrolyse das schon erwähnte Phosphoroxidchlorid gibt.

$$\left[\begin{matrix} & O & \\ H & P & O \\ & O & \end{matrix}\right]^{2-} 2\,H^+ \qquad \left[\begin{matrix} & O & \\ H & P & O \\ & H & \end{matrix}\right]^{-} H^+$$

phosphorige Säure (Phosphonsäure) hypophosphorige Säure (Phosphinsäure)

1. Darstellung von Phosphortrichlorid, PCl_3

$$2\,P + 3\,Cl_2 \rightarrow 2\,PCl_3$$

Weißer Phosphor verbrennt in Cl_2 mit fahlgelber Flamme zu PCl_3, das durch überschüssiges Cl_2 zu PCl_5 oxidiert wird.

Man verwendet die auf S. 45 wiedergegebene App., die ganz allgemein zur Darstellung flüchtiger Chloride geeignet ist. Es handelt sich dabei um ein abgestuftes Rohr aus schwer schmelzbarem Geräteglas (besser Quarzgut), in dessen erweiterten Teil, der als Kondensationsraum für destillierende

Stoffe dient, ein Kühlfinger ragt. Im engeren, heizbaren Teil des Rohres befindet sich ein Porzellanschiffchen mit dem Reaktionsgut. Es ist darauf zu achten, daß an der verjüngten Stelle des Reaktionsrohres keine Kondensation eintritt. Chloride, die bei Zimmertemp. flüssig sind, werden am Kühlfinger niedergeschlagen und fließen bei leicht schräger Lage des Rohres in das Sammelgefäß. An der Wandung des erweiterten Rohres niedergeschlagene Chloride lassen sich durch Erwärmung dieser Stelle leicht entfernen u. an den Kühlfinger überführen.

Die trockene, leicht schräg gestellte App. (vgl. Abb. 17.) wird zur Luftverdrängung mit CO_2 gefüllt. Dann wird das mit 20 g weißem P (in kleinen Stücken u. trocken) gefüllte Schiffchen in das Rk.-Rohr eingeschoben u. die eingedrungene Luft wieder durch CO_2 verdrängt. Nach Abstellen des CO_2-Stromes leitet man trockenes Cl_2 (Waschflasche mit konz. H_2SO_4) ein. Als Gaseinleitungsrohr wird zweckmäßig ein T-Stück verwendet, dessen beide Enden mit der CO_2- bzw. Cl_2-Entwicklungsanlage verbunden sind. Unter Feuererscheinung verbrennt der Phosphor. Bildet sich dabei ein weißes bis gelbgrünes Sublimat von PCl_5, so ist zu erwärmen u. der Cl_2-Strom zu drosseln (ggf. mit CO_2 verdünnen). Entsteht dagegen ein gelbroter Beschlag von P, dann ist die Flamme zu verkleinern u. der Cl_2-Strom zu verstärken. Das gebildete PCl_3 sammelt sich in der gekühlten Vorlage als farblose, schwere Fl., die meist noch PCl_5 enthält. Nach Beendigung der Rk. wird der Cl_2-Strom abgestellt u. Cl_2 durch CO_2 verdrängt. Das Rohprod. wird nach Zugabe von 0,5 g weißem P der fraktionierten Dest. (s. S. 177) unterworfen. Man trennt in 3 Fraktionen: den Vorlauf bis 72 °C, das Hauptdestillat zwischen 72 u. 76 °C u. den Nachlauf bis 78 °C. Vor- u. Nachlauf werden nochmals gesondert dest., wobei die zwischen 72 u. 76 °C übergehenden Anteile mit dem Hauptdestillat vereinigt werden; letzteres wird schließlich abermals dest. u. liefert reines PCl_3 ($Sdp._{1013 mbar}$ 74,5 °C).

Bei allen Operationen ist auf völligen Feuchtigkeitsausschluß zu achten!

Das typische Säurechlorid PCl_3 ist eine leicht bewegliche Flüssigkeit, die an der Luft raucht, weil sehr leicht Hydrolyse zu H_3PO_3 eintritt:

$$PCl_3 + 3\,H_2O \rightarrow H_3PO_3 + 3\,HCl$$

2. Darstellung von Phosphorpentachlorid, PCl_5

$$PCl_3 + Cl_2 \rightleftharpoons PCl_5$$

Eine trockene Pulverflasche wird mit einem dreifach durchbohrten, paraffinierten Korkstopfen verschlossen, der ein weites, bis auf den Boden reichendes Gaseinleitungsrohr, einen Tropftrichter u. ein Gasableitungsrohr trägt. Man füllt die Flasche unter dem Abzug mit trockenem Cl_2, zieht dann das Einleitungsrohr in die Höhe u. läßt sehr langsam aus dem Tropftrichter PCl_3 eintropfen. Man sorge dafür, daß jeder Tropfen erst dann in die Flasche kommt, wenn der vorhergehende sich völlig in festes PCl_5 umgewandelt hat. Anderenfalls ist zu befürchten, daß PCl_3 von festem PCl_5 umhüllt wird u. sich damit der Rk. entzieht. Ist alles PCl_3 verbraucht, wird noch einige Min. weiter Cl_2 eingeleitet u. dann der Kork durch einen Glasstopfen ersetzt.

PCl_5 ist eine weiße, häufig durch Cl_2 etwas grünlich gefärbte Kristallmasse, die oberhalb 100 °C ohne zu schmelzen sublimiert. Es wird durch wenig Wasser zunächst in $POCl_3$, dann in $HPCl_2O_4$ (Dichlorphosphorsäure) und mit mehr schließlich in H_3PO_4 umgewandelt. Bei 300 °C ist PCl_5 vollständig in PCl_3 und Cl_2 dissoziiert.

Analyse bei Gegenwart von Phosphorsäure

Da die Löslichkeit der Phosphate sehr unterschiedlich ist, muß die Prüfung auf PO_4^{3-} je nach den vorliegenden Bedingungen an verschiedenen Stellen des Analysenganges erfolgen. Lösliche Phosphate können sowohl im mineralsauren Substanzauszug als auch im SA nachgewiesen werden. Bei Anwesenheit von SiO_4^{4-} und AsO_4^{3-} erfolgt die PO_4^{3-}-Identifizierung erst nach dem Abrauchen der löslichen Kieselsäure und der quantitativen $As_2S_{3(5)}$-Fällung im Zentrifugat der H_2S-Gruppe. Zum Nachweis des PO_4^{3-} eignen sich neben der Ausfällung als $Zr_3(PO_4)_4$ (s. 7., S. 57) die Bildung von $MgNH_4PO_4$-Kristallen (s. 7., S. 74) oder die Reaktion mit Ammoniummolybdat (s. 6., S. 56). Wird das salzsaure Zentrifugat der H_2S-Gruppe verwendet, muß H_2S verkocht und evtl. vorhandene Oxalsäure durch Zugabe von einigen Tropfen H_2O_2 entfernt werden.

Da die Phosphorsäure, wie schon erwähnt, den Gang der Analyse durch Bildung schwerlöslicher Phosphate von Mg, Ca, Sr und Ba in neutraler oder ammoniakalischer Lösung stört, muß sie vor Durchführung des Kationentrennungsganges entfernt werden. Die erwähnten Kationen fallen bei Gegenwart von Phosphorsäure mit der Ammoniumsulfidgruppe (s. S. 86) und gelangen nicht in den Teil des Trennungsganges, wo sie identifiziert werden müßten.

Bei Anwendung des Urotropinverfahrens (s. S. 141) muß so viel Fe^{3+} zugegeben werden, daß alles PO_4^{3-} als $FePO_4$ gefällt wird. Ist also der Nachweis von PO_4^{3-} positiv ausgefallen, so prüfe man das Zentrifugat des H_2S-Niederschlages nach Verkochen des Schwefelwasserstoffs und Oxidation durch einige Tropfen Salpetersäure zunächst auf Eisen. Ist sehr viel Eisen zugegen, dagegen wenig PO_4^{3-}, so unterbleibt ein Zusatz von $FeCl_3$. Ist das Umgekehrte der Fall, so setzt man einen der PO_4^{3-}-Menge entsprechenden Überschuß von $FeCl_3$ hinzu und fällt wie üblich mit Urotropin aus. Im Niederschlag befindet sich neben $Fe(OH)_3$, $Cr(OH)_3$, $Al(OH)_3$, $FeVO_4$ usw. die gesamte Phosphorsäure als $FePO_4$ oder auch als $CrPO_4$ bzw. $AlPO_4$. Sie stört den Nachweis dieser Kationen nicht, so daß wie gewöhnlich weitergearbeitet werden kann.

Bei der gemeinsamen Fällung der Ammoniumsulfidgruppe mit Ammoniak und $(NH_4)_2S$ ist es notwendig, die Phosphorsäure vorher abzuscheiden. Hierzu geeignet sind neben der Fällung mit $FeCl_3$ aus saurer, acetatgepufferter Lösung die Abscheidung mit Zinnsäure und als Zirconiumphosphat.

Die Fällung mit $FeCl_3$ aus schwach saurer Acetatlösung (s. 3., S. 56) ist dem Hydrolysenverfahren mit Urotropin ähnlich, denn zusammen mit $FePO_4$ fallen neben basischem Eisenacetat auch Chrom, Aluminium und Titan als basische Acetate aus. Die Fällung von Eisen und Aluminium ist jedoch in Gegenwart von Chrom häufig nicht vollständig, so daß die Fällung mit Urotropin vorzuziehen ist.

Zur Abscheidung der Phosphorsäure mit Zinnoxid-Hydrat (s. 4., S. 56) dampfe man zur Entfernung von H_2S und Cl^- das Zentrifugat der H_2S-Gruppe unter Zusatz einiger ml 14 mol/l HNO_3 zur Trockne ein, befeuchte die Trockensubstanz nochmals mit einigen Tropfen 14 mol/l HNO_3 und wiederhole die Operation, bis der Nachweis auf Cl^- negativ ausfällt. Dann nimmt man mit 10 ml 14 mol/l HNO_3 auf und verfährt weiter nach Rk. 4., S. 56. Wenn man richtig gearbeitet hat, ist das Zentrifugat frei von PO_4^{3-} und auch von Zinn. Sollte letzteres nicht der Fall sein, so muß es mit Schwefelwasserstoff entfernt werden. Dann wird wie üblich weitergearbeitet.

Am einfachsten ist die Abtrennung der Phosphorsäure durch Fällung als Zirconiumphosphat (s. 7., S. 57). Man erhitzt das Zentrifugat der H_2S-Gruppe zum Sieden und versetzt nach der Vertreibung von H_2S die heiße Lösung tropfenweise mit einer Lösung von $ZrOCl_2$. Zur Fällung von je 50 mg PO_4^{3-} genügen 15 ml 0,05 mol/l $ZrOCl_2$. Man zentrifugiert ab und versetzt das Zentrifugat nochmals mit 10 ml $ZrOCl_2$-Lösung, kocht kurz auf und zentrifugiert nach 5 Minuten. Das im Zentrifugat befindliche Zirconium scheidet sich bei der $NaOH–H_2O_2$-Trennung mit dem Fe(III) als $ZrO_2 \cdot aq$ bzw. $Zr_3(PO_4)_4$ ab.

In Metallegierungen liegt Phosphor stets als Phosphid vor, und zwar meist in sehr kleinen Mengen. Um ihn nachzuweisen, werden 5–10 g Metall in konz. Salpetersäure gelöst, wobei das Phosphid zu Phosphat oxidiert wird. Nachweis des PO_4^{3-} wie üblich.

2.4.4. Kohlenstoff, Silicium und Bor, III. und IV. Hauptgruppe des PSE

In der IV. Hauptgruppe des PSE befinden sich die Elemente Kohlenstoff, C, Silicium, Si, Germanium, Ge, Zinn, Sn, und Blei, Pb. Gemäß den allgemeinen Regeln des PSE (s. S. 190) nimmt mit steigender Ordnungszahl der metallische Charakter der Elemente sowie der basische Charakter der Hydroxide zu, dagegen die Beständigkeit der höchsten Oxidationsstufe ab. Kohlenstoff ist ein Nichtmetall, Silicium und Germanium gehören zu den Halbmetallen und Blei und Zinn zu den Metallen. Beim Kohlenstoff ist die Oxidationsstufe +4 die beständigste. Von Silicium und Germanium kennt man Verbindungen mit der Oxidationsstufe +2, sie sind jedoch sehr unbeständig und werden leicht zur Stufe +4 oxidiert. Beim Zinn sind die Oxidationsstufen +2 und +4 hinsichtlich ihrer Beständigkeit gleichwertig, beim Blei überwiegt die Beständigkeit der Oxidationsstufe +2.

Die minimale Oxidationsstufe beträgt −4. Die thermische Beständigkeit der Wasserstoffverbindungen nimmt mit steigender Ordnungszahl ab, ihr saurer Charakter zu.

In der III. Hauptgruppe des PSE stehen Bor, B, Aluminium, Al, Gallium, Ga, Indium, In, und Thallium, Tl. Auf Grund der Schrägbeziehung im PSE hat das Bor als erstes Element der III. Hauptgruppe Ähnlichkeit in seinem Verhalten mit dem Silicium. So bildet es wie das Silicium gasförmige Wasserstoffverbindungen und sein Oxid neigt wie Kieselsäure zur Glasbildung. Das gleiche gilt von manchen Boraten.

Von den hier erwähnten Elementen werden wegen ihres analytischen Verhaltens Sn auf S. 180 und Pb auf S. 153 besprochen.

Kohlenstoff, C, 12,011; −4, +2, +4

Neben den einfachsten Kohlenstoffverbindungen (s. S. 57) liegt die Zahl der in der organischen Chemie zusammengefaßten bisher entdeckten oder synthetisierten Verbindungen weit über einer Million. Aus dieser großen Anzahl an Verbindungen sollen nur die Essigsäure, CH_3COOH, eine sog. Monocarbonsäure und deren Salze, die Acetate, die Oxalsäure, $(COOH)_2$ oder $H_2C_2O_4$, eine Dicarbonsäure und deren Salze, die Oxalate, die Cyanwasserstoffsäure oder Blausäure, HCN, und deren Salze, die Cyanide, und die Thiocyansäure oder Rhodanwasserstoffsäure, HSCN, und deren Salze, die Thiocyanate oder Rhodanide, behandelt werden.

Essigsäure und Acetate

Reine Essigsäure, CH_3COOH, sog. Eisessig, schmilzt bei +17 °C und ist mit Wasser in jedem Verhältnis mischbar. Da sie eine schwache Säure ist (pK 4,8), reagieren die Alkalisalze in Wasser infolge Hydrolyse schwach basisch. Mit Ausnahme des weniger löslichen Silbersalzes sind alle Acetate in Wasser leicht löslich.

Aus diesem Grunde ist man auf Geruch- oder Farbreaktionen angewiesen. Diese besitzen nur eine geringe Empfindlichkeit, so daß man häufig gezwungen ist, mit besonders in der HM-Analyse ungewöhnlichen großen Substanzmengen (100–200 mg) zu arbeiten.

1. *Nachweis durch Verreiben mit $KHSO_4$*

$$CH_3COO^- + HSO_4^- \rightarrow CH_3COOH\uparrow + SO_4^{2-}$$

Die in Freiheit gesetzte Essigsäure wird durch den Geruch erkannt.

Die Bildung anderer stark riechender, flüchtiger Verbindungen wird durch Zusatz von Ag^+ und MnO_4^- eingeschränkt. Hierbei werden aus den evtl. vorhandenen störenden Anionen Ag-Halogenide, AgCN, AgSCN und Ag_2S gebildet und SO_3^{2-}, $S_2O_3^{2-}$ zu SO_4^{2-} und NO_2^- zu NO_3^- durch MnO_4^- oxidiert.

Die feste Probesubstanz wird mit der vierfachen Menge $KHSO_4$ in einem Mörser verrieben. Bei Ggw. von Acetaten tritt Geruch nach Essigsäure auf. Auch durch 1 mol/l H_2SO_4 wird Essigsäure in Freiheit gesetzt.

2. *Nachweis mit konz. H_2SO_4 + Ethylalkohol*

$$CH_3COOH + HOC_2H_5 \xrightarrow[H_2SO_4]{\text{konz.}} CH_3COOC_2H_5 + H_2O$$

Essigsäure bildet mit Alkohol bei Gegenwart wasserentziehender Mittel einen Ester. Ester sind Verbindungen, die aus einem Alkohol und einer Säure unter Wasserabspaltung entstehen.

Diese Reaktion ist eine Gleichgewichtsreaktion. Durch den Zusatz von 18 mol/l H_2SO_4 wird das Gleichgewicht jedoch auf die Seite der Esterbildung verschoben (Entfernung des H_2O aus dem Gleichgewicht).

Der Vorgang ist schematisch gleich dem der Salzbildung aus Base und Säure, aber nur rein formal, da Ester im Gegensatz zu den heteropolaren Salzen homöopolare, nicht in Ionen dissoziierende Verbindungen sind.

Man übergieße ein Acetat in einem kleinen Schälchen mit 18 mol/l H_2SO_4 und Alkohol, verrühre alles miteinander, bedecke das Schälchen mit einem Uhrglas und lasse eine Viertelstunde stehen. Angenehmer, obstartiger Geruch, herrührend von dem entstandenen Essigsäureethylester.

Auch hier können die oben erwähnten Störungen auftreten. Sie müssen ggf. analog beseitigt werden. Man versäume nicht, Vergleichsversuche durchzuführen.

3. Nachweis als Kakodyloxid

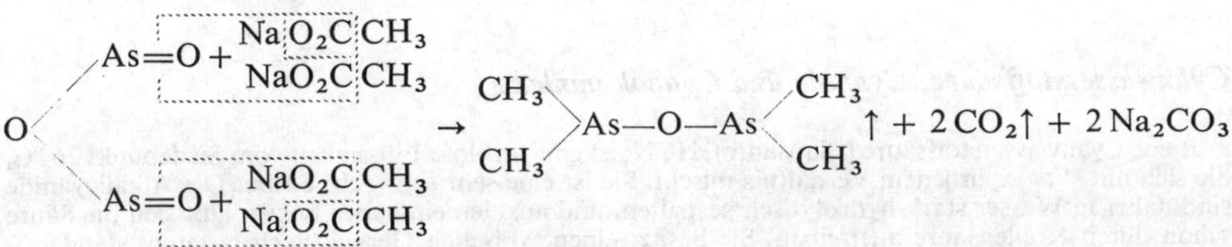

Natriumacetat setzt sich mit Arsentrioxid unter Bildung von Kakodyloxid um, das durch seinen widerlichen Geruch erkennbar ist.

Zum Nachw. verreibe man die Analysensubstanz oder den eingedampften SA mit Na_2CO_3 und As_2O_3 u. erhitze das Gemisch im Glühröhrchen. Der Geruch nach Kakodyloxid (Vorsicht, sehr giftig!) zeigt Acetat an.

Oxalsäure und Oxalate

Oxalsäure, $H_2C_2O_4$, ist ebenso wie die Alkalioxalate in Wasser leicht löslich. Die Salze der Erdalkalielemente, besonders das Calciumoxalat, sind dagegen schwer löslich. In starken Säuren lösen sie sich jedoch leicht auf. Oxalat wird meist im Sodaauszug nachgewiesen, da sich fast alle Oxalate beim Kochen mit Sodalösung zu löslichem Alkalioxalat umsetzen.

1. Konz. H_2SO_4

$$H_2C_2O_4 \rightarrow H_2O + CO\uparrow + CO_2\uparrow$$

Man erhitze im Reagenzglas Oxalsäure oder ein Oxalat mit 18 mol/l H_2SO_4. Durch die wasserentziehende Wirkung der Schwefelsäure bildet sich ein Gemisch von CO_2 und CO. Letzteres brennt mit blauer Flamme.

2. Nachweis mit $CaCl_2$

Ca^{2+} bildet mit Oxalationen in mit Na-Acetat gepufferter Essigsäure einen schwerlöslichen Niederschlag von CaC_2O_4, der sich in starken Säuren wieder löst. Sehr empfindliche Reaktion (s. auch S. 79).

3. Nachweis durch Oxidation mit MnO_4^-

$$5\,C_2O_4^{2-} + 2\,MnO_4^- + 16\,H^+ \rightarrow 2\,Mn^{2+} + 10\,CO_2\uparrow + 8\,H_2O$$

$KMnO_4$ oxidiert Oxalate in saurer Lösung zu CO_2, während es selbst zu Mn^{2+} reduziert wird.

Durch Anwesenheit von Mn^{2+} wird die Reaktion katalytisch beschleunigt, d. h. die Umsetzung verläuft ohne Mn(II)-Salzzusatz zunächst sehr langsam. Die Reaktionsgeschwindigkeit nimmt jedoch im Verlauf der Reaktion infolge steigender Mn^{2+}-Ionenkonzentration zu (Beispiel einer autokatalytischen Reaktion). Die Entfärbung von Kaliumpermanganat und die dabei auftretende Kohlendioxidentwicklung ist der beste Nachweis für Oxalate, vorausgesetzt daß keine anderen organischen Verbindungen oder Reduktionsmittel vorhanden sind.

Da praktisch alle Reduktionsmittel mit MnO_4^- reagieren, muß zur Spezifizierung des $C_2O_4^{2-}$-Nachweises die Reaktion folgendermaßen durchgeführt werden.

5–10 Tr. des SA werden mit 5 mol/l CH_3COOH schwach angesäuert u. mit soviel 0,1 mol/l KI_3 versetzt, daß die Lsg. durch einen geringen I_2-Überschuß gelb gefärbt ist (Oxidation von SO_3^{2-} u. a. Ionen). Dann wird die CaC_2O_4-Fällung wie unter 2. beschrieben ausgeführt. Der Nd. wird in 5 Tr. W. u. 5 Tr. 18 mol/l H_2SO_4 gelöst. Die Lsg. wird im Reagenzglas tropfenweise mit ca. 0,5 ml 0,02 $KMnO_4$ versetzt. Bei Ggw. von Oxalat wird das MnO_4^- zuerst langsam, dann schnell entfärbt. Das gebildete CO_2 kann, wie unter 4., S. 59 beschrieben, nachgewiesen werden.

Cyanwasserstoffsäure, Cyanide und Cyanokomplexe

Reine Cyanwasserstoffsäure (Blausäure), HCN, ist eine farblose Flüssigkeit vom Siedepunkt 26 °C, die sich mit Wasser in jedem Verhältnis mischt. Sie ist eine sehr schwache Säure. Die Alkalicyanide sind daher in Wasser stark hydrolytisch gespalten, und aus den einfachen Salzen läßt sich die Säure schon durch Kohlensäure austreiben. Sie besitzt einen typischen Geruch nach bitteren Mandeln.

Cyanwasserstoffsäure und ihre Salze sind äußerst giftig. Man sei daher beim Arbeiten mit ihnen besonders vorsichtig!!

Die wäßrige Lösung von Blausäure ist nur wenig haltbar, da langsam Hydrolyse eintritt:

$$HCN + 2\,H_2O \rightarrow HCOOH + NH_3$$

Es bilden sich Ameisensäure und Ammoniak bzw. Ammoniumformiat (Salz der Ameisensäure). Die gleiche Reaktion wird auch durch starke Säuren und Alkalien hervorgerufen, wobei bei Säuren Ammoniumsalze und Ameisensäure bzw. bei 18 mol/l H_2SO_4 Kohlenmonoxid entstehen, während mit Natriumhydroxid Natriumformiat, Na(HCOO), und Ammoniak gebildet werden.

Von den Salzen sind die der Alkali- und Erdalkalielemente sowie das Quecksilber(II)-cyanid in Wasser leicht löslich, alle anderen sind schwer löslich.

Das CN^--Ion bildet eine große Anzahl von zum Teil sehr stabilen Durchdringungskomplexen, wie $[Fe(CN)_6]^{4-}$, $[Fe(CN)_6]^{3-}$, $[Cu(CN)_4]^{3-}$ und andere.

Alle Cyanide außer AgCN gehen beim SA in Lösung. Da sich aber bei Gegenwart von Schwermetallionen (Cu^{2+}, Fe^{2+} usw.) im SA sehr stabile lösliche Cyanokomplexe bilden können, ist eine negative CN^--Reaktion im SA noch kein Beweis für die Abwesenheit von CN^-. Man prüfe daher stets neben dem SA auch die Analysensubstanz direkt auf HCN.

1. Verd. H_2SO_4

Aus einfachen Cyaniden und leicht zerstörbaren Cyanokomplexen wird HCN frei, das am Geruch nach bitteren Mandeln erkannt werden kann. Vorsicht!

2. Konz. H_2SO_4

$$K_4[Fe(CN)_6] + 3\,H_2SO_4 \rightarrow 2\,K_2SO_4 + FeSO_4 + 6\,HCN$$

$$6\,HCN + 3\,H_2SO_4 + 6\,H_2O \rightarrow 3\,(NH_4)_2SO_4 + 6\,CO\uparrow$$

Alle Cyanide, auch die stabilsten Komplexe, werden von 18 mol/l H_2SO_4 zerstört, wobei sowohl Blausäure als auch Kohlenmonooxid und Ammoniumsulfat gebildet werden. Vorsicht!

3. Nachweis mit $AgNO_3$ aus der Analysensubstanz

$AgNO_3$ bildet mit CN^- einen weißen Niederschlag von AgCN, schwerlöslich in Säuren, dagegen löslich in Ammoniak, Thiosulfat und Cyanidüberschuß. Silbercyanid fällt also erst aus, wenn ein Überschuß von Silberionen vorhanden ist.

Um den Cyanidnachweis neben Halogenidionen eindeutig zu gestalten, muß HCN in eine $AgNO_3$-Lösung übergetrieben werden. Dies geschieht in der HM-Analyse am besten durch CO_2 mit Hilfe des „Gärröhrchens". CO_2 wird aus $NaHCO_3$ in Freiheit gesetzt. Bei Gegenwart von Eisen, Nickel, Kupfer und anderen mit Cyanidionen leicht komplexbildenden Metallen nehme man statt Natriumhydrogencarbonat besser 2 mol/l CH_3COOH, da sich sonst leicht Komplexe wie $[Fe(CN)_6]^{3-}$ bilden. Die Reaktion versagt bei $Hg(CN)_2$, da es in Wasser kaum dissoziiert ist. Setzt man aber Chloridionen hinzu und säuert mit Oxalsäure an, so geht $Hg(CN)_2$ in $HgCl_2$ und CN^- über, so daß man dann Blausäure in die Vorlage oder in das Gärröhrchen abdestillieren kann.

In einem Reagenzglas werden entweder 10 Tr. des SA mit 1 Tr. Neutralrot versetzt u. mit 5 mol/l CH_3COOH bis zum Umschlag des Indikators neutralisiert, oder es werden etwa 10 mg Substanz mit 1 ml einer gesätt. $NaHCO_3$-Lsg. versetzt. Die Vorlage wird mit 1 mol/l $AgNO_3$ beschickt, die mit 2 Tr. 2,5 mol/l HNO_3 angesäuert wurde. Man erwärmt etwa 10 Min. im W.-Bad. Bei Ggw. von CN^- bildet sich in der Vorlage AgCN, das abzentrifugiert u. auf einem OT mit 1 Tr. 14 mol/l HNO_3 durch vorsichtiges Erwärmen gelöst wird. Beim Abkühlen krist. das AgCN in farblosen Nadeln, die oft zu Büscheln vereinigt sind, wieder aus.

EG: 5,0 µg CN^- pD 5,0

4. Nachweis durch Berliner Blau-Reaktion

$$6\,CN^- + Fe(OH)_2 \rightarrow [Fe(CN)_6]^{4-} + 2\,OH^-$$

In alkalischen Cyanid-Lösungen bilden sich mit Eisen(II)-Salzen komplexe Eisen(II)-cyanide, bei Anwesenheit von genügend CN^--Ionen entsteht der besonders beständige Hexacyanoferrat(II)-Komplex.

Wie man aus der Gleichung sieht, darf man nur sehr wenig $FeSO_4$ zusetzen. Mit Fe^{3+}-Ionen bildet sich dann nach dem Ansäuern Berliner Blau, $\overset{+3}{Fe}[\overset{+3}{Fe}\overset{+2}{Fe}(CN)_6]_3$.

1 Tr. des SA wird mit 1 Tr. 1%ig. $FeSO_4$-Lsg. versetzt u. bis fast zu Trockne eingedampft. Bei Zugabe von 1 Tr. 5 mol/l HCl, 1 Tr. W. u. 1 Tr. einer verd. $FeCl_3$-Lsg. entsteht bei Ggw. von CN^- je nach dessen Menge eine grüne Lsg., aus der sich langsam blaue Flocken abscheiden, oder sofort eine tiefblaue Fällung.

EG: 0,02 µg CN^- pD 6,2

5. Nachweis als Thiocyanat

CN^--Ionen reagieren mit dem Schwefel von Polysulfiden zu Thiocyanat, SCN^-, das mit Fe^{3+} eine tiefrote Verbindung (s. 25., S. 120) gibt.

1 Tr. des SA wird mit 1 Tr. gelbem Ammoniumsulfid (Ammoniumpolysulfid) auf einem Uhrglas bis fast zur Trockne eingedampft. Der Rückstand wird mit je einem Tr. 2 mol/l HCl u. $FeCl_3$-Lsg. versetzt. Eine Rotfärbung zeigt SCN^- an.

EG: 1 µg CN^- pD 4,7

Ist SCN^- von vornherein zugegen, so muß CN^- vorher als Zinkcyanid abgetrennt werden.

Komplexe Cyanide

Von den komplexen Cyaniden sind besonders wichtig $K_4[Fe(CN)_6]$ und $K_3[Fe(CN)_6]$ gelbes bzw. rotes Blutlaugensalz (vgl. S. 119f.). Die Komplexionen $[Fe(CN)_6]^{4-}$, Hexacyanoferrat(II)-Ion, und $[Fe(CN)_6]^{3-}$, Hexacyanoferrat(III)-Ion, sind sehr stabile Durchdringungskomplexe und geben charakteristische Reaktionen. So sind die Hexacyanoferrate(II) fast aller Kationen mit der Ladung +2 wie Ca^{2+}, Zn^{2+}, Mn^{2+}, Fe^{2+}, UO_2^{2+} usw. schwer löslich und vielfach charakteristisch gefärbt.

Der Nachweis der Hexacyanoferrate erfolgt im Sodaauszug. Allerdings ist zu beachten, daß einige schwerlösliche Schwermetallhexacyanoferrate (Cu^{2+}, $Fe^{2(3)+}$ u. a.) sich beim Kochen mit Sodalösung nur wenig zu löslichem Alkalihexacyanoferrat umsetzen. Da die schwer zersetzlichen Hexacyanoferrate meist intensiv gefärbt sind, können sie leicht im Rückstand des Sodaauszugs erkannt werden. In diesen Fällen kocht man den Rückstand einige Minuten mit 5 mol/l NaOH und prüft im Zentrifugat nach Ansäuern mit HCl nochmals auf $[Fe(CN)_6]^{4-}$ und $Fe[(CN)_6]^{3-}$.

1. Nachweis als Berliner Blau

In Lösungen von $[Fe(CN)_6]^{4-}$ entsteht durch Zusatz von $FeCl_3$ das bekannte Berliner Blau, in Lösungen von $[Fe(CN)_6]^{3-}$ Braunfärbung, die auf Zusatz von Reduktionsmitteln wie $SnCl_2$ + HCl infolge Reduktion des $[Fe(CN)_6]^{3-}$ zu $[Fe(CN)_6]^{-4}$ in Blaufärbung und allmähliche Abscheidung von Berliner Blau übergeht.

Im HM-Maßstab wird 1 Tr. des SA oder 1 Tr. des NaOH-Auszuges vom Rückstand des SA mit 5 mol/l HCl schwach angesäuert u. mit 1 Tr. $FeCl_3$-Lsg. versetzt. Eine Blaufärbung zeigt $[Fe(CN)_6]^{4-}$ an.

EG: 0,25 µg $[Fe(CN)_6]^{4-}$ pD 6,6

2. Nachweis als Turnbulls Blau

In Lösungen von $[Fe(CN)_6]^{4-}$ entsteht mit Fe^{2+} ein hellblauer, nur bei völligem Luftabschluß weißer Niederschlag, der an der Luft schnell dunkelblau wird infolge Oxidation zu Berliner Blau; in Lösungen von $[Fe(CN)_6]^{3-}$ wird dagegen sofort ein tiefblauer Niederschlag von Turnbulls Blau gebildet.

Zur Vermeidung von Störungen durch $[Fe(CN)_6]^{4-}$-Ionen muß die zum Nachweis verwendete Fe^{2+}-Verbindung absolut frei von Fe^{3+}-Ionen sein. Besonders gut eignen sich umkristallisiertes, trockenes und in einer Schliffflasche aufbewahrtes $Fe(NH_4)_2(SO_4)_2 \cdot 6\,H_2O$ (*Mohr*sches Salz) oder Alkylammoniumeisen(II)-sulfate, z. B. das Ethylendiammoniumeisen(II)-sulfat $[(CH_2NH_3)_2SO_4 \cdot FeSO_4]$. $FeSO_4$ enthält stets Fe^{3+} und ist daher ungeeignet.

Im HM-Maßstab wird 1 Tr. des SA oder 1 Tr. des NaOH-Auszugs vom Rückstand des SA mit 5 mol/l HCl schwach angesäuert u. mit 1 Kristall reinsten Fe(II)-Salzes versetzt. Bei Ggw. von $[Fe(CN)_6]^{3-}$ Bldg. von blauem Eisen(II)-hexacyanoferrat(III). Empfindlichkeit wie bei der $[Fe(CN)_6]^{4-}$-Rk. mit Fe^{3+}.

3. Nachweis aus $[Cu(CN)_4]^{3-}$

$$2\,K_3[Cu(CN)_4] + K_2CO_3 \rightarrow 7\,KCN + KOCN + CO_2\uparrow + 2\,Cu\downarrow$$

Aus schwer zerstörbaren komplexen Cyaniden, z. B. $[Cu(CN)_4]^{3-}$ kann das CN^- durch Schmelzen mit der gleichen Menge K_2CO_3 in säurezersetzliche Form überführt werden. Die erkaltete Schmelze wird mit W. ausgezogen, zentrifugiert u. im Z. die Berliner-Blau-Rk. durchgeführt.

4. Abtrennung von Hexacyanoferrat aus der Analyse

Die Hexacyanoferrate stören häufig die Anionennachweise und müssen deshalb quantitativ abgetrennt werden.

Hierzu eignen sich am besten die Cd-Hexacyanoferratfällung mit 0,2 mol/l $Cd(CH_3COO)_2$ im neutralisierten CO_2-freien SA oder die Ag-Hexacyanoferratfällung, die mit 1 mol/l $AgNO_3$ oder gesätt. Ag_2SO_4-Lsg. im schwach angesäuerten (HNO_3 bzw. H_2SO_4) SA durchgeführt wird.

Thiocyansäure und Thiocyanate

Die reine Thiocyansäure, HSCN, ist eine farblose, stechend riechende, wenig beständige Flüssigkeit. In wäßriger Lösung bildet sie eine starke, nur wenig haltbare Säure. Alle Thiocyanate außer Ag^+-, Cu^+-, Hg^{2+}- und Pb^{2+}-Thiocyanat lösen sich leicht in H_2O. Die schwerlöslichen Thiocyanate außer AgSCN werden beim Sodaauszug zu löslichem Alkalithiocyanat umgesetzt. Man prüft daher im Sodaauszug, bei Gegenwart von Ag^+ auch in dessen Rückstand, auf SCN^-.

Für die nachstehenden Reaktionen verwende man NH_4SCN oder KSCN bzw. die entsprechend vorbereitete Analysenlösung.

1. Co(NO₃)₂

Bldg. von lösl., blauem $Co(SCN)_2$, durch Amylalkohol + Ether ausschüttelbar (s. bei Co^{2+}; S. 102).

2. CuSO₄

$$2\,SCN^- + 2\,Cu^{2+} + SO_3^{2-} + H_2O \rightarrow 2\,CuSCN\downarrow + SO_4^{2-} + 2\,H^+$$

Bei Ggw. von schwefliger Säure weißer Nd. von CuSCN.

3. Nachweis als Fe(SCN)₃

Dieser Nachweis stellt die Umkehrung der Rk. 25., S. 120 dar. Um den störenden Einfluß von F^-, PO_4^{3-}, AsO_4^{3-}, H_3BO_3, $C_4H_4O_6^{2-}$, $C_2O_4^{2-}$ usw., die mit Fe^{3+} Komplexe bilden, auszuschalten, wird Fe^{3+} im Überschuß zugegeben. Hexacyanoferrate werden vor dem Fe^{3+}-Zusatz mit $CdSO_4$ in schwach HNO_3-saurer Lösung gefällt oder $Fe(SCN)_3$ wird aus dem Fe(III)-Hexacyanoferrat-Gemisch mit Ether extrahiert.

Im HM-Maßstab werden 5 Tr. der alkal. Probelsg. mit 2,5 mol/l HNO_3 schwach angesäuert u. mit $FeCl_3$-Lsg. im Überschuß versetzt. Die Bldg. von rotem, in Ether löslichem $Fe(SCN)_3$ zeigt SCN^- an.

EG: 0,05 μg SCN^- pD 5,8

Silicium, Si, 28,0855; +2, +4 und seine Verbindungen

Silicium ist nach dem Sauerstoff das am weitesten verbreitete Element auf der Erdoberfläche (w(Si) = 25,7%), die es in Gestalt einer Vielzahl von Silicaten aufbaut. Der kristallinen Struktur aller Silicate ist gemeinsam, daß jedes Siliciumion von vier Sauerstoffionen in Tetraederform umgeben ist. Die große Mannigfaltigkeit der Verbindungen des SiO_2 mit anderen Oxiden kommt nun dadurch zustande, daß die Sauerstoffionen nicht nur einem, sondern auch zwei Siliciumionen gemeinsam angehören können. Als Beispiele der in der Natur vorkommenden Silicate seien die Feldspate Orthoklas $K[AlSi_3O_8]$ und Anorthit, $Ca[Al_2Si_2O_8]$ sowie ein Glimmer, $KAl_2[(OH)_2/AlSi_3O_{10}]$, als Vertreter der Blattsilicate genannt. Silicium stellt man aluminothermisch (S. 122) durch Umsetzung von SiO_2 mit Al dar. Si und seine Verbindungen finden auf allen Gebieten der Industrie Verwendung. Silicium wird als Halbleitermaterial benutzt. Ständig steigende Bedeutung haben die Siliciumorganoverbindungen (Silicone). Nicht zuletzt sind Baustoffe, Glas, Zement u. a. zu erwähnen.

Alle Silicate mit Ausnahme der reinen Alkali- und der Bariumsilicate sind schwerlöslich, sie werden nur durch starke Säuren zersetzt. Die löslichen Silicate sind in Wasser weitgehend hydrolytisch gespalten, da Kieselsäure nur eine sehr schwache Säure ist. Sie neigt entsprechend dem Aufbau der kristallisierten Silicate auch in Lösung zur Kondensation. So liegt in der Lösung von kristallisiertem, wasserhaltigem Natriumsilicat, $Na_2H_2SiO_4 \cdot aq$, monomolekulare Kieselsäure nur in Gegenwart von viel überschüssiger Natronlauge vor. Bei Verminderung der OH^--Konzentration entsteht zunächst eine Dikieselsäure:

$$2\,[H_2SiO_4]^{2-} \underset{-H^+}{\overset{+H^+}{\rightleftharpoons}} [H_2Si_2O_7]^{4-} + H_2O$$

Bei weiterer Herabsetzung der Hydroxylionenkonzentration bilden sich wie bei den schon besprochenen Isopolysäuren (s. S. 127) je nach den Versuchsbedingungen mehr oder weniger schnell höher kondensierte Kieselsäuren, die mit steigendem Kondensationsgrad immer schwerlöslicher werden und über kolloide Lösungen schließlich zu Abscheidungen von amorpher Kieselsäuregallerte führen:

$$x\,[H_2Si_2O_7]^{4-} + 4xH^+ \rightleftharpoons (H_2SiO_3)_{2x} + x\,H_2O$$

Die Aggregation zu den Isopolysäuren ist ein nicht sehr schnell verlaufender Vorgang. Läßt man nämlich eine frisch bereitete Lösung von Natriumsilicat in Wasser unter Umrühren in eine Lösung von überschüssiger starker Mineralsäure einfließen, so wird sofort monomolekular verteilte Kieselsäure in Freiheit gesetzt:

$$[H_2SiO_4]^{2-} + 2\,H^+ \rightarrow H_4SiO_4$$

und bleibt zunächst als solche in Lösung. Zu der gleichen Verbindung gelangt man durch Hydrolyse von Siliciumtetrachlorid, $SiCl_4$, oder Kieselsäureester

$$SiCl_4 + 4\,H_2O \rightarrow H_4SiO_4 + 4\,HCl$$

Auch sie aggregiert sich, wobei die Kondensationsgeschwindigkeit stark vom pH-Wert der Lösung abhängt. Verhältnismäßig leicht erhält man dann beständige, kolloide Lösungen (s. die Darstellung von kolloider Kieselsäure, s. 3. unten).

Schmilzt man Sand (SiO_2) mit Soda im Stoffmengenverhältnis 3 bis 4:1 zusammen, so erhält man eine Masse, die unter dem Namen Wasserglas bekannt ist:

$$Na_2CO_3 + 3\text{–}4\,SiO_2 \rightarrow Na_2O \cdot 3\text{–}4\,SiO_2 + CO_2\uparrow$$

Die Lösungen von Wasserglas zeigen im großen und ganzen ähnliche Reaktionen wie die von $Na_2H_2SiO_4 \cdot aq$, wobei allerdings zu berücksichtigen ist, daß die Wasserglaslösung schon aggregierte Kieselsäure enthält.

Silicium reagiert mit Halogenen, z. B. Cl_2, unter Bildung von Siliciumtetrachlorid, $SiCl_4$, mit HCl zu Trichlorsilan (Silicochloroform), $SiHCl_3$ usw.

1. Darstellung von Siliciumtetrachlorid, $SiCl_4$

$$Si + 2\,Cl_2 \rightarrow SiCl_4$$

In einem Schiffchen befinden sich 10 g aluminothermisch gewonnenes u. fein gepulvertes Si (Darst. s. S. 122). Zuerst wird die leicht schräg gestellte App. (vgl. Abb. 17) mit trockenem Cl_2 (Waschflasche mit 18 mol/l H_2SO_4) gefüllt, bis alle Luft verdrängt ist; erst dann darf mit dem Erhitzen begonnen werden. Sobald die durch Aufglühen des Si bemerkbare Rk. einsetzt (ca. 400 °C), braucht nur noch wenig erhitzt zu werden, da die Rk. selbst reichlich Wärme entwickelt (exotherme Rk.). Das Si setzt sich völlig um u. sammelt sich als $SiCl_4$, verunreinigt durch Si_2Cl_6 u. Si_3Cl_8, in der mit Eis-Kochsalz gekühlten Vorlage an. Das Rohprodukt wird zur Entfernung der Hauptmenge des gelösten Cl_2 ganz langsam destilliert, dann in einer trockenen, verschlossenen Flasche mit etwas Hg über Nacht stehengelassen u. schließlich der fraktionierten Dest. (s. S. 187) unterworfen. $Sdp._{1013\,mbar}$: $SiCl_4$ 57 °C, Si_2Cl_6 145 °C, Si_3Cl_8 210–215 °C.

$SiCl_4$ ist eine farblose, an der Luft stark rauchende Flüssigkeit, die durch Wasser schnell hydrolytisch zersetzt wird. Es ist daher in eine trockene Ampulle einzuschmelzen.

2. Darstellung von Trichlormonosilan, $SiHCl_3$ („Silicochloroform")

$$Si + 3\,HCl \rightarrow SiHCl_3 + H_2$$

Es ist in der gleichen Weise wie bei der Darst. von $SiCl_4$ zu arbeiten, nur wird an Stelle von Cl_2 sorgfältig getrocknetes HCl-Gas verwendet. Das bei einer Arbeitstemperatur von 450–500 °C entstehende Rohprodukt enthält $SiCl_4$, das durch fraktionierte Dest. abgetrennt wird.

$SiHCl_3$ ist eine farblose, sehr flüchtige und brennbare Flüssigkeit, die sich mit Wasser schnell zersetzt; $Sdp._{1013\,mbar}$ 36,5 °C.

3. Darstellung von kolloidaler Kieselsäure

Natriumsilicatlösungen reagieren infolge Hydrolyse alkalisch. Aus ihnen erhält man durch vorsichtiges Ansäuern Sole von $SiO_2 \cdot aq$.

20 g krist. Natriumsilicat werden in 70 ml heißem W. gelöst u. die Lsg., falls notwendig, filtriert. Nach dem Erkalten wird von dieser Lsg. soviel in eine Mischung von 20 ml 12 mol/l HCl u. 40 ml W. getropft, bis die durch zugefügtes Phenolphthalein an der Eintropfstelle auftretende Rosafärbung gerade nicht mehr verschwindet. Zur Abtrennung störender Fremdionen wird die klare, kolloide Lsg. so lange dialysiert, bis im Dialysat kein Cl^- mehr vorhanden ist.

4. Säuren

Bei Vermeidung eines Säureüberschusses fällt gallertartig Kieselsäure aus. Es bleibt aber stets eine nicht unbeträchtliche Menge kolloid in Lösung.

Um die Kieselsäure quantitativ abzuscheiden, was beim analytischen Arbeiten notwendig ist, muß man auf dem Wasserbad bis zur Trockne abrauchen, die Masse mit einigen Tr. 7 mol/l HCl durchfeuchten, nochmals abrauchen, mit 2 mol/l HCl aufnehmen, erwärmen, bis sich die Metallchloride wieder gelöst haben, u. filtrieren. Nur so erhält man die Kieselsäure als weißes Pulver, das kaum noch andere Stoffe adsorbiert u. nicht wieder kolloid in Lsg. geht.

5. Ammoniumsalze

Ammoniumsalze fällen ebenfalls aus Alkalisilicatlösungen gallertartige Kieselsäure, da durch sie die OH^--Konzentration stark verringert wird (vgl. S. 217f.).

6. Nachweis mit Ammoniummolybdat

Silicat-Lösungen bilden mit Molybdänsäure eine gelbgefärbte, lösliche Heteropolysäure, $H_4[Si(Mo_3O_{10})_4 \cdot aq]$. PO_4^{3-} und AsO_4^{3-} stören.

a) Man säure eine sehr verd. Natriumsilicat-Lsg. reichlich u. schnell mit Salpetersäure an u. versetze die klare Lsg. mit viel Ammoniummolybdatlösung.

EG: 1 µg SiO_3^{2-}/ml pD 6,1

Es gelingt so, die im gewöhnlichen oder auch im destillierten W. vorhandenen Spuren von Kieselsäure zu erfassen.

b) Man gebe zu einer sehr verd. Natriumsilicat-Lsg. einen deutlichen Überschuß einer etwa 10%igen neutralen Ammoniummolybdat-Lsg. u. säure dann unter tropfenweiser Zugabe von 2 mol/l CH_3COOH oder 1 mol/l H_2SO_4 schwach an. Zu diesem Gemisch füge man in der Kälte in einem Guß so viel einer alkalischen Stannat(II)-Lsg. hinzu, daß eine klare Lsg. entsteht. Die Farbe der Lsg. ist dunkelblau (Molybdänblau!); sie ist jedoch nur eine gewisse Zeit beständig.

pD 6,0

Die Rk. ist zum Nachweis von Kieselsäure geeignet, soweit das betreffende Silicat in lösl. Form vorliegt. Es stören Phosphate. Diese Störung läßt sich ausschalten, indem man den Nd. von Ammoniummolybdophosphat abzentrifugiert, die im Z. noch verbliebenen geringen Mengen Molybdophosphat durch Zugabe des doppelten Vol. einer 1%igen Oxalsäure-Lsg. unter schwachem Erwärmen zerstört u. dann die Kieselsäure nach einigem Warten (bis zu ca. 1 Std.) wie oben nachweist.

Die zur Bereitung der alkalischen Stannat(II)-Lsg. verwendete Natronlauge muß selbstverständlich silicatfrei sein. Man stelle sie jedesmal frisch durch Auflösen von festem NaOH in W. her.

7. Nachweis mit der Wassertropfenprobe

$$SiO_2 + 2\,CaF_2 + 2\,H_2SO_4 \rightarrow SiF_4\uparrow + 2\,CaSO_4 + 2\,H_2O$$

$$SiF_4 + 2\,H_2O \rightarrow SiO_2\downarrow + 4\,HF$$

$$SiF_4 + 2\,HF \rightarrow H_2[SiF_6]$$

Diese zum Nachweis von Fluoriden geeignete Reaktion (vgl. S. 193) kann auch zur Identifizierung von Siliciumdioxid dienen. Das bei Anwesenheit von SiO_2 mit Fluoriden gebildete, flüchtige SiF_4 hydrolysiert, wobei sich die Kieselsäure je nach Angreifbarkeit und SiO_2-Gehalt des vorliegenden Silicates nach etwa $^1/_2$–4 Min. als weißer Saum oder Überzug auf dem Wassertropfen abscheidet. Die Substanz soll stets sehr fein gepulvert sein, ein großer Überschuß von CaF_2 ist unbedingt zu vermeiden. Er kann die Abscheidung von Kieselsäure verhindern, da die entstehende überschüssige Flußsäure mit SiF_4 unter Bildung löslicher Hexafluorokieselsäure reagiert.

Im HM-Maßstab werden 5–10 mg der Analysensubstanz oder der beim Abrauchen mit HCl anfallende schwerlösl. Rückstand zum Entfernen der letzten Reste H_2O u. a. flüchtiger Bestandteile auf einem Blech oder im Tiegel kurz durchgeglüht.

Zur Wassertropfenprobe wird die vorher erhitzte Substanz mit einem Drittel der Substanzmenge CaF_2 gut durchmischt u. in einem kleinen Pb- oder Pt-Tiegel (ca. 2 ml) mit 5 Tr. 18 mol/l H_2SO_4 versetzt. Der Tiegel wird sofort mit einem einfach durchbohrten Deckel abgedeckt, dessen Bohrloch mit einem feuchten schwarzen Filterpapier bedeckt ist, u. im siedenden Wasserbad erwärmt. Bei Ggw. von SiO_2 bildet sich nach wenigen Min. ein weißer Fleck.

Analyse und Aufschluß von Silicaten

Zur Vorprobe und zum Nachweis dient die Wassertropfenprobe (7., S. 219). Zur Bestimmung der weiteren im Silicat enthaltenen Komponenten muß dieses durch einen Aufschluß in eine lösliche Form übergeführt werden. Silicate sind nach folgenden Methoden aufzuschließen:

a) Salzsäureaufschluß: Handelt es sich um ein durch HCl zersetzbares Silicat, so wird es, wie unter 4. beschrieben, in SiO_2 übergeführt.
Da man in der qualitativen Analyse meist nicht weiß, ob man es mit einem durch Salzsäure zersetzbaren Silicat zu tun hat, wählt man am besten von vornherein eines der beiden folgenden Aufschlußverfahren.

b) Flußsäureaufschluß: Die auf das feinste gepulverte Substanz wird mit ca. 1 ml 18 mol/l H_2SO_4 u. 5 ml HF in einem Pt- oder Pb-Tiegel unter dem Abzug auf dem Wasserbad erhitzt, wobei sich die Flußsäure zusammen mit SiF_4 verflüchtigt. Um die Kieselsäure völlig zu vertreiben, wiederhole man das Verfahren. Dabei rührt man mit einem dicken Platindraht den Brei öfter um. Zum Schluß wird erhitzt, bis Schwefelsäuredämpfe entweichen. Man sei dabei vorsichtig, damit die Sulfate nicht in schwerlösl. Oxide umgewandelt werden. Der Tiegelinhalt wird in 2 mol/l HCl gelöst, wobei Erdalkalisulfate u. Bleisulfat, die gesondert aufzuschließen sind, zurückbleiben.

c) Alkalicarbonataufschluß: Die theoretischen Grundlagen u. die praktische Durchführung der Schmelze werden auf S. 148 beschrieben. Wenn die Kohlendioxidentwicklung in der Schmelze aufgehört hat, erhitzt man noch eine Viertelstunde u. schreckt dann den Tiegel nebst Inhalt durch Eintauchen in kaltes W. ab, wodurch der Schmelzkuchen meist leicht aus dem Tiegel entfernbar wird. Man behandelt ihn zunächst mit W., fügt dann 7 mol/l HCl bis zur stark sauren Rk. hinzu, dampft zur Trockne ein, nimmt mit 7 mol/l HCl auf, verd. mit W., kocht auf u. filtriert. Die Silicate werden so in Chloride übergeführt u. die Kieselsäure quantitativ abgeschieden.

Die quantitative Abscheidung der Kieselsäure ist unbedingt notwendig, da sie sonst im Trennungsgang in der $(NH_4)_2S$-Gruppe an Stelle von Aluminiumhydroxid erscheint und dessen Nachweis stört.

Bor, B, 10,81; +3, und seine Verbindungen

Bor kommt in der Natur als Borsäure, H_3BO_3 (Sassolin), und in Form von Boraten mit Isopolyanion vor, z. B. Borax, $Na_2B_4O_7 \cdot 10\,H_2O$, Kernit, $Na_2B_4O_7 \cdot 4\,H_2O$, Boracit, $Mg_3B_7O_{13}Cl$. Die Turmaline sind borhaltige Silicate.

Bor selbst erhält man kristallisiert, aber durch Aluminium verunreinigt, nach dem aluminothermischen Verfahren (s. S. 121 f.), dagegen in amorphem Zustand verhältnismäßig rein durch Reduktion von Bortrioxid mit Magnesium.

Die Orthoborsäure, H_3BO_3, ist in Wasser in der Hitze leicht, in der Kälte schwerer löslich, so daß man sie aus Wasser umkristallisieren kann. Beim Erhitzen geht Borsäure bei 100 °C zunächst in Metaborsäure, $(HBO_2)_n$, über. Bei weiterem Erhitzen bis zum Glühen entsteht schließlich wasserfreies Bortrioxid, B_2O_3. Beim Lösen in Wasser gehen Metaborsäure und Bortrioxid sofort wieder in Orthoborsäure über. Diese bildet mit H_2O wenige H^+- und $B(OH)_4^-$-Ionen ($pK_s = 9{,}25$).

Borsäure wurde früher in der Medizin zu Augenspülungen verwendet. Additionsverbindungen von H_2O_2 mit Borat, die sog. Perborate, werden als Waschmittelzusätze benutzt. B_2O_3 wird manchen Gläsern zugesetzt. Die homöopolare Verbindung BF_3 dient bei organischen Synthesen als Katalysator, Natriumborhydrid als Reduktionsmittel. Borcarbid und Bornitrid sind äußerst hart und dienen als Schleifmittel.

Borat kann im SA nachgewiesen werden, da sich alle Borate mit Ausnahme von Borosilicaten beim Kochen mit Na_2CO_3-Lsg. zu löslichem Alkaliborat umsetzen. Borosilicate müssen aus der Ursubstanz nach 1., S. 221, identifiziert werden.

1. Nachweis durch Flammenfärbung

Borverbindungen färben die Flamme grün.

Man bringe ein wenig Borat an die Öse eines Platindrahtes, befeuchte es mit 18 mol/l H_2SO_4 u. erhitze in der äußersten Zone der Bunsenflamme, wobei der Platindraht nicht in die Flamme, sondern bis 2 mm an die Flamme gebracht werden soll. Die durch die Schwefelsäure in Freiheit gesetzte Borsäure färbt die Flamme grün. Gute Vorprobe!

Bei Ausführung dieser Reaktion mit der Ursubstanz können Cu-, Ba-Verbindungen und Iodide H_3BO_3 vortäuschen.

Bei manchen Borosilicaten versagt dieser Nachweis. In diesem Falle wird das Mineral mit CaF_2 u. $KHSO_4$ innigst verrieben u. dann in der Platinöse erhitzt. Infolge der Bldg. von flüchtigem Bortrifluorid tritt Grünfärbung auf.

2. Nachweis als Borsäuremethylester

$$B\begin{array}{l} -O\boxed{H \quad HO}CH_3 \\ -O\boxed{H + HO}CH_3 \\ -O\boxed{H \quad HO}CH_3 \end{array} \rightarrow B(OCH_3)_3 + 3\,H_2O$$

Unter der Wirkung der wasserentziehenden konz. Schwefelsäure bildet sich aus Borsäure und Methylalkohol der leichtflüchtige Borsäuremethylester.

Der Ester kann entweder a) mit Hilfe der Flammenprobe oder b) durch Einleiten in eine $Mn(NO_3)_2$—$AgNO_3$—KF-Lösung identifiziert werden. Bei Abwesenheit von I^- genügt Ausführung a).

Säureschwerlösliche Borverbindungen (Mineralien, wie Turmaline) müssen durch Schmelzen mit Na_2CO_3 (s. S. 220) aufgeschlossen werden. Vorsicht bei Gegenwart von ClO_4^- und ClO_3^-.

a) Etwa 0,5 ml des SA werden in einem Reagenzglas zur Trockne eingedampft u. mit 5 Tr. 18 mol/l H_2SO_4 u. 5–10 Tr. Methanol versetzt. Ein zur Kapillare ausgezogenes kurzes Glasrohr wird mit einer Gummimanschette direkt auf das Reagenzglas aufgesetzt, und unter Erwärmen des Reagenzglases im Wasserbad wird die Spitze der Kapillare seitlich bis auf wenige mm der Bunsenflamme genähert. Eine grüne Flammenfärbung zeigt Borat an. Hier ist unbedingt eine Blindprobe durchzuführen. Gläser enthalten oft B u. täuschen so eine positive Rk. vor. Die Probe läßt sich auch im Porzellantiegel durchführen.

b) Der Borsäureester wird wie unter a) beschrieben erzeugt u. in eine Vorlage (Gärröhrchen) geleitet, die mit 1 ml einer $Mn(NO_3)_2$-$AgNO_3$-KF-Lsg. beschickt ist. Der Ester hydrolysiert zu H_3BO_3, das mit KF Fluoroborat- u. OH^--Ionen bildet.

$$H_3BO_3 + 4\,F^- \rightarrow [BF_4]^- + 3\,OH^-$$

Letztere werden bei Ggw. von Mn^{2+}- u. Ag^+-Ionen durch Bldg. eines schwarzen MnO_2- u. Ag-Nd nachgewiesen:

$$Mn^{2+} + 2\,Ag^+ + 4\,OH^- \rightarrow MnO_2\downarrow + 2\,Ag\downarrow + 2\,H_2O$$

EG: 0,2 µg B pD 6,7

Trennung und Nachweis von Silicaten, Boraten und F

Zur Vorprobe und zum Nachweis von SiO_2 dient die Wassertropfenprobe (s. 7., S. 219). Bei löslichen Silicaten kann in Abwesenheit von PO_4^{3-} und AsO_4^{3-} auch die Reaktion mit Ammoniummolybdat (s. 6., S. 219) durchgeführt werden.

Zum Nachweis von H_3BO_3 und F^- werden Silicate durch Behandlung mit HCl nach 4., S. 219, abgetrennt. Das Zentrifugat wird eingedampft und zur Identifizierung von H_3BO_3 mit 18 mol/l H_2SO_4 und Methanol (s. 2., S. 221) versetzt. Daneben kann auch auf H_3BO_3 mittels der grünen Flammenfärbung nach 1., S. 221, geprüft werden.

In dem Zentrifugat wird das F^- durch die Kriechprobe (s. 3., S. 192) neben Borat nachgewiesen.

Der Nachweis der genannten Anionen muß je nach dem Zustand, in dem sie vorliegen, variiert werden.

So liegt z. B. in Metallen das Silicium meistens als Silicid vor. Die meisten von ihnen werden durch Salpetersäure gelöst, wobei Silicium zu Kieselsäure oxidiert wird. Diese scheidet sich beim Abrauchen mit 7 mol/l HCl ab und wird wie oben nachgewiesen.

Manche Silicide, wie z. B. Carborundum, SiC, lassen sich nicht durch Salpetersäure aufschließen. Diese muß man mit Natriumhydroxid im Silbertiegel schmelzen, wobei formal nach der Gleichung:

$$SiC + 8\,NaOH \rightarrow Na_4SiO_4 + Na_2CO_3 + Na_2O + 4\,H_2\uparrow$$

Silicat und Carbonat entstehen.

Liegen Borosilicate oder Turmaline vor, so müssen sie nach S. 221 aufgeschlossen werden. Mit dem wäßrigen Auszug der Schmelze führe man die oben beschriebene Trennung und die Nachweise durch.

Silicat, Borat und Fluorid stören den Kationentrennungsgang und müssen deshalb vorher entfernt werden. So kann die Kieselsäure im Trennungsgang der $(NH_4)_2S$-Gruppe z. B. Aluminiumhydroxid vortäuschen. An der gleichen Stelle könnten bei Anwesenheit von Borsäure die Erdalkaliionen als Borate ausfallen und damit ihrer vorschriftsmäßigen Identifizierung entzogen werden. Da das F^-mit einigen Kationen der Ammoniumsulfidgruppe lösliche Komplexe bildet (z. B. $[FeF_6]^{3-}$), wird deren ungestörte Fällung bei Anwesenheit von F^- verhindert. Die Silicate werden aufgeschlossen und entfernt nach 4., S. 219 bzw. 220. Borat und Fluorid verflüchtigen sich beim Behandeln mit 18 mol/l $_2HSO_4$ und Methanol.

Analyse bei Gegenwart von CN^- und SCN^-

(siehe dazu auch Tabelle XVI., S. 242)

Zum Nachweis von CN^- destilliert man HCN aus der Substanz mit einem Überschuß von $NaHCO_3$ im Gasprüfapparat in vorgelegte $AgNO_3 + HNO_3$ nach Versuch 3., S. 215. Bei Abwesenheit von SCN^- macht man am besten nach 4., S. 215 die Berliner-Blau-Reaktion. Zur Prüfung auf SCN^- wird zu dem schwach angesäuerten SA Fe^{3+} zugegeben. F^- und $PO_4{}^{3-}$ stören, da sie mit Fe^{3+} Komplexe bilden. Man fällt sie aus dem mit Essigsäure angesäuerten Sodaauszug mit Ba^{2+} aus und prüft im Zentrifugat auf SCN^- mit Fe^{3+}.

Die hier behandelten Anionen stören den Nachweis von Chloridionen, da auch sie mit $AgNO_3$ in Salpetersäure schwerlösliche Niederschläge bilden. Man fälle sie daher vorher mit Kupfersulfat unter Zusatz von schwefliger Säure als CuSCN und CuCN aus. Nach Zentrifugieren wird wie üblich auf Chloridionen geprüft.

Weiterhin wird durch Cyanidionen der Iodidnachweis mit Chlorwasser unmöglich gemacht, weil farbloses Iodcyanid, ICN, gebildet wird. In diesem Fall müssen die Cyanidionen mit einem Überschuß von Zn^{2+} als $Zn(CN_2)$ gefällt oder in hydrogencarbonathaltiger Lösung als Blausäure vorher abdestilliert werden.

Auch der Nachweis von $NH_4{}^+$ mit Basen läßt sich nicht durchführen, weil die Cyanidionen zu NH_3 und Formiat hydrolysiert werden. Auch hier muß man die Cyanidionen vorher entfernen.

Schließlich stören beide Anionen, teilweise wegen Komplexsalzbildung, den Trennungsgang der Kationen. Durch Abrauchen der Analysensubstanz mit 18 mol/l H_2SO_4 zerstört man sie.

Analyse bei Gegenwart von $C_2O_4^{2-}$

Der Nachweis wird in der ursprünglichen Analysensubstanz nach 3., S. 213, mit Kaliummanganat(VII) und im Sodaauszug nach 7., S. 79, durch Ansäuern mit Essigsäure und Fällen als CaC_2O_4 durchgeführt. Letztere Reaktion wird durch viele Anionen gestört, so durch F^-, SO_3^{2-}, SO_4^{2-}, PO_4^{3-}, Borat. Man zentrifugiere deswegen den mit Calciumionen erhaltenen Niederschlag ab, löse ihn nach gründlichem Auswaschen wieder in 1 mol/l H_2SO_4 und weise das Oxalat in dieser Lösung mit Manganat(VII) nach (siehe dazu auch Tabelle XVI, S. 242).

Oxalsäure stört insofern den Gang der Analyse, als beim Fällen der Ammoniumsulfidgruppe auch Erdalkalioxalate niedergeschlagen werden können. Man entfernt $H_2C_2O_4$ am besten, indem man aus dem Zentrifugat der H_2S-Gruppe zunächst den Schwefelwasserstoff wegkocht und die salzsaure Lösung mit einigen Tropfen 30%igem H_2O_2 (Perhydrol) 5–10 Minuten lang auf Siedehitze hält. Dabei wird die Oxalsäure oxidiert und das überschüssige Wasserstoffperoxid wieder zerstört:

$$H_2C_2O_4 + H_2O_2 \rightarrow 2\,H_2O + 2\,CO_2\uparrow$$

2.5. Systematischer Gang der Analyse

Eine qualitative Analyse beginnt stets mit den Vorproben, aus denen man im allgemeinen schon wichtige Hinweise auf die Zusammensetzung der Substanz erhalten kann. Ein geschickter Analytiker wird sogar häufig so viele eindeutige Schlüsse daraus ziehen können, daß er berechtigt ist, manche Vereinfachung am systematischen Gang der Analyse vorzunehmen. Man darf sich aber niemals mit dem Ergebnis der Vorproben allein begnügen. Wie schon mehrfach betont wurde, soll man, um sicher zu gehen, die verschiedenartigsten Umsetzungen und Reaktionen durchführen, ehe man die An- oder Abwesenheit eines Elementes als bewiesen ansieht.

Den Vorprüfungen schließen sich die Versuche zur Lösung der Substanz an. Der Anionennachweis ist vor Beginn des eigentlichen Trennungsganges vorzunehmen, weil erstens einige Anionen den Kationentrennungsgang stören und zweitens häufig aus der Kenntnis der Anionen und der Art des angewandten Lösungsmittels sich die Abwesenheit mancher Elemente eindeutig ergibt.

2.5.1. Vorproben

In den nachstehenden Tabellen I–VII sind die wichtigsten Vorproben zusammengestellt. Die genaue Erklärung aller Umsetzungen lese man bei den einzelnen Abschnitten und Elementen nach.

Tabelle I. Flammenfärbung

(s. auch Spektraltafel, Ausführung s. S. 66)

Element	allgemeine Farbe	charakteristische Linie in nm
Na	gelb	589,3 (gelb)
K	violett	768,2 (rot), 404,4 (violett)
Ca[1])	ziegelrot	622,0 (rot), 553,3 (grün)
Sr[1])	rot	mehrere rote Linien, 604,5 (orange), 460,7 (blau)
Ba[1])	grün	524,2 (grün), 513,7 (grün)
Tl	grün	535,0 (grün)
Cu	grün	
Pb, As, Sb	fahlblau	
V, Mo	fahlgrün	
Li	rot	670,8 (rot)
Rb	violett	780 (rot), 421 (violett)
Cs	blau	458 (blau)
In	violettblau	452,1 (violettblau)

Außerdem kann durch Flammenfärbung noch Bor an der grünen Flamme des Methylesters oder des Borfluorids (vermischen mit $CaF_2 + H_2SO_4$ nach S. 221) erkannt werden.

[1]) Sulfat vorher reduzieren!

Tabelle II. Lötrohrprobe (Ausführung s. S. 89)

Metall ohne Beschlag	duktil, weiß: Sn, Ag gelbe Metallflitter: Cu graue Metallflitter, magnetisch: Fe, Ni, Co
Metall mit Beschlag	duktiles Metallkorn, gelber Beschlag: Pb sprödes Metallkorn, gelber Beschlag: Bi sprödes Metallkorn, weißer Beschlag: Sb
Beschlag ohne Metall	weiß: As (Knoblauchgeruch) weiß, in der Hitze gelb: Zn braun: Cd
weiße unschmelzbare Masse	Oxide von Mg, Ca, Sr, Al
Heparreaktion	Schwefelverbindungen

Mit den Metallkörnern bzw. Flittern sind die Reaktionen durchzuführen, die bei den einzelnen Elementen beschrieben sind.

Tabelle III. Phosphorsalzperle (bzw. Boraxperle) (Ausführung s. S. 88f.)

Färbung	Oxidationsflamme	Reduktionsflamme
farblos[1])	heiß: W kalt: W, Ti	heiß: Cu, Mn kalt: Mn
grau		Ag, Pb, Bi, Cd, Ni, Zn, Sn, Sb (Co bei starker Sättigung)
gelb	heiß: Ni, Fe, V, U, Ti (schwach) kalt: Fe (farblos bis gelbrot) U (gelbgrün) V (gelb bis braun) Mo (gelbgrün)	heiß: Ti (nur schwach)
braun	heiß: Mo (gelbbraun) kalt: Ni (stark gesättigt) V (stark gesättigt) Fe (rotbraun bei starker Sättigung)	heiß: Mo
rot	heiß: } Sn + Cu kalt: }	kalt: Cu (rotbraun), Ti und W bei Gegenwart von Fe
grün	heiß: Cr, Cu (nach Gelb) kalt: Cr	heiß: Fe (sehr schwach), Cr, U, V kalt: Fe (sehr schwach), Cr, U, V, Mo
blau	heiß: Co kalt: Co, Cu	heiß: Co kalt: Co, W
violett	heiß: } Mn kalt: }	kalt: Ti (schwach, nur bei starker Sättigung)

[1]) Unter farblos sind nur diejenigen Metalle aufgenommen, die unter anderen Bedingungen der Perle eine Farbe erteilen.

Tabelle IV. Erhitzen im Glühröhrchen

Ausführung: Einige mg in einem einseitig geschlossenen trockenen Rohr von etwa 0,5 cm Durchmesser und 5 cm Länge erhitzen.

a) *Es entwickelt sich ein Gas:*

Art des Gases	Woher	Farbe	Geruch	Bemerkungen
O_2	Peroxide, Chlorate usw.	–	–	glimmender Span brennt
CO_2	Carbonate und org. Verbindungen	–	geruchlos (org. Verbindungen geben brenzlichen Geruch)	trübt $Ba(OH)_2$
CO	Org. Verbindungen	–	geruchlos (org. Verbindungen geben brenzlichen Geruch)	brennt schwach bläulich, giftig
$(CN)_2$	Cyanide	–	nach bitteren Mandeln (Vorsicht!)	brennt blau-violett, sehr giftig

Tabelle IV. (Fortsetzung)

Art des Gases	Woher	Farbe	Geruch	Bemerkungen
SO_2	Sulfide an der Luft, Sulfite, Thiosulfate	–	stechend	trübt $Ba(OH)_2$
HCl	Chloride	–	stechend	mit NH_3: Nebel
Cl_2	Chloride + oxidierende Substanzen	hellgrün	erstickend	–
Br_2	Bromide + oxidierende Substanzen	braun	erstickend	–
I_2	Iodide + oxidierende Substanzen	violett	erstickend	–
NO_2	Nitrat, Nitrit	braun	erstickend	–
NH_3	Ammoniumsalze + Basen	farblos	stechend	bläut Lackmus
Kakodyloxid	Arsenverbindungen + Acetat	farblos	unangenehm riechend	–

b) *Es entsteht ein Sublimat*:
weiß: NH_4^+-Salze, Hg-Halogenide, As_2O_3, As_2O_5,
grau: Hg von HgO und anderen Hg-Verbindungen herrührend.
grauschwarz: I_2 (violette Dämpfe) aus Iodid + oxidierender Subst., HgS, As,
gelb: As_2S_3, S, HgI_2 (wird beim Reiben rot).

c) *Der Rückstand wird schwarz*, in schmelzendes KNO_3 hineingeworfen, verbrennt er: Kohle von organischen Substanzen.

Tabelle V. Erhitzen mit verdünnter H_2SO_4

Man behandle zunächst in der Kälte, dann in der Wärme, und beobachte das sich entwickelnde Gas:

Art des Gases	Woher	Farbe	Geruch	Bemerkungen
CO_2	Carbonate	–	–	trübt $Ba(OH)_2$
HCN	Cyanide	–	nach bitteren Mandeln	Vorsicht, giftig!
H_2S	lösliche Sulfide	–	nach faulen Eiern	Schwärzung von Bleiacetatpapier
SO_2	Sulfite, Thiosulfate	–	stechend	trübt $Ba(OH)_2$. Bei $S_2O_3^{2-}$ Schwefelabscheidung
NO_2	Nitrite	braun	stechend	–

Tabelle VI. Erhitzen mit konzentrierter H_2SO_4

Reagiert die Substanz bereits mit 1 mol/l H_2SO_4, sei man mit dem Zusatz von 18 mol/l H_2SO_4 vorsichtig, da eventuell zu heftige Reaktion eintritt. Man gibt dann erst 1 mol/l H_2SO_4 und nach Beendigung der Gasentwicklung 18 mol/l H_2SO_4 hinzu.

Art des Gases	Woher	Farbe	Geruch	Bemerkungen
CO_2	Carbonate, Oxalate	–	–	trübt $Ba(OH_2)$
CO	Cyanide, Oxalate	–	–	brennt mit blauer Flamme
HCN	Cyanide	–	bittere Mandeln	Vorsicht, giftig!
H_2S	Sulfide	–	nach faulen Eiern	schwärzt Bleiacetatpapier
SO_2	Sulfite, Thiosulfate oder aus H_2SO_4 selbst, falls Metalle, Sulfide, Schwefel, Kohle oder organische Substanzen vorhanden	–	stechend	trübt $Ba(OH)_2$
HF + SiF_4	Fluoride, Fluorosilicate	–	stechend	trübt Wassertropfen, H_2SO_4 benetzt nicht mehr das Glas
HCl	Chloride	–	stechend	mit NH_3: Nebel
Cl_2	Chloride + stark oxidierende Substanzen	gelbgrün	stechend	–
HBr + Br_2	Bromide	braun	stechend	–
I_2	Iodide	violett	stechend	evtl. mit SO_2-Entwicklung verbunden
CrO_2Cl_2	Chlorid + Chromat	rotbraun	stechend	–
NO_2	Nitrate, Nitrite	braun	stechend	–
Mn_2O_7	Manganat(VII)	violett	–	Vorsicht, Explosionsgefahr!

Tabelle VII. Weitere Vorproben

Art	nachzuweisendes Element oder Ion	Beschreibung auf Seite
Oxidationsschmelze	Mn, Cr	107 u. 128
Marshsche Probe	As, Sb	174 u. 179
Leuchtprobe	Sn	182
Erhitzen mit NaOH oder CaO	NH_3 (eventuell CN^-)	71
Abrauchen mit 18 mol/l H_2SO_4	Mo	135
Sublimieren mit NH_4Cl	V (Mo)	133
Heparprobe	S-Verbindungen	204
Ätzprobe	F^-	192
Wassertropfenprobe	F^-, SiF_6^{2-}, SiO_2	193 u. 219
Natriumfluoridperle	U	140

2.5.2. Lösen und Aufschließen

Je nach der Substanz muß man verschiedene Lösungsmittel anwenden. Eine Regel zur Wahl des besten Lösungsmittels kann nicht gegeben werden. Man versuche zunächst, mit Wasser, 2 mol/l oder 7 mol/l HCl zu lösen, damit beim Einleiten von Schwefelwasserstoff möglichst wenig elementarer Schwefel ausfällt bzw. nicht eingedampft werden muß. Erst wenn sich die Substanz in HCl nicht oder nur teilweise auflöst, nehme man nacheinander 2 mol/l, 14 mol/l HNO_3 und schließlich Königswasser. Sind Erze oder Metallegierungen zu analysieren, so ist man häufig auf Salpetersäure angewiesen. Auch bei Legierungen aus unedlen Metallen ist dies öfter angebracht, weil man die darin vorkommenden Phosphide oder Silicide oxidieren muß. Mit Salzsäure würden sie sich als Phosphor- bzw. Siliciumwasserstoffe verflüchtigen. Bei Anwendung von Salpetersäure ist es notwendig, diese nach dem Lösen möglichst weitgehend durch Eindampfen mit Salzsäure zu entfernen.

Die Wahl des richtigen Lösungsmittels vereinfacht häufig die Analyse. Auch hierfür leisten die Vorproben wertvolle Dienste.

Bleibt ein in den genannten Lösungsmitteln schwerlöslicher Rückstand, so ist er aufzuschließen. Um das richtige Aufschlußmittel anzuwenden, ist es notwendig,

Tabelle VIII. Wichtigste, in Säuren schwerlösliche Verbindungen mit Vorproben und Aufschlußmittel

Substanz	Vorprobenart	Aufschlußmittel	Beschreibung auf Seite
Silberhalogenide	Lötrohrprobe, AgBr und AgCl Lösen in Ammoniak und Wiederausfällen mit HNO_3	Zn + H_2SO_4 oder Schmelzen mit $Na_2CO_3 + K_2CO_3$ oder in warmem konz. Ammoniak lösen	188
Erdalkalisulfate	Heparreaktion, Flammenfärbung	Schmelzen mit $Na_2CO_3 + K_2CO_3$	83
$PbSO_4$	Heparreaktion, Lötrohrprobe	in warmer ammon. Tartratlösung lösen	154
Silicate	Wassertropfenprobe	Schmelzen mit $Na_2CO_3 + K_2CO_3$	220
Fluoride	Ätzprobe, Wassertropfenprobe	Abrauchen mit 18 mol/l H_2SO_4	194
Hochgeglühte Oxide: Al_2O_3 (weiß), Fe_2O_3 rotbraun), TiO_2 (weiß) usw.	Phosphorsalzperle, für Al_2O_3: Thénards-Blau-Reaktion	Schmelzen mit $KHSO_4$; Al_2O_3: Schmelzen mit $Na_2CO_3 + K_2CO_3$	148 148, 83
Cr_2O_3 (grün) und $FeCr_2O_4$ (schwarz)	Phosphorsalzperle, Oxidationsschmelze	Schmelzen mit $Na_2CO_3 + KNO_3$	128
SnO_2 (weiß)	Phosphorsalzperle + $CuSO_4$, Leuchtprobe	Schmelzen mit KCN, NaOH oder Schmelzen mit Na_2CO_3 + S	185
WO_3 (gelb)	Phosphorsalzperle + $FeSO_4$	Lösen in NaOH	188
$CrCl_3$ (violett)	–	Zn + HCl Kochen	126

vorher durch Vorproben festzustellen, woraus er besteht. Diese sind mit dem gut ausgewaschenen Rückstand vorzunehmen.

In der Tabelle VIII sind die wichtigsten Verbindungen, die in Säuren schwerlöslich sind, mit der Vorprobenart, die zu ihrer Erkennung dient, und mit dem Aufschlußmittel zusammengestellt.

Für die Behandlung von schwerlöslichen Rückständen wird folgendes Schema empfohlen:

1. In der Hitze ausziehen mit tartrathaltiger 14 mol/l NaOH: Wolframverbindungen und Bleisulfat gehen in Lösung.
2. Der verbleibende Rückstand wird mit Ammoniak, Natriumthiosulfat- oder Kaliumcyanidlösung zur Lösung der Silberhalogenide behandelt.
3. Der anschließende saure Aufschluß mit Kaliumhydrogensulfat bringt Titan, teilweise auch Aluminium, Eisen und Chrom in Lösung.
4. Mit dem Rest wird der Alkalicarbonataufschluß der Erdalkalisulfate und der Silicate ausgeführt; auch Aluminium, Chrom und Eisen werden teilweise gelöst.
5. Der zurückbleibende Zinnstein wird mit Kaliumcyanid oder mit Alkalicarbonat und Schwefel geschmolzen.

2.5.3. Allgemeiner Kationentrennungsgang

Vor dem eigentlichen Trennungsgang müssen die störenden Verbindungen, wie Borate (S. 220), organische Verbindungen, Cyanide (S. 214), Oxalate (S. 213) und Fluoride (S. 192) ermittelt und an der richtigen Stelle des Trennungsganges entfernt werden. Dies geschieht wie bei den einzelnen Verbindungen beschrieben.

In den Tabellen IX–XV ist der systematische Gang kurz zusammengefaßt. Man benutze sie zusammen mit den genauen Analysentrennungsgängen, die in den früheren Abschnitten beschrieben sind. In den Tabellen sind die Bestandteile, die in Lösung verbleiben, in Ionenform bzw. unter Angabe der Oxidationsstufe, die gefällten Produkte in Molekülform aufgeführt. Am Schluß finden sich die wichtigsten Identifizierungsreaktionen.

Je nach der Art der Substanz wird man an verschiedenen Stellen Vereinfachungen oder Änderungen des Trennungsganges vornehmen können.

Säureschwerlösliche Gruppe

Über die Behandlung des säureschwerlöslichen Anteils s. oben u. S. 228.

Tabelle IX. HCl-Gruppe

Zu der salpetersauren Lösung HCl geben Bei Anwesenheit von Ag^+, Hg_2^{2+}, Pb^{2+} fallen aus: **AgCl** weiß	 **Hg_2Cl_2** weiß	 **$PbCl_2$** weiß	In Lösung bleiben: Elemente der H_2S-, $(NH_4)_2S$-, $(NH_4)_2CO_3$- und Lösliche Gruppe. Weiterverarbeitung s. Tabelle X
Mit heißem Wasser digerieren **AgCl**	 **Hg_2Cl_2**	 Pb^{2+}	
Mit Ammoniak versetzen $[Ag(NH_3)_2]^+$ + HNO_3: **AgCl** weiß bzw. mikrochem. als **$[Ag(NH_3)_2]Cl$**	 **Hg + $Hg(NH_2)Cl$** schwarz	Eindampfen und abkühlen a) **$PbCl_2$**-Nadeln b) + H_2SO_4: **$PbSO_4$**; lösen in $C_4H_6O_6$ + Ammoniak versetzen mit $K_2Cr_2O_7$: **$PbCrO_4$** gelb c) Mikrochem. als **$K_2PbCu(NO_2)_6$**	

Tabell X. H_2S-Gruppe

In die zunächst 2 mol/l HCl enthaltende Lösung, dann bei größerer Verdünnung H_2S einleiten Bei Anwesenheit von Hg^{2+}, Pb^{2+}, Bi^{3+}, Cu^{2+}, Cd^{2+}, As(III, V), Sb(III, V), Sn(II, IV), Mo(VI) fallen				
HgS schwarz	**PbS** schwarz	**Bi_2S_3** braun	**CuS** schwarz	**CdS** gelb
Mit gelbem $(NH_4)_2S_x$ digerieren				
HgS	**PbS**	**Bi_2S_3**	**CuS**	**CdS**
Mit 4 mol/l HNO_3 bei mäßiger Wärme behandeln				
HgS	Pb^{2+}	Bi^{3+}	Cu^{2+}	Cd^{2+}
Lösen in HNO_3 + HCl, abrauchen, in 2 mol/l HCl aufnehmen: Hg^{2+}	Mit H_2SO_4 eindampfen, bis Nebel entstehen. Nach Abkühlen mit wenig 1 mol/l H_2SO_4 verdünnen **$PbSO_4$** weiß	Bi^{3+}	Cu^{2+}	Cd^{2+}
a) Cu: Amalgam b) $SnCl_2$: erst **Hg_2Cl_2**, weiß, dann **Hg**, schwarz	Lösen in Ammoniumtartrat. a) $K_2Cr_2O_7$: **$PbCrO_4$** gelb b) Cu-Acetat + KNO_2: **$K_2CuPb(NO_2)_6$**	Ammoniak im Überschuß **$Bi(OH)_3$** weiß	$[Cu(NH_3)_4]^{2+}$ blau	$[Cd(NH_3)_6]^{2+}$
		a) Lösen in HCl + NaCl, dann Dimethylglyoxim + Ammoniak, gelber Nd.: Bi. b) Lösen in HCl, neutralis. und in alkal. Stannat(II)-Lsg. einfließen lassen: **Bi**, schwarz	a) Cu^{2+} wird durch die blaue Farbe des $[Cu(NH_3)_4]^{2+}$ angezeigt b) als **$K_2CuPb(NO_2)_6$**	Cd^{2+}: KCN-Zusatz bis zur Entfärbung oder mit $Na_2S_2O_4$ aufkochen und **Cu** abzentrifugieren, dann H_2S einleiten: **CdS** gelb

aus:					In Lösung bleiben: Elemente der $(NH_4)_2S$- und der folgenden Gruppen. Weiterverarbeitung nach Tab. XI oder XII
$As_2S_{3(5)}$	**$Sb_2S_{3(5)}$**	**$SnS_{(2)}$**	**MoS_3**		
gelb	orange	braun, gelb	schwarzbraun		
AsS_4^{3-}	SbS_4^{3-}	SnS_3^{2-}	MoS_4^{2-}		
Bis zur sauren Reaktion HCl zugeben			Trennung und Nachweis bei Anwesenheit von Mo s. S. 184		
As_2S_5	**Sb_2S_5**	**SnS_2**			
1) 7 mol/l HCl oder →			2) konz. $(NH_4)_2CO_3$		
As_2S_5	Sb(V)	Sn(IV)	AsS_4^{3-} AsO_3S^{3-}	**Sb_2S_5**	**SnS_2**
Lösen in Ammoniak + H_2O_2 + Mg^{2+}: **$MgNH_4AsO_4 \cdot 6\,H_2O$** weiß krist.	Mit Fe reduzieren **Sb** Lösen in 7 mol/l HCl + wenig HNO_3, dann stark verdünnen und H_2S einleiten: **Sb_2S_3** orange	Sn^{2+} $HgCl_2$: **Hg_2Cl_2** weiß **Hg**; schwarz Leuchtprobe	Ammoniak + H_2O_2: Nachweis wie unter 1.	Lösen in 7 mol/l HCl Sb(V) Trennung wie unter 1.	Sn(IV)

Tabelle XI. $(NH_4)_2S$-Gruppe, gemeinsame Fällung mit $(NH_4)_2S$ + Ammoniak

Salzsaure Lösung mit NH_4Cl versetzen, ammoniakalisch machen und mit $(NH_4)_2S$ in der Wärme

Bei Anwesenheit von Ni^{2+}, Co^{2+}, $Fe^{2+(3+)}$, Mn^{2+}, Al^{3+}, Cr^{3+}, Zn^{2+} fallen aus:
(Bei Anwesenheit von PO_4^{3-}, VO_3^-, WO_4^{2-}) und UO_2^{2+}, s. Hydrolysentrennung Tabelle XII)

Ni_2S_3/NiS schwarz	**Co_2S_3/CoS** schwarz	**FeS** schwarz	**MnS** rosa (graugrün)

Mit kalter 2 mol/l HCl behandeln

Ni_2S_3/NiS	**Co_2S_3/CoS**	Fe^{2+}	Mn^{2+}

Ni, Co:

In $CH_3COOH + H_2O_2$ lösen

a) Perle blau: Co,
b) KSCN + Ether: Blaufärbung: Co,
c) Ammoniak + Dimethylglyoxim:
$Ni(C_4H_7N_2O_2)_2$ rot

Fe, Mn:

Mit HNO_3 oxidieren, neutralisieren, in Mischung

$Fe(OH)_3$ braun	**MnO_2** braunschwarz

In HCl lösen und kochen

Fe^{3+}	Mn^{2+}

Nachweis nebeneinander

a) + KSCN: Rotfärbung: Fe
b) + $K_4[Fe(CN)_6]$: Berliner Blau
c) + HNO_3, eindampfen, lösen in $HNO_3 + PbO_2$ oder + $NaOH + Br_2$: Violettfärbung: Mn
d) + NaOH, Niederschlag abfiltrieren, Oxidationsschmelze: grün: Mn

fällen			In Lösung bleiben: Erdalkaliionen, Alkaliionen Weiterverarbeitung s. Tabelle XIV
$Al(OH)_3$ weiß	**$Cr(OH)_3$** grün	**ZnS** weiß	
Al^{3+}	Cr^{3+}	Zn^{2+}	
von 30%iger NaOH + 3%igem H_2O_2 einfließen lassen			
$[Al(OH)_4]^-$ farblos	CrO_4^{2-} gelb	$[Zn(OH)_3]^-$ farblos	
Mit viel festem NH_4Cl kochen oder mit HCl schwach ansäuern und anschließend wieder ammoniakalisch machen			
$Al(OH)_3$ weiß	CrO_4^{2-}	$[Zn(NH_3)_6]^{2+}$	
a) Mit wenig $Co(NO_3)_2$ befeuchten, und auf Magnesiarinne erhitzen: **$CoAl_2O_4$** blau b) Anfärben mit Alizarin S: Rotfärbung c) Mikrochemisch als **$CsAl(SO_4)_2 \cdot 12\,H_2O$**	Mit CH_3COOH ansäuern und $BaCl_2$ zugeben **$BaCrO_4$** gelb In H_2SO_4 lösen, H_2O_2 + Ether: CrO_5 blau	Zn^{2+} H_2S einleiten **ZnS** a) In HCl lösen, $NaCH_3COO$ + $K_4[Fe(CN)_6]$: **$K_2Zn_3[Fe(CN)_6]_2$** weiß b) + $K_3[Fe(CN)_6]$: **$Zn_3[Fe(CN)_6]_2$** gelbbraun	

Tabelle XII. $(NH_4)_2S$-Gruppe, Hydrolysentrennungsgang
Fällung mit Urotropin bei Anwesenheit der selteneren Elemente

Fe^{2+} zu Fe^{3+} oxidieren, auf Fe^{3+} prüfen, bei Anwesenheit von PO_4^{3-}, WO_4^{2-}, VO_3^- mit $FeCl_3$ ver-
Bei Anwesenheit von Fe^{3+}, Al^{3+}, Cr^{3+}, Ti(IV), UO_2^{2+}, VO_3^-, WO_4^{2-} PO_4^{3-} fallen neben

$FePO_4$ weißlich	**$Fe_2(WO_4)_3$** rotbraun	**$Al(OH)_3$** weiß	**$FeVO_4$** rotbraun	**$Cr(OH)_3$** grün

In HCl auflösen, ausethern, etherische Schicht [Fe(III)] verwerfen. Die wäßrige Schicht enthält

PO_4^{3-} farblos	WO_4^{2-} farblos	Al^{3+} farblos	VO_3^- farblos	Cr^{3+} grün

Neutralisieren, in Mischung von 30%igem NaOH + 3%igem H_2O_2 einfließen lassen:

PO_4^{3-} farblos	WO_4^{2-} farblos	$[Al(OH)_4]^-$ farblos	VO_3^- farblos	CrO_4^{2-} gelb

Ansäuern mit HCl, reduzieren mit $Na_2S_2O_4$ und fällen mit NaOH:

PO_4^{3-} farblos	WO_4^{2-} farblos	$[Al(OH)_4]^-$ farblos	**$V(OH)_3$** braun	**$Cr(OH)_3$** grün

Mit $BaCl_2$ fällen:

$Ba_3(PO_4)_2$ **$BaWO_4$** $[Al(OH)_4]^-$

Nachweis nebeneinander:

a) + HNO_3
+ $(NH_4)_2MoO_4$
gelber Nd.: Phosphat

b) + 18 mol/l H_2SO_4
+ Hydrochinon:
Rotfärbung: W

Mit HCl ansäuern, mit Ammoniak fällen

a) + Alizarin S:
Rotfärbung: Al

b) Mit $Co(NO_3)_2$ auf Magnesiarinne erhitzen: **$CoAl_2O_4$** blau

c) Mikrochemisch als **$CsAl(SO_4)_2 \cdot 12\,H_2O$**

In HCl lösen, mit HNO_3 oxidieren, stark verdünnen, KSCN zugeben, dreimal aus-

Wäßrige Schicht:

VO_3^- gelb	Cr^{3+} grün

Mit NaOH fällen:

VO_3^- farblos	**$Cr(OH)$** grün

+ H_2S: Rotviolett-färbung V	+ H_2SO_4 + $H_2S_2O_8$: CrO_4^{2-}. H_2O_2 + Ether: CrO_5 blau

setzen und mit Urotropin fällen		
$Fe(OH)_3$ aus:		In Lösung bleiben:
$(NH_4)_2U_2O_7$ gelb	**$TiO_2 \cdot aq$** weiß	Ni^{2+}, Co^{2+}, Mn^{2+}, Zn^{2+}, Erdalkali- und Alkaliionen Weiterverarbeitung nach Tabelle XIV
neben Spuren Fe^{3+}:		
UO_2^{2+} gelblich	TiO^{2+} farblos	
UO_6^{2-} orange	**$TiO_2 \cdot aq$** weiß	[**$Fe(OH)_3$** rotbraun]
	Lösen in HCl	
$U(OH)_4$ braun	TiO^{2+} farblos	[Fe^{3+} gelbgrün]
	Lösung auf $^1/_3$ einengen und abkühlen	
einengen, mit 2 mol/l HCl ethern	In konz. Ammoniak-H_2O_2-Mischung eingießen	
Etherische Schicht: $[UO_2(SCN)_2 \cdot 3\ Ether]$ gelb	$Ti(O_2)^{2+}$ orange: Ti	[**$Fe(OH)_3$**, **$Ti(OH)_4$** rotbraun weiß]
Eindampfen, glühen, + HNO_3 + $K_4[Fe(CN)_6]$: rotbr. Nd.: U		

Tabelle XIII. $(NH_4)_2S$-Gruppe, Hydrolysentrennungsgang bei Abwesenheit der selteneren Elemente

CrO_4^{2-} und MnO_4^- zu Cr^{3+} und Mn^{2+} reduzieren, Fe^{2+} zu Fe^{3+} oxidieren, auf Fe^{3+} prüfen, bei Anwesenheit von PO_4^{3-} mit $FeCl_3$ versetzen und mit Urotropin fällen

Bei Anwesenheit von Fe^{3+}, Al^{3+}, Cr^{3+}, PO_4^{3-} fallen neben $Fe(OH)_3$ aus:			In Lösung bleiben:
$FePO_4$ weißlich	**$Al(OH)_3$** weiß	**$Cr(OH)_3$** grün	Ni^{2+}, Co^{2+}, Mn^{2+}, Zn^{2+}, Erdalkali- und Alkaliionen
In HCl auflösen, ausethern, etherische Schicht [Fe(III)] verwerfen. Die wäßrige Schicht enthält neben Spuren Fe^{3+}:			Weiterverarbeitung nach Tabelle XIV
PO_4^{3-}	Al^{3+}	Cr^{3+}	
Neutralisieren, in Mischung von 30%igem NaOH + 3%igem H_2O_2 einfließen lassen			
PO_4^{3-} farblos	$[Al(OH)_4]^-$ farblos	CrO_4^{2-} gelb	**$Fe(OH)_3$** rotbraun
Mit viel festem NH_4Cl kochen oder mit HCl schwach ansäuern und anschließend wieder ammoniakalisch machen			
PO_4^{3-} farblos	**$Al(OH)_3$** weiß	CrO_4^{2-}	
Mit NaOH versetzen und mit $BaCl_2$ fällen **$Ba_3(PO_4)_2$** + HNO_3 + $(NH_4)_2MoO_4$ gelber Nd.: Phosphat	a) Mit wenig $Co(NO_3)_2$ befeuchten und auf Magnesiarinne erhitzen: **$CoAl_2O_4$** blau b) Anfärben mit Alizarin S: Rotfärbung	Mit CH_3COOH ansäuern und $BaCl_2$ zugeben **$BaCrO_4$** gelb In H_2SO_4 lösen H_2O_2 + Ether CrO_5 blau	

Tabelle XIV. $(NH_4)_2S$-Gruppe, Hydrolysentrennung Fällung mit Ammoniak + $(NH_4)_2S$

Filtrat der Urotropinfällung ammoniakalisch machen, NH_4Cl zugeben und heiß mit verd. Lösung von farblosem $(NH_4)_2S$ versetzen

Bei Anwesenheit von Co^{2+}, Ni^{2+}, Zn^{2+}, Mn^{2+} fallen aus:				Es bleiben in Lösung:
Co_2S_3/CoS schwarz	**Ni_2S_3/NiS** schwarz	**ZnS** weiß	**MnS** rosa (bräunlich)	Erdalkali- und Alkaliionen Weiterverarbeitung s. Tab. XV
Versetzen mit Essigsäure (1 : 1) bis zur sauren Reaktion				
Co_2S_3/CoS	**Ni_2S_2/NiS**	**ZnS**	Mn^{2+}	
Mehrmaliges Behandeln mit wenigen ml 0,5 mol/l HCl			Erwärmen, versetzen mit Ammoniak und $(NH_4)_2S$	
Co_2S_3/CoS **Ni_2S_3/NiS**		Zn^{2+}	**MnS**	
In CH_3COOH + H_2O_2 lösen, einzeln identifizieren: Co: a) Perle b) KSCN, Ni: Dimethylglyoxim-Reaktion		H_2S verkochen + festes NaOH, zentrifugieren, Lsg. ansäuern mit CH_3COOH + $NaCH_3COO$ + H_2S **ZnS** weiß a) Rinmanns Grün b) + HCl + $NaCH_3COO$ + $K_4[Fe(CN)_6]$: **$K_2Zn_3[Fe(CN)_6]_2$**, weiß: Zn c) + HCl und mit $NaCH_3COO$ puffern + $(NH_4)_2[Hg(SCN)_4]$ + $CuSO_4$: fliederfarbener Nd.: Zn	Lösen in 2 mol/l HCl, H_2S verkochen a) + NaOH + Br_2: MnO_4^- violett b) Fällen mit NaOH, abzentrifugieren. Nd. + HNO_3, eindampfen, lösen in HNO_3, + PbO_2: MnO_4^- violett c) Oxidationsschmelze mit Sulfidniederschlag: grün: Mn	

Tabelle XV. Erdalkaliionen und Alkaliionen

Filtrat der $(NH_4)_2S$-Gruppe mit HCl ansäuern, H_2S verkochen, zur Zerstörung der NH_4^+-Salze auf ein kleines Volumen einengen, zweimal mit 1 ml 14 mol/l HNO_3 abdampfen, bis fast zur Trockne einengen, mit einigen ml 2 mol/l HCl aufnehmen, ammoniakalisch machen, $(NH_4)_2CO_3$ zusetzen, kochen.

$BaCO_3$ weiß	**$SrCO_3$** weiß	**$CaCO_3$** weiß	Mg^{2+}	Na^+	K^+

Niederschlag ($BaCO_3$, $SrCO_3$, $CaCO_3$):

In CH_3COOH lösen, $NaCH_3COO$ zusetzen und mit $K_2Cr_2O_7$ fällen

$BaCrO_4$ gelb	Sr^{2+}	Ca^{2+}

- **$BaCrO_4$:** Flammenfärbung: grün Ba
- **Sr^{2+}, Ca^{2+}:** mit Ammoniak + $(NH_4)_2CO_3$ kochen

$SrCO_3$	**$CaCO_3$**

lösen in 2 mol/l HCl

Sr^{2+}: + Gipswasser	bei Anwesenheit von Sr + $(NH_4)_2SO_4$-Lösung	
$SrSO_4$	**$SrSO_4$** **($CaSO_4$)**	Ca^{2+}
HCl + Zn		+ $(NH_4)_2C_2O_4$: **CaC_2O_4**
Flammenfärbung: rot Sr		Flammenfärbung: gelbrot Ca

Filtrat (Mg^{2+}, Na^+, K^+):

NH_4^+-Salze abrauchen und mit ammoniakal. HgO kochen

$Mg(OH)_2$ weiß	Na^+	K^+

$Mg(OH)_2$: HgO abrauchen (Abzug!), MgO in HCl lösen, fällen mit Ammoniak + Na_2HPO_4:
$MgNH_4PO_4 \cdot 6\,H_2O$ weiß

Na^+, K^+: Nachweis außer spektralanalytisch:

a) Na: Mg^{2+} + UO_2^{2+} + CH_3COO^-:
$NaMg(UO_2)_3(CH_3COO)_9 \cdot 9H_2O$, gelb

b) K: Aus essigsaurer Lsg.:
$K_2CuPb(NO_2)_6$
schwarz

c) K: $Na_3[Co(NO_2)_6]$:
$K_2Na[Co(NO_2)_6]$, gelb

d) K: + $HClO_4$: **$KClO_4$**, weiß

2.5.4. Nachweis der Anionen

Bei den Kationen ist ein gut ausgearbeiteter Trennungsgang vorhanden; bei den Anionen hingegen ist man im allgemeinen auf eine große Zahl von Einzelreaktionen angewiesen, und nur bei einzelnen Gruppen, wie den Halogenen oder den verschiedenen Schwefelverbindungen, kann man Trennungsverfahren anwenden.

Sehr wichtig sind auch hier die Vorproben, insbesondere das Verhalten der Substanz gegenüber 1 mol/l und 18 mol/l H_2SO_4, wie es in den Tabellen V und VI beschrieben ist. Aus diesen kann man sehr häufig schon auf die An- oder Abwesenheit bestimmter Anionen schließen.

Zum weiteren Erkennen der Anionen wird der Sodaauszug hergestellt, Proben von ihm werden mit Reagenzien versetzt, die die An- bzw. Abwesenheit von bestimmten Gruppen anzeigen. Einige Anionen und H_2O_2 können im Sodaauszug zersetzt sein.

1. Man säuert zunächst eine Probe des Sodaauszuges mit Salzsäure an. Während des Ansäuerns können Niederschläge besonders von amphoteren Hydroxiden auftreten, also von $Al(OH)_3$, $Zn(OH)_2$, $Pb(OH)_2$, $Sn(OH)_2$ usw., die bei Erhöhung der H^+-Ionenkonzentration wieder verschwinden. Ebenso verhalten sich VO_4^{3-} und MoO_4^{2-}, während WO_4^{2-} und Silicationen sowie Pb^{2+} als $PbSO_4$ bleibende Niederschläge bilden. Auch Sulfide, von Thiosalzen herrührend, und Schwefel aus Thiosulfat können ausfallen. Darauf ist bei den späteren Reaktionen stets zu achten, da sonst Fehlschlüsse vorkommen können. Gegebenenfalls muß der Niederschlag abzentrifugiert werden.

2. Man säuert mit 2 mol/l HNO_3 an und versetzt mit $AgNO_3$:

Weißer Niederschlag: **Cl^-, CN^-, SCN^-**.
Schwach gelblicher Niederschlag: **Br^-**.
Gelblicher Niederschlag: **I^-**.

Hat man nicht stark angesäuert, so können außerdem noch schwarzes Ag_2S, stammend von S^{2-}, und weißes Ag_2SO_3 entstehen, sie sind in 14 mol/l HNO_3 löslich. Auch AgCN löst sich merklich in 14 mol/l HNO_3.

Den Niederschlag behandle man nach dem Zentrifugieren und Auswaschen mit 13,5 mol/l NH_3. Es lösen sich auf: AgCl, AgBr, AgCN, AgSCN, Ag_2SO_3. Den Rückstand versuche man in verd. Kaliumcyanidlösung zu lösen. AgI ist löslich, Ag_2S dagegen nicht.

3. Man säuert mit Essigsäure schwach an und versetzt mit $CaCl_2$-Lösung. Es fällt ein weißer Niederschlag bei Anwesenheit von:

SO_4^{2-}, MoO_4^{2-}, WO_4^{2-}, PO_4^{3-}, VO_4^{3-}, H_3BO_3, F^- sowie **SO_3^{2-}**, falls es in größerer Konzentration vorliegt. Dem Anfänger bereitet diese Prüfung Schwierigkeiten, da er meist zuviel Essigsäure zusetzt und damit die Lösung zu sehr verdünnt.

4. Man säuert mit 2 mol/l HCl an und versetzt mit $BaCl_2$-Lösung:

Weißer Niederschlag: **SO_4^{2-}** und **$[SiF_6]^{2-}$**, eventuell auch **F^-**. BaF_2 ist in 7 mol/l HCl leicht, $Ba[SiF_6]$ dagegen schwer löslich.

5. Wichtig ist weiterhin die Prüfung auf oxidierende Substanzen. Dazu säuert man mit Salzsäure an und fügt KI und Stärkelösung hinzu. Blaufärbung können hervorrufen:

(ClO^-); CrO_4^{2-}; AsO_4^{3-} (schwach), **MnO_4^-; H_2O_2** und **NO_2^-**; in stark saurer Lösung auch **NO_3^-** und schließlich auch **Cu^{2+}** sowie **Fe^{3+}**.

6. Umgekehrt kann man ein Reduktionsmittel durch Entfärbung von Iodlösung erkennen, wenn man diese tropfenweise zu dem mit Salzsäure angesäuerten Sodaauszug hinzufügt. Entfärbung tritt ein bei:

S^{2-}, $SO_3{}^{2-}$, $AsO_3{}^{3-}$

Außerdem findet schwache Reaktion statt bei:

CN^- und SCN^-

7. Ebenso prüfe man den schwefelsauren Sodaauszug mit $KMnO_4$-Lösung, weil von ihr besonders in der Wärme einige Anionen oxidiert werden, die mit Iod keine Reaktion geben. Bei tropfenweise vorgenommener Zugabe wird $KMnO_4$ entfärbt durch:

Br^-, I^-, SCN^-, S^{2-}, $SO_3{}^{2-}$, H_2O_2, $NO_2{}^-$

Auf Grund dieser Reaktionen weiß man, welche Anionen vorhanden sein können und, was wichtiger ist, welche Anionen abwesend sind.

Bei den folgenden Einzelreaktionen achtet man besonders auf Störungen durch andere Ionen und versuche, durch verschiedenartige Identifizierungen Sicherheit über die vorliegenden Anionen zu gewinnen.

In der Tabelle XVI sind die wichtigsten Reaktionen der einzelnen Anionen zusammengefaßt und dabei die am häufigsten auftretenden Störungen und deren Vermeidung bzw. Umgehung vermerkt.

Tabelle XVI. Anionen-Nachweis

Anion	Nachweisreaktion	Störung	Umgehung der Störung
F^-	1. Ätzprobe oder Kriechprobe	Versagt bei Überschuß von SiO_2 und H_3BO_3	Anwendung der Wassertropfenprobe
	2. Wassertropfenprobe	Versagt bei manchen Fluorosilicaten	Aufschluß mit $Na_2CO_3 + K_2CO_3$
Cl^-	1. $HNO_3 + AgNO_3$	Br^-, I^-	a) Fraktioniertes Fällen mit Ag^+, letzte Fraktion in $(NH_4)_2CO_3$ lösen und mit KBr versetzen b) Durch $KMnO_4$ in essigsaurer Lösung oxidieren c) CrO_2Cl_2-Reaktion
		CN^-, SCN^-, $[Fe(CN)_6]^{3-}$, $[Fe(CN)_6]^{4-}$	Entfernung durch $Cu^{2+} + H_2SO_3$
	2. CrO_2Cl_2-Reaktion	Reduktionsmittel	Überschuß von $K_2Cr_2O_7$ oder besser Reaktion 1
		Versagt bei AgCl, Hg_2Cl_2, $HgCl_2$	Nach Reduktion mit Zn (+ H_2SO_4) Reaktion 1
		nicht eindeutig bei Anwesenheit von F^-	Anwendung von 1
Br^-	Cl_2	I^-, Reduktionsmittel	Überschuß von Cl_2 zugeben
I^-	Cl_2	Reduktionsmittel	Vorsichtig Überschuß von Cl_2 zugeben
		CN^-	Durch Zn^{2+} entfernen oder als HCN abdestillieren

Tabelle XVI. (1. Fortsetzung)

Anion	Nachweisreaktion	Störung	Umgehung der Störung
S^{2-}	1. HCl + Bleiacetatpapier	Versagt bei Sulfiden, die in nichtoxidierenden Säuren schwer löslich sind	Anwendung von 2
	2. Zn + HCl + Bleiacetatpapier	SO_3^{2-}, $S_2O_3^{2-}$, SCN–	Nur Rückstand des Sodaauszugs prüfen
		Freier Schwefel	Mit Kohlendisulfid entfernen
SO_3^{2-}	1. Ansäuern, Geruch 2. $ZnSO_4$ + $K_4[Fe(CN)_6]$ + $[Fe(CN)_5NO]^{2-}$	S^{2-}	Im neutralen SA durch $HgCl_2$ ausfällen
$S_2O_3^{2-}$	1. HCl	S_x^{2-}	Im neutralen SA durch $CdCO_3$ oder $[Cd(NH_3)_6]^{2+}$ ausfällen
		SO_3^{2-}	Im neutralen SA mittels $Sr(NO_3)_2$ entfernen
	2. $AgNO_3$	S^{2-}	Mit Cd-Acetat fällen
SO_4^{2-}	HCl + $BaCl_2$	F^-, $[SiF_6]^{2-}$	Lösen in 7 mol/l HCl
NO_2^-	1. $FeSO_4$ + 1 mol/l H_2SO_4	ClO_3^-, I^-, SO_3^{2-}, SCN^-, $[Fe(CN)_6]^{4-}$, $[Fe(CN)_6]^{3-}$	Anwendung von 2.
	2. Sulfanilsäure + α-Naphthylamin	–	–
NO_3^-	1. $FeSO_4$ + 18 mol/l H_2SO_4	Br^-, I^-	Mit Ag_2SO_4 ausfällen
		SO_3^{2-}, CrO_4^{2-}	Anwendung von 2
		SCN^-, CN^-	Mit Ag_2SO_4 ausfällen
	2. NaOH + Devardasche Legierung	NH_4^+	Kochen mit NaOH
		SCN^-	Mit Ag_2SO_4 ausfällen
	3. Sulfanilsäure + α-Naphthylamin + Zinkstaub	NO_2^-	Durch $(NH_2)_2CO$ oder $(NH_2)HSO_3$ entfernen
		Oxidationsmittel	Überschuß von Zinkstaub
		$[Fe(CN)_6]^{3-}$	Zuerst Zinkstaub, dann filtrieren, im Filtrat Sulfanilsäure + α-Naphthylamin
PO_4^{3-}	1. HNO_3 + Ammoniummolybdat	AsO_4^{3-}	Nachweis von PO_4^{3-} nach der H_2S-Gruppe
	2. Fällung als $Zr_3(PO_4)_4$	AsO_4^{3-}	Nachweis des PO_4^{3-} nach der H_2S-Gruppe
CO_3^{2-}	HCl, Gaseinleiten in $Ba(OH)_2$	SO_3^{2-}, $S_2O_3^{2-}$	Oxidieren mit H_2O_2

Tabelle XVI. (2. Fortsetzung)

Anion	Nachweisreaktion	Störung	Umgehung der Störung
CH_3COO^-	1. $KHSO_4$	SO_3^{2-}	Anwendung von 2
	2. Na_2CO_3 + As_2O_3	–	–
	3. 18 mol/l H_2SO_4 + C_2H_5OH	Stoffe, die mit 18 mol/l H_2SO_4 stark riechende Gase geben	Anwendung von 2
$C_2O_4^{2-}$	1. H_2SO_4 + $KMnO_4$, Nachweis des CO_2	Reduktionsmittel	Überschuß von $KMnO_4$
	2. CH_3COOH + $CaCl_2$	F^-, SO_3^{2-}, SO_4^{2-}, PO_4^{3-}, H_3BO_3, $[Fe(CN)_6]^{4-}$	Niederschlag abfiltrieren, mit ihm Reaktion 1 durchführen
CN^-	1. Mit $NaHCO_3$ erhitzen, in $AgNO_3$ einleiten	$Hg(CN)_2$	NaCl im Überschuß zusetzen
	2. Berliner-Blau-Reaktion	SCN^-, $[Fe(CN)_6]^{3-}$	Anwendung von 1
	3. Thiocyanat-Reaktion	SCN^-, $[Fe(CN)_6]^{4-}$	Anwendung von 1
SCN^-	HCl + $FeCl_3$	F^-, PO_4^{3-}	In essigsaurer Lösung mit $BaCl_2$ ausfällen, im Filtrat auf SCN^- prüfen
		I^-	SCN^- + I^- mit $AgNO_3$ fällen, AgSCN in Ammoniak lösen, Ag^+ mit farblosem $(NH_4)_2S$ oder Na_2S fällen, dann nach Filtration und Ansäuern mit $FeCl_3$ prüfen
$[Fe(CN)_6]^{4-}$	HCl + Fe^{3+}	SCN^-	Tropfenweiser Zusatz von Fe^{3+}, erst Blaufärbung, dann Rotfärbung
$[Fe(CN)_6]^{3-}$	1. HCl + Fe^{2+}	NO_2^-	Überschuß von $FeSO_4$, Erhitzen
	2. Benzidinblau-Reaktion	Oxidationsmittel	
SiO_2	1. Lösliche Silicate: Ammoniummolybdat ansäuern + alkal. Stannat(II)-L.	PO_4^{3-}, AsO_4^{3-}	As mit H_2S fällen, mit HCl abrauchen und aufschließen
	2. Wassertropfenprobe	–	–
Borat	1. CH_3OH + 18 mol/l H_2SO_4	Versagt bei Borosilicaten	Zusatz von CaF_2 oder Aufschluß mit Na_2CO_3 + K_2CO_3
	2. CaF_2 + $KHSO_4$	–	–
H_2O_2	1. $[TiO]SO_4$	F^-, CrO_4^{2-}	Anwendung von 2
	2. $Cr_2O_7^{2-}$ + Ether	–	–

2.5.5. Spezieller Trennungsgang der Kationen bei Anwendung der Halbmikro-Arbeitstechnik

Die Halbmikroanalyse bietet sowohl gegenüber der Makro- als auch gegenüber der Mikroanalyse den Vorteil großer Zeitersparnis. In der Makroanalyse erfordert das Erwärmen, Filtrieren und Abkühlen der dort üblichen großen Volumina erhebliche Zeit. Bei der Mikroanalyse bedingt die Sorgfalt bei der Handhabung der sehr geringen Substanzmengen einen großen Zeitaufwand.

Die günstigste Substanzmenge für die Halbmikroarbeitstechnik ist dadurch gegeben, daß das gleichzeitig zu verarbeitende Volumen der Analysenlösung nie den Inhalt von zwei Zentrifugengläsern (etwa 10 ml) übersteigen sollte, da bei den üblichen Zentrifugen nur zwei Gläser gleichzeitig zentrifugiert werden können. Das bedingt, daß man bei dem Kationentrennungsgang von 50–100 mg Substanz ausgeht und unter Anwendung geringer Lösungsmittelmengen bei möglichst hohen Konzentrationen arbeitet, da viele, insbesondere auch mikroskopische Nachweise, aus konzentrierter Lösung erfolgen.

Im folgenden werden zunächst nur die Elemente des Schultrennungsganges berücksichtigt. In einem besonderen Kapitel wird darüber hinaus ein Trennungsgang unter Einbeziehung der „selteneren" Elemente W, Mo, Ti, V und U angegeben, bei dem die Hydrolysentrennung mit Urotropin durchgeführt wird. Der wesentliche Unterschied zum allgemeinen Kationentrennungsgang (Kap. 2.5.3.) besteht in genauen Mengenangaben sowie in detaillierter Beschreibung der einzelnen analytischen Operationen. Hierdurch sollen auch diejenigen, die noch keine Erfahrung in dieser neuen Arbeitstechnik sammeln konnten, bei Befolgung der Vorschrift zu guten Ergebnissen kommen. Selbstverständlich sind der Standardisierung eines Trennungsganges natürliche Grenzen durch die große Streubreite der Zusammensetzung von Substanzgemischen gesetzt. So können auch die folgenden Angaben nur Richtwerte sein, die zwar die meisten Fälle einschließen, aber mitunter doch abgewandelt werden müssen.

I. Säureschwerlösliche Gruppe
Ag, Pb und säureschwerlösliche Verbindungen

Beim Lösen in 14 mol/l HNO_3 und anschließenden Behandeln des Schwerlöslichen mit Königswasser verbleiben im Rückstand, falls Chlorid- und viel Sulfationen in der Analysensubstanz enthalten waren, AgCl und $PbSO_4$ sowie alle übrigen säureschwerlöslichen Verbindungen.

50–100 mg Analysensubstanz (entsprechend 1–2 kleine Spatelspitzen) werden mit 2 ml 14 mol/l HNO_3 im Reagenzglas einige Minuten gekocht u. heiß abzentrifugiert. Das Z. dient zur Fällung der HCl-Gruppe. Der schwerlösliche Nd. wird kurz mit 1 ml Königswasser ausgekocht. Das Z., der sog. Königswasserauszug, wird später mit dem Z. der HCl-Fällung vereinigt u. für die H_2S-Fällung verwendet.

Trennung $PbSO_4$ und Säureschwerlösliches von AgCl

Der Nd., der $PbSO_4$, Säureschwerlösliches u. AgCl enthalten kann, wird mit 1 ml 13,5 mol/l NH_3 gut durchgeschüttelt u. abzentrifugiert. Aus dem Z. fällt beim Ansäuern mit HNO_3 wieder AgCl aus, das mit den Rkk. 8. u. 9., S. 187 noch näher identifiziert wird.

Trennung Säureschwerlösliches von $PbSO_4$

Der verbleibende Nd. wird mit einigen ml ammoniakalischer Tartratslg. mehrmals in der Wärme ausgelaugt. Im Z. wird Pb nach 8., S. 154 nachgewiesen.

Hinsichtlich der weiteren Behandlung der verbliebenen säureschwerlöslichen Verbindungen informiere man sich über die entsprechenden Aufschlußverfahren auf S. 228.

II. Salzsäuregruppe
Ag, Hg(I), Pb

In Wasser oder 2 mol/l HNO_3 gelöste Ag^+-, Hg_2^{2+}- und Pb^{2+}-Ionen werden durch Zusatz von HCl als AgCl bzw. Hg_2Cl_2 quantitativ gefällt. Pb^{2+} fällt wegen der größeren Löslichkeit des $PbCl_2$ in Wasser nicht vollständig aus und wird deshalb noch in der H_2S-Gruppe nachgewiesen.

Das salpetersaure Z. der säureschwerlösl. Gruppe wird tropfenweise mit 2 mol/l HCl (5–10 Tr.) versetzt, bis nichts mehr ausfällt Der Nd. wird abzentrifugiert, das Z. mit dem Königswasserzentrifugat der säureschwerlösl. Gruppe vereinigt u. für die H_2S-Fällung zurückgestellt.

Trennung AgCl, Hg_2Cl_2 vom $PbCl_2$

Der Nd., der AgCl, Hg_2Cl_2 u. $PbCl_2$ enthalten kann, wird mehrmals mit 1 ml H_2O u. 1 Tr. 2 mol/l HCl aufgekocht u. in der Hitze abzentrifugiert. Das herausgelöste $PbCl_2$ wird in der wäßrigen Lsg. mittels der Rkk. 8. u. 9., S. 154 f. nachgewiesen.

Trennung Hg_2Cl_2 vom AgCl

Einen Teil des verbliebenen Rückstandes von Hg_2Cl_2 u. AgCl behandelt man im Reagenzglas mit 1 ml 13,5 mol/l NH_3. Das Auftreten einer Schwarzfärbung durch Bldg. von Hg + $HgNH_2Cl$ beweist Hg. Man zentrifugiert ab u. säuert das Z. mit HCl an; bei Anwesenheit von Ag weißer Nd. von AgCl, das nach 8. u. 9., S. 187 nachgewiesen wird.

Einen anderen Teil des Rückstandes erhitzt man mit einigen Tr. 14 mol/l HNO_3. Hg_2Cl_2 wird dabei oxidiert u. gelöst, während AgCl zurückbleibt. Man verdünnt mit H_2O, zentrifugiert ab u. behandelt den Nd. mit Ammoniak. Bei darauffolgendem Ansäuern mit HNO_3 erkennt man Ag an dem Auftreten einer weißen Fällung.

III. Schwefelwasserstoffgruppe
Hg(II), Pb, Bi, Cu, Cd, As, Sb, Sn

Die Kationen dieser Gruppe werden aus salzsaurer Lösung durch H_2S als charakteristisch gefärbte schwerlösliche Sulfide gefällt. Auf Grund der unterschiedlichen Löslichkeit der Sulfide in Ammoniumpolysulfidlösungen wird die H_2S-Gruppe unterteilt in Kupfergruppe und Arsen-Zinn-Gruppe. Beim Digerieren des Sulfidniederschlages mit $(NH_4)_2S_x$ bleiben die Sulfide der Kupfergruppe ungelöst zurück: HgS, PbS, Bi_2S_3, CuS und CdS. Die Elemente der Arsen-Zinn-Gruppe gehen als Thiosalze in Lösung: AsS_4^{3-}, SbS_4^{3-} und SnS_3^{2-}.

Die Sulfide werden bei längerem Stehen an der Luft, besonders in feuchtem Zustand, leicht zu löslichen Sulfaten oxidiert. Dadurch können die gefällten Kationen in die $(NH_4)_2S$-Gruppe gelangen. Die Sulfide sind daher möglichst schnell von der überstehenden Lösung zu trennen und stets mit H_2S-haltigem Wasser auszuwaschen.

Fällung mit H_2S

Das Z. der Salzsäuregruppe u. der Königswasserauszug der säureschwerlösl. Gruppe (s. S. 243) werden in einer kleinen Porzellanschale vereinigt u. durch mehrfaches vorsichtiges Eindampfen mit HCl bis fast zur Trockne von HNO_3 befreit. Da sich beim Abrauchen bis zur Trockne Hg verflüchtigt, weist man es am besten vor dem Eindampfen nach. Der fast trockne Rückstand wird mit etwa 0,5 ml 7 mol/l HCl unter Erwärmen gelöst u. mit einer Tropfpipette in ein Normalreagenzglas überführt. In die stark saure, warme Lösung leitet man durch eine Kapillarpipette (kleine Gasblasen – große Absorptionsoberfläche) etwa 3 Min. H_2S ein. Nach einer Min. wird die Lsg. mit H_2O auf das Fünffache u. nach einer weiteren Minute nochmals auf das Fünffache verdünnt. Der Sulfidnd. wird abzentrifugiert u. mit 1 ml H_2S-Wasser gewaschen. Eine kleine Probe des Z. (0,5 ml) wird mit H_2O auf das Doppelte verdünnt u. nochmals H_2S eingeleitet. Wenn dabei nichts ausfällt, ist die Sulfidfällung quantitativ. Das Z. der H_2S-Gruppe wird zur Abtrennung der $(NH_4)_2S$-Gruppe zurückgestellt.

Trennung der Fällung der H_2S-Gruppe in Kupfer- und Arsen-Zinn-Gruppe

Der Nd. der H_2S-Gruppe wird im Zentrifugenglas mit 2 ml gelbem Ammoniumpolysulfid 5 Min. bei gelinder Wärme (50–60 °C) unter Umrühren ausgelaugt. Man zentrifugiert ab. Im Z. befinden sich die Thiosalze der Arsen-Zinn-Gruppe: AsS_4^{3-}, SbS_4^{3-} u. SnS_3^{2-}. Der Rückstand wird mit 1–2 ml H_2O ausgewaschen. Er enthält die Sulfide der Kupfergruppe: HgS, PbS, Bi_2S_3, CuS u. CdS.

Trennung der Kationen der Kupfergruppe

Abtrennung des Hg(II)

Der Nd. der Kupfergruppe wird mit 1–2 ml 4 mol/l HNO_3 (1 Teil 14 mol/l HNO_3, 2 Teile H_2O) erwärmt. Es lösen sich alle Sulfide außer HgS (schwarz). Außerdem kann blaßgelber Schwefel oder auch weißes $Hg_2S(NO_3)_2$ ungelöst zurückbleiben. Der Rückstand wird abzentrifugiert, im Reagenzglas mit 0,5 ml Königswasser bis fast zur Trockne eingedampft u. schließlich mit 5 Tr. 2 mol/l HCl aufgenommen. In der Lsg. wird Hg durch Amalgambldg. am Kupferblech (Pfennig) (s. S. 152) nachgewiesen.

Abtrennung des restlichen Pb

Das salpetersaure Z. vom HgS-Rückstand wird unter Zusatz von 0,5 ml 18 mol/l H_2SO_4 im Porzellanschälchen so weit abgedampft, bis weiße Nebel entstehen u. die HNO_3 restlos entfernt ist. Nach dem Abkühlen wird *vorsichtig* mit 1 ml 1 mol/l H_2SO_4 verdünnt. Bei Gegenwart von Pb bildet sich ein weißer Nd. von $PbSO_4$. Beim Verdünnen mit Wasser kann an dieser Stelle auch Bismutoxidsulfat ausfallen. Das $PbSO_4$ wird abzentrifugiert u. wie in der HCl-Gruppe beschrieben identifiziert.

Abtrennung des Bi

Das Z. der $PbSO_4$-Fällung wird in einem kleinen Becherglas vorsichtig tropfenweise mit 13,5 mol/l NH_3 ammoniakalisch gemacht. Bei Anwesenheit von Bi^{3+} entsteht ein weißer flockiger Nd. von $Bi(OH)_3$. Man zentrifugiert ab u. übergießt einen Teil des Nd. mit alkalischer Stannat(II)-Lösung. Tiefschwarze Färbung beweist Bi. Weiterhin kann Bi mit Dimethylglyoxim nach 6., S. 156 nachgewiesen werden.

Trennung Cu von Cd durch Fällung des CdS aus KCN-haltiger Lösung

Bei Gegenwart von Cu ist das ammoniakalische Z. der Bi-Fällung durch den Tetraamminkupferkomplex tiefblau gefärbt. Man versetzt mit kleinen Mengen KCN bis zum Verschwinden der Blaufärbung, erwärmt u. leitet einige Min. H_2S ein. Eine gelbe Färbung zeigt Cd an (Bldg. von CdS). Fällt ein brauner bis schwarzer Nd. aus, so ist nicht sauber getrennt worden (Spuren von Hg u. Pb). Man behandelt dann den Rückstand mit 1 ml warmer 1 mol/l H_2SO_4. Dabei geht nur CdS in Lösung. In das mit Ammoniak versetzte Z. leitet man nochmals H_2S ein u. erhält eine rein gelbe CdS-Fällung.

Trennung der Kationen der Arsen-Zinn-Gruppe

Abtrennung des As

Aus der durch Digerieren mit gelbem Ammoniumpolysulfid erhaltenen ammoniakalischen Thiosalzlsg. fällt man die Sulfide der Arsen-Zinn-Gruppe durch Ansäuern mit 1 mol/l H_2SO_4 aus. Es wird mehrere Minuten lang zentrifugiert. Das Z., das dann immer noch kolloidalen Schwefel enthält, wird verworfen. Der Rückstand wird mit 1–2 ml 7 mol/l HCl kurz aufgekocht. Dabei gehen Sb als $H[SbCl_6]$ u. Sn als $H_2[SnCl_6]$ in Lösung, während As_2S_5 ungelöst zurückbleibt. Der Rückstand wird abzentrifugiert u. in der Wärme mit 1–2 ml konz. $(NH_4)_2CO_3$-Lsg. das As herausgelöst. Die Lsg.

wird vom ggf. vorhandenen elementaren S abzentrifugiert u. mit 3 Tr. H_2O_2 (frei von H_3PO_4) oder einigen Körnchen Na_2O_2 aufgekocht. Nach dem Ansäuern mit 1–2 ml 2 mol/l HNO_3 wird auf AsO_4^{3-} geprüft (s. S. 174).

Trennung Sb von Sn

Im salzsauren Z. des As_2S_5-Rückstandes werden Sb u. Sn nach folgenden Methoden getrennt u. nachgewiesen:

a) Oxalsäuremethode: Die salzsaure Lsg. wird mit einem Überschuß konz. Ammoniumoxalat-Lsg. versetzt. In die Lsg. wird nach Erhitzen H_2S eingeleitet. Hierbei fällt nur Antimonsulfid aus, das an seiner Farbe erkannt werden kann. Sn^{4+} bildet mit $C_2O_4^{2-}$-Ionen den sehr stabilen Komplex $[Sn(C_2O_4)_3]^{2-}$, aus dem durch H_2S kein SnS_2 gefällt wird. Die Trennung versagt bei Gegenwart von Sn^{2+}-Ionen, da diese keinen entsprechenden Komplex bilden, so daß hier SnS ausfallen u. den Nachweis stören würde. Im Trennungsgang liegt aber nach dem Digerieren mit $(NH_4)_2S_x$ Zinn immer in der Oxidationsstufe +4 vor.

b) Reduktionsmethode: Unedle Metalle (Mg, Zn, Fe usw.) reduzieren Sb(V) in saurer Lsg. zum Element, während Sn(IV) nur bis zum Sn(II) reduziert wird. Die salzsaure Lsg. wird durch Kochen von H_2S befreit. Zur Abscheidung des Sb taucht man einen sauberen Eisennagel in die Lsg. u. läßt unter schwachem Erwärmen mehrere Minuten stehen (evtl. auch mehrere Stunden). Die schwarzen Sb-Flocken werden abzentrifugiert u. in Königswasser gelöst. Nach dem Vertreiben der HNO_3 durch Abrauchen mit HCl nimmt man mit 1 ml 2 mol/l HCl auf u. leitet H_2S ein. Es entsteht orangefarbenes Sb_2S_5. Es wird in 7 mol/l HCl gelöst u. mit den Rkk. 13. d und 16., S. 179 auf Sb geprüft. In dem sauren Sn(II)-haltigen Z. kann Sn direkt identifiziert werden (vgl. S. 182).

IV. Ammoniumsulfid-Urotropingruppe

A. Gemeinsame Fällung von Ni, Co, Mn, Zn Fe, Al und Cr mit Ammoniumsulfid

Im allgemeinen wird man in der HM-Analyse den Urotropintrennungsgang (s. S. 145) der gemeinsamen Fällung der Kationen der Oxidationsstufen +3 und +2 mit $(NH_4)_2S$ vorziehen. Bei Gegenwart der „selteneren" Elemente Ti, V, U und W ist stets die Urotropintrennung durchzuführen. Sie empfiehlt sich weiterhin, wenn PO_4^{3-} in der Analyse enthalten ist. Bei Abwesenheit der „selteneren" Elemente kann die gemeinsame Fällung mit $(NH_4)_2S$ angewendet werden. Falls CrO_4^{2-} und MnO_4^- – kenntlich an der orangeroten bzw. violetten Farbe der Lösungen – vorhanden sind, müssen sie mit einigen ml Ethanol in der Siedehitze zu Cr^{3+} bzw. Mn^{2+} reduziert werden. Der Überschuß des Ethanols wird verkocht.

Das Z. der H_2S-Fällung wird in einer Porzellanschale auf ungefähr 1 ml eingeengt. Um Mg^{2+} in Lsg. zu halten, gibt man eine Spatelspitze festes NH_4Cl hinzu, erhitzt zum Sieden, fügt bis zur deutlich alkalischen Rk. 13,5 mol/l NH_3 hinzu u. versetzt dann mit 1–2 ml farblosem $(NH_4)_2S$. Der Nd. wird einige Minuten gelinde erwärmt u. dann abzentrifugiert. 1 Tr. des Z. wird auf der Tüpfelplatte mit 1 Tr. Bleiacetatlsg. versetzt. Schwarzfärbung durch PbS zeigt die Vollständigkeit der Fällung an. Der Nd. wird sofort mit 1–2 ml heißem $(NH_4)_2S$-haltigem Wasser gewaschen. Er besteht aus:

NiS schwarz, CoS schwarz, FeS schwarz, MnS rosa, ZnS weiß u. $Cr(OH)_3$ grün sowie $Al(OH)_3$ weiß. Es bleiben in Lsg. die Erdalkali- u. Alkaliionen.

Diese Trennung verläuft jedoch nur bei saubersten Arbeiten u. vor allem bei Verwendung frisch bereiteter Reagenzien annähernd vollständig. Ist z. B. das Ammoniak carbonathaltig, wie es bei älteren Lsgg. meist der Fall ist, so können Erdalkaliionen als Carbonate mit der Ammoniumsulfidgruppe gefällt werden u. entgehen so dem Nachweis. Nicht frisch bereitete Lsgg. von $(NH_4)_2S$ enthalten infolge teilweiser Oxidation SO_4^{2-}-Ionen, so daß ebenfalls Erdalkaliionen, insbesondere Sr u. Ba, als Sulfate ausfallen.

Das Z. des Sulfidniederschlages soll möglichst farblos oder schwach gelb gefärbt sein. Ist es gelbbraun, so ist NiS kolloid in Lsg. gegangen (s. S. 88). Durch Kochen mit Ammoniumacetat, am besten unter Zugabe von Filterpapierschnitzeln, läßt es sich ausflocken.

Trennung des NiS und CoS

Der Sulfidnd. wird sofort einige Minuten in der Kälte mit 1–2 ml 2 mol/l HCl behandelt. Beim Zentrifugieren verbleiben NiS u. CoS im Rückstand, Fe^{2+}, Mn^{2+}, Al^{3+}, Zn^{2+} u. Cr^{3+} gehen in Lösung.

NiS u. CoS werden in 1 ml 2 mol/l CH_3COOH u. 3–5 Tr. 30%igem H_2O_2 unter Erwärmen aufgelöst u. von ausgeschiedenem Schwefel abgetrennt. In dieser Lsg. werden Ni u. Co nebeneinander nachgewiesen. Ein Teil der essigsauren Lsg. wird mit 13,5 mol/l NH_3 ammoniakalisch gemacht, vom etwa entstandenen $Fe(OH)_3$ abzentrifugiert u. mit 2–3 Tr. Dimethylglyoxim-Lsg. versetzt. Ein flockiger Nd. zeigt Ni an. Einen anderen Teil der essigsauren Lsg. versetzt man mit 1–2 Spatelspitzen festem KSCN u. einer halben Spatelspitze NaF (zur Maskierung von Fe^{3+}-Spuren) u. schüttelt mit einer Mischung von 10 Tr. Ether u. 5 Tr. Amylalkohol aus. Blaufärbung der Ether-Amylalkohol-Phase zeigt Co an.

Abtrennung des Fe und Mn

Das Z. der Sulfide von Ni u. Co wird zur Entfernung des H_2S kurze Zeit gekocht, dann zur Oxidation des Fe^{2+} zu Fe^{3+} mit 3–5 Tr. 14 mol/l HNO_3 versetzt, durch Eindampfen der größte Teil der Säure vertrieben u. zum Schluß mit Na_2CO_3 nahezu neutralisiert. In einem kleinen Bechergläschen löst man 2 NaOH-Pillen in 2 ml H_2O, fügt 5–10 Tr. 30%iges H_2O_2 hinzu, erwärmt u. gießt unter Umrühren langsam die Analysenlsg. ein. Es wird bis zum Sieden erhitzt u. abzentrifugiert. Der Nd., der aus $Fe(OH)_3$, rotbraun, u. MnO_2, braunschwarz, besteht, wird mit warmem Wasser ausgewaschen. Das Waschwasser wird verworfen. In Lsg. verbleiben $[Al(OH)_4]^-$ u. $[Zn(OH)_3^-]$, farblos, sowie CrO_4^{2-}, gelb.

Den Nd. löst man in 1 ml 7 mol/l HCl. Bei Anwesenheit von Mn entwickelt sich dabei Chlor, welches verkocht wird. In je einem Tr. der Lsg. prüft man mit KSCN (s. 25., S. 120) oder mit $K_4[Fe(CN)_6]$ (s. 24., S. 120) auf Eisen. Zur Prüfung auf Mn muß ein Teil der Lsg. mindestens zweimal mit je 1 ml 14 mol/l HNO_3 abgeraucht werden, um die Cl^--Ionen quantitativ zu vertreiben. Man nimmt dann mit 1 ml 14 mol/l HNO_3 auf, versetzt mit einer Spatelspitze PbO_2 und kocht 1 Min. lang. Violettfärbung beweist Mn (s. 13., S. 108). Die Prüfung auf Mn kann auch durch Oxidation im alkalischen Medium (s. S. 108) oder mit der Oxidationsschmelze (s. S. 107) erfolgen.

Abtrennung des Al

In der stark alkalischen Lsg., in der durch Kochen das überschüssige H_2O_2 vollständig zerstört wird, befinden sich noch Al, Cr u. Zn. Sie wird durch tropfenweise Zugabe von HCl genau neutralisiert, mit einigen Tr. Ammoniak schwach ammoniakalisch gemacht u. dann mit 2–3 Spatelspitzen NH_4Cl versetzt. Dadurch wird die OH^--Ionenkonz. so stark verkleinert, daß das Löslichkeitsprodukt des $Al(OH)_3$ überschritten wird u. dieses ausfällt. Man kocht noch 1–2 Min. u. zentrifugiert dann ab. Entsteht nur ein geringer Hydroxidnd., so muß eine Blindprobe vorgenommen werden, weil Natronlauge häufig Spuren von Al u. Kieselsäure enthält.

Zur Identifizierung wird mit dem $Al(OH)_3$-Nd. die Thénards-Blau-Rk. (s. S. 124) u. der Nachweis als Alizarin S-Farblack durchgeführt (s. S. 124).

Trennung des Cr und Zn

Das Z. vom $Al(OH)_3$-Nd. zeigt bei Anwesenheit von Cr eine gelbe Farbe. Man säuert mit Essigsäure an, versetzt mit 1–2 Spatelspitzen Natriumacetat u. in der Siedehitze mit einigen Tr. $BaCl_2$-Lsg. (s. S. 128). Das ausfallende gelbe $BaCrO_4$ wird abzentrifugiert, in 3–5 Tr. 1 mol/l H_2SO_4 gelöst u. mit 0,5 ml Ether sowie 2–3 Tr. H_2O_2 geschüttelt. Blaufärbung des Ethers zeigt Cr an. Häufig entsteht mit $BaCl_2$ auch bei Abwesenheit von Cr ein geringer Nd., der aber weiß ist. Er besteht aus $BaSO_4$, SO_4^{2-} kann durch Oxidation von S^{2-} entstanden sein. Zur Identifizierung des Cr ist auch die Bldg. von Chromylchlorid (s. 6., S. 32) oder von Silberchromat (s. S. 128) geeignet.

In das schwach essigsaure Z. des $BaCrO_4$-Nd., in dem sich noch Zn^{2+} befindet, leitet man 1–2 Min. H_2S ein. Das ausfallende ZnS ist durch Spuren verschleppter, störender Ionen häufig nicht rein weiß. Man zentrifugiert den Nd. ab, löst ihn in 0,5 ml 2 mol/l HCl, versetzt mit einer NaOH-Pille u. zentrifugiert nach kurzem Aufkochen von der Fällung der Hydroxide störender Ionen ab. Das Z. wird mit Essigsäure angesäuert u. mit 1–2 Spatelspitzen Natriumacetat abgepuffert. Jetzt fällt beim Einleiten von H_2S weißes ZnS aus. Mit diesem Sulfidniederschlag führt man die Rinmanns-Grün-Reaktion (s. S. 113) oder nach Lösen in 0,5 ml 2 mol/l HCl die Fällung als $K_2Zn_3[Fe(CN)_6]_2$ (s. S. 113) oder als (Co, Zn) $[Hg(SCN)_4]$ (s. S. 113) durch.

B. Urotropinverfahren

a) Fe, Al, Cr

Wenn die Analyse PO_4^{3-} enthält, fallen bei der gemeinsamen Fällung der Kationen mit Ammoniak und $(NH_4)_2S$ nicht nur Sulfide und Hydroxide aus, sondern auch

Erdalkaliphosphate. Dadurch fallen die Nachweise in der Ammoniumcarbonatgruppe negativ aus und auch in der Ammoniumsulfidgruppe treten Störungen auf. Diese Schwierigkeit tritt beim Urotropinverfahren nicht auf, wenn man dafür sorgt, daß soviel Fe^{3+} in der Analysenlösung enthalten ist, daß das gesamte PO_4^{3-} als $FePO_4$ gefällt wird. Ein weiterer wichtiger Vorteil dieses Verfahrens besteht in der sauberen quantitativen Trennung, die es erlaubt, geringe Mengen einer Substanz neben einem großen Überschuß einer anderen nachzuweisen. Da die Fällung mit Urotropin in schwachsaurem Medium (pH $\approx$ 6) verläuft, wird die Mitfällung von Kationen der folgenden Gruppen erheblich zurückgedrängt.

Das schwachsaure Z. der H_2S-Gruppe wird unter Verkochen von H_2S in einer Porzellanschale auf etwa 1 ml eingeengt. Sind CrO_4^{2-} u. MnO_4^- zugegen, so werden sie durch Aufkochen mit 1–2 Tr. Ethanol zu Cr^{3+} bzw. Mn^{2+} reduziert. Fe^{2+} wird mit 1–2 Tr. HNO_3 quantitativ zu Fe^{3+} oxidiert. Man prüft dann nach Rkk. 6., S. 57 auf PO_4^{3-}. Bei Gegenwart von PO_4^{3-} prüft man in 1 Tr. der Lsg. auf der Tüpfelplatte mit NH_4SCN (s. S. 120) auf Fe^{3+}. Ist kein oder nur wenig Fe^{3+} in der Lsg., so versetzt man mit 1–2 ml 0,2 mol/l $FeCl_3$ u. fügt dann tropfenweise gesättigte $(NH_4)_2CO_3$-Lsg. hinzu, bis eine bleibende Trübung entsteht. Man bringt die Trübung mit 2 mol/l HCl (2–3 Tr.) eben wieder zum Verschwinden u. tropft zu der siedenden Lsg. soviel 10%ige Urotropinlsg., bis sich kein weiterer Nd. mehr bildet (etwa 1–2 ml). Der Nd. wird 1–2 Min. gekocht, abzentrifugiert, mit 2 ml H_2O nochmals aufgekocht u. gewaschen. Er enthält: $Fe(OH)_3$, $Cr(OH)_3$, $Al(OH)_3$ u. $FePO_4$. Das Z. wird zur Fällung der $(NH_4)_2S$-Gruppe zurückgestellt.

Abtrennung des Fe

Der Urotropinnd. wird unter Erwärmen in 5 Tr. 2 mol/l HCl gelöst u. nach Zugabe von 10 Tr. H_2O der $NaOH/H_2O_2$-Trennung unterworfen. Dazu löst man in einem kleinen Bechergläschen 2 NaOH-Pillen in 2 ml H_2O, fügt 5–10 Tr. 30%iges H_2O_2 hinzu, erwärmt u. tropft unter Umrühren langsam die Analysenlsg. ein. Es wird zum Sieden erhitzt u. das ausgefällte rotbraune $Fe(OH)_3$ abzentrifugiert.

Abtrennung des Al und Cr

Das Z. der $NaOH/H_2O_2$-Fällung enthält $Al(OH)_4^-$, farblos u. CrO_4^{2-}, gelb. Man neutralisiert die Lsg. durch tropfenweise Zugabe von HCl, macht mit wenigen Tr. 2 mol/l NH_3 schwach ammoniakalisch u. kocht nach Zugabe von festem NH_4Cl (100–200 mg) auf. Die OH^--Ionenkonzentration wird dabei so stark verkleinert, daß das Löslichkeitsprodukt von $Al(OH)_3$ überschritten wird. Der Nd. wird abzentrifugiert u. in 0,5–1 ml 2 mol/l NaOH gelöst. Einen Teil dieser Lsg. versetzt man mit 1 Tr. Morinlsg. u. Eisessig bis zur sauren Reaktion: Grüne Fluoreszenz im UV-Licht beweist Al. In einem anderen Teil prüft man nach S. 124 mit Alizarin S auf Al.

Das gelbe Z. der $Al(OH)_3$-Fällung wird mit Essigsäure angesäuert, mit 1 Spatelspitze Natriumacetat u. in der Siedehitze mit einigen Tr. $BaCl_2$-Lsg. versetzt. Es fällt gelbes $BaCrO_4$ aus. Der Nd. wird abzentrifugiert u. nach den Rkk. 14, S. 128, u. 15., S. 129 auf Cr geprüft.

b) Ni, Co, Mn, Zn

Die Fällung der Sulfide dieser Gruppe wird in der HM-Analyse durch Einleiten von H_2S in die ammoniakalische Kationenlösung vorgenommen, in der die Kationen als Amminkomplexe vorliegen. Die Verwendung von $(NH_4)_2S$-Lösung als Fällungsreagenz ist nicht zu empfehlen, da sie häufig, besonders wenn sie längere Zeit gestanden hat, durch Luftoxidation SO_4^{2-}-Ionen enthält, deren Gegenwart zu einer Fällung von Erdalkalisulfaten führt.

Wie bereits beim allgemeinen Kationentrennungsgang erwähnt wurde (vgl. S. 246), neigen die Sulfide dieser Gruppe, besonders NiS, zur Bildung kolloidaler Lösungen. Diese für ihre Abtrennung unangenehme Erscheinung kann weitgehend verhindert werden, wenn beim Sättigen der Lösung mit H_2S durch eine geeignete Wahl des pH-Wertes (pH = 8) die Konzentration der S^{2-}-Ionen so klein gehalten wird, daß gerade das Löslichkeitsprodukt der zu fällenden Sulfide überschritten wird. Dadurch wird eine Adsorption von S^{2-}-Ionen an kolloiden Metallsulfidteilchen weitgehend unterbunden und die Ausflockung begünstigt. Erst nachdem sich in der mit H_2S

gesättigten Lösung die Gleichgewichte zwischen H^+, S^{2-}-Ionen und Metallsulfiden eingestellt haben, wird durch Zugabe von weiterem Ammoniak ein pH von 10 eingestellt und dadurch auch die S^{2-}-Ionenkonzentration entsprechend vergrößert, um eine quantitative Fällung der Sulfide zu sichern. Die Fällung wird bei Gegenwart von NH_4Cl durchgeführt, da allgemein ein Elektrolytgehalt das Ausflocken gelöster Teilchen begünstigt (Einzelheiten s. S. 168).

Das NH_4Cl-haltige Z. der Urotropinfällung wird auf 2–3 ml eingeengt u. mit einigen Tr. 2 mol/l NH_3 gerade ammoniakalisch gemacht. In die warme Lsg. leitet man durch ein Kapillarrohr 2–3 Min. H_2S ein u. fügt kurz vor Beendigung des Einleitens 2–3 Tr. 13,5 mol/l NH_3 hinzu. Die Mischung wird noch 1 Min. auf Siedehitze gehalten (nicht länger, da ZnS u. MnS leicht zu löslichen Sulfaten oxidiert werden!) u. dann zentrifugiert. Der Nd. wird zweimal in der Kälte mit je 1 ml H_2O gewaschen, dem 1 Tr. NH_4Cl-Lsg. u. 1 Tr. Ammoniak zugesetzt wurden.

Ist das Z. bräunlich gefärbt, so ist NiS kolloidal in Lsg. gegangen. In diesem Fall versetzt man es mit 1 Spatelspitze NH_4CH_3COO u. Filterpapierschnitzeln. Nach 5–10 Min. Kochen erhält man ein fast farbloses Zentrifugat.

Das Z. der $(NH_4)_2S$-Fällung wird sofort mit 7 mol/l HCl angesäuert u. H_2S-frei gekocht, um Bldg. von SO_4^{2-} durch Luftoxidation zu vermeiden. Die Lsg. wird zur Fällung der $(NH_4)_2CO_3$-Gruppe zurückgestellt.

Abtrennung des Mn

Der Nd. der $(NH_4)_2S$-Fällung kann aus NiS, CoS, MnS und ZnS bestehen. Er wird mit 1–2 ml 2 mol/l CH_3COOH gut durchgeschüttelt. MnS geht in Lsg. und wird von ungelöst zurückbleibenden Sulfiden abzentrifugiert. Das Z. wird zur Entfernung von Cl^--Spuren mit 1 ml 14 mol/l HNO_3 bis zur Trockene eingedampft. Man nimmt den Rückstand in 0,5 ml 14 mol/l HNO_3 auf, versetzt mit $^1/_2$ Spatelspitze PbO_2, kocht 2 Min. u. zentrifugiert. Ist das Z. durch MnO_4^- violett gefärbt, so ist Mn zugegen.

Man kann das Mn auch schon vor der $(NH_4)_2S$-Fällung quantitativ als Braunstein abscheiden, indem man das Urotropinzentrifugat mit 2–3 Tr. 2 mol/l NH_3 u. 2–3 Tr. H_2O_2 versetzt u. kurz aufkocht.

Abtrennung des Zn

Den Rückstand der Mn-Abtrennung wäscht man mehrmals mit je 1 ml 2 mol/l CH_3COOH aus u. behandelt ihn dann mit 1 ml kalter 2 mol/l HCl. ZnS geht in Lsg. u. der Rückstand wird abzentrifugiert. Nach völligem Verkochen des H_2S gibt man eine NaOH-Pille zu der Lsg. u. zentrifugiert von evtl. ausfallenden Hydroxiden verschleppter Kationen ab. Aus dem mit Eisessig angesäuerten, mit $NaCH_3COO$ abgepufferten Z. fällt beim Einleiten von H_2S rein weißes ZnS aus. Man löst es in 2 mol/l HCl u. weist mit den Rkk. 11., 12. u. 13., S. 113 Zn nach.

Trennung des NiS und CoS

Das zurückbleibende NiS und CoS wird nach gutem Auswaschen mit 2 mol/l HCl in 1 ml 2 mol/l CH_3COOH u. 3–5 Tr. 30%igem H_2O_2 unter Erwärmen aufgelöst. Ni u. Co werden, wie auf S. 143 beschrieben, nebeneinander nachgewiesen.

V. Ammoniumcarbonatgruppe

Ca, Sr und Ba

Im Verlauf der vorangehenden Gruppenfällungen bleiben die Erdalkaliionen bei Abwesenheit von CO_3^{2-}, SO_4^{2-}, PO_4^{3-}, $C_2O_4^{2-}$ und F^- in Lösung und werden anschließend mit $(NH_4)_2CO_3$ als Carbonate ausgefällt. Wegen der verhältnismäßig großen Löslichkeitsprodukte der Erdalkalicarbonate ($pK_L \approx 9$) darf nicht aus zu verdünnten Lösungen gefällt werden. Um quantitative Fällung zu erreichen, muß der Gehalt an Fremdelektrolyten, besonders an NH_4^+-Ionen, klein gehalten und das Fällungsreagenz im Überschuß angewendet werden. Zum Auswaschen des Carbonatniederschlages verwendet man nicht Wasser, sondern ammoniakalische Lösung mit ca. 1 mol/l $(NH_4)_2CO_3$. Bei Anwesenheit von Mg^{2+} ist eine Umfällung ratsam, weil Mg^{2+} leicht von dem Carbonatniederschlag eingeschlossen wird.

Das Z. der $(NH_4)_2S$-Fällung wird mit HCl angesäuert u. zur Vertreibung des H_2S einige Min. gekocht (vgl. S. 249). Zur Entfernung von NH_4^+-Salzen dampft man dann mehrmals unter Zugabe von 1 ml 14 mol/l HNO_3 im Porzellanschälchen ab. Dabei wird die Hauptmenge der NH_4^+-Ionen zu N_2 u. N_2O oxidiert. Den Rückstand erhitzt man über offener Flamme, um restliche Ammoniumsalze von den Wandungen der Schale zu vertreiben. Nach dem Abkühlen wird der Rückstand mit 5–10 Tr. 2 mol/l HCl u. 1 ml H_2O aufgenommen, mit Ammoniak tropfenweise eben alkalisch gemacht u. mit 1–2 ml konz. $(NH_4)_2CO_3$-Lsg. versetzt. Das Gemisch wird 1–2 Min. bei Siedehitze gehalten, der Nd. abzentrifugiert u. im Z. durch Zugabe einiger Tr. $(NH_4)_2CO_3$-Lsg. auf Vollständigkeit der Fällung geprüft. Zur Umfällung wird der Nd. in 2 mol/l HCl gelöst u. nochmals wie eben beschrieben gefällt. Das Z. der zweiten Fällung wird mit dem der ersten vereinigt u. dient zum Nachweis des Mg u. der Alkaliionen.

Abtrennung des Ba als $BaCrO_4$

Der Carbonatniederschlag wird in 1–2 ml 2 mol/l CH_3COOH gelöst u. alles CO_2 durch Kochen vertrieben. Danach puffert man mit 2–3 Spatelspitzen Natriumacetat ab u. versetzt tropfenweise mit $K_2Cr_2O_7$-Lsg., bis alles Ba^{2+} ausgefällt u. die überstehende Lsg. durch überschüssiges Chromat gelb gefärbt ist. Der Nd. wird abzentrifugiert u. mit 1 ml H_2O gewaschen. Unter dem Mikroskop wird eine Aufschlämmung des Nd. auf $BaCrO_4$ geprüft. Einen Teil des Nd. löst man in 2–3 Tr. 2 mol/l HCl u. fällt $BaSO_4$ mit 1–2 Tr. 1 mol/l H_2SO_4 aus. Dieser Nd. wird abzentrifugiert, chromatfrei gewaschen u. in der Siedehitze in 2–3 Tr. 18 mol/l H_2SO_4 gelöst. Einen Tr. davon läßt man auf einem Objektträger abkühlen. Es bilden sich charakteristische $BaSO_4$-Kristalle (vgl. Kristallaufnahme 2).

Nachweis von Ca und Sr

Das Z. der $BaCrO_4$-Fällung wird zur Fällung von $SrCO_3$ u. $CaCO_4$ mit 1 ml konz. $(NH_4)_2CO_3$-Lsg. etwa 1 Min. gekocht. Der Nd. wird abzentrifugiert, chromatfrei gewaschen u. zur Prüfung auf Ca u. Sr nebeneinander in 1–2 ml 2 mol/l HCl gelöst. Einen Teil der Lsg. untersucht man spektralanalytisch. Zum mikrochemischen Nachweis versetzt man 1 Tr. der Lsg. auf einem Objektträger mit 1 Tr. 1 mol/l H_2SO_4 u. beobachtet nach etwa 15 Min. die Fällung von $SrSO_4$ neben Gipsnadeln $CaSO_4 \cdot 2\,H_2O$, vgl. Kristallaufnahme 12).

VI. Lösliche Gruppe

Mg, Na, K und NH_4^+

Die noch in der Lösung verbliebenen Ionen besitzen kein gemeinsames Fällungsreagenz. Da die überwiegende Mehrzahl der Alkalisalze löslich ist, trennt man im allgemeinen nur Mg ab und weist Na und K nebeneinander nach. NH_4^+ muß stets aus der Ursubstanz identifiziert werden, da im Verlauf des Trennungsganges mehrfach Ammoniumsalze als Reagenzien verwendet werden. Es empfiehlt sich in der HM-Analyse, Na und K nicht nur am Ende des Trennungsganges nachzuweisen, sondern ihre Anwesenheit durch Prüfung in einem Säureauszug aus der Ursubstanz sicherzustellen, da im Verlauf des Trennungsganges stets die Gefahr besteht, daß diese beiden Kationen aus den Reagenzien als Verunreinigungen in die Analyse eingeschleppt werden. Zum Nachweis der Alkaliionen in Silicaten muß immer ein Aufschluß mit Flußsäure im Pt-Tiegel durchgeführt werden.

Nachweis des Mg, Na und K

Das Z. der $(NH_4)_2CO_3$-Fällung wird in einer kleinen Porzellanschale eingedampft u. durch Abrauchen mit 14 mol/l HNO_3 von NH_4^+-Salzen völlig befreit. Den Rückstand nimmt man mit 5 Tr. 2 mol/l HCl u. 1 ml W. auf. Einige Tr. der Lsg. macht man mit wenigen Tr. NaOH alkalisch u. gibt 5 Tr. Magneson-Lsg. hinzu. Blaue Flöckchen von ausgefälltem, angefärbtem $Mg(OH)_2$ beweisen Mg. Zum mikroskopischen Nachweis des Mg vereinigt man auf einem Objektträger 1 Tr. der schwach salzsauren Analysenlsg. u. 1 Tr. einer Na_3PO_4-Lsg. Der Objektträger wird umgedreht, so daß der Probetropfen daran hängt, u. über die Öffnung eines mit etwas 13,5 mol/l NH_3 gefüllten Becherglases gelegt („Räuchern" des Tropfens mit NH_3). Nach etwa 5 Min. kann man unter dem Mikroskop charakteristische Kristalle von Magnesiumammoniumphosphat beobachten (vgl. Kristallaufnahme 4).

Aus dem Z. der $(NH_4)_2CO$-Fällung kann Mg^{2+} auch in ammoniakalischer Lsg. als Mg-Oxinat gefällt u. nach Zerstören des Oxins als $MgNH_4PO_4$ identifiziert werden.

K und Na werden spektralanalytisch und als $K_2CuPb(NO_2)_6$ bzw. als Na-Mg-UO_2-Acetat (s. S. 69 u. 65) nachgewiesen.

Kationentrennungsgang in Gegenwart „seltener" Elemente

Bisher wurde der Trennungsgang nur unter Berücksichtigung der sogenannten Schulelemente beschrieben. Für ein erweitertes Praktikum werden nun einige „seltenere" Elemente in das Grundschema des Schultrennungsganges eingearbeitet. Es handelt sich um die Elemente Wolfram, Molybdän, Vanadium und Titan, die als Stahlveredler eine erhebliche Bedeutung besitzen, sowie um Uran, das in neuerer Zeit als Kernbrennstoff verwendet wird.

An dieser Stelle wird die gründliche Kenntnis des Schultrennungsganges vorausgesetzt. Im folgenden werden deshalb nur die in einigen Gruppen notwendigen Veränderungen und Erweiterungen angegeben.

Abtrennung des W in der säureschwerlöslichen Gruppe

Neben den übrigen säureschwerlöslichen Verbb. (s. S. 228) verbleibt beim Behandeln der Analysensubstanz mit Salpetersäure $WO_3 \cdot aq$ im Rückstand. In Gegenwart größerer Mengen PO_4^{3-}, AsO_4^{3-}, SiO_4^{4-} und H_3BO_3 ist die Abscheidung jedoch infolge der Bldg. von Heteropolysäuren nicht quantitativ, u. W erscheint dann auch in der Urotropingruppe.

Aus dem in HNO_3 schwerlöslichen Rückstand, der $WO_3 \cdot aq$, AgCl, $PbSO_4$ u. alle übrigen säureschwerlösl. Substanzen enthalten kann, wird $WO_3 \cdot aq$ durch Behandeln mit 1–2 ml warmer 2 mol/l NaOH herausgelöst. Im Z. weist man W mit den Rkk. S. 137 nach.

Aus dem Rückstand trennt man dann nacheinander AgCl u. $PbSO_4$ ab (s. S. 243).

Die Schwefelwasserstoffgruppe in Gegenwart von Mo

Molybdän, ein Element der Arsen-Zinn-Gruppe, wird zunächst wie auf S. 184 beschrieben gemeinsam mit der Kupfergruppe aus saurer Lsg. ausgefällt. Dabei ist zu beachten, daß eine schnelle quantitative Fällung des Mo nur bei Anwendung eines hohen H_2S-Druckes erzielt werden kann. Man verfährt bei der Fällung mit H_2S zunächst in der auf S. 244 beschriebenen Weise. Nachdem man die Lsg. zur quantitativen Abscheidung des Cd weitgehend verdünnt hat, leitet man in der Kälte zur Sättigung mit H_2S noch etwa 1 Min. ein. Das Reagenzglas wird dann mit einem Gummistopfen fest verschlossen und auf dem Wasserbad mehrere Min. erhitzt. Im allgemeinen entsteht so ein für die quantitative Fällung des Mo ausreichender H_2S-Druck. Fällt beim nochmaligen Einleiten in das Z. der Sulfidfällung noch ein deutlicher Nd. aus, so muß der Arbeitsgang wiederholt werden, tritt jedoch nur eine schwache Trübung auf, so läßt sich der weitere Trennungsgang ohne Störung durchführen.

Der Sulfidniederschlag wird im Zentrifugenglas mit 2 ml gelbem Ammoniumpolysulfid 5 Min. bei 50–60 °C unter Umrühren digeriert. Ebenso wie die übrigen Elemente der Arsen-Zinn-Gruppe geht Mo als Thiosalz MoS_4^{2-} in Lösung. Man zentrifugiert von der ungelöst zurückbleibenden Kupfergruppe ab u. versetzt das Z. bis zur schwach sauren Rk. mit 2 mol/l HCl. Dabei fallen die Sulfide des As, Sb, Sn u. Mo. mit viel Schwefel vermischt wieder aus. Bei Gegenwart des schwarzbraunen MoS_3 ist dieser Nd. dunkel gefärbt. Aus dem Sulfidniederschlag löst man nun zuerst durch Aufkochen mit 1–2 ml 7 mol/l HCl Sb u. Sn u. dann durch Behandeln mit 1–2 ml konz. $(NH_4)_2CO_3$-Lsg. As heraus (s. S. 245). Der zurückbleibende Nd. besteht aus Molybdänsulfid u. Schwefel. Man löst in 0,5 ml Königswasser, vertreibt die HNO_3 weitgehend durch Abrauchen mit 1 ml 7 mol/l u. nimmt mit 1 ml 2 mol/l HCl auf. In dieser Lsg weist man Mo als Ammonium- bzw. Kaliummolybdophosphat (s. S. 135) oder mit KSCN + Reduktionsmittel (s. S. 135) nach.

Die Urotropingruppe bei Anwesenheit von Ti, V, U und W

Die Fällung mit Urotropin wird auch in Gegenwart der „selteneren" Elemente Ti, V, U u. W in der auf S. 248 angegebenen Weise durchgeführt. Es ist allerdings darauf zu achten, daß nicht nur bei Anwesenheit von PO_4^{3-}, sondern auch, wenn die Analyse VO_3^- u. WO_4^{2-} enthält, Fe^{3+} in ausreichender Menge zugesetzt werden muß. Im Urotropinniederschlag befinden sich dann: $TiO_2 \cdot aq$, $Fe(OH)_3$, $Cr(OH)_3$, $Al(OH)_3$, $(NH_4)_2U_2O_7$, $FePO_4$, $FeVO_4$, $Fe_2(WO_4)_3$. Da der häufig recht voluminöse Urotropinniederschlag dazu neigt, insbesondere Mn^{2+}-Ionen mitzufällen, empfiehlt es sich, ihn umzufällen. Dazu wird der Nd. mit 3–5 Tr. 2 mol/l HCl gelöst u. erneut wie bereits beschrieben die Urotropinfällung durchgeführt. Die Z. beider Fällungen werden vereinigt u. für die $(NH_4)_2S$-Fällung zurückgestellt (s. S. 249).

Hat man zur Fällung von PO_4^{3-}, VO_3^- und WO_4^{2-} viel Fe^{3+} zugegeben, so muß der größte Teil durch Ausethern entfernt werden. Dazu wird der Nd. der Urotropinfällung in 10 Tr. 7 mol/l HCl gelöst u. mit 5 Tr. H_2O verdünnt (60% des Gesamtvolumens ist 7 mol/l HCl). Im Scheidetrichter überschichtet man mit dem gleichen Volumen Ether, der an HCl gesättigt ist, u. schüttelt kräftig durch. Das Fe geht zum größten Teil als Chlorokomplex in die etherische Phase und wird so von der wäßrigen Lsg. abgetrennt (vgl. Vers. 17., S. 118). Die salzsaure Lsg. wird durch Kochen von Ether befreit u. der $NaOH/H_2O_2$-Trennung unterworfen (s. S. 248).

Der Nd. enthält $TiO_2 \cdot aq$, restliches $Fe(OH)_3$ und ggf. Mn-Spuren als MnO_2.

Im Z. befinden sich CrO_4^{2-}, $[Al(OH)_4]^-$, UO_6^{2-}, VO_3^-, WO_4^{2-} u. PO_4^{3-}.

Der Nd. wird in 0,5 ml 7 mol/l HCl gelöst u. mit einem Gemisch aus 1 ml 13,5 mol/l NH_3 u. 5–10 Tr. 30%igem H_2O_2 versetzt. Man zentrifugiert nun ausfallendes braunes $Fe(OH)_3$ ab. Gelborange Färbung des Z. beweist Ti (s. S. 146 u. 132).

Das Z. der $NaOH/H_2O_2$-Trennung wird mit 7 mol/l HCl neutralisiert, mit 1–2 Tr. 2 mol/l HCl eben angesäuert u. solange tropfenweise mit SO_2-Wasser versetzt, bis die Lsg. danach riecht. Dann wird durch Kochen auf etwa 3 ml eingeengt u. dabei das überschüssige SO_2 entfernt. Nach dem Abkühlen gibt man unter Schütteln 50–100 mg Na-Dithionit, $Na_2S_2O_4$, u. danach 1,5 ml 5 mol/l NaOH zu u. kocht kurz auf. Es fallen $Cr(OH)_3$, $V(OH)_3$ u. $U(OH)_4$ aus, während PO_4^{3-}, WO_4^{2-} u. $[Al(OH)_4]^-$ in Lsg. verbleiben.

Der Nd. von $U(OH)_4$, $Cr(OH)_3$ und $V(OH)_3$ wird in 0,5 ml 7 mol/l HCl u. 3 Tr. 14 mol/l HNO_3 gelöst, die Lsg. fast zur Trockne eingedampft [Oxidation U(IV) → U(VI) u. V(III) → V(V)] u. mit 1–2 ml 2 mol/l HCl verdünnt. Aus dieser Lsg. wird U nach der auf S. 146 beschriebenen Methode als Thiocyanatokomplex extrahiert u. identifiziert. Die nach dem Ausethern anfallende wss. Phase enthält das gesamte Cr neben der Hauptmenge V u. noch Spuren von U. Sie wird zur Trockne eingedampft u. zur Zers. von SCN^- mit 3–4 Tr. 14 mol/l HNO_3 erneut zur Trockne abgeraucht. Der Rückstand wird in 1 ml H_2O gelöst. Zu dieser Lsg. gibt man 0,3 ml 5 mol/l NaOH u. erhitzt zur vollständigen Abscheidung des $Cr(OH)_3$ einige Min. auf dem siedenden Wasserbad. Der gebildete Nd. von $Cr(OH)_3$ wird in der Siedehitze zentrifugiert u. chloridfrei gewaschen. Zur endgültigen Identifizierung von Cr können die Rkk. 10., u. 14., S. 128 herangezogen werden.

Das alkalische Z. der $Cr(OH)_3$-Fällung wird neutralisiert u. zur Trockne eingedampft. Der Rückstand wird mit 1 ml H_2O aufgenommen. In der erhaltenen Lsg. wird V nach Rk. 7., S. 133 identifiziert.

Das Z. der Fällung mit alkalischer Dithionitlsg. wird in der Siedehitze tropfenweise mit gesättigter $BaCl_2$-Lsg. bis zur vollständigen Fällung von $BaSO_4$, $Ba_3(PO_4)_2$ u. $BaWO_4$ versetzt. Der Nd. wird abzentrifugiert u. mit 14 mol/l HNO_3 behandelt. PO_4^{3-} und WO_4^{2-} gehen in Lsg. u. können, nachdem das $BaSO_4$ abzentrifugiert worden ist, im Z. mit den Rkk. 6., S. 56 u. Rk. 7., S. 137 nachgewiesen werden.

Das Z. der vollständigen $BaCl_2$-Fällung, das noch $[Al(OH)_4]^-$ enthält, wird mit Eisessig angesäuert, mit einer Spatelspitze $NaCH_3COO$ abgepuffert u. mit 1–2 Tr. Morin-Lsg. versetzt: Grüne Fluoreszenz im UV-Licht beweist Al.

3. Quantitativer Teil

Die vollständige Beurteilung einer Substanz ist nur bei Kenntnis von Art und Menge der in ihr enthaltenen Einzelkomponenten möglich. Die zahlreichen Untersuchungsmethoden der analytischen Chemie geben Antworten auf die Fragen:

Was liegt vor? – Qualitative Analyse –,
Wieviel liegt vor? – Quantitative Analyse –,
Wie liegt etwas vor? – Strukturanalyse –.

Insbesondere die quantitative Analyse bildet eine wesentliche Grundlage der Stoffbeurteilung, so daß ihr Anwendungsbereich in Wissenschaft und Technik keinesfalls auf nur chemisch orientierte Forschungsgebiete oder Industriezweige beschränkt ist. Grundlagen und praktische Anwendungen der wichtigsten quantitativen Analysenverfahren sollen im folgenden behandelt werden.

3.1. Theoretische Vorbemerkungen

Die theoretischen Vorbemerkungen umfassen die Arbeitsabschnitte: Bewertungsgrundlagen, Trennmethoden und Bestimmungsverfahren und stellen eine Zusammenfassung aus der Sicht des Analytikers dar. Anfänger ohne analytische Vorkenntnisse werden sich in der Regel zuerst mit den folgenden Kapiteln 3.2. usw. bekannt machen.

3.1.1. Arbeitsabschnitte

Bei der Durchführung einer quantitativen Untersuchung können die aufeinanderfolgenden Arbeitsabschnitte

Probenahme
Probevorbehandlung (Auflösung oder Aufschluß, Teilung, Trennung)
Bestimmung
Berechnung und Interpretation des Analysenergebnisses

unterschieden werden.

Eine fehlerhafte Probenahme kann auch die sorgfältigste weitere Arbeit entwerten. Die teilweise komplizierte Probenahme kann wegen ihres Umfanges hier nicht behandelt werden, zumal sie bei wertvollen Produkten ohnehin durch speziell geschulte und oft sogar „vereidigte" Probenehmer erfolgt. Es sollte aber beachtet werden, daß das Zerkleinern und Mischen sowie die Einwaage oder das Abmessen von Volumina bereits einfache Arbeitsvorgänge der Probenahme sind.

Sieht man von speziellen Untersuchungsmethoden wie etwa der direkten Spektralanalyse von Metallproben ab, so muß die Analysensubstanz im nächsten Arbeitsabschnitt mit einem geeigneten Lösungsmittel verdünnt werden. In der anorganischen Analyse wird als Grundkomponente aller Lösungssysteme Wasser verwendet, dessen Eigenschaft durch Zusätze von bestimmten Stoffen ergänzt wird. So steigern Säurezusätze bis zu 2 mol/l HCl, H_2SO_4, $HClO_4$ oder HNO_3 vorzugsweise die Acidität. Bei 5 mol/l zeigen sich neben einer weiter erhöhten Konzentration der Wasserstoffionen komplexbildende (HCl) oder oxidierende Eigenschaften (HNO_3; $HClO_4$). Ein sehr starkes Oxidationsvermögen besitzen die konzentrierten Säuren HNO_3, $HClO_4$

und H_2SO_4. Eine oft wesentliche Verstärkung des Auflösungsvermögens erzielt man durch Zugabe von typischen Komplexbildnern wie Tartrat, Citrat, Oxalat und Fluorid. Neben den sauren kommen in einigen Fällen auch alkalische Lösungssysteme mit 2 oder 5 mol/l NH_3 bzw. NaOH in Betracht, die zu Ammin- oder Hydroxokomplexen führen. Ganz allgemein sollte bei der Auflösung beachtet werden, daß sie zwangsläufig eine „Verunreinigung" der ursprünglichen Probe durch Fremdstoffe darstellt. Zur Vermeidung unkontrollierbarer Störungen der nachfolgenden Arbeitsoperationen ist daher eine dosierte Zugabe der Lösungsmittel eine wesentliche Voraussetzung für eine schnelle und zuverlässige Arbeitsweise. Dosierung und kontrolliertes Arbeiten gestalten sich besonders einfach, wenn die erforderlichen Stoffmengen n_i auf der Basis der Äquivalenzbeziehung abgeschätzt werden:

$$n(X) = c_1 \cdot V_1 = c_2 \cdot V_2 \text{ erfordert } n(R) = c_3 \cdot V_3 = c_4 \cdot V_4 = \ldots$$

Als Einheit wählt man zweckmäßig mmol für die Stoffmenge, mmol/ml für die Konzentration, ml für das Volumen.

Zur Erläuterung soll folgendes Beispiel dienen: In Dolomit mit der mittleren molaren Masse $M(CaCO_3 \cdot MgCO_3) = 184{,}41\ g \cdot mol^{-1}$ soll der Ca- und Mg-Gehalt in Gew.-% bestimmt werden; Einwaage von 730 ± 30 mg (ca. 4 mmol) Dolomit.

Lösungsprozeß:	$CaCO_3 \cdot MgCO_3 + 4\,HCl \rightarrow CaCl_2 + MgCl_2 + 2\,H_2O + 2\,CO_2$ 1 mmol Dolomit erfordert 4 mmol HCl, für 4 mmol also: $n(HCl) = 4 \cdot 4$ mmol = 16 mmol, das sind 8 ml 2 mol/l HCl oder 3,2 ml 5 mol/l HCl.
Lösung im 100-ml-Meßkolben:	Säurekonzentration soll $c(HCl) = 0{,}2$ mol/l sein, d. h., es werden zusätzlich $0{,}2\ mmol \cdot ml^{-1} \cdot 100\ ml = 20$ mmol HCl benötigt, das sind 10 ml 2 mol/l HCl oder 4 ml 5 mol/l HCl Überschuß.
Praktische Auflösung:	Einwaage in 18 ml 2 mol/l HCl oder 7,2 ml 5 mol/l HCl direkt im Meßkolben lösen und mit Wasser auf 100,0 ml auffüllen.
Neutralisation:	Ein aliquoter Anteil dieser Lösung, z. B. von 25,0 ml enthält $0{,}2\ mmol \cdot ml^{-1} \cdot 25\ ml = 5{,}0\ mmol\ H^+$ und wird durch 2,5 ml 2 mol/l NaOH neutralisiert.

Einige Substanzen werden von den Lösungsmitteln nur sehr langsam oder gar nicht angegriffen. Sie müssen vor der eigentlichen Auflösung durch einen Aufschluß in eine lösliche Form überführt werden. Bei den Aufschlüssen liegen die Temperaturen über 200 oder sogar 300 °C. Neben hochsiedenden Flüssigkeiten wie H_2SO_4 und H_3PO_4 verwendet man Salzschmelzen mit oxidierendem, reduzierendem oder sulfidierendem sowie saurem oder alkalischem Charakter.

Dosierung und somit Kenntnis der Gesamtmenge und des Überschusses an Aufschlußmitteln sind neben Temperatur, Zeitdauer und Aufschlußgerät von entscheidender Bedeutung für den Erfolg. Auch der sich anschließende Lösungsprozeß verlangt die Einhaltung bestimmter Versuchsbedingungen.

Wird eine Bestimmung durch Art und Menge der Begleitsubstanzen in einer Analysenprobe gestört, so muß zwischen Auflösung und Bestimmung eine Trennung eingeschaltet werden. Zahlreiche prinzipiell mögliche Trennmethoden werden im Abschnitt 3.1.3. aufgeführt. Der letzte Arbeitsabschnitt einer quantitativen Analyse ist die Bestimmung mit anschließender Berechnung, bei der aus einer Meßgröße W die gesuchte Masse m_a oder die Konzentration c ermittelt wird. Hierzu bringt Abschnitt 3.1.4. die allgemeinen Grundlagen.

3.1.2. Bewertungsgrundlagen

Vergleich, Auswahl und Bewertung verschiedener Analysenverfahren oder der dabei benutzten Bestimmungsverfahren sowie die richtige Beurteilung der Ergebnisse sind nur bei einer allgemeinen

Festlegung der folgenden maßgebenden Begriffe möglich, von denen jedoch nur die ersten 4 näher behandelt werden sollen:

Arbeitsbereiche,	Schwierigkeitsgrad,
Selektivität,	Apparativer Aufwand,
Fehler,	Zeitbedarf,
Probemenge und Gehalt,	Kosten.

Ein Analysenverfahren enthält mehrere Arbeitsabschnitte (vgl. S. 253), bei denen die Arbeitstechnik weitgehend vom Untersuchungsgegenstand abhängt. Nur das Bestimmungsverfahren selbst ist ziemlich unabhängig davon, weil durch die Probevorbehandlung auch verschiedenartige Probematerialien an die genau festgelegten Arbeitsbedingungen des Bestimmungsverfahrens angepaßt werden. Daher kann z. B. ein einziges spektralphotometrisches Bestimmungsverfahren für Eisen mittels Bipyridin in Analysenverfahren für Blut oder Glas oder Leichtmetall eingesetzt werden, ohne daß die Arbeitstechnik geändert werden muß.

Jedes Bestimmungsverfahren hat einen begrenzten Arbeitsbereich. Im oben genannten Beispiel muß eine Mindestmenge Eisen vorliegen, andererseits darf aber eine Höchstmenge Eisen nicht überschritten werden, weil im Bestimmungsverfahren nur eine genau angegebene Menge Bipyridin zur Komplexbildung vorgesehen ist. Zweckmäßig gibt man für ein Bestimmungsverfahren den Stoffmengen-Arbeitsbereich an, nicht den Massen-, Volumen- oder Konzentrations-Arbeitsbereich. Hierbei wird zuerst die größere Stoffmenge genannt, dann die kleinere. Die obere Grenze ist wichtiger, weil sie auf keinen Fall überschritten werden darf, da sonst das Bestimmungsverfahren wegen Reagenzmangel oder dgl. versagt. Bei Überschreiten der unteren Grenze erhöht sich dagegen nur der Fehler der Bestimmung.

Umfaßt der Stoffmengen-Arbeitsbereich glatte Zehnerpotenzen, spricht man von Standard-Arbeitsbereichen (Tab. XVII).

Tabelle XVII. Standard-Arbeitsbereiche

Benennung	Arbeitsbereich
Millimol-Verfahren 3	1000–100 mmol
Millimol-Verfahren 2	100– 10 mmol
Millimol-Verfahren 1	10– 1 mmol
Mikromol-Verfahren 3	1000–100 μmol
Mikromol-Verfahren 2	100– 10 μmol
Mikromol-Verfahren 1	10– 1 μmol

Analoge Benennungen und Arbeitsbereiche werden für Nanomol-, Picomol-, Femtomol- und Attomol-Verfahren benutzt.

Zuverlässige analytische Aussagen setzen 2 bis 4 Einzelbestimmungen voraus. Daher muß soviel Probesubstanz vorliegen, daß darin vom zu bestimmenden Stoff mindestens das Fünffache der unteren Arbeitsbereichsgrenze enthalten ist. Nach der für eine Analyse benötigten Probesubstanzmasse (Einwaage m_E) teilt man grob ein in Makroanalysenverfahren mit m_E über 100 mg, Halbmikroanalysenverfahren mit m_E zwischen 100 und 10 mg und Mikroanalysenverfahren mit m_E unter 10 mg.

Legt ein Analysenverfahren neben dem Bestimmungsverfahren auch die Einwaage fest, ist damit der Gehaltsbereich, den der zu bestimmende Stoff in der Probesubstanz besitzen darf, ebenfalls gegeben. Gehalte gibt man meist als Massen-Anteile, bzw. bei Gasen als Volumen-Anteile an, oft auch als Stoffmengenkonzentration (z. B. in mmol/l) oder Massenkonzentration (z. B. in mg/m^3). Stoffe mit Anteilen über 0,1 (10%) bezeichnet man als Hauptbestandteile, bei 0,1 bis 0,001 (10% bis 0,1%) als Nebenbestandteile, darunter als Spurenbestandteile.

Jedes einzelne Ergebnis x_i einer Bestimmung bzw. Analyse weicht vom „wahren" Wert mehr oder weniger ab. Als Ursache der Abweichung, des Fehlers, kommen in Betracht:

Arbeitsbedingungen:	Einfluß der Änderung von Zustandsgrößen wie Druck, Temperatur, Volumen, Konzentration der Reagenzien und Fremdstoffe sowie von Wasch- und Trocknungsprozessen u. a. m.
Arbeitsgeräte:	Beständigkeit des Materials, Ablesegenauigkeit, Fehler von Bauteilen und mangelnde Konstanz apparativer Größen.
Arbeitstechnik:	Persönliche Fehler, deren Größe auch von Geschicklichkeit und Übung abhängig ist.

Nach der Art der Abweichung muß zwischen zufälligen Fehlern und systematischen Fehlern unterschieden werden. Bei eindeutig festgelegten Arbeitsbedingungen sind die zufälligen Fehler vom Willen des Beobachters unabhängige zweiseitige Abweichungen (Streuung). Der mit einem ±-Symbol gekennzeichnete Streubereich gibt Aussagen über die Reproduzierbarkeit. Systematische Fehler sind einseitige Abweichungen, die im Gegensatz zur ersten Fehlergruppe vermeidbar oder zumindest eliminierbar sind. Die Ausschaltung der negativen oder positiven systematischen Fehler, d. h. von Unter- bzw. Überbefunden, ist für die **Richtigkeit** eines Ergebnisses von entscheidender Bedeutung. Der Aussagegehalt der Fehlerarten kann aus der Abb. 33 ersehen werden.

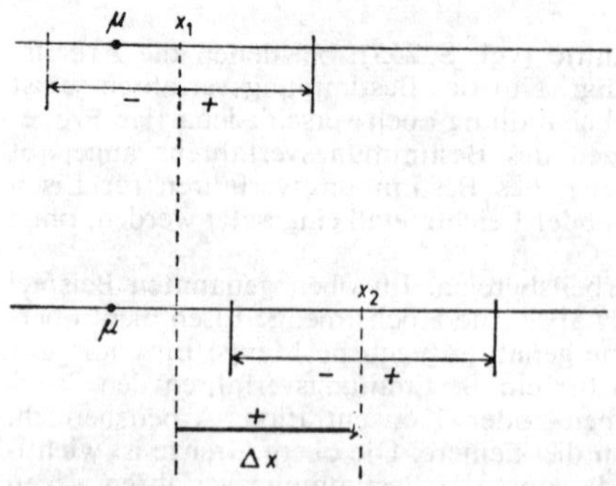

Abb. 33. Meßergebnis x_1 „numerisch richtig", da wahrer Wert μ im Bereich der zufälligen Fehler. Meßergebnis x_2 trotz gleicher Reproduzierbarkeit „numerisch falsch", da durch systematischen Fehler x der wahre Wert μ nicht mehr im Bereich der zufälligen Fehler liegt

Fehler können absolut oder proportional zum Betrag des Ergebnisses auftreten, wobei absolute Fehler stets die Dimension des zugehörigen Ergebnisses (Stoffmenge, Masse, Volumen, Konzentration usw.) besitzen. Relative Fehler werden oft in Prozent angegeben und zur Vermeidung von Irrtümern ausdrücklich mit Rel.-% bezeichnet.

Typische systematische Absolutfehler sind z. B. Blindwerte (s. S. 287) bei gravimetrischen und titrimetrischen Bestimmungen. Faktoren der Maßlösungen sind als Korrekturgrößen für systematische Relativfehler einzustufen. Viele Analysenverfahren besitzen „innere" systematische Fehler, die nur durch eine Reihe von Modellanalysen oder Eichmessungen entdeckt werden und sodann bei praktischen Analysen Berücksichtigung finden müssen.

Der Einfluß von Fremdionen und Begleitsubstanzen auf das Analysenergebnis wird durch den Begriff der Selektivität des Verfahrens (s. auch S. 16) beschrieben.

3.1.3. Trennmethoden

Besitzt ein Verfahren eine unzureichende Selektivität, so müssen die störenden Begleitstoffe vor der eigentlichen Bestimmung abgetrennt werden. Hierfür stehen zahlreiche Trennmethoden zur Verfügung, unter denen eine zweckmäßige Auswahl zu treffen ist. Tabelle XVIII gibt einen Überblick.

Bei den physikalischen Trennmethoden bleiben die Substanzen in chemischer Hinsicht unverändert. Unter den Methoden nach dem Siebprinzip findet man die so geläufige Arbeitsoperationen des Filtrierens, die für den Analytiker unentbehrlich sind. Als Beispiel für das Absetzprinzip seien das Dekantieren und das noch wirksamere Zentrifugieren als Ersatz für die oft langwierige Filtration genannt. Zu den thermischen Trennmethoden gehören die fraktionierte Destillation und Kristallisation, ebenso das Trocknen und Glühen von Niederschlägen zur Entfernung letzter Lösungsmittelreste.

Bei den physikalisch-chemischen Trennmethoden sind neben physikalischen auch chemische Vorgänge zu berücksichtigen. So treten bei der Löslichkeitstrennung Wechselwirkungen zwischen gelöstem Stoff und Lösungsmittel auf, die bis zu komplexähnlichen Verbindungen führen. Besondere Aufmerksamkeit verdienen Extraktionsmethoden, die auf einer unterschiedlichen Stoffverteilung in zwei nicht bzw. begrenzt miteinander mischbaren Flüssigkeiten basieren. Geringer Zeitbedarf und Schwierigkeitsgrad bei großer Trennschärfe sind als wichtige Vorteile zu werten. Eine moderne Weiterentwicklung der Extraktion findet man in den chromatographischen Methoden, die besonders bei komplizierten Systemen und bei extrem kleinen Probemengen

Tabelle XVIII. Trennmethoden

Physikalische Methoden	Physikalisch-chemische Methoden	Chemische Methoden
1. Mechanische Trennung: Siebprinzip z. B. Sieben und Filtrieren sowie Absetzprinzip z. B. Dekantieren, Zentrifugieren und Windsichten	1. Löslichkeitstrennung: Kristallisation und Extraktion	1. Trennung durch Fällung: Überführen in schwerlösliche Verbindungen
2. Thermische Trennung: Trennung bei verschiedenen Siede-, Sublimations- und Schmelzpunkten	2. Chromatographische Trennung: Gas- und Flüssigkeitschromatographie	2. Trennung über die Gasphase: Bildung von leicht flüchtigen Wasserstoff- und Halogenverbindungen usw.
	3. Elektrophoretische Trennung: Zonenelektrophorese, Isotachophorese, Elektrophoretische Fokussierung	3. Trennung durch Ionenaustauscher äquivalenter Ionenumtausch, Chromatographie an Ionenaustauschern
	4. Elektrochemische Trennung: Abscheidung durch Elektrolyse.	

unersetzlich geworden sind. Bei den elektrochemischen Methoden nutzt man die verschiedenen stoffspezifischen Abscheidungsspannungen oder die unterschiedlichen Wanderungsgeschwindigkeiten im elektrischen Feld aus.

Bei den chemischen Methoden geht der Trennung eine Stoffumsetzung voraus. Die klassische Trennmethode beruht auf der Erzeugung schwerlöslicher Niederschläge und anschließender Filtration. Weniger zeitraubend und störanfällig arbeitet die Maskierung. Störende Begleitsubstanzen werden hierbei durch selektiv wirkende Komplexbildner so verändert, daß die Bestimmung durch sie nicht mehr beeinflußt wird. Einige Elemente lassen sich in Form von Wasserstoffverbindungen (HCl, AsH_3 usw.) oder als Halogenide (SiF_4, $AsCl_3$ usw.) leicht verflüchtigen und somit Abtrennen. Als eine weitere moderne Trennmethode bietet sich die Verwendung von Ionenaustauschern an, wobei eine Trennung von Kationen und Anionen in besonders einfacher Weise durchführbar ist.

Weitere Einzelheiten und praktische Beispiele zu den wichtigsten Trennmethoden bringt Kapitel 3.5.

3.1.4. Bestimmungsverfahren

Bestimmungsverfahren dienen zur quantitativen Ermittlung einer Stoffmenge $n(B)$, einer Masse $m(B)$ bzw. einer Konzentration c über eine Meßgröße W, wobei $m(B)$ und W zumeist durch den einfachen linearen Zusammenhang

$$m(B) = [\lambda] \cdot W \quad \text{bzw.} \quad c = [\omega] \cdot W$$

miteinander in Beziehung stehen. Eine Erklärung der Faktoren $[\lambda]$ und $[\omega]$ wird weiter unten gegeben. Auf Grund der prinzipiellen Unterschiede in der Arbeits-, Meß- und Auswertetechnik unterscheidet man „klassische" und „physikalische" Analysenverfahren.

Als klassische Verfahren sind alle Methoden einzustufen, bei denen die Meßgröße W als Masse (Auswaage = W) oder als Volumen (Maßvolumen = W) erhalten wird. So gehören in diese Gruppe die Gravimetrie mit ihren Teilgebieten der Fällung und der elektrolytischen Abscheidung schwerlöslicher Verbindungen (Elektrogravimetrie), aber auch die Titrimetrie mit den verschiedenen Indikationsmöglichkeiten durch visuell erkennbare Farbumschläge, durch Leitfähigkeitsänderungen (Konduktometrie) oder Änderungen des elektrischen Potentials einer Lösung (Potentiometrie). Auch die klassische Gasanalyse mißt Volumenänderungen. Bei diesen Verfahren wird stets die gesamte in die Analyse eingehende Masse m(B) umgesetzt und dadurch die Meßgröße W erhalten. Die Errechnung von m(B) aus der Auswaage in mg oder aus dem Volumen in ml erfolgt über Umrechnungsfaktoren [λ], die in einfacher Weise aus bekannten molaren Massen der Elemente oder Verbindungen ableitbar sind.

Im Gegensatz hierzu erfaßt die Meßgröße W bei den physikalischen Verfahren eine konzentrationsabhängige Eigenschaft von vorbehandelten oder unbehandelten Lösungen, aber auch von Festkörpern, Gasen und Dämpfen. Konzentration bedeutet Stoffmenge pro Volumeneinheit, und es ist ein charakteristischer Vorteil dieser Verfahren, daß W aus einem beliebigen Anteil eines definierten Gesamtvolumens bestimmt werden kann. Die jeweilige Masse m(B) in mg ergibt sich aus der primär erhaltenen Stoffmengenkonzentration durch Multiplikation mit dem Faktor

$$M \cdot V_M$$

(M = molare Masse in mg · mmol^{-1}, V_M = Volumen des verwendeten Meßkolbens in ml).

Als Beispiele von Meßgrößen seien die Extinktion E in der Photometrie (s. S. 368), die Stufenhöhe h von Stromstärke-Spannungskurven in der Polarographie (s. S. 360) und die Strahlungsintensität I in der Flammenphotometrie und quantitativen Spektralanalyse genannt. Der maßgebende Umrechnungsfaktor [ω] ist in seinem numerischen Wert entscheidend von den chemischen, physikalischen und apparativen Versuchsbedingungen abhängig. Er kann nicht theoretisch abgeleitet werden, sondern muß durch sorgfältige Eichmessungen mit bekannten vorgegebenen Konzentrationen c gemäß

$$[\omega] = \frac{c}{W}$$

ermittelt werden. Als Vorteile physikalischer Verfahren sind die Erfassung sehr kleiner Arbeitsbereiche, die oft sehr viel bessere Selektivität und ein geringerer Zeitbedarf hervorzuheben. Viele dieser Methoden erreichen aber nicht die Genauigkeit gravimetrischer oder titrimetrischer Verfahren. Die Durchführung verlangt besonders große Sorgfalt, um die zahlreichen systematischen Fehlerquellen zu vermeiden, deren Ursachen vielfach nur bei gründlichen apparativen Kenntnissen zu ermitteln sind.

3.2. Arbeitsgeräte

Die Arbeitsgeräte für eine quantitative Analyse sind vor allem analytische Waage und Meßgefäße, wie Meßkolben, Pipette und Bürette. Hinzu kommen für die einzelnen Arbeitsabschnitte einige allgemeine und spezielle Grundgeräte.

3.2.1. Analytische Waagen

Bis auf wenige Ausnahmen beginnt jede quantitative Analyse mit einer Wägung, so daß die Waage eines der wichtigsten Arbeitsgeräte des Chemikers ist. Die Einwaage gehört zur Probenahme, deren grundsätzliche Bedeutung bereits behandelt wurde. Beherrschung der Wägetechnik und die sorgfältige Behandlung und Kontrolle der analytischen Waage sind unerläßliche Voraussetzungen einwandfreier Analysenergebnisse.

Die gebräuchlichsten Analysenwaagen sind Balkenwaagen in moderner Form mit Schwingungsdämpfung, beleuchteter Projektionsskala oder Ziffernanzeige und teil- oder vollautomatischer Gewichtsauflage, oft auch mit Ausdruck der Ergebnisse. Nach der Belastbarkeit und Empfindlichkeit unterscheidet man Makro-, Halbmikro- und Mikrowaagen (Tabelle XIX). Die angeführten Daten variieren geringfügig bei den einzelnen Fabrikaten.

Tabelle XIX. Eigenschaften analytischer Waagen

Typ	Maximalbelastung Gramm	Empfindlichkeit Skalenteile pro mg	Ablesegenauigkeit mg
I Makrowaage	2000	1–0,1	1–5
II Makrowaage	200	10	0,05
III Halbmikrowaage	100	20	0,01
IV Mikrowaage	20	200	0,001

Am häufigsten werden die Typen II und III benötigt.

Man achte bei der Aufstellung der Waage auf eine horizontale, erschütterungsfreie Unterlage, wozu schwere Tische oder spezielle Wandkonsolen geeignet sind. Die horizontale Aufstellung kann durch eine Dosenlibelle oder ein Pendel kontrolliert und durch Stellschrauben an den Füßen der Waage korrigiert werden. Häufige Erschütterungen, insbesondere Vibrationen, beschädigen Schneiden und Lager und bedingen instabile Gleichgewichtslagen und geringere Empfindlichkeiten. Für die Aufstellung sollte ein besonderes Wägezimmer und ein Schutzkasten für jede Waage vorgesehen werden, da nur so der erforderliche Schutz vor Staub, aggressiven Dämpfen und hoher Luftfeuchtigkeit gewährleistet ist. Auch Temperaturschwankungen und Zugluft sind weitgehend auszuschalten. Man vermeide daher direkte Sonneneinstrahlung sowie die Nähe von Heizkörpern, Außentüren und Fenstern. Staub wird mit einem nicht haarenden Pinsel entfernt. Zum Entfetten sind Ethanol oder Benzin und ein Leinenläppchen geeignet. Durch ein Silicageltrockentürmchen im Waagengehäuse wird Kondensatbildung verhindert. Grobe systematische Fehler können durch elektrostatische Aufladungen verursacht werden, die man durch Erdung sicher ausschaltet.

Die erreichbare Genauigkeit (Präzision) von Wägungen ist nicht nur von der Konstruktion und der richtigen Aufstellung abhängig, sondern wird auch vom Wägeverfahren, von der Qualität des Gewichtssatzes, vom Luftauftrieb und von der Vorbehandlung des Wägegutes beeinflußt.

Die Wägung unter wechselseitiger Vertauschung von Gewichten und Wägegut (Gaußsche Doppelwägung) ist zwar die genaueste Methode, doch erfordert sie einen relativ großen Zeitbedarf. Moderne Waagen bevorzugen daher die direkten Methoden (Proportional- und Substitutionsmethoden) und verkürzen durch vollautomatische Gewichtsauflage und starke Dämpfung den Wägevorgang auf weniger als 30 Sekunden.

Die verwendeten Gewichte müssen der Empfindlichkeit und Ablesegenauigkeit der Waage angepaßt sein. Die Gewichte dürfen nicht mit den Fingern angefaßt werden und sind staub- und fettfrei zu halten. Bei häufigem Gebrauch können im Verlaufe der Zeit Änderungen auftreten. Ebenso wie die Waage sollten auch die Gewichtssätze daher turnusmäßig durch Fachleute überprüft werden.

Bei den üblichen Wägungen in Luft erhält man nicht die Masse, sondern nur das Tauchgewicht (Archimedisches Prinzip), das geringfügig von der Masse abweicht.

Bei den ohnehin üblichen Differenzwägungen sind diese Unterschiede zu vernachlässigen.

Wesentlich ist die richtige Vorbehandlung des Wägegutes. Flüssigkeiten, hygroskopische und verwitternde Substanzen sind in geschlossenen Behältern (Wägegläsern) einzuwägen. Sonstige Festkörper müssen nach Trocken- und Glühprozessen vor der Wägung in Exsikkatoren aufbewahrt werden, wo sie auf Raumtemperatur abkühlen. Das Gewicht des Wägegutes und das des leeren Gefäßes sollen in vernünftiger Relation zueinanderstehen, deren untere Grenze etwa bei einem Gewichtsverhältnis von 1 : 200 liegt.

3.2.2. Meßgefäße

Neben der analytischen Waage bilden die Volumen-Meßgeräte die zweite Gruppe wichtiger Hilfsmittel, wobei Fein- und Grobgeräte zu unterscheiden sind. Tabelle XX. und Abb. 34. bringen eine Zusammenstellung häufig gebrauchter Geräte und ihrer Volumina.

Der Inhalt der Meßgefäße wird durch eingeätzte Marken in ml für eine Temperatur von 20 °C angegeben. Meßkolben, Meß- und Mischzylinder sind im allgemeinen mit Wasser auf Einguß (Kennzeichnung In, früher E), Pipetten und Büretten auf Auslauf (Kennzeichnung Ex, früher A) graduiert.

Meßkolben und Vollpipetten dienen der Messung eines Gesamtvolumens, während Büretten, Meßpipetten sowie Meß- und Mischzylinder mit einer Graduierung versehen sind und beliebige Volumenanteile erfassen. Das Material der Meßgeräte besteht aus resistentem Hartglas und nur in Sonderfällen aus Quarz. Daneben gibt es Meßzylinder aus Kunststoff etwa zum Abmessen der Glas und Quarz angreifenden Flußsäure. Glasstopfen werden in neuerer Zeit häufig durch besser dichtende Kunststoffstopfen ersetzt. Sehr vorteilhaft sind auch die selbstdichtenden Hahnküken aus Teflon in glatter, d. h. nicht geschliffener Glashülse für Büretten.

Eine einwandfreie Volumenmessung setzt eine völlig staub- und fettfreie Oberfläche voraus, an der Flüssigkeiten ohne Tröpfchen- und Inselbildung ablaufen. Zum Entfetten behandelt man die vorgereinigten Gefäße mit Chromschwefelsäure (100 ml kaltgesättigte $K_2Cr_2O_7$-Lösung auf 1000 ml konz. H_2SO_4) oder mit oberflächen-

Tabelle XX. Volumen-Meßgefäße

Gruppe	Gerät	Typ	Inhalt ml
Feinmeßgefäße (eichfähige und amtlich geeichte lieferbar)	Meßkolben	Enghals und Weithals auch mit Normschliff	25; 50; 100; 250; 500; 1000; 2000
	Zylinder	Meßzylinder; Mischzylinder mit Normschliff	
	Pipetten	Vollpipetten auf Auslauf Meßpipetten mit teilw. Ablauf Meßpipetten auf Auslauf	1; 2; 5; 10; 20; 25; 50; 100; 200
	Büretten	Normalgraduierung mit Schellbachstreifen	10; 25; 50; 100
Grobmeßgefäße (nicht eichfähig)	wie oben, aber größere Fehlergrenzen	wie oben, außerdem alle Kunststoffausführungen sowie Saugkolbenpipetten, schnellablaufende und Ausblasvollpipetten	5; 10; 25; 50; 100; 250; 500; 1000; 2000

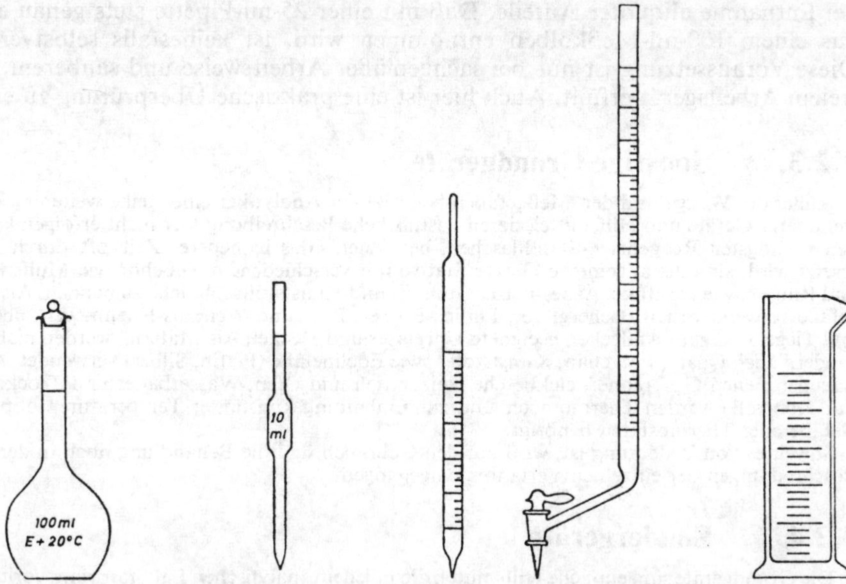

Abb. 34. a Meßkolben b Meßpipette c Meßzylinder d Vollpipette e Bürette

aktiven Laborreinigungsmitteln. Für Feinmessungen sollten ausschließlich Geräte der Qualität „eichfähig" verwendet werden. Beschädigte Geräte (angesplitterte Spitzen von Pipetten und Büretten, stark verätzte Meßkolben u. a. m.) sollten verworfen werden.

Die Volumenangaben gelten für Wasser von 20 °C. Für je 5 °C Temperaturabweichung differieren die Volumina um 0,1–0,2 Rel.-%, d. h., z. B. für einen 100-ml-Meßkolben um 0,1–0,2 ml oder bei einem titrimetrischen Verbrauch von 10 ml um 0,01–0,02 ml. Dieser relative systematische Fehler ist bei hohen Genauigkeitsansprüchen zu berücksichtigen. Für den Ansatz von Standard- oder Maßlösungen ist aus gleichen Gründen ein Thermostat empfehlenswert. Zur Vermeidung irreversibler Volumenänderungen dürfen Meßkolben nicht über 100 °C erhitzt werden. Kochen von Lösungen im Meßkolben mit dem offenen Brenner ist auf jeden Fall zu vermeiden. Erwärmen im Wasserbad ist zulässig.

Zur definierten Entleerung der auf Auslauf justierten Vollpipetten streicht man die Spitze der ausgelaufenen Pipette nach 15 Sekunden Wartezeit unter Drehen an der Gefäßwandung ab. Die Pipette darf nicht ausgeblasen werden. Bei der Füllung von Meßkolben und Entleerung von Büretten und Meßpipetten muß vor dem genauen Auffüllen oder Ablesen 1–2 Minuten gewartet werden, damit letzte Flüssigkeitsreste von der Wand ablaufen können. Bei den Auslaufgeräten gibt die Volumenmessung nur für Wasser, verdünnte Lösungen und Flüssigkeiten mit wasserähnlicher Viskosität richtige Werte. Hochviskose Systeme wie konz. H_2SO_4, H_3PO_4 oder Glycerin sind nicht mehr einwandfrei pipettierbar. Soweit nicht stark gefärbte Flüssigkeiten vorliegen, wird die Marke stets auf die tiefste Meniskusstelle eingestellt. Einstellen oder Ablesen muß unter horizontaler Beobachtung erfolgen. Bei Büretten und Meßpipetten kann das richtige Ablesen durch einen farbigen Streifen auf Milchglasuntergrund (Schellbach-Streifen) erleichtert werden. Häufige Ursache „unerklärlicher" Fehlresultate ist mangelhafte Übereinstimmung von Meßkolben und Pipette bei Entnahme aliquoter Anteile. Daß mit einer 25-ml-Pipette stets genau ein Viertel aus einem 100-ml-Meßkolben entnommen wird, ist keinesfalls selbstverständlich. Diese Voraussetzung ist nur bei sachgemäßer Arbeitsweise und sauberem, einwandfreiem Arbeitsgerät erfüllt. Auch hier ist eine praktische Überprüfung zu empfehlen.

3.2.3. Sonstige Grundgeräte

Außer der Waage und den Meßgefäßen benötigt der Analytiker eine Reihe weiterer vielseitig verwendbarer Geräte und Hilfsmittel, deren ausführliche Beschreibung hier nicht erfolgen kann. Neben den wichtigsten Reagenzien-Standflaschen, bei denen Glas in neuerer Zeit oft durch Kunststoffe ersetzt wird, sind als allgemeine Geräte Stative mit verschiedenem Zubehör wie Muffen, Klemmen und Ringe sowie Dreifüße, Asbestnetze, Gummi- und Kunststoffschläuche zu nennen. Als Reaktionsgefäße verwendet man Bechergläser, Philips-Becher, Eng- und Weithals-Erlenmeyerkolben, Schalen und Tiegel und zum Abdecken geeignete Uhrgläser und Deckel. Als Material werden nicht nur Glas, sondern auch Quarz, Porzellan, Kunststoff sowie Edelmetalle (Platin, Silber) verwendet. Als Wärmeerzeuger dienen Gasbrenner, elektrische Heizplatten und Öfen, Wasserbäder und Trockenschränke. Zur Kontrolle werden Thermometer und zur Einhaltung konstanter Temperaturen doppelwandige Gefäße oder Thermostaten benötigt.

Soweit es von Bedeutung ist, wird auf den Gebrauch und die Behandlung noch in den folgenden Beschreibungen der einzelnen Verfahren eingegangen.

3.2.4. Sondergeräte

Die Grundgeräte sind einfache Hilfsmittel, die in jedem analytischen Laboratorium vorhanden sind. Bestimmte Untersuchungen und Verfahren erfordern daneben spezielle Geräte, z. B. Mohrsche Waagen und Pyknometer zur Dichtebestimmung, Extraktionsapparate, Destillierkolonnen, Gasbüretten, elektroanalytische Geräte und Ionenaustauscher.

Für die physikalischen Analysenverfahren benötigt man komplizierte Geräte, z. B. Kolorimeter oder Photometer, Polarographen, Flammenphotometer und Spektralapparate. Die oft einfache Bedienung darf nicht darüber hinwegtäuschen, daß Fehlresultate auf die Dauer nur bei guter Kenntnis der Wirkungsweise der Geräte vermieden werden können.

3.3. Gravimetrische Verfahren

Die ersten wissenschaftlichen Arbeiten auf diesem Gebiet sind mit den Namen *M. H. Klaproth* (1743–1817) und *J. J. Berzelius* (1779–1848) verbunden. Letzterer befaßte sich besonders mit der genauen Bestimmung der relativen Atommassen. Eine hervorragende Zusammenfassung der damaligen Ergebnisse findet sich im „Handbuch der analytischen Chemie“ (II. Band, 3. Aufl., Berlin 1834) von *Heinrich Rose* (1795–1864).

Die Gravimetrie erfordert gegenüber anderen Verfahren verhältnismäßig viel Zeit und weist einen hohen Schwierigkeitsgrad auf. Dieser Nachteil hat dazu geführt, daß gravimetrische Bestimmungen in den Betriebslaboratorien in wachsendem Maße durch schnellere titrimetrische oder physikalische Methoden ersetzt werden. Für viele wissenschaftliche Arbeiten ist die Gravimetrie wegen ihrer hohen Genauigkeit aber durchaus geschätzt. Ihr erzieherischer Wert im Rahmen der Ausbildung ist unbestritten, da sie eine Fülle notwendiger theoretischer und praktischer Kenntnisse vermittelt.

3.3.1. Allgemeine Grundlagen

Bei gravimetrischen Verfahren werden die zu bestimmenden Ionen oder Moleküle unter genau festgelegten Arbeitsbedingungen in Form einer schwerlöslichen Verbindung (Fällungsform) abgeschieden, filtriert, gewaschen und durch Trocknen oder

Glühen in eine definierte Wägeform überführt, z. B.:

$$\underset{\text{Lösung}}{Fe^{3+}} \xrightarrow{NH_3} \underset{\text{Fällungsform}}{Fe(OH)_3 \cdot xH_2O} \xrightarrow{800°C} \underset{\text{Wägeform}}{Fe_2O_3}$$

erhalten nach:

Vorbehandlung	Abscheidung, Filtration, Waschen,	Glühen, Auswaage.

Aus der ausgewogenen Masse $m(B)$ in mg folgt nach $m(B) \cdot [\lambda] = m_a$ durch Multiplikation mit dem Umrechnungsfaktor $[\lambda]$ die Masse m_a an zu bestimmendem Element in mg, wobei

$$[\lambda] = \frac{\text{stöchiometrischer Koeffizient} \cdot \text{molare Masse der gesuchten Substanz}}{\text{molare Masse der Wägeform,}}$$

d. h., im Fe-Beispiel ist

$$[\lambda] = \frac{2\,M(Fe)}{M(Fe_2O_3)} = \frac{2 \cdot 55{,}847\ g \cdot mol^{-1}}{159{,}692\ g \cdot mol^{-1}} = 0{,}6994$$

Der stöchiometrische Koeffizient, im Fe-Beispiel gleich 2, berücksichtigt die verschiedene Zahl der maßgebenden Atome in der Formeleinheit von gesuchter Substanz und Wägeform. Entsprechend der Genauigkeit der molaren Massen der Elemente reichen 4- oder besser 5ziffrige numerische Werte für $[\lambda]$ aus, wobei vorstehende Nullen nicht gezählt werden. Der $[\lambda]$-Wert ist mit dem theoretischen Massenanteil des zu bestimmenden Elements in der Wägeform identisch. Ein Massenanteil wird statt als echter Dezimalbruch oft in Prozent angegeben, z. B. $w(Fe) = 69{,}94\%$. Dies entspricht der früher üblichen Angabe als Gehalt $H = 69{,}94$ Gew.-% Eisen.

Zum besseren Verständnis der gravimetrischen Arbeitstechnik sollen zunächst die einzelnen Stufen theoretisch und praktisch erläutert werden.

Vorbehandlung

Vor Beginn der Fällung müssen die Bedingungen der Arbeitsvorschrift eingestellt und kontrolliert werden, wobei vor allem der pH-Wert, die Zusätze an Hilfsreagenzien, das Ausgangsvolumen und nicht zuletzt die richtige Oxidationsstufe des abzuscheidenden Elementes von Bedeutung sind.

Abscheidung

Die Fällung erfolgt, soweit nicht ausdrücklich anderes vorgeschrieben, unter Rühren aus warmer oder sogar siedender Lösung durch Zutropfen des Fällungsreagenz. Die Reagenzzugabe wird nach Auftreten einer ersten Trübung kurzzeitig (5 Minuten) unterbrochen, um den Keimen Gelegenheit zum Wachsen zu geben. Bei Eintropfen der restlichen Reagenzmenge sollen die Keime zu gröberen Partikeln zusammenwachsen und diffuse Trübungen verschwinden. Keimbildungs- und Wachstumsgeschwindigkeiten können sich bei den einzelnen Fällungen beträchtlich unterscheiden, worauf auch die Unterschiede der Eigenschaften der Niederschläge wie fein- oder grobkristallin, voluminös und schleimig zurückzuführen sind. Erwünscht sind kristalline Formen mit mittlerer Partikelgröße, die einerseits schnell filtriert und andererseits wirkungsvoll gewaschen werden können. Man nähert sich dem Idealzustand oft nur durch längeres Ausrühren unter Erwärmen oder Stehenlassen über Nacht. Schleimige Niederschläge verstopfen die Filterporen, adsorbieren störende Fremdstoffe (s. S. 170) und gehen während des Waschprozesses allzu leicht kolloidal in Lösung. Sehr grobe Kristalle lassen sich ausgezeichnet filtrieren, schließen aber häufig durch Waschen nicht mehr entfernbare Verunreinigungen ein. Zur Erzielung ausreichend reiner Abscheidungen kommt man bisweilen nicht ohne Umfällung aus. Hierzu werden Niederschlag und Lösung durch Filtrieren oder schneller durch Zentrifugieren und Abgießen der überstehenden Lösung getrennt. Nach Auflösen ist erneut nach Vorschrift zu fällen. Sehr vorteilhaft ist die „Abscheidung aus homogener Lösung". Es sind dies Lösungen, denen das Fällungsreagenz unter Bedingungen zugesetzt wurde, bei denen noch keine Abscheidung eintritt. Die Fällung wird etwa durch langsames Erhöhen des pH-Wertes (Fällungen mit 8-Hydroxychinolin) oder durch thermische Zersetzung von inerten Reagenzverbindungen (Hydrolysefällungen,

Fällungen von Sulfiden mit Thioacetamid) eingeleitet und gesteuert. Die Endprodukte zeichnen sich durch eine kompaktere Form und größere Reinheit aus.

Die Vollständigkeit einer Abscheidung wird durch die Löslichkeit und die Reaktionsgeschwindigkeit unter den vorgegebenen Versuchsbedingungen bestimmt. Besonders schnell verlaufen Reaktionen zwischen Kationen und Anionen (z. B $Ag^+ + Cl^- \rightarrow AgCl$). Bei anderen Partnern wie Ionen und Molekülen oder ausschließlich Molekülen wird eine Umsetzung nur durch starkes Erhitzen über einen längeren Zeitraum erzwungen. Allgemein kann die Löslichkeit unter den speziellen Fällungsbedingungen nur als ein praktisch gemessener Wert (mg/ml oder µg/ml bzw. molar) angegeben werden. Bei einfachen schwerlöslichen Salzen ist eine Abschätzung auch theoretisch über das bereits auf S. 68 behandelte Löslichkeitsprodukt möglich; dies soll am Beispiel der Fällung von Chlorid-Ionen mit Silbernitrat gezeigt werden.

$$K_L = c(Cl^-) \cdot c(Ag^+) = 1{,}10 \cdot 10^{-10}\ \text{mol}^2 \cdot l^{-2}\ (20\ °C)$$

Bei einer Fällung von 0,5 mmol Cl^- (17,7 mg) mit insgesamt 2 mmol Ag^+ (10 ml 0,2 mol/l $AgNO_3$) in einem Endvolumen von V_E = 150 ml verbleiben rund 1,5 mmol Ag^+ in Lösung. Mit der entsprechenden Konzentration

$$c(Ag^+) = \frac{1{,}5\ \text{mmol}}{150\ \text{ml}} = \frac{0{,}0015\ \text{mol}}{0{,}150\ \text{Liter}} = 0{,}01\ \text{mol} \cdot l^{-1}$$

errechnet sich die in Lösung verbleibende Stoffmenge Chloridionen nach

$$c(Cl^-) = \frac{K_L}{c(Ag^+)} = 1{,}10 \cdot 10^{-8}\ \text{mol} \cdot l^{-1}$$

zu $n(Cl^-) = c(Cl^-) \cdot V_E = 1{,}65 \cdot 10^{-9}\ \text{mol} \mathrel{\hat{=}} m(Cl^-) = 58{,}497 \cdot 10^{-6}\ \text{mg}$

Wie Abb. 35 zeigt, liegt entsprechend dem Löslichkeitsprodukt ein Maximum der Löslichkeit von AgCl bei einer Konzentration $c(Cl^-) = 10^{-5}$ mol/l vor. An diesem Punkt ist keines der beiden Ionen im Überschuß vorhanden, es gilt:

$$c(Cl^-) = c(Ag^+) = \sqrt{K_{L\,AgCl}} = 1{,}05 \cdot 10^{-5}\ \text{mol} \cdot l^{-1}\ (20\ °C)$$

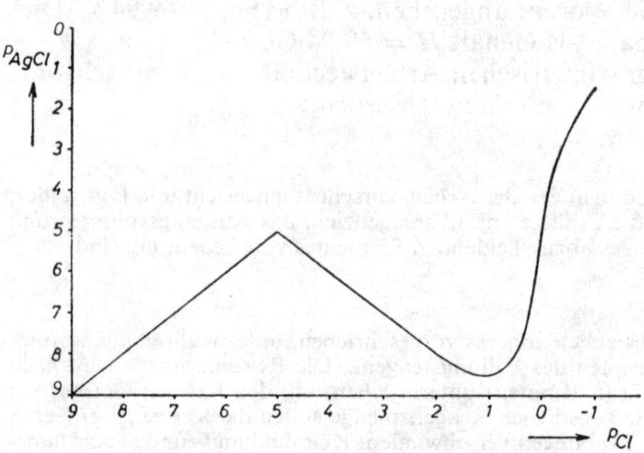

Abb. 35. Abhängigkeit der Löslichkeit des AgCl von der Cl^--Konzentration in der Lösung

Die tatsächlich gelöste Menge wird aber meist sehr viel größer sein, da eine zusätzliche Kolloidbildung, unvollständige Gleichgewichtseinstellung, wachsende Löslichkeit durch Komplexbildung mit überschüssigem Reagenz und Verluste durch den Waschprozeß keine Berücksichtigung finden.

So geht z. B. AgCl bei Konzentrationen $c(Cl^-) < 10^{-1}$ mol/l unter Komplexbildung teilweise wieder in Lösung (Abb. 35.).

In der Abb. 35. sind als Konzentrationsmaß die p_{AgCl}- bzw. p_{Cl}-Werte aufgetragen; diese sind analog dem pH-Wert als der negative dekadische Logarithmus der Konzentration definiert. Es zeigt sich, daß die vollständigste Fällung von AgCl bei einer Konzentration $c(Cl^-) = 10^{-1}$ mol/l erreicht wird. Ein größerer Cl^--Überschuß ist nicht nur nutzlos, sondern sogar schädlich. Analoge Überlegungen gelten auch für andere Fällungsreaktionen.

Für den Fällungsprozeß benötigt man sehr saubere und fettfreie Bechergläser (hohe Form), Dreifüße mit passenden Asbestdrahtnetzen und Brennern (oder elektrische Heizplatten) sowie Rührwerke und Tropfgefäße.

Filtration

Nach Absetzen des Niederschlages wird dieser durch dekantierende Filtration von der Lösung getrennt. Hierzu gießt man zuerst die überstehende Lösung bis auf einen geringen Rest durch ein geeignetes Filter und überführt nach Umschwenken anschließend weitgehend auch den Lösungsrest mit dem Niederschlag. Zur Vermeidung von Löslichkeitsverlusten ist es empfehlenswert, das klare Filtrat in einer sauberen Spritzflasche aufzufangen und in kleinen Portionen zum Aufbringen letzter im Becherglas verbliebener Niederschlagsreste zu verwenden. Man achte während der Filtration und des anschließenden Waschens darauf, daß der Niederschlag stets von einer Flüssigkeitshaut bedeckt bleibt, da andernfalls eine Verstopfung der Filterporen eintreten kann. Stark an der Gefäßwandung haftende Niederschläge werden nach Bedecken mit Lösung vorsichtig durch eine Gummifahne abgestreift. Wird das Filter danach verascht, so kann man für die Überführung von Restmengen des Niederschlages auch Stückchen von quantitativen Filtern (s. unten) verwenden, mit denen man die Wand des Gefäßes usw. abreibt und die dann dem Filtergut zugegeben werden. Bei Verwendung unsauberer Arbeitsgeräte kann Kleben und Kriechen zu einer allgemeinen Erscheinung werden.

Das Filtriergerät besteht entweder aus Glastrichtern mit eingelegtem Filtrierpapier oder Saugtöpfen bzw. Saugflaschen und Filtertiegeln. Entsprechende Anordnungen zeigt die Abb. 36.

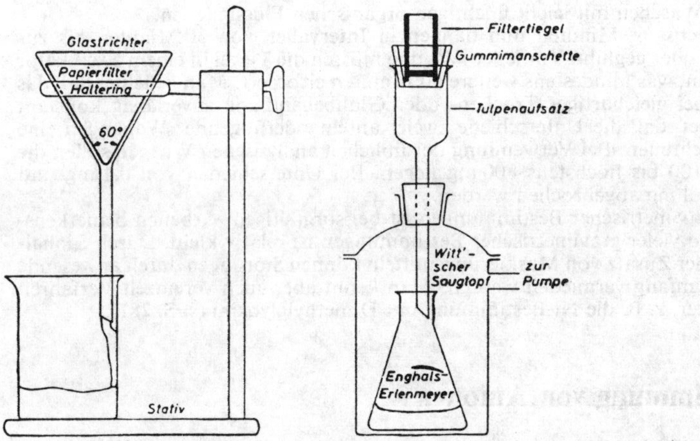

Abb. 36.
Filtrieranordnungen

Quantitative Filter sind aschefrei, d. h. hinterlassen bei der stets erforderlichen Veraschung praktisch nur unwägbare Rückstände. Nach der Teilchengröße des Niederschlages richtet sich die zu verwendende Filterart. Voluminöse und grobkristalline Niederschläge werden durch weiche Filter (Schwarzband[1]), solche mittlerer Körnung durch mittelharte (Weißband[1]) und pulvrige bzw. feinkristalline Fällungen durch harte Sorten (Blauband[1]) filtriert. Mit den Abstufungen der mittleren Porengrößen 8, 6 und 2 μm wachsen die Filtrationszeiten bereits für reines Wasser etwa im Verhältnis 1 : 3 : 30. Bei einem harten Filter von 15 cm Durchmesser liegt die Zeit für 100 ml H_2O bei 5–7 Minuten. Die Wahl einer falschen Papiersorte macht die geleistete Vorarbeit wertlos und ist nur durch Wiederholung der Bestimmung zu korrigieren.

Darf das Filter auf Grund der Temperaturempfindlichkeit des Fällungsproduktes nicht verascht werden, kann aber das Fällungsprodukt durch Trocknen bis etwa 250 °C in eine definierte Wägeform gebracht werden, so läßt sich eine Filtration mit der in Abb. 36. gezeigten Anordnung unter Verwendung von Glasfiltertiegeln einfacher und schneller durchführen. Für quantitative Arbeiten eignen sich Tiegel mit den Schottschen Fritten D 3 (relativ grob) und D 4. Bewährte Tiegelformen sind die Typen 63a D 4 und die etwas größeren Tiegel 1 D 3 bzw. 1 D 4. Allgemein nimmt bei den Glasfritten die Porengröße von D 1 zu D 4 hin ab. (D ≙ Duranglas; G ≙ Geräteglas; auch Aufdruck Pyrexglas) Neben den Glasfiltertiegeln gibt es für höhere Nachbehandlungstemperaturen noch solche aus Quarz oder Porzellan. Bei den Porzellanfiltertiegeln hat A 1 die kleinsten, A 4 die größten Poren.

Man beginnt die Filtration durch Einfüllen von Lösung bis etwa zur halben Höhe und saugt den Tiegel durch einen gelinden Unterdruck (Wasserstrahlpumpe) an. Danach wird stetig filtriert, wobei Unterdruck und Durchlaufgeschwindigkeit aufeinander abzustimmen sind.

[1]) Handelsnamen der Sorten von Firma Schleicher & Schüll als Beispiel.

Der isolierte Niederschlag enthält noch Reste der Lösung mit ihren Bestandteilen. Man wäscht daher mit dosierten Mengen einer geeigneten Waschflüssigkeit durch Auftropfen aus einer Pipette. Die Waschlösungen enthalten vielfach Elektrolytzusätze, die eine Peptisation des Niederschlages verhindern sollen. Manchmal wird mit Alkohol, Aceton oder Ether nachgewaschen, um eine vereinfachte Nachbehandlung zu ermöglichen.

Nachbehandlung

Der gewaschene Niederschlag muß im letzten Arbeitsabschnitt in eine definierte luftstabile Wägeform überführt werden. Papierfilter sind hierzu in Porzellantiegeln zu veraschen und die Kohlereste zu verglühen. Die Anwendung von Papierfiltern bleibt damit auf glühbeständige Wägeformen wie Oxide und einige Pyrophosphate und Sulfate beschränkt. Da beim Veraschungsprozeß Reduktion eintreten kann, ist eine weitere Nachbehandlung oft nicht zu umgehen. Durch Glühen bei bestimmten Temperaturen erreicht man Gewichtskonstanz.

Wägeformen mit organischen Anteilen oder wenig temperaturstabile Verbindungen müssen in jedem Fall im Filtertiegel gesammelt und durch Trocknen bei 105–140 °C von der Restfeuchtigkeit befreit werden. Zur Entfernung von fester gebundenem Kristallwasser sind Trocknungstemperaturen von 140–240 °C erforderlich. Eine schnelle, jedoch nicht immer anwendbare Möglichkeit ist das Durchsaugen von Luft nach Waschen mit leicht flüchtigen organischen Flüssigkeiten.

Im allgemeinen wird zunächst 60 Minuten und danach in Intervallen von 30 Minuten bis zur Gewichtskonstanz getrocknet oder geglüht. Vor jeder Wägung müssen die Tiegel in einem Exsikkator auf Raumtemperatur abkühlen, was mindestens weitere 60 Minuten erfordert. Man beachte, daß das Leergewicht der Tiegel nur bei gleichartiger Trocken- oder Glühbehandlung zuverlässig konstant ist. Gewichtskonstanz bedeutet, daß die Unterschiede zweier aufeinanderfolgender Wägungen eine bestimmte Größe nicht überschreiten. Bei Verwendung der üblichen analytischen Waagen sollen die Auswaagen im Bereich von 100 bis höchstens 800 mg liegen. Bei Unterschieden von 0,1 mg und weniger kann die Nachbehandlung abgebrochen werden.

Die Reproduzierbarkeit gravimetrischer Bestimmungen ist bei sorgfältigem Arbeiten bemerkenswert gut. Der Selektivitätsgrad vieler gravimetrischer Bestimmungen ist relativ klein. Durch Einhaltung bestimmter pH-Werte oder Zusatz von Maskierungsmitteln können Störungen durch anwesende Fremdionen in begrenztem Umfang vermieden werden. Man kennt aber auch vereinzelt Verfahren mit fast spezifischem Charakter, z. B. die Ni-Bestimmung mit Dimethylglyoxim (s. S. 281).

3.3.2. Einzelbestimmung von Anionen

Im folgenden werden die gravimetrischen Bestimmungen von Cl^-, SO_4^{2-}, PO_4^{3-} beschrieben.

Bestimmung von Chlorid als Silberchlorid

Reaktionsprinzip: Aus verd. salpetersaurer Lösung werden Chloridionen durch Zusatz von Silberionen als schwerlösliches käsiges Silberchlorid gefällt, das sich gut filtrieren läßt und nach dem Trocknen direkt gewogen werden kann.

Cl^-	$+ Ag^+$	$\rightarrow AgCl\downarrow$
35,453	107,868	143,32

Fällungs- und Wägeform = AgCl. Farbe: weiß.

$K_L\,(20°C) = c(Ag^+) \cdot c(Cl) = 1{,}1 \cdot 10^{-10}\ mol^2 \cdot l^{-2}$

Löslichkeit von AgCl: 0,14 mg (20 °C) und 2,2 mg (100 °C) in 100 ml H_2O,
$1{,}4 \cdot 10^{-3}$ mg in 100 ml 10^{-3} mol/l $AgNO_3$-Lösung.

Die Löslichkeit des Silberchlorids hängt weitgehend von der Fällungsbeschaffenheit (flockig, schwammig, kristallin), von der Anwesenheit von Ammonium- oder Alkalisalzen sowie von der Säurekonzentration der Probelösung ab. Das Silberchlorid fällt anfangs kolloidal (s. S. 169) und ballt sich, sowie Ag^+-Ionen in geringem Überschuß vorhanden sind, beim Erwärmen und kräftigen Rühren zusammen. Die Bestimmung von Cl^--Ionen als Silberchlorid ist sehr genau und wurde daher zur Ermittlung von relativen Atommassen herangezogen.

Störende Ionen: Die Anionen Br^-, I^-, CN^-, SCN^- müssen abwesend sein, da sie in gleicher Weise mit Ag^+-Ionen schwerlösl. Fällungen ergeben. Schwermetallionen sind wegen evtl. Mitfällung vorher abzutrennen.

Verfahrensfehler: AgCl ist lichtempfindlich. Unter Einwirkung des Lichtes wird Silber ausgeschieden, das im AgCl kolloidal gelöst bleibt u. es dunkel färbt. Da die Zersetzung nur an der Oberfläche erfolgt, genügt es, die Fällung vor hellem Licht zu schützen (Zusatz von Methylorange u. Aufbewahren im Dunkeln). Weiter muß in einer schwefelwasserstofffreien Atmosphäre gearbeitet werden, damit keine Bildung von Ag_2S eintritt. Die Salpetersäurekonz. ist klein zu halten, um eine Löslichkeitszunahme des Nd., bes. in der Hitze, zu vermeiden. Andererseits soll die Säuremenge so bemessen sein, daß Fällungen von Phosphat u. Carbonat nicht eintreten.

Arbeitsgeräte: 400-ml-Bechergläser (hohe Form); Rührwerk; Wittscher Saugtopf; Porzellanfiltertiegel A 1 oder Glasfiltertiegel 1 D 4; 50-ml-Bürette; Uhrgläser; Pipetten; Heizplatte; Trockenschrank.

Reagenzien: Fällungsreagenz 0,1 mol/l $AgNO_3$ (1,7 g $AgNO_3$ p. a. zu 100 ml gelöst); 2 mol/l HNO_3 (chloridfrei!); H_2O (chloridfrei!); Methylorange-Lsg. (0,1% wäss. Lsg.); Waschflüssigkeit: 1 ml 2 mol/l HNO_3 u. 200 ml H_2O.

Arbeitsbereich: 2,0–0,5 mmol Cl (70,9–17,7 mg Cl).

Arbeitsvorschrift: Entsprechend dem Arbeitsbereich 10, 20 oder 25 ml neutrale Probelsg. in Becherglas bringen, 1 ml HNO_3 zusetzen u. mit H_2O auf 175 ml (Füllhöhe vorher mit Fettstift markieren) verdünnen (pH = 2–3). 10 Tr. Methylorangelsg. zugeben u. unter ständigem Rühren langsam 25 ml $AgNO_3$-Lsg. aus Bürette eintropfen. Nd. absetzen lassen u. überstehende Lsg. mit ein paar Tr. $AgNO_3$-Lsg. auf Vollständigkeit der Fällung prüfen. Unter ständigem Rühren bis nahe zum Sieden erhitzen u. bei dieser Temp. mit bedecktem Uhrglas bis zum Zusammenballen des Nd. belassen. Von der Heizplatte nehmen u. im Dunkeln abkühlen lassen. Filtrieren über Glasfiltertiegel u. letzte Nd.-Menge mit 25 ml Waschflüssigkeit in den Tiegel bringen. 4–5mal mit 20 ml Waschflüssigkeit u. 2mal mit 10 ml kaltem H_2O waschen (F. muß Ag^+-frei sein!). Tiegel im Trockenschrank langsam auf 120–130 °C erhitzen u. Nd. bei dieser Temp. bis zur Gew.-Konstanz trocknen. Auswaage m(AgCl) in mg.

Anmerkung: Tiegelreinigung erfolgt durch heiße 5 mol/l NH_3-Lsg. u. nachfolgendes Sauberspülen mit heißem H_2O.

Berechnung:

$$\text{Umrechnungsfaktor } [\lambda] = \frac{M(\text{Cl})}{M(\text{AgCl})} = 0{,}24737$$

$(\lg [\lambda] = 0{,}39335 - 1)$

Bestimmung von Sulfat als Bariumsulfat

Reaktionsprinzip: Aus schwach salzsaurer Lösung werden Sulfationen durch Zugabe von Bariumchloridlösung in der Siedehitze als Bariumsulfat gefällt und bestimmt.

$$Ba^{2+} + SO_4^{2-} \rightarrow BaSO_4\downarrow$$

137,33   96,06   233,39

Fällungs- und Wägeform = $BaSO_4$. Farbe: weiß.

$K_L(25\,°C) = c(Ba^{2+}) \cdot c(SO_4^{2-}) = 1{,}1 \cdot 10^{-10}\ \text{mol}^2 \cdot \text{l}^{-2}$

Störende Ionen: Frischgefälltes Bariumsulfat hat die Eigenschaft, andere leicht lösl. Salze, z. B. $BaCl_2$, $Ba(NO_3)_2$ usw. mitzureißen (Mitfällung). Dieser Effekt wird um so stärker, je höher die Konz. der Fremdionen ist. An Anionen werden mitgefällt: Cl^-, NO_3^-, ClO_3^-, PO_4^{3-}, CrO_4^{2-} und MnO_4^-. Während eine Cl^--Mitfällung durch sehr langsame Bariumchloridzugabe unter ständigem Rühren weitgehend vermieden werden kann, müssen NO_3^- -und ClO_3^--Ionen auf jeden Fall durch mehrmaliges Abrauchen mit konz. Salzsäure entfernt werden. PO_4^{3-}-Ionen werden durch Fällung, CrO_4^{2-}- und MnO_4^--Ionen durch Red. und anschließende Ausfällung abgetrennt. Von den Kationen werden mitgefällt: Fe^{3+}, Cr^{3+} und Ca^{2+} in starkem Maße; sie sind vorher zu entfernen. Fe^{2+}, Al^{3+}, Mn^{2+}, Na^+, K^+ und NH_4^+ werden, sofern sie in kleiner Konz. zugegen sind, in verd. Lsg. nur schwach adsorbiert. Durch EDTA (s. S. 337) können fast alle Kationen der Ionenladung +2 und +3 maskiert, oder durch Kationenaustauscher (s. S. 229) entfernt werden.

Verfahrensfehler: Es muß in schwach saurer Lsg. (pH = 2,0–2,5) gearbeitet werden, da die Löslichkeit von $BaSO_4$ mit steigender Säurekonz. erheblich zunimmt.

Säure	Konz.	Löslichkeit von $BaSO_4$ in 100 ml Lsg. bei 20 °C
HCl	0,1 mol/l	1,0 mg
	0,5 mol/l	4,7 mg
	1,0 mol/l	8,9 mg
	2,0 mol/l	10,1 mg
HNO_3	2,0 mol/l	17,0 mg

Bei Verwendung von Blaubandfilter zur Filtration kann das $BaSO_4$ bei hoher Temp. leicht durch eingeschlossene Filterkohle reduziert werden.

$BaSO_4 + 4\,C \rightarrow BaS + 4\,CO\uparrow$

Daher trockne man zuvor das Filter mit dem Nd u. verasche es bei möglichst niedriger Temp. bei vollem Luftzutritt.

Arbeitsgeräte: 400-ml-Bechergläser (hohe Form); Rührwerk; Wittscher Saugtopf; Porzellanfiltertiegel A 1 und Tiegelschuhe; 25-ml-Bürette; Uhrgläser; 5-ml-Pipette; Wasserbad oder Heizplatte; elektr. Muffelofen (800 °C); Trockenschrank.

Reagenzien: 0,2 mol/l $BaCl_2$-Lsg. (4,9 g $BaCl_2 \cdot 2\,H_2O$ zu 100 ml gelöst); 2 mol/l HCl; 2 mol/l NH_3; pH-Papier.

Arbeitsbereich: 1,5–0,3 mmol SO_4 (144,2–28,8 mg SO_4).

Arbeitsvorschrift: 20 bzw. 25 ml schwach saure Probelsg. in Becherglas geben, 2–5 ml HCl zusetzen u. mit H_2O auf 200 ml verdünnen u. evtl. mit HCl oder Ammoniak auf pH = 2,0–2,5 bringen. Becherglas mit Uhrglas bedecken. Flüssigkeit zum Sieden erhitzen u. unter ständigem Rühren langsam aus einer Bürette heiße $BaCl_2$-Lsg. zutropfen. Von Zeit zu Zeit Nd. absetzen lassen u. überstehende Lsg. mit 1–2 Tr. Reagenzlsg. prüfen, ob Fällung quantitativ ist. Die Lsg. bleibt 2–3 Std. im bedeckten Becherglas bei 70–80 °C stehen (nicht kochen!). Noch einmal mit 1 Tr. $BaCl_2$-Lsg. die Vollständigkeit der Fällung kontrollieren. Dann dekantierend über Porzellanfiltertiegel filtrieren. Zum Aufbringen letzter Niederschlagsmengen klares F. verwenden. Mit je 5 ml heißem H_2O (Auftropfen durch Pipette) so lange waschen, bis durchgelaufene Waschflüssigkeit Cl^- frei ist. Bei 600 °C Nd. bis zu Gewichtskonstanz glühen (Dauer ca. 65 Min.). Auswaage $m(BaSO_4)$ in mg $BaSO_4$.

Anmerkung: Zur Filtration ist auch „Blauband-Filter" geeignet; s. dazu Abschnitt Verfahrensfehler. Die Reinigung der Filtertiegel erfolgt durch warme konz. H_2SO_4 oder durch Kochen mit konz. Na_2CO_3-Lösung.

Brechnung:

$m(SO_4) = [\lambda] \cdot m(BaSO_4)$

$$\text{Umrechnungsfaktor } [\lambda] = \frac{M(SO_4)}{M(BaSO_4)} = 0{,}41158$$

$(\lg [\lambda] = 0{,}61445 - 1)$

Bestimmung von Phosphat als 8-Hydroxychinolinium-12-molybdo-1-phosphat

Reaktionsprinzip: In stark saurer Lösung bilden Phosphationen mit Molybdationen ein gelb gefärbtes Molybdophosphation (s. Heteropolysäuren, S. 130, u. Phosphatnachweis, S. 56). Dieses auch in stark HCl-haltiger Lösung aus Chloromolybdationen entstehende Anion gibt mit 8-Hydroxychinolin (abgekürzt HOx oder einfach Oxin genannt) einen schwerlöslichen Niederschlag von Oxinium-12-molybdo-1-phosphat, der bei 160 °C getrocknet und in wasserfreier Form direkt gewogen wird.

$$H_2PO_4^- + 12\,[MoO_2Cl_3(H_2O)]^- \rightarrow [P(Mo_3O_{10})_4]^{3-} + 26\,H^+ + 36\,Cl^-$$

$$[P(Mo_3O_{10})_4]^{3-} + 3\,HOx + 3\,H^+ \rightarrow (H_2Ox)_3\,[P(Mo_3O_{10})_4]\downarrow$$

1822,2   3 · 145,16   2260,7

Der Niederschlag ist relativ grobkristallin und enthält nur 1,370% P, so daß vor allem kleinere Phosphatmengen noch gut bestimmbar sind (Mikromol-Verfahren).

Fällungsform = $(H_2Ox)_3[P(Mo_3O_{10})_4] \cdot x\,H_2O$

Wägeform = $(H_2Ox)_3[P(Mo_3O_{10})_4]$ Farbe: dunkelorange

Oxin reagiert amphoter, d. h., es bildet sowohl mit Säuren als auch mit Basen Salze, in denen Oxin entweder Kationen- (pH < 7) oder Anionencharakter (pH > 7) besitzt.

$$[H_2Ox]^+ \xleftarrow{H^+} [HOx]^0 \xrightarrow{OH^-} [Ox]^- + H_2O$$

(Nähere Angaben über Löslichkeit und Struktur von Oxin s. Bestimmung von Al als Al-Oxinat, S. 273.)

Statt 8-Hydroxychinolin (*Scharrer*) können auch andere organische Basen wie Chinolin oder Dimorpholylethan (*Asmus*) verwendet werden.

Störende Ionen: AsO_4^{3-}- u. VO_3^--Ionen sowie Kieselsäure geben nur in größerer Menge Niederschläge; diese Ionen werden am besten reduziert oder abgetrennt.

Verfahrensfehler: Das Fällungsreagenz ist nur kurze Zeit haltbar u. muß vor Gebrauch durch Mischen zweier getrennter Lsgg. A u. B stets frisch hergestellt werden. Die Einzellösungen A u. B sind zu verwerfen, sofern sie Trübungen oder Bodensatz aufweisen. Die angegebene Mischungsfolge der Lsgg. A u. B ist unbedingt einzuhalten, um Ndd. von $MoO_2(Ox)_2$, MoO_3 etc. zu vermeiden.

Arbeitsgeräte: 400-ml-Bechergläser (hohe Form); 100-ml-Erlenmeyerkolben mit Schliffstopfen; Uhrgläser; Wittscher Saugtopf; Glasfiltertiegel 63a G 4 (notfalls 1 G 4); Heizquelle; Rührwerk; Trockenschrank; 50-ml-Bürette; 20-ml-Pipette, 100-ml-Meßzylinder; pH-Papier.

Reagenzien: Das eigentliche Fällungsreagenz wird aus 2 getrennten Lsgg. A u. B gemischt. Lsg. A: 4,40 g Oxin in 10 ml 25%iger HCl lösen u. mit 90 ml H_2O verdünnen. Lsg. B: 21 g $(NH_4)_6Mo_7O_{24} \cdot 4\,H_2O$ in 325 ml 25%iger HCl lösen, abkühlen und 40 ml H_2O zugeben. Mischung: Im Becherglas unter kräftigem Rühren zu 160 ml Lsg. B langsam 40 ml Lsg. A hinzufügen. Die vollkommen klare Reagenzlsg. besitzt $c(\text{Mo}) = 0{,}24$ mol/l, $c(\text{Oxin}) = 0{,}06$ mol/l und $c(\text{HCl}) \approx 5$ mol/l (pH ≈ 0) (das Stoffmengenverhältnis $n(\text{Mo}) : n(\text{Ox})$ entspricht mit 4 : 1 dem Stoffmengenverhältnis dieser Komponenten im Komplex). Waschflüssigkeit: 3 ml 5 mol/l NH_4NO_3 mit H_2O zu 100 ml verdünnen (oder 1,2 g NH_4NO_3 zu 100 ml lösen). 2 mol/l NaOH; 2 mol/l HCl; 25%ige HCl (ca. 7,7 mol/l) zur Reagenzherstellung.

Arbeitsbereich: 0,3–0,03 mmol PO_4 (28,5–2,9 mg PO_4).

Arbeitsvorschrift: Entsprechend dem Arbeitsbereich 10 oder 20 ml Probelsg. in Becherglas bringen u. mit H_2O auf 100 ml verdünnen (Füllhöhe vorher mit Fettstift markieren). Lsg. mit NaOH-Lsg. (bzw. HCl) auf pH = 4–7 einstellen u. auf 70–75 °C erwärmen. Unter stetigem Rühren 40 ml frisch angesetztes Fällungsreagenz innerhalb von etwa 15 Min. aus Bürette zutropfen, sodann 30 Min. lang bei 70 °C ausrühren u. unter Erkalten 30 Min. lang absetzen lassen. Nd. über Glasfiltertiegel dekantierend filtrieren. Letzte Nd.-Reste mit aufgefangenem klarem F. in den Tiegel bringen. Fällung durch Auftropfen mit insgesamt 10 ml Waschflüssigkeit u. anschließend mit 2 ml klarem H_2O waschen. In Intervallen von 60 Min. bei 160 °C konstant trocknen. Der Nd. ist schwach hygroskopisch. Auswaage $m\{(H_2Ox)_3[P(Mo_3O_{10})]\}$ in mg.

Berechnung:

$$m(PO_4) = [\lambda] \cdot f_R \cdot m\{(H_2Ox)_3[P(Mo_3O_{10})]\}$$

$$\text{Umrechnungsfaktor } [\lambda] = \frac{M(PO_4)}{M\{(H_2Ox)_3[P(Mo_3O_{10})_4]\}} = 0{,}042009$$

($\lg[\lambda] = 0{,}62334 - 2$)

$f_R = 1{,}00258$ (emp. Korr.-Faktor)

3.3.3. Einzelbestimmung von Kationen

Im folgenden werden die gravimetrischen Bestimmungen von K^+, Mg^{2+}, Al^{3+}, Pb^{2+}, Sb(III), Cu^{2+}, Zn^{2+}, Mn^{2+}, Fe^{3+}, Co^{2+} und Ni^{2+} beschrieben.

Bestimmung von Kalium als Kaliumtetraphenylborat

Reaktionsprinzip: Kaliumionen reagieren mit Tetraphenylborationen zu schwerlöslichem Kaliumtetraphenylborat, das gewogen wird.

$$K^+ + [B(C_6H_5)_4]^- \rightarrow K[B(C_6H_5)_4]\downarrow$$

39,098   319,23   358,33

Fällungs- und Wägeform = $K[B(C_6H_5)_4]$. Farbe: weiß.

$K_L(20\,°C) = c(K^+) \cdot c([B(C_6H_5)_4]) = 2{,}2 \cdot 10^{-8}\ mol^2 \cdot l^{-2}$

Optimale Fällungsbedingungen werden im pH-Bereich 4–5 und bei einer Fällungstemperatur von 70 °C erhalten.

Störende Ionen: NH_4^+, Rb^+, Cs^+, Ag^+, Tl^+ und Hg^{2+} müssen abwesend sein, da sie ebenfalls schwerlösl. Fällung ergeben.

Verfahrensfehler: Der Nd. von $K[B(C_6H_5)_4]$ ist relativ voluminös u. neigt zur Mitfällung unmaskierter Fremdionen der Oxidationsstufen +2 u. höher. In Anwesenheit sehr großer Na^+-Konz. sind die Auswaagen zu hoch, so daß der Nd. umzufällen ist.

Arbeitsgeräte: 400-ml-Bechergläser (hohe Form); Rührwerk; Wittscher Saugtopf; Glasfiltertiegel 63a G 4 oder 1 G 4; 10-ml-Bürette; Trockenschrank.

Reagenzien: 0,1 mol/l $Na[B(C_6H_5)_4]$ (in kaltem H_2O gelöst; M = 342 g/mol); Waschlsg. 0,2 mol/l CH_3COOH mit 0,005 mol/l $Na[B(C_6H_5)_4]$; 2 mol/l CH_3COOH; 2 mol/l NaOH. Reagenz- u. Waschlsg. vor Gebrauch durch Blaubandfilter filtrieren.

Arbeitsbereich: 1–0,1 mmol K (39–3,9 mg K).

Arbeitsvorschrift: Bis zu 40 ml neutrale Probelsg. (pH = 5–8) in Becherglas bringen. Zugabe von 10,0 ml NaOH; 50 ml Lsg. 5 Min. lang kochen. 20,0 ml CH_3COOH zugeben u. mit H_2O auf 180 ml verdünnen (pH = 4,6 ± 0,2). Erwärmen auf 60–70 °C u. unter Rühren 20 ml $Na[B(C_6H_5)_4]$-Lsg. im Verlaufe von 20 Min. eintropfen (Bürette). Unter Rühren erkalten lassen. Dekantierend über Glasfiltertiegel filtrieren. Klares F. zum Aufbringen der Niederschlagsreste verwenden. Waschen durch Auftropfen aus Pipette mit 5 × 5 ml Waschlsg. u. 2 × 2 ml H_2O. Konstanttrocknen 60 Min. u. danach in Intervallen von 30 Min. bei 115 ± 5 °C. Auswaage $m(K[B(C_6H_5)_4])$ in mg.

Berechnung:

$m(K) = m(KB(C_6H_5)_4) + \Delta m(KB(C_6H_5)_4)$

$\Delta m(KB(C_6H_5)_4) = 1{,}04$ mg · (Fehlerkorrektur für Verlust durch Löslichkeit)

$$\text{Umrechnungsfaktor} = \frac{M(K)}{M(KB(C_6H_5)_4)} = 0{,}10911$$

(lg = 0,03787 − 1)

Bestimmung von Magnesium als Magnesiumdiphosphat

Reaktionsprinzip: Mg^{2+}-Ionen ergeben mit PO_4^{3-}-Ionen in ammoniakalischer Lösung (pH = 7,5 − 10) eine schwerlösliche Fällung von Ammoniummagnesiumphosphat:

$$Mg^{2+} + NH_4^+ + PO_4^{3-} + 6\,H_2O \rightarrow MgNH_4PO_4 \cdot 6\,H_2O\downarrow$$

Der Niederschlag wird mit ammoniakalischer Ammoniumnitratlösung gewaschen und durch Glühen in Magnesiumdiphosphat überführt, das zur Auswaage gelangt.

$$\underset{490,81}{2\,(MgNH_4PO_4 \cdot 6\,H_2O)} \rightarrow \underset{222,55}{Mg_2P_2O_7} + 2\,NH_3 + 13\,H_2O$$

Fällungsform = $MgNH_4PO_4 \cdot 6\,H_2O$. Farbe: weiß; Wägeform = $Mg_2P_2O_7$.
Löslichkeit von $MgNH_4PO_4 \cdot 6\,H_2O$ in 100 ml Lösungsmittel bei 20 °C:

Lösungsmittel	
H_2O	51,6 mg,
5%ige NH_4Cl-Lsg.	105,5 mg,
1,1 mol/l NH_3	9,8 mg,
1,1 mol/l NH_3 + 5% NH_4Cl	16,5 mg,
1,1 mol/l NH_3 + 10% NH_4Cl	54,1 mg.

Die Fällung erfolgt aus heißer Lösung auf folgende Weise: Die saure Probelösung wird mit Diammoniumhydrogenphosphatlösung versetzt. Durch langsames Zufügen von Ammoniak wird das Ammoniummagnesiumphosphat zur Abscheidung gebracht (Fällung aus homogener Lösung). Man erhält einen flockigen Niederschlag, der nach mehrstündigem Stehen grobkristallin wird, sich leicht absetzt und sich gut filtrieren läßt. Unter ähnlichen Bedingungen können Mn^{2+}-Ionen als $MnNH_4PO_4$, $AsO_4{}^{3-}$-Ionen als $MgNH_4AsO_4$ und $PO_4{}^{3-}$-Ionen als $MgNH_4PO_4$ bestimmt werden.

Störende Ionen: Mit Ausnahme von Alkaliionen bilden alle Kationen schwerlösliche Phosphate, so daß Phosphatfällungen für Trennungen nicht zu verwenden sind.

Verfahrensfehler: Ammoniummagnesiumphosphat ist in Wasser merklich löslich. Daher muß zur Verringerung der Löslichkeit nach der Fällung ein Ammoniaküberschuß hinzugesetzt werden. Des weiteren verhindert der Überschuß die Hydrolyse des Niederschlages:

$$MgNH_4PO_4 + H_2O \rightarrow MgHPO_4 + NH_3 + H_2O$$

Bei ungenauer Einstellung der Fällungsbedingungen können $Mg(NH_4)_4(PO_4)_2$ (zu kleine NH_3-Konz.) und $Mg_3(PO_4)_2$ (zu große NH_3-Konz.) entstehen. Es dürfen keine Bechergläser verwendet werden, die innen an der Glaswand Kratzer aufweisen. Der Niederschlag haftet sehr fest an diesen und ist mechanisch nur schwer zu entfernen. Aus diesem Grund benutze man zum Rühren Magnetstäbe mit Polyethylenüberzug. Wegen der großen Löslichkeit des $MgNH_4PO_4$ wird der Niederschlag sparsam mit kalter Ammoniaklösung gewaschen. Schmilzt der Niederschlag beim Glühen, so ist das Ammoniumphosphat nicht restlos ausgewaschen worden. Liegen in der Probelösung neben Mg^{2+}-Ionen größere Mengen an Alkaliionen vor, so ist eine Umfällung ratsam; vor allem in Anwesenheit von Kaliumionen, da diese die Ammoniumionen im Niederschlag teilweise ersetzen. Mäßige Citrat- bzw. Tartratmengen stören nicht. Oxalationen verzögern mitunter die Fällung, in größerer Konz. bilden sie mit Mg^{2+}-Ionen Komplexe, so daß $MgNH_4PO_4$ nicht quantitativ abgeschieden wird.

Arbeitsgeräte: 400-ml-Bechergläser (hohe Form u. nach Möglichkeit ungebraucht); Rührwerk (bei Verwendung eines Magnetrührers nur mit Polyethylen überzogene Rührstäbe benutzen); Porzellanfiltertiegel A 1 (mit Tiegelschuh); Wittscher Saugtopf; Heizquelle; Trockenschrank; elektr. Muffelofen (1000 °C); 50-ml-Bürette; Pipetten (5, 20 u. 25 ml).

Reagenzien: Fällungsreagenz: 0,1 mol/l $(NH_4)_2HPO_4$ (1,32 g Diammoniumhydrogenphosphat p. a. in wenig H_2O lösen u. auf 100 ml auffüllen); Waschflüssigkeit: 1 mol/l NH_3, die 0,1 mol/l NH_4NO_3 enthält; 2 mol/l HCl; 2 mol/l NH_3; 14 mol/l NH_3; Phenolphthaleinlsg. (0,1 % in 60 %igem Alkohol); NH_4Cl.

Arbeitsbereich: 1,5–0,5 mmol (36,5–12,1 mg Mg).

Arbeitsvorschrift: 20 ml neutrale bzw. schwach saure Probelsg. in Becherglas bringen, 10 ml HCl zufügen u. mit W. auf 150 ml verdünnen (Füllhöhe vorher mit Fettstift markieren!). Sodann zur Lsg. 2 g NH_4Cl u. 20 ml Reagenzlsg. zugeben u. zum Sieden erhitzen. Lsg. von der Heizquelle nehmen u. auf ca. 70 °C abkühlen lassen (≈10 Min.). Nach Zusatz von 3 Tr. Phenolphthaleinlsg. unter stetigem Rühren langsam aus Bürette 2 mol/l NH_3 eintropfen, bis eben eine Trübung auftritt. Zutropfen unterbrechen u. Lsg. 2–3 Min. lang rühren, bis Nd. kristallin. Lsg. 20 Min. lang stehenlassen. 15 ml 14 mol/l NH_3 zufügen u. 5 Min. lang rühren. Nach Absetzen des Nd. klare Lsg. mit 2–3 Tr. Reagenzlsg. auf Vollständigkeit der Fällung prüfen. Analysenlsg. mindestens 4 Std., besser über Nacht, kalt stehenlassen. Über Filtertiegel A 1 dekantierend filtern u. die Nd.-Reste mit 20 ml kalter 1 mol/l NH_3 in Tiegel bringen. Mit 10 ml kalter Waschflüssigkeit durch Auftropfen aus 5-ml-Pipette Nd. waschen (Filtrat muß Cl^--frei sein!). Filter im Tiegelschuh im Trockenschrank bei 110 °C trocknen (etwa 20 Min.) u. anschließend Nd. in der Muffel bei 1000 °C in Intervallen von 30 Min. bis zur Gewichtskonstanz glühen. Auswaage $m(Mg_2P_2O_7)$ in mg.

Berechnung:

$$m(Mg) = [\lambda] \cdot m(Mg_2P_2O_7)$$

$$\text{Umrechnungsfaktor } [\lambda] = \frac{2\,M(Mg)}{M(Mg_2P_2O_7)} = 0{,}21842$$

$(\lg [\lambda] = 0{,}33929 - 1)$

Bestimmung von Magnesium als Magnesiumoxinat

Reaktionsprinzip: In ammoniakalischer Lösung bei pH = 9–10 reagieren Mg^{2+}-Ionen mit 8-Hydroxychinolin (Oxin, abgekürzt HOx) zu schwerlöslichem Magnesiumoxinat, das nach dem Filtrieren und Trocknen direkt zur Auswaage gelangt.

$$\underset{24{,}305}{Mg^{2+}} + \underset{2\cdot 144{,}15}{2\,Ox^-} \rightarrow \underset{312{,}61}{Mg(Ox)_2\downarrow}$$

Fällungsform = $Mg(Ox)_2 \cdot 2\,H_2O$; Farbe: hellgelb; Wägeform = $Mg(Ox)_2$; Löslichkeit = 0,5 mg $Mg(Ox)_2$/200 ml H_2O.

Magnesiumoxinat ist ein inneres Komplexsalz (neutraler Chelatkomplex) der untenstehenden Struktur. Es besitzt einen günstigen Umrechnungsfaktor und ist im

Gegensatz zum $Al(Ox)_3$ auch aus alkalischer, ammoniumsalzfreier Tartratlösung (pH = 11–14) fällbar.

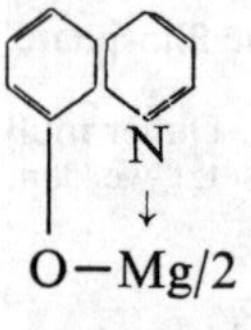

Störende Ionen: Es stören Cu^{2+}-, Cd^{2+}-, Co^{2+}-, Ni^{2+}-, Zn^{2+}- u. Ca^{2+}-Ionen, da sie gleichfalls mit Oxin schwerlösl. Ndd. ergeben [s. $Al(Ox)_3$-Bestimmung, Tab. über die pH-Abhängigkeit von Oxinatfällungen, S. 273]. Kationen der Oxidationsstufe +3 u. höher (Al^{3+}, Fe^{3+}, Cr^{3+}, Sb^{3+}, Ti^{4+}, Zr^{4+} usw.) sind vorher durch NaOH-Natriumtartrat zu maskieren (Fällungsbereich von pH = 11 bis pH = 14).

Verfahrensfehler: Bei Gegenwart von sehr viel Alkaliionen ist eine Umfällung des $Mg(Ox)_2$ ratsam. Es ist in heißer 2 mol/l HCl leicht löslich. Ein zu großer Überschuß an Fällungsreagenz ist zu vermeiden, da sich evtl. mitgefälltes freies Oxin nur schwer auswaschen läßt. Die Trocknungstemp. darf wegen Zersetzung des $Mg(Ox)_2$ 150 °C nicht übersteigen. Der End-pH-Bereich von pH = 9–10 ist genau einzustellen.

Arbeitsbereich: 1,0–0,1 mmol Mg (24,3–2,4 mg Mg).

Arbeitsgeräte: 400-ml-Bechergläser (hohe Form); Rührwerk; Glasfiltertiegel 1 G 4; Wittscher Saugtopf; Heizquelle; Trockenschrank; 50-ml-Büretten; Pipetten (10 ml, 20 ml, 5 ml); pH-Papier.

Reagenzien: Fällungsreagenz 0,1 mol/l $(H_2Ox)CH_3COO$ (Oxinacetatlsg.): 14,52 g Oxin in 60 g (= 57 ml) Eisessig unter schwachem Erwärmen vollständig lösen u. nach dem Abkühlen klare Lsg. mit W. auf 1 000 ml verdünnen. Waschflüssigkeit: 1 ml 2 mol/l $NaCH_3COO$ (272,17 mg $NaCH_3COO \cdot 3\,H_2O$) mit H_2O auf 100 ml verd. (pH = 8–9); 2 mol NaOH; 2 mol/l NH_3; evtl. 1 mol/l $C_4H_6O_6$ (Weinsäure).

Arbeitsvorschrift: Entsprechend dem Arbeitsbereich 10 oder 20 ml der mineralsauren Probelsg. in Becherglas bringen, mit NaOH pH = 4–6 einstellen u. mit H_2O auf 150 ml verdünnen (Füllhöhe vorher mit Fettstift markieren!). Unter Rühren 25 ml Oxinacetatlsg. aus Bürette einfließen lassen. Die nach wie vor klare Lsg. unter Rühren auf 75–85 °C erwärmen u. langsam innerhalb 10–15 Min. 25 ml Ammoniak eintropfen. pH-Wert prüfen (pH = 9–10). Falls notwendig, durch weiteren Zusatz an Ammoniak auf richtigen Wert korrigieren. Lsg. mit Uhrglas bedecken u. 30 Min. lang bei 60 bis 70 °C rühren. Nach Absetzen des Nd. warm dekantierend filtrieren, dabei Hauptmenge der überstehenden Lsg. zuerst über Glasfiltertiegel gießen u. dann Fällung mit Restlsg. weitgehend in Tiegel bringen. Zum Aufbringen der Fällungsreste wieder erwärmtes F. verwenden. Nd. mit 25 ml heißer (80–90 °C) Waschflüssigkeit u. anschließend mit 5 ml heißem H_2O durch Auftropfen (Pipette) waschen. Zunächst 2 Std. bei 140 °C u. dann in Intervallen von 60 Min. konstant trocknen.

Auswaage $m(MgOx_2)$ in mg.

Anmerkung: Tiegelreinigung erfolgt durch heiße 5 mol/l HCl u. nachfolgendes Sauberspülen mit heißem H_2O.

Berechnung:

$m(Mg) = [\lambda] \cdot m(MgOx_2)$

$$\text{Umrechnungsfaktor } [\lambda] = \frac{M(Mg)}{M(Mg(C_9H_6NO)_2)} = 0{,}077\,748$$

$(\lg[\lambda] = 0{,}89069 - 2$

Bestimmung von Aluminium als Aluminiumoxinat

Reaktionsprinzip: Al^{3+}-Ionen bilden in essigsaurer, acetatgepufferter Lösung mit 8-Hydroxychinolin (Oxin, abgekürzt HOx) einen schwerlöslichen Niederschlag von Aluminiumoxinat, der nach dem Trocknen direkt zur Auswaage gebracht wird.

$$\begin{array}{lll} Al^{3+} & + \; 3\,Ox^- \rightarrow & Al(Ox)_3\downarrow \\ 26{,}982 & 3 \cdot 144{,}153 & 459{,}44 \end{array}$$

Fällungs- und Wägeform = $Al(Ox)_3$; Farbe: grüngelb; Löslichkeit: 1 mg $Al(Ox)_3$/200 ml H_2O.

Aluminiumoxinat ist ein Innerkomplexsalz (Neutralchelatkomplex) der untenstehenden Strukturformel. Auf Grund des kleinen Al-Gehaltes der Verbindung ergibt sich ein besonders günstiger Umrechnungsfaktor. $Al(Ox)_3$ ist in organischen

Lösungsmitteln (z. B. Methanol, Ethanol usw.) teilweise löslich; in warmer 2 mol/l HCl löst es sich völlig.

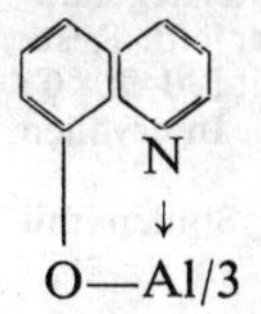

Die Fällung erfolgt daher mit einer essigsauren Oxinacetatlösung bei ≈ 80 °C zwischen pH = 4,2 und pH = 5. Sie kann auch in ammoniakalischer tartrathaltiger Lösung (bis pH $\approx$ 9,5) vorgenommen werden, dagegen nicht aus NaOH-Lösung. Beim Arbeiten zwischen pH = 4,2 und pH = 5 kann man Al^{3+} sicher von Alkaliionen, Be^{2+}, Mg^{2+} und Ca^{2+} abtrennen. Überschüssiges Oxin in Filtraten kann durch Extraktion mit organischen Lösungsmitteln (z. B. Kohlenstofftetrachlorid) oder durch Eindampfen bei wiederholtem Zusatz von NH_3 restlos entfernt werden.

Störende Ionen: Oxin bildet bei verschiedenen pH-Werten mit zahlreichen Metallionen schwerlösl. Verbindungen. Es müssen daher die Ionen: Cu^{2+}, Cd^{2+}, Zn^{2+}, Fe^{3+}, Sb(III), Bi^{3+} usw. abwesend bzw. vorher abgetrennt worden sein. Eine allg. Übersicht über die pH-Abhängigkeit der Oxinatfällungen einer Reihe von Metallionen gibt nachstehende Tabelle:

Ion	Fällungsbeginn beim pH-Wert	Quantitative Fällung im pH-Bereich
Al^{3+}	2,9	4,2– 9,8
Bi^{3+}	3,7	5,0– 9,4
MoO_2^{2+}	2,0	3,6– 7,3
Cu^{2+}	3,0	3,3–14,5
Cd^{2+}	4,5	5,5–13,2
Pb^{2+}	4,8	8,4–12,3
Fe^{3+}	2,5	4,1–11,2
Ni^{2+}	3,5	4,6–10,0
Co^{2+}	3,6	4,9–11,6
Mn^{2+}	4,3	5,9– 9,5
Zn^{2+}	3,3	4,4–13,5
Mg^{2+}	7,0	8,7–10,0
Ca^{2+}	6,8	9,2–12,7

Verfahrensfehler: Der optimale Bereich von pH = 4,2–5 muß genau eingestellt u. mit Hilfe des Puffersystems $NaCH_3COO/CH_3COOH$ unbedingt eingehalten werden, insbesondere bei einer $Al(Ox)_3$-Fällung in Gegenwart anderer Ionen. Daher ist stets nach Beendigung der Fällung die Lsg. mit pH-Papier zu prüfen. Mitgefälltes Oxin ist aus dem Nd. nur mit heißem Wasser herauszuwaschen.

Arbeitsbereich: 1,0–0,1 mmol Al (27,0–2,7 mg Al).

Arbeitsgeräte: 400-ml-Bechergläser (hohe Form); Rührwerk; Glasfiltertiegel 1 G 4; Wittscher Saugtopf; Heizquelle; Trockenschrank; 50-ml-Büretten; Pipetten (5 ml, 10 ml, 20 ml), pH-Papier.

Reagenzien: Fällungsreagenz 0,1 mol/l $(H_2Ox)CH_3COO$: 14,52 g Oxin in 60 g (= 57 ml) Eisessig unter schwachem Erwärmen vollständig lösen u. nach dem Abkühlen die klare Lsg. auf 1000 ml verdünnen (sie enthält 1 mol/l CH_3COOH u. ist in braunen Glasflaschen unbegrenzt haltbar); Waschflüssigkeit: 1 ml 2 mol/l CH_3COOH u. 0,5 ml 2 mol/l NaOH mit H_2O auf 100 ml verdünnen (pH = 4,6–4,8); 2 mol NaOH; 2 mol/l NH_3; 2 mol/l HCl; 2 mol/l CH_3COOH; evtl. 1 mol/l $C_4H_6O_6$ (Weinsäure).

Arbeitsvorschrift: Entsprechend dem Arbeitsbereich 10 oder 20 ml mineralsaure Probelsg. in Becherglas bringen, 25 ml H_2O zugeben u. mit NaOH tropfenweise bis zur ersten Trübung versetzen (pH = 4–9). Dann 5 ml HCl zugeben u. klare Lsg. mit H_2O auf 140 ml verdünnen (Füllhöhe vorher mit Fettstift markieren!). Unter Rühren 40 ml Oxinacetatlsg. aus Bürette einfließen lassen. Die nach wie vor klare Lsg. auf 75–85 °C erwärmen u. langsam innerhalb 10–15 Min. 15 ml Ammoniak als Pufferkomponente eintropfen. Beim Auftreten einer ersten Trübung Zugabe der Pufferlsg. für 2 Min. unterbrechen, jedoch weiter rühren u. pH-Wert prüfen. Sodann den Rest der Pufferslg. eintropfen u.

erneut prüfen (Sollwert pH = 4,2–4,8). Falls notwendig, durch weitere Tropfen Ammoniak auf den gewünschten Wert korrigieren u. 30 Min. lang bei 60–70 °C rühren. Nach Absetzen des Nd. heiß dekantierend filtrieren, dabei Hauptmenge der überstehenden Lsg. zunächst über Glasfiltertiegel abgießen u. dann Fällung mit Restlsg. weitgehend in Tiegel bringen. Zum Aufbringen der Nd.-Reste das gelb gefärbte u. wieder erwärmte F. verwenden. Nd. mit 25 ml heißer Waschflüssigkeit (80–90 °C) u. 5 ml heißem W. durch Auftropfen (Pipette) waschen. 2 Std. lang bei 130 °C u. dann in Intervallen von 60 Min. konstant trocknen. Auswaage $m(AlOx_3)$ in mg.

Anmerkung: Tiegelreinigung erfolgt durch heiße 5 mol/l HCl u. nachfolgendes Spülen mit heißem H_2O.

Berechnung:

$m(Al) = [\lambda] \cdot m(AlOx_3)$

$$\text{Umrechnungsfaktor } [\lambda] = \frac{M(Al)}{M(Al(C_9H_6NO)_3)} = 0{,}058\,727$$

$(\lg [\lambda] = 0{,}768\,84 - 2)$

Bestimmung von Blei als Bleisulfat

Reaktionsprinzip: Bleiionen werden durch Abrauchen mit Schwefelsäure in schwerlösliches Bleisulfat überführt, das nach dem Filtrieren bei 500–600 °C geglüht und direkt ausgewogen wird.

$$Pb^{2+} + SO_4^{2-} \rightarrow PbSO_4\downarrow$$

207,2 96,06 303,26

Fällungs- und Wägeform = $PbSO_4$. Farbe: weiß.

Löslichkeit: 4,5 mg $PbSO_4$/100 ml H_2O bei 20 °C,
82 mg $PbSO_4$/100 ml H_2O bei 100 °C,
0,5 mg $PbSO_4$/100 ml Waschfl. A bei 20 °C.

Der $PbSO_4$-Niederschlag ist feinkristallin und in Ethanol sehr schwer löslich.

Störende Ionen: Ba^{2+}, Sr^{2+}-, Ca^{2+}-, $Hg^{+(2+)}$-, Ag^+-, Bi^{3+}-, Sb(III), WO_4^{2-}-Ionen sowie Kieselsäure müssen abwesend sein.

Verfahrensfehler: In Mineralsäuren (vor allem in HNO_3) ist $PbSO_4$ erheblich löslich. Auch höhere H_2SO_4-Konz. (> 20%ig) wirken stark lösend. Beim Waschen mit einem Alkohol-H_2O-Gemisch ist darauf zu achten, daß bei Anwesenheit von Spurenverunreinigungen keine Sulfate (z. B. $CuSO_4$ oder $ZnSO_4$) gefällt werden. Sind dagegen Fremdionen in größeren Konz. zugegen, so wird das $PbSO_4$ in konz. ammoniakalischer Ammoniumacetatlsg. gelöst, die Verunreinigung abfiltriert u. aus dem F. das $PbSO_4$ erneut mit Schwefelsäure gefällt. Zum Filtrieren verwende man einen Filtertiegel, da $PbSO_4$ durch Filterkohle teilweise reduziert wird.

$$PbSO_4 + 4\,C \rightarrow PbS + 4\,CO\uparrow$$

Das Konstantglühen des $PbSO_4$ soll in Abwesenheit von reduzierenden Gasen bei schwacher Rotglut (500–600 °C) erfolgen. Bei Temp. > 700 °C tritt thermische Zersetzung ein.

$$PbSO_4 \xrightarrow{>700\,°C} PbO + SO_3\uparrow$$

Mitunter ist das geglühte $PbSO_4$ durch Spuren Fe_2O_3 leicht bräunlich gefärbt.

Arbeitsgeräte: 200-ml-Bechergläser (breite Form); Uhrgläser; Wittscher Saugtopf; Porzellanfiltertiegel A 1 mit Tiegelschuh; Heizplatte oder Sandbad; elektr. Muffelofen (600 °C); Trockenschrank; Mensur.

Reagenzien: Fällungsreagenz: Konz. H_2SO_4; Waschflüssigkeiten: A) 1 ml 18 mol/l H_2SO_4 auf 200 ml H_2O u. B) 50%ige Ethanollsg. mit 0,5% H_2SO_4.

Arbeitsbereich: 1,0–0,2 mmol Pb (207,2–41,4 mg Pb).

Arbeitsvorschrift: Entsprechend dem Arbeitsbereich 20 oder 25 ml salpetersaure Probelsg. in Becherglas geben, 3–4 ml H_2SO_4 zugeben u. auf Heizplatte unter Abzug langsam eindampfen (Spritzgefahr!), bis reichlich weiße SO_3-Nebel entweichen (Rückstand muß schwefelsäurefeucht bleiben!). Nach Abkühlen vorsichtig mit 70 ml H_2O u. 30 ml Ethanol versetzen u. Lsg. im bedeckten Becherglas 60 Min. lang bei Zimmertemp. stehenlassen. Sodann dekantierend über Porzellanfiltertiegel filtrieren. Hierbei letzte Nd.-Mengen mit klarem F. in den Tiegel bringen. Nd. zuerst 4mal mit je 5 ml Waschflüssigkeit A u. anschließend 2mal mit je 5 ml Waschflüssigkeit B kalt waschen. Filtertiegel 20–30 Min. lang in der Muffel auf 500–600 °C erhitzen, im Exsikkator abkühlen lassen u. wiegen. Vorgang solange wiederholen, bis Gewichtskonstanz vorliegt. Auswaage $m(PbSO_4)$ in mg.

Berechnung:
$m(\text{Pb}) = [\lambda] \cdot m(\text{PbSO}_4)$

$$\text{Umrechnungsfaktor } [\lambda] = \frac{M(\text{Pb})}{M(\text{PbSO}_4)} = 0{,}6832$$

$(\lg [\lambda] = 0{,}83457 - 1)$

Bestimmung von Antimon als Antimon(III)-sulfid

Reaktionsprinzip: Antimonionen reagieren mit Sulfidionen in saurer Lösung zu schwerlöslichem Antimon(III)-sulfid.

$$2\,Sb^{3+} + 3\,S^{2-} \rightarrow Sb_2S_3\downarrow$$
243,50 96,18 339,68

Mit CH_3CSNH_2 an Stelle von Schwefelwasserstoffgas als Fällungsreagenz wird ein körniger, gut filtrierbarer Niederschlag von Sb_2S_3 erhalten (Fällung aus homogener Lösung!). Das Antimonsulfid kann ohne Gefahr einer Peptisation mit klarem heißem Wasser gewaschen und nach dem Filtrieren direkt gewogen werden. (Näheres über Thioacetamid als Fällungsmittel s. gravimetrische Bestimmung von Cu als CuS, S. 276.)

Fällungs- und Wägeform = Sb_2S_3. Farbe: dunkelrot bzw. graurot.

$K_L = c^2(Sb^{3+}) \cdot c^3(S^{2-}) = 3 \cdot 10^{-59}\ \text{mol}^5 \cdot \text{l}^{-5}$ bei Zimmertemperatur.

Störende Ionen: Alle Ionen, die in saurer Lsg. ebenfalls schwerlösl. Sulfide bilden, müssen abwesend sein. Oxidationsmittel wie NO_3^- (>0,1 mol/l), NO_2^-, Fe^{3+}, $Cr_2O_7^{2-}$ usw. stören.

Verfahrensfehler: Vor der Sulfidfällung muß die Lsg. mit Weinsäure u. Ascorbinsäure versetzt werden. Weinsäure dient zur Komplexierung, da Antimonsalze stark zu Hydrolyse neigen. Ascorbinsäure soll evtl. vorhandenes Sb(V) zu Sb(III) reduzieren. Größere Konz. an Fremdionen, vor allem an Alkaliionen, bewirken eine Löslichkeitserhöhung von Sb_2S_3. Es ist eine frisch hergestellte Thioacetamidlsg. zu verwenden (Haltbarkeit der Lsg. ca. 4 Tage!). Um Fehler infolge Oxidation des feuchten Sulfids durch Luftsauerstoff zu vermeiden, sollen Fällung, Filtration u. Trocknung unmittelbar hintereinander erfolgen.

Arbeitsgeräte: 250-ml-Bechergläser (hohe Form); Uhrgläser; Wittscher Saugtopf; Glasfiltertiegel 1 G 4; Rührwerk; Heizquelle; Wasserbad; Trockenschrank; Pipetten (25, 20 u. 5 ml); Mensur (25 ml).

Reagenzien: Fällungsreagenz: 0,25 mol/l CH_3CSNH_2 (M = 75,136 g/mol; vor Gebrauch 1,88 g Thioacetamid in H_2O zu 100 ml lösen); 2 mol/l NH_3; 1 mol/l $C_4H_6O_6$ (Weinsäurelsg.); Ascorbinsäure.

Arbeitsbereich: 1,0–0,1 mmol Sb (121,8–12,2 mg Sb).

Arbeitsvorschrift: Entsprechend dem Arbeitsbereich 25 oder 20 ml saure Probelsg. in Becherglas geben, 30 ml H_2O zugeben u. mit Ammoniak bis zur ersten Trübung versetzen. Sodann 200 mg Ascorbinsäure u. 5 ml Weinsäurelsg. zugeben u. Lsg. auf dem Wasserbad bis zur beginnenden Kristallisation eindampfen. Danach mit 50 ml HCl ansäuern, mit H_2O auf 100 ml auffüllen (Füllhöhe vorher mit Fettstift markieren!) u. Lsg. zum Sieden erhitzen. Unter Rühren in die siedende Lsg. 15 ml Thioacetamidlsg. eingießen u. Lsg. mit Uhrglas 15 Min. lang sieden lassen, wobei sich der Nd. zusammenballt. Nach kurzem Absetzen warm über Glasfiltertiegel dekantierend filtern, dabei letzte Nd.-Reste mit dem aufgefangenen F. in den Tiegel bringen. Fällung durch Auftropfen (Pipette) 4mal mit je 5 ml warmem H_2O (60–70 °C) elektrolytfrei waschen (pH = 4–7). Anschließend 60 Min. lang bei 110 °C u. dann in Intervallen von 30 Min. bis zur Gewichtskonstanz trocknen. Auswaage $m(Sb_2O_3)$ in mg.

Anmerkung: Tiegelreinigung erfolgt mit heißer 5 mol/l HCl.

Berechnung:

$$m(\text{Sb}) = [\lambda] \cdot m(\text{Sb}_2\text{O}_3)$$

$$\text{Umrechnungsfaktor } [\lambda] = \frac{2 \cdot M(\text{Sb})}{M(\text{Sb}_2\text{O}_3)} = 0{,}71685$$

$(\lg [\lambda] = 0{,}85543 - 1)$

Bestimmung von Kupfer als Kupfer(II)-sulfid

Reaktionsprinzip: Kupfer(II)-Ionen bilden in salzsaurer Lösung mit Sulfidionen schwerlösliches Kupfer(II)-sulfid.

$$\begin{array}{lll} Cu^{2+} + & S^{2-} \rightarrow & CuS\downarrow \\ 63{,}546 & 32{,}06 & 95{,}606 \end{array}$$

Bei Verwendung von Thioacetamid an Stelle von gasförmigem Schwefelwasserstoff als Fällungsmittel wird ein körniger und gut filtrierbarer Niederschlag von CuS erhalten (Fällung aus homogener Lösung), der nach dem Waschen mit klarem warmem Wasser direkt zur Auswaage gelangt.

Fällungs- und Wägeform = CuS. Farbe: schwarz.

$K_L = c(Cu^{2+}) \cdot c(S^{2-}) = 6 \cdot 10^{-36}\ mol^2 \cdot l^{-2}$ bei Zimmertemperatur.

Thioacetamid CH_3CSNH_2 ist ein weißes kristallines Pulver, das sich in H_2O und Alkohol gut löst. In der Siedehitze zerfällt die Verbindung in H_2S und Ammoniumacetat, und zwar um so schneller, je saurer die Lösung ist.

$$CH_3-\underset{\underset{S}{\|}}{C}-NH_2 + 2\,H_2O \rightarrow NH_4^+ + CH_3COO^- + H_2S$$

H_2S-Dissoziation: $H_2S \rightarrow 2\,H^+ + S^{2-}$

$$\frac{c^2(H^+) \cdot c(S^{2-})}{c(H_2S)} = K_{H_2S} = 1{,}1 \cdot 10^{-22}\ mol^2 \cdot l^{-2}$$

Da bei Zimmertemperatur $c(H_2S) \approx 10^{-1}\ mol \cdot l^{-1}$ ist, ergibt sich die einfache Beziehung: $c^2(H^+) \cdot c(S^{2-}) = K_{H_2S} \cdot c_{H_2S} = 1{,}1 \cdot 10^{-23}\ mol^3 \cdot l^{-3}$.

Im Gegensatz zum gasförmigen Schwefelwasserstoff ist Thioacetamid gegen 1 mol/l HNO_3 praktisch unempfindlich. Der pH-Wert ändert sich bei der Fällung kaum, da die entstehenden H^+-Ionen durch das Ammoniumacetat abgepuffert werden.

In der gleichen Weise wie Cu können mit Thioacetamid die folgenden Elemente als Sulfide gefällt und direkt gravimetrisch bestimmt werden: As(III), Sb(III), Bi, Sn(II), Pb, Cd und Hg.

Störende Ionen: Es stören alle Ionen, die in saurer Lösung mit H_2S ebenfalls schwerlösliche Niederschläge geben. Weiter müssen Oxidationsmittel wie NO_3^- (>1 mol/l), NO_2^-, Fe^{3+} usw. abwesend sein.

Verfahrensfehler: Man verwende frisch angesetzte Thioacetamidlsg., da diese in der Kälte nur etwa 4 Tage haltbar ist. Größere Mengen an Fremdionen, vor allem Alkaliionen, wirken infolge Komplexbld. lösend. Der feuchte Sulfidnd. kann bei längerem Stehen an der Luft zum Sulfat oxidiert werden. Daher sind Fällung, Filtration u. Trocknung unmittelbar hintereinander durchzuführen.

Arbeitsgeräte: 400-ml-Bechergläser (hohe Form); Uhrgläser; Rührwerk; Wittscher Saugtopf; Glasfiltertiegel 1 G 4; Heizquelle; Trockenschrank; Pipetten (25, 20 u. 5 ml); Wasserbad; Mensur (10 ml).

Reagenzien: Fällungsreagenz: 0,25 mol/l CH_3CSNH_2 (M = 75,136 g/mol; vor Gebrauch 1,88 g Thioacetamid in H_2O zu 100 ml lösen); 2 mol/l HCl; 2 mol/l NaOH.

Arbeitsbereich: 1,0–0,2 mmol Cu (63,5–12,7 mg Cu).

Arbeitsvorschrift: Entsprechend dem Arbeitsbereich 20 oder 25 ml saure Probelsg. in Becherglas geben, 30 ml H_2O zusetzen u. mit NaOH auf pH = 4–6 (bzw. erste Trübung) bringen. Sodann 25 ml HCl hinzufügen, mit H_2O auf 100 ml verdünnen (Füllhöhe vorher mit Fettstift markieren!) u. Lsg. zum Sieden erhitzen. Zur siedenden Lsg. in einem Guß 7 ml Thioacetamidlsg. unter Rühren zugeben u. die Lsg. 15 Min. lang im Sieden belassen. Danach weitere 3 ml Thioacetamidlsg. zusetzen, mit H_2O auf 100 ml auffüllen u. Lsg. mit Uhrglas 30 Min. lang auf dem Wasserbad stehenlassen. Anschließend warm über Glasfiltertiegel dekantierend filtrieren. Nd.-Reste mit Hilfe des in einem sauberen Becherglas aufgefangenen F. in den Tiegel bringen. 4mal mit je 5 ml H_2O (60–70 °C) durch Auftropfen (Pipette!) waschen u. Nd. bis zur Gewichtskonstanz bei 110 °C trocknen. Auswaage m(CuS) in mg.

Anmerkung: Tiegelreinigung erfolgt mit heißer 5 mol/l HCl.

Berechnung:

$$m(\text{Cu}) = [\lambda] \cdot m(\text{CuS})$$

$$\text{Umrechnungsfaktor } [\lambda] = \frac{M(\text{Cu})}{M(\text{CuS})} = 0{,}66467$$

$$(\lg [\lambda] = 0{,}82260 - 1)$$

Bestimmung von Kupfer als Kupfer(I)-thiocyanat

Reaktionsprinzip: In schwach saurer Lösung werden Kupfer(II)-ionen mit schwefliger Säure reduziert und mit Thiocyanationen als schwerlösliches Kupfer(I)-thiocyanat gefällt.

$$Cu^{2+} + {}^1/_2\, HSO_3^- + {}^1/_2\, H_2O \rightarrow Cu^+ + {}^1/_2\, HSO_4^- + H^+$$

$$\underset{63{,}546}{Cu^+} + \underset{58{,}08}{SCN^-} \rightarrow \underset{121{,}62}{CuSCN\downarrow}$$

Fällungs- und Wägeform = CuSCN. Farbe: weiß.

$K_L = c(Cu^+) \cdot c(SCN^-) = 1{,}6 \cdot 10^{-11}$ mol² · l⁻² bei Zimmertemperatur.

Die Methode kann mit Vorteil bei Anwesenheit von As(III)-, Sb(III)-, Sn^{2+}-, Bi^{3+}-, Cd^{2+}-, Fe^{2+}- (wenig), Ni^{2+}-, Co^{2+}-, Zn^{2+}- und Mn^{2+}-Ionen angewendet werden, da diese lösliche Thiocyanate bilden. Sb(III), Sn^{2+} und Bi^{3+} komplexiert man durch Zusatz von 2–3 g Weinsäure, um ihre Hydrolyse im schwach sauren Medium zu verhindern.

Störende Ionen: Pb^{2+}-, Hg^{2+}-, Hg^+-, Ag^+- u. Tl^+-Ionen dürfen nicht zugegen sein, das sie schwerlösl. Thiocyanate bilden.

Verfahrensfehler: Die Lsg. muß schwach sauer sein (pH = 3–5), da die Löslichkeit von CuSCN mit abnehmendem pH-Wert zunimmt. Ein zu großer Überschuß an Reagenzlsg. ist wegen Bldg. eines lösl. $[Cu(SCN)_2]^-$-Komplexes zu vermeiden. Oxidationsmittel, wie NO_3^-, müssen abwesend sein, damit zum einen keine Zersetzung des SCN^--Ions eintritt u. zum anderen die Red. von Cu(II) zu Cu(I) quantitativ verläuft.

Arbeitsgeräte: 400-ml-Bechergläser (hohe Form); Rührwerk; Wittscher Saugtopf; Glasfiltertiegel 1 G 4; 10-ml-Bürette; Uhrgläser; Heizplatte; Trockenschrank; 5-ml-Pipette; pH-Papier.

Reagenzien: Frisch hergestellte 0,2 mol/l NH_4SCN (1,52 g NH_4SCN zu 100 ml gelöst); 1,7 mol/l H_2SO_3; 2 mol/l HCl u. 2 mol/l NH_3; Waschflüssigkeit: 100 ml kaltes H_2O mit 5 Tr. H_2SO_3-Lsg.; 6 mol/l Methanol (ca. 20%ig).

Arbeitsbereich: 1,5–0,5 mmol Cu (95,2–31,7 mg Cu).

Arbeitsvorschrift: 20 bzw. 25 ml neutrale oder schwach saure Probelsg. (pH = 3–5) in Becherglas füllen u. 30 ml H_2O zugeben. Versetzen mit 30 ml H_2SO_3 u. anschließend mit Ammoniak bis zur Trübung oder Blaufärbung. Nd. mit ein paar Tr. H_2SO_3 gerade wieder lösen bzw. entfärben u. mit H_2O auf 150 ml verdünnen. Sodann in einem Zeitraum von 15 Min. unter Rühren 10 ml NH_4SCN aus einer Bürette tropfenweise zugeben. 10 Min. lang rühren u. Lsg. 2 Std. lang mit Uhrglas stehenlassen. Prüfen auf Vollständigkeit der Fällung mit einigen Tr. Reagenzlsg. u. Nd. über einen Glasfiltertiegel dekantierend filtrieren. Mit klarem F. Niederschlagsreste in die Fritte bringen. Waschen mit 5 × 5 ml kalter Waschlsg. (Pipette) und 2 × 5 ml Methanol. 45 Min. lang konstant trocknen u. dann in Intervallen von 15 Min. bei 115 °C. Auswaage m(CuSCN) in mg.

Berechnung:

$$m(\text{Cu}) = [\lambda] \cdot m(\text{CuSCN})$$

$$\text{Umrechnungsfaktor } [\lambda] = \frac{M(\text{Cu})}{M(\text{CuSCN})} = 0{,}52248$$

$$(\lg [\lambda] = 0{,}71807 - 1)$$

Bestimmung von Zink als Zinktetrathiocyanatomercurat(II)

Reaktionsprinzip: In neutraler oder schwach salpetersaurer Lösung ergeben Zinkionen mit Tetrathiocyanatomercurationen einen schwerlöslichen Niederschlag von Zinktetrathiocyanatomercurat(II):

$$\underset{65{,}38}{Zn^{2+}} + \underset{432{,}90}{[Hg(SCN)_4]^{2}} \rightarrow \underset{498{,}28}{Zn[Hg(SCN)_4]\downarrow}$$

Fällungs- und Wägeform = $Zn[Hg(SCN)_4]$. Farbe: weiß.

Störende Ionen: Cu^{2+}, Ni^{2+}, Mn^{2+}, Cd^{2+}, Hg^{2+}, Ag^{+}, Fe^{2+}, Fe^{3+}, Bi^{3+} u. As(III) stören.

Verfahrensfehler: Der Nd. ist etwas in W., Alkohol oder Ether löslich. Er wird bei 105–110 °C getrocknet.

Arbeitsgeräte: 400-ml-Bechergläser (hohe Form); Rührwerk; Wittscher Saugtopf; Porzellanfiltertiegel A 1 oder Glasfiltertiegel 1 G 4; 50-ml-Bürette; Pipetten; Trockenschrank.

Reagenzien: 2 mol/l HNO_3; Fällungsreagenz: 0,1 mol/l $K_2Hg(SCN)_4$ (3,9 g KSCN in 20 ml W. lösen, mit 2,7 g $HgCl_2$ unter Rühren versetzen u. mit W. auf 100 ml verdünnen; wenn notwendig, filtrieren).

Arbeitsbereich: 1,0–0,1 mmol Zn (65,38–6,54 mg Zn).

Arbeitsvorschrift: 20 bzw. 25 ml neutrale Probelsg. in Becherglas bringen, 1 ml HNO_3 zusetzen u. mit W. auf 100 ml verdünnen (Füllhöhe vorher mit Fettstift markieren!). Aus Bürette unter ständigem Rühren Reagenzlsg. eintropfen lassen, bis sich in der klaren überstehenden Lsg. kein Nd. mehr bildet. Sodann Lsg. eine Stunde lang ausrühren. Nach Prüfung auf Vollständigkeit der Fällung Nd. über Filtertiegel abfiltrieren u. letzte Nd.-Mengen mit F. in Tiegel bringen. Nd. mit wenig W. waschen u. bei 105–110 °C in Intervallen von 30 Min. bis zur Gewichtskonstanz trocknen. Auswaage $m(Zn[Hg(SCN)_4])$ in mg.

Berechnung:

$$m(Zn) = [\lambda] \cdot m(Zn[Hg(SCN)_4])$$

$$\text{Umrechnungsfaktor } [\lambda] = \frac{M(Zn)}{M(Zn[Hg(SCN)_4])} = 0{,}13121$$

$$(\lg [\lambda] = 0{,}11797 - 1)$$

Bestimmung von Mangan als Mangandiphosphat

Reaktionsprinzip: In schwach ammoniakalischer Lösung bilden Mn^{2+}-Ionen mit $PO_4{}^{3-}$-Ionen schwerlösliches Ammoniummanganphosphat

$$2\,Mn^{2+} + 2\,NH_4{}^{+} + 2\,HPO_4{}^{2-} + 2\,OH^{-} \rightarrow 2\,MnNH_4PO_4 \cdot H_2O\downarrow$$

Der Niederschlag wird filtriert, mit verdünnter kalter Ammoniaknitratlösung gewaschen und bei 900 °C zum Mangandiphosphat geglüht, das ausgewogen wird.

$$\underset{353{,}926}{2\,(MnNH_4PO_4 \cdot H_2O)} \rightarrow \underset{283{,}83}{Mn_2P_2O_7} + 2\,NH_3\uparrow + 2\,H_2O$$

Fällungsform = $MnNH_4PO_4 \cdot H_2O$. Farbe: weiß; Wägeform = $Mn_2P_2O_7$. Die Fällung erfolgt analog der des Magnesiums aus homogener Lösung (s. S. 270). Der erhaltene Niederschlag von $MnNH_4PO_4 \cdot H_2O$ ist anfangs amorph, wird aber bei längerem Stehen in der Wärme leicht kristallin.

Störende Ionen: Bis auf die Alkaliionen müssen alle anderen Kationen abwesend sein, da sie gleichfalls schwerlösliche Phosphatfällungen geben.

Verfahrensfehler: Ammoniummanganphosphat ist im Gegensatz zum Ammoniummagnesiumphosphat sehr viel weniger löslich. Die Probelösung muß frei von Oxidationsmitteln sein, um die Bildung von Mangan(IV)-oxid zu vermeiden. Nie trockensaugen, ehe aller Nd. im Tiegel.

Arbeitsgeräte: 400-ml-Bechergläser (hohe Form und nach Möglichkeit ungebraucht); Rührwerk (bei Verwendung eines Magnetrührers nur mit Polyethylen überzogene Rührstäbe benutzen); Porzellanfiltertiegel A 2 (mit Tiegelschuh); Wittscher Saugtopf; Heizquelle; Trockenschrank; elektr. Muffelofen (1000 °C); 50-ml-Bürette; Pipetten (5, 20 u. 25 ml).

Reagenzien: Fällungsreagenz 0,1 mol/l $(NH_4)_2HPO_4$ (1,32 g Diammoniumhydrogenphosphat p. a. in wenig H_2O lösen u. auf 100 ml auffüllen); Waschflüssigkeit: 0,1 mol/l NH_4NO_3 (0,8 g zu 100 ml mit H_2O lösen); 2 mol/l HCl; 2 mol/l NH_3; 14 mol/l NH_3; Methylrotlsg. (0,2% in 90%igem Alkohol).

Arbeitsbereich: 1,0–0,1 mmol (54,9–5,5 mg Mn).

Arbeitsvorschrift: 20 ml neutrale bis schwach saure Probelsg. in Becherglas bringen. 10 ml

HCl zusetzen u. mit H_2O auf 150 ml verdünnen (Füllhöhe vorher mit Fettstift markieren!). Darauf 2 g NH_4Cl, 20 ml Reagenzlsg. zufügen u. kurz zum Sieden erhitzen. Nach Zusatz einiger Tr. Methylrotlsg. unter stetigem Rühren langsam aus Bürette 2 mol/l NH_3 eintropfen, bis Farbumschlag nach gelb auftritt. Lsg. mit 2 ml 14 mol/l NH_3 versetzen (pH = 6,5–7,5), 5 Min. lang rühren u. anschließend 30 Min. lang auf dem Wasserbad stehenlassen. Klare überstehende Lsg. mit 3–4 Tr. Reagenzlsg. auf Vollständigkeit der Fällung prüfen. Nach zweistündigem Abkühlen Nd. über Filtertiegel A 2 dekantierend filtrieren u. Reste mit 10 ml 0,1 mol/l NH_3 in Tiegel bringen. Nd. zweimal mit je 5 ml 0,1 mol/l NH_3 durch Auftropfen aus 5-ml-Pipette waschen (Filtrat Cl^--frei!). Filtertiegel im Tiegelschuh in Trockenschrank bei 110 bis 120 °C etwa 40 Min. lang trocknen. Nd. in der Muffel bei 900–1000 °C in Intervallen von 20 Min. bis zur Gewichtskonstanz glühen. Auswaage $m(Mn_2P_2O_7)$ in mg.

Berechnung:

$$m(\mathrm{Mn}) = [\lambda] \cdot m(\mathrm{Mn_2P_2O_7})$$

$$\text{Umrechnungsfaktor } [\lambda] = \frac{2M(\mathrm{Mn})}{M(\mathrm{Mn_2P_2O_7})} = 0{,}38713$$

$$(\lg [\lambda] = 0{,}58786 - 1)$$

Bestimmung von Eisen als Eisen(III)-oxid

Reaktionsprinzip: Eisen(III)-ionen werden durch Hydroxylionen als schwerlösliches wasserhaltiges Eisen(III)-oxid-Hydrat gefällt.

$$2\,Fe^{3+} + 6\,OH^- \rightarrow 2\,Fe(OH)_3\downarrow$$
$$2 \cdot 55{,}847 \quad 6 \cdot 17{,}007$$

Der Niederschlag wird mit 0,1 mol/l NH_4NO_3 gewaschen, anschließend bei mäßiger Rotglut (600 °C) in Eisen(III)-oxid übergeführt und ausgewogen.

$$2\,Fe(OH)_3 \rightarrow Fe_2O_3 + 3\,H_2O$$
$$159{,}69$$

Fällungsform = $Fe_2O_3 \cdot x\,H_2O$
Wägeform = Fe_2O_3 Farbe: rotbraun
K_L = $c(Fe^{3+}) \cdot c^3(OH)^- = 4 \cdot 10^{-38}\ mol^4 \cdot l^{-4}$ bei Zimmertemperatur.

Die Fällung des $Fe(OH)_3$ erfolgt aus homogener Lösung unter Verwendung von Urotropin (Hexamethylentetraamin), das in der Siedehitze in Ammoniak und Formaldehyd hydrolytisch gespalten wird.

$$C_6H_{12}N_4 + 10H_2O \rightleftharpoons 4(NH_3 \cdot H_2O) + 6\,HCHO$$
$$4(NH_3 \cdot H_2O) + 4\,H^+ \rightleftharpoons 4\,NH_4^+ + 4\,H_2O$$

Das Urotropinverfahren besitzt gegenüber Ammoniak als Fällungsmittel wesentliche Vorteile: Es wird erstens in einem definierten pH-Bereich (pH = 4,5 – 5,5) gearbeitet, so daß eine Abtrennung des Fe^{3+} von Zn^{2+}, Co^{2+}, Ni^{2+} u. Mn^{2+} möglich ist (s. nachstehende Tabelle). Dabei verhindert der reduzierend wirkende Formaldehyd die Oxidation von Mn(II) zu schwerlöslichem Mn(IV). Zweitens wird ein grobflockiger, sich relativ schnell absetzender und gut filtrierbarer $Fe(OH)_3$-Niederschlag erhalten. Drittens bietet die Urotropinmethode die Gewähr, daß die Reagenzlösung kieselsäure- und CO_2-frei ist, was sonst nur bei frisch hergestelltem Ammoniak zutrifft.

Einen Überblick über die pH-Bereiche, in denen die wichtigsten Metallionen als Hydroxide gefällt werden, gibt die folgende Tabelle.

Kationen	Ti^{4+}	Fe^{3+}	Al^{3+}	Fe^{2+}	Zn^{2+}	Ni^{2+}	Co^{2+}	Mn^{2+}	Mg^{2+}
pH-Bereich von Hydroxidfällungen	0–13,0	2,2–7,0	3,8–6,5	5,8–8,5	6,0–7,0	6,7–8,0	6,8–8,5	8,4–10,0	10,5–11,0

Der pH-Wert des Fällungsbeginns hängt noch etwas von der Kationenkonzentration und von dem anwesenden Anion (z. B. Cl^-, ClO_4^-, NO_3^-, SO_4^{2-} usw.) ab.

Störende Ionen: Ti^{4+}-, Al^{3+}- u. Cr^{3+}-Ionen müssen abwesend sein, da sie in gleicher Weise gefällt werden. Ebenfalls stören die Anionen: PO_4^{3-}, AsO_4^{3-} u. SiO_3^{2-}, weil sie entweder schwerlösliche Fe-Salze bilden oder vom Nd. stark adsorbiert werden. Tartrate, Citrate, Fluoride u. Pyrophosphate komplexieren Fe^{3+}-Ionen; es tritt keine Fällung von $Fe(OH)_3$ ein.

Verfahrensfehler: Es dürfen nur Fe^{3+}-Ionen vorliegen. Eventuell vorhandene Fe^{2+}-Ionen werden nicht quantitativ gefällt; sie müssen daher vorher durch einige Tropfen H_2O_2 (Perhydrol) oder 14 mol/l HNO_3 oxidiert werden (Überschuß verkochen!). Bei Gegenwart größerer Mengen an Fremdionen (vor allem an SO_4^{2-}) ist es wegen des großen Adsorptionsvermögens des Hydroxids ratsam, den Nd. umzufällen. Die $Fe(OH)_3$-Fällung muß Cl^--frei gewaschen werden, um die Bldg. des flüchtigen $FeCl_3$ beim Glühen zu verhindern.

$Fe_2O_3 + 6\,NH_4Cl \rightarrow 2\,FeCl_3 + 6\,NH_3 + 3\,H_2O$

Bei zu hoher Glühtemperatur (> 800 °C) wird Eisen(III)-oxid durch Flammengase oder durch Kohlenstoff aus dem Filterpapier leicht zu Fe_3O_4 reduziert.

Arbeitsgeräte: 400-ml-Becherglas (hohe Form); Uhrgläser; Porzellantiegel; Schwarzband-Filter; Rührwerk; Heizquelle; elektr. Muffelofen 600 °C; Trockenschrank; Pipetten (25, 20 u. 10 ml); 50-ml-Bürette; pH-Papier.

Reagenzien: Fällungsreagenz: 0,5 mol/l $C_6H_{12}N_4$ (Urotropinlsg.; 7,01 g Urotropin mit H_2O zu 100 ml lösen); NH_4Cl; 0,1 mol/l NH_4NO_3; 2 mol/l HCl; Methylrot.

Arbeitsbereich: 2,0–0,2 mmol Fe (117,7–11,8 mg Fe).

Arbeitsvorschrift: 25 oder 20 ml saure (Fe^{3+} enthaltende!) Probelsg. in Becherglas geben, 20 ml HCl zufügen u. mit H_2O auf 150 ml verdünnen (Füllhöhe vorher mit Fettstift markieren!). Lsg. mit 1 g NH_4Cl versetzen, zum Sieden erhitzen u. unter Rühren Urotropinlsg. aus Bürette so lange zutropfen lassen, bis pH = 5–6 erreicht ist (oder Methylrot gerade von rot nach gelb umschlägt). Danach Lsg. einige Min. lang kochen lassen (pH-Kontrolle!) u. Nd. möglichst heiß über Schwarzbandfilter dekantierend filtrieren. Nd.-Reste mit einem Teil des F. auf das Filter bringen. Sodann Nd. mit heißer NH_4NO_3-Lsg. Cl^--frei waschen. Filter mit Inhalt in einen Porzellantiegel bringen, im Trockenschrank trocknen (110 °C) u. anschließend veraschen. Rückstand in Intervallen von 20 Min. im Muffelofen bei 600 °C bis zur Gewichtskonstanz glühen. Auswaage $m(Fe_2O_3)$ in mg.

Anmerkung: Tiegelreinigung erfolgt durch heiße 5 mol/l HCl.

Berechnung:

$$m(Fe) = [\lambda] \cdot m(Fe_2O_3)$$

$$\text{Umrechnungsfaktor } [\lambda] = \frac{2\,M(Fe)}{M(Fe_2O_3)} = 0{,}69943$$

$$(\lg [\lambda] = 0{,}84475 - 1)$$

Bestimmung von Cobalt als Tetrakis(pyridin)cobalt(II)-thiocyanat

Reaktionsprinzip: Aus neutraler Lösung werden Cobalt(II)-ionen durch Zusatz von Ammoniumthiocyanat und Pyridin als feinkristallines Tetrakis(pyridin)-cobalt(II)-thiocyanat gefällt, das nach dem Trocknen direkt zur Auswaage gebracht wird.

$Co^{2+} + 2\,SCN^- + 4\,C_5H_5N \rightarrow [Co(C_5H_5N)_4](SCN)_2\downarrow$

58,933 116,156 316,407 491,496

Fällungs- und Wägeform = $[Co(C_5H_5N)_4](SCN)_2$. Farbe: rosa.

Die Komplexverbindung ist schwerlöslich in alkalithiocyanat- und pyridinhaltigem Wasser, in verdünntem alkalithiocyanat- und pyridinhaltigem Alkohol sowie pyridinhaltigem Ether. Sie eignet sich zur Auswaage kleiner Mengen Cobalt, da der Umrechnungsfaktor bei dem kleinen Gehalt der Komplexverbindung an Cobalt (12%) sehr günstig liegt.

Störende Ionen: Viele andere Schwermetallionen geben ähnliche Niederschläge und müssen deshalb vor der Bestimmung quantitativ abgetrennt werden,

Verfahrensfehler: Salzsaure Cobalt(II)-Lsgg., die keinesfalls > 0,1 g Co enthalten dürfen, müssen durch Eindampfen vom Salzsäure-Überschuß befreit werden,

Arbeitsgeräte: 400-ml-Bechergläser (hohe Form); Rührwerk; Glasfiltertiegel 1 G 4; Wittscher Saugtopf; Heizquelle; Vakuumexsikkator; 20-ml-Pipette; Meßpipetten; Mensur.

Reagenzien: Fällungsreagenzien: NH_4SCN (p. a.), Pyridin; Waschflüssigkeit: 10%iger Alkohol (ϱ = 0,984 g/ml), der 1,5% Pyridin u. 0,1% NH_4SCN enthält; abs. Alkohol, der in 100 ml 8 ml Pyridin enthält; Ether, auf 100 ml ca. 15 Tr. Pyridin zusetzen; reiner Ether.

Arbeitsbereich: 1,0–0,1 mmol Co (58,9–5,9 mg Co).

Arbeitsvorschrift: Neutrale Analysenlsg. oder Eindampfrückstand mit W. auf ca. 75 ml verdünnen bzw. lösen, mit 0,5 g NH_4SCN versetzen u. zum Sieden erhitzen. Unter lebhaftem Rühren 5 ml Pyridin zusetzen u. langsam unter gelegentlichem Umrühren abkühlen lassen. Nach völligem Abkühlen auf Raumtemp. über Glasfiltertiegel dekantierend filtrieren, wobei die Nd.-Reste mit einem Teil des F. in den Tiegel zu bringen sind. Mit 180 ml 10%igem Alkohol, dann ein- bis zweimal mit je 1 ml abs. Alkohol u. schließlich mit 250 ml pyridinhaltigem Ether waschen. Nach Waschen der Außenwand des Tiegels mit reinem Ether 5–10 Min. lang im Exsikkator trocknen. Auswaage $m([Co(C_5H_5N)_4](SCN)_2)$ in mg.

Berechnung:

$$m(\mathrm{Co}) = [\lambda] \cdot m([\mathrm{Co}(\mathrm{C_5H_5N})_4](\mathrm{SCN})_2)$$

$$\text{Umrechnungsfaktor } [\lambda] = \frac{M(\mathrm{Co})}{M([\mathrm{Co}(\mathrm{C_5H_5N})_4](\mathrm{SCN})_2)} = 0{,}11991$$

$$(\lg [\lambda] = 0{,}07884 - 1)$$

Bestimmung von Nickel als Bis-[dimethylglyoximato]-nickel(II)

Reaktionsprinzip: Nickelionen ergeben in schwach ammoniakalischer Lösung mit Dimethylglyoxim ($H_2C_4H_6N_2O_2 = H_2dmg$) einen schwerlöslichen flockigen Niederschlag von Bis-[dimethylglyoximato]-nickel(II), der direkt zur Auswaage gebracht wird.

$$\mathrm{Ni^{2+}} + 2\,\mathrm{Hdmg^-} \rightarrow [\mathrm{Ni(Hdmg)_2}]\downarrow$$
$$58{,}69 \quad 2 \cdot 115{,}11 \quad 288{,}91$$

Fällungs- und Wägeform = $[Ni(HC_4H_6N_2O_2)_2]$. Farbe: scharlachrot.

Löslichkeit = 0,6 mg $[Ni(Hdmg)_2]$ in 100 ml heißem H_2O, <0,1 mg $[Ni(Hdmg)_2]$ in 100 ml kaltem H_2O.

$[Ni(Hdmg)_2]$ ist ein inneres Komplexsalz (s. S. 94). Die Verbindung besitzt einen sehr günstigen Umrechnungsfaktor. Sie ist löslich in Mineralsäuren, in alkoholischen Lösungen (>50%ig) und in konzentrierten ammoniakalischen Lösungen, vor allem in Gegenwart von Co^{2+}-Ionen. Mit Vorteil lassen sich Ni^{2+}-Ionen mit H_2dmg neben Zn^{2+}, Mn^{2+} und Fe^{2+} in schwach essigsaurer mit Natrium- oder Ammoniumacetat gepufferter Lösung bestimmen. Durch Zugabe von Wein- oder Citronensäure zur sauren Probelösung werden evtl. vorhandene Fe^{3+}-, Cr^{3+}- und Al^{3+}-Ionen komplex gebunden, so daß die Ni-Ausfällung im schwach ammoniakalischen Medium ohne Störung vorgenommen werden kann. Struktur der Verbindung s. S. 94.

Störende Ionen: Dimethylglyoxim ist ein spezifisches Reagenz, da es außer mit Ni^{2+} nur mit Pd^{2+} u. Au^{3+} in ammoniakalischer Lösung schwerlösliche Chelatkomplexe bildet. Bi^{3+}-Ionen werden nur in stark alkalischem Medium gefällt.

Verfahrensfehler: Durch Verwendung einer wäßrigen Natriumdimethylglyoximatlsg. an Stelle der bisher üblichen alkoholischen Reagenzlsg. werden folgende mögliche Fehler ausgeschlossen: Einmal die Löslichkeit des Ni-Nd. in Alkohol u. zum anderen das Mitfiltrieren von in W. schwerlösl. Dimethylglyoxim, das sich bei zu großem Reagenzüberschuß u. längerem Stehen oder beim Kochen der Lsg. nach der Fällung durch Verdampfen des Alkohols abscheidet. Sind größere Mengen an Fremdionen, vor allem Fe^{2+}- u. Co^{2+}-Ionen, zugegen, so muß zur Erzielung einer quantitativen Ni-Fällung mehr Reagenzlsg. als vorgeschrieben zugegeben werden, da H_2dmg mit zahlreichen Ionen, aber im Gegensatz zum Ni^{2+}, lösl. Innerkomplexsalze bildet. Es ist in diesem Falle ratsam, den $[Ni(Hdmg)_2]$-Nd. umzufällen. Eine weitere Fehlermöglichkeit in der Ni-Bestimmung ergibt sich dadurch, daß die beim Lösen einer Metallprobe entstandenen nitrosen Gase nicht vollkommen verkocht worden sind.

Arbeitsgeräte: 400-ml-Bechergläser (hohe Form); Rührwerk; Glasfiltertiegel 1 G 4; Wittscher Saugtopf; Heizquelle; Trockenschrank; 50-ml-Bürette; Pipetten; pH-Papier.

Reagenzien: Fällungsreagenz 0,1 mol/l $Na_2C_4H_6N_2O_2$ (wäss. Natriumdimethylglyoximatlsg.: 30,1 g $Na_2C_4H_6N_2O_2 \cdot 8\,H_2O$ werden in W. gelöst u. nach evtl. Filtrieren mit W. auf 1000 ml verd.; die Lsg. reagiert alkalisch.) 2 mol/l HCl; 2 mol/l CH_3COOH; 2 mol/l NaOH; 2 mol/l NH_3 u. 0,2 mol/l NH_3; zur Maskierung 1 mol/l $C_4H_6O_6$ (Weinsäurelsg.; 15 g $C_4H_6O_6$ in H_2O lösen u. auf 100 ml verdünnen).

Arbeitsbereich: 1,0–0,1 mmol Ni (58,7–5,9 mg Ni).

Arbeitsvorschrift: Entsprechend dem Arbeitsbereich 10 oder 20 ml der mineralsauren Probelsg. in Becherglas bringen, 2 ml HCl zugeben u. mit H_2O auf 200 ml verdünnen (Füllhöhe vorher mit Fettstift markieren!). 20–30 ml 0,2 mol/l NH_3 zusetzen bis pH = 3–4. Lsg. zum Sieden erhitzen, von der Heizplatte nehmen u. unter Rühren 25 ml Reagenzlsg. aus Bürette langsam einfließen lassen. Sodann mit Ammoniak tropfenweise pH = 8–9 einstellen. In bedecktem Becherglas 10 Min. lang rühren, Nd. absetzen lassen u. klare Lsg. mit 0,5 ml Reagenzlsg. auf Vollständigkeit der Füllung prüfen. Nach 30 Min. warm über Glasfiltertiegel dekantierend filtrieren, wobei Nd.-Reste mit einem Teil des F. in den Tiegel zu bringen sind. Mit 10 ml warmem u. anschließend mit 20 ml kaltem W. waschen (Pipette). Zuerst 2 Std. lang bei 110–120 °C und dann in Intervallen von 45 Min. bis zur Gewichts-Konstanz trocknen. Auswaage $m([Ni(C_4H_7N_2O_2)_2])$ in mg.

Anmerkung: Bei Anwesenheit von Fe^{3+}-, Al^{3+}- u. Cr^{3+}-Ionen mineralsaure Probelösung mit 20 ml Weinsäurelsg. versetzen u. weiter wie oben verfahren. (Tritt bei pH = 4–5 eine Fällung auf, so war die Menge an Maskierungsmittel nicht ausreichend.)

Berechnung:

$$m(\mathrm{Ni}) = [\lambda] \cdot m([\mathrm{Ni}(C_4H_7N_2O_2)_2])$$

$$\text{Umrechnungsfaktor } [\lambda] = \frac{M(\mathrm{Ni})}{M([\mathrm{Ni}(C_4H_7N_2O_2)_2])} = 0{,}20317$$

$$(\lg [\lambda] = 0{,}30785 - 1)$$

3.4. Titrimetrische Verfahren

Die Titrimetrie oder Maßanalyse wurde zuerst von *J. L. Gay-Lussac* (1788–1850) im Jahre 1830 in die analytische Chemie eingeführt. Hierunter versteht man ein quantitatives Verfahren, bei dem die Bestimmung einer unbekannten Menge eines gelösten Stoffes durch Zugabe einer geeigneten Reagenzlösung bekannten Gehaltes (Titerlösung) bis zur quantitativen Umsetzung (Reaktionsendpunkt oder Äquivalenzpunkt) erfolgt. Bei Kenntnis des chemischen Reaktionsablaufs kann aus dem Verbrauch und der Konzentration der Reagenzlösung die gesuchte Stoffmenge berechnet werden.

Gegenüber der Gravimetrie weisen die maßanalytischen Verfahren eine Reihe von Vorteilen auf. So tritt zum einen an die Stelle vieler Einzelwägungen die Volumenmessung (Bürettenablesung); die analytische Waage wird also nur noch zur Herstellung der Titerlösungen gebraucht. Zum anderen entfallen die zeitraubenden gravimetrischen Arbeitsgänge wie Filtrieren, Waschen, Trocknen und Glühen. Daher findet die Maßanalyse vor allem für Reihenuntersuchungen in der Betriebsanalyse ausgedehnte Verwendung.

Daneben darf jedoch nicht übersehen werden, daß es sich in der Titrimetrie sehr oft um nichtspezifische Reaktionen handelt. Man kann sie nur dann verwenden, wenn die qualitative Zusammensetzung des zu untersuchenden Minerals oder technischen Produktes bzw. der zu analysierenden Legierung genau bekannt ist, da die in gleicher Weise reagierenden Ionen vor der eigentlichen Bestimmung entweder durch Ausfällung, Destillation oder Komplexierung entfernt werden müssen.

3.4.1. Allgemeine Grundlagen

Die Ausführung titrimetrischer Bestimmungen ist an folgende Voraussetzungen gebunden:

a) Eindeutiger Reaktionsablauf mit schneller und quantitativer Umsetzung;
b) Herstellung von Maßlösungen mit einem über längere Zeit konstanten Titer;
c) Erkennbarkeit des Endpunktes der Titration.

Der Zusammenhang zwischen der gesuchten Masse $m(\mathrm{B})$ und dem verbrauchten Volumen V der Maßlösung kann aus den stöchiometrischen Verhältnissen der Reaktionsgleichung abgeleitet werden. Für die Umsetzung $x \cdot \mathrm{B} + y \cdot \mathrm{R} \rightleftharpoons \mathrm{B}_x\mathrm{R}_y$ mit B als Teilchen (Molekül oder Ion) des zu bestimmenden Stoffes, R als Reagenzteilchen sowie x und y als stöchiometrischen Koeffizienten ergibt sich, daß ein Teilchen B auf y/x Reagenzteilchen R kommt. Für die Stoffmengen gilt dann die Gleichung

$$n(\mathrm{B}) = \frac{x}{y} \cdot n(\mathrm{R})$$

Oft wird in der Maßanalyse nicht auf Moleküle bzw. Ionen des Reagenz bezogen, sondern auf sogenannte Äquivalent-Teilchen, gedachte Bruchteile der tatsächlich vorliegenden Moleküle bzw. Ionen. Aus einem Reagenzteilchen R werden so z^* Äquivalent-Teilchen (R/z^*), von denen jedes nur noch ein einziges ersetzbares H-Atom enthält oder bei einer Redox-Reaktion nur ein einziges Elektron abgibt bzw. aufnimmt usw. Daraus ergibt sich für die Stoffmengengleichung (vgl. S. 302)

$$n(\mathrm{B}) = \frac{1}{z^*} \cdot \frac{x}{y} \cdot n(\mathrm{R}/z^*)$$

Ersetzt man jetzt $n(\mathrm{B})$ und $n(\mathrm{R}/z^*)$ anhand der Beziehung $n(\mathrm{B}) = \frac{m(\mathrm{B})}{M(\mathrm{B})}$ bzw. $n(\mathrm{R}/z^*) = V_t \cdot c(\mathrm{R}/z^*)$ und löst nach $m(\mathrm{B})$ auf, erhält man die Grundgleichung der Maßanalyse für die Bestimmung einer unbekannten Masse $m(\mathrm{B})$:

$$m(\mathrm{B}) = \frac{1}{z^*} \cdot \frac{x}{y} M(\mathrm{B}) \cdot V_t \cdot c(\mathrm{R}/z^*) = [\lambda] \cdot V_t$$

Der Umrechnungsfaktor $[\lambda]$ setzt sich nur aus bekannten Größen zusammen:

$\frac{x}{y}$ Verhältnis der Umsetzungskoeffizienten vom gesuchten Stoff zu Reagenz,

$c(\mathrm{R}/z^*)$ Stoffmengenkonzentration der Maßlösung, bezogen auf Äquivalent-Teilchen, mmol/ml,
z^* Äquivalentzahl; Zahl der reaktionsfähigen Teile in einem Reagenzmolekül,
$M(\mathrm{B})$ molare Masse des gesuchten Stoffes, mg/mmol,
V_t verbrauchtes Volumen Maßlösung, ml.

Je nach Art der reagierenden Anteile des Reagenz sind folgende Untergruppen maßanalytischer Methoden zu unterscheiden:

Neutralisationstitrationen
(z^* = Zahl der reaktionsfähigen H^+- oder OH^--Ionen),
Redoxtitrationen
(z^* = Zahl aufgenommener oder abgegebener Elektronen),
Fällungstitrationen
(z^* = Zahl der reagierenden Verbindungsanteile),

Komplexbildungs-Titrationen
(z^* = Zahl der den Komplex bildenden Liganden).

Die auf Äquivalent-Teilchen bezogene molare Masse (Äquivalentmasse) hängt von den verschiedenen chemischen Umsetzungen und vom Reaktionstyp ab. Man erhält sie, indem man die molare Masse der ganzen Teilchen durch das sich aus der Reaktionsgleichung ergebende z^* dividiert (Tabelle XXI).

Tabelle XXI. Beispiele für maßanalytische Reaktionen

Titrations-mittel	Teilreaktion	Äquivalent-zahl z*	Äquivalent-masse in g/mol
Neutralisationstitration			
HCl	$HCl \rightarrow H^+ + Cl^-$	1	36,461
HIO_3	$HIO_3 \rightarrow H^+ + IO_3^-$	1	175,91
H_2SO_4	$H_2SO_4 \rightarrow 2\,H^+ + SO_4^{2-}$	2	49,037
H_3PO_4	$H_3PO_4 \rightarrow H^+ + H_2PO_4^-$	1	97,995
	$H_3PO_4 \rightarrow 2\,H^+ + HPO_4^{2-}$	2	48,997
NaOH	$NaOH \rightarrow Na^+ + OH^-$	1	39,997
$Ba(OH)_2$	$Ba(OH)_2 \rightarrow Ba^{2+} + 2\,OH^-$	2	85,67
Redoxtitration			
$KMnO_4$ (s.)	$\overset{+7}{Mn}O_4^- + 8\,H^+ + 5\,e \rightarrow \overset{2+}{Mn}{}^{2+} + 4\,H_2O$	5	31,607
$KMnO_4$ (alk.)	$\overset{+7}{Mn}O_4^- + 2\,H_2O + 3\,e \rightarrow \overset{+4}{Mn}O_2\downarrow + 4\,OH^-$	3	52,678*)
$K_2Cr_2O_7$ (s.)	$\overset{+6}{Cr_2}O_7^{2+} + 14\,H^+ + 6\,e \rightarrow 2\,\overset{3+}{Cr}{}^{3+} + 7\,H_2O$	6	49,031
HIO_3 (s.)	$\overset{+5}{I}O_3^- + 6\,H^+ + 6\,e \rightarrow I^- + 3\,H_2O$	6	29,318
$H_2C_2O_4$ (s.)	$\overset{+3}{C_2}O_4^{2-} \rightarrow 2\,e + 2\,\overset{+4}{C}O_2$	2	45,018
KI (s.)	$\overset{-1}{I^-} \rightarrow e + \overset{0}{I}$	1	166,003
Fällungstitration			
$AgNO_3$	$Ag^+ + Cl^- \rightarrow AgCl\downarrow$	1	169,873
Komplexbildungs-Titration			
$AgNO_3$	$Ag^+ + 2\,CN^- \rightarrow [Ag(CN)_2]^-$	2	84,936

(s.) = in saurer Lsg.; (alk.) = in schwach alkalischer Lsg;
*) = nicht gebräuchlich

Wie aus obiger Tabelle hervorgeht, ergeben sich für dieselbe Verbindung, z. B. das Kaliumpermanganat, verschiedene Äquivalentmassen. Jedes Manganatom darin vermag in saurer Lösung 5 und in schwach alkalischer Lösung 3 Elektronen aufzunehmen. Für eine Lösung mit c(Äquivalent-Teilchen) = 0,1 mol/l benötigt man

im ersten Fall: $M(KMnO_4/z^*) \cdot c(KMnO_4/z^*) = 31{,}6$ g/mol · 0,1 mol/l $= 3{,}16$ g/l,

im zweiten Fall: $M(KMnO_4/z^*) \cdot c(KMnO_4/z^*) = 52{,}7$ g/mol · 0,1 mol/l $= 5{,}27$ g/l.

Als weiteres Beispiel sei die Iodsäure HIO_3 angeführt. Als Säure ist wegen $z^* = 1$ ihre Äquivalentmasse $M(HIO_3) = 175{,}91$ g/mol. Dagegen als Oxidationsmittel – Aufnahme von 6 Elektronen, d. h. $z^* = 6$ – resultiert eine Äquivalentmasse $M(HIO_3/6) = 29{,}318$ g/mol. Die Verwendung von Maßlösungen mit auf Äquivalent-Teilchen bezogenen Konzentrationen hat den Vorteil, daß alle gleichkonzentrierten Lösungen bei gleicher Umsetzungsart einander äquivalent sind. So entsprechen z. B. einander gleiche Volumina von Lösungen mit $c(KMnO_4/5) = 0{,}1$ mol/l und $c(K_2Cr_2O_7/6) =$

0,1 mol/l. 1 ml dieser Maßlösungen kann jeweils 0,1 mmol Elektronen aufnehmen. Äquivalenz besteht auch zu Oxalsäurelösung mit $c(H_2C_2O_4/2) = 0{,}1$ mol/l, so daß bei Mischung gleicher Volumina völliger Umsatz stattfindet.

Es sei hier erwähnt, daß außer den stoffmengenbezogenen Lösungen in den Industrielaboratorien für Reihenuntersuchungen sehr oft „empirische“ Standardlösungen benutzt werden. Diese Lösungen sind so hergestellt, daß die bei der Titration verbrauchten Milliliter den gesuchten Wert direkt in Milligramm oder in Prozenten angeben.

Weitere Einzelheiten zu den Titrationsarten bringen die Vorbemerkungen zu den folgenden Arbeitsvorschriften.

Die Herstellung der Maßlösungen kann nach 2 Methoden erfolgen, und zwar direkt oder indirekt.

Bei der direkten Methode wird von einer Substanz hoher Reinheit genau die Masse entsprechend $\frac{k}{z^*}$ mol Reagenz B eingewogen, (k = 1 oder 0,1 usw.), in einen 1000-ml-Meßkolben gegeben, gelöst und die Lösung bei 20 °C zur Marke aufgefüllt. Man beachte hierbei unbedingt die Hinweise in Kap. 3.2.2. zum Gebrauch der Meßgefäße.

Die gewöhnlich benutzte indirekte Methode besteht darin, die erforderliche Masse nur ungefähr, aber unter Berücksichtigung des erfahrungsgemäß vorliegenden Gehalts an wirksamem Reagenz abzuwägen und in einem bestimmten Volumen Wasser zu lösen. Da die Konzentration der erhaltenen Maßlösung die erstrebte nur angenähert erreicht, muß durch eine Titration eine exakte Konzentrationsbestimmung – die „Titerstellung“ – vorgenommen werden. Hierzu benutzt man entweder als Titranten eine Lösung mit bekanntem Gehalt oder, wenn solche nicht zur Verfügung steht, die sog. „Urtiter“-Substanzen. Als Urtiter kommen nur Substanzen in Frage, die folgende Eigenschaften aufweisen:

a) Sie müssen absolut rein und definiert zusammengesetzt sein.
b) Sie müssen unbegrenzt haltbar und gegenüber der Atmosphäre indifferent, d. h. nicht hygroskopisch, nicht durch CO_2 veränderlich, nicht oxidierbar sein.
c) Sie müssen mit der Maßlösung rasch und einheitlich reagieren.
d) Sie müssen eine hohe Äquivalentmasse (auf Äquivalent-Teilchen bezogene molare Masse) haben, damit der Wägefehler klein bleibt.
e) Sie müssen bei Verwendung als Maßlösung längere Zeit titerbeständig sein.

Näheres über die in der Maßanalyse gebräuchlichen Urtitersubstanzen und ihre Anwendungen wird in den speziellen Abschnitten berichtet.

Um das etwas umständliche Verfahren des Herstellens von Maßlösungen mit glattem Konzentrationswert zu vermeiden, werden in der Praxis vielfach Lösungen verwendet, deren erstrebte Konzentration nur angenähert erreicht ist. In solchen Fällen wird die Abweichung rechnerisch berücksichtigt, und zwar entweder durch eine entsprechende Angabe der Konzentration – z. B. 0,1021 mol/l – oder durch einen besonderen Korrekturfaktor f_n. Dieser Faktor – auch als „Normierfaktor“ der Maßlösung bezeichnet – stellt die Zahl dar, mit dem das bei der Titration verbrauchte Volumen V der verwendeten Maßlösung multipliziert werden muß, um das normierte Volumen V_n zu erhalten, das bei Verwendung einer Maßlösung mit glattem Konzentrationswert benötigt worden wäre (theoretisches Volumen).

$$V \cdot f_n = V_n \quad \text{bzw.} \quad f_n = \frac{V_n}{V}$$

Beispiel: Es seien $V = 20{,}43$ ml einer ungefähr 0,1 mol/l enthaltenden Maßlösung mit einem Faktor $f_n = 1{,}021$ verbraucht worden. Die für dieselbe Titration notwendigen Milliliter einer Maßlösung mit genau 0,1000 mol/l berechnen sich danach zu $V_n = 20{,}43 \cdot 1{,}021 = 20{,}86$ ml.

$$f_n = \frac{0{,}1021}{0{,}1000}$$

Unter den Namen „Titrisol", „Fixanal" usw. sind fertig abgepackte Reagenzmengen auch zu kaufen. Es handelt sich hierbei um Ampullen aus Glas oder Kunststoff, die eine der Äquivalentmasse entsprechende Menge an wirksamer Substanz fest oder als konzentrierte Lösung enthalten. Man öffnet die Ampulle, spült den Inhalt direkt in einen Meßkolben und verdünnt sodann zu einem Liter. Die an Hand der jeweiligen Gebrauchsanweisung dargestellten Lösungen haben den Faktor f_n = 1,000 (s. aber S. 287)

Die Maßlösungen werden in Standflaschen aus Glas oder Kunststoff von 1 oder 5 Liter Inhalt gut verschlossen und bei möglichst gleichbleibender Temperatur aufbewahrt. Auf dem Schild der Vorratsflasche ist zu vermerken: Art der Maßlösung, genaue Konzentration oder Faktor der Lösung und Datum der letzten Titerstellung.

Der gesuchte Endpunkt einer Titration ist durch den Äquivalenzpunkt gegeben, bei dem für x Mol B genau y Mol R des Reagenzes in Form der Maßlösung zugesetzt werden. Die richtige Erkennung (Indikation) dieses Punktes ist notwendig, da die Grundformel der Titrimetrie nur für den Äquivalenzpunkt streng gilt. Die Erkennung des Endpunktes gelingt durch Beobachtung charakteristischer Änderungen der Lösungseigenschaften. Außer Farbumschlägen von Farbstoffen, Klarpunkten von Fällungen werden hierzu auch Änderungen des Potentials, der Leitfähigkeit und der optischen Durchlässigkeit herangezogen. Wegen der einfachen und schnellen Handhabung nehmen die Farbindikatoren nach wie vor eine bevorzugte Stellung in der Maßanalyse ein. In Sonderfällen, wie bei Lösungen mit starker Eigenfärbung, müssen sie naturgemäß versagen und durch elektrochemische Indikationen ersetzt werden, die im Kapitel „Elektroanalytische Verfahren" eingehender behandelt sind. Als Farbindikatoren sind Stoffe geeignet, die entweder mit noch nicht umgesetzten Teilen des zu bestimmenden Stoffes B oder mit sehr geringen Reagenzüberschüssen reagieren. Die Farbe der Reaktionsprodukte muß sich eindeutig vom freien Farbstoff unterscheiden. Neben Titrationsgleichgewichten liegen in den Lösungen zusätzlich Farbstoffgleichgewichte vor, die sich auf Grund des Massenwirkungsgesetzes stark beeinflussen. Nur bei kleinen Farbstoffkonzentrationen und dennoch scharfem Umschlag sowie Titrationsreaktionen mit praktisch vollständigem Umsatz fallen Äquivalenz- und Umschlagspunkt tatsächlich zusammen. Jeder größere Unterschied zwischen diesen beiden Punkten wirkt sich zwangsläufig als ein verfahrensbedingter systematischer Fehler aus.

Für die praktische Durchführung einer Titration benötigt man neben den in Kap. 3.2.2. bereits ausführlich beschriebenen Fein-Meßgefäßen (Meßkolben, Vollpipetten und Büretten) noch Weithals-Erlenmeyer-Kolben (Titrierbecher) oder hohe Bechergläser.

Die zu bestimmende Lösung wird in einem Meßkolben (in der Regel 100 ml Inhalt) mit Wasser genau bis zur Marke aufgefüllt und gut durchgemischt. Von dieser Lösung wird mit einer Pipette ein aliquoter Teil (meistens 20 oder 25 ml) entnommen und in einen Weithals-Erlenmeyer-Kolben von 200 oder 250 ml Fassungsvermögen gebracht.

Vor Beginn der Titration sind die Bedingungen der jeweiligen Arbeitsvorschrift wie pH-Wert, Reagenz- und Indikatorzusätze, Oxidationsstufe des zu titrierenden Ions und Ausgangsvolumen genau einzustellen und zu kontrollieren. Nach Einstellen und Ablesen des Bürettenstandes (Nullmarke) beginnt die Titration mit einem stetig schnellen Eintropfen der Maßlösung, wobei der Kolben zur guten Durchmischung laufend geschwenkt wird. Gegen Ende der Titration, das sich zumeist durch eine Farbverschiebung oder Zwischenfarbe ankündigt, wird langsam Tropfen für Tropfen titriert. Nach eben erfolgtem Umschlag liest man den Bürettenstand nach einer Wartezeit von 1 Minute ab. Zur einwandfreien Erkennung der Farbnuancen sollte auf einer weißen Unterlage (Kachel, Filterpapier) in heller diffuser Beleuchtung evtl. gegen eine Vergleichslösung titriert werden. Häufig ist es angebracht, den Flüssigkeitsstand bereits kurz vor dem Endpunkt abzulesen, um auch im Fall eines evtl. Übertitrierens noch ein Ergebnis zu erhalten.

Diese Titrierart wird als „Direkte Titration" bezeichnet. Bei der sog. „Rücktitration" dagegen wird ein abgemessener Überschuß an Maßlösung in die zu titrierende Lösung gegeben und dann mittels einer zweiten Maßlösung der nicht verbrauchte Anteil der ersten Maßlösung titrimetrisch erfaßt. Mitunter ist es auch zweckmäßig, die zu bestimmende Lösung in die Bürette zu geben und sie in ein vorgelegtes, abgemessenes Volumen der Maßflüssigkeit bis zum Endpunkt einfließen zu lassen. Man spricht dann von einer „Umgekehrten Titration".

Die zufälligen Fehler (Reproduzierbarkeiten) von Titrationen werden bei scharfen Umschlägen praktisch allein von der Tropfengröße bestimmt, die bei einwandfreien Bürettenspitzen 0,02–0,04 ml betragen soll. Bei schleppenden Umschlägen kann der Endpunkt nur innerhalb einiger Tropfen erkannt werden, wodurch die zufälligen Fehler um ein Mehrfaches anwachsen.

Bei den systematischen Fehlern, die sich entscheidend auf die numerische Richtigkeit des Endergebnisses auswirken, sind arbeitsbedingte und verfahrensbedingte Fehler zu unterscheiden. Die arbeitsbedingten Abweichungen können durch einen Faktor F (relativ) und einen Blindverbrauch V_b korrigiert werden. Die aus mehreren, mindestens aber 4 Titerstellungen und 4 Blindanalysen erhaltenen Mittelwerte $\bar{V}_x$ bzw. $\bar{V}_b$ gestatten die Errechnung des „wahren" Verbrauches V nach:

$$V = \mathrm{F}(\bar{V}_x - \bar{V}_b)\ \mathrm{ml}$$

Bei den Blindanalysen werden alle verwendeten Reagenzien vorgelegt und die Lösungen bis zum Auftreten der Umschlagsfarbe titriert. Ein typisches Beispiel findet man bei Titrationen mit Permanganat, dessen violettrote Eigenfarbe als Indikator dient. Der unvermeidliche Mehrverbrauch bis zum Erkennen einer Rosafärbung ist vom Titrationsvolumen und von der Konzentration der Maßlösung abhängig. In vielen anderen Fällen wird ein Blindverbrauch durch Verunreinigung der Reagenzien mit dem zu bestimmenden Stoff verursacht.

Die Titerstellung kann man sich bei Verwendung käuflicher Reagenz-Ampullen zum Ansatz der Maßlösungen zwar ersparen, doch garantiert der Hersteller nur eine Titerkonstanz auf 0,2%. Auch bei sorgfältigem Arbeiten liegt damit der Faktor im Bereich von 0,998 bis 1,002.

Die durch gegenseitige Beeinflussung von Titrations- und Farbstoffgleichgewichten verursachten systematischen Fehler sind verfahrensbedingt. Sie können ähnlich wie in der Gravimetrie durch Modellanalysen ermittelt und als Korrekturgrößen berücksichtigt werden.

3.4.2. Neutralisationsverfahren

z^*: Zahl d. reaktionsfähigen H^+ bzw OH^- Ionen

Unter der Neutralisationsanalyse versteht man die maßanalytische Bestimmung basisch reagierender Substanzen mit Säuren (Acidimetrie) bzw. sauer reagierender Substanzen mit Basen (Alkalimetrie). Die allen diesen Umsetzungen zugrunde liegende Reaktion ist der mit großer Geschwindigkeit erfolgende Zusammentritt von hydratisierten Protonen mit Hydroxylionen zu kaum dissoziiertem Wasser (Neutralisation).

$$H^+ + OH^- \rightleftharpoons H_2O$$

Die Grundlagen der Neutralisation sind bereits in den Abschnitten: Ionenlehre, Ionenprodukt des Wassers, pH-Wert und Pufferung besprochen worden.

3.4.2.1. Grundlagen

Grundsätzlich lassen sich nach dem Neutralisationsverfahren alle Stoffe titrieren, die in wäßriger Lösung eine merkliche Abweichung vom Neutralpunkt pH = 7 des reinen Wassers verursachen. Praktisch ist eine Titration aber nur für Ausgangslösungen mit pH $\leqq$ 4 bzw. pH $\geqq$ 10 möglich, was Dissoziationskonstanten von $K \geqq 10^{-8}\ \mathrm{mol \cdot l^{-1}}$ voraussetzt. Danach können also alle freien starken Säuren und Basen ohne weiteres titriert werden. Durch Umtausch an einem Ionenaustauscher lassen sich durch Salze äquivalente Mengen H^+- oder OH^--Ionen in Freiheit setzen. Titrierbar sind auch Salze schwacher Säuren mit starken Basen (Na_2CO_3; $Na_2B_4O_7$)

oder Salze schwacher Basen mit starken Säuren ($ZnCl_2$; $AlCl_3$), deren Lösungen durch Hydrolyse eine stark alkalische bzw. stark saure Reaktion zeigen (Verdrängungstitration).

Titrationskurven

Die Vorgänge der Neutralisation seien am Beispiel der Titration von 100 ml 0,01 mol/l HCl mit 1 mol/l NaOH bei 20 °C näher erläutert. Bei diesem Modellversuch wird angenommen, daß sich das Ausgangsvolumen nicht ändert, was bei Verwendung von 1 mol/l NaOH annähernd der Fall ist, und daß die starke Säure bzw. Base als 100%ig dissoziiert anzusehen ist. In der Tab. XXII sind die jeweilig zugegebene Laugenmenge im Vergleich mit der vorgelegten Säure, die Wasserstoffionen- und Hydroxylionenkonzentration in mol · l^{-1} sowie der pH-Wert der Lösung angegeben.

Tabelle XXII.

Neutralisation von 100 ml 0,01 mol/l HCl mit 1 mol/l NaOH

1 mol/l NaOH ml	neutralisiert %	$c(H^+)$ in mol/l	$c(OH^-)$ in mol/l	pH
0,000	0,0	10^{-2}	10^{-12}	2
0,900	90,0	10^{-3}	10^{-11}	3
0,990	99,0	10^{-4}	10^{-10}	4
0,999	99,9	10^{-5}	10^{-9}	5
1,000	100,0	10^{-7}	10^{-7}	7
1,001	(100,1)	10^{-9}	10^{-5}	9
1,010	(101,0)	10^{-10}	10^{-4}	10
1,100	(110,0)	10^{-11}	10^{-3}	11

Zur graphischen Darstellung dieser Werte trägt man auf der Ordinate die pH-Werte und auf der Abszisse die zugesetzten ml der Natronlauge auf (Abb. 37.).

Man erhält einen für alle Titrationen typischen Kurvenzug, in diesem Falle eine Neutralisationskurve. Während der pH-Wert bei Laugezusatz anfangs nur sehr langsam zunimmt, ändert er sich in der Nähe des Äquivalenzpunktes sprunghaft um mehrere Einheiten, um danach nur noch langsam anzusteigen. Am Wendepunkt der Kurve, wo ein sehr geringer Hydroxylionenzusatz eine beträchtliche Änderung des pH-Wertes bewirkt, liegt der Äquivalenzpunkt, bei dem sich die zur Neutralisation der Säure erforderliche äquivalente Menge Lauge umgesetzt hat. Man bezeichnet den pH-Wert des Äquivalenzpunktes auch als Titrierexponenten und gibt ihm das Symbol pT.

Als Beispiel der Neutralisation einer schwachen Säure wird die Neutralisationskurve für die Titration von 0,1 mol/l CH_3COOH mit 10 mol/l NaOH bei 20 °C berechnet. Dazu müssen die pH-Werte der 0,1 mol/l CH_3COOH, verschiedener Puffergemische aus Essigsäure und Natrium-

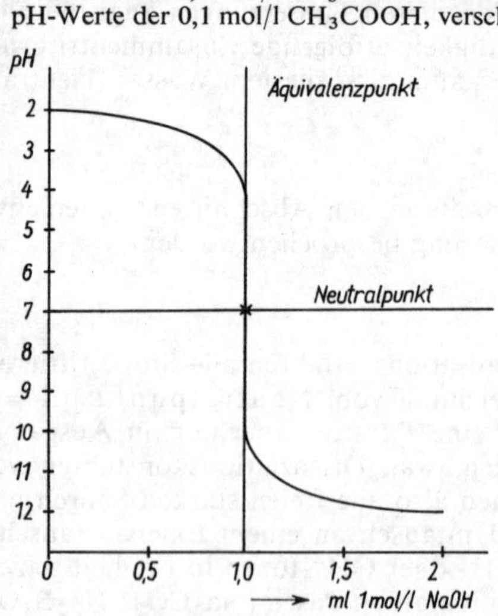

Abb. 37.
Neutralisationskurve einer starken Säure mit einer starken Base

acetat, wie sie bei der Neutralisation gebildet werden, und von 0,1 mol/l $NaCH_3COO$, das am Äquivalenzpunkt vorliegt und der Hydrolyse unterliegt, bestimmt werden.

Die Dissoziation einer schwachen Säure HA bzw. schwachen Base MOH

$$HA \rightleftharpoons H^+ + A^- \quad \text{bzw.} \quad MOH \rightleftharpoons M^+ + OH^-$$

wird quantitativ durch das MWG beschrieben:

$$\frac{c(H^+) \cdot c(A^-)}{c(HA)} = K_{HA} \quad \text{bzw.} \quad \frac{c(M^+) \cdot c(OH^-)}{c(MOH)} = K_{MOH}$$

Für 0,1 mol/l CH_3COOH, $K_{HA} = 1{,}76 \cdot 10^{-5}$ mol · l^{-1} (vgl. S. 41), kann man wegen ihrer geringen Dissoziation vereinfachend annehmen, daß sie insgesamt undissoziiert vorliegt, so daß $c(HA) = 0{,}1$ mol/l ist. Weiterhin folgt aus der obigen Dissoziationsgleichung, daß $c(H^+) = c(CH_3COO^-)$ ist. Der Ausdruck des MWG lautet also:

$$\frac{c^2(H^+)}{0{,}1 \text{ mol} \cdot \text{l}^{-1}} = 1{,}76 \cdot 10^{-5} \text{ mol} \cdot \text{l}^{-1}$$

oder

$$c(H^+) = \sqrt{1{,}76 \cdot 10^{-6} \text{ mol}^2 \cdot \text{l}^{-2}} = 1{,}33 \cdot 10^{-3} \text{ mol} \cdot \text{l}^{-1}$$

$$\begin{aligned} -\log c(H^+) = \text{pH} &= -(\log 1{,}33 - 3 \log 10) \\ &= 3 - \log 1{,}33 \\ &= 3 - 0{,}12 = 2{,}88 \end{aligned}$$

Sind z. B. 10% neutralisiert, dann sinkt die Konzentration $c(CH_3COOH)$ von 0,1 mol/l auf 0,09 mol/l, dafür steigt die Acetationenkonzentration auf $c(CH_3COO^-) = 0{,}01$ mol/l.

Der Ausdruck des MWG lautet dann:

$$\frac{c(H^+)\, 0{,}01 \text{ mol} \cdot \text{l}^{-1}}{0{,}09 \text{ mol} \cdot \text{l}^{-1}} = 1{,}76 \cdot 10^{-5} \text{ mol} \cdot \text{l}^{-1} \quad \text{oder}$$

$$c(H^+) = 9 \cdot 1{,}76 \cdot 10^{-5} \text{ mol} \cdot \text{l}^{-1} = 1{,}58 \cdot 10^{-4} \text{ mol} \cdot \text{l}^{-1}$$

$$\text{pH} \quad = 3{,}80$$

Analog berechnet man die weiteren Punkte der Neutralisationskurve. Bei 100%iger Neutralisation liegt reine Natriumacetatlösung vor, die infolge der Hydrolyse alkalisch reagiert, d. h., der pT-Wert liegt über pH = 7.

Allgemein reagieren Anionen schwacher Säuren A^- bzw. Kationen schwacher Basen B^+ mit Wasser nach folgender Gleichung:

$$A^- + H_2O \rightleftharpoons OH^- + HA \quad \text{bzw.}$$

$$M^+ + H_2O \rightleftharpoons H^+ + MOH$$

Im Hydrolysengleichgewicht des Salzes einer schwachen Säure mit einer starken Base muß die aus dem Ionenprodukt des Wassers (s. S. 43) folgende Wasserstoffionenkonzentration

$$c(H^+) = \frac{K_w}{c(OH)^-}$$

gleich derjenigen aus dem Gleichgewicht der schwachen Säure sein:

$$c(H^+) = \frac{K_{HA} c(HA)}{c(A^-)}$$

also

$$\frac{K_w}{c(OH^-)} = K_{HA} \frac{c(HA)}{c(A^-)} \quad \text{bzw.} \quad c(OH^-) \cdot c(HA) = \frac{K_w}{K_{HA}} c(A^-)$$

Bei der Reaktion des A^- mit Wasser werden nach der Hydrolysengleichung die gleichen Mengen OH^- und HA gebildet: $c(OH^-) = c(HA)$. Nimmt man vereinfachend weiterhin an, daß die Menge der zu HA umgesetzten Säureanionen A^- klein ist, praktisch also die Konzentration des $c(A^-)$ gleich der Gesamtkonzentration C des Salzes ist, dann gilt

$$c^2(OH^-) = \frac{K_w}{K_{HA}} \cdot C \quad \text{oder} \quad c(OH^-) = \sqrt{\frac{K_w}{K_{HA}} \cdot C}$$

In völlig analoger Weise läßt sich die Wasserstoffionenkonzentration für die Hydrolyse der Salze schwacher Basen mit starken Säuren berechnen:

$$c(H^+) = \sqrt{\frac{K_w}{K_{MOH}} \cdot C}$$

Für Salze schwacher Säuren mit schwachen Basen ergibt sich:

$$c(H^+) = \sqrt{\frac{K_W \cdot K_{HA}}{K_{MOH}}}$$

Für das Beispiel der Natriumacetatlösung mit $c(NaCH_3COO) = 0{,}1$ mol/l gilt:

$$c(OH^-) = \sqrt{\frac{10^{-14}}{1{,}76 \cdot 10^{-5}} \cdot 0{,}1 \text{ mol}^2 \cdot l^{-2}} = 7{,}54 \cdot 10^{-6} \text{ mol} \cdot l^{-1} = 10^{-5{,}12} \text{ mol} \cdot l^{-1}$$

$$c(OH^-) \cdot c(H^+) = 10^{-14} \text{ mol}^2 \cdot l^{-2} \quad \text{also}$$

$$c(H^+) = \frac{10^{-14} \text{ mol}^2 \cdot l^{-2}}{10^{-5{,}12} \text{ mol} \cdot l^{-1}} = 10^{-8{,}88} \text{ mol} \cdot l^{-1}$$

$$-\log c(H^+) = pT = 8{,}88$$

Der Äquivalenzpunkt der Titration liegt bei pT = 8,88.

Tabelle XXIII gibt eine Zusammenstellung der berechneten Werte bei der Neutralisation von 0,1 mol/l CH_3COOH mit 10 mol/l NaOH.

Tabelle XXIII.
Neutralisation von 100 ml 0,1 mol/l CH_3COOH mit 10 mol/l NaOH

10 mol/l NaOH ml	neutralisiert %	$c(H^+)$ in mol/l	$c(OH^-)$ in mol/l	pH
0,000	0,0	$1{,}32 \; 10^{-3}$	$7{,}58 \; 10^{-12}$	2,88
0,100	10,0	$1{,}60 \; 10^{-4}$	$6{,}25 \; 10^{-11}$	3,80
0,500	50,0	$1{,}78 \; 10^{-5}$	$5{,}62 \; 10^{-10}$	4,75
0,900	90,0	$1{,}98 \; 10^{-6}$	$5{,}05 \; 10^{-9}$	5,70
0,990	99,0	$1{,}80 \; 10^{-7}$	$5{,}56 \; 10^{-8}$	6,75
0,998	99,8	$3{,}56 \; 10^{-8}$	$2{,}81 \; 10^{-7}$	7,45
0,999	99,9	$1{,}78 \; 10^{-8}$	$5{,}62 \; 10^{-7}$	7,75
1,000	100,0	$1{,}35 \; 10^{-9}$	$7{,}48 \; 10^{-6}$	8,88
1,001	(100,1)	$1{,}01 \; 10^{-10}$	$9{,}90 \; 10^{-5}$	10,0
1,002	(100,2)	$5{,}01 \; 10^{-11}$	$1{,}99 \; 10^{-4}$	10,3
1,010	(101,0)	$1{,}01 \; 10^{-11}$	$9{,}90 \; 10^{-4}$	11,0

Die Abb. 38. zeigt zunächst ein stärkeres Absinken der Wasserstoffionenkonzentration. Die Erklärung hierfür liegt darin, daß durch die Neutralisation der Essigsäure mit Natronlauge Natriumacetat gebildet wird, welches infolge Pufferwirkung die an und für sich schon geringe Wasserstoffionenkonzentration der schwachen Essigsäure stark vermindert (s. S. 64). Das anschließende Kurvenstück entspricht wiederum der zunächst langsamen, dann sehr schnellen sprunghaften Änderung der Wasserstoffionenkonzentration, wie sie bereits bei der Titration einer starken Säure mit einer starken Lauge besprochen wurde.

Der Äquivalenzpunkt der Neutralisationskurve liegt nach dem alkalischen Gebiet hin verschoben. Diese Verschiebung ist um so größer und der pH-Sprung um so kleiner, je schwächer

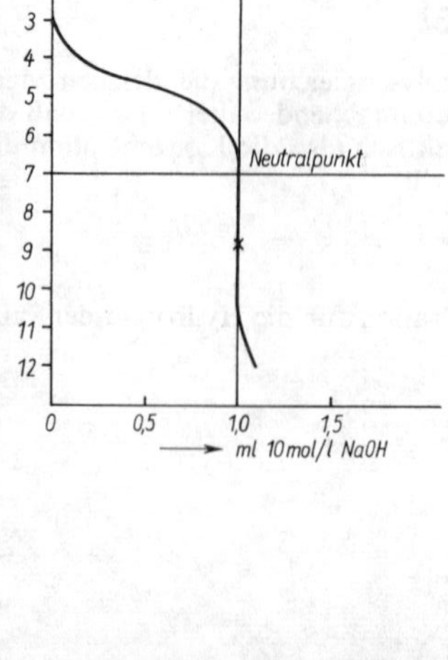

Abb. 38.
Neutralisationskurve einer schwachen Säure mit einer starken Base

die vorgelegte Säure ist. Entsprechendes gilt für die Titration schwacher Basen mit starken Säuren, wo der Äquivalenzpunkt bei pH-Werten < 7 liegt. Die Lage und Schärfe des Äquivalenzpunktes hängt also von der Dissoziationskonstanten und der Konzentration der zu titrierenden schwachen Säure oder Base ab. Er liegt bei dem pH-Wert, den die gleichkonzentrierte Lösung des bei der Neutralisation gebildeten Salzes in wäßriger Lösung zeigt.

Bei Säuren mit mehreren dissoziationsfähigen H-Atomen (mehrbasig) oder entsprechenden Basen (mehrsäurig) existieren mehrere Äquivalenzpunkte, die man einzeln titrimetrisch erfassen kann, wenn sich die Dissoziationskonstanten der Stufen um mehr als 4 Zehnerpotenzen unterscheiden und geeignete Indikatoren vorhanden sind. Als ein typisches Beispiel sei H_3PO_4 angeführt, die mit

$K_1 = 7{,}4 \cdot 10^{-3}\ \text{mol} \cdot l^{-1}$; $K_2 = 6{,}3 \cdot 10^{-8}\ \text{mol} \cdot l^{-1}$; $K_3 = 4{,}4 \cdot 10^{-13}\ \text{mol} \cdot l^{-1}$

gut titrierbare Äquivalenzpunkte bei pT = 4,6 und 9,4 liefert, wenn man eine 0,01 mol/l H_3PO_4 vorlegt.

Der hier an einigen Beispielen näher gezeigte Kurvenverlauf ist nicht nur für die Neutralisationsanalyse, sondern auch für alle übrigen Titrationen charakteristisch. In jedem Falle hat man den negativen dekadischen Logarithmus der sich am Äquivalenzpunkt stark ändernden Konzentrationen eines Ions gegen die zugesetzte Menge einer geeigneten Maßlösung aufzutragen. Bei den Neutralisationsanalysen ist die Wasserstoffionenkonzentration maßgebend, und es wird der pH-Wert aufgetragen. In der Komplexometrie und bei den Fällungstitrationen bestimmt die Metallionenkonzentration den Kurvenverlauf; man trägt den pM-Wert auf, der in diesen Fällen aus dem Dissoziationsgleichgewicht der Chelatbildung bzw. aus dem Löslichkeitsprodukt berechnet wird (s. S. 68).

Indikatoren

Die Ermittlung des Äquivalenzpunktes einer Neutralisationsanalyse ist gleichbedeutend mit der möglichst genauen Bestimmung eines pH-Bereiches. Dazu eignen sich Farbindikatoren. Das sind organische Farbstoffe, die den Charakter schwacher Säuren, HR, oder schwacher Basen, ROH, besitzen und die im undissoziierten Zustand eine andere Farbe und Konstitution haben als in Ionenform.

Die Farbänderungen werden durch tautomere Umlagerungen im Indikatormolekül bewirkt, deren verwickelter Reaktionsmechanismus häufig noch nicht völlig geklärt ist. Nach den Anschauungen von *Wilhelm Ostwald* gilt für Indikatorsäuren bzw. Indikatorbasen das Dissoziationsschema:

$HR \rightleftharpoons H^+ + R^-$ bzw. $ROH \rightleftharpoons R^+ + OH^-$

Der Farbumschlag eines Indikators sei als Beispiel an der übersichtlichen Reaktion des Methylorange, des Natriumsalzes der p-Dimethylaminoazobenzolsulfonsäure, gezeigt:

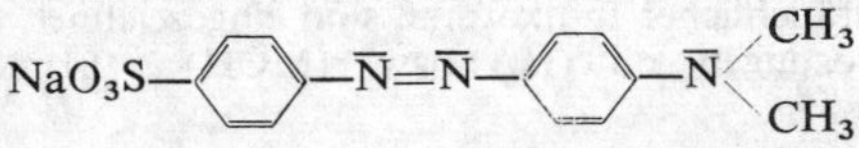

In wäßriger Lösung besteht folgendes von der Wasserstoffionenkonzentration abhängige Gleichgewicht:

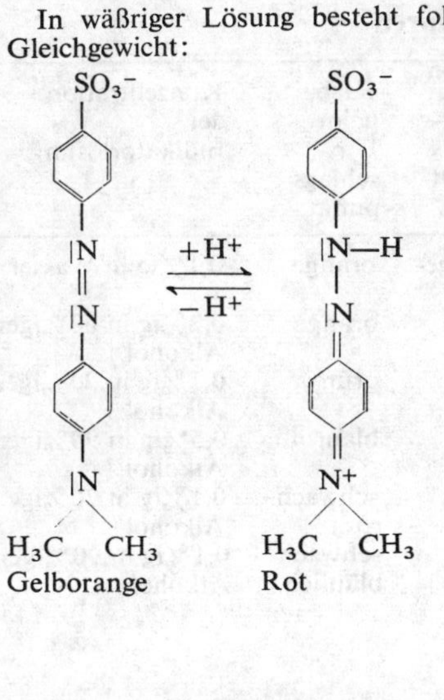

Bei steigender Wasserstoffionenkonzentration lagern sich Protonen an die Azogruppen an. Dabei geht ein Benzolring in eine chinoide Form über, und die Dimethylaminogruppe nimmt den Charakter eines Ammoniumderivates an. Bei dieser Umwandlung ändert sich die Farbe des Indikators von gelborange in rot.

Ohne die komplizierten Veränderungen, die bei der Umwandlung des Indikators vor sich gehen, im einzelnen zu kennen, kann man z. B. die Abhängigkeit des Dissoziationsgleichgewichtes einer Indikatorsäure von der Wasserstoffionenkonzentration quantitativ durch das MWG beschreiben:

$$\frac{c(H^+) \cdot c(R^-)}{c(HR)} = K_{HR}$$

Der Umschlagspunkt pT liegt bei demjenigen pH-Wert, für den die Konzentration des gefärbten Indikatorions R^- ebensogroß ist wie die Konzentration des andersgefärbten oder gelegentlich auch ungefärbten, nichtdissoziierten Indikators HR. Es ist also:

$$\frac{K_{HR} \cdot c(HR)}{c(R^-) \cdot c(H^+)} = 1$$

Für den Umschlagspunkt gilt also $c(H^+) = K_{HR}$ oder

$$pT = -\log K_{HR}$$

d. h., die Wasserstoffionenkonzentration des Umschlagspunktes hat denselben Wert wie die Gleichgewichtskonstante K_{HR}. Das menschliche Auge vermag die 1 : 1-Mischung der Farbkomponenten nur selten scharf zu erkennen, wohl aber sind Abweichungen von den reinen Grundfarben, bei Verhältnissen von etwa $c(HR) : c(R^-) = 9 : 1$ bzw. 1 : 9, wahrnehmbar. Das pH-Gebiet der Mischfarben wird mit Umschlagsbereich bezeichnet und erstreckt sich über 1–2 pH-Einheiten. Innerhalb des Bereiches liegen bestimmte Zwischenfarbtöne, bei denen eine optimale Farbänderung durch Zugaben kleiner Mengen an Maßlösung eintritt. Dieser praktisch wichtige „visuelle Umschlagspunkt" kann auf weniger als 0,2 pH-Einheiten reproduziert werden, wenn man gegen entsprechenden Farbvergleich oder mit einfarbigen Indikatoren titriert. Theoretischer und visueller Umschlagspunkt stimmen nur in Sonderfällen überein, da der optische Eindruck durch verschiedene Intensitäten der Grenzfarben und der Augenempfindlichkeiten beeinflußt wird.

Für ein Neutralisationssystem ist also der Indikator so auszuwählen, daß dessen Umschlagspunkt bei dem gleichen pH-Wert liegt wie der Äquivalenzpunkt. Für die Praxis genügt es, wenn der Äquivalenzpunkt innerhalb des Umschlagsbereichs liegt.

In Abb. 39 sind Neutralisationskurven von 0,1 mol/l HCl als einer starken Säure und von einigen schwachen Säuren mit 1 mol/l NaOH, in Abb. 40 entsprechend die Kurven für die Neutralisation von 0,1 mol/l NaOH als einer starken Base und von einigen schwachen Basen mit 1 mol/l HCl dargestellt. Die Dissoziationskonstanten für die schwachen Säuren K_S und für die schwachen Basen K_B sind angegeben, die Äquivalenzpunkte durch Kreuzchen am pH-Sprung markiert, und die Umschlagsbereiche einiger gebräuchlicher Indikatoren sind eingezeichnet. Bei Titrationen starker Säuren oder Basen mit Maßlösungen von $c(HA)$ bzw. $c(MOH) \geqq 0{,}1$ mol/l

Tabelle XXIV. Merkmale einiger Säure-Base-Indikatoren

Indikator	pH des Umschlagsbereichs	pT-Wert	Farbe im sauren Gebiet	Farbe im alkalischen Gebiet	Farbe beim Umschlagspunkt	Konzentration der Indikatorlösung
Methylorange	3,1– 4,4	4,0	rot	orangegelb	orange	0,1%ig in Wasser
Methylrot	4,2– 6,3	5,8	rot	gelb	orange	0,2%ig in 60%igem Alkohol
Bromthymolblau	6,0– 7,6	7,1	gelb	blau	grün	0,1%ig in 20%igem Alkohol
Lackmus	5,0– 8,0	6,8	rot	blau	blaurot	0,5%ig in 90%igem Alkohol
Phenolphthalein	8,2–10,0	8,4	farblos	rot	schwach rosa	0,1%ig in 70%igem Alkohol
Thymolphthalein	9,3–10,6	10,0	farblos	blau	schwach bläulich	0,1%ig in 90%igem Alkohol

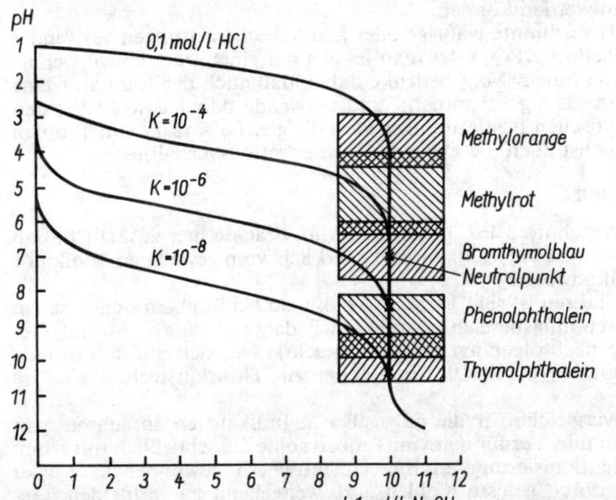

Abb. 39. Neutralisationskurven verschieden starker Säuren und Umschlagsbereiche einiger Indikatoren

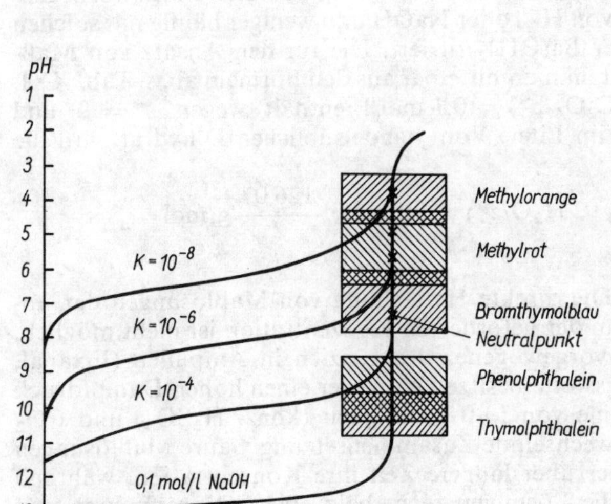

Abb. 40. Neutralisationskurven verschieden starker Basen und Umschlagsbereiche einiger Indikatoren

sind alle Indikatoren mit visuellen Umschlagspunkten zwischen pH = 4 und 10 verwendbar, da am Äquivalenzpunkt 1 Tropfen Maßlösung einen pH-Sprung über diesen Bereich verursacht. Mit abnehmender Stärke der maßgebenden Säure oder Base sowie allgemein bei Verwendung von Maßlösungen mit $c(HA)$ bzw. $c(MOH) \leqq 0{,}1$ mol/l schrumpft der Äquivalenzsprung zusammen, so daß systematische Fehler nur bei weitgehender Angleichung von Äquivalenz- und visuellem Umschlagspunkt vermieden werden können.

Von den Indikatorlösungen, die als verdünnte wäßrige oder alkoholische Lösungen verwendet werden (vgl. die letzte Spalte der Tabelle XXIV), setzt man jeweils nur einen oder einige wenige Tropfen aus einer kleinen Tropfpipette hinzu. Man bedenke dabei, daß auch der Indikator eine bestimmte kleine Menge der Reagenzlösung verbraucht, und verwende daher sowohl bei den Titerstellungen als auch bei den analytischen Bestimmungen stets die gleiche Anzahl von Tropfen der Indikatorlösung und wähle möglichst auch die gleichen Konzentrationsverhältnisse.

Arbeitsbedingungen und Fehlerquellen

Die Fehlergrößen wurden bereits im Abschnitt 3.1.2. behandelt. Man beachte hier zusätzlich, daß Titer von Maßlösungen mit $c(HA)$ bzw. $c(MOH) \leqq 0{,}1$ mol/l merklich vom jeweiligen Indikator abhängen. Entsprechendes gilt für die Blindwerte.

Die Selektivität der Neutralisationsverfahren ist sehr gering, so daß man bei Stoffgemischen selten ohne Vortrennung auskommt. Ihr Anwendungsbereich erstreckt sich daher vorzugsweise auf Gehaltsermittlungen in reinen Stoffen. Die nachfolgenden Beispiele beschränken sich auf Titrationen mit Maßlösungen von $c(HA)$ bzw. $c(MOH) = 0{,}1$ mol/l. Einzelheiten zur Titrationstechnik sind im Kap. 3.4.1. nachzulesen.

Konzentration, Dosierung und Farbvergleiche für die angegebenen Indikatoren entnehme man der Tab. XXIV. Ansatz der Maßlösungen und Verdünnen von Proben sollte ausschließlich mit frisch ausgekochtem oder frisch durch Totalentionisierung an Ionenaustauschern gewonnenem Wasser durchgeführt werden, um eine Störung durch gelöste Kohlensäure weitgehend zu vermeiden. Gewöhnliches H_2O nimmt aus der Luft immerhin soviel CO_2 auf, daß sein pH-Wert bei 5–6 liegt. Mit CO_2 gesättigtes H_2O enthält 0,035 mol/l CO_2 und zeigt pH = 3,9 (20 °C, 1 bar CO_2).

3.4.2.2. Maßlösung und Titerstellung

Als Maßlösungen dienen starke Säuren oder starke Basen, bei denen die titrationswirksamen Bestandteile H^+ bzw. OH^- zu mehr als 50% in freier Form vorliegen. Vorzugsweise wird mit Lösungen von HCl oder NaOH und weniger häufig mit solchen von H_2SO_4, $H_2C_2O_4$, KOH oder $Ba(OH)_2$ titriert. Die für den Ansatz von Maßlösungen maßgebende Zahl z^* liest man unmittelbar aus den Formeln ab, s. Tab. XXI. Eine Oxalsäurelösung mit $c(H_2C_2O_4/z^*) = 0{,}1$ mol/l enthält wegen $z^* = 2$ und $n = c \cdot V$ also 0,05 mol $H_2C_2O_4$ im Liter. Vom handelsüblichen Dihydrat wird die Einwaage

$$m_E = n(H_2C_2O_4/z^*) \cdot M(H_2C_2O_4 \cdot 2\,H_2O/z^*) = 0{,}1\ \text{mol} \cdot \frac{126{,}07}{2}\ \text{g/mol}$$
$$= 6{,}304\ \text{g}$$

gelöst und zum Liter aufgefüllt. Die direkte Herstellung von Maßlösungen der üblichen Säuren und Basen mit genau der geforderten Konzentration ist nicht möglich, sofern man von den käuflichen vorgewogenen Reagenzien in Ampullen (Fixanal, Titrisol etc.) absieht. Die Ausgangsstoffe besitzen entweder einen hohen Dampfdruck (HCl) oder zeigen durch Aufnahme von Luftfeuchtigkeit (konz. H_2SO_4) und CO_2 (Basen) eine wenig definierte und wechselnde Zusammensetzung. Saure Maßlösungen mit $c(HA) = 1$ mol/l behalten aber über längere Zeit ihre Konzentration, während in zunächst einwandfreie alkalische Lösungen recht bald eine CO_2-Aufnahme und damit oft starke Verminderung der freien OH^--Ionen nach

$$OH^- + CO_2 \rightarrow HCO_3^-$$

eintritt.

Zur Herstellung der Maßlösungen geht man von den handelsüblichen konzentrierten Lösungen der Säuren oder von den festen reinen Hydroxiden aus. Durch eine grobe Einwaage wird eine Maßlösung hergestellt, deren Konzentration der erwünschten nahekommt und durch Titerstellung mit einer geeigneten Urtitersubstanz genau ermittelt wird. Es eignen sich für Säurelösungen: Natriumcarbonat, Natriumhydrogencarbonat und Quecksilberoxid; für Basen: kristalline Oxalsäure. Häufig stellt man die Lösungen durch Titration mit Maßlösung bekannter Konzentration ein.

Herstellung von 0,1 mol/l HCl

Man mißt ein berechnetes Volumen konzentrierter Salzsäure ab und füllt in einem 1-Liter-Meßkolben bis zur Marke auf. Hat die Säure die Dichte 1,19 g/l (bei 20 °C), d. h. $c(\text{HCl; konz.}) = 12{,}15$ mol/l, sind abzumessen

$$V_x = \frac{V_{\text{Kolben}} \cdot c(\text{HCl; Maßlsg.})}{c(\text{HCl; konz.})} = 8{,}2 \text{ ml}$$

Einstellung einer Salzsäure-Maßlösung mit Natriumcarbonat

Zur Titerstellung wägt man mehrere Proben von etwa 0,12–0,15 g Natriumcarbonat ein und titriert sie nach S. 299f.

Soll Na_2CO_3 als Urtitersubstanz verwendet werden, so darf es kein NaOH, $NaHCO_3$, Cl^-, SO_4^{2-} oder Wasser enthalten. Hierzu wird eine bei Zimmertemperatur gesättigte Lösung von 250 g kristallisiertem Natriumcarbonat durch ein Faltenfilter in einen Kolben filtriert und durch das Filtrat ein langsamer Gasstrom von reinem, mit $NaHCO_3$-Lösung gewaschenem CO_2 unter Kühlen und Umschütteln geleitet. Das ausgeschiedene $NaHCO_3$ wird nach ca. 2 Std. abgenutscht (Glasfritte) und mit CO_2-haltigem Eiswasser chlorid- und sulfatfrei gewaschen. Nach Trocknen des Salzes bei 105 °C wird es bei 270–300 °C 1 Std. lang in einem Platintiegel unter zeitweiligem intensivem Umrühren mit einem Platindraht erhitzt. Nach Erkalten in einem mit frischem Calciumchlorid gefällten Vakuumexsikkator wird gewogen. Erhitzen und Wägen werden bis zur Gewichtskonstanz fortgesetzt. Die titerreine, leicht stäubende und stark hygroskopische Substanz muß in einem gut verschlossenen Glasgefäß aufbewahrt werden.

Berechnung: 1 mol HCl verbraucht bis zum Neutralpunkt 0,5 mol Na_2CO_3. Da 1 ml 0,1 mol/l HCl nur die Stoffmenge $n(\text{HCl}) = V \cdot c(\text{HCl}) = 1 \text{ ml} \cdot 0{,}1 \text{ mmol/ml} = 0{,}1$ mmol enthält, wird damit auch nur die Stoffmenge $n(Na_2CO_3) = 0{,}05$ mmol umgesetzt. Dies entspricht einer Masse $m(Na_2CO_3) = 5{,}2994$ mg. Für eine Einwaage von z. B. $m_E(Na_2CO_3) = 158{,}5$ mg ist dann folglich das $\frac{158{,}5 \text{ mg}}{5{,}2994 \text{ mg}} = 29{,}9$fache an HCl erforderlich, also 2,99 mmol HCl, enthalten in 29,9 ml Salzsäure, wenn deren Stoffmengenkonzentration genau $c(\text{HCl}) = 0{,}1000$ mol/l beträgt. Tatsächlich seien von der hergestellten Salzsäure jedoch 31,5 ml verbraucht worden. Ihre Konzentration ist demnach $c(\text{HCl}) = 2{,}99 \text{ mmol}/31{,}5 \text{ ml} = 0{,}09494$ mol/l. Als Normierfaktor berechnet man f_n = Sollverbrauch/tatsächlichen Verbrauch $= \frac{29{,}9}{31{,}5} = 0{,}9494$.

Einstellung einer Salzsäure-Maßlösung mit Quecksilberoxid

Reaktionsprinzip: Das Verfahren zur Einstellung von Säuren nach *Incze* hat den Vorteil, daß hierbei eine starke Base (KOH) vorgelegt wird. Als Urtitersubstanz wird das nicht hygroskopische Quecksilberoxid, eine Verbindung mit hoher Äquivalentmasse und definierter Zusammensetzung, verwendet. Quecksilberoxid reagiert mit überschüssigem Kaliumiodid und Wasser nach:

$$HgO + 4\,KI + H_2O \rightarrow K_2[HgI_4] + 2\,KOH$$

Das gebildete Kaliumtetraiodomercurat reagiert neutral, so daß die in Freiheit gesetzten 2 Äquivalente Kaliumhydroxid ohne weiteres mit der Säure titriert werden können.

Verfahrensfehler: Das zur Titerstellung verwendete Wasser muß kohlensäurefrei sein! Es darf deshalb nur frisch ausgekochtes Wasser benutzt werden.

Arbeitsgeräte: Vakuumexsikkator; 300-ml-Weithals-Erlenmeyerkolben; Natronkalkrohr; 50-ml-Bürette; Heizplatte.

Reagenzien: Indikator: Phenolphthalein bzw. Methylorange; Quecksilberoxid p. a.; Kaliumiodid p. a.

Arbeitsvorschrift: Etwa 0,4 g HgO, das zuvor im Vakuumexsikkator über H_2SO_4 bis zur Gewichtskonstanz getrocknet wurde, löst man in einem Erlenmeyerkolben mit ca. 6 g KI zusammen in nicht mehr als 20 ml Wasser unter schwachem Erwärmen. Um den Zutritt von CO_2 aus der Luft zu der Lsg. zu vermeiden, wird auf den Kolben ein Natronkalkrohr aufgesetzt. Die klare Lsg. verd. man mit W. auf ca. 100 ml u. titriert dann mit der einzustellenden Säure gegen den Indikator.

Berechnung: 1 ml 0,1 mol/l HCl entspricht 0,05 mmol HgO bzw. 10,83 mg HgO.

Herstellung und Einstellung einer Natronlauge-Maßlösung

Reaktionsprinzip: Die durch Auflösen von Natriumhydroxid in Wasser erhaltene Lauge wird mit einer Säure bekannten Titers oder auch einer Urtitersubstanz (z. B. Oxalsäure) eingestellt.

Verfahrensfehler: Das zur Titerstellung verwendete dest. Wasser muß kohlensäurefrei sein! Es darf deshalb nur frisch ausgekochtes Wasser benutzt werden. Durch Aufsetzen eines Natronkalk-Trockenröhrchens auf die Vorratsflasche wird die Aufnahme von CO_2 aus der Luft durch die Lauge weitgehend verhindert.

Arbeitsgeräte: 1-Liter-Vorratsflasche; Natronkalk-Trockenrohr; Handwaage; 300-ml-Weithals-Erlenmeyerkolben; 20-ml-Pipette; 50-ml-Bürette; Heizplatte.

Reagenzien: Indikator: Methylorange oder Methylrot; NaOH-Plätzchen p. a.; Maßlsg.: 0,1 mol/l HCl bzw. 0,05 mol/l H_2SO_4 genau bekannter Konzentration.

Arbeitsvorschrift: Ca. 6 g NaOH werden zur Entfernung der an der Oberfläche vorhandenen Carbonatschicht schnell mit dest. W. abgespült u. in der Vorratsflasche zu 1 Liter Lauge gelöst. Zur Titerstellung werden 20 ml Säure vorgelegt u. mit der einzustellenden Lauge gegen Methylorange oder Methylrot als Indikator titriert.

Berechnung: In entsprechender Weise wie bei der Titerstellung der Säure.

3.4.2.3. Titration mit Laugen

Titration der Schwefelsäure mit Natronlauge

Reaktionsprinzip: Als Beispiel für die Gehaltsbestimmung von Lösungen starker Säuren unbekannter Konzentration mit starken Basen soll die Titration von Schwefelsäure mit Natriumhydroxid-Maßlösung dienen.

$$H_2SO_4 + 2\,NaOH \rightarrow Na_2SO_4 + 2\,H_2O$$

98,074 79,994 142,037 36,031

Da auch das zweite H^+-Ion der Schwefelsäure mit $K_{S_2} = 1 \cdot 10^{-2}$ mol/l (ca. 20 °C) stark dissoziiert ist, liegt der pH-Wert des Äquivalenzpunktes zwischen 6,3 und 7,0.

Nach gleicher Vorschrift lassen sich alle starken Säuren, z. B. HCl, HBr, HI, HNO_3, $HClO_4$ usw., titrieren.

Verfahrensfehler: Der Faktor der verwendeten Lauge ist merklich vom CO_2-Gehalt der austitrierten Lösung abhängig. Für äußerst genaue Bestimmungen kann dieser Fehler durch anschließende Titerstellung mit HCl-Maßlösung ausgeschlossen werden. Diese Titerstellung erfolgt unter Vorlage von $V_{HCl} = 20{,}00$ ml 0,1 mol/l HCl-Maßlösung mit bekanntem Faktor f_{HCl} und unter Verbrauch von V_t an NaOH-Maßlösung. Der Faktor f_{NaOH} ergibt sich dann nach

$$f_{NaOH} = \frac{f_{HCl} \cdot V_{HCl}}{V_t}$$

Es muß frisch ausgekochtes, CO_2-freies Wasser benutzt werden.

Arbeitsbereich: 1,0–0,1 mmol H_2SO_4 (98–10 mg H_2SO_4).

Arbeitsgeräte: 100-ml-Meßkolben; 20-ml-Pipetten; 30-ml-Weithals-Erlenmeyerkolben; 50-ml-Bürette.

Reagenzien: Indikator: Methylorange, Methylrot oder Bromthymolblau; Maßlsg.: 0,1 mol/l NaOH.

Arbeitsvorschrift: 20 ml der Analysenlsg. mit W. auf ca. 100 ml verdünnen, 2–3 Tr. Indikator (bei Bromthymolblau 0,5 ml) zusetzen. Mit Maßlsg. aus Bürette unter dauerndem Umschwenken des Titrierkolbens bis zur Umschlagsfarbe des Indikators (gegen Vergleichslsg.) kalt titrieren.

Berechnung: 1 ml 0,1000 mol/l NaOH = 0,05 mmol H_2SO_4 bzw. 4,9037 mg H_2SO_4

Titration der Essigsäure mit Natronlauge

Reaktionsprinzip: Als Beispiel für die Bestimmung einer schwachen Säure mit einer starken Base wird Essigsäure mit Natronlauge titriert.

$$\underset{60,053}{CH_3COOH} + \underset{39,997}{NaOH} \rightarrow \underset{82,035}{NaCH_3COO} + \underset{18,015}{H_2O}$$

Wegen der geringen Dissoziation der Essigsäure ($K_S = 176 \cdot 10^{-5}$ mol/l) ist der Äquivalenzpunkt durch den pH-Wert von reinem Natriumacetat gegeben. Im angegebenen Arbeitsbereich liegt der pT-Wert zwischen 7,9 und 8,8.

Nach gleicher Vorschrift lassen sich alle Säuren mit $K_S \geqq 10^{-5}$ mol · l^{-1} titrieren, z. B. Flußsäure ($K_S = 6{,}8 \cdot 10^{-4}$ mol · l^{-1}) in Kunststoffbechern, Ameisensäure ($K_S = 1{,}76 \cdot 10^{-4}$ mol · l^{-1}), Propionsäure ($K_S = 1{,}3 \cdot 10^{-5}$ mol · l^{-1}), Oxalsäure ($K_{S_2} = 5{,}1 \cdot 10^{-5}$ mol · l^{-1}), Weinsäure ($K_{S_2} = 4{,}6 \cdot 10^{-5}$ mol · l^{-1}).

Verfahrensfehler: s. unter Titration der Schwefelsäure (S. 296).
Arbeitsbereich: 1,0–0,1 mmol CH_3COOH (60,0–6,0 mg CH_3COOH).
Arbeitsgeräte: s. unter Titration der Schwefelsäure.
Reagenzien: Indikator: Phenolphthalein; Maßlsg.: 0,1 mol/l NaOH.
Arbeitsvorschrift: 20 ml der Analysenlsg. mit W. auf 100 ml verdünnen, 2–3 Tr. Indikator zusetzen. Mit Maßlsg. unter dauerndem Umschwenken des Titrierkolbens kalt titrieren, bis Rosafärbung mindestens 1 Min lang bestehenbleibt.
Berechnung: 1 ml 0,1 mol/l NaOH ≙ 0,10 mmol CH_3COOH bzw. 6,0053 mg CH_3COOH

$V = f_{NaOH}(V_t - V_b)$

Titration der Borsäure mit Natronlauge

Reaktionsprinzip: Borsäure hat mit $K_S = 6{,}4 \cdot 10^{-10}$ mol · l^{-1} eine so kleine Dissoziationskonstante, daß sie sich nicht direkt mit Laugen titrieren läßt. Ein Zusatz mehrwertiger Alkohole, z. B. Mannit oder Glycerin, steigert die Dissoziation der Borsäure durch Komplexbildung auf $K_{S(Mannit)} = 3{,}6 \cdot 10^{-7}$ mol · l^{-1}, d. h. in das Gebiet mittelstarker einbasiger Säuren.

Bei Überschuß eines Polyalkohols, der zwei benachbarte Hydroxylgruppen enthalten muß, erfolgt eine Veresterung der drei OH-Gruppen der Borsäure mit zwei Molekülen Polyalkohol. Da jedoch Bor die Koordinationszahl 4 hat, tritt eine weitere Bindung zu dem Sauerstoff einer benachbarten alkoholischen Hydroxylgruppe auf. Dadurch wird die Bindung zum Wasserstoff gelockert und dieser teilweise als H^+-Ion abgespalten. Somit kann eine Grenzstruktur der Mannito-Borsäure formuliert werden als:

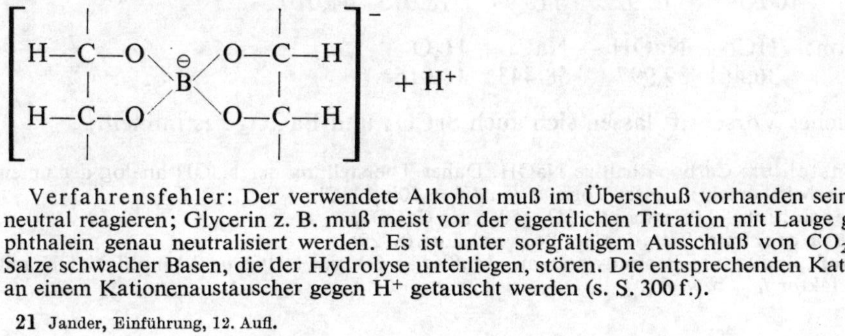

Verfahrensfehler: Der verwendete Alkohol muß im Überschuß vorhanden sein und absolut neutral reagieren; Glycerin z. B. muß meist vor der eigentlichen Titration mit Lauge gegen Phenolphthalein genau neutralisiert werden. Es ist unter sorgfältigem Ausschluß von CO_2 zu arbeiten. Salze schwacher Basen, die der Hydrolyse unterliegen, stören. Die entsprechenden Kationen können an einem Kationenaustauscher gegen H^+ getauscht werden (s. S. 300 f.).

Arbeitsbereich: 1,0–0,1 mmol H_3BO_3 (62–6,2 mg H_3BO_3).
Arbeitsgeräte: s. unter Titration der Schwefelsäure (S. 296).
Reagenzien: Indikator: Phenolphthalein; Maßlsg.: 0,1 mol/l NaOH; Mannit oder Glycerin.
Arbeitsvorschrift: 20 ml Glycerin mit Maßlsg. nach Zusatz von 2–3 Tr. Indikator u. 5 ml W. neutralisieren (Blindverbrauch V_b) u. nach Hinzufügen von 20 ml Analysenlsg. ohne weitere Verdünnung mit Maßlsg. unter dauerndem Umschwenken des Titrierkolbens kalt titrieren, bis Rosafärbung mindestens 1 min bestehen bleibt.
Bei Verwendung von Mannit 20 ml Analysenlsg. mit W. auf 100 ml verdünnen, 3,6 g Mannit u. 2–3 Tr. Indikator zusetzen. Dann wie oben weiterverfahren.
Berechnung: 1 ml 0,1 mol/l NaOH ≙ 0,10 mmol H_3BO_3 bzw. 6,1832 mg H_3BO_3 oder 3,481 mg B_2O_3.

$V = f_n(V_t - V_b)$

Titration der Ammoniumsalze mit Natronlauge

Reaktionsprinzip: Ammoniumsalze [z. B. NH_4Cl oder $(NH_4)_2SO_4$] bilden mit Formaldehyd (CH_2O) im alkalischen Medium Hexamethylentetraamin:

$$4\,NH_4X + 6\,CH_2O + 4\,NaOH \rightarrow C_6H_{12}N_4 + 4\,NaX + 10\,H_2O$$

Hexamethylentetraamin ist eine sehr schwache Base mit $K_B = 10^{-9}\ mol \cdot l^{-1}$. Besitzen die gebildeten Salze NaX in Wasser einen pH-Wert zwischen 7 und 9, so liegt der pT-Wert im Bereich von 8–9. Als Indikator kann Phenolphthalein benutzt werden.

Verfahrensfehler: s. unter Titration der Schwefelsäure (S. 296).
Arbeitsbereich: 1,0–0,1 mmol NH_4^+ (18–1,8 mg NH_4^+).
Arbeitsgeräte: s. unter Titration der Schwefelsäure.
Reagenzien: Indikator: Phenolphthalein; 35%ige (ca. 13 mol/l) Formaldehydlsg., Maßlsg.: 0,1 mol/l NaOH.
Arbeitsvorschrift: 10 ml CH_2O mit 3 Tr. Indikator versetzen, mit W. auf 100 ml verdünnen u. mit Maßlsg. neutralisieren (Blindverbrauch V_b). 20 ml der Analysenlsg. hinzufügen u. mit Maßlsg. aus Bürette unter dauerndem Umschwenken des Titrierkolbens kalt weitertitrieren, bis Rosafärbung mindestens 60 Sek. lang bestehenbleibt.
Berechnung: 1 ml 0,1 mol/l NaOH ≙ 0,1 mmol NH_4^+ bzw. 1,8038 mg NH_4^+

$V = f_n(V_t - V_b)$

3.4.2.4. Titration mit Säuren

Titration des Calciumcarbonats mit Salzsäure

Reaktionsprinzip: Da Calciumcarbonat nur in Lösungen mit pH-Werten <3 hinreichend schnell löslich ist, wird die feste Probe mit einer bestimmten Salzsäuremenge gelöst und der Überschuß mit Natronlauge zurücktitriert.

Lösevorgang: $CaCO_3 + 2\,HCl \rightarrow CaCl_2 + H_2O + CO_2\uparrow$
100,09 72,922 110,99 18,015 44,010

Rücktitration: $HCl + NaOH \rightarrow NaCl + H_2O$
36,461 39,997 58,443 18,015

Nach gleicher Vorschrift lassen sich auch $SrCO_3$ und $BaCO_3$ bestimmen.

Verfahrensfehler: Carbonathaltige NaOH. Daher Titerstellung der NaOH analog der unten angegebenen Arbeitsvorschrift unter Vorlage von $V_1 = 20$ ml HCl.
Arbeitsbereich: 0,5–0,05 mmol $CaCO_3$ (50–5 mg $CaCO_3$).
Arbeitsgeräte: s. unter Titration der Schwefelsäure (S. 296).
Reagenzien: Indikator: Bromthymolblau; Maßlsgg.: 0,1 mol/l HCl u. 0,1 mol/l NaOH mit evtl. Normierfaktor f_{HCl} bzw. f_{NaOH}

Arbeitsvorschrift: Genau abgewogene feste Probe im Titrierkolben mit 10 ml W. anfeuchten, mit $V_1 = 20$ ml HCl kalt lösen, mit W. auf 100 ml verdünnen, 1 Min. kochen und abkühlen. Nach Zusatz von 0,5 ml Indikatorlsg. mit NaOH bis zur bleibenden Blaufärbung titrieren. Verbrauchtes NaOH-Maßlsg.-Volumen V_t.

Berechnung: 1 ml von $\Delta V \triangleq 0{,}05$ mmol $CaCO_3$ bzw. 5,0045 mg $CaCO_3$

$$\Delta V = V_1 \cdot f_{HCl} - V_t \cdot f_{NaOH}$$

Titration von Borax mit Salzsäure; Bestimmung des Alkaligehaltes

Reaktionsprinzip: Der Alkaligehalt löslicher Alkalisalze gewisser schwacher Säuren kann durch direkte Titration mit einer eingestellten Säure bestimmt werden. Dabei wird z. B. die schwache Borsäure von der starken Mineralsäure verdrängt.

$$\begin{array}{lllll} Na_2B_4O_7 + & 2\,HCl + & 5\,H_2O \rightarrow & 2\,NaCl + & 4\,H_3BO_3 \\ 201{,}22 & 72{,}922 & 90{,}076 & 116{,}886 & 247{,}33 \end{array}$$

Die in Freiheit gesetzte Borsäure beeinflußt auf Grund ihrer geringen Dissoziation die im mehr sauren Bereich ($pH < 4{,}9$) umschlagenden Indikatoren nicht.

Arbeitsbereich: 1,0–0,1 mmol $Na_2B_4O_7$ (200–20 mg $Na_2B_4O_7$). Tatsächlich erfaßt wird aber nur Na_2O.

Arbeitsgeräte: s. unter Titration der Schwefelsäure (S. 296).

Reagenzien: Indikatorlsg.: Methylrot als Na-Salz; Maßlsg.: 0,1 mol/l HCl.

Arbeitsvorschrift: 20 ml der Analysenlsg. mit W. auf 100 ml verdünnen u. 3 Tr. Indikator zusetzen. Mit Maßlsg. aus der Bürette unter dauerndem Umschwenken des Titrierkolbens kalt titrieren, bis die erste schwache Orangerotfärbung auftritt (Vergleichslsg.: 100 ml W. u. 3 Tr. Indikator).

Berechnung: 1 ml 0,1 mol/l HCl $\triangleq$ 0,05 mmol Na_2O bzw. 3,0990 mg Na_2O

$$V_n = f_n(V_t - V_b)$$

Titration des Natriumcarbonats mit Salzsäure

Reaktionsprinzip:

$$\begin{array}{l} Na_2CO_3 + HCl \rightarrow NaHCO_3 + NaCl \\ NaHCO_3 + HCl \rightarrow NaCl + H_2O + CO_2 \\ \hline \end{array}$$

$$\begin{array}{lllll} Na_2CO_3 + & 2\,HCl \rightarrow & 2\,NaCl + & H_2O + & CO_2 \\ 105{,}989 & 72{,}922 & 116{,}886 & 18{,}015 & 44{,}010 \end{array}$$

Arbeitsbereich: 1,0–0,1 mmol Na_2CO_3 (106–10,6 mg Na_2CO_3).

Arbeitsgeräte: s. unter Titration der Schwefelsäure (S. 296).

Reagenzien: Indikator:Methylorange; Maßlsg.: 0,1 mol/l HCl.

Arbeitsvorschrift: 20 ml der Analysenlsg. mit W. auf 100 ml verdünnen u. 2–3 Tr. Indikator zusetzen. Mit Maßlsg. aus der Bürette unter dauerndem Umschwenken des Titrierkolbens kalt titrieren, bis der Farbton gerade umschlägt (Vergleichslsg.). Dann 2–3 Min. lang kochen, schnell abkühlen u. zu Ende titrieren.

Berechnung: 1 ml 0,1 mol/l HCl $\triangleq$ 0,05 mmol Na_2CO_3 bzw. 5,2994 mg Na_2CO_3.

3.4.2.5. Titration nach Ionenaustausch

Ionenaustauscher auf Kunstharzbasis, ursprünglich für die Entsalzung des Wassers entwickelt, haben auch eine erhebliche Bedeutung in der analytischen und präparativen Chemie erlangt.

Als Grundgerüst für die Austauscher dienen Kondensations- oder Polymerisationsharze, in die ionenaustauschende Gruppen eingebaut sind. Es enthalten stark saure Kationenaustauscher die $-SO_3^-$-Gruppe, schwach saure die $-COO^-$-Gruppe, stark basische Anionenaustauscher quartäre

Ammoniumgruppen, z. B.

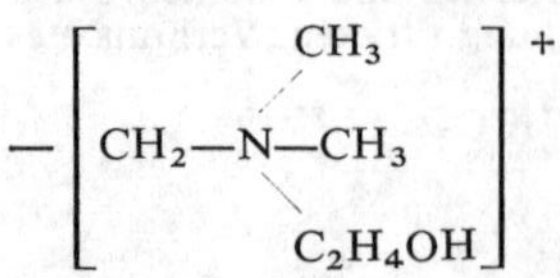

Durch den Einbau der entsprechenden Gruppen entsteht ein wasserhaltiger, jedoch wasserunlöslicher Gelkörper, der als Polyanion $[RSO_3^-]_x$ (R = Harzgerüst) Kationen bzw. als Polykation $[R \cdot CH_2N(CH_3)_2C_2H_4OH)^+]_x$ Anionen zu binden vermag. Der schwammartige Aufbau des Gelkörpers, in dessen wasserhaltige Poren die ionenaustauschfähigen Gruppen hineinragen, gestattet die Diffusion der am Austausch beteiligten Ionen.

Den chemischen Aufbau eines stark sauren Kationenaustauschers, hergestellt durch Polymerisation von Vinylbenzol (Styrol) u. Divinylbenzol als Vernetzer und anschließende Sulfonierung, zeigt Abb. 41.

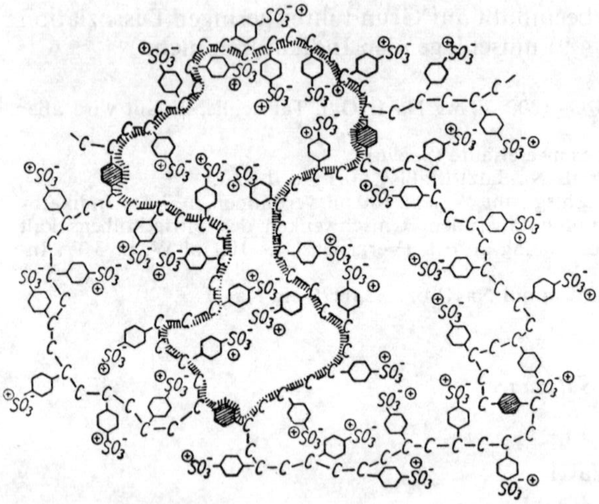

Abb. 41. Aufbau eines gequollenen Kationenaustauschers auf Polystyrolbasis. Die austauschfähigen Kationen sind mit ⊕ bezeichnet. Die H-Atome der Methylenbrücken sind der Übersicht halber fortgelassen. Die Ringe des Divinylbenzols sind gestrichelt. Die Markierung entlang der C-Kette gibt die Grenzlinie einer Pore wieder

Die an der $—SO_3^-$-Gruppe gebundenen Kationen können durch andere Kationen reversibel ausgetauscht werden, z. B.

$$RSO_3H + M^+ \rightleftharpoons RSO_3M + H^+$$

Je höher die Ladung des Kations ist, um so stärker liegt das Gleichgewicht auf der Seite der RSO_3M-Form, d. h., bei der Kationenaufnahme nimmt größenordnungsmäßig die Haftfestigkeit am Harz in der Reihenfolge M^+, M^{2+}, M^{3+} usw. zu. Die Lage des Gleichgewichts wird nach rechts verschoben, wenn das ausgetauschte Ion aus dem Gleichgewicht entfernt wird. Dies ist bei dem Säulenverfahren der Fall. Hierbei gelangt das in Freiheit gesetzte Ion in das Filtrat.

Ionenaustauschersäulen werden in der analytischen und präparativen Chemie verwendet:

a) Für den quantitativen Ionenaustausch, Ersatz gewisser Ionen durch das jeweils gewünschte, vor allem Kationen gegen H^+-Ionen bzw. Anionen gegen OH^--Ionen. Für maßanalytische Zwecke wird man einen stark sauren Kationenaustauscher in der H^+-Form verwenden, wenn eine lösliche und titrierbare Säure entsteht, oder einen stark basischen Anionenaustauscher in der OH^--Form, wenn eine lösliche und titrierbare Base gebildet wird.

Als Anwendungsbereich der Ionenaustauscher in der Maßanalyse ist vor allem die Bestimmung der Gesamtsalzmengen in Lösungen zu nennen. Darunter fallen die Einstellung von Standardlösungen aus Salzen, die keine Urtitersubstanzen darstellen, die Kontrolle von Standardsalzlösungen auf ihren Titer und die Analyse schwieriger zu bestimmender Kationen und Anionen, wie z. B. der Alkaliionen, des Nitrat-, Perchlorat- und Acetations (s. S. 302).

b) Zur Entfernung unerwünschter Ionen und zur Reinigung von Lösungsmitteln (z. B. zur Totalentsalzung von Wasser unter Anwendung eines Mischbetts, das einen stark sauren Kationenaustauscher in der H^+-Form und einen stark basischen Anionenaustauscher in der OH^--Form enthält).

c) Zur Trennung von Ionen durch Ausnutzung ihres unterschiedlichen Ladungsvorzeichens (Trennung von Anionen und Kationen bzw. Abtrennung neutraler Moleküle) oder, wenn gleiches Ladungsvorzeichen vorliegt, ihrer unterschiedlichen Haftfestigkeit (s. S. 340).

Geeignete im Handel befindliche stark saure Kationenaustauscher sind z. B. Permutit RS, Lewatit S 100, Amberlite IR-120, Dowex 50; stark basische Anionenaustauscher z. B. Permutit ES, Amberlite IRA-410, Dowex 2.

Die Aufnahmekapazität eines Austauschers richtet sich nach der Anzahl der vorhandenen ionenaustauschenden Gruppen pro Gewichtseinheit Trockenharz bzw. Volumeneinheit handelsfeuchten Harzes (Angabe in mmol/g oder mmol/ml Harz) und beträgt, bezogen auf M^+ bzw. A^-, für die genannten stark sauren Kationenaustauscher etwa 2 mmol/ml, für die stark basischen Anionenaustauscher etwa 1 mmol/ml.

Eine einfache Austauschersäule zeigt Abb. 42. Als Abschluß nach unten dient entweder ein Glaswollebausch oder eine eingeschmolzene Fritte. Die Dimensionen der Säule richten sich nach der einzusetzenden Austauschermenge. Der schmale Teil der Säule wird etwa zu $^3/_4$ mit dem Harz gefüllt. Es ist darauf zu achten, daß das Harz ständig mit Wasser bedeckt ist und sich keine Luftblasen in der

Abb. 42. Austauschersäule

Säule befinden. Nach dem Füllen deckt man das Harz mit einem zweiten Glaswollebausch ab, um beim Eingießen der Lösung ein Aufwirbeln zu vermeiden.

Falls die Austauscher nicht als p. a.-Ware bezogen werden, müssen sie vor Gebrauch von Verunreinigungen (z. B. Fe^{3+}) befreit werden. Zur Überführung der Kationenaustauscher in die H^+-Form dient 3 mol/l HCl, der Anionenaustauscher in die OH^--Form 2 mol/l NaOH.

Vor jedem Austauscherversuch wird das Harz solange mit dest. Wasser gewaschen, bis die abtropfende Flüssigkeit Cl^- bzw. Na^+-frei ist und neutral reagiert. Bei Nichtbenutzung wird die Säule mit dest. Wasser gefüllt und beiderseits verschlossen. Die Durchlaufgeschwindigkeit beim Austausch ist von mehreren Faktoren (Korngröße des Harzes, Packungsdichte, Höhe der Flüssigkeitssäule, Größe der Ausflußöffnung u. a.) abhängig. Um einen einwandfreien Austausch zu gewährleisten, darf die Tropfgeschwindigkeit nicht zu groß sein, soll aber aus Zeitersparnisgründen im Verlauf mehrerer Versuche auch nicht zu klein werden. Die vom Harz aufgenommenen Kationen bzw. Anionen werden wie bei der Regeneration durch portionsweise Aufgabe von ca. 3 mol/l HCl bzw. 2 mol/l NaOH eluiert.

Bestimmung von Phosphat oder Perchlorat durch Anionenaustausch

Reaktionsprinzip: An Anionenaustauschern in der OH^--Form werden Phosphat- bzw. Perchlorationen gegen äquivalente Mengen Hydroxylionen ausgetauscht:

$$ROH + Na^+ + ClO_4^- \rightarrow RClO_4 + Na^+ + OH^-$$

Die entstandene Alkalilauge wird durch Titration mit Säure bestimmt.

Verfahrensfehler: In der Austauschersäule darf der Flüssigkeitsspiegel niemals in die Harzschicht eindringen, da sonst Luftblasen im Harzbett entstehen und der Austauscher dann nicht mehr einwandfrei arbeitet.

Arbeitsbereich: 1,0–0,1 mmol M_2HPO_4 bzw. 2,0–0,2 mmol $MClO_4$ (98,0–9,8 mg H_3PO_4 bzw. 200,9–20,1 mg $HClO_4$).

Arbeitsgeräte: Austauschersäule nach Abb. 42 (Durchmesser ca. 2 cm, ca. 22 cm lang, Höhe des Harzbettes ca. 17 cm); 100-ml-Meßkolben; 20-ml-Pipette; 300-ml-Weithals-Erlenmeyerkolben; 50-ml-Bürette; 1-Liter-Bechergläser.

Reagenzien: Stark basischer Anionenaustauscher; ca. 2 mol/l NaOH; Maßlsg.: 0,1 mol/l HCl; Indikator: Methylrot; pH-Papier.

Arbeitsvorschrift: In mit dest. W. gefüllte Austauschersäule Anionenaustauscherharz einfüllen. Mit 1 Liter NaOH-Lsg. bei einer Tropfgeschwindigkeit von ca. 60 Tr./Min. (5–6 ml/Min.) waschen. Nach Absinken des Flüssigkeitsspiegels bis zur Harzoberfläche so lange mit W. waschen, bis das Eluat neutral reagiert. Eine so vorbereitete Säule braucht erst nach ca. 15–20 Bestimmungen mit NaOH-Lsg. regeneriert zu werden. Analysenlsg. auf die Säule pipettieren u. evtl. anhaftende Salzlsg. mit wenig W. von den Wänden abspülen, waschen mit ca. 200 ml W. durch Zugabe kleiner Portionen (30–50 ml), dabei jedesmal Absinken des Flüssigkeitsspiegels bis zur Harzoberfläche abwarten. Tropfgeschwindigkeit wie oben. Reagiert das Eluat neutral, noch mit 50–30 ml W. bei etwas schnellerer Durchlaufgeschwindigkeit nachwaschen. Das erhaltene Eluat mit 2–3 Tr. Indikator versetzen u. mit Maßlsg. titrieren.

Berechnung: 1 ml 0,1 mol/l HCl $\triangleq$ 4,900 mg H_3PO_4 bzw. 10,0465 mg $HClO_4$.

3.4.3. Redoxverfahren

Als Redoxtitrationen werden maßanalytische Verfahren bezeichnet, die auf Oxidations-Reduktions-Vorgängen beruhen. Die zu bestimmende Substanz wird mit einer oxidierend oder reduzierend wirkenden Titrationslösung bekannten Gehaltes umgesetzt. Der Äquivalenzpunkt kann mit Hilfe von sog. „Redoxindikatoren" (s. S. 305) sichtbar gemacht werden, falls nicht – wie z. B. beim Permanganat – die Eigenfarbe eines Reaktionspartners zur Indizierung ausreicht.

3.4.3.1. Grundlagen

Nach dem Gesetz der Elektroneutralität (s. S. 158) reagieren Oxidations- mit Reduktionsmitteln in derartigen Stoffmengenverhältnissen, daß die Zahl der aufgenommenen gleich der Zahl der abgegebenen Elektronen ist. Daher läßt sich jede Teilgleichung einer Redox-Titration in allgemeiner Form schreiben:

$$Ox + z^* \cdot e \rightleftharpoons Red$$

(Ox = Oxidationsmittel, Red = Reduktionsmittel, z^* = Zahl der Elektronen).

Bezieht man für eine gegebene Portion Reagenzsubstanz, z. B. 49 g $K_2Cr_2O_7$, bei Angabe der Stoffmenge zuerst auf Äquivalent-Teilchen, dann auf Moleküle, so erhält man $n(^1/_6\ K_2Cr_2O_7) = 1$ mol und $n(K_2Cr_2O_7) = {^1/_6}$ mol. Daraus folgt $n(^1/_6\ K_2Cr_2O_7) = 6 \cdot n(K_2Cr_2O_7)$ und allgemein $n(R/z^*) = z^* \cdot n(R)$.

In Analogie zu starken und schwachen Säuren bzw. Basen kann man starke und schwache Oxidations- bzw. Reduktionsmittel unterscheiden. Ein Maß für die Fähigkeit der betrachteten Ionen, oxidierend oder reduzierend zu wirken, ist *E*, das Redoxpotential. Es wird durch die *Nernst*sche Formel (s. S. 159) beschrieben.

In der folgenden Tabellen sind die für Redoxtitrationen gebräuchlichsten oxidierenden und reduziereden Substanzen mit ihren Standardpotentialen zusammengestellt.

Tabelle XXV. Standardpotentiale

Reagenz	Reaktionsvorgang	Ox-Form	Red-Form	E° [Volt]	z*
$KMnO_4$	$MnO_4^- + 4\,H^+ + 3\,e = MnO_2 + 2\,H_2O$	MnO_4^-	MnO_2	1,67	3
$KMnO_4$	$MnO_4 + 8\,H^+ + 5\,e = Mn^{2+} + 4\,H_2O$	MnO_4^-	Mn^{2+}	1,52	5
$KBrO_3$	$BrO_3^- + 6\,H^+ + 6\,e = Br^- + 3\,H_2O$	BrO_3^-	Br^-	1,44	6
$K_2Cr_2O_7$	$Cr_2O_7^{2-} + 14H^+ + 6e = 2Cr^{3+} + 7H_2O$	$Cr_2O_7^{2-}$	Cr^{3+}	1,36	6
$FeSO_4$	$Fe^{2+} = Fe^{3+} + e$	Fe^{3+}	Fe^{2+}	0,771	1
H_3AsO_4	$AsO_3^{3-} + H_2O = AsO_4^{3-} + 2\,H^+ + 2\,e$	AsO_4^{3-}	AsO_3^{3-}	0,56	2
KI	$2\,I^- = I_2 + 2\,e$	I_2	I^-	0,535	2
$Ce(SO_4)_2$	$Ce^{3+} = Ce^{4+} + e$ (E° in 1 mol/l H_2SO_4)	Ce^{4+}	Ce^{3+}	1,44	1

Titrationskurven

Im Äquivalenzpunkt ändert sich das Potential sprunghaft, da die Konzentration eines der Reaktionspartner gegen Null geht. Die Größe des Potentialsprunges beeinflußt, wie der pH-Sprung bei der Neutralisationsanalyse, die Titrationsgenauigkeit und ist durch den Unterschied der Standardpotentiale gegeben.

Der Verlauf der Potentialänderung während einer Titration wird im folgenden an der Reaktion

$$Cr_2O_7^{2-} + 14\,H^+ + 6\,Fe^{2+} \rightarrow 2\,Cr^{3+} + 6\,Fe^{3+} + 7\,H_2O$$

dargestellt. Ebenso wie bei Modellversuchen der Neutralisation (s. S. 288) wird das Volumen und zusätzlich der pH-Wert konstant gehalten. Dies ist möglich durch Anwendung eines Lösungsvolumens, welches groß genug ist, damit die bei Titration mit einer konzentrierten Lösung auftretende Volumenvergrößerung vernachlässigt werden kann. Rechnet man nach der *Nernst*schen Formel die Potentiale für Lösungen aus, die verschiedene Konzentrationen an Fe^{3+} und Fe^{2+} sowie $Cr_2O_7^{2-}$ und Cr^{3+} aufweisen, so erhält man die Werte in Tabelle XXVI.

Tabelle XXVI. Potentialwerte der Redoxsysteme Fe^{3+}/Fe^{2+} und $Cr_2O_7^{2-}/2\,Cr^{3+}$

$c_{Fe^{3+}}$	$c_{Fe^{2+}}$	*E* [Volt]	$c_{Cr_2O_7^{2-}}$	$c_{Cr^{3+}}$	*E* [Volt]
0,1	0,9	0,715	0,001	0,018	1,365
0,2	0,8	0,735	0,002	0,016	1,369
0,3	0,7	0,749	0,003	0,014	1,372
0,4	0,6	0,761	0,004	0,015	1,374
0,5	0,5	0,771	0,005	0,010	1,377
0,6	0,4	0,781	0,006	0,008	1,379
0,7	0,3	0,793	0,007	0,006	1,383
0,8	0,2	0,807	0,008	0,004	1,387
0,9	0,1	0,827	0,009	0,002	1,393
0,94	0,06	0,842			
0,98	0,02	0,871			

In Abb. 43 und 44. ist der Potentialverlauf von Fe^{3+}/Fe^{2+} und $Cr_2O_7^{2-}/2\,Cr^{3+}$ (bei konst. pH-Wert) dargestellt. Aus diesen Kurven ergibt sich die in Abb. 43. dargestellte theoretische Kurve. Vor der Titration erfolgt aber eine Zugabe von PO_4^{3-} zur Bildung von Phosphatoeisen-(III)-komplexen, wodurch der Potentialverlauf bei Fe^{3+}/Fe^{2+} erheblich verändert wird, wie in der gemessenen Kurve (s. Abb. 44) zu sehen ist. Durch diesen Zusatz wird die Fe^{3+}-Konzentration soweit vermindert, daß der Indikator für diese Titration gut verwendbar ist (s. S. 312).

Das Redoxpotential von Reaktionen, bei denen H^+-Ionen beteiligt sind, ist vom pH-Wert abhängig. Dies trifft z. B. für die Systeme $Cr_2O_7^{2-}/2\,Cr^{3+}$ sowie MnO_4^-/Mn^{2+} zu. Die Abhängigkeit des Redoxpotentials vom pH-Wert bei einer Reihe von Redoxsystemen zeigt Abb. 45.

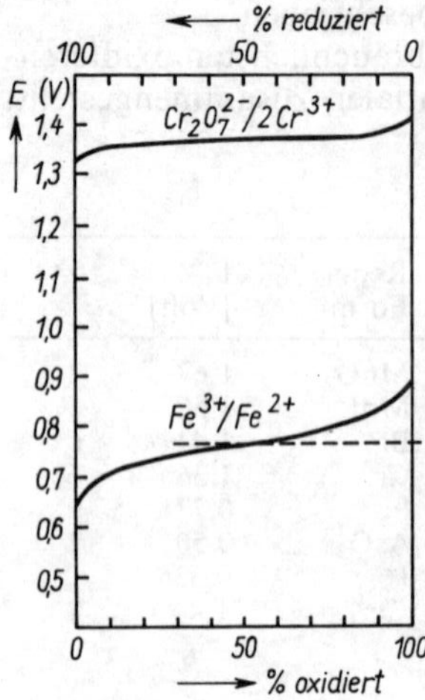

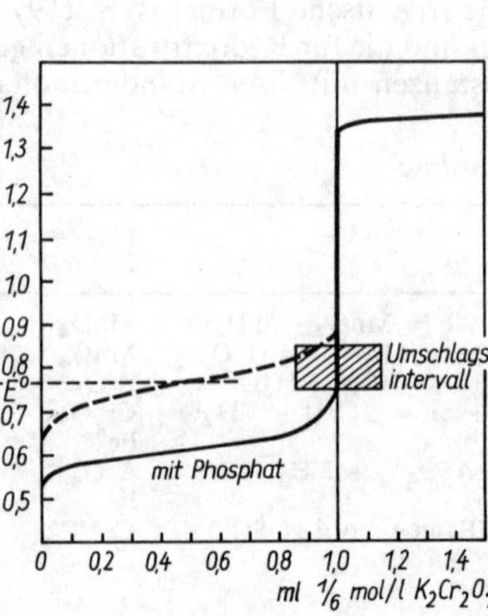

Abb. 43. Theoretischer Potentialverlauf der Redoxsysteme Fe^{3+}/Fe^{2+} und $Cr_2O_7^{2-}//2\,Cr^{3+}$

Abb. 44. Titrationskurve von Eisen(II) mit Dichromat in Gegenwart von Phosphat. Indikator: Na-N-Methyldiphenylamin-p-sulfonat

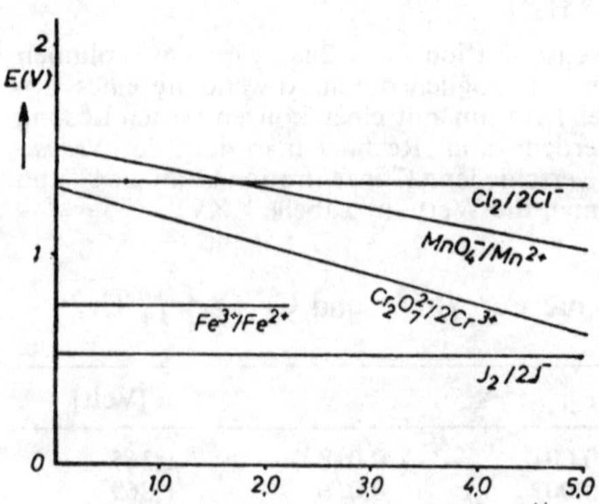

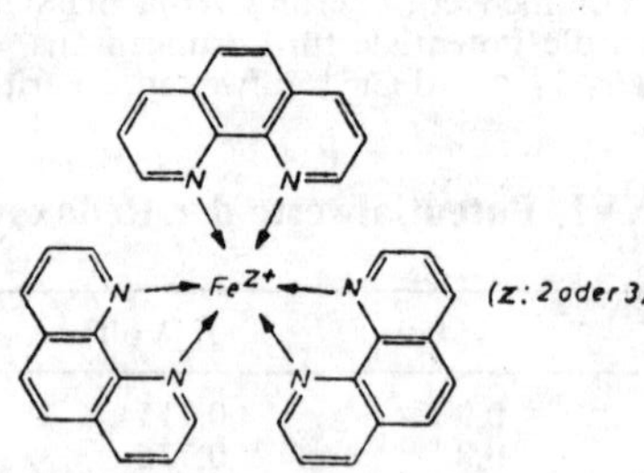

Abb. 45.
Abhängigkeit des Redoxpotentials vom pH-Wert

Abb. 46.
Ferroin

Redoxindikatoren

Um den Äquivalenzpunkt sichtbar zu machen, werden Redoxindikatoren verwendet. Das sind organische Farbstoffe, die durch Oxidation oder Reduktion reversibel ihre Farbe verändern. Sie stellen selbst ein Redoxsystem dar. Als Beispiel sei der in der Cerimetrie verwendete Indikator Ferroin (Abb. 46.) genannt, dessen reversibler Farbwechsel auf den Übergang des chelatgebundenen Eisens aus der Oxidationsstufe +2 in die Oxidationsstufe +3 zurückzuführen ist:

$$Fe(C_{12}H_8N_2)_3^{2+} \rightleftharpoons Fe(C_{12}H_8N_2)_3^{3+} + e$$

Bei den meisten anderen organischen Indikatoren treten potentialabhängige, aber oft unübersichtliche, Veränderungen im Molekül ein. Ein Spezialfall ist der nur für die Iodometrie verwendbare Iodstärkekomplex (s. S. 308).

Das Umschlagsintervall des Indikators muß innerhalb des Bereiches des Potentialsprunges liegen, so wie ein Indikator bei Neutralisationsverfahren im Bereich des pH-Sprunges umschlagen muß. Einige gebräuchliche Indikatoren sind in der Tabelle aufgeführt. Na-N-methyldiphenylamin-p-sulfonat ist nicht käuflich.

Tabelle XXVII. Redoxindikatoren

Indikator	E° [Volt]	Umschlags-bereich [Volt]	Ox-Farbe	Red-Farbe
Ferroin (o-Phenanthrolineisen(II)-sulfat)	1,14	1,08–1,20	blau	tiefrot
Na-Diphenylamin-p-sulfonat	0,76	0,70–0,80	violett	farblos
Na-N-Methyldiphenylamin-p-sulfonat	0,80	0,74–0,86	purpurrot	farblos
I-KI-Stärke	0,535	0,532–0,538	blau	farblos

Gibt es für ein System keine brauchbaren Indikatoren, so kann der Endpunkt elektrometrisch (s. S. 346 u. 362) oder durch sog. externe Indikation, d. h. beispielsweise durch Tüpfeln mit einem Tropfen der Lösung auf einer Tüpfelplatte, angezeigt werden (s. S. 312).

Fehler

Als Fehlerquellen bei Redoxverfahren treten oft unerwünschte Reaktionen auf, z. B. mit Luftsauerstoff oder mit Verunreinigungen in den Gefäßen (Alkoholreste vom Spülen der Gefäße, Reste anderer organischer Substanzen, Fett, Teile von Filtrierpapier, Chromschwefelsäure und ähnliches).

3.4.3.2. Permanganatometrie

Die Wirkungsweise des Kaliumpermanganats als Oxidationsmittel ist verschieden, je nachdem, ob der Oxidationsvorgang in stark saurer oder in schwach saurer Lösung verläuft. Die meisten Oxidationsreaktionen finden in stark saurer Lösung statt:

$$MnO_4^- + 8\,H^+ + 5\,e \rightarrow Mn^{2+} + 4\,H_2O$$

Das Mn(VII) im Kaliumpermanganat wird bei Gegenwart von Wasserstoffionen zu Mn(II) reduziert. In alkalischen bzw. schwach sauren Lösungen lautet die Reaktionsgleichung:

$$MnO_4^- + 4\,H^+ + 3\,e \rightarrow MnO_2 + 2\,H_2O$$

Das Mn(VII) im Permanganat geht in Mn(IV) über.

Herstellung und Titerstellung einer Kaliumpermanganat-Maßlösung

Bestimmung von Oxalsäure und Oxalaten

Reaktionsprinzip: Permanganat oxidiert in saurer Lösung $H_2C_2O_4$ oder Oxalate zu CO_2 und geht dabei selbst in Mn^{2+} über:

$$2\,MnO_4^- + 5\,C_2O_4^{2-} + 16\,H^+ \rightarrow 2\,Mn^{2+} + 10\,CO_2 + 8\,H_2O$$

Die Reaktion verläuft zu Anfang sehr langsam. Ein Zusatz von Mn^{2+} beschleunigt die Reaktion katalytisch.

Verfahrensfehler: Die Konzentration nimmt durch Staubteilchen im Wasser in den ersten Tagen nach der Herstellung meist nicht unwesentlich ab. Die Permanganatlösung muß vor der Titerstellung etwa 14 Tage stehen, oder die Lösung wird einige Stunden auf dem Wasserbad erhitzt. In jedem Fall wird durch eine Glasfilternutsche (nicht Papierfilter) in eine sorgfältig mit Chromschwefelsäure gereinigte Flasche filtriert, um ausgeschiedenen Braunstein abzutrennen, der die Zersetzung beschleunigt. Auch eine Lösung, welche längere Zeit nicht benutzt wurde, kann sich verändert haben und macht eine neue Konzentrationsbestimmung notwendig.

Arbeitsbereich: 1,0–0,1 mmol $H_2C_2O_4 \cdot 2\,H_2O$ bzw. $Na_2C_2O_4$ (126–12,6 mg $H_2C_2O_4 \cdot 2\,H_2O$; 90–9 mg $H_2C_2O_4$; 134–13,4 mg $Na_2C_2O_4$).

Arbeitsgeräte: Braune Schliffflasche (1 Liter); Wasserbad; Glasfilternutsche (17 G 4), Trockenschrank; 300-ml-Weithals-Erlenmeyerkolben; 20-ml-Pipette; 50-ml-Bürette.

Reagenzien: Etwa 3,2 g $KMnO_4$ (p. a.); $H_2C_2O_4 \cdot 2\,H_2O$ (p. a.) oder Natriumoxalat nach *Sörensen* (*Merck*); 1 mol/l H_2SO_4; 1 mol/l $MnSO_4$; 0,02 mol/l $KMnO_4$.

Arbeitsvorschrift: Natriumoxalat bei 230–250 °C im Trockenschrank trocknen u. davon Proben von ca. $m_E = 150$–180 mg in Wägegläschen geben, genau wägen u. in 200 ml W. lösen; oder 20 ml unbekannte $C_2O_4^{2-}$-haltige Lsg. verwenden. Lsg. mit 10 ml H_2SO_4 versetzen und auf 80 °C erwärmen. Unter Umschütteln titrieren, bis schwache Rosafärbung bestehen bleibt. Evtl. zu Beginn einige Tr. $MnSO_4$-Lsg. zufügen.

Berechnung: 1 ml 0,02 mol/l $KMnO_4$ entspricht 0,05 mmol $H_2C_2O_4$ bzw. 4,401 mg $C_2O_4^{2-}$ oder 6,3033 mg $H_2C_2O_4 \cdot 2\,H_2O$. Titerstellung: Aus $m_E : M(Na_2C_2O_4/2) = f_n \cdot V_t \cdot c(KMnO_4/5)$ ergibt sich für den Normierfaktor $f_n = 0{,}14925 \cdot (m_E \text{ in mg})/(V_t \text{ in ml})$.

Bestimmung von Calcium

Reaktionsprinzip: Ca^{2+} bildet mit $C_2O_4^{2-}$ einen schwerlöslichen Niederschlag von CaC_2O_4, der sich in verdünnter Schwefelsäure löst.

$$Ca^{2+} + C_2O_4^{2-} \rightarrow CaC_2O_4\downarrow$$

Anschließend wird $C_2O_4^{2-}$ mit Permanganat bestimmt.

Verfahrensfehler: Die Löslichkeit von CaC_2O_4 beträgt bei 18 °C 0,6 mg in 100 ml Wasser. Größere Mengen an Cl^- müssen abwesend sein, weil sonst Oxidation zu Chlor und damit Mehrverbrauch eintritt.

Arbeitsbereich: 1,0–0,1 mmol Ca (40–4 mg Ca).

Arbeitsgeräte: 300-ml-Becherglas (breite Form); Filtertiegel 1 G 4; 20-ml-Pipette; 50-ml-Bürette; 100-ml-Meßkolben.

Reagenzien: Maßlsg.: 0,02 mol/l $KMnO_4$; 1 mol/l H_2SO_4; 6 mol/l HCl; CO_2-freie NH_3-Lsg.; 0,4 mol/l $(NH_4)_2C_2O_4$; 0,01 mol/l $(NH_4)_2C_2O_4$.

Arbeitsvorschrift: 20 ml Analysenlsg. in Becherglas mit 5 ml HCl versetzen u. mit W. auf 100 ml verdünnen. NH_3-Lsg. zufügen, bis Flüssigkeit schwach alkalisch reagiert. Zum Sieden erhitzen u. mit siedender 0,4 mol/l $(NH_4)_2C_2O_4$ in kleinen Anteilen solange versetzen, bis kein Nd. mehr entsteht. Geringen Überschuß hinzufügen u. nach mehrstündigem Stehen durch Glasfiltertiegel (oder ersatzweise Blauband-Filter) dekantierend filtrieren. Nd. fünfmal mit 0,01 mol/l $(NH_4)_2C_2O_4$, dann einmal mit W. waschen, Glasfiltertiegel in Becherglas bringen u. Nd. spülen u. H_2SO_4 durch Filter u. Trichter geben, um alle Reste zu lösen. Auf etwa 300 ml verdünnen u. mit Maßlsg. titrieren.

Berechnung: 1 ml 0,02 mol/l $KMnO_4$ = 0,05 mmol Ca^{2+} bzw. 2,004 mg Ca oder 2,804 mg CaO.

Bestimmung von Wasserstoffperoxid

Reaktionsprinzip: Die Umsetzung von H_2O_2 erfolgt in saurer Lösung nach

$$2\,MnO_4^- + 5\,H_2O_2 + 6\,H^+ \rightarrow 2\,Mn^{2+} + 5\,O_2\uparrow + 8\,H_2O$$

Nach der gleichen Methode können auch andere Peroxoverbindungen bestimmt werden.

Verfahrensfehler: H_2O_2 ist leicht zersetzlich (s. S. 25). Bei Gegenwart organischer Stabilisatoren kann ein Mehrverbrauch an Oxidationsmittel eintreten.

Arbeitsbereich: 1,0–0,1 mmol H_2O_2 (34–3,4 mg H_2O_2).

Arbeitsgeräte: 300-ml-Weithals-Erlenmeyerkolben; 20-ml-Pipette; 50-ml-Bürette; 100-ml-Meßkolben.

Reagenzien: Maßlsg.: 0,02 mol/l $KMnO_4$; 1 mol/l H_2SO_4.

Arbeitsvorschrift: 20 ml Analysenlsg. mit 60 ml H_2SO_4 versetzen u. mit W. auf 200 ml verdünnen. In der Kälte titrieren u. besonders bei Beginn der Titration vor jeder neuen Zugabe an Maßlsg. warten, bis völlige Entfärbung eingetreten ist.

Berechnung: 1 ml 0,02 mol/l $KMnO_4 \mathrel{\hat{=}} 0{,}05$ mmol H_2O_2 bzw. 1,7007 mg H_2O_2.

Bestimmung von Eisen(II) in schwefelsaurer Lösung

Reaktionsprinzip: Fe^{2+} wird in schwefelsaurer Lösung schnell zu Fe^{3+} oxidiert:

$$MnO_4^- + 5\,Fe^{2+} + 8\,H^+ \rightarrow Mn^{2+} + 5\,Fe^{3+} + 4\,H_2O$$

Um die Färbung durch die bei der Titration entstehenden Fe(III)-Ionen zu unterdrücken, kann ein Zusatz von Phosphorsäure erfolgen; diese bildet mit Fe(III) farblose Komplexverbindungen.

Verfahrensfehler: Alles zu bestimmende Fe muß als Fe(II) vorliegen; NO_3^- u. Cl^- müssen abwesend sein.
Arbeitsbereich: 2,0–0,2 mmol Fe (112–11 mg Fe).
Arbeitsgänge: 300-ml-Weithals-Erlenmeyerkolben; 20-ml-Pipette; 50-ml-Bürette; 100-ml-Meßkolben.
Reagenzien: Maßlsg.: 0,02 $KMnO_4$-Lsg; 2,5 mol/l H_2SO_4; 1 mol/l H_3PO_4.
Arbeitsvorschrift: 20 ml Analysenlsg. mit 10 ml H_2SO_4 versetzen und mit ausgekochtem W. auf 200 ml auffüllen. In der Kälte titrieren. Die Umsetzung ist beendet, wenn $KMnO_4$ nicht mehr verbraucht wird und ein geringfügiger Überschuß an der Farbe zu erkennen ist. Dieser Endpunkt tritt schärfer hervor, wenn man etwas H_3PO_4 hinzufügt.
Berechnung: 1 ml 0,02 mol/l $KMnO_4 \triangleq$ 0,1 mmol Fe^{2+} bzw. 5,5847 mg Fe.

Bestimmung von Eisen(II) und Eisen(III) in schwefelsaurer Lösung

Soll die Bestimmung von Fe(II) u. Fe(III) nebeneinander erfolgen, so titriert man zuerst in schwefelsaurer Lsg. den Eisen(II)-Gehalt (s. oben). In einer zweiten Probe wird nach Reduktion in schwefelsaurer Lsg. der Gesamteisengehalt ermittelt, u. schließlich wird aus der Differenz dieser beiden Werte der Gehalt der Lsg. an Fe(III) berechnet. Zur Reduktion verwendet man Reduktionsmittel, deren Überschuß leicht zu entfernen ist, wie z. B. nascierenden Wasserstoff. Dieser wird erzeugt, indem die schwefelsaure Lsg. mit metallischem Zn versetzt wird.

Bestimmung von Eisen(II) in salzsaurer Lösung

Reaktionsprinzip: In salzsaurer Lösung erfolgt die Oxidation von Fe(II) in Gegenwart von *Reinhardt-Zimmermann*-Lösung.

Verfahrensfehler: Bei Titration der salzsauren Lsg. treten Störungen auf, da eine induzierte Oxidation von Chlorid zu Chlor erfolgt. Diese Störung wird durch Zusatz von *Reinhardt-Zimmermann*-Lsg. (s. Reagenzien) verhindert.
Arbeitsbereich: 2,0–0,2 mmol Fe (112–11 mg Fe).
Arbeitsgeräte: 300-ml-Weithals-Erlenmeyerkolben; 200-ml-Pipette; 50 ml-Bürette; 100-ml-Meßkolben.
Reagenzien: Maßlsg. 0,02 mol/l $KMnO_4$-Lsg.; *Reinhardt-Zimmermann*-Lsg.: 1 Liter 6 mol/l H_3PO_4, 600 ml W. u. 400 ml 18 mol/l H_2SO_4 mit einer Lsg. von 200 g $MnSO_4 \cdot H_2O$ in 1 Liter W. vereinen.
Arbeitsvorschrift: 20 ml Analysenlsg. mit W. auf 100 ml verdünnen, 10 ml *Reinhardt-Zimmermann*-Lsg. hinzufügen. Bei Zimmertemp. unter Umschwenken mit Maßlsg. titrieren.
Berechnung: 1 ml 0,02 mol/l $KMnO_4 \triangleq$ 0,1 mmol Fe^{2+} bzw. 5,5847 mg Fe.

Bestimmung von Eisen(III) in salzsaurer Lösung nach vorheriger Reduktion

Reaktionsprinzip: Soll der Gehalt einer salzsauren Eisen(III)-salzlösung permanganometrisch bestimmt werden, so muß das Fe(III) vor der Titration reduziert werden. Als Reduktionsmittel eignet sich Zinn(II)-chlorid:

$$Sn^{2+} + 2\,Fe^{3+} \rightarrow 2\,Fe^{2+} + Sn^{4+}$$

Zinn(II)-chlorid darf nur in geringem Überschuß in der Lösung vorhanden sein; dieser läßt sich leicht mit Quecksilber(II)-chlorid nach

$$Sn^{2+} + 2\,Hg^{2+} + 2\,Cl^- \rightarrow Sn^{4+} + Hg_2Cl_2\downarrow$$

entfernen. Es fällt rein weißes, wie Perlmutt schimmerndes Hg_2Cl_2 aus.

Verfahrensfehler: Bei zu großem Überschuß von $SnCl_2$ fällt mit $HgCl_2$ körniger, evtl. grau gefärbter Nd., der ebenfalls Permanganat verbraucht. V u. Cu stören.

Arbeitsbereich: 2,0–0,2 mmol Fe (112–11 mg Fe).

Arbeitsgeräte: Tropfpipette; 1-l-Becherglas; 20-ml-Pipette; 50-ml-Bürette; 100-ml-Meßkolben.

Reagenzien: Maßlsg.: 0,02 mol/l $KMnO_4$; 0,2 mol/l $SnCl_2$ (1 g $SnCl_2 \cdot 2\,H_2O$, 10 ml 10 mol/l HCl, 15 ml H_2O); $HgCl_2$-Lsg., kalt gesättigt; *Reinhardt-Zimmermann*-Lsg. (s. S. 307).

Arbeitsvorschrift: 20 ml Analysenlsg. mit konz. Salzsäure auf $c(HCl) \approx 3$ mol/l bringen und in der Siedehitze tropfenweise mit $SnCl_2$-Lsg. versetzen, bis Flüssigkeit farblos ist. Abkühlen, 10 ml $HgCl_2$-Lsg. schnell eingießen. Nach 3 bis 5 Min. auf 600 ml verdünnen, mit 10 ml *Reinhardt-Zimmermann*-Lsg. versetzen u. mit Maßlsg. titrieren.

Berechnung: 1 ml 0,02 mol/l $KMnO_4 \triangleq 0{,}1$ mmol $Fe^{3+(2+)}$ bzw. 5,5847 mg Fe.

Bestimmung von Mangan(II) nach Volhard-Wolff

Reaktionsprinzip: In neutraler Lösung findet zwischen MnO_4^- und Mn^{2+} Komproportionierung statt, weil hier Mn(IV) als MnO_2 die beständigste Oxidationsstufe ist.

$$3\,Mn^{2+} + 2\,MnO_4^- + 2\,H_2O \rightarrow 5\,MnO_2\downarrow + 4\,H^+$$

Um die Bildung von Mn(II)-haltigen Niederschlägen zu verhindern, wird $ZnSO_4$ hinzugefügt, so daß statt Mn^{2+} überwiegend Zn^{2+} gebunden wird (s. S. 103 u. 171). Fe^{3+} wird durch ZnO als Hydroxid gefällt.

Verfahrensfehler: Die Berechnung muß nach der oben angegebenen Formel erfolgen. Ein gutes Absetzen des Niederschlages wird erreicht, wenn beim ersten Titrieren gleich eine größere Permanganatmenge angewendet wird. Das Gefäß muß sauber und völlig fettfrei sein; es darf sich kein Braunstein an der Gefäßwandung abscheiden.

Arbeitsbereich: 2,0–0,2 mmol Mn (110–11 mg Mn).

Arbeitsgeräte: 1-l-Becherglas; 1-l-Stehkolben; 20-ml-Pipette; 50-ml-Bürette; 100-ml-Meßkolben; 100-ml-Pipette; Faltenfilter.

Reagenzien: Maßlsg.: 0,02 mol/l $KMnO_4$; $ZnSO_4$; ZnO; Eisessig.

Arbeitsvorschrift: 20 ml schwachsaure, Fe(III)-haltige Analysenlsg. in 500-ml-Meßkolben bringen, 25 ml W. u. 2 g $ZnSO_4$ zusetzen, portionsweise mit einer ZnO-Aufschlämmung versetzen, bis $Fe(OH)_3$ quantitativ ausgefallen ist, mit W. bis zur Marke auffüllen u. durch trockenes Filter in trockenes Becherglas abfiltrieren. Vom Filtrat 100 ml (oder 20 ml Fe- u. Al-freie Analysenlsg.) in Stehkolben abpipettieren, mit W. auf ca. 500 ml verdünnen u. mit wenig ZnO versetzen, daß auch nach dem Erhitzen noch ein geringer Bodenkörper vorhanden ist. Erhitzen u. in der Siedehitze mit Maßlsg. titrieren. Kurz vor Erreichen des Endpunktes 1 ml Eisessig hinzufügen. Der Endpunkt ist erreicht, wenn die über dem Nd. befindliche klare Lsg. schwach rosa gefärbt ist.

Berechnung: 1 ml 0,02 mol/l $KMnO_4 \triangleq 0{,}03$ mmol Mn^{2+} bzw. 1,648 mg Mn.

3.4.3.3. Iodometrie

Die Iodometrie beruht auf der oxidierenden Wirkung von elementarem Iod sowie auf der reduzierenden Wirkung von I^-. Diese Reaktion, die auch umkehrbar ist, kann wiedergegeben werden durch

$$I_2 + 2\,e \rightleftharpoons 2\,I^-$$

Reduktionsmittel können in neutraler Lösung direkt mit Iodlösung titriert werden (Bestimmung von As_2O_3, s. S. 309), während Oxidationsmittel Iodid zu Iod oxidieren. Das elementare Iod kann mit eingestellter Thiosulfatlösung titriert werden, wobei Thiosulfat zu Tetrathionat oxidiert wird (Cu-Bestimmung, s. S. 310):

$$I_2 + 2\,S_2O_3^{2-} \rightarrow 2\,I^- + S_4O_6^{2-}$$

Das Auftreten bzw. Verschwinden von elementarem Iod im Äquivalenzpunkt wird durch Zugabe einer Lösung aus löslicher Stärke, die mit elementarem Iod eine tiefblau gefärbte Verbindung bildet, besonders deutlich. Die Farbreaktion ist recht empfindlich, Konzentrationen bis zu 10^{-5} mol/l ($\triangleq$ 1,27 mg Iod/l = 0,13 mg Iod/100 ml) an Iod sind noch zu erkennen. Die hohe Empfindlichkeit der Iodstärkereaktion ist jedoch an die gleichzeitige Anwesenheit von Iodidionen gebunden. Die blaue Iodstärke ist eine Verbindung, die Iod mit Amylose, einem Bestandteil der Stärke bildet. Sie gehört zu den sog. „Einschlußverbindungen" (s. S. 171 c). Die Amylose besteht aus schraubenförmig angeordneten Molekülketten. In den kanalartigen Hohlräumen im Innern dieses Schraubenganges werden die Iodatomketten eingelagert.

Herstellung und Einstellung einer Natriumthiosulfat-Maßlösung

Reaktionsprinzip: $Na_2S_2O_3$-Lösung wird durch Iod zu Tetrathionat oxidiert (s. S. 308).

$I_2 + 2S_2O_3^{2-} \rightarrow 2J^- + S_4O_6^{2-}$

Verfahrensfehler: Thiosulfatlsg. ist nicht haltbar. Es erfolgt Zersetzung durch CO_2, Luftsauerstoff und Schwefelbakterien. Ein Zusatz von 1 ml Amylalkohol zu 1 l Lsg. macht diese etwas haltbarer.

Arbeitsgeräte: Trockenschrank; 300-ml-Weithals-Erlenmeyerkolben; 20-ml-Pipette; 50-ml-Bürette.

Reagenzien: $Na_2S_2O_3 \cdot 5\,H_2O$ (p. a.); KIO_3 (p. a.); KI (p. a.): 2 mol/l HCl; Stärkelsg. (Ca. 0,5 g lösliche Stärke mit W. anrühren u. dann in ca. 100 ml siedendem W. lösen. Nach Absetzen der Trübung klare Lsg. dekantieren u. zur Verhütung von Pilzbildung mit ca. 5 mg HgI_2 versetzen.)

Arbeitsvorschrift: Etwa 0,1 mol $Na_2S_2O_3 \cdot 5\,H_2O$ in 1 l ausgekochtem W. lösen. Ca. 100 mg KIO_3 (genaue Einwaage), das bei 180 °C getrocknet wurde, in 200 ml W. lösen. 1 g KI in wenig W. lösen u. zur zweiten Lsg. hinzufügen, mit 20 ml 2 mol/l HCl versetzen u. mit der Thiosulfatlsg. titrieren. Wenn die Lsg. nur noch schwach gelb ist, 2 ml Stärkelsg. hinzufügen u. bis zur Entfärbung titrieren.

Berechnung: 1 ml 0,1 mol/l $Na_2S_2O_3 \triangleq$ 3,567 mg KIO_3.

Herstellung einer Iod-Maßlösung

Reaktionsprinzip: Die Bereitung einer Iodlösung geschieht in der Weise, daß eine KIO_3-Lösung hergestellt wird, die im Bedarfsfalle abpipettiert und mit KI und HCl versetzt wird. KIO_3 reagiert mit überschüssigem KI in schwach saurer Lösung zu Iod:

$$IO_3^- + 5\,I^- + 6\,H^+ \rightarrow 3\,I_2 + 3\,H_2O$$

Arbeitsgeräte: 25-ml-Pipette; 300-ml-Weithals-Erlenmeyerkolben; 1-l-Meßkolben; 50-ml-Meßkolben; 50-ml-Bürette; Trockenschrank.

Reagenzien: KIO_3 (p. a.); 0,5 mol/l KI; 7 mol/l HCl.

Arbeitsvorschrift: KIO_3 im Trockenschrank bei 180 °C trocknen u. 7,1334 g in W. lösen u. zu 1 Liter auffüllen. Hiervon 25 ml entnehmen, mit 10 ml KI-Lsg. u. 1 ml HCl versetzen u. mit W. auf 50 ml auffüllen. Nach gründlichem Durchmischen wird die Lsg. in die Bürette gefüllt u. zum Titrieren verwendet.

Berechnung: 3,567 mg $KIO_3 \triangleq$ $^1/_6$ mmol KIO_3 ergibt 10 ml 0,05 mol/l I_2 („0,1 N Iodlösung").

Arsentrioxid als Urtitersubstanz

Reaktionsprinzip: Arsenige Säure reagiert mit Iod nach der Gleichung

$$AsO_3^{3-} + H_2O + I_2 \rightleftharpoons AsO_4^{3-} + 2\,H^+ + 2\,I^-$$

Hierzu wird 0,05 Mol As_2O_3 in Natronlauge gelöst und zur Titerstellung ein aliquoter Teil entnommen, mit Schwefelsäure schwach angesäuert und mit Iodlösung titriert. Die Werte für die Oxidationspotentiale von Arsenat(V)/Arsenat(III) und Iod/Iodid sind in schwach saurer Lösung einander sehr ähnlich, so daß sich für diese Umsetzung ein Gleichgewicht einstellt, das nach dem MWG nach rechts verschoben werden kann, wenn man die Konzentration der entstehenden Wasserstoffionen erniedrigt. Hierbei darf jedoch die Konzentration der OH^--Ionen nicht so stark erhöht werden, daß sich unter Iodverbrauch Iodid-, Hypoiodit- oder Iodationen bilden. Aus diesem Grunde arbeitet man nicht in alkalischer Lösung, sondern im „Kohlensäure-Hydrogencarbonat-Puffer“.

$$I_2 + AsO_3^{3-} + 2\,HCO_3^- \rightarrow 2\,I^- + AsO_4^{3-} + 2\,CO_2\uparrow + H_2O$$

Umgekehrt läßt sich in stark saurer Lösung Iodid durch Arsenat(V) zu Iod oxidieren.

Verfahrensfehler: $NaHCO_3$ muß in so großer Menge anwesend sein, daß es ständig als Bodenkörper vorhanden ist.

Arbeitsbereich: 0,5–0,05 mmol As_2O_3 (99–9,9 mg As_2O_3).

Arbeitsgeräte: 300-ml-Weithals-Erlenmeyerkolben; 20-ml-Pipette; 50-ml-Bürette; 100-ml-Meßkolben.

Reagenzien: Maßlsg.: 0,05 mol/l I_2; $NaHCO_3$, fest; Stärkelsg. (s. S. 309); 1 mol/l NaOH; 1 mol/l H_2SO_4.

Arbeitsvorschrift: Ca. 0,1–0,15 g des 2 Stunden bei 110 °C getrockneten As_2O_3 genau einwägen, in 10 ml NaOH-Lsg. lösen u. sofort mit 12 ml H_2SO_4 ansäuern (oder 20 ml der mit H_2SO_4 aufgefüllten Analysenlsg.), mit W. auf 100 ml auffüllen u. mit ca. 2 g $NaHCO_3$ versetzen. Nach Zugabe von 2 ml Stärkelsg. mit Maßlsg. bis zu bleibender schwacher Blaufärbung (ca. 30 Sek. ohne Umschütteln) titrieren.

Berechnung: 1 ml 0,05 mol/l I_2 („0,1 N Iodlsg.“) ≙ 0,025 mmol As_2O_3 bzw. 4,9460 mg As_2O_3 oder 3,7461 mg As(III).

Bestimmung von Antimonat(III)

Analog der Arsenbestimmung wird auch die Bestimmung des Antimons in hydrogencarbonathaltiger Lösung ausgeführt:

$$SbO_3^{3-} + I_2 + H_2O \rightarrow 2\,H^+ + SbO_4^{3-} + 2\,I^-$$

Verfahrensfehler: Antimonsalze unterliegen leicht der Hydrolyse, wobei sich schwerlösliche basische Antimonverbindungen abscheiden; durch Zusatz von Weinsäure oder Tartrat bilden sich komplexe Antimonoxidtartratverbindungen. Bei der Titration muß ständig ein $NaHCO_3$-Bodenkörper vorhanden sein.

Arbeitsbereich: 0,5–0,05 mmol Sb_2O_3 (146–15 mg Sb_2O_3).

Arbeitsgeräte: 300-ml-Weithals-Erlenmeyerkolben; 20-ml-Pipette; 50-ml-Bürette; 100-ml-Meßkolben.

Reagenzien: Maßlsg.: 0,05 mol/l I_2; Seignettesalz (Kaliumnatriumtartrat); $NaHCO_3$, fest; Stärkelsg. (s. S. 309); 1 mol/l H_2SO_4.

Arbeitsvorschrift: 20 ml der mit H_2SO_4 aufgefüllten Analysenlsg. mit 3 g Seignettesalz u. danach mit ca. 2 g $NaHCO_3$ versetzen. Nach Auffüllung mit W. auf ca. 100 ml u. Zugabe von 2 ml Stärkelsg. mit Maßlsg. bis zu bleibender schwacher Blaufärbung (ca. 30 Sek. ohne Umschütteln) titrieren.

Berechnung: 1 ml 0,05 mol/l I_2 („0,1 N Iodlsg.“) ≙ 0,025 mmol Sb_2O_3 bzw. 7,2875 mg Sb_2O_3 oder 6,0875 mg Sb(III).

Bestimmung von Kupfer

Reaktionsprinzip: Kupfer(II)-salze reagieren mit Iodid zu schwerlöslichem Kupfer(I)-iodid unter gleichzeitiger Oxidation des Iodids zu elementarem Iod:

$$2\,Cu^{2+} + 4\,I^- \rightleftharpoons 2\,CuI\downarrow + I_2$$

Das ausgeschiedene Iod kann mit Thiosulfatlösung bestimmt werden. Um die Reaktion vorwiegend im Sinne des oberen Pfeiles zu leiten, ist ein größerer Überschuß von Kaliumiodid erforderlich, und das gebildete Iod muß aus dem Reaktionsgleichgewicht entfernt werden, was durch die Titration mit Thiosulfatlösung erreicht wird.

Verfahrensfehler: Die iodometrische Cu-Bestimmung wird durch Fe u. As sowie größere Mengen HCl gestört. Da Cu(I)-Iodid durch Luftsauerstoff oxidiert wird, muß dieser möglichst ferngehalten werden; zum Auffüllen der Lsg. darf nur ausgekochtes Wasser verwendet werden. Am Endpunkt der Titration muß die Blaufärbung etwa $^1/_2$ bis 1 Minute lang verschwunden bleiben.

Arbeitsbereich: 2,0–0,2 mmol Cu (127–13 mg Cu).
Arbeitsgeräte: Iodzahlkolben; 20-ml-Pipette; 50-ml-Bürette.
Reagenzien: Maßlsg.: 0,1 mol/l $Na_2S_2O_3$; 3 mol/l H_2SO_4 (25%ig); KI (p. a.); Stärkelsg. (s. S. 309).
Arbeitsvorschrift: 20 ml Analysenlsg. mit soviel H_2SO_4 versetzen, daß die Gesamtlsg. $c(H_2SO_4) \approx 0{,}75$ mol/l besitzt; eine wss. Lsg. von 2 g KI hinzufügen. Kolben schließen und von Zeit zu Zeit durchschütteln. Nach 1 Min. mit Maßlsg. titrieren. Gegen Ende der Titration, wenn die Lsg. nur noch schwach gelb ist, 2 ml Stärkelsg. hinzufügen u. bis zum ersten völligen Verschwinden der Blaufärbung titrieren.
Berechnung: 1 ml 0,1 mol/l $Na_2S_2O_3 \triangleq 0{,}1$ mmol Cu bzw. 6,3546 mg Cu.

3.4.3.4. Bromatometrie

Die Bromatometrie ist ein Redox-Verfahren, das die Bestimmung von As(III), Sb(III) und Sn(II) in saurer Lösung gestattet. Sie beruht auf der Oxidation der zu bestimmenden Substanz durch Bromat:

$$BrO_3^- + 6\,H^+ + 6\,e \rightarrow Br^- + 3\,H_2O$$

Nach dem Äquivalenzpunkt entsteht aus Bromat und Bromid elementares Brom:

$$BrO_3^- + 5\,Br^- + 6\,H^+ \rightarrow 3\,Br_2 + 3\,H_2O$$

Das Brom ent- oder verfärbt einen als Indikator zugesetzten Farbstoff in langsamer Reaktion meist irreversibel durch Bromierung oder Oxidation. Als Indikator können Methylrot, Methylorange oder andere Farbstoffe verwendet werden.

Herstellung einer Kaliumbromat-Maßlösung

Reaktionsprinzip: $KBrO_3$ wirkt oxidierend und geht selbst in Bromid über (s. oben). Es dient als Urtitersubstanz.

Arbeitsgeräte: Trockenschrank; 1-l-Meßkolben.
Reagenzien: $KBrO_3$ (p. a.).
Arbeitsvorschrift: $KBrO_3$ (p. a.) bei 180 °C im Trockenschrank trocknen. 2,7833 g in Meßkolben zu 1 Liter auflösen. Eine Titerstellung erübrigt sich. Die Lsg. ist titerbeständig. Eine $KBrO_3$-Lsg. unbekannten Gehaltes kann gegen As_2O_3 als Urtitersubstanz eingestellt werden (s. S. 309f.), die Lsg. muß jedoch hier stark salzsauer sein, d. h., es wird in HCl gelöst und nicht abgepuffert. Sonst wird wie unten verfahren.
Berechnung: 2,7833 g $KBrO_3 \triangleq {}^1/_{60}$ mol $KBrO_3$, d. h., $c(KBrO_3) = {}^1/_{60}$ mmol/ml.

Bestimmung von Arsenat(III) oder Antimonat(III)

Reaktionsprinzip: Die bromatometrische As-Bestimmung erfolgt nach:

$$3\,AsO_3^{3-} + BrO_3^- \rightarrow 3\,AsO_4^{3-} + Br^-$$

In gleicher Weise kann auch Sb(III) bestimmt werden.

Verfahrensfehler: Die Bromatlsg. soll langsam unter gutem Umschwenken einlaufen, weil sonst der Indikator durch an der Eintropfstelle gebildetes Brom vorzeitig zerstört wird.
Arbeitsbereich: 1,0–0,1 mmol As oder Sb (75–7,5 mg As oder 122–12 mg Sb).
Arbeitsgeräte: 200-ml-Weithals-Erlenmeyerkolben; 20-ml-Pipette; 50-ml-Bürette.
Reagenzien: Indikator: Methylorange; Maßlsg.: ${}^1/_{60}$ mol/l $KBrO_3$; 7 mol/l HCl.
Arbeitsvorschrift: 20 ml Analysenlsg. mit W. auf 150 ml auffüllen, 10 ml HCl zufügen u. auf ›0 °C erhitzen. 2 Tr. Indikator zufügen und langsam unter Umschwenken bis zum Verschwinden der Farbe titrieren. Gegen Ende der Titration noch 2 Tr. Indikator zusetzen.
Berechnung: 1 ml ${}^1/_{60}$ mol/l $KBrO_3 \triangleq 0{,}05$ mmol As(III) oder Sb(III) bzw. 3,7461 mg As oder 6,0875 mg Sb.

3.4.3.5. Dichromatometrie

Eine $K_2Cr_2O_7$-Maßlösung hat gegenüber einer Permanganatlösung den Vorteil, daß sie titerbeständig und direkt durch Einwägen herstellbar ist. Die Titration kann auch in Gegenwart von nicht allzuviel Chlorid durchgeführt und zur Bestimmung von Eisen in Erzen benutzt werden.

Der Reaktionsverlauf ist:

$$Cr_2O_7^{2-} + 14\,H^+ + 6\,e \rightarrow 2\,Cr^{3+} + 7\,H_2O$$

Als Indikatoren geeignet sind N-Phenylanthranilsäure, Na–Diphenylamin-p-sulfonat sowie Na–N-Methyl-diphenylamin-p-sulfonat (Abb. 47).

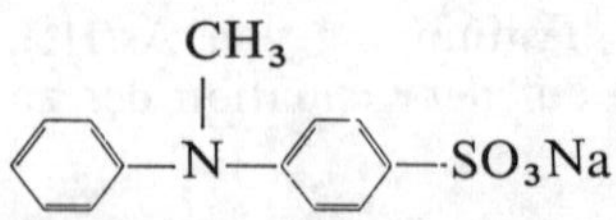

Abb. 47. Na-N-Methyldiphenylamin-p-sulfonat

Dieser besser umschlagende Indikator ist nicht im Handel erhältlich; er kann hergestellt werden nach der Vorschrift „Z. analyt. Chem. 122 (1941), 183".

Bestimmung von Eisen(II) mit $K_2Cr_2O_7$

Reaktionsprinzip. Das Erz wird gelöst oder aufgeschlossen und nach dem Lösen das vorhandene Eisen zu Fe(II) reduziert. Hierfür wird die Lösung mit $SnCl_2$ versetzt und der Überschuß des Reduktionsmittels mit $HgCl_2$-Lösung entfernt (s. S. 307). Dann wird mit Indikator versetzt und titriert. Hierbei wird Fe(II) zu Fe(III) oxidiert, und die Farbe der Lösung schlägt von grün nach violett um.

Verfahrensfehler: s. S. 305 und 308 oben.
Arbeitsbereich: 2,0–0,2 mmol (112–11 mg Fe).
Arbeitsgeräte: 300-ml-Weithals-Erlenmeyerkolben; 20-ml-Pipette; 50-ml-Bürette.
Reagenzien: Maßlsg.: $^1/_{60}$ mol/l $K_2Cr_2O_7$; Indikator: 0,1%ige Na-N-Methyldiphenylamin-p-sulfonat-Lsg.; 0,2 mol/l $SnCl_2$ (1 g $SnCl_2 \cdot 2\,H_2O$, 10 ml 10 mol/l HCl, 15 ml H_2O); $HgCl_2$-Lsg., kalt gesättigt; Gemisch aus 1 Teil 6 mol/l H_3PO_4 u. 1 Teil 3 mol/l H_2SO_4 (25%ig).
Arbeitsvorschrift: 20 ml der Analysenlsg. zur Fe-Reduktion nach Vorschrift auf S. 308 behandeln. Mit 10 ml des H_2SO_4-H_3PO_4-Gemisches versetzen, mit Maßlösung nach Zusatz von Indikator bis zur Violettfärbung titrieren.
Berechnung: 1 ml $^1/_{60}$ mol/l $K_2Cr_2O_7 \triangleq$ 0,1 mmol $Fe^{2+(3+)}$ bzw. 5,5847 mg Fe.

Bestimmung von Eisen(II) mit $K_2Cr_2O_7$ und $K_3[Fe(CN)_6]$ als Tüpfelindikator

Reaktionsprinzip: Die Fe(II)-Salzlösung wird in schwefelsaurer Lösung mit $K_2Cr_2O_7$-Lösung titriert. Zum Erkennen des Endpunktes wird im Verlauf der Titration jeweils ein Tropfen entnommen und auf einer Tüpfelplatte oder auf Filterpapier mit einem Tropfen $K_3[Fe(CN)_6]$-Lösung zusammengebracht. Bei Anwesenheit von Fe(II) bildet sich hierbei Turnbulls Blau (s. S. 120). Der Endpunkt der Titration ist erreicht, wenn beim Tüpfeln keine Blaufärbung mehr auftritt.

Verfahrensfehler: Die erste Titration dient zur ungefähren Ermittlung der Fe(II)-Menge. Bei der zweiten Titration wird der größte Teil der $K_2Cr_2O_7$-Lsg. mit einem Male zugegeben, so daß der Endpunkt mit nur zwei- oder dreimaligem Tüpfeln erkannt werden kann.
Arbeitsbereich: 2,0–0,2 mmol Fe (112–11 mg Fe).
Arbeitsgeräte: Tüpfelplatte oder Filterpapier; 20-ml-Pipette; 50-ml-Bürette; Glasstäbe; 300-ml-Weithals-Erlenmeyerkolben.

Reagenzien: Indikator: 0,05 mol/l $K_3[Fe(CN)_6]$, frisch hergestellt (Kristalle vorher gut abspülen!); Maßlsg.: $^1/_{60}$ mol/l $K_2Cr_2O_7$; 1 mol/l H_2SO_4.

Arbeitsvorschrift: 20 ml Analysenlsg. mit 10 ml H_2SO_4 versetzen u. mit W. auf ca. 100 ml auffüllen. Mit Maßlsg. titrieren u. mehrmals während der Titration mit Glasstab einen Tropfen entnehmen und auf Tüpfelplatte oder Filterpapier prüfen, ob mit Indikator noch Blau- bis Grünfärbung eintritt. So lange titrieren, bis beim Tüpfeln keine Blaufärbung mehr, sondern reine Braunfärbung auftritt.

Berechnung: 1 ml $^1/_{60}$ mol/l $K_2Cr_2O_7 \mathrel{\hat{=}} 0{,}1$ mmol Fe^{2+} bzw. 5,5874 mg Fe.

3.4.3.6. Cerimetrie

Ce(IV)-Salzlösung ist ein starkes Oxidationsmittel, das im Gegensatz zu Permanganat ein Arbeiten auch in stark salzsaurer Lösung gestattet. Der Redoxvorgang verläuft nach:

$$Ce^{4+} + e \rightarrow Ce^{3+}$$

Die Titerstellung der Lösung kann gegen eine Fe(II)-Salzlösung erfolgen.

Herstellung einer Cer(IV)-sulfat-Maßlösung

Reaktionsprinzip: $Ce^{4+} + Fe^{2+} \rightarrow Ce^{3+} + Fe^{3+}$
Ein gut geeigneter Redoxindikator ist Ferroin (s. S. 305).

Arbeitsbereich: 2,0–0,2 mmol Fe (112–11 mg Fe).
Arbeitsgeräte: 1-l-Meßkolben; 20-ml-Pipette; 50-ml-Bürette.
Reagenzien: $Ce(SO_4)_2 \cdot 4\,H_2O$; 1 mol/l H_2SO_4; Maßlsg.: 0,1 mol/l $FeSO_4$ mit Normierfaktor f_{Fe}; Indikator: Ferroinlsg. (Merck).

Arbeitsvorschrift: Etwa 41 g $Ce(SO_4)_2 \cdot 4\,H_2O$ in soviel 1 mol/l H_2SO_4 lösen, daß klare Lösung erfolgt, dann mit 0,1 mol/l H_2SO_4 im Meßkolben auffüllen. Umschütteln u. mit Pipette $V_{Ce} = 20$ ml entnehmen u. mit W. auf 100 ml verdünnen. 1 Tr. Indikator zufügen und mit $FeSO_4$-Maßlösung bis zur Rotfärbung titrieren; normierter Verbrauch an $FeSO_4$-Maßlsg. $V_t \cdot f_{Fe}$.

Berechnung: 40,32 g $Ce(SO_4)_2 \cdot 4\,H_2O \mathrel{\hat{=}} 0{,}1$ mol $Ce(SO_4)_2$, d. h. $f_{Ce} = (V_t \cdot f_{Fe}) : V_{Ce}$.

Bestimmung von $K_4[Fe(CN)_6]$

Reaktionsprinzip: Ce(IV) oxidiert in saurer Lösung $K_4[Fe(CN)_6]$ nach:

$$[Fe(CN)_6]^{4-} + Ce^{4+} \rightarrow [Fe(CN)_6]^{3-} + Ce^{3+}$$

Arbeitsbereich: 2,0–0,2 mmol $K_4[Fe(CN)_6]$ (737–74 mg $K_4[Fe(CN)_6]$).
Arbeitsgeräte: 300-ml-Weithals-Erlenmeyerkolben; 20-ml-Pipette; 50-ml-Bürette.
Reagenzien: Indikator: Ferroinlsg.; Maßlsg.: 0,1 mol/l $Ce(SO_4)_2$; 7 mol/l HCl.

Arbeitsvorschrift: Lsg. auf 100 ml verdünnen. Mit 10 ml HCl und einem Tropfen Ferroinlsg. versetzen. Bei Zimmertemp. von orangebraun bis grüngelb titrieren.

Berechnung: 1 ml 0,1 mol/l $Ce(SO_4)_2 \mathrel{\hat{=}} 0{,}1$ mmol $K_4[Fe(CN)_6]$ bzw. 36,836 mg $K_4[Fe(CN)_6]$.

3.4.3.7. Ferrometrie

Bei der Ferrometrie dient eine Fe(II)-Salzlösung als Maßlösung. Diese läuft vor der Titration über einen Cadmiumreduktor, in welchem die quantitative Reduktion zu Fe^{2+} erfolgt. Der auf Abb. 48 abgebildete Reduktor besteht aus einem Glaszylinder (Durchmesser 14 mm, Betthöhe 140 mm), in dem sich eine Glasfritte G 1 befindet. Dieser Zylinder wird etwa bis zur Hälfte mit grob gepulvertem Cadmium (Merck) gefüllt und in der aus der Abb. 48 ersichtlichen Weise mit einer Bürette verbunden. Als Maßlösung dient eine $FeSO_4$-Lösung, die soviel Salz- oder Schwefelsäure enthält, daß ihre Wasserstoffionenkonzentration etwa 0,3 mol/l ist. Die Titerstellung kann gegen eine Permanganatlösung erfolgen.

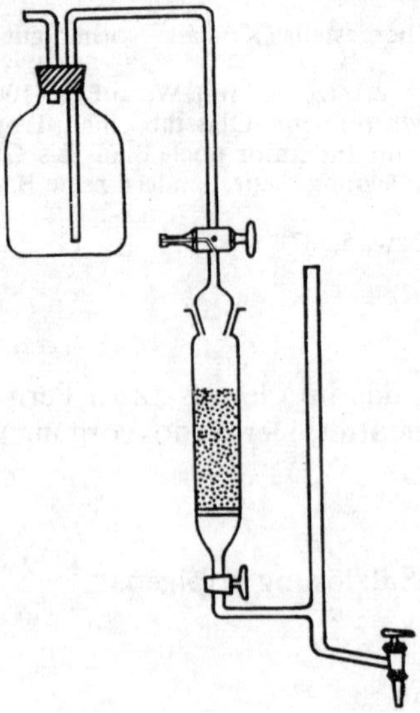

Abb. 48. Bürette mit Reduktor

Bestimmung von $Cr_2O_7^{2-}$ (bzw. Vanadat)

Reaktionsprinzip: In saurer Lösung reagieren

$Cr_2O_7^{2-} + 6\,Fe^{2+} + 14\,H^+ \rightarrow 2\,Cr^{3+} + 6\,Fe^{3+} + 7\,H_2O$ und

$VO_2^+ + Fe^{2+} + 2\,H^+ \rightarrow VO^{2+} + Fe^{3+} + H_2O$

Fe(II) wird hierbei zu Fe(III) oxidiert.

Verfahrensfehler: Die Lsg. soll stark sauer sein, d. h. $c(H^+) = 0{,}5$–2 mol/l.
Arbeitsbereich: 0,3–0,03 mmol (88–9 mg) $K_2Cr_2O_7$ oder 2–0,2 mmol (234–23 mg) NH_4VO_3.
Arbeitsgeräte: 300-ml-Weithals-Erlenmeyerkolben; 50-ml-Bürette mit Reduktor; 20-ml-Pipette.
Reagenzien: Indikator: 0,1 %ige Na-N-Methyldiphenylamin-p-sulfonat-Lsg.; Maßlsg.: 0,1 mol/l Fe(II)-Lsg.; Gemisch aus 1 Teil 6 mol/l H_3PO_4 u. 1 Teil 3 mol/l H_2SO_4.
Arbeitsvorschrift: 20 ml Analysenlsg. mit ca. 100 ml W. verdünnen. 10 ml H_2SO_4-H_3PO_4-Gemisch u. 0,3 ml Indikator (oder 0,1 ml 0,025 mol/l Ferroin bei $Cr_2O_7^{2-}$) zufügen. Wenn nach 1 Min. der Indikator eine satte, rote Farbe hat, mit Maßlsg. titrieren, bis die Farbe über violett schlagartig nach blaugrün umschlägt.
Berechnung: 1 ml 0,1 mol/l Fe(II)-Lsg. ≙ 4,9032 mg $K_2Cr_2O_7$ bzw. 11,698 mg NH_4VO_3.

3.4.4. Fällungsverfahren

Mit Hilfe der Fällungsverfahren können Stoffe titriert werden, die mit einer Maßlösung einen schwerlöslichen Niederschlag in stöchiometrisch ablaufender Reaktion geben. Eine Abtrennung des Niederschlags – wie bei der Gravimetrie – ist dabei nicht erforderlich. Am wichtigsten aus dieser Gruppe von Analysenverfahren sind die argentometrischen Bestimmungen und die hydrolytischen Fällungsverfahren.

3.4.4.1. Grundlagen

Von grundsätzlicher Bedeutung bei der Fällungsanalyse ist das Löslichkeitsprodukt (s. S. 68 u. 264). Es spielt in der Fällungsanalyse eine analoge Rolle wie das Ionenprodukt des Wassers in der Neutralisationsanalyse. So läßt sich mit seiner Hilfe die Änderung der Konzentrationen der an einer Fällungsanalyse beteiligten Ionen berechnen.

Titrationskurven

Als Beispiel sei die Fällung von 100 ml 0,01 mol/l NaCl mit 1 mol/l $AgNO_3$ bei 20 °C erläutert. Die Veränderung des Ausgangsvolumens durch den Zusatz der Maßlösung soll dabei vernachlässigt werden.

In der folgenden Tabelle sind die Änderungen der Ionenkonzentrationen in Abhängigkeit vom $AgNO_3$-Zusatz wiedergegeben.

Das Produkt von $c(Cl^-)$ und $c(Ag^+)$ ergibt für jeden Punkt der Kurve $1{,}1 \cdot 10^{-10}$ $mol^2 \cdot l^{-2}$, d. h. das Löslichkeitsprodukt von AgCl. Die Werte der Tabelle sind graphisch in Abb. 49. wiedergegeben, wobei als Maß für die Konzentration der pCl-Wert verwendet wird (s. S. 265).

Auch bei diesem Titrationsverfahren ändert sich die Ionenkonzentration der an der Fällung beteiligten Ionen in der unmittelbaren Umgebung des Äquivalenzpunktes sprungartig. Voraussetzung für einen genügend großen Konzentrationssprung ist ein ausreichend kleines Löslichkeitsprodukt, es sollte z. B. für 1 : 1-Salze $\leqq 10^{-8}$ $mol^2 \cdot l^{-2}$ sein. Am Äquivalenzpunkt erreicht die Löslichkeit des Niederschlags ein Maximum (s. S. 265 u. Abb. 35).

Tabelle XXVIII. Titration von 100 ml 0,01 mol/l NaCl mit 1 mol/l $AgNO_3$-Lösung

ml $AgNO_3$	% Cl^- gefällt	$c(Cl^-)$ in mol/l	$c(Ag^+)$ in mol/l	pCl
0,000	0,0	$1{,}0 \cdot 10^{-2}$	0	2
0,90	90,0	$1{,}0 \cdot 10^{-3}$	$1{,}1 \cdot 10^{-7}$	3
0,99	99,0	$1{,}0 \cdot 10^{-4}$	$1{,}1 \cdot 10^{-6}$	4
1,00		$1{,}05 \cdot 10^{-5}$	$1{,}05 \cdot 10^{-5}$	5
1,01		$1{,}1 \cdot 10^{-6}$	$1{,}0 \cdot 10^{-4}$	6
1,10		$1{,}1 \cdot 10^{-7}$	$1{,}0 \cdot 10^{-3}$	7

Der Konzentrationssprung wird um so größer, je höher die Konzentrationen der Analysen- und der Maßlösung liegen. Einer beliebigen Konzentrationserhöhung sind Grenzen gesetzt (Volumenänderung, Mitfällung).

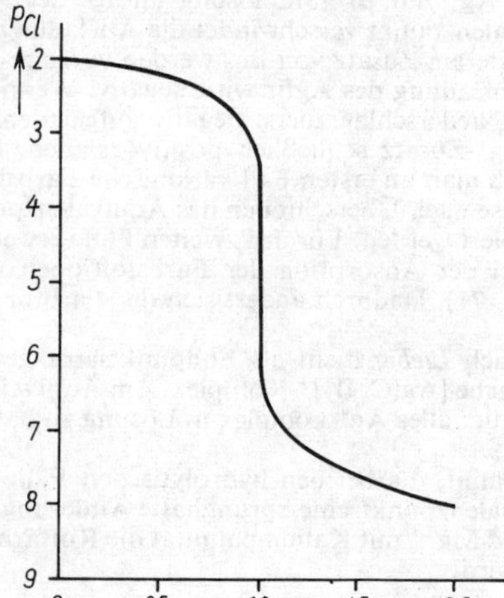

Abb. 49.
Titration von NaCl-Lösung mit $AgNO_3$

Indikatoren

Ohne spezielle Endpunktanzeige läßt sich Ag^+ mit NaCl-Lösung nach *Gay-Lussac* bestimmen. Als Kriterium für den Endpunkt dient die deutliche Zusammenballung des ausgefallenen Niederschlags und das Ausbleiben einer erneuten Trübung (Klarpunkt) bei Zusatz weiterer Maßlösung.

Eine Reihe von Indikatoren der Fällungsverfahren geben mit der Maßlösung einen gefärbten Niederschlag, wie z. B. K_2CrO_4 bei der argentometrischen Halogenidbestimmung nach *Mohr*. CrO_4^{2-} bildet mit Ag^+ in neutraler oder sehr schwach alkalischer Lösung einen rotbraunen Niederschlag von Ag_2CrO_4. Das Löslichkeitsprodukt des zur Indizierung dienenden Niederschlags bezogen auf $c(Ag^+)$ muß größer sein als das des bei der Titration gebildeten Niederschlags. Um eine einwandfreie Erkennung des Endpunktes zu erreichen, ist es notwendig, die Konzentration des Indikators in einem bestimmten Bereich zu halten. Die Menge an $AgNO_3$-Lösung, die über den Äquivalenzpunkt hinaus zur Erkennung des Endpunktes der Titration zugesetzt werden muß, ist von der CrO_4^{2-}-Konzentration abhängig, und zwar soll diese etwa bei 10^{-2} mol/l liegen, wie aus folgender Rechnung hervorgeht.

Im Äquivalenzpunkt ist $c(Ag^+) = \sqrt{K_{LAgCl}} = 10^{-5}\ mol \cdot l^{-1}$. Außerdem gilt bei Fällung von Ag_2CrO_4: $K_{LAg_2CrO_4} = c^2(Ag^+) \cdot c(CrO_4^{2-})$.

Die Konzentration zur Fällung von Ag_2CrO_4 im Äquivalenzpunkt der Titration muß dann sein:

$$c(CrO_4^{2-}) = \frac{K_{LAg_2CrO_4}}{c^2(Ag^+)} = \frac{10^{-12}\ mol^3 \cdot l^{-3}}{10^{-10}\ mol^2 \cdot l^{-2}} = 10^{-2}\ mol \cdot l^{-1}$$

Tatsächlich wählt man die CrO_4^{2-}-Konzentration etwas geringer (ca. $0{,}5 \cdot 10^{-2}$ mol/l), um die Farbe des ausfallenden Ag_2CrO_4 nicht durch die des CrO_4^{2-}-Ions zu überdecken.

Falls der zur Indizierung dienende Niederschlag schwerer löslich als die Analysenfällung ist, kann man den Indikator nur zum Tüpfeln verwenden. Als Beispiel sei die Titration von Zn^{2+} mit Na_2S genannt. Als Indikatorlösung dient hier $Co(NO_3)_2$-Lösung. CoS hat ein kleineres Löslichkeitsprodukt als ZnS, deshalb kann man das $Co(NO_3)_2$ nicht direkt der Analysenlösung zusetzen, es würde dann zuerst CoS ausfallen. Man hilft sich, indem man klare, ZnS-freie Lösungsproben entnimmt und mit $Co(NO_3)_2$-Lösung tüpfelt. Sonst würde sich ZnS mit $Co(NO_3)_2$ zu CoS und $Zn(NO_3)_2$ umsetzen. Erst am Äquivalenzpunkt reicht die S^{2-}-Konzentration aus, um beim Tüpfeln das schwarze CoS zu fällen. Weiterhin kann man einen Indikator zusetzen, der mit der Maßlösung nach Überschreitung des Endpunktes eine lösliche, gefärbte Verbindung bildet. Als Beispiel sei die Titration von Ag^+ mit SCN^- nach *Volhard* genannt. Zur Endpunktsanzeige wird eine $FeNH_4(SO_4)_2$-Lösung verwendet, die bereits mit einem sehr geringen SCN^--Überschuß die rote Farbe des aus qualitativen Analysen bekannten $Fe(SCN)_3$ bildet.

Eine besondere Gruppe von Indikatoren der Fällungsanalyse sind die Adsorptionsindikatoren, wie z. B. Rhodamin 6 G und Eosin, die bei der Argentometrie angewendet werden.

Im Verlauf einer Fällungstitration ändert sich die elektrische Aufladung der Oberfläche des zum Teil in kolloider Form vorliegenden Niederschlages (s. S. 170, Abb. 25.). Und zwar ist das kolloide AgBr bei einer Titration von vorgelegtem Ag^+ mit Br^--Maßlösung infolge des Ag^+-Überschusses zunächst positiv aufgeladen. Im Äquivalenzpunkt verschwindet die Aufladung der Oberfläche, da $c(Ag^+)$ und $c(Br^-)$ gleich sind. Bei weiterem Zusatz von Br^- werden vorzugsweise die jetzt überschüssigen Br^--Ionen adsorbiert, die Aufladung des AgBr wird negativ. Wenn dagegen Br^- mit Ag^+-Maßlösung titriert wird, ist der Niederschlag zuerst negativ aufgeladen, im Äquivalenzpunkt neutral und wird bei weiterem Ag^+-Zusatz schließlich positiv geladen. Entsprechend diesen Umladungen des Niederschlags muß man im ersten Fall kationische Farbstoffe (z. B. Rhodamin 6 G) als Indikator anwenden, da diese nach Überschreiten des Äquivalenzpunktes durch den negativ geladenen Niederschlag adsorbiert werden. Für den zweiten Fall verwendet man analog anionische Farbstoffe (z. B. Eosin). Bei der Adsorption der Farbstoffionen wird deren Elektronenhülle deformiert (Polarisation, s. S. 171). Dadurch ändert sich der Farbton des Indikators.

Bei der CN^--Bestimmung mit $AgNO_3$-Lösung nach *Liebig* dient als Endpunktsanzeige das Auftreten einer Trübung. Zunächst bildet sich der lösliche $[Ag(CN)_2]^-$-Komplex. Am Äquivalenzpunkt reicht die CN^--Konzentration nicht mehr aus, um alles Ag^+ komplex in Lösung zu halten, und es tritt Fällung von AgCN ein.

Als letztes seien die Säure-Basen-Indikatoren erwähnt, die bei den hydrolytischen Fällungsverfahren Anwendung finden. Hier erfolgt am Äquivalenzpunkt eine sprunghafte Änderung des pH-Wertes, so daß z. B. bei der Titration von Ca^{2+} und Mg^{2+} mit Kaliumpalmitat die Rotfärbung von Phenolphthalein als Endpunktsanzeige benutzt wird.

3.4.4.2. Argentometrie

Ag^+ gibt mit den Halogenid- und Pseudohalogenidionen stöchiometrisch zusammengesetzte Niederschläge oder Komplexe.

Herstellung einer $AgNO_3$-Lösung

Verfahrensfehler: Das verwendete Silbernitrat darf kein metallisches Silber enthalten, seine wäßrige Lösung muß neutral reagieren. Die fertige Lösung muß vor Licht und Staub geschützt werden.

Arbeitsgeräte: 1000-ml-Meßkolben; Trockenschrank; Wägeglas; Analysenwaage.

Reagenzien: $AgNO_3$ (p. a.).
Arbeitsvorschrift: $AgNO_3$ im Trockenschrank bei 150 °C bis zur Gewichtskonstanz trocknen, davon 16,9873 g abwägen, in W. lösen u. im Meßkolben auf 1000 ml auffüllen. Die Konzentration ist genau $c(AgNO_3) = 0{,}1000$ mol/l. Eine Titerstellung ist nicht notwendig; bei älteren Lösungen ist eine Titerstellung mit NaCl (p. a.) zu empfehlen.

Herstellung einer NH_4SCN-Maßlösung

Reaktionsprinzip: Thiocyanat gibt mit Ag^+ schwerlösliches AgSCN.

Verfahrensfehler: Das verwendete Ammoniumthiocyanat muß völlig frei von Chlorid sein.
Arbeitsgeräte: 1-l-Flasche; Wägeschiffchen; Waage.
Reagenzien: NH_4SCN (p. a.).
Arbeitsvorschrift: NH_4SCN ist hygroskopisch u. zersetzt sich bei höheren Temperaturen. Ca. 8–9 g möglichst trockenes NH_4SCN abwägen u. in 1 l W. lösen. Die fertige Maßlsg. gegen 0,1 mol/l $AgNO_3$ einstellen.

Bestimmung von Chlorid nach Mohr

Reaktionsprinzip: Die Titration verläuft nach folgender Reaktionsgleichung:

$Cl^- + Ag^+ \rightarrow AgCl\downarrow$
35,453 107,868 143,321

Sobald der Äquivalenzpunkt überschritten ist, reicht die Ag^+-Konzentration aus, um mit dem als Indikator zugesetzten K_2CrO_4 einen rotbraunen Niederschlag von Ag_2CrO_4 zu bilden (s. S. 315f.). Br^- ist ebenfalls so titrierbar.

Verfahrensfehler: Die Endpunktsanzeige erfolgt in sauren Lsgg. zu spät oder gar nicht, da hier vorwiegend $Cr_2O_7^{2-}$ vorliegt (s. S. 127), das mit Ag^+ keinen Nd. bildet. Andererseits darf die Lsg. nicht zu alkalisch sein, da sonst AgOH ausfällt. Am besten ist pH = 6,5–7,2, einzustellen mit $NaHCO_3$ oder CH_3COOH. Alle Titrationen sollen möglichst unter den gleichen Bedingungen wie die Einstellung der Maßlösung erfolgen. Damit wird der Fehler ausgeglichen, der durch den zur Erreichung einer sichtbaren Rotfärbung notwendigen Mehrverbrauch von $AgNO_3$ entsteht.
Arbeitsbereich: 1,0–0,1 mmol Cl^- (35–3,3 mg Cl).
Arbeitsgeräte: 100-ml-Meßkolben; 20-ml-Pipette; 300-ml-Weithals-Erlenmeyerkolben; 50-ml-Bürette.
Reagenzien: Indikator: 0,3 mol/l K_2CrO_4; Maßlsg.: 0,1 mol/l $AgNO_3$.
Arbeitsvorschrift: 20 ml der Analysenlsg. mit W. auf 100 ml verdünnen, 2 ml der Indikatorlsg. zugeben. Mit Maßlsg. unter gutem Schütteln nicht zu schnell bis zum Umschlag titrieren. Die Rotfärbung soll etwa 1 Min. lang bestehenbleiben.
Berechnung: 1 ml 0,1 mol/l $AgNO_3 \mathrel{\hat{=}} 0{,}1$ mmol Cl^- bzw. 3,5453 mg Cl.

Bestimmung von Silber nach Volhard

Reaktionsprinzip: Die Fällung des Ag^+ erfolgt mit einer SCN^--Maßlösung nach folgender Reaktionsgleichung:

$Ag^+ + SCN^- \rightarrow AgSCN\downarrow$
107,868 58,08 165,95

Ein Überschuß an SCN^- wird durch einen Zusatz von Fe^{3+} erkannt (s. S. 120). Auf diese Weise ist die direkte Bestimmung von Ag^+ möglich. Durch Rücktitration lassen sich nach *Volhard* auch Cl^- (AgCl muß vor der Rücktitration abfiltriert werden), Br^-, I^-, CN^-, SCN^- bestimmen.

Verfahrensfehler: Die salpetersaure Lsg. darf keine NO_2^--Ionen enthalten, da diese mit SCN^- eine rote Färbung geben. Die Lsg. muß 0,5–1,5 mol/l HNO_3 enthalten, höhere Konzentrationen verzögern die Bildung des gefärbten $Fe(SCN)_3$-Komplexes. Bei Temperaturen oberhalb 25 °C ist die Farbintensität des Indikators zu gering.
Arbeitsbereich: 1,0–0,1 mmol Ag (108–11 mg Ag).

Arbeitsgeräte: 100-ml-Meßkolben; 20-ml-Pipette; 300-ml-Weithals-Erlenmeyerkolben; 50-ml-Bürette.

Reagenzien: Indikator: Kalt gesätt. $FeNH_4(SO_4)_2$-Lsg. so lange tropfenweise mit ausgekochter konz. HNO_3 versetzen, bis die anfangs entstehende Braunfärbung wieder verschwunden ist; Maßlsg.: 0,1 mol/l NH_4SCN.

Arbeitsvorschrift: 20 ml der Analysenlsg. mit W. auf 100 ml verdünnen, 2 ml Indikatorlsg. zusetzen. Mit SCN^--Maßlsg. bis zum Umschlag titrieren.

Berechnung: 1 ml 0,1 mol/l NH_4SCN ≙ 0,1 mmol Ag^+ bzw. 10,7868 mg Ag.

Bestimmung von Bromid nach Fajans

Reaktionsprinzip: Die Titration verläuft nach folgender Reaktionsgleichung:

$$\underset{79{,}904}{Br^-} + \underset{107{,}868}{Ag^+} \rightarrow \underset{187{,}772}{AgBr\downarrow}$$

Nach Überschreiten des Äquivalenzpunktes ist das AgBr-Kolloid durch überschüssige Ag^+-Ionen an der Oberfläche positiv aufgeladen (s. S. 316) und vermag Eosinanionen unter Deformation ihrer Elektronenhülle (Farbänderung) zu adsorbieren.

In gleicher Weise sind mit anderen Indikatoren Cl^-, I^-, SCN^- titrierbar.

Verfahrensfehler: In Lsgg. mit mehr als 0,1 mol/l HNO_3 wird der Farbstoff zerstört; wenn möglich, soll in essigsaurer Lsg. gearbeitet werden.

Arbeitsbereich: 1,0–0,1 mmol Br^- (80–8 mg Br).

Arbeitsgeräte: 100-ml-Meßkolben; 20-ml-Pipette; 30-ml-Weithals-Erlenmeyerkolben; 50-ml-Bürette.

Reagenzien: Indikator: 1%ige Eosinnatrium-Lsg.; Maßlsg.: 0,1 mol/l $AgNO_3$.

Arbeitsvorschrift: 20 ml der Analysenlsg. mit W. auf 100 ml verdünnen, 2 Tr. Indikatorlsg. für je 10 ml Verbrauch zusetzen, bis zur Flockung u. zum Umschlag von rosa nach rot mit Maßlsg. titrieren.

Berechnung: 1 ml 0,1 mol/l $AgNO_3$ ≙ 1 mmol Br^- bzw. 7,9909 mg Br.

Bestimmung von Cyanid nach Liebig

Reaktionsprinzip: Dieser Titration liegt zwar eine Komplexbildungsreaktion zu Grunde (s. S. 91), sie gehört aber wegen der Art ihrer Endpunktsanzeige zu den Fällungsanalysen. Bis zum Äquivalenzpunkt erfolgt Komplexbildung:

$$\underset{52{,}036}{2\,CN^-} + \underset{107{,}868}{Ag^+} \rightarrow \underset{159{,}904}{[Ag(CN)_2]^-}$$

Bei Überschreitung des Äquivalenzpunktes beginnt die Fällung von AgCN nach:

$$[Ag(CN)_2]^- + Ag^+ \rightarrow 2\,AgCN\downarrow$$

Verfahrensfehler: Die Bestimmung muß in schwach alkalischer Lsg. ausgeführt werden, in saurer Lsg. wird HCN frei, in stark alkalischer Lsg. fällt AgOH aus. Der Reagenzzusatz soll besonders gegen Ende der Titration langsam erfolgen, da primär an der Eintropfstelle gebildetes AgCN in einem geringen Überschuß von CN^- sich nur sehr langsam wieder löst. NH_4^+-Ionen stören durch Komplexbildung, Halogenid- und Thiocyanationen stören nicht. Zur besseren Sichtbarmachung des Endpunktes ist ein Zusatz von Diphenylcarbazid als Adsorptionsindikator zu empfehlen, dieses zeigt bereits vor einer sichtbaren Trübung einen Umschlag von rosa nach blaßviolett.

Arbeitsbereich: 2,0–0,2 mmol CN^- (52–5,2 mg CN).

Arbeitsgeräte: 100-ml-Meßkolben; 20-ml-Pipette; 300-ml-Weithals-Erlenmeyerkolben; 50-ml-Bürette.

Reagenzien: Indikator: 0,1%ige Lsg. von Diphenylcarbazid in Alkohol; Maßlsg.: 0,1 mol/l $AgNO_3$.

Arbeitsvorschrift: 20 ml Analysenlsg. mit W. auf 100 ml verdünnen (Achtung! Cyanid ist ein sehr starkes, tödlich wirkendes Gift, beim Entnehmen der Analysenlsg. mit der Pipette auf keinen Fall mit dem Mund ansaugen; Peleusball oder Wasserstrahlpumpe benutzen! Oder Analysenlsg. in eine Bürette füllen!), 2–3 Tr. Indikatorlsg. zusetzen, bis zum bleibenden Umschlag nach blaßviolett mit Maßlsg. titrieren.

Berechnung: 1 ml 0,1 mol/l $AgNO_3 \triangleq$ 0,2 mmol CN^- bzw. 5,2036 mg CN.

3.4.4.3. Hydrolytische Fällungsverfahren

Es werden Salze schwacher Säuren als Titrationsmittel verwendet, deren Anionen mit den zu bestimmenden Kationen schwerlösliche Niederschläge bilden. Der Endpunkt wird daran erkannt, daß ein Reagenzüberschuß hydrolysiert und den pH-Wert der Lösung sprunghaft erhöht.

Herstellung und Einstellung einer Kaliumpalmitat-Maßlösung

Reaktionsprinzip: $KC_{15}H_{31}COO$ gibt mit Mg^{2+} und Ca^{2+} schwerlösliche Niederschläge stöchiometrischer Zusammensetzung.

Verfahrensfehler: Die Maßlsg. muß genau neutral sein. Bei Einstellung der Lsg. mit einer $CaCl_2$-Lsg. aus HCl u. $CaCO_3$ muß CO_2 vor der Titration verkocht werden.

Arbeitsgeräte: 1000-ml-Meßkolben; Wägeschiffchen; Waage.

Reagenzien: Palmitinsäure; Phenolphthalein; Propanol; KOH; Ethanol.

Arbeitsvorschrift: 25,6 g Palmitinsäure abwägen und zusammen mit 0,1 g Phenolphthalein in einem Gemisch von 500 ml Propanol u. 300 ml W. lösen. 15 g KOH in 100 ml Ethanol in der Wärme lösen. Die alkoholische KOH-Lsg. in Portionen zur ersten Lsg. zusetzen, bis sich die Palmitinsäure klar gelöst hat u. die Lsg. schwach rosa geworden ist. Wenn zuviel KOH-Lsg. zugegeben wurde, mit einigen Tr. HCl entfärben u. mit KOH tropfenweise bis zum Umschlag titrieren. Gegebenenfalls muß filtriert werden. Die fertige Maßlsg. muß gegen CO_2-freie $MgCl_2$- oder $CaCl_2$-Lsg. bekannter Konzentration eingestellt werden. Als Urtitersubstanz eignet sich $CaCO_3$.

Bestimmung von Magnesium mit Kaliumpalmitat

Reaktionsprinzip: Die Fällung des Magnesiumpalmitats erfolgt nach:

$$\underset{24,305}{Mg^{2+}} + \underset{510,84}{2\,C_{15}H_{31}COO^-} \rightarrow \underset{535,15}{Mg(C_{15}H_{31}COO)_2\downarrow}$$

Beim Überschreiten des Äquivalenzpunktes hydrolysiert das überschüssige Palmitat nach:

$$C_{15}H_{31}COO^- + K^+ + H_2O \rightarrow C_{15}H_{31}COOH + K^+ + OH^-$$

Die alkalische Reaktion wird durch Neutralisationsindikatoren, die bei hohem pH-Wert umschlagen, sichtbar gemacht.

Verfahrensfehler: Der Nd. fällt bei zu hohen Mg^{2+}-Konzentrationen ($c(Mg^{2+}) > 0,015$ mol/l) Kaliumpalmitat mit. Bei sehr geringen Mg^{2+}-Konzentrationen tritt ebenfalls ein zu hoher Verbrauch ein, da allein für den Umschlag des Indikators eine bestimmte Kaliumpalmitatmenge notwendig ist. Dieser Blindverbrauch beträgt maximal $V_b = 1$ ml bei $c(Mg^{2+}) < 5 \cdot 10^{-4}$ mol/l. Die Analysenlsg. muß neutral sein.

Arbeitsbereich: 1,5–0,05 mmol Mg^{2+} (37–1,2 mg Mg).

Arbeitsgeräte: 100-ml-Meßkolben; 20-ml-Pipette; 300-ml-Weithals-Erlenmeyerkolben; 50-ml-Bürette.

Reagenzien: Indikator: 0,1%ige alkoholische Lsg. von Phenolphthalein; Maßlsg.: 0,1 mol/l Kaliumpalmitatlsg. (s. oben); 0,1 mol/l HCl.

Arbeitsvorschrift: 20 ml neutrale Analysenlsg. mit W. auf 100 ml verdünnen, mit 2 Tr. Indikatorlsg. versetzen, evtl. mit 0,1 mol/l HCl bis zur Entfärbung titrieren, aufkochen u. mit Maßlsg. bis zum Umschlag nach rosa titrieren. $V_n = f_n \cdot (V_t - V_b)$.

Berechnung: 1 ml 0,1 mol/l Kaliumpalmitat $\triangleq$ 0,05 mmol Mg^{2+} bzw. 1,215 mg Mg.

3.4.5. Komplexbildungs-Titrationen

Bei den komplexbildenden Titrationen werden Ionen mit Maßlösungen umgesetzt, die komplexbildende Liganden enthalten. Ein klassisches Beispiel ist die Bestimmung von Alkalicyaniden nach der Methode von *Liebig* (s. S. 318).

3.4.5.1. Grundsätzliches

Allgemein ist die einfache Komplexbildung nur in Sonderfällen brauchbar, da die maßanalytischen Grundbedingungen, das Vorliegen einer eindeutigen und vollständigen Reaktion sowie einer zuverlässigen Indikation des Endpunktes, nicht erfüllt sind. Ihre große Bedeutung erreichten die komplexbildenden Titrationen erst nach Darstellung von neuen Verbindungen, z. B. der Aminopolycarbonsäuren, und der in den 10 Jahren danach erfolgten Aufklärung des Komplexbildungs-Mechanismus. Da die neuen Reagenzien ausschließlich Chelatkomplexbildner sind, spricht man von chelatometrischen Titrationen.

Zu nennen sind vor allem die nach 1945 von *Schwarzenbach* in die analytische Chemie eingeführten komplexometrischen Titrationen und die von *Wickbold* entwickelten carbatometrischen Titrationen.

Als Maßlösung werden Natriumsalze der chelatbildenden Säuren Ethylendiamintetraessigsäure, EDTA, kurz H_4Y, oder Diethylamidodithiocarbonat DDTC, kurz HC, verwendet.

Allgemein lassen sich die stattfindenden Umsetzungen formulieren zu

$$M^{n+} + Y^{4-} \rightleftharpoons [MY]^{-4+n}$$

$$M^{n+} + n \cdot C^- \rightleftharpoons [MC_n]^0$$

Aus dem MWG ergeben sich die Stabilitätskonstanten (s. S. 95) der Komplexe:

$$K_M = \frac{c([MY]^{-4+n})}{c(M^{n+}) \cdot c(Y^{4-})} \quad \text{bzw.} \quad K_M = \frac{c([MC_n])}{c(M^{n+}) \cdot c^n(C^-)}$$

Da sie bei den angeführten Titrationsarten sehr große Werte besitzen, ist es üblich, sie im logarithmischen Maß anzugeben:

$$pK = \log K_M$$

Die vergleichsweise sehr große Stabilität dieser Komplexe ist im wesentlichen eine Folge der Bildung von Chelatringen.

Statt der Metallionenkonzentrationen werden die analog den pH-Werten definierten Werte angegeben:

$$pM = -\log c(M^{n+})$$

Trägt man die pM-Werte als Funktion des Verbrauches V an Maßlösung in ein pM-V-Diagramm ein, so erhält man Titrationskurven, die denjenigen bei Neutralisationstitrationen entsprechen. Es tritt auch hier am Äquivalenzpunkt eine sprunghafte pM-Änderung auf.

Zur Endpunktserkennung verwendet man hauptsächlich Metallindikatoren, in Sonderfällen elektrometrische Verfahren. Ein Metallindikator ist ein Farbstoff, der mit dem zu titrierenden Kation einen anders gefärbten Farbstoffkomplex bildet, der weniger stabil ist als der entsprechende Chelat-Komplex. Versetzt man die Analysenlösung mit dem Metallindikator, so bildet sich der entsprechende Farbstoffkomplex aus. Beim Titrieren mit dem Chelatbildner werden zuerst die freien Metallionen komplexiert. Am Äquivalenzpunkt aber wird auch der Indikatorkomplex zerstört. Es folgt der Umschlag in die Farbe des freien Metallindikators.

3.4.5.2. Komplexometrie

Unter dem von *Schwarzenbach* geprägten Sammelbegriff Komplexone (Warenzeichen der Firma Uetikon, Schweiz) faßt man eine Anzahl Verbindungen zusammen, z. B.

die Nitrilotriessigsäure (Komplexon I)

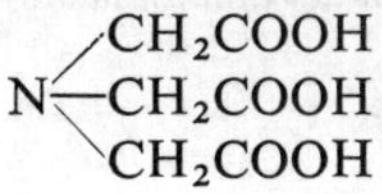

die Ethylendiamintetraessigsäure (Komplexon II)

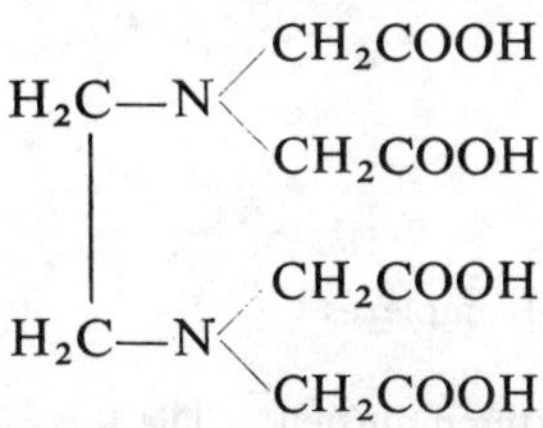

das Dinatriumsalz der Ethylendiamintetraessigsäure (Komplexon III) und die Diaminocyclohexantetraessigsäure (Komplexon IV).

Die weitaus größte Bedeutung hat das Dinatriumsalz der Ethylendiamintetraessigsäure, kurz als Na_2H_2Y bezeichnet. Es dissoziiert in wäßriger Lösung hauptsächlich nach

$$Na_2H_2Y \rightleftharpoons 2\,Na^+ + H_2Y^{2-}$$

Außerdem findet eine intramolekulare Umlagerung statt. Es wandern nämlich die H^+-Ionen der beiden nicht neutralisierten Carboxylgruppen an die Stickstoffatome, so daß eine sog. Betainstruktur (s. Abb. 50.) entsteht. Dieses Ion kann in neutraler oder alkalischer Lösung mit zweifach positiv geladenen Kationen M^{2+} einen 1 : 1-Komplex bilden, wobei 2 H^+-Ionen frei werden.

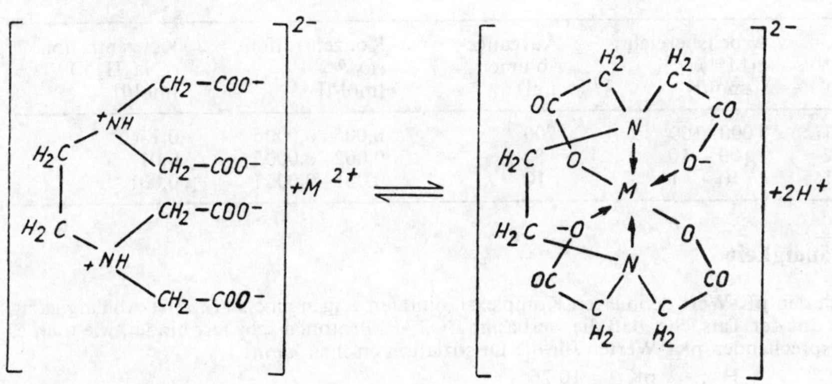

Abb. 50. Schematische Darstellung der Bildung eines EDTA-Komplexes

Wie aus den Abb. 50. und 51. hervorgeht, bilden sich über Stickstoff- und Carbonylsauerstoffatome mehrere besonders stabile Fünfringe aus. Die EDTA-Komplexe besitzen fast ausschließlich die Koordinationszahl 6, dabei können bis zu 2 Koordinationsstellen durch Wasser oder andere Liganden ersetzt werden. Damit verringert sich die Anzahl an Fünfringen, die wie im vorliegenden Beispiel maximal fünf beträgt. Die Komplexstabilität wird von der Zahl der Chelatringe bestimmt. So steigert jeder Chelatring die Stabilität von EDTA-Komplexen etwa um den 100fachen Wert (2 pK-

Einheiten). Deshalb fällt z. B. aus den Nickel-, Cobalt- und Zinkkomplexonaten mit $(NH_4)_2S$ kein schwerlösliches Sulfid. Ebenso fällt Ca-Oxalat in Gegenwart von Komplexon nicht aus ammoniakalischer Lösung, und $BaSO_4$ wird von dem Chelatbildner aufgelöst.

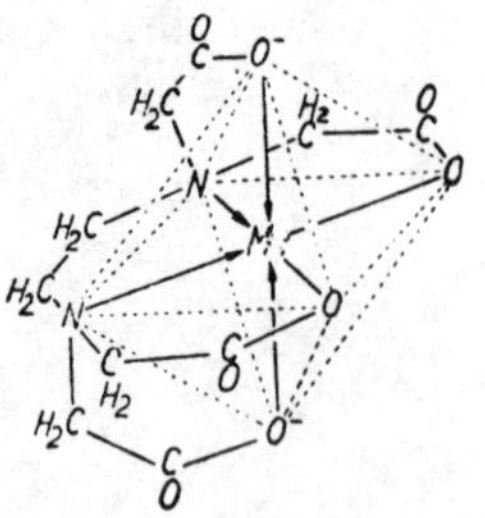

Abb. 51. Räumlicher Aufbau eines EDTA-Komplexes

Für 3- und 4fach positiv geladene Kationen kann man analoge Strukturen aufstellen. Die Reaktionen werden durch die folgenden Gleichungen beschrieben.

$H_2Y^{2-} + M^{3+} \rightarrow MY^- + 2H^+$ und $H_2Y^{2-} + M^{4+} \rightarrow MY + 2\,H^+$

Diese Komplexe sind fast immer im sauren Gebiet beständig.

Die EDTA-Komplexe tragen meist eine negative Ladung. Ihre hydrophilen Sauerstoffatome sind nach außen gerichtet. Hierauf beruht die gute Wasserlöslichkeit der Komplexe und ihre Schwerlöslichkeit in inerten organischen Lösungsmitteln. EDTA wird deshalb auch oft als ausgezeichnetes Maskierungsmittel für Kationen in wäßriger Lösung verwendet (näheres s. S. 337).

Bei den komplexometrischen Titrationen ist das Stoffmengenverhältnis Metallion zu Komplexion im gebildeten Komplex unabhängig von der Kationenladung stets 1:1.

Als ein wesentlicher Vorteil komplexometrischer Titrationen sei herausgestellt, daß Mengen des Makro-, Halbmikro- und in vielen Fällen auch des Mikro-Arbeitsbereiches ohne größeren Zeitaufwand und Schwierigkeitsgrad titriert werden können. Hierin erweist sich die Komplexometrie allen bisher bekannten Titrationsmethoden überlegen. Bei Titrationen mit 10-ml-Büretten haben sich die in Tab. XXIX. angeführten Versuchsbedingungen ausgezeichnet bewährt.

Tabelle XXIX. Komplexometrische Titrationen

Bestimmungs-verfahren		Arbeitsbereich $n(M^{n+})$ [μmol/l]	Ausgangs-volumen [ml]	Konzentration $c(M^{n+})$ [mol/l]	Konzentration $c(Na_2H_2Y)$ [mol/l]
Mikromol-Verfahren	3	1000–100	200	0,005–0,0005	0,1
	2	100–10	50	0,002–0,0002	0,01
	1	10–1	10	0,001–0,0001	0,001

Komplexbeständigkeit

Die durch den pK-Wert definierten Komplexstabilitäten zeigen eine starke pH-Abhängigkeit. Dies beruht auf der Tatsache, daß die vierbasige EDTA 2 Protonen sehr fest bindet, wie man es aus den entsprechenden pK_s-Werten für die Dissoziation ersehen kann:

$HY^{3-} \rightleftharpoons Y^{4-} + H^+;\quad pK_1 = 10{,}26;$

$H_2Y^{2-} \rightleftharpoons HY^{3-} + H^+;\quad pK_2 = 6{,}16;$

$H_3Y^- \rightleftharpoons H_2Y^{2-} + H^+;\quad pK_3 = 2{,}67;$

$H_4Y \rightleftharpoons H_3Y^- + H^+;\quad pK_4 = 2{,}0$

HY^{3-} und H_2Y^{2-} werden folgerichtig auch als Protonenkomplexe der EDTA bezeichnet. Unterhalb von pH = 9 verursacht ihre konkurrierende Bildung eine zunehmende Schwächung der Metallkomplex-Stabilitäten, die durch einen pH-abhängigen Wasserstoffkoeffizienten α_H Berücksichtigung finden kann. Die effektive Stabilität pK′ ist:

$pK' = pK - \lg \alpha_H$

Tabelle XXX.
pK-Werte einiger Ionen

Ion	pK-Wert
Li^+	2,79
Na^+	1,66
K^+	1,1
Cs^+	0,9
Mg^{2+}	8,69
Ca^{2+}	10,70
Sr^{2+}	8,63
Ba^{2+}	7,76
Al^{3+}	16,13
Sc^{3+}	23,1
Y^{3+}	18,09
La^{3+}	15,50
Ce^{3+}	15,98
Gd^{3+}	17,37
Lu^{3+}	19,83
Mn^{2+}	13,79
Fe^{2+}	14,33
Fe^{3+}	25,1
Co^{2+}	16,31
Ni^{2+}	18,62
Cu^{2+}	18,80
Zn^{2+}	16,50
Cd^{2+}	16,46
Pb^{2+}	18,04
Hg^{2+}	21,80

Tabelle XXXI.
lg α_H als Funktion des pH-Wertes

pH-Wert	lg α_H
12,0	0,03
11,0	0,07
10,5	0,20
10,0	0,45
9,5	0,83
9,0	1,28
8,5	1,77
8,0	2,27
7,5	2,78
7,0	3,32
6,5	3,92
6,0	4,65
5,5	5,51
5,0	6,45
4,5	7,43
4,0	8,44
3,5	9,48
3,0	10,60
2,5	11,89
2,0	13,44
1,5	15,22
1,0	17,13
0,5	19,10
0,0	21,09

Naturgemäß können auch andere anwesende Komplexbildner den pK'-Wert zusätzlich erniedrigen. So greift freies Ammoniak bei Amminkomplexbildnern wie Co^{2+}, Ni^{2+}, Cu^{2+}, Zn^{2+}, Cd^{2+} schwächend in die Titrationsgleichgewichte ein.

Allgemein setzen komplexometrische Titrationen effektive Komplexstabilitäten von pK' > 7 voraus. Anwesende andere Metallionen sind im allgemeinen ohne Einfluß, wenn ihr pK' < 3 ist.

Die Tab. XXX. und XXXI. bringen eine Zusammenstellung der pK-Werte der wichtigsten Ionen und der Werte für lg α_H. Diese Daten erlauben eine gute Abschätzung der Durchführbarkeit, der Grenzen und Störmöglichkeiten komplexometrischer Titrationen. Bei der komplexometrischen Mg-Bestimmung, pK von Mg^{2+} = 8,69, darf also lg α_H nicht über 1,69 liegen, d. h., der pH-Wert muß größer als 8,5 sein. Weiterhin erkennt man, daß die Alkaliionen bei komplexometrischen Titrationen nicht stören.

Metallindikatoren

Die wichtigsten Indikatoren sind das Eriochromschwarz T (Erio T), Murexid, Metallphthalein, Brenzcatechinviolett, 1-[2-Pyridylazo]-2-naphthol (PAN), 4-[2-Pyridylazo]-resorcin (PAR), Calconcarbonsäure (CC), Xylenolorange usw.

Erio T ist ein Azofarbstoff:

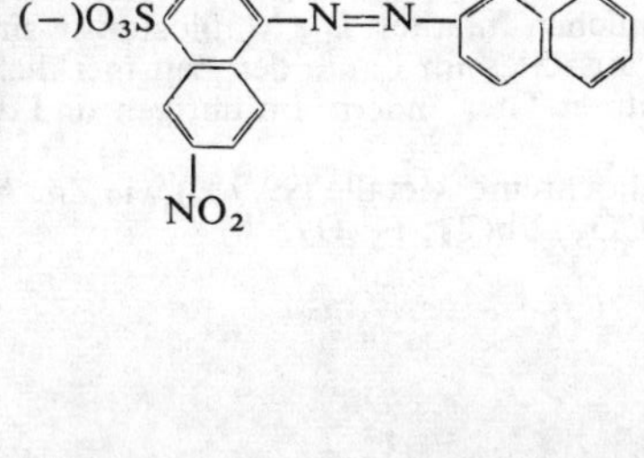

Als dreibasige Säure, H_3X, treten in den einzelnen pH-Gebieten folgende Farbstoffionen auf:

H_2X^- rot bei pH < 6
HX^{2-} blau bei pH 7–11
X^{3-} gelborange bei pH > 12

Mit zahlreichen Metallionen werden in ammoniakalischen Lösungen intensiv farbige Komplexe gebildet:

$$\underset{\text{blau}}{M^{2+} + HX^{2-}} \rightleftharpoons \underset{\text{weinrot}}{MX^-} + H^+$$

Eine komplexometrische Titration im pH-Bereich 7–11 läßt sich durch folgende Gleichungen beschreiben:

Hauptreaktion

$$M^{n+} + [H_2Y]^{2-} \rightarrow [MY]^{-4+n} + 2\,H^+$$

Indikatorreaktion

$$\underset{\text{rot}}{[MX]^{-3+n}} + [H_2Y]^{2-} \rightarrow [MY]^{-4+n} + \underset{\text{blau}}{HX^{2-}} + H^+$$

Bei der Hauptreaktion entstehen je Metallion 2 Wasserstoffionen, die eine wesentliche Änderung des pH-Wertes verursachen. Um diesen störenden Einfluß auszuschalten, läßt man die Reaktion in einem Puffersystem ablaufen. Bei der Erio-T-Indikation verwendet man hierzu oft einen Ammoniumsalz-Ammoniak-Puffer:

$$c(NH_4^+) : c(NH_3) = 1 : 5$$

und stabilisiert damit einen pH-Bereich von 10,2–10,5.

Sorgfältige Einstellung und Einhaltung des pH-Wertes ist eine Grundforderung aller komplexometrischen Titrationen.

Saure Ausgangslösungen müssen vor der Zugabe der Pufferkomponenten mit NaOH neutralisiert werden.

Der Farbumschlag am Äquivalenzpunkt ist meist sehr scharf; Erio T wird daher sehr häufig benutzt. Mit einigen Kationen, z. B. Al^{3+}, Co^{2+} und Ni^{2+} bildet der Indikator allerdings so starke Komplexe, daß sie von Komplexon nicht mehr angegriffen werden.

Erio T wird mit der 100fachen Menge NaCl verrieben und spatelspitzenweise unmittelbar vor der Titration der Analysenlösung zugesetzt. Sowohl bei pH < 8 als auch bei pH > 11 ist das gelöste Erio T besonders oxidationsempfindlich und wird bereits durch Luft relativ schnell in mißfarbene bräunliche Oxidationsprodukte überführt. Der gleiche Effekt tritt auch bei zu hohen Salzkonzentrationen auf.

Die ionale Gesamtkonzentration soll 0,5 mol/l nicht überschreiten.

Prinzipiell ähnliches Reaktionsverhalten zeigen auch die übrigen Indikatoren. Zu ihrer Anwendung werden sie ebenfalls mit der 100- bis 200fachen Menge NaCl verrieben. Einige Indikatoren finden auch als verdünnte Lösungen Verwendung.

Herstellung und Einstellung einer EDTA-Maßlösung

Das Dinatriumsalz der Ethylendiamintetraessigsäure, $Na_2H_2C_{10}H_{12}O_8N_2 \cdot 2\,H_2O$ (M = 372,1 g/mol), ist ein weißes, in Wasser leicht lösliches Pulver, das analysenrein unter Warenbezeichnungen wie Komplexon III (Komplexon AG.), Titriplex III (Merck), Idranal III (Riedel de Haen), Chelaplex (VEB Berlin-Chemie) im Handel ist. Der Feuchtegehalt von erfahrungsgemäß 0,4% ist bei der Einwaage zu berücksichtigen.

Das zur Herstellung der Maßlösung verwendete Wasser darf keine Spuren von Schwermetall- oder Erdalkaliionen enthalten. Um solche Verunreinigungen, die bisweilen auch im destillierten Wasser vorkommen, zu beseitigen, kann man einen stark sauren Kationenaustauscher in der Alkaliform benutzen (s. S. 300f.).

Je nach zu bestimmender Stoffmenge verwendet man EDTA-Lösungen mit 0,1, 0,01 oder 0,001 mol/l und titriert mit 10-ml-Büretten oder Kolbenbüretten ähnlichen Inhaltes. Die Maßlösungen sind in Kunststoff-Flaschen (Polyethylen) aufzubewahren, da sie aus Glas im Laufe der Zeit merkliche Mengen Kationen (Mg^{2+}, Ca^{2+} etc.) herauslösen und damit ihren Titer ändern. Im übrigen sind die Lösungen unbegrenzt haltbar.

Zur Einstellung der Maßlösungen benutzt man am besten hochreine Metalle (99,9%) wie Zn, Al, Cu, Ni oder bei 110 °C getrocknete Salze bzw. Oxide wie $CaCO_3$, $PbCl_2$, Fe_2O_3.

Bestimmung von Magnesium

Reaktionsprinzip: Mg^{2+}-Ionen können in alkalischer Lösung direkt komplexometrisch mit Erio T als Indikator titriert werden. Nach gleicher Vorschrift sind auch Zn^{2+}, Cd^{2+}, Sc^{3+}, Y^{3+}, La^{3+}, Ga^{3+}, In^{3+}, Tl^{3+} und Seltenerdmetallionen titrierbar.

Mit Pb^{2+}, Mn^{2+}, Hg^{2+}, Ca^{2+}, Sr^{2+} und Ba^{2+} reagiert Erio T weniger gut, doch kann durch Zugabe von 10 (bzw. 1) ml 0,1 mol/l K_2MgY oder Na_2ZnY in die saure oder neutrale Analysenlösung über die Substitutionsreaktionen

$$[MgY]^{2-} + M^{2+} \rightarrow [MY]^{2-} + Mg^{2+}$$

$$[ZnY]^{2-} + M^{2+} \rightarrow [MY]^{2-} + Zn^{2+}$$

der sehr scharfe Mg- oder Zn-Umschlag erhalten werden. Diese Substitutionstitration ist auch für Ce^{3+} empfehlenswert. Wegen der Oxidationsempfindlichkeit werden bei Titrationen von Mn^{2+} zusätzlich 100 (bzw. 50) mg Ascorbinsäure in die Lösung gegeben. Werte in Klammern gelten für 0,01 mol/l EDTA.

Störende Ionen: Fe^{2+}, Fe^{3+}, Co^{2+}, Ni^{2+}, Cu^{2+}, Au^{3+}, Al^{3+}, Ti^{4+}, Zr^{4+}, Ge^{4+} sowie Ionen der Platinelemente blockieren, selbst in Spuren, den Indikator, da ihre Farbstoffkomplexe stabiler als die entsprechenden EDTA-Komplexe sind. Diese Störung kann durch Zugabe der Maskierungsmittel KCN oder Triethanolamin ausgeschaltet werden. KCN maskiert auch Zn^{2+}, Cd^{2+} u. Hg^{2+} und verhindert den Einsatz von Na_2ZnY bei Substitutionstitrationen. Triethanolamin maskiert andererseits auch Mn^{2+}.

Verfahrensfehler: Bei der evtl. notwendigen Zugabe der stark alkalischen Maskierungsmittel ist eine sorgfältige Dosierung u. pH-Kontrolle unerläßlich. Zur Vermeidung schleppender u. unscharfer Umschläge sind maximal nur 10 mmol KCN (650 mg) oder 5 ml Triethanolamin zulässig. Weitere Einzelheiten zur Maskierung s. S. 335ff.

Arbeitsbereich: 1,0–0,1 mmol Mg^{2+} (24,3–2,4 mg Mg); beim Mikromol-Verfahren 2: 0,10 bis 0,001 mmol Mg^{2+} (2,4–0,24 mg Mg).

Im weiteren sind die Zahlenangaben für den Arbeitsbereich beim Mikromol-Verfahren 2 in Klammern gesetzt.

Arbeitsgeräte: 100-(25)-ml-Meßkolben; 20-(5)-ml-Pipetten; 300-(100)-ml-Weithals-Erlenmeyerkolben oder 400-(100)-ml-Bechergläser (hohe Form) bei mechanischer Rührung; Bürette; pH-Papier.

Reagenzien: Indikatoren: 1,0 g Erio T u. 100 g NaCl (Umschlag rot/blau) oder 1,0 g Erio T, 0,30 g Methylrot u. 100 g NaCl (Umschlag: rot/grau/grün) staubfein verrieben; unbegrenzt haltbar. Pufferlsg.: 2 mol/l NH_3. Maßlsg.: 0,1 (0,01) mol/l Na_2H_2Y.

Arbeitsvorschrift: 20 (5) ml der Analysenlsg. neutralisieren, mit W. auf ca. 100 (25) ml auffüllen. 2,0 (0,5) ml 2 mol/l HCl, danach 2,0 (0,5) ml 13,5 mol/l NH_3 hinzufügen u. mit H_2O auf 200 (50) ml auffüllen (pH = 10,3–10,5). Nach Zusatz von 100 (50) mg Indikator mit Maßlsg. von rot nach rein blau bzw. grün titrieren.

Berechnung: 1 ml 0,1 mol/l $Na_2H_2Y \triangleq 0{,}1$ mmol Mg^{2+} bzw. 2,4305 mg Mg.

Bestimmung von Calcium

Reaktionsprinzip: Ca^{2+}-Ionen können in stark alkalischer Lösung direkt komplexometrisch mit Calconcarbonsäure als Indikator titriert werden.

Calconcarbonsäure ist ein dem Erio T ähnlicher Azofarbstoff, der oberhalb pH = 12 mit Ca^{2+}, nicht aber mit Mg^{2+}, violettrote Farbstoffkomplexe bildet. Bei pH > 13 reagiert im übrigen Mg^{2+} nicht mit EDTA, sondern fällt als Hydroxid aus. Durch Oberflächenadsorption des Ca-Farbstoffkomplexes an $Mg(OH)_2$ resultiert ein mehr roter Farbton, und der Umschlag gewinnt an Schärfe. Insgesamt sind bis zu 1,0 (bzw. 0,1) mmol Mg^{2+} ohne negativen Einfluß auf die Ca^{2+}-Titration. Enthält die Probe bereits Mg^{2+} (Leitungswasser, Dolomit), so kann der $MgCl_2$-Zusatz entfallen.

Störende Ionen: Pb^{2+}, Sr^{2+} u. teilweise auch Ba^{2+} reagieren wie Ca^{2+} u. sind ggf. als Sulfate vorher abzutrennen. Blockierend wirken Phosphat u. Oxalat sowie die bereits bei Magnesium aufgeführten Ionen (s. oben), die aber auch hier durch KCN oder Triethanolamin maskierbar sind.

Verfahrensfehler: s. unter Magnesium, s. oben. Schleppender Umschlag bei Verwendung nicht ganz CO_2-freier NaOH-Lsg. ($CaCO_3$-Bldg.) oder Mitreißen von Ca^{2+} bei Fällung größerer

$Mg(OH)_2$-Mengen lassen sich durch Titration mit partieller EDTA-Maskierung verhindern. Hierbei werden etwa 95% der vorberechneten oder durch Vortitration ermittelten Menge an Maßlösung bereits in die noch saure Probelsg. gegeben. Nach Einstellen der vorgeschriebenen Vers.-Bedingungen wird der Rest titriert.

Arbeitsbereich: 1,0–0,1 mmol Ca (40–0,4 mg Ca); beim Mikromol-Verfahren 2 0,10–0,01 mmol Ca (4,0–0,4 mg Ca). Im weiteren sind die Zahlenangaben für das Mikromol-Verfahren 2 in Klammern gesetzt.

Arbeitsgeräte: s. unter Magnesium, s. S. 325.

Reagenzien: Indikator: 1,0 g Calconcarbonsäure u. 100 g NaCl oder K_2SO_4 staubfein verrieben; unbegrenzt haltbar. Pufferlsg.: 2 mol/l HCl, 2 mol/l NaOH (weitgehend CO_2-frei). 0,01 mol/l $MgCl_2$. Maßlsg.: 0,1 (0,01) mol/l $Na_2(H_2Y)$.

Arbeitsvorschrift: 20 (5) ml der Analysenlsg. neutralisieren, mit W. auf ca. 100 (25) ml auffüllen. 2,0 (1,0) ml HCl, 10 (1) ml $MgCl_2$-Lsg., danach 12,0 (4,0) ml NaOH-Lsg. hinzufügen u. mit H_2O auf 200 (50) ml auffüllen (pH = 13–14). Nach Zusatz von 100 (50) mg Indikator mit Maßlsg. von rot nach rein blau titrieren.

Berechnung: 1 ml 0,1 mol/l $Na_2H_2Y \triangleq$ 0,1 mmol Ca^{2+} bzw. 4,008 mg Ca.

Bestimmung von Cobalt

Reaktionsprinzip: Co^{2+}-Ionen können in ammoniakalischer Lösung direkt komplexometrisch mit Murexid als Indikator titriert werden. Nach gleicher Vorschrift sind auch Cu^{2+} und Ni^{2+} bestimmbar.

Störende Ionen: Bis zu 0,1 mmol Mg^{2+}, Ca^{2+}, Sr^{2+}, Ba^{2+} pro 100 ml sind ohne Einfluß. Ihre Komplexstabilitäten pK bzw. pK′ sind sehr viel kleiner, und sie sprechen bei pH < 10 auch nicht auf Murexid an. Eine ältere Ca-Vorschrift verwendet eine Murexid-Indikation bei pH > 12,5, doch ist der Umschlag violettrot/blauviolett ungünstig.

Andere Ionen mit pK > 16 werden jedoch miterfaßt. Sie reagieren zwar nicht unmittelbar mit Murexid, werden aber in einer „inneren" Substitution umgesetzt, z. B.

$$[CoY]^{2-} + Zn^{2+} + \underset{\text{violett}}{H_3F^{2-}} \rightarrow [ZnY]^{2-} + \underset{\text{gelb}}{[CoH_2F]^-} + H^+$$

Verfahrensfehler: Co^{2+} bildet relativ stabile Amminkomplexe, so daß die NH_3-Konz. möglichst klein gehalten werden muß, um eine einwandfreie Titration zu gewährleisten. Sollte die Lsg. im Verlaufe der Titration langsam einen violetten Farbton bekommen, so ist der pH-Wert zu prüfen und evtl. ein weiterer Tropfen 2 mol/l NH_3 zuzusetzen. Die violette Endfärbung wird hierdurch nicht beeinflußt. Die pH-Korrektur kann vermieden werden, wenn mit partieller Maskierung durch die Maßlösung gearbeitet wird (s. ganz oben auf dieser Seite).

Arbeitsbereich: 1,0–0,1 mmol Co^{2+} (58,9–5,9 mg Co); beim Mikromol-Verfahren 2: 0,10 bis 0,01 mmol Co (5,9–0,59 mg Co). Im weiteren sind die Zahlenangaben für das Mikromol-Verfahren 2 in Klammern gesetzt.

Arbeitsgeräte: S. unter Magnesium, S. 325.

Reagenzien: Indikator: 1,0 g Murexid und 100 g NaCl staubfein verrieben; unbegrenzt haltbar. Pufferlsg.: 2 mol/l HCl, 2 mol/l NH_3. Maßlsg.: 0,1 (0,01) mol/l Na_2H_2Y.

Arbeitsvorschrift: 20 (5) ml der Analysenlsg. neutralisieren, mit W. auf ca. 100 (25) ml auffüllen. 2,0 (0,5) ml HCl u. 100 mg des Indikators zugeben. In die rotviolette Lösung sofort Ammoniak eintropfen, bis eben Gelbfärbung auftritt. Mit W. auf 200 (50) ml auffüllen (pH = 7,7–8,5). Mit Maßlsg. von gelb nach violett titrieren.

Berechnung: 1 ml 0,1 mol/l $Na_2H_2Y \triangleq$ 0,1 mmol Co^{2+} bzw. 5,893 mg Co.

Bestimmung von Aluminium

Reaktionsprinzip: Al^{3+}-Ionen werden komplexometrisch durch Rücktitration mit Dithizon als Indikator bestimmt. Direkte Titrationen sind mit Dithizon nicht einwandfrei durchführbar, da die Metalldithizonate schnell zu mischfarbenen Produkten oxidiert werden.

Nach gleicher Vorschrift können auch Zn^{2+}, Cd^{2+}, Pb^{2+}, Sn^{2+}, In^{3+}, Sc^{3+}, Y^{3+}, La^{3+} und Seltenerdemetallionen titriert werden.

Störende Ionen: Bei Cu^{2+} und Bi^{3+} ist der Umschlag irreversibel, während Hg^{2+}, Ag^+ u. Platinmetallionen blockierend wirken. Wegen zu kleiner pK′-Werte sind in 100 ml Titrationsvol. 5 mmol Mg^{2+}, Sr^{2+}, Ba^{2+} und 1 mmol Ca^{2+} ohne Einfluß. Auch stören bis zu 2 mmol PO_4^{3-} nicht.

Verfahrensfehler: Zur leichteren homogenen Verteilung der Indikatorlsg. u. zur Erhöhung der Stabilität durch Solvatationseffekte muß 50%ig. Ethanol (kein Methanol!) zugegeben werden. Bei pH = 4,5 tritt mit Ethanol folgende Reaktion ein:

$[Al(H_2O)_2Y]^- + C_2H_5OH \rightarrow$	$[Al(H_2O)Y]^- + C_2H_5OH \cdot H_2O$
3 Chelatringe	4 Chelatringe
pK′ = 8,7	pK′ = 10,7

Arbeitsbereich: 0,95–0,1 mmol Al^{3+} (26–2,7 mg Al); beim Mikromol-Verfahren 2: 0,10–0,01 mmol Al (2,7–0,27 mg Al). Im weiteren sind die Zahlenangaben für das Mikromol-Verfahren 2 in Klammern gesetzt.

Arbeitsgeräte: s. unter Magnesium, S. 325.

Reagenzien: Indikator: 50 mg Dithizon in 100 ml frisch dest. Trichlorethylen gelöst, in brauner Glasflasche nur ca. 2 Wochen haltbar. Pufferlsg.: 2 mol/l HCl, 2 mol/l $NaCH_3COO$. 50%iges Ethanol. Maßlsg.: 0,1 (0,01) mol/l Na_2H_2Y mit bekanntem Faktor f_{EDTA} u. 0,1 (0,01) mol/l $Zn(CH_3COO)_2$.

Arbeitsvorschrift: 20 (5) ml neutralisierte Analysenlsg. mit 10,00 ml 0,1 (0,01) mol/l Na_2H_2Y (V_0) u. 8,0 (4,0) ml HCl versetzen. Nach Erwärmen bis zur Klärung der Lsg. 10,0 (5,0) ml $NaCH_3COO$-Lsg. (pH = 4,0–4,5) zugeben. 10 Min. lang im siedenden Wasserbad erwärmen u. nach Abkühlen mit W. auf 50 (25) ml auffüllen. Sodann 50 (25) ml Ethanol u. 0,5 (0,2) ml Indikator zusetzen u. die blaugrüne Lsg. mit 0,1 (0,01) mol/l $Zn(CH_3COO)_2$ nach rot titrieren. Verbrauchtes Maßlösungsvolumen V_t. Nach der Titration der Probe wird unter gleichen Bedingungen eine „Leertitration" durchgeführt, wobei von der $Zn(CH_3COO)_2$-Maßlsg. ein Volumen V_{leer} verbraucht wird. Die Leertitration erspart eine gesonderte Bestimmung des Normierfaktors f_{Zn} und die hier sehr umständliche Feststellung des Blindwerts.

Berechnung: 1 ml 0,1 mmol/l $Na_2H_2Y \triangleq 0,1$ mmol Al^{3+} bzw. 2,698 mg Al.
Der gesuchte normierte Verbrauch an EDTA-Maßlösung durch Al^{3+} ergibt sich zu

$$V_n = V_0 \cdot f_{EDTA} - V_t \cdot f_{Zn} = V_0 \cdot f_{EDTA} \cdot \left(1 - \frac{V_t}{V_{leer}}\right)$$

Weitere komplexometrische Titrationen sind im Kapitel 3.9. angeführt, das Vorschriften zur chemischen Materialkontrolle technischer Produkte enthält.

3.4.5.3. Carbatometrie

In der Carbatometrie verwendet man das Natrium-diethyldithiocarbaminat, DDTC (systematischer Name: Natrium-diethylamidodithiocarbonat), das in wäßriger Lösung folgendes, kurz als C^- bezeichnetes, Anion bildet:

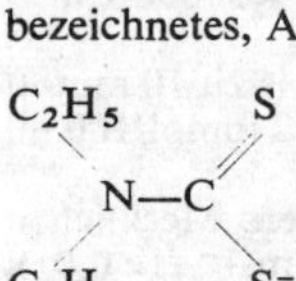

Im Gegensatz zum EDTA, das zu den besonders stabilen Fünfringchelaten reagiert, bilden die Amidothiocarbonate nur Vierringchelate, doch verhindern die besonders großen S-Atome in diesem Spezialfall eine stabilitätsmindernde Spannung des Ringsystems. Ein weiterer Unterschied zu den 1 : 1-EDTA-Komplexen ist die Anlagerung von n DDTC-Liganden an ein n-fach geladenes Kation, wodurch stets neutrale Chelatkomplexe (Innerkomplexe) entstehen, wie z. B. für ein M^{2+}-Ion:

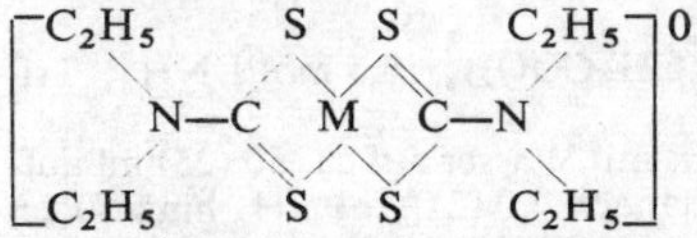

Die ungeladenen DDTC-Komplexe mit ihren hydrophoben (wasserabstoßenden) organischen Außengruppen sind erwartungsgemäß in wäßrigen Lösungen (pH > 7) sehr schwer, in inerten organischen Lösungsmitteln – insbesondere Chlorkohlenwasserstoffen – relativ leicht löslich. In Lösungen vom pH < 7 werden sowohl das Reagens als auch die Komplexe schnell zersetzt. Diese Stoffgruppe wird wegen ihrer Löslichkeitseigenschaften auch mit Vorteil bei Fällungs- und Extraktionstrennungen eingesetzt, worauf in den Kapiteln 3.5.1. (s. S. 332) und 3.5.2. (s. S. 333) noch ausführlich eingegangen wird.

Carbatometrische Titrationen sind besonders zur Bestimmung von Kationen der Ladung +2, z. B. Cu^{2+}, Zn^{2+}, Cd^{2+}, Hg^{2+}, Pb^{2+} geeignet.

Als Maßlösungen dienen wäßrige Lösungen des Salzes $Na(C_2H_5)_2NCS_2 \cdot 3\,H_2O$; $M = 225{,}30$ g $\cdot$ mol^{-1}.

Je nach Arbeitsbereich verwendet man Maßlösungen mit 0,2 bzw. 0,02 oder 0,002 mol/l DDTC (in 0,01 mol/l NaOH) und titriert mit 10-ml-Büretten oder entsprechenden Kolbenbüretten. Die Lösungen sind weitaus weniger titerbeständig als komplexometrische Maßlösungen und verlieren in 4 Wochen bis zu 1 % ihrer Konzentration, auch wenn sie in Kunststoff-Flaschen vor Licht geschützt aufbewahrt werden.

Zur Titerstellung der DDTC-Lösungen sind $HgCl_2$, $PbCl_2$ und $AgNO_3$ geeignet. Da $HgCl_2$-Lösungen beständig und besonders einfach durch komplexometrische Titration überprüfbar sind, verwendet man im allgemeinen 0,1, 0,01 oder 0,001 mol/l $HgCl_2$ und 0,05 mol/l H_2SO_4 enthaltende Lösungen.

Die Indikation erfolgt mit einigen Tropfen 0,01 mol/l $Cu(CH_3COO)_2$ als intensiv braunes $[CuC_2]^0$ oder mit Dithizon (s. Komplexometrie) als häufig rot gefärbtes Metalldithizonat.

Der Titrationsablauf wird entscheidend durch die Reihenfolge der Komplexstabilitäten bestimmt, die im ammoniakalischen Medium in folgender Reihenfolge abnehmen:

$$Hg \rightarrow {}^{Pd}_{Ag} \rightarrow Cu \rightarrow Ni \rightarrow Co \rightarrow Pb \rightarrow Bi \rightarrow Cd \rightarrow Tl(III) \rightarrow Sb(III) \rightarrow {}^{Zn}_{Fe} \rightarrow Mn$$

Hg^{2+} vermag alle Ionen vom Cu^{2+} ab aus ihren Komplexen zu verdrängen. Besonders vorteilhaft ist hierbei die Bildung des fast farblosen $[HgC_2]^0$. In wäßrigen Lösungen sind alle Komplexe schwerlöslich, werden aber von anwesenden Chlorkohlenwasserstoffen gelöst. Naturgemäß erfolgen auch die zur Indikation geeigneten Farbumschläge besonders charakteristisch in der organischen Phase. Die carbatometrischen Titrationen vereinen die Trennoperationen Fällung und Extraktion sowie die Bestimmung in einem Arbeitsgang, wodurch bei kleinem Zeitbedarf und Schwierigkeitsgrad eine bemerkenswert große Selektivität erreicht wird. Unter den Chlorkohlenwasserstoffen besitzt Trichlorethylen die beste Löslichkeit für DDTC-Komplexe, doch sind auch Chloroform und Kohlenstofftetrachlorid brauchbar.

Bestimmung von Quecksilber

Reaktionsprinzip: Hg^{2+}-Ionen können in ammoniakalischer Lösung mit DDTC carbatometrisch bestimmt werden.

Störende Ionen: Ag^+ u. Pd^{2+} werden mittitriert, da ihre Komplexe stabiler als der Cu^{2+}-Komplex sind.

Alkaliionen, NH_4^+, Erdalkaliionen, NO_3^-, SO_4^{2-}, ClO_4^-, CH_3COO^- u. Tartrat bis zu 10 mmol/100 ml u. fast alle sonstigen Kationen sowie Arsenat, Molybdat, Wolframat bis zu 2 mmol/100 ml stören nicht.

Blockierend wirken neben CN^- auch Sn^{2+} u. Sb^{3+}, wobei letztere Hg^{2+} reduzieren. Merklichen Einfluß haben Cl^-(bei $c(Hg^{2+}) : c(Cl^-) > 1 : 2$), Br^- und SCN^- (1 : 0,2) und vor allem I^- (1 : 0,01). Störungen werden auch durch mehr als 0,1 mmol Ni^{2+} u. Co^{2+} pro 100 ml hervorgerufen, da die an der Eintropfstelle örtlich gebildeten DDTC-Komplexe dieser Ionen durch Hg^{2+} nur sehr langsam wieder zerlegt werden.

Arbeitsbereich: 1,0–0,1 mmol Hg (200–20 mg Hg); beim Mikromol-Verfahren 2: 0,10–0,01 mmol Hg (20–2 mg Hg). Im weiteren sind die Zahlenangaben für das Mikromol-Verfahren 2 in Klammern gesetzt.

Arbeitsgeräte: s. unter Magnesium, S. 325. Statt offener Titriergefäße sind jedoch 200-(100)-ml-Erlenmeyerkolben mit Schliffstopfen zu verwenden.

Reagenzien: 1 mol/l $C_4H_6O_4$ (Weinsäure); 0,01 mol/l $Cu(CH_3COO)_2$; 13,5 mol/l NH_3; Trichlorethylen; Maßlsg.: 0,2 (0,02) mol/l DDTC.

Arbeitsvorschrift: 20 (5) ml der Analysenlsg. neutralisieren, mit Wasser auf ca. 50 (25) ml auffüllen, 10,0 (5,0) ml Weinsäure, 1 (0,5) ml $Cu(CH_3COO)_2$-Lsg., danach 4,0 (2,0) ml NH_3 hinzufügen u. mit H_2O auf 100 (50) ml auffüllen (pH = 9–10). Nach Zusatz von 20 (10) ml Trichlorethylen mit Maßlsg. von farblos nach braungelb (organische Phase) titrieren.

Zunächst mit größeren Portionen Maßlsg. unter kräftigem Schwenken titrieren, bis die durch den einfallenden Tropfen kurzzeitig auftretende Braunfärbung nur langsam verschwindet. Nach Verschließen des Kölbchens die Fällung durch Schütteln (1 Min.) in der organischen Phase lösen u. tropfenweise weitertitrieren. Nach jedem Zusatz kurz u. kräftig schütteln. Der Endpunkt ist auf 1 Tropfen genau durch auftretende Braunfärbung erkennbar.

Berechnung: 1 ml 0,2 mol/l DDTC $\triangleq$ 0,1 mmol Hg^{2+} bzw. 20,059 mg Hg.

Einige weitere Titrationsmöglichkeiten sollen nur kurz angedeutet werden.

Blei: a) Pb^{2+} kann bei pH = 5–6 mit DDTC-Maßlsg. gegen Dithizon in Trichlorethylen als Indikator titriert werden, doch ist die Selektivität gering. Hg^{2+}, Ag^{+}, Pd^{2+}, Cu^{2+} u. Co^{2+} werden mittitriert, während Bi^{3+}, Cd^{2+}, Tl^{+} und Zn^{2+} den Indikator blockieren.

Blei: b) Größere Selektivität erreicht man durch Extraktion des Pb-Komplexes mit Chlorkohlenwasserstoffen aus wäss. Lsgg., die NaOH, Tartrat u. KCN enthalten. Der isolierte farblose Extrakt wird nach Waschen mit 2 mol/l NH_3 durch Zugabe von Kupferacetatlsg. angefärbt. Nunmehr kann mit $HgCl_2$-Maßlsg. wiederum auf farblos titriert werden, wobei die dem Blei äquivalente Hg-Menge verbraucht wird. Lediglich Tl^{+} u. größere Bi^{3+} u. Cd^{2+}-Mengen werden miterfaßt.

Kupfer: Man extrahiert zunächst den Cu-DDTC-Komplex mit Chlorkohlenwasserstoffen aus einer wäßrigen Lsg., die NaOH u. EDTA enthält. Der isolierte u. mit 2 mol/l NaOH gewaschene tiefbraune Extrakt kann dann unmittelbar mit $HgCl_2$-Maßlsg. auf farblos titriert werden. Hierbei stören lediglich Hg^{2+}, Ag^{+}, Bi^{3+}, Tl^{+} u. größere Pb^{2+}-Mengen.

Silber: Ag^{+} kann wie Pb^{2+} nach Vorschrift Blei: a) titriert werden.

Auf die Fällung mit DDTC und die Extraktionsmöglichkeiten wird noch ausführlicher im Kap. 3.5.1.4. eingegangen.

3.5. Trennungen

Zur quantitativen Trennung von Ionengemischen stehen mehrere Verfahren zur Verfügung. Die Trennung durch Fällung besitzt wie die Gravimetrie einen hohen Schwierigkeitsgrad und erfordert viel Zeit. Schneller und wirksamer sind eine Reihe neuer Trennmethoden – insbesondere Extraktionen, gezielte Maskierungen oder Chromatographie an Ionenaustauschern.

3.5.1. Trennung durch Fällung

Bei der Trennung durch Fällung wird die unterschiedliche Löslichkeit geeigneter Verbindungen über eine Filtration, Dekantation oder auch Extraktion ausgenutzt. Hierzu stehen zahlreiche Reagenzien zur Verfügung, doch sollten die auf mehrere Ionen ansprechenden Gruppenreagenzien von den selektiven oder sogar spezifischen Einzelreagenzien unterschieden werden. Bei den Gruppenreagenzien erreicht man eine ausreichende Selektivität durch sorgfältige Einstellung bestimmter pH-Werte oder Zugabe von Maskierungsmitteln. In der anorganischen Analyse können die zu bestimmenden Ionen u. a. als Hydroxide, organische Komplexverbindungen, Sulfide, organische Sulfidderivate, Carbonate, Sulfate oder Halogenide gefällt werden.

Bei der praktischen Durchführung einer Fällungstrennung ist die bereits bei der Gravimetrie (s. S. 263 f.) beschriebene Arbeitsweise anzuwenden, doch kann die Filtration oft mit beträchtlichem Zeitvorteil durch Zentrifugieren ersetzt werden.

Stoffmengen in Makro- und Halbmikroanalysen, d. h. mehr als 0,01 mmol fällbare Ionen, lassen sich im allgemeinen ohne Hilfsmittel abscheiden. Bei Mikromengen von wenigen Mikromol gelingt eine vollständige Abscheidung nur durch Mitfällung (s. S. 170). Hierzu müssen Stoffe zugesetzt werden, die gleichartig reagieren und die gesuchten Stoffe mitreißen. Ein Beispiel ist die Mitfällung von Ti-, Zr- oder Fe-Spuren bei Zugabe von $AlCl_3$ mit dem $Al(OH)_3$-Niederschlag. Der zugesetzte Stoff darf die anschließende Bestimmung nicht stören.

Das Grundprinzip der Fällungstrennungen soll im folgenden an einigen Beispielen gezeigt werden.

3.5.1.1. Abtrennung als Hydroxide

Mehr als 50 Kationen lassen sich als schwerlösliche Hydroxide oder Oxidhydrate mit wechselndem Wassergehalt ausfällen. Die folgende Zusammenstellung gibt einen Überblick über die pH-Bereiche, in denen bei steigendem pH-Wert die Fällung dieser Ionen (1–0,1 mmol) als Hydroxide oder Hydrolyseprodukte (basische Salze) erfolgt.

pH = 2	3	4	5	6	7	8	9	10	11	12
Sb(V)	Sn(IV)	Mn(IV)	Cr(III)	Zn(II)	Y(III)	La(III)				
Ti(IV)	Zr(IV)	Ce(IV)	Be(II)	Pb(II)	Pr(III)	Ce(III)		Mg(II)	(Ca(II)	
	Th(IV)	Bi(III)	Cu(II)		Mn(III)	Hg(II)				
		Fe(III)			Co(II)	Mn(II)				
		Al(III)			Ni(II)					
		UO_2^{2+}			Cd(II)					
					Seltenerdmetalle					

Eine ausreichende Trennung setzt mindestens einen Unterschied der Fällungs-pH-Werte von 2 Einheiten voraus. Die Löslichkeit vieler Hydroxide im Überschuß der Fällungsmittel NaOH oder NH_3 kann jedoch durch Hydroxo- oder Amminkomplexbildung bis zur Leichtlöslichkeit ansteigen.

Am wirkungsvollsten sind die Hydrolysentrennungen der unterhalb von pH = 5 ausfallenden Ionen von solchen, die erst oberhalb von pH = 7 abgeschieden werden. Hierbei wird die bereits in wäßriger Lösung vorhandene hydrolytische Spaltung z. B.

$[M(H_2O)_6]^{3+} \rightleftharpoons [M(OH)(H_2O)_5]^{2+} + H^+$

durch Zugabe von Reagenzien verstärkt, die H^+-Ionen aufnehmen. Es sind dies neben NH_3 und Hexamethylentetraamin (Urotropin) vor allem gut dosierbare Salze schwacher Säuren, wie Acetat, Thiosulfat und Nitrite, schwerlösliche Oxide (ZnO) oder Carbonate ($BaCO_3$).

Hydrolysentrennung

Reaktionsprinzip: Nach der Acetatmethode können Ti oder Eisen(III) von Alkali-, Erdalkaliionen, Mg, Mn(II), Co(II), Ni(II), Cd(II), Zn(II) und Pb(II) getrennt werden, wobei Ti und Fe als schwerlösliche basische Acetate ausfallen. Die hierbei gebildete Essigsäure wirkt mit dem überschüssigen Natriumacetat als Puffer, so daß der pH-Wert während der Fällung im engen Bereich konstant bleibt.

Störende Ionen: Al^{3+} u. Cr^{3+} werden weitgehend mitgefällt. Bei Stoffmengenverhältnissen $c(Cr^{3+}) : c(Fe^{3+}) > 1 : 10$ bleiben wachsende Fe-Mengen in Form leicht lösl. Acetatochrom(III)-eisen(III)-komplexe in Lösung. NO_3^--Ionen müssen durch zweimaliges Eindampfen mit HCl entfernt werden.

Verfahrensfehler: Vor der Fällung muß eine absolut klare salzsaure Lsg. vorliegen. Sind mehr als 1,0 (5,0) mmol Fremdionen in der Lsg. enthalten, so muß umgefällt werden. Bei Anwesenheit größerer H_2SO_4-Mengen muß die Probelsg. vorher mit NaOH neutralisiert werden.

Arbeitsbereich: 1,0–0,1 (5,0–1,0) mmol Ti oder Fe, entsprechend z. B. 56–5,6 (280–56) mg Fe. Alle Zahlen in Klammern gelten für die höheren Stoffmengen.

Arbeitsgeräte: 400-(1000)-ml-Bechergläser (hohe Form); Rührwerk; Schwarzbandfilter; Trichter; 10-(20)-ml-Pipette, 50-ml-Bürette; Uhrgläser; Heizplatte.

Reagenzien: KCl; 2 mol/l NaOH; 2 (5) mol/l HCl; 2 mol/l $NaCH_3COO$, frisch hergestellt u. mit CH_3COOH angesäuert; Waschflüssigkeit: 5 ml 2 mol CH_3COOH u. 5 ml 2 mol/l $NaCH_3COO$, mit H_2O auf 1000 ml verdünnen.

Arbeitsvorschrift: Zur Entfernung eines starken Säureüberschusses maximal 50 (250) ml salzsaure Probelsg. auf dem Wasserbad unter Zusatz von 1 g KCl fast bis zur Trockne eindampfen. Rückstand in wenig kaltem W. (ca. 30 ml) lösen. Diese schwach salzsaure Lsg. mit 5,0 (25,0) ml $NaCH_3COO$-Lsg. versetzen, auf ca. 400 ml mit W. verdünnen u. unter stetigem Rühren bis nahe zum Sieden erhitzen (kurz vor dem Sdp. setzt schlagartig die Abscheidung des dunkelbraunen Nd.

ein). Nach kurzem Absitzen dekantierend über Schwarzbandfilter filtrieren u. den Nd. im Becherglas u. auf dem Filter mit Portionen von 20 (50) ml heißer Waschlsg. chloridfrei waschen. Die auf das Filter gelangten Nd.-Anteile durch Auftropfen von 10 (20) ml heißer HCl lösen u. die ablaufenden Filtrate im Becherglas auffangen, in dem sich noch der Hauptanteil des Nd. befindet. Mit heißem H_2O nachwaschen u. Filtrat bis zur klaren Lsg. kochen. Fe z. B. kann nach der Methode auf S. 279 bestimmt werden.

3.5.1.2. Abtrennung als organische Komplexe

Oft viel schwerer löslich als Hydroxide oder basische Salze sind eine Reihe von meist innerkomplexen Verbindungen mit organischen Liganden, wobei die Schwerlöslichkeit auf Wechselwirkungskräften zwischen den Ionen und organischen Hydroxy-, Amin- oder auch Nitrosogruppen beruht.

So wird z. B. Pyrogallol zur Fällung von Sb und Bi oder Tannin zur Trennung der Kationen mit der Ionenladung 3+ und höher von zweifach positiv geladenen Ionen herangezogen. Häufiger jedoch wird Cupferron, das NH_4^+-Salz des N-Nitroso-N-phenylhydroxylamins, angewendet.

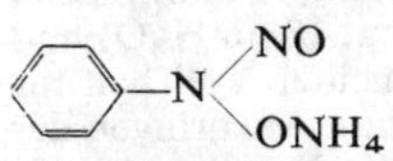

$M = 155{,}16\ g \cdot mol^{-1}$

Bei pH < 1 lassen sich Pd, Ge, Fe, Ga, Sb, Bi, Ti, Zr, V, Nb, Ta, Mo und W von Cu, Al, Tl(III) u. Th abtrennen, da diese erst bei pH = 4–5 ausfallen.

Bewährte Trennungen sind:

Fe(III) von Al, Cr, Ni, Co	aus 5 mol/l Säure
Ti(IV) von Al, PO_4^{3-}, U, Cr, Ni, Co	aus 5 mol/l Säure
Cu(II) von Zn, Cd	bei pH = 4,5
Bi(III) von Ag, Hg, Pb, Cd, As, Sb, Cr, Mn, Ni, Co	aus 1 mol/l HNO_3

Als Vertreter der Oxime sei das ähnlich wie Cupferron reagierende Cupron (α-Benzoinoxim) genannt.

Während die bisher angeführten Reagenzien fast ausschließlich wenig definierte Fällungen liefern, erhält man mit 8-Hydroxychinolin, Chinaldinsäure, Salicylaldoxim, Anthranilsäure usw. so gut definierte Niederschläge, daß sie nach geeigneter Trocknung direkt ausgewogen werden können. Sie ermöglichen Trennung und gravimetrische Bestimmung in einem Arbeitsgang, wie die Beispiele für Oxinatfällungen (s. Mg, S. 272; Al, S. 273) zeigen.

3.5.1.3. Abtrennung als Sulfide

Die Ionen von mehr als 30 Elementen lassen sich aus wäßriger Lösung als Sulfide ausfällen, wobei neben den für quantitative Zwecke schwer dosierbaren H_2S und Alkalisulfiden auch Stoffe wie Natriumthiosulfat, Thioharnstoff, Dithioessigsäure und Ammoniumamidothiocarbonat, die sich in der Siedehitze unter H_2S-Bildung zersetzen, Verwendung gefunden haben. Ein besonders gut geeignetes Fällungsmittel für die meisten Sulfide ist

Thioacetamid $CH_3{-}C(NH_2){=}S$ $\quad M = 75{,}13\ g/mol$

Die weiße kristalline Verbindung (Schmelzpunkt 108 °C) ist in analysenreiner Qualität im Handel. Sie wird als wäßrige Lösung der Konzentration 0,25 mol/l (1,88 g pro 100 ml, jeweils frisch bereitet) angewendet.

Als Beispiel einer definierten Sulfidfällung wurde bereits die Sb-Fällung (s. S. 275) ausführlich beschrieben. Als weiteres Beispiel wird im folgenden die CdS-Abscheidung angeführt.

CdS-Abtrennung

Reaktionsprinzip: Aus schwefelsaurer Lösung läßt sich Cd als Sulfid von 10 mmol der Alkali-, Be-, Mg-, Al-, Sc-, Y-, La-, Seltenerdmetall-, Cr(III)-, Ga-, Mn(II)-, Zn-, Tl(I)- und UO_2^{2+}- sowie 1 mmol der Zr-, Th-, V-, Co- und Ni-Ionen einwandfrei abtrennen.

Störende Ionen: Die Mengen der angeführten Elemente dürfen nicht höher als angegeben sein.

Arbeitsbereich: 1,0–0,1 mmol Cd (112–11,2 mg Cd).

Arbeitsgeräte: 250-ml-Bechergläser (hohe Form); Wittscher Saugtopf; Glasfiltertiegel 63a G 4 oder 1 G 4; Pipette; Uhrgläser; Siedeglocken; kleine Spritzflaschen; Heizplatte; 300-ml-Titrierbecher.

Reagenzien: 0,25 mol/l Thioacetamid; 2 mol NaOH; 2 mol/l H_2SO_4; 5 mol/l HCl.

Arbeitsvorschrift: Maximal 50 ml Probelsg. im Becherglas bis zur eben beginnenden Trübung tropfenweise mit NaOH-Lsg. u. danach sofort mit 10 ml H_2SO_4 versetzen. Nach Einstellen einer Siedeglocke bis zur klaren Lsg. erhitzen, mit H_2O auf 100 ml verdünnen u. nach erneutem Sieden 25 ml Thioacetamidlsg. eingießen. Nach Auflegen eines Uhrglases 10 Min lang schwach am Sieden halten, wobei sich der Nd. zusammenballt. Dann Siedeglocke (nach Abspritzen mit 10 ml H_2O) und Heizquelle entfernen. Kurz abkühlen u. den dichten orangeroten Nd. über Glasfiltertiegel bei nur schwachem Unterdruck filtrieren. F. in einer kleinen Spritzflasche auffangen u. zum Aufbringen der Nd.-Reste verwenden. Nach Waschen durch Auftropfen von 10 ml heißem H_2O Nd. durch Auftropfen von insgesamt 10 ml heißer HCl lösen. Die salzsaure Cd-Lsg. im Titrierbecher auffangen u. nach Verkochen des H_2S komplexometrisch (Magnesium-Vorschrift, S. 325) titrieren.

3.5.1.4. Abtrennung als organische Sulfidderivate

Eine Reihe organischer Sulfidderivate reagiert mit den Ionen der Sulfidbildner zu schwerlöslichen Innerkomplexverbindungen. Häufig eingesetzte Fällungsmittel sind: Natriumdiethylamidodithiocarbonat (Carbat, DDTC), Thionalid und Mercaptobenzthiazol.

Besonders die Carbatfällungen (s. S. 327) gestatten einen vollständigen Trennungsgang, der ähnlich wie die H_2S-Gruppentrennungen eine große Anzahl von Ionen erfaßt.

Als Reagenz verwendet man eine frisch bereitete Lösung mit 0,1 mol/l DDTC (2,25 g des Na-Salzes, 1 ml 0,1 mol/l NaOH u. H_2O auf 100 ml). Die Tab. XXXII. gibt einen Überblick der Trennmöglichkeiten. Lösung und Fällung können hier nicht nur durch Filtrieren, Dekantieren oder Zentri

Tabelle XXXII. Fällungsgruppen der Metallcarbate

Gruppe	I	II	III
Grundlsg.	0,1 mol/l NaOH 0,1 mol/l Tartrat	0,1 mol/l NH_3 0,1 mol/l NH_4Cl 0,1 mol/l Tartrat	0,1 mol/l CH_3COOH 0,2 mol/l $NaCH_3COO$
pH-Wert	13 ± 0,5	9,5 ± 0,5	5 ± 0,5
Fällungen ohne Maskierung	weiß: Hg, Pb, Cd, Tl(I) gelb: Ag, Pt, Pd, Rh, Tl(III) grün: Co(III), Ni braun: Cu, Ru, Os, Ir, Au	Gruppe I sowie weiß: Mn(II), Zn, In, Sn(II) gelb: Sb (III), Bi orange: Te(IV) schwarzbraun: Mn(III), Fe(III)	Gruppen I u. II sowie weiß: Nb, Ga, As(III) gelb: Se(IV), Sn(IV), V, U(VI) blau: Cr(III) violett: Mo(VI)
Fällungen bei Anwesenheit von KCN	Pb, Tl teilweise maskiert Cd	In, Sn(II), Sb(III), Bi, Te(IV)	–
Fällungen bei Anwesenheit von KCN + EDTA	Tl teilweise maskiert Pb	Sb(III), Bi, Te(IV) teilweise maskiert Sn(II)	–

fugieren, sondern auch durch Extrahieren getrennt werden, da die in H_2O sehr schwerlöslichen Metallcarbate im Gegensatz zu den Sulfiden gut in Chlorkohlenwasserstoffen wie Kohlenstofftetrachlorid, Trichlorethylen und Chloroform löslich sind.

3.5.2. Trennung durch Extraktion

Die Trennung durch Extraktion basiert auf den unterschiedlichen Löslichkeitseigenschaften von bestimmten Verbindungen in zwei nicht miteinander mischbaren Lösungsmitteln. Im Gleichgewichtszustand gilt für jeden einzelnen Stoff das *Nernst*sche Verteilungsgesetz (s. auch S. 118):

$$\frac{c_1}{c_2} = \alpha = \text{konstant.}$$

Der Verteilungskoeffizient α ist bei einem bestimmten zweiphasigen System von der Temperatur und in der Nähe des Sättigungszustandes einer der Phasen auch von der Gesamtstoffmenge des zu extrahierenden Stoffes abhängig.

Wie auf S. 118f. schon näher erläutert, ist wiederholtes Extrahieren mit kleinen Volumina wirksamer als die einmalige Operation mit einem großen Volumen. In der Praxis kommt man nur in Sonderfällen mit einer einmaligen Extraktion aus, da eine geringfügige Mischbarkeit der Phasen unvermeidlich und vollständige Phasentrennung kaum möglich ist.

Eine wirksame Trennung durch Extraktion ist an folgende Voraussetzungen gebunden:

Unterschiede der Verteilungskoeffizienten der zu trennenden Stoffe mindestens von einer Zehnerpotenz.

Gegenseitige Mischbarkeit der Phasen kleiner als 1 Vol.-%.

Ausreichend schnelle und gut erkennbare Ausbildung der Phasengrenzfläche.

Bei der anorganischen Analyse ist eine der Phasen stets eine wäßrige Lösung mit einer Dichte von 0,9–1,2 g · cm^{-3}. Als leichtere organische Lösungsmittel werden oft (Dichte in Klammern) Ether (0,719), Methylisobutylketon (MIK; 0,803), Butylalkohol (0,810), Benzol (0,879) und Amylalkohol (0,887) verwendet. Sie bilden bei einer Extraktion die obere Schicht. Schwerere organische Lösungsmittel sind fast ausschließlich Halogenkohlenwasserstoffe, insbesondere Trichlorethylen (1,466), Chloroform (1,498), Kohlenstofftetrachlorid (1,599). In einigen Fällen wird auch mit Mischungen verschiedener Lösungsmittel gearbeitet.

Die Ionen werden in Form von **Ionenassoziaten** oder **Innerkomplexen** von der organischen Phase aufgenommen. Zur ersten Gruppe gehören Verbindungen wie Fluoride, Chloride, Bromide, Iodide, Thiocyanate, Nitrate, Heteropolysäuren, aber auch solche mit Alkylphosphaten und höhermolekularen Aminen.

Die Aufnahme dieser Stoffe ist häufig mit einer Anlagerung der organischen Molekel in der inneren Sphäre (innerer Solvatationseffekt) gekoppelt, wie z. B.

$[FeCl_x]^{3-x}$	$[FeCl_3(MIK)_3]^0$
salzsaure Phase	Methylisobutylketon-Phase

Bei den extrahierbaren Innerkomplexen handelt es sich um ungeladene Chelatkomplexe mit hydrophoben Außengruppen. Sie sind in wäßrigen Systemen sehr schwer löslich und lösen sich auf Grund äußerer Solvatationseffekte relativ leicht in einer geeignet gewählten organischen Phase. Charakteristische Vertreter dieser Gruppe sind: Acetylacetonate, Oxinate, Cupferronate und Carbate. Auch der Dimethylglyoxim-Komplex des Ni(II) gehört hierher (s. S. 94).

Der Trenneffekt kann nicht nur durch den pH-Wert und die Reagenzkonzentration in der wäßrigen Phase, sondern auch durch Maskierungsmittel wie Cyanid und

EDTA gesteuert und gesteigert werden. Allgemein ist zu beachten, daß bei pH < 7 viele Säuren wie HCl, HSCN, HI, HOx, H-Carbat usw. in beträchtlicher Menge ebenfalls von der organischen Phase aufgenommen werden.

Extraktion des Eisen(III) mit Methylisobutylketon

Reaktionsprinzip: Für dieses Beispiel gibt Tabelle XXXIII zunächst einen Überblick des prozentualen Anteils *H* von der Gesamtmenge in der Oberphase bei gleichen Volumina der beiden Phasen und des Extraktionskoeffizienten $D = H/100 - H$ des Fe(III) im klassischen Extraktionsmittel Diethylether sowie im weitaus wirksameren MIK. *D* steht statt α, weil mehrere Fe(III)-Komplexe vorliegen.

Tabelle XXXIII. Eisen-Extraktion mit Ether oder MIK nach *Specker* und *Doll*

HCl-Konz. [mol/l]		0,0	2,0	3,0	4,0	5,0	5,5	6,0	7,0	8,0
Ether	*H* in %	0,00	1	17,8	81,5	96	–	99	97,8	97
	D	0,00	0,01	$0,20_8$	4,40	24	–	99	45	32
MIK	*H* in %	0,00	25	77	98,4	99,8	$99,9_3$	$99,9_5$	$99,9_8$	≈ 99
	D	0,00	0,33	3,35	61,5	499	1430	2000	5000	≈ 99

Die optimale Säurekonzentration liegt danach bei 5,0–7,0 mol/l HCl. Oberhalb von 7 mol/l HCl nimmt *D* scheinbar ab, da sich die Phasen nicht nur schwer trennen, sondern auch eine mit der Säurekonzentration anwachsende gegenseitige Löslichkeit zeigen. Schließlich bewirkt eine HCl-Konzentration über 8 mol/l eine völlige Mischbarkeit. Für Li, Na, K, Rb, Cs, Be, Mg, Ca, Sr, Ba, Al, Ce(III) und Seltenerdmetalle, Ti, Zr, Ag, Cr(III), Pb(II) liegt *H* unter 0,1 %, wenn aus 7 mol/l HCl extrahiert wird.

Tab. XXXIV, bringt angenäherte *H*-Werte anderer Ionen:

Tabelle XXXIV. MIK-Extraktion aus 7 mol/l HCl

Ion	*H* %	Ion	*H* %	Ion	*H* %	Ion	*H* %
Cr(VI)	98	Se(IV)	99	Ga(III)	99,9	Cd(II)	13
Mo(VI)	96	Ge(IV)	98	In(III)	94	Zn(II)	6
U(VI)	22	Te(IV)	96	As(III)	88	Cu(II)	4
Sb(V)	99	Sn(IV)	93	Sb(III)	69	Co(II)	3
V(V)	81	Th(IV)	1	Bi(III)	0,5	Ni(II)	1
As(V)	28	Fe(III)	99,98	Hg(II)	44	Mn(II)	0,7

Arbeitsbereich: 1,0–0,0001 mmol (z. B. 56 mg–5,6 µg Fe). Es sei ausdrücklich auf die große Anwendungsbreite hingewiesen, die ohne wesentliche Änderung der Versuchsbedingungen von keinem anderen Trennverfahren erreicht wird.

Arbeitsgeräte: Birnen- oder zylinderförmige Scheidetrichter (Abb. 52); Porzellanschale; Bechergläser; Wasserbad.

Reagenzien: Methylisobutylketon (MIK); 5 mol/l HCl.

Arbeitsvorschrift: Probelsg. mit Fe(III) in einer Porzellanschale auf dem Wasserbad zur Trockne oder sirupösen Konsistenz eindampfen. Rückstand in 10,0 ml HCl lösen u. die Lsg. dreimal mit je 5,0 ml HCl quantitativ in den Scheidetrichter überführen. Nach Zugabe von 25,0 ml MIK

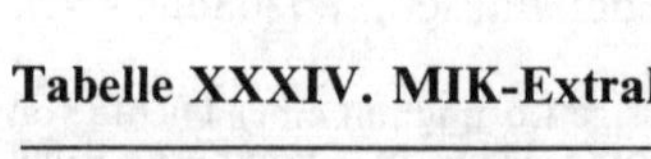

Abb. 52. Scheidetrichter

1 Min. lang kräftig schütteln u. wäss. Phase nach Phasentrennung in ein Becherglas ablassen. Die MIK-Phase, die 99,8% des vorhandenen Fe(III) enthält, mit 25 ml reiner HCl extrahieren, um mitextrahierte Fremdionen in die wss. Phase zurückzuführen. HCl-Phase ebenfalls in das Becherglas ablassen, das nun die Fremdionen enthält, die nach einem geeigneten Verfahren bestimmt werden können. Das in der MIK-Phase befindliche Fe durch zweimalige Extraktion mit je 25,0 ml H_2O wieder in eine wäss. Phase bringen u. sodann in dieser bestimmen.

3.5.3. Maskierung statt Trennung

Eine schnelle und einfache „innere" Trennung erzielt man durch Überführung störender Ionen in Verbindungen, die zwar nach wie vor löslich sind, jedoch ein anderes Verhalten als das ursprüngliche Ion zeigen. Neben der Überführung in eine andere Oxidationsstufe ist hierzu vor allem eine gezielte Komplexbildung geeignet.

Als Beispiel der Trennung über verschiedene Oxidationsstufen sei die Fe/Cr-Trennung angeführt, bei der Cr(III) in alkalischer Lösung zu Chromat oxidiert wird. Nach Ansäuern kann Fe(III) z. B. als Hydroxid abgeschieden werden, während Chromat in Lösung bleibt.

Im weitaus häufigeren Fall der Komplexbildung spricht man auch von Maskierung. Wirksame Maskierungsmittel sind neben Fluoriden, Halogeniden und organischen Hydroxysäuren vor allem Cyanide und Aminopolycarbonsäuren. Bei der Zugabe von Maskierungsmitteln sollte in jedem Falle eine möglichst genaue Dosierung vorgenommen werden, da zu große Überschüsse oft auch die Bestimmungsreaktion ungünstig beeinflussen.

Reine Fluorokomplexe mit einer zur Maskierung ausreichenden Stabilität werden von Be, Al, Sc, Ti, Zr, Nb, Fe(III), B, Ga, In, Si und Ge gebildet. Oberhalb von pH = 8 werden sie schnell hydrolytisch zersetzt. Die Fluorid-Maskierung ist bisher nur in einigen Sonderfällen analytisch verwendet worden, wie etwa bei der Ausschaltung der Störung durch Fe(III) beim Co-Nachweis mit Thiocyanat (s. S. 102). Mit der Einführung von Kunststoffgeräten kann der Anwendungsbereich aber wesentlich erweitert werden, da die oft störende Ätzwirkung von Fluorid auf Glasgeräte in saurer Lösung vermeidbar ist.

Von den organischen Säuren werden die Chelatbildner Oxalat, Tartrat und Citrat relativ häufig verwendet, zumal sich ihre Komplexwirkung über den pH-Bereich von 1–14 erstreckt. Ein Beispiel ist die Sulfidfällung von Sb(III), bei der anwesendes Sn(IV) als Oxalatokomplex in Lösung verbleibt (s. S. 182). Da diese organischen Säuren in alkalischer Lösung oft starke Komplexe bilden, werden störende Hydroxidfällungen der meisten zwei- und mehrfach positiv geladenen Kationen wirksam verhindert (s. z. B. die Carbatfällung S. 332).

Quecksilberbestimmung durch Maskierungsreaktion

Reaktionsprinzip: Die Halogenide bilden im allgemeinen schwache Komplexe, deren Stabilität jedoch in der Reihenfolge Cl → Br → I zunimmt. Eine Ausnahme bilden die starken Iodokomplexe des Hg(II) sowie Sb(III) und Bi(III). Die Stabilität des Hg(II)-Tetraiodokomplexes übertrifft im ammoniakalischen Medium sogar diejenige des Hg(II)-EDTA-Komplexes. Bei Zugabe von KI wird also die an Hg(II) gebundene EDTA nach

$$[HgY]^{2-} + 4\,I^- + 2\,H_2O \rightarrow [HgI_4]^{2-} + H_2Y^{2-} + 2\,OH^-$$

in Freiheit gesetzt und kann dann mit einer Mg^{2+}-Maßlösung titriert werden.

Die KI-Maskierung in Verbindung mit einer komplexometrischen Rücktitration der freigesetzten EDTA ist eine sehr schnelle und zuverlässige Untersuchungsmethode für zahlreiche Hg-haltige Legierungen (Amalgame usw.). Empfehlenswerte Praktikumsübungen sind die Analysen von Lösungsgemischen mit den Ionenpaaren Mg/Hg, Zn/Hg, Cd/Hg und Pb/Hg.

Störende Ionen: $Fe^{2+(3+)}$, Co^{2+}, Ni^{2+} oder Cu^{2+} blockieren den Indikator Erio T, können aber nicht durch Cyanidzusatz maskiert werden, da auch Hg sehr stabile Cyanokomplexe bildet.

Verfahrensfehler: Hg entzieht sich einer einfachen Bestimmung, wenn es von vornherein durch entsprechende KI-Zugabe maskiert wird. Ein Zusatz von K_2MgY bzw. Na_2ZnY ist empfehlenswert, um evtl. Fällungen (Chlorid, Hydroxid) zu vermeiden.

Arbeitsbereich: 0,9–0,1 mmol Hg^{2+} (180–20 mg Hg); für 0,09–0,01 mmol Hg^{2+} (18–2 mg Hg) gelten im folgenden die Zahlenangaben in Klammern.

Arbeitsgeräte: 20-(5)-ml-Pipetten; 300-(100)-ml-Weithals-Erlenmeyerkolben oder 400-(150)-ml-Bechergläser (hohe Form) bei mechanischer Rührung; Bürette; pH-Papier.

Reagenzien: Festes KI; Indikator: 1,0 g Erio T u. 100 g NaCl staubfein verrieben; Pufferlsg.: 2 mol/l NH_3; Maßlsg.: 0,1 (0,01) mol/l $Na_2[H_2Y]$ u. 0,1 (0,01) mol/l Mg^{2+}-Lösung; 0,1 mol/l Mg- oder Zn-EDTA.

Arbeitsvorschrift: 20 (5) ml der Analysenlsg. neutralisieren, mit H_2O auf ca. 100 (25) ml auffüllen. 10,0 (1,0) ml 0,1 mol/l Mg-EDTA (oder Zn-EDTA), 2,0 (0,5) ml HCl, danach 2,0 (0,5) ml Ammoniak hinzufügen u. mit H_2O auf 200 (50) ml auffüllen (pH = 10,3–10,5). Nach Zusatz von 100 (50) mg Indikator mit 0,1 (0,01) mol/l $Na_2[H_2Y]$ von rot nach rein blau titrieren. 6 (2) g festes KI in die Lsg. geben. u. mit 0,1 (0,01) mol/l Mg^{2+}-Lsg. auf rein rot zurücktitrieren.

Berechnung: Bei der ersten Titration entspricht der EDTA-Verbrauch der gesamten Stoffmenge an komplexierbaren Ionen (Ca^{2+}, Sr^{2+}, Zn^{2+}, Cd^{2+}, Pb^{2+}, Mn^{2+}, Hg^{2+} usw.). Der Verbrauch V_{Mg} bei der Rücktitration ergibt dann die Hg-Menge. 1 ml 0,1 mol/l Mg^{2+}-Lsg. ≙ 20,06 mg Hg.

Zink- oder Cadmiumbestimmung durch Maskierung/Demaskierung

Reaktionsprinzip: Viele Cyanokomplexe sind bei pH > 6 sehr stabil. So lassen sich mit 10 mmol (650 mg) KCN pro 100 ml Lösungsvolumen je 1,4 mmol Fe, Co, Ru, Rh, Os, Ir, Zn, Cd; 2,0 mmol Ni, Cu, Pd, Pt; 3,3 mmol Ag, Au, Hg sicher maskieren. Zur Bildung stabiler Komplexe müssen Fe(III) und Cu(II) in alkalischer Lösung durch Ascorbinsäure reduziert werden. Von praktischer Bedeutung ist die selektive Zerstörung der Cyanokomplexe von Zn und Cd durch Formaldehyd in ammoniakalischer Lösung:

$$[M(CN)_4]^{2-} + 4\,NH_3 + 4\,CH_2O \cdot HCl \rightarrow [M(NH_3)_4]^{2+} + 4\,CH_2\begin{matrix} \diagup OH \\ \diagdown CN \end{matrix} + 4\,Cl^-$$

Die anderen Cyanokomplexe reagieren unter diesen Verhältnissen nur sehr träge, wodurch eine selektive Zn- oder Cd-Bestimmung durch komplexometrische Titration ermöglicht wird.

Als Praktikumsübungen können die Trennungen Zn/Cu, Cd/Cu, Zn/Ni, Cd/Ni, aber auch Mg/Zn, Mg/Cd empfohlen werden.

Arbeitsbereich: 1,0–0,1 mmol Zn oder Cd (65–6,5 mg Zn oder 112–11,2 mg Cd). Beim Mikromol-Verfahren 2 0,1–0,01 mmol Zn oder Cd (6,5–0,65 mg Zn oder 11–1 mg Cd).

Störende Ionen: Es dürfen nicht mehr als 6 (1,5) mmol Ag, Au u. Hg, 4 (1) mmol Ni, Cu, Pd, Pt, 2,5 (0,8) mmol Fe und Co vorhanden sein. Alle Zahlenangaben in Klammern gelten hier und im folgenden für das Mikromolverfahren 2.

Verfahrensfehler: Das zur Maskierung benutzte KCN muß analysenrein sein.

Arbeitsgeräte: 20 (5)-ml-Pipetten; 300-(100)-ml-Weithals-Erlenmeyerkolben oder 400-(150)-ml-Bechergläser (hohe Form) bei mechanischer Rührung; Bürette; pH-Papier.

Reagenzien: Indikator: 1,0 g Erio T und 100 g NaCl staubfein verrieben, unbegrenzt haltbar; Pufferlsg.: 2 mol/l NaOH, 2 mol/l HCl, 13,5 mol/l NH_3; KCN; Ascorbinsäure; Formaldehyd-HCl (5,0 ml 35%iges CH_2O u. 10 ml 5 mol/l HCl; die Lsg. enthält 4,3 mol/l an CH_2O); Maßlsg.: 0,1 (0,01) mol/l $Na_2[H_2Y]$.

Arbeitsvorschrift: 20 (5) ml Analysenlsg. mit NaOH-Lsg. neutralisieren u. mit H_2O auf 100 (25) ml verdünnen. Die klare Lsg. mit 2,0 (1,0) ml HCl, 2,0 (1,0) ml Ammoniak, danach mit 1,3 (0,4) g KCN u. bei Anwesenheit von Cu oder Fe zusätzlich mit 200 (50) mg Ascorbinsäure ver-

setzen. Nach Erwärmen auf 90 °C (Abzug!) mit H_2O auf 200 (50) ml verdünnen (pH = 10,7 ± 0,3). Nach Zugabe von 200 (50) mg Indikator mit Maßlsg. von rot nach rein blau titrieren, wobei Mg, Mn(II), Pb, Y, Ga, In, La u. bei Zusatz von $K_2[MgY]$ auch Ca, Sr u. Ba erfaßt werden. Dann in „Pendeltitration" unter Umschütteln tropfenweise CH_2O-HCl bis rot zusetzen u. jeweils sofort mit Maßlsg. auf rein blau titrieren. Die Titration ist beendet, wenn die blaue Endfarbe nach Zusatz eines Tropfens CH_2O-HCl mindestens 30 Sek. lang bestehen bleibt.
Berechnung: Der Gesamtverbrauch der Pendeltitration entspricht der Zn- oder Cd-Menge.

Die Maskierung als Cyanokomplex wird nicht nur bei Titrationen, sondern auch bei zahlreichen anderen Bestimmungsmethoden angewendet, wie etwa das Schema der Carbatfällungen (s. S. 332) zeigt. Sie ist ebenfalls ein wertvolles Hilfsmittel bei Extraktionstrennungen, da weder die Cyanokomplexe noch freies KCN bei pH > 8 in die organische Phase gehen.

Maskierung durch Aminopolycarbonsäuren

Eine ähnlich starke Komplexwirkung wie die Cyanide besitzen die Aminopolycarbonsäuren auf fast alle Kationen der Ionenladung +2 und +3. Die wichtigsten Verbindungen sind die bereits behandelten. Als ein Beispiel von vielen sei die selektive Abscheidung von W und Mo mit 8-Hydroxychinolin erwähnt, wobei fast alle störenden Kationen durch EDTA maskiert werden. Auch die Störungen bei der Abscheidung von Ba^{2+} oder SO_4^{2-} als $BaSO_4$ durch Mitreißen von Kationen der Ionenladung +3 und höher werden durch EDTA weitgehend ausgeschaltet.

3.5.4. Trennung über die Gasphase

Eine weitere Trennmöglichkeit ist die Überführung einzelner Komponenten in die Gasphase. An eine geeignete chemische Umsetzung schließt sich eine physikalische Trennung durch Abdampfen oder Destillation an, wobei Druck- und Temperatur maßgebenden Einfluß haben. Neben einigen leicht verdampfbaren Elementen findet man besonders unter den Wasserstoffverbindungen, Fluoriden, Oxiden und Halogeniden viele leicht flüchtige Verbindungen.

Sieht man von den permanenten Gasen wie Edelgase, H_2, N_2, F_2, und von Cl_2 ab, so sind folgende bei 1 bar unter 1000 °C siedende Elemente verdampfbar: Na, K, Rb, Cs, Zn, Cd, Hg, P, As, S, Se, Br_2 und I_2.

Als Beispiel der N-Abtrennung über N_2, das gasvolumetrisch (s. S. 381) gemessen werden kann, seien angeführt:

Nitritzersetzung: $NO_2^- + NH_4^+ \rightarrow N_2\uparrow + 2\,H_2O$

Azidzersetzung: $2\,NaN_3 + I_2 \rightarrow 3\,N_2\uparrow + 2\,NaI$

Hg kann aus seinen Verbindungen, aber auch aus vielen Legierungen durch Erhitzen einer innigen Mischung der Proben mit CaO und Cu-Pulver ausgetrieben werden.

I_2 wird durch Oxidation von Iodiden erhalten und ist bereits mit Wasserdampf beträchtlich flüchtig.

Die höheren Oxidationsstufen vieler Elemente oxidieren HCl oder HBr zu Cl_2 bzw. Br_2, die nach einer weiteren Umsetzung mit Iodid

$Cl_2(Br_2) + 2\,KI \rightarrow 2\,KCl(KBr) + I_2$

iodometrisch titriert werden können (s. S. 308 f.).

Bei Auflösung von Metallen und Legierungen in nicht oxidierenden Säuren werden häufig die leicht flüchtigen Wasserstoffverbindungen B_2H_6, CH_4, SiH_4, GeH_4, NH_3, PH_3, AsH_3, SbH_3, H_2S, H_2Se, H_2Te gebildet. Bei der Bestimmung dieser Bestandteile muß zur Vermeidung grober Fehler stets in Gegenwart starker Oxidationsmittel (konz HNO_3; H_2O_2; $KMnO_4$) gelöst werden. Andererseits ist die Entfernung von Fluoriden, Halogeniden und sonstigen Anionen leicht flüchtiger Säuren durch Abrauchen mit H_2SO_4 oder $HClO_4$ gebräuchlich.

Durch Abrauchen mit HF und H_2SO_4 (oder $HClO_4$) oder durch Schmelzen mit NH_4F werden Verbindungen von B, Si und Ge aufgeschlossen, wobei jedoch BF_3, SiF_4 und GeF_4 ausgetrieben werden und verlorengehen. Ein alllgemein anwendbares Trennverfahren für Fluoride ist die *Willard-Winter*-Destillation. Hierbei wird die fluoridhaltige Substanz in Gegenwart von Quarzmehl mit H_2SO_4 oder $HClO_4$ erhitzt (s. S. 193). Das entstehende SiF_4 wird in eine mit schwach alkalischer

Lösung beschickte Vorlage überdestilliert, wo es hydrolysiert:

$SiF_4 + 6\,NaOH \rightarrow Na_2SiO_3 + 4\,NaF + 3\,H_2O$

Eine Methode zur Bestimmung von As-Spuren in Metallen, Legierungen, Oxiden und sonstigen Verbindungen ist die AsH_3-Entwicklung und die anschließende Ausmessung der Färbung auf Papierstreifen, die mit $HgBr_2$ getränkt wurden.

Schwefelspuren in Metallen sowie die Sulfidgehalte vieler Verbindungen sind durch Behandlung mit Zn und HCl in Form von H_2S zu erhalten. Nach Absorption in einer Cadmiumacetat-Lösung kann H_2S direkt oder indirekt bestimmt werden.

Weiteres s. auch Kap. 3.8.

Bestimmung stickstoffhaltiger Verbindungen durch Kjeldahl-Destillation

Die Bedingungen der als „*Kjeldahl*-Destillation" bezeichneten N-Abtrennung über NH_3 sind in der nachfolgenden Tabelle zusammengestellt.

Tabelle XXXV. *Kjeldahl*-Trennungen für 5-0,5 mmol N

N-Verbindung	Arbeitsbedingungen	Destillation
NH_4-Salze	50 ml 2 mol/l NaOH + 100 ml H_2O	100 ml innerhalb von etwa 30 min in eine Vorlage destillieren, die 50 ml Maßlösung 0,05 mol/l H_2SO_4 (oder 0,1 mol/l HCl) und Mischindikator enthält
Nitrate	2 g gepulverte Devarda-Legierung (S. 55) 50 ml H_2O 100 ml 2 mol/l NaOH	
Nitrite	3 g Eisenpulver (ferrum reductum) 10 ml 5 mol/l H_2SO_4 30 min sieden in 100 ml H_2O lösen und danach 50 ml 2 mol/l NaOH zusetzen	

Mischindikator: 29 mg Methylrot + 279 mg Bromkresolgrün + 8,0 ml 0,1 mol/l NaOH in 100 ml Ethanol lösen, mit H_2O auf 500 ml auffüllen, orangerot pH = 4,0/blau pH = 5,6.

Bei organischen Amino-, Nitro-, Cyan- und sonstigen N-Verbindungen muß zunächst mit Phenol-Schwefelsäure aufgeschlossen werden. Bei heterocyclisch gebundenem N (Pyridin, Chinolin etc.) versagt aber auch diese Methode.

Umsetzung, Destillation u. die anschließende titrimetrische Bestimmung erfolgen in der *Kjeldahl*-Apparatur (Abb. 53.). Während der Destillation darf sich die orangerote Färbung der sauren Lsg. im *Volhard-Fresenius*-Kolben nicht ändern. Erfolgt ein Umschlag nach blau, so muß die Bestimmung mit einer kleineren Einwaage wiederholt werden.

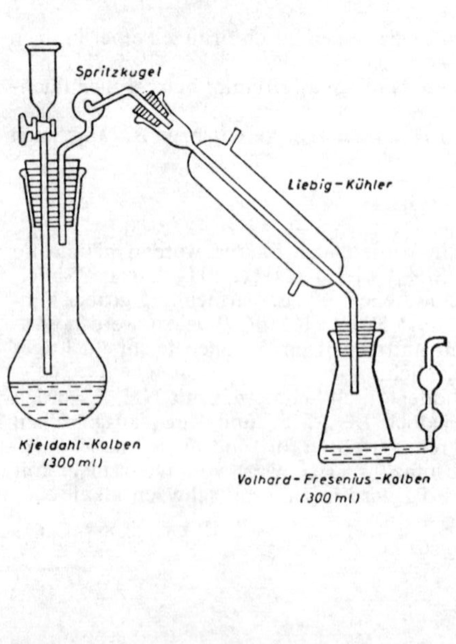

Abb. 53. *Kjeldahl*-Destillationsapparatur

Nach Durchführung der Destillation ist der Liebigkühler mit wenig H_2O nachzuspülen. Danach wird die überschüssige 0,05 mol/l H_2SO_4 bzw. 0,1 mol/l HCl im Vorlagekolben mit 0,1 mol/l NaOH zurücktitriert (grauer Zwischenton). Man beachte in diesem Zusammenhang den bereits merklichen CO_2-Einfluß.

Halogeniddestillation. Arsen/Antimon/Zinn

Reaktionsprinzip: Unter den Halogeniden finden sich zahlreiche leichtflüchtige Verbindungen, deren Siedepunkte im allgemeinen in der Reihenfolge Cl → Br → I ansteigen. Daher arbeitet man vorzugsweise mit den Chloriden, die man durch Erhitzen der festen feingepulverten Probesubstanzen in einem Gasstrom von Cl_2, CCl_4, $CHCl_3$, S_2Cl_2 oder HCl wasserfrei erhalten kann. Wird z. B. Silumin (eine Al-Si-Legierung) im Cl_2-Strom erhitzt, so verbleibt als Rückstand Al_2O_3 (aus Oxidhäuten), während sich im Reaktionsrohr entsprechend dem Temperaturgefälle Sublimate von $FeCl_3$ (317 °C), $AlCl_3$ (183 °C), $TiCl_4$ (136 °C) und $SiCl_4$ (58 °C) abscheiden. Aus wäßriger Lösung sind nur wenige Chloride in wasserfreier Form abdampfbar. Aus konz. HCl (37–38 %ig) sind $AsCl_3$ (130 °C), $SbCl_3$ (223 °C) und $GeCl_4$ (83 °C) destillierbar. $SnCl_4$ (114 °C) kann wegen der bereits sehr starken Hydrolyse nur bei wesentlich höheren Temperaturen (über 140 °C) abgedampft werden. Als Beispiel soll im folgenden eine Trennung von As/Sb/Sn ausführlicher behandelt werden.

Verfahrensfehler: Zeitbedarf u. Schwierigkeitsgrad dieser Dreistofftrennung sind verhältnismäßig groß. Eine Streuung von weniger als 2 % kann – abgesehen von verfälschenden systematischen Fehlern – nur bei sorgfältiger Einhaltung der Arbeitsbedingungen erwartet werden.

Arbeitsbereich: Jeweils nicht mehr als 2 mmol As, Sb, Sn, d. h. maximal 6 mmol Gesamtsubstanz.

Arbeitsgeräte: Destillations-App. (s. Abb. 54.); Spritzkugel; langstielige Trichter; Thermometer (200–250°), kurze Form; pH-Papier.

Reagenzien: 18 mol/l H_2SO_4; Hydraziniumsulfat; KBr; 12,5 mol/l HCl; CO_2 (Stahlflasche oder Kipp); Thioacetamid oder H_2S; H_3PO_4 (85 %ig); 5 mol NaOH; HBr (40 %ig); 2 mol HNO_3.

Arbeitsvorschrift: Die in 5 ml H_2SO_4 gelöste Substanz bzw. eine auf 5 ml eingeengte schwefelsaure Lsg. mit dreimal 5 ml H_2O über einen langstieligen Trichter in den Destillationskolben bringen u. mit 1 g Hydraziniumsulfat u. 1 g KBr versetzen. Bis zur weitgehenden Auflsg. (hydrolytische Trübungen durch Sn sind ohne Belang) schütteln u. App. zusammensetzen, dabei Erlenmeyerkolben mit 100 ml H_2O beschicken. Durch den Tropftrichter 50 ml HCl einfüllen u. Kolbeninhalt unter Durchleiten von 2–3 Blasen CO_2 pro Sek. bis auf 20–30 ml abdestillieren. Destillation mit weiteren 50 ml HCl wiederholen. Kurz vor Ende 1 ml Destillat in einem Reagenzglas auffangen u. nach Zusatz einiger Körnchen Thioacetamid (oder Einleiten von H_2S) aufkochen. Bei Gelbfärbung noch-

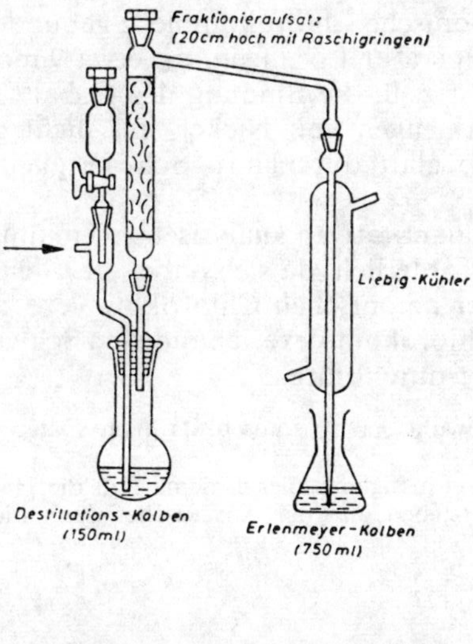

Abb. 54.
Destillationsapparatur zur As/Sb/Sn-Trennung

mals mit 50 ml HCl destillieren. Fraktionieraufsatz mit Papprolle vor Luftzug schützen. Das in der Vorlage befindliche As(III) bromatometrisch (s. S. 311) bestimmen.

Zur Sb-Trennung abkühlen lassen, Fraktionieraufsatz mit zweimal 25 ml HCl spülen u. dann durch einfache Spritzkugel ersetzen. 10 ml H_3PO_4 einfüllen, Thermometer in den Destillationskolben stellen, App. zusammensetzen u. neue Vorlage mit 100 ml H_2O unterstellen. Wie bei As destillieren, bis die Temp. 160 ± 5 °C erreicht hat. Nun 45 Min. lang bei dieser Temp. unter kontinuierlichem Zutropfen der erforderlichen Menge HCl destillieren. Gegen Ende der Destillation wie bei As auf Vollständigkeit prüfen. Bei Rotfärbung der mit NaOH-Lsg. auf pH = 1–3 abgestumpften Lsg. weitere 10 Min. lang destillieren. Das in der Vorlage befindliche Sb(III) ebenfalls bromatometrisch bestimmen.

Nach Auswechseln der Vorlage Sn(IV) wie Sb(III) unter kontinuierlichem Zutropfen eines Gemisches aus 1 Teil HBr u. 3 Teilen HCl bei einer Temp. von 145 ± 5 °C abdestillieren. Das in der Vorlage befindliche Sn(IV) durch Zusatz von HNO_3 u. Eindampfen als SnO_2 abscheiden u. auswägen.

3.5.5. Trennung durch Chromatographie an Ionenaustauschern

Die einfachen Trennungen basieren auf der Tatsache, daß Kationen nur an Kationenaustauscher und Anionen nur an Anionenaustauscher gebunden werden (s. Kap. 3.4.2.5.).

Ein weiteres Verfahren ist die chromatographische Trennung (s. auch S. 164f.) gleichsinnig geladener Ionen. Sie hat ihre Ursache in der unterschiedlichen Bindungsfestigkeit der Ionen am Austauscher. Oft wird das Auseinanderziehen der Zonen auch durch einen Komplexbildner im Elutionsmittel erreicht, der mit den zu trennenden Ionen unterschiedlich starke Komplexe bildet. Allgemein werden nach dieser Methode chemisch sehr ähnliche Ionen (wie z. B. diejenigen der Seltenerdmetalle) getrennt.

Die einfache Trennung von Kationen und Anionen ist zur Beseitigung von Störungen bei gravimetrischen und maßanalytischen Bestimmungen gut geeignet. So macht z. B. die gravimetrische Bestimmung des Sulfats als Bariumsulfat (s. S. 267) bei Gegenwart einer Anzahl Kationen Schwierigkeiten, da diese bei der Fällung teilweise mitgerissen werden. Auch die acidimetrische Titration der Borsäure in Gegenwart mehrwertiger Alkohole (s. S. 297) wird durch bestimmte Kationen gestört. Durch Anwendung eines stark sauren Kationenaustauschers in der H^+-Form sind diese Kationen einwandfrei durch Austausch zu entfernen.

Trennung von Cobalt und Nickel

Reaktionsprinzip: Einige Schwermetalle werden in konz. salzsaurer Lösung von stark basischen Anionenaustauschern als anionische Chlorokomplexe gebunden. Zum quantitativen Austausch sind bei Raumtemperatur Lösungen mit etwa 9 mol/l HCl erforderlich. Aber selbst in dieser Lösung ist z. B. die Bindung des Cobalts so schwach, daß eine Abtrennung größerer Cobaltmengen von Nickel, das nicht gebunden wird und deshalb die Austauschersäule glatt durchläuft, Schwierigkeiten bereitet.

Bei Erhöhung der Arbeitstemperatur sind zur quantitativen analytischen Trennung wesentlich geringere Salzsäurekonzentrationen erforderlich, da sich dabei die Gleichgewichte in der salzsauren Lösung zugunsten der anionischen Chlorokomplexe der Schwermetalle verschieben. Die Elution der als Chlorokomplexe gebundenen Schwermetalle läßt sich bei Raumtemperatur mit Wasser durchführen.

Störende Ionen: Viele Schwermetallionen stören sowohl den Austausch als auch später die Cobaltbestimmung (s. S. 280f.).

Verfahrensfehler: In der Austauschersäule darf der Flüssigkeitsspiegel niemals in die Harzschicht eindringen, da sonst Luftblasen im Harzbett entstehen und der Austauscher dann nicht mehr einwandfrei arbeitet.

Arbeitsgeräte: Heizbare Austauschersäule nach Abb. 55. (Säulendurchmesser ca. 2 cm, Gesamtlänge ca. 55 cm; Mantelrohrlänge ca. 33 cm; Manteldurchmesser ca. 5 cm; Höhe des Harzbettes ca. 18 cm); Wasserumlauf-Thermostat; 100-ml-Meßkolben; 20-ml-Pipette; 400-ml-Bechergläser (hohe Form).

Reagenzien: Stark basischer Anionenaustauscher; 7 mol/l HCl.

Arbeitsvorschrift: Analysenlsg. im Meßkolben mit HCl auffüllen. In mit dest. W. gefüllte Austauschersäule Anionenaustauscher einfüllen. Säule mit Hilfe des Thermostaten auf ca. 80 °C aufheizen. Nach Ablassen des W. bis zur Harzoberfläche mit 30 ml warmer HCl vorwaschen u. dabei Tropfgeschwindigkeit auf ca. 25 Tr./min (2,5 ml/min) einstellen. Nach Absinken des HCl-Spiegels bis zur Harzoberfläche Vorlage wechseln u. 20 ml der auf 80 °C erwärmten Analysenlsg. auf die Säule pipettieren. Dreimal mit je 30 ml heißer HCl waschen. Die Co-Zone erfüllt ca. 75% des Austauscherbettes. Das in der Vorlage befindliche Ni^{2+} nach Einengen durch Fällen mit Dimethylglyoxim (s. S. 281) bestimmen. Co^{2+} mit ca. 200 ml W. bei Zimmertemp. eluieren u. nach Eindampfen bis zur Trockne gravimetrisch als Tetrakis(pyridin)cobalt-thiocyanat (s. S. 280) bestimmen.

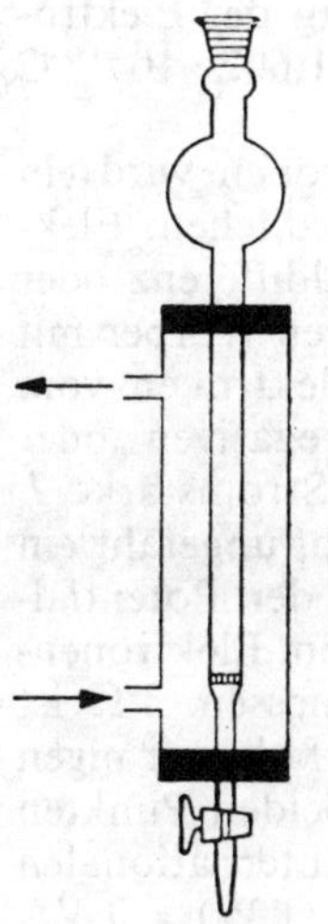

Abb. 55. Heizbare Austauschersäule

3.6. Elektroanalytische Methoden

In einem modernen analytischen Laboratorium sind heute die zahlreichen physikalisch-chemischen Methoden nicht mehr zu entbehren. Es sind hier vor allem die optischen und elektroanalytischen Verfahren zu nennen. Gegenüber den bisher beschriebenen rein chemischen Methoden haben hier physikalische Vorgänge chemische Reaktionen zur Folge, wie z. B. bei der Elektrogravimetrie und der Polarographie, oder aber das physikalische Verhalten einer Lösung erlaubt Schlüsse über den Verlauf einer Reaktion, so daß, wie bei der Potentiometrie und der Konduktometrie, der Endpunkt einer Reaktion erkannt werden kann. Der Vorteil der Methoden liegt vor allem darin, daß Bestimmungen, die auf anderem Wege nicht oder nur unter großem Arbeitsaufwand durchgeführt werden können, oft auf recht elegante Weise ermöglicht werden. Erwähnt seien hier nur die zahlreichen potentiometrischen Redoxtitrationen, für die kein geeigneter Indikator zur Verfügung steht, oder die recht genauen und bei Serienanalysen sehr schnell durchführbaren polarographischen Mikroanalysen. Darüber hinaus erlaubt eine elektrische Meßgröße in den meisten Fällen eine Registrierung durch elektrische Schreibgeräte oder eine automatische Steuerung von Reaktionen. Diesen erheblichen Vorteilen steht allerdings als Nachteil der oft recht hohe apparative Aufwand gegenüber.

3.6.1. Allgemeine Grundlagen

Die im folgenden kurz beschriebenen Grundlagen beschränken sich nur auf das unbedingt Notwendige. Für ein eingehendes Studium muß daher auf die einschlägige Fachliteratur und die Lehrbücher der physikalischen Chemie verwiesen werden (s. S. XVII).

3.6.1.1. Elektrochemische Einheiten

Das kleinste Elementarteilchen ist hier das Elektron mit nur $^1/_{1836}$ der Masse eines Protons und einer negativen Elementarladung. Diese Elementarladung beträgt $1{,}6021917 \cdot 10^{-19}$ C (Coulomb). Daraus ergibt sich die molare Ladung der Elektronen, die sog. Faraday-Konstante, zu $F \approx 6{,}02 \cdot 10^{23}\ \text{mol}^{-1} \times 1{,}602 \cdot 10^{-19}\ \text{C} = 96485\ \text{C} \cdot \text{mol}^{-1}$.

Durch eine Anhäufung oder auch durch einen Mangel an Elektronen wird ein Körper elektrisch aufgeladen. Zwischen zwei Körpern mit unterschiedlichem Elektronendruck, d. h. unterschiedlichem Potential, besteht eine Potentialdifferenz oder Spannung, die in Volt gemessen wird. Verbindet man nun diese beiden Körper mit einem Elektronenleiter (Metalldraht) miteinander, so werden die Elektronen vom elektronenreicheren negativen zum elektronenärmeren, weniger negativen oder positiven Körper fließen. Die Stärke dieses Elektronenstromes, die Stromstärke I, wird in Ampere (A) angegeben. Der Stromstärke 1A = 1 C/s entspricht ungefähr ein Fluß von $6{,}2 \cdot 10^{18}$ Elektronen pro Sekunde. Sie ist abhängig von der Potentialdifferenz oder Spannung U und dem elektrischen Widerstand R, der dem Elektronenstrom entgegengesetzt wird. Der Widerstand wird in Ohm (Ω) gemessen. 1 Ω ist gleich dem elektrischen Widerstand zwischen zwei Punkten eines fadenförmigen homogenen Leiters, durch den infolge der Spannung 1 V zwischen beiden Punkten ein elektrischer Strom der Stärke 1 A fließt. (A ist Basiseinheit im Internationalen Maßsystem). Zwischen beiden Punkten wird dabei die Leistung 1 Watt (1 W) = 1 VA = $1\ \text{J} \cdot \text{s}^{-1}$ umgesetzt. Bei zeitlich unveränderter Spannung und Stromstärke wird je Sekunde die Energie 1 J = 1 VAs = 1 Ws umgesetzt. Die mathematische Beziehung zwischen den drei Größen Stromstärke, Spannung und Widerstand ist das *Ohm*sche Gesetz:

$$I = \frac{U}{R}$$

Der reziproke Wert des Widerstandes R ist der elektrische Leitwert G mit der Einheit Siemens (S); $1\ \text{S} = 1\ \Omega^{-1}$. (Statt Ω^{-1} findet man bei älterer Literatur das durch Rückwärtsschreiben aus Ohm gebildete mho oder das kopfstehende ℧)

Die Begriffe elektrischer Strom, Stromstärke, Elektronenfluß usw. erinnern an den Wasserstrom, den Fluß. Tatsächlich wurden die Begriffe der Elektrodynamik aus der Hydrodynamik entlehnt, so daß weitgehende Parallelen bestehen. So ist die Potentialdifferenz oder Spannung mit dem Niveauunterschied zwischen zwei Wasserbehältern zu vergleichen. Verbindet man beide durch eine geeignete Leitung, strömt das Wasser aus dem höher gelegenen Behälter in den darunterliegenden. Die Stromstärke ist gegeben durch die in der Zeiteinheit ausströmende Wassermenge. Umgekehrt kann man selbstverständlich aus der Stromstärke und der Zeit die Wassermenge berechnen. Die Stromstärke ist abhängig vom Widerstand der Leitungen. So wird z. B. durch ein glattes Rohr mehr Wasser pro Zeiteinheit strömen als durch ein Rohr mit rauher Wandung. Außerdem wird sie um so größer sein, je größer das Gefälle ist. Die Arbeit, die z. B. in einem Wasserkraftwerk geleistet wird, ergibt sich aus der Fallhöhe und der Wassermenge pro Zeiteinheit, also der Stromstärke in den Leitungen.

In Elektrolyten (Leiter 2. Klasse) erfolgt der Stromtransport nicht durch Elektronen, sondern durch die wesentlich größeren und damit langsameren Ionen. In verdünnten Lösungen ist die Wanderung der Kationen und Anionen praktisch unabhängig voneinander (*Kohlrausch*sches Gesetz von der unabhängigen Wanderung der Ionen).

Ihre Wanderungsgeschwindigkeiten in $cm \cdot s^{-1}$ errechnen sich nach:

$$w^+ = \frac{z^+ \cdot e \cdot E}{W} \text{ (Kationen) bzw. } w^- = \frac{z^- \cdot e \cdot E}{W} \text{ (Anionen)}$$

(z^+, z^- = Ladung der Ionen, e = Elementarladung, E = Feldstärke in $V \cdot cm^{-1}$, W = hydrodynamischer Widerstand). Wird die Wanderungsgeschwindigkeit durch die Feldstärke dividiert, so erhält man die Ionenbeweglichkeit

$$u^\pm = \frac{z^\pm \cdot e}{W} = \frac{w^\pm}{E} \text{ in } \left[\frac{cm}{s} \Big/ \frac{V}{cm}\right] = \left[\frac{cm^2}{V \cdot s}\right]$$

Die Ionenbeweglichkeiten liegen zwischen 2 und $7 \cdot 10^{-4}\ cm^2 \cdot V^{-1} \cdot s^{-1}$.
Die Multiplikation der Ionenbeweglichkeiten mit der Faradaykonstanten F und Division durch $|z|$ ergibt die in den Nachschlagewerken tabellierten Ionenäquivalentleitfähigkeiten $\lambda^\pm$ bei unendlicher Verdünnung (vgl. S. 363).

$$\begin{aligned} \lambda^+ &= (u^+/z^+) \cdot F \\ \lambda^- &= (u^-/z^-) \cdot F \end{aligned} \quad \text{in} \left[\frac{cm^2 \cdot A \cdot s}{V \cdot s \cdot mol}\right] = \left[\frac{cm^2}{\Omega \cdot mol}\right]$$

In älterer Literatur wird die Ionenäquivalentleitfähigkeit oft fälschlich als Beweglichkeit bezeichnet. Neuere Tabellen enthalten molare Ionenleitfähigkeiten.

Beim Ladungstransport führt es auf dasselbe hinaus, ob positive Ladungen in der einen oder negative Ladungen in der entgegengesetzten Richtung wandern. Daher addieren sich beide Ladungstransporte zu der Gesamtleitfähigkeit (*Kohlrausch*sches Gesetz), der sogenannten Äquivalentleitfähigkeit (molaren Leitfähigkeit) Λ.

Für einen starken 1 : 1-Elektrolyten gilt bei unendlicher Verdünnung:

$$\Lambda = \lambda^+ + \lambda^-$$

Bei unvollständig dissoziierten Verbindungen muß der Dissoziationsgrad berücksichtigt werden. Es gilt dann:

$$\Lambda = (\lambda^+ + \lambda^-)\,\alpha$$

Bei einer beliebig konzentrierten Lösung interessiert die elektrische Leitfähigkeit $\varkappa$. Sie hängt mit der Äquivalentleitfähigkeit für einen 1 : 1-Elektrolyten durch folgende Beziehung zusammen:

$$\varkappa = \Lambda \cdot c$$

Der in der Praxis gemessene Leitwert G hängt außer von der Lösung vor allem vom Querschnitt q der Elektroden und ihrem Abstand l ab. Für einen elektrolytgefüllten quaderförmigen Trog mit den beiden Elektroden als Vorder- und Rückwand gilt:

$$G = \varkappa \cdot \frac{q}{l} = \varkappa \cdot K^{-1}$$

Um reproduzierbare Ergebnisse erhalten zu können, darf die Zellenkonstante K nicht verändert werden. Deshalb sind auch in den Leitfähigkeitszellen die Elektroden meist so angeordnet, daß man sie nicht durch versehentliche Berührung verbiegen oder verschieben kann. Die Konstante wird meist mit Eichlösungen genau bekannter spezifischer Leitfähigkeit bestimmt. Die Kenntnis der Konstanten ist jedoch nur für Absolutmessungen, z. B. Ionenbeweglichkeiten, nicht aber für konduktometrische Titrationen notwendig.

Zusammenstellung der Größen, Einheiten und Konstanten

Elektrizitätsmenge Q: 1 Coulomb (1 C) = 1 A · 1 s,
Faraday-Konstante F = 96485 Coulomb · Mol^{-1} bzw. C · mol^{-1}
Elektronenladung $e = F/N_A$ = 96485 C · mol^{-1}/6,02 · 10^{-23} mol^{-1} = 1,602 · 10^{-19} C
elektr. Stromstärke I: 1 A = 1 C/s = 1 V/1 Ω
elektr. Widerstand R: 1 Ω = 1 V/1 A
elektr. Leitwert G: 1 Siemens (1 S) = 1/Ω
elektr. Spannung U: 1 V = 1 A · 1 Ω = 1 C/s · 1 Ω
Leistung P: 1 W = 1 A · 1 V = 1 C/s · 1 V
Arbeit, Energie E: 1 Joule (1 J) = 1 C · 1 V = 1 A · 1 s · 1 V
Ionenäquivalentleitfähigkeit:

$$\lambda^{\pm} = F \cdot u^{\pm} \text{ in } \left[\frac{cm^2 \cdot A \cdot s}{V \cdot s \cdot mol}\right] = \left[\frac{cm^2}{\Omega \cdot mol}\right]$$

Ionenbeweglichkeit: u in [(cm/s)/(V/cm)]
Äquivalentleitfähigkeit für 1 : 1-Elektrolyte: $\Lambda = \lambda^{-} + \lambda^{-}$ (starke Elektrolyte)
$\Lambda = (\lambda^{+} + \lambda^{-})\,\alpha$ (schwache Elektrolyte)
Elektrische Leitfähigkeit: für 1 : 1-Elektrolyte
$\varkappa = \Lambda \cdot c$ in 1/ (Ω · cm)

3.6.1.2. Potentialbildung und Nernstsches Gesetz

Durch Elektronenüberschuß oder -unterschuß eines Körpers gegenüber seiner Umgebung treten Potentiale auf. Taucht man z. B. ein Metall in eine Lösung eines Salzes, so entsteht an der Phasengrenzfläche ein elektrisches Potential, dessen Größe neben der Temperatur vor allem von der Art des Metalls und der Konzentration (oder genauer der Aktivität) der Lösung abhängt.

Nach *Nernst* besteht einerseits Lösungstendenz (Lösungsdruck) des Metalls (Bildung von Kationen), andererseits ein Abscheidungsbestreben der Kationen (Reduktion zum elementaren Metall). Der elektrolytische Lösungsdruck ist bei gegebener Temperatur für ein bestimmtes Metall eine charakteristische Konstante, das Abscheidungsbestreben dagegen ist eine Funktion des osmotischen Druckes und damit der Konzentration bzw. der Aktivität der Lösung. Zwischen beiden Kräften stellt sich ein Gleichgewicht ein. Ist das Abscheidungsbestreben größer (wie z. B. beim Cu), scheiden sich einige Ionen auf dem Metall ab und laden es positiv gegenüber der Lösung auf. Die zurückbleibende äquivalente Menge Anionen umgibt die Elektrode und bildet mit ihr eine *Helmholtz*sche Doppelschicht (Abb. 56a).

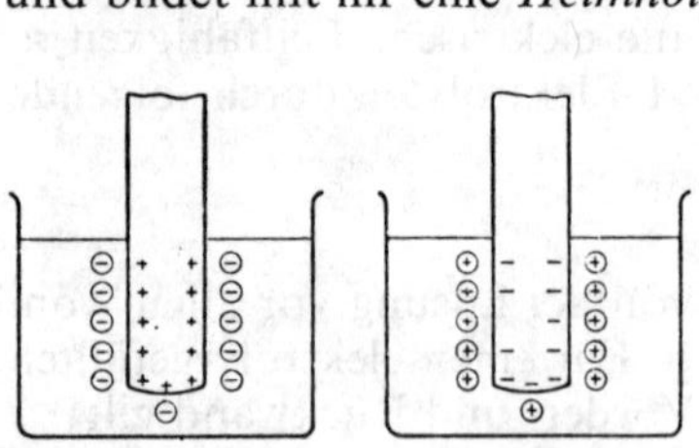

Abb. 56.
Potentialbildung an edlen und unedlen Metallen

Ist dagegen der Lösungsdruck größer (wie z. B. beim Zn), so geht etwas Metall in Lösung, die zurückbleibenden Elektronen laden das Metall negativ gegenüber der Lösung auf, und die Zn^{2+}-Ionen bilden dann die positive Seite der Doppelschicht (Abb. 56b.). Eine solche Kombination aus Metall und Lösung bezeichnet man als galvanisches Halbelement. Formelmäßig lassen sich die potentialbildenden Vorgänge durch die folgenden Gleichungen beschreiben (s. S. 157ff.):

$Cu \rightleftharpoons Cu^{2+} + 2\,e$ bzw. $Zn \rightleftharpoons Zn^{2+} + 2\,e$

Das Material der Elektrode nimmt in diesen Fällen an der Reaktion teil.

An die Stelle der Metalle können auch Gase treten. Als „Träger“ oder Ableitungselektroden dienen dann unangreifbare, indifferente Metallelektroden, z. B. platiniertes Platin, die von dem betreffenden Gas umspült werden. Das Bestreben der Gasmoleküle, in Ionen überzugehen, ist hier allerdings nicht mehr eine Materialkonstante, sondern abhängig von der Konzentration c des gelösten Gases, die wiederum nach dem *Henry-Dalton*schen Gesetz vom Partialdruck p des Elektrodengases abhängig ist (k = Konstante):

$$c = k \cdot p$$

Ein Beispiel für derartige Gaselektroden ist die Wasserstoffelektrode, ein Pt-Blech, das in eine H^+-Ionen enthaltende Lösung taucht und von H_2 umspült wird. Der potentialbildende Vorgang ist:

$$^1/_2\, H_2 \rightleftharpoons H^+ + e$$

Die Beispiele zeigen, daß diese Vorgänge mit Elektronenaustausch verbundene Redoxreaktionen sind. Auch Redoxsysteme, an denen nur Ionen beteiligt sind, bilden Potentiale. Zur Messung dienen hier meist blanke Platinbleche, an denen der Elektronenaustausch zwischen den Ionen teilweise erfolgt und die dadurch entsprechend aufgeladen werden. Als Beispiel für potentialbildende Vorgänge seien genannt:

$$Fe^{2+} \rightleftharpoons Fe^{3+} + e$$

$$Mn^{2+} + 4\,H_2O \rightleftharpoons MnO_4^- + 8\,H^+ + 5\,e$$

Im Gegensatz zu den Metallelektroden, die sowohl als Medium für den Elektronenaustausch dienen als auch gleichzeitig Reaktionsteilnehmer sind, also spezifische chemische Eigenschaften haben müssen, bilden in den letztgenannten Fällen die Platinelektroden lediglich das Medium für den Elektronenaustausch.

Die Konzentrationsabhängigkeit des Potentials wird durch die *Nernst*sche Gleichung (s. S. 159) beschrieben, die je nach der Art der Elektrode verschiedene Formen hat.

Für ein Metall, das in seine Salzlösung eintaucht, z. B. Cu in $CuSO_4$-Lösung, beträgt das Potential E:

$$E = E^0 + \frac{RT}{zF} \ln c = E^0 + \frac{RT}{2F} \ln c(Cu^{2+})$$

in der Gleichung bedeuten R = molare Gaskonstante (8,31 J · mol⁻¹ · K⁻¹), T = Kelvin-Temperatur, z = Anzahl der ausgetauschten Elektronen, F = *Faraday*-Konstante (96485 C · mol^{-1}), E^0 = Standardpotential, c = Konzentration in $mol \cdot l^{-1}$.

Für die Wasserstoff-Elektrode gilt (p_{H_2} = H_2-Druck relativ zu $p^0{}_{H_2}$):

$$E = E^0 + \frac{RT}{F} \ln \frac{c(H^+)}{p(H_2)}$$

Für das System Mn^{2+}/MnO_4^- ergibt sich:

$$E = E^0 + \frac{RT}{5F} \ln \frac{c(MnO_4^-) \cdot c^8(H^+)}{c(Mn^{2+})}$$

Zur Vereinfachung rechnet man den natürlichen Logarithmus in den dekadischen um, setzt für R, T und F die entsprechenden Zahlenwerte ein und erhält dann z. B.

$$E = E^0 + \frac{0{,}059\ \text{Volt}}{z} \lg c \quad (25\ °C)$$

Das absolute Potential E einer Elektrode gegenüber der Lösung ist außerordentlich schwierig und nur wenig genau zu bestimmen. Man mißt daher meist relative Werte, die sich auf eine willkürlich gewählte Elektrode beziehen. Als solche dient die Standardwasserstoffelektrode, ein Pt-Blech, das in eine Säure mit $a(H^+) = 1$ mol/l (ca. 1 mol/l H_2SO_4) eintaucht und von H_2 unter 1,01325 bar umspült wird. Deren Potential E und damit auch deren Standardpotential E^0 werden definitionsgemäß gleich Null gesetzt.

Schaltet man zwei gleichartige Halbelemente verschiedener Konzentration, die durch einen Flüssigkeitsheber verbunden sind, gegeneinander, so mißt man ebenfalls ein Potential, nämlich das Potential einer Konzentrationskette, das durch die folgende Gleichung beschrieben wird:

$$E = \frac{RT}{zF} \ln \frac{c_1}{c_2} = \frac{0{,}059\,\text{Volt}}{z} \lg \frac{c_1}{c_2} \quad (25\,°\text{C})$$

Taucht z. B. eine Silberelektrode in 1 mol/l $AgNO_3$, eine zweite aber in 0,1 mol/l $AgNO_3$, so mißt man, wenn beide Lösungen durch einen Flüssigkeitsheber verbunden sind, eine Spannung von 59 mV.

3.6.2. Potentiometrie

$E = E^0 + \frac{0{,}059\,V}{z} \lg c$

Die potentiometrische Titration ist eine maßanalytische Methode, bei der der Potentialverlauf in Abhängigkeit vom Reagenzzusatz aufgenommen wird. Der Äquivalenzpunkt zeichnet sich bei dieser Methode durch eine sprunghafte Änderung des Potentials aus. Der gesamte Kurvenverlauf entspricht in der Regel dem einer Neutralisationskurve (vgl. Abb. 37., S. 288).

Der Vorteil der potentiometrischen Bestimmung gegenüber Titrationen mit Indikatoren liegt darin, daß auch in trüben oder gefärbten Lösungen gearbeitet werden kann. Darüber hinaus können Reaktionen maßanalytisch ausgewertet werden, für die kein geeigneter Indikator bekannt ist.

3.6.2.1. Indikator- und Bezugselektroden

In der Praxis vergleicht man das unbekannte, zu messende Potential der Indikatorelektrode mit einem bekannten, konstanten Potential der Bezugselektrode. Als Bezugselektrode dient im allgemeinen die Kalomelelektrode, die aus Hg, Hg_2Cl_2 und KCl-Lösung besteht (Abb. 57.).

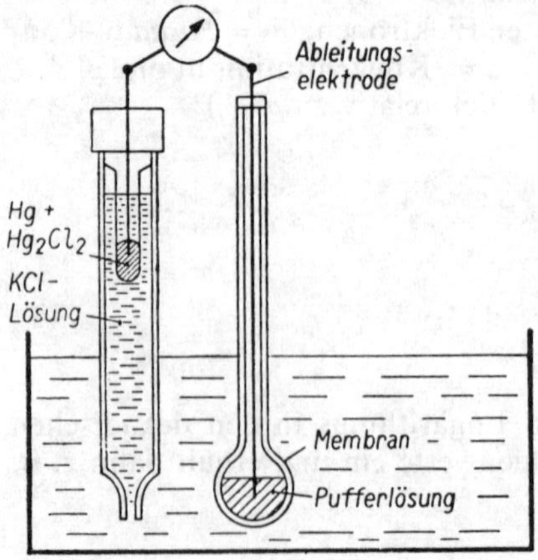

Abb. 57.
Bezugselektrode (Kalomel) und Glaselektrode

Der potentialbildende Vorgang der Bezugselektrode ist die Reaktion $2\,Hg \rightleftharpoons Hg_2^{2+} + 2\,e$. Das Potential wird beschrieben durch

$$E = E^\circ + \frac{RT}{2F} \ln c(Hg_2^{2+})$$

Die Hg_2^{2+}-Ionenkonzentration steht jedoch mit dem Löslichkeitsprodukt in Beziehung:

$$K_L = c(Hg_2^{2+}) \cdot c^2(Cl^-)$$

So wird das Potential indirekt durch die Cl^--Ionenkonzentration bestimmt:

$$E = E^\circ + \frac{RT}{2F} \ln \frac{K_L}{c^2(Cl^-)} = E^\circ + \frac{RT}{F} \ln \frac{\sqrt{K_L}}{c(Cl^-)}$$

Als Meß- oder Indikatorelektrode muß eine Elektrode benutzt werden, die auf das zu bestimmende Ion anspricht, d. h. entweder selbst Partner der potentialbildenden Redoxreaktion ist (z. B. Ag-Elektroden für argentometrische Bestimmungen) oder aber als Ableitungselektrode für den Elektronenaustausch der gelösten Redoxpartner dienen kann (z. B. blanke Pt-Elektroden für Systeme wie Fe^{2+}/Fe^{3+}, Mn^{2+}/MnO_4^-, Cr^{3+}/CrO_4^{2-}, Chinhydron, platinierte Pt-Elektroden für Gaselektroden wie H_2/H^+ usw.). Für acidimetrische Bestimmungen werden als Indikatorelektroden vor allem die Glas-, die Chinhydron- und die Wasserstoffelektrode eingesetzt.

Die Glaselektrode (Abb. 57) besteht aus einem Glasschaft, an den eine dünne Membran in Kölbchen- oder Kugelform angeschmolzen ist. Sie ist gefüllt mit einer Innenlösung (z. B. Acetatpuffer, pH = 4,6), in die eine Ableitungselektrode, z. B. eine Kalomelelektrode, eintaucht. Vor dem ersten Gebrauch muß die Glaselektrode gewässert werden, damit das Glas an der Außen- und Innenseite der Membran zu einer dünnen Gelschicht aufquellen kann, die als Kieselsäure-Silicat-Puffer wirkt und so einen annähernd konstanten, von dem pH-Wert der angrenzenden Lösung unabhängigen pH-Wert besitzt. Austrocknen macht die Glaselektrode unbrauchbar.

An den Grenzflächen zwischen den Lösungen und den Gelschichten bilden sich Potentiale aus, deren Größe von dem Verhältnis der H^+-Ionenkonzentration in der Lösung und der in der angrenzenden Gelschicht nach der *Nernst*schen Gleichung abhängt:

$$E = \frac{RT}{F} \ln \frac{c_1}{c_2}$$

Berücksichtigt man die Potentiale der Vergleichs- und der Ableitungselektrode, so ergibt sich der in Abb. 58 schematisch aufgezeichnete Potentialverlauf.

Die Größe der Potentialsprünge A und A′ an der Vergleichs- und an der Ableitungselektrode sind für eine bestimmte Elektrode stets konstant, da ihr Potential nicht von der H^+-Ionenkonzentration

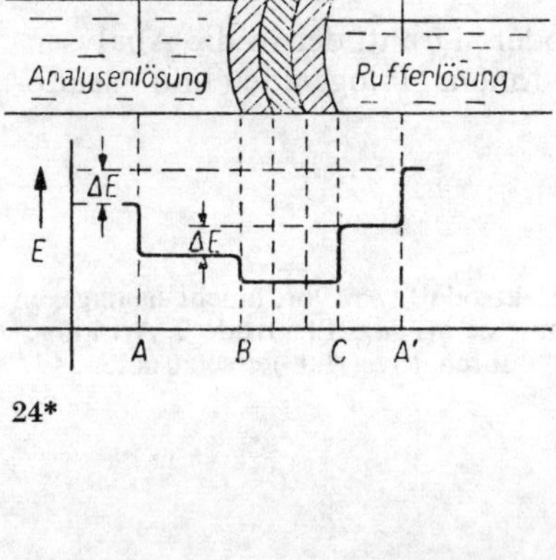

Abb. 58.
Schematischer Potentialverlauf an der Glaselektrode

beeinflußt wird. Auch das Potential C zwischen der inneren Gelschicht und der Pufferlösung ändert sich nicht. Lediglich das Potential B an der Grenzfläche zwischen der Analysenlösung und der äußeren Gelschicht ist variabel und wird beschrieben durch die Gleichung:

$$E = \frac{RT}{F} \ln \frac{c(H^+; \text{Lsg.})}{c(H^+; \text{Gel})} = 0{,}059 \text{ Volt} \cdot \lg \frac{c(H^+; \text{Lsg.})}{c(H^+; \text{Gel})}$$

$c(H^+; \text{Gel})$ ist aber wegen der Pufferwirkung des Kieselsäure-Silicat-Puffers ebenfalls von der H^+-Ionenkonzentration der Analysenlösung praktisch unabhängig, so daß der Potentialsprung B nur von $c(H^+; \text{Lsg.})$ abhängig ist:

$$E = E' + 0{,}059 \text{ Volt} \cdot \lg c(H^+; \text{Lsg.})$$

Wie nun die graphische Darstellung zeigt, ist die an den beiden Elektroden gemessene Potentialdifferenz ΔE nur vom Potentialsprung B und damit ausschließlich, von gewissen Fehlern (Säurefehler, Asymmetriepotential usw.) abgesehen, von der H^+-Ionenkonzentration der Lösung abhängig. Das Potential verschiebt sich bei einer Änderung der Konzentration um eine Zehnerpotenz (eine pH-Einheit) um 59 mV.

Für pH-Messungen wird die Elektrode mit Pufferlösungen genau bekannten pH-Wertes geeicht. Die Kenntnis der Größe der einzelnen Potentialsprünge ist dann nicht erforderlich. Für potentiometrische Titrationen, bei denen aus dem Kurvenverlauf der Titrationsendpunkt ermittelt wird, kann auf die Eichung verzichtet werden; es genügen Relativmessungen.

Die im Handel erhältlichen Glaselektroden enthalten als Innenlösung 0,01 mol/l HCl, in die als Ableitungselektrode ein Silberdraht (Ag/AgCl-Elektrode) eintaucht. Die normalen Ausführungen der Glaselektrode arbeiten im allgemeinen ohne größere Fehler im pH-Bereich von 1–9, die sog. Hochalkalielektroden aus Spezialgläsern zwischen pH = 4 und 14. Auch für erhöhte Temperaturen (bis ca. 100 °C) stehen Spezialausführungen zur Verfügung.

Die Chinhydronelektrode besteht aus einem blanken Pt-Blech, das in die mit Chinhydron [1 : 1-Additionsverbindung von Chinon, $C_6H_4O_2$, und Hydrochinon, $C_6H_4(OH)_2$] gesättigte Analysenlösung eintaucht.

Der potentialbildende Vorgang kann vereinfacht beschrieben werden durch:

$$^1/_2\, C_6H_4(OH)_2 \rightleftharpoons {}^1/_2\, C_6H_4O_2 + H^+ + e$$

Die *Nernst*sche Gleichung lautet hierfür:

$$E = E^\circ + \frac{RT}{F} \ln \frac{c^{\frac{1}{2}}(C_6H_4O_2) \cdot c(H^+)}{c^{\frac{1}{2}}(C_6H_4(OH)_2)}$$

Da das Verhältnis von Chinon zu Hydrochinon gleich 1 ist, ist auch diese Elektrode nur von der H^+-Ionenkonzentration der Lösung abhängig. Sie ist jedoch oberhalb pH = 7,5 wegen Zersetzung des Chinhydrons nicht mehr verwendbar.

Die Wasserstoffelektrode wurde bereits beschrieben (S. 346). Sie wird wegen ihrer Unhandlichkeit nur selten angewendet, an Genauigkeit aber von keiner anderen Elektrode übertroffen.

Die Silberelektrode besteht aus einem Ag-Blech oder -Draht, der in die Analysenlösung eintaucht. Sie wird zur Bestimmung von Ag^+-Ionen, Halogeniden und Pseudohalogeniden benutzt.

Der potentialbildende Vorgang ist

$$Ag \rightleftharpoons Ag^+ + e$$

Taucht die Elektrode in eine Ag^+-Ionenlösung, so liegt eine Elektrode 1. Art vor, taucht sie dagegen in eine Halogenid- oder Pseudohalogenidionenlösung ein, kann sie als sog. Elektrode 2. Art aufgefaßt werden. In der *Nernst*schen Gleichung wird dann $c(Ag^+)$ durch $K_L/c(Hal^-)$ ersetzt (s. S. 347).

3.6.2.2. Meßanordnungen

Die Potentialdifferenz oder Spannung zwischen Indikator- und Bezugselektrode $\Delta E = E_x - E_{Bezug}$ ist wegen der Konstanz von E_{Bezug} nur abhängig von E_x. Die Messung dieser Spannung muß grundsätzlich stromlos erfolgen, da durch einen Stromfluß eine Elektrolyse auftreten würde, die die Potentiale der Elektroden verändert. Außerdem ist die gemessene Klemmenspannung nicht identisch mit der Gleichgewichtsspannung. Sie ist vielmehr von dem inneren Widerstand der Meßzelle und dem äußeren Widerstand, vor allem dem des Meßinstrumentes, abhängig. Eine stromlose Messung erreicht man mit der *Poggendorf*schen Kompensationsschaltung (Abb. 59.), bei der eine veränderliche Spannung ΔE an dem an einer Gleichstromquelle (Akkumulator) liegenden Widerstand AB abgegriffen und dem unbekannten Element entgegengeschaltet wird.

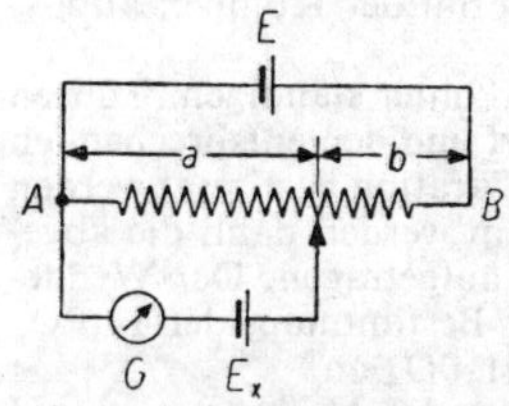

Abb. 59. *Poggendorf*sche Schaltung

Wenn das Galvanometer G Stromlosigkeit anzeigt, gilt

$$E_x = E \cdot \frac{a}{a + b}$$

An Stelle der Kompensationsschaltung können direkt anzeigende Millivoltmeter benutzt werden, wenn sie einen sehr hohen Eingangswiderstand ($\approx 10^{12}\,\Omega$) besitzen und dadurch ebenfalls eine stromlose Messung erlauben. Diesen Anforderungen entsprechen Transistor- und Röhrenvoltmeter. Für Messungen mit der Glaselektrode sind sie unbedingt erforderlich.

3.6.2.3. Titrationen mit potentiometrischer Endpunktsanzeige

Versuchsanordnung: Zur alkalimetrischen Titration von Säuren mit der Glaselektrode ist wegen des hohen Membranwiderstandes ein Meßinstrument mit elektronischer Verstärkung notwendig. Zu dessen Bedienung muß die Gebrauchsanweisung des Gerätes beachtet werden. Als Vergleichselektrode dient eine gesättigte Kalomelelektrode, als Indikatorelektrode eine Glaselektrode. Beide Elektroden werden an das Meßgerät angeschlossen und zusammen mit einem Rührer in die Analysenlösung eingetaucht. Dabei muß die Membran der Glaselektrode vollständig mit Flüssigkeit bedeckt sein. Ist die Elektrodenkombination auf das Gerät geeicht, kann man jetzt den pH-Wert der Lösung direkt ablesen. Für die Titration ist aber eine Eichung nicht notwendig, da der Kurvenverlauf ausgewertet werden soll. In solchen Fällen liest man Millivolt ab.

Zur argentometrischen Titration von Halogenidionen dient als Indikatorelektrode ein Silberblech von ca. 0,5 cm^2 und als Bezugselektrode eine gesättigte Kalomelelektrode. Diese darf jedoch nicht direkt in die Analysenlösung eintauchen, da sonst KCl-Lösung eindiffundieren und das Analysenergebnis verfälschen kann. Vielmehr läßt man sie in ein Gefäß mit gesättigter NH_4NO_3-Lösung eintauchen und verbindet dieses mit der Analysenlösung durch einen Elektrolytheber, der ebenfalls mit gesättigter NH_4NO_3-Lösung gefüllt ist. Die käuflichen Heber sind meist an den beiden Enden mit kleinen Glasfritten verschlossen, um ein Auslaufen zu verhindern. Fertigt man sie selbst aus einem Glasröhrchen an, so verschließt man sie am besten mit Filtrierpapierstopfen. An Stelle des zweiten Gefäßes benutzt man häufig auch nur ein mit gesättigter NH_4NO_3-Lösung gefülltes Zwischengefäß (Abb. 60.).

Als Meßinstrument kann ein handelsübliches elektronisch verstärkendes Millivolt- oder pH-Meter oder ein einfaches Galvanometer in Verbindung mit der Kompensationsschaltung dienen.

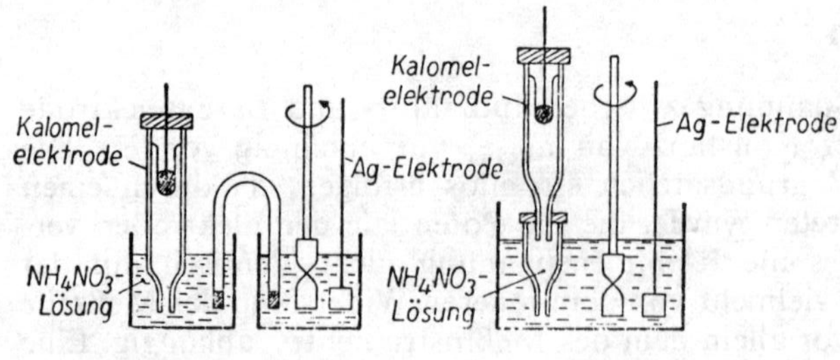

Abb. 60. Titrationsanordnung für argentometrische Titrationen

Für alle Redoxtitrationen dient als Indikatorelektrode ein blankes Platinblech und als Bezugselektrode eine Kalomelelektrode. Als Meßinstrument kann ein handelsübliches elektronisch verstärkendes Millivoltmeter oder ein einfaches Galvanometer in Verbindung mit der Kompensationsschaltung dienen.

Ausführung und Auswertung: Die Titration erfolgt derart, daß man unter ständigem Rühren anfangs jeweils immer 0,1 ml der Maßlösung aus einer Mikrobürette zusetzt und den entsprechenden Meßwert abliest. In der Nähe des Äquivalenzpunktes, der in einer groben Titration bestimmt werden kann, werden jeweils genau 0,01 ml Lösung zugesetzt. In einem Diagramm werden dann die abgelesenen Meßwerte (mV bzw. pH) gegen die verbrauchten ml Maßlösung aufgetragen. Der Wendepunkt der Titrationskurve entspricht dem Äquivalenzpunkt. Die bei der Bestimmung der H_3PO_4 auftretenden zwei Potentialsprünge zeigen die erste und zweite Stufe der H_3PO_4 an.

Zur genaueren Bestimmung des Wendepunktes werden die Änderungen des Meßwertes (Δ pH bzw. Δ mV) zwischen zwei aufeinanderfolgenden Messungen gegen $(V_1 + V_2)/2$ aufgetragen (V_1 und V_2 = zwei aufeinanderfolgende Volumenablesungen an der Bürette mit Maßlösung; Differenzenmethode; Abb. 61.).

Beispiel:

pH-Wert	5,0	5,1	5,2	5,4	5,8	6,8	7,2	7,4	7,5
Δ pH-Wert	0,1	0,1	0,2	0,4	1,0	0,4	0,2	0,1	
V	1,00	1,01	1,02	1,03	1,04	1,05	1,06	1,07	1,08
$(V_1 + V_2)/2$	1,005	1,015	1,025	1,035	1,045	1,055	1,065	1,075	

Diese Kurve ist, mathematisch gesehen, die erste Ableitung der Titrationskurve und besitzt am Äquivalenzpunkt ein Maximum. Durch Extrapolation der beiden ansteigenden Kurvenäste erhält man einen Schnittpunkt, der dem Äquivalenzpunkt entspricht.

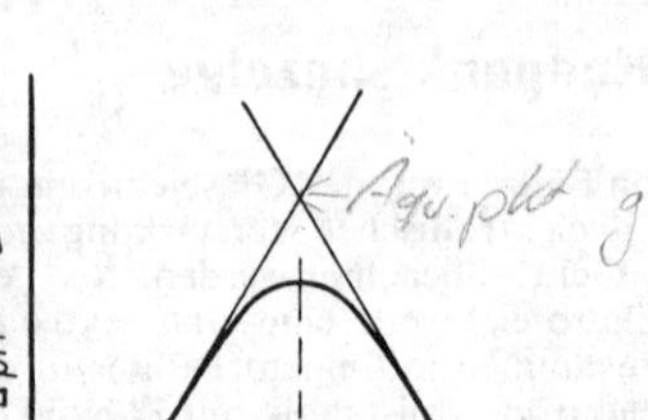

Abb. 61.
Ermittlung des Wendepunktes einer Titrationskurve

3.6.3. Elektrogravimetrie

Die Elektrogravimetrie dient vor allem zur Bestimmung von Kationen, die durch den elektrischen Strom entweder kathodisch zum Metall reduziert oder anodisch zu einem schwerlöslichen Oxid oxidiert werden. Besonders gut lassen sich die Edelmetalle, sowie Cu, Ni und Co im elementaren Zustand abscheiden, aber auch Zn und Cd werden gelegentlich elektrolytisch bestimmt. Pb und Mn werden dagegen als

Dioxide niedergeschlagen. Vorteilhaft wirkt sich bei dieser Methode aus, daß die Analysenlösung nicht durch Reagenzzusätze verunreinigt wird und daher nach der Abscheidung einer Komponente ohne Zwischenoperationen weiter verarbeitet werden kann.

Darüber hinaus sind während der Elektrolyse meist nur kurze Kontrollen der Versuchsbedingungen notwendig, so daß bequem mehrere Analysen nebeneinander durchgeführt werden können. Der Zeitbedarf für eine Elektrolyse beträgt bei vielen Bestimmungen eine halbe Stunde oder weniger (z. B. Kupfer aus schwefelsaurer Lösung, Nickel), kann allerdings in einzelnen Fällen auch bei 3–4 Stunden liegen (Kupfer aus salpetersaurer Lösung).

3.6.3.1. Theoretische Grundlagen

Legt man an zwei in einen Elektrolyten eintauchende, gleichartige Elektroden eine langsam steigende Gleichspannung an, so können je nach den Bedingungen recht unterschiedliche Effekte auftreten. Bei der Elektrolyse einer Kupfersulfatlösung, bei der blanke Kupferbleche als Elektroden dienen, ergibt sich, daß die Stromstärke von der äußeren angelegten Spannung in gewissen Grenzen annähernd geradlinig abhängt, wie die Kurve a der Abb. 62. zeigt. An der Anode geht das Kupfer als Kupfersulfat in Lösung, an der Kathode wird dieselbe Menge Kupfer aus der Kupfersulfatlösung abgeschieden. Die Gesamtmenge an gelöstem Kupfersulfat ändert sich also nicht. Die Stromstärke–Spannungs-Kurve steigt von Anfang an geradlinig an. Derartige angreifbare Elektroden bezeichnet man als unpolarisierbar.

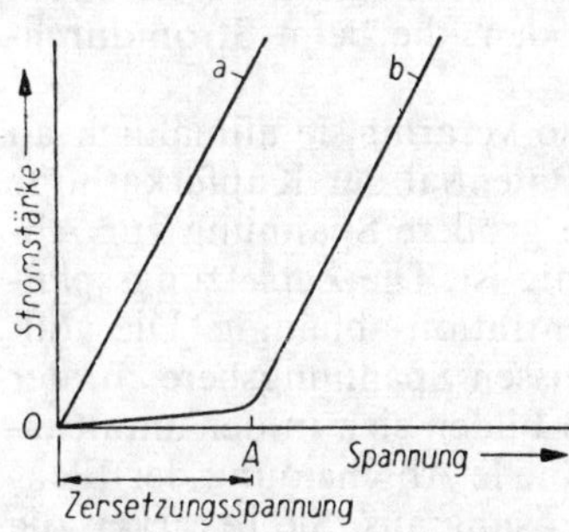

Abb. 62. Stromstärke–Spannungs-Kurven

Benutzt man dagegen unangreifbare Elektroden (z. B. Platinelektroden) bei der Elektrolyse der Kupfersulfatlösung, so fließt bei kleinen Spannungen fast kein Strom. Erst oberhalb eines gewissen Wertes wird der Elektrolyt unter Abscheidung von Cu an der Kathode und O_2 an der Anode zersetzt. Diese Spannung wird als Zersetzungsspannung bezeichnet. Steigert man die Spannung weiter, so erhält man eine Stromstärke–Spannungs-Kurve von der in Abb. 62., Kurve b gezeigten Gestalt. Schaltet man nach einigen Minuten die Stromquelle ab, so zeigt ein angelegtes Voltmeter eine Spannung an, die erst allmählich zusammenbricht. Zum Verständnis dieser Erscheinungen seien die Vorgänge an den beiden Elektroden betrachtet.

Taucht man eine Kupferelektrode in eine $CuSO_4$-Lösung ein, bildet sich ein Potential aus (vgl. S. 344). Eine zweite Kupferelektrode, die in die gleiche Lösung eintaucht, nimmt selbstverständlich das gleiche Potential an. Zwischen beiden Elektroden besteht also keine Potentialdifferenz (Abb. 63a.). Legt man nun eine sehr kleine äußere Spannung an, dann wird das Gleichgewicht zwischen Lösungsdruck und osmotischem Druck verschoben, an der Anode geht Kupfer in Lösung und an der

Kathode scheiden sich äquivalente Mengen Kupferionen ab. Je größer die angelegte Spannung ist, um so schneller läuft dieser Vorgang ab, um so größer wird also die Stromstärke. Es resultiert die Kurve a (Abb. 62). Taucht man dagegen zwei Platinelektroden in die gleiche $CuSO_4$-Lösung, wird man anfangs zwar ebenfalls keine Potentialdifferenz zwischen beiden Elektroden feststellen. Legt man jedoch eine kleine äußere Spannung an, so scheidet sich an der Kathode ganz wenig Kupfer, an der Anode etwas Sauerstoff ab. Damit haben sich die Elektroden unterschiedlich verändert: aus der Kathode ist eine Kupferelektrode, aus der Anode eine Sauerstoffelektrode geworden, die nun unterschiedliche Potentiale haben (Abb. 63b.).

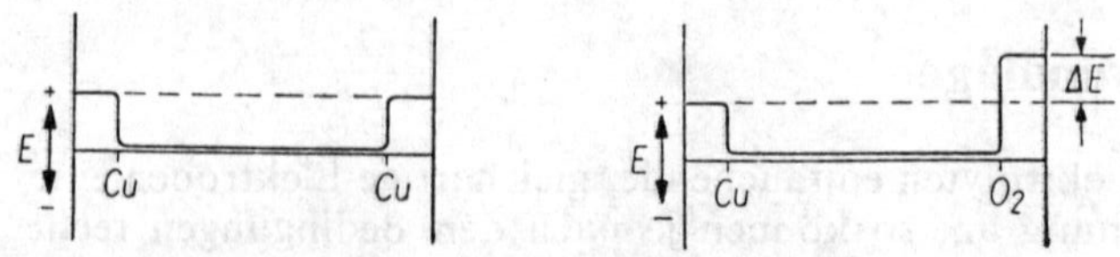

Abb. 63. Potentialverlauf bei unpolarisierten (a) und polarisierten (b) Elektroden

Man mißt also eine Spannung ΔE, die sog. Polarisationsspannung, die der angelegten entgegengerichtet ist und eine weitere Elektrolyse verhindert. Ein merklicher Strom kann erst dann fließen, wenn die äußere angelegte Spannung etwas größer wird als die maximale Polarisationsspannung, die gleich der Zersetzungsspannung ist. Die Entstehung der Gegenspannung bezeichnet man meist als chemische Polarisation. Unter polarisierbaren Elektroden versteht man Elektroden, die beim Stromdurchgang ihr Potential ändern.

Elektrolysiert man eine $CuSO_4$-Lösung einige Zeit, so verarmt sie allmählich an Kupfer. Nach dem *Nernst*schen Gesetz wird also das Potential der Kupferkathode negativer, ΔE demnach größer. Das bedeutet, daß eine größere Spannung zur Abscheidung der letzten wägbaren Kupfermengen notwendig ist. Die Zersetzungsspannung ist also keine Konstante, sondern von der Konzentration abhängig. Die vollständige Abscheidung des Metalls erfolgt in einem gewissen Spannungsbereich, der sog. Fällungszone. Besonders bei höheren Stromstärken bilden sich in der unmittelbaren Umgebung der Elektroden, bedingt durch die schnelle Abscheidung der Elektrolyseprodukte, Konzentrationsgefälle gegenüber der Lösung aus. Sie bewirken die sog. Konzentrationspolarisation.

Benutzt man an Stelle des Sulfates $CuCl_2$, scheidet sich an der Platinelektrode Chlor ab und erteilt ihr damit das Potential einer Chlorelektrode. Damit unterscheidet sich die Polarisations- und die Zersetzungsspannung von der im vorigen Beispiel genannten. Zur Kennzeichnung dieses Sachverhaltes sind in Tab. XXXVI. für einige Lösungen die Zersetzungsspannungen angegeben.

Tabelle XXXVI. Zersetzungsspannung in Elektrolytlösungen bei Zimmertemperatur

0,5 mol/l $ZnSO_4$:	2,35 Volt	$\frac{1}{3}$ mol/l H_3PO_4:	1,70 Volt
0,5 mol/l $ZnBr_2$:	1,80 Volt	0,5 mol/l H_2SO_4:	1,67 Volt
0,5 mol/l $NiSO_4$:	2,04 Volt	1 mol/l HCl:	1,31 Volt
0,5 mol/l $NiCl_2$:	1,85 Volt	1 mol/l HBr:	0,94 Volt
0,5 mol/l $CdSO_4$:	2,03 Volt		
0,5 mol/l $Cd(NO_3)_2$:	1,98 Volt	1 mol/l $NH_3 \cdot H_2O$:	1,74 Volt
0,5 mol/l $CdCl_2$:	1,88 Volt	1 mol/l NaOH:	1,69 Volt
		1 mol/l KOH:	1,67 Volt

Neben diesen theoretisch berechenbaren, sog. reversiblen Polarisationserscheinungen gibt es noch eine Reihe irreversibler, von denen die Überspannung des Wasserstoffs die wichtigste ist. Die elektrolytische Abscheidung des Wasserstoffs erfolgt lediglich an platinierten Platinelektroden in Übereinstimmung mit dem nach der *Nernst*schen Gleichung berechneten theoretischen Wert. In der Praxis zeigt sich aber, daß an fast allen anderen Metallelektroden hierzu negativere Potentiale erforderlich sind, daß also die Entladung der H^+-Ionen gehemmt ist. Die Differenz zwischen dem an Platin gemessenen Gleichgewichtspotential des Wasserstoffs und dem zur Einleitung der elektrolytischen Wasserstoffentwicklung an einer Metallkathode notwendigen Potential bezeichnet man als Überspannung des Wasserstoffs. Ihr Betrag ist vom Elektrodenmaterial (vgl. Tab. XXXVII.), von der Stromdichte, der Temperatur, der Beschaffenheit der Oberfläche usw. abhängig.

Tabelle XXXVII. Überspannung von Wasserstoff an verschiedenen Metallen

Pt (platiniert)	0,00 Volt
Ag	0,15 Volt
Ni	0,21 Volt
Cu	0,23 Volt
Pb	0,64 Volt
Zn	0,70 Volt
Hg	0,78 Volt

Sie hat zur Folge, daß bei der Elektrolyse in manchen Fällen an Stelle einer nach der Spannungsreihe zu erwartenden H_2-Entwicklung ein anderer elektrochemischer Prozeß vor sich geht. Dieses Verhalten des Wasserstoffs ist für die Durchführung elektrogravimetrischer Bestimmungen von Wichtigkeit, da es hierdurch möglich ist, solche Metalle, die nach ihrer Stellung in der Spannungsreihe unedler sind als der Wasserstoff, trotzdem aus saurer Lösung zur Abscheidung zu bringen.

Ähnliche Polarisationserscheinungen können auch bei der Abscheidung von Metallen auftreten, sind aber meist so gering, daß sie vernachlässigt werden können.

Betrachtet man die Elektrolyseanordnung als geschlossenen Stromkreis, so stellt die Lösung zwischen den Elektroden einen *Ohm*schen Widerstand dar, zu dessen Überwindung ebenfalls ein bestimmter Spannungsbetrag notwendig ist. Die in Abb. 64. dargestellten Potentialniveaus zwischen den Elektroden müßten also genauer etwas geneigt sein (Abb. 65.), wobei U_R dem Spannungsabfall in der Lösung entspricht.

Dieser Widerstand kann durch Elektrolytzusatz klein gehalten werden. In gleicher Richtung wirkt eine Temperaturerhöhung, da hierdurch die Beweglichkeit der Ionen steigt (vgl. S. 363f.).

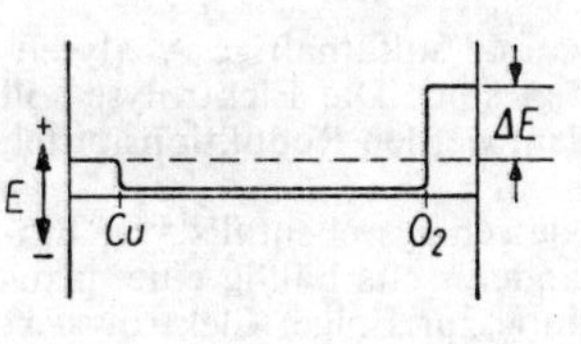

Abb. 64.
Potentialverlauf ohne Berücksichtigung des *Ohm*schen Widerstandes in der Lösung

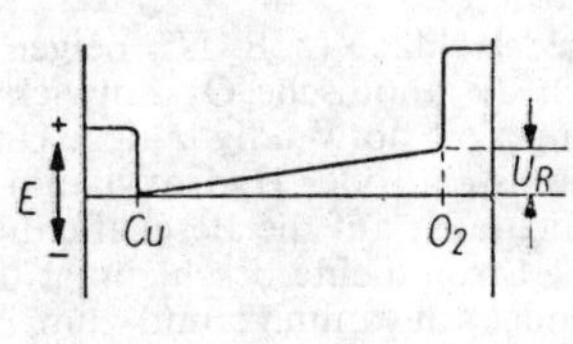

Abb. 65.
Potentialverlauf unter Berücksichtigung des *Ohm*schen Widerstandes in der Lösung

Die zur Abscheidung eines Ions notwendige Badspannung U setzt sich demnach im wesentlichen wie folgt zusammen:

$$U = (E_A - E_K) + U_P + \eta + U_R$$

wobei $(E_A - E_K)$ die bei der Elektrolyse auftretende Polarisationsspannung, U_p die Konzentrationspolarisation, η die Reaktionshemmungen wie z. B. die Überspannung des Wasserstoffs und U_R die zur Überwindung des *Ohm*schen Widerstandes notwendige Spannung bedeuten.

Jede elektrogravimetrische Einzelbestimmung eines Metallkations muß im Prinzip als eine Trennung vom Wasserstoffion aufgefaßt werden, die nur gelingt, wenn das abzuscheidende Metall genügend edler als der Wasserstoff ist. Dies ist der Fall bei den Edelmetallen, Ag und Cu. Zn, Ni, und Co dagegen sind unedler. In solchen Fällen arbeitet man dann in alkalischer oder ammoniakalischer Lösung, in der das Abscheidungspotential des Wasserstoffs erheblich negativer ist. Zwar wird dabei auch die Konzentration der Metallionen durch Komplexbildung ($[Zn(OH)_3]^-$, $[Ni(NH_3)_6]^{2+}$ usw.) herabgesetzt, allerdings wegen der geringen Komplexstabilität wesentlich weniger als die der H^+-Ionen. Eine andere Möglichkeit ist die Ausnutzung der Überspannung des Wasserstoffs an geeignetem Elektrodenmaterial. So kann Zn aus essigsaurer Lösung an verkupferten Platinelektroden abgeschieden werden. Hat sich auf der Cu-Schicht eine dünne Zn-Schicht gebildet, erhöht sich die Überspannung, so daß eine quantitative Abscheidung möglich ist.

Mehrere Metalle können analog aus einer Lösung nacheinander abgetrennt werden, wenn die Fällungszonen genügend unterschiedlich sind. Die angelegte Spannung muß dabei so geregelt werden, daß zunächst nur die Fällungszone des edleren Metalls (oder auch Metalloxids) und erst später – nach Elektrodenwechsel – die des unedleren erreicht wird. Liegen die Zonen der zu trennenden Metalle besonders nahe beieinander oder überschneiden sie sich, so ist eine elektrolytische Trennung nicht ohne weiteres möglich, weil man zur Abscheidung der letzten Anteile des ersten Metalls die Spannung so hoch steigern muß, daß bereits die Fällungszone des zweiten Metalls erreicht wird. Diese Schwierigkeit läßt sich recht häufig umgehen, wenn man das zweite Metall komplex bindet und damit die Konzentration seiner freien Ionen so weit herabsetzt, daß die elektrolytische Abscheidung des ersten Metalls ermöglicht wird.

Die Güte der Niederschläge und damit die Genauigkeit der Ergebnisse ist wesentlich von den Versuchsbedingungen abhängig. Anzustreben ist ein homogener, bei Metallen möglichst glänzender Überzug, wie er bei der Kupferelektrolyse aus schwefelsaurer Lösung leicht zu erhalten ist. Demgegenüber neigen manche Metalle, wie das Silber, zur Bildung von Dendriten (Nadelkristalle), die leicht abfallen und schlecht auswaschbar sind. In vielen Fällen hilft hier der Zusatz eines Komplexbildners (Ag aus cyanidhaltiger Lösung), der die Abscheidung verlangsamt. Liegt das Abscheidungspotential des Metalls in der Nähe des Wasserstoffs, kommt es oft infolge von H_2-Entwicklung zur Bildung eines Metallschwammes, der leicht Mutterlauge einschließt (Cd aus schwefelsaurer Lösung). Auch hier hilft man sich gerne mit einem Zusatz eines Komplexbildners (Cyanid in ammoniakalischer Lösung).

Manche Niederschläge (z. B. Ni) neigen bisweilen zur Oxidation, zumal sulfathaltige Analysenlösungen durch die anodische O_2-Entwicklung ständig mit O_2 gesättigt sind. Die Elektrolyse soll daher nicht länger als notwendig laufen. Um die Oxidation zu vermeiden, werden Reduktionsmittel, wie Hydraziniumsulfat oder Hydroxylamin zugesetzt.

Die Stromdichte ist auf die Beschaffenheit des abgeschiedenen Niederschlags ebenfalls von Einfluß. Eine hohe Stromdichte beschleunigt die Abscheidung, hat aber andererseits häufig eine unzusammenhängende, schwammige und zum Abfallen neigende Abscheidung zur Folge. Elektrolysiert man mit sehr kleiner Stromdichte, so scheidet sich das Metall oder Metalloxid häufig in feinen, nadeligen Kriställchen ab, welche bei Erschütterungen ebenfalls leicht abfallen. Fehlresultate werden auch in Gegenwart von Chloridionen erzielt. Diese werden anodisch zu Chlor oxidiert, das allmählich das Platin der Anode auflöst. Das gelöste Platin wird dann ganz oder teilweise mit dem zu bestimmenden Metall an der Kathode wieder abgeschieden. In Gegenwart von organischen Säuren fallen die Ergebnisse oft infolge Kohlenstoffabscheidung zu hoch aus. Im Gegensatz hierzu verhindern Eisensalze eine quantitative Abscheidung, da Fe(II)-Ionen anodisch oxidiert und kathodisch wieder zu Fe(II) reduziert werden. Dieser Kreislauf kann einen großen Teil des Stromes verbrauchen und die normale Abscheidung stören.

3.6.3.2. Versuchsanordnung

Die Versuchsanordnung besteht aus den beiden Elektroden, den Elektrodenhalterungen, dem Rührer, der Heizquelle, der Gleichstromquelle und den Meßgeräten, einem Volt- und einem Amperemeter.

Als Elektrodenmaterial benutzt man im allgemeinen Platin. Als Kathode wird meistens ein zylinderförmig gebogenes Drahtnetz, als Anode ein Platindraht in Form einer Spirale verwendet (Abb. 66.). Zur Bestimmung von Pb oder Mn als PbO_2 bzw. MnO_2 dient eine Platinschale als Anode (Abb. 67.) und eine rotierende durchlochte Scheibe als Kathode (Abb. 68.).

Abb. 66. Platinnetzkathode und Platinspirale als Anode

Abb. 67. Platinschale

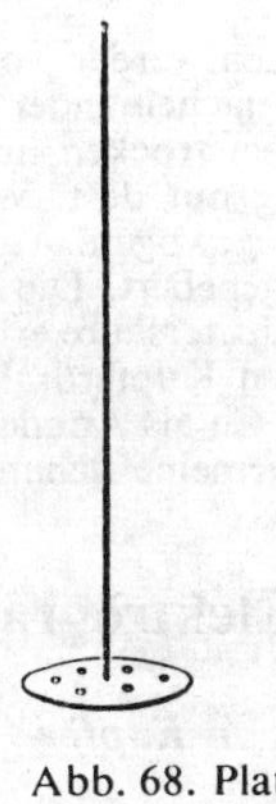

Abb. 68. Platinrührkathode

Befindet sich die zu elektrolysierende Lösung in einem Becherglas, so hängt man Drahtnetz und Spirale an der Halterung derart auf, daß sie nicht völlig in die Analysenlösung eintauchen, sondern ca. 1 bis 2 cm herausragen. Die Spirale muß sich etwa im Zentrum der Netzelektrode befinden. Die Größe des Becherglases ist so zu wählen, daß die Elektroden von der Wandung des Becherglases einen möglichst kleinen Abstand haben. Geeignet sind besonders 150 oder 250 ml fassende hohe Bechergläser. Zur Befestigung der Elektroden dienen am besten käufliche Elektrodenhalterungen, die ein Kunststoffteil enthalten und dadurch die isolierte Befestigung der Elektroden erlauben. Als Rührer dient die Platinspirale oder es wird ein Spiralrührer benutzt, der sich ebenfalls innerhalb des Netzraumes befindet. Er sorgt für gute Durchmischung und kürzt dadurch die Elektrolysendauer erheblich ab.

Benutzt man eine Platinschale, die die Lösung aufnimmt, so wird diese auf einen mit der Stromzuleitung versehenen Ring gestellt. Ist die Schale stabil genug, kann auch ein kleines Platinblech angelötet werden, an das die Leitung über eine Klemme angeschlossen wird. Als Stromquelle dient ein Akkumulator mit 4–6 V Spannung, der über einen Schalter mit einem Schiebewiderstand in Spannungsteilerschaltung verbunden ist. Die abgegriffene Spannung wird den Elektroden über ein Amperemeter zugeführt. Die Spannung wird durch ein Voltmeter kontrolliert (Abb. 69.). Wesentlich bequemer ist jedoch die Benutzung handelsüblicher Elektrolysegeräte, die Stromquelle mit Meßgeräten, Elektrodenhalterungen, Rührmotor und elektrische Heizplatte in geeigneter Anordnung besitzen.

Zur Durchführung der Elektrolyse wird die gewünschte Spannung eingestellt. Sollte sich dabei eine zu hohe Stromdichte einstellen, so ist die Spannung zu verringern, ist sie dagegen zu gering, kann man durch Erwärmen oder durch Elektrolytzusatz eine schnellere Abscheidung bekommen. Zur Berechnung der Stromdichte an Platinnetzen kann man annehmen, daß die wirksame Oberfläche genau so groß ist wie die eines Blechzylinders gleicher Dimensionen. Für die üblichen

Elektroden ergibt sich so eine Fläche von ca. 100 cm^2. Die benetzte Oberfläche einer Schale mit 9 cm Durchmesser beträgt bei 150 ml Füllvolumen 120 cm^2, bei 135 ml 150 cm^2.

Gegen Ende der Elektrolyse, das sich meist durch ein Absinken der Stromdichte bemerkbar macht, kann die Spannung für einige Minuten um ca. 0,5 V erhöht werden, wenn nicht die Gefahr besteht, daß sich ein anderes anwesendes Metall abscheidet. Das Ende der Elektrolyse kann entweder durch tieferes Eintauchen der Elektroden in die Analysenlösung festgestellt werden, wobei die blanken Teile der Elektrode blank bleiben müssen (Cu, Co, PbO_2) oder man benutzt geeignete Tüpfelreagenzien (gesättigte alkoholische Lösung von Dimethylglyoxim für Ni).

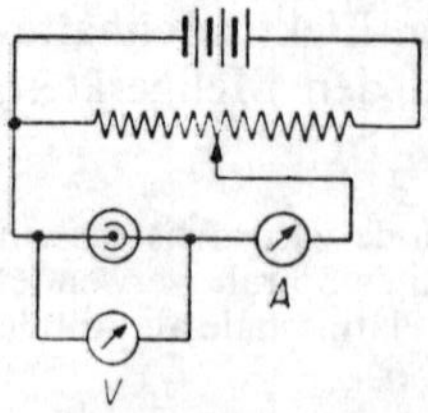

Abb. 69. Schaltschema für die Elektrogravimetrie

Die Elektroden werden vor der Elektrolyse mit chloridfreier Salpetersäure gereinigt, mit Wasser abgespült und nacheinander mit Alkohol (Methanol) und Ether gewaschen. Sie sind dann nach wenigen Minuten trocken und werden ausgewogen. Nach der Elektrolyse werden die Elektroden unter Spannung mit dest. Wasser abgespült und ebenfalls nacheinander mit Alkohol und Ether gewaschen und gewogen. Aus der Platinschale wird die Lösung am besten unter Benutzung eines Peleusballes abgehebert. Die Ablösung der Niederschläge kann bei Cu und Zn mit konzentrierter chloridfreier Salpetersäure erfolgen, Ni und Co löst man dagegen anodisch ab. Als Kathode schaltet man dabei einen Kupferdraht. Als Elektrolyt benutzt man verdünnte Säure. Analog wird PbO_2 kathodisch mit Cu als Anode gelöst.

Über die allgemeine Behandlung von Platingeräten s. Kap. 1.2.7.

3.6.3.3. Elektrogravimetrische Bestimmungen

Bestimmung von Kupfer

Reaktionsprinzip: Die recht genaue elektroanalytische Bestimmung des Kupfers, die in manchen Fällen den gravimetrischen Bestimmungen durch Fällen als Sulfid oder Thiocyanat vorzuziehen ist, gelingt am besten in schwefelsaurer Lösung. Bei Anwesenheit von salpetriger Säure oder Salpetersäure, die kathodisch zu salpetriger Säure reduziert wird, setzt man zu ihrer Zerstörung vor der Elektrolyse Harnstoff zu der Lösung:

$$CO(NH_2)_2 + 2\,HNO_2 \rightarrow CO_2\uparrow + 2\,N_2\uparrow + 3\,H_2O$$

Verfahrensfehler: Die Lösung darf kein Chlorid enthalten.

Arbeitsbereich: 2,0–0,5 mmol Cu (127–32 mg Cu).

Arbeitsgeräte: Elektrolysierstativ mit Elektroden (s. S. 381); 150-ml-Bechergläser; 100-ml-Meßkolben; 25-ml-Pipette; Meßpipette; Thermometer.

Reagenzien: 18 mol H_2SO_4; 14 mol HNO_3; 2 mol/l $CO(NH_2)_2$ (wäss. Harnstofflsg.); Aceton.

Arbeitsvorschrift: Als Kathode dient ein Platindrahtnetz, als Anode eine Platinspirale. Die Analysenlsg. wird auf 70–80 ml verd. u. mit 3 ml Schwefelsäure versetzt. Man elektrolysiert bei einer Spannung von ca. 2–2,5 V u. einer Stromdichte von 0,2–0,6 A/dm^2. Um die Elektrolyse zu beschleunigen, erhitzt man die Lsg. auf ca. 40 °C; jedoch ist ein zu starkes Verdampfen der Fl. zu vermeiden. Die Elektrolyse ist nach 30–60 Min. beendet. Das abgeschiedene Kupfer soll hellrot aussehen u. fest an der Kathode haften.

Die Elektrolyse des Kupfers wird in der Praxis meist auch aus salpetersaurer Lsg. vorgenommen. Zu 100 ml des Elektrolyten setzt man 2 ml Salpetersäure hinzu. Die Klemmenspannung soll 2–2,7 V bei einer Stromdichte von 0,2–0,6 A/dm^2 betragen. Um im Verlaufe der Elektrolyse entstehende HNO_2 zu entfernen, setzt man während der Elektrolyse alle 10–15 Min. je 5 ml Harnstoff-Lsg. zu. Die Analysenlsg. ist auf 40 °C zu erwärmen.

Bestimmung von Nickel

Reaktionsprinzip: Die Nickelbestimmung läßt sich mit guter Genauigkeit in kurzer Zeit durchführen. Die Elektrolyse darf jedoch nicht länger als unbedingt notwendig laufen, da sonst der Niederschlag teilweise oxidiert wird und die Ergebnisse zu hoch ausfallen.

Arbeitsbereich: 2,0–0,5 mmol Ni (117–29 mg Ni).
Arbeitsgeräte: s. unter Kupfer (S. 356).
Reagenzien: 13 mol/l NH_3; $(NH_4)_2SO_4$; $(N_2H_6)SO_4$; gesätt. Lsg. von Dimethylglyoxim in 96%igem Ethanol; Aceton.
Arbeitsvorschrift: Als Kathode dient ein Platindrahtnetz, als Anode eine Platinspirale. Die chloridfreie Nickelsalzlsg. wird mit 30–40 ml Ammoniaklsg., 8 g $(NH_4)_2SO_4$ u. 1 g $(N_2H_6)SO_4$ versetzt, auf 70–80 ml verdünnt u. auf 40–60 °C erhitzt. Die Elektrolyse wird bei 3–3,5 V u. einer Stromdichte von 1,5–2 A/dm² durchgeführt. Die Elektrolyse muß nach 30 Min. beendet sein. Der Endpunkt ist erreicht, wenn beim Tüpfeln mit Dimethylglyoximlsg. keine Farbrk. mehr zu erkennen ist. Beim Zusatz des Reagenz zur Lsg. tritt dann meistens noch eine schwache Rosafärbung auf, die jedoch von praktisch zu vernachlässigenden Ni-Mengen herrührt.

Bestimmung von Cobalt

Reaktionsprinzip: Die Cobaltbestimmung entspricht im wesentlichen der Nickelbestimmung.
Verfahrensfehler: Das abgeschiedene Cobalt enthält stets ca. 2–3% Sauerstoff.
Arbeitsgeräte: s. unter Kupfer (S. 356).
Reagenzien: 13 mol/l NH_3; $(NH_4)_2SO_4$; $(N_2H_6)SO_4$; Aceton.
Arbeitsvorschrift: Als Kathode dient ein Platindrahtnetz, als Anode eine Platinspirale. 25 ml der Analysenlsg. werden mit 35–40 ml NH_3-Lsg., 5 g $(NH_4)_2SO_4$ u. 1 g $(N_2H_6)SO_4$ versetzt, auf 70–80 ml verd. u. auf 70 °C erhitzt. Die Spannung soll ca. 2,2–2,4 V bei einer Stromdichte von 0,25–2 A/dm² betragen. Der dunkle Nd. ist auf der blanken Platinelektrode gut zu erkennen. Die Werte fallen jedoch 2–3% zu hoch aus.

Bestimmung von Blei

Reaktionsprinzip: Blei läßt sich gut durch anodische Oxidation zum PbO_2 bestimmen. Ähnlich verhält sich lediglich Mangan, das als Mangan(IV)-dioxid-Hydrat abgeschieden wird. Durch dieses Verhalten wird eine Bestimmung neben einer ganzen Reihe anderer Kationen möglich.

Arbeitsgeräte: s. unter Kupfer (S. 356).
Reagenzien: 14 mol/l HNO_3; Harnstoff.
Arbeitsvorschrift: Als Anode wird eine Platinschale, als Kathode eine rotierende Platinscheibe benutzt. 25 ml der Analysenlsg. werden mit 15–20 ml HNO_3 angesäuert, auf 80–100 ml verd. u. auf 60–70 °C erhitzt. Bei einer Spannung von 2–2,5 V stellt sich eine Stromdichte von 0,4–1,2 A/dm² ein. Zur Zersetzung von HNO_2 wird während der Elektrolyse mehrere Male eine Spatelspitze voll Harnstoff zugegeben. Der Endpunkt kann durch Verdünnen festgestellt werden. Die Lsg. wird dann vorsichtig mit Hilfe eines Peleusballes abgehebert. Danach spritzt man die Schale vorsichtig mit W. ab u. hebert die Waschfl. ebenfalls ab. Die Schale trocknet man $1^1/_2$ Stunden bei 220 °C.
Der Nd. wird am besten durch kathodische Reduktion gelöst.
Berechnung:

$$m(\text{Pb}) = [\lambda] \cdot m(\text{PbO}_2)$$

$$\text{Umrechnungsfaktor } [\lambda] = \frac{M(\text{Pb})}{M(\text{PbO}_2)} = 0{,}8662$$

$$(\lg [\lambda] = 0{,}93763 - 1)$$

Trennung von Kupfer und Blei

Reaktionsprinzip: Entsprechend der Bleieinzelbestimmung beginnt die Elektrolyse in stark saurer Lösung. Unter diesen Bedingungen wird nur wenig oder gar kein Kupfer kathodisch abgeschieden. Bei einer zu geringen Säurekonzentration besteht die Gefahr, daß sich auf dem niedergeschlagenen Kupfer metallisches Blei bildet. Erst nach vollständiger Oxidation zum Dioxid wird daher mit verdünntem Ammoniak die Säure fast vollständig neutralisiert, so daß sich jetzt auch das Kupfer quantitativ abscheiden kann.

Verfahrensfehler: Bei zu geringer Säurekonzentration scheidet sich auf der Kathode neben Kupfer auch Blei ab. Beim Neutralisieren darf pH = 7 auf keinen Fall überschritten werden, da sich sonst PbO_2 wieder löst.

Arbeitsgeräte: s. unter Kupfer (S. 356).

Reagenzien: 14 mol/l HNO_3; Harnstoff; 2 mol/l NH_3; Aceton.

Arbeitsvorschrift: Als Anode dient wieder eine Platinschale, als Kathode eine rotierende Platinscheibe. Die Analysenlsg. wird mit 15–20 ml HNO_3 angesäuert, auf 80–100 ml verd. u. auf 60–70 °C erhitzt, bei einer Spannung von 2–2,5 V stellt sich eine Stromdichte von 0,4–1,2 A/dm² ein. Während der gesamten Bestimmung, also auch während der Kupferabscheidung, wird mehrere Male eine Spatelspitze Harnstoff zugesetzt. Nach vollständiger PbO_2-Abscheidung neutralisiert man vorsichtig mit Ammoniak. Nach beendeter Elektrolyse hebert man die Lsg. mit dem Peleusball ab, spült vorsichtig mit W. ab u. trocknet die Schale $1^1/_2$ Std. bei 220 °C. Die Kathode wird wie üblich mit Alkohol u. Ether oder mit Aceton getrocknet.

Trennung von Kupfer und Nickel

Reaktionsprinzip: Kupfer und Nickel werden nacheinander, und zwar Kupfer aus schwefelsaurer und Nickel aus ammoniakalischer Lösung, abgeschieden. Dabei besteht keine Gefahr, daß sich Nickel bereits bei der Kupferbestimmung mit abscheidet.

Verfahrensfehler, Arbeitsgeräte und Reagenzien: s. unter den Einzelbest. (S. 356f.).

Arbeitsvorschrift: Als Kathode dient ein Platinnetz, als Anode eine Spirale. Die Lsg. wird mit 3 ml H_2SO_4 versetzt, auf 50–60 ml verd. u. auf 60 °C erwärmt. Man elektrolysiert bei einer Spannung von 2–2,5 V u. einer Stromdichte von 0,2–0,6 A/dm². Nach vollständiger Kupferabscheidung werden die Elektroden aus der Lsg. herausgehoben u. mit wenig W., das der Analysenlsg. zugefügt wird, abgespült. Nach dem Kathodenwechsel neutralisiert man die Lsg. mit Ammoniak, setzt weitere 30–40 ml Ammoniak sowie ca. 6 g $(NH_4)_2SO_4$ u. 1 g $(N_2H_6)SO_4$ zu, erhitzt auf 40–60 °C u. elektrolysiert bei 3–3,5 V u. einer Stromdichte von 1,5–2 A/dm². Wegen der Erkennung des Endpunktes sei auf die Nickel-Einzelbestimmung (S. 357) verwiesen.

3.6.4. Polarographie

Die Polarographie ist eine mikroanalytische Methode zur Bestimmung von Kationen, Anionen und neutralen Molekülen bis herab zu einer Konzentration von ca. 10^{-6} mol/l mit einem Relativfehler von 1–3%. Sie ähnelt im Prinzip einer Elektrolyse zwischen zwei Quecksilber-Elektroden, nämlich einer tropfenden Kapillare mit einem inneren Durchmesser von ca. 0,05 mm, die mit einem Quecksilberreservoir verbunden ist, und dem Quecksilber, das am Boden des Elektrolytgefäßes liegt. Wegen ihrer Vielseitigkeit und der Schnelligkeit von Serienanalysen hat dieses Verfahren eine weite Verbreitung gefunden.

3.6.4.1. Theoretische Grundlagen

Infolge der geringen Oberfläche der Tropfelektrode ist die Stromstärke nur sehr gering, so daß sie mit einem Spiegelgalvanometer oder Mikroamperemeter gemessen werden muß. Dementsprechend ist aber auch die abgeschiedene Menge so klein, daß normalerweise die Konzentrationsänderung der Analysenlösung vernachlässigt werden kann. Als Meßgröße dient die Stromstärke, die proportional der Konzentration des zu bestimmenden Stoffes ist. Bei Absolutbestimmungen muß daher stets das Volumen der Lösung bekannt sein.

Zur Bestimmung eines reduzierbaren Stoffes wird die Tropfelektrode als Kathode, das Bodenquecksilber als Anode geschaltet (bei oxidierbaren Stoffen muß umgepolt werden). Die Spannung wird dann langsam von Null beginnend bis auf 2 bzw. 3 V gesteigert. Enthält die Lösung keine besonders leicht reduzierbaren Bestandteile (z. B. Cu), so fließt unterhalb der Zersetzungsspannung des edelsten Elementes höchstens ein sehr kleiner Strom, der Grundstrom. Erst mit steigender Spannung beginnt die Stromstärke zu steigen, erreicht aber bald einen konstanten Wert, den sog. Diffusionsstrom.

Um eine Überlagerung des Diffusionsstromes durch eine Wanderung der Ionen im elektrischen Feld zu verhindern, setzt man einen sog. Leitelektrolyten in einem ca. 50–100fachen Überschuß zu. Dadurch wird die Ausbildung eines elektrischen Feldes in der Lösung unterdrückt. Die Zersetzungsspannung des Leitelektrolyten muß jedoch wesentlich höher liegen als die des zu untersuchenden Stoffes. Man benutzt hierzu oft Ammoniumsalzlösungen oder, vor allem zur Bestimmung von Alkaliionen, Tetraalkylammoniumverbindungen. Häufig werden auch Säuren angewandt.

Erhöht man die Spannung bis zur Zersetzungsspannung des nächstedleren Elementes, steigt die Stromstärke erneut an, um dann bald wieder konstant zu werden. So entsteht ein stufenförmiges Diagramm, das Polarogramm, in dem jede Stufe einem bestimmten Stoff zugeordnet werden kann.

Die Höhe einer Stufe, d. h. die Differenz zwischen dem Diffusionsstrom des betreffenden Stoffes und dem Grundstrom bzw. dem Diffusionsstrom des vorhergehenden Stoffes, ist proportional der Konzentration des Stoffes in der Lösung. Zur quantitativen Auswertung benutzt man in der Regel Eichkurven.

Das Potential, bei dem die Stromstärke gerade die Hälfte des Diffusionsstromes erreicht hat, das sog. Halbstufenpotential, ist charakteristisch für einen bestimmten Stoff und im Gegensatz zur Zersetzungsspannung konzentrationsunabhängig. Es kann daher zur qualitativen Analyse herangezogen werden.

Im Bereich des Diffusionsstromes ist der geschwindigkeitsbestimmende Schritt die Diffusion der Teilchen an die Elektroden. Unmittelbar an der Tropfenoberfläche ist nämlich durch Reduktion die Konzentration aller reduzierbaren Teilchen auf Null gesunken. Ein Strom kann daher nur fließen, wenn aus der Lösung neue Teilchen herandiffundieren. Dadurch bildet sich an der Tropfenoberfläche eine Schicht von 1/300 bis 1/400 mm Stärke aus, in der ein Konzentrationsgefälle herrscht. Vereinfacht ist dieses Konzentrationsprofil in Abb. 70. dargestellt.

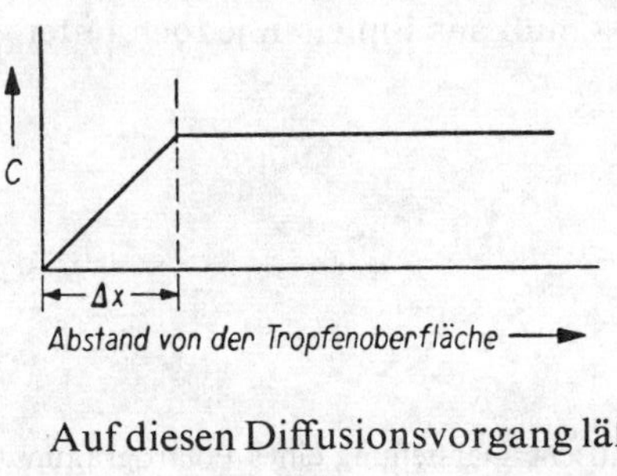

Abb. 70. Konzentrationsgefälle in der Diffusionsschicht des Quecksilbertropfens

Auf diesen Diffusionsvorgang läßt sich das 1. *Fick*sche Gesetz anwenden. Danach ist

$$\frac{\mathrm{d}n}{\mathrm{d}t} = -D \cdot q \cdot \frac{\mathrm{d}c}{\mathrm{d}x} = -D \cdot q \cdot \frac{c - c_0}{\Delta x}$$

$\Big(\frac{\mathrm{d}n}{\mathrm{d}t}$ = Anzahl der an der Oberfläche ankommenden Teilchen pro Zeiteinheit $\mathrm{d}t$,

D = Diffusionskoeffizient, q = Oberfläche, $\frac{dc}{dx}$ = Konzentrationsgefälle in der Schicht von der Dicke dx, c = Konzentration in der Lösung, c_0 = Konzentration an der Oberfläche).

Der Diffusionskoeffizient D, die Schichtdicke dx und die Konzentration c sind während der Elektrolyse konstant. Auch die Oberfläche, die am Anfang der Lebensdauer eines Tropfens sehr klein ist, dann allmählich wächst und beim Abreißen des Tropfens wieder sehr klein wird, kann im Mittel als konstant angesehen werden. c_0 ist nach dem oben Gesagten im Bereich des Diffusionsstroms Null. Dadurch vereinfacht sich die Gleichung zu:

$$\frac{dn}{dt} = k \cdot c \qquad (k = \text{Konstante})$$

Da aber nach dem *Faraday*schen Gesetz (S. 33) die Anzahl der pro Zeiteinheit abgegebenen Ladungen proportional der Stromstärke ist, wird verständlich, daß diese auch proportional der Konzentration der Lösung sein muß. Weiter folgt daraus, daß bei gleicher Konzentration und annähernd gleichem Diffusionskoeffizienten die Stufenhöhe eines Metallions mit der Ionenladung +2 ungefähr doppelt so hoch sein muß wie die eines Ions der Ionenladung +1. Die Stromstärke hängt jedoch außer von der Konzentration auch von der Ausströmgeschwindigkeit und der Tropfzeit des Quecksilbers sowie der Temperatur ab (*Ilkovič*-Gleichung).

Außerdem schwankt die Stromstärke im Rhythmus der Tropfen. Die dadurch auftretenden Schwankungen des Galvanometerausschlages können durch die sog. Galvanometerschaltung, bei der ein Widerstand in Serie und einer parallel zum Galvanometer geschaltet ist, in gewissen Grenzen gedämpft werden.

In gewissen Spannungsbereichen, vor allem in der Nähe der Zersetzungsspannung eines Stoffes, entstehen bisweilen infolge eines inhomogenen Feldes an der Tropfenoberfläche Strömungen, die die Diffusion stören und einen plötzlichen Stromanstieg über den normalen Diffusionsstrom hinaus zur Folge haben. Es bilden sich Maxima, die bei weiterem Stromanstieg teils langsam, teils aber auch sehr steil wieder absinken (Abb. 71.). Diese meist unerwünschten Erscheinungen kann man durch Zusatz von Kolloiden, wie Gelatine oder Gummi arabicum unterdrücken.

In der Analysenlösung gelöster Sauerstoff kann ebenfalls reduziert werden, und zwar zuerst zum H_2O_2 und dann weiter zum H_2O. Dementsprechend treten zwei Stufen auf, die sich unter Umständen den anderen Stufen überlagern können. Man entfernt daher am besten den Sauerstoff durch Zusatz von Natriumsulfit oder durch Einleiten von Reinstickstoff. (Während der Messung muß das Einleiten jedoch unterbrochen werden.)

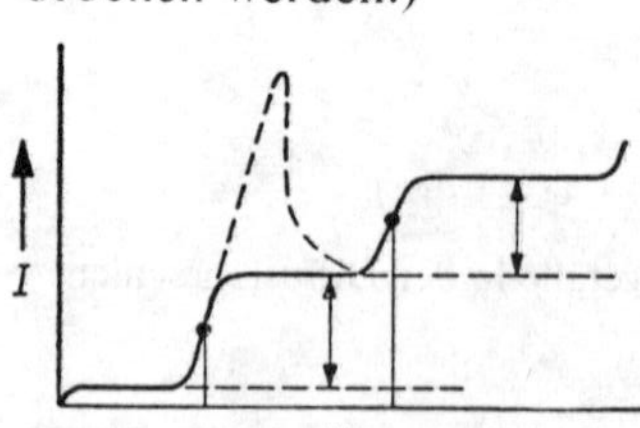

Abb. 71. Schematische Darstellung eines Polarogramms

3.6.4.2. Meßanordnung

Eine einfache Meßanordnung zur polarographischen Bestimmung von Kationen kann nach Abb. 72. leicht mit einfachen Mitteln selbst zusammengestellt werden.

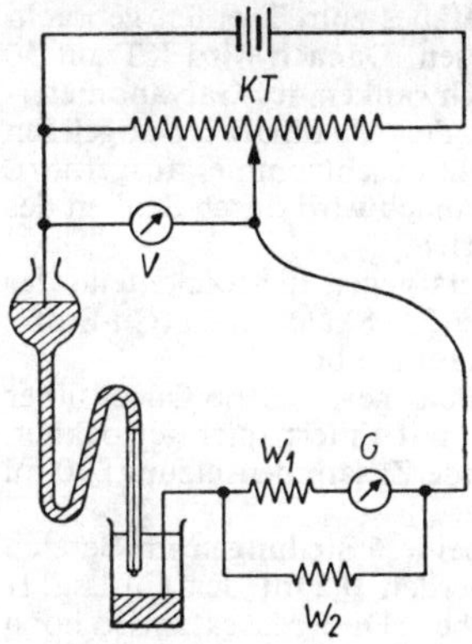

Abb. 72. Einfache Meßanordnung für die Polarographie

Von einem Akkumulator (2 bzw. 4 V) wird über eine Kohlrauschtrommel KT eine variable Spannung, die mit dem Voltmeter V gemessen wird, abgegriffen und an die beiden Elektroden angeschlossen. Im Stromkreis liegen das Galvanometer G und der Widerstand W_1, parallel zu G und W_1 wird der Widerstand W_2 geschaltet. Durch Abstimmen der Widerstände und des Galvanometers kann man den sog. Grenzfall, den Übergang zwischen Schwing- und Kriechfall, einstellen und somit die durch das Tropfen verursachten Schwankungen dämpfen. Die Länge der Kapillare soll bei einem Durchmesser von ca. 0,05 mm ca. 10 cm betragen. Die Tropfgeschwindigkeit der in die Lösung eintauchenden Kapillaren kann durch entsprechende Stellung des Quecksilber-Niveaugefäßes auf ca. 1 Tropfen pro 1–3 Sekunden eingestellt werden. Es ist darauf zu achten, daß der Quecksilberfaden in der Kapillare nicht abreißt, da sonst der Stromkreis unterbrochen wird.

Bei der Arbeit mit Quecksilber ist auf peinlichste Sauberkeit zu achten (s. S. 5). Aus diesem Grunde sind die Tropfkapillare und die Analysenlösung in einer Quecksilberwanne unterzubringen! Alle Arbeiten mit Quecksilber dürfen nur über dieser Wanne durchgeführt werden!

3.6.4.3. Polarographische Bestimmungen

In der Praxis benutzt man handelsübliche Geräte, die die Spannung innerhalb der gewählten Grenzen automatisch verändern. Der Diffusionsstrom wird elektronisch verstärkt und von einem Schreibgerät registriert. Die aufgezeichneten Kurven lassen sich dann leicht auswerten. Darüber darf jedoch nicht vergessen werden, daß die schwächste Stelle der ganzen Anlage die Tropfelektrode und der chemische Vorgang an der Elektrode ist.

Bestimmung von Kupfer und Zink nebeneinander

Zur Veranschaulichung des polarographischen Verfahrens im Praktikum läßt sich mit der Apparatur (Abb. 72.) als Modellanalyse die Bestimmung von Kupfer und Zink gut durchführen.

Die Aufgabe besteht aus drei Teilen: Aufnahme des Polarogramms, Aufnahme der Eichkurven und Ausführung der Analyse.

Reagenzien: Cu-Lsg. I (0,60 mg Cu^{2+}/ml); Cu-Lsg. II (3,00 mg Cu^{2+}/ml). Zn-Lsg. I (0,60 mg Zn^{2+}/ml); Zn-Lsg. II (3,00 mg Zn^{2+}/ml); gesätt. Na_2SO_3-Lsg. (frisch bereitet); 0,5%ige wäss. Gummi-arabicum-Lsg.; Leitelektrolyt: Lsg. aus gleichen Volumina 1 mol/l NH_4Cl u. 1 mol/l NH_3.

Aufnahme des Polarogramms: Das Polarogramm soll zeigen, in welchem Spannungsintervall die Stromstärke konstant bleibt.

Das Bodenquecksilber wird 4–5mal mit W. im Schütteltrichter ausgeschüttelt u. dann 1 cm hoch (oder bis zu einer Marke) in ein trockenes 50-ml-Becherglas gefüllt. Wassertropfen auf dem Hg werden mit Filtrierpapier entfernt. Folgende Lsgg. werden zugesetzt u. mit einem kleinen Glasstab, der in der Lsg. verbleibt, gut durchgemischt: 10 ml Leitelektrolyt, 1 ml Gummi arabicum, 1 ml Na_2SO_3, 5 ml Cu-Lsg. I, 5 ml Zn-Lsg. I.

Zu Beginn der Messung wird ein 2-V-Akkumulator angeschlossen, die Kohlrauschtrommel KT auf Null gestellt, das Quecksilber durch kurzes Anheben des Niveaugefäßes zum Tropfen gebracht u. der Ausschlag des Galvanometers G (Nullwert, Grundstrom) abgelesen. Danach wird KT auf 50 eingestellt (bei insgesamt 1000 Teilstrichen). Man beobachtet jetzt ein Schwanken des Galvanometerausschlages im Rhythmus des abfallenden Quecksilbertropfens, wobei der Maximalwert abgelesen wird. Weitere Messungen werden in Schritten zu 50 Einheiten der Kohlrauschtrommel ausgeführt, bis der Lichtzeiger aus dem Meßbereich herauswandert (KT ca. 750). Danach wird durch Senken des Quecksilberniveaugefäßes das Tropfen unterbrochen u. die Lsg. verworfen.

In einem Diagramm werden die Zeigerausschläge des Galvanometers gegen die Skalenteile der Kohlrauschtrommel aufgetragen. Es zeigt sich, daß etwa zwischen 200 u. 500 Skalenteilen (Cu-Stufe) u. zwischen 600 und 800 Skalenteilen (Zn-Stufe) die Stromstärke konstant bleibt.

Aufnahme der Eichkurven: Zur Ermittlung der Eichkurve wird das gewaschene Quecksilber bis zur gleichen Höhe wie vorher in ein trockenes Becherglas gefüllt u. mit Filterpapier getrocknet.

Zuerst wird die Cu-Eichkurve aufgenommen. Die Eichlsg. hat folgende Zusammensetzung: 10 ml Leitelektrolyt, 2 ml Gummi arabicum, 1 ml Na_2SO_3-Lsg., 5 ml Cu-Lsg. I.

Die Messung erfolgt wie oben, jedoch jetzt nur bei Stellung 0 und bei je 5 Stellungen im Bereich des Diffusionsstromes. Zur Ermittlung des nächsten Eichpunktes werden 0,2 ml der Cu-Lsg. II zugesetzt. Dadurch steigt die Cu-Konz. der Eichlösung. Messung wie oben. Dieser Zusatz wird noch 5 mal wiederholt, also insgesamt 6mal vorgenommen.

Nach Abschluß der Cu-Messungen wird die Zn-Eichkurve aufgenommen. Die Eichlsg. hat die folgende Zusammensetzung: 10 ml Leitelektrolyt, 2 ml Gummi arabicum, 1 ml Na_2SO_3-Lsg., 5 ml Zn-Lsg. I, 0,2 ml Cu-Lsg. II.

Gemessen werden 5 Einstellungen im Bereich des Cu-Diffusionsstromes (200–500 Skalenteile) sowie 5 Einstellungen im Bereich des Zn-Diffusionsstromes (600–800 Skalenteile). Zur Ermittlung der nächsten Eichpunkte werden 6mal je 0,2 ml Zn-Lsg. II zugesetzt.

Bei der Zeichnung der Eichkurven wird die Konz. des Cu bzw. Zn in mg/ml (Abszisse) gegen die Stromstärke in Skalenteilen des Galvanometers (Ordinate) aufgetragen.

Die Diffusionsstromstärke des Cu errechnet sich aus dem Galvanometerausschlag im KT-Bereich von 200 bis 500 (Cu-Stufe), vermindert um den Ausschlag bei der Stellung 0, für Zn aus dem Galvanometerausschlag im KT-Bereich von 600 bis 800 (Zn-Stufe), vermindert um den Ausschlag im KT-Bereich von 200 bis 500 (Cu-Stufe). Bei der Berechnung der Konz. muß das Gesamtvol. einschließlich der Zusätze, jedoch ausschließlich des Bodenquecksilbers berücksichtigt werden.

Ausführung der Analyse: Es werden 5 ml Analysenlsg. verwendet. Zusätze u. Messung wie oben. Man bestimmt die Stromstärke für Cu u. für Zn u. ermittelt die zugehörige Konz. für Cu u. Zn. Nach Multiplikation mit dem Vol. der Meßlsg. erhält man die Masse Cu bzw. Zn in mg, enthalten in dem vorgelegten aliquoten Anteil = 5 ml Analysenlösung.

3.6.5. Konduktometrie

Die konduktometrische Titration oder Leitfähigkeitstitration ist eine maßanalytische Methode, bei der nach jedem Reagenzzusatz der *Ohm*sche Widerstand der Analysenlösung bzw. dessen reziproker Wert, der Leitwert, gemessen wird. Die Meßwerte werden graphisch aufgetragen. Dabei erhält man Geraden, die sich im Äquivalenzpunkt schneiden (Abb. 73.).

Die Meßpunkte in unmittelbarer Nähe des Äquivalenzpunktes weichen oft von diesen Geraden ab (punktierter Kurvenverlauf). Im Gegensatz zu anderen Methoden ist es hier also nicht notwendig, den Titrationsendpunkt genau zu erfassen, sondern er wird durch Extrapolation ermittelt.

Diese Methode besitzt, ähnlich wie die Potentiometrie, Bedeutung vor allem bei Titrationen, für die kein geeigneter Indikator zur Verfügung steht. Auch in trüben

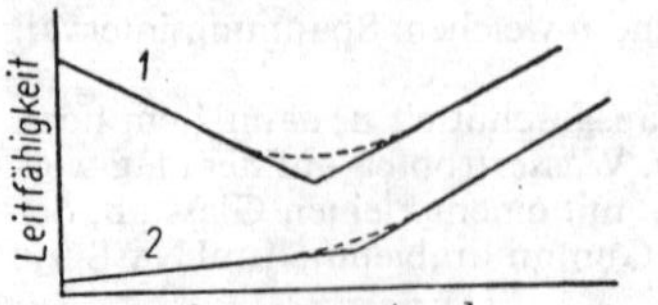

Abb. 73. Typen von Titrationskurven bei der Konduktometrie. Abnahme (Kurve 1) bzw. Zunahme (Kurve 2) der Leitfähigkeit bis zum Äquivalenzpunkt

oder farbigen Lösungen kann man gute Ergebnisse erzielen. Der Nachteil der Konduktometrie besteht vor allem darin, daß möglichst wenig Fremdelektrolyt zugegen sein darf, denn der Widerstand einer Lösung hängt von allen anwesenden Ionen ab. Bei zu vielen Fremdionen ist daher kaum mehr eine Widerstandsänderung festzustellen. Bei Verwendung hochempfindlicher Geräte kann man allerdings heute schon bei einem bis etwa 500fachen Überschuß an Fremdelektrolyt arbeiten.

3.6.5.1. Leitfähigkeit von Elektrolytlösungen

Der Leitwert *G* hängt bei einer Elektrolytlösung vor allem von der Anzahl der Ionen zwischen den Elektroden, also von der Konzentration, der Ionenladung und der Beweglichkeit ab. Darüber hinaus wird er noch erheblich durch die Zähigkeit des Lösungsmittels, die wieder temperaturabhängig ist, beeinflußt.

Wegen der linearen Abhängigkeit der Leitfähigkeit von der Konzentration kann eine Verdünnung während der Titration die Werte derart verschieben, daß eine Auswertung nicht mehr möglich ist. Ein Zusatz von Wasser, vor allem auch das Abspritzen von Tropfen von der Bürette, muß daher unbedingt unterbleiben. Aus dem gleichen Grund benutzt man zur Titration Mikrobüretten mit möglichst konzentrierten Maßlösungen.

Die Beweglichkeit der Ionen ist eine Funktion des hydrodynamischen Widerstandes, den das Lösungsmittel den Ionen entgegensetzt. Man sollte daher erwarten, daß die Ionen einer Gruppe des PSE, also beispielsweise die Alkaliionen, mit steigender Ordnungszahl eine geringere Beweglichkeit haben. Tatsächlich aber tritt, wie Tab. XXXVIII. zeigt, eine Vergrößerung der Beweglichkeit und damit der Ionenäquivalentleitfähigkeit (s. S. 343f.) auf.

Tabelle XXXVIII. Ionenäquivalentleitfähigkeit in $cm^2/(\Omega\ mol)$ bei 18° C

H^+	315	OH^-	174
Li^+	33,4	F^-	46,6
Na^+	43,5	Cl^-	65,5
K^+	64,6	Br^-	67
Cs^+	68	I^-	66,5
Ag^+	54,3	NO_3^-	61,7
$\frac{1}{2}\,Mg^{2+}$	46	CH_3COO^-	35,0
$\frac{1}{2}\,Ca^{2+}$	51	$\frac{1}{2}\,SO_4^{2-}$	68,3
$\frac{1}{2}\,Sr^{2+}$	50,6		
$\frac{1}{2}\,Ba^{2+}$	55		

Die Ursache für diese Erscheinung ist die Hydratation, die sich bei kleinen Ionen stärker bemerkbar macht als bei großen. Besonders auffallend sind die hohen Beweglichkeiten des H^+- und des OH^--Ions. Für diese Teilchen nimmt man einen besonderen Wanderungsmechanismus an. Man stellt sich vor, daß die H_2O-Moleküle der Lösung Ketten bilden. Lagert sich an das eine Ende der Kette ein H^+-Ion an, dann können die Bindungen der H_2O-Moleküle umklappen, und am anderen Ende der Kette wird wieder ein H^+-Ion ausgestoßen. Dadurch wird praktisch nur die Ladung transportiert, nicht aber das H^+-Ion selbst; es bleibt ihm also ein großer Teil des mit Reibung verbundenen Weges erspart (Abb. 74.).

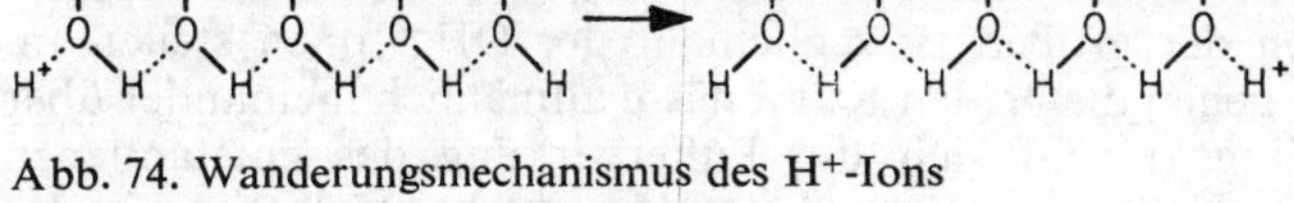

Abb. 74. Wanderungsmechanismus des H^+-Ions

Ähnliches gilt auch für die OH^--Ionen.

Die Abnahme der Zähigkeit und damit die Zunahme der Leitfähigkeit beträgt ca. 2,5% pro °C Temperaturerhöhung. Während gewöhnlicher Titrationen tritt selten eine wesentliche Temperaturänderung auf. Man braucht sie daher nicht besonders zu berücksichtigen. Bei sehr langsam verlaufenden Reaktionen muß dagegen auf Temperaturkonstanz geachtet werden.

3.6.5.2. Kurvenformen

Die Form der Kurven wird in der Hauptsache durch die Beweglichkeit der bei der Reaktion hinzukommenden und verschwindenden Ionen bestimmt. Durch die Wahl geeigneter Maßlösungen kann daher der Kurvenverlauf entscheidend beeinflußt werden (s. z. B. die Fällungstitrationen mit $AgCH_3COO$). Diese Möglichkeit ist außerordentlich wichtig, da sich der Äquivalenzpunkt um so genauer bestimmen läßt, je spitzer der Winkel ist, unter dem sich die Geraden schneiden. Darüber hinaus hängt die Kurvenform vor allem von dem Dissoziationsgrad der Verbindung und der Konzentration der Lösung ab.

Titriert man eine starke Säure mit einer starken Lauge, z. B. HCl mit NaOH, so hat die Lösung am Anfang wegen der großen Beweglichkeit der H^+-Ionen eine hohe Leitfähigkeit. Bei Zusatz von NaOH treten die OH^--Ionen mit H^+-Ionen zu Wasser zusammen. Die H^+-Ionen werden also durch Na^+-Ionen ersetzt. Die Cl^--Ionenkonzentration bleibt dabei erhalten. Insgesamt muß also die Leitfähigkeit proportional zum Fortschritt der Titration sinken (Abb. 75).

$$\underset{315}{H^+} + \underset{66}{Cl^-} \xrightarrow{+\,NaOH} \underset{44}{Na^+} + \underset{66}{Cl^-} + \underset{0}{H_2O}$$

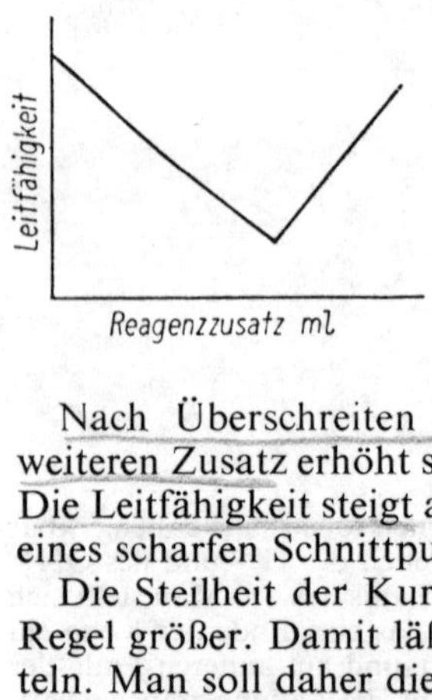

Abb. 75. Änderung der Leitfähigkeit bei der Titration von starker Säure mit starker Base

Nach Überschreiten des Neutralpunktes erfolgt keine Reaktion mehr. Durch weiteren Zusatz erhöht sich jetzt lediglich die Gesamtionenkonzentration der Lösung. Die Leitfähigkeit steigt also wieder an. Enthält die Lauge Carbonat, tritt an die Stelle eines scharfen Schnittpunktes eine Abrundung.

Die Steilheit der Kurvenäste ist bei Verwendung konzentrierter Lösungen in der Regel größer. Damit läßt sich auch der Äquivalenzpunkt besser und genauer ermitteln. Man soll daher die Analysenlösung nicht unnötig verdünnen.

Bei der Titration einer schwachen Säure mit einer starken Lauge, z. B. CH_3COOH mit NaOH, besitzt die Lösung wegen der geringen Dissoziation der Säure anfangs nur geringe Leitfähigkeit. Durch Neutralisation mit NaOH entsteht dagegen das stark dissoziierte Salz, die Leitfähigkeit muß also zunehmen. Nach dem Neutralpunkt steigt dann die Kurve wegen der großen Beweglichkeit der OH^--Ionen steiler an. Infolge Hydrolyse des Salzes gehen die beiden Kurvenäste allmählich ineinander über (Abb. 76., Kurve 2). Allerdings macht sich die Pufferwirkung des entstandenen Salzes bemerkbar. Nach dem ersten Zusatz von NaOH entsteht stark dissoziiertes $NaCH_3COO$, das die Dissoziation der Essigsäure zurückdrängt. Da das Natriumion eine kleinere Beweglichkeit besitzt als das H^+-Ion, sinkt die Leitfähigkeit zunächst etwas ab. Erst bei weiterem Zusatz überwiegt das stark dissoziierte $NaCH_3COO$, so daß die Kurve wieder ansteigt (Abb. 76., Kurve 2).

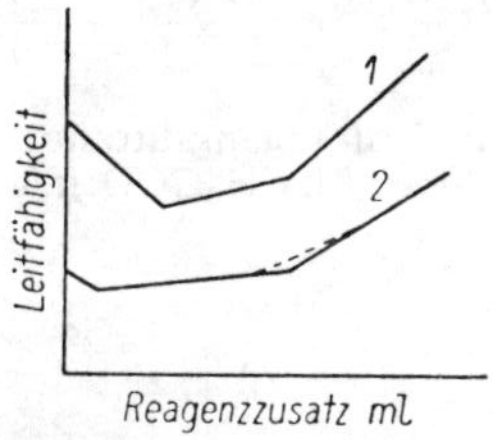

Abb. 76. Änderung der Leitfähigkeit bei der Titration von ($HCl + CH_3COOH$) mit NaOH (1) bzw CH_3COOH mit NaOH (2)

$$\left.\begin{array}{l} CH_3COOH \\ \underset{35}{CH_3COO^-} + \underset{315}{H^+} \end{array}\right\} \xrightarrow{+NaOH} \left.\begin{array}{l} CH_3COOH \\ \underset{35}{CH_3COO^-} + \underset{44}{Na^+} \end{array}\right\} \xrightarrow{+NaOH} CH_3COO^- + Na^+$$

Zwei Säuren, deren Dissoziationskonstanten sich genügend unterscheiden, können auch nebeneinander bestimmt werden. Abb. 76., Kurve 1 zeigt den Kurvenverlauf einer Titration von HCl und CH_3COOH nebeneinander. Der starke Leitfähigkeitsabfall entspricht der Neutralisation des HCl, der langsame Anstieg zeigt die Neutralisation der Essigsäure an. Der steile Anstieg schließlich rührt wieder von dem Reagenzüberschuß her.

Größere Unterschiede in den Dissoziationskonstanten mehrbasiger Säuren machen sich wie z. B. bei der Phosphorsäure durch mehrere, schwach ausgeprägte Knickpunkte in den Titrationskurven bemerkbar. Eine exakte Auswertung ist hier allerdings kaum mehr möglich.

Für argentometrische Fällungstitrationen läßt sich die Konduktometrie ebenfalls gut einsetzen. An Stelle des sonst üblichen Silbernitrates verwendet man hier jedoch eine Silberacetatmaßlösung. Bei der Reaktion werden die Halogenidionen durch das Anion des Silbersalzes ersetzt:

$$\underset{65}{K^+} + \underset{68}{Br^-} \begin{array}{l} \xrightarrow{+AgCH_3COO} \underset{0}{AgBr\downarrow} + \underset{65}{K^+} + \underset{35}{CH_3COO^-} \\ \xrightarrow{+AgNO_3} \underset{0}{AgBr\downarrow} + \underset{65}{K^+} + \underset{62}{NO_3^-} \end{array}$$

Im Falle des Acetats fällt der erste Ast der Kurve also steiler als beim Nitrat. Dadurch erhält man einen wesentlich schärferen Schnittpunkt. Ähnliches gilt für die Sulfatbestimmung mit Bariumacetatlösung. Diese Beispiele zeigen deutlich, daß die Wahl der Maßlösung bei der Konduktometrie unter Umständen eine wesentlich größere Bedeutung haben kann als bei anderen Titrationen.

Verdrängungstitrationen, wie die Titration von $NaCH_3COO$ mit HCl oder von NH_4Cl mit NaOH, lassen sich ebenfalls gut ausführen.

$$\underset{64}{NH_4^+} + \underset{66}{Cl^-} \xrightarrow{+NaOH} \underset{0}{NH_3} + \underset{0}{H_2O} + \underset{44}{Na^+} + \underset{66}{Cl^-} \quad \text{(Abb. 77., obere Kurve),}$$

$$\underset{44}{Na^+} + \underset{35}{CH_3COO^-} \xrightarrow{+HCl} \underset{44}{Na^+} + \underset{66}{Cl^-} + \underset{0}{CH_3COOH} \quad \text{(Abb. 77., untere Kurve).}$$

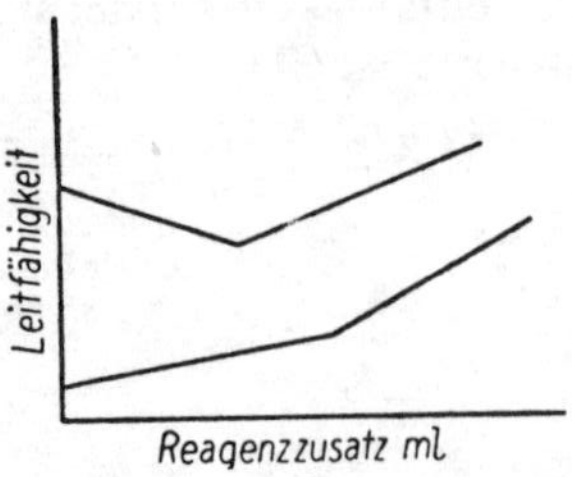

Abb. 77. Änderung der Leitfähigkeit bei der Verdrängungstitration (obere Kurve: NH_4Cl mit NaOH; untere Kurve: $NaCH_3COO$ mit HCl)

3.6.5.3. Meßanordnung

Die Widerstände werden mit einer *Wheatstone*schen Brücke gemessen.

Diese besteht aus 4 Brückenwiderständen, nämlich dem unbekannten Widerstand R_x, einem Vergleichswiderstand R_v sowie einem kalibrierten Meßdraht, der durch den Schleifkontakt S in die beiden Widerstände a und b geteilt wird. Die Brücke wird durch eine Wechselstromquelle gespeist.

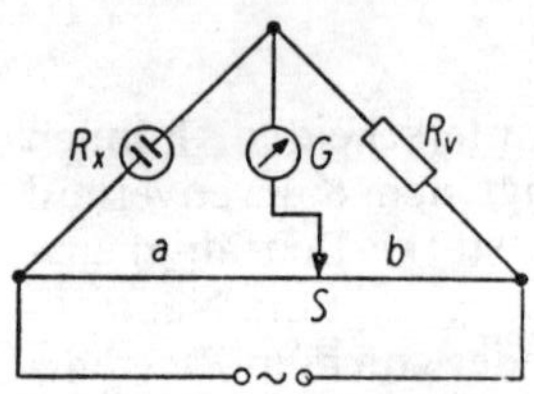

Abb. 78. *Wheatstone*sche Brückenschaltung

In der Brückendiagonalen liegt das Nullinstrument, das Stromlosigkeit anzeigt, wenn die Bedingung $\frac{R_x}{R_v} = \frac{a}{b}$ erfüllt ist.

Der unbekannte Widerstand R_x ergibt sich dann zu $R_x = R_v \cdot a/b$. Die Meßgenauigkeit der Brücke ist am größten, wenn das Brückenverhältnis a/b = 1 ist, d. h., wenn S in der Mitte steht. Nach beiden Seiten hin nimmt sie dagegen ab. Aus diesem Grund soll der Vergleichswiderstand in der gleichen Größenordnung liegen wie der unbekannte.

Als Stromquelle dient im allgemeinen ein Wechselstromgenerator von 800–1 000 Hz. Wegen der Gefahr der Elektrodenpolarisation kann die Frequenz nur bei hohen Widerständen, z. B. in nichtwäßrigem Lösungsmittel, auf 50 Hz erniedrigt werden.

Als Nullinstrument verwendet man heute an Stelle des früher üblichen Telefons oder empfindlichen Gleichstromgalvanometers, für das der Brückenstrom gleichgerichtet werden muß, entweder eine Elektronenröhre (magisches Auge) oder einen Transistorverstärker mit geeignetem Anzeigeinstrument.

Als Leitfähigkeitsgefäße wurden zahlreiche Modelle entwickelt, die sich vor allem in der Gefäßform, der Stellung und der Größe der Elektroden unterscheiden. Viel verwendet werden auch Tauchelektroden. In allen Fällen bestehen die Elektroden aus Platinblechen oder -drähten, die meist platiniert sind. Sie müssen so befestigt sein, daß sich ihr Abstand und damit die sog. Zellenkonstante nicht ändern kann (vgl. S. 343 unten).

Außer zur Endpunktsindizierung wird die Leitfähigkeitsmessung zur Absolutbestimmung benutzt, z. B. für die Reinheitsprüfung von Wasser (sog. Leitfähigkeitswasser) und die Elektrolytbestimmung von Zuckerlösungen (sog. Aschebestimmung im Zucker). In diesen Fällen gibt die absolute Größe der Leitfähigkeit Aufschluß über die Reinheit der untersuchten Produkte.

3.6.5.4. Titration mit konduktometrischer Endpunktsanzeige

In die Analysenlösung wird eine Tauchelektrode so tief eingetaucht, daß der Flüssigkeitsspiegel etwa 0,5 cm über dem oberen Rand der Elektrodenbleche steht. Nun wird die Wheatstonesche Brücke auf Null abgeglichen und der Widerstand oder die Abschnitte a und b des kalibrierten Meßdrahtes abgelesen. Unter ständigem Rühren wird die Maßlösung in Anteilen von je 0,2 ml aus der Mikrobürette zugesetzt. Dabei ist darauf zu achten, daß der Tropfen gerade von der Bürette abfällt; denn ein ,,Abspritzen" mit Wasser würde zu erheblichen Fehlern führen. Nach jedem Zusatz wird die Brücke wieder auf Null abgeglichen und die Meßwerte abgelesen. Insgesamt soll etwa doppelt so viel Maßlösung zugesetzt werden, wie zur quantitativen Umsetzung notwendig ist.

Zur Auswertung werden die reziproken Werte der Widerstände bzw. die Werte b/a gegen die verbrauchten ml Maßlösung aufgetragen. Durch die Meßpunkte werden zwei Geraden gelegt, die sich im Äquivalenzpunkt schneiden. Die Punkte in der Nähe des Äquivalenzpunktes bleiben dabei unberücksichtigt.

3.7. Optische Methoden

Von der Vielzahl der bestehenden optisch-analytischen Verfahren sollen hier nur zwei wichtige, apparativ nicht zu aufwendige, die Kolorimetrie und die Photometrie, behandelt werden.

3.7.1. Allgemeine Grundlagen

Das Grundprinzip beider Methoden besteht darin, eine farbige Lösung herzustellen, wobei der gesuchte Stoff oder das gesuchte Element in eine lichtechte, farbige, lösliche Verbindung eingebaut oder überführt wird oder eine Farbreaktion auslöst bzw. steuert.

Die Kolorimetrie ist ein Verfahren zur Konzentrationsermittlung durch optischen (in der Regel visuellen) Vergleich der Probelösung unbekannter Konzentration mit einer Standardlösung derselben Substanz. Zur Messung wird unzerlegtes (weißes) Licht verwendet. Die Photometrie dagegen beruht auf der Messung der Absorption monochromatischer Strahlung durch eine Lösung. Monochromatische Strahlung erhält man durch Verwendung von Filtern oder Monochromatoren (Gitter oder Prismen).

Die Vorteile der optischen Analysenmethoden sind Schnelligkeit und hohe Empfindlichkeit. Um diese Vorzüge auszunutzen, sollten die Lösungen vom Anfang bis zum Ende der chemischen Operationen klar bleiben und zeitraubende Arbeitsgänge, wie Fällungen, Filtrationen und Destillationen, nach Möglichkeit vermieden werden.

3.7.1.1. Grundbegriffe und Grundgesetze

Wenn ein aus weißem Licht bestehender Strahl einen mit einer Flüssigkeit gefüllten Glastrog (Küvette) durchsetzt, so erfolgt eine Lichtschwächung (Abb. 79.). Der austretende Lichtstrom Φ_2 ist kleiner als der auftreffende Lichtstrom Φ_1. Unter Lichtstrom bzw. Strahlungsleistung versteht man die in der Zeiteinheit auf die Küvette fallende Lichtenergie; Einheit ist Lumen bzw. Watt. Der Verlust ist durch Reflexionen an den Grenzflächen Luft/Glas und Glas/Flüssigkeit, durch Absorption in den Küvettenwänden, durch Streuung an suspendierten Teilchen, hauptsächlich aber durch Absorption in der Flüssigkeit bedingt. Die durch Reflexion und Absorption in den Glaswänden verursachten Verluste werden nie rechnerisch berücksichtigt; sie werden experimentell mit Hilfe einer Kompensationsküvette, die das reine Lösungsmittel

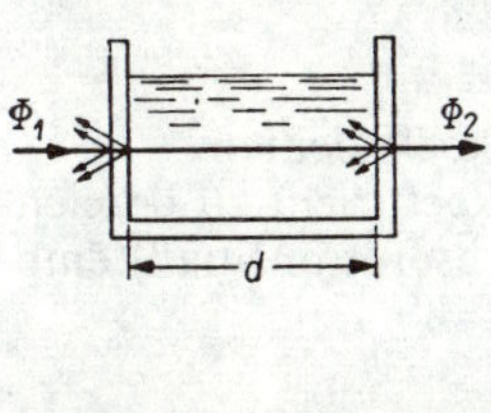

Abb. 79. Strahlengang durch eine Küvette

oder eine Blindlösung enthält, eliminiert. Man verfährt dabei so, daß entweder die Probeküvette und die Kompensationsküvette nacheinander in den Strahlengang oder gleichzeitig beide Küvetten in zwei gleich intensive Strahlenbündel geschoben werden. Die Lichtschwächung durch Streuung läßt sich bei klaren Lösungen durch sorgfältiges und sauberes Arbeiten auf ein vernachlässigbares Maß herabdrücken. Die Verminderung des Lichtstromes durch Absorption kann nun über den gesamten sichtbaren Wellenlängenbereich ungefähr gleich sein – die Lösung erscheint dem Auge dann grau – oder sie kann sich in den einzelnen Spektralbereichen verschieden stark auswirken. In diesem Falle erscheint die Lösung farbig, und zwar ist die Farbe des austretenden Lichtbündels zur Farbe der absorbierten Strahlung komplementär. Absorbiert eine Lösung im grünen Bereich, so erscheint sie purpurrot, absorbiert sie im gelben Bereich, so erscheint sie blau. Das Ausmaß der Absorption einer Substanz wird üblicherweise als Funktion der Wellenlänge wiedergegeben; den Kurvenverlauf bezeichnet man als Absorptionsspektrum.

Obwohl viele Begriffe und Gesetzmäßigkeiten auch in den Bereichen der ultravioletten und ultraroten Strahlung gelten, sollen die folgenden Betrachtungen auf den sichtbaren Bereich des Spektrums beschränkt bleiben.

Schickt man monochromatische Strahlung durch eine Küvette mit einer absorbierenden Lösung (die Reflexionsverluste an den Phasengrenzflächen und die durch Absorption in den Küvettenwandungen bedingte Lichtschwächung sollen dabei vernachlässigt werden), so nimmt der Lichtstrom um so mehr ab, je weiter er in die absorbierende Flüssigkeit eindringt und je größer die Konzentration des absorbierenden Mediums ist, d. h., die relative Abnahme des Lichtstromes ist der Zahl der im Strahlengang befindlichen absorbierenden Teilchen proportional. Bezeichnet man mit $-\mathrm{d}\Phi$ die Abnahme des Lichtstromes Φ, wenn die Zahl der absorbierenden Teilchen um den Betrag $\mathrm{d}n$ zunimmt, so erhält man mit k' als Proportionalitätsfaktor

$$-\mathrm{d}\Phi = \Phi \cdot k' \cdot \mathrm{d}n$$

Durch Umformen und Integration in den angegebenen Grenzen ergibt sich

$$-\int_{\Phi_0}^{\Phi} \frac{\mathrm{d}\Phi}{\Phi} = k' \int_0^n \mathrm{d}n, \qquad -\ln \frac{\Phi}{\Phi_0} = k' \cdot n.$$

Einführung dekadischer Logarithmen ändert nur den Proportionalitätsfaktor

$$-\lg \frac{\Phi}{\Phi_0} = k \cdot n$$

Φ_0 ist der in die Lösung eintretende Lichtstrom, n die Zahl der Teilchen entlang der Schichtdicke d, innerhalb der der Lichtstrom auf den Wert Φ abnimmt. Die dimensionslose Größe Φ/Φ_0 bezeichnet man als Transmissionsgrad τ_i, den negativen Logarithmus von τ_i als Extinktion E:

$$-\lg \frac{\Phi}{\Phi_0} = -\lg \tau_i = E = k \cdot n.$$

Da die Teilchenzahl n der Konzentration c und der Schichtdicke d proportional ist, resultiert schließlich das Lambert-Beersche Gesetz

$$E = \varepsilon \cdot c \cdot d$$

mit der neuen Proportionalitätskonstanten ε, dem Extinktionskoeffizienten.

Nach IUPAC wäre ε als molarer (dekadischer) Absorptionskoeffizient zu bezeichnen und statt E wird das Symbol A (spektrales dekadisches Absorptionsmaß) empfohlen. Für den Transmissionsgrad soll T oder D (Durchlässigkeit) nicht mehr benutzt werden. Enthält eine Probe mehrere absorbierende Teilchenarten, so addieren sich die Einzelextinktionen für jede Teilchenart zur Gesamtextinktion der Probelösung. Da Φ Werte zwischen Φ_0 und Null annehmen kann, variiert demnach $E = -\lg(\Phi/\Phi_0)$ zwischen Null und Unendlich. Höhere Extinktionen als 2 lassen sich aber bei der Messung selten verwerten, weil der Bereich, in dem eine zufriedenstellende analytische Genauigkeit gilt, begrenzt ist.

Der Extinktionskoeffizient ε ist von der Wellenlänge λ abhängig. Die Funktion $\varepsilon = f(\lambda)$ gibt die Absorptionskurve wieder, sie ist typisch für die absorbierende Substanz. Gibt man d in cm und c in Mol/Liter an, so erhält ε die Dimension Liter/Mol · cm. Man bezeichnet ε dann als den molaren dekadischen Extinktionskoeffizienten. Für farbstarke Lösungen liegt ε in der Größenordnung 10^4 Liter/Mol · cm.

ε ist eine Materialeigenschaft (intensive Größe), während E eine Eigenschaft der Probe (extensive Größe) ist und sich mit der Konzentration und der Schichtdicke ändert.

Der Kolorimetrie liegt das *Beer*sche Gesetz zugrunde. Es folgt aus dem *Lambert-Beer*schen Gesetz durch Gleichsetzen von ε_1 und ε_2 (gleiche Substanzen!):

$$E_1 = \varepsilon_1 \cdot c_1 \cdot d_1, \qquad E_2 = \varepsilon_2 \cdot c_2 \cdot d_2.$$

Zwei solcher Lösungen weisen dann gleiche Extinktion auf, wenn

$$c_1 \cdot d_1 = c_2 \cdot d_2$$

oder

$$c_1 : c_2 = d_2 : d_1,$$

d. h. wenn sich die Konzentrationen umgekehrt wie die Schichtdicken verhalten.

3.7.1.2. Geräte

Für die Kolorimetrie ergeben sich aus dem *Beer*schen Gesetz zwei Anwendungsmöglichkeiten. Entweder arbeitet man bei gleichen Schichtdicken und mit Vergleichslösungen unterschiedlicher Konzentration oder man variiert die Schichtdicke der Vergleichslösung bei konstanter Konzentration.

Im ersten Falle wird die Untersuchungslösung in eine Reihe gleichartiger Standardlösungen abgestufter Konzentration eingeordnet. Als Gefäße können Becher- oder Reagenzgläser verwendet werden. Dabei ist auf gleichmäßige Beleuchtung durch diffuses Licht zu achten. Als Hintergrund benutzt man weißes Papier oder eine beleuchtete Mattglasscheibe. Man kann auch die Konzentration der Untersuchungslösung durch Verdünnen mit dem Lösungsmittel solange definiert ändern, bis die gleiche Farbintensität wie bei einer Vergleichslösung besteht oder bis die Farbintensität der Probelösung zwischen den Farbstärken zweier Vergleichslösungen liegt. Dieses Verfahren ist mehrmals durchzuführen und ein Mittelwert zu bilden.

Das zweite Prinzip liegt z. B. dem Eintauchkolorimeter von *Dubosq* (Abb. 80.) zugrunde. Die von einer weißen Lichtquelle ausgehende Strahlung wird geteilt und durchsetzt in getrennten Strahlengängen zwei Küvetten. Die Schichtdicke dieser Küvetten läßt sich durch Eintauchen von Glasprismen mit planparallelen Grundflächen meßbar verändern, wobei die Ablesung von d mit Hilfe eines Nonius gewöhnlich auf 1/10 mm genau möglich ist. Nach dem Passieren der Flüssigkeitsschichten werden die Strahlenbündel mit Hilfe eines Doppelprismas wieder vereinigt, so daß im Okular nebeneinander zwei Halbkreisflächen zu beobachten sind. Man hält nun die Schichtdicke d_1 in dem Glasbecher mit der Vergleichlösung (Konzentration c_1) konstant und verändert die Eintauchtiefe des Glasstabes in der Küvette solange, bis kein Unterschied in der Farbintensität mehr wahrgenommen werden kann. Aus dem abgelesenen Wert für d_2 läßt sich nach $c_2 = c_1 \cdot d_1/d_2$ die Konzentration der Untersuchungslösung berechnen. Vor der Messung prüft man die Gleichmäßigkeit des Strahlenganges, indem man beide Küvetten mit der gleichen Flüssigkeit füllt und beide Tauchstäbe auf gleiche Schichtdicke einstellt. Erscheinen beide Gesichtsfeldhälften nicht gleich, so ist der Strahlengang durch Justierung der Beleuchtung solange zu korrigieren, bis der Unterschied verschwunden ist. Das Meßverfahren setzt die Gültigkeit des *Beer*schen Gesetzes voraus. Man prüft diese Voraussetzung für den Konzentrationsbereich c_1 bis c_2 nach, indem man beide Küvetten mit der Lösung größerer Konzentration (z. B. c_2) füllt, die Schichtdicke d_2 einstellt, die eine Lösung dann auf die Konzentration c_1 verdünnt und die Eintauchtiefe in diesem Gefäß auf d_1 einreguliert. Stellt man fest, daß die Gesichtsfeldhälften vor und nach dem Verdünnen nicht farbgleich sind, so ist die Voraussetzung nicht erfüllt. Man muß in diesem Falle eine empirische Eichkurve aufnehmen, indem man bei konstantem Produkt $c_1 \cdot d_1$ die Konzentration c_2 graphisch gegen $1/d_2$ aufträgt.

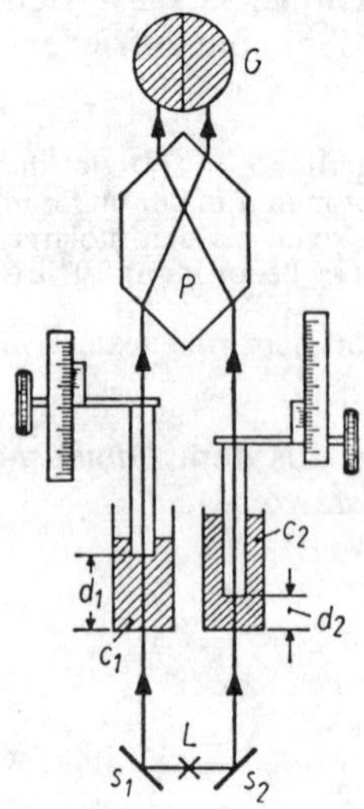

Abb. 80. Schematischer Strahlengang durch ein *Dubosq*-Kolorimeter (L Lichtquelle, S_1, S_2 Spiegel, G Gesichtsfeld, P Prisma)

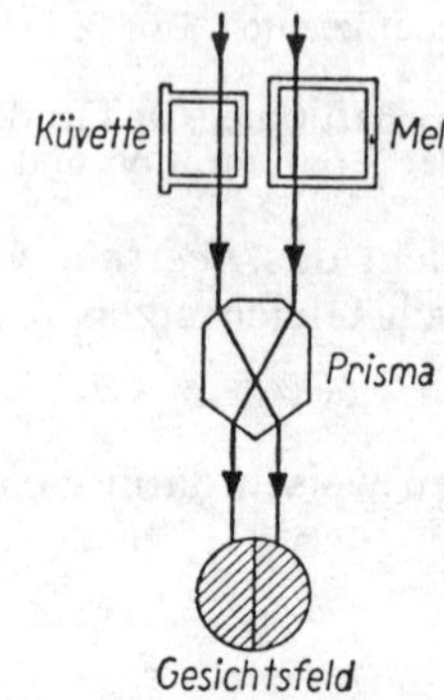

Abb. 81. Schematischer Strahlengang durch ein Keilkolorimeter nach *Autenrieth-Königsberger*

Auf dem gleichen Prinzip beruht das Keilkolorimeter nach *Autenrieth-Königsberger* (Abb. 81.). Die Probelösung befindet sich in einer Küvette konstanter Schichtdicke. Die Küvette mit der Vergleichslösung bekannter Konzentration ist keilförmig ausgebildet. Dieser Glaskeil läßt sich durch einen Trieb längs einer Skala meßbar verschieben. Die Strahlenbündel werden durch eine geeignete Optik nach Passieren der Küvetten wieder so zusammengeführt, daß die Vergleichsfelder von Küvette und Keil nebeneinanderliegen. Durch Verschiebung des Keils werden beide Gesichtsfeldhälften auf den gleichen Farbreiz eingestellt. Die Schichtdicke d_0 des Keils ändert sich linear mit der Höhe und ist dem abgelesenen Skalenteil s proportional. Ist c_0 die Konzentration der Vergleichslösung im Keil, d die Schichtdicke der Untersuchungsküvette und a eine durch Eichung zu ermittelnde Konstante, so gilt

$$c = c_0 \cdot \frac{a \cdot s}{d},$$

$$c = K \cdot c_0.$$

Das heißt, die Konzentration der unbekannten Lösung c ist der Verschiebung an der Skala proportional. Auch hier legt man für jeden zu bestimmenden Stoff eine empirische Eichkurve fest, die bei Gültigkeit des *Beer*schen Gesetzes eine Gerade darstellt.

Die Kolorimetrie weist gegenüber der Photometrie den Vorzug auf, daß man mit billigeren Geräten arbeiten kann, die keine spektrale Zerlegung erfordern. Man benötigt aber Vergleichslösungen, die nicht immer haltbar sind und die zuweilen auch gar nicht zur Verfügung stehen.

Mit Hilfe der „Mischfarbenkolorimetrie" läßt sich die Fehlerbreite bei kolorimetrischen Messungen erheblich verbessern. Das geschieht durch Einschieben eines Farbglases vor das Okular. Das Farbglas wählt man in der Komplementärfarbe zur Lösung. Man stellt dann nicht mehr auf gleiche Farbsättigung, sondern auf gleichen Farbton ein.

In der Photometrie wird die Absorption in einem bestimmten engen Wellenlängenbereich bzw. bei strenger Monochromasie der Strahlung bei einer bestimmten Wellenlänge gemessen. Meßgrößen sind die Extinktion E oder der Transmissionsgrad τ_i. Die Auswahl des Wellenlängenbereiches erfolgt bei den Filterphotometern durch Farb- oder Interferenzfilter, bei den Spektralphotometern durch spektrale Zerlegung des Lichtes mit Hilfe eines Monochromators. Statt mit einer weißen Lichtquelle kann man auch mit Metalldampflampen arbeiten, die ein diskontinuierliches Linienspektrum aussenden.

Die gewünschte Spektrallinie wird dabei mit Hilfe von Sperrfiltern ausgesondert. Um die Empfindlichkeit eines Analysenverfahrens möglichst groß zu machen, wird man nach Möglichkeit die Wellenlänge des Absorptionsmaximums der Untersuchungslösung als Arbeitswellenlänge wählen.

Folgende Apparateteile kennzeichnen den Aufbau eines Photometers:

a) Strahlungsquelle (Glühlampe, Metalldampflampe Leuchtdiode, Laser);
b) Intensitätseinstellung (Irisblende, veränderlicher Spalt, Vorwiderstand der Lampe);
c) Wellenlängeneinstellung (farbige Gläser oder farbige Folien als Spektralfilter, Interferenzfilter, Sperrfilter, Prismen oder Gitter als Monochromatoren);
d) Probenbehälter (Küvetten);
e) Empfänger (Auge, Sperrschichtzellen oder Photoelemente, Photozellen, Photosekundärelektronenvervielfacher, Thermosäule, Photoplatte);
f) Anzeigegerät (Galvanometer, Schreiber).

Je nach der Art des Empfängers unterscheidet man zwischen visuellen und lichtelektrischen Photometern. Die visuellen Geräte arbeiten mit zwei Strahlengängen, die über zwei Spiegel erzeugt werden (vgl. Abb. 82.). In dem einen Strahlengang befindet sich die Küvette mit der Untersuchungslösung,

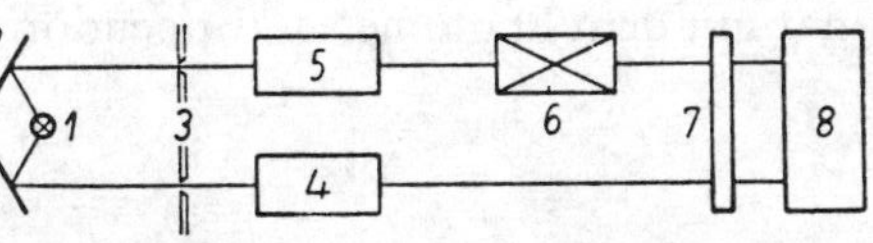

Abb. 82. Schematischer Aufbau eines Kompensationsphotometers mit 2 Strahlengängen (1 Lichtquelle, 2 Spiegel, 3 Blende, 4 Küvette mit Untersuchungslösung, 5 Küvette mit Kompensationslösung, 6 Lichtschwächungsvorrichtung, 7 Filter, 8 Empfänger)

in den zweiten Strahlengang kann eine Küvette mit einer Kompensationslösung eingebracht werden. Solche Geräte bezeichnet man als Kompensationsphotometer. Außerdem geht dieser Strahlengang durch eine Lichtschwächungsvorrichtung (Blende, Graukeil, *Nicol*sche Prismen), mit deren Hilfe beide Gesichtsfeldhälften auf gleiche Helligkeit eingestellt werden können. Die Lichtschwächungsvorrichtung ist mit einer Skala gekoppelt, an der die Extinktion bzw. der Transmissionsgrad abgelesen werden kann. Die Anwendung des Kompensationsverfahrens erlaubt die Messung der Analysenfarbe auch in Lösungen mit Eigenfärbung und gestattet die Verwendung gefärbter Reagenzien. Im ersten Falle erfolgt die Kompensation durch die farbige Grundlösung ohne Reagenzzusatz, im zweiten Falle durch einen Blindansatz ohne Analysensubstanz. Mit Hilfe von Zweistrahlgeräten können Intensitätsschwankungen der Lichtquelle weitgehend ausgeschaltet werden. In die lichtelektrischen Zweistrahlgeräte kann man zwei gleichartige Empfänger einbauen oder die über beide Lichtwege verteilte Strahlung in zeitlicher Aufeinanderfolge abwechselnd auf denselben Empfänger gelangen lassen.

Bei Einstrahlgeräten bringt man Probe- und Kompensationslösung nacheinander in denselben Strahlengang. Als Beispiel für ein Photometer mit einem Strahlengang soll das Arbeitsprinzip des Photometers „Eppendorf" erläutert werden (Abb. 83.):

Als Strahlungsquelle dient eine Metalldampflampe (Hg- oder Hg/Cd-Lampe), die zum Schutz gegen Spannungs- und Frequenzschwankungen über einen stabilisierten Transformator und eine

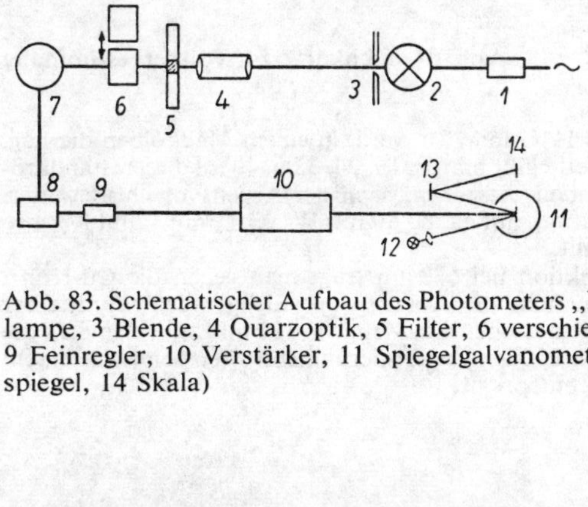

Abb. 83. Schematischer Aufbau des Photometers „Eppendorf" (1 Netzstabilisierung, 2 Metalldampflampe, 3 Blende, 4 Quarzoptik, 5 Filter, 6 verschiebbare Küvetten, 7 Photozelle, 8 Spannungsteiler, 9 Feinregler, 10 Verstärker, 11 Spiegelgalvanometer, 12 Beleuchtung für den Spiegel, 13 Umlenkspiegel, 14 Skala)

Strombegrenzungsdrossel aus dem Wechselstromnetz gespeist wird. Aus dem Leuchtband der Lampe wird durch eine Blende ein Teil ausgeblendet. Das Licht gelangt dann durch eine Quarzoptik, mit der erreicht wird, daß die Meßstrahlung in einem schmalen, exakt begrenzten Strahlenbündel die Küvette durchsetzt. Aus dem Linienspektrum der Lampe wird mit Hilfe eines geeigneten Filters eine Linie als streng monochromatische Meßstrahlung isoliert. Der Lichtstrom fällt nach dem Durchgang durch die Küvette mit der zu messenden Lösung auf die lichtempfindliche Schicht einer Alkaliphotozelle und erzeugt dort einen Photostrom, dessen Größe dem auftreffenden Lichtstrom proportional ist. Dieser elektrische Strom ruft an einer Reihenschaltung von geeichten Widerständen, dem Spannungsteiler, eine dem Strom proportionale Spannung hervor, die in einem Wechselstromverstärker verstärkt und durch ein hochempfindliches Lichtmarkengalvanometer angezeigt wird. Die Küvetten befinden sich in einem schwenkbaren oder parallel verschiebbaren Halter, so daß sie nacheinander in den Strahlengang gebracht werden können.

3.7.2. Photometrische Bestimmungen

Als Anwendungsbeispiele sollen eine photometrische Bestimmung des Kupfers in Messing oder Bronze als Tetraamminkupferkomplex und eine photometrische Bestimmung des Mangans in Stahl als Permanganat mit dem Photometer „Eppendorf" beschrieben werden.

Kupferbestimmung in Messing oder Bronze

Reaktionsprinzip: Cu^{2+}-Ionen bilden mit Ammoniak einen blau gefärbten Tetraamminkomplex, dessen Absorptionskurve bei 625 nm ein flaches Maximum aufweist. Bei 578 nm ist die Extinktion vom Anion des Komplexes unabhängig. Durch Zusatz von Weinsäure werden störende Metallionen komplex gebunden.

Reagenzien: 14,5 mol/l HNO_3; 40%ig. Weinsäure-Lsg.; 13 mol/l NH_3.

Arbeitsvorschrift: 0,200 g feine Feilspäne werden in einem 250-ml-Meßkolben in 10 ml HNO_3 u. 20 ml Weinsäure-Lsg. gelöst. Die Lsg. wird auf ca. 200 ml W. verd., mit 30 ml Ammoniak versetzt u. nach dem Abkühlen zur Marke mit W. aufgefüllt. Dann bestimmt man die Extinktion der Lsg. bei 578 nm gegen dest. W. als Blindlösung.

Berechnung: Die Auswertung soll mit Hilfe einer Eichgeraden (Abb. 84.) erfolgen, die mit einer Standardlösung aufgenommen wird.

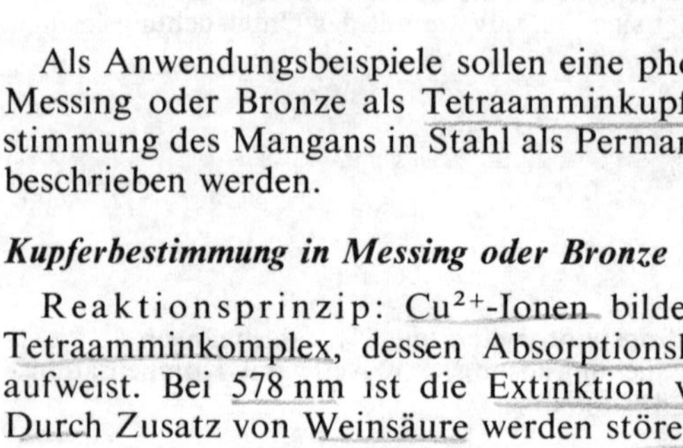

Abb. 84. Eichkurve zur Kupferbestimmung

Zu diesem Zweck löst man 1,9645 g $CuSO_4 \cdot 5\,H_2O$ in W. u. verd. in einem Meßkolben die Lsg. auf 500 ml. Sie enthält 1 mg Cu/ml. Aus einer Bürette gibt man 8, 16, 24, 32 u. 40 ml dieser Standard-Lsg. jeweils in einen 100 ml-Meßkolben u. behandelt diese Lsg. nach der Arbeitsvorschrift weiter, indem man 4 ml HNO_3 u. 8 ml Weinsäure-Lsg. zufügt, auf ca. 80 ml mit W. verd., mit 12 ml Ammoniak versetzt, abkühlt u. mit W. zur Marke auffüllt.

Die auf die Schichtdicke 1 cm bezogene Extinktion bei 578 nm trägt man gegen die Cu-Konz. graphisch auf. Nach folgender Überlegung kann man die Abszisse der Eichgeraden unmittelbar in „Prozent Kupfer in der Probe" eichen: Der abgemessenen Cu-Menge in 100 ml Lsg. entspricht die 2,5fache Menge in 250 ml Lösung. Letztere soll in 200 mg der Legierung enthalten sein, was einem Cu-Gehalt von $w(Cu) = 10, 20, 30, 40$ bzw. 50% entspricht.

Manganbestimmung in Stahl

Reaktionsprinzip: Mn^{2+}-Ionen werden in saurer Lösung durch Kaliumperiodat in der Siedehitze zu rotvioletten MnO_4^--Ionen oxidiert. Das Absorptionsmaximum des Permanganations liegt bei 525 nm. Störungen durch Eisen werden durch Zusatz von Phosphorsäure ausgeschaltet.

Reagenzien: Mischsäure ($H_3PO_4 + H_2SO_4$), in 700 ml dest. W. werden 150 ml 18 mol/l H_2SO_4 u. 150 ml 15 mol/l H_3PO_4 eingegossen; 6,5 mol/l HNO_3; Kaliumperiodatlsg. (10 g Kaliumperiodat in 250 ml der heißen Mischsäure lösen).

Arbeitsvorschrift: 0,100 g der Stahlspäne werden in ein 50-ml-Becherglas eingewogen, mit etwas dest. W. angefeuchtet u. in 5 ml HNO_3 unter Erwärmen gelöst. Dann setzt man etwa 10 ml dest. W. zu, verkocht die Stickstoffoxide, kühlt ab, überführt in einen 50-ml-Meßkolben, füllt mit dest. W. zur Marke auf u. schüttelt um. Anschließend wird die Lsg. über ein trockenes Filter in ein trockenes Becherglas filtriert. Vom F. werden 10 ml in einen 25-ml-Meßkolben überführt, mit 2 ml Kaliumperiodatlsg. versetzt, 3 bis 4 Min. lang zum Sieden erhitzt u. anschließend noch etwa 30 Min. lang auf 90 °C gehalten. Dann wird die Lsg. auf 20 °C abgekühlt u. mit dest. W. zur Marke aufgefüllt. Die Extinktion der Lsg. mißt man bei 546 nm gegen eine Blindprobe aus 10 ml der filtrierten Lsg., die man auf 25 ml verdünnt.

Berechnung: Die Berechnung soll mit Hilfe eines „Eichfaktors", der über eine Eichgerade experimentell bestimmt wurde, nach folgender Formel erfolgen:

$$\%\,\mathrm{Mn} = f_{\mathrm{Eich}} \cdot \frac{E}{d} \quad (d \text{ in cm}) .$$

Zur Aufstellung der Eichgeraden dienen Normalstähle mit bekanntem Mn-Gehalt, die unter den gleichen Versuchsbedingungen analysiert werden. Folgende Betrachtung läßt erkennen, aus welchen Größen sich der Eichfaktor zusammensetzt:

Wenn ε der Extinktionskoeffizient des Permanganats unter den Versuchsbedingungen, also in Gegenwart der Begleitstoffe und aller verwendeten Chemikalien, ist, dann ergibt sich für die Stoffmengenkonzentration im Meßkolben

$$c(\mathrm{MnO_4^-}) = \frac{1}{\varepsilon} \cdot \frac{E}{d} .$$

Ist V das Volumen des Meßkolbens, so enthält er an Permanganat bzw. Mangan

$$n(\mathrm{MnO_4^-}) = n(\mathrm{Mn}) = \frac{1}{\varepsilon} \cdot \frac{E}{d} \cdot V .$$

Multiplikation der Stoffmenge n mit der molaren Masse des Mangans, $M(\mathrm{Mn})$, ergibt die Masse des Mangans $m(\mathrm{Mn})$

$$m(\mathrm{Mn}) = \frac{1}{\varepsilon} \cdot \frac{E}{d} \cdot V \cdot M(\mathrm{Mn}) .$$

Da die Stahleinwaage $m_{\mathrm{E}} = 0{,}100$ g war, ist der gesuchte Massenanteil

$$w(\mathrm{Mn}) = \left[\frac{1}{\varepsilon} \cdot V \cdot \frac{M(\mathrm{Mn})}{m_{\mathrm{E}}}\right] \cdot \frac{E}{d} .$$

Der Klammerausdruck mal hundert wird zum analytischen Faktor f_{Eich} zusammengefaßt:

$$\%\,\mathrm{Mn} = w(\mathrm{Mn}) \text{ in Prozent} = f_{\mathrm{Eich}} \frac{E}{d} \approx 3{,}03 \frac{E}{d\,(\text{in cm})} .$$

3.8. Gasanalyse

Die quantitative Analyse von Gasen unterscheidet sich in der Methode wesentlich von der Analyse fester oder flüssiger Substanzen, vor allem, weil sich ein Gas in relativ kurzer Zeit in dem zur Verfügung stehenden Raum gleichmäßig verteilt. Darüber hinaus unterscheidet es sich in der Dichte von den festen und flüssigen Substanzen ungefähr um den Faktor 1000. Dadurch werden besonders gravimetrische Bestimmungen außerordentlich erschwert. Aus diesem Grund tritt in vielen Fällen an die Stelle der Wägung die Volumenmessung. Das Volumen ist abhängig von der Temperatur des Gases und vom Druck, unter dem das Gas steht. Genaue gasanalytische Bestimmungen erfordern daher stets die Messung bzw. Kontrolle der drei Größen Volumen, Druck und Temperatur.

Die Gasanalyse spielt in Forschung und Praxis eine bedeutende Rolle. Zwar werden heute in vielen Fällen, vor allem für Routinemessungen, Kontrollen usw., physikalisch-chemische Meßmethoden und Apparaturen eingesetzt. Die Überprüfung und Eichung dieser Geräte erfordert aber wieder die Anwendung der „klassischen" Gasanalyse, von der einige grundlegende Methoden in den folgenden Kapiteln beschrieben werden.

3.8.1. Allgemeine Grundlagen

Die quantitative Bestimmung eines oder mehrerer Gase in einem Gasgemisch erfordert die Kenntnis des Zusammenhangs zwischen den Meßgrößen Druck p, Volumen V, Temperatur ϑ und Masse m bzw. Stoffmenge n, der durch die Gasgesetze beschrieben wird.

3.8.1.1. Gasgesetze

Die beiden Zustandsgrößen Volumen und Druck sind bei konstanter Temperatur nach dem *Boyle-Mariotte*schen Gesetz einander umgekehrt proportional, d. h., das Produkt aus Druck und Volumen ist stets konstant.

$p \cdot V = k$ bzw. $p_1 V_1 = p_2 V_2$.

Die Temperaturabhängigkeit des Druckes eines Gases bei konstantem Volumen bzw. des Volumens bei konstantem Druck wird durch die beiden Formen des 1. *Gay-Lussac*schen Gesetzes beschrieben:

(1a) $p_t = p_0(1 + \beta\vartheta)$ (1b) $V_t = V_0(1 + \alpha\vartheta)$.

Der Koeffizient α bzw. β ist in beiden Gleichungen gleich und besitzt den Wert $\frac{1}{273{,}15\ \mathrm{K}}$. Hier bedeuten p_0 und V_0 einen beliebigen Druck bzw. ein beliebiges Volumen bei 0 °C (ϑ = 0 °C).

Setzt man definitionsgemäß für die Temperatur, gemessen in °C,

$\vartheta = T - 273{,}15\ \mathrm{K}$ und

$T_0 = 273{,}15\ \mathrm{K}\ (\vartheta = 0\ °\mathrm{C})$,

so vereinfachen sich die Gleichungen:

(2a) $p_t = p_0 \frac{T}{T_0}$, (2b) $V_t = V_0 \frac{T}{T_0}$.

Ein Gas befindet sich definitionsgemäß im Standardzustand, wenn es bei 0 °C (T_0 = 273,15 K) unter einem Druck von 760 Torr entsprechend 1013 mbar steht. In den Gleichungen wird dieser Standarddruck durch das Symbol $p°$ gekennzeichnet. $V°$ ist ein Volumen unter Standarddruck bei 0 °C.

Sowohl beim *Boyle-Mariotte*schen als auch beim *Gay-Lussac*schen Gesetz ist stets eine der drei Meßgrößen p, V und ϑ bzw. T konstant, die zweite Größe kann dann willkürlich geändert werden, wobei sich die dritte Größe automatisch einstellt.

Häufig ist es allerdings in der Praxis notwendig, einen Wert zu berechnen, wenn die beiden anderen Größen geändert werden. In diesem Falle verwendet man eine einfache Gleichung, die sich durch Vereinigung des *Boyle-Mariotte*schen und des *Gay-*

*Lussac*schen Gesetzes ergibt:

$$(3) \qquad \frac{p^\circ \cdot V^\circ}{T_0} = \frac{p_1 \cdot V_1}{T_1} = \frac{p_2 \cdot V_2}{T_2}\,.$$

Als drittes Gesetz beschreibt das Avogadrosche Gesetz den Zusammenhang zwischen der Masse m und dem Volumen V eines Gases. Danach nimmt ein Mol eines idealen Gases im Standardzustand einen Raum von 22,4 Litern ein. $V_m^\circ = 22{,}414$ l/mol wird molares Standardvolumen genannt. Es gilt also die einfache Beziehung:

$$(4) \qquad V^\circ = n \cdot V_m^\circ = \frac{m}{M} \cdot V_m^\circ\,,$$

wobei V° ein bestimmtes Volumen bei p° und 0 °C, n die Stoffmenge in mol, m die Masse und M die molare Masse bedeuten. Führt man diese Beziehung (4) in Gleichung (3) ein und faßt die drei Größen p°, V_m° und T_0 zu einer Konstanten, der sog. Gaskonstanten R, zusammen, so erhält man nach einer einfachen Umformung das ideale Gasgesetz

$$(5) \qquad p \cdot V = n \cdot R \cdot T = \frac{m}{M} \cdot R \cdot T\,.$$

Der Zahlenwert der Gaskonstanten $R = \frac{p^\circ \cdot V_m^\circ}{T_0}$ richtet sich nach den Dimensionen, in denen Druck und Volumen gemessen werden, z. B.:

$V_m^\circ = 22{,}41$ l/mol, $\quad p^\circ = 1{,}013$ bar, $\quad T_0 = 273{,}15$ K
$R \; = 0{,}08314$ bar · l/(K · mol)
$V_m^\circ = 22416$ ml, $\quad p^\circ = 760$ Torr, $\quad T_0 = 273{,}15$ K
$R \; = 62400$ ml · Torr/(K · mol) .

Das ideale Gasgesetz ist streng nur auf ideale Gase anwendbar. Alle bekannten realen Gase weichen mehr oder weniger stark vom idealen Verhalten ab, und zwar im allgemeinen um so stärker, je höher der Siedepunkt des Gases liegt. H_2 kommt z. B. dem idealen Verhalten recht nahe, während CO_2 erheblich abweicht. Aus diesem Grunde führte van der Waals Korrekturglieder in die ideale Gasgleichung ein.

Zur Reduzierung eines bei einer Temperatur ϑ und einem Druck p abgemessenen Gasvolumens auf Standardbedingungen genügt im allgemeinen die nach V° aufgelöste Gleichung (3):

$$(6) \qquad V^\circ = V \cdot \frac{p}{p^\circ} \cdot \frac{T_0}{T} = V \cdot \frac{p}{p^\circ} \cdot \frac{273}{273 + \vartheta} = V \cdot \mathrm{F}\,.$$

Die Logarithmen des Faktors F sind in den Gasreduktionstabellen (Küster-Thiel-Fischbeck, s. S. XVIII) für die gewünschten Wertepaare p und ϑ tabelliert.

Bei der Umrechnung auf Stoffmengen oder Massen, wie z. B. bei gasgravimetrischen, gastitrimetrischen und gasvolumetrischen Bestimmungen, machen sich die Abweichungen vom idealen Gasgesetz deutlich bemerkbar, da das molare Standardvolumen realer Gase meist kleiner als 22,414 l/mol ist. Es errechnet sich leicht aus der Dichte ϱ der Gase bei 0 °C nach der Beziehung

$$(7) \qquad V_m^\circ = \frac{M}{\varrho}\,.$$

So ergibt sich für CO_2 ein Wert von 22,26 l/mol und für H_2 von 22,433 l/mol.

3.8.1.2. Geräte

Den drei Bestimmungsgrößen Volumen, Druck und Temperatur entsprechend schließt jede Gasanalyse die Messung dieser drei Größen ein.

Zur Volumenmessung steht eine Anzahl von Geräten zur Verfügung. Die Auswahl des Instruments richtet sich in erster Linie nach der Größe des Volumens, daneben aber auch nach den chemischen Eigenschaften.

Für Volumina bis 100 oder 200 ml benutzt man in der Regel eine Gasbürette. Diese besteht aus einem zylindrischen Glasrohr mit eingeätzter Teilung, das in einem Fuß eingegipst und am oberen Ende durch einen Kapillarhahn verschlossen ist. Der untere Ansatz, der aus dem Fuß herausragt, ist über einen Gummischlauch mit einem Niveaugefäß verbunden, das ebenfalls als zylindrisches Rohr oder als Kugel ausgebildet sein kann. Die beiden kommunizierenden Gefäße werden mit einer geeigneten Sperrflüssigkeit gefüllt. Zur Abmessung eines Gasvolumens wird das Gas durch Tiefstellen des Niveaugefäßes eingesaugt und nach Schließen des Hahnes unter Niveaugleichheit abgelesen. Nur unter dieser Bedingung ist der Druck in der Bürette gleich dem Außendruck. Hierbei muß die Bürette stets am Fuß und nicht am Meßrohr gehalten werden, da sich die Handwärme sehr schnell auf das Gas überträgt und dadurch die Messung verfälscht. Eine Temperaturänderung von 20 °C auf 21 °C ergibt eine Volumenänderung von ca. 0,5%.

Größere Mengen eines strömenden Gases können mit der „Gasuhr" gemessen werden. Dieser Gasmesser besteht aus einem zylindrischen Gehäuse, das bis etwas über die Hälfte mit einer Sperrflüssigkeit (Wasser oder Glycerinlösung) gefüllt ist und in dem sich eine in Kammern aufgeteilte, um eine waagerechte Achse drehbare Trommel befindet. Das durchströmende Gas setzt diese wie ein Wasserrad in Bewegung. Die Drehung wird auf ein Zeigerwerk übertragen, wodurch eine direkte Volumenablesung möglich wird.

Nicht ganz so genau arbeitet der auf Strömungsgeschwindigkeiten geeichte Rota-Messer. Kennt man die Zeit, kann man das Volumen leicht errechnen. Der Rota-Messer besteht aus einem senkrecht stehenden leicht konischen Rohr mit eingeätzter Skala, in dem sich ein Kreisel befindet, dessen Durchmesser nur wenige Zehntelmillimeter kleiner ist als der des Rohres. Durchströmt das Gas das Rohr von unten nach oben, so wird der Kreisel je nach der Strömungsgeschwindigkeit mehr oder weniger hochgehoben und beginnt zu rotieren. Die Geräte müssen für jedes Gas besonders geeicht werden.

Als Druckmesser werden das Quecksilber-Barometer und Manometer verschiedener Bauart verwendet. Das Quecksilber-Barometer besteht aus einem etwa 1 m langen, an einem Ende geschlossenen, U-förmig gebogenen Rohr, das mit Quecksilber gefüllt ist. Die Teilung ist entweder auf dem Rohr selbst eingeätzt (Glasskalen) oder als Messingskala neben dem Rohr befestigt. Der Druck in mm Hg bzw. Torr ergibt sich aus der Differenz der beiden Quecksilbermenisken, d. h. aus der Differenz der Ablesungen an den beiden Schenkeln (beide Skalen sind auf einen gemeinsamen Nullpunkt bezogen). Da sich nun sowohl das Quecksilber als auch die Skalen (das Glasrohr bzw. die Messingskala) mit steigender Temperatur ausdehnen, muß noch eine Barometerkorrektur angebracht werden, und zwar werden bei Messungen zwischen 13 und 20 °C 2 mm und zwischen 20 und 29 °C 3 mm abgezogen. Genauere Korrekturwerte sind im Küster-Thiel-Fischbeck angegeben. 1 Torr = 1,333 2 mbar.

Zur Messung kleiner Druckunterschiede, z. B. gegenüber dem Atmosphärendruck, dienen Differenzdruckmanometer, die mit Quecksilber, Paraffinöl oder Wasser gefüllt sind. Höhere Drücke (ca. 1–200 bar) werden durch Feder-Manometer, wie sie an den Reduzierventilen zu finden sind, angezeigt.

Zur Temperaturmessung dienen Thermometer, die nach Möglichkeit unmittelbar in das zu messende Gas hineinreichen sollen, zumindest aber in unmittelbarer Nähe aufgehängt werden müssen. Bei Analysen, bei denen Reaktionswärmen auftreten können (Verbrennungsanalysen, Nitratbestimmung nach *Lunge*), muß auf vollständigen Temperaturausgleich mit der Umgebung geachtet werden.

Zur Probenahme von Gasen dienen meist Gaspipetten (Abb. 85), die mit Wasser gefüllt werden. Schließt man die Gaszuleitung an dem einen Ende an und läßt das Wasser am anderen Ende auslaufen, so füllt sich das Gefäß mit dem zu untersuchenden Gas.

Zum Aufbewahren von Gasen dienen häufig Pipetten der in Abb. 86. dargestellten Form. Sie sind mit einer Sperrflüssigkeit gefüllt. Für größere Volumina benutzt man Gasometer (Abb. 87).

Zahlreiche Gase kommen in Stahlflaschen unter Druck in den Handel. Diese Flaschen besitzen je nach dem Inhalt verschiedene Anstriche (in Deutschland: brennbare Gase rot, Acetylen gelb, N_2 grün, O_2 blau, alle anderen Gase grau). Außerdem ist der Inhalt neben technischen Daten, Prüfstempeln usw. in die Stahlflasche eingeschlagen. Aus Sicherheitsgründen müssen nach gesetzlicher Vorschrift die Stahlflaschen stets gegen Umfallen gesichert sein.

Die Gase werden über geeignete Ventile den Stahlflaschen entnommen. Die Anschlußgewinde besitzen bei brennbaren Gasen Linksgewinde, bei allen anderen Gasen Rechtsgewinde. Eine Ausnahme bildet das Acetylen, das einen Klemmverschluß hat. Bei Sauerstoffventilen muß beachtet werden, daß sie völlig fett- und ölfrei gehalten werden.

Als Ventile werden meist Reduzier- oder Nadelventile benutzt. In den Reduzierventilen wird der Druck in der Flasche (bis 200 bar) auf einen beliebig einstellbaren Niederdruck reduziert. Wird der

Abb. 85. Gaspipette

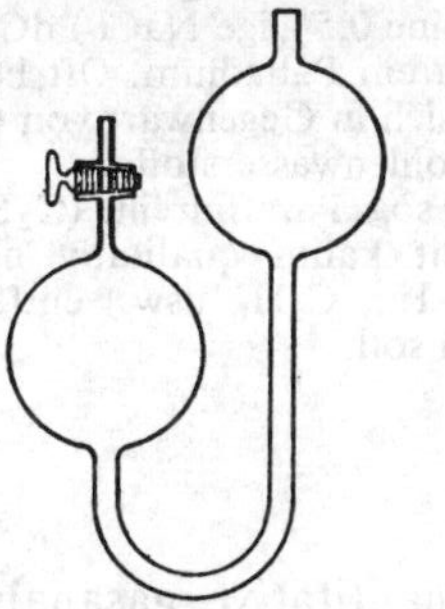

Abb. 86. Gaspipette zur Aufbewahrung von Gasen

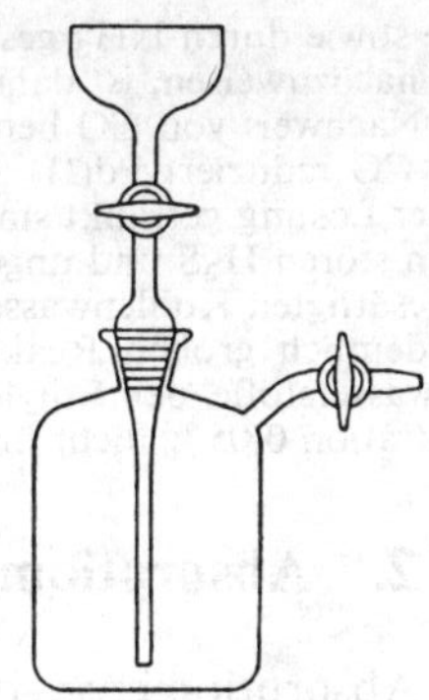

Abb. 87. Gasometer

Gegendruck gleich dem eingestellten Druck, schließt sich das Ventil. So kann z. B. in einer verstopften Apparatur der Druck niemals höher als der eingestellte Druck steigen. Die Nadelventile dagegen bestehen nur aus einer konischen Nadel, die in einer ebenfalls konischen Düse sitzt. Mit diesem Ventil kann nur die Ausströmungsgeschwindigkeit reguliert werden, der Druck dagegen würde in einer geschlossenen Apparatur bis auf den Druck, der in der Flasche herrscht, ansteigen können. Der Vorteil des Nadelventils gegenüber dem Reduzierventil liegt vor allem darin, daß sich ein Gasstrom besser konstant halten läßt.

Die in der Gasanalyse verwendeten Sperrflüsigkeiten dürfen mit den zu untersuchenden Gasen chemisch nicht reagieren. Ferner sollen sich die Gase in ihnen nicht oder möglichst wenig lösen.

Besonders geeignet ist daher Quecksilber. Wegen seines hohen Preises und der Giftigkeit des Dampfes benutzt man aber statt dessen meist wäßrige Lösungen, z. B. gesättigte mit HCl angesäuerte NaCl-Lösung oder 20%ige Na_2SO_4-Lösung, die 5% H_2SO_4 enthält (*Kobe*-Lösung). Außerdem setzt man diesen Lösungen Methylorange zu. Die gefärbte Lösung ermöglicht eine bequemere Ablesung an den Gasbüretten. Außerdem erkennt man sofort, wenn die Lösung durch Verunreinigungen alkalisch wird (CO_2-Absorption!).

3.8.2. Chemische Methoden der Gasanalyse

Die Gasanalyse umfaßt sowohl die qualitative Analyse eines bestimmten Gasgemisches bzw. das Erkennen eines Gasbestandteils als auch die quantitative Bestimmung. Die Methoden zur Untersuchung von Gasgemischen sind sehr verschieden und richten sich vor allem nach den anderen anwesenden Komponenten und nach der Konzentration des zu untersuchenden Gases. Die im folgenden beschriebenen Methoden können daher nur prinzipielle Bestimmungsmöglichkeiten zeigen, die im speziellen Falle unter Umständen variiert werden müssen, wenn störende Begleitgase auftreten.

3.8.2.1. Qualitativer Nachweis

Die Nachweisreaktionen einiger wichtiger Gase sind bereits besprochen, so z. B. der Nachweis von CO_2 mit Bariumhydroxid $Ba(OH)_2$ (s. S. 59) und H_2S mit Bleiacetatpapier (s. S. 46).

Wasserstoff erkennt man bei nicht zu geringer Konzentration durch die Knallgasprobe (s. S. 22); denn Wasserstoff-Luft-Gemische explodieren im Konzentrationsbereich von 4,1 bis 75% H_2. Umgekehrt kann man auf diese Weise auch Sauerstoff in einer Wasserstoffatmosphäre feststellen.

Geringere Mengen Wasserstoff (bis 0,01%) können durch die Molybdän-Blau-Reaktion nachgewiesen werden. Hierzu säuert man eine schwach alkalische 0,05%ige Natriummolybdatlösung, die das Natriumsalz der Protalbinsäure als Schutzkolloid enthält, mit 1 mol/l H_2SO_4 bis zur Gerinnung an und leitet das zu untersuchende Gas ein. In Gegenwart von H_2 färbt sich das Reagenz infolge Reduktion von Mo(VI) blau (s. auch S. 135). Allerdings werden diese Reaktionen durch andere reduzierende Stoffe, wie H_2S oder CO, gestört.

Zum Nachweis von O_2 leitet man das Gas über gelben Phosphor. In Gegenwart von O_2 bilden sich weiße Nebel von P_2O_5. Diese Reaktion wird durch Kohlenwasserstoffe und einige andere organische

Dämpfe sowie durch NH_3 gestört. Um O_2 in Leuchtgas, das noch verschiedene Kohlenwasserstoffe enthält, nachzuweisen, ist daher diese Reaktion nicht geeignet.

Zum Nachweis von CO benutzt man eine 0,5%ige NaCl-$PdCl_2$-Lösung, die etwas Natriumacetat enthält. CO reduziert Pd(II) zu elementarem Palladium. Oft benutzt man Filterpapierstreifen, die mit dieser Lösung getränkt sind und die sich in Gegenwart von CO schwarz färben. Auch bei dieser Reaktion stören H_2S und ungesättigte Kohlenwasserstoffe.

Die gesättigten Kohlenwasserstoffe der sog. Paraffinreihe (C_2H_6, C_3H_8 usw.) können wegen ihrer außerordentlich großen Reaktionsträgheit kaum qualitativ nachgewiesen werden. Ungesättigte Kohlenwasserstoffe der Ethylenreihe (C_2H_4, C_3H_6 usw.) entfärben dagegen Bromwasser, dessen Konzentration 0,05% nicht überschreiten soll.

3.8.2.2. Absorptiometrie

Die Absorptiometrie ist eine quantitative gasanalytische Methode, bei der das zu bestimmende Gas in einer geeigneten Lösung absorbiert wird. Das Volumen des Gases wird vor und nach der Absorption gemessen und aus der Volumenverminderung der prozentuale Anteil des absorbierten Gases bestimmt. Die Konzentration der nach dieser Methode zu bestimmenden Gase soll möglichst nicht kleiner als 0,5% sein, wenn nicht Spezialapparaturen zur Verfügung stehen. Im Praktikum muß mit einem Fehler von ca. 0,5%, bezogen auf das Volumen der Gasprobe, gerechnet werden.

Als Absorptionslösung verwendet man für

CO_2	30%ige KOH-Lösung (7 mol/l KOH),
O_2	25%ige Pyrogallol-Lösung und 60%ige KOH-Lösung (1 : 4) oder weißen Phosphor in Wasser,
CO	CuCl-Lösung (200 g CuCl + 250 g NH_4Cl + 750 g Wasser),
ungesättigte Kohlenwasserstoffe	20%iges Oleum.

CO_2 bildet mit Kalilauge K_2CO_3, O_2 oxidiert das Pyrogallol zu einer komplizierten, stark gefärbten organischen Verbindung, aus weißem Phosphor entstehen mit O_2 hauptsächlich P_2O_3 und P_2O_5, CO bildet mit CuCl eine lockere Additionsverbindung der Zusammensetzung $CuCl \cdot CO \cdot 2\,H_2O$ und ungesättigte Kohlenwasserstoffe werden durch das Oleum in Alkylschwefelsäure, z. B. $H_3CCH_2SO_3H$, übergeführt.

Die Lösungen werden in *Hempel*-Pipetten gefüllt. Diese bestehen aus zwei kommunizierend miteinander verbundenen Glaskugeln. Jede dieser Kugeln hat ein Fassungsvermögen von ca. 150 ml (Abb. 88a.).

Vielfach werden auch Pipetten verwendet, die am unteren Teil eine Öffnung besitzen, die mit einem Stopfen verschlossen werden kann. In diese Geräte können feste Absorptionsmittel (wie z. B. weißer Phosphor für die O_2-Bestimmung) oder Glasstäbe, die die Oberfläche vergrößern und damit die Absorptionsgeschwindigkeit erhöhen, eingefüllt werden (Abb. 88b.).

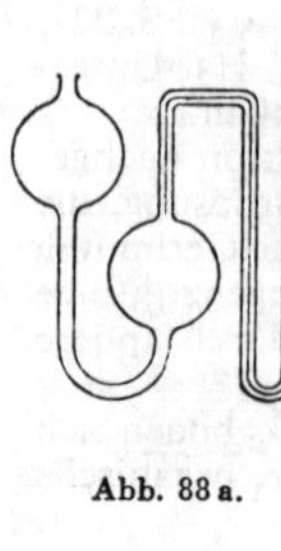

Abb. 88a.

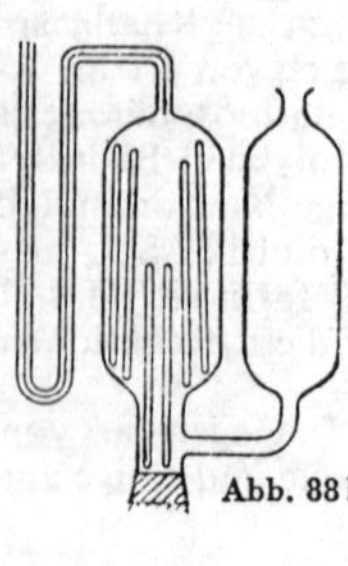

Abb. 88b.

Abb. 88a. *Hempel*-Absorptionspipette

Abb. 88b. Absorptionspipette mit unterer Öffnung

Die Bestimmung erfolgt in der Weise, daß man 100 ml des zu untersuchenden Gases in einer Gasbürette (s. S. 376) abmißt und die Bürette über eine Kapillarbrücke mit der Absorptionspipette verbindet. Nun werden die Hähne der Bürette und ggf. der Pipette geöffnet und das Gas durch Heben des Niveaugefäßes in die Absorptionspipette gedrückt. Nach kurzer Zeit holt man dann das Gas durch Senken des Niveaugefäßes zurück in die Bürette, bis der Meniskus der Absorptionslösung wieder an der gleichen Stelle des Kapillarrohres der Pipette steht. Jetzt wird der Hahn der Bürette geschlossen und unter Niveaugleichheit das Volumen abgelesen. Dies wird mehrfach wiederholt, bis das Volumen nicht mehr abnimmt. Die Volumenverminderung in ml ergibt direkt in % den Volumenanteil des zu bestimmenden Gases. Häufig ist es allerdings bequemer, eine beliebige Menge Gas abzumessen und dann den Volumenanteil auszurechnen.

3.8.2.3. Verbrennungsanalyse

Oxidierbare Gase, vor allem Wasserstoff und Methan, können durch Verbrennung bestimmt werden. Aus der Volumenverminderung, gegebenenfalls nach der Absorption der Verbrennungsprodukte, ergibt sich dann die Konzentration der betreffenden Gase. Als Oxidationsmittel dient entweder Sauerstoff (Verbrennung in der *Dennis*-Pipette) oder CuO (Verbrennung im *Jäger*-Röhrchen).

Wasserstoffverbrennung in der Dennis-Pipette

Die *Dennis*-Pipette ist eine Gaspipette, in die eine heizbare Platinspirale eingesetzt ist (Abb. 89). Diese Pipette faßt ca. 200 ml und ist mit Wasser oder Sperrflüssigkeit bis zum Hahn gefüllt.

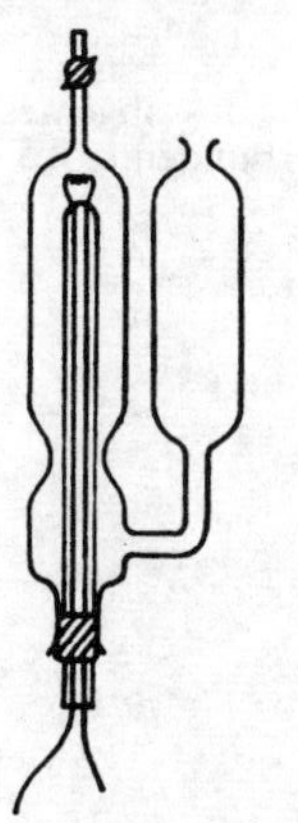

Abb. 89. *Dennis*-Pipette

Vor Beginn der Bestimmung werden ca. 100 ml O_2 in einer Gasbürette genau abgemessen und in die *Dennis*-Pipette gedrückt.

Jetzt wird die Heizung eingeschaltet (Akkumulator oder Transformator) und so reguliert, daß die Spirale schwach rot glüht. Nun verbindet man die *Dennis*-Pipette mit der Gasbürette, in der das Analysengas abgemessen worden ist, und drückt das Gas ganz langsam durch Heben des Niveaugefäßes in die *Dennis*-Pipette. Durch die Verbrennungswärme glüht der Heizdraht meist heller. Um ein Durchbrennen zu verhindern, verringert man daher den Heizstrom etwas. Um eine vollständige Verbrennung zu erreichen, werden ca. 100 ml des Gases in die Gasbürette zurückgezogen und nochmals langsam in die *Dennis*-Pipette gedrückt. Nun schaltet man den Heizstrom ab, läßt abkühlen und zieht das Gas in die Gasbürette zurück. Da das Restvolumen evtl. mehr als 100 ml beträgt, verteilt man das Gas ggf. auf 2 Büretten. Bei der Verbrennung von Wasserstoff gilt:

$$2\,H_2 + O_2 \rightarrow 2\,H_2O$$

Aus 2 Volumen H_2 und 1 Volumen O_2 entsteht flüssiges Wasser, dessen Volumen gleich Null zu setzen ist, da es Teil der Sperrflüssigkeit wird. Demnach entfallen $^2/_3$ der entstandenen Volumenverminderung auf den Wasserstoff.

Die Verminderung ergibt sich aus der Differenz (Analysengas + O_2) minus Restgas. Bei der Berechnung des Volumenanteils muß aber nur das Volumen des Analysengases zugrunde gelegt werden.

Beispiel: 100 ml O_2 + 100 ml Analysengas ergeben 179 ml Restgas. Volumenverminderung 21 ml. Davon entfallen $^2/_3 \cdot 21$ ml = 14 ml auf H_2. Das entspricht einem Volumenanteil $\varphi(H_2) = 14\%$.

Die Genauigkeit beträgt ca. ±0,5% absolut. Erhebliche Fehler treten auf, wenn das Gas noch nicht wieder auf Zimmertemperatur abgekühlt ist.

Nach der gleichen Methode kann Methan in der *Dennis*-Pipette verbrannt werden. Bei der Reaktion entsteht ebenfalls flüssiges Wasser, außerdem jedoch CO_2:

$$CH_4 + 2\,O_2 \rightarrow CO_2 + 2\,H_2O$$

Aus 1 Volumen CH_4 und 2 Volumen O_2 entsteht 1 Volumen CO_2. Demnach ist die halbe Volumenminderung gleich dem Methanvolumen. Außerdem kann man jetzt noch das entstandene CO_2 in KOH absorbieren und hieraus den Methananteil $\varphi(CH_4)$ ermitteln.

Verbrennung von H_2 oder CH_4 im Jäger-Röhrchen

Das *Jäger*-Röhrchen ist ein mit drahtförmigem CuO gefülltes Quarzröhrchen, in dem beim Durchleiten H_2 (bei 300 °C) und CH_4 (bei 950 °C) oxidiert werden. Dabei wird das Kupferoxid zu Kupfer reduziert:

$$H_2 + CuO \rightarrow H_2O + Cu \quad \text{bzw.}$$

$$CH_4 + 4\,CuO \rightarrow CO_2 + 2\,H_2O + 4\,Cu$$

Zur Bestimmung der beiden Gase wird das *Jäger*-Röhrchen mit der Gasbürette, die das abgemessene Gas enthält, und einer mit Sperrflüssigkeit gefüllten Gaspipette (Abb. 90.) verbunden.

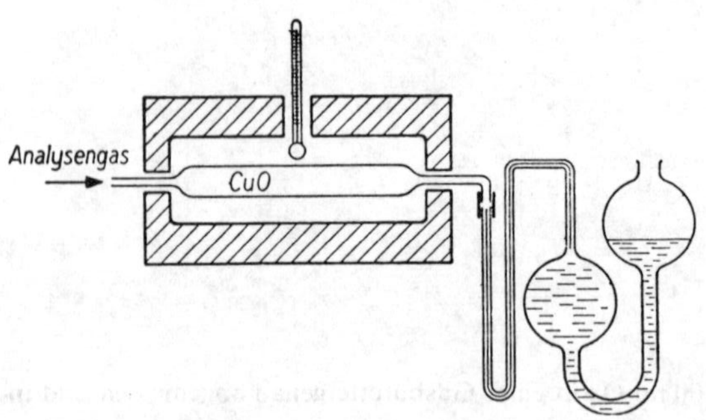

Abb. 90. Apparatur zur Verbrennung von H_2O oder CH_4

Nach dem Öffnen der Hähne wird das Gas wiederholt durch das auf die entsprechende Temperatur aufgeheizte *Jäger*-Röhrchen in die Gaspipette gedrückt und dann wieder zurückgezogen. Nach dem Abkühlen des Gases kann die Volumenverminderung bestimmt werden. Sie gibt direkt den H_2-Gehalt an. Bei CH_4 tritt keine Volumenverminderung ein, vielmehr muß hier das entstandene CO_2 in KOH absorbiert werden.

Nach der Bestimmung wird das CuO durch Überleiten von Sauerstoff bei 300 °C regeneriert.

Die unterschiedlichen Verbrennungstemperaturen für H_2 und CH_4 erlauben eine fraktionierte Bestimmung dieser Gase, wenn sie gemeinsam vorliegen. CO kann ebenfalls auf diese Weise bestimmt werden. Eine Bestimmung aller drei Komponenten ist allerdings nicht möglich.

3.8.2.4. Gasvolumetrie

Zur gasvolumetrischen Bestimmung eignen sich Flüssigkeiten und feste Stoffe, die bei der Reaktion mit einem geeigneten Reagenz ein Gas entwickeln, dessen Volumen gemessen wird.

Nitrat- oder Nitritbestimmung nach Lunge

Nach dieser Methode werden vor allem Nitrate, Nitrite und die Ester der salpetrigen und der Salpetersäure im Nitrometer nach *Lunge* mit Quecksilber zu NO reduziert. Die Reaktion verläuft nach den Gleichungen:

$$2\,HNO_3 + 6\,Hg + 3\,H_2SO_4 \rightarrow 2\,NO\uparrow + 3\,Hg_2SO_4 + 4\,H_2O \quad \text{bzw.}$$

$$2\,HNO_2 + 2\,Hg + H_2SO_4 \rightarrow 2\,NO\uparrow + Hg_2SO_4 + 2\,H_2O$$

Das Nitrometer (Abb. 91.) besteht aus einem kalibrierten Meßrohr mit einem Zweiweghahn und einem trichterförmigen Ansatz und steht über einen dickwandigen Schlauch (Vakuumschlauch), der mit Metallschellen besonders gesichert ist, mit einem Niveaugefäß in Verbindung. Als Sperrflüssigkeit und gleichzeitig als Reduktionsmittel dient Quecksilber.

Abb. 91. Nitrometer

Das Meßrohr wird durch Heben des Niveaugefäßes vollständig mit Quecksilber gefüllt. Die Dichtigkeit des Hahnes wird bei tiefgestelltem Niveaugefäß geprüft. Innerhalb von ca. 5 Minuten darf keine Luft eingesaugt werden. Andernfalls muß der Hahn frisch mit Siliconfett gefettet werden. Jetzt wird eine aliquote Menge der Analysenlösung (5 ml) in den trichterförmigen Ansatz einpipettiert und in das Meßrohr vorsichtig eingesaugt, ohne daß dabei Luft eintritt. Dann wird dreimal mit 4,5 ml konz. H_2SO_4 auf die gleiche Weise nachgespült. Dabei tritt eine beachtliche Erwärmung auf. Nun faßt man das Meßrohr mit der einen Hand am oberen Ende derart, daß das Hahnküken gegen Herausfallen gesichert ist, und mit der anderen Hand am unteren Ende und neigt das Rohr langsam. Die Reaktionsmischung darf dabei aber nicht in die Schlauchverbindung geraten. Durch ruckartiges Aufrichten mischt sich die Lösung mit dem Quecksilber. Meist beginnt nach mehrmaligem Mischen schon eine lebhafte Gasentwicklung. Man setzt aber das Schütteln fort, bis keine Volumenänderung mehr auftritt (ca. 10 Minuten) und wartet dann, bis das Gas sich wieder vollständig abgekühlt hat. Über dem Quecksilber im Nitrometerrohr steht jetzt eine H_2SO_4-Hg_2SO_4-Emulsion, deren Dichte etwa $^1/_7$ der Dichte des Quecksilbers beträgt. Man darf daher das Volumen nicht bei Niveaugleichheit ablesen, sondern muß den Quecksilberspiegel im Niveaugefäß um $^1/_7$ der Emulsionshöhe über den Quecksilberspiegel im Meßrohr halten. Nur unter dieser Bedingung gibt das abgelesene Gasvolumen die ml NO unter dem herrschenden Luftdruck an. Zu dem abgelesenen Volumen muß noch ein Korrekturglied addiert werden, das die Löslichkeit von NO in H_2SO_4 berücksichtigt. Es beträgt unter den angegebenen Bedingungen 0,1 ml.

Zur Säuberung des Nitrometers wird wiederholt Wasser in das Meßrohr gezogen und nach kräftigem Durchschütteln über den Kapillaransatz wieder herausgedrückt.

Die Gasreduktion erfolgt nach dem idealen Gasgesetz

$$V^{\circ} = V \cdot \frac{p}{p^{\circ}} \left(\frac{273{,}15}{273{,}15 + \vartheta} \right) = V \cdot F .$$

In den Gasreduktionstabellen (Küster-Thiel) sind die Logarithmen dieses Faktors F tabelliert. (Der dort angegebene Wert „09708 für Stickstoffbestimmungen" darf dabei nicht addiert werden.) Anschließend wird dann das auf Normalbedingungen reduzierte Volumen NO auf mg Substanz umgerechnet. Die Umrechnungsfaktoren findet man im Küster-Thiel.

Der Gang der Rechnung sei an einem Beispiel gezeigt:

Abgelesenes Volumen	30,1 ml NO
In der Emulsion gelöst	0,1 ml NO
	30,2 ml NO
Barometerstand (20 °C, Glasskala)	765 mm Hg
Barometerkorrektur (Küster-Thiel)	−2,6 mm Hg
	≈ 762 mm Hg von 0 °C, d. h. 762 Torr

Raumtemperatur 20 °C	
log 30,2 ml	1,48001
Gasreduktion auf Normalbedingungen (Küster-Thiel)	0,97039-1
Umrechnung ml NO in mg HNO_3 (Küster-Thiel)	0,44938
log *m* (HNO_3) in mg	1,89978

Die Probe enthält also 79,39 mg HNO_3.

Die nach der volumetrischen Methode erzielten Ergebnisse sind sehr genau. Der Fehler liegt bei ±0,5%. Fehlerquellen sind ungenügendes Schütteln, undichter Hahn, unvollständiger Temperaturausgleich oder Gasdurchtritt in das Niveaugefäß.

Carbonatbestimmung

Viele Carbonate werden bereits durch Behandeln mit HCl vollständig zersetzt. Eine sehr einfache, schnelle und bei Beachtung einiger Voraussetzungen auch hinreichend genaue Analysenmethode für die Carbonatgehalte von 5 bis 0,5 mmol CO_3^{2-} stellt die Zersetzung im „Backpulvergerät" dar.

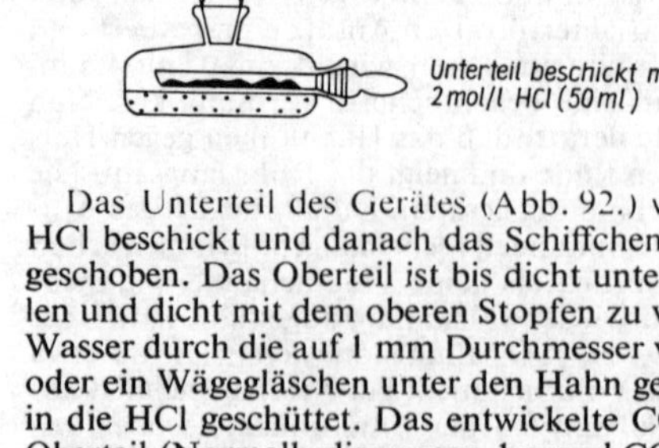

Abb. 92. „Backpulvergerät"

Das Unterteil des Gerätes (Abb. 92.) wird bis zum seitlichen Schliff mit CO_2-gesättigter 2 mol/l HCl beschickt und danach das Schiffchen mit der festen Probesubstanz in den gut gefetteten Schliff geschoben. Das Oberteil ist bis dicht unter das Gaseinleitungsrohr mit CO_2-gesättigtem H_2O zu füllen und dicht mit dem oberen Stopfen zu verschließen. Man öffnet den Hahn und läßt überschüssiges Wasser durch die auf 1 mm Durchmesser verengte Auslaufspitze austreten. Danach wird eine Mensur oder ein Wägegläschen unter den Hahn gestellt und die Probesubstanz durch Drehen des Schiffchens in die HCl geschüttet. Das entwickelte CO_2 verdrängt eine äquivalente Raummenge H_2O aus dem Oberteil (Normalbedingungen 1 mmol CO_2 ≙ 22,4 ml H_2O), die als Volumen (11 bis 110 ml) oder Gewicht (11 bis 110 g) bestimmt wird. Der genaue CO_3^{2-}-Gehalt muß unter Berücksichtigung von Temperatur und Luftdruck über das Gasgesetz berechnet werden. Vor einer neuen Füllung können mindestens 4 Bestimmungen vorgenommen werden. Zur Sättigung genügt zumeist ein 10 Minuten langes Durchleiten von CO_2 durch das verwendete Wasser bzw. die 2 mol/l HCl (größere Gaswaschflasche).

3.8.2.5. Gastitrimetrie

Ein in hoher Verdünnung vorliegendes Gas, z. B. CO_2 in der Luft, kann auf titrimetrischem Wege bestimmt werden. Das Gas wird in Intensivwaschflaschen durch eingestellte Lösungen herausgewaschen. Nach Durchgang von mehreren Litern oder Kubikmetern Gas wird dann das nicht verbrauchte Absorptionsmittel zurücktitriert. Da nahezu beliebig große Mengen Gas durchgesetzt werden können, hat diese Methode vor allem als Spurenbestimmung ihre Bedeutung erlangt.

Zur Bestimmung des CO_2 in der Luft wird das Gas durch 0,05 mol/l $Ba(OH)_2$ geleitet und die überschüssige Lauge mit Oxalsäure gegen Phenolphthalein als Indikator zurücktitriert.

Im Praktikum wird das zu bestimmende Gas zweckmäßigerweise in einem 5- oder 10-Liter-Gasometer ausgegeben, an dem dann auch die Volumenablesung erfolgt. Das Gas wird dann durch 2 Intensivwaschflaschen gedrückt, die je 20 ml mit ausgekochtem Wasser weiter verdünnte ca. 0,05 mol/l $Ba(OH)_2$ enthalten. Der Faktor der Lauge wird kurz vor dem Versuch bestimmt. Bei der Rücktitration wird bis zur ersten Entfärbung des Indikators titriert. Ist eine größere Gasmenge notwendig, wird das Volumen mit einer Gasuhr gemessen, die *hinter* die Waschflaschen geschaltet wird, um eine Absorption des CO_2 in der Sperrflüssigkeit der Uhr zu vermeiden. Zur Berechnung wird das Gesamtvolumen auf Normalbedingungen reduziert

$$V^\circ = \frac{V \cdot p_B \cdot 273{,}15}{p^\circ \cdot (273{,}15 + t)} = V \cdot F.$$

Der Logarithmus des Faktors F ist in den Gasreduktionstabellen für die betreffenden Werte von p_B und t aufgeführt (Küster-Thiel). Die Barometerkorrektur ist ebenfalls im Küster-Thiel angegeben (vgl. S. 376). p_B = Luftdruck in Torr; $p^\circ = 760$ Torr; 1 mbar $\triangleq$ 0,7501 Torr; $t = \vartheta$ in °C.

Die Meßergebnisse fallen nach dieser Methode wegen unvollständiger Absorption oft bis zu 10 Rel.-% zu niedrig aus. Vor allem für Spurenbestimmungen ist diese Genauigkeit aber meist noch ausreichend.

3.8.2.6. Gasgravimetrie

Bei der gasgravimetrischen Bestimmung wird das betreffende Gas an einem geeigneten festen Sorbens festgehalten und durch Auswägung bestimmt. Diese Methode hat eine sehr weite Verbreitung vor allem in der quantitativen organischen Analyse zur Bestimmung des C- und H-Gehaltes organischer Verbindungen gefunden. Die Analysensubstanzen werden hierbei verbrannt und die Verbrennungsprodukte H_2O und CO_2 in Absorptionsröhrchen, die mit $CaCl_2$ bzw. Natronkalk (mit konz. NaOH gelöschtes CaO) beschickt sind, nacheinander sorbiert. Diese klassische Methode ist bis zur Mikroanalyse ausgebaut worden. Bereits ca. 5 mg Substanz genügen für eine quantitative C-H-Bestimmung. Für die Durchführung dieser Analysen sind allerdings sehr viele technische Einzelheiten zu beachten. Außerdem ist noch eine reiche Erfahrung notwendig, um zuverlässige Werte zu erhalten. Es sei daher nur das Prinzip beschrieben.

Die in ein kleines Platin-Schiffchen eingewogene Substanz wird in einem Porzellanrohr, das in der hinteren Hälfte nacheinander mit CuO, $PbCrO_4$, Cu, Silberwolle und Platinasbest gefüllt ist, im Sauerstoffstrom verbrannt. Eventuell entstehende Stickstoffoxide werden am Kupfer zu N_2 reduziert, Halogene werden durch die Silberwolle und Schwefel vor allem durch $PbCrO_4$ gebunden. Das aus dem Rohr austretende Gas enthält dann neben N_2 und O_2 nur H_2O und CO_2. Das Wasser wird zuerst im $CaCl_2$-Röhrchen, das CO_2 danach im Natronkalk-Röhrchen absorbiert. Durch Bestimmung der Gewichtszunahme der Röhrchen wird der C- und H-Gehalt der Substanz ermittelt.

3.8.3. Physikalisch-chemische Methoden der Gasanalyse

Die physikalisch-chemischen Verfahren in der Gasanalyse können im Gegensatz zu den bisher beschriebenen oft kontinuierlich durchgeführt werden. Sie eignen sich deshalb besonders zur Überwachung der Zusammensetzung technischer Gase. Die

Meßergebnisse werden meist als elektrische Größen erhalten oder sind leicht in solche umzuwandeln. Änderungen in der Zusammensetzung können also sofort an den Instrumenten abgelesen werden. Auch können diese Anlagen mit Alarmeinrichtungen gekoppelt werden, die in Tätigkeit treten, wenn eine kritische Zusammensetzung über- oder unterschritten wird. Das bedeutet eine große Überlegenheit dieser Methoden gegenüber der klassischen Gasanalyse, bei der man auf Probenahmen angewiesen ist und bei der das Ergebnis oft erst nach Stunden vorliegt.

3.8.3.1. Wärmeleitfähigkeitsmethode

Die Wärmeleitfähigkeit ist eine für jedes Gas spezifische Größe. In Gemischen ergibt sich die Wärmeleitfähigkeit additiv aus den Beiträgen der Einzelgase, so daß bei binären Gemischen eine Bestimmung der Zusammensetzung möglich ist, wenn die Meßgrößen der Einzelgase genügend unterschiedlich sind. Bei Anwesenheit von mehr als zwei Gasen ist die Bestimmung einer Komponente nur dann möglich, wenn das Verhältnis der anderen Bestandteile konstant bleibt oder ihre Wärmeleitfähigkeiten kaum voneinander abweichen.

In der Praxis wird die Methode vor allem zur Bestimmung des CO_2 im Rauchgas benutzt, das bei optimaler Zusammensetzung aus N_2, CO_2 und wenig O_2 neben geringen Mengen anderer Bestandteile besteht (s. S. 410f.). N_2 und O_2 haben sehr ähnliche Wärmeleitfähigkeiten, die des CO_2 ist wesentlich geringer.

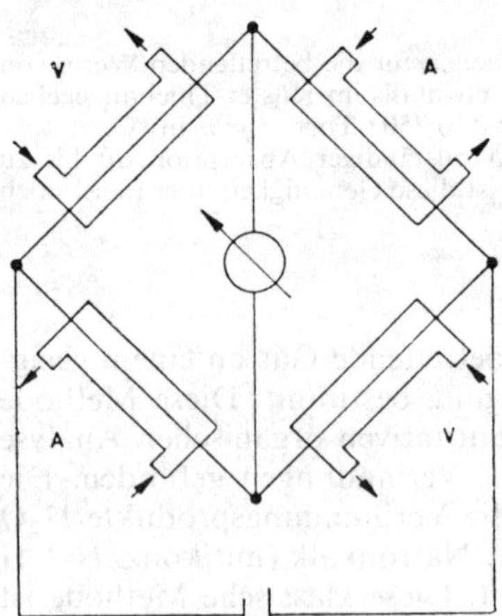

Abb. 93. Schema einer Wärmeleitfähigkeitskammer.
A Analysengas, V Vergleichsgas

Die Wärmeleitfähigkeitskammer besteht aus einem Metallblock mit 4 Bohrungen. Darin sind 4 elektrisch geheizte Drähte gespannt, die zu einer Brücke (s. Abb. 93.) zusammengeschaltet sind. 2 gegenüberliegende Äste der Brücke werden von einem Vergleichsgas (z. B. Luft), die anderen vom Analysengas umspült. Enthält das Analysengas CO_2, so wird die Wärme wegen der geringeren Wärmeleitfähigkeit des CO_2 nicht so stark abgeleitet, die Drähte in den Analysenkammern heizen sich also weiter auf. Dadurch verändert sich der Widerstand dieser Heizdrähte, und die Brücke kommt aus dem Gleichgewicht. Je höher der CO_2-Gehalt ist, um so größer ist also der Ausschlag des Galvanometers.

3.8.3.2. Weitere Methoden

Von den normalerweise im Rauchgas vorkommenden Bestandteilen ist nur der Sauerstoff paramagnetisch (s. S. 84). Alle anderen Gase stören daher die magnetische Messung nicht. Die Apparatur für die magnetische Sauerstoffbestimmung besteht in der Hauptsache aus einem starken Magneten, der den Sauerstoff anzieht. An der Stelle der größten Feldstärke wird das Gas durch einen Glühdraht erhitzt und verliert dadurch teilweise seinen Paramagnetismus. Nachströmendes kaltes Gas verdrängt nun das weniger stark angezogene warme Gas, wird jetzt selbst am Glühdraht erwärmt und durch nachfolgendes kaltes verdrängt. Auf diese Weise entsteht eine Strömung, der „magnetische Wind", dessen Geschwindigkeit der O_2-Konzentration proportional ist und entsprechend den Heizdraht abkühlt. Dieser wieder ändert dadurch seinen Widerstand, der über eine Brückenschaltung gemessen wird.

Die elektrochemische Sauerstoffbestimmung nach *Tödt* nutzt die vom Partialdruck abhängige Löslichkeit des O_2 in Wasser (s. S. 345) aus. Dabei wird aus 2 verschiedenen Elektroden und einer Pufferlösung, bzw. dem zu untersuchenden technischen Wasser ein galvanisches Element gebildet, bei dem an der edlen Kathode (Au) O_2 zu OH^--Ionen reduziert wird, während die unedlere Anode (Zn) teilweise in Lösung geht. Die Stromstärke wird durch die Diffusion des Sauerstoffs an die Kathodenoberfläche bestimmt und ist somit seiner Konzentration in der Lösung proportional (s. Polarographie, S. 359).

Neben diesen gibt es zahlreiche andere physikalische und physikalisch-chemische Analysenmethoden, bei denen andere Eigenschaften der Gase zur Analyse benutzt werden. So läßt sich z. B. die Verbrennungswärme eines Gases ermitteln, wenn das Gas an einem elektrisch geheizten Pt-Draht oxidiert wird. Die freiwerdende Energie erhöht die Temperatur des Drahtes und damit seinen Widerstand. Die Meßanordnung entspricht der der Wärmeleitfähigkeitsmethode. Große Bedeutung, besonders für organische Gase und Dämpfe, hat die Messung der Infrarotabsorption.

3.8.3.3. Gaschromatographie

Die Gaschromatographie dient zur Trennung von Gasen und verdampfbaren Flüssigkeiten mit Hilfe einer Trennsäule, die mit der stationären Phase gefüllt ist. Ihre größte Bedeutung hat sie auf dem Gebiet der organischen Analyse, es können selbst außerordentlich ähnliche Komponenten (Glieder einer homologen Reihe) nach diesem Verfahren getrennt werden. Die Meßergebnisse können qualitativ und quantitativ ausgewertet werden. Zur Theorie der Chromatographie s. S. 164.

Die Apparatur besteht im Prinzip aus der Dosieranlage, der Trennsäule und dem Detektor. Trennsäule und Detektor befinden sich zumeist in einem regelbaren Thermostaten. Das Trägergas wird einer Stahlflasche entnommen.

Die Trennsäule ist entweder mit einem festen Adsorbens wie Aktivkohle, Silicagel oder Zeolithen gefüllt – man spricht dann von einer Adsorptions-Gaschromatographie –, oder sie enthält einen für die betreffenden Gase völlig inaktiven Träger, der mit einer schwer flüchtigen Flüssigkeit imprägniert ist – es handelt sich dann um eine Verteilungs-Gaschromatographie –. Durch die Apparatur streicht in konstantem Strom das Trägergas (H_2, He, N_2 oder CO_2). Vor die Trennsäule ist die Dosiereinrichtung in den Trägergasstrom eingeschaltet. Sie besteht entweder aus einer Dosierschleife, oder man benutzt einen einfachen Gummiverschluß, der mit der Kanüle einer Injektionsspritze durchstochen wird, um die Analysensubstanz in den Gasstrom einzuspritzen. Als Detektor wird im einfachsten Fall eine Wärmeleitfähigkeitskammer (s. S. 384) benutzt. Als Vergleichsgas dient dann das Trägergas. Benutzt man als Trägergas CO_2, so kann man als Detektor ein mit Kalilauge gefülltes Azotometer benutzen. Das CO_2 wird dann in der Kalilauge absorbiert, und die nicht absorbierten Bestandteile des Analysengases können nacheinander aufgefangen werden.

Die meisten Detektoren, so auch die Wärmeleitfähigkeitskammer, liefern eine Differentialanzeige. Im aufgezeichneten Diagramm, in dem die Höhe des Ausschlages gegen die Zeit oder gegen das durchgesetzte Volumen Trägergas aufgetragen ist, findet man für jede getrennt auftretende Komponente eine Bande (Abb. 94a).

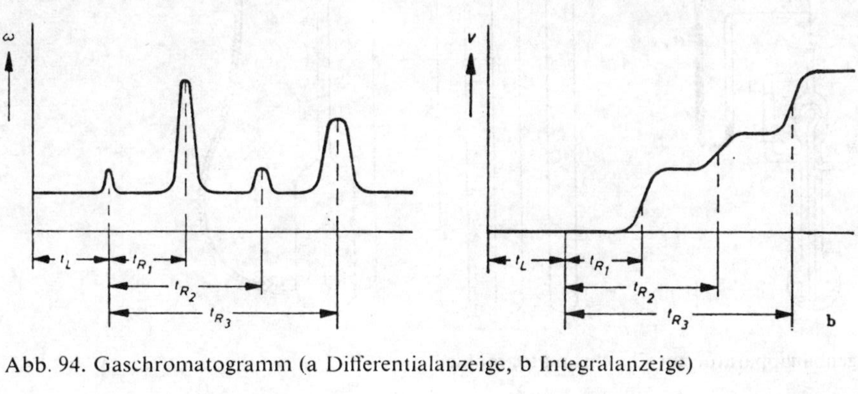

Abb. 94. Gaschromatogramm (a Differentialanzeige, b Integralanzeige)

Je stärker das Gas in der Säule sorbiert wird, um so später tritt die Bande auf. Bei gegebener konstanter Strömungsgeschwindigkeit ist also die Verzögerung, die sog. Retentionszeit t_R, charakteristisch für ein bestimmtes Gas. Sie ergibt sich aus der gesamten Laufzeit t_G vom Augenblick des Dosierens bis zum Maximum des Ausschlages minus der Laufzeit t_L eines Gases, das die Säule völlig ungehindert durchstreicht. Besonders bei der Verteilungschromatographie benutzt man zur Bestimmung von t_L meist die Luftbande, denn beim Dosieren gelangt fast immer etwas Luft in die Anlage. Ein quantitatives Maß ist die Fläche unter der Kurve oder, wenn die Banden nicht zu breit sind, auch die Höhe oder die Breite in halber Höhe.

Bei Benutzung des Azotometers als Detektor erhält man eine integrale Anzeige (Abb. 94b). Die nacheinander aus der Säule austretenden Gase sammeln sich im Azotometer an, bis schließlich das Volumen der Analysenprobe wieder erreicht ist.

Bestimmung von Leuchtgas durch Adsorptions-Gaschromatographie mit einer einfachen Eigenbau-Apparatur

Die App. (Abb. 95) besteht aus einem Strömungsmesser SM, einem Quecksilbermanometer M, einer Dosierschleife D mit einem Vol. von 5–10 ml, den mit Aktivkohle gefüllten Säulen S (Gesamtlänge 3–4 m, Durchmesser ca. 5–10 mm) u. dem mit 30%iger KOH gefüllten Azotometer A. Zwischen SM und D sowie hinter H_3 befinden sich Blasenzähler. Als Trägergas dient Reinst-CO_2, das einer Stahlflasche entnommen wird. Zwischen Stahlflasche u. App. wird, sofern kein gutes Nadelventil oder – besser – Membranventil zur Verfügung steht, zweckmäßig ein Druckpuffergefäß von 2 l Inhalt (Saugflasche) geschaltet. Vor Beginn der Analyse wird die App. mit CO_2 ausgespült, bis im Azotometer nur noch sog. Mikrobläschen hochsteigen. Um die KOH nicht vorzeitig zu erschöpfen, läßt man das Gas beim Hahn H_3 ins Freie abblasen u. schaltet nur zur Reinheitsprüfung kurz das Azotometer ein. Während das Trägergas weiter durch die App. strömt (Strömungsgeschw. ca. 40 ml/min), schließt man an einen freien Stutzen des Hahnes H_2 das Gefäß mit dem Analysengas an, spült die Schleife mit ca. 100 ml Gas durch u. dreht H_2 um 90°, so daß eine bestimmte Menge Gas in der Schleife eingeschlossen ist. Schließlich wird das Azotometer über den Hahn H_3 angeschlossen u. Hahn H_1 um 90° gedreht. Der Trägergasstrom drückt jetzt das Analysengas vor sich her. Von nun an wird jede halbe Minute das Gasvol. im Azotometer abgelesen. Dabei muß das Niveaugefäß von A so gehalten werden, daß Niveaugleichheit herrscht.

Die Bestandteile des Leuchtgases treten in der Reihenfolge H_2, N_2, CO, CH_4 aus der Säule aus. Evtl. vorhandenes O_2 wird nicht vom N_2 getrennt. Die übrigen Komponenten liegen in zu geringer Konz. vor, um in dieser einfachen App. bestimmt werden zu können.

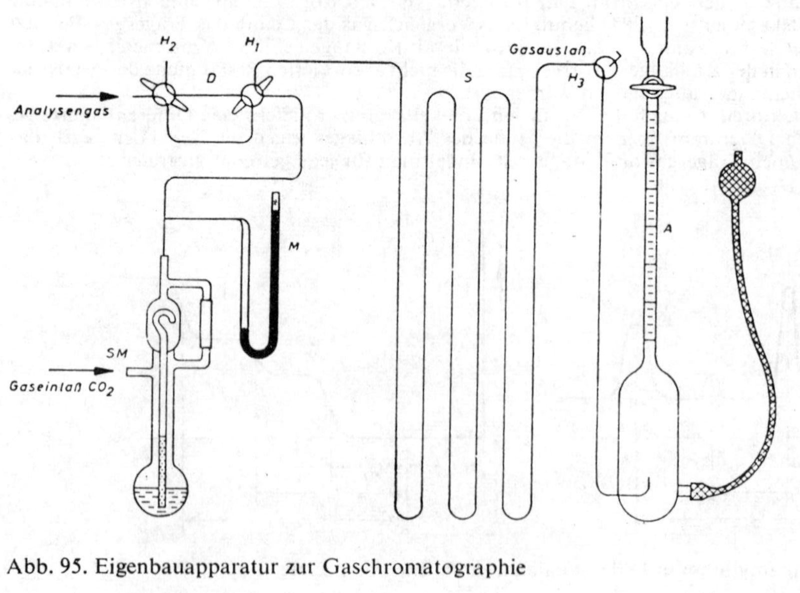

Abb. 95. Eigenbauapparatur zur Gaschromatographie

3.9. Chemische Materialkontrolle technischer Produkte

Aus der Fülle der analytischen Aufgaben der chemischen Materialkontrolle von technischen Produkten werden nur einige typische Beispiele behandelt.

3.9.1. Praktische Vorbemerkungen

Zur richtigen Beurteilung technischer Produkte benötigt man die analytischen Daten eines tatsächlichen Durchschnitts. Bei der Probenahme muß beachtet werden, daß die Materialien in den Probemassenbereichen bis 100, 500 oder sogar 1000 mg häufig nicht homogen zusammengesetzt sind.

Bei pulverförmigen Substanzen genügt zur Homogenisierung zumeist ein Vermahlen von mindestens 10 g auf Analysenfeinheit (Teilchengröße unter 60 μm) unter gleichzeitiger inniger Vermischung.

Bei Metallen und Legierungen ist eine Mischung von Feil- oder Drehspänen häufig nicht einheitlich zusammengesetzt, da Seigerungseffekte und Oxidationshäute Inhomogenitäten zur Folge haben. In der Regel sollte hier für die Einzelbestimmung mindestens eine Probemenge von 500 mg eingewogen werden. Notfalls muß eine primär hergestellte Probelösung etwa in einem 250-ml-Meßkolben zur Marke aufgefüllt und die Bestimmung mit einem pipettierten Anteil von 25,00 oder 50,00 ml durchgeführt werden. Werden mehrere Bestimmungen gefordert, so ist eine entsprechende Anzahl gesonderter „echter" Einwaagen erforderlich. Die mehrmalige Abnahme aliquoter Teile der Lösung aus nur einer Einwaage ist weniger zuverlässig und birgt die Gefahr systematischer Fehler in sich. In diesen „unechten" Parallelen fehlen zwar die unvermeidlichen Streuungen; dafür bleiben aber auch evtl. grobe Fehler durch Einwaage, Auflösung oder Aufschluß und Verdünnung unerkannt.

Klare Flüssigkeiten sind homogen. Erfolgt die Probenahme durch Abzapfen aus Vorratsbehältern oder Rohrleitungen, so sollte der erste Ablauf verworfen werden, da in der Nähe der Zapfstellen mit Verunreinigungen durch Korrosion zu rechnen ist. Pasten und Emulsionen sind oft ausreichend einheitlich. Bei Suspensionen, Schäumen, Aerosolen usw. ist eine spezielle Vorbehandlung erforderlich. Auch dann ist es schwierig, einen befriedigenden Durchschnitt zu erhalten.

3.9.2. Wasseranalyse

Wasser verschiedener Herkunft aus Brunnen, Leitungen, Gewässern, Flüssen und Meeren und in „veredelter" Form als Regen-, Trink-, Wasch- und Kesselwasser ist der wichtigste Grundstoff aller Lebensvorgänge und der meisten Betriebe und Produktionsstätten. Daher hat der Gesetzgeber die Wasserentnahme (Frischwasser) und besonders die Wasserabgabe (Abwasser) in strengen gesetzlichen Vorschriften geregelt. Die Wasseruntersuchung ist unter den Verhältnissen eines modernen Industriestaates zu einer umfangreichen Spezialwissenschaft angewachsen.

Sieht man von den zahlreichen industriellen, verkehrsbedingten und sanitären Verunreinigungen, wie synthetischen Waschmitteln (Detergentien), Ölen, organischen Verbindungen, anorganischen Salzen und Fäkalien ab, so sind im Wasser vorzugsweise Ca^{2+}, Mg^{2+}, Na^+ sowie Chloride, Carbonate und Sulfate und in geringem Umfange auch K^+, NH_4^+, Mn^{2+}, Fe^{2+}, Phosphate, Silicate, Nitrate und gelöste Gase (O_2, N_2, CO_2) anzutreffen. Die allgemeinen Beurteilungsgrößen der Wasserqualität sind Härte und Alkalität.

Die Härte wird in mmol/l als Stoffmengenkonzentration der Erdalkaliionen angegeben. Früher waren statt dessen national verschiedene „Grad"-Angaben gebräuchlich. Für deren Umrechnung gilt

$c(Ca^{2+})$ = 1 mmol/l ≙ 5,6 deutsche Grad ≙ 7,0 engl. Grad ≙ 10 französ. Grad.

Der „deutsche Grad" (°d, °dH oder D.G.) war definiert als die Erdalkaliionkonzentration äquivalent einem Gehalt von 10,00 mg CaO in einem Liter Wasser. Dies entspricht 7,13 mg Ca oder 7,2 mg MgO bzw. 4,33 mg Mg in einem Liter Wasser.

Wasser mit einer Härte bis zu 0,7 mmol/l (4 °d) wird als (sehr) weich, über 3,2 mmol/l (18 °d) als hart bezeichnet.

Als Alkalität ist der zum Erreichen bestimmter pH-Werte erforderliche Säurezusatz festgelegt. Die Teilalkalität (der p-Wert) ist gegeben durch die mmol HCl/l Wasser bis zur Entfärbung von Phenolphthalein (pH = 8,2), die Gesamtalkalität (der m-Wert) durch die mmol HCl/l Wasser bis zum Methylorange-Umschlag (pH = 4,3).

Die nachfolgende Tabelle XXXIX gibt einen Überblick der wichtigsten Größen.

Tabelle XXXIX. Härte und Alkalität (nach DIN 8103)

Gesamthärte GH	Carbonathärte KH	Nicht-Carbonathärte NKH
Kalkhärte CaH	Kalk-Carbonathärte	bedingt durch: Hydroxid,
Magnesiahärte MgH	Kalk-KH	Chlorid, Sulfat, Nitrat,
	Magnesia-Carbonathärte	Phosphat, Silicat, Humat
	Magnesia-KH	usw.

Querbeziehung: GH = KH + NKH

Gesamtalkalität MA	Teilalkalität PA	Ätz-Alkalität
Methylorange-Alkalität	Phenolphthalein-Alkalität	Hydroxid
Hydroxid + Carbonat + Hydrogencarbonat	Hydroxid + $\frac{1}{2}$ Carbonat	

Befunde	Hydroxid	Carbonat	Hydrogencarbonat
1. PA = 0	0	0	MA
2. PA < 0,5 MA	0	2 PA	MA–2 PA
3. PA = 0,5 MA	0	2 PA	0
4. PA > 0,5 MA	2 PA–MA	2 (MA–PA)	0
5. PA = MA	MA	0	0

Querbeziehungen in mmol: 1. 2. KH = 0,5 · MA, 3. KH = PA, 4. KH = MA–PA.

Bestimmung der Gesamthärte

Reaktionsprinzip: Die klassische Bestimmung der Gesamthärte erfolgt durch Titration einer Wasserprobe mit Kaliumpalmitat-Lösung (s. S. 319). Die Gesamthärte kann jedoch einfacher und zuverlässiger durch komplexometrische Titration (s. S. 325) festgestellt werden.

Störende Ionen und Verfahrensfehler: s. S. 325 (Mg-Bestimmung).
Arbeitsgeräte: 100-ml-Pipette; 300-ml-Weithals-Erlenmeyerkolben; 50-ml-Bürette; pH-Papier.
Reagenzien: Maßlsg.: 0,01 mol/l $Na_2[H_2Y]$; weitere s. S. 325 (Mg-Bestimmung).
Arbeitsvorschrift: 100 ml des zu untersuchenden H_2O in Weithals-Erlenmeyerkolben pipettieren u. weiter nach Vorschrift auf S. 325 (Mg-Bestimmung) verfahren.
Berechnung: GH [mmol · l^{-1}] = 0,1 · (V in ml) bzw. GH [°d] = 0,5608 · (V in ml)

Bestimmung der Kalkhärte

Reaktionsprinzip: Die Kalkhärte wird in alkalischer Lösung direkt komplexometrisch bestimmt.

Störende Ionen und Verfahrensfehler: s. S. 325 (Ca-Bestimmung).

Arbeitsgeräte: s. unter Gesamthärte, S. 388.

Reagenzien: Maßlsg.: 0,01 mol/l $Na_2[H_2Y]$; weitere s. S. 325 f. (Ca-Bestimmung); die $MgCl_2$-Lsg. entfällt.

Arbeitsvorschrift: 100 ml des zu untersuchenden H_2O in Weithals-Erlenmeyerkolben pipettieren u. weiter nach Vorschrift auf S. 326 (Ca-Bestimmung) verfahren.

Berechnung: CaH [mmol/l Ca^{2+}] = 0,1 · (V in ml) bzw. CaH [°d] = 0,5608 · (V in ml).

Bestimmung der Magnesiahärte

Sie errechnet sich einfach aus der Differenz:

MgH = GH − CaH [mmol Mg^{2+} oder °d MgH]

Benutzt man eine spezielle Maßlösung mit $c(Na_2[H_2Y]) = 0{,}0178$ mol/l, entspricht 1,00 ml Maßlösung gerade 1,0 °d.

Bestimmung der Gesamtalkalität

Reaktionsprinzip: Der Gesamtalkaligehalt kann durch direkte Titration mit einer eingestellten Säure gegen Methylorange als Indikator bestimmt werden. Um den Titrationsblindwert für dest. Wasser wird korrigiert.

Arbeitsgeräte: 100-ml-Pipette; 300-ml-Weithals-Erlenmeyerkolben; 50-ml-Bürette; Meßpipetten.

Reagenzien: Indikator: 0,001 mol/l Methylorange in Wasser; Maßlsg.: 0,1 mol/l HCl.

Arbeitsvorschrift: 100 ml des zu untersuchenden H_2O in Weithals-Erlenmeyerkolben pipettieren, mit 1,0 ml Indikatorlsg. versetzen u. in der Kälte mit Maßlsg. von Orangegelb nach Rotorange gegen Vergleichslsg. titrieren. Verbrauchtes Maßlsg.-Volumen V in ml.

Berechnung: MA [mmol/l] = (V in ml) − 0,05.

Bestimmung der Teilalkalität

Reaktionsprinzip: Der Teilalkaligehalt kann durch direkte Titration mit einer eingestellten Säure gegen Phenolphthalein als Indikator bestimmt werden.

Arbeitsgeräte: 100-ml-Pipette; 300-ml-Weithals-Erlenmeyerkolben; 50-ml-Bürette; Meßpipette.

Reagenzien: Indikator: 0,001 mol/l Phenolphthalein in 70% Ethanol; Maßlsg.: 0,1 mol/l HCl.

Arbeitsvorschrift: 100 ml des zu untersuchenden H_2O in Weithals-Erlenmeyerkolben pipettieren, mit 2,0 ml Indikatorlsg. versetzen u. in der Kälte mit Maßlsg. von Rot nach Farblos titrieren. Verbrauchtes Maßlsg.-Volumen V in ml.

Berechnung: PA [mmol/l] = (V in ml).

Die weitere Unterteilung der Gesamt- und Teilalkalität in Hydroxid, Carbonat und Hydrogencarbonat kann nach Tab. XXXIX erfolgen. Chlorid und Sulfat können gravimetrisch als AgCl (s. S. 266) bzw. $BaSO_4$ (s. S. 267) bestimmt werden. Bei allen sonstigen Prüfungen haben sich physikalische Verfahren immer mehr durchgesetzt; insbesondere sind die Photometrie für Fe^{3+}, Mn^{2+}, NO_3^-, SiO_2, PO_4^{3-} usw., sowie die Flammenphotometrie für Li^+, Na^+, K^+, Sr^{2+} und Ba^{2+} zu nennen. Über die O_2-Bestimmung im Wasser s. S. 385.

3.9.3. Mineralanalyse

Als Mineralien bezeichnet man alle in der Natur vorkommenden, nach stöchiometrischen Gesetzen aufgebauten, festen chemischen Verbindungen. Dazu rechnet man auch die gediegenen und legierten Elemente. In der Erdrinde hat man bis heute über 2000 Minerale gefunden, von denen jedoch nur einige Hundert weiter verbreitet sind und technische Bedeutung besitzen. Weitaus am häufigsten sind die silicatischen Mineralien, die etwa 95% des Gesteins der Erdkruste bilden. Von wirtschaftlichem Interesse sind aber vor allem die in Lagerstätten angereicherten Oxide, Sulfide, Sulfate und Carbonate technisch wichtiger Elemente.

Nur selten kommen die Mineralien in der Natur in reiner Form vor. Im allgemeinen sind mehrere Mineralien in unterschiedlichen Mengenverhältnissen sehr innig miteinander vermengt. Die den Hauptbestandteil verunreinigenden Mineralien bezeichnet man als Gangart.

Bei der Mineralanalyse handelt es sich also um die Bestimmung der technisch interessanten Haupt- und Nebenbestandteile. Bei den üblichen Analysenverfahren werden Spurenelemente meist nicht erfaßt.

Neben der Herstellung einer homogenen Probesubstanz (s. S. 387) ist der Aufschluß besonders wichtig. Beim Behandeln einer Gesteinsprobe mit einer Mineralsäure verbleibt vielfach ein schwerlöslicher Rest, der oft aus silicatischer Gangart besteht. Meist wird dieser säureschwerlösliche Anteil nicht weiter untersucht, sondern als „Unlösliches“ in das Analysenergebnis aufgenommen.

Für den Aufschluß schwerlöslicher Oxide, Sulfate und mancher Silicate ist die Schmelze mit Soda-Pottasche geeignet (s. S. 83). Wenn Natrium und Kalium bestimmt werden sollen, muß die Probe häufig mit Flußsäure aufgeschlossen werden. Durch mehrfaches Abrauchen mit Flußsäure wird Silicium quantitativ als Siliciumtetrafluorid entfernt. Allerdings reagieren einige Mineralien, wie Granate, Turmalin, Topas usw., mit Flußsäure nur langsam. Auch Borax, Borsäure und Bleiglätte finden manchmal als Aufschlußmittel Anwendung.

Die aufgeschlossenen Proben werden mit verdünnter Salzsäure aufgenommen. Nach dem Abtrennen des Schwerlöslichen werden die interessierenden Bestandteile direkt nebeneinander oder nach geeigneten Trennoperationen nacheinander bestimmt.

Analyse eines Carbonats: Dolomit

Allgemeines: Der Dolomit, $CaMg(CO_3)_2$, ist ein Doppelsalz, das durch Überschuß eines der Bausteine Calcit, $CaCO_3$, oder Magnesit, $MgCO_3$, unterschiedliche Zusammensetzung aufweisen kann. Ein Teil des Magnesiums ist mitunter durch Eisen oder Aluminium ersetzt. Dolomit ist allgemein von schwerlöslicher, silicatischer Gangart begleitet. Die Hauptbestandteile von Dolomit, Kalkstein, Kreide, Marmor und Magnesit sind neben Carbonat Calcium und Magnesium. Von den Nebenbestandteilen werden Eisen und Aluminium bestimmt.

Analysengang: Die Probe wird unter Erwärmen mit Salzsäure behandelt. Nach dem Abtrennen der schwerlöslichen Kieselsäure werden Eisen und Aluminium als Hydroxide gemeinsam abgetrennt. Dann werden entweder nacheinander Calcium als Oxalat und Magnesium als Magnesiumammoniumphosphat bzw. Magnesiumoxinat ausgefällt oder nebeneinander komplexometrisch bestimmt. In einer gesonderten Probe kann das durch Salzsäure in Freiheit gesetzte Kohlendioxid gasanalytisch bestimmt werden (s. S. 378); jedoch genügt im allgemeinen eine einfache Bestimmung des Glühverlustes.

Lösungsprozeß

Arbeitsgeräte: 400-ml-Bechergläser (hohe Form, Jenaer oder Duranglas); Trockenschrank; Sandbad; Uhrgläser; Pipetten.

Reagenzien: 7 mol/l HCl.

Arbeitsvorschrift: ca. 1 g Substanz nach 2stündigem Trocknen bei 90–100 °C im Trockenschrank einwägen, in Becherglas bringen und mit etwas Wasser anpasten. Dazu portionsweise insgesamt 10 ml HCl geben. Becherglas mit Uhrglas bedecken und auf Sandbad stellen (Einwaage m_E in mg).

Bestimmung von SiO_2 (Lösungsrückstand)

Arbeitsgeräte: Zusätzlich Blaubandfilter; Porzellantiegel; Muffelofen.

Reagenzien: 14 mol/l HNO_3; 7 mol/l HCl.

Arbeitsvorschrift: Durch Zugabe von 2 mol HNO_3 und weiteres Erwärmen aus der Lösung rein weiße, schwerlösliche Kieselsäure abscheiden.

Zur vollständigen Dehydratisierung des SiO_2 auf dem Sandbad eindampfen, 2mal mit je 2 ml HCl abrauchen und $^1/_2$ Stunde lang im Trockenschrank bei 110 °C erhitzen. Die Probe in dem noch warmen Becherglas mit 2 ml HCl durchfeuchten, mit 80 ml heißem Wasser aufnehmen und $^1/_4$ Stunde lang auf dem Sandbad warmhalten. Durch Filter dekantierend filtrieren und mit heißem Wasser nachwaschen. F. auffangen für R_2O_3-Bestimmung. Filter im Tiegel veraschen u. Rückstand in Intervallen von 45 Min. bei 1000 °C bis zur Gewichtskonstanz glühen. Auswaage $m(SiO_2)$ in mg.

Berechnung:

$$w(SiO_2) = \frac{m(SiO_2)}{m_E}$$

Bestimmung von R_2O_3 (Fe_2O_3 und Al_2O_3)

Arbeitsgeräte: 400-ml-Bechergläser; Weißbandfilter; Porzellantiegel; Muffelofen; Pipetten; Heizquelle.

Reagenzien: 3%iges H_2O_2; Methylrot; 2 mol/l NH_3 carbonatfrei; 2 mol/l HCl; Waschfl.: 2%ige NH_4NO_3-Lsg. mit einigen Tr. NH_3-Lösung.

Arbeitsvorschrift: Das salzsaure F. der Kieselsäureabscheidung im Becherglas zur Oxidation von Fe^{2+} mit einigen Tr. H_2O_2 versetzen u. kurze Zeit kochen. Nach Zugabe einiger Tr. Methylrot in der Hitze vorsichtig mit Ammoniak bis zum Indikatorumschlag versetzen. Den schleimigen Nd. von $Fe(OH)_3$ u. $Al(OH)_3$ absetzen lassen u. nur die überstehende Lösung durch Filter dekantierend filtrieren. Nd. im Becherglas in wenig warmer HCl lösen u. in der gleichen Weise noch einmal fällen. Nach dem Absetzen über dasselbe Filter filtrieren u. mit heißer Waschfl. nachwaschen. Gesamtfiltrat dient für Ca- und Mg-Bestimmung. Filter im Tiegel veraschen u. Rückstand in Intervallen von 45 Min. bei 1000 °C bis zur Gewichtskonstanz glühen. Auswaage $m(R_2O_3)$ in mg.

Berechnung:

$$w(R_2O_3) = \frac{m(R_2O_3)}{m_E}$$

Bestimmung von Calcium und Magnesium

Arbeitsgeräte und Reagenzien: s. S. 270ff. bzw. S. 306 u. 325.

Arbeitsvorschrift: Nach Einengen des F. der Fe/Al-Fällung auf ca. 100 ml entweder Ca nach Vorschrift auf S. 306 als CaC_2O_4 abtrennen u. permanganatometrisch titrieren sowie anschließend Mg nach Vorschrift auf S. 270ff. als $Mg_2P_2O_7$ bzw. Mg-Oxinat bestimmen, oder Ca u. Mg nebeneinander nach Vorschrift auf S. 325 komplexometrisch titrieren.

Berechnung:

$$w(Ca) = \frac{m(Ca)}{m_E} \quad \text{bzw.} \quad w(Mg) = \frac{m(Mg)}{m_E}$$

Bestimmung von CO_2 (Glühverlust)

Arbeitsgeräte: Trockenschrank; Porzellantiegel; Muffelofen.

Arbeitsvorschrift: ca. 1 g im Trockenschrank 2 Std. lang bei 90-100 °C getrocknete Substanz im Porzellantiegel in Muffelofen langsam aufheizen u. dann etwa 90 Min. lang bei 1000 °C glühen.

Berechnung:

$$w(CO_2) = \frac{\text{Gewichtsabnahme}}{\text{Einwaage}}$$

Analyse eines Silicats: Ultramarin

Allgemeines: Ultramarin ist ein mineralischer Farbstoff, der natürlich vorkommt, aber auch künstlich dargestellt wird. Er ist im allgemeinen blau; es treten aber auch andere Farben auf. Man verwendet ihn zum „Bläuen", d. h., um gelbliche Farbtöne zu überdecken. Der natürlich vorkommende Ultramarin (Lasurstein, Lapislazuli) wird auch für Schmuckzwecke verwendet. Der Ultramarin ist ein Aluminium-Natrium-Doppelsilicat mit variablem Gehalt an Natriumpolysulfid etwa der Formel $Na_3Al_6Si_6O_{24}S_{2-4}$; es treten erhebliche Schwankungen der Zusammensetzung auf. Natürlicher und meist auch synthetischer Ultramarin wird durch wäßrige Mineralsäuren angegriffen, wobei Schwefelwasserstoff entweicht und Siliciumdioxid abgeschieden wird.

Analysengang: Im Ultramarin wird Siliciumdioxid, Natrium, Aluminium und Schwefel bestimmt. Das Mineral wird durch Behandeln mit Brom und Salpetersäure aufgeschlossen, die Kieselsäure durch Abrauchen dehydratisiert und als Siliciumdioxid ausgewogen. Im Filtrat läßt sich Aluminium durch Ammoniak als Hydroxid fällen und gravimetrisch bestimmen. Natrium wird im Filtrat des Aluminiumniederschlages gravimetrisch als Na_2SO_4 ermittelt. Die Bestimmung des Schwefels als Sulfat erfolgt in einem weiteren Teil des Filtrats der Siliciumdioxidfällung, nachdem Aluminium als Hydroxid entfernt worden ist.

Lösungsprozeß

Arbeitsgeräte: 400-ml-Bechergläser (hohe Form, Jenaer oder Duranglas); Trockenschrank; Sandbad; Uhrgläser; Pipetten.

Reagenzien: Br_2; 14 mol/l HNO_3; 7 mol/l HCl.

Arbeitsvorschrift: ca 1 g Substanz nach 2stündigem Trocknen bei 90–100 °C im Trockenschrank einwägen, in Becherglas bringen u. mit etwas W. anpasten. Sodann 3 ml Br_2 hinzufügen (Abzug!), gut verrühren u. mit 20 ml HNO_3 versetzen. Becherglas mit Uhrglas bedecken u. auf Sandbad stellen. 2 Std. lang in der Wärme belassen, bis zur Trockne (HNO_3-frei) eindampfen, kurz abkühlen lassen u. mit einigen Tr. W. u. 20 ml HCl aufnehmen, dann auf dem Sandbad eindampfen. (Einwaage m_E in mg)

Bestimmung von SiO_2 (Lösungsrückstand)

Arbeitsgeräte, Reagenzien, Arbeitsvorschrift und Berechnung: s. beim Dolomit, S. 391.

Analysenlösung

Salzsaures F. der SiO_2-Fällung auf ca. 100 ml einengen, in 250-ml-Meßkolben überführen u. mit W. bis zur Marke auffüllen. Für die folgenden Bestimmungen daraus aliquote Teilmengen entnehmen.

Bestimmung von Aluminium

Arbeitsgeräte: 25-ml-Pipette; Heizquelle; 250-ml-Bechergläser (hohe Form); Schwarzbandfilter; Porzellantiegel; Muffelofen; Pipetten.

Reagenzien: Methylrot; 2 mol/l NH_3; Waschfl.: 2%ige NH_4NO_3-Lsg. mit einigen Tr. NH_3-Lösung.

Arbeitsvorschrift: 25 ml aus Meßkolben entnehmen u. mit 100 ml W. verdünnen. Nach Zugabe einiger Tr. Methylrot bis fast zum Sieden erhitzen u. mit Ammoniak bis zum Farbumschlag tropfenweise versetzen, kurz aufkochen. Nd. absetzen lassen u. warm durch Schwarzbandfilter dekantierend filtrieren. Mit Waschfl. auswaschen. Filtrat dient zur Na-Bestimmung. Filter im Tiegel veraschen u. Rückstand in Intervallen von 45 Min. bei 1000 °C bis zur Gewichtskonstanz glühen. Auswaage $m(Al_2O_3)$ in mg.

Berechnung:

$$w(Al_2O_3) = \frac{m(Al_2O_3)}{0{,}1 \cdot m_E}$$

Bestimmung von Natrium

Arbeitsgeräte: 400-ml-Bechergläser (breite Form); Porzellantiegel; Heizquelle; Pipetten; Wasserbad.

Reagenzien: 2 mol/l H_2SO_4; gesätt. Ammoniumcarbonat-Lsg.; festes Ammoniumcarbonat.

Verfahrensfehler: Zur Überführung in das neutrale Na_2SO_4 muß eine Zugabe von Ammoniumcarbonat erfolgen, um die Bildung von $Na_2S_2O_7$ aus $NaHSO_4$ rückgängig zu machen.

Arbeitsvorschrift: Das F. der Al-Fällung bei Vorhandensein vieler NH_4-Salze im Becherglas auf dem Wasserbad bis fast zur Trockne eindampfen. Die erstarrenden Salzreste mit einem Glasstab immer wieder zerkleinern. Temp. langsam steigern u. NH_4-Salze durch Abrauchen entfernen. Rest mit 2–3 ml W. aufnehmen u. in Porzellantiegel bringen. 2 ml H_2SO_4 hinzufügen und zur Trockne eindampfen. Rest über kleiner Flamme entwässern u. vorsichtig auf schwache Rotglut bringen. Erkalten lassen, mit 3–4 Tr. Ammoniumcarbonat-Lsg. anfeuchten, vorsichtig über Brenner auf Rotglut bis eben zum Schmelzen bringen; Dauer: ca. 20 Min. Abrauchen u. Schmelzen mit erbsengroßem Stück Ammoniumcarbonat einmal wiederholen. Auswaage $m(Na_2SO_4)$.

Berechnung:

$$m(Na_2O) = [\lambda] \cdot m(Na_2SO_4)$$

Umrechnungsfaktor

$$[\lambda] = \frac{M(Na_2O)}{M(Na_2SO_4)} = 0{,}43636$$

$$(\lg [\lambda] = 0{,}63984 - 1)$$

$$w(Na_2O) = \frac{m(Na_2O)}{0{,}1 \cdot m_E}$$

Bestimmung von Schwefel

Arbeitsgeräte und Reagenzien: 50-ml-Pipette; s. oben u. S. 268.

Arbeitsvorschrift: 50 ml Analysenlsg. aus Meßkolben entnehmen u. Al nach obiger Vorschrift fällen. Die Bestimmung von Schwefel als Sulfat erfolgt dann nach der Vorschrift auf S. 267 f. Wegen des Umrechnungsfaktors auf S s. S. 394 Mitte.

Berechnung:

$$w(S) = \frac{m(S)}{0{,}2 \cdot m_E}$$

Analyse eines Sulfids: Kupferkies

Allgemeines: Kupferkies, $CuFeS_2$, gehört zu der großen Gruppe sulfidischer Erze, deren wichtigste Vertreter neben Kupferkies Bleiglanz, PbS, Zinkblende, ZnS, und Schwefelkies, FeS_2, sind. Die Hauptbestandteile des Kupferkieses sind Kupfer, Eisen, Schwefel; daneben findet man als Gangart Siliciumdioxid. Der Aufschluß der Sulfide erfolgt entweder durch Oxidationsschmelze oder durch Salpetersäure-Salzsäure-Gemische. Zur vollständigen Überführung des Schwefels in Sulfat ist gegebenenfalls noch der Zusatz besonderer Oxidationsmittel notwendig.

Analysengang: Das Probematerial wird mit einem Salpetersäure-Salzsäure-Gemisch unter Zusatz von etwas Brom (zur quantitativen Oxidation des Schwefels zum Sulfat) aufgeschlossen. Nach mehrmaligem Abrauchen mit Salzsäure verbleibt Siliciumdioxid als schwerlöslicher Rückstand. Im Filtrat wird Schwefel als Bariumsulfat bestimmt. Kupfer wird parallel dazu als Kupfersulfid gefällt und entweder gravimetrisch bestimmt oder gelöst und iodometrisch oder elektrogravimetrisch ermittelt. Im Filtrat der Kupfersulfid-Fällung trennt man Eisen als Eisen(III)-oxidhydrat ab und bestimmt es gravimetrisch oder maßanalytisch.

Lösungsprozeß

Arbeitsgeräte: 400-ml-Bechergläser (hohe Form, Jenaer oder Duranglas); Uhrgläser; Pipetten.

Reagenzien: Br_2; 14 mol/l HNO_3; 7 mol/l HCl.

Arbeitsvorschrift: ca. 1 g Substanz einwägen, in Becherglas bringen u. mit einem Gemisch von 15 ml HNO_3 u. 5 ml HCl übergießen, einige Tr. Br_2 zusetzen (Abzug!). Becherglas mit Uhrglas bedecken u. über Nacht stehenlassen. (Einwaage m_E in mg.)

Bestimmung von SiO_2 (Lösungsrückstand)

Arbeitsgeräte: Zusätzlich Blaubandfilter oder Filtertiegel A 1; Muffelofen; Sandbad.

Reagenzien: 7 mol/l HCl; 2 mol/l HCl.

Arbeitsvorschrift: Zur vollständigen Dehydratisierung des SiO_2 die Lsg. auf dem Sandbad eindampfen, 2mal mit je 2 ml 7 mol/l HCl abrauchen, mit 50 ml 2 mol/l HCl aufnehmen u. durch Filter dekantierend filtrieren u. mit heißem W. nachwaschen. Filter im Tiegel veraschen u. Rückstand in Intervallen von 45 Min. bei 1000 °C bis zur Gewichtskonstanz glühen. Auswaage $m(SiO_2)$ in mg.

Berechnung:

$$w(SiO_2) = \frac{m(SiO_2)}{m_E}$$

Analysenlösung

Salzsaures F. der SiO_2-Fällung auf ca. 100 ml einengen, in einen 250-ml-Meßkolben bringen u. mit W. bis zur Marke auffüllen. Für die folgenden Bestimmungen daraus aliquote Teilmengen entnehmen.

Bestimmung von Schwefel

Arbeitsgeräte und Reagenzien: s. S. 268; zusätzlich 10%ige $[NH_3OH]Cl$-Lsg.

Arbeitsvorschrift: 50 ml Analysenlsg. aus Meßkolben entnehmen, Fe^{3+} mit 2 ml $[NH_3OH]Cl$-Lsg. zu Fe^{2+} reduzieren u. nach Vorschrift auf S. 268 verfahren. Auswaage $m(BaSO_4)$ in mg.

Berechnung:

$m(S) = [\lambda] \cdot m(BaSO_4)$

Umrechnungsfaktor

$$[\lambda] = \frac{M(S)}{M(BaSO_4)} = 0{,}13737$$

$(\lg [\lambda] = 0{,}13789 - 1.)$

$$w(S) = \frac{m(S)}{0{,}2 \cdot m_E}$$

Bestimmung von Kupfer

Arbeitsgeräte und Reagenzien: für a) s. S. 276f. Für b) s. S. 276f. u. 310f. Für c) s. S. 276f. u. 356; zusätzlich 25-ml-Pipetten; 5 mol/l HNO_3; 2 mol/l NH_3; 2 mol/l CH_3COOH.

Arbeitsvorschrift: a) gravimetrisch: 25 ml Analysenlsg. aus Meßkolben entnehmen u. als CuS nach Vorschrift auf S. 276f. bestimmen.

b) iodometrisch: 25 ml Analysenlsg. aus Meßkolben entnehmen, mit Thioacetamid als CuS fällen (s. S. 277), mit HNO_3 wieder auflösen, mit NH_3-Lsg. bis zum Auftreten der blauen Farbe versetzen, mit CH_3COOH ansäuern u. nach Zusatz von 2 g KI mit Thiosulfat-Lsg. titrieren (s. S. 311).

c) elektrogravimetrisch: 25 ml Analysenlsg. aus Meßkolben entnehmen, mit Thioacetamid als CuS fällen (s. S. 277), mit 5 mol/l HNO_3 wieder auflösen, Stickstoffoxide verkochen u. weiter nach Vorschrift auf S. 356 arbeiten.

Berechnung:

$$w(Cu) = \frac{m(Cu)}{0{,}1 \cdot m_E}$$

Bestimmung von Eisen

Arbeitsgeräte und Reagenzien: s. S. 280 bzw. 307f.; zusätzlich Br_2-Wasser; 2 mol/l HCl.

Arbeitsvorschrift: Im F. der CuS-Fällung überschüssiges Thioacetamid durch Eindampfen der Lsg. zerstören, auf 100 ml verdünnen, mit 3–4 Tr. Br_2-Wasser Fe^{2+} zu Fe^{3+} oxidieren, als $Fe(OH)_3$ fällen (s. S. 279f.) u. Fe entweder gravimetrisch nach Vorschrift S. 280 oder nach Lösen in HCl maßanalytisch nach Vorschrift S. 308 bestimmen. Diese Titration erfordert die Cu-Abtrennung, weil $SnCl_2$ bei bestimmten Cl^--Konzentrationen auch Cu^{2+} reduziert.

Berechnung:

$$w(Fe) = \frac{m(Fe)}{0{,}1 \cdot m_E}$$

3.9.4. Glasanalyse (Anorganische Gläser)

Als Gläser werden amorphe Werkstoffe bezeichnet, die auf Grund eines Schmelzintervalles eine gute Verformbarkeit besitzen. Die „anorganischen" Gläser sind zumeist spröde und durchsichtig; sie leiten den elektrischen Strom schlecht. Neben den anorganischen Gläsern gibt es heute zahlreiche organische Gläser aus den verschiedensten Kunststoffen (z. B. Plexiglas), die aber hier ebenso wie die glasähnlichen keramischen Werkstoffe nicht behandelt werden.

Sieht man von einigen anorganischen Spezialgläsern ab, so enthalten sie alle als Hauptbestandteil mehr als 50 Gew.-% SiO_2. Bei der Analyse beschränkt man sich vielfach auf die Bestimmung einiger wesentlicher Kationengehalte in Form der Oxide, insbesondere Na_2O, K_2O, CaO, MgO, PbO, BaO, Al_2O_3.

Einen kleinen Ausschnitt aus der Vielzahl anorganischer Gläser gibt Tabelle XL.

Tabelle XL. Anorganische Gläser (EP = Erweichungspunkt)

Sorte	Typ	Verwendung	Beispiel der Zusammensetzung
Normalgläser (EP um 600 °C)	Natrium-Kalkglas	Fenster, Flaschen	15% Na_2O 12% CaO 73% SiO_2
	Thüringer Glas	billiges Geräteglas	13% Na_2O 10% CaO 7% K_2O 70% SiO_2
	Böhmisches Glas	billiges Geräteglas	15% K_2O 9% CaO 76% SiO_2
hochwertige Gerätegläser	Alumo-Boro-Silicat (EP 600 bis 700 °C)	hochwertiges resistentes Geräteglas	Jenaer Glas 20 7,7% Na_2O 8,5% Al_2O_3 0,8% CaO 4,6% B_2O_3 3,9% BaO 74,5% SiO_2
Spezialgläser*	Blei-Silicat (EP um 500 °C)	Optische Geräte Lichtbrechendes Gebrauchs- und Ziergerät	Jenaer Silicatflint S 57 80% PbO 20%SiO_2 01% As_2O_5
	Blei-Alumo-Borat (EP um 500 °C)	Isolierende Gläser u. a. m.	Jenaer Boratflint S 7 32% PbO 56% B_2O_3 12% Al_2O_3
	Alumo-Boro-Phosphat		Jenaer Phosphatkron S 40 28% BaO 1,5% As_2O_5 59,5% P_2O_5 8% Al_2O_3 3% B_2O_3

* Hierzu gehört auch das aus reinem SiO_2 bestehende Quarzglas mit dem höchsten Erweichungspunkt aller Gläser (über 1100 °C).

Für die Zuordnung einer Glasprobe zu den einzelnen Sorten sind folgende Vorproben auf Blei und Borsäure empfehlenswert.

Nachweis von Blei

Etwas Glaspulver wird an einem glühenden Magnesiastäbchen geschmolzen u. danach in die Reduktionsflamme eines kräftigen Brenners gehalten. Eine schnell entstehende tiefgrauschwarze Färbung zeigt höhere Pb-Gehalte, d. h. ein typisches Bleiglas, an.

Nachweis von Bor

Glaspulver u. CaF_2 werden im Verhältnis 1 : 1 mit einigen Tr. 10 mol/l H_2SO_4 zu einem dicken Brei angerührt. Ein Anteil davon wird am Magnesiastäbchen in den äußersten Saum einer Bunsenbrennerflamme gebracht. Eine zunächst gelbgrüne u. sodann rein grüne Flammenfärbung zeigt Bor an (s. S. 221).

Die klassische quantitative Glasanalyse arbeitet fast ausschließlich mit gravimetrischen Bestimmungsmethoden, gegebenenfalls unter Einschaltung von Hydroxidtrennungen, deren Schwierigkeitsgrad und Zeitbedarf relativ groß ist. Auch hier haben neuere Methoden, insbesondere die komplexometrischen Titrationen und photometrische sowie flammenphotometrische Verfahren, einen wesentlichen Fortschritt gebracht.

Aufschluß von Glasproben

Reaktionsprinzip: Zum Aufschluß des Glases werden SiO_2 und auch B_2O_3 durch Abrauchen mit HF als SiF_4 bzw. BF_3 verflüchtigt. Zur Erleichterung der Umsetzung und Vertreibung letzter Fluoridmengen werden ausreichende Mengen der höhersiedenden Mineralsäuren H_2SO_4 oder $HClO_4$ zugesetzt. Die Verwendung von $HClO_4$ anstatt H_2SO_4 ist stets dann empfehlenswert, wenn das Glas PbO oder BaO enthält, da schwerlösliche Sulfate die Wirksamkeit des Abrauchprozesses und die Weiterverarbeitung erschweren.

Verfahrensfehler: Die hohen Temperaturen gegen Ende des Abrauchprozesses von etwa 300 °C (H_2SO_4) bzw. 200 °C ($HClO_4$) können zu merklichen Verlusten an evtl. vorhandenem P_2O_5 führen.

Arbeitsgeräte: Stahlmörser; Platintiegel; Luftbad.

Reagenzien: 2,5 mol H_2SO_4 oder 5 mol/l $HClO_4$; konz. HF (38–40%ig).

Arbeitsvorschrift: Glasprobe im Stahlmörser feinst pulverisieren (Teilchengröße unter 60 μm). Vom Glaspulver bis $m_E = 500$ mg in Pt-Tiegel einwägen, mit 5 ml H_2SO_4 oder $HClO_4$ anpasten u. mit 10 ml HF versetzen. Auf dem Luftbad innerhalb von 30–60 Min. bis zum Rauchen erhitzen, 30 Sek. lang im kräftigen Rauchen halten u. abkühlen lassen.

Der Rückstand des Abrauchprozesses wird entweder direkt weiterverarbeitet oder daraus eine Lösung in einem 100-ml-Meßkolben hergestellt, wenn mehrere Bestandteile bestimmt werden sollen.

Bestimmung von CaO im Normalglas

Reaktionsprinzip: Die Bestimmung erfolgt komplexometrisch durch direkte Titration des gelösten Aufschlusses mit 0,1 mol/l $Na_2[H_2Y]$ gegen Calconcarbonsäure als Indikator (s. S. 325). Wird gegen Erio T als Indikator titriert, so können summarisch MgO, CaO, BaO, PbO usw. erfaßt werden, doch ist Al^{3+} mit Triethanolamin zu markieren.

Verfahrensfehler: Der Verbrauch an Maßlösung liegt bei $V = 6$–9 ml. Die Streuung ist mit ±0,02 ml Maßlsg. zu erwarten.

Arbeitsbereich. Normalglas enthält 9–12% CaO, so daß bei einer Einwaage von $m_E \approx 400$ mg Glas mit 36–48 mg CaO (0,6–0,9 mmol Ca) zu rechnen ist.

Arbeitsgeräte, Reagenzien und Arbeitsvorschrift: s. S. 326.

Berechnung:

$$w(\mathrm{CaO}) = \frac{V \cdot c(\mathrm{Na_2[H_2Y]}) \cdot M(\mathrm{CaO})}{m_E} = \frac{V \cdot (0{,}1\ \mathrm{mmol/ml}) \cdot (56{,}08\ \mathrm{mg/mmol})}{m_E}$$

Bestimmung von Al_2O_3 im Jenaer Glas 20

Reaktionsprinzip: Die Bestimmung erfolgt komplexometrisch nach Versetzen des gelösten Aufschlusses mit 10 ml 0,1 mol/l $Na_2[H_2Y]$-Lösung durch Rücktitration mit Zn-Maßlösung gegen Dithizon als Indikator (s. S. 326).

Störende Ionen: Ca^{2+} und Ba^{2+} stören nicht. Pb^{2+} wird mittitriert und muß deshalb vor der Titration durch Fällung mit Thioacetamid als PbS abgetrennt werden.
Verfahrensfehler: Der Verbrauch $V = (f_{EDTA} \cdot 10{,}00\ \text{ml} - f_{Zn} \cdot V_t)$ liegt bei 5,5–8 ml, entsprechend einer Rücktitration mit $V_t = 4{,}5$–2 ml Zn-Maßlösung. Die Streuung von V ist mit ±0,04ml zu erwarten.
Arbeitsbereich: Alumo-Boro-Silicatgläser enthalten 7–10% Al_2O_3, so daß bei einer Einwaage von $m_E \approx 400$ mg Glas mit 28–40 mg Al_2O_3 (0,55–0,8 mmol Al) zu rechnen ist.
Arbeitsgeräte, Reagenzien und Arbeitsvorschrift: s. S. 327.
Berechnung:

$$w(Al_2O_3) = \frac{V \cdot c(Na_2[H_2Y]) \cdot M(^1/_2\,Al_2O_3)}{m_E} = \frac{V \cdot (0{,}1\ \text{mmol/ml}) \cdot (50{,}98\ \text{mg/mmol})}{m_E}$$

Bestimmung von PbO in Bleigläsern

Reaktionsprinzip: Die Bestimmung erfolgt komplexometrisch durch Titration des gelösten Aufschlusses mit 0,1 mol/l gegen Erio T als Indikator (s. S. 325).

Verfahrensfehler: Al^{3+} wird mittitriert. Pb^{2+} muß deshalb vor der Titration durch Fällung mit Thioacetamid als PbS abgetrennt werden. Das gefällte PbS wird in $HClO_4$ gelöst und H_2S verkocht. Lsg. mit 2 g Kaliumnatriumtartrat versetzen, mit NaOH neutralisieren, nicht mit NH_3. Dann erst wie bei Mg^{2+}-Titration mit HCl + NH_3 puffern; pH = 10–10,5. Die Streuung ist mit ±0,04 ml Maßlsg. ≙ ±0,9 mg PbO als normal anzusehen.
Arbeitsbereich: Bleigläser enthalten 30–80% PbO, so daß bei einer Einwaage von $m_E \approx 250$ mg Glas mit 75–200 mg PbO (0,34–0,9 mmol Pb) zu rechnen ist.
Arbeitsgeräte, Reagenzien und Arbeitsvorschrift s. S. 325.
Berechnung:

$$w(PbO) = \frac{V \cdot c(Na_2[H_2Y]) \cdot M(PbO)}{m_E} = \frac{V \cdot (0{,}1\ \text{mmol/ml}) \cdot (223{,}2\ \text{mg/mmol})}{m_E}$$

Kalium kann gravimetrisch als Tetraphenylborat bestimmt werden (s. S. 270), doch wird zur schnellen Erfassung von K_2O und Na_2O immer mehr die flammenphotometrische Methode bevorzugt. Die für die Farbe des Glases wichtigen Oxide Fe_2O_3 und Mn_2O_3 in der Größenordnung von 0,02–0,2% können schnell und zuverlässig photometrisch als roter 2,2'-Bipyridinkomplex bzw. als violettrotes Permanganat bestimmt werden.

Für den praktischen Gebrauch insbesondere der Gerätegläser ist die Resistenz gegenüber Laugen, Säuren und Wasser von Bedeutung. Auf Grund von Kochbehandlungen und der dabei eintretenden Substanzverluste von Glasproben unterscheidet man jeweils 3 Laugen- bzw. Säureklassen.

Wasserbeständigkeit nach dem Glasgrieß-Titrationsverfahren

Reaktionsprinzip: Zur Ermittlung der Resistenz eines Glases gegen Wasser wird Glasgrieß längere Zeit mit Wasser in der Hitze behandelt und die dabei herausgelöste Na_2O-Menge, die als NaOH vorliegt, titrimetrisch mit HCl erfaßt.

Verfahrensfehler: Es werden zweckmäßig gleichzeitig n = 3 Parallel- und $n_B = 1$ Blindansätze durchgeführt und zur Beurteilung der Mittelwert $\bar{V} = f_{HCl}(\bar{V}_t - \bar{V}_b)$ verwendet. In diesem Fall ist mit einer Mittelwertstreuung von ±0,02 ml Maßlsg. zu rechnen.
Arbeitsgeräte: Stahlmörser; Messingsiebe (DIN 1171: 0,5–0,3 mm); Magnet; 50-ml-Meßkolben (30 Min. lang mit Wasserdampf ausdämpfen); Wasser-Umlaufthermostat (notfalls auch siedendes Wasserbad); 25-ml-Pipette; 150-ml-Weithals-Erlenmeyerkolben; 10-ml-Mikrobürette; Meßpipette.

Reagenzien: CO_2-freies H_2O (Auskochen oder frisches Austauscherwasser); Maßlsg.: 0,01 mol/l HCl; Indikator: 100 mg Methylrot mit 95%igem Ethanol zu 100 ml Lsg. lösen; Pufferlsg.: 92,8 ml 0,1 mol/l $C_6H_8O_7 \cdot H_2O$ (Citronensäurelsg.) + 107,2 ml 0,2 mol/l Na_2HPO_4 (pH = 5,2).

Arbeitsvorschrift: Mindestens 50 g des zu prüfenden Glases im Stahlmörser auf eine Korngröße von 0,3 bis 0,5 mm zerkleinern u. aussieben. Eisenteilchen mit Magneten entfernen. 2,00 g Glasgrieß in Meßkolben einwägen u. noch verbliebene Feinstanteile durch sechsmaliges Spülen mit je 25 ml W. abschlämmen. Danach bis zum Halsansatz des Kolbens mit W. auffüllen, Glasgrieß gleichmäßig über den Kolbenboden verteilen u. Kolben für t = 60,0 min in Thermostaten von 98,0 ± 0,2 °C einstellen. Während des Erhitzens nicht umschütteln! Durch Eintauchen in kaltes W. schnell auf 20 °C abkühlen, zur Marke auffüllen u. 25 ml in Weithals-Erlenmeyerkolben pipettieren. Nach Zusatz von 0,10 ml Indikatorlsg. mit Maßlsg. gegen Vergleichspufferlsg. titrieren.

Auswertung: Nach dem Verbrauch an Maßlsg. unterscheidet man 5 hydrolytische Klassen (Tab. XLI.).

Tabelle XLI. Hydrolytische Klassen

Klasse	Verbrauch V in ml an 0,01 mol/l HCl pro 1 g Glas	gelöste Masse $m(Na_2O)$ in mg pro 1 g Glas	Glassorte
1	bis 0,1	bis 0,03	wasserbeständig; höchstwertiges Apparateglas
2	über 0,1 bis 0,2	über 0,03 bis 0,06	resistent; hochwertiges Apparateglas
3	über 0,2 bis 0,85	über 0,06 bis 0,26	hart; Flaschengläser
4	über 0,85 bis 2,0	über 0,26 bis 0,62	weich; Fenstergläser
5	über 2,0 bis 3,5	über 0,62 bis 1,08	sehr weich; Spezialgläser

3.9.5. Legierungsanalyse

Geschmolzene Metalle sind in der Lage, sich gegenseitig zu lösen. Die erstarrten Mischungen heißen Legierungen und besitzen meist gegenüber den Reinmetallen erhöhte Festigkeit, Härte und Korrosionsbeständigkeit.

Die Metallkunde oder Metallographie ist die Lehre, die sich mit dem Aufbau und den Eigenschaften der Metalle und Legierungen beschäftigt. Die wichtigsten Untersuchungsmethoden in der Metallkunde sind:

1. Die chemische Analyse und die Spektralanalyse. Sie geben Auskunft über die qualitative und quantitative Zusammensetzung einer Legierung.
2. Die Feinstrukturuntersuchung durch Röntgen- oder andere Strahlen.
3. Die mikroskopische Untersuchung.
4. Die thermische Analyse.

Als Bestandteil von Legierungen kommen neben Eisen besonders die Nichteisenmetalle (NE-Metalle) Kupfer, Zink, Zinn, Blei zusammen mit Mangan, Nickel, Cobalt und Antimon, ferner Aluminium und Magnesium vor. Chrom, Molybdän, Wolfram und Vanadium werden zur Erzielung ganz spezifischer Eigenschaften der betreffenden Legierung verwendet. Das gleiche gilt auch für den Gehalt der Legierungen – insbesondere bestimmter Eisensorten und Stahllegierungen – an Nichtmetallen: Schwefel, Phosphor, Silicium, Kohlenstoff.

Einen Überblick über die wichtigsten in der Technik verwendeten Legierungen mit Haupt- und Nebenbestandteilen gibt die folgende Tabelle XLII.

Mit dem Ziel, Stoff, Zeit und Geld zu sparen, sind die Eisen- und Nichteisenwerkstoffe genormt worden. Des weiteren sind für genormte Werkstoffe Kurzzeichen eingeführt, um die Zusammenarbeit zwischen Hersteller, Lieferanten und Verbraucher zu vereinfachen und eindeutiger zu gestalten. So besteht das Kurzzeichen eines Nichteisenmetalls (NE-Metalles) aus einer Aneinanderreihung von

Tabelle XLII. Überblick über die Zusammensetzung einiger Legierungen

Legierungen	Hauptbestandteile	Nebenbestandteile
Bronzen		
Zinnbronze	Cu, Sn	
Rotguß	Cu, Sn, Zn	Pb, Ni
Aluminiumbronze	Cu, Al	Mn, Zn
Bleibronzen	Cu, Pb	
Messing	Cu, Zn	Pb (Sn, Fe, Ni, Mn)
Neusilber	Cu, Zn, Ni	Mn, Fe, Pb
Lagerhartblei	Pb, Sb, Sn	Cu, As, Fe
Letternmetall	Pb, Sb	Sn
Weißmetall	Pb, Sn, Cd	Sb, Cu, Fe
Blei- und Zinnlote	Pb, Sn	Sb (Cu, Fe, Ni)
Duraluminium	Al, Cu, Mg	Fe, Mn, Si
Elektron	Mg, Al	Zn, Mn, Si
Roheisen	Fe	Si, Mn, C, S, P
Baustähle (unlegiert)	Fe	C
Stahlguß	Fe	C
Grauguß	Fe	C
Temperguß	Fe	C
Schnell(dreh)stähle	Fe, W, Cr, V, Mo	C
Säurebeständige Stähle	Fe, Cr, Ni, Mn oder Si	

Kennzeichen, die auf Herstellung, Verwendung, Zusammensetzung und besondere Eigenschaften hinweisen. Die die Zusammensetzung der Metalle und Legierungen kennzeichnenden chemischen Symbole gliedern sich in Angaben über den Grundstoff und über die Legierungszusätze. Grundstoff ist jeweils das Element mit dem größten Gehalt in der Legierung. Als Beispiel sei das Kurzzeichen für eine Guß-Zinn-Bronze G—SnBz 20 angeführt (G = Guß; Sn = chem. Symbol für Zinn; Bz = Bronze; 20 = Legierung enthält 20% Sn).

Als Lösungsmittel für Legierungen dienen Salzsäure, Salpetersäure oder auch ein Gemisch von beiden. Für Legierungen, welche Schwefel, Phosphor, Silicium und Kohlenstoff enthalten, verwendet man in vielen Fällen Salpetersäure oder andere oxidierende Aufschlußmittel, da diese Elemente mit Salzsäure flüchtige Verbindungen zu bilden vermögen. Für Aluminiumlegierungen verwendet man gegebenenfalls auch Lauge. Konzentrierte Schwefelsäure dient als oxidierendes Lösungsmittel. Bei einigen Legierungen ist ein Schmelzaufschluß erforderlich, wie z. B. bei Ferrosilicium eine oxidierende Schmelze mit Alkalicarbonat und Natriumperoxid.

Die nachstehend beschriebenen Analysenmethoden einiger Metallegierungen sind keine Universalvorschriften. In der Praxis müssen entsprechend der vorliegenden Probe oft andere Analysenverfahren herangezogen werden.

Messinganalyse

Allgemeines: Messing ist eine Legierung mit den Hauptbestandteilen Kupfer und Zink. Je nach dem Kupfergehalt unterscheidet man Rotguß (>80% Kupfer), Gelbguß (65–80% Kupfer) und Weißguß (<50% Kupfer). Als Nebenbestandteile können im Messing Zinn (bis zu 1%), Blei (bis zu 2%), Eisen (bis zu 1%) und Nickel (bis zu 0,5%) enthalten sein. Mitunter sind Spuren von Mangan, Aluminium, Antimon und Phosphor zugegen.

Im folgenden soll die systematische analytische Untersuchung einer Messinglegierung unter Berücksichtigung der Bestandteile Kupfer, Blei, Zink und Nickel beschrieben werden.

Analysengang: Das Probematerial wird in Salpetersäure gelöst. Durch Abrauchen mit Schwefelsäure wird Blei als Bleisulfat abgeschieden und im Filtrat Kupfer entweder elektrogravimetrisch oder als Kupfer(I)-thiocyanat bestimmt. Aus der kupferfreien Lösung wird Nickel mit Dimethylglyoxim gefällt und anschließend Zink als Zinkdiphosphat oder komplexometrisch ermittelt.

Lösungsprozeß

Arbeitsgeräte: 400-ml-Bechergläser (hohe Form); Heizquelle; Uhrgläser; Pipetten.
Reagenzien: 5 mol/l HNO_3; Alkohol oder Ether.
Arbeitsvorschrift: Ca. $m_E = 0{,}5$ g durch Waschen mit Alkohol oder Ether fettfrei erhaltene Messingspäne einwägen u. in Becherglas bringen. Sodann 25 ml HNO_3 zusetzen, Becherglas mit Uhrglas bedecken u. Probe bei 60–80 °C lösen. Nach Beendigung der Rk. Uhrglas u. Wandungen des Becherglases mit W. abspritzen.

Bestimmung von Blei

Arbeitsgeräte, Reagenzien und Arbeitsvorschrift: s. Vorschrift auf S. 274f.
Berechnung:

$$m(\mathrm{Pb}) = [\lambda] \cdot m(\mathrm{PbSO_4})$$

Umrechnungsfaktor

$$[\lambda] = \frac{M(\mathrm{Pb})}{M(\mathrm{PbSO_4})} = 0{,}6832$$

$$(\lg [\lambda] = 0{,}83457 - 1.)$$

$$w(\mathrm{Pb}) = \frac{m(\mathrm{Pb})}{m_E}$$

Analysenlösung

F. u. Waschwasser der Pb-Bestimmung unter Abzug auf Heizplatte durch Abdampfen vom Alkohol befreien (nicht mit Flamme erhitzen!) u. Lsg. auf 50–70 ml einengen, nach Abkühlen auf Zimmertemp. in einen 100-ml-Meßkolben bringen u. mit W. bis zur Marke auffüllen. Für die folgenden Bestimmungen aliquote Teilvolumina entnehmen.

Bestimmung von Kupfer

Arbeitsgeräte und Reagenzien: für a) s. S. 356. Für b) s. S. 277 u. zusätzlich 2 mol/l NaOH.
Arbeitsvorschrift: a) elektrogravimetrisch: 20 ml aus Meßkolben entnehmen u. nach Vorschrift auf S. 356 elektrolysieren.
b) gravimetrisch: 20 ml aus Meßkolben entnehmen, 30 ml W. zugeben, mit NaOH-Lsg. auf pH = 4–5 bringen u. als CuSCN nach Vorschrift auf S. 277f. bestimmen.
Berechnung:

$$w(\mathrm{Cu}) = \frac{m(\mathrm{Cu})}{0{,}2 \cdot m_E}$$

Bestimmung von Nickel

Arbeitsgeräte und Reagenzien: s. S. 282; zusätzlich 2 mol/l HCl; 2 mol NH_3.
Arbeitsvorschrift: Cu-freie Lsg. (einschließlich Waschwasser) auf ca. 150 ml einengen, mit 25 ml HCl versetzen, mit NH_3-Lsg. auf pH = 2–3 bringen (Zn muß in Lsg. bleiben!) u. weiter nach Vorschrift auf S. 282 verfahren.
Berechnung:

$$m(\mathrm{Ni}) = 0{,}20317 \cdot m([\mathrm{Ni(C_4H_7N_2O_2)_2}]); \qquad w(\mathrm{Ni}) = \frac{m(\mathrm{Ni})}{0{,}2 \cdot m_E}$$

Bestimmung von Zink

Arbeitsgeräte: für a) 400-ml-Bechergläser (hohe Form); Rührwerk; Porzellanfiltertiegel A 2; Wittscher Saugtopf; Heizquelle; Trockenschrank; Muffelofen; 50-ml-Bürette; Pipetten (5, 20 u. 25 ml); für b) 300-ml-Philipsbecher; Pipetten; 50-ml-Bürette.

Reagenzien: für a) Fällungsreagenz: 6 g $(NH_4)_2HPO_4$ in 35 ml W. lösen; 14 mol/l HNO_3; 7 mol/l HCl; 2 mol/l NH_3; Methylrot. Für b) 2 mol/l NH_3; KCN; Indikator: Eriochromschwarz T (s. S. 325); 4%ige Formaldehydlsg.; Maßlsg.: 0,01 mol/l Na_2H_2Y.

Arbeitsvorschrift: a) gravimetrisch: F. der Ni-Bestimmung (einschließlich Waschwasser) mit HCl im Überschuß ansäuern, mit 25 ml HNO_3 versetzen u. bis zur Trockne bzw. bis zum Rauchen der noch vorhandenen H_2SO_4 eindampfen. Zum erkalteten Rückstand 2–3 ml HCl u. 50 ml warmes W. geben u. mit NH_3-Lsg. gegen Methylrot genau neutralisieren, sodann mit W. auf 150 ml auffüllen, zum Sieden erhitzen u. langsam aus Bürette 35 ml Fällungsreagenz zufügen. Lsg. nahe am Sieden halten, wobei sich der Nd. gut absetzt. Nd. ohne Erwärmung 2 Std. lang stehen lassen, durch Filtertiegel dekantierend filtrieren u. Nd.-Reste durch F. in Tiegel bringen. Mit kaltem W. waschen. Tiegel im Trockenschrank bei 110 °C vortrocknen u. danach im Muffelofen bei 900 °C in Intervallen von 45 Min. bis zur Gewichtskonstanz glühen. Auswaage $m(Zn_2P_2O_7)$ in mg.

b) komplexometrisch neben Cu u. Ni: Aus Meßkolben (Analysenlsg.) aliquoten Teil (x ml; maximal bis 15 mg Zn) entnehmen u. in Philipsbecher bringen. Mit W. auf ca. 50 ml verdünnen u. tropfenweise NH_3-Lsg. zugeben, bis Nd. eben verschwindet u. Lsg. klarblau ist. Zur Maskierung von Cu^{2+} u. Ni^{2+} Spatelspitzen KCN (Lsg. hell klar) u. 1 Spatelspitze Indikator zugeben. Zur Demaskierung von Zn dieser blauen Lsg. ca. 4 ml Formaldehydlsg. zusetzen, u. zwar so viel, daß die Farbe nach violett umschlägt u. dann noch einige Tr. bis zum roten Farbton. Jetzt sofort mit Maßlsg. bis zum Farbumschlag nach Blau titrieren.

Berechnung für a):

$$m(\text{Zn}) = 0{,}42914 \cdot m(\text{Zn}_2\text{P}_2\text{O}_7)$$

$$w(\text{Zn}) = \frac{m(\text{Zn})}{0{,}2 \cdot m_E}$$

für b): 1 ml 0,01 mol/l Na_2H_2Y entspricht 0,6538 mg Zn.

$$w(\text{Zn}) = \frac{m(\text{Zn})}{(x/100) \cdot m_E}$$

Bronzeanalyse

Allgemeines: Als Bronzen bezeichnet man Legierungen des Kupfers mit Zinn, Aluminium, Silicium, Mangan, Blei usw. Auf Grund ihrer Zusammensetzungen werden unterschieden: Zinnbronzen, Zinngußbronzen und Sonderbronzen.

Zinnbronzen enthalten bis zu 10% Zinn, Gußbronzen bis zu 20% Zinn. Als Nebenbestandteile können bis zu etwa 12% die Elemente Zink, Blei und Eisen und mitunter in Spuren Phosphor zugegen sein. Unter Sonderbronzen versteht man im eigentlichen Sinne keine Kupfer-Zinn-Legierungen, sondern Legierungen des Kupfers mit den Elementen Silicium (Siliciumbronze mit ca. 5% Silicium), Mangan (Manganbronze bis zu 30% Mangan), Aluminium (Aluminiumbronze bis zu 20% Aluminium) u. a. mehr.

Im folgenden Abschnitt wird die Gesamtanalyse einer Zinnbronze mit den Nebenbestandteilen Blei und Zink beschrieben.

Analysengang: Das zur Analyse kommende Probematerial wird nach Entfettung mit Benzin oder Ether in Salpetersäure gelöst und Zinn als schwerlösliche Zinnsäure abgeschieden. Blei wird durch Abrauchen mit Schwefelsäure als Bleisulfat gefällt und in der filtrierten Lösung Kupfer entweder elektrogravimetrisch oder gravimetrisch als Kupfer(I)-thiocyanat bestimmt. Im Filtrat fällt man Zink entweder als Zinkammoniumphosphat oder bestimmt es komplexometrisch.

Lösungsprozeß

Arbeitsgeräte: 400-ml-Bechergläser (hohe Form); Uhrgläser; Pipetten.

Reagenzien: 14 mol/l HNO_3; Ether oder Benzin.

Arbeitsvorschrift: Ca. $m_E = 0{,}5$ g durch Waschen mit Ether oder Benzin fettfrei erhaltene Bronzespäne einwägen u. in Becherglas bringen. Sodann mit W. anfeuchten, Becherglas mit Uhrglas bedecken u. vorsichtig in kleinen Portionen 10 ml HNO_3 zusetzen. Nach Beendigung der Rk. Uhrglas u. Wandungen des Becherglases mit W. abspritzen. (Einwaage m_E in mg)

Bestimmung von Zinn

Verfahrensfehler: Bei einem Sn-Gehalt >7% schließt die abgeschiedene Zinnsäure leicht Cu, Pb u. evtl. vorhandenes Fe in erheblichem Maße ein, so daß umgefällt werden muß. Bei Behandlung des Nd. mit $(NH_4)_2S_x$-Lsg. geht Zinnsäure als $(NH_4)_2[SnS_3]$ in Lsg., während Cu, Pb u. Fe schwerlösl. Sulfide bilden.

Arbeitsgeräte: Zusätzlich Heizplatte; Filterbrei-Tabletten; Reagenzgläser; Blaubandfilter; Muffelofen; Tiegel.

Reagenzien: 5 mol/l HNO_3; 2 mol/l HNO_3; konz. $(NH_4)_2S_x$-Lsg.; 2 mol/l HCl; Waschfl.: 0,2 mol/l HNO_3 bzw. 0,2 mol/l CH_3COOH.

Arbeitsvorschrift: Lsg. auf Heizplatte erhitzen, dabei unter Sdp. halten u. langsam verdampfen lassen, bis nach 1 Std. 5 ml Lsg. verbleiben (Zinnsäure scheidet sich gut ab). Dann mit 30 ml heißem W. verdünnen u. 20–30 Min lang warm stellen. Jetzt $^1/_4$ Filterbrei-Tablette in kleine Stücke zerreißen, in Reagenzglas mit W. gut schütteln u. der Lsg. beigeben. Nach Umrühren durch Blaubandfilter filtrieren, dabei evtl. getrübtes F. nochmals durch Filter gießen u. anschließend Nd. 10mal mit heißer 0,2 mol/l HNO_3 waschen. – Bei Sn-Gehalten >7% jetzt Nd. mit $(NH_4)_2S_x$-Lsg. digerieren, Rückstand abfiltrieren, mit heißer 5 mol/l HNO_3 vom Filter lösen u. diese Lsg. mit dem Hauptf. vereinigen. $(NH_4)_2[SnS_3]$-Lsg.auf ca. 80 °C erwärmen u. mit HCl schwach ansäuern. Den aus SnS_2 u. S bestehenden Nd. nach einigen Std. oder besser am folgenden Tag abfiltrieren u. mit CH_3COOH waschen. – Filter trocknen u. bei möglichst niedriger Temp. veraschen. Zum Nd. 1 Tr. 2 mol/l HNO_3 geben u. im Muffelofen bei 1000 °C in Intervallen von 20–30 Min. bis zur Gewichtskonstanz glühen. Auswaage $m\,(SnO_2)$ in mg.

Berechnung:

$m(Sn) = [\lambda] \cdot m(SnO_2)$

Umrechnungsfaktor

$$[\lambda] = \frac{M(Sn)}{M(SnO_2)} = 0{,}78765$$

$(\lg [\lambda] = 0{,}89633 - 1.)$

$$w(Sn) = \frac{m(Sn)}{m_E}$$

Bestimmung von Blei, Kupfer und Zink

Arbeitsgeräte, Reagenzien, Arbeitsvorschrift und Berechnung: s. bei der Messinganalyse, S. 400f.

Leichtmetallanalyse

Allgemeines: Neben Stahl finden in der Technik in hohem Maß Leichtmetall-Legierungen (Dural, Hydronalium, Silumin, Elektron u. a.) Anwendung. Die Hauptlegierungsbestandteile sind Aluminium und Magnesium. Zusätze von anderen Metallen, z. B. von Silicium, Kupfer, Mangan, Zink, Eisen u. a. verbessern Festigkeit und Korrosionsbeständigkeit der Leichtmetall-Legierungen erheblich. Durch ihre Verwendung kann das Gewicht von Maschinen und sonstigen Konstruktionselementen stark vermindert werden.

Die wichtigsten Aluminiumlegierungen bestehen aus den Systemen: Aluminium–Magnesium, Aluminium–Silicium, Aluminium–Magnesium–Silicium, Aluminium–Kupfer–Magnesium, Aluminium–Zink–Magnesium, Aluminium–Zink–Kupfer, die in Knet- und Gußlegierungen eingeteilt werden.

Die Aluminiumknetlegierungen besitzen eine hohe Festigkeit und die Eigenschaft, sich plastisch verformen zu lassen. Sie können bis zu 7% Magnesium, 6% Zink, 5% Kupfer, 1,5% Mangan, 1,6 % Silicium, 0,5% Eisen u. a. enthalten.

Die Aluminiumgußlegierungen zeichnen sich durch gute Dünnflüssigkeit der Schmelze, hohe Festigkeit und gute Bearbeitbarkeit durch Schneidwerkzeuge aus. Ihre Legierungsbestandteile sind: Silicium (≦13,5%), Mangan (≦0,6%), Kupfer (≦6%), Magnesium (≦11%), Eisen (≦1,5%), Titan (≦0,3%) u. a.

Magnesiumlegierungen enthalten Aluminium (≦10,0%), Zink (≦3,2%) u. Mangan (≦0,6%) als Nebenbestandteile. In Spuren sind mitunter Mangan, Cer, Zirconium u. Beryllium vorhanden. Zum Guß finden hauptsächlich Magnesium-Aluminium-Zink-Legierungen Anwendung, die ein relativ geringes spezifisches Gewicht besitzen und sich leicht bearbeiten lassen. Nachteilig für sie sind ihre geringe Korrosionsbeständigkeit und ihre schlechten Formgußeigenschaften. Die Magnesiumknetlegierungen entsprechen etwa in ihrer chemischen Zusammensetzung den Gußlegierungen, zeigen jedoch schlechtere technologische Eigenschaften. Aus den Knetlegierungen werden vor allem Preßteile gefertigt.

Im folgenden soll die Analyse eines Leichtmetalls mit den Bestandteilen Aluminium, Zink, Magnesium (bzw. Aluminium, Zink, Mangan) oder Aluminium, Magnesium (bzw. Aluminium, Kupfer, Mangan) beschrieben werden.

Analysengang: Enthält die Probe Zink, so wird entweder in einem Salzsäure-Schwefelsäure-Gemisch (Lösungsprozeß I) oder in Natronlauge (Lösungsprozeß II) gelöst. Ein kupferhaltiges Probenmaterial ist besser in einem Salpeter-Schwefelsäure-Gemisch (Lösungsprozeß II) zu lösen. In den so erhaltenen Lösungen wird zuerst Zink bzw. Kupfer als Sulfid gefällt. Dieses kommt entweder direkt zur Auswaage, oder es wird gelöst, und die gravimetrische Bestimmung erfolgt als Zinkdiphosphat bzw. Kupfer(I)-thiocyanat.

Zink kann auch nach Abtrennung als Zinksulfid und Lösen des Niederschlages in Salpetersäure komplexometrisch titriert werden. Die Abtrennung und Bestimmung des Kupfers läßt sich auch elektrogravimetrisch vornehmen.

In den zink- bzw. kupferfreien Lösungen wird Magnesium als Magnesiumammoniumphosphat und danach Aluminium als Oxinat gefällt. Mangan wird in einer gesonderten Einwaage nach dem Bismutatverfahren, der Methode von *Procter-Smith* oder photometrisch bestimmt.

Lösungsprozeß I

Arbeitsgeräte: 400-ml-Bechergläser (hohe Form); Uhrgläser; Heizplatte; Pipetten; Meßzylinder.

Reagenzien: Mischsäure: 10 ml 7 mol/l HCl u. 5 ml 18 mol/l H_2SO_4; 2 mol/l HNO_3.

Arbeitsvorschrift: 1,2–1,5 g Leichtmetallspäne einwägen u. in Becherglas bringen. Becherglas mit Uhrglas bedecken u. Mischsäure in kleinen Portionen zugeben. Nach Beendigung der Rk. Becherglas auf Heizplatte stellen, u. Probe in der Wärme weiter lösen. Bei nicht vollständigem Lösen einige Tr. HNO_3 zusetzen. Sodann bis zur Vertreibung der HNO_3 u. der Entstehung von weißen Nebeln eindampfen (erstarrende Salzreste dabei mit Glasstab bewegen). Erkalteten Rückstand mit 50 ml W. (evtl. in der Wärme) lösen. (Einwaage m_E in mg)

Lösungsprozeß II

Arbeitsgeräte: wie bei I.

Reagenzien: 12 mol/l NaOH; 14 mol/l HNO_3; 18 mol/l H_2SO_4; H_2SO_3.

Arbeitsvorschrift: 1,2–1,5 g Späne einwägen, in Becherglas bringen u. mit etwas W. befeuchten. Becherglas mit einem Uhrglas bedecken u. langsam 15 ml NaOH-Lsg. zusetzen. Nach Beendigung der Rk. Uhrglas u. Wandungen des Becherglases mit W. abspritzen. Nach 1 Std. mit 80 ml W. verdünnen u. über Nacht stehenlassen. Die trübe, dunkelgefärbte Lsg. mit Mn im Rückstand nun vorsichtig mit HNO_3 solange versetzen, bis klare Lsg. entsteht u. dazu 5 ml H_2SO_4 geben. Evtl. kleine ausflockende Rückstände mit 2 Tr. H_2SO_3 lösen, SO_2 vollständig verkochen u. Lsg. zur Trockne eindampfen. Rückstand mit 50 ml heißem W. aufnehmen. (Einwaage in m_E in mg)

Lösungsprozeß III

Arbeitsgeräte: wie bei I.

Reagenzien: Mischsäure: 30 ml 14 mol/l HNO_3 u. 70 ml 18 mol/l H_2SO_4; 7 mol /l HCl.

Arbeitsvorschrift: Ca. 1 g Späne einwägen, in Becherglas bringen u. mit W. anfeuchten. Becherglas mit Uhrglas bedecken u. vorsichtig in kleinen Portionen 15 ml Mischsäure zusetzen. Wenn Rk. nachläßt, noch 3–5 ml HCl zugeben. Auf Heizplatte bis zur Bildung weißer Nebel eindampfen u. Lsg. dann noch 30 Min. lang im Rauchen halten. Nach dem Erkalten mit 60–80 ml heißem W. lösen (Einwaage m_E in mg)

Bestimmung von Zink

Arbeitsgeräte: für a) zusätzlich Rührwerk; Filtertiegel A 2; Al-Block; CO_2-Stahlflasche; H_2S-Anlage. Für b) s. S. 271; für c) S. 325.

Reagenzien; für a) NH_4-Tartrat; 2 mol/l NH_3; Methylorange; H_2SO_4 (25,6 g 18 mol/l H_2SO_4 mit W. auf 100 ml auffüllen); $(NH_4)_2SO_4$; Waschfl.: H_2S-Wasser mit 1 g $(NH_4)_2SO_4$ pro 100 ml; S-Pulver. Für b) s. S. 271 u. zusätzlich 5 mol/l HNO_3. Für c) s. S. 325 u. zusätzlich 5 mol/l HNO_3.

Arbeitsvorschrift: a) gravimetrisch: Lsg. aus Lösungsprozeß I oder II mit 2 g NH_4-Tartrat versetzen u. mit NH_3-Lsg. gegen Methylorange neutralisieren. Hierbei so lange rühren, bis Nd. sich gerade wieder löst. Sodann 8 ml H_2SO_4 zugeben, auf 200 ml mit W. verdünnen u. mit 3 g $(NH_4)_2SO_4$

versetzen, prüfen, ob pH = 2,9 – 3,3. Dann auf 70 °C erhitzen u. 30 Min. lang H_2S in schneller Folge (2 Blasen/Sek.) einleiten. Über Nacht stehen lassen u. durch Filtertiegel dekantierend filtrieren. Mit Waschfl. waschen. Nd. mit S-Pulver leicht bestreuen u. im Al-Block im CO_2-Strom auf 400 °C erhitzen. Nach Erreichen dieser Temp. Heizung abstellen u. Tiegel weiterhin, bis Temp. auf 200 °C abgesunken ist, im CO_2-Strom belassen, dann in Exsikkator stellen. Auswaage *m*(ZnS) in mg.

b) gravimetrisch: ZnS wie unter a) fällen u. abfiltrieren, dann Nd. mit HNO_3 lösen, H_2S verkochen u. als $Zn_2P_2O_7$ nach Vorschrift auf S. 401 bestimmen. Vgl. Mn als $Mn_2P_2O_7$, S. 278f.

c) maßanalytisch: Wie b), jedoch nach Verkochen des H_2S komplexometrisch wie Mg^{2+} bzw. Al^{3+} nach Vorschrift auf S. 325 bzw. 327 titrieren.

Berechnung: für a):

$$m(\mathrm{Zn}) = [\lambda] \cdot m(\mathrm{ZnS})$$

Umrechnungsfaktor

$$[\lambda] = \frac{M(\mathrm{Zn})}{M(\mathrm{ZnS})} = 0{,}67098$$

$$(\lg [\lambda] = 0{,}82671 - 1.)$$

für a), b) und c):

$$w(\mathrm{Zn}) = \frac{m(\mathrm{Zn})}{m_\mathrm{E}}$$

Bestimmung von Kupfer

Arbeitsgeräte und Reagenzien: für a) s. S. 276f. Für b) s. S. 277 u. zusätzlich 2 mol/l NaOH. Für c) s. S. 356.

Arbeitsvorschrift: a) gravimetrisch: In Lsg. aus Lösungsprozeß III Cu als CuS nach Vorschrift auf S. 276f. bestimmen.

b) gravimetrisch: CuS wie unter a) fällen u. abfiltrieren, dann Nd. mit HNO_3 lösen, H_2S verkochen, mit NaOH-Lsg. auf pH = 4–5 bringen u. Cu als CuSCN nach Vorschrift auf S. 277 bestimmen.

c) elektrogravimetrisch: Lsg. aus Lösungsprozeß III nach Vorschrift auf S. 356 elektrolysieren.

Berechnung:

$$w(\mathrm{Cu}) = \frac{m(\mathrm{Cu})}{m_\mathrm{E}}$$

Bestimmung von Magnesium

Arbeitsgeräte und Reagenzien: s. S. 271 u. zusätzlich 250-ml-Meßkolben; 50-ml-Pipette; 14 mol/l HNO_3; Weinsäurelsg. (1 : 1).

Arbeitsvorschrift: Im F. der Sulfidfällungen H_2S restlos verkochen u. NH_4-Salze durch Eindampfen mit 50 ml HNO_3 zerstören. Eingedampfte Lsg. bzw. durch Elektrolyse von Cu befreite Lsg. in Meßkolben füllen u. mit W. bis zur Marke auffüllen. 50 ml aus Meßkolben entnehmen, 20 ml Weinsäurelsg. zusetzen u. $MgNH_4PO_4$ nach Vorschrift auf S. 271 fällen. (Für Al-Best. evtl. nur alqiuoten Teil des F. verwenden; V_y/V_F.)

Berechnung:

$$w(\mathrm{Mg}) = \frac{m(\mathrm{Mg})}{0{,}2 \cdot m_\mathrm{E}}$$

Bestimmung von Aluminium

Arbeitsgeräte, Reagenzien und Arbeitsvorschrift: s. S. 273f.. Max. 27 mg Al^{3+}.

Berechnung:

$$w(\mathrm{Al}) = \frac{m(\mathrm{Al})}{0{,}2 \cdot (V_y/V_F) \cdot m_\mathrm{E}}$$

Bestimmung von Mangan

Arbeitsgeräte: für a): 400-ml-Bechergläser (hohe Form); Uhrgläser; Heizplatte; Glasfiltertiegel 1 G 4; *Witt*scher Saugtopf; Pipetten; 50-ml-Pipette; 50-ml-Bürette. Für b) s. S. 408. Für c) s. S. 373.

Reagenzien: für a) 14 mol/l HNO_3, Stickstoffoxide durch halbstündiges Durchleiten von Luft entfernen; 7 mol/l H_2SO_4; $NaBiO_3$; 2 mol/l HNO_3; Maßlösungen: 0,05 mol/l $Na_2C_2O_4$; 0,02 mol/l $KMnO_4$. Für b) s. S. 408. Für c) s. S. 373.

Arbeitsvorschrift: a) Bismutatverfahren: Einwaage so bemessen, daß nicht mehr als 40 mg Mn zur Analyse gelangen. Späne in Becherglas bringen. Becherglas mit Uhrglas bedecken, auf

Heizplatte stellen u. Probe vorsichtig mit 15 ml 14 mol/l HNO_3 lösen. Nach der ersten heftigen Rk. langsam 5 ml H_2SO_4 zugeben. Nach vollständigem Lösen mit 15 ml 14 mol/l HNO_3 versetzen. Sodann 30 ml heißes W. zusetzen, aufkochen, abkühlen u. 1,3 g $NaBiO_3$ zugeben. Lsg. schütteln u. 15 Min. lang stehenlassen. Währenddessen eine mit 2 mol/l HNO_3 versetzte $KMnO_4$-Lsg., die etwas $NaBiO_3$ enthält, u. anschließend 2 mol/l HNO_3 durch Glasfiltertiegel saugen. Vorlage wechseln u. nun langsam Analysenlsg. durch Glasfiltertiegel filtrieren u. mit 2 mol/l HNO_3 nachwaschen, bis diese farblos abläuft. Zum F. 10 ml H_2SO_4, genau 50 ml $Na_2C_2O_4$-Lsg. (Pipette!) geben, auf 70 °C erwärmen u. mit $KMnO_4$-Lsg. zurücktitrieren.

b) Methode nach *Procter-Smith*: s. S. 408.

c) photometrisch: s. S. 373.

Berechnung:

für a) $m(\text{Mn})$ in mg $\triangleq$ 1,0988 · 50 − V_t in ml

für b) s. S. 408, für c) s. S. 373.

$$w(\text{Mn}) = \frac{m(\text{Mn})}{m_E}$$

Eisen- und Stahlanalyse

Allgemeines: Gußeisen, Schmiedeeisen und Stahl sind Eisen-Kohlenstoff-Legierungen, die sich in ihrem Kohlenstoffgehalt unterscheiden.

Gußeisen enthält 2,6–5,3 % Kohlenstoff, Schmiedeeisen 0,1–0,5 % Kohlenstoff und Stahl gewöhnlich 0,5–1,7 % Kohlenstoff. Neben Kohlenstoff, der sowohl die Struktur als auch die Eigenschaften der Eisen-Kohlenstoff-Legierungen maßgebend beeinflußt, sind in allen Eisensorten Silicium, Schwefel, Phosphor und Mangan anzutreffen. Als weitere Legierungzusätze können in Stählen Aluminium, Chrom, Cobalt, Molybdän, Nickel, Vanadium, Titan, Wolfram, Kupfer und Stickstoff vorkommen. Man unterscheidet unlegierte und legierte Stähle. Im ersteren Fall ist das ein Stahl, bei dem die obere Grenze von 0,5 % Silicium, 0,8 % Mangan und 0,25 % Kupfer nicht überschritten wird. Im zweiten Fall handelt es sich um Stähle, bei denen die vorgenannten Gehaltsgrenzen überschritten wurden oder die zur Erzielung besserer Eigenschaften mit weiteren Metallen legiert wurden. „Niedrig legierte" Stähle (mit Nickel und Chrom) werden für höher beanspruchte Maschinenteile verwendet. „Hoch legierte" Stähle (mit Nickel, Chrom, Mangan, Silicium, Molybdän, u. a.) besitzen hohe Verschleißfestigkeit und Korrosionsbeständigkeit (Edelstähle wie V 2 A und V 4 A).

Bei Eisen- und Stahllegierungen interessieren in erster Linie die Legierungsnebenbestandteile. Im folgenden wird die analytische Bestimmung von Silicium, Kohlenstoff, Phosphor, Schwefel, Chrom und Nickel im Gußeisen bzw. Stahl beschrieben.

Analysengang: Die zur Analyse kommenden Bohr- oder Drehspäne werden zuvor mit Alkohol oder Ether fettfrei gemacht und entsprechend der vorliegenden Legierungsart in Salzsäure, Salpetersäure oder in einem Gemisch von beiden gelöst. Säureunlösliche Legierungen sind durch eine oxidierende Schmelze (z. B. von Alkalicarbonat und Natriumperoxid) in einem Tiegel aufzuschließen. Zur Bestimmung der einzelnen Elemente empfiehlt es sich, gesonderte Einwaagen zu verwenden.

Bestimmung von Silicium

Reaktionsprinzip: Die Si-Abscheidung erfolgt nach dem Lösen der Probe (ausgenommen Ferrosilicium) in einer oxidierenden Säure (HNO_3) durch mehrmaliges Abrauchen mit HCl als SiO_2.

Verfahrensfehler: Löst man in HCl, so besteht die Gefahr, daß ein Teil des Si, das in den Legierungen fast immer als Silicid vorliegt, als SiH_4 entweicht. Neuerdings wird zum Lösen u. Abrauchen ein $HClO_4$-HNO_3-Gemisch verwendet (Vorsicht! Nicht im Holzabzug abrauchen, da bei hochkonz. $HClO_4$ Explosionsgefahr besteht; nur einen „vollausgekachelten" Abzug mit eingebauten Heizplatten benutzen!). Da das abgeschiedene SiO_2 häufig Fremdsubstanzen einschließt, ist Abrauchen mit HF zur Prüfung auf Reinheit ratsam.

Arbeitsgeräte: 400-ml-Bechergläser; Uhrgläser; Wasserbad; Sandbad; Blaubandfilter; Porzellantiegel; Trockenschrank; Muffelofen; Pipetten.

Reagenzien: 5 mol/l HNO_3; 7 mol/l HCl.

Arbeitsvorschrift: 1–2 g einer siliciumreichen oder 2–5 g einer siliciumarmen Legierung einwägen u. in Becherglas bringen. Becherglas mit Uhrglas bedecken u. vorsichtig portionsweise mit der etwa zwölffachen Menge HNO_3 versetzen. Nach dem Nachlassen der Rk. auf dem Wasserbad bis zur klaren Lsg. erwärmen, Uhrglas mit heißem W. abspritzen u. Lsg. auf Sandbad bis zur Trockne eindampfen. Sodann mattbraunen Rückstand nach völligem Abkühlen im bedeckten Becherglas mit HCl (4 ml für je 0,5 g Einwaage) bis zum Lösen erwärmen u. nochmals bis zur Trockne eindampfen. Mit warmer HCl (3 ml auf je 0,5 g Einwaage) aufnehmen, mit heißem W. verdünnen, absetzen lassen u. durch Filter dekantierend filtrieren, Nd. mit heißem, salzsaurem W. waschen. Filter in Tiegel bringen, im Trockenschrank trocknen u. anschließend veraschen. Rückstand bei 1000 °C im Muffelofen in Intervallen von 45 Min. bis zur Gewichtskonstanz glühen. Auswaage $m(SiO_2)$ in mg.

Berechnung:

$m(Si) = [\lambda] \cdot m(SiO_2)$

Umrechnungsfaktor

$$[\lambda] = \frac{M(Si)}{M(SiO_2)} = 0{,}46743$$

$(\lg [\lambda] = 0{,}66972 - 1.)$

$$w(Si) = \frac{m(Si)}{m_E}$$

Bestimmung von Kohlenstoff

Reaktionsprinzip: Kohlenstoff wird bei Temp. über 1100 °C im O_2-Strom zu CO_2 verbrannt u. dieses absorptiometrisch bestimmt. Die abgekühlten Gase werden in einer Gasbürette aufgefangen u. in eine mit Kalilauge gefüllte Gaspipette gedrückt. Aus der Volumenverminderung kann der C-Gehalt des Stahls berechnet werden.

Arbeitsgeräte: Apparatur nach Abb. 96.; O_2-Stahlflasche; Porzellanschiffchen.

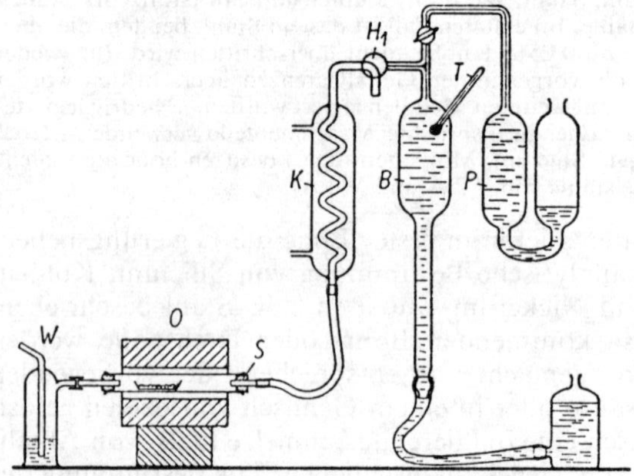

Abb. 96.
Apparatur zur C-Bestimmung im Stahl

Reagenzien: 30%ige KOH-Lösung.

Verfahrensfehler: Der O_2-Strom darf nicht zu stark sein, damit die Bürette nicht vor vollständiger Verbrennung des Stahls gefüllt ist.

Arbeitsvorschrift: O_2 wird mit dem Reduzierventil so eingestellt, daß man die Blasen in der Waschflasche (W) gerade noch zählen kann. Die Verbindung zwischen der Waschflasche u. dem Porzellanrohr des Röhrenofens O wird durch einen Schlauch u. einen durchbohrten Gummistopfen S hergestellt. O_2 durchströmt jetzt den Ofen u. gelangt bei Hahn H_1 ins Freie. Nachdem die Apparatur gut mit O_2 ausgespült ist, wird der Stopfen S wieder abgenommen, das Porzellanschiffchen mit den eingewogenen Stahlspänen in das Rohr des Ofens eingeschoben u. Stopfen S wieder aufgesetzt. Gleichzeitig wird Hahn H_1 umgestellt, so daß das Gas in die Bürette B gelangt. Das Niveaugefäß N soll dabei so gehalten werden, daß der Spiegel der Sperrfl. nur wenig unter dem Fl.-Spiegel in der Bürette B liegt. Während der Verbrennung des Stahls wird O_2 bei richtig eingestellter Strömungsgeschwindigkeit fast vollständig verbraucht. Erst nach beendeter Rk. beginnt dann der Spiegel wieder schneller zu sinken. Ist die Bürette einschließlich des verjüngten Teils gefüllt, wird H_1 wieder in die alte Stellung gedreht. Jetzt muß der gesamte Kohlenstoff als CO_2 in die Bürette B gespült sein. Ist an der Bürette eine verschiebbare Skala angebracht, so wird diese jetzt bei Niveaugleichheit so eingestellt, daß der Flüssigkeitsmeniskus auf Null steht. Diese Nullpunktverschiebung ist hier im Gegensatz zu den bisher beschriebenen absorptiometrischen Verfahren zulässig, da die Vol.-Differenz proportional dem C-Gehalt der Einwaage u. unabhängig vom Gesamtvol. ist, während sonst das Meßergebnis auf das Ausgangsvol. bezogen wird. Jetzt wird durch Drehen des Hahns H_2 die Bürette B mit der Absorptionspipette P verbunden u. das Gas in die Pipette gedrückt. Nach vollständiger CO_2-Absorption wird dann das Gas wieder in die Bürette B zurückgeholt u. die Vol.-Verminderung ΔV bestimmt. Außerdem müssen die Gastemp. ϑ am Thermometer T u. der Barometerstand p_B abgelesen werden.

Berechnung: Die Skala der Gasbürette ist gewöhnlich schon auf % C geeicht. Dabei sind Standarddruck p° (1013 mbar), eine Bezugstemp. ϑ' (z. B. 16 °C) u. eine bestimmte Einwaage (1 g) zugrunde gelegt. Der Verrechnungsfaktor für Druck u. Temp. kann einer Tabelle entnommen oder nach der Gleichung

$$\frac{p^\circ \cdot \%\,C}{\vartheta' + 273{,}15\,K} = \frac{p_B \cdot \%\,C_{Ablesung}}{\vartheta + 273{,}15\,K}$$

errechnet werden. Er ergibt sich aus Gleichung 3 (Kap. 3.8.1.1.), da % C proportional dem Volumen CO_2 ist. Für p_B ist selbstverständlich der korrigierte Barometerstand einzusetzen (s. S. 376 u. 382). Wenn die Gasbürette eine ml-Teilung trägt, muß die Rechnung nach dem idealen Gasgesetz durchgeführt werden, indem Gleichung 5 (Kap. 3.8.1.1.). nach m aufgelöst wird:

$$m(CO_2) = \frac{p_B \cdot \Delta V \cdot M(CO_2)}{RT} = \frac{p_B \cdot \Delta V \cdot (44010\ mg/mol)}{(82518\ ml \cdot mbar/(K \cdot mol)) \cdot (\vartheta + 273{,}15\ K)}.$$

Der Wert für „R" weicht um ca. 0,75% von dem theoretischen Wert 83143 ml × mbar/(K × mol) ab. Er wurde unter Benutzung des tatsächlichen molaren Volumens von CO_2 berechnet. Er enthält also bereits die Korrektur für die Abweichung von dem idealen Gasgesetz (s. S. 375). Der C-Gehalt wird dann durch einfache stöchiometrische Rechnung ermittelt. (Bei Benutzung alter Barometer: 1 Torr ≙ 1,3332 mbar.)

Bestimmung von Phosphor

Reaktionsprinzip: Die Probe wird in HNO_3 gelöst, wobei das als FeP vorliegende P teils zu H_3PO_3, teils zu H_3PO_4 oxidiert wird. Zur vollständigen Oxidation von H_3PO_3 dient $KMnO_4$.

$FeP + 5\,HNO_3 \rightarrow H_3PO_3 + Fe(NO_3)_3 + 2\,NO + H_2O$

$5\,H_3PO_3 + 2\,KMnO_4 + 6\,HNO_3 \rightarrow 5\,H_3PO_4 + 2\,Mn(NO_3)_2 + 2\,KNO_3 + 3\,H_3O$

Anschließend wird das überschüssige $KMnO_4$ durch Oxalsäure oder KNO_2 wieder reduziert u. PO_4^{3-} in salpetersaurer Lsg. als 8-Hydroxychinolinium-12-molybdo-1-phosphat gefällt. Die störende Komplexbildung des Fe^{3+} mit PO_4^{3-} wird durch Maskierung des Fe^{3+} mit Dinatriumethylendiamintetraacetat, Na_2H_2Y, verhindert. Enthält die Probe größere Mengen an Si, so raucht man das gebildete SiO_2 mit HF ab. Kleinere Mengen an Si lassen sich durch Zusatz einiger Tropfen HF leicht als SiF_4 entfernen.

Verfahrensfehler: HCl darf nicht als Lsgm. verwendet werden, da hierbei PH_3 entweichen würde.

Arbeitsgeräte: 400-ml-Bechergläser; Heizquelle; Pipetten; pH-Papier; 50-ml-Bürette.

Reagenzien: 2 mol HNO_3; HF; 3%ige $KMnO_4$-Lsg.; 5%ige KNO_2-Lsg.; 0,1 mol/l Sulfosalicylsäurelsg.; 2 mol/l NaOH; 0,1 mol/l Na_2H_2Y.

Arbeitsvorschrift: Ca. 0,5 g Späne in Becherglas einwägen u. mit 60 ml HNO_3 unter Erwärmen lösen. Nach dem Lösen der Metallspäne 10–15 Tr. HF zufügen (Tr. dürfen die Glaswandung nicht berühren!) u. Lsg. ziemlich weit eindampfen (Salze dürfen noch nicht auskristallisieren!). Sodann Lsg. mit W. auf 150 ml Gesamtvol. verdünnen, mit 10–20 ml $KMnO_4$-Lsg. versetzen u. 5 Min. lang kräftig kochen (bei evtl. Entfärbung nochmals $KMnO_4$-Lsg. zusetzen). Hiernach langsam KNO_2-Lsg. zugeben, bis Analysenlsg. gelbklares Aussehen hat u. kein Bodensatz von MnO_2 mehr vorhanden ist. Dann Lsg. kurz aufkochen, 2 ml Sulfosalicylsäurelsg. zufügen u. nach Einstellen auf pH = 2–3 mit NaOH-Lsg. mit Na_2H_2Y-Lsg. aus Bürette bis zum Verschwinden der Violettfärbung versetzen. Im weiteren nach der auf S. 268f. angegebenen Vorschrift verfahren. Die Auswaage $m(H_2Ox)_3[P(Mo_3O_{10})_4]$ beträgt ca. 10 mg.

Berechnung:

$m(P) = [\lambda] \cdot m((H_2Ox)[P(Mo_3O_{10})_4])$

Umrechnungsfaktor

$$[\lambda] = \frac{M(P)}{M((H_2Ox)_3[P(Mo_3O_{10})_4])} = 0{,}01370$$

$(\lg [\lambda] = 0{,}13674 - 2.)$

$$w(P) = \frac{m(P)}{m_E}$$

Analysengang: Die Bestimmung des Leuchtgases erfolgt mit dem *Orsat*-Apparat, der aus einer Gasbürette, mehreren Absorptionspipetten, einer *Dennis*-Pipette und einem *Jäger*-Röhrchen besteht. Alle diese Teile (im einzelnen schon auf S. 376ff. beschrieben) sind durch ein Hahn- und Kapillarrohrsystem verbunden.

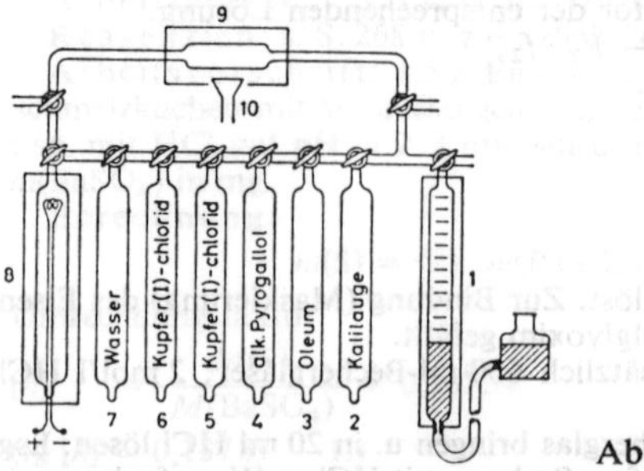

Abb. 97. *Orsat*-Apparatur

Arbeitsgeräte: *Orsat*-Apparat (Abb. 97.): Gasbürette (1), Absorptionspipetten (2–7), *Dennis*-Pipette (8), *Jäger*-Röhrchen (9), Bunsenbrenner (10); Stromquelle.

Reagenzien: Absorptionsflüssigkeiten (s. S. 378); O_2 für Dennis-Pipette.

Verfahrensfehler: Die Bestimmung der einzelnen Gasbestandteile muß unbedingt in der Reihenfolge der oben angeführten Zusammensetzung durchgeführt werden. Auch darf man keine Bestimmung überspringen, da sonst erhebliche Fehler auftreten. So wird z. B. CO_2 auch in der alkalischen Pyrogallollsg. oder O_2 in der CuCl-Lsg. absorbiert. Gelber Phosphor kann für die Sauerstoffabsorption nicht benutzt werden, da ihn bereits Spuren von Kohlenwasserstoffen vergiften. Bei der Methan-Bestimmung treten Fehler auf, wenn das Gas außer CH_4 auch größere Mengen Ethan, C_2H_6, enthält. Die Absorptionsflüssigkeiten dürfen nicht in das Kapillarrohrsystem gelangen (Verstopfungsgefahr).

Arbeitsvorschrift: Das Gas in der Bürette abmessen (möglichst genau 100 ml) u. mehrmals bis zur Vol.-Konstanz in die KOH-Pipette einleiten. Danach Absorption der sog. schweren Kohlenwasserstoffe (ungesättigte Aliphaten, Benzol und Derivate) in Oleum. Die Ablesung erfolgt erst, nachdem das verbliebene Gasgemisch zur Entfernung von SO_2 (aus dem Oleum) durch KOH geleitet worden ist. Als dritter Bestandteil wird O_2 in alkalischer Pyrogallollsg. absorbiert. Zur Bestimmung des CO stehen in der Regel zwei mit CuCl-Lsg. gefüllte Pipetten zur Verfügung. Um das Gleichgewicht $CO + CuCl + 2\,H_2O \rightleftharpoons CuCl \cdot CO \cdot 2\,H_2O$ möglichst auf die Seite der instabilen Additionsverbindung zu verschieben, wird die Hauptmenge des CO im ersten, der Rest im zweiten Gefäß entfernt. H_2 u. CH_4 werden fraktioniert im *Jäger*-Röhrchen verbrannt, wobei eine mit W. gefüllte Absorptionspipette (7) das Hin- u. Herleiten des Analysengases während der Verbrennung ermöglicht. Die gemeinsame Verbrennung durch O_2 in der *Dennis*-Pipette (s. S. 379) liefert als indirekte Analyse weniger genaue Ergebnisse.

Berechnung: Bei 100 ml Ausgangsvol. ergibt die jeweilige Vol.-Verminderung in ml den entsprechenden Volumenanteil des Gasbestandteils in Prozent. Bei der gemeinsamen Verbrennung von H_2 u. CH_4 werden aus der Volumenverminderung (ΔV, in ml) u. dem entstandenen CO_2-Volumen beide Komponenten berechnet:

adsorbiertes CO_2-Volumen in ml $\triangleq$ CH_4-Volumenanteil in %,
$^2/_3$ ($\Delta V - 2 \cdot CO_2$-Volumen in ml) $\triangleq$ H_2-Volumenanteil in %.
Nicht absorbierbares Restgas-Volumen $\triangleq$ N_2-Volumenanteil in %.

Eine genauere Bestimmung aller Bestandteile des Leuchtgases, insbesondere der schweren Kohlenwasserstoffe, ist nur mit Hilfe der Gaschromatographie möglich.

Rauchgasanalyse nach Orsat

Allgemeines: Für den wirtschaftlichen Betrieb von Wärmekraftanlagen, in denen Energie durch Verbrennung kohlenstoffhaltiger Substanzen gewonnen wird, muß die bestmögliche Ausnutzung des Brennstoffes erreicht werden. Die Sauerstoffzufuhr zum Verbrennungsraum bestimmt im wesentlichen die Wärmeausbeute der Verbrennungsreaktion und auch die Zusammensetzung des Rauchgases, so daß die

Verbrennung mit Hilfe einer laufenden Rauchgasanalyse in Richtung auf eine optimale Wärmeausbeute gesteuert werden kann.

Analysengang: Bei der Rauchgasanalyse nach *Orsat* werden nur vier Komponenten CO_2, O_2, CO und N_2 bestimmt. Man benutzt hierzu eine vereinfachte Ausführung des beschriebenen *Orsat*-Apparates, die nur Absorptionspipetten mit KOH, alkalischer Pyrogallol-Lösung und CuCl-Lösung enthält.

Arbeitsgeräte, Reagenzien, Arbeitsvorschrift und Berechnung: s. S. 410 (u. S. 376ff.).

Übliche Konzentrationen der wichtigsten im Laboratorium ausstehenden Lösungen

Substanz	Massenanteil in Prozent	Stoffmengenkonzentration in Mol/Liter
konz. H_2SO_4	96	18
verd. H_2SO_4	9	1
rauch. HNO_3	95	22
konz. HNO_3	65	14
verd. HNO_3	12	2
rauch. HCl	37	12
konz. HCl	32	10,2
halbkonz. HCl	25	7,7
verd. HCl	7	2
verd. Essigsäure	12	2
konz. NaOH	40	14
verd. NaOH	7,5	2
konz. Ammoniak	25 oder 33	13,3 oder 17,1
verd. Ammoniak	3,5	2
H_2O_2 „Perhydrol"	30	9,8
H_2O_2	3	1
NH_4Cl	5,3	1
$(NH_4)_2C_2O_4 \cdot H_2O$	6,6 (gesätt.)	0,46
$BaCl_2$	11,2	0,5
Na_2CO_3	9,7	1
$NaCH_3COO$	13,1	1
Na_2HPO_4	6,8	0,5
$(NH_4)_2S$[1]	–	1
$(NH_4)_2S_x$[2]	–	1
$SnCl_2$	10,6	1 (in konz. HCl)
$HgCl_2$	6,6 (gesätt.)	0,24
Ag_2SO_4	0,75 (gesätt.)	0,024
Ammoniummolybdat	gesätt.	–
$(NH_4)_2SO_4$	12,4	1
$Ba(OH)_2 \cdot 8\,H_2O$	3,48 (gesätt.)	–
Pb-Acetat	7,3	0,2
$K_2Cr_2O_7$	13,4	0,5
KF	10,7	2
$Co(NO_3)_2$	0,02	–
$MgCl_2$	–	0,5
NH_4SCN	7,5	1
Dimethylglyoxim	gesätt. in Alkohol	–
8-Hydroxychinolin	3 in 10%iger Essigsäure	–
Phosphorsäure	70–85	11–14,7
$ZrO(NO_3)_2$	–	0,1
$AgNO_3$	7,9	0,5

[1]) 500 ml 2 mol/l NH_3 mit H_2S-Gas sättigen, bis 1 ml dieser Lsg. in 1 mol/l $MgSO_4$ keinerlei Fällung erzeugt. Dann 500 ml 2 mol/l NH_3 zugeben. Die farblose Lsg. ist ungefähr einen Monat haltbar.

[2]) In 1 Liter $(NH_4)_2S$-Lsg. 32 g Schwefel geben und unter mäßigem Erwärmen lösen. In dieser gelben $(NH_4)_2S_x$-Lsg. ist $x \approx 2$.

Dichte und Gehalt wäßriger Lösungen*

a) Schwefelsäure

Dichte	H_2SO_4-Gehalt		Dichte	H_2SO_4-Gehalt		Dichte	H_2SO_4-Gehalt		Dichte	H_2SO_4-Gehalt	
ϱ 20 °C	Gew.-%	mol/l	ϱ 20 °C	Gew.-%	mol/l	ϱ 20 °C	Gew.-%	mol/l	ϱ 20 °C	Gew.-%	mol/l
1,000	0,2609	0,0266	1,235	32,01	4,031	1,470	57,36	8,589	1,705	78,06	13,57
1,005	0,9855	0,1010	1,240	32,61	4,123	1,475	57,84	8,699	1,710	78,49	13,69
1,010	1,731	0,1783	1,245	33,22	4,216	1,480	58,31	8,799	1,715	78,93	13,80
1,015	2,485	0,2595	1,250	33,82	4,310	1,485	58,78	8,899	1,720	79,37	13,92
1,020	3,242	0,3372	1,255	34,42	4,404	1,490	59,24	9,000	1,725	79,81	14,04
1,025	4,000	0,4180	1,260	35,01	4,498	1,495	59,70	9,100	1,730	80,25	14,16
1,030	4,746	0,4983	1,265	35,60	4,592	1,500	60,17	9,202	1,735	80,70	14,28
1,035	5,493	0,5796	1,270	36,19	4,686	1,505	60,62	9,303	1,740	81,16	14,40
1,040	6,237	0,6613	1,275	36,78	4,781	1,510	61,08	9,404	1,745	81,62	14,52
1,045	6,956	0,7411	1,280	37,36	4,876	1,515	61,54	9,506	1,750	82,09	14,65
1,050	7,704	0,8250	1,285	37,95	4,972	1,520	62,00	9,608	1,755	82,57	14,78
1,055	8,415	0,9054	1,290	38,53	5,068	1,525	62,45	9,711	1,760	83,06	14,90
1,060	9,129	0,9865	1,295	39,10	5,163	1,530	62,91	9,813	1,765	83,57	15,04
1,065	9,843	1,066	1,300	39,68	5,259	1,535	63,36	9,916	1,770	84,08	15,17
1,070	10,56	1,152	1,305	40,25	5,356	1,540	63,81	10,02	1,775	84,61	15,31
1,075	11,26	1,235	1,310	40,82	5,452	1,545	64,26	10,12	1,780	85,16	15,46
1,080	11,96	1,317	1,315	41,39	5,549	1,550	64,71	10,23	1,785	85,74	15,61
1,085	12,66	1,401	1,320	41,95	5,646	1,555	65,15	10,33	1,790	86,35	15,76
1,090	13,36	1,484	1,325	42,51	5,743	1,560	65,59	10,43	1,795	86,99	15,92
1,095	14,04	1,567	1,330	43,07	5,840	1,565	66,03	10,54	1,800	87,69	16,09
1,100	14,73	1,652	1,335	43,62	5,938	1,570	66,47	10,64	1,805	88,43	16,27
1,105	15,41	1,735	1,340	44,17	6,035	1,575	66,91	10,74	1,810	89,23	16,47
1,110	16,08	1,820	1,345	44,72	6,132	1,580	67,35	10,85	1,815	90,12	16,68
1,115	16,76	1,905	1,350	45,26	6,229	1,585	67,79	10,96	1,820	91,11	16,91
1,120	17,43	1,990	1,355	45,80	6,327	1,590	68,23	11,06	1,821	91,33	16,96
1,125	18,09	2,075	1,360	46,33	6,424	1,595	68,66	11,16	1,822	91,56	17,01
1,130	18,76	2,161	1,365	46,86	6,522	1,600	69,09	11,27	1,823	91,78	17,06
1,135	19,42	2,247	1,370	47,39	6,620	1,605	69,53	11,38	1,824	92,00	17,11
1,140	20,08	2,334	1,375	47,92	6,718	1,610	69,96	11,48	1,825	92,25	17,17
1,145	20,73	2,420	1,380	48,45	6,817	1,615	70,39	11,59	1,826	92,51	17,22
1,150	21,38	2,507	1,385	48,97	6,915	1,620	70,82	11,70	1,827	92,77	17,28
1,155	22,03	2,594	1,390	49,48	7,012	1,625	71,25	11,80	1,828	93,03	17,34
1,160	22,67	2,681	1,395	49,99	7,110	1,630	72,67	11,91	1,829	93,33	17,40
1,165	23,31	2,768	1,400	50,50	7,208	1,635	72,09	12,02	1,830	93,64	17,47
1,170	23,95	2,857	1,405	51,01	7,307	1,640	72,52	12,13	1,831	93,94	17,54
1,175	24,58	2,945	1,410	51,52	7,406	1,645	72,95	12,24	1,832	94,32	17,62
1,180	25,21	3,033	1,415	52,02	7,505	1,650	73,37	12,34	1,833	94,72	17,70
1,185	25,84	3,122	1,420	52,51	7,603	1,655	73,80	12,45			
1,190	26,47	3,211	1,425	53,01	7,702	1,660	74,22	12,56			
1,195	27,10	3,302	1,430	53,50	7,801	1,665	74,64	12,67			
1,200	27,72	3,391	1,435	54,00	7,901	1,670	75,07	12,78			
1,205	28,33	3,481	1,440	54,49	8,000	1,675	75,49	12,89			
1,210	28,95	3,572	1,445	54,97	8,009	1,680	75,92	13,00			
1,215	29,57	3,663	1,450	55,45	8,198	1,685	76,34	13,12			
1,220	30,18	3,754	1,455	55,93	8,297	1,690	76,77	13,23			
1,225	30,79	3,846	1,460	56,41	8,397	1,695	77,20	13,34			
1,230	31,40	3,938	1,465	56,89	8,497	1,700	77,63	13,46			

* Entnommen aus *Küster-Thiel-Fischbeck*, Logarithmische Rechentafeln, 84. bis 93. Aufl., 1962, mit frdl. Genehmigung des Verlages Walter de Gruyter & Co., Berlin.

b) Salzsäure

Dichte	HCl-Gehalt		Dichte	HCl-Gehalt		Dichte	HCl-Gehalt	
ϱ 20 °C	Gew.-%	mol/l	ϱ 20 °C	Gew.-%	mol/l	ϱ 20 °C	Gew.-%	mol/l
1,000	0,3600	0,09872	1,070	$14,94_5$	4,253	1,140	28,18	8,809
1,005	1,360	0,3748	1,075	$15,48_5$	4,565	1,145	29,17	9,159
1,010	2,364	0,6547	1,080	16,47	4,878	1,150	30,14	9,505
1,015	3,374	0,9391	1,085	17,45	5,192	1,155	31,14	9,863
1,020	4,388	1,227	1,090	18,43	$5,509_5$	1,160	32,14	$10,22_5$
1,025	5,408	1,520	1,095	19,41	5,829	1,165	33,16	$10,59_5$
1,030	6,433	1,817	1,100	20,39	6,150	1,170	34,18	10,97
1,035	7,464	2,118	1,105	21,36	6,472	1,175	35,20	11,34
1,040	8,490	2,421	1,110	22,33	6,796	1,180	36,23	11,73
1,045	9,510	2,725	1,115	23,29	7,122	1,185	37,27	12,11
1,050	10,52	3,029	1,120	24,25	7,449	1,190	38,32	12,50
1,055	11,52	3,333	1,125	25,22	7,782	1,195	39,37	12,90
1,060	12,51	3,638	1,130	26,20	8,118	1,198	40,00	13,14
1,065	13,50	3,944	1,135	27,18	8,459			

c) Salpetersäure

Dichte	HNO_3-Gehalt		Dichte	HNO_3-Gehalt		Dichte	HNO_3-Gehalt	
ϱ 20 °C	Gew.-%	mol/l	ϱ 20 °C	Gew.-%	mol/l	ϱ 20 °C	Gew.-%	mol/l
1,000	0,3333	0,05231	1,190	31,47	5,943	1,380	62,70	13,73
1,005	1,255	0,2001	1,195	32,21	6,107	1,385	63,72	14,01
1,010	2,164	0,3468	1,200	32,94	6,273	1,390	64,74	14,29
1,015	3,073	0,4950	1,205	33,68	6,440	1,395	65,84	14,57
1,020	3,982	0,6445	1,210	34,41	6,607	1,400	66,97	14,88
1,025	4,883	0,7943	1,215	35,16	6,778	1,405	68,10	15,18
1,030	5,784	0,9454	1,220	35,93	6,956	1,410	69,23	15,49
1,035	6,661	1,094	1,225	36,70	7,135	1,415	70,39	15,81
1,040	7,530	1,243	1,230	37,48	7,315	1,420	71,63	16,14
1,045	8,398	1,393	1,235	38,25	7,497	1,425	72,86	16,47
1,050	9,259	1,543	1,240	39,02	7,679	1,430	74,09	16,81
1,055	10,12	1,694	1,245	39,80	7,863	1,435	75,35	17,16
1,060	10,97	1,845	1,250	40,58	8,049	1,440	76,71	17,53
1,065	11,81	1,997	1,255	41,36	8,237	1,445	78,07	17,90
1,070	12,65	2,148	1,260	42,14	8,426	1,450	79,43	18,28
1,075	13,48	2,301	1,265	42,92	8,616	1,455	80,88	18,68
1,080	14,31	2,453	1,270	43,70	8,808	1,460	82,39	19,09
1,085	15,13	2,605	1,275	44,48	9,001	1,465	83,91	19,51
1,090	15,95	2,759	1,280	45,27	9,195	1,470	85,50	19,95
1,095	16,76	2,913	1,285	46,06	9,394	1,475	87,29	20,43
1,100	17,58	3,068	1,290	46,85	9,590	1,480	89,07	20,92
1,105	18,39	3,224	1,295	47,63	9,789	1,485	91,13	21,48
1,110	19,19	3,381	1,300	48,42	9,990	1,490	93,49	22,11
1,115	20,00	3,539	1,305	49,21	10,19	1,495	95,46	22,65
1,120	20,79	3,696	1,310	50,00	10,39	1,500	96,73	23,02
1,125	21,59	3,854	1,315	50,85	10,61	1,501	96,98	23,10
1,130	22,38	4,012	1,320	51,71	10,83	1,502	97,23	23,18
1,135	23,16	4,171	1,325	52,56	11,05	1,503	97,49	23,25
1,140	23,94	4,330	1,330	53,41	11,27	1,504	97,74	23,33
1,145	24,71	4,489	1,335	54,27	11,49	1,505	97,99	23,40
1,150	25,48	4,649	1,340	55,13	11,72	1,506	98,25	23,48
1,155	26,24	4,810	1,345	56,04	11,96	1,507	98,50	23,56
1,160	27,00	4,970	1,350	56,95	12,20	1,508	98,76	23,63
1,165	27,76	5,132	1,355	57,87	12,44	1,509	99,01	23,71
1,170	28,51	5,293	1,360	58,78	12,68	1,510	99,26	23,79
1,175	29,25	5,455	1,365	59,69	12,93	1,511	99,52	23,86
1,180	30,00	5,618	1,370	60,67	13,19	1,512	99,77	23,94
1,185	30,74	5,780	1,375	61,69	13,46	1,513	100,00	24,01

d) Kaliumhydroxid

Dichte	KOH-Gehalt		Dichte	KOH-Gehalt		Dichte	KOH-Gehalt	
ϱ 20 °C	Gew.-%	mol/l	ϱ 20 °C	Gew.-%	mol/l	ϱ 20 °C	Gew.-%	mol/l
1,000	0,197	0,0351	1,180	19,35	4,07	1,360	36,73$_5$	8,90$_5$
1,005	0,743	0,133	1,185	19,86	4,19$_5$	1,365	37,19	9,05
1,010	1,29$_5$	0,233	1,190	20,37	4,32	1,370	37,65	9,19
1,015	1,84	0,333	1,195	20,88	4,45	1,375	38,10$_5$	9,34
1,020	2,38	0,433$_5$	1,200	21,38	4,57	1,380	38,56	9,48
1,025	2,93	0,536	1,205	21,88	4,70	1,385	39,01	9,63
1,030	3,48	0,639$_5$	1,210	22,38	4,83	1,390	39,46	9,78
1,035	4,03	0,744	1,215	22,88	4,95$_5$	1,395	39,92	9,93
1,040	4,58	0,848	1,220	23,38	5,08	1,400	40,37	10,07
1,045	5,12	0,954	1,225	23,87	5,21	1,405	40,82	10,22
1,050	5,66	1,06	1,230	24,37	5,34	1,410	41,26	10,37
1,055	6,20	1,17	1,235	24,86	5,47	1,415	42,71	10,52
1,060	6,74	1,27	1,240	25,36	5,60	1,420	42,15$_5$	10,67
1,065	7,28	1,38	1,245	25,85	5,74	1,425	42,60	10,82
1,070	7,82	1,49	1,250	26,34	5,87	1,430	43,04	10,97
1,075	8,36	1,60	1,255	26,83	6,00	1,435	43,48	11,12
1,080	8,89	1,71	1,260	27,32	6,13$_5$	1,440	43,92	11,28
1,085	9,43	1,82	1,265	27,80	6,27	1,445	44,36	11,42
1,090	9,96	1,94	1,270	28,29	6,40	1,450	44,79	11,58
1,095	10,49	2,05	1,275	28,77	6,54	1,455	45,23	11,73
1,100	11,03	2,16	1,280	29,25	6,67	1,460	45,66	11,88
1,105	11,56	2,28	1,285	29,73	6,81	1,465	46,09$_5$	12,04
1,110	12,08	2,39	1,290	30,21	6,95	1,470	46,53	12,19
1,115	12,61	2,51	1,295	30,68	7,08	1,475	46,96	12,35
1,120	13,14	2,62	1,300	31,15	7,22	1,480	47,39	12,50
1,125	13,66	2,74	1,305	31,62	7,36	1,485	47,82	12,66
1,130	14,19	2,86	1,310	32,09	7,49	1,490	48,25	12,82
1,135	14,70$_5$	2,97$_5$	1,315	32,56	7,63	1,495	48,67$_5$	12,97
1,140	15,22	3,99	1,320	33,03	7,77	1,500	49,10	13,13
1,145	15,74	3,21	1,325	33,50	7,91	1,505	49,53	13,29
1,150	16,26	3,33	1,330	33,97	8,05	1,510	49,95	13,45
1,155	16,78	3,45	1,335	34,43	8,19	1,515	50,38	13,60
1,160	17,29	3,58	1,340	34,90	8,33$_5$	1,520	50,80	13,76
1,165	17,81	3,70	1,345	35,36	8,48	1,525	51,22	13,92
1,170	18,32	3,82	1,350	35,82	8,62	1,530	51,64	14,08
1,175	18,84	3,94$_5$	1,355	36,28	8,76	1,535	52,05	14,24

e) Natriumhydroxid

Dichte	NaOH-Gehalt		Dichte	NaOH-Gehalt		Dichte	NaOH-Gehalt	
ϱ 20 °C	Gew.-%	mol/l	ϱ 20 °C	Gew.-%	mol/l	ϱ 20 °C	Gew.-%	mol/l
1,000	0,159	0,0398	1,180	16,44	4,850	1,360	33,06	11,24
1,005	0,602	0,151	1,185	16,89	5,004	1,365	33,54	11,45
1,010	1,04$_5$	0,264	1,190	17,34$_5$	5,160	1,370	34,03	11,65
1,015	1,49	0,378	1,195	17,80	5,317	1,375	34,52	11,86
1,020	1,94	0,494	1,200	18,25$_5$	5,476	1,380	35,01	12,08
1,025	2,39	0,611	1,205	18,71	5,636	1,385	35,50$_5$	12,29
1,030	2,84	0,731	1,210	19,16	5,796	1,390	36,00	12,51
1,035	3,29	0,851	1,215	19,62	5,958	1,395	36,49$_5$	12,73
1,040	3,74$_5$	0,971	1,220	20,07	6,122	1,400	36,99	12,95
1,045	4,20	1,097	1,225	20,53	6,286	1,405	37,49	13,17
1,050	4,65$_5$	1,222	1,230	20,98	6,451	1,410	37,99	13,39
1,055	5,11	1,347	1,235	21,44	6,619	1,415	38,49	13,61
1,060	5,56	1,474	1,240	21,90	6,788	1,420	38,99	13,84
1,065	6,02	1,602	1,245	22,36	6,958	1,425	39,49$_5$	14,07
1,070	6,47	1,731	1,250	22,82	7,129	1,430	40,00	14,30
1,075	6,93	1,862	1,255	23,27$_5$	7,302	1,435	40,51$_5$	14,53
1,080	7,38	1,992	1,260	23,73	7,475	1,440	41,03	14,77
1,085	7,83	2,123	1,265	24,19	7,650	1,445	41,55	15,01
1,090	8,28	2,257	1,270	24,64$_5$	7,824	1,450	42,07	15,25
1,095	8,74	2,391	1,275	25,10	8,000	1,455	42,59	15,49
1,100	9,19	2,527	1,280	25,56	8,178	1,460	43,12	15,74
1,105	9,64$_5$	2,664	1,285	26,02	8,357	1,465	43,64	15,98
1,110	10,10	2,802	1,290	26,48	8,539	1,470	44,17	16,23
1,115	10,55$_5$	2,942	1,295	26,94	8,722	1,475	44,69$_5$	16,48
1,120	11,01	3,082	1,300	27,41	8,906	1,480	45,22	16,73
1,125	11,46	3,224	1,305	27,87	9,092	1,485	45,75	16,98
1,130	11,92	3,367	1,310	28,33	9,278	1,490	46,27	17,23
1,135	12,37	3,510	1,315	28,80	9,466	1,495	46,80	17,49
1,140	12,83	3,655	1,320	29,26	9,656	1,500	47,33	17,75
1,145	13,28	3,801	1,325	29,73	9,847	1,505	47,85	18,00
1,150	13,73	3,947	1,330	30,20	10,04	1,510	48,38	18,26
1,155	14,18	4,095	1,335	30,67	10,23	1,515	48,90$_5$	18,52
1,160	14,64	4,244	1,340	31,14	10,43	1,520	49,44	18,78
1,165	15,09	4,395	1,345	31,62	10,63	1,525	49,97	19,05
1,170	15,54	4,545	1,350	32,10	10,83	1,530	50,50	19,31
1,175	15,99	4,697	1,355	32,58	11,03			

f) Ammoniak

Dichte	NH_3-Gehalt		Dichte	NH_3-Gehalt		Dichte	NH_3-Gehalt	
ϱ 20 °C	Gew.-%	mol/l	ϱ 20 °C	Gew.-%	mol/l	ϱ 20 °C	Gew.-%	mol/l
0,998	0,0465	0,0273	0,958	9,87	5,55	0,918	21,50	11,59
0,996	0,512	0,299	0,956	$10,40_5$	5,84	0,916	$22,12_5$	11,90
0,994	0,977	0,570	0,954	10,95	6,13	0,914	22,75	12,21
0,992	1,43	0,834	0,952	11,49	6,42	0,912	23,39	12,52
0,990	1,89	1,10	0,950	12,03	6,71	0,910	24,03	12,84
0,988	2,35	$1,36_5$	0,948	12,58	7,00	0,908	24,68	13,16
0,986	2,82	$1,63_5$	0,946	13,14	7,29	0,906	25,33	13,48
0,984	3,30	1,91	0,944	13,71	7,60	0,904	26,00	13,80
0,982	3,78	2,18	0,942	14,29	7,91	0,902	26,67	14,12
0,980	4,27	2,46	0,940	14,88	8,21	0,900	27,33	14,44
0,978	4,76	2,73	0,938	15,47	8,52	0,898	28,00	14,76
0,976	5,25	3,01	0,936	16,06	8,83	0,896	28,67	15,08
0,974	5,75	3,29	0,934	16,65	9,13	0,894	29,33	15,40
0,972	6,25	3,57	0,932	17,24	9,44	0,892	30,00	15,71
0,970	6,75	3,84	0,930	17,85	9,75	0,890	$30,68_5$	16,04
0,968	7,26	4,12	0,928	18,45	10,06	0,888	31,37	16,36
0,966	7,77	4,41	0,926	19,06	10,37	0,886	32,09	16,69
0,964	8,29	4,69	0,924	19,67	10,67	0,884	32,84	17,05
0,962	8,82	4,98	0,922	20,27	10,97	0,882	$33,59_5$	17,40
0,960	9,34	5,27	0,920	20,88	11,28	0,880	34,35	17,75

g) Natriumcarbonat*)

Dichte	Na_2CO_3-Gehalt		Dichte	Na_2CO_3-Gehalt		Dichte	Na_2CO_3-Gehalt	
ϱ 20 °C	Gew.-%	mol/l	ϱ 20 °C	Gew.-%	mol/l	ϱ 20 °C	Gew.-%	mol/l
1,000	0,19	0,018	1,065	6,43	0,646	1,130	12,52	1,335
1,005	0,67	$0,063_5$	1,070	6,90	0,696	1,135	13,00	1,392
1,010	1,14	0,109	1,075	7,38	0,748	1,140	13,45	1,446
1,015	1,62	0,155	1,080	7,85	0,800	1,145	13,90	1,501
1,020	2,10	0,202	1,085	8,33	0,853	1,150	14,35	1,557
1,025	2,57	0,248	1,090	8,80	0,905	1,155	14,75	1,607
1,030	3,05	0,296	1,095	9,27	0,958	1,160	15,20	1,663
1,035	3,54	0,346	1,100	9,75	1,012	1,165	15,60	1,714
1,040	4,03	0,395	1,105	10,22	1,065	1,170	16,03	1,769
1,045	4,50	0,444	1,100	10,68	1,118	1,175	16,45	1,823
1,050	4,98	0,493	1,115	11,14	1,172	1,180	16,87	1,878
1,055	5,47	0,544	1,120	11,60	1,226	1,185	17,30	1,934
1,060	5,95	0,595	1,125	12,05	1,279	1,190	17,70	1,987

*) Gewichtsprozent auf wasserfreies Na_2CO_3 bezogen.

Periodensystem der Elemente

Periode	Gruppe Ia	IIa	IIIb	IVb	Vb	VIb	VIIb	VIIIb			Ib	IIb	IIIa	IVa	Va	VIa	VIIa	VIIIa
I 2×1^2	1 (1) H																	2 (0) He
II 2×2^2	3 (1) Li	4 (2) Be											5 (3) B	6 (4) C	7 (5) N	8 (2) O	9 (0) F	10 (0) Ne
III 2×2^2	11 (1) Na	12 (2) Mg											13 (3) Al	14 (4) Si	15 (5) P	16 (6) S	17 (7) Cl	18 (0) Ar
IV 2×3^2	19 (1) K	20 (2) Ca	21 (3) Sc	22 (4) Ti	23 (5) V	24 (6) Cr	25 (7) Mn	26 (6) Fe	27 (4) Co	28 (4) Ni	29 (3) Cu	30 (2) Zn	31 (3) Ga	32 (4) Ge	33 (5) As	34 (6) Se	35 (5) Br	36 (2) Kr
V 2×3^2	37 (1) Rb	38 (2) Sr	39 (3) Y	40 (4) Zr	41 (5) Nb	42 (6) Mo	43 (7) Tc	44 (8) Ru	45 (4) Rh	46 (4) Pd	47 (3) Ag	48 (2) Cd	49 (3) In	50 (4) Sn	51 (5) Sb	52 (6) Te	53 (7) I	54 (8) Xe
VI 2×4^2	55 (1) Cs	56 (2) Ba	57[1]) (3) La	72 (4) Hf	73 (5) Ta	74 (6) W	75 (7) Re	76 (8) Os	77 (6) Ir	78 (6) Pt	79 (3) Au	80 (2) Hg	81 (3) Tl	82 (4) Pb	83 (5) Bi	84 (6) Po	85 At	86 (2) Rn
VII	87 Fr	88 (2) Ra	89[2]) (3) Ac	104 (Ku)	105	106												

[1]) Lanthanoide

57 (3) La	58 (4) Ce	59 (4) Pr	60 (3) Nd	61 (3) Pm	62 (3) Sm	63 (3) Eu	64 (3) Gd	65 (3) Tb	66 (3) Dy	67 (3) Ho	68 (3) Er	69 (3) Tm	70 (3) Yb	71 (3) Lu

[2]) Actinoide

89 (3) Ac	90 (4) Th	91 (5) Pa	92 (6) U	93 (7) Np	94 (7) Pu	95 (6) Am	96 (4) Cm	97 (4) Bk	98 (4) Cf	99 (3) Es	100(3) Fm	101(3) Md	102(3) No	103(3) Lr

Anmerkung: Bei jedem Element ist rechts oben in Klammern die auftretende maximale positive Oxidationsstufe angegeben. Für die Elemente 104, 105, 106 können die Bezeichnungen Unnilquadium, Unnilpentium und Unnilhexium benutzt werden.

Tafel der Elektronenanordnung der Elemente (Vereinfachte Darstellung)

	Element	1.Schale	2.Schale	3.Schale	4.Schale	5.Schale	6.Schale	7.Schale
	0 Nn Neutronium							
1. Periode	1 H Wasserstoff	1						
	2 He Helium	2						
2. Periode	3 Li Lithium	2	1					
	4 Be Beryllium	2	2					
	5 B Bor	2	3					
	6 C Kohlenstoff	2	4					
	7 N Stickstoff	2	5					
	8 O Sauerstoff	2	6					
	9 F Fluor	2	7					
	10 Ne Neon	2	8					
3. Periode	11 Na Natrium	2	8	1				
	12 Mg Magnesium	2	8	2				
	13 Al Aluminium	2	8	3				
	14 Si Silicium	2	8	4				
	15 P Phosphor	2	8	5				
	16 S Schwefel	2	8	6				
	17 Cl Chlor	2	8	7				
	18 Ar Argon	2	8	8				
4. Periode	19 K Kalium	2	8	8	1			
	20 Ca Calcium	2	8	8	2			
	21 Sc Scandium	2	8	8 + 1	2			
	22 Ti Titan	2	8	8 + 2	2			
	23 V Vanadium	2	8	8 + 3	2			
	24 Cr Chrom	2	8	8 + 5	1			
	25 Mn Mangan	2	8	8 + 5	2			
	26 Fe Eisen	2	8	8 + 6	2			
	27 Co Cobalt	2	8	8 + 7	2			
	28 Ni Nickel	2	8	8 + 8	2			
	29 Cu Kupfer	2	8	8 + 10	1			
	30 Zn Zink	2	8	8 + 10	2			
	31 Ga Gallium	2	8	18	3			
	32 Ge Germanium	2	8	18	4			
	33 As Arsen	2	8	18	5			
	34 Se Selen	2	8	18	6			
	35 Br Brom	2	8	18	7			
	36 Kr Krypton	2	8	18	8			

Tafel der Elektronenanordnung der Elemente (Fortsetzung)

	Element	1.Schale	2.Schale	3.Schale	4.Schale	5.Schale	6.Schale	7.Schale
5. Periode	37 Rb Rubidium	2	8	18	8	1		
	38 Sr Strontium	2	8	18	8	2		
	39 Y Yttrium	2	8	18	8 + 1	2		
	40 Zr Zirconium	2	8	18	8 + 2	2		
	41 Nb Niob	2	8	18	8 + 4	1		
	42 Mo Molybdän	2	8	18	8 + 5	1		
	43 Tc Technetium	2	8	18	8 + 6	1		
	44 Ru Ruthenium	2	8	18	8 + 7	1		
	45 Rh Rhodium	2	8	18	8 + 8	1		
	46 Pd Palladium	2	8	18	8 + 10	0		
	47 Ag Silber	2	8	18	8 + 10	1		
	48 Cd Cadmium	2	8	18	8 + 10	2		
	49 In Indium	2	8	18	18	3		
	50 Sn Zinn	2	8	18	18	4		
	51 Sb Antimon	2	8	18	18	5		
	52 Te Tellur	2	8	18	18	6		
	53 I Iod	2	8	18	18	7		
	54 Xe Xenon	2	8	18	18	8		
6. Periode	55 Cs Caesium	2	8	18	18	8	1	
	56 Ba Barium	2	8	18	18	8	2	
	57 La Lanthan	2	8	18	18	8 + 1	2	
	58 Ce Cer	2	8	18	18 + 2	8	2	
	|							
	71 Lu Lutetium	2	8	18	18 + 14	8 + 1	2	
	72 Hf Hafnium	2	8	18	32	8 + 2	2	
	73 Ta Tantal	2	8	18	32	8 + 3	2	
	74 W Wolfram	2	8	18	32	8 + 4	2	
	75 Re Rhenium	2	8	18	32	8 + 5	2	
	76 Os Osmium	2	8	18	32	8 + 6	2	
	77 Ir Iridium	2	8	18	32	8 + 7	2	
	78 Pt Platin	2	8	18	32	8 + 9	1	
	79 Au Gold	2	8	18	32	8 + 10	1	
	80 Hg Quecksilber	2	8	18	32	8 + 10	2	
	81 Tl Thallium	2	8	18	32	18	3	
	82 Pb Blei	2	8	18	32	18	4	
	83 Bi Bismut	2	8	18	32	18	5	
	84 Po Polonium	2	8	18	32	18	6	
	85 At Astat	2	8	18	32	18	7	
	86 Rn Radon	2	8	18	32	32	8	
7. Periode	87 Fr Francium	2	8	18	32	18	8	1
	88 Ra Radium	2	8	18	32	18	8	2
	89 Ac Actinium	2	8	18	32	18	8 + 1	2
	90 Th Thorium	2	8	18	32	18	8 + 2	2
	91 Pa Protactinium	2	8	18	32	18 + 2	8 + 1	2
	92 U Uranium	2	8	18	32	18 + 3	8 + 1	2
	|							
	103 Lr Lawrencium	2	8	18	32	18 + 14	8 + 1	2

relative Atommassen, bezogen auf ^{12}C = 12,00000 (IUPAC 1981)

Name	Symbol	Ordnungszahl	rel. Atommassen	Name	Symbol	Ordnungszahl	rel. Atommassen
Actinium	Ac	89	(227,0278)	Mendelevium	Md	101	(258)
Aluminium	Al	13	26,98154	Molybdän	Mo	42	95,94
Americium	Am	95	(243)	Natrium	Na	11	22,98977
Antimon	Sb	51	121,75	Neodym	Nd	60	144,24
Argon	Ar	18	39,948	Neon	Ne	10	20,179
Arsen	As	33	74,9216	Neptunium	Np	93	(237,0482)
Astat	At	85	(210)	Nickel	Ni	28	58,69
Barium	Ba	56	137,33	Niob	Nb	41	92,9064
Berkelium	Bk	97	(247)	Nobelium	No	102	(259)
Beryllium	Be	4	9,01218	Osmium	Os	76	190,2
Bismut	Bi	83	208,9804	Palladium	Pd	46	106,42
Blei	Pb	82	207,2	Phosphor	P	15	30,97376
Bor	B	5	10,81	Platin	Pt	78	195,08
Brom	Br	35	79,904	Plutonium	Pu	94	(244)
Cadmium	Cd	48	112,41	Polonium	Po	84	(209)
Caesium	Cs	55	132,9054	Praseodym	Pr	59	140,9077
Calcium	Ca	20	40,08	Promethium	Pm	61	(145)
Californium	Cf	98	(251)	Protactinium	Pa	91	(231,0359)
Cer	Ce	58	140,12	Quecksilber	Hg	80	200,59
Chlor	Cl	17	35,453	Radium	Ra	88	(226,0254)
Chrom	Cr	24	51,996	Radon	Rn	86	(222)
Cobalt	Co	27	58,9332	Rhenium	Re	75	186,207
Curium	Cm	96	(247)	Rhodium	Rh	45	102,9055
Dysprosium	Dy	66	162,50	Rubidium	Rb	37	85,4678
Einsteinium	Es	99	(252)	Ruthenium	Ru	44	101,07
Eisen	Fe	26	55,847	Samarium	Sm	62	150,36
Erbium	Er	68	167,26	Sauerstoff	O	8	15,9994
Europium	Eu	63	151,96	Scandium	Sc	21	44,9559
Fermium	Fm	100	(257)	Schwefel	S	16	32,06
Fluor	F	9	18,99840	Selen	Se	34	78,96
Francium	Fr	87	(223)	Silber	Ag	47	107,8682
Gadolinium	Gd	64	157,25	Silicium	Si	14	28,0855
Gallium	Ga	31	69,72	Stickstoff	N	7	14,0067
Germanium	Ge	32	72,59	Strontium	Sr	38	87,62
Gold	Au	79	196,9665	Tantal	Ta	73	180,9479
Hafnium	Hf	72	178,49	Technetium	Tc	43	(98)
Helium	He	2	4,00260	Tellur	Te	52	127,60
Holmium	Ho	67	164,9304	Terbium	Tb	65	158,9254
Indium	In	49	114,82	Thallium	Tl	81	204,383
Iod	I	53	126,9045	Thorium	Th	90	232,0381
Iridium	Ir	77	192,22	Thulium	Tm	69	168,9342
Kalium	K	19	39,0983	Titan	Ti	22	47,88
Kohlenstoff	C	6	12,011	Uranium	U	92	238,0289
Krypton	Kr	36	83,80	Vanadium	V	23	50,9415
Kupfer	Cu	29	63,546	Wasserstoff	H	1	1,00794²)
Kurchatovium	Ku	104	(261)	Wolfram	W	74	183,85
Lanthan	La	57	138,9055	Xenon	Xe	54	131,29
Lawrencium	Lr	103	(260)	Ytterbium	Yb	70	173,04
Lithium	Li	3	6,941	Yttrium	Y	39	88,9059
Lutetium¹)	Lu	71	174,967	Zink	Zn	30	65,38
Magnesium	Mg	12	24,305	Zinn	Sn	50	118,69
Mangan	Mn	25	54,9380	Zirconium	Zr	40	91,22

¹) = Cassiopeium Cp.
²) = 1,00798 ± 0,00010 in Ozean- und kontinentalem Frischwasser.

Formelregister der Präparate

Sachregister

Namenregister

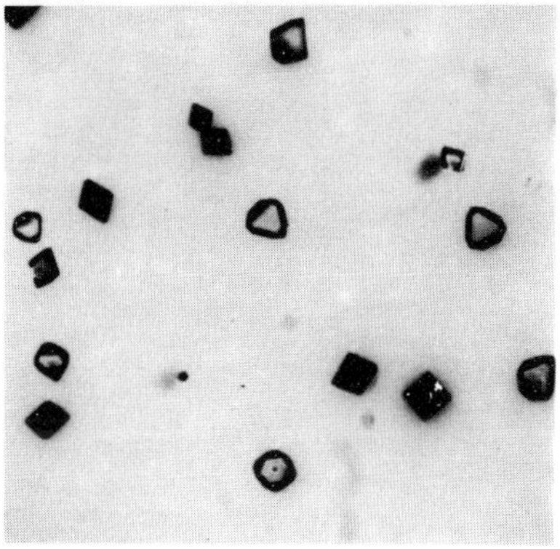

1 $[Ag(NH_3)_2]Cl$
V. 1 : 60

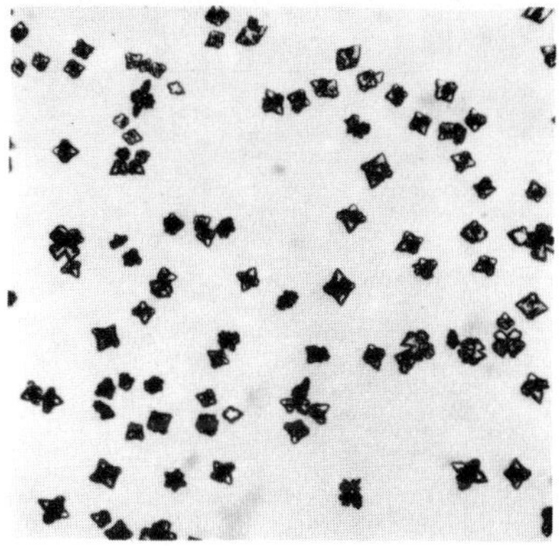

2 $BaSO_4$
V. 1 : 200

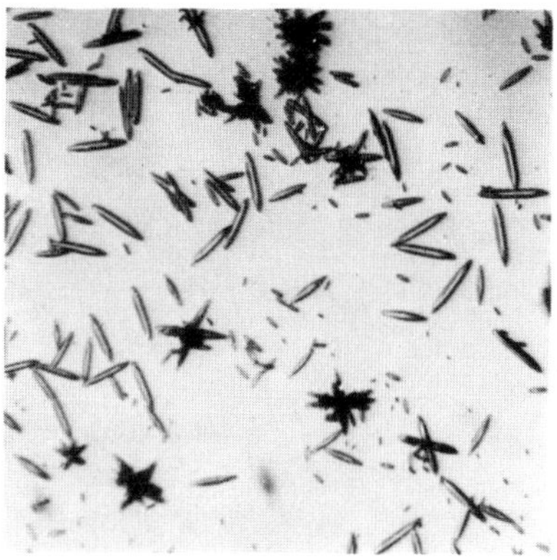

3 $Ba[SiF_6]$
V. 1 : 90

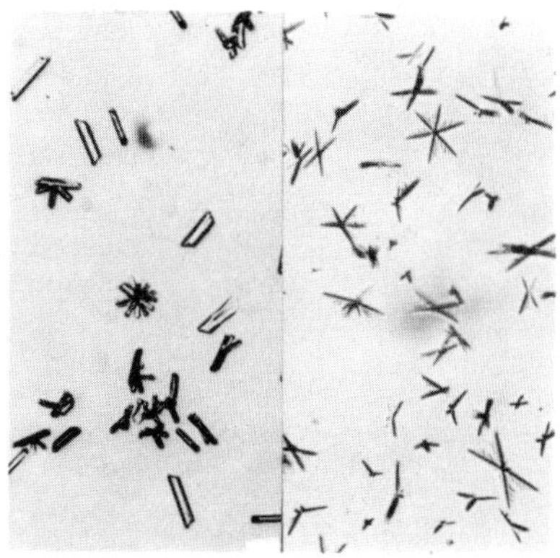

4 $MgNH_4PO_4 \cdot 6\,H_2O$
V. 1 : 60
a) verd. Lsg., b) konz. Lsg.

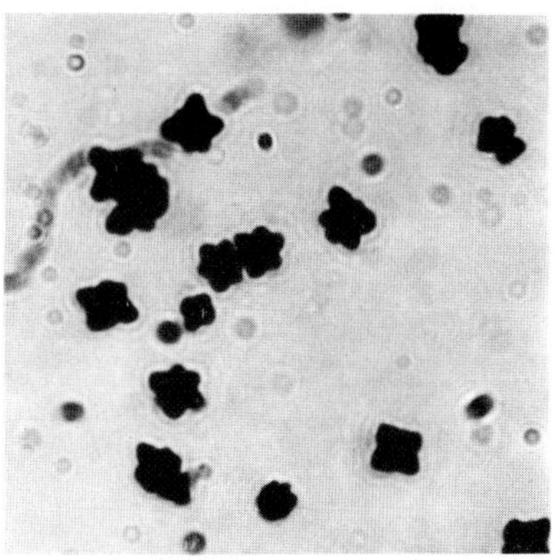

5 $(NH_4)_3[P(Mo_3O_{10})_4] \cdot aq$
V. 1 : 120

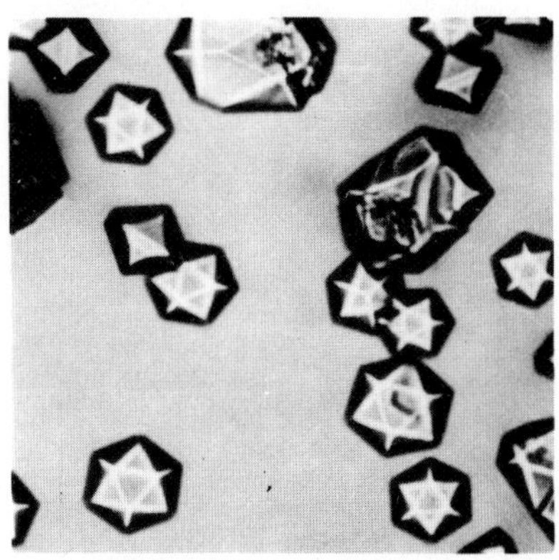

6 $NaMg(UO_2)_3(CH_3COO)_9 \cdot 9\,H_2O$
V. 1 : 120

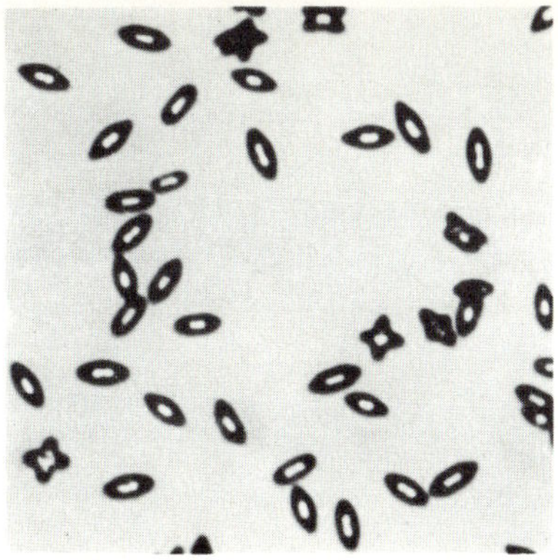

7 $Na[Sb(OH)_6]$
V. 1 : 120

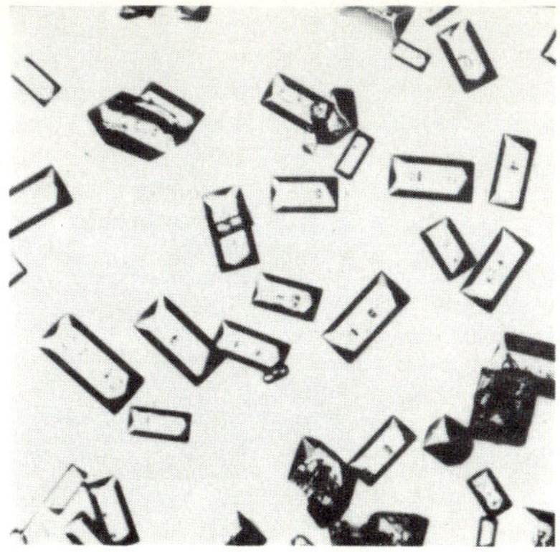

8 $KClO_4$
V. 1 : 60

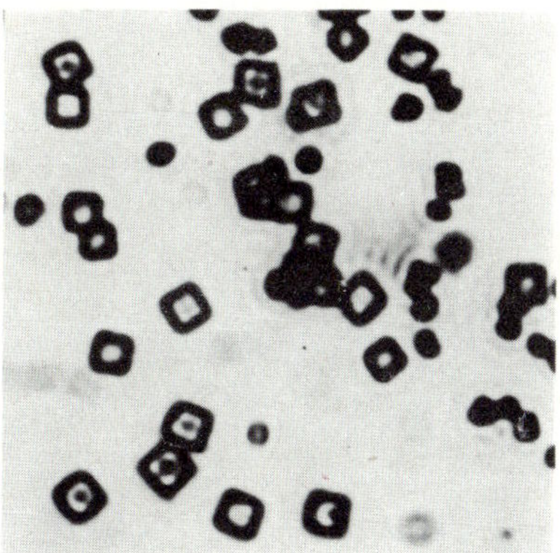

9 $K_2Na[Co(NO_2)_6]$
V. 1 : 200

10 $K_2[PtCl_6]$
V. 1 : 120

11 $K_2CuPb(NO_2)_6$
V. 1 : 120

12 $CaSO_4 \cdot 2\,H_2O$
V. 1 : 60

13 $SrCrO_4$
V. 1 : 120

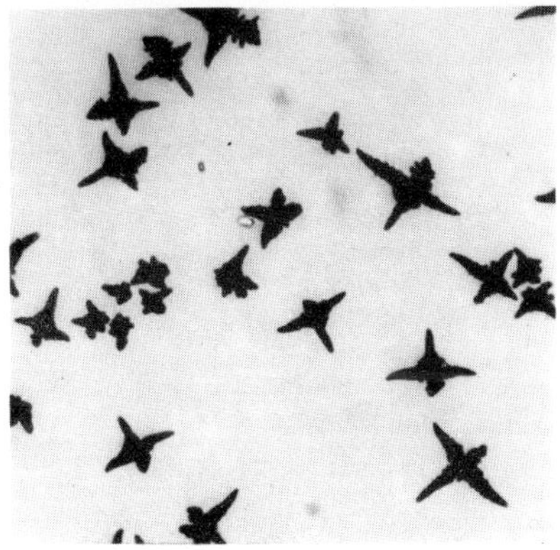

14 $Zn[Hg(SCN)_4]$
V. 1 : 120

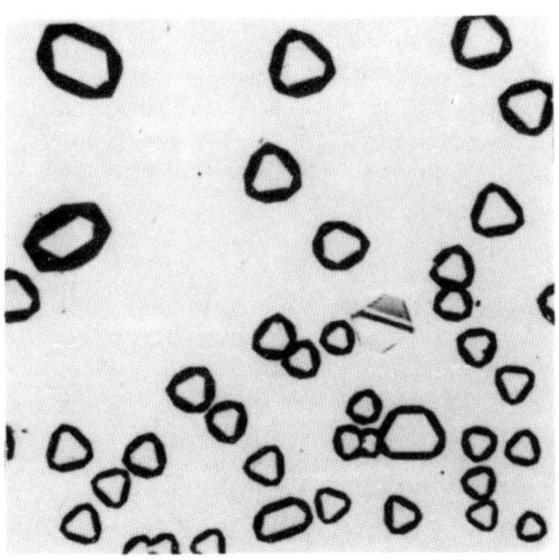

15 $CsAl(SO_4)_2 \cdot 12\,H_2O$
V. 1 : 60

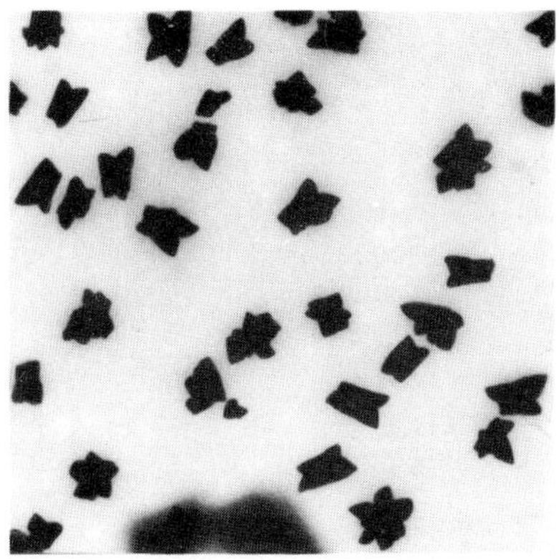

16 $Co[Hg(SCN)_4]$
V. 1 : 60

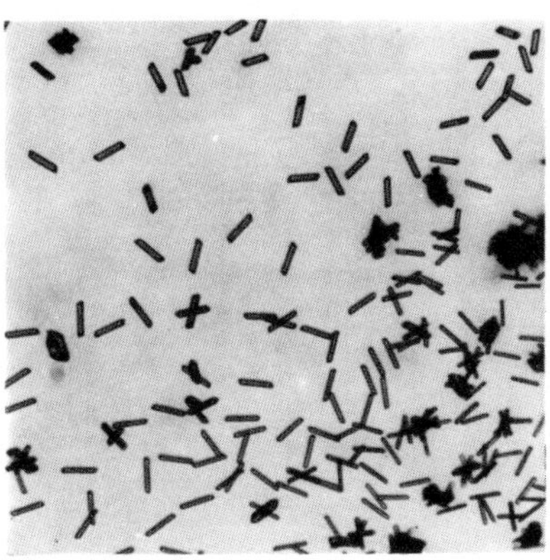

17 $PbCrO_4$
V. 1 : 120

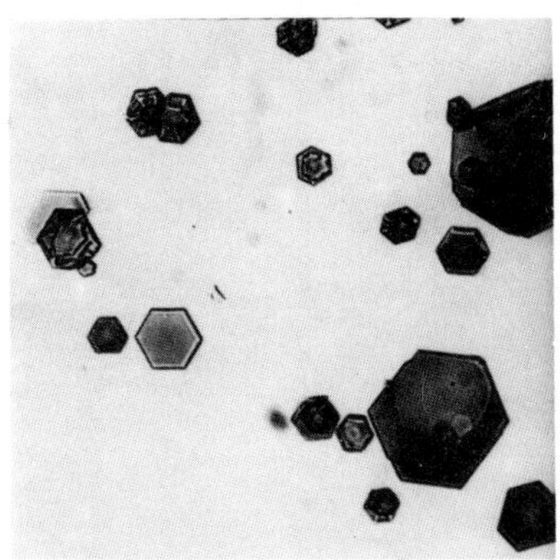

18 PbI_2
V. 1 : 120

Tafel der im sichtbaren Gebiet liegenden Spektrallinien der Alkali- und Erdalkalimetalle sowie des In und Tl im Vergleich zum Sonnenspektrum mit Frauenhofer-Linien

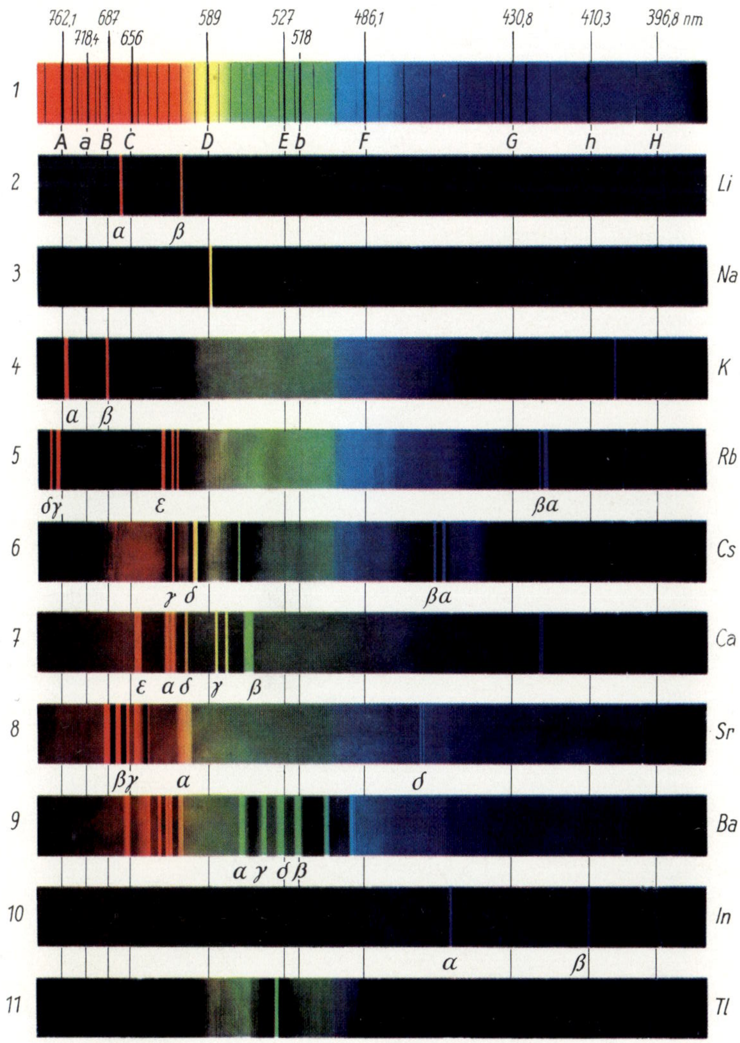

Nach einer Vorlage aus „Hofmann/Rüdorf, Anorganische Chemie“
(Verlag Vieweg & Sohn, Braunschweig)